Organic farming

유기농업 기사 필기

김두석 지음

BM (주)도서출판 성안당

■ 도서 A/S 안내

성안당에서 발행하는 모든 도서는 저자와 출판사, 그리고 독자가 함께 만들어 나갑니다.

좋은 책을 펴내기 위해 많은 노력을 기울이고 있습니다. 혹시라도 내용상의 오류나 오탈자 등이 발견되면 **"좋은 책은 나라의 보배"**로서 우리 모두가 함께 만들어 간다는 마음으로 연락주시기 바랍니다. 수정 보완하여 더 나은 책이 되도록 최선을 다하겠습니다.

성안당은 늘 독자 여러분들의 소중한 의견을 기다리고 있습니다. 좋은 의견을 보내주시는 분께는 성안당 쇼핑몰의 포인트(3,000포인트)를 적립해 드립니다.

잘못 만들어진 책이나 부록 등이 파손된 경우에는 교환해 드립니다.

저자 문의 e-mail : kds0307@hanmail.net(김두석)

본서 기획자 e-mail : coh@cyber.co.kr(최옥현)

홈페이지 : http://www.cyber.co.kr 전화 : 031) 950-6300

머리말

2차 세계대전 이후 당초 병사들의 위생해충 구제목적으로 사용된 DDT가 농업적으로 이용되면서 부터 많은 유기합성 농약이 새롭게 개발되었고, 그 결과 괄목할 만한 농업생산성 향상을 이루어 인류에게 식량의 안정적 공급은 물론 기아 해방에 상당한 역할을 하였다. 그러나 농약과 화학비료 등 화학물질의 장기적인 고투입에 따른 생태계의 교란, 농경지 오염, 토양의 염류집적 등 양분의 불균형을 초래하게 되었고 그 결과 농업생산 환경을 크게 위협하게 되었다. 그리하여 1980년대부터는 지속가능한 농업의 개념이 대두하게 되었으며, 농업과 환경을 조화시켜 지속가능한 농업을 추구해야 한다는 목소리가 높아졌다. 또한 대외적으로는 농업비점오염원으로 인한 수질오염과 잔류농약이 사회 문제로 대두되면서 환경보전을 전제로 한 농업기반을 구축해야 한다는 데 초점이 모아져 환경농업의 중요성이 날로 부각되고 있다.

그 결과 그러한 인식을 바탕으로 세계의 유기농업은 매년 급성장 추세로 향하고 있으며, 2009년 기준으로 세계 160여 개 국가가 유기농업을 실천하여 그 면적은 약 7,920만ha로, 2008년 6,885만ha에서 1,235만ha로 18.%가 증가하였다. 대륙별로 유기농업 생산실태는 유럽이 2,147만ha로 가장 넓고, 아프리카 1,746만ha, 라틴아메리카 1,702만ha, 오세아니아 1,215만ha, 아시아 825만ha, 북아메리카 286만ha순이며, 국가별 유기농업 실천면적은 호주가 1,200만ha로 가장 넓고, 그 다음으로 아르헨티나 440만ha, 미국과 중국이 각각 185만ha, 그리고 브라질이 177만ha 순이다. 세계의 유기농업 시장규모는 2009년 기준으로 49억달러(7조원)로, 2000년 179억달러에서 무려 3배나 상승하였다. 유기농 제품의 소비는 유럽과 북아메리카에서 가장 높으며 두 지역에서 전 세계의 96%를 소비하고 있는 것으로 파악되고 있다. 우리나라의 경우 또한 친환경농산물 시장규모가 매년 증가하고 있어 2008년 약 3조2천억원, 2012년 약 3조7천억원으로 급성장하고 있으며, 이러한 추세로 볼 때 2020년에 약 6조9천억원 수준으로 확대될 것으로 전망되고 있다.

이러한 시대적 흐름에 맞추어 유기농업의 전반에 관한 깊은 이해와 지식 및 기술을 기반으로 작물의 입지 선정, 작목 선정, 경영여건 분석, 환경 분석 등을 기획하고, 윤작체계 및 자재의 선정, 토양비옥도 및 병해충 방지, 사료 확보 등 체계적이고 전문적인 유기농업 생산관리 및 농업인 컨설팅 업무와 친환경인증 심사업무, 유기농산물 원료의 가공, 포장, 유통 및 사후관리 등의 친환경인증과 기술지도 직무를 수행할 전문인력의 수급이 절실하게 요구되고 있기에 유기농업기사(산업기사) 수험서를 집필하게 되었다. 아무쪼록 이 책을 통해 수험생들에게 큰 도움이 되었으면 하는 바람을 담아보며, 끝으로 노력은 결코 나를 배신하지 않는다는 말을 깊이 인식하여 이 책을 보는 수험생 모두가 뜻하는 바가 모두 이루어지길 소망하는 바이다.

저자 김두석

시험안내

1. 시 행 처 : 한국산업인력공단

2. 관련학과 : 대학의 농학과, 식물자원학과, 농업생명과학대학, 농화학과, 생물자원학과

3. 시험과목

<table>
<tr><th>구분</th><th>내용</th><th></th></tr>
<tr><td rowspan="5">필기</td><td>1과목 재배원론</td><td rowspan="4">기사 · 산업기사 공통</td></tr>
<tr><td>2과목 토양 비옥도 및 관리</td></tr>
<tr><td>3과목 유기농업개론</td></tr>
<tr><td>4과목 유기식품 가공 · 유통론</td></tr>
<tr><td>5과목 유기농업 관련 규정</td><td>기사</td></tr>
<tr><td>실기</td><td colspan="2">유기농업생산, 품질인증, 기술지도 관련업무</td></tr>
</table>

4. 검정방법 및 합격기준

구분	검정방법	합격기준
필기	– 객관식 4지 택일형 – 과목당 20문항(과목당 30분)	– 100점을 만점으로 하여 과목당 40점 이상 – 전과목 평균 60점 이상
실기	– 기사 : 필답형(2시간30분) – 산업기사 : 필답형(2시간)	100점을 만점으로 하여 60점 이상

출제기준(필기)

직무분야	농림어업	중직무분야	농업	자격종목	유기농업기사	적용기간	2025.1.1～2028.12.31.

• **직무내용** : 입지 선정, 작목 선정, 경영여건 분석, 환경분석 등을 기획하고, 윤작체계 및 재배식물생리, 자재의 선정, 토양특성, 병해충 방지, 사료 및 원료의 확보 등 생산관리 업무와 유기가공식품 원료의 가공, 포장, 유통 및 사후관리, 유기농업 자재를 포함한 인증과 기술 지도를 수행하는 직무이다.

필기검정방법	객관식	문제수	100	시험시간	2시간 30분

필기 과목명	문제수	주요 항목	세부 항목	세세 항목
재배원론	20	1. 재배의 기원과 현황	1. 재배작물의 기원과 세계 재배의 발달	1. 석기시대의 생활과 원시재배 2. 농경법 발견의 계기 3. 농경의 발상지 4. 식물영양 5. 작물의 개량 6. 작물보호 7. 잡초방제 8. 식물의 생육조절 9. 농기구 및 농자재 10. 작부방식
			2. 작물의 분류	1. 작물의 종류 2. 작물의 종수 3. 용도에 따른 분류 4. 생태적 분류 5. 재배 · 이용에 따른 분류
			3. 재배의 현황	1. 토지의 이용 2. 농업인구 3. 주요 작물의 생산
		2. 재배환경	1. 토양	1. 지력 2. 토성 3. 토양구조 및 토층 4. 토양 중의 무기성분 5. 토양유기물 6. 토양 수분 7. 토양공기

필기 과목명	문제수	주요 항목	세부 항목	세세 항목
재배원론				8. 토양오염 9. 토양반응과 산성토양 10. 개간지와 사구지 11. 논토양과 밭토양 12. 토양 보호 13. 토양미생물 14. 기타 토양과 관련된 사항
			2. 수분	1. 작물의 흡수 관련 사항 2. 작물의 요수량 3. 대기 중의 수분과 강수 4. 한해(가뭄 등) 5. 관개 6. 습해 7. 배수 8. 수해 9. 수질오염 10. 기타 수분과 관련된 사항
			3. 공기	1. 대기의 조성과 작물 생육 2. 바람 3. 대기오염 4. 기타 공기와 관련된 사항
			4. 온도	1. 유효온도 2. 온도의 변화 3. 열해 4. 냉해 5. 한해
			5. 광	1. 광과 작물의 생리작용 2. 광합성과 태양에너지의 이용 3. 보상점과 광포화점 4. 포장광합성 5. 생육단계와 일사 6. 수광과 그밖의 재배적 문제
			6. 상적 발육과 환경	1. 상적발육의 개념 2. 버널리제이션 3. 일장효과 4. 품종의 기상생태형

필기 과목명	문제수	주요 항목	세부 항목	세세 항목
재배원론		3. 작물의 내적 균형과 식물 호르몬 및 방사선 이용	1. C/N율, T/R율, G-D 균형	1. 작물의 내적 균형의 특징 2. C/N율 3. T/R율 4. G-D 균형
			2. 식물생장조절제	1. 식물생장조절제 정의 2. 옥신류 3. 지베렐린 4. 시토키닌 5. ABA 6. 에틸렌 7. 생장억제물질 8. 기타 호르몬
			3. 방사선 이용	1. 추적자로서의 이용 2. 방사선 조사 3. 육종적 이용
		4. 재배 기술	1. 작부체계	1. 작부체계의 뜻과 중요성 2. 작부체계의 변천 및 발달 3. 연작과 기지 4. 윤작 5. 답전윤환 6. 혼파 7. 그밖의 작부체계 8. 우리나라 작부체계의 변천 및 발전 방향
			2. 영양번식	1. 영양번식의 뜻과 이점 2. 영양번식의 종류 3. 접목육묘 4. 조직배양
			3. 육묘	1. 육묘의 필요성 2. 묘상의 종류 3. 묘상의 구조와 설비 4. 기계이앙용 상자육묘 5. 상토
			4. 정지	1. 경운 2. 쇄토 3. 작휴 4. 진압

필기 과목명	문제수	주요 항목	세부 항목	세세 항목
재배원론			5. 파종	1. 파종 시기 2. 파종 양식 3. 파종량 4. 파종 절차
			6. 이식	1. 가식과 정식 2. 이식 시기 3. 이식 양식 4. 이식 방법 5. 벼의 이앙 양식
			7. 생력재배	1. 생력재배의 정의 2. 생력재배의 효과 3. 생력기계화재배의 전제조건 4. 기계화 적응 재배 5. 기타 생력재배에 관한 사항
			8. 재배관리	1. 시비 2. 보식 3. 중경 4. 제초 5. 멀칭 6. 답압 7. 정지 8. 개화결실 9. 기타 재배관리에 관한 사항
			9. 병해충방제	1. 병해 2. 해충 3. 작물 보호 4. 농약(작물보호제) 5. 기타 병해충 방제 사항
			10. 환경친화형재배	1. 개념 2. 발전과정 3. 정밀농업 4. 유기농업
		5. 각종 재해	1. 저온해와 냉해	1. 저온해 2. 냉해
			2. 습해, 수해 및 가뭄해	1. 습해 2. 수해 3. 가뭄해

필기 과목명	문제수	주요 항목	세부 항목	세세 항목
재배원론			3. 동해와 상해	1. 동해 2. 상해
			4. 도복과 풍해	1. 도복 2. 풍해
			5. 기타 재해	1. 기타 재해
		6. 수확, 건조 및 저장과 도정	1. 수확	1. 수확 시기 결정 2. 수확 방법
			2. 건조	1. 목적 2. 원리와 방법
			3. 탈곡 및 조제	1. 탈곡 2. 조제
			4. 저장	1. 저장 중 품질의 변화 2. 큐어링과 예냉 3. 안전저장 조건
			5. 도정	1. 원리 2. 과정 3. 도정단계와 도정률
			6. 포장	1. 포장재의 종류와 방법 2. 포장재의 품질
			7. 수량구성요소 및 수량사정	1. 수량구성요소 2. 수량구성요소의 변이계수 3. 수량의 사정
토양 비옥도 및 관리	20	1. 토양생성	1. 암석의 풍화작용	1. 토양 생성에 중요한 암석 2. 화학적, 물리적, 생물적 풍화작용 3. 풍화산물의 이동과 퇴적
			2. 토양의 생성과 발달	1. 토양의 생성 인자 2. 토양생성작용 3. 토양단면
		2. 토양의 분류와 조사	1. 토양의 분류와 조사	1. 토양조사 2. 토양분류
		3. 토양의 성질	1. 토양의 물리적 성질	1. 토성 2. 토양의 구조 3. 토양공극 4. 토양온도 5. 토양색 6. 기타 토양의 물리적 성질

필기 과목명	문제수	주요 항목	세부 항목	세세 항목
토양 비옥도 및 관리			2. 토양의 화학적 성질	1. 토양의 비료성분 함유 2. 점토광물 3. 토양교질과 염기 치환 4. 염기포화도와 음이온 치환 5. 토양반응 6. 산화환원전위
			3. 토양수분	1. 토양수분의 분류와 흡착력 2. 토양수분의 이동 3. 토양수분의 측정 및 관리
		4. 토양유기물	1. 유기물과 부식의 조성 및 성질	1. 식물체의 조성 2. 부식의 정의, 조성, 성질, 기능
			2. 유기물의 분해와 집적	1. 토양유기물의 부식화에 미치는 영향 2. 부식의 집적형태 3. 부식과 식물생육 4. 유기물의 탄질률 5. 유기물의 공급과 유지
		5. 토양생물	1. 토양생물	1. 토양생물의 활동 2. 토양생물과 작물생육과의 관계
			2. 토양미생물	1. 토양미생물의 종류 2. 토양미생물의 작용
		6. 식물영양과 비료	1. 토양양분의 유효도	1. 토양 무기양분의 유효도 2. 토양 무기양분의 유효도 증진 방안
			2. 비료	1. 비료의 반응, 배합, 시험, 시비 2. 비료의 종류와 성질
		7. 토양관리	1. 논 · 밭 토양	1. 논 · 밭 토양의 일반적인 특성 2. 논 · 밭 토양의 차이 3. 논 · 밭 토양의 지력증진 방안 및 토층분화와 탈질현상
			2. 저위생산지 개량	1. 누수답, 습답, 노후화답, 염해지 토양의 개량
			3. 경지이용과 특수지 토양관리	1. 재배시설의 토양 2. 개간지, 간척지 토양과 작물생육 관리
			4. 토양침식	1. 수식의 원인, 종류, 영향을 미치는 요인 2. 풍식의 원인, 영향을 미치는 요인 3. 토양침식의 대책

필기 과목명	문제수	주요 항목	세부 항목	세세 항목
유기농업 개론	20	1. 유기농업 개요	1. 유기농업 배경 및 의의	1. 유기농업의 배경 2. 유기농업의 의의
			2. 유기농업 역사	1. 유기농업의 발전과정
			3. 국내·외 유기농업 현황	1. 국내 유기농업의 현황 2. 국외 유기농업의 현황
			4. 친환경농업	1. 친환경 농업의 개념, 구분, 현황 2. 친환경농업의 목적
		2. 유기경종	1. 지력배양 방법	1. 퇴비제조 및 시용 2. 미생물의 활용 3. 기타 유기재배 지력배양 방법
			2. 유기농업 허용 자재	1. 유기농업 허용 자재의 종류, 특성, 용도, 관리 방법
		3. 품종과 육종	1. 품종	1. 품종의 개념과 종자산업 현황 2. 저항성 품종의 이해 3. 품종의 유지
			2. 육종	1. 육종의 개요 2. 작물육종의 목표 3. 작물육종 방법 및 과정 4. 특성검정 5. 유기종자의 증식과 보급
		4. 유기원예	1. 유기원예산업	1. 우리나라 유기원예 산업 현황
			2. 유기원예토양관리	1. 유기원예작물 토양관리 방법 2. 비옥도 향상 방법 3. 연작장해 대책
			3. 시설원예 시설 설치	1. 시설자재의 종류 및 특성 2. 시설원예용 기자재 3. 시설의 구비조건 종류, 구조 및 자재
			4. 유기원예의 환경 조건	1. 유기원예의 생육과 환경 2. 온도, 빛, 수분, 토양 등의 환경과 관리방법
			5. 유기재배관리	1. 유기원예작물의 번식, 파종, 육묘 2. 유기원예작물의 재배 기술 및 관리 3. 유기원예작물의 병해충 방제 및 수확, 저장관리

필기 과목명	문제수	주요 항목	세부 항목	세세 항목
유기농업 개론		5. 유기식량작물	1. 유기수도작 · 전작의 재배 기술	1. 종자 준비와 종자 처리 2. 육묘와 정지 3. 이식과 재배관리 4. 수확
			2. 병 · 해충 및 잡초 방제 방법	1. 병 · 해충 방제 방법 2. 잡초 방제 방법
			3. 유기 수도작 · 전작의 환경 조건	1. 수도작 · 전작과 기상환경 2. 수도작 · 전작과 토양환경 3. 논 · 밭의 종류와 토양
		6. 유기축산	1. 유기축산 일반	1. 우리나라의 유기축산 현황 2. 사육과 사육환경 3. 유기축산 경영
			2. 유기축산의 사료 생산 및 급여	1. 유기축산사료의 조성, 종류 및 특징 2. 유기축산 조사료의 생산 3. 유기축산사료의 배합, 조리, 가공 방법 4. 유기축산사료의 급여
			3. 유기축산의 질병예방 및 관리	1. 가축 위생 2. 가축전염병 등 질병예방 및 관리 3. 동물약품 사용 및 관리
			4. 유기축산의 사육시설	1. 사육시설, 부속설비, 기구 등의 관리
유기식품 가공 · 유통론	20	1. 유기식품의 이해	1. 유기식품의 정의 재료	1. 정의 2. 재료
			2. 유기식품의 유형 및 표기(labelling)	1. 유형 2. 표기(labelling)
			3. 유기식품의 제조	1. 가공 2. 장치 3. 조작
			4. 비식용유기가공품	비식용유기가공품의 관리
		2. 유기가공 식품	1. 유기농산식품	1. 과채류 2. 빵, 면류 3. 인스턴트식품
			2. 유기축산식품	1. 고기 및 우유 2. 고기 및 우유 가공품 3. 가금류가공품

필기 과목명	문제수	주요 항목	세부 항목	세세 항목
유기식품 가공 · 유통론			3. 유기기호식품	1. 음류 2. 주류 3. 차류 4. 과자류
		3. 유기식품의 저장 및 포장	1. 천연첨가물 처리 저장	1. 미생물 근원 천연첨가물 2. 동물 근원 천연첨가물 3. 식물 근원 천연첨가물
			2. 비가열처리 저장	1. 초고압법 2. 고전압펄스법 3. 한외여과법 4. 냉장 냉동법
			3. 가열처리 저장	1. 저온살균법 2. 고온살균법 3. 초음파가열법 4. 마이크로웨이브 가열법 5. 전기저항가열법
			4. 포장재 및 포장	1. 포장재 2. 포장기법 3. 무균포장 4. MA(modified–atmosphere) 포장
		4. 유기식품의 안전성	1. 생물학적 요인 및 관리	1. 위해 미생물의 이해 2. 식중독의 종류와 예방 3. 위해 미생물의 오염 분석
			2. 물리 · 화학적 요인 및 관리	1. 화학적 위해물질의 이해 2. 물리 · 화학적 검사법 3. 가공 저장 중 유입되는 위해 인자
			3. 식품가공 제조시설의 위생	1. HACCP 2. 식품기구 및 종사자의 위생 3. 작업장 및 제조시설의 위생
		5. 유기식품 등의 유통	1. 유기농 · 축산물 및 유기가공식품 유통	1. 시장조사 2. 가격 결정 3. 마케팅 방법 4. 홍보 5. 수송 6. 저장 7. 품질관리

필기 과목명	문제수	주요 항목	세부 항목	세세 항목
유기농업 관련 규정	20	1. 친환경 농 어업 육성 및 유기식품 등의 관리 · 지원에 관한 법률	1. 친환경농어업 육성 및 유기 식품 등의 관리 · 지원에 관한 법률 및 시행령	1. 친환경농어업 육성 및 유기식품 등의 관리 · 지원에 관한 법률 2. 친환경농어업 육성 및 유기식품 등의 관리 · 지원에 관한 법률 시행령
			2. 농림축산식품부 소관 친환경 농어업 육성 및 유기식품 등의 관리 · 지원에 관한 법률 시행 규칙 및 관련 고시	1. 농림축산식품부 소관 친환경농어업 육성 및 유기식품 등의 관리 · 지원에 관한 법률 시행규칙 2. 관련 고시

출제기준(실기)

직무분야	농림어업	중직무분야	농업	자격종목	유기농업기사	적용기간	2025.1.1～2028.12.31.

• **직무내용** : 입지 선정, 작목 선정, 경영여건 분석, 환경분석 등을 기획하고, 윤작체계 및 재배식물생리, 자재의 선정, 토양특성, 병해충 방지, 사료 및 원료의 확보 등 생산관리 업무와 유기가공식품 원료의 가공, 포장, 유통 및 사후관리, 유기농업 자재를 포함한 인증과 기술 지도를 수행하는 직무이다.

• **수행준거** :
1. 인증기준에 따른 유기식품 등과 유기농업 자재의 생산방법을 이해하고 이에 따라 실행할 수 있다.
2. 일반 토양과 유기농업의 토양을 구분하여 판별하고 토양비옥도를 평가하여 개선할 수 있다.
3. 퇴비의 원료별 종류와 특성을 파악하고 퇴비를 제조 · 분석 · 사용할 수 있다.
4. 유기농업에 적용 가능한 병해충 및 잡초관리 작업을 수행할 수 있다.
5. 유기식품 등과 유기농업자재의 인증기준을 이해하고, 이의 재배 · 생산 · 제조 · 가공 · 취급 관리 및 품질을 유지하고 선별 · 포장할 수 있다.
6. 유기식품 등과 유기농업 자재의 인증기준을 이해하고, 농작물의 입지 · 작목 선정, 경영여건 및 환경분석 등을 기획할 수 있다.
7. 유기농업 관련 규정을 이해하고 이를 원료로 한 유기식품 등과 유기농업 자재의 인증 업무를 수행할 수 있다.
8. 유기식품 등과 유기농업 자재의 기술 지도 및 생산과정 등을 감독할 수 있다.

실기검정방법	필답형	시험시간	2시간 30분

실기 과목명	주요 항목	세부 항목	세세 항목
유기농업 생산, 유기식품 등의 인증 관련 실무	1. 유기식품 등의 생산과 친환경 농업 육성	1. 토양 관리하기	1. 토양 분석을 위한 분석용 토양시료를 채취 · 분석을 의뢰할 수 있다. 2. pH미터기, 염류측정기 등을 이용하여 토양의 특성을 간단하게 측정할 수 있다. 3. 토양의 특성 개선을 위한 객토, 심경작업 등 토양환경을 관리할 수 있다.
		2. 병해충 방제하기	1. 작물에 다른 예찰기구나 방법을 활용하여 병해충 발생여부를 예찰할 수 있다. 2. 병해충의 전염, 유입확산 경로, 발생환경 및 특징을 파악하여 대응책을 마련할 수 있다. 3. 병원균, 해충의 생육을 억제할 수 있는 미생물 또는 곤충(천적)을 이용하여 병해충을 방제할 수 있다.

실기 과목명	주요 항목	세부 항목	세세 항목
유기농업 생산, 유기 식품 등의 인증 관련 실무		3. 유기축산물 생산관리 하기	1. 유기사료의 조성, 종류, 특징을 이해하고 가공을 수행할 수 있다. 2. 유기축산물 생산기준을 이해하고 경영관리를 할 수 있다.
		4. 유기가공식품 및 비식용 유기가공품 관리하기	1. 유기가공식품 및 비식용 유기가공품 생산과 관련하여 유기적 취급의 기준 등을 인지하고 적용 작업을 수행할 수 있다.
		5. 유기농업 자재 생산 및 이용하기	1. 유기농업 허용 물질의 공시, 제조, 가공, 종류, 특성, 용도를 이해하고 관리할 수 있다. 2. 유기 농자재로 등록 공시된 농자재를 사용하여 토양개량과 작물의 생육, 병해충 관리를 가능하게 할 수 있다.
	2. 유기농업 인증 관리	1. 인증 준비하기	1. 인증의 종류, 인증에 따른 혜택, 인증절차 등 정보를 확보할 수 있다. 2. 규정과 기준에 따라 인증 신청이 가능한지 자기진단을 실시할 수 있다.
		2. 인증 신청하기	1. 인증심사에서 요구하는 각종 구비서류를 작성 및 현장심사에 필요한 사항을 준비할 수 있다.
		3. 인증 사후관리하기	1. 인증획득결과를 활용하여 생산물 판매계획과 홍보 계획을 수립할 수 있다. 2. 인증에서 요구하는 관리사항과 규정을 준수하여 재배상황을 유지 · 관리할 수 있다. 3. 재인증 심사에 응할 수 있다.
	3. 기술 지도	1. 유기농업 관련 기술 지도	1. 친환경농축산물, 유기가공 식품 및 비식용유기가공품의 생산, 관리기술을 지도할 수 있다.

Contents **차례**

제2과목

토양 비옥도 및 관리

Chapter 01 토양의 이해 210

Chapter 02 토양관리 272

제3과목

유기농업 개론

제4과목

유기식품 가공 · 유통론

Chapter 06 식품의 저장 417

Chapter 07 식품의 검사 433

Chapter 08 식품의 유통 438

제5과목 유기농업 관련 규정

Chapter 01 Codex 유기식품의 생산, 가공, 표시 및 유통에 관한 가이드라인 446

Chapter 02 친환경농어업 육성 및 유기식품 등의 관리 · 지원에 관한 법률 475

유기농업 기사 기출문제

※ 2007년~2019년 기출문제와 해설은
성안당 사이트(www.cyber.co.kr)의 [자료실]에서 제공합니다.

제1과목

재배원론

문제로 개념 정리

1 작물의 분화과정 순서는?

유전적 변이의 발생 → 도태와 적응 → 순화 → 격절(고립)

암기 첫 글자를 따서 → 변 · 도 · 순 · 격

2 농경의 발상과 학자는?

- 큰강의 유역 : De Candolle(드캉돌. 1816. 스위스 식물학자)
- 산간부 : N. T. Vavilov(바빌로프)
- 해안지대 : P. Dettweiler(데트웰러)

암기 캉돌강, 바빌산, 데트해안

3 식물의 영양은 유기물로부터 얻는다고 주장한 학자는?

ARISTOTELES(아리스토텔레스)

암기 아리스토텔레스는 유기식품을 좋아했다.

4 무기영양설 및 최소율의 법칙을 주장한 학자는? LIEBIG(리비히 ★)

암기 첫 글자 키워드를 따서 → 리비 무기 · 최소율

5 콩과식물이 공중질소를 고정한다는 것을 밝힌 학자는?

BOUSSINGAULT(보우스싱아울트)

암기 보우싱 · 공중질소

6 JOHANNSEN(요한센. 덴마크) : 순계설 발표 → 자식성 작물의 품종개량에 이바지

암기 순진한 요한센(순진한 → 순계설)

7 세계적으로 재배작물의 구성 중 많은 순으로 연결된 것으로 옳은 것은?

식량작물 〉 채소작물 〉 사료작물 〉 조미료작물

암기 식 · 채 · 사 · 조

⑧ 린네의 이명법에 대한 설명?
학명표기는 앞에 **속명**, 다음에 **종명**을 쓰고, 마지막에 **명명자**의 이니셜을 쓴다.
암기 속✔종✔명

⑨ 작물의 생존연한에 따른 분류? 1년생, 2년생, 월년생, 영년생
암기 1, 2월은 영 추워 ~~(1, 2월 → 1년생, 2년생, 월년생. 영추워 → 영년생)

⑩ 건조에 가장 강한 작물은? 수수 암기 내건 · 수수

⑪ 괴경(덩이줄기)으로 번식하는 작물은? 감자, 시클라멘
암기 경감으로 승진한 시클라멘(경감 → 괴경번식, 감자, 시클라멘)

⑫ 구근(알줄기)으로 번식하는 작물은? 글라디올러스
암기 구글(구근, 글라디올러스)

⑬ 인경(비늘줄기)으로 번식하는 작물은? 튤립, 히아신스, 양파, **마늘,** 쪽파
암기 인경이와 튜 · 히 · 양은 마늘과 쪽파를 좋아했다.
(인경이 → 인경번식, 튜 · 히 · 양 → 튤립, 히아신스, 양파, 마늘, 쪽파)

⑭ 과수류 중 인과류인 것? 사과, 배, 비파
암기 인사동 배나무 집 비파(인사동 → 인과류, 사과✔ 배나무집 → 배)
→ 인과류란 꽃받침이 발육하여 과육이 된 것을 말한다.

⑮ 과수류 중 핵과류에 속하는 것? 복숭아, 자두, 살구
※ 핵과류는 씨방의 중과피가 발달하여 과육이 된 것을 말한다.
암기 핵으로 복수하고 자살(핵으로 → 핵과류, 복수 → 복숭아, 자살 → 자두)

⑯ 각과(견과)류에 속하는 것? 호도, 밤, 아몬드, 은행
※ 각과류란 **자엽**이 발달하여 과실이 된 것을 말한다.

⑰ 장과류에 속하는 것? 포도, 딸기 무화과
※ 장과류란 씨방의 외과피가 발달하여 과실이 된 것을 말한다.
암기 장포의 딸 무화(장포 → 장과류, 포도✔ 딸 → 딸기✔무화 → 무화과)

18 **준인과류에 속하는 것?** 대추, 감, 귤
※ 준인과류란 씨방이 발달하여 과실이 된 것을 말한다.
암기 준대감집 귤나무(준대감 → 준인과류, 대추, 감✔ 귤나무 → 귤)

19 **품종보호 요건?** 신규성, 구별성, 균일성, 안정성, 1개의 고유한 품종 명칭
암기 첫 글자를 따서 → 신 · 구 · 균 · 안 · 1품

20 **품종의 퇴화 원인?** 유전적 퇴화, 생리적 퇴화, 병리적 퇴화
암기 품종퇴화✔유생병

21 **유전적 퇴화의 원인?**(아닌 것 고르기가 출제) 이형유전자의 분리, 자연교잡, 돌연변이, 근교약세 및 기회적 부동, 기계적 혼입에 의한 퇴화
암기 첫 글자를 따서 → 유전적 퇴화✔ 유✔이✔자✔돌✔근✔기

22 **우량품종의 구비요건?** 균일성, 영속성, 우수성, 광지역성
암기 우광이 동생 균영이(우광이 → 우수성, 광지역성, 균영이 → 균일성, 영속성)

23 **변이의 감별 방법 종류? 특성검정, 후대검정, 상관관계 이용, 유전분석(분자표지 이용)**
암기 변이를 감별하여 특상 받은 후분이
(특상 → 특성검정, 상관관계 이용, 후분이 → 후대검정, 분자표지 이용)

24 **1대 잡종(F1) 품종 종자 생산 시 웅성불임성을 이용하는 작물?**
고추, 양파, 당근, 토마토(암기 고✔양✔당✔토)

25 **미량원소(7가지)?** Mo(몰리브덴), Cl(염소), Fe(철), Mn(망간), CU(구리), B(붕소), Zn(아연)
암기 **몰**래 **염소**와 **붕소** 잡아다 **철망구**이 해먹던 **아**주 어린 시절~~~!
(몰래 → 몰리브덴, 붕소와 → 붕소, 철망구이 → 철, 망간, 구리, 아주 → 아연)

26 **토양 수분 장력의 순서?** 결합수 〉 흡습수 〉 모관수 〉 중력수
암기 결✔흡✔모✔중

27 **산성토양에 강한 작물?** 감자, 호밀, 유채, 밀, 귀리, 땅콩, 아주까리, 벼(밭벼), 수박
암기 산성에서 강감찬은 유밀귀의 땅을 토벌하고 아주 많은 벼와 수박을 심었다.

- 산성에서 강감찬은 → 산성토양에 강한 작물 감자
- 유밀귀 → 유채, 밀, 귀리
- 땅 → 땅콩
- 토벌 → 토마토
- 아주 많은 → 아마
- 벼(밭벼) → 벼, 밭벼
- 수박 → 수박

28 산성토양에 가장 약한 작물? 셀러리, 시금치, 양파, 파, 가지

암기 셀양이 시집올 때 가지고 온 파(셀양 → 셀러리, 양파, 시집 → 시금치, 가지고 온 → 가지, 파 → 파)

29 장명 종자의 종류? 녹두, 수박, 오이, 토마토, 가지, 사탕무, 접시꽃, 나팔꽃

암기 장 · 녹 · 수는 오 · 토바이를 가지고 사탕을 사러 다녔고 나팔꽃, 접시꽃을 좋아했다.(**장녹수 → 장명 종자, 녹두, 수박, 오토바이 → 오이, 토마토, 가지고 → 가지, 사탕 → 사탕무,** 나팔꽃, 접시꽃)

30 단명 종자의 종류? 강낭콩, 옥수수, 수수, 상추, 해바라기, 고추, 당근, 파, 땅콩 메밀, 기장, 목화, 콩

암기 단명한 강 · 옥 · 수는 상 · 해에서 고 · 당 · 파의 땅을 평정한 후 메 · 기 · 목 · 장에서 콩을 가꾸었다.

(단명한 → 단명 종자, 강옥수 → 강낭콩, 옥수수, 수수, 상해 → 상추, 해바라기, 고당파 → 고추, 당근, 파, 땅 → 땅콩, 메기목장 → 메밀, 기장, 목화, 콩 → 콩)

31 발아의 외적 조건? 수분, 산소, 온도, 광

암기 수 · 산 · 온 · 광

32 호광성 종자의 종류? 상추, 담배, 셀러리, 차조기, 우엉, 피튜니아

암기 **호광을 상 · 담한 셀러리맨 · 차 · 우 · 피**

(호광 → 호광성, 상담 → 상추 · 담배, 셀러리맨 → 셀러리, 차우피 → 차조기, 우엉, 피튜니아)

33 혐광성 종자의 종류? 오이, 호박, 가지, 토마토, 수박, 양파, 파호

암기 혐광✔오✔호✔가✔토✔수✔양✔파

34 효소활력 측정법의 종류?
산화효소법, 과산화효소법, 셀레나아트법, 말라차이트법(암기 산✔과✔셀레✔말라)

35 경실 종자의 휴면타파 방법? 종피파상법, 농황산(진한황산)처리법, 저온처리, 건열처리, 습열처리, 진탕처리, 알콜처리

암기 경실아? 종진이가 그러는데 저건 습진에 질알 이래~
경실아?(경실 종자 휴면타파법), 종진이(종피파상법, 진탕처리법), 저건(저온처리, 건열처리), 습진에(습열처리, 진탕처리), 질알 → 질산염처리법, 알코올처리법

36 인경번식 잡초? 야생마늘, 가래, 무릇

암기 인경이는✓**야생마**✓타고✓**가무**를✓즐긴다(야생마 → 야생마늘, 가무 → 가래, 무릇)

37 구경번식 잡초? 반하

암기 **구경**✓나온✓**반하**

38 지하경번식 잡초? 너도방동사니, 쇠털골, 띠풀

암기 지하경✓학생?✓ 너도✓소띠냐?(소띠 → 쇠털골, 띠풀)

39 괴경번식 잡초? 향부자, 매자기, 올방개, 올미

암기 **괴경**✓사는✓**향부자**✓의 딸 **올방개**가 **올미**놓아✓**매** 잡았다.

40 암발아성 종자? 냉이, 독나물, 광대나물

암기 **암발아✔냉독광대**
(암발아 → 암발아성 잡초 종자, 냉 → 냉이, 독 → 독나물, 광대 → 광대나물)

41 잡초 중 C4식물? 명아주

암기 피**명아주** 먹고 시포(명아주)

42 문제되는 경지 잡초 비중? 화본과 〉 국화과 〉 사초과

암기 문제되는 잡초가 화국사 정원에 있었다.(화본과, 국화과, 사초과)

43 화본과 논 잡초? 둑새풀, 갈대, 피

암기 화본이는 논둑옆 갈대밭을 피나도 걸었다.(둑새풀, 갈대, 피)

44 **생활사에 따른 잡초의 분류?** 1년생, 2년생, 다년생

암기 생활고는 1, 2년이 지나고 다년간 계속되었었다.(1년생, 2년생, 다년생)

45 **광엽성 논 잡초? 밭둑외풀, 물옥잠, 물달개비, 여뀌바늘**

암기 광엽이는 논밭에서 물사마귀를 여뀌바늘로 잡았다.
(광엽이 → 광엽성, 논 → 논 잡초, 밭 → 밭둑외풀, 물옥잠, 물달개비, 여뀌바늘)

46 **겨울 잡초의 종류?** 둑새풀, 냉이, 점나도나물, 개양개비, 별꽃, 망초, 속속이풀, 벼룩나물

[겨울 잡초 암기 시(時)]
겨울이면 **둑**방에서 **냉이** 캐던
점나도 이쁜 **개양개비**
별을 보며 **망상**에 젖어
속끓이다 **벼룩**처럼
톡톡 뛰던 내 가슴

겨울이면 → 겨울 잡초의 종류, **둑**방 → 둑새풀, **냉이** 캐던 → 냉이
점나도 → 점나도나물, **개양개비** → 개양개비, **별**을 → 별꽃, **망상** → 망초
속끓이다 → 속속이풀, **벼룩**처럼 → 벼룩나물

47 **사초과 논 잡초의 종류?**

물고랭이, 올챙이고랭이, 알방동사니, 쇠털골, 참방동사니

암기 사초야? 논에 물고 터서 올챙이 알 잡고 소몰 던 시절이 참! 그립구나
(사초야? 논에 → 사초과 논 잡초, 물고 터서 → 물고랭이, 올챙이알 → 올챙이고랭이, 알방동사니, 소몰던 → 쇠털골, 참! → 참방동사니)

48 **사초과 밭 잡초의 종류? 바람하늘지기, 새섬매자기, 방동사니**

암기 사초밭 바람 불던 새섬 살던 친구가 지금 방동사니?
(사초밭 → 사초과 밭 잡초의 종류, 바람 불던 → 바람하늘지기, 새섬 살던 → 새섬매자기, 방동사니? → 방동사니)

49 **부유성 잡초의 종류?** 개구리밥, 생이가래, 좀개구리밥, 가래, 부레옥잠

암기 부유한 개구리 생존가부(부유한 → 부유성 잡초의 종류, 개구리 → 개구리밥
생존가부 → 생이가래, 좀개구리밥, 가래, 부레옥잠)

50 직립형 잡초의 종류? 자귀풀, 명아주, 가막사리

암기 직 자귀 명가(직자귀 → 직립형 잡초, 자귀풀, 명가 → 명아주, 가막사리)

51 총생형 잡초의 종류? 둑새풀, 억새, 피

암기 총으로 둑새 밭에 억새잡다 피났다.(총으로 → 총생형 잡초의 종류, 둑새 → 둑새풀, 억새잡다 → 억새, 피)

52 로제트형 잡초? 민들레, 질경이

암기 로제트 민들레는 맛이 질겨~(로제트 민들레 → 로제트형 잡초의 종류, 민들레 질겨~ → 질경이)

53 간척지의 주요 잡초? 새섬매자기, 매자기

암기 간척지 새섬에서 매자기가 발견됐다.

54 토양처리제 제초제의 종류?

simazine(시마진), alachlor(아라클로르), tachlor(브타클로르)

암기 토양학 시마진 것을 아라차린 브타클로르
(토양학 → 토양처리제, 시마진 것을 → 시마진, 아라차린 → 아라클로르, 브타클로르

CHAPTER 02 재배개설

I 재배의 기원

1 재배식물의 특징

① 작물은 **야생종으로부터 순화**되어 재배된 식물들이다.
② 재배식물은 **이용성과 경제성이 높은 식물을 대상**으로 하였다.
③ 농업생산은 **환경의 지배를 크게 받는다.**
④ 농산물은 **가격의 변동이 심하다.**
⑤ 공산품에 비하여 **수요의 탄력성이 적고(★) 다양성이 적다.(★)**
⑥ 작물은 **특정 부위만 발달한 일종의 기형식물(★)**이다.
⑦ 일반적으로 **야생식물보다 생존 경쟁력이 떨어지고, 불량 환경에 대한 적응력이 낮다.**

2 재배의 특징

1) 특징

① **토지**를 생산수단으로 이용한다.
② **자연환경 조건**의 영향을 크게 받는다.
③ **생산조절이 자유롭지 못하다.(★)**
④ **수확체감의 법칙**이 적용된다.

> **TIP** 수확체감의 법칙
>
> 일정한 농지(토지)에서 종사하는 노동자(농업인)가 많을수록 1인당 생산량은 줄어든다는 이론

⑤ **자본의 회전이 느리다.(★)**
⑥ **노동의 수요**가 연중 균일하지 못하다.
⑦ **수송비**가 많이 든다.
⑧ **중간상인**의 역할이 크다.
⑨ **농산물의 소비측면은 비탄력적(★)**이다.
⑩ **가격 변동이 심하다.(★)**

2) 작물의 생산성과 재배 동향

① 작물생산성(수량)의 3대 요소(★) : 작물의 유전성, 환경조건, 재배기술

② 최초의 재배 작물 : 밀, 보리(약 1만~1.5만년)

③ 세계의 3대 작물(★) : 쌀(벼), 밀, 옥수수

➡ 인류의 전체 곡물 소비량의 75%를 차지한다.

④ 빵밀(보통계)의 게놈조성(★) : AABBDD(이질6배체)

Ⅱ 작물의 기원과 전파

1 재배식물의 특성 변화

1) 작물의 분화과정

- **순서(★) : 유전적 변이의 발생 ➜ 도태와 적응 ➜ 순화 ➜ 격절(고립)**

암기 첫 글자를 따서 ☞ 작물의 분화 ✔ 변 · 도 · 순 · 격

① 유전적 변이(새로운 형질)의 발생

TIP 변이를 확실히 이해하자

- **변이?** ⇒ 식물의 개체(그루)들 사이에 형질(키, 색깔, 수량성 등)의 특성이 다른 것을 변이라고 한다. 식물의 육종(신품종 개발)이란 새로운 변이를 만들어 내는 것이다.
- **자연교잡에 의한 변이 발생** : 수정과정은 생식모세포에서 감수분열이 일어나는데, 이러한 과정에서 염색체 재조합이 일어나 새로운 변이가 발생하게 된다.
- **돌연변이에 의한 변이 발생** : 강한 햇빛, 번개 등에 의해 자연적으로 새로운 형질이 발생하여 변이가 발생한다.(과수에서 자연적으로 발생한 돌연변이를 아조변이라고 한다.)

⇒ **자연교잡, 돌연변이**에 의해 자연적으로 변이가 발생한다.

2) 도태 · 적응

① 도태 : 새로운 유전적변이체 중에서 환경조건이나 생존경쟁에서 이겨내지 못하는 것

② 적응 : 도태의 반대 개념. 즉, 견뎌 내는 것

③ 순화 : 순화는 환경조건이나 생존경쟁에서 적응한 개체들이 오랫동안 생육하게 되면서 생태조건에 잘 적응하게 되는 것을 말한다.

④ 격리(고립, 격절)

- **격리**란 순화한 개체들이 **유전적인 안정상태를 유지하는 것**을 말한다. 유전적 안정상태를 유지한다는 의미는 적응형 상호간에 유전적 교섭, 즉 자연교잡이 생기기 않는 것을 의미하며, 이러한 것을 격리 또는 고립이라고 한다.
- **격리**(고립)는 **지리적 격리**와 **생리적 격리**로 구분한다.

지리적 격리	지리적으로 멀리 떨어져 있어 상호간 **유전적 교섭(자연교잡)**이 방지되는 것을 지리적 격리라고 한다.
생리적 격리	상호간 개화기의 차이, 교잡불임(불화합성) 등으로 같은 장소에 있더라도 유전적 교섭(자연교잡)이 발생하지 않는 것을 생리적 격리라고 한다.

3) 야생식물이 재배식물로 발전하면서 변화된 특징

① **휴면성이 약화**되었다(★).
야생식물은 휴면성이 강하지만 재배식물이 되면서 **강한 휴면성이 약화**되었다. 그 원인은 발아억제물질이 감소 또는 소실되었기 때문이다.

② **대립 종자**로 발전하게 되었다.

③ 종자의 저장 **단백질 함량이 낮아**지고 **탄수화물 함량**이 **증가**하였다.

④ **분열**이나 **분지**가 거의 **동시에 이루어**진다.

> **TIP** 분얼과 분지
> - 분얼 : 벼과식물의 밑둥에서 새로운 줄기 및 잎이 발생하는 것
> - 분지 : 새로운 가지가 발생하는 것

⑤ 성숙 후 **탈립성(종실이 떨어짐)은 낮아**졌다.

⑥ **수량은 증가**하였다.

2 작물의 기원지

1) 기원지

어떤 식물이 **최초로 발생하게 된 지역**을 말한다.

2) 식물의 기원지를 연구한 학자 → 드캉돌, 바빌로프

① 드캉돌(DE CANDOLLE, 1816, 스위스, 식물학자)

- **고고학 · 역사학 · 언어학적으로 고찰하였다.**
- **재배식물의 조상 식물이 자생하는 곳**을 재배적 기원지로 추정하였다.

② 바빌로프(Vavilov. 1887~1943. 구소련. 식물육종학자)
- **지리적 미분법**을 적용하였다.
- **유전자 중심설(8개 지역)을** 제창하였다.

3) 바빌로프(Vavilov)의 유전자 중심설(★★)

바빌로프(Vavilov, 1926)는 전 세계를 통하여 농작물과 그들의 근연식물들을 수집하여 지역별로 종의 분포도를 만들고, 종 내의 유전적 변이를 조사하여 그 식물종의 기원중심지를 결정하는 방법, 즉 **지리적 미분법**으로 **주요 작물의 재배 기원 중심지를 8개 지역**으로 나누었다.

① 유전자 중심설의 주요 내용
- 작물의 기원지는 지구상 **8개 지역**에 집중되어 있음을 확인하였다.
- **발생중심지**에는 **많은 변이가 축적(★★)**되어 있으며, **유전적으로 우성적인 형질(★★)**을 가진 형이 많다.
- **열성의 형질**은 **발상지로부터 멀리 떨어진 곳(★★)**에 위치한다.
- **2차적 중심지**에는 **열성형질**(★★★)을 가진 형이 많다.

② 재배식물의 발상 8개 지구(★★★)
- 중국 지구 : **복숭아**, 동양배, **6조보리**, 조, 피, 메밀, 콩, 팥, 파, 인삼, **배추**, 감
- 인도 동남아 지구 : **벼**, **참깨**, **사탕수수**, 왕골, 오이, 박, 가지, 생강

> **TIP**
>
> **국제 쌀 연구소(IRR) ⇒ '필리핀'에 소재함(유전적 변이가 가장 많기 때문)**

- 중앙 아시아 지구 : 완두, 양파, 무화과, 귀리, 기장, 삼, 당근
- 코카서스 · 중동 지역 : 시금치, 서양배, 사과, 보리, 보통밀, 호밀, 유채, **포도**, 1립계와 2립계의 귀리, 알파파, 양앵두 등
- 지중해 연안 지구 : 완두, 유채, 사탕무, 양귀비, 화이트클로버, 티머시, 오처드그래스, 무, 순무, 우엉, 양배추, 상추
- 중앙아프리카 : 진주조, 수수, 수박, 참외 등
- 멕시코 · 중앙아메리카 : **옥수수**, 강낭콩, **고구마**, **호박**, 해바라기 등
- 남아메리카 지역 : **감자**, **토마토**, **고추**, **땅콩**

4) 주요 작물의 기원지(★★★)

① 벼(★) : 인도(아삼 지역), 중국(윈난 지역)
② 옥수수(★) : 중앙아메리카, 남아메리카 북부
③ 콩(★) : 중국 북동부(만주)

④ 팥 : 한국, 중국, 일본
⑤ 완두 : 중앙아시아~지중해 연안
⑥ 강낭콩 : 멕시코, 중앙아메리카
⑦ 고구마(★★) : 멕시코, 중앙아메리카
⑧ 감자(★★) : 남아메리카(안데스)
⑨ 참깨(★) : 인도
⑩ 사탕무(★) : 지중해 연안
⑪ 이탈리안라이그래스 : 이탈리아
⑫ 담배(★) : 남아메리카
⑬ 수박(★★) : 아프리카
⑭ 호박(★★) : 멕시코(중앙아메리카)
⑮ 참외 : 아프리카(서부 지역)
⑯ 토마토(★★) : 남아메리카(서부 지역)
⑰ 무 : 지중해 연안
⑱ 시금치 : 이란, 코카서스
⑲ 상추 : 지중해 연안
⑳ 사과(★) : 동유럽, 코카서스
㉑ 복숭아(★) : 중국(황하강 상류)
㉒ 감 : 한국, 중국, 일본
㉓ 쑥갓 : 중국, 지중해 연안
㉔ 포도 : 서부아시아, 코카서스
㉕ 무화과 : 중앙아시아

Ⅲ 작물의 분류

1 농경의 발상지(학자별)

학자마다 농경의 발상지는 **큰 강 유역, 산간부** 또는 **해안 지대**일 것으로 추측하였다.

① 큰 강의 유역 : De Candolle(드캉돌, 1816, 스위스 식물학자)
② 산간부 : N. T. Vavilov(바빌로프)
③ 해안 지대 : P. Dettweiler(**데트웰러**)

암기 캉돌**강**, 바빌**산**, 데트**해안**

2 재배의 기원(학자별)

➥ 학자들마다 재배의 기원을 다르게 추정하였다.

① G. Allen(알렌) : **묘소에 공물**로 바쳐 뿌려진 야생 식물의 열매가 자연적으로 싹이 터서 자라는 것을 보고 재배라는 관념을 배웠을 것으로 추정하였다. (암기 알렌의 묘소)

② De Candolle(캉돌) : 산야에서 채취한 과실을 먹고 **집 근처에 버려 둔 종자**에서 같은 야생식물이 싹이 터서 자라는 것을 보고 파종이라는 관념을 배웠을 것으로 추정하였다. (암기 **캉통(캉돌)에 버린 종자**)

③ H.J.E. Peake(피크) : 채취해 온 식물의 열매가 잘못하여 집 근처에 떨어진 것이 싹이 터서 자라는 것을 보고 재배의 관념을 배웠을 것으로 추정하였다.

3 식물의 영양과 학자

① ARISTOTELES(아리스토텔레스) : 식물의 영양은 **유기물**로부터 얻는다고 주장하였다.
암기 아리스토텔레스는 유기물을 좋아함

② LIEBIG(리비히 ★) : **무기영양설** 및 **최소율의 법칙** 주장
암기 첫 글자 키워드를 따서 ☞ 리비 무기 · 최소율

- **무기영양설** : 식물의 필수 양분은 무기물이다.
- **최소율의 법칙** : 식물의 생육은 아무리 다른 양분이 충분하여도 가장 소량으로 존재하는 양분에 의해 생육이 지배된다.

③ BOUSSINGAULT(보우스싱아울트) : **콩과식물이 공중질소를 고정한다는 것을** 밝혔다.
(암기 보우싱 · 공중질소)

4 작물의 개량과 주요 학자

① R.J. CAMERARIUS(카메라리우스, 독일) : 식물에 암수의 구별이 있음을 밝혔다.
② J.G. KOELREUTER(켈로이터, 독일) : 최초로 인공교잡을 성공
③ C.R. DARWIN(다윈, 영국) : 진화론(획득 형질은 유전한다.) 발표
④ WEISMANN(웨이스만, 독일) : 용불용설(획득형질은 유전하지 않는다.) 발표
⑤ G.J MENDEL(멘델, 오스트리아) : **멘델의 유전법칙** 발표 → **완두**를 이용하여 교잡실험
⑥ JOHANNSEN(요한센, 덴마크) : **순계설** 발표 → **자식성 작물의 품종 개량에 이바지**
(암기 순진한 요한센)

TIP 순계

자식성(자가수정) 식물은 자기 꽃에서 수정이 이루어지므로 유전자형이 동형접합체이다. AA 또는 aa처럼 동형접합인 것을 순계라고 한다. 그러나 타식성(타가수정) 식물은 다른 개체와 수정이 이루어지므로 유전자형이 Aa처럼 이형접합체이다.

⑦ J.DE VRIES(드브리스) : 돌연변이 발견(달맞이꽃 연구) → 돌연변이 육종에 기여
⑧ MORGAN(모건) : **반성유전** 발견(**초파리** 실험을 통해)
⑨ MULLER(뮐러) : **X선으로 돌연변이가 유발**되는 것을 발견

제1과목

5 작물보호와 주요 학자

① A. VAN LEEUWENHOEK : **현미경을 발견**하여 박테리아를 발견
② L. PASTEUR : 병원균설 제창(식물병의 과학적 방제 시작 계기)
③ 깍지벌레의 천적 발견(1872년) : **뒷박벌레**
④ 소의 가축열병 : 진드기가 매개한다는 것을 발견
⑤ 배화상병 : **벌**에 의해 매개된다는 것을 발견(1891년)

6 잡초 방제와 주요 학자

pokorny(포코니. 미국. 1941) : **최초의 화학적 제초제 2,4-D**를 합성하였다.

7 식물 생육조절과 주요 학자

① KOEGL(코겔) : **옥신**의 존재를 밝힘(**귀리**의 **어린 줄기 선단부**에 **생육조절 물질**이 존재 → 이 물질이 **옥신**) (암기 코겔옥신)
② 쿠로자와(일본. 식물병리학자. 1926) : 벼의 **키다리병(★)**을 일으키는 원인 물질이 **병원균의 대사산물**이라는 사실을 밝히고, 이 물질이 **지베렐린(★)**이라는 사실을 밝혔다.
③ C.O. MILLER. / F. SKOOG : **시토키닌류**의 **키네틴**을 발견
④ 오오쿠마 / J.W.CORNFORTH(콘포스. 1965) : **아브시스산(ABA)** 발견
⑤ R. GANE(가네. 1930) : 식물의 성숙(노화)을 촉진하는 호르몬이 **에틸렌**가스임을 밝혔다.
⑥ MITCHEL(미첼. 1949) : **강낭콩 줄기 신장을 억제**하는 물질인 **2,4-DNC** 발견

8 작부 방식의 변천

- 작부 방식 변천 순서(★★)

이동경작(대전법) ➡ 3포식농업 ➡ 개량3포식농업 ➡ 자유작

① 이동경작(대전법) : 가장 원시적인 작부 방식
- 원시 농경시대의 경작 방법이다.
- 한곳에서 경작을 한 다음 다른 장소로 옮겨 다니며 경작하는 방식이다.(우리나라 : 화전, 일본 : 소전, 중국 : 화경)
- 한곳에서 오래 농사를 지으면 지력이 떨어지기 때문에 이동 경작을 하였다.

② 3포식농업(휴한농업)
- 경작지의 2/3는 추파(**가을 파종**) 또는 춘파(**봄 파종**) 곡물을 재배하고, 1/3은 휴한(**휴경**)하는 방법이다.
- 해마다 휴한지(**휴경지**)를 이동하여 3년 1주기로 휴한(**휴경**)한다.

③ **개량3포식농업** : 3포식농업과 경작방법은 같지만 휴한지(**휴경지**)를 그냥 놀리지 않고 클로버, 알팔파, 베치 등의 콩과작물을 재배, 지력 증진을 도모한다.

④ 노퍽(Norfolk)식 윤작 체계(★)
- **순무 → 보리 → 클로버(두과) → 밀재배**
- 특징 : 두과(콩과) 목초와 사료용 근채류(순무)가 조합된 윤작 체계이다.

⑤ **자유작** : **20세기** 초 **화학비료, 합성농약**을 사용하기 시작하면서 3포식농업처럼 휴한(휴경)지를 별도로 두지 않고 **휴한지 없이** 언제 어느 때나 **자유롭게 재배**를 하게 되었다.

9 작물의 종류

① 현재 세계적으로 재배되고 있는 작물의 종류 : **2,500여 종**

② 재배작물의 구성 : **식량작물 > 채소작물 > 사료작물 > 조미료작물**

암기 식 · 채 · 사 · 조

10 린네의 이명법(★★)

① **린네**는 식물을 **형태적 구조**, 주로 **꽃의 구조**를 중심으로 분류하였다.

② 오늘날 **학명**이라고 하며, 국제적으로 식물의 종명을 나타내는 데 사용되고 있다.

③ **학명표기법** : 앞에 **속명**, 다음에 **종명**을 쓰고, 마지막에 **명명자**의 이니셜을 쓴다. **(속+종+명명자)** 암기 속 · 종 · 명

④ 식물별 학명 표기

식물명	속명	종명	명명자명
벼(★)	Oryza	sativa	L.
인삼	Panax	ginseng	C.A. Meyer
소나무	Pinus	densiflora	SIEB.Et ZUCC

11 식물학적 분류법

① 계통은 상위로부터 **문, 강, 목, 과, 속, 종**의 6계급으로 나눈다.
② **식물학상 종과 재배학상 작물의 종류**와는 **항상 일치하지 않는다.**

12 생태학적 분류법

1) 생존연한에 의한 분류(★)

① **1년생 작물** : 봄에 종자를 뿌리고, 그 해에 개화 결실해서 일생을 마치는 것 → 벼, 콩, 옥수수, 해바라기
② **월년생 작물** : 가을에 종자를 뿌리고, 월동해서 이듬해에 개화 결실하는 식물 → 가을밀, 가을보리, 금어초
③ **2년생 작물** : 종자를 뿌리고, 1년 이상을 경과해야 개화, 성숙하는 것 → **무, 사탕무(★)**, 당근
④ **영년생 작물** : 여러 해에 걸쳐 생존을 계속하는 것 → **호프(★), 아스파라거스**, 대부분의 목초류

2) 생육적온에 따른 분류

① **여름(하)작물** : 고온기인 여름철을 중심으로 생육하는 작물 → 콩, 옥수수, 담배
② **겨울작물(동계작물)** : 추운 겨울을 월동하는 월년생 작물 → 가을밀, 가을보리

3) 온도적응성에 의한 분류

① **저온작물** : 비교적 저온에서 생육이 잘 되는 작물 → 맥류, **감자(★)**
② **고온작물** : 고온조건에서 생육이 잘 되는 작물 → **벼**, 콩, 담배
③ **열대작물** : 열대적 기온조건에서 생육이 좋다. → 카사바, **고무나무**, 망고

④ **하고현상(★)** : **티머시, 알팔파** 등과 같이 서늘한 기후 조건에서 생육이 양호한 북방형 목초작물의 경우 여름철(고온기)이 되면 생육이 정지되고 말라 죽는 현상

4) 생육형에 따른 분류

① **주형작물** : 하나하나의 그루가 포기를 형성하는 작물 → 벼, 맥류

② **포복형작물** : 줄기가 땅을 기어서 지표면을 덮는 식물 → **딸기**, 고구마, 화이트클로버

5) 저항성에 따른 분류

① **내산성 작물** : 산성토양에 **강한** 작물 → **감자(★)**, 유채, 밀, **귀리**, 땅콩, 토마토, 아마, 벼(밭벼), 수박

> 암기 **산성에서 강감찬은 유밀귀의 땅을 토벌하고 아주 많은 벼와 수박을 심었다.**
> - 산성에서 강감찬은 → 산성토양에 강한 작물, 감자
> - 유밀귀 → 유채, 밀, 귀리
> - 땅 → 땅콩
> - 토벌 → 토마토
> - 아주 많은 → 아마
> - 벼(밭벼) → 벼, 밭벼
> - 수박 → 수박

② **내건성 작물** : 가뭄에 강한 작물 → **수수(★ 암기 내건 · 수수)**

③ **내습성 작물** : 과습 토양에 강한 것 → **밭벼(★★★)**

④ **내염성 작물** : 간척지 염분토양에 강한 것 → **사탕무(★), 목화, 양배추**

⑤ **내풍성 작물** : 바람에 강한 작물 → 고구마

13 번식방법에 의한 분류

식물의 번식방법은 크게 종자에 의한 **유성번식(종자번식)**과 잎, 줄기, 뿌리 등 영양기관에 의한 **영양번식**으로 구분한다.

1) 유성번식(종자번식)

① **자웅동화** : 한 개체(그루)에 있는 하나의 꽃 속에 암술과 수술이 함께 있는 작물(식물) → 벼, 콩, 토마토, 가지, 고추

② **자웅이화동주** : 한 개체(그루)에 암꽃과 수꽃이 따로 있는 작물 → 옥수수, 오이, 호박, 수박

> **TIP 자웅이화동주**
>
> 옥수수는 꼭대기에 달린 것이 수꽃이고, 옥수수의 수염이 암꽃이다. 이처럼 한 개체(그루)에 암꽃과 수꽃이 따로 있는 식물을 '자웅이화동주'라고 한다.

③ **자웅이주(★★)** : 암꽃나무와 수꽃나무가 따로 있는 식물

➥ **시금치, 삼, 호프, 아스파라거스, 은행나무**

TIP 자웅이주

자웅이주 식물은 암꽃그루들 근처에 수꽃그루가 같이 있어야 결실을 맺을 수 있다.

2) 영양번식(무성번식)

식물의 **줄기, 뿌리, 잎** 등을 **영양기관**라고 하며, 영양기관을 이용하여 번식하는 것을 영양번식이라고 한다. 수정과정이 없으므로 **무성번식**이라고도 한다.

① **괴근(덩이뿌리)** : **뿌리가 비대**한 작물 → **고구마, 다알리아**, 카사바

② **괴경(덩이줄기)** : **땅속줄기가 비대**한 작물 → **감자**, 뚱딴지(**돼지감자**), 시클라멘

암기 근 · 고 ✔ 경 · 감(괴근 → 고구마, 괴경 → 감자)

③ **구근(알줄기)** : **줄기가 비대**하여 **둥근 모양**이 되고, 잎의 기부가 막상으로 감싸고 있는 작물 → **글라디올러스**, 프리지아, 크로커스

암기 구 · 글(구근 → 글라디올러스)

④ **인경(비늘줄기 ★)** : 줄기가 단축되고 비대한 잎이 비늘모양으로 겹쳐져 둥근모양으로 있는 작물 ⇒ **튤립, 히아신스, 양파, 마늘, 쪽파**

암기 인경이와 튜 · 히 · 양은 마늘과 쪽파를 좋아했다.

➥ 인경이(인경), 튜 · 히 · 양(튤립, 히아신스, 양파), 마늘, 쪽파

TIP 인경류

식물의 지하부 형태가 마늘이나 양파처럼 생긴 것들은 인경류이다.

⑤ **지하포복경** : 지하에 수평으로 신장하는 작물 → 버뮤다그래스, 벤트그래스, 잔디

14 작물학적 분류법

1) 식용작물(목적 ☞ 식용)

① **화곡류** : 벼, 밀, 보리, 호밀, 귀리, 조, 옥수수, 기장, 메밀 등

② **두류** : 콩, 팥, 강남콩, 완두, 녹두, 땅콩, 누에콩 등

③ **서류** : 감자, 고구마, 카사바 등

2) 공예작물(목적 ☞ 특별한 용도=특용작물. ★★★)

공예작물은 섬유, 유지(기름), 전분, 당, 기호식품, 염색, 약용 등 **특별한 용도**로 재배하는 작물이기 때문에 특용작물이라고도 한다.

① **섬유작물** : 목화, 아마, 삼, 닥나무, 황마, 골풀, 모시풀 등
- 이해 : 목화 → 면, 삼 → 삼베, 황마 → 마대, 모시풀 → 모시

② **유료작물** : 참깨, 들깨, 유채, 땅콩, 해바라기, 홍화, 아주까리, 기름야자 등
- 이해 : 참깨 → 참기름, 들깨 → 들기름, 유채 → 카놀라유

③ **전분작물** : 벼, 맥류, 옥수수, 감자, 고구마, 카사바, 구약, 뚱딴지 등

④ **당료작물** : 사탕수수, 사탕무, 사탕야자, 사탕단풍, 스테비아

⑤ **기호료작물** : 차, 담배, 호프, 카카오, 콜라

⑥ **염료작물** : 사프란, 인도남, 쪽, 잇꽃(홍화)

⑦ **약용작물** : 인삼, 감초, 작약, 대황, 목단, 박하, 제충국, 양귀비, 호프 등
- 이해 : 약용작물 → 한약재 등

3) 사료작물(용도 ☞ 가축 먹이)

① **화본과(벼과)목초** : 옥수수, 귀리, 오처드그래스, 티머시, 페레니얼라이그래스, 이탈리안라이그래스, 톨페스큐, 메도우페스큐, 버뮤다그래스 등

② **콩과(두과)목초** : 헤어리베치, 화이트클로버, 레드클로버, 화이트스위트클로버, 알팔파

③ **청예용작물** : 옥수수, 수수, 맥류, 콩류, 수단그래스, 자운영, 헤어리베치, 루핀 등

④ **사료용 근채류** : 순무, 루터베이거, 비트

4) 채소류

① **과채류** : 오이, 메론, 호박, 수박, 참외, 가지, 토마토, 고추, 오크라, 딸기

② **엽채류** : 배추, 양배추, 브로콜리, 겨자, 갓, 쑥갓

TIP 과채와 과일의 차이

- 과채류 : 초본성 식물의 열매. 채소류로 분류(오이, 수박, 참외, 토마토 등)
- 과일류 : 목본성(나무) 열매. 과실류로 분류(사과, 배, 복숭아, 포도 등)
- 엽채류 : 잎이 식용 목적인 채소(배추, 상추 등)
- 근채류 : 지하부가 식용 목적인 채소(무, 당근 등)

5) 과수류

① **인과류(★)** : 사과(★), 배, 비파
- 인과류 → **꽃받침이 발달**하여 과육이 된 것

② **핵과류** : 복숭아, 자두, 살구
- 핵과류 ⇒ **씨방의 중과피가 발달**하여 과육이 된 것

③ **각과(견과)류** : 호도, 밤, 아몬드, 은행
- 각과류 ⇒ **자엽**이 발달하여 과실이 된 것

④ **장과류(★)** : 포도, 딸기(★), 무화과
- **장과류** ⇒ 씨방의 외과피가 발달하여 과실이 된 것

⑤ **준인과류** : 대추, 감, 귤
- **준인과류** ⇒ 씨방이 발달하여 과실이 된 것

> 암기
> - 인과류 : 인사동 배나무집 비파
>   ➥ 인사동 → 인과류, 사과, ✔ 배나무집 → 배, 비파 → 비파
> - 핵과류 : 핵으로 복수하고 자살
>   ➥ 핵으로 복수 → 핵과류 복숭아 ✔ 자살 → 자두나무, 살구나무
> - 장과류 : 장포의 딸 무화
>   ➥ 장포 → 장과류 포도 ✔ 딸 → 딸기 ✔ 무화 → 무화과
> - 준인과류 : 준대감집 귤나무
>   ➥ 준대감 → 준인과류, 대추, 감 ✔ 귤나무 → 귤

15 재배 이용에 따른 분류

① **중경작물** : 잡초의 피해가 경감되는 작물 → 옥수수, 수수

② **휴한작물** : 휴한하는 경작지에 지력 증진을 목적으로 재배하는 클로버, 헤어리베치, 자운영 같은 두과작물

③ **대파작물** : 어떠한 사유로 인해 해당 작물의 파종 시기를 놓쳤을 때 대신 심는 작물 → 메밀 등

④ **구황작물** : 흉작으로 식량 대용으로 사용할 수 있는 작물 → 조, 피, 기장, 메밀, 고구마, 감자 등

16 경영적 측면에 따른 작물의 분류

① **자급작물** : 농가에서 자가 소비용 작물

② **환금작물** : 판매를 목적으로 경작하는 작물

③ **경제작물** : 환금작물 중에서 수익성이 높은 작물

17 토양보호 측면에 따른 작물의 분류

① 피복작물 : 토양을 피복하기 위한 작물 → 잔디
② 토양보호 작물 : 토양침식을 방지하기 위해 심는 작물

18 사료작물의 용도에 의한 분류

① 청예용 작물 : 사료작물 중에서 풋베기를 하여 사료로 이용하는 작물
② 건초작물 : 예취한 다음 건조하여 사료로 이용하는 작물
③ 사일리지(엔실리지) : 예취한 생초를 발효(젖산발효)시켜 이용하는 작물

- **사일리지(엔실리지)란?**
  사료작물을 풋베기 하여 진공 저장하면 젖산발효(효모)가 일어나는데, 이렇게 발효된 사료를 사일리지라고 한다. 발효를 하는 이유는 사료의 양분손실을 막고 보존성을 높이기 위한 것이다. 40일 정도가 경과하면 사료로 사용할 수 있다. 방식에 따라 직접사일리지와 곤포사일리지가 있다. 농촌 들녘에 지나가다 보면 논에 흰색 또는 유색으로 둥그렇게 말아놓은 것들이 곤포사일리지이다.

Ⅳ 재배 현황

1 세계의 작물재배 동향

① 재배 면적 : 밀 〉 벼 〉 옥수수
② 생산량 : 옥수수 〉 밀 〉 벼

TIP
재배 면적 생산량 순서 혼돈주의 !

③ 세계의 벼 재배 면적이 가장 많은 지역 : 아시아

2 우리나라의 경지 동향

① 우리나라의 국토면적에서 **산림**이 64.3%이다.
② 농경지 면적 비율은 해마다 줄어들고 있다.

③ 밭 보다 논 면적이 많다.
④ 생산성이 떨어지는 사질답, 미숙답, 습답 등의 비율이 높다.
⑤ 토양은 적정 범위보다 낮은 약산성이다.
⑥ 토양에 **유효인산의 함량은 높은 편**이다.
⑦ 논의 **유효규산 함량**은 적정 범위보다 **미달**한다.
⑧ 관개 수리시설이 아직 미흡하다.
⑨ 경지면적 비율이 아직 저조하다.
⑩ 기계화가 아직 미흡하다.

3 우리나라 농업의 특징

① 토지 이용률이 낮다.
② 기상재해가 크다.
③ 주곡(쌀) 중심이다.
④ 지력(토양비옥도)이 낮다.
⑤ 윤작 비중이 낮다.
⑥ 식량 자급률이 낮다.(전체 약 29.7%)
⑦ 쌀은 100% 자급

4 우리나라 농업의 당면 과제

① 생산성 향상
② 품질 향상을 통한 경쟁력 확보
③ 작형의 분화 및 합리적 작부 체계의 도입
④ 농산물의 저장성 향상
⑤ 유통구조의 개선
⑥ 국제경쟁력 확보
⑦ 친환경 농업의 실천(저투입 · 지속 가능한 농업)
⑧ 수출 지향적 농업 추구

CHAPTER 03 작물의 유전성

I 종 · 품종 · 계통

1 신품종의 구비조건(DUS)(★)

① **구별성** : 신품종의 한 가지 이상의 특성이 기존의 알려진 품종과 뚜렷이 구별되는 경우
② **균일성** : 신품종의 특성이 균일한 것
③ **안정성** : 세대를 반복하여 재배해도 신품종의 특성이 변하지 않는 것
암기 DUS / 구 · 균 · 안

2 품종보호 요건(★)

신규성, 구별성, 균일성, 안정성, 1개의 고유한 품종 명칭
암기 첫 글자를 따서 ☞ 신 · 구 · 균 · 안 · 1품

3 품종의 퇴화 원인(★)

TIP

유전적 퇴화, 생리적 퇴화, 병리적 퇴화

1) 유전적 퇴화

이형유전자의 분리, 자연교잡, 돌연변이, 근교약세 및 기회적 부동, 기계적 혼입에 의한 품종의 퇴화를 말한다.

2) 생리적 퇴화

동일품종의 종자라고 해도 **토양**이나 **기후조건**이 **다른 곳**에서 몇 세대 동안 **재배**하게 되면 **환경에 대한 생육반응**이 달라져 **다음 세대에서 변이가 발생**하는데, 이를 생리적 퇴화라고 한다.

① 서늘한 고랭지에서 재배하여 생산한 씨감자보다 온난한 평야지에서 생산한 씨감자의 생산력이 떨어진다.

② 난지에서 생산한 무 종자를 봄에 파종하면 추대가 많아진다.

> **TIP**
>
> 추대(bolting, 抽薹) ⇒ 꽃대가 올라옴(추대가 되면 먹을 수 없게 된다.)

3) 병리적 퇴화

병리적 퇴화란 **바이러스 등 병해충 발생**에 의해서 **품종이 퇴화**하는 것을 말한다.

① 감자, 나리, 튤립 등과 같이 영양번식을 하는 작물에서 바이러스에 의하여 품종이 급속히 퇴화하게 된다.
② 종자생산포장에서 병해충이 발생하면 품종이 퇴화한다.

4 신품종의 종자증식 체계(★)

① **기본식물** : 육종가들이 직접 생산하거나 육종가의 관리 하에 생산한 것
② **원원종** : 각 도의 농업기술원에서 기본식물을 증식하여 생산한 종자
③ **원종** : 각 도의 농산물 원종장에서 원원종을 재배하여 채종한 종자
➡ **원종장** : 각도 농업기술원의 사업소
④ **보급종** : 농가에 보급할 종자로서 원종을 증식한 것(국립종자원)

5 국제식물신품종보호연맹(UPOV)

① **국제식물신품종보호연맹**(International Union for the Protection of New Varieties of Plants) : 1961년 파리에서 국제협약 채택
② UPOV에 가입한 나라는 신품종을 보호받을 수 있다.
③ **육종가의 권리를 보호**받으려면 **UPOV에 가입**해야 한다.
④ 우리나라 → 외국 품종(화훼 등) 재배로 로얄티 부담 요인이 되고 있다.

6 우량품종의 구비조건(★)

➡ 균일성, 영속성, 우수성, 광지역성
암기 우광이 동생 균영이 / 균 · 영 · 우 · 광

Ⅱ 형질과 변이

1 형질

1) 형질

형질은 **품종의 특성**을 나타내는 요소이다. 즉, 식물의 **색깔**, **키(초장)**, **간장**, **수량성** 등을 형질이라고 한다.

2) 형질의 종류(★)

① 질적형질 → 색깔
- **소수의 주동유전자(1~2개의 유전자)**가 지배한다.
- 변이가 **불연속적**이다.
- **유전자형과 표현형(겉으로 드러나는 형질)의 관계가 분명**하다. 따라서 유전자형 개체의 선발이 용이하다.

② 양적형질 → 자나 저울로 계측 · 계량이 가능한 요소(**키**, **간장**, **수량성**)
- **연속변이** 한다.
- **폴리진**이 관여한다.
- **환경의 영향**이 크다. 따라서 선발이 어렵다.
- **선발효과도 뚜렷하지 않다.**

  예 그 해의 환경조건에 따라 키가 클 수도 있고, 수량성이 높거나 낮을 수도 있기 때문이다.

2 변이

1) 변이란

개체들(그루들) **사이**에 **형질**(색깔, 키, 수량 등)**의 특성이 다른 것**을 말한다. 즉, 신품종을 개발하는 것은 새로운 변이를 만드는 것이다.

2) 변이의 종류(★★★)

① 형질의 종류(특성)에 따라 → 형태적변이, 생리적변이
- 형태적변이 : 키가 큰 것과 작은 것
- 생리적변이 : 병충해에 약한 것과 강한 것

② 변이의 양상에 따라(★★) → 연속변이, 불연속변이

- 불연속변이(질적형질) : 꽃 색깔
- 연속변이(양적형질) : 키가 작은 것부터 큰 것

③ **변이의 성질**에 따라 → 대립변이, 양적변이

④ **변이의 원인**에 따라(★) → 장소변이, 돌연변이, 교잡변이

⑤ **유전성의 유무**에 따라 → 유전변이, 환경변이

- **유전변이** : 유전적으로 나타나는 변이로 다음 세대에 유전이 된다.
- **환경변이** : 환경요인에 의해 나타나는 변이로 다음 세대에 유전되지 않는다.

제1과목

3) 변이의 감별(식별)방법

➥ **특성검정, 후대검정, 상관관계 이용, 유전분석(분자표지 이용)**

① 특성검정

㉠ **특성검정** : 특성검정이란 검정하고자 하는 식물의 종자를 직접 심어서 재배하여 자라는 식물체에서 나타나는 특성을 비교분석 하는 방법이다.

㉡ 특성검정의 목적 및 의의

- 변이의 감별이 간단한 경우나 표현형(**겉으로 드러나는 형질, 즉 육안으로 관찰하여 쉽게 감별이 가능한 형질**)으로 판정하기 쉬운 형질은 특별한 선발 기술이 없어도 된다.
- 그러나 **내냉성 형질, 내병성 형질**처럼 **특정 환경에서 발현되는 형질**들은 표현형으로는 감별이 어려우므로 특성검정이 필요하다.

㉢ 방법

- 특성검정은 **자연조건, 검정포, 실내, 국제연락시험** 등을 이용한다.
- 먼저 검정하고자 하는 형질과 이상적인 환경조건을 만든 다음, 감별하고자 하는 종자를 파종하여 자라는 식물체에서 발현되는 형질의 특성을 비교 · 분석한다.

㉣ **특성검정 방법의 단점** : 특성검정 방법은 직접 재배를 통해 검정을 하기 때문에 인력과 시간, 그리고 재배에 따른 많은 경비 등이 소요된다.

TIP 특성검정의 이해

가령 서해안 지역의 벼가 흰잎마름병이 극심하여 여기에 저항성 품종을 개발하고자 한다고 가정해보자. 기존의 우수한 형질을 가진 실용품종에 흰잎마름병에 저항성을 가진 벼 품종을 찾아서 여교잡을 통해 새로운 품종을 개발하였는데, 실제 저항성이 있는지의 여부를 확인하기 위해서는 이상적인 환경조건을 갖춘 서해안 지역을 택해서 직접 재배를 해 보는 것이다. 이렇게 검정해 보는 방법이 특성검정이다.

② **후대검정** : 검정개체를 **자식**을 시킨 후 **자손**에서 나타나는 특성, 즉 **형질의 분리 여부**를 보고 **동형접합체**인지, **이형접합체인지를 검정**한다.

TIP 자식이란

자식이란 인위적으로 자기 꽃을 가지고 수정을 시키는 것을 말한다. 이렇게 자가수정을 시켜서 생산된 F1 종자 모두가 동일한 형질이면 동형접합체, 즉 순계이고, F1 종자에서 서로 형질(색깔, 형태 등)이 다른 종자가 생산되면 검정한 종자는 이형접합체(Aa=잡종)라는 것을 알 수 있다.

※ 동형접합체 → AA 또는 aa / 이형접합체 → Aa
※ 후대검정에서 만약 검정하고자 하는 개체가 서로

- **동형접합(순계)일 경우** : AA×AA= F1 종자는 AA, AA, AA, AA로 나타나기 때문에 검정개체는 이형접합이 아니라는 것을 알 수 있다.
- **그러나 이형접합인 경우** : Aa×Aa=F1 종자는 AA, Aa, Aa, aa로 분리되기 때문에 검정개체는 동형접합이 아닌 잡종이라는 것을 알 수 있다.

③ 상관관계(변이의 상관) 이용

형질 간의 표현형은 환경상관과 유전상관으로 구성한다. 복수형질에 대한 선발은 상관관계를 아는 것이 중요하다.

㉠ **환경상관** : 환경조건에 기인하는 상관으로 식물재배, 기상, 토양 등 여러 가지 환경조건에 따라 상관반응이 다르게 나타난다.

㉡ **유전상관** : 환경조건의 변동을 없앴을 때의 상관으로 유전자의 연관, 다면발현, 상위성, 선발효과 등에 따라 상관반응이 다르게 나타난다.

④ 분자표지 이용(유전자 분석) 선발

- **동위효소**, RAPD, RFLP 등 분자표지를 이용하여 형질에 관여하는 유전정보를 분석하면 포장시험 없이도 변이를 쉽게 선발(**감별**)할 수 있다.

4) 변이의 작성방법(형질개량 방법)

➥ **인공교배, 돌연변이 유발, 염색체 조작, 세포융합이나 유전자 조작**

식물육종은 **새로운 변이를 만드는 것**이다. 그 방법으로 **자연변이**를 이용하거나 **인위적으로 변이를 작성**하고, 그 변이 중에서 원하는 유전자형의 개체를 선발하여 품종을 육성한다.

① 인공교배

- 특성이 서로 다른 자방친과 화분친을 인공교배하면 양친의 대립유전자들이 새롭게 조합되므로 잡종 후대에는 여러 종류의 유전자형이 분리하여 유전변이가 일어난다.
- 인공교배 하는 양친의 유전적 차이가 클수록 잡종집단의 유전변이가 커진다.

TIP

대립유전자란? → 서로 대립되는 유전자(A와 a는 서로 대립관계)
➥ Aa : A(우성유전자), a(열성유전자)

② 돌연변이 유발 → **방사선 처리, 화학물질 처리**

- **자연돌연 발생빈도**는(★) 10^{-7}~10^{-6}으로 매우 낮다.
- 그래서 **방사선**이나 **화학물질**을 **처리**하여 인위적으로 돌연변이를 유발시킨다.
- 인위 돌연변이는 인공교배처럼 여러 대립유전자들이 재조합되는 것이 아니어서 **특정한 형질만 개량**되는 특징이 있다.

> **TIP**
>
> ✧ 자연 돌연변이 → 아조변이(주로 과수)
> ✧ 인위적인 돌연변이 유발원 처리 → 돌연변이 육종

③ 염색체 조작

- 염색체의 수와 구조가 변화하면 식물체는 형태적 및 생리적으로 다른 특성을 나타낸다.
- 따라서, 염색체를 인위적으로 조작하면 반수체, 배수체, 이수체 등 유전변이가 생기게 된다.

④ 세포융합이나 유전자 전환

- 세포융합 : 인공교배가 안 되는 원연종·속 간에 유전자를 교환할 수 있는 방법이다.
- 유전자 전환 : 생물종에 관계없이 원하는 유전만을 도입할 수 있는 방법이다. ⇒ **유전자변형 농산물(GMO)**이라고 한다.

Ⅲ 식물의 생식

1 유성생식

- **유성생식 : 개화 ⇒ 수정 ⇒ 결실**을 거쳐 **종자를 형성**한다.
- **무성생식 : 수정과정 없이 번식 ➟ 아포믹시스 또는 영양기관(잎, 줄기, 뿌리 등)**에서 새로운 개체를 발생시킨다.

1) 수분과 수정

① 수분 : **화분이 암술의 주두로 이동하는 것**

② 수정 : **정세포(n)**와 배낭의 **난세포(n)**가 **융합**하여 **접합자(2n)**를 만들어 가는 과정이다.

2) 피자식물의 배우자 형성과정

유성생식을 하는 작물은 **체세포분열(유사분열)**을 통해 **개체로 성장**하고, **생식세포의 감수분열**로 배우자인 **화분과 배낭**을 만들어 생식을 한다. **생식모세포의 감수분열**에 의하여 반수체인 **딸세포**(daughter cell)가 생기고 **화분과 배낭**으로 성숙되는 과정을 배우자 형성과정이라고 한다.

① 체세포분열(유사분열. 식물체의 성장을 위한 세포분열)
체세포분열은 하나의 체세포가 2개의 딸세포로 되며, 일정한 세포주기를 가지고 **반복적**으로 일어난다.

㉠ 세포주기 : G1기 → S기 → G2기 → M기의 순서로 진행된다.
- G1기 : **세포가 성장**하는 시기
- S기 : **DNA의 합성**이 이루어지는 시기(**염색체가 복제되어 자매염색 분체를 만든다.**)
- G2기 : 체세포분열(**유사분열**)을 준비하는 성장기
- M기 : 체세포분열에 의해 **딸세포가 형성**된다.

㉡ 체세포분열(유사분열) 과정
➥ 체세포분열 과정은 **간기, 전기, 중기, 후기, 말기**로 구분

> **체세포분열(유사분열)**을 통해 **마모된 세포를 새것으로 교체**하여 정상적인 기능을 수행하도록 하고 **손상된 세포를 교체**하여 상처를 치유하는 역할도 한다.

단계	주요 특징
간기	DNA 복제가 일어난다.(★)
전기	염색사가 염색체구조로 된다. 인과 핵막 소실(★)
중기	방추사가 염색체의 동원체에 부착. 각 염색체는 적도판으로 배열(이동★)
후기	자매염색분체가 분리되어 서로 반대 방향으로 이동
말기	핵과 인이 다시 형성. 세포분열이 일어나 2개의 딸세포가 생긴다.

② 감수분열(식물의 생식을 위한 세포분열)
감수분열은 **생식기관**의 **생식모세포(2n)**에 의해서만 이루어지며, 연속적인 **두 번**의 분열을 거쳐 완성된다.

㉠ 제1감수분열 : **생식모세포(2n)**의 **상동염색체가 분리**하여 **반수체** 딸세포(n)가 형성
➥ 유전자 재조합이 일어난다.

㉡ 제2감수분열 : **반수체 딸세포(n)**의 **자매염색분체가 분리**하여 똑같은 반수체 딸세포(n)를 만드는 **동형분열**이다.
- 감수분열의 과정은 **전기, 중기, 후기, 말기**로 이루어진다.
- 제1감수분열, 제2감수분열이 끝나면 **1개의 생식모세포(2n)**에서 **4개**의 **반수체 딸세포(n)**가 생기게 된다.

TIP

이들 반수체는 염색체의 구성과 유전자형이 서로 다르다.
그 이유는 제1감수분열 과정에서 유전자 재조합이 일어나 염색체들이 재배치되었기 때문이다.

- 감수분열은 **유전변이의 원인**이 될 뿐만 아니라 감수분열로 생긴 **암배우자(n)와 수배우자(n)가 수정**에 의하여 **접합자(2n)**를 형성함으로써 **생물종의 염색체 수(2n)가 일정하게 유지**된다.
- 감수분열 과정에서 **상동염색체가 분리**하기 때문에 **멘델의 유전법칙이 성립**하게 된다.

TIP

- **감수분열** : 염색체의 수가 감소(감수)되는 분열. 2n → n으로
- **상동염색체** : 2배체 염색체에서 서로 짝을 이루는 염색체
- **동형분열** : 똑같은 형태의 분열

③ 화분과 배낭의 발달과정

㉠ 화분(소포자)의 형성

- **수술의 꽃밥 속**에서 **화분모세포** 1개가 **감수분열**을 하면 **4개의 반수체 화분세포**가 형성된다.
- 화분세포는 **두 번의 체세포분열**이 일어나 **화분**으로 성숙한다.
- 각 화분에는 1개의 화분관세포와 2개의 정세포가 있다.
- **화분관세포**는 **화분관**으로 신장하여 정세포를 배낭까지 운반하는 역할을 한다.

㉡ 배낭(대포자)의 형성

- **암술의 씨방 속 밑씨** 안에서 **배낭모세포 1개가 감수분열**을 하면 **4개의 반수체 배낭세포**를 만든다. 그중 3개는 퇴화하고 1개만 살아남아 세 번 체세포분열을 하여 배낭으로 성숙한다.
- 주공은 화분관이 배낭으로 침투해 들어가는 통로이다.

3) 피자식물의 중복수정

① 중복수정 : 배낭으로 들어간 **2개의 정세포 중 1개는 난세포와 융합**하여 **2배체인 접합자(2n)**를 만들고, 동시에 **다른 하나의 정세포는 2개의 극핵과 융합**하여 **3배체(3n)**인 배유를 형성한다.

TIP 중복수정 모식도

- 정핵(n)+난핵(n)=배(2n) 형성
- 정핵(n)+극핵(2n)=배유(3n) 형성

TIP

겉씨식물(나자식물) ☞ 중복수정을 하지 않고, 겉씨 → 밑씨가 겉으로 나출된다.

② 종자의 기관별 유래세대 : 중복수정 결과 주피는 종피가 되고, 자방벽은 과피로 되며, 여기에 싸여진 부분은 과실이 된다.

- 정핵(n)+극핵(2n) → **배유(3n)**
- 정핵(n)+난핵(n) → **배(2n)**
- 배주 → 종자
- 자방 → 과실
- 주피 → **종피**
- 자방벽 → **과피**
- 주심 → **일부가 내종피**로 되고 나머지는 퇴화
- 자방벽 → **과피**

4) 단위결과

① 단위결과 : 종자가 생기지 않고 과일이 비대되는 현상을 말한다.

➥ 자연적인 단위결과 : 바나나, 감귤, 중국감

② 인위적인 단위결과 유기방법

- 다른 화분의 자극으로 인해서도 단위결과가 된다.
  ➥ 예 배추×양배추, 오이×박과류
- 지베렐린 처리 : 씨 없는 포도
- 식물호르몬 처리 : 토마토(**토마토톤 처리**)

2 무성생식

1) 아포믹시스(무배생식)

무배생식은 난세포 이외의 **반족세포**나 **조세포**의 핵이 발달하여 배를 형성하는 것을 말한다.

TIP

배(embryo. 2n)는 **정핵**(n)과 **난핵**(n)이 융합하여 만들어진다. 그러나 이러한 **수정과정 없이 만들어진 배**는 진정한 배가 아니기 때문에 **무배**(無胚)라고 하며, 이러한 생식방법을 **무배생식**이라고 한다.

- 일반적인 종자번식 식물의 경우 감수분열과 수정과정을 통해 종자를 형성한다. 그러나 **감수분열**이나 **수정과정**을 거치지 않고 식물의 조직세포가 직접 **배를 형성하기 때문에** 무배생식을 Mix**가 없는 생식**, 즉 **아포믹시스**라고도 한다.

- 아포믹시스는 **배를 만드는 세포**가 어떤 것이냐에 따라 **부정배 형성, 무포자 생식, 복상포자 생식**으로 나눈다.

① 부정배 형성(주심배 생식)
- 배낭을 만들지 않고 주심 또는 배주껍질 등 포자체의 조직세포가 직접 배를 형성한다.
- 대표식물 : 밀감

② 무포자 생식
- 배낭을 만들지만 **배낭의 조직세포(반족세포)가 배를 형성**한다.
- 대표식물 : 부추, 파

③ 복상포자 생식
- **배낭모세포**가 감수분열을 못하거나 비정상적인 분열을 하여 배를 형성한다.
- 대표식물 : 벼과식물, 국화과식물

④ 위수정 생식(처녀생식)
- 위수정 생식이란 **수정하지 않은 난세포**가 **수분작용 자극**을 받아 **배로 발달**하는 것을 말한다.
- 위수정 생식으로 **아포믹시스**가 생기는 아포믹시스를 **위잡종**이라 하며, 주로 **종속 간 교배**에서 나타난다.

⑤ 웅성단위 생식(무핵란 생식)
- 웅성단위 생식은 **난세포**에 들어온 **정핵**이 **난핵과 융합**하지 **않고 정핵 단독**으로 분열하여 배를 만드는 것
- 대표식물 : **달맞이꽃, 진달래**

2) 아포믹시스의 육종상 이용면

아포믹시스는 다음 세대에서 유전분리가 일어나지 않는다. 따라서 이형접합체(Aa)일지라도 우수한 유전자형을 가진 경우 동형접합체와 똑같은 품종을 만들 수 있다. 따라서 아포믹시스는 **하이브리드육종**에 이용하는 연구가 이루어지고 있다.

무성생식 익힘 문제

Q. 배낭에서 난세포 이외의 조세포나 반족세포의 핵이 단독으로 발육하여 배를 형성하는 생식은?

① 처녀생식　② 무핵란 생식　**③ 무배생식**　④ 주심배 생식

3) 영양생식(번식)

식물의 영양기관인 괴경, 괴근, 잎, 줄기, 뿌리 등을 이용해 삽목, 취목, 접목 등으로 번식 하는 것을 말한다. 예 고구마(괴근), 감자(괴경), 양딸기(포복경)

3 자식성 식물과 타식성 식물

1) 자식성 작물

➥ 종류 : **벼, 밀, 보리, 완두, 복숭아, 포도, 토마토, 담배**

① 자식성 식물은 모두 **양성화(같은 꽃 속에 암술과 수술이 함께 있음)**이다.
② **자웅동숙**(암술과 수술의 성숙 시기가 같음)이다.
③ **자가불화합성**을 나타내지 않는다.
④ 화기구조가 잘 열리지 않는다.
⑤ 화기가 열리기 전에 화분이 터진다.
⑥ 화기가 열린 후에도 주두의 모양이나 위치가 자식에 적합하다.

> **TIP**
> 주두 ☞ 암술머리

2) 타식성 작물

➥ 종류 : **배추, 무, 시금치, 삼, 호프, 아스파라거스, 수박**

① 타식성 작물은 **자웅이주(암술과 수술이 서로 다른 개체에서 생김)이거나 웅예선숙(수술이 먼저 생김)**이거나 **자가불화합성**(자식으로 종자를 형성할 수 없음)이다.
② 따라서 **서로 다른 개체에서 수분**이 이루어지기 때문에 자식성 식물보다 유전변이가 크다.

> **TIP**
> 자식 ☞ 같은 개체의 꽃 끼리 수정=자가수정=폐화수정

3) 타식이 일어나는 메커니즘(원인)

➥ 원인 : **자웅이주, 자웅동주 웅화웅예선숙, 양성화웅예선숙, 자가불화합성** 등의 성질 때문이다.

① **자웅이주** : 암꽃과 수꽃이 서로 다른 개체(그루)에서 생김 ⇒ 시금치, 삼, 호프, 아스파라거스, 파파야, 은행

② **자웅동주 웅화웅예선숙** : 암술과 수술이 서로 같은 개체(그루)에 있으나 암꽃, 수꽃이 따로 있고 수꽃이 암꽃보다 먼저 성숙함 ⇒ 옥수수, 감, 딸기, 밤, 호두, 오이, 수박

③ **양성화 웅예선숙** : 같은 꽃 안에 암술과 수술이 함께 있으나 **수술**이 먼저 성숙함 ⇒ 양파, 마늘, 셀러리, 치자

④ **자가불화합성** : 같은 꽃 안에 암술과 수술이 함께 있으나 자가불화합성 성질로 인해 수정이 불가능 함 ⇒ 옥수수, 호밀, 메밀, 딸기, 양파, 마늘, 시금치, 호프, 아스파라거스

TIP

- 웅예(수술), 자예(암술), 웅화(수꽃), 자화(암꽃)
- **자가불화합성** ☞ 암술과 수술의 기능은 정상이지만 수정을 하여 종자가 형성되지 못하는 성질

4) 타식성 작물에서 일대잡종(F1) 품종 종자 생산 방법(★★★)

➡ **인공교배, 인공제웅 후 자연수분, 자가불화합성, 웅성불임성 등을 이용**

① 인공교배

- 일대잡종에서 비교적 **꽃이 큰 박과채소류**에 많이 이용된다.
- 인공교배는 먼저 **자웅을 봉지**로 씌운 다음 **인공수분**을 하고 **다시 봉지**를 씌운다.

② 인공제웅 후 자연수분 : **수술을 제거**한 다음 **방임상태**로 수분시킨다.

③ 자가불화합성 이용

- **가지과, 배추과**에 주로 이용된다.
- 잡종강세가 잘 나타나는 우수한 A, B 두 계통(품종)을 CO_2**처리, 뇌수분, 노화수분**을 통해 일시적으로 **자가불화합성을 타파**시켜 자식 종자(자가수정 종자)를 생산한 다음, 자식으로 인해 약세화 된 A, B두 계통(품종)의 자식 종자를 채종포에 혼식하여 **자연수분으로 1대잡종을 생산**하면 **잡종강세**가 나타나 채종에 이용한다.

자주출제 되는 문제

Q. 자가불화합성 타파 방법? ⇒ CO_2처리, 뇌수분, 노화수분

④ 웅성불임성 이용

- 인공교배가 어려운 **고추, 양파, 당근, 토마토(★)** 등에 이용된다.
- 웅성불임성을 이용하면 **제웅 및 인공교배가 필요 없기 때문에** 노력이 절감되어 **경제적인 종자 생산이 가능**하고 **다량 채종**이 **가능**하다.
- **순도 높은 종자생산**이 가능하다.

4 불임성의 원인

1) 환경적 원인 : 양분 결핍, 광선, 수분, 온도 부적합

2) 유전적 원인 : 자성불임, 웅성불임, 자가불화합성

① **자성불임** : 암술이 불임

② **웅성불임** : 수술이 불임

③ **자가불화합성** : 암술과 수술은 정상이지만 같은 꽃 같은 개체끼리의 꽃 간에는 수정이 되지 못하는 성질

④ **형태적 원인** : 이형예 현상(메밀, 아마), 자웅이숙, 장벽수정

3) 자가불화합성

① **자가불화합성** : 화분의 암술과 수술의 기능이 정상임에도 불구하고 자가수분으로 종자가 형성되지 못하는 성질을 말한다.

② 자가불화합성의 종류

㉠ 배우체형 불화합성(2핵성 화분, 가지과 채소)

- 화분의 불화합성 발현이 **반수체인 화분의 유전자형**에 의해 지배된다.
- 자방친과 화분친의 유전자형이 같으면 완전히 불화합이고, 다를 경우에는 화합이 된다. **(고추, 가지, 토마토** 등)

㉡ 포자체형 불화합성(3핵성 화분, 배추과 채소)

- **화분이 생산된 포자체(2n)**의 유전자형에 의해 지배된다.
- 자방친과 화분친의 유전자형이 하나라도 같은 것이 있으면 불화합이고, 모두 다른 유전자를 가졌을 때만 화합이 된다. **(배추, 무 등 십자화과 채소)**

TIP 자가불화합성 유형

유형	유전 자형	해당 채소	불화합성 발현 원인	결과
배우체형	2핵성	가지과 채소	화분의 유전자(반수체)	자방친과 화분친의 유전자가 같으면 완전 불화합, 다른 경우 화합이 된다.
포자체형	3핵성	배추과 채소	포자체 유전자(2n)	자방친과 화분친이 하나라도 같으면 불화합, 모두 다른 경우에만 화합이 된다.

4) 자가불화합성의 기구(원인)

① 화분이 주두에서 **발아**하지 못하는 경우

② 화분관이 주두에 **침입**하지 못하는 경우

③ 화분관의 신장이 **도중**에 정지하는 경우

④ 신장한 화분관이 밑씨에 도달하여 **수정**되지 못하는 경우

5) 자가불화합성 작물의 양친 유지(불화합성의 타파 · 극복)방법

① 동일주, 영양계에서 임성이 약간이라도 인정되면 분주하여 재배하고 그들 간에 교배한다.
② 형매교배로 자식계통에 가까운 개체를 얻는다.
③ 자가임성의 유전자를 도입하여 채종한다.
④ 같은 종 내에서 자가불화합성인 종류를 찾아 채종한다.
⑤ 뇌수분, 노화수분을 이용한다.
⑥ 위임성을 이용한다.
⑦ 식물생장조절제를 이용한다.

6) 자가불화합성 타파(모계 유지) 방법

일대잡종의 모본을 유지하고 증식하기 위해서는 자가불화합성을 타파시켜야 한다.

① **뇌수분** : 개화 2~3일 전에 어린 꽃봉오리를 열개하여 수분시킨다.
② **노화수분** : 개화 후 불화합성이 사라진 후에 수분시킨다.
③ **CO_2 처리** : 오후 5시부터 2시간 동안 3~6%의 CO_2를 투입한 후 다음날 망실 내에 꿀벌을 방사하여 수분시킨다.
④ **고온처리**
⑤ **전기자극**

7) 웅성불임성(male sterility)

① **웅성불임성** : 웅성불임성은 자연계에서 일어나는 일종의 돌연변이로 유전적 또는 환경적인 원인에 의해 웅성기관, 즉 수술의 결함으로 수정 능력이 있는 화분을 생산하지 못하는 현상이다.

② 웅성불임성의 육종상 이용
- 일대잡종의 채종에서 꽃이 비교적 크고 1과실에 종자가 비교적 많이 들어있는 박과채소(cucurbita) 등은 인공수분이 쉽고, 1개 과실 내에 많은 종자가 들어 있기 때문에 복교잡을 통해 1화의 교배로 많은 잡종 종자를 얻을 수 있다.
- 그러나 양파, 당근 등은 꽃이 작아 인공교배가 어려울 뿐만 아니라 1화 교배로 얻어지는 종자 수도 매우 적어 인공교배로 잡종을 생산하는 것은 현실성이 없다.
- **웅성불임성 이용 주요 대상 작물 : 고추, 양파, 당근, 토마토**

  암기 고 · 양 · 당 · 토

③ 웅성불임 이용 채종의 장점
- 제웅 및 인공교배가 필요 없어 경제적으로 종자를 대량 채종할 수 있다.
- 자식 종자의 혼입이 없어 순도 높은 종자를 생산할 수 있다.

8) 이형예 현상

① 이형예 현상이란?

두 종류의 꽃(장주화, 단주화)이 각각 다른 개체에 달리는 현상이다. 이들 꽃은 같은 형 간에는 불화합성으로, 주로 곤충에 의하여 다른 형의 꽃과 수분 · 수정이 되어야 한다.(장주화형×단주화형)

> **TIP**
>
> 이형예 : 이형 ☞ 서로 다른 형태 ✔ 예 화형

② 화형의 종류

- 장주화형(長柱花型 ; pin type) : **암술머리(주두)가 길고, 화사가 짧다.**
- 단주화형(短柱花型 ; thrum type) : **암술머리(주두)가 짧고, 화사가 길다.**

> **TIP**
>
> 장주 : 주두가 길다. ✔ 단주 : 주두가 짧다.

③ 해당 식물 : 메밀, 아마

CHAPTER 04 재배환경

I 토양

1 지력(토양비옥도)

1) 지력

토양의 이화학적 및 생물학적 성질이 종합되어 작물생산에 영향을 끼치는 능력 중에서 **토양의 작물생산력**을 말한다.

> **TIP**
> 토양비옥도 ➠ **물리화학적인 지력조건**을 말한다.

2) 지력(토양비옥도)을 향상(증진) 시키기 위한 조건

① 토성(★★★) : **양토(사양토~식양토)**가 적합하다.
② 토양구조(★★) : **입단구조**가 형성되어야 한다.
③ 토층 : 작토가 깊고 **투수성, 통기성이 우수**할 것
④ 토양반응(★★) : **중성~약산성**이 적합
⑤ 무기성분 : 풍부하고 균형 있게 분포되어 있을 것, 특정 성분이 과다하지 않을 것
⑥ 유기물 : 많을수록 좋다. 그러나 습답의 경우 유기물 함량이 많으면 오히려 해가 되는 수도 있다. → 유해가스 때문(메탄, 황화수소)
⑦ 토양 수분 : 알맞아야 한다.
⑧ 토양 공기 : 산소가 부족하지 않아야 한다. 이산화탄소 농도가 높으면 뿌리의 생장과 기능이 상실된다.
⑨ 토양 미생물 : 유용미생물의 번식을 조장하여야 하며, 병원성 미생물이 적어야 한다.
⑩ 유해물질 : 없어야 한다.

3) 토양의 3상(★) : 고상(유기물, 무기물), 액상(물), 기상(공기)

① **고상 50% 〉 액상 30% 〉 기상 20%**
② 기상과 액상은 기상조건에 따라 크게 변화한다.

2 토양 입경에 따른 분류

➡ **미국농무성법에 의한 토양 입자의 구분**

① **자갈** : 입경이 2.0mm 이상
- 보비성, 보수성이 나쁘다. → 화학적 교질작용이 없기 때문
- 투기성, 투수성은 좋다. → 입경이 크기 때문

② **모래** : 입경이 2.0~0.002mm
- 석영을 많이 함유한 암석인 사암, 화강암, 편마암 등이 부서져서 만들어진 것이다.
- 석영은 풍화가 되어도 점토가 되지 않는 영구적인 모래이다.
- 운모, 장석, 산화철 등은 풍화되면 점토가 된다.

③ **점토** : 0.002mm 이하로 1g당 입자의 수와 면적이 가장 크다.
- 보수성이 크다.
- 투기성, 투수성이 나쁘다.
- **음전하**를 띠고 있어 **양이온을 흡착**하는 힘이 강하다. → 따라서 보비성(양분을 보유하는 성질=능력)이 크다.

  ➲ 토양 입자 크기 순서 ☞ 자갈 〉 모래 〉 점토

3 C.E.C(양이온 치환 용량 = 염기성 치환 용량)

① C.E.C : **토양 1kg**이 **보유하는 치환성 양이온 총량**을 **cmol(+)kg^{-1}**로 표시한 것

② C.E.C와 토양 양분과의 관계
- 점토 · 부식은 입자가 매우 작으며, 1㎛ 이하의 입자는 교질(colloid, 음이온을 띤다.)로 되어 있다.
- 교질(colloid, 콜로이드) 입자는 음전하를 띠고 있기 때문에 **양이온**을 **흡착**한다.

  ➲ 토양의 비료성분들은 양이온(NH_4^+, K^+, Ca^{++}, Mg^{++})으로 구성되어 있다.

TIP

수험생들이 이 단원을 이해하기 위해서는 땅도 결혼을 한다고 생각하자.
토양은 음전하를 띠고 비료들은 대부분 양이온을 띤다. 토양이 양분을 보유할 수 있는 것은 음과 양이 결합하기 때문이다. 따라서 C.E.C는 여자의 숫자로 이해하면 된다. 여자(음전하)가 많으면 결혼할 수 있는 남자(비료성분)도 많아지게 되는 것과 같은 이치이다. 부식이 많은 토양일수록 음전하가 많고 색깔은 검정색을 띤다. 이런 토양은 여자가 충분히 많은 토양으로 남자들을 많이 보유할 수 있는 구조이다. 염류장해는 여자(토양)의 숫자보다 남자(비료)의 숫자가 넘쳐 나는 것이다. 그래서 남자들끼리 서로 여자를 빼앗기 위해 싸움을 한다. 그래서 식물은 정상적인 생육이 불가능해지는 것이다.

- 점토 · 부식의 함량이 많을수록 C.E.C도 커진다.
- C.E.C가 커지면 $NH4^{+}$, K^{+}, Ca^{++}, Mg^{++} 등 비료성분의 흡착 능력도 커진다. 따라서 비료의 용탈이 적어서 비효가 늦게까지 지속된다.
- 토양의 C.E.C가 커지면 토양완충능(**토양반응에 저항하는 능력**)이 커진다.
- **성숙한 부식의** C.E.C(양이온 교환 용량. ★★★) → 200~600
- Montmorillonite**의** C.E.C → 80~150
- Kaolinite**의** C.E.C → 3~15

토양콜로이드	CEC(meq/100g)	토양콜로이드	CEC(meq/100g)
부식(★) 버미큘라이트 몽모리오나이트 일라이트	100~300 80~150 60~100 25~40	카올리나이트 가수산화물 알로팬	3~15 0~3 50~200

토성	CEC(meq/100g)	토성	CEC(meq/100g)
사토 세사양토 양토 · 미사질양토	1~5 5~10 5~15	식양토 식토(★)	15~30 30 이상

출제경향 분석

Q. 양분 보유력이 가장 큰 것?

① 카올리라이트 ② 일라이트 ③ 알로팬 **④ 부식**

4 토성

토성은 토양의 성질로 인식하면 이해하는 데 무리가 없다. 즉, 토양의 질감이 거친 성질인지 부드러운 성질인지에 따라 토양을 분류하는 것으로, 점토를 많이 함유한 토양일수록 손으로 만져보았을 때 질감이 부드럽고 모래를 많이 함유한 토양일수록 질감은 거칠다. 결과적으로 세토(입경 2.0mm 이하)들 중에서 점토를 얼마나 함유하고 있는지? 반대로 하면 모래를 얼마나 함유하고 있는지에 따라서 분류한 것이 토성이다.

1) 토성의 분류(점토 함량에 따라)

① **사토** : 12.5% 이하

② **사양토** : 12.5~25.0%

③ **양토(★★★)** : 25.0~37.5% → **작물 생육에 가장 적합(★)**

④ **식양토** : 37.5~50.0%
⑤ **식토** : 50.0% 이상

2) 사토와 식토의 비교

① **사토**

- 모래 함량이 70% 이상이다.
- 점착성은 낮으나 통기성과 투수성이 좋다.
- 지온의 상승이 빠르나 물과 양분의 보유력이 약하다.
- 사토에서 자란 식물은 식물의 조직이 무르다.

TIP 토성과 작물과의 관계

무를 사양토에서 관리를 잘하여 재배 한 경우 모양, 길이, 표면상태가 아주 좋게 나타난다. 그러나 사양토에서 자란 무는 조직이 물러지기 때문에 저장성이 약하여 바람들이 현상이 나타나기 쉽다. 그러나 점질 함량이 높은 토양일수록 모양이나 길이, 표면상태는 사양토보다 좋지 않지만 조직이 단단해서 저장성이 좋다. 따라서 작물을 재배할 때 저장목적인지 아닌지에 따라 토양의 토성을 고려하여야 할 것이다.

② **식토**

- 점토 함량이 40% 이상 함유되어 있다.
- 물과 양분의 보유력이 좋다.
- 지온 상승이 늦고 투수성과 통기성은 좋지 않다.
- 식토에서 자란 식물은 조직이 치밀하고 단단하다.

3) 토성과 보수력

① **토성별 유효수분 함량** : 양토에서 가장 크며, 사토에서 가장 작다.
② **보수력** : 식토에서 가장 크고, 사토에서는 유효수분 및 보수력이 가장 작다.
③ **증산율** : **건물 1g**을 생산하는 데 필요한 물의 양을 말한다.
④ **모세관** : 지름이 클수록 이동 속도가 빠르며, 올라가는 높이는 반지름에 반비례한다.

5 토양구조

1) 토양구조

토양을 구성하는 입자들이 모여 있는 상태를 말하며, 경토(경작이 이루어지는 토양)의 토양구조는 크게 **단립구조, 이상구조, 입단구조**로 구분한다.

2) 단립구조(홑알구조)

① 토양 입자들이 서로 결합되어 있지 않고 독립적으로 모여 이루어진다.
② 따라서 대공극이 많고 소공극이 적어서 투기성과 투수성은 좋다.
③ 그러나 **토양 공극이 커서 보수성, 보비성이 낮아** 작물 생육에 좋지 않다.
④ 해안의 사구지에서 볼 수 있다.

TIP

- 소공극 : **모세관현상**에 의해 **지하수의 상승**이 이루어진다.
  ➥ **따라서 소공극이 많으면 보수성이 커진다.**
- **대공극** : **모세관현상**이 이루어지지 않는다.
  ➥ **따라서 보수성이 약하다.**

3) 이상구조

① 과습한 식질토양에서 볼 수 있는 토양구조이다.
② 소공극은 많지만 대공극이 적어 통기성이 불량하다.
③ 건조해지면 부정형의 흙덩어리를 형성한다.
④ 무구조 상태, 단일구조 상태로 집합된 구조이다.
⑤ 작물 생육에 좋지 않다.

4) 입단구조(떼알구조)

① 단일 입자가 결합하여 2차 입자로 되고, 다시 3차, 4차 등으로 집합하여 **입단**을 구성하고 있는 구조
② 소공극과 대공극이 모두 균형 있게 발달되어 있어 **투기성, 투수성, 보비성(양분 보유성)이 좋다.**
③ **작물 생육에 가장 적합한 토양구조이다.**

5) 입단구조 형성 방법(★★)

① 토양에 **유기물**과 **석회를 시용한다.**
② **녹비재배를 한다.**

TIP 녹비

- 두과 또는 화본과작물을 파종하여 어느 정도 자란 상태, 즉 녹체기 때에 그대로 갈아 업어 토양에 유기물을 공급하는 것
- 두과 : 콩, 헤어리베치, 자운영 등
- 화본과 : 보리, 호밀, 옥수수, 이탈리안라이그라스 등

③ **콩과(두과)**작물의 재배
④ **토양의 피복**(건조, 바람, 토양 유실을 막아주어 → 입단 촉진)
⑤ **토양 개량제** 시용
⑥ **객토**(새로운 흙을 넣어줌)
⑦ **심경**(깊이갈이)
⑧ 토양반응 : **중성~약산성**(★)
⑨ 토성 : **사양토** 내지 **식양토**(★)

6) 입단토양의 특징

① 소공극과 대공극이 균형 있게 발달하여 있다.
② 비옥하고 보수성과 보비성이 크다.
③ 토양침식이 줄어든다.
④ 유용미생물의 활성이 커진다.
⑤ 유기물의 분해가 촉진된다.

7) 입단을 파괴하는 요인(★★★)

① 잦은(지나친) 경운
② 습윤과 건조 · 동결과 융해 · 고온과 저온 등 입단의 팽창과 수축
③ 심한 비와 바람
④ 지나친 건조 상태
⑤ 나크륨(Na^+)의 첨가(나트륨 → 점토의 결합을 느슨하게 하여 입단을 파괴한다.)

출제경향 분석

Q. 토양 입단형성 요인이 아닌 것은? 답 나트륨의 첨가 또는 잦은 경운

6 토층

1) 토층

토양이 수직으로 분화된 **층**위를 말한다.

2) 경작지 토양에서 토층의 종류

① 작토층(경토)

㉠ 경운이 이루어지는 층위이다.

㉡ 작물의 뿌리는 이 층위에서 발달한다.

㉢ 부식이 많고 입단의 형성 상태도 좋다.

㉣ 작토층의 올바른 관리방법

- 심경을 하여 작토층이 깊게 유지되도록 한다.
- 유기물을 충분히 시용한다.
- 토양산도를 알맞게 교정하여 준다.

㉤ 우리나라 논토양의 작토층 깊이 ⇒ 12cm 정도

② 서상층(심층)

- 경운되는 작토층 바로 밑의 층이다.
- 작토층보다 부식이 적다.

③ 심토층(기층)

- 서상층 바로 밑의 층이다.
- 부식이 극히 적고 구조가 치밀하다.
- 논에서 심토층의 구조가 너무 치밀하면 토양 공기 부족, 유기물의 분해 억제, 유해가스의 발생, 지온의 낮아짐 등이 발생하여 벼의 생육이 나빠진다.

7 토양 중의 무기성분

1) 필수원소 : 16원소

① **작물 생육**에 **필수적**으로 **필요**한 **원소**를 필수원소라고 한다.

② 종류

- P, O. K, ✓ Ca, Mg, S, ✓ C, H, N,
- Mo(몰리브덴), Cl(염소), B(붕소), Fe(철), Mn(망간), Cu(구리),Zn(아연)

암기

★ 폭(P,O,K)군 ✓ 칼 · 마 · 왕 ✓ C, H, N

(폭 → P, O, K. ✔ 칼 · 마 · 왕 → 칼슘, 마그네슘, 황.✔ C. H. N)

★ 몰래 염소와 붕어 잡아다 철 · 망 · 구이 해먹던 아주 어린 시절~

(몰래 → 몰리브덴, 염소 → 염소, 붕어 → 붕소, 철 · 망 · 구이 → 철, 망간, 구리, 아주 → 아연)

③ **필수무기원소** : 필수원소 중 물에서 공급되는 C, H, O를 **제외**한 원소

④ 다량원소(6가지 원소)

- 식물 생육에 다량으로 필요한 성분을 다량원소라고 한다.
- **종류** : Ca, Mg, S, N, P, K

> 암기 ☞ **칼 · 마 · 왕은 ✔ 다량으로 ✔ N, P, K를 수입했다.**
> (칼 · 마 · 왕 → 칼슘 · 마그네슘 · 황 ✔ 다량 → 다량원소 ✔ N, P, K)

⑤ 미량원소(7가지 원소)

- **작물 생육**에 있어 **미량**으로 공급하여도 되는 성분
- **종류** : Mn(망간), Fe(철), Zn(아연), Mo(몰리브덴), Cl(염소), B(붕소)

> **TIP**
> - 필수원소 –C, H, O=필수무기원소
> - 필수무기원소–다량원소=미량원소

2) 비료의 3요소(3원소)

- 인위적인 공급의 필요성이 가장 큰 원소
- 종류 : **N, P, K(질소, 인산, 칼륨)**

3) 비료의 4요소(4원소)

- N, P, K, Ca(질소, 인산, 칼륨, 칼슘)

4) 비필수원소 중 주요한 원소

- **규소** : 벼 및 화곡류에서 중요한 생리적 역할(생체조직의 규질화 도모)을 한다.
  ➡ **벼**의 일생 중 가장 많이 필요한 원소가 **규소**이다.

> **TIP**
> - 고토=마그네슘, 가리=칼륨, 석회=칼슘
> - 질소질 비료=요소, 유안 등

5) 필수원소의 생리작용(★★★)

① 질소(N)

㉠ **작용** : 분얼 증진, 엽면적 증대, 동화작용 증대

㉡ **작물에 흡수형태(★★★)** : NO_3^-(질산태), NH_4^+(암모니아태)

㉢ 결핍장해 : 하위엽이 황백화, 화곡류의 분얼 저해

㉣ 질소 과잉

- 도장(웃자람), 도복(쓰러짐) 발생
- 저온 피해, 가뭄(한발)에 약해짐, 기계적 상해에 약해진다.

TIP 분얼 · 엽면적

- **분얼** ⇒ **벼과**식물의 **밑둥**에서 **새로운 줄기 및 잎이 발생**하는 것
- **엽면적** ⇒ 잎의 전체 면적

식물체만 보아도 질소가 부족한지 과잉인지 알 수 있다. 잎의 색이 진한 청색에 가깝고 지나치게 우거지고 키가 크면 질소가 과잉이다. 잎이 연두색을 띠면 질소가 부족하다. 그리고 잎의 색이 황색내지 노란색이면 아주 결핍된 상태이다.

② 인(P)

㉠ 작용 : **세포핵 구성**, **ATP구성 성분**, 세포 분열, 광합성, 호흡작용, 질소와 당분의 합성 분해, 질소동화

㉡ **흡수형태(★★★)** : $H_2PO_4^-$ 또는 HPO_4^{2-}

㉢ 결핍

- 어린 잎이 암녹색으로 되며, 둘레에 오점(검은점)이 생긴다.
- 뿌리의 발육이 약해진다.
- 심하면 황화, 결실 저해, 종자 형성 · 성숙이 저해된다.

③ 칼륨(k)

㉠ **이온화**되기 쉬운 형태로 **잎, 생장점, 뿌리의 선단**에 많이 분포한다.

㉡ 작용

- **탄소동화 작용 촉진** ⇒ 일조가 부족할 때에 비효 효과가 크다.
- **세포의 팽압을 유지**한다.

㉢ 결핍장해

- 생장점이 고사한다.(**말라 죽음**)
- 줄기가 연약해진다.
- 잎 끝 및 둘레가 **황화 한다.**

④ 칼슘(Ca)

㉠ 작용

- **세포막의 주성분**이다.
- **체내 이동이 어렵다.**
- **단백질 합성**과 **물질의 전류**에 관여한다.
- **알루미늄(Al)의 과잉 흡수를 제어**한다.

㉡ 결핍장해
- 뿌리, 생장점이 붉게 변하여 죽는다.
- **토마토 → 배꼽썩음병**, 고추 → 열매 끝이 썩는다.

㉢ 과잉 : **마그네슘**, 철, 아연, 코발트, 붕소의 흡수를 저해하여 이들 원소의 **결핍**증세를 유발시킨다.

⑤ 마그네슘(Mg)

㉠ 작용
- **엽록소**의 구성원소이다.
- 체내 이동이 쉽다.

㉡ 결핍
- 황백화. 생장점의 발육 불량
- 체내 비단백태질소 증가, 탄수화물 감소
- 종자의 성숙 지연

㉢ 칼리(**칼륨**), 염화나트륨, 석회(**칼슘**)를 과다하게 시용하면 마그네슘 결핍증세가 나타난다.

⑥ 황(S)

㉠ 작용
- **단백질, 아미노산, 효소** 등의 **구성성분**이다.
- 엽록소의 형성에 관여한다.
- 체내 이동성이 낮다.
- **두과식물**의 **뿌리혹박테리아**에 의한 **질소고정**에 관여한다.
- **황** 성분의 **요구도가 높은** 작물 : **양배추, 파, 마늘, 양파,** 아스파라거스

㉡ 결핍
- 단백질의 생성 억제
- 엽록소의 형성 억제
- 결핍증세는 새조직에서부터 나타난다.
- 황백화 → 생육억제(**세포 분열 억제**)

⑦ 철(Fe)

㉠ 작용
- **호흡효소**의 구성성분이다.
- 엽록소의 형성에 관여한다.

㉡ 결핍 : **엽맥 사이가 퇴색**한다.

㉢ 기타 기작
- 토양 속에 철의 농도가 높으면 인(P), 칼륨(K) 흡수를 저해한다.

- 토양 PH가 높거나 인산, 칼슘 농도가 높으면 철의 흡수를 방해하여 철 결핍증세가 나타난다.
- 벼가 철을 과잉흡수하면 잎에 갈색반점 또는 갈색무늬가 생긴다.

TIP 철 함량과 토양 색깔과의 관계

일반적으로 철의 함량이 높은 토양은 흙의 색깔이 붉은색을 띤다.

⑧ 망간(Mn)

㉠ 작용

- 효소활성을 높여준다.
- 동화물질의 합성 및 분해, 호흡작용, 엽록소의 형성에 관여한다.

㉡ 결핍

- 엽맥에서 먼 부분이 황색으로 된다. 화곡류는 세로로 줄무늬가 생긴다.
- 강알칼리성 토양이나 과습한 토양, 철분이 과다한 토양에서는 망간 결핍증세가 나타난다.

㉢ 과잉

- 뿌리가 갈색으로 변한다.
- 잎이 황백화, 만곡현상(**구부러짐**), 사과에서는 적진병 발생

TIP 적진병

사과나무 신초(새로 자란 가지)에서 작은 돌기가 생기고 나무가 점점 커지면서 껍질이 찢어지고 울퉁불퉁하게 된다. 심하면 말라 죽는다.

⑨ 붕소(B)

㉠ 작용

- 촉매 또는 반응물질로 작용
- 생장점 부근에 함량이 많다.
- 체내 이동성이 낮다.

㉡ 결핍(★★★)

- 체내 이동이 낮기 때문에 **결핍 증세는 생장점**이나 **저장기관**에서 나타난다. → **생장점(분열조직)이 갑자기 괴사(★★★)**한다.
- **수정장해(결실 저해)**
- 특히 **배추과(십자화과) 채소**에서 **채종재배** 시 결핍되면 장해가 크다.
- **콩과작물의 근류균(뿌리혹박테리아) 형성 저해(★★)** → 공중질소 고정 저해
- **석회(칼슘) 과잉, 산성토양, 개간지 토양에서** 결핍증세가 나타난다.

⑩ 아연(Zn)

㉠ 작용

- 여러 가지 효소의 촉매작용을 한다.
- 반응조절 물질로 작용한다.
- 단백질대사, 탄수화물대사에도 관여한다.
- 엽록소 형성에도 관여한다.

㉡ 결핍

- 황백화, 괴사, 조기낙엽
- 감귤 잎무늬병, 소엽병, 결실불량을 초래한다.
  ➡ 우리나라 **석회암 지대**에서 **결핍**증세가 나타난다.

⑪ 구리(Cu)

㉠ 작용

- 산화효소의 구성물질이다.
- 광합성, 호흡작용에 관여한다.
- 엽록소의 생성을 촉진한다.

㉡ 결핍

- 황백화, 괴사, 조기낙엽
- 단백질 생성 저해

㉢ 과잉 : 뿌리의 신장 억제

⑫ 몰리브덴(Mo)

㉠ 작용

- 질소환원효소의 구성물질이다.
- 근류균(**뿌리혹박테리아**)의 질소고정에 필요하다.
- **콩과작물에 많이 함유**되어 있다.

㉡ 결핍 : 황백화, 모자이크병 유사 증세

⑬ 염소(Cl)

㉠ 작용 : 광합성작용과 물의 광분해 과정에서 망간과 함께 촉매작용

㉡ 결핍 : 어린 잎의 황백화. 식물체의 전체 부위가 위조한다.

6) 비필수원소의 생리작용

① 규소(si)

- **화본과(벼과)** 식물에 함량이 극히 많다.
  ➡ 벼가 일생동안 가장 많이 필요로 하는 원소가 규소(**규산질**)이다.
- **생체조직의 규질화(단단해짐, ★★★)**를 도모하므로 → 내병성 향상(**도열병**)

- 경엽이 직립하므로 수광태세가 양호하여 → 동화량 증대, 내도복성(**도복 저항성**) 향상
- **증산을 억제**하여 → **한해(가뭄해) 경감**
- 규산의 흡수를 저해 하는 요소 → **황화수소**(H_2S)

② 코발트(Co)

- 코발트가 결핍된 토양에서 생산된 목초를 가축의 사료로 사용할 경우 → **가축이 코발트 결핍증세**가 나타난다.
- **비타민** B_{12}를 구성하는 성분이다.

③ 나트륨(★)

- C_4**식물(★)**에서는 요구도가 **높다.**

8 토양 유기물

1) 토양 유기물과 미생물

① 토양 유기물이란 동물, 식물, 미생물의 유체로 되어 있으며, 부식(humus)이라고도 한다.

② **토양이 흑색**으로 보이는 것은 **부식**에 의한 것이다.

- 부식 함량이 10% 이상에서는 거의 흑색
- 5~10%에서는 흑갈색을 띤다.

③ 토양 유기물은 토양의 성질을 좋게 하여 **지력**을 높이므로 퇴비, 녹비 등의 유기물을 사용하여 적정수준의 유기물 함량을 유지하도록 토양관리를 해주어야 한다.

2) 토양 유기물의 기능(★★)

① 암석의 분해 촉진

② 양분의 공급

③ 대기 중의 이산화탄소 공급 → 유기물이 분해될 때 이산화탄소가 발생하여 광합성을 촉진한다.

> **TIP**
>
> 온실 등에서 작물의 광합성을 촉진시키기 위해 인위적으로 탄산가스 발생기로 탄산가스를 주입해 주는 것을 '탄산시비'라고 한다.
>
> ➡ 노지에서는 인위적인 공급이 불가능하므로 유기물을 충분히 시용할 경우 유기물에서 탄산가스가 발생하여 탄산시비 효과를 기대할 수 있다.

④ 토양 개량 및 보호

⑤ 입단의 형성

⑥ 보수 · 보비력 증대

⑦ **완충능의 증대**
⑧ 미생물의 번식 조장
⑨ 지온의 상승
⑩ 생장촉진 물질 생성

3) 토양 유기물(부식)의 과잉 시 해작용

① **부식산**이 생성되어 토양산성이 강해진다.
② 상대적으로 점토(흙)의 함량이 줄어들어 불리할 수 있다.
③ 습답에서는 고온기에 토양을 **환원상태**로 만들어 해작용이 나타난다.
➡ 배수가 잘 되는 밭이나 투수가 잘 되는 논에서는 유기물을 많이 시용해도 해작용이 나타나지 않는다.

9 토양 수분

1) 토양 수분 함량의 표시법 ⇒ pF(potential force)

① **토양 수분의 함량** : 건토에 대한 수분의 중량비로 표시
② **수분 장력** : 토양이 수분을 지니는 것
③ **토양 수분 장력의 단위** : **기압** 또는 **수주(水柱)의 높이**나 **pF**(potential force)로 나타낸다.

2) 토양 수분 장력이 1기압(mmHg)일 때 ⇒ pF3(★)

① 수주의 높이를 환산하면 약 **1천cm**에 해당하며, 이 수주의 높이를 log로 나타내면 3이므로 **pF3**이 된다.
② 1(bar)=**1기압**=13.6×76(cm)=1,033(cm)≒1,000(cm)=10^3**(cm)**
토양 수분 함량과 토양 수분 장력의 함수관계 : 수분이 많으면 수분 장력은 작아지고 수분이 적으면 수분 장력은 커지는 관계가 유지

3) 토양 수분의 종류

① **결합수(화합수)** : 토양의 고체분자를 구성하는 수분(pF 7.0 이상)
② **흡습수** : **작물은 거의 이용하지 못하는 수분.** 토양 입자에 응축시킨 수분 → **pF 4.5~7**
③ **모관수(★★)** : 물 분자 사이의 응집력에 의해 유지되는 것으로, 작물이 주로 이용하는 유효수분 → **pF 2.7~4.5(★)**
④ **중력수(자유수)** : 중력에 의해 **토양층 아래로 내려가는 수분** → pF 0~2.7
⑤ **지하수** : 지하에 정체하여 모관수의 근원이 된다.

⑥ 토양 수분 장력의 순서(★) : **결합수 〉 흡습수 〉 모관수 〉 중력수**

4) 토양의 수분항수

① **최대용수량** : 토양의 모든 공극이 물로 포화된 상태 → **pF는 0**
② **포장용수량(최소용수량)** : 최대용수량에서 중력수를 완전히 제거하고 남은 수분상태 → 수분 장력 1/3기압, pF 2.5~2.7
③ **초기위조점** : 생육이 정지하고 하위엽이 위조하기 시작하는 토양의 수분상태 → pF 약 3.9
④ **영구위조점** : 시든 식물을 포화습도의 공기 중에 24시간 방치해도 회복되지 못하는 토양의 수분상태 → pF는 4.2
⑤ **흡습계수** : 상대습도 98%의 공기 중에서 건조토양이 흡수하는 수분상태 → pF는 4.5 작물이 이용 못한다.
⑥ **풍건상태의 토양** : pF≒6
⑦ **건조한 토양** : 105~110℃에서 항량이 되도록 건조한 토양의 수분상태 → pF≒7

5) 토양의 유효수분

① **잉여부분** : 포장용수량 이상의 수분
② **무효수분** : 영구위조점 이하의 수분
③ **유효수분(★★)** : **포장용수량~영구위조점 사이**의 수분
- 초기위조점 이하의 수분은 작물의 생육을 돕지 못한다.
- **최적함수량** : 최대용수량의 60~80%
- **작물이 직접 이용되는 유효수분 범위(★★)** : **pF 1.8~4.0**
- **작물이 정상생육 하는 유효수분 범위** : pF 1.8~3.0

10 토양 공기

1) 토양의 용기량

① **토양 공기의 용적** : 전공극 용적에서 토양 수분의 용적을 공제한 것
② **토양의 용기량** : 토양의 용적에 대한 공기로 차 있는 공극의 용적 비율로 표시
③ **대기 중 공기 조성(%)** : 질소 79.01 〉 산소 20.93 〉 이산화탄소 0.03
④ **토양 중 공기 조성(%)** : 질소 75~80 〉 산소 10~21 〉 이산화탄소 0.1~10

2) 토양 공기의 조성 지배요인

① **사질 토양**은 비모관 공극이 많아 토양의 **용기량이 크다.**

② 식질 토양의 경우 **입단의 형성이 조장**되면 비모관공극이 증대하여 용기량이 증대한다.
③ **경운작업**이 깊게 이루어지면 토양의 깊은 곳까지 용기량이 증대한다.
④ **토양의 함수량이 증대**하면 용기량은 적어지고 **산소의 농도는 낮아**지며, 이산화탄소의 농도는 높아진다.
⑤ **미숙 유기물**을 시용하면 **산소의 농도**가 훨씬 **낮아진다.**
⑥ **식생** : 뿌리의 호흡에 의해 **이산화탄소**의 농도가 **높아진다.**
⑦ 토양 중 CO_2 농도는 여름철에 높다.
⑧ 토양 공기는 대기에 비해 CO_2 농도가 높고 O_2 농도는 낮다.
⑨ 토양 공기는 분압의 차이에 따라 결정되는 방향으로 확산된다.

3) 토양 공기와 작물 생육

① **이산화탄소** → 물에 용해되기 쉽고, 수소이온을 생성하여 토양을 산성화시킨다.
② **작물의 최적용기량의 범위(★★★) : 10~25%**
③ **벼 · 양파 · 이탈리안 라이그라스** : 10%
④ **귀리와 수수** : 15%
⑤ **보리 · 밀 · 순무 · 오이** : 20%
⑥ **양배추와 강낭콩** : 24%
⑦ 종자가 발아할 때 산소의 요구도가 비교적 높다.
⑧ **산소 요구도가 높은 작물 → 옥수수 · 귀리 · 밀 · 양배추 · 완두** 등
⑨ **산소농도가 낮아**지면 뿌리의 호흡이 저해되고 **수분 흡수가 억제**된다.
⑩ **산소가 부족**하면 **칼륨의 흡수**가 **가장 저해**되고 잎이 갈변된다.

11 토양반응

1) 토양반응(pH)과 작물 생육

① **토양반응**을 표시하는 **토양** pH는 토양용액 내의 **유리수소이온** H^+ **농도**이다.
② H^+**의 생성**은 활산성과 잠산성의 2가지에 의해 이루어진다.
③ 토양반응(pH)은 **토양 중 양분의 가급도, 양분의 흡수, 미생물의 활동** 등에 영향을 준다.
④ **작물의 생육에 적합한** pH(토양반응)는(★) **6~7범위(약산성~중성)**가 가장 알맞다.

TIP 치환성염기(양이온)

치환성염기(양이온) ⇒ 토양 입자는 음전하(−)를 띠고 있고, 양분인 Ca^+, Mg^+, K^+ 등은 양이온을 띤다. 따라서 음이온과 양이온이 결합하기 때문에 토양이 양분을 보유하고 있는 것이다. 즉, 치환성염기라고 하는 것은 토양 알갱이들이 흡착하고 있는 양이온을 말한다.

⑤ **산성토양의 개량 → 석회**와 **유기물**을 넉넉히 주어서 토양반응과 토양구조를 개선한다.

⑥ **강산성이 되면(산성토양에서) 가급도(용해도)가 저하**되는 성분(★★)

➡ Mo(몰리브덴), P(인), Ca(칼슘), Mg(마그네슘), B(붕소)

암기 **강산성전투에서 가급도에 칼맞은 자에게 인명피해를 줄이기 위해 몰래 붕대를 감아줬다.**
- 강산성전투 · 가급도 ⇒ 강산성 토양에서 가급도가 저하되는 양분
- 칼맞은 ⇒ 칼슘, 마그네슘
- 인명 ⇒ 인
- 몰래 · 붕대 ⇒ 몰리브덴, 붕소

TIP 가급도(용해도)가 저하된다는 의미

가급도(용해도)가 저하된다는 것은 식물이 흡수 및 이용할 수 있는 유효도가 저하된다는 의미이다. 즉, 결핍되기 쉽다는 것과 통한다.

⑦ **강알칼리성**에서 **가급도(용해도)**가 **저하**되는 성분 → **B, Fe, Zn, Mn**

암기 **강알성 전투에서는 가급도에 의해 붕철이가 아주 망했다.**
- 강알성 전투 · 가급도 ⇒ 강알칼리성 토양에서 가급도가 저하되는 성분
- 붕철이 ⇒ 붕소, 철
- 아주 ⇒ 아연
- 망했다 ⇒ 망간

2) 토양 산성화의 원인

① 우리나라 토양 → **산성**을 나타내는 것이 많다.

② 원인

㉠ **치환성염기(Ca^{++}, Mg^{+}, K^{+} 등)의 용탈**에 의한 **미포화교질물**((Colloid) H^{+})의 **증가**가 가장 보편적(주된 원인)이다.

㉡ **산성비료의 과용** : 유안(황산암모니아), 황산칼리, 염화칼리

㉢ **토양 유기물의 분해(미숙 유기물)**

TIP

- **미포화교질** : 토양교질(콜로이드)이 치환성염기(Ca^{++}, Mg^{++}, K^{+} 등)로 포화된 상태를 포화교질이라고 하며, 반대로 토양교질(콜로이드)이 H^{+}(수소이온)만을 가지고 있는 것을 미포화교질이라고 한다. 이러한 상태는 산성이 되는데 이렇게 산성이 된 것을 활산성이라고 하며, 식물에 직접 해를 끼친다. 또한 토양 중에 미포화교질이 많으면 중성염(kcl, 염하칼륨)이 가해질 때 H^{+}가 다량 생성되어 산성이 되는 것을 잠산성이라고 한다.

- **토양 유기물이 분해될 때 산성이 되는 이유** : 미숙상태의 유기물이 분해 할 때 이산화탄소가 다량 발생하는데, 이산화탄소는 물(빗물, 관개수 등)에 의해 용해되어 탄산을 생성하며, 탄산은 치환성염기를 용탈시키기 때문에 산성이 된다.

3) 산성토양의 해작용

① **활성알루미늄**으로 인해 **인산이 결핍**된다.
② **강산성**은 Al, Mn, Zn**의 용해도를 증대**시킨다.
③ **미생물 활동이 저하**된다.
④ **무기, 유기영양의 유효화가 지연**된다.

4) 산성토양에 대한 작물의 저항성

① **산성토양에 강한 작물(★) → 벼, 밭벼(★), 감자, 토마토, 밀, 유채**, 귀리, 아마, 수박

암기 산성에서 강감찬은 유밀귀의 땅을 토벌하고 아주 많은 벼와 수박을 심었다.
- 산성에서 강감찬은 → 산성토양에 강한 작물, 감자
- 유밀귀 → 유채, 밀, 귀리
- 땅 → 땅콩
- 토벌 → 토마토
- 아주 많은 → 아마
- 벼(밭벼) → 벼, 밭벼
- 수박 → 수박

② 산성토양에 약한 작물 → 보리, 팥, 양배추, 완두, 상추, 고추
③ **산성토양에 아주 약한 작물** → 알팔파, **셀러리, 사탕무**, 자운영, **시금치, 양파, 콩, 가지, 파**

암기 산약을 구한 샐양? 사자 · 파시죠?
- 산약 → 산성토양에 아주 약한 작물
- 샐양? → 셀러리, 양파
- 사자 → 사탕무, 자운영
- 파시죠? → 파, 시금치

5) 산성토양의 개량과 대책(★)

① **석회**의 시용
② **유기물**을 시용

③ **내산성 작물**을 선택한다.
④ **산성비료의 시용을 피한다.**
⑤ **용성인비**를 시용한다.
⑥ **붕사(붕소)**를 시용 → 10a당 0.5~1.3kg

12 토양별 특성

1) 개간지 토양의 특성

① 대체로 **산성**을 띤다.
② 치환성 염기가 적고 토양구조가 불량하다.
③ 인산 등 비효성분이 적다.
④ 토양비옥도가 낮다.
※ **개간지 토양의 개선 대책** ⇒ 산성토양 개선 대책과 같다.

2) 논토양의 특성(★★★)

TIP

논토양은 벼가 생육하는 동안 **담수상태**에 처하게 되므로 밭토양과는 전혀 다른 **물리적 · 화학적 특성**을 갖게 된다. ⇒ 토층분화(**산화층, 환원층**)
표층 1~2cm 층은 청회색을 띤 산화층, 그 이하 작토층은 환원층, 작토층 아래는 산화층이 된다.
➥ **작토층은 환원층, 작토층 아래는 산화층이 된다.**
※ **밭토양** ➟ **환원상태**

① **토양 중 산소농도가 낮다.** → 밭토양과는 달리 담수상태이기 때문이다.

② **토층이 분리**되어 있다.
➥ 작토층은 산화제1철로 청회색을 띤 환원층이 된다. 심층은 유기물이 극히 적어서 산화층을 형성한다.

③ 환원층(작토층)의 특징(★★★)
- **환원층** : 토양 유기물이 분해되기 때문에 산소가 소모되어 pH6에서 산화환원 전위가 0.1~0.3 Volt 이하가 되는 것을 말한다.
- **환원층은 토양 색깔이 청회색, 암회색**을 띤다.
- 환원층에서는 Fe^{+++} → Fe^{++}가 되고, Mn^{+++} → Mn^{++}가 된다.
- 환원층에서는 **황산기($-SO_4$)가 환원**되어 **황화수소(H_2S)가 발생**하고, 암모니아는 1가의 형태로 안정된다.

TIP

황화수소(H_2S)가스 ⇒ **달걀 썩은 냄새**가 난다.

④ **암모니아태질소**를 **산화층에 사용**하면 **호기성균**에 의해 **질화작용** 후 **환원층으로 용탈**되어 **탈질현상**(질소가 공중으로 날아감). 따라서 **암모니아태질소**는 심부 **환원층(심층시비)**에 주어야 한다.

㉠ **질화작용** : **암모늄태질소를 산화층**에 시비하면, $NH_4^+ \rightarrow NO_2^- \rightarrow NO_3^-$로 되는 현상을 말한다.

TIP

NO_2^-(아질산성질소) → NO_3^-(질산성질소)

㉡ **탈질현상** : 질산성(태)질소가 환원층으로 이동하면, $NO_3^- \rightarrow NO \rightarrow N_2O \rightarrow N_2$ 로 되어 공기 중으로 질소가 날아가는 현상을 말한다. 즉, 질소의 손실을 가져온다.

➥ 따라서 **암모늄태질소**는 **환원층(심층시비)**에 시비하여야 한다.

⑤ 논토양은 벼가 그대로 이용할 수 없는 **유기태질소**가 많다.

3) 노후답의 특성

① **노후답** : **작토층에** Fe(철), Mn(망간), K(칼륨), Mg(마그네슘), Si(규소), P(인) 등 **수용성 무기염류 용액**이 용탈(씻겨나감)되어 **결핍된 토양**을 말한다.

TIP

- **수용성** : 물에 녹는 성질
- **불용성** : 물에 녹지 않는 성질
- **지용성** : 기름에 녹는 성질

② 노후답의 대책

- **객토**(새 흙으로 바꾸어 줌) → **가장 근본적인 대책**
- **심경**(심경 쟁기를 이용 → 깊이갈이)
- **철 함유** 자재 사용
- **규산**질 비료의 시용
- **조기재배**
- **무황산근 비료**의 시용(★), 추비중심 재배, 엽면시비

TIP

- **누수답**(사질토양의 답)의 경우 ⇒ **완효성 비료를 시용**하는 것이 좋다.
- **습답 · 만식재배**의 경우 ⇒ 심층시비를 피해야 한다.
- **추락현상** : 작토 **환원층**에서 생성되는 H_2S(**황화수소**)가 **철**(Fe)의 부족을 보이는 노후화답에서 **벼 뿌리**를 상하게 하여 **생육장해**를 일으켜 양분흡수 불량, 깨씨무늬병 발생, 수량이 저하 되는 현상을 말한다.
  ※ **불량 논토양** ⇒ 노후화답, 혼답, 중점토답, 사역질답

제1과목

4) 간척지 토양

① 특성

㉠ 염분 농도(**나트륨 이온**)가 높다.

㉡ 황화수소(H_2S) 가스가 발생한다.

㉢ 토양반응은 알칼리성이나 산성에 가깝다.

㉣ 지하 수위가 높다.

㉤ 투수성 · 통기성이 불량하다.

② 간척지 토양 개선 대책

㉠ **관 · 배수 시설**을 하여 황산, 염분을 제거한다.

㉡ **석회 등 토양개량제** 시용

㉢ 염분제거 방법

- 담수법 : 담수를 공급한 후 배수한다.
- 명거법 : 도랑을 일정 간격마다 만들어 빗물에 의해 염분이 씻겨 내려가도록 한다.
- 여과법 : 땅속에 암거(**배수관 표면에 구멍이 일정 또는 불규칙으로 무수하게 뚫어져 있다.**)를 설치하여 염분을 제거한다.

㉣ 기타 대책은 습답의 대책과 같다.

③ 간척지 토양에서 작물재배 대책

㉠ **내염성**이 강한 작물의 선택

- 내염성 작물(★★) : 사탕무, 비트, 수수, 유채, 목화, 배추, 라이그라스

㉡ **석회, 토양개량제를 시용**하여 토양 물리성이 개선된다.

㉢ **조기재배** 및 **휴립재배** 한다.

㉣ **논물을 말리지 않으며 자주 환수**한다.

TIP 휴립재배

휴립재배는 이랑을 만들어 재배하는 방식을 말한다.

13 토양 미생물의 기능

1) 유익한 기능

① 알맞은 토양 조건을 갖추어 주도록 한다.
② **유기물을 분해**하고 **양분을 공급**해 준다.
③ **유리질소(공중질소)를 토양에 고정**시킨다.
- Azotobacter(아조토박터) → 호기성 단독 질소고정균(★)
- Azotomonas(아조토모나스)
- Clostridium(크로스트리디움) → 혐기성 단독 질소고정균(★)
- Rhizobium(리조비움)

④ **질산화 작용**을 한다.
- 질산화 작용 : **암모니아**($NH4^+$)를 **아질산**($NO2^-$)과 **질산**($NO3^-$)으로 산화되는 작용 → **밭작물에는 이롭다.**

– $NH_4^+ + \frac{3}{2}O_2 \rightarrow NO_2^-$
– $NO_2^- + \frac{1}{2}O_2 \rightarrow NO_3^-$

⑤ 무기물 · 무기성분을 산화시켜 **인산 등의 용해도가 높아**진다.
⑥ **무기물의 유실 경감**
⑦ **입단 형성**에 기여
⑧ **길항작용(유익 미생물이 식물 병원성 미생물을 경감시킴)**
⑨ **생장촉진 물질 분비, 근권을 형성**한다.

> **TIP** 근권
>
> 식물 뿌리 부근의 토양으로 뿌리작용이 미치는 범위 내의 토양을 말한다.

2) 불리한 작용

① 토양 미생물 중에는 작물에 **각종 병을 유발**시키는 유해 미생물이 많다.
② **탈질균**에 의해 **탈질작용**(NO_3^-를 환원시킴)을 일으킨다.
- NO_3^- → NO_2^- → N_2O 또는 N_2로 되므로 손실이 된다.

③ **황산염을 환원**시켜 **황화수소** 등 **환원성 물질**을 생성한다.
④ **미숙퇴비**를 사용한 경우 **질소기아 현상**을 일으킨다.

> **TIP**
>
> **질소기아 현상** : 미숙퇴비를 사용할 경우 미생물들이 급격히 발생하여 미생물들이 질소를 이용하므로 작물에 일시적으로 질소가 부족해지는 현상을 말한다.

3) 토양 중 유용미생물이 많이 발생 할 수 있는 조건

① 토양 중에 **충분히 부숙된 유기물질**이 많을 것
② 토양의 **통기성**이 좋고 **토양반응은 중성내지 약산성**일 것
③ 토양이 **과습**하지 **않고 온도**가 알맞을 것 → 20~30℃

14 경작지 토양보호

1) 토양침식

① **토양침식**은 **토양(흙)**이 **소실**되는 현상을 말하며, 크게 수식과 풍식으로 구분한다.
- **수식** : **강우**에 의한 토양침식
- **풍식** : **바람**에 의한 토양침식

② 토양침식 요인(★) : **강우, 바람, 기온, 지형, 토양 성질, 식생, 재배 방식**

2) 수식(강우에 의한 토양침식)

① 수식의 주요 요인(★★)
㉠ 강우 : 강한 비
㉡ 토성
- 사토 · 식토 → 침식이 쉽다.
- 심토의 투수성이 높은 토양 → 침식이 적다.

㉢ 지형
- 급경사 지역 → 토양침식이 크다.
- 경사면이 길수록(★) → 토양침식이 크다.
- 적설량이 많은 곳, 바람이 센 곳, 토양이 불안정한 곳 → 침식이 크다.

㉣ 식생
- 식생(**나무, 잡초 등**)이 적을수록 → 침식이 크다.

② 수식의 대책(★★★)
- **산림조성 · 초지조성 · 과수원의 경우 초생재배**(목초, 녹비작물)
- **단구재배**(경사가 급한 지역의 경우 계단식 논 또는 밭 조성)
- **등고선 재배**(등고선을 따라 이랑을 만들어 경작)
- **대상재배**(등고선 재배에서 일정 간격으로 목초를 재배하는 것)
- **토양피복** → 볏짚, 비닐(멀칭)
- **합리적인 작부체계 선택** → 피복작물을 윤작 또는 간작

3) 풍식(강풍에 의한 토양침식)

① 풍식의 주요 원인 : 토양이 가볍고 건조할 때 강풍이 부는 경우

② 풍식의 대책

- **방풍림 식재, 방풍울타리 설치, 관개**를 하여 토양을 젖게 한다.
- **이랑을 풍향과 직각**으로 낸다.

15 토양 중금속

1) 중금속의 유해성

① 비소(As) : 논토양에 10ppm 이상이면 수량 감소

② 구리(Cu) : 생육장해, 맥류에서 피해 민감

③ 수은(Hg) : 인체에 축적되면 **미나마타병** 유발

- **미나마타병** → 지각 장해(**맛, 시각, 청각, 후각 등**)

④ 카드뮴(Cd) : 인체에 축적되면 **이타이이타이병** 유발

- **이타이이타이병** → 뼈가 몹시 아프고 쉽게 골절된다.

TIP

이타이 → 일본어로 '아프다'라는 뜻

2) 중금속 오염 토양 개선 대책

① 담수재배

② 환원물질의 시용

③ 석회 시용 → 수산화물화 한다.

④ 인산질 시용 → 인산화로 불용화 된다.

⑤ 점토광물 시용(중금속을 흡착함) → 제올라이트, 벤토나이트

16 염류장해

1) 염류장해

염류장해에서 말하는 염류는 소금(염분)을 지칭하는 게 아니고 토양에 투입된 양분들이 이온상태(+)로 존재하기 때문에 염류라고 하며, 작물이 이용하고 남은 특정한 염류(양분, 양이온)가 과도하게 토양에 잔류하여 작물에 생리장해를 유발하는 것을 말한다.

2) 피해양상

① 염류장해는 노지보다는 시설에서 피해가 더 큰데, 그 이유는 노지의 경우 강우에 의해 염류가 용탈되지만 시설의 경우 강우가 차단되기 때문에 강우에 의한 용탈이 이루어지지 못하기 때문이다.

② 주요 피해 : **생육 부진, 양분 결핍, 수분 결핍, 고사**

3) 대책

① **답전윤환** : 시설의 경우 밭과 논을 2~3년 주기로 돌려가며 경작한다.

② **담수처리** : 담수를 공급한 다음 배수를 하는 것을 반복한다.

③ **심근성 작물**(호밀 등)을 재배한다.

TIP 심근성 작물

식물은 뿌리의 구조에 따라 심근성 식물과 그 반대인 천근성 식물로 구분한다. 심근성 식물은 경토 아래까지 뿌리가 깊게 내리는 식물로 호밀, 옥수수, 근대 등을 들 수 있으며, 천근성 식물은 뿌리가 깊이 내리지 못하는 식물로 대표적으로 고추, 벼를 들 수 있다. 따라서 천근성 식물은 도복(쓰러짐)이 잘 발생하기 때문에 지주대를 세워 주는 경우가 많으며, 재배하는 과정에서는 기비를 많이 투입하기보다 웃거름(추비)을 적절하게 주어서 가꾼다.

Ⅱ 수분

1 수분의 생리작용(역할)

① 생체의 70% 이상이 물이며, 원형질의 75% 이상이 수분을 함유하고 있다.

② 작물이 **원형질의 생활상태를 유지**한다.

③ 식물체 구성물질이 된다.(작물체 내 수분 함량 70~90%)

④ 필요 물질 흡수의 용매역할을 한다.

⑤ 필요물질 흡수 · 분해의 매개체 역할을 한다.

⑥ 세포의 긴장상태를 유지한다. → 식물의 체제 유지

2 수분 흡수 기구

① 식물세포의 **원형질막**은 **인지질**로 된 **반투명막**이다.
② **삼투** : 액의 수분이 반투성인 원형질막을 통해 세포 속으로 확산하여 들어가는 것
③ **삼투압** : 내액과 외액의 농도 차에 의해 삼투를 일으키는 압력
④ **팽압** : 세포의 크기를 증대(팽창)시키려는 압력
⑤ **막압** : 세포막에 탄력이 생겨 다시 안쪽으로 수축하는 압력
⑥ **확산압차(DPD, 흡수압)** : 수분 흡수는 삼투압과 막압의 차이인 확산압차에 의해 이루어진다.
⑦ **팽만상태** : 세포가 물을 최대한 흡수하여 삼투압과 막압이 같은 상태. 즉, 흡수압(DPD)이 0(Zero)인 상태를 말한다.
⑧ SMS(soil moisture stress : **작물의 수분 흡수=DPD)** : 토양의 수분 보유력 및 삼투압을 합친 것

- DPD−SMS=(a−m)−(t+α')
  - a : 세포의 삼투압
  - m : 세포의 팽압(막압)
  - t : 토양의 수분보유력
  - α : 토양용액의 삼투압

⑨ **확산압차구배(DPDD, diffusion pressure deficit difference)** : **세포 사이의 수분 이동**에 직접적으로 관여한다.
⑩ **수동적 흡수** : 물관 내의 **부압**에 의한 흡수
⑪ **적극적 흡수** : 세포의 **삼투압**에 기인하는 흡수
⑫ **증산작용이 왕성**할 때 물관 내의 DPD가 주위의 세포보다 매우 커진다. 따라서 수분흡수력이 매우 커진다.

TIP

증산작용이 왕성하지 않을 때보다 10~100배 흡수한다.

⑬ **일비현상(★)** : 식물체의 줄기를 절단(상처)하면 여기에서 수분이 나오는 현상을 말한다. 예컨대, 수세미의 줄기를 절단하면 **절단면에서 수분이 솟아 나온다.** 이러한 현상을 **일비현상**이라고 말한다.
➡ 이것은 **뿌리세포의 삼투압(★근압)**에 의하여 생긴다.

TIP

일액현상 ⇒ 이른 아침 잎 끝에 이슬처럼 물방울이 맺히는 현상 (원인 : 토양 과습)

⑭ **뿌리**에서는 **토양의 수분보유력(★)이 관여**한다.
⑮ **근계의 발달**은 작물의 **흡수능력을 증대**시키며, **뿌리에서 흡수의 주체**는 **근모(★)**이다.

3 작물의 요수량

① 요수량 : 작물의 **건물(乾物) 1g**을 **생산**하는 데 **소비된 수분량(g)**을 말한다.
② 증산계수 : **건물(乾物) 1g**을 생산하는 데 **소비된 증산량**을 말한다.
③ 증산능률 : 요수량과 증산계수의 반대 개념이다.

④ 요수량에 관여하는 요인(★)
- 공기습도가 낮으면 요수량은 높다.
- 한지식물 → 고온에서 요수량이 높다.
- 난지식물 → 저온에서 요수량이 높다.
- 바람이 불면 요수량은 증가한다.
- **요수량이 작은 작물(★) → 옥수수(★), 기장, 수수**
- **요수량이 큰 작물 → 호박(★), 알팔파, 클로버**
- **요수량이 가장 큰 식물(★★) → 명아주(★★)**
- 요수량이 작은 식물일수록 내한성(가뭄에 견디는 힘)이 크다.

출제경향 분석

Q. 다음 중 요수량이 가장 작은 식물은? 옥수수
Q. 다음 중 요수량이 가장 큰 식물은? 호박
Q. 요수량에 관여하는 요인 중 틀린 것은? 바람이 불면 요수량은 감소한다.

4 공기 중의 수분과 작물생산과의 관계

1) 공기습도

① 공기습도가 높지 않고 적당히 건조해야 증산이 조장되며, 양분 흡수가 촉진된다.
② 공기습도가 포화상태에 이르면 기공은 거의 닫힌 상태로 되어 기공으로부터의 **가스 침입이 억제**된다.
③ 공기습도가 높아지면 **표피가 연약**해지고 **작물체가 도색**하게 되어 **낙과(과실이 떨어짐)** 및 **도복(쓰러짐)**의 원인이 된다.
④ 공기의 과습 → 작물의 **개화수정**에 **장해**가 된다.

2) 이슬

① 이슬은 잎을 적셔서 **증산작용을 억제**하므로 식물을 **도장(웃자람)**하게 하는 경향이 있다.

② **증산과 광합성을 감퇴**시키고 작물에 대한 **병원균 침투를 조장**한다.

3) 안개

① **안개의 상습다발지대 → 일광**을 차단, **지온이 하강**하여 생육이 부진
② 벼의 경우 → **도열병** 발생 조장

5 한해(旱害, 가뭄해)

1) 한해(旱害)

한해(旱害)란 토양의 **수분이 부족**하여 작물이 **생육장해, 위조, 고사**의 피해를 입는 것을 말한다.

> **TIP**
> **혼돈주의** ☞ 한해(寒害=동해, 동상해), 한해(旱害, 건조해, 가뭄해)

2) 원인

① **토양 수분 부족**
② **근계(뿌리)발달 미약으로** 수분 흡수 불충분에 따른 한해 유발

3) 작물의 내한성(내건성 ★★★)

내한성은 그 작물의 **형태적, 세포적, 물질대사적 특성**에 의해 좌우된다.

① '표면적/체적'의 비가 **작을수록** 내한(건)성이 **강**하다.
② 뿌리가 깊고 **근군(뿌리)의 발달이 좋을수록** 내한(건)성이 강하다.
③ **기공이 작을수록** 내한(건)성이 강하다.
④ 품종, 생육시기(수도 감수분열기), 재배조건(비료, 파종 방법, 멀칭, 중경, 체온, 재식밀도)에 따라 달라진다.
⑤ **세포가 작을수록** 원형질의 변형이 적어 내한(건)성이 **강**하다.
⑥ 건조할 때 호흡이 낮아지는 정도가 클수록, 광합성이 감퇴하는 정도가 낮을수록 내한(건)성이 강하다.

4) 한해(旱害, 가뭄해)의 대책(★★★)

① **관개** : 물을 공급하는 것(**가장 근본적인 한해대책이다.**)
② **내한(건)성 품종(가뭄에 강한 품종)**의 선택
- **화곡류** : 수수, 조, 피, 기장(암기 화 · 수 · 조 · 피 · 기)

- 두류 : 콩, 강낭콩, 완두
- 서류 : 고구마, 감자, 뚱딴지(**돼지감자**)

③ **토양입단 조성**

④ 내건농법(드라이파밍, dry farmaing)(★★★) : 내건농법이란 수분을 절약하는 농법이다. 심경(깊이갈이)을 하여 땅속 깊이 수분이 침투하게 한 다음 한발(가뭄) 시에 파종을 깊이하며, 진압 후에 복토하고 지표를 엉성하게 중경하여 모세관이 연결되지 않게 함으로써 지표면으로부터의 **증발을 억제하는 농법**이다.

⑤ **피복, 중경제초**

⑥ **증발억제제(OED용액)**를 살포 → 증발 및 증산 억제

⑦ **뿌림골을 낮고 좁게, 재식밀도는 성기게**

⑧ 질소과용을 피하고 **퇴비, 인산, 칼리를 증시**한다.

⑨ **봄철**에 **맥류**의 경우 **답압**(밟아 줌)을 한다.

⑩ **천수답** 지대에서는 **건답직파** 한다.

6 관개(용수 공급)

1) 관개의 목적

관개는 생리적으로 필요한 수분 공급 외에 **천연양분 공급, 지온 조절** 등의 부수적 효과를 가지며, 벼는 생육단계별로 관개 정도가 다르다.

2) 관개방법

① **지표관개** : 지표면에 물을 흘려 대는 방법
지표관개 방법은 고랑관수, 점적호스를 이용한 관수, 분수호수를 이용한 관수방법 등이 있다.

② **살수관개** : 공중에서 물을 뿌려대는 방법

- **다공관 관개** : 관개용 파이프에 직접 작은 구멍을 무수히 내어 공중에 설치한 후 구멍을 통해 물을 공급하는 방법. 주로 과수에 많이 이용
- **스프링클러 관개** : 스프링클러에 의해 살수하는 방법

③ **지하관개 · 개거법** : 개방된 상수로에 물을 대어 이것을 침투시키면 모관이 상승하여 뿌리 영역에 공급하는 방법

- **암거법** : 지중에 배관을 묻어 물을 대고, 간극으로부터 스며 오르게 하는 방법
- **압입법** : 물을 주입하거나 기계적으로 압입하는 방법

7 습해

1) 습해

밭작물의 최적함수량은 **최대용수량의 70~80%**이다. 이 범위를 넘어서면 과습상태가 되어 해작용이 나타나는 것을 말한다.

2) 토양과습의 해

① **토양산소 부족** 초래 → **뿌리의 호흡 억제** → 에너지 방출 억제 ➠ 지상부 황화 · 위조 · 고사
② **환원성 유해물질이 생성**되어 **생육장해를 유발**한다.
- 지온이 높을 때 과습하면 토양산소의 부족으로 **환원상태가 조성**된다.
- 환원성인 **철(Fe^{++}), 망간(Mn^{++})** 등도 유해하다.
- **황화수소(H_2S)**가 생성되면 피해가 심해진다.

③ 습해는 생육 초기보다 생장 성기에 더 심하다.(★)
④ **생육 성기부터 출수기까지** 환원성 유해물질이 생기는 외에 새 뿌리의 발생이 쇠퇴하기 때문에 이 시기에 습해가 크다.(★)

3) 작물의 내습성

작물의 내습성은 **뿌리의 구조**(통기조직의 발달 여부), **뿌리 세포막의 목화 정도, 뿌리의 발달 습성**에 의해 좌우된다.

① 벼는 잎, 줄기, 뿌리에 통기계가 발달하였다.
② 뿌리의 피층세포가 **직렬구조**인 것이 산소 공급 능력이 크기 때문에 내습성이 강하다.
③ **맥류(★)** : 내습성이 강하다.
④ **파** : 목화가 생기기 때문에 내습성이 약하다.
⑤ 새 뿌리의 발생이 용이하고, **근계가 얕게 발달하면 내습성이 강하다.**
⑥ 뿌리가 **황화수소**나 **이산화철** 등에 대해 저항성이 큰 작물은 내습성이 강하다.

4) 습해의 대책

① **배수** : 근본적인 습해 대책 방법이다.
② **정지** : 고휴(高畦)재배를 한다.

TIP

- 고휴재배 : **이랑을 높게** 만들어 **여기에 식재**를 하는 것을 말한다.
- 이랑 : 작물이 심겨지는 부분
- **고랑 : 배수로 역할을 하는 부분**

③ **토양 개량** : 객토 · 부식(**유기물 시용**) · 석회 시용 · 토양개량제 시용

④ 내습성 작물 및 품종의 선택
- 작물의 내습성 : **골풀 · 미나리 · 택사 · 연 · 벼 〉 밭벼** · 옥수수 · 율무 · 토란 · 고구마 〉 보리 · 밀 〉 감자 · 고추 〉 토마토 · 메밀 〉 파 · 양파 · 당근 · 자운영 등
- 채소의 내습성 : **양상추 · 양배추 · 토마토 · 가지 · 오이**
- 과수의 내습성 : **올리브 〉 포도 〉 밀감** 〉 감 · 배 〉 밤 · 복숭아 · 무화과의 순

⑤ **미숙 유기물**과 **황산근 비료**의 시용을 **피한다.(★★)**
⑥ **표층시비**를 한다.
⑦ **엽면시비**를 한다.
⑧ **과산화석회를 시용**한다. → 습지에서의 발아 및 생육 조장

8 수해(침 · 관수의 피해)

1) 관수의 해

① **침수** : 작물이 물에 잠기는 것
② **관수** : 작물이 **완전히** 물에 잠기는 것

TIP

관수가 되면 산소를 공급받기 어렵기 때문에 생명유지를 위해 **무기호흡**을 하게 된다. 무기호흡은 일반 호흡에 비해 수십 배의 에너지가 더 소모된다. 따라서 **양분고갈**로 **생육장해**가 유발된다.

완전침수(관수) → 산소부족 → 무기호흡 → 에너지 소모(당분 · 전분 · 단백질 등의 호흡기질 고갈) → 기아상태

2) 수해의 발생과 조건

① 침수에 강한 작물(★) : **화본과 목초(★)**, 피, 수수, **옥수수(★)**, **땅콩(★)**
② 침수에 약한 작물 : 채소, 감자, 고구마, 메밀 등
③ 침수에 강한 품종(★) : 삼강벼(★)
④ 침수에 약한 품종(★) : 낙동벼, 동진벼, 추청벼
⑤ 벼가 관수될 때 피해가 큰 기간(★) : 수온이 20℃에서는 **2일** 정도
⑥ **청고(靑枯)** : **수온이 높은 정체탁수**(정체된 탁한 물)의 경우에 발생
⑦ **적고(赤枯)** : **수온이 낮은 유동청수(흐르는 맑은 물)**에서 발생
⑧ **질소비료를 많이 한 경우 관수해가 크다.**

⑨ 수해의 피해 정도는 작물의 품종, 생육시기, 생육의 건전도, 수온, 수질, 유속 등에 따라 크게 차이가 있다.
⑩ **침수**보다 **관수(완전침수)**에서 피해가 크다.
⑪ **출수개화기**에 관수를 입은 경우 **피해가 가장 크다.**
⑫ 수온과 기온이 높을 때 피해가 크다.
⑬ **청수(맑은 물)**보다 **탁수(혼탁한 물)**인 경우 피해가 크다.
⑭ **정체수(정지한 상태의 물)**는 **유수(흐르는 물)**보다 피해가 크다.
➡ 정체수는 수온이 높고 용존산소가 부족하기 때문에 피해가 크다.
⑮ 관수가 4~5일 이상 지속되면 피해가 매우 크다.

수해 익힘 문제

Q. 관수피해 설명으로 맞는 것은?

① 출수개화기에 피해가 가장 크다. ② 침수보다 관수에서 피해가 적다.
③ 수온과 기온이 높으면 피해가 적다. ④ 청수보다 탁수에서 피해가 적다.

Ⅲ 공기

1 대기의 조성과 작물

1) 대기의 조성

① 대기의 조성(★★★) → 질소 78% 〉 산소 21% 〉 이산화탄소 0.03%
② 작물의 호흡에 지장을 초래하는 산소 농도 → 5~10% 이하
③ **대기 중**의 **이산화탄소**의 **농도**가 **높아지면 → 호흡은 감소, 광합성은 증가한다.**

2) 이산화탄소(CO_2) 보상점(★★★)

① 이산화탄소(CO_2) 보상점 : **광합성**에 의한 **유기물의 생성 속도**와 **호흡에 의한 유기물의 소모 속도가 같아지는 이산화탄소의 농도**를 말한다.
➡ 따라서 작물의 생장이 계속 되려면 이산화탄소 보상점 이상의 이산화탄소가 필요하다.
② C_4**식물**은 C_3**식물**에 비해 **이산화탄소 보상점**이 **낮다.** 따라서 C_4식물의 광합성 효율이 C_3식물에 비해 높다.

TIP C_3식물과 C_4식물의 이해?

- 대다수 식물은 C_3식물이다.
  ➥ C_4식물은 엽맥이 그물맥이 아닌 **옥수수**, 수수, 기장, 명아주처럼 **평행맥**을 가진 식물들이다.
  ➥ C_4식물은 **엽록유관속초 세포가 발달**되어 있으며, **고온건조** 및 **습한** 곳에 **잘 적응**되어 있다.

3) 이산화탄소(CO_2) 포화점(★★★)

① **이산화탄소(CO_2) 포화점** : 이산화탄소의 농도가 어느 한계에 이르면 농도가 높아져도 더이상 광합성의 속도가 증가하지 않는 이산화탄소의 농도(한계점)를 말한다.

② **작물의 이산화탄소(CO_2) 포화점**은 0.21~0.3%로 대기 중의 농도보다 **7~10배** 높다.

4) 탄산시비

① 탄산시비 : 탄산시비란 시설 내에 **이산화탄소를 인위적으로 공급**해 주는 것을 말한다. 이산화탄소의 공급은 이산화탄소 공급장치(**설비**)를 통해 이루어진다.
➥ 시설이 아닌 **노지**의 경우 **퇴비**나 **녹비**를 시용하면 **탄산시비 효과**를 얻을 수 있다.

② 탄산시비의 효과 : **광합성**을 **촉진**하여 **생육** 및 **수량**이 **증수**된다.

③ 탄산시비 시기 : **오전 일출 30분** 후부터 **2~3시간까지**만 한다.

④ 탄산가스 공급원 : **액화탄산가스, 프로판가스**

5) 탄산가스 농도에 관여하는 요인

① 계절 : 여름철이 이산화탄소 농도가 높다.

② 지면과의 거리 : 지면과 가까울수록 이산화탄소 농도가 높다.

③ 식생 : 식생이 무성하면 지면과 가까울수록 농도는 높아진다.

④ 바람 : 이산화탄소의 불균형을 해소시켜 준다.

⑤ 유기물 : **미숙퇴비, 낙엽, 구비(동물의 분뇨), 녹비**를 시용하면 이산화탄소의 농도가 높아진다.

2 대기오염 물질

① 아황산가스(SO_2, SO_3)
- 피해 증상 : **광합성 저하, 줄기** 및 **잎이 퇴색, 잎끝**이나 **가장자리 황록화**

② 불화수소(HF)
- 피해 증상 : 잎끝, 가장자리 **백변(하얗게 변색)**
- 지표식물 : **글라디올러스**

> 암기 **• 불 · 글의 가장 · 백변**
> ☞ 불 · 글 → 불화수소 지표식물. 글라디올러스. ✔ 가장 · 백변 → 가장자리가 백변

③ 오존(O_3)

- **피해 증상 : 어린 잎보다 성엽에서 피해가 크다. 암갈색 반점, 황백~적색**
- **지표식물 : 담배**
- **오존을 생성하는 대기오염 물질 : NO_2(자동차 배출 가스)+자외선=광산화 작용**으로 **생성**

④ 암모니아 가스

- 배출원 : 비료공장, 냉동공장, 자동차 등
- 피해 증상 : 잎 표면에 **흑색반점이 무수하게 많이** 생성
- 감수성이 높은 식물 : 무, 알팔파

⑤ PAN

- 피해 증상 : 담배, 페튜니아는 10ppm에서 5시간 접촉되면 피해 발생
- 잎의 뒷면에 황색 내지 백색 반점이 잎맥 사이에 발생

⑥ 에틸렌

- 피해 증상 : **조기낙엽**, 생장 저해, 줄기 신장 저해

⑦ 산성비

- **원인 물질 : SO_2(이산화황), NO_2(이산화질소), HF(불화수소), Hcl(염화수소)**
- 피해 증상 : 잎이 백색 또는 적갈색

3 바람

① 연풍(약한 바람)의 효과(★)

- 연풍은 **풍속 4~6km/hr(시간당 4~6km 이동하는 속도)**으로 **작물 생육에 이롭다.**
- 증산 및 양분 흡수를 촉진
- 병해 경감(**과습이 경감되기 때문**)
- 광합성을 촉진
- 서리 피해를 방지
- 화분 매개 조장 → 수정 및 결실 조장
- 지나친 지온 상승 억제

② 연풍(약한 바람)의 부작용

- 잡초를 전파시킨다.
- 건조를 더욱 조장한다.

- 냉해를 유발시킨다.

③ **풍해(강풍해)** : 강풍으로 인해 작물이 기계적 · 생리적 장해를 받는 것을 말한다.

> **TIP**
>
> 강풍 : **풍속 6km/hr(1시간 당 4~6Km 이동 속도)** 이상의 바람

㉠ 기계적 장해

- **벼** : 도복, 수발아, 부패립 증가, 수분 · 수정 장해로 불임립 발생, 이삭목도열병 발생, 자조(알곡이 적색)
- **과수** : 절상, 열상, 낙과

㉡ 생리장해

- **호흡 증대** → 체내 양분 고갈. 심하면 고사
- **광합성 감소** → 강풍이 불면 **기공이 폐쇄**되어 이산화탄소 흡수가 감소되기 때문이다.
- **백수피해** 유발 → 강풍(습도 60%에서 풍속 10m/s에서 발생)으로 체내 수분이 빠져 나가 수분 부족이 생기고 햇빛에 의해 **광산화반응**이 일어나 원형질이 죽으므로 **백수**가 발생한다.
- **냉해 발생** → 체온을 낮추어 심하면 냉해 유발
- 강풍은 **대기 중 이산화탄소**를 **경감(★)**시킨다.

㉢ 풍해의 대책

- **방풍림** 설치, 방풍 울타리 설치(관목식재, 옥수수, 수수 등으로 포장 둘레에 식재한다.)
- 풍식경감 조치 → 피복작물 재배, 객토, 유기물 시용
- **풍향과 직각으로 작휴**
- 내풍성 작물 선택 → 고구마, 목초
- 내도복성(쓰러짐에 견디는 성질) 품종 선택, 작기의 이동
- 담수 : 벼의 경우 태풍이 올 때 논 물을 깊이 대어 준다. → 도복 경감
- 칼리비료 증시, 질소 과용회피, 밀식회피, 낙과방지제 뿌리기

Ⅳ 온도

1 온도와 작물 생육

1) 온도계수(Q_{10})

① 온도계수(Q_{10}) : 온도가 10℃ **상승**하는 데 따르는 **이화학적 반응이나 생리작용의 증가 배수**를 말한다.

② 작물의 온도계수(Q_{10}) : 2~4

③ 벼의 온도계수(Q_{10}) : 1.6~2.0

2) 온도계수와 작물의 생리작용

① 광합성

- 온도가 상승함에 따라 광합성 속도는 증가하나 적온보다 높으면 둔화된다.
- **30~35℃까지 광합성의 Q_{10}은 2 내외**
- 광합성이 정지하는 온도 : 40~45℃

② 호흡

- 온도가 상승하면 호흡은 급격히 증가한다.
- 적온을 넘어서 고온이 되면 호흡속도가 오히려 감소 → 호흡이 감소하기 시작하는 온도 : 32~35℃
- 호흡이 정지하는 온도 : 50℃(Q_{10}은 2~3)

③ 동화물질의 전류

- 적온까지는 온도가 상승할수록 동화물질의 전류가 빠르다.
- 저온에서는 뿌리의 당류농도가 높아져 전류가 감소된다.
- 고온에서는 호흡이 왕성해져서 뿌리나 잎의 당류가 급격히 소모되어 전류물질이 줄어든다.
- 동화물질이 곡립으로 전류되는 양은 조생종이 만생종보다 많다.

④ 수분 및 양분의 흡수 이행

- 온도의 상승과 함께 수분의 흡수가 증대된다.
- 온도가 상승하면 양분의 흡수 및 이행도 증가하지만, **적온 이상으로 온도가 상승**하면 오히려 양분의 흡수가 감퇴한다.

➡ C_3식물은 온도가 상승하면 온도 반응이 커져 광호흡이 증가하기 때문에 C_4작물보다 불리하다.

⑤ 증산작용

- 온도가 상승하면 양분의 흡수 및 이행도 증가한다. 그러나 적온 위로 온도가 상승하면 오히려 양분의 흡수가 감퇴한다.

- 온도가 상승하면 수분 흡수가 증대한다.(엽내 수증기압이 증대한다.)
- 온도가 상승하면 증산량은 증가한다.
- 광합성 속도 : 온도의 상승에 따라 증가하나 적온보다 높으면 둔화되며, 호흡은 급격히 증가한다.
- 적온을 넘어서 고온이 되면 호흡속도가 오히려 감소한다.

3) 유효온도

① 유효온도 : 작물의 생육이 가능한 온도를 말하며, **최고온도 · 최저온도 · 최적온도**의 범위를 말한다. 작물 재배에 있어서 가능한 한 **최적온도**에 가깝게 여건을 만들어 주는 것이 바람직하다.

- 최고온도 : 작물 생육이 가능한 가장 높은 온도
- 최저온도 : 작물 생육이 가능한 가장 낮은 온도
- 최적온도 : 작물 생육에 가장 적합한 온도

② 주요 작물별 주요 온도

- 최고온도 : **삼**(★45℃) 〉 **옥수수**(★40~44℃) 〉 벼(36~38℃)
- 최저온도 : **호밀 · 삼 · 완두**(★1~2℃) 〉 보리(3~4.5℃) 〉 귀리(4~5℃)
- 최적온도 : **삼 · 멜론**(★35℃) 〉 오이(33~34℃) 〉 벼 · 옥수수 (30~32℃)

4) 적산온도

어떤 작물의 **발아부터 성숙까지**의 생육기간 중 **0℃ 이상의 일평균기온을 합산한 온도**(작물 생육에 필요한 총 온도량의 개념이다.)

① 여름작물

- 벼 : **★3,500~4,500℃** 〉 담배 : 3,200~3,600℃ 〉 메밀 : 1,000~1,200℃ 〉 조 : 1,800~3,000℃

② 겨울작물

- 추파맥류 : 1,700~2,300℃

③ 봄작물

- 아마(1,600~1,850℃), 봄보리(1,600~1,900℃)

5) 변온(일변화)의 효과

① 변온(일변화) : 변온은 낮과 밤의 온도차, 즉 일교차(낮에 높고 밤에 낮음)가 있는 것을 말한다.

② 변온의 효과

- 발아를 촉진한다.

- 동화물질의 축적이 많아진다.
- 식물의 생장은 변온이 작은 것이 유리하다.
- 고구마, 감자 : 변온에서 덩이뿌리 및 덩이줄기 발달이 촉진된다.
- 토마토 : 변온(야간온도 20℃ 내외)에서 과실이 비대해진다.
- 콩 : 변온(야간온도 20℃)에서 결협률이 최대이다.
- 벼 : 초기 야간온도 20℃, 후기 16℃에서 등숙 양호

TIP

결협률 ⇒ 콩 한포기의 **전체 꽃수**에서 **결실이 되는 꽃수의 비율**

6) 지온 · 수온 · 작물체온의 변화

① 지온

- 토양의 빛깔이 진하면 지온이 높아지며, 함수량이 높으면 지온은 저하하지만 변화의 폭이 적어진다.
- 지중심도가 깊을수록 지온의 변화는 적다.
- 남쪽으로 경사진 곳은 평지보다 낮의 지온이 높아진다.

② 수온

- 물은 비열이 크고 온도의 변화가 적다.
- 지하수는 12~17℃이므로 지하수를 직접 관개하면 작물이 냉해를 받기 쉽다.
- 수온의 최고온도 · 최저온도는 기온의 최고온도 · 최저온도 시각보다 2시간쯤 늦다.

③ 작물체온

- 흐린 날이나 밤과 음지에서의 작물체온은 기온보다 낮다.
  ➥ 흡열(**흡수하는 열**)보다 방열(**방출하는 열**)이 많기 때문
- 여름의 맑은 날은 흡열(**흡수하는 열**)이 많아 기온보다 10℃ 이상 높다. 따라서 여름의 고온기에 열사를 유발하는 원인이 된다.
- 바람이 없고 습도가 높을 때 작물의 체온은 상승한다.
- 군락의 밀도가 높으면 통풍이 잘 되지 않아 작물체온은 상승한다.

7) 고온장해(열해)

① 열해 : 기온이 지나치게 높아짐에 따라 작물이 입는 피해를 열해라고 한다.

㉠ 열사(heat killing) : 단시간(보통 1시간)에 받은 열해로 작물체가 고사하는 것을 열사라고 한다.

㉡ 열사점(열사온도)

- 열사를 일으키는 온도를 열사온도 또는 열사점이라고 한다.

- 열사온도 : 대체로 50~60℃

② 열사의 기구(★)

- **원형질단백질의 응고(★)**
- 원형질막의 액화
- 전분의 점괴화
- 팽압에 의한 원형질의 기계적 피해
- 유독 물질의 생성

③ 열해의 기구

- 지나친 고온으로 인해 → **광합성보다 호흡이 왕성** → 유기물 소모 과잉, 당 소모 → **단백질 합성이 저해 → 암모니아 축적(유해물질)**
- **철분이 침전**되어 황백화 현상 초래
- 수분 흡수보다 증산과다 → 위조 유발

④ 작물의 내열성(**열에 견디는 성질**)

- 내건성(**건조에 견디는 성질**)이 큰 것은 내열성도 크다.
- 세포 내의 결합수가 많고 유리수가 적으면 내열성이 크다.
- 세포의 점성, 염류 농도, 단백질, 유지, 당분 등이 증가하면 내열성도 커진다.

⑤ 열해의 대책

- 내열성 작물의 선택
- 재배 시기 조절에 의한 열해의 회피
- **관개수를 이용한 지온을 낮추어 줌 → 가장 효과적**인 재배적 조치이다.(★★★)
- 해가림이나 피복으로 지온 상승 억제
- 시설 하우스의 경우 → 환기조치
- 재식밀도를 낮춤, 질소과용 회피 등

8) 목초의 하고현상(★★)

① 하고현상 : **북방형 목초**가 **여름철**에 접어들어 **생장이 쇠퇴하고 황화 · 고사**하는 현상을 말한다. 여름철에 기온이 높고 건조가 심할수록 피해가 증가한다.

② 하고의 유발 요인 : **고온, 건조, 장일, 병충해, 잡초의 무성**

③ 하고의 대책

- **스프링플러시(북방형 목초가 봄철에 생육이 왕성하여 생산성이 집중되는 현상)**의 억제
- **관개**(수분 공급)
- **초종의 선택 및 혼파**
- **방목과 채초**

④ 피해가 큰 목초 : 티머시, 블루그라스, 레드클로버

⑤ 피해가 경미한 목초 : 오처드그라스, 라이그라스, 화이트클로버

9) 냉해

하계작물(여름작물)이 생육적온보다 낮은 온도에 처하여 받는 냉온장해를 냉해라고 한다.(**동해 → 동계작물이 겨울철 한파로 인해 받는 피해)**

① 냉해의 양상(★★★)

㉠ 병해형 냉해

- 냉온에서 벼는 규산흡수 저해 → 도열병 발생
- 질소대사 이상, 광합성 감퇴, 체내 유리아미노산이 암모니아 축적 → 병원균 침입 용이 → 병의 발생

㉡ 장해형 냉해(★★) : 작물 생육기간 중, 특히 냉온에 대한 저항성이 약한 시기에 저온과의 접촉으로 뚜렷한 장해를 받게 되는 냉해

- 벼의 **타페트(융단조직)의 비대**로 **불임**을 일으킨다.
- **유수형성기부터 개화기**까지, 특히 **생식세포의 감수분열**에 영향을 준다. → **생식기관**이 정상적으로 형성되지 못하거나, **꽃가루 방출 억제**로 **수정 장해**

㉢ 지연형 냉해 : 벼에 있어서 오랜 기간 냉온이나 일조 부족으로 등숙이 충분하지 못하여 감수를 초래하게 되는 냉해

㉣ 혼합형 냉해 : 장기간에 걸친 저온에 의하여 혼합된 형태로 나타나는 현상으로 수량 감소에 가장 치명적 영향을 준다.

냉해의 양상 익힘 문제

Q. 유수형성기부터 개화기까지 특히 생식세포의 감수분열에 영향을 주는 냉해는?

① 지연형 냉해 ② **장해형 냉해** ③ 병해형 냉해 ④ 등숙불량형 냉해

② 냉해의 기구

- 세포막의 손상
- 광합성능력의 저하, 양분의 흡수장해, 양분의 전류 및 축적장해, 단백질합성 및 효소활력 저하
- 꽃밥 및 화분의 세포 이상

③ 냉해에 대한 재배적 대책

㉠ 수온상승책

- 누수답은 객토와 밑다짐 등을 한다.
- 냉수 관개가 불가피한 경우 물의 입구 부근에 분산판을 사용하여 입수를 꾀하며, 입수구를 자주 바꾼다.

- 물이 넓고 얕게 고이도록 하는 온수저류지 설치
- 수온상승제(OED) 살포

㉡ 재배적 조치

- 보온육묘
- 조파(**일찍 파종**), 조식(**일찍 심음**)
  ➥ 조생종이 만생종보다 냉해를 회피 할 수 있다.

㉢ **인산, 칼리, 규산, 마그네슘** 등의 충분한 공급

㉣ 논물을 깊이 댐(15~20cm)

㉤ 저항성 및 회피성 품종의 선택

④ 벼의 생육시기별 냉해 양상

㉠ 유묘기

- **PH가 중성 이상**의 토양의 경우 → **모잘록병** 발생
- 기온이 **13℃ 이하**일 경우 → **발아가 늦어지고 유묘의 생육이 지연**된다.

㉡ 생장기

- 기온이 17℃ 이하일 경우 → 초장(키) · 분얼(새 줄기 및 잎 발생) 감소

㉢ 감수분열기(★)

- **냉해에 가장 민감**한 시기이다.
- 냉해를 받는 온도 : 20℃에서 10일
- **소포자**가 형성될 때 **세포막**이 형성되지 않는다.
- **타페트(융단조직)**의 **이상비대**로 **생식기관**의 **이상**을 초래한다.

㉣ 출수 및 개화기

- 냉해를 받는 온도 : 17℃에서 3일 이상
- 출수기 : 출수 지연, 불완전 출수, 출수 불가능
- 개화기 : 화분의 수정능력 상실, 불임

⑤ 등숙기

㉠ 등숙기의 경우 등숙 초기의 피해가 크다.

㉡ 피해양상

- 배유의 발달이 저해된다.
- 입중(**낟알 1립의 무게**)이 가벼워진다.
  ➥ 충실하게 여물지 못하기 때문
- **청치(청미)**가 많이 발생한다.

TIP

청치 ☞ 현미의 상태가 푸른 색깔을 띠는 낟알이며, 쌀로 도정했을 때 완전립 쌀이 되지 않는다.

- 수량이 감소하며 쌀의 품질이 떨어진다.

10) 한해(寒害, 동해)

TIP 냉해와 한해(동해)의 이해

- **냉해** : 하계작물(여름작물)이 생육적온보다 저온에 처해져 받는 장해
- **한해**(寒害, 동해) : 겨울을 나는 작물이 겨울철 저온으로 받는 피해

한해(寒害)는 겨울을 나는 작물(**월동작물**)이 겨울철의 지나친 추위로 받는 피해를 총칭하는 것을 말하며 **동상해(작물체가 결빙), 상주해(서릿발 피해), 건조해와 습해**를 모두 포함한다.

① 동상해와 상주해의 예방 대책
- 퇴비의 시용, 객토, 배수
- 맥류의 경우 → 줄뿌림을 넓게 하면 서릿발 피해(**상주해**) 경감한다.
- 발로 밟거나 진압(**로울러로 눌러줌**) → 상주해 피해 경감

② 한해(寒害, 동해)의 응급 대책(★★★)
- **관개법** : **저녁에 관개(물을 공급)** 해준다. → 물이 가진 열을 토양에 공급효과
- **송풍법** : 송풍을 하면 기온역전을 막아 작물 부근의 온도를 높일 수 있다.
- **피복법** : 보온덮개 등으로 작물체를 피복한다. → 보온효과
- **발연법** : 연기를 피운다. → 서리피해 경감
- **연소법** : 불을 피워 열을 발생 → 보온효과
- **살수결빙법** : 작물체에 분무기로 물을 뿌려준다. → 물을 살수해주면 작물체 표면의 물이 얼면서 잠열이 발생(1g당 약 80cal)하기 때문에 생육한계 이하의 온도 하강을 막을 수 있어 피해를 경감할 수 있다.

③ 작물의 내동성 관계 요인(★)
- 작물의 내동성은 영양생장단계가 생식생장단계보다 더 강하다.
- 포복성 식물이 강하다.
- 생장점이 땅속에 깊이 있는 것이 강하다.
- 잎 색깔이 진한 것이 강하다.
- **세포 내의 자유수 함량이 많으면** 내동성은 **약하다.**
  ➥ 세포 내의 결합수 함량이 많을수록 내동성은 커진다.
- **세포액의 삼투압이 높을수록** 내동성은 커진다.
- **전분 함량이 많을수록** 내동성은 **저하**된다.
- **당분 함량이 많을수록 내동성은 증대**된다.
- **원형질의 친수성콜로이드가 많을수록** 내동성은 커진다.

- 체내 **칼슘과 마그네슘 함량이 많을수록** 내동성은 커진다.
- **원형질단백질의 -SH가 많은 것**이 내동성이 강하다.

④ 내동성의 계절적 변화

- 월동작물 내동성은 기온이 내려감에 따라 점차 증대되고, 다시 기온이 높아짐에 따라 차츰 감소한다.
- 월동작물이 5℃ 이하의 저온에 계속 처하게 되면 내동성이 증가하며, 이러한 현상을 경화라고 한다.
- 경화된 것이라도 다시 반대의 조건을 주면 원래의 상태로 돌아온다. 이러한 현상을 경화상실이라고 한다.
- **휴면이 깊은 상태**일수록 내동성은 크다.

11) 상해(freezing injury)

① **상해의 뜻** : 상해는 서리가 내려 피해를 받는 것을 말하는데, 주로 늦서리가 내려 작물이 동사하는 경우를 말한다.

② **상해 온도** : 0~-2℃ 정도

③ 상해의 주요 피해 대상 및 원인

- 봄에 작물의 파종을 너무 일찍 한 경우
- 봄에 작물의 모종을 너무 일찍 이식한 경우
- 과수(사과, 배, 복숭아 등)의 개화기에 늦서리가 내린 경우

※ 늦서리가 내리면 작물이 동사하지 않더라도 과수나 과채의 경우 수분 및 수정장해, 착과수 감소로 이어지며, 고구마의 경우 괴근의 형성 불량, 채소의 경우 추대(꽃대 발생) 발생 등의 피해를 볼 수 있다.

④ **상해의 응급 대책** : 동해(한해)의 응급 대책과 같다.

⑤ 상해의 사후 대책

- 인공수분을 한다.
- 적과를 늦춘다.
- 영양상태의 회복을 꾀한다.
- 병충해 방제를 한다.
- 심한 경우 다른 작물로 대작을 한다.

V 광과작물 생육

1 광과작물의 생리작용

- **태양광**은 **파장**이 **다른** 여러 가지 광선의 **혼합광**이다.
- 광은 **엽록소 형성**과 **광합성**에 반드시 필요하며, **광호흡**과 **증산작용**을 **증대**시킨다.
- **광합성에 유효한 파장**(PAR) ➡ **400~800nm(★)** 가시광선
- **식물의 줄기**는 **향광성**이고, **뿌리**는 **배광성**을 나타낸다.

1) 굴광현상

① 식물의 한쪽에 광을 조사하면 조사한 쪽으로 식물체가 구부러지는 현상
➡ **조사된 쪽**의 **옥신 농도**가 **낮아**지고 **반대쪽**은 **높아**진다(★).

② **굴광성** : 4400~4800Å 청색광(★)이 가장 유효하다.

2) 착색 · 신장 · 개화

① 빛 : **굴광현상, 착색, 줄기의 신장 및 개화**에 영향을 미친다.

② **착색**에 관여하는 **안토시안 : 저온, 단파장의 자외선** 또는 **자외선 · 자색광**에 의해 **생성이 증대**된다. → 볕이 잘 쬐면 착색 증대

③ **엽록소 형성(★) : 4,300~4,700Å의 청색광, 6,200~6,700Å의 적색광**

④ 광의 조사가 좋으면 줄기의 신장 및 화성 · 개화가 증대된다. → 광합성이 증가하여 탄수화물의 축적이 많아져 C/N율이 높아지기 때문

3) C_3식물과 C_4식물의 특성(★)

	C_3식물	C_4식물
대표식물	대부분 식물	옥수수, 수수, 기장, 명아주
엽록유관속초 세포	발달되어 있지 않다.	발달되어 있다.
광보상점	**낮다**	**높다**(강한 광조건 필요)
광호흡	한다	하지 않거나 극히 작다.
CO_2 보상점	**높다**	**낮다**
CO_2 포화점	낮다	높다

① C_4식물은 C_3식물보다 강한 광조건에서 광합성 효율이 높다.
② C_4식물은 엽록유관속초 세포가 발달되어 있지만 C_3식물은 발달되어 있지 않다.
③ C_4식물은 C_3식물보다 CO_2를 고정하기 위한 많은 에너지가 필요하다.
④ C_4식물은 고온건조 및 습한 곳에 적응되어 있고, C_3식물은 저온다습 및 고온다습 조건에 적응되어 있다.

4) 광합성과 태양에너지 이용

① 태양에너지는 47%만이 지표에 도달되며, 그 중 2~4%를 작물이 이용한다.
② 지구상의 광합성량을 100%로 볼 때, 해양식물이 90%, 육지식물이 10%를 차지하며, 경작작물로 볼 때는 전체의 2.5%에 불과하다.

5) 광보상점

① **광보상점** : 광도를 높이면 광합성의 속도가 점점 증가하는데, 어느 정도 낮은 조사 광량에서는 **진정광합성 속도**와 **호흡속도가 같아서 외견상 광합성 속도가** 0이 되는 조사 광량을 광보상점이라고 한다.
- 진정광합성 : 호흡을 무시한 상태에서의 광합성
- 외견상 광합성 : 호흡으로 소모된 유기물을 빼고 외견으로 나타난 광합성

② 광보상점과 생리작용
- CO_2 방출속도와 흡수속도가 같다.
- 식물은 광보상점 이상의 광을 받아야 지속적인 생장이 가능하다.
- 음생식물은 광보상점이 낮다. 그늘에 잘 적응한다. 강한 광을 받으면 오히려 해롭다.

6) 광포화점

① **광포화점** : 광의 조도를 광포화점을 넘어 증가시키면 광합성의 속도가 증가하다가 어느 한계점에 이르렀을 때는 더 이상 광합성이 증가하지 않는 때의 조도를 **광포화점(★)**이라고 한다.
② 고립상태에서의 광포화점

TIP 고립상태

실험 대상이 되는 각각의 잎들이 모두 직사광을 받는 경우를 말한다. 즉, 재배포장에서의 경우는 생육 초기에 여러 잎들이 서로 중첩되기 전의 상태에 해당되며, 어느 정도 자라면 서로 잎들이 중첩되므로 고립상태는 나타나지 않는다.

- 광포화점은 **온도와 이산화탄소의 농도에 따라 변화**한다.
- 고립상태의 광포화점은 전광의 30~60% 범위에 있고, 군락상태의 광포화점은 고립상태보다 낮다.

- 생육적온까지는 온도가 높을수록 광합성 속도는 높아지지만 광포화점은 낮아진다.(★)
- **온난지보다 한랭지에서 더 강한 일사량이 필요**하다.
- 이산화탄소 포화점까지 대기 중의 이산화탄소 농도가 높을수록 광합성 속도와 광포화점은 높아진다.
- 대기 중의 이산화탄소 농도를 약 4배로 증가시키면 광포화점은 거의 전광의 조도에 가깝다.
- 작물의 재식밀도가 증가하면 광포화점은 증가한다. → 결국 수광태세가 좋을수록 광포화점은 낮아진다.
- **벼의 광포화(★) : 영양생장기 50~60Klux, 수잉기 60~70Klux**

2 포장상태에서의 광합성

TIP

포장상태 : 작물이 재배되고 있는 상태를 말한다.

1) 포장동화능력

① **포화동화능력** : 포장상태에서 단위면적당 동화능력을 포장동화능력이라고 한다.

② **포장동화능력** : $P=A \cdot f \cdot P_0$

TIP

P(포장동화능력), A(총엽면적), f(수광능률), P_0(평균동화능력)

2) 최적엽면적(LAI)

① **최적엽면적(LAI)** : 군락상태에서 건물 생산을 최대로 할 수 있는 엽면적을 최적엽면적이라고 한다.

② 최적엽면적과 생산성과의 관계

- 최적엽면적은 **일사량**과 **군락의 수광태세**에 따라 **크게 변화**한다.
- 최적엽면적이 크면 군락의 건물 생산량을 증대시켜 수량이 증대된다.
- 최적엽면적에 도달한 후에는 엽면적의 증대보다는 **단위동화 능력**이 커지도록 해야 한다.

3) 군락의 수광태세

① 군락의 최적엽면적 지수

군락의 수광태세가 좋아야 커진다. → 결국 광 투과율이 좋으면 최적엽면적 지수가 좋아진다.

② 군락의 수광태세 개선

㉠ **초형**과 **엽군 구성**이 좋아야 한다.

㉡ **재배법도 개선**하여야 한다.

- 벼의 경우 **규산, 칼리**를 충분히 시용한다. 무효분얼기에 질소질 비료의 시비를 적게 한다.
- 벼, 콩을 밀식 할 경우 줄 사이를 넓히고 포기 사이를 좁힌다.
- 맥류 → 광파보다 **드릴파재배**를 한다.

③ 수광태세가 좋은 초형

㉠ 벼

- 잎이 두껍지 않고 약간 가는 것
- 상위엽이 직립한 것
- 키가 너무 크거나 작지 않은 것
- 분얼이 개산형
- 잎이 균일하게 분포하는 것

㉡ 옥수수

- 하위엽이 수평인 것
- 수이삭이 작고 잎혀가 없는 것
- 암이삭은 1개보다 2개인 것

㉢ 콩

- 가지를 적게 치고 짧은 것
- 꼬투리가 주경에 많이 달리고 아래까지 착생한 것
- 잎줄기가 짧고 일어선 것
- 잎은 작고 가는 것

4) 벼의 생육시기별 소모도장 효과

① 소모도장 효과 : 일조의 건물생산 효과에 대한 온도의 호흡촉진 효과의 비율을 말한다.

② 소모도장 효과와 생육과의 관계

㉠ **소모도장 효과가 크면 웃자란다**(광합성에 의한 유기적 생산에 비해 호흡에 의한 소모가 커지기 때문)

㉡ **등숙기간** 중 우리나라 소모도장 효과는 작다. 따라서 **등숙에 유리**하다.

㉢ 그러나 **유수형성기**에 **우리나라 소모도장 효과**는 **최대**이다.

- 따라서 유효경(이삭을 형성하는 분열) 비율이 낮다.
- 지경과 영화의 퇴화가 **많다.**
- 단위 면적당 영화수가 적다.
- 저장 탄수화물 축적이 적다.

5) 일사(日射)와 작물의 재배 조건

① 광포화점이 높은 작물

㉠ 종류 : **벼**, **목화**, 조, 기장, **알팔파**

㉡ 광포화점이 높은 작물의 특징

- 고온 적응성이 높다.
- 가뭄에도 강하다.
- 맑은 날이 지속되어야 수량성이 높아진다.

② 광포화점이 낮은 작물

㉠ 해당 작물 : **강낭콩**, **딸기**, **목초**, **감자**, 당근, 비트

㉡ 광포화점이 낮은 작물의 특징

➥ 흐린 날이 상당 기간 있는 것이 생육과 수량성이 높다.

③ 초생재배 : 초생재배는 **내음성이 강한 작물**이 좋다.

> **TIP**
> **초생재배** : 과수원 내에 목초작물 등을 재배하여 잡초 방제 효과를 기대하는 재배 방식

④ 이랑의 방향과 수광량

- 동서이랑보다 남북이랑의 수광량이 많다.
- 건조가 심한 경우 남북이랑보다 동서이랑이 유리하다.
- 봄감자의 경우 동서이랑이 유리하며, 북쪽에 바짝 심어야 수광량이 좋다.
- 가을감자의 경우 남쪽방향으로 바짝 심어야 여름철 고온을 피할 수 있다.

⑤ 보온 자재와 투광률

- 시설 자재의 경우 투광률은 **유리**, **플라스틱필름**이 가장 좋다.

Ⅵ 상적발육과 환경

1 상적발육의 개념

① **상적발육** : 작물(식물)은 발육이 완성되기까지 **순차적으로 몇 가지 발육상**을 **거치**는데, 이러한 현상을 상적발육이라 한다. 즉, **발아단계 → 영양생장 단계 → 화성 → 개화 → 결실** 등과 같은 순차적인 과정을 거쳐 발육이 완성되는 양상을 말한다.

② **발육상** : 작물 생육에 있어서 **아생**, **화성**, **개화**, **결실** 등과 같은 작물의 단계적 양상을 말한다.

> **TIP**
> 아생 : 싹이 틈

③ 화성 : 영양생장에서 생식생장으로의 이행을 말한다.

④ 리센코(Lysenko)의 상적발육설(★)

- 1개의 작물체나 식물체가 개개의 **발육상을 완료하는 데는 서로 다른 환경조건이 필요**하다.
- 개개의 발육단계 또는 발육상은 서로 접속하여 발생하고 있으며, **앞의 발육상이 완료되지 못하면 다음 발육상으로 이행할 수 없다.** 즉, 영양생장은 발아과정을 거쳐야 이행되며, 화성 및 개화는 영양생장 단계를 거쳐야 한다.
- 일년생 종자식물의 전 발육과정은 개개의 단계에 의해서 성립
- 생장은 작물의 여러 기관의 양적 증가를 의미하고, 발육은 작물체 내의 순차적인 질적 재조정 작용을 의미

2 화성유도(유인)

① 화성유도(화성유인) 주요 요인

- **C/N율, 옥신 · 지베렐린 등 식물호르몬, 일장(광조건), 온도**

② C/N율설

㉠ C/N율(탄질률) : **식물체 내의 탄수화물(C)과 질소(N)의 비율**

➥ **개화에 있어 C/N율이 높아**야 한다.(**탄수화물의 비율이 질소의 비율보다 높아야 함**)

㉡ C/N율설의 주요 골자 : C/N율이 식물의 화성 및 결실을 지배한다는 것이다.

- **고구마순**을 **나팔꽃** 대목에 접목 → **개화 · 결실** 조장
- **과수**에서 **환상박피 · 각절 목적** → **개화 촉진**(C/N율을 높여 줌)

3 일장효과(광주기효과)

1) 일장효과(광주기효과)

일장이 식물의 **개화 · 화아분화** 및 발육에 영향을 미치는 현상을 말하며, **광주기효과**라고도 한다.

① 일장효과의 발견 : **가너(Garner)**와 **앨러드(Allard, 1920)**에 의해 발견

② 유도일장 : 식물의 화성을 유도할 수 있는 일장

③ 비유도일장 : 개화를 유도하지 못하는 일장

④ 한계일장 : 유도일장과 비유도일장의 경계가 되는 일장

⑤ **일장효과**는 **낮 길이(명기)**보다 **밤의 길이(명기)**가 식물의 계절적 행동을 결정하며, 이러한 식물의 행동 특성은 → **피토크롬**(★phytochrome)

＊ **피토크롬**(phytochrome ★★★) : **빛**을 **흡수**하는 **색소단백질**

상적발육설 · 학습내용 익힘 문제

Q. 식물의 상적발육에 관여하는 식물체의 색소는?

㉮ 엽록소(chlorophyll)　　㉯ **파이토크롬(phytochrome)**

㉰ 안토시아닌(anthocyanin)　　㉱ 카로테노이드(carotenoid)

2) 일장효과에 영향을 미치는 조건(★★★)

① 광질

- **일장효과**에 **가장 큰 효과**를 가지는 **광**은 600~680㎚의 **적색광(★)**
  ➥ 다음으로 **자색광(400㎚)**이고, 그다음이 **청색광(480㎚)순이다.**
- 일장효과 : 적색광 〉 자색광 〉 청색광

② 광의 강도 : **광도가 증가**할수록 일장효과가 커진다.

③ 온도 : **일장효과가 발현**되기 위해서는 어느 한계의 **온도**가 필요하다.

④ 처리 일수 : 나팔꽃, 도꼬마리는 처리 일수에 민감한 단일식물이다.

⑤ 발육단계 : 어느 정도 발육단계를 거쳐야 일장에 감응한다.

⑥ 연속암기 : 단일식물은 개화유도에 일정한 시간 이상의 **연속암기가 절대로 필요**하다.

⑦ 야간조파(★ night break, 광 중단) : 단일식물의 연속암기 도중에 광을 조사하여 암기를 요구도 이하로 중단하면 암기의 총합계가 아무리 길다고 해도 단일효과가 발생하지 않는데, 이러한 것을 야간조파라고 한다.

⑧ 질소

- 장일성 식물 : 질소가 부족한 경우 개화가 촉진된다.
- 단일성 식물 : 질소가 충분한 경우 단일효과(개화 촉진)가 잘 나타난다.

3) 일장효과의 기구

① 일장처리에 감응하는 부위(★★★) : **잎**

➥ **나팔꽃**의 경우는 **완전히 전개한 자엽(★)**이다.

TIP

춘화처리의 감응부위(★★★) → **생장점**(★)이다.

② 일장효과에 관여하는 물질(★★★) : **플로리겐** 또는 개화호르몬

③ 일장처리에 의한 자극의 전달

잎에서 생성되어 **줄기의 체관부 또는 피층**을 통해 화아가 형성되는 정단분열조직(줄기나 가지 꼭대기에 있는 생장점)으로 이동한다.

④ 화학물질과 일장효과(★★★)

- 장일성 식물 : **옥신**에 의해 **화성이 촉진**된다.
- 단일성 식물 : **옥신**에 의해 **화성이 억제**되는 경향이 있다.

> 암기 • **장옥이가 화촉에 불을 붙였다.**
> ☞ 장옥이(장일성 식물은 옥신에 의해), 화촉(화성이 촉진)

4) 작물의 일장형

① 단일성 식물 : 단일조건(보통 8~10시간)에서 화성이 유도되고 촉진된다.

➡ 만생종 벼, 콩, 들깨, 담배, 샐비어, 나팔꽃, 옥수수, 호박, 오이 등

> **TIP**
> - **호박**은 품종에 따라 일장형이 다름(동양계 : 단일, 서양계 장일)
> - 단일성 식물들은 일장이 짧아지는 조건에서 개화하는 식물들이며, 주로 재배적 기원 원산지가 사계절이 뚜렷한 지역이다.

② 장일성 식물 : 장일상태(보통 16~18시간)에서 개화가 유도되고 촉진되는 식물

➡ 추파맥류(**가을에 파종하는 맥류**), 완두, 시금치, 상추, 감자, 티모시, 박하, 아주까리, 시금치, 양딸기, 북방형 목초, 해바라기, 양귀비 등

③ 중성식물(중일성식물) : 한계일장과 관계없이 온도조건만 맞으면 개화하는 식물

➡ 고추, 가지, 토마토, 강낭콩, 당근, 셀러리 등

④ 정일식물 : 좁은 범위의 일장에서만 화성이 유도되고 촉진되며 2개의 한계일장이 있다.

➡ 사탕수수

⑤ 장단일식물 : 처음은 장일조건, 나중에 단일조건이 되면 화성이 유도되는 식물

➡ 늦여름과 가을에 개화. 야래향, 브리오필룸, 칼랑코에

⑥ 단장일식물 : 처음은 단일조건, 나중에 장일조건에 화성이 유도되는 식물

➡ 초봄에 개화한다. 토끼풀, 초롱꽃, 에케베리아

5) 개화 이외의 일장효과

① 수목의 휴면 : 온도가 15~21℃에서는 일장과 관계없이 수목이 휴면한다.

② **등숙 · 결협** : 콩이나 땅콩의 경우 단일조건에서 등숙 · 결협이 조장된다.

③ **영양번식기관의 발육**

- 단일에서 고구마의 덩이뿌리(**덩이뿌리**), 감자의 덩이줄기(**덩이줄기**), 다알리아의 알뿌리 등이 비대해진다.
- 장일에서 양파의 비늘줄기는 발육이 조장된다.

④ **영양생장**

- 단일식물이 장일에 놓일 때에는 거대형이 된다.
- 장일식물이 단일에 놓일 때 근출엽형 식물이 된다.

⑤ **성의 표현**

- **모시풀** : 8시간 이하의 단일에서는 자성(雌性, **암컷**), 14시간 이상의 장일에서는 웅성(雄性, **수컷**)이 된다.
- **박과채소** : **고온장일 조건에서 수꽃**이 많이 피고, **저온단일 조건에서 암꽃**이 많이 핀다.

TIP

토종 박들은 해질 무렵부터 개화한다. 이처럼 해질 무렵부터 개화하는 이유는 한낮에는 강한 광선과 고온으로 화분이 활력을 잃기 때문이다. 그래서 고온조건에서는 활력이 있는 화분을 하나라도 더 만들기 위해 수꽃이 많이 피는 것이다. 호박의 경우 한낮에 꽃잎을 닫아 버리는 꽃은 수꽃이고, 꽃잎이 열려 있는 건 대체로 암꽃이다.

TIP 식물은 왜? 장일성, 단일성, 중일성 식물로 나누어진 걸까?

- 식물들의 일장반응이 다른 이유는 그 식물의 **최초 재배적 기원지**와 관련이 깊다. 재배적 기원지가 **열대지방**인지 **온대지방**인지, **일장이 짧은 지역**인지 **일장이 긴 지역인지**에 따라 그 식물의 일장반응이 다르게 나타나는 것이다. 즉, 오랜 세월동안 그 지역의 환경조건(온도, 일장, 계절)에 적응해 오면서 환경에 순화한 결과라고 할 수 있다.
- 4계절이 뚜렷한 온대지역에서 생존해왔던 식물들은 단일조건이 지나면 곧 겨울이 오고 추위에서 영양생장을 할 수 없다는 것을 터득했기 때문에, 하지가 지나고 단일 조건이 되면 서둘러 꽃을 피워 종자를 생산하여 후대를 남기려는 것이다. 그래서 단일성 식물들은 하지 이후부터 가을까지 개화하는 식물을 생각하면 된다.
- 또 다른 종류들은 겨울만 지나면 따뜻한 봄이 온다는 사실을 터득하여 겨울 동안 온갖 추위를 견디고 살아서(월동식물) 따뜻한 봄날에 마침내 꽃을 피우고 종자를 맺는다. 이러한 식물의 경우 계절적으로는 일장이 길어지는 조건인 봄에 개화하는 장일성 식물들이다.
- 그러나 열대지방에서 순화해온 식물들은 일장과는 관계없이 적정 온도만 맞으면 어느 때고 개화를 한다. 따라서 중일성 식물이라고 한다.

- 일성식물은 동계작물(월동작물)이 긴 겨울동안 추위 속에서 살아남아 이듬해 봄이 되어 해가 점점 길어지는 장일 조건에 개화를 하게 된다. 대표적인 월동작물로는 **추파맥류**(가을에 파종하는 맥류 → 보리, 밀 등), **양파, 대파, 시금치, 마늘, 딸기, 배추, 무** 등이 있으며, **대부분의 온대수목**들 중에 봄에 개화(개나리, 진달래 등)하는 식물들이다.
  재배적 기원지가 터키 지역인 **상추**의 경우 그 지역의 기후가 고온이 되면 건조하여 더 이상 생존이 어렵기 때문에 고온조건이 되면 추대(꽃대가 올라옴)하여 종자를 맺는데, 이 경우도 장일성 식물들이다.
- 일성식물은 장일 조건인 봄에는 주로 영양생장을 하다가 일장이 점점 짧아지는 조건이 되면 개화하는 식물들이다. 절기상으로 볼 때 하지가 일장이 가장 길고 하지 이후로는 일장이 다시 짧아지므로 하지 이후에 개화하는 식물들을 이해하면 된다. 대표적으로 **가을국화, 코스모스, 들깨** 등을 들 수 있다.
- 중성식물들은 최초의 재배 기원지가 주로 **열대지방**에 속한 식물들이 많고 일장에 사계절이 뚜렷하지 않은 지역에서 생존해 온 식물들이 많다. 따라서 중성식물은 일장(해의 길이)과는 관계없이 어느 정도 영양생장을 거쳐 온도만 잘 맞으면 개화하는 식물들이다.

6) 일장효과의 농업적 이용

① 재배상의 이용

- 단일성인 가을국화의 경우 단일처리로 개화를 촉진하고 장일처리로 개화를 억제하여 주년 생산이 가능하다.
- 단일성 식물인 들깨를 깻잎 생산 목적으로 재배하는 경우 단일조건이 되면 개화를 해 버리기 때문에 영양생장을 멈춰 버린다. 따라서 장일처리(**전조재배 → 시설 내 야간에 조명**)로 장일조건을 조성하여 개화를 억제하여 깻잎 수확을 증대할 수 있다.

② 육종상의 이용 : **고구마를 나팔꽃에 접목**하여 재배한 후 8~10시간의 단일처리를 하면 개화가 유도되어 교배육종이 가능하다.

③ 성전환에 이용 : **삼**은 **단일에 의해 성전환**되므로 이를 이용해 암그루만을 생산할 수 있다.

④ 수량 증대

- 단일성인 들깨의 경우 깻잎 생산을 목적으로 하는 경우 장일처리로 개화를 억제하여 깻잎 수확을 증대할 수 있다.
- 장일성 식물인 **북방형 목초**의 경우 **야간조파**를 통해 일장효과를 기대하여 절간신장을 도모할 수 있다.

TIP

야간조파 : 단일식물의 연속암기 도중에 광을 조사하여 암기를 요구도 이하로 중단하면 암기의 총합계가 아무리 길다고 해도 단일효과가 발생하지 않는 것

제1과목

4 춘화처리(버널리제이션)

1) 춘화

① **춘화의 좁은 의미** : 동계작물의 화아(꽃눈) 유도를 위하여 종자를 흡수시킨 다음 저온에서 발아시키는 것 → **춘화처리**

② **넓은 의미의 춘화** : 동계작물이 **저온**에 **접**하여야만 **화아(꽃눈)**가 유도되는 것

- **호맥(호밀)**의 경우 → 저온에 접하여야만 화아가 유도된다.
- **사탕무, 당근**의 경우 → **여름에 영양생장**을 하고 **겨울동안 저온에 춘화(저온)**가 되어야만 개화한다.
- **토마토**의 경우 → **밤의 저온, 낮의 고온**에 접하여야만 화아가 유도된다.

③ **온도 유도** : 식물들에 있어서 생육의 일정한 시기에 일정한 온도에 처하여 개화를 유도하는 것

2) 춘화의 종류

① **종자춘화형 식물** : 종자가 수분을 흡수하여 발아의 생리적인 준비를 갖추고 배가 움직이기 시작하는 시기부터 녹체기 때까지 언제 어느 시기이던지 저온에 감응하면 적당한 시기에 개화하는 식물

- 해당 식물 : **추파맥류(가을에 파종하는 맥류), 완두, 봄무, 잠두** 등

② **녹식물춘화형 식물(★★★)** : 종자의 발아기 때는 별 영향을 받지 않다가 식물체가 어느 정도 자란 상태. 즉, 녹식물상태가 되어 저온에 감응하면 개화하는 식물

- 해당 식물(★) : **양배추, 양파, 당근**, 히요스

3) 춘화처리에 관여하는 조건

① **건조** : 고온과 건조는 저온처리의 효과를 경감 또는 소멸시킨다.

② **광선** : 온도를 유지하고 건조를 방지하기 위하여 암중에 보관하는 것이 좋다.

③ **산소** : 산소가 부족하여 호흡이 불량하면 춘화처리의 효과가 지연되거나**(저온)** 발생하지 못한다.

④ **처리온도와 기간** : 일반적으로 겨울작물은 저온, 여름작물은 고온이 효과적이다.

⑤ **최아(싹틔우기)** : 최아 종자는 처리기간이 길어지면 부패하거나 유근이 도장될 우려가 있다.

> **TIP**
> 춘화의 감응부위 : **생장점(★)**

4) 이춘화와 재춘화

① **이춘화(離春花)** : 저온춘화 처리를 실시한 직후에 35℃의 고온에 처리하면 춘화처리효과가 상

실된다.

② **재춘화** : 이춘화 후에 저온춘화 처리를 하면 다시 춘화처리가 되는 것을 말한다.

5) 춘화처리의 농업적 이용

① **수량 증대** : 벼의 경우 최아 종자를 9~10℃에 35일간 보관하였다가 파종하여 재배함으로써 불량환경에 대한 적응성이 높아져 증수가 가능하다.

② **대파** : 추파맥류가 동사 하였을 때 춘화처리를 하여 봄에 대파할 수 있다.

③ **촉성재배** : 딸기의 경우 여름에 춘화처리를 하여 겨울철에 출하할 수 있는 촉성재배 딸기를 생산할 수 있다.

> **TIP**
>
> **촉성재배** : 보통의 경우보다 일직 수확하는 재배법

④ **채종** : 월동채소 등에서는 춘화처리를 하여 춘파해도 추대·결실하므로 채종에 이용될 수 있다.

⑤ **육종에의 이용** : 맥류에서는 춘화처리를 하여 파종하고 보온과 장일조건을 줌으로써 1년에 2세대를 재배할 수 있어 육종연한을 단축할 수 있다.

⑥ **종 또는 품종의 감정** : 라이그라스의 경우 종자를 춘화처리를 한 다음 발아율을 보고 종 또는 품종을 구분할 수 있다.

⑦ **재배법의 개선** : 추파성이 높은 품종은 조파를 해도 안전하며, 추파성 정도가 낮은 품종은 조파하면 동사의 위험성이 있어 만파하는 것이 안전하여 재배법 개선에 응용되고 있다.

5 작물의 기상생태형

1) 작물의 기상생태형 분류

① 감광형(bLt형)
- 기본영양생장기간이 짧고 감온성은 낮다.
- 감광성만이 커서 생육기간이 감광성에 지배되는 형태의 품종이다.

② 감온형(blT형)
- 기본영양생장성과 감광성이 작다.
- 감온성만이 커서 생육기간이 감온성에 지배되는 형태의 품종이다.

③ 기본영양생장형(Blt형) : 기본영양생장성이 크고 감온성, 감광성이 작아서 생육기간이 주로 기본영양생장성에 지배되는 형태의 품종이다.

④ blt형 : 어떤 환경에서도 생육기간이 짧은 형의 품종이다.

2) 기상생태형의 지리적 분포

① **중위도 지대**
- 위도가 높은 북쪽에서는 감온형이 재배된다.
- 위도가 낮은 남쪽에서는 감광형이 재배된다. (예 우리나라와 일본)

② **고위도 지대** : 여름의 고온기에 일찍 감응되어 출수 · 개화하여 서리가 오기 전에 성숙할 수 있는 감온성이 큰 감온형(blT형)이 재배된다.
➡ 예 일본의 홋카이도, 만주, 몽골 등

③ **저위도 지대** : 기본영양생장성이 크고 감온성 · 감광성이 작아서 고온단일인 환경에서도 생육기간이 길어 수량이 많은 기본영양생장형(Blt형)이 재배된다.
➡ 예 대만, 미얀마, 인도 등

3) 기상생태형과 재배적 특성

① **조만성** : blt형과 감온형은 조생종이 된다.
② **묘대일수 감응도** : 감온형은 높고, 감광형과 기본영양생장형은 낮다.
③ **만파만식**(늦게 파종 또는 늦게 식재) : 출수기 지연은 기본영양생장형과 감온형이 크고, 감광형은 작다.
④ **만식적응성** : 감광형은 만식(늦게 식재)을 해도 출수의 지연도가 적다.

4) 우리나라 작물의 기상생태형

① **감온형** 품종은 **조생종**이고, **감광형** 품종은 **만생종**이다.

작물	감온형(blT형)	감광형(bLt형)
벼	조생종	만생종
콩	올콩	그루콩
조	봄조	그루조
메밀	여름메밀	가을메밀

② 우리나라는 북쪽으로 갈수록 감온형인 조생종, 남쪽으로 갈수록 감광성이 큰 만생종이 재배된다.
③ 감온형은 조기파종으로 조기수확하고, 감광형은 윤작관계상 늦게 파종한다.

CHAPTER 05 재배기술

I 재배기술

1 연작과 기지현상

① 연작 : 동일 포장에 동일 작물(**같은 과에 속하는 작물**)을 해마다 반복해서 재배하는 것을 말한다.

② 기지(연작장해) : 연작(**동일 포장에 동일 작물을 계속 재배**)을 할 때 작물에 병해가 발생하는 등 생육과 수량성이 크게 떨어지는 현상을 말한다.

③ 기지(연작장해)의 원인(★★★)

- 토양비료분의 소모(특정 필수원소의 결핍)
- 염류의 집적
- 토양물리성의 악화
- 토양의 이화학적 성질 악화
- 토양전염병 및 선충의 번성
- 상호대립억제작용 또는 타감작용
- 유독물질 축적
- 잡초의 번성

④ 연작의 해가 적은 작물(★★★)

➥ **벼, 맥류, 고구마, 조, 옥수수**

⑤ 연작의 해가 큰 작물

㉠ **아마, 인삼(★)** 〉 수박, 가지, 고추, 완두, 토마토 〉 참외 〉 땅콩 〉 시금치 〉 벼, 맥류

㉡ 과수류 : **복숭아(★)** 〉 감나무 〉 사과, 포도, 자두, 살구

- 1년 휴작을 요하는 작물 : 콩, 시금치, 파, 생강
- 2년 휴작을 요하는 작물 : 감자, 땅콩, 오이, 잠두
- 3년 휴작을 요하는 작물 : 강낭콩, 참외, 토란, 쑥갓
- 5년 휴작을 요하는 작물 : 수박, 가지, 완두
- 10년 휴작을 요하는 작물(★★★) : **아마, 인삼**

⑥ 기지(연작장해)의 대책(★★★)

- 토양 소독

- 유독물질의 제거
- 저항성 품종 및 대목의 이용
- 객토(**새로운 흙을 넣어줌**) 및 환토(**심토의 흙을 경작층으로 옮겨줌**)
- 담수처리
- 합리적 시비
- 윤작

2 윤작

① **윤작** : 동일 포장에 동일 작물이나 비슷한 작물(같은 과에 속한 작물)을 연이어 재배하지 않고 몇 가지 작물을 순차적으로 조합하여 돌려가며 재배하는 방식을 말한다. 유럽에서 발달하였다.

② **윤작의 효과**
- 지력의 유지 및 증진
- 기지의 회피
- 병해충 및 잡초의 경감
- 토지이용도의 향상
- 수량 및 생산성의 증대
- 노력분배의 합리화
- 농업경영의 안정성 증대
- 토양 보호

③ **윤작 방법**
- 1년차 밀, 2년차 콩, 3년차 휴한
- 1년차 밀, 2년차 콩, 3년차 귀리
- 1년차 담배, 2년차 밀, 3년차 클로버

④ **윤작작물 선택 시 고려사항**
- 사료작물(목초류) 생산을 병행한다.
- 두과작물(콩류, 자운영, 헤어리베치), 화본과(호밀 등)녹비작물을 재배한다.
- 중경작물이나 피복작물을 재배한다.
- 여름작물과 겨울작물을 재배한다.
- 이용성과 수익성이 높은 작물을 재배한다.
- 기지 회피 작물을 재배한다.

구분	헤어리베치	자운영	호밀
파종 시기	8~9월(★)	9월	10월 이후
내한성	강(전국)	약(대전 이남)	강(전국)
분해 정도	빠름	중간	늦음
녹비효과	미생물상 개선 및 질소 공급	미생물상 개선 및 질소 공급	물리성 개선
녹비생산량	1,500~3,800	1,100~2,300	840~1,089
건물 중 질소 함량(%)	3.5~4.0	1.1~2.7	0.5~1.6
총 질소 공급량	7.1~11.8	4.5~9.4	4.2~5.4

3 답전윤환

① 답전윤환 : 포장을 **2~3년 주기로 논상태와 밭상태로 돌려가면서 작물을 재배**하는 방식을 말한다. 즉, 논에서 시설하우스를 하는 경우 밭작물을 2~3년 재배하고 시설의 비닐을 걷어서 여기에 논벼를 재배하는 방법이다. 이렇게 하면 밭작물을 재배할 때 토양에 집적 된 염류가 논벼를 재배하면서 담수상태가 유지되어 염류의 용탈을 도모할 수 있어 염류집적 개선효과를 기대할 수 있게 된다.

② 답전윤환의 효과(★★)
- 지력 증진
- 잡초의 감소
- 기지현상(연작장해)의 회피
- 수량의 증가
- 노력의 절감

TIP

답리작 : 답리작은 벼를 수확한 후 추파맥류를 재배하거나 시설하우스에 봄감자(가을파종, 봄에 수확)를 재배하는 것으로 답전윤환과는 근본목적이 다르다.

4 혼파

① 혼파 : 혼파는 **두 종류 이상**의 작물 종자를 **함께 섞어서 뿌리**는 방식

② 장점
- 가축영양상의 이점

- 입지공간의 합리적 이용
- 비료성분의 합리적 이용
- 잡초의 경감
- 생산의 안정성 증대
- 목초 생산의 평준화
- 건초 및 사일리지 제조상의 이점

③ 단점
- 혼파가 가능한 작물의 종류가 제한적이다.
- 병충해 방제가 곤란하다.
- 채종 목적인 경우 작업이 곤란하다.
- 수확기가 일치하지 않는 한 수확의 제한

5 혼작 · 간작 · 교호작과 주위작

1) 혼작

① 혼작 : 혼작은 생육기가 비슷한 작물을 동시에 같은 포장에 섞어서 재배하는 작부 방식이다.

② 혼작의 장점
- 생산의 안정성 확보
- 균형된 영양가치의 사료 생산
- 입지공간과 양분의 합리적 이용
- 노력의 절감
- 건초 및 사일리지 제조의 이점
- 비료성분의 합리적 이용

③ 혼작의 단점
- 혼파한 각 작물은 그 특성에 맞게 생육시키는 것이 단일작물의 경우보다 어렵다.
- 병충해 방제가 어렵다.
- 수확기가 일치하지 않는 한 수확작업의 제한을 받는다.

2) 간작

① 간작 : 주 작물이 생육하고 있는 이랑 사이 또는 포기 사이에 다른 작물을 재배하는 작부 방식을 말한다.

② 장점
- 토지의 이용 면에서 단작보다 유리

- 노력의 분배조절 용이
- 비료의 경제적 이용
- 녹비에 의해서 지력 증대
- **병충해에 대한 보호 역할**

③ 단점

- 기계화가 곤란
- 후작의 생육 장해가 심하고 토양 수분의 부족으로 발아 저해
- 후작으로 토양의 비료 부족

3) 교호작과 주위작

① 주위작 : **포장의 주위**에다 **포장 내의 작물과는 다른 작물**을 재배

② 교호작 : 두 종류 이상의 작물을 일정한 이랑씩 교호 배열하여 재배

예 **옥수수+콩** 또는 **수수+콩**

TIP 경종적 방제

혼작 · 간작 · 교호작이나 주위작을 잘 이용하면 병해충 발생을 크게 경감시킬 수 있다. 예를 들어, 배추밭에 고추를 혼작이나 간작하면 배추흰나비의 접근을 예방하여 청벌레(배추흰나비 유충)의 피해를 경감할 수 있으며, 메리골드를 간작이나 혼작 또는 교호작을 하면 토양선충의 피해를 경감할 수 있다. 이처럼 혼작이나 윤작, 간작, 교호작을 통해 병해충의 발생을 경감할 수 있는 방제 방법을 경종적 방제라고 한다.

Ⅱ 종묘

1 종자의 뜻과 종류

1) 종자

종자산업법에서 명시한 종자의 정의는 증식용 또는 재배용으로 쓰이는 **씨앗, 버섯종균, 영양체**를 말하며, 식물학적 종자는 수정과정을 거쳐 밑씨가 성숙한 것을 말한다.

2) 종자의 분류

① 형태에 따른 분류

㉠ 식물학상 종자 : 두류, 참깨, 유채, 목화, 아마 등

㉡ 식물학상 과실(★★★)
- 과실이 나출된 것 : 옥수수, 밀, 쌀보리, 메밀, 호프. 삼, 차조기, 박하, 제충국(여름국화)
- 과실이 영에 싸여 있는 것 : 벼, 겉보리, 귀리
- 과실이 내과피에 싸여 있는 것 : 복숭아, 자두, 앵두

② 배유의 유무에 따른 분류
- 배유 종자(배유가 있음) : 벼, 보리, 옥수수 등 화본과 종자
- 무배유 종자(배유가 없음) : 대부분 두(콩)과 종자

③ 저장물질의 종류에 따른 분류
- 전분 종자 : 미곡류, 맥류, 잡곡류 등
- 지방성 종자 : 참깨, 들깨, 콩

3) 영양체의 종류

① 잎 : 베고니아, 글록시니아, 세인트폴리아
② 눈(아) : 명자나무, 조팝, 옥매, 거베라, 꽃창포, 포도나무, 마
③ 줄기
- 지상경(땅위줄기) : 사탕수수, 포도나무, 접란, 네프로네피스(관엽식물)
- 지하경(땅속줄기) : 생강, 연, 박하, 호프, 칸나, 꽃생강, 수련, 은방울꽃, 작약, 도라지, 대나무

④ 괴경(덩이줄기) : 감자(★), 토란, 돼지감자(뚱딴지)
⑤ 알줄기(구경) : 글라디올러스
⑥ 인경(비늘줄기) : 백합(나리), 마늘 등
⑦ 흡지 : 박하, 모시, 국화, 아니나스, 유카
⑧ 뿌리
- 지근 : 닥나무, 고사리, 부추
- 괴근(덩이뿌리) : 다알리아, 고구마(★)

2 종자의 형태와 구조

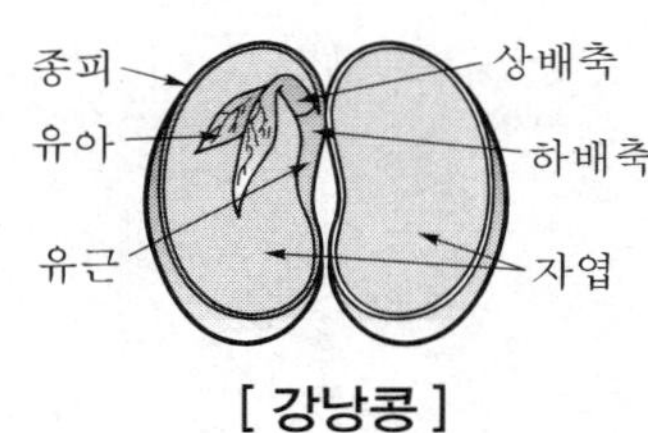

[강낭콩]

① 종자의 외곽부

- **종피, 주심조직**과 **배유의 일부** 또는 **과피의 일부** 조직으로 구성되어 있다.
- 일반적으로 종피라 한다.

> TIP
>
> 종피란 종자를 둘러싸고 있는 겉 껍질을 말한다. 벼로 예를 들면, 도정을 할 때 발생하는 왕겨가 종피이다.

② 저장조직 : 종자의 저장조직은 **배유, 외배유** 또는 **자엽**이다.

㉠ 배유 종자

- 배유에 양분을 다량 저장하고 있다.
- 배와 배유로 형성, 배는 잎 · 생장점 · 줄기 · 뿌리 등의 어린 조직이, 배유는 양분이 저장되어 있다.
- 벼, 밀 등의 외떡잎 식물이나 뽕나무 종자가 해당된다.
- 벼, 보리, 옥수수 등 화본과 종자

㉡ 무배유 종자

- 배유가 없거나 퇴화한 종자이다.
- 자엽이 영양분의 저장조직이 된다.
- 대부분 두(콩)과종자

③ 배(embryo)

- 배는 화분의 웅핵과 배낭의 난핵이 서로 융합한, 즉 수정결과 생긴 어린식물이다.
- **피자식물**에서 배는 **자엽이 1개인 단자엽식물**과 **자엽이 2개인 쌍자엽식물**이 있다.
- **나자식물**에서는 **자엽이 2개 이상 다수인** 식물이 있다.(은행나무, 소나무)

> TIP
>
> **자엽이 2개 이상 다수인** 식물을 **다배성 식물**이라고 한다.

3 종자의 품질

① 외적조건

- 순도가 높은 종자일 것
- 천립중(충실도)이 높을 것
- 수분 함량이 낮을 것
- 기계적 손상이 없을 것

② 내적조건

- **유전적으로 순수**한 종자일 것
- **발아율, 발아세**가 우수하고 **초기신장성**이 **우수**한 종자일 것
  ➥ 종자의 진가(순도와 발아율에 의해 결정)

  ※ 종자의 진가 = $\frac{\text{발아율(\%)} \times \text{순도(\%)}}{100}$

- **병해충에 감염되지 않은 종자**일 것(**건전한 종자일 것**)

4 종자의 수명과 퇴화

1) 종자의 수명

① 장명 종자(★) : 종자의 **수명이 5년 이상** 종자

- 종류 : 녹두, 수박, 오이, 토마토, 가지, 사탕무, 접시꽃, 나팔꽃
- **장명 종자**들은 **종피가 단단**하고 **불투수성**이다.

> 암기 • **장녹수는 오토바이를 가지고 사탕을 사러 다녔고 나팔꽃, 접시꽃을 좋아했다.**
> ☞ 장녹수 → 장명 종자 · 녹두 · 수박, 오토바이 → 오이 · 토마토, 가지고 → 가지, 사탕 → 사탕무, 나팔꽃 → 나팔꽃, 접시꽃 → 접시꽃

② 단명 종자(★★) : 단명 종자는 **종자의 수명이 2년 미만** 종자

- 종류 : 강낭콩, 옥수수, 수수, 상추, 해바라기, 고추, 당근, 파, 땅콩, 메밀, 목화, 기장, 콩

> 암기 • **단명한 강옥수는 상해에서 고당파의 땅을 평정한 후 메기목장에서 콩을 가꾸었다**
> ☞ 단명한 → 단명 종자, 강옥수 → 강낭콩 · 옥수수 · 수수, 상해 → 상추 · 해바라기, 고당파 → 고추 · 당근 · 파, 땅 → 땅콩, 메기목장 → 메밀 · 기장 · 목화, 콩 → 콩

2) 종자의 퇴화 원인

① 유전적 퇴화 : **이형유전자의 분리, 자연교잡, 돌변변이, 근교약세, 기회적 부동**(암기 유 · 이 · 자 · 돌 · 근 · 기)
② 생리적 퇴화 : 생산지역의 **기후조건** 등 **환경조건 불량**에 의한 퇴화
③ 병리적 퇴화 : **바이러스 등 병 발생**에 의한 퇴화
④ 저장 중 퇴화 : **원형단백질의 응고**, 저장양분 소모에 의한 퇴화

> **TIP**
>
> **이형유전자의 분리** : 이형접합체(유전자), 즉 Aa가 자연교잡으로 Aa×Aa=AA, Aa, Aa, aa로 분리되어 AA, aa처럼 동협접합체가 되는 것

3) 채종재배 시 퇴화 방지 대책(★★★)

① 해당 작물의 채종 적지에서 생산
② 우량종자의 사용
③ 파종 전 선종 및 종자 소독
④ 질소 과잉, 밀식 회피
⑤ 병해충 방제
⑥ 이형주의 제거(도태)
⑦ 채종 적기에 수확 : 화곡류는 황숙기, 채소류는 갈숙기
⑧ 기계적 손상 방지 : 벼의 경우 콤바인 회전수를 300~350/분으로 일반 재배용보다 회전수를 줄인다.
⑨ 조제 및 정선
- 건조 및 안전 저장

5 선종 및 종자 소독

1) 선종

① 선종 : 선종은 종자로 쓰일 **좋은 종자와 나쁜 종자를 가려내는 것**
② **주요 방법** : 육안 선별, 체를 이용, 풍구 · 선풍기 이용, 비중을 이용, 선별기 이용 선별
③ **비중을 이용한 선별 방법**
㉠ 비중을 이용하는 방법은 비중선을 이용하여 종자를 용액에 담그면 좋은 종자는 가라앉고 나쁜 종자는 물 위에 뜨는 원리를 이용하여 선별하는 방법이다.
㉡ **비중선의 재료** : 소금, 황산암모늄(유안), 염화칼륨, 재

ⓒ 비중선의 비중(★★★)
- 메벼 유망종 : 1.10
- 메벼 무망종 : 1.13
- 찰벼 · 밭벼 : 1.08
- 겉보리 : 1.13
- 쌀보리 · 밀 · 호밀 : **1.22**

2) 침종

① **침종** : 침종은 종자를 파종하기 전 물에 일정시간 담그는 것을 말한다.

② 침종의 이점(목적)
- 신속한 발아 가능
- 발아의 균일성
- 발아기간 중 피해 경감

③ 침종 시 유의사항
- 침종기간은 작물의 종류 및 수온에 따라 다르다.
- **연수보다 경수**에서 침종기간이 길다.(★)

> **TIP**
> **경수** : 지하수에서처럼 칼슘, 마그네슘 등 2가양이온이 많이 함유된 물

- 수온이 너무 낮지 않도록 한다. → 수온이 너무 낮으면 산소부족으로 발아 장해 요인

④ 벼 종자의 경우(★★★) : 벼 무게의 **23% 수분이 흡수**되어야 한다.

3) 최아

① **최아** : 최아는 파종 전 종자의 **싹을 틔우는 것**을 말한다.

② 최아의 목적(이점)
- 벼의 경우 조기육묘 가능
- 한랭지에서 벼 재배 가능
- 맥류의 만파재배 가능
- 생육 촉진

③ 최아 방법

㉠ 벼의 경우 침종기간을 포함하여
- 10℃에서 10일
- 20℃에서 5일
- 30℃에서 약 2일간

㉡ 발아적산온도 100℃, 어린 싹이 1~2mm 정도 출현할 때까지 한다.

4) 종자 소독

① 화학적 방법
- ㉠ 침지 소독 : 농약 수용액에 종자를 담그는 방법
- ㉡ 분의 소독 : 농약분말을 종자에 묻히는 방법

② 물리적 방법
- ㉠ 냉수온탕침법
  - 효과 : **벼의 선충심고병, 맥류 겉깜부기병**
  - 방법 : 종자를 냉수에 담궜다가(6~8시간) 다시 온탕(45~50℃)에 담그는 방법
- ㉡ 온탕침법
  - 효과 : **맥류 겉깜부기병, 고구마 검은무늬병**
  - 방법 : 종자를 온탕(45℃)에 8~10시간 담근다.

③ 건열처리(★★★)
- 효과 : 채소 종자(박과, 가지과, 배추과)의 병원균, 바이러스 사멸
- 방법 : 종자를 1~7일 동안 열처리(60~80℃)한다.
  ➡ 건열처리를 할 때는 온도를 단계적으로 상승시켜야 안전하다.

④ 기피제 처리 방법
- 효과 : 쥐, 새, 개미 접근 차단
- 방법 : 연단, 콜타르 등을 종자에 묻혀 파종한다.

Ⅲ 종자의 발아와 휴면

1 종자의 발아

1) 발아의 정의

① 발아 : 종자에서 **유아 · 유근이 출현**하는 것

② 출아 : 새싹이 지상으로 출현하는 것

③ 맹아
- 나무에서 새싹이 나오는 것
- 덩이줄기(감자)에서 새싹이 나오는 것
- 지하부에서 새싹이 지상으로 올라오는 것

TIP 발아의 정의

- **종자 생리학자** : '종피를 뚫고 유근이 출현하는 것'이라고 정의
- **종자 분석자** : '배로부터 유아나 유근과 같은 주요 부분들이 출현 발달하여 정상적인 발아조건에서 정상의 묘로 성장할 수 있는 능력'이라고 정의

2) 발아의 내적조건

① 유전성의 차이
② 종자의 성숙도
③ 종자의 휴면 여부

3) 발아의 외적조건(★★★)

➥ **수분, 산소, 온도, 광**(암기 수 · 산 · 온 · 광)

① 수분

㉠ 수분의 역할

- 종피를 연화시켜 가스의 투과를 용이하게 한다.(산소 흡수, 이산화탄소를 방출)
- 배를 팽윤시켜 종피를 파열시킨다.
- 효소를 활성화 시켜준다.
- 종자의 저장양분을 수용성(체내 이동이 가능하도록)으로 바꾸어 준다.

㉡ 옥수수 · 벼 : **종자 무게의 30% 수분을 흡수**한다.

㉢ 콩(★) : **종자 무게의 50%** 수분을 흡수한다.

TIP

전분을 함유한 종자보다 **단백질을 함유**하는 **종자**의 **수분 흡수가 많다.**

출제경향 분석

Q. 종자 발아 시 수분을 가장 많이 흡수하는 종자는? 답 콩

㉣ 수분을 흡수하면 **세포의 원형질 농도가 낮아져 호흡이 활발**해진다.

② 산소

㉠ 산소는 **호흡에 필수적**이다.

㉡ **벼**의 경우 **산소가 없어도 무기호흡을 통해** 발아에 필요한 에너지를 얻을 수 있어 발아가 가능하다.

➥ 그러나 **산소가 부족한 경우 유아가 유근보다 먼저 출현**하기 때문에 도장하고 유근이 불량하여 이상발아현상을 나타낸다.

ⓒ 수중에서 발아가 가능한 종자(★★)
벼, 상추, 당근, 셀러리, 티머시, 피튜니아

ⓔ 수중에서 전혀 발아를 하지 못하는 종자
- 콩과 : 콩, 강낭콩, 완두콩
- 가지과 : 가지, 고추
- 화본과 : 옥수수, 수수, 귀리, 밀
- 십자화과(배추과) : 양배추, 무
- 국화과 : 과꽃, 코스모스

③ 온도
- **일정 온도까지는 온도가 높을수록 발아속도가 빨라진다.** 그러나 **너무 높은 온도에서는 효소활동을 저해**하므로 발아가 저하된다.
- 발아 최저온도 : 0~10℃
- 발아 최적온도 : 20~30℃
  ⇒ 대부분 종자 20℃, 벼 · 호박 · 오이 · 목화 · 콩 : 25℃
- 발아 최고 온도 : 35~50℃
- **변온이 발아를 촉진**하는 종자(★★★)
  ⇒ **가지과(토마토**, 고추, 가지, 담배 등) 채소, 아주까리, 박하, 켄터키블루그래스 등

④ 광 : 종자가 발아할 때 **광반응**을 기준으로 **호광성 종자, 호암성 종자, 광무관계 종자**로 구분한다.
- 대부분의 종자는 광과 관계없이 발아하는 광무관계 종자이다.
- 그러나 광발아성 종자(호광성 종자)의 경우 광선이 발아를 촉진하고, 암발아성 종자(호암성 종자)는 암 조건이 발아를 촉진한다.

ⓐ 광발아성(호광성) 종자
- 광발아성 종자가 **광선에 의해 발아를 촉진**하는 이유는 종자에 **피토크롬(★★★)**이라는 **색소단백질**이 관여하기 때문이다.
  ➥ 이물질이 **적색광의 조사를 받으면 활성화(Pr → Pfr로 전환)**되어 발아를 촉진하는 것으로 알려져 있다. 따라서 호광성 종자는 파종할 때 복토를 아주 얇게 하거나 복토를 하지 않고 진압(눌러줌)한다.
- 호광성 종자의 종류(★★★) : 상추, 담배, 셀러리, 차조기, 우엉, 피튜니아

> 암기 • **호광을 상담한 셀러리맨 차우피**
> ☞ 호광 → 호광성, 상담 → 상추 · 담배, 셀러리맨 → 셀러리, 차우피 → 차조기 · 우엉 · 피튜니아

㉡ 암발아성(혐광성) 종자

- 암발아성 종자가 암 상태에서 발아가 촉진되는 이유는 **피토크롬**과 다른 **특별한 종자 피토크롬**이 존재하는데, **암 상태에서 물을 흡수하면** 바로 **활성화(Pr → Pfr)**형으로 전환되기 때문이다.
- 암발아성 종자에 존재하는 **피토크롬**은 **광을 조사**하면 원적색광에 의하여 Pfr 수준이 낮아지면서 **발아가 억제**된다. 따라서 파종할 때 복토를 약간 깊게(광을 차단 함) 하는 것이 발아에 유리하다.
- 혐광성 종자의 종류 : **수박, 호박, 가지, 토마토, 오이, 무, 양파, 파**

> 암기 • **혐광아? 수호가 토요일 오후 무양파를 만난데~**
> ☞ 혐광아? → 혐광성, 수호가 → 수박 · 호박 · 가지, 토요일 → 토마토, 오후 → 오이, 무양파 → 무 · 양파 · 파

㉢ 광무관계 종자 : 발아에 광이 있건 없건 무관하며, 대부분의 종자이다.

4) 발아의 형태

① 지상발아형(epigeal germination type)

- 해당 작물 : 콩이나 소나무
- 발아 중 자엽 : **지면 밖으로 나와 생장점에 영양분을 공급한다.**
- 배축 : **하배축이 지면을 뚫고 급속신장 한다.**
- 유아 : **지면 밖으로 끌려 나와 계속 성장**

② 지하발아형(hypogeal germination type)

- 해당 작물 : 완두나 벼 등 대부분의 화본과식물의 종자
- 발아 중 자엽 : **지하에 남는다.**
- 배축 : **상배축이 신장한다.**
- 유아 : **지상으로 나온다.**

5) 종자의 발아과정(★★)

흡수(침윤) → 저장양분 분해효소의 생성과 활성 → 저장양분의 분해 · 전류 및 재합성 → 배의 생장개시 → 유근 및 유아의 출현

① 흡수(침윤)

㉠ 물이 흡수되는 부위 : 종자의 **과피에 있는 구멍** 또는 **주공**

㉡ 종자가 물을 흡수할 때 영향을 미치는 요인

- 종자의 화학적 성분 : **단백질, 점액질, 전분**

- 단백질 : **단백질 함량이 높은 종자가 흡수 능력이 크다.**
- 점액질 : **점액질**은 **물의 흡수 능력**을 **증대**시킨다.
- 전분 : 전분은 물의 흡수에 별 영향을 끼치지 못한다.

• 종피의 투과성 정도
  - 종피의 불투수성 원인 물질(★★) : **지질, 탄닌, 펙틴물질**

• 세포의 수분장력 : 세포막의 존재 여부에 따라 수분 흡수 능력이 다르다.

• 삼투압 : **삼투압이 높을수록 물의 투과가 어렵다.** 즉, **용해성인 복합물의 농도가 높을수록 물이 쉽게 투과**된다.

• 팽압 : 팽압이 클수록 물 흡수를 방해한다.

㉢ 종자가 발아할 때 수분 흡수 3단계

• 1단계 : 흡수가 매우 왕성하게 이루어진다.
  ➥ 종자의 매트릭퍼텐셜로 인해 흡수가 왕성하다.

• 2단계 : 수분 흡수가 정체된다. 효소활성이 왕성해진다.

• 3단계 : 수분 흡수가 다시 왕성해진다. 유근 · 유아가 종피를 뚫고 출현한다.

② 저장양분의 분해 · 전류 및 재합성

• 저장 중인 **탄수화물, 지질, 단백질** 등과 **인산화합물이 분해된다.**

• 배축이 생장하기 위해서는 에너지가 필요하므로 저장물질들이 가용성인 형태로 가수분해되어 배유에서 배로 전류된다.

③ 배의 생장개시 : 배의 생장 단계에서 **단자엽 식물과 쌍자엽 식물 모두 저장 조직**에서의 **건물중이 감소**하며, 반대로 **배축의 건물중은 증가**한다.

④ 유근 및 유아의 출현 : **유근의 돌출은 발아단계가 완성되었다는 신호**로 볼 수 있다.

6) 발아율과 발아세

① 발아조사의 목적 : 종자의 발아력을 알기 위함

② 발아의 판단기준 : 종자근의 시원체인 백체가 출현하는 것으로 판단

③ 발아율 : 치상된 총 종자 개체 수에 대한 발아한 종자 개체 수의 비율

④ 발아세 : 일정한 기간 내의 발아율을 말한다.

작물	치상온도	치상 후 조사일	
		발아세	발아율
벼	25	5	14
보리	20	4	7
콩	25	5	8
참깨 · 들깨	25	3	6
유채	25	5	14

TIP

벼, 보리의 발아세 조사일은 꼭 알아둘 것

⑤ **평균 발아 일수** : 발아한 모든 종자의 평균 발아 일수

- **평균 발아 일수** = $\dfrac{\Sigma\ t_i\ n_i}{\text{총 발아 개체 수}}$

＊ t_i : 파종 후 일수 ＊ n_i : 조사당일 발아 개체 수

7) 발아에 사용하는 간이 검사방법(★★★)

① 생화학적 검사법(**생체조직에 화학약품을 처리하는 방법**)

㉠ 테트라졸륨 검사법(TZ검정)

- **원리** : 종자를 물에 흡습시키면 종자가 부풀게 되며(함수상태), 발아를 위한 호흡이 왕성하게 된다. 호흡에 관여하는 효소 중에 **탈수소효소**가 있는데, 이 효소는 테트라졸륨 용액과 함께 있으면 탈수소효소가 방출한 **수소이온이 산화**상태가 되어 **붉은색**으로 변한다.
  ➥ 죽은 종자나 발아력을 상실한 종자는 호흡을 하지 않거나 호흡이 약하기 때문에(**탈수소효소가 불활성 됨**) 착색되지 않는다.(**수소이온을 방출하지 못함**)
- 검사방법
  - 종자를 페이퍼 타월 위에 놓고 말아서 함수상태로 발아온도에 **16~18시간** 두어 충분히 **흡수**시킨다.
  - 흡수된 종자에 **0.1~1.0%의 테트라졸륨 용액**에 종자를 30~35℃의 항온기 내에서 착색되도록 한다.
  - 종자의 배를 절개한 것은 2시간, 보통은 6시간이면 착색된다.
- **평가방법** : 배의 분열하는 배세포 부위가 착색되지 않거나 비정상적으로 착색되면 종자의 발아능이 약한 것이다.

- 장점 : 신속하게 검사할 수 있고 휴면하는 종자든 휴면하지 않는 종자든 모두 검사가 가능하다.
- 단점 : 방법이 어렵고, 결과를 해석하는 데 상당한 경험을 요한다.

ⓛ 착색법(인디코카민법)

- 원리 : 종자를 몇 가지 염료에 처리함으로써 종자의 죽은 조직과 살아있는 조직이 다르게 착색되는 것을 이용하는 것이다.
- 방법 : 종자를 **3시간 침지**한 후 **인디코카민** 0.05%를 가하여 2~2.5 **시간** 후 착색반응으로 결과를 해석한다.
- 결과판정 : **죽은 세포**는 **청색**으로 착색되지만 산세포는 착색되지 않는다.

ⓒ 효소활력 측정법

➥ **산화효소법, 과산화효소법, 셀레나아트법, 말라차이트법**

- 원리 : 침윤시킨 종자의 효소활성을 측정하여 발아능을 추정하는 방법이다.
- 측정대상 효소 : **단백질, 지방, 전분** 등과 같은 **고분자 물질**을 **가용성 물질로 분해하는 아밀라제, 리파아제, 디스타아제** 등

② 물리적 검사법

㉠ 전기전도율 검사

- 원리 : 죽은 종자는 세포막이 덜 딱딱하기 때문에 물의 투과를 돕고, 세포 내용물이 물에 용출되어 결과적으로 전기전도율을 증가시킨다.
- 장점 : 신속하고 신빙성이 있으며 결과해석이 용이하다.
- 단점 : 퇴화 정도가 심하지 않은 종자에서는 재현성이 어려운 점이 있다.

ⓛ 배 절제법

- 원리 및 방법 : 종자에서 배를 상처 없이 추출하여 적당한 배지조건(**여과지 등**)에 두면 배가 자라 녹색으로 된다.
- 장점 : 휴면하는 수목, 관목 종자의 발아능을 신속하게 평가한다.
- 단점 : 배를 절단할 때 고도의 기술과 시간을 요한다.

ⓒ X선 검사법

- 원리 : 종자에 금속염을 처리하여 흡수되는 차이를 X선으로 검사하여 발아에 필요한 종자의 구조적 결손을 알 수 있어 종자의 발아능을 구별할 수 있다.
- 장점 : 종자를 파괴하지 않고도 발아능을 추정할 수 있다. 발아능에 지장을 주는 형태적, 기계적 상처를 빨리 알 수 있다.

2 종자의 휴면

1) 휴면

휴면이란 종자가 발아에 적당한 조건을 갖추어도 발아하지 않는 상태를 말한다.

2) 1차 휴면과 2차 휴면

① 1차 휴면 : 가장 일반적인 휴면 형태로서 종자가 식물체로부터 이탈되었을 때 종자에 존재하는 조건이며, **배나 종자 내부에 그 원인**이 있어 유발되는 **자발휴면**과 수분, 온도, 광 등이 부적합하여 발생하는 **타발휴면**으로 구분할 수 있다.

㉠ 자발휴면

- **배나 종자 내부**에 그 **원인**이 있어서 유발되는 휴면이다.
- 배의 미숙에 의한 형태적 휴면과 내생 식물 호르몬들의 상호작용에 의한 생리적 휴면이 있다.

㉡ 타발휴면

- **수분, 광, 온도** 등이 부적합하여 발아 할 수 없는 정지상태의 **종자휴식 상태의 휴면이다.**
- 경실 종자와 같은 물리적 휴면과 발아억제 물질의 존재에 의한 화학적 휴면으로 구분한다.

② 2차 휴면 : **1차 휴면이 타파된 후**에도 **발아에 부적합한 환경**, 즉 **지나친 고온, 저온, 수분, 스트레스, 연장된 명기나 암기 및 광질, 산소 부족** 등에 의해 다시 휴면이 발생하는 것을 2차 휴면이라고 한다.

3) 휴면의 원인

① 배의 미숙 : 배의 미숙으로 휴면 → 인삼, 은행, 장미

> **TIP**
>
> 인삼의 휴면타파 : **개갑처리(★)**를 통해 휴면타파가 가능

② 배휴면 : 배 자체의 생리적 원인으로 휴면
⇒ 배휴면의 타파 방법(★) : **저온처리, 지베렐린처리**

③ 경실 종자 : 종피가 단단하여 수분을 흡수하지 못하여 휴면
⇒ 대표식물 : 고구마, 연, 화이트클로버, 레드클로버, 자운영

④ 종피의 불투기성 : 산소흡수 저해, 이산화탄소 축적으로 휴면
⇒ 대표식물 : 귀리, 보리

⑤ 종피의 기계적 저항 : 종피가 딱딱하여 수분 흡수가 되어도 배의 팽창을 억제하여 흡수된 상태로 휴면

⇒ 대표식물 : 잡초 종자, **나팔꽃**, 땅콩, 체리

⑥ 발아억제 물질의 존재 : 종자에 발아억제 물질이 존재하여 휴면한다.

⇒ 대표식물 : **벼, 순무, 토마토, 오이, 호박**

- **대표적인 발아억제 물질(★) → ABA(아브시스산★), HCN(시안화수소), 암모니아**
- 벼의 경우 **영**에 **발아억제 물질**이 **존재**한다.
- **발아억제 물질을 총칭**하여 **블라스토콜린**(blastokolin)이라고 한다.
- **발아억제 물질의 존재에 의한 휴면 종자의 휴면타파 방법(★)**

⇒ 물에 잘 씻는다. 과피를 제거한다.

4) 휴면타파 방법(★★)

① 경실 종자의 휴면타파 방법(★★)

㉠ 종피파상법 : 종자의 22~30%에 해당하는 모래와 혼합하여 20~30분간 절구에 찧어 종피에 상처를 낸 다음 파종한다.

㉡ 진한 황산(농황산)처리 : 진한 황산에 종자를 침식시킨 다음 파종한다.

- 고구마 : 1시간 침식
- 감자 : 20분 침식
- 레드클로버 : 15분 침식
- 화이트클로버 : 30분 침식

㉢ 저온처리법 : 종자를 **영하 190℃의 액체공기**에서 2~3분간 침지하여 파종한다.

㉣ 건열처리 : 종자를 **105℃에서 4분간** 종자를 처리하여 파종한다.(알팔파, 레드클로버)

㉤ 습열처리 : 종자를 40℃에서 5시간, 또는 50℃의 온탕에 1시간 종자를 처리하여 파종한다.(라디노클로버)

㉥ 진탕처리 : 종자를 플라스크에 넣고 분당 180회씩의 비율로 101분간 진탕하여 파종한다.(스위트클로버)

㉦ 질산염 처리 : **0.5%질산칼륨**에 24시간 종자를 침지하고 5℃에 6주일간 냉각시킨 후 파종한다.(버팔로그래스)

㉧ 기타 : 알코올 처리, 이산화탄소 처리, 펙티나아제 처리

> 암기 **경실 종자의 휴면타파 방법**
>
> - 경실아? 종진이가 그러는데 저건 습진에 질알 이래~
>
> ☞ 경실아?(경실 종자 휴면타파법), 종진이(종피파상법, 진탕처리법), 저건(저온처리, 건열처리), 습진에(습열처리, 진탕처리), 질알(질산염처리법, 알코올처리법)

제1과목

② **자발 휴면타파 방법(★)**

- 발아억제 물질을 제거

> **TIP**
> 흐르는 물에 종자를 씻으면 발아억제 물질이 제거된다.

- 미숙한 배를 성숙시킴 → **후숙**

> **TIP**
> 배가 미숙하여 휴면을 하는 경우 후숙을 통해 휴면이 타파된다.

- **생장조절 물질**을 처리 → **지베렐린, 시토키닌, 키네틴, 티오요소**

③ 생리적 휴면타파 방법

- 건조보관
- 예냉처리
- 예열처리
- 광처리
- 질산칼륨 처리
- 지베렐린산 처리
- 폴리에틸렌으로 싸서 봉하기

④ **벼 종자 휴면타파 방법** : 40℃에서 3주일 또는 40℃에서 4~5일 보관하면 발아억제 물질이 불활성 된다.

⑤ 맥류 종자 휴면타파 방법 → **과산화수소(H_2O_2) 처리**

- 1%의 **과산화수소(H_2O_2)** 용액에 24시간 침지한 다음 10℃의 저온에 젖은 상태로 수일간 보관한다.

⑥ 감자의 휴면타파 방법(★)

- 지베렐린산(★) 처리 : 2ppm **지베렐린** 수용액에 30~60분간 침지한 후 파종
- 저온처리
- 에세폰 처리
- 박피 · 절단

⑦ **목초 종자**의 휴면타파 방법 → **질산염** 처리, **지베렐린산** 처리

⑧ **발아억제 물질과 촉진물질을 동시에 가지고 있을 때 휴면타파 방법**
→ **침윤**상태에서 **저온처리 또는 고온처리**

⑨ **층적처리**

- 습한 모래 또는 이끼와 종자와 층을 지어 쌓아 저온에 두어 휴면을 타파시키는 방법
- 주로 수목 종자에 이용된다.

5) 발아촉진 물질과 억제물질(★)

① 발아촉진 물질 : 옥신, 지베렐린, 시토키닌, **에틸렌**, 티오요소, 과산화수소, 질산염

② 발아억제 물질 : **ABA(아브시스산★)**, HCN(시안화수소), 암모니아, **에틸렌**

> TIP
>
> **에틸렌의 경우처럼 발아 촉진과 억제 성질을 동시에 가지고 있는 이유?**
>
> 에틸렌의 경우 들개미자리, 털비름, 흰명아주, 돼지풀 종자의 경우 휴면이 타파되지만 기타 종자에서 발아를 억제시키기 때문이다.

제1과목

6) 발아억제 방법

① 온도 조절 : 감자 0~4℃, 양파 1℃에 저장 → 발아 억제

② 화학제 처리 : MH(★)수용액

③ 방사선 처리 : 감자, 당근, 양파, 밤 → 20,000rad의 γ선 조사

Ⅳ 영양번식(무성번식)

1 영양번식

영양번식은 식물체가 가지고 있는 **전체형성능(全體形成能)**이란 특징을 이용하여 번식하고자 하는 모체에서 **영양기관**인 **잎, 줄기, 뿌리** 등을 분리하여 **분주(포기 나눔), 접목, 삽목(꺾꽂이)** 등의 방법으로 모체와 동일한 개체를 만드는 것을 뜻하며, 종자(실생번식)번식이 유성번식이라면 영양번식은 무성번식이다.

1) 영양번식의 장 · 단점

① 장점

㉠ 종자번식보다 **결과연한이 짧다.**

- 마늘, 감자도 원래는 종자가 있다. → 그러나 종자를 심는 것보다 인편, 괴경을 잘라 심는 것이 **생육이 빠르고 수확을 앞당길(결과 연한의 단축) 수** 있다.

㉡ **종자번식이 어려운 작물의 번식수단으로 이용**될 수 있다.

㉢ **우량한 유전특성을 쉽게 지속적으로 유지 · 증식**시킬 수 있다.

㉣ 암수 중에서 경제적으로 이용 가치가 높은 쪽을 선택하여 재배할 수 있다.

㉤ 접목을 한 경우 장점
- 수세(**나무의 세력**)의 조절이 용이하다.
- 풍토적응성(**환경적응성**)을 증대시킬 수 있다.
- 병해충저항성(**만할병 등**)을 증대시킬 수 있다.
- 품질이 향상된다.
- 수세(**나무의 세력**)의 회복을 기대할 수 있다.

② 영양번식의 단점
㉠ **바이러스 감염**에 취약하다.
㉡ 저장 및 운반 시 손상을 입기 쉽다.
㉢ 단위면적당 묘의 비중이 크다.
㉣ 변이가 나타나기 어렵고 증식률이 적어 작물 개량과 진화가 느리다.

2) 영양번식 시 발근(뿌리발생) 촉진 방법

㉠ **황화** : 새 가지의 일부를 **흙이나 검정비닐로 광을 차단**하여 **황화**시키면 발근이 촉진된다.
㉡ **생장호르몬 처리** : 옥신류(NAA 등)를 처리한다.(상품명 : **루톤**)
㉢ **자당액(설탕액)**이나 **과망간산칼륨** 용액에 침지한다.
➥ 꺾꽂이 할 삽수를 고무줄로 다발로 묶어 설탕물에 담갔다가 삽상에 꽂으면 발근이 더 잘 되는 것이다.
㉣ **환상박피** : 취목의 경우 박피처리를 하면 발근이 촉진된다.
㉤ **증산경감제(라놀린이나 석회)**를 도포한다.

2 영양번식의 종류

TIP 영양번식의 종류

- **분주법** : 원줄기 근처의 땅속에서 나오는 뿌리가 달린 측아, 측지를 잘라 심는 것
- **삽목법** : 식물체의 잎, 줄기, 뿌리 등을 잘라 새로운 개체로 발생시키는 것
- **취목법** : 습기가 있는 흙 속에 가지를 묻거나, 가지에 상처를 내어 수태로 감싸 발근을 시켜 새로운 개체를 만드는 방법
- **접목법** : 모계의 가지나 눈을 따서 다른 나무에 붙여 키우는 법
- **분구법** : 구근류의 지하에서 생긴 **자구**나 **구근**의 한 부분을 잘라 번식시키는 것

※ **측아** : 곁눈(측 ; 곁 / 아 ; 눈)
※ **측지** : 곁가지. 자구 → 어린(작은) 구근
※ **정아** : 정단부의 눈(생장점)

1) 분주(分株, 포기 나누기)

① 방법

어미나무(모수)의 흡지(**줄기의 지표면 가까이 또는 뿌리에서 발생하는 새로운 가지 - 측지, 측아**)를 뿌리와 함께 잘라 새 개체로 증식하는 방법

② 이용 작물

- **초화류** : 숙근아스터, 군자란, 파초, 거베라, 칸나, 국화, 난초류, 플록스(꽃장미), 꽃창포데이지, 프리뮬라.
- **화목류** : 개나리, 라일락, 남천, 수국, 철쭉, 등나무류, 무궁화, 석류, 치자, 유도화, 배롱나무, 회양목모란, 작약

③ 분주방법

분주방법	내용	종류
흡지(吸枝, sucker)	• 지하경의 마디에서 새싹이 나고 새 뿌리가 발생함 • 발근하기 전의 신아(新芽)를 모체로부터 분리(절단)해 발근시킴	국화, 아나나스, 유카
주아(走芽, tiller)	지하부에서 부정아가 생성되어 새싹이 자란 것을 분주	명자나무, 조팝, 옥매, 거베라, 꽃창포
지하포복경 (地下葡萄莖, rhizome)	땅속줄기(근경)를 2~3개의 눈을 붙여 절단하여 이식	칸나, 꽃생강, 수련, 은방울꽃, 작약, 도라지, 대나무
지상포복경 (地上葡萄莖, runners)	포복경을 발생시켜 그 선단에서 싹과 뿌리가 나게 함	접난, 네프로네피스(관엽식물)

2) 삽목(插木, 꺾꽂이)

삽목(꺾꽂이)은 식물체의 영양기관인 **잎, 줄기, 뿌리** 등을 잘라 **삽상에서 발근**시켜 **독립개체로 번식**시키는 것을 말하며, 삽수의 재료, 삽수의 크기, 채취 부위, 기부의 절단방법, 시기에 따라 분류할 수 있다. 그러나 보통의 경우 채취 부위에 따라 **엽삽, 지삽(경삽), 근삽**으로 분류하는 것이 일반적이다.

① 엽삽(잎꽂이. 잎삽)

- 엽병삽(전엽삽) : 줄기가 붙지 않은 엽병 이상의 잎분을 잘라 삽상에 꽂아 발근시켜 독립 개체로 번식시키는 방법으로, 경화된 잎 뒷면의 엽맥에 상처를 내어 삽상 위에 표면이 위로 가게 하여 고착시킨 다음 이쑤시개 정도의 나무를 여러 개 꽂아 둔다.

  ➥ 해당 작물(★) : **베고니아렉스, 글록시니아, 세인트폴리아**

- **엽편삽(분절삽)** : 잎을 **삼각형** 모양으로 절단(**엽맥의 교접에서 자름**)하여 하단부분을 삽상에 꽂아 발근시켜 독립개체로 번식시키는 방법이다.
  ➥ 해당 작물(★) : **베고니아**
- **엽아삽** : 잎 한개에 엽액(**잎눈**)을 붙여 잘라 삽상에서 발근시켜 독립개체로 번식시키는 방법
  ➥ 해당 작물 : 국화, 다알리아, 고무나무, 동백, 하와이무궁화, 철쭉, 감귤류

② **근삽(뿌리삽)**

- **땅속줄기, 굵은 뿌리**를 알맞은 길이로 잘라 삽상에 묻어 부정아를 형성시켜 독립개체로 육성하는 방법이다.
- 해당 작물 : 국화, 서양함박꽃, 꽃아카시아, 능소화, 라일락, 환엽해당

③ **지삽(가지꽂이, 초본류 → 줄기삽, 목본류 → 지삽)**

초본류의 경우 줄기를, 목본류의 경우 가지를 잘라 삽상에서 발근시켜 독립개체로 육성하는 방법이다. 삽수(**줄기, 가지**)의 연령에 따라 다음과 같이 분류할 수 있다.

- **신초삽** : 목본류의 1년 미만의 새 가지를 삽목
  ➥ 국화, 카네이션, 코레우스, 제라큠, 베고니아, 페츄니아, 메리골드
- **녹지삽** : 당년생 초본녹지(**풋가지**)를 이용하여 삽목하는 방법이다.
  ➥ 동백, 철쭉류, 치자, 회양목, 사철, 포인세티아, 인과류, 핵과류
- **숙지삽(경지삽)** : 목본류의 묵은 가지를 삽목
  ➥ 포도, 무화과, 장미, 매화, 향나무, 히비스커스, 은행나무, 석류나무, 무궁화, 개나리, 남천, 돌배

TIP

삽목상의 온도를 인위적으로 올려 지하부에는 발근에 적합한 온도 조건을 주고, 지상부에는 눈의 발아를 늦추기 위하여 온도를 낮게 유지시키는 전열삽목 방법도 사용된다.

3) 취목(取木, 휘묻이)

① **방법** : 새로 자라는 새 가지에 배토를 하여 생장하는 가지의 밑 부분을 발근시켜 새로운 개체를 얻는 방법

② **종류**

㉠ **성토법(盛土法, 묻은 후 떼어내기)** : 모수를 지면으로부터 낮게 잘라 여러 개의 가지를 나오게 한 다음, 이 새 가지가 자람에 따라 배토를 하여 발근시키고, 발근된 가지를 잘라 새로운 개체로 만드는 방법으로 사과 대목 증식 시 사용한다.

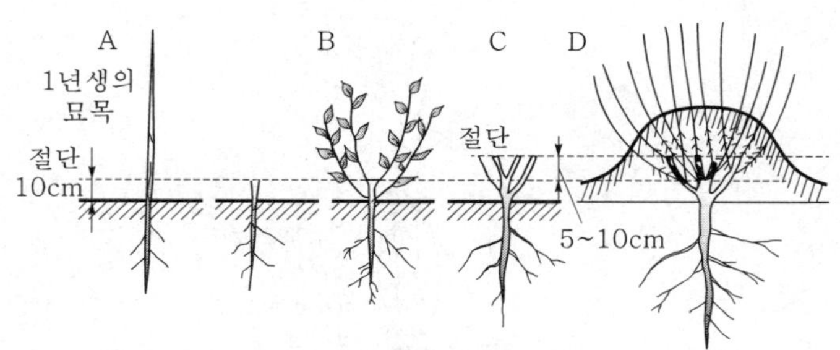

[성토법. 묻어둔 후 새로운 개체 떼어내기]

㉡ **휘묻이** : 모수에 발생된 1~2년생 긴 가지를 그 일부 또는 전부를 땅속에 묻어 이 가지에서 나오는 새 가지에 배토를 하여 발근시키고, 발근된 새 가지를 잘라 새 개체로 만드는 방법

- **단순취목(선취법)** : 가지를 휘어 눕혀서 묻는 방법
  ➡ **장미**, 개나리, 철쭉, 목련, 대부분 화목류
- **단부취목(끝묻이)** : **가지 끝을 묻는 방법** → 나무딸기
- **매간취목(망치묻이, 수평복법)** : **가지를 휘어 수평으로 묻는 방법**
  ➡ 포도, 담쟁이
- **파상취목** : 가지를 여러 차례 굴곡을 주어 묻는 방법
  ➡ 개나리, 덩굴장미, 능소화

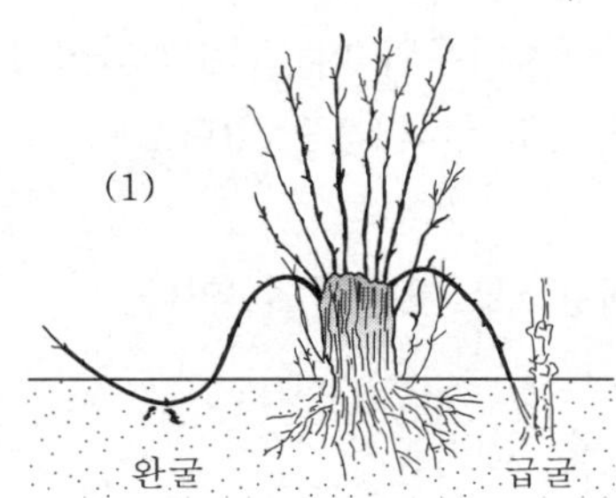

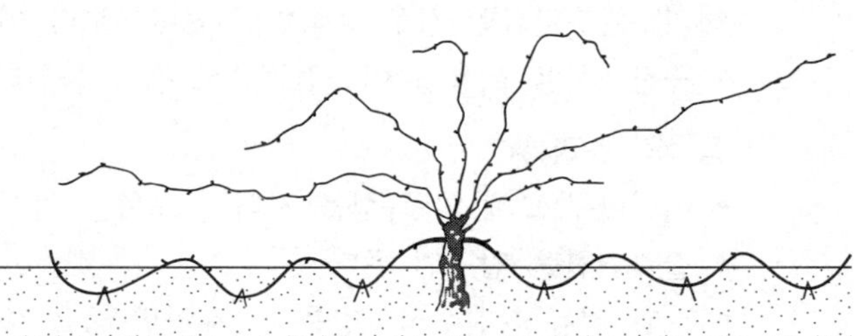

[휘묻이(파상취목)]

㉢ **고취법(높이떼기 = 공중취목)** : 가지를 지면까지 휘지 못할 경우 높은 위치에서 흙이나 수태로 가지를 싸매주어 발근시킨 후, 발근 부위 밑에서 잘라내어 새 개체로 만드는 방법

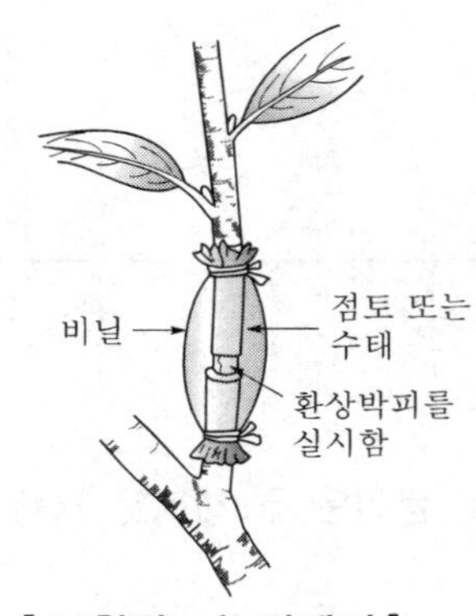

[고취법 = 높이떼기]

4) 목본류의 접목

모수(**어미나무**)에서 **가지**나 **눈**을 잘라내어 다른 나무에 접착시켜 접목공생을 하도록 하는 것으로 지상부인 윗부분을 접수(椄穗), 지하부인 아랫부분을 대목(臺木)이라고 한다.

① 접목 개요

㉠ 접목 활착 생리

- 대목 및 접수의 절단면에 보호 조직인 슈베린 피막이 형성되어 접착면이 밀착된다.
- 유세포로 구성된 캘러스 조직이 자라 새로운 형성층을 형성하여 유합하게 된다.

㉡ 접목 친화성과 접목 불친화성

- 접목 친화성은 식물분류학상 유연관계가 깊을수록 높다.

예외) 온주밀감인 경우 동속인 신규나무보다 이속인 탱자나무와 더 접목 친화성이 높다.

- 중간대목을 이용한 이중접목으로 접목 불친화성을 일부 극복할 수 있다.

㉢ 접목의 효과(★)

- 어미나무(**모체**)의 특성을 지니는 묘목을 일시에 대량으로 양성할 수 있다.
- 결과연한을 앞당겨 준다.
- 토양 적응성(**침수성, 병충해, 토양반응**)을 증대할 수 있다.
- 수세를 조절할 수 있다.
- 나무 간의 균일도(**시비관리 등**)를 증대할 수 있다.
- 고접을 통하여 노목의 품종 갱신이 가능하다.

㉣ 접수의 구비조건(★)

- 품종의 특성을 정확하게 구비하여야 한다.
- 유년성이 타파된 것이어야 한다.
- 신선한 것이어야 한다.
- 충실히 생장하였고 세력은 중간 정도이어야 한다.
- 병충해 피해가 없는 것이어야 한다.

ⓜ 접목 활착 요점(★)

- 접수와 대목의 형성층이 서로 접착되게 할 것
- 접수와 대목의 극성이 맞을 것
- 접목 친화성이 있을 것
- 절단면의 건조 예방
- 적당한 접목시기 선택

ⓑ 대목의 선택 시 고려해야 할 사항

- **나무의 왜화도, 불량환경 적응성, 병해충 저항성, 조기결실성과 생산성, 과실의 품질, 지지력(支持力), 번식성** 등이다.

ⓢ 과수대목의 종류

과종	대목 구분	사용되는 대목 종류
사과	왜성대목(영양계)	M.27 〉 M.9 〉 M.26, EMLA 9, MAC 9 〉 MM. 106
	일반대목	삼엽해당, 환엽해당
배	일반대목	만주콩배(P. betulifolia), 일반콩배(P. calleryana)
복숭아	일반대목	공대, 야생복숭아
자두	일반대목	야생복숭아
	영양계대목	Myrobalan, Mariana
살구	실생대목	살구 공대, 야생복숭아, 자두 공대
양앵두	영양계대목	Mazzard(P. avium), Mahaleb(P.mahaleb) Colt (P. cerasus×P.pseudocerasus)
포도	영양계대목	5BB, SO4 등
감귤	실생대목	탱자(Poncirus trifoliata Raf.)
감	실생대목	고욤나무(Diospyros lotus)

TIP

공대 : 공대는 종자를 심어 육성한 대목을 말한다.

② 접목의 분류

㉠ 접목 시기에 따른 분류

- 봄접 : 해동이 되어 나무의 잎눈이 발아하기 2~3주 전인 3월 중순~4월 상순
- 여름접 : 대목의 나무껍질(**수피**)을 벗길 수 있고, 접수의 눈이 충실할 때인 8월 상순~9월 상순

TIP

녹지접인 경우 신초생장이 계속되고 있는 시기(**가지가 경화되기 전**)에 실시한다.

㉡ 접목 장소에 따른 분류 : 제자리접(居椄), 들접(揚椄)

㉢ 접목 위치에 따른 분류 : 고접(高椄), 근두접(根頭椄), 배접(腹椄), 뿌리접(根椄)

㉣ 접수 종류에 따른 분류

- 눈접(芽椄, 아접)
  - T자형 눈접 : 나무껍질이 잘 벗겨지는 8월 상순~9월 상순에 실시

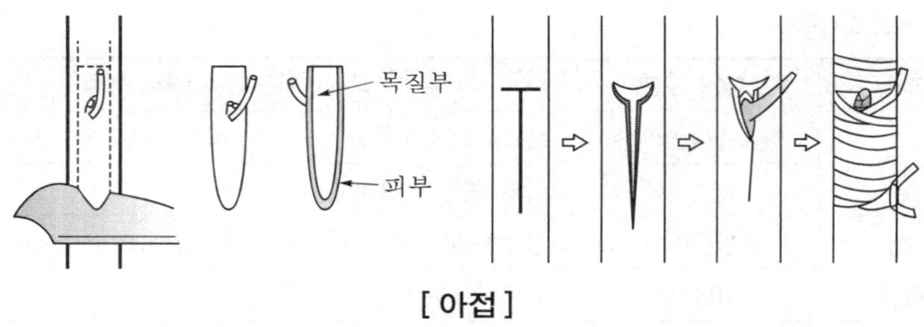

[아접]

- 깍기눈접(削芽椄, Chip budding) : 나무껍질이 잘 벗겨지지 않는 9월 상중순에 실시

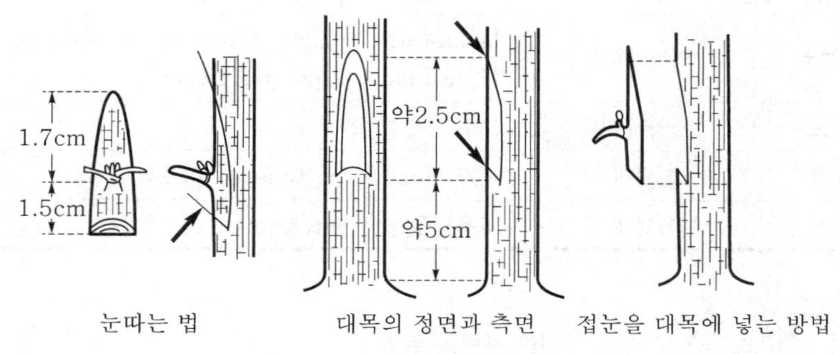

[깍기눈접]

- 가지접(枝椄, 지접)
  - 접수의 발육상태에 따라 : 경지접(硬枝椄), 반경지접(半硬枝椄), 녹지접(綠枝椄)
  - 깍기접(切椄) : 나무의 잎눈이 발아하기 2~3주 전인 3월 중순~4월 상순

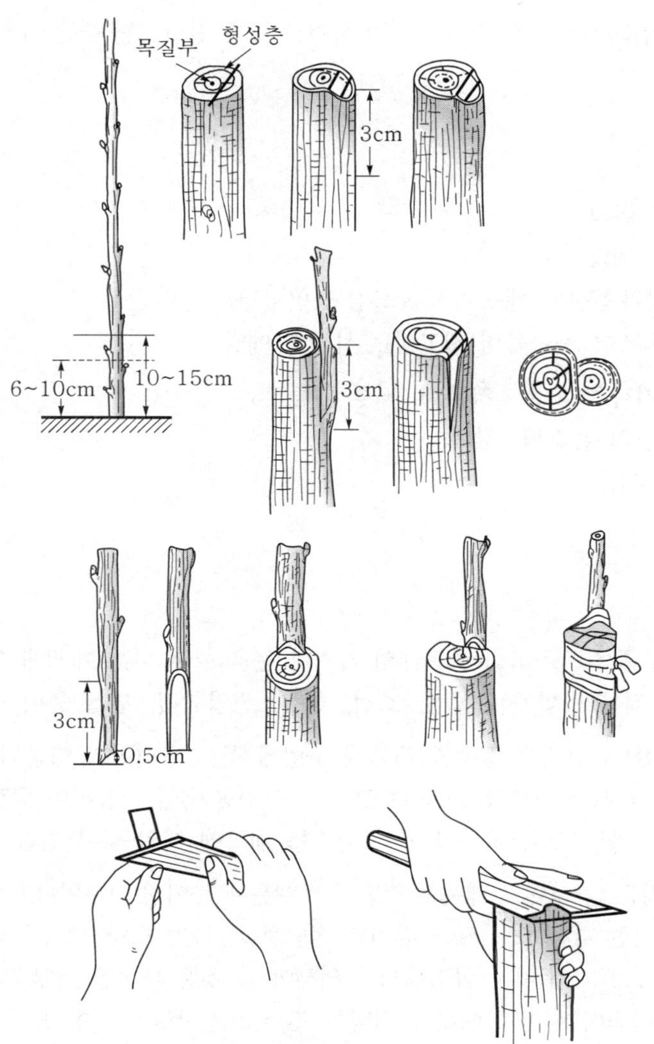

[깍기접 방법]

– 짜개접(割接) : 나무의 잎눈이 발아하기 2~3주 전인 3월 중순~4월 상순

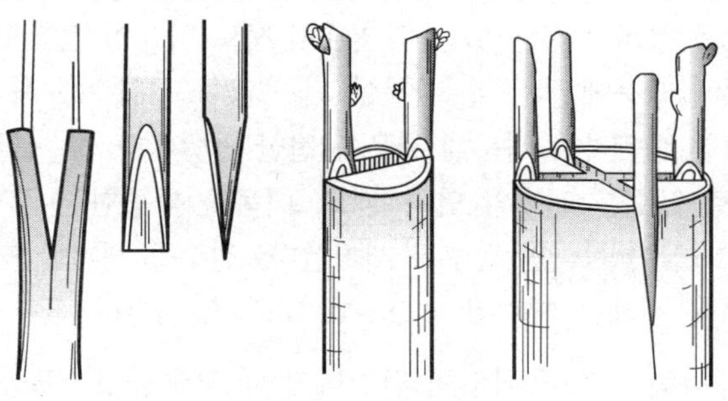

[짜개접 방법]

– 혀접(舌椄) : 나무의 잎눈이 발아하기 2~3주 전인 3월 중순~4월 상순(주로 포도나무에서 사용)

5) 채소류의 접목

① 채소류의 접목 목적

㉠ 토양전염병 예방

- 수박 · 참외 등 박과채소 : **덩굴쪼김병(만할병)** 등의 발생
- 가지과 채소 : **풋마름병(청고병), 시듦병** 예방

㉡ 불량환경(**지나친 고온 · 저온**)의 저항성 증진

㉢ 흡비성(**비료의 흡수력**) 강화

㉣ 연작장해 경감

㉤ 조기 수확

㉥ 수량 증대

㉦ 초세강건

② **채소류 접목의 종류** : 접목법은 모계의 가지나 눈을 따서 다른 개체에 붙여서 키우는 방법을 말하며, 주요 접목 방법에는 **삽접, 호접, 할접, 편엽할접, 핀접** 등이 있다.

㉠ **삽접(꽂이접)** : 삽접은 접수를 대목의 구멍에 꽂는 방법이기 때문에 '**꽂이접**'이라고도 한다. 방법은 대목에 구멍을 뚫을 수 있는 기구(천공기)를 이용하여 **생장점을 제거한 대목에 구멍**을 뚫고 대목보다 굵기가 가는 접수를 대목에 끼워 넣어 접합시키는 방법이다.

㉡ **할접** : 할접은 말 그대로 대목을 절단하기 때문에 붙여진 이름이다. 방법은 먼저 대목의 생장점을 제거한 다음 1~1.5cm 깊이로 절단하고, 쐐기 모양으로 다듬은 접수를 끼운 다음 접목용 집게로 집어준다. 할접에서 주의해야 할 것은 대목을 너무 깊게 자르면 떡잎이 양쪽으로 갈라짐이 생기기 때문에 적당한 깊이로 절단하여야 한다.

㉢ **호접(맞접)** : 호접은 대목과 접수가 서로 맞대고 접목을 하기 때문에 붙여진 이름으로 '**맞접**'이라고도 한다. 과수와 과채류에 많이 쓰인다. 호접이 다른 접목과 다른 가장 큰 특징은 대목과 접수 모두 뿌리가 붙어 있는 상태에서 서로 맞대어 접합시키는 방법이다. 접수에도 뿌리가 붙어 있기 때문에 접목 후 활착이 되지 않아도 접수가 죽지 않는다. 활착을 확인하고 접수의 뿌리를 절단하기 때문에 매우 안전한 방법이다. 오이를 호접으로 접목하고자 할 경우 일반적으로 **접수를 3~4일 먼저 심고, 대목을 파종한 후 7~10일째 접목을 한다.** 접목을 한 후 8~10일이 지나면 접수를 제거한다. 접수를 제거한 후 3~5일이 지나면 접목용 집게를 제거한다. 집게를 제거한 후 8~10일 후 정식한다.

㉣ **편엽할접** : 편엽할접은 최근 작업이 간편하기 때문에 공정육묘장에서 가장 많이 이용되고 있으며, 작업의 효율을 높이기 위해 자동 접목기(로봇)의 이용이 많다. 편엽할접은 먼저 대

목의 떡잎 하나와 생장점을 경사(30°)지게 위에서 옆으로 잘라내고 접수의 배축도 경사(30°)지게 자른 후 전용 클립으로 고정시키는 방법이다. 자동 로봇을 이용할 경우 시간당 600주 정도를 접목할 수 있어 인력절감 효과가 매우 크다.

ⓜ **핀접** : 핀접은 핀을 이용해 대목과 접수를 연결하는 방법으로 1㎝ 정도의 세라믹핀을 대목의 접목 부위에 꽂은 다음 접수를 꽂아 접합시키는 방법이다. 주로 **가지과채소(토마토, 가지 등)에 많이 이용**되며, 세라믹핀은 일본 다끼이 종묘에서 개발하였다. 특허권을 가지고 있어 가격핀접은 배축의 길이가 35mm 이상 되어야 하고, 굵기는 1.8~2.3mm가 되어야 한다.

TIP

핀접의 단점 ☞ 접목전용 활착실이 있어야 하고 핀값이 고가이다.

ⓑ **안장접**(선인장 등에서 많이 이용)
대목을 절단한 후 쐐기모양으로 홈을 만들고, 접수는 쐐기모양으로 뾰족하게 만들어 접수를 대목의 홈에 꽂는다. 꽂은 다음 클립이나 접착제를 이용하여 접수와 대목을 고정시키는 방법이 있고, 자동 기계를 이용하여 접합시키기도 한다.

③ 주요 대목의 종류 및 작물별 접목 방법

㉠ 박과채소의 접목 시 많이 이용하는 대목(★)

- 수박 : **참박(재래종 박)이나 신토좌 호박(잡종 호박)**
  참박대목의 경우 위조현상(**풋마름 증상**)이 발생하였고, 신토좌 호박의 경우 초세왕성, 착과 불량, 과피의 두께가 두꺼워 품질이 떨어져 최근에는 **금계과, 백국좌**가 이용되고 있다.
- 참외의 대목 : **신토좌 호박, 홍토좌**

㉡ 작물별 주요 접목 방법

- 수박 : **호접, 합접, 할접, 편엽할접**
- 오이 : **할접, 핀접**

㉢ 대목의 파종 방법(★)

- 삽접
  - **참박**을 대목으로 할 경우 → **수박보다 7일 정도 일찍 파종**한다.
  - **신토좌 호박**을 대목으로 할 경우 → **수박보다 2~3일 정도 일찍 파종**한다.
- 호접
  - 박을 대목으로 할 경우 → 박과수박은 같이 파종한다.
  - 신토좌 호박을 대목으로 할 경우 → 수박을 4~5일 정도 일찍 파종한다.

6) 분구법

- 구근류에서 지하에 생긴 **자구**나 **구근의 한 부분**을 잘라 번식시키는 것

3 조직배양

① 조직배양의 뜻

식물의 세포, 조직, 기관 등을 기내(용기 내, in grass)의 영양배지에서 무균적으로 배양하여 완전한 식물체로 재분화 시키는 것을 말한다.

② 조직배양의 이론적 근거

한 번 분화한 식물세포는 전체형성능(totipotency)을 가지고 있어 정상적인 식물체로 재분화 할 수 있는 성질을 가지고 있기 때문이다.

③ 조직배양의 장점(★★)

㉠ 영양번식(접목, 삽목)에 비해 짧은 기간 동안 대량증식이 가능하다.

㉡ 생장점 배양을 통해 바이러스무병주(바이러스 프리묘)를 육성할 수 있다.

④ **조직배양의 재료** : 단세포, 영양기관, 생식기관, 병적 조직, 전체 식물 등

㉠ **영양기관** : 뿌리, 줄기, 잎, 눈

㉡ **생식기관** : 꽃, 과실, 배주, 배, 배유, 과피, 꽃밥(약), 화분

⑤ **조직배양에 사용되는 기본 배지** : MS배지

㉠ MS배지에 배양 재료의 특성에 맞게 배지를 만든다.

㉡ MS배지에 첨가되는 물질

- **다량원소** : N(질소), P(인), K(칼륨) 등
- **미량원소** : Mn(망간), Zn(아연), Cu(구리), Mo(몰리브덴) 등
- **유기물질** : 당, 아미노산, 비타민 등
- **식물호르몬** : 옥신(NAA, IAA, IBA, 2,4-D), 시토키닌(키네틴)
  ※ 옥신은 발근촉진 목적, 시토키닌은 신초 생장촉진 목적으로 첨가

⑥ 조직배양의 종류

㉠ 세포 및 조직배양

- 세포배양을 통해 세포의 증식, 기관의 분화, 조직의 생장에 관한 연구를 할 수 있다.
- 식물 생장에 관여하는 영양물질, 비타민, 호르몬의 역할, 환경조건 등에 대한 연구를 할 수 있다.
- 세포배양을 통해 단시간에 대량 증식(번식)이 가능하다.
- 세포 돌연변이를 분리하여 이용할 수 있다.
- 바이러스 또는 병해충 저항성 품종을 육성할 수 있다.(예 딸기, 감자, 마늘, 화훼류 등)
- 식물이 생산하는 특수물질(2차 대사산물)의 공업적 생산이 가능하다.
  ※ 2차 대사산물 : 식물이 생산하는 당, 알칼로이드, 전분, 리그닌, 비타민 등
- 농약, 방사능에 대한 식물의 감수성을 검정할 수 있다.
- 감자를 조직배양하여 인공씨감자를 생산하면 100% 바이러스무병주를 얻을 수 있다. 그러

나 인공씨감자의 크기가 너무 작으면 정상적인 수확이 어려우므로 실용적 재배는 2~5g 크기로 온실 내 멸균상태로 재배하거나 양액재배 또는 분무경 재배를 하는 것이 적합하다.

㉡ 배배양

- 배배양은 종자의 배를 적출하여 배양하는 방법이다.
- 나리꽃, 목화, 벼처럼 자식성 식물의 경우 인위적으로 잡종을 만들려고 하면 정상적으로 발아하지 못하거나 생육이 어려워질 수 있는데, 배배양을 통해 이를 극복하여 정상적인 잡종종자를 육성할 수 있다.
- 배배양을 통해 결과 연령을 단축할 수 있다.
- 자식계를 퇴화하기 전에 배양하여 새로운 개체를 육성할 수 있다.

㉢ 약배양

- 약배양은 약(꽃밥)을 배양하는 방법이다.
- 약(꽃밥)의 채취시기 : 꽃가루의 소포자로부터 배가 형성되는 4분기 이후 2핵기 사이
- **방법** : 약(꽃밥)을 인공적으로 배양하여 반수체를 생산한 다음 염색체를 배가 하면 모체와 동일한 2배체의 동형접합 식물을 육성할 수 있다.
- 자가불화합성인 타가수정 식물의 경우에도 새로운 개체를 분리 및 육성할 수 있다.
- 약배양의 단점 : 화분세포 이외의 2배체인 화분벽 조직이 기관으로 분화될 수 있다. 화분만을 배양하는 화분배양을 하면 효율이 떨어지고 백색체가 많이 나오는 단점이 있다.
- 약배양을 통해 육성된 품종에는 앞 글자에 "화"자를 붙여 품종 이름을 만든다.(예 화성벼, 화영벼, 화청벼)

㉣ 병적조직배양

- 조직배양을 통해 병해충과 숙주 간의 관계를 연구할 수 있다.
- 종양이 발생한 조직의 이상생장 메커니즘을 연구할 수 있다.
- 바이러스, 선충에 대한 기초 정보를 얻을 수 있다.

㉤ 세포융합

- 세포융합은 종속이 서로 다른 식물세포를 융합시켜 체세포잡종식물을 만드는 기술을 말한다.(예 감자+토마토=포메이토(토감))
  ※ 포메이토의 경우 감자, 토마토 어느 쪽의 특성도 제대로 나타나지 않아 아직 실용성은 없다.
- 방법 : 세포벽을 융해시킨 원형질체에 PEG처리, 전기충격 등의 방법으로 두 세포를 융합시킨 다음 배양을 한다.

㉥ 유전자 전환(형질전환 육종)

- 유전자 전환은 품종의 특성은 변화하지 않고 다른 생물의 목적하는 유전자를 도입하는 기술이다.
- 유전자 전환을 통해 육성된 식물을 유전자변형식물(GMO)이라고 한다.

V 정지 및 파종

1 정지

1) 정지

정지는 작물을 심기 좋은 상태로 만들기 위해 **경운(논갈이, 밭갈이)**, **쇄토(로타리 작업=흙덩이 부수기)**, **작휴(이랑 만들기)**, **진압(눌러주기, 다져주기)** 등 일련의 작업을 말한다.

2) 경운(논갈이, 밭갈이)

① 경운의 효과 : **토양물리성 개선, 잡초 경감, 해충 경감**

> **TIP**
>
> 지나친 잦은 경운 → 토양물리성 악화

② 토양에 **유기물 함량이 많은** 경우 **추경(가을갈이)**을 하는 것이 좋다.

③ **사질토양**의 경우 추경을 하면 오히려 **양분의 용탈**이 이루어져 해롭기 때문에 춘경(**봄갈이**)만 한다.

④ **건토효과** : 논에서 수확이 끝나고 흙을 건조시키면 유기물이 분해되어 토양에 비료분 성분이 많아지는 것

- 건토효과는 밭보다 논에서 크다.
- 겨울에서 봄까지 강우량이 적으면 건토효과는 커진다.
- 봄철에 강우량이 많은 경우 건토효과가 적어진다. 따라서 추경보다는 춘경이 유리하다.
  → 빗물에 의해 암모니아태질소, 질산태질소가 유실되기 때문
- 추경에 의한 건토효과를 증대하려면 유기물 투입을 많이 한다.

⑤ **심경**(20cm 이상 깊이갈이)

- 대부분의 작물은 심경(**깊이갈이**)이 유리하다.
- 심경을 하는 경우 심토에는 유기물 함량이 적으므로 유기물 투입을 늘려야 한다.
- 누수가 심한 논은 양분 용탈이 심해 심경이 오히려 해롭다.

⑥ **간이정지** : 맥류 수확 후 콩을 심으려고 할 때 경운을 하지 않고 그대로 간이 골타기를 하거나 구멍을 내어 파종하는 방법

⑦ **부정지파(답리작에서 무경운 파종 · 복토)** : 벼를 수확한 후 보리나 이탈리안라이그래스를 파종할 때 경운을 하지 않고 그대로 파종 복토하는 방법

⑧ **제경법** : 경사가 심한 곳에서 경운을 하지 않고 가축을 방목한 다음 거기에다 종자를 파종하고 다시 방목하는 방법 → 경사지 토양침식 방지

3) 쇄토(로타리 작업=흙덩이 부수기)

① 쇄토 : 흙덩이를 1~5mm 크기로 부수는 것=로타리 작업

② 이점 : **파종 · 이식작업 · 종자의 발아 용이**

③ 써레질(물로타리) : 논에서 경운 후 물을 댄 다음 써레로 흙을 곱게 부수는 것

- 효과 : 논의 바닥이 평평해짐, 비료가 토양 중에 고루 분산(전층시비 효과), 모내기 작업의 용이

4) 작휴(이랑 만들기)

① 이랑 : 작물이 심겨질 부분**(흙이 올라온 부분)**

② 고랑 : 흙이 파여진 부분 → 배수로 역할

③ **작휴법(이랑 만드는 방법의 종류)**

㉠ 평휴법(평평한 이랑) : 이랑과 고랑의 높이를 같게 만든다. → 밭벼, 채소 등에 이용

㉡ 휴립법(이랑을 높게) : 이랑은 높게, 고랑은 낮게

- 휴립구파법 : 이랑을 세우고 골에 파종 → **맥류의 동해예방** 목적
- 휴립휴파법 : 이랑을 세우고 이랑에 파종 → 고구마 ⇒ 배수 용이, 통기성 양호

㉢ 성휴법 : 이랑을 1.2m로 넓고 평평하게 만드는 방법 → 맥류, 콩

- 장점 : 파종 용이, 초기 건조 피해 경감, 습해 방지, 노력 절감

5) 진압(눌러주기, 다져주기)

① 진압 : 발로 밟거나 소형 로울러로 토양을 눌러 주는 것

② 목적 : **출아 촉진 및 출아의 균일성** 모도

> **TIP**
>
> 출아 : 지하부에서 새싹이 지상으로 나오는 것

2 파종

1) 파종 시기를 결정하는 요인

① 작물의 종류

- 작물의 종류에 따라 파종 시기도 다르다.
- 월동작물은 추파(가을에 파종), 하계작물은 춘파(봄에 파종)

② 품종

- 품종에 따라서 파종 시기가 다르다.

- 추파성이 큰 품종 → 조파(早播. 제철보다 일찍 파종), 추파성이 낮은 품종 → 만파(晩播. 제철보다 늦게 파종)
- 조생종 벼(감광형) → 조파조식(早播早植. 제철보다 일찍 파종 식재), 만생종 벼(감온형) → 만파만식(晩播晩植. 제철보다 늦게 파종 식재)

③ 재배 지역 및 기후 조건
- 제주도 : 맥주보리 파종은 추파(가을에 파종)
- 중부지방 : 맥주보리 파종은 춘파(봄에 파종)
- 평야지 : 하지감자 파종은 이른 봄
- 산간지 : 하지감자 파종은 늦은 봄

④ 작부체계
- 콩, 고구마 파종 : 단작의 경우 5월, 맥 후작의 경우 6월
- 벼 모내기 : 1모작의 경우 5월 중순~6월 상순, 2모작의 경우 6월 하순

⑤ 재해 회피
- 벼의 냉해 회피 : 조파조식(早播早植. **제철 보다 일찍 파종 식재**)이 유리
- 조의 명나방 피해 회피 : 만파(晩播. **제철보다 늦게 파종**)

⑥ 토양 조건
- 천수답의 경우 → 비가 온 후 담수하여 모내기
- 토양이 건조한 경우 → 비가 올 시기에 맞추어 파종
- 토양이 과습한 경우 → 땅이 질어 어느 정도 마른 후에 파종

⑦ 출하기
- 가격이 좋을 것으로 예상되는 시기에 맞추어 촉성재배(**정상 수확기보다 일찍 수확 방법**) 또는 억재재배(**정상 수확기보다 늦게 수확**)

⑧ 노력사정
- 일손 부족 → 파종 시기 지연

2) 파종양식의 종류

① 산파(흩어뿌림) : 포장전면에 종자를 흩어서 뿌리는 방법이다.
- 장점 : **노력이 절감**된다.
- 단점
  - 종자가 많이 소요된다.
  - 통기성, 투광성이 나쁘다 → 병해 발생 용이, 도복 우려

② 조파(條播. 골에 줄지어 뿌림) : 골타기를 한 다음 여기에 종자를 줄지어 뿌리는 방법이다.

• 장점
  - 수분 공급, 양분 공급이 좋다.
  - 통기성, 투광성이 좋다. → 작물 생육 양호
  - 관리 작업이 용이하다.

③ 점파(점뿌림) : 일정한 간격을 두고 종자를 1~수립씩 띄엄띄엄 파종하는 방법이다.
  • 적용 작물 : 콩, 감자
  • 장점
    - 종자가 적게 소요된다.
    - 통기성, 투광성이 좋다. → 작물 생육 양호
  • 단점 : 노력이 많이 든다.

④ 적파 : 점파와 같은 방법이지만 적파는 **한곳에 여러 개의 종자를 파종**한다.

3) 초화류 파종 방법

초화류(**초본성 화초**)의 파종 방법은 **재배할 포장에 직접 파종**하는 **직파** 방식이 있고, **파종상**을 설치한 다음 여기에 종자를 파종하는 **상파**(bed-sowing)가 있으며, **상자에** 종자를 파종하는 **상파**(box-sowing), **화분**에 파종하는 **분파**(pot-sowing) 방식이 있다.

① 직파(field-sowing)
  • 포장에 직접 파종하는 방식이다.
  • 재배량이 많거나 양귀비처럼 **직근성 초화류**의 경우 **이식재배를 하면 오히려 해로운** 경우에 이용되는 방법이다.
    ➥ **양귀비**, 스위트 피, 루피너스, 맨드라미, 코스모스, **과꽃**, 금잔화

② 상파(bed-sowing)
  • 배수가 잘 되는 장소에 파종상을 설치하고 파종하는 방법이다.
  • 보통 비닐하우스나 노지의 일정 장소에 설치한다.
  • 파종상은 20㎝ 내외의 깊이로 하고 점파, 산파 또는 조파를 한다.
    ➥ 팬지, 페츄니아, 코레우스, 만수국

③ 상자파 · 분파(box-sowing · pot-sowing)
  • 상자나 화분(포트)에 파종하는 방법이다.
  • **종자가 소량**이거나 **미세 종자**이거나 **귀중한 종자** 또는 **고가 종자**로 **집약적 관리가 필요**한 경우에 이용한다.
    ➥ 시네라리아, 프리뮬라

4) 초화류(초본성 화초) 파종 후 관리

① **발아온도는 생육온도보다 높게** 관리한다.
② 발아 시까지 **습도변화를 없게 관리**한다.
③ 관수는 **저면관수를** 하는 것이 좋다.
④ **미세 종자** 파종 시 **복토는 하지 않고 진압판**으로 살짝 눌러주거나 얇게 복포한다.
- 파종토 또는 파종용기 위에 **비닐** 또는 **유리판**을 덮는다.(**온도, 습도 유지**)
- 발아가 대략 70% 정도 이루어지면 유리를 제거한다.

⑤ **파종 전 토양 소독(클로르피크린 살포, 열처리)**을 하면 좋다.
- 화훼류의 **입고병**을 **예방**할 수 있다.

5) 파종량을 결정할 때 고려해야 할 조건(★사항)

① 작물의 종류 및 품종 : 작물의 종류 및 품종마다 파종량은 다르다.

② 파종 시기 : 파종 시기가 늦으면 파종량을 늘린다.

③ 재배 지역
- 맥류 : 중부지방은 남부지방보다 파종량을 늘린다.
- 감자 : 평야지는 산간지보다 파종량을 늘린다.

④ 재배 방식
- 조파(**줄뿌림**)보다 산파(**흩어뿌림**)할 때 파종량을 늘린다.
- 콩 · 조 : 단작보다 맥 · 후작인 경우 파종량을 늘린다.
- 청예용 · 녹비용 : 알곡 수확용보다 채종량을 늘린다.

⑤ 토양비옥도
- 척박한 토양 → 파종량을 늘린다.
- 다수확 목적 → 파종량을 늘린다.

⑥ 종자의 상태나 조건
- 종자의 순도가 떨어지는 경우 → 파종량을 늘린다.
- 병충해 피해를 입은 종자의 경우 → 파종량을 늘린다.
- 발아율이 떨어지는 종자 → 파종량을 늘린다.

3 이식 · 가식 · 정식

1) 용어

① 이식(옮겨심기) : 현재 자라고 있는 장소에서 다른 장소로 옮겨 심는 것

② 가식(잠정적으로 옮겨심기) : 정식할 때까지 **잠정적**으로 이식해 두는 것
③ 정식(아주심기) : 현재 자라고 있는 장소(**보통은 묘상**)에서 **본포에 옮겨 심는** 것

2) 이식(옮겨심기)의 양식

① 조식 : 조식은 **골에 줄지어 이식**하는 방법이다. → **파, 맥류**
② 점식 : **포기 사이를 일정한 간격**을 두고 이식하는 방법이다. → **콩, 수수**
③ 혈식 : **포기 사이를 많이 띄우고 구덩이를 파고** 이식하는 방법이다. → 양배추, 토마토, 오이, 수박, 호박 등
④ 난식 : **일정한 간격을 두지 않고 이식**하는 방법이다. → 간작에 이용

3) 이식의 장점(필요성)

① 생육 촉진, 수량 증대
② 토지의 이용효율 증대
③ 도장(**웃자람**) 방지, 숙기 단축
④ 이식 과정에 단근(**잔뿌리가 끊어짐**)이 되어 새로운 잔뿌리가 많이 생겨 활착이 증진된다.

4) 이식의 단점

① **직근성(무, 당근, 우엉 등)** 작물의 경우 → 이식이 오히려 해롭다.
② **수박 · 참외 · 결구배추(김장배추) · 목화** → 이식이 오히려 해롭다.
③ 벼 → 한랭지에서는 이식(**모내기, 이앙**)이 오히려 해롭다.

5) 가식의 필요성(목적 · 이점)

① **묘상 절약** : **작은 면적**에 파종하였다가 자라는대로 가식을 하면 처음부터 큰 면적의 묘상이 필요하지 않다.

② **활착 증진** : 가식할 때 **단근(뿌리 끊어짐)**이 되면 가식 중 밑둥 가까이에 새로운 **잔뿌리가 발생**하여 정식 후에 **활착**이 좋아진다.

③ **재해 방지**(한해 · 도장 · 노화)
- **한발(가뭄)**로 천수답(**자연수에 의존하는 논**)에 모내기가 늦어질 때 무논(**물이 있는 논**)에 일시 가식하였다가 비가 온 뒤에 모내기를 하면 한해(**가뭄**)를 극복할 수 있다.
- 채소 등에서 포장조건 때문에 이식이 늦어질 경우 가식을 해두면 모의 **도장(웃자람), 노화를 방지**할 수 있다.

Ⅵ 시비(비료주기)

1 비료의 종류

1) 3요소 비료 → 질소, 인산, 칼륨

① 질소질 비료 : 요소, 황산암모늄(유안), 질산암모늄(초안), 염화암모늄, 석회질소
- 질소 함량(★) : **요소(46%)** 〉 질산암모늄(33%) 〉 염화암모늄(25%) 〉 황산암모늄(21%)

② 인산질 비료 : 인산암모늄, 중과인산석회(중과석), 용성인비, 과인산석회(과석), 용과린, 토머스인비
- 인산 함량 : 인산암모늄(48%) 〉 중과인산석회(46%) 〉 용성인비(21%) 〉 과인산석회(15%)

③ 칼리질(칼륨) 비료 : 염화칼륨, 황산칼륨
- 칼륨 함유량 : 염화칼륨(60%) 〉 황산칼륨(50%) 〉나뭇재
- 저온에서 흡수 장해가 큰 비료 : 인산 〉 칼리 〉 NO_3

2) 3요소 이외 화학비료

① 석회질(칼슘) 비료 : 생석회, 소석회, 탄산석회, 고토석회, 패화석회, 부산소석회
- 생석회(CaO) : 석회석을 태워 이산화탄소 휘발 알칼리도 80% 이상
- 소석회($Ca(OH)_2$) : 생석회+물 알칼리도 60% 이상
- 탄산석회($CaCO_3$) : 석회석 분세 10메쉬 98%, 28메쉬 60%, 알칼리도 45%
- 고토석회 ($CaCO_3$, $MgCO_3$) : 백운석 분세 알칼리도 45%
- 패화석회($CaCO_3$) : 조개껍질을 분세 알칼리도 40~50%
- 부산소석회($CaCO_2$) : 카바이트재, 석회질소의 부산물

> **TIP**
> **칼슘 함유량(★)** : 생석회(80%) 〉 소석회 · 석회질소(60%) 〉 탄산석회(50%)

② 규산질 비료 : 규산석회고토, 규회석
③ 마그네슘(고토)질 비료 : 황산마그네슘, 수산화마그네슘, 탄산마그네슘, 고토석회, 고토과인산
④ 붕소질 비료 : 붕사
⑤ 망간질 비료 : 황산망간
⑥ 기타 : 토양개량제, 호르몬제, 세균성비료

3) 비효의 지속성에 따른 분류

① 속효성(분해가 빠름) 비료 : 요소, 황산암모늄, 과석, 염화칼륨

② **완효성**(분해가 서서히) **비료** : 깻묵, 피복비료(SCV, PCV), METAP

③ **지효성**(분해가 지속적) **비료** : 퇴비, 구비

> **TIP**
>
> 구비 : 가축의 분뇨(외양간 거름)

4) 화학적 반응에 의한 분류

① **화학적 산성비료** : 과인산석회, 중과인산석회, 황산암모늄(유안)

② **화학적 중성비료** : 염화암모늄, 요소, 질산암모늄(초안), 황산칼륨, 염화칼륨, 콩깻묵, 어박

③ **화학적 염기성 비료** : 석회질소($CaCN_2$), 용성인비, 나뭇재, 토머스인비

5) 생리적 반응에 따른 분류

① **생리적 산성비료(★)** : 황산암모늄(유안), 염화암모늄, 황산칼륨, 염화칼륨

② **생리적 중성비료(★)** : 질산암모늄, 요소, 과인산석회, 중과인산석회, 석회질소

③ **생리적 염기성 비료(★)** : 석회질소, 용성인비, 나뭇재, 칠레초석, 토머스인비, 퇴비, 구비

6) 비료의 급원에 따른 분류

① **무기질 비료** : 요소, 황산암모늄, 과인산석회, 염화칼륨

② **유기질 비료**

- **동물성 비료** : 어분, 골분, 계분
- **식물성 비료** : 퇴비, 구비, 깻묵

7) 경제적 견지에 의한 분류

① **금비(판매 비료)** : 요소, 과인산석회, 염화칼륨

② **자급비료** : 퇴비, 구비, 녹비

2 리히비(LIEBIG)의 최소양분율의 법칙

① **최소양분율의 법칙(Law of Minimum)** : 작물의 생육은 여러 가지 양분 중에 어느 한 가지 양분이라도 그 양분이 필요한 양에 비해 공급한 양이 적으면 생육이 제한된다는 것

② **LIEBIG(리비히, 1840)** : 리비히는 작물의 생육에는 필수적으로 여러 가지 원소의 양분들이 필요하지만 실제적으로 모든 종류의 양분이 동시에 작물의 생육을 제한하는 것은 아니며, 필요량에 대해 **공급이 가장 작은 양분에 의하여 작물 생육이 제한**된다는 **최소양분율을 제창(★)**하였다.

3 수량점감의 법칙(보수점감의 법칙)

작물의 생육은 어느 한계까지는 **시용량이 증가할수록 생육도 증가**하지만, **어느 한계 이상**으로 시용량이 **많아**지면 수량의 증가량이 점점 작아지고 **결국은 시용량을 증가해도 수량이 증가하지 못한다.**

4 비료의 형태와 특성

1) 질소

➡ 종류 : **질산태질소, 암모니아태질소, 요소**

① 질산태질소(NO_3^-–N)

㉠ 질산태질소 함유 : 질산암모늄, 칠레초석, 질산칼륨, 질산칼슘, 황질황산암모늄

㉡ 특징

- 속효성이고 물에 녹기 쉽다.
- 토양에는 흡착이 잘 안 되고 유실되기 쉽다.
- 논에 투입한 암모니아태질소의 흡수율을 100이라고 할 때 질산태질소의 흡수율은 47% 정도이다.
- 논에서 질산태질소의 비효가 적은 이유(★) → **탈질균**에 의하여 **아질산염**으로 되어 **유해작용**을 나타내기 때문이다.

② 암모니아태질소(NH_4^+–N)

㉠ 암모니아태질소 함유 : 황산암모늄, 질산암모늄, 염산암모늄, 인산암모늄, 부숙된 인분뇨, 완숙퇴비

㉡ 특징

- 물에 잘 녹고 속효성이지만 질산태질소보다는 완효성이다.
- 양이온이다.
- **토양에 흡착이 잘 된다.(★)** 또한 유실되지 않는다.
- 논의 환원층에 시용하면 비효가 오래 지속된다.
- 밭토양에 시용하면 신속하게 질산태로 변하여 작물에 흡수된다.
- 그러나 유기물을 함유하지 않은 암모니아태질소를 해마다 시용하면 지력이 소모되고 토양을 산성화시킨다.
- **황산암모늄(유안)**의 경우 질소보다 3배의 황산을 더 함유하고 있어 **농업상 불리**(토양 산성화)하다.

③ 요소($(NH_2)_2CO$)

- 물에 잘 녹는다.

- **토양에 잘 흡착되지 않는다. 그 이유는 이온상태가 아니기 때문**이다.
- 그러나 토양 미생물의 작용을 받아 탄산암모늄[$(NH_4)_2CO_3$)]을 거쳐 **암모니아태**로 되어 토양에 잘 흡착한다. 따라서 비효효과는 암모니아태질소와 비슷하다.
- 암모니아태질소와 마찬가지로 **토양을 산성화**시킨다,

④ 시안아미드(cyanamide)태질소
- 시안아미드(cyanamide)태질소 함유 : **석회질소(★)**
- 작물에 해롭다. → 토양 중에 **디시안디아미드(dicyanamide)**로 변하기 때문이다.
- 분해가 잘 안 된다.

⑤ 유기태질소(단백태질소)

㉠ 유기태질소 함유 : 어비(생선발효액), 깻묵, 골분, 녹비, 쌀겨

㉡ 시용효과
- 토양에 투입하면 미생물작용으로 암모니아태질소 또는 질산태질소로 되어 작물에 흡수된다.
- 지효성(효과가 오래 지속)이다.
- 논과 밭에 알맞은 비료로 최근 환경농업에 많이 이용된다.

2) 인

① 화학적 성질(용해성)에 따른 분류
- 수용성(물에 녹는다.) : **과인산석회(과석), 중과인산석회(중과석)** 속효성으로 작물에 잘 흡수된다. 그러나 **산성토양에서는 흡수율이 극히 낮다.** → 철, 알루미늄과 반응하여 불용화되고 토양에 고정되기 때문이다.
- 구용성(물에는 녹지 않고 구연산에 녹는다.) : **용성인비** 작물에 쉽게 흡수되지 못한다. 따라서 수용성인 과인산석회 등과 함께 사용하여야 한다. 규산, 칼슘(석회), 마그네슘을 함유하고 있어 산성토양을 개량하는 토양개량제로 좋다.
- 불용성(녹지 않는다.) : 대부분의 인산질

② 원료의 유래에 따른 분류
- 유기질 인산비료 : 골분(**동물의 뼈 가루**), 쌀겨, 보리겨, 구아노(**새의 배설물**)

> **TIP**
>
> **쌀겨** : 쌀을 도정할 때 현미의 호분층을 깎은 것

- 무기질 인산비료 : 인광석

3) 칼리(가리, 칼륨)

① 칼리의 형태 : **유기태 칼리, 무기태 칼리**

② **대부분 수용성**이다.(단백질과 결합된 칼리는 난용성임)
③ 주된 칼리비료는 → **황산칼륨, 염화칼륨**

4) 칼슘(석회)

① 필수원소이면서 토양의 물리적, 화학적 성질을 개선해 준다 → **토양개량제**이다.
② 토양 중에 가장 많이 함유되어 있다.
③ **비료 중에 함유되어 있는 칼슘의 종류(★)** → CaO, $Ca(OH)_2$, $CaCO_3$, $CaSO_4$
④ **가장 많이 이용**되는 석회질(칼슘) 비료(★★★) → $Ca(OH)_2$**(소석회)**

5 작물의 종류와 시비와의 관계

1) 비료의 3요소(★)

N(질소), P(인산), K(칼륨)

2) 작물별 이용 부위에 따른 시비관리 방법

① 수확 대상이 종자인 경우
- 영양생장기 : **질소**의 비효가 크다.
- 생식생장기 : **인, 칼리(칼륨)**의 효과가 크다.

② 수확 대상이 과실인 경우
- 질소 : 적당하게 지속되도록 유지
- 인, 칼리 : 결과기에 충분하도록 유지

③ 수확 대상이 잎(상추, 배추 등)의 경우
- 질소 : 충분하게 계속 유지해야 한다.

④ 수확 대상이 줄기(아스파라거스, 토당귀 등)인 경우
- 전년도의 저장양분에 의하여 생장이 이루어지는 작물(셀러리, 파, 아스파라거스, 토당귀 등 연화재배 작물)은 전년도의 충분한 시비가 필요하다.
  ➥ 연화재배 : 전년도의 영양체에서 새로 자라는 것을 수확하기 때문에 조직이 질기지 않고 연하게 키우기 위해 북주기 또는 차광재배를 하는데, 이러한 재배 방식을 연화재배라고 한다.

⑤ 수확 대상이 땅속줄기(감자 등)인 경우
- 생육초기 : 질소를 충분하게 시용
- 양분저장 시기 : 칼리질(칼륨)을 충분히 시용

⑥ 수확 대상이 꽃인 경우

- 꽃망울이 생길 때 질소의 효과가 나타나도록 시비

3) 작물에 따른 비료(질소 · 칼리 · 석회)의 흡수속도(효과)

① 콩과식물(알팔파) 〉 화본과(오처드그래스)

② 화본과 목초와 두과 목초를 혼파 한 경우 → 질소를 많이 주면 화본과 목초가 우세해 지고, 칼리(칼륨), 석회(칼슘)를 많이 주면 두과 목초가 우세해진다.

4) 작물별 비료의 특수한 효과

① 질산태질소암모니의 효과가 크고 **암모니아태질소를 주면 오히려 해로운** 작물(★) → 담배, 사탕무

② **규산**의 효과가 크고, 인산의 효과는 적고, 철분 결핍 피해가 큰 작물 → **논벼**

- **벼**가 일생동안 **가장 많이** 필요한 원소가 **규산**이다.

③ **칼리(칼륨)**, 두엄의 효과가 큰 작물(★) → 고구마(★)

④ **석회(칼슘)**, **인산**의 효과가 큰 작물 → 콩

⑤ **마그네슘** 효과가 큰 작물 → 귀리

⑥ **구리 결핍**증이 큰 작물 → 맥류(보리, 밀 등)

⑦ **아연 결핍**이 문제가 되는 작물 → 감귤류, 옥수수

⑧ **붕소** 요구량이 큰(결핍되기 쉬운) 작물 → 유채, 사탕무, 셀러리, 사과, 알팔파, 채종용 십자화과 채소(배추, 무 등)

⑨ **몰리브덴**의 요구량이 큰(결핍되기 쉬운) 작물 → 꽃양배추

⑩ **나트륨**의 요구량이 큰 작물 → 사탕무

5) 다수성 벼 품종의 특징

① 질소의 동화능력이 크다.

② 규산의 흡수가 많다.

③ 줄기가 짧고 잎이 좁으며, 직립하고 분얼이 많다. → 도복 발생이 적다. → 수광태세가 좋다.

6) 생육과정과 재배 조건에 따른 시비 방법

① **인 · 칼리(칼륨)** → 초기에 충분히 주면 비효가 오래 지속되어 부족하지 않다.

② 질소

- **초기에 많이 주면 후기에 부족 증세**가 나타난다.
- 날씨가 따뜻한 평야지(평난지)의 감자재배 → 초기에 질소를 밑거름으로 많이 주는 것이 유리하다.

- **벼**의 경우 → **밑거름, 분얼기거름, 이삭거름, 알거름**으로 알맞게 주어야 한다.
- 등숙기에 일사량이 많은 지역에서의 벼재배 → 다비밀식으로 재배해도 안전하다.
- **벼 만식재배**(적기보다 늦게 심어 늦게 수확하는 경우)의 경우 → **도열병 발생이 우려**되어 질소 시비량을 줄여야 한다.

6 시비법

1) 시비량

- 단위면적당 시비량(★)

$$\text{※ 시비량} = \frac{\text{비료요소 흡수량} - \text{천연공급량}}{\text{비료요소의 흡수율}}$$

① 천연공급량 : **관개수**에 의해 **천연**적으로 공급되는 비료요소의 양
② 비료요소의 흡수량 : **단위면적당** 전 수확물 중에 함유되어 있는 비료요소의 양
③ 비료요소의 흡수율 : **시용한 양**에 대한 작물이 **실제 흡수**한 양의 비율

2) 시비법

① 시비 시기에 의한 거름의 분류 및 방법
㉠ 밑거름 : 파종 또는 정식 전에 주는 비료
㉡ 덧거름(웃거름, 중거름) : 생육 도중에 주는 거름
- 벼의 분얼비료 : 모내기 후 12~14일에 준다.
- 벼의 이삭거름 : 출수 전 25일쯤 준다.
- 벼의 알거름 : 완전 출수한 시기(수전기)에 준다.
- 영년생 작물의 밑거름 : 가을부터 이른 봄까지 지효성 비료를 많이 준다.
- 생육기간이 긴 작물 : 밑거름을 줄이고 덧거름(웃거름)을 많이 준다.
- 사질답(누수답) : 덧거름(웃거름)의 주는 횟수를 늘린다.
- 엽채류 : 질소질 비료를 늦게까지 추비해 준다.

② 시비할 위치에 따른 분류
㉠ 전면시비 : 논 또는 과수원에서 여름철에 속효성 비료를 줄 때 이용되며, 포장의 전체적인 시비를 하는 것
㉡ 부분시비 : 작물체에서 일정 거리를 두고 시비할 구멍을 파고 비료를 주는 방법

③ 시비의 입체적 위치에 따른 분류
㉠ 표층시비(밭작물 · 목초) : 작물의 생육기간 중에 토양 표면에 시비 하는 것

㉡ **심층시비**(벼 · 과수 · 수목) : 땅을 파고 작토 속에 비료(퇴비)를 주는 방법

㉢ **전층시비** : 비료를 작토 전 층에 걸쳐 골고루 혼합하여 주는 방법

④ **배합비료(=조합비료, 복합비료)**

㉠ **배합비료** : 두 가지 이상의 비료를 혼합한 비료

㉡ **배합비료(복합비료)의 장점**

- 비료의 지효 조절이 가능하다.
- 시비의 번잡을 피할 수 있고 균일한 살포가 가능하다.
- 취급이 편리하다.

㉢ **배합비료(복합비료)의 단점(주의할 점)**

- 암모니아태질소와 석회를 혼합하면 암모니아가 기체로 변한다.
- 질산태질소를 과인산석회(산성비료)와 혼합하면 질산이 기체로 변한다.
- 질산태질소를 유기질소와 혼합하면 질산이 환원되어 소실된다.
- 과인산석회(수용성인산비료)가 주성분인 비료에 칼슘, 알루미늄, 철 등 알칼리성 비료와 혼합하면 인산이 물에 녹지 않아 불용성이 된다.
- 과인산석회 등 석회성분이 있는 비료와 염화칼륨을 배합하면 흡습성이 높아져 액체로 되거나 굳어 버린다.

3) 엽면시비

① **엽면시비** : 비료를 **용액**상태로 작물의 **잎에 살포**해 주는 것을 말한다. → 식물은 잎의 표면을 통해서도 양분 흡수가 가능하다. 따라서 잎에 양분을 살포해 주면 생육이 촉진된다.

② **엽면시비 시 양분의 흡수 정도**

- **질소**가 매우 결핍된 상태에서 요소 살포 시 살포된 요소량의 1/2~3/4ℓ가 흡수된다. → 살포 후 엽록소가 증가하여 잎이 진한 녹색이 된다.
- 잎(엽면)에서 흡수속도 → 24시간 이내 50% 흡수된다.

③ **엽면시비의 목적(이점 ★★)**

- 미량요소의 공급
- 뿌리의 양분 흡수력이 약해졌을 때 양분 공급
- 급속한 영양 회복
- 영양균형으로 품질이 향상된다.
- 비료분의 유실 방지
- 노력 절감 → 농약과 혼용하기 때문

④ **비료별 엽면시비 시 적정 농도**

- **질소** : 요소가 가장 안전하다. → 0.5~1.0%

- 칼리(칼륨) : 황산칼륨(K_2SO_4) → 0.5~1.0%
- 마그네슘 : 황산마그네슘($MgSO_4$) → 0.5~1.0%
- 망간 : 황산망간($MnSO_4$) → 0.2~0.5%
- 구리 : 황산구리($CuSO_4$) → 1%
- 붕소 : 붕사 → 0.1~0.3%
- 몰리브덴 : 몰리브덴산염 → 0.0005~0.01%
- 철 : 황산철($FeSO_4$) → 0.2~1.0%

TIP

실제 영농작업에서 사용하는 엽면시비용 비료는 작물별로 위 성분들이 복합되어 제품으로 나온다.

⑤ **엽면시비 시 양분의 흡수속도에 영향을 미치는 요인(★)**

- 잎의 표면보다 이면(반대쪽 면)에서 흡수율이 높다.
- 표피가 얇은 쪽이 흡수율이 높다.
- 젊은 잎이 늙은 잎보다 흡수율이 높다.
  - 이면흡수율 : 젊은 잎 59.6% 〉 늙은 잎 37.0%
  - 표면흡수율 : 늙은 잎 16.6% 〉 젊은 잎 12.5%
- 잎의 호흡작용이 왕성할 때 흡수율이 높다.
- 줄기나 가지의 정부로부터 가까운 잎에서 흡수율이 높다.
- 낮의 흡수율이 밤보다 높다.
- 살포액의 pH가 미산성인 경우가 흡수율이 높다.
- 어느 정도까지는 살포액의 농도가 높을수록 흡수율이 높다.
  ➥ 너무 높은 농도는 잎에 피해 발생
- **석회**와 함께 시용하면 고농도의 피해가 경감된다.
- 기상조건이 좋을 때 흡수율이 높다.
  ➥ 작물의 생리작용이 왕성하기 때문이다.

7 토양개량제

1) 토양개량제

주로 **토양의 입단 형성**을 조장하기 위해 토양에 투입하는 자재를 말한다.

2) 토양 개량의 종류

① 유기물 : **퇴비, 구비, 볏짚, 맥간, 야초, 이탄, 톱밥**

- **구비** : 동물의 분뇨를 원료로 만든 비료

- **야초** : 들녘의 풀
- **이탄** : 식물체가 오랜 세월동안 퇴적 · 분해되어 변화된 것(석탄이 되기 전 단계)

② 무기물 : **벤토나이트, 제올라이트, 버미큘라이트, 피트모스, 펄라이트**
③ 합성고분자계 : **크릴륨(★)**

Ⅶ 작물의 내적균형

TIP

작물의 내적균형의 지표(★) ☞ C/N율, T/R율, G-D균형

1 C/N율

1) C/N율 : 식물체 내의 탄수화물과 질소의 비율을 말한다.

① **C/N율이 높다는 의미?** → 식물체 내에 탄수화물의 비율이 질소보다 높다는 의미이다.(C → 탄수화물, N → 질소)

2) C/N율설의 요지 : 식물의 **생장**과 **발육**은 **C/N율이 지배**한다는 것

3) C/N율설이 적용되는 주요 사례

① 환상박피 : 식물 줄기의 어느 부분에서 형성층으로부터 바깥쪽 외부까지 둥글게 칼로 제거하는 것
② 각절 : 식물 줄기 여기저기를 칼로 유관속 부분(나무껍질)을 상처 내는 것
③ 환상박피 · 각절을 하는 이유(★) : **C/N율을 높임** → **동화물질의 전류를 억제** → 결국 **화아분화 촉진, 과실의 발달 촉진**을 위함이다.

C/N율설 출제경향 분석

Q. 과수에서 환상박피를 하는 목적은? ☞ 화아분화촉진(과실의 발달 촉진)

※ **환상박피**나 **각절**은 주로 **과수**에서 많이 이용한다. 실무적으로는 환상박피의 경우 칼로 나무껍질 일부분을 제거하는 것이며, 각절은 나무껍질에 칼로 군데군데 상처를 주는 것이다.

④ 고구마의 인위적인 개화유도
- 고구마 순을 **나팔꽃 대목**에 **접목**한다. → 지상부 잎으로부터 지하부로의 양분 이동 차단 → C/N율 향상 → 화아분화 및 개화 촉진

⑤ C/N율설에 대한 평가
- C/N율을 적용할 때 C와 N의 비율 못지않게 C와 N의 절대량도 중요하다.
- C/N율의 영향은 시기나 효과에 있어 결정적으로 뚜렷한 효과를 나타내지 못한다.
- 식물의 개화 및 결실에 관여하는 것은 C/N율보다 식물 체내 호르몬, 버널리제이션(춘화), 일장 등이 더 많은 영향을 끼친다.

2 T/R율

1) T/R율

① 작물의 지상부 생장량에 대한 지하부 생장량의 비율을 말한다.
② T → top(지상부), R → root(뿌리, 지하부)
③ T/R율이 높다는 의미 → 지상부(T)가 지하부(R)보다 생장량이 높다는 의미이다.
④ **고구마, 감자처럼 지하부를 수확하는 작물의 경우 → T/R율이 낮아야** 수확량이 높다.

2) 환경조건에 따른 T/R율의 변화

① **고구마, 감자 → 파종** 또는 **이식 시기**가 **늦어**지면 **T/R율이 커진다**. 따라서 수확량이 감소한다.
② **일사량이 적은** 경우 → **T/R율이 커**진다.(**체내 탄수화물 축적이 감소되기 때문**)
③ **질소의 과다** 시용 → **T/R율이 커진다.**

> **TIP**
> **고구마**를 심기 전 기비(**밑거름**)로 질소(**퇴비, 요소 등**)를 시용하면 고구마 줄기만 무성하고 고구마는 잘 들지 않는데, 이러한 원인이 바로 **T/R율이 커졌기 때문**이다.

④ **토양 수분 부족** → **T/R율이 감소**한다.(**수분 부족으로 지상부 생장이 억제되기 때문**)
⑤ **토양의 통기성 불량** → **T/R율이 증대**한다.(**뿌리의 호흡 저해로 지하부의 생장이 감퇴하기 때문**)

3 G-D균형(growth – differentiation balance)

① G-D**균형**이란 식물의 **생장**과 **분화**의 **균형**이 **작물의 생육을 지배**한다는 것이다.
- G → growth(생장), D → differentiation(분화) balance(균형)

4 식물생장호르몬(생장조절제)

1) 식물생장조절제

➡ 종류 : 옥신, 지베렐린, 시토키닌(싸이토키닌), 아브시스산(ABA), 에틸렌

① 옥신류

- 천연 : **IAA(인돌아세트산)**, IAN, PAA
- 합성 : **NAA**, IBA, **2,4-D**, 2,4,5-T, MCPA, BNOA

② 지베렐린(천연, GA) : GA_2, $\mathbf{GA_3}$, GA_{4+7}, GA_{55}

③ 시토키닌(싸이토키닌)

- 천연 : 제아틴, IPA
- 합성 : **키네틴**, BA

④ 에틸렌

- 천연 : C_2H_4
- 합성 : **에세폰**

⑤ 생장억제제

- 천연 : ABA(아브시스산), 페놀(Phenol)
- 합성 : CCC, B-9, phosphon-D, AMO-1618, **MH-30**

2) 식물생장조절제의 농업적 이용

① 옥신류

㉠ 옥신의 발견

- 발견자 : **웬트**(Went. 미국의 식물생리학자)
  ⇒ 웬트는 **귀리의 초엽** 선단부를 실험 → **굴광현상(★)**의 **원인 물질**을 **옥신**이라 명명함
- 아베나 굴곡시험 : 귀리엽초의 굴곡 정도는 옥신의 농도에 비례한다. 식물체에서 추출한 미지의 옥신을 처리하여 귀리초엽의 굴곡 정도를 측정하면 **옥신의 농도를 추정**할 수 있다.

㉡ 옥신의 생성 및 기능

- **옥신**은 식물 줄기의 선단, 어린 잎, 수정이 끝난 꽃의 씨방에서 생합성되어 **체내의 아래쪽으로 이동**한다.
- 줄기와 뿌리의 신장, 잎의 엽면 생장, 과실의 부피 증대 조장
- **정아우세(★)** : 줄기의 끝에 있는 분열조직(생장점)에서 생성된 옥신은 정아(줄기 끝에 있는 눈)의 생장을 촉진하지만 측아(곁눈)의 생장은 억제하는 현상을 말한다.

㉢ 옥신의 재배적 이용(★★)

- 발근(뿌리발생) 촉진
  - 발근촉진제 : 루톤(주성분 : 옥신류의 NAA와 IBA)
  - 조직배양에서 발근 촉진 물질로 이용
- 접목 시 활착 촉진 : 접목 시 접수의 절단면이나 접착부에 IAA **라놀린** 연고를 바르면 활착이 촉진된다.(앵두나무, 매화나무)
- 개화 촉진 : NAA, β-IBA, 2,4-D를 살포하면 **화아분화가 촉진**된다.
- 가지의 굴곡유도
  - IAA **라놀린연고**를 수목의 구부리려고 하는 반대편 가지에 바르면 가지가 굴곡된다.
- 낙과의 방지 : NAA, 2,4,5-TP, 2,4-D를 살포하면 **낙과가 방지**된다.(사과나무)
- 적화 및 적과
  - 사과나무 적과 : NAA를 만개 후 1~2주 사이에 살포
  - 감나무 적과 : NAA를 만개 후 3~15일 사이에 살포
  - 온주밀감 : 만개 후 25일 정도에 휘가론 살포
- 착과 증진
  - 사과나무 : 포미나 살포
  - 포도 : 후라스타 살포
- 과실의 비대 촉진
  - 토마토 : 토마토란 살포
  - 사과 : 포미나 살포
  - 참다래 : 풀메트 살포
- 과실의 성숙
- 생장 촉진 및 수량 증대 : 담배 → 아토닉액제(파종 전 및 생육기에 처리)
- 단위결과(무핵과)
  - 토마토 · 무화과 : PCA, BNOA 살포
  - 오이 · 호박 : 2,4-D 살포
- 제초제로 이용 : 2,4-D, 2,4,5-T, MCPA
  ➥ 농도를 높이면 제초제로 사용된다.

② 지베렐린(gibberellin, 약자 GA)

㉠ 지베렐린의 생성 및 작용

- **벼의 키다리병균에 의해 유래(★)**된 식물생장조절물질이다.

→ 키다리병에 걸린 벼는 웃자람이 심한데, 이러한 원인이 키다리병균이 생산하는 물질이며, 이 물질이 지베렐린이다.

> **TIP**
> **키다리병의 병원균** → Gibberella fujikuroi(지베렐라 후지쿠로이)

- 식물의 모든 기관에 널리 분포한다.
- 농도가 높아도 억제효과가 나타나지 않는다.
- 체내 이동이 자유롭다.
- 작용(★) : **신장 생장(키가 커짐), 종자의 발아 촉진, 휴면타파, 개화 촉진, 과실의 비대 생장**

㉡ 지베렐린의 농업적 이용

- **휴면타파 및 종자의 발아 촉진**
- **화성유도 및 개화 촉진** : 꽃잎에 살포하면 2년 초를 1년째에 개화 가능
- 경엽(잎줄기)의 신장 촉진
- **단위결과**(무핵과) **유도**(★)
  - 거봉포도 → 지베렐린 처리 → 씨 없는 포도 생산
  - 토마토, 오이 → 지베렐린 처리 → 단위결과(무핵과)
- **수량 증대** : 채소류 · 목초 · 섬유작물 → 경엽의 신장을 촉진하여 수량 증대
- **단백질 함량 증가** : 뽕나무 → 지베렐린 처리 → 단백질 함량 증가
- 전분의 가수분해작용 촉진 및 배가 없는 종자의 효소활성 증진
- **추대 촉진**(양배추)
- **왜성식물**이나 **로제트형** 식물 **줄기의 신장 촉진효과**가 크다.

> **TIP**
> **왜성** → 키가 작은, **왜화** → 키를 작게

- 여름국화의 생장 촉진

㉢ **지베렐린의 생합성을 억제하는 물질(★)** : Amo-1618(★), 포스폰-D(★), CCC(★), 클로르메퀘트, 안시미돌(A-rest), 파클로브트라졸(Bonzi), 유니코나졸(★)

③ 시토키닌(싸이토키닌)

㉠ 생성 및 작용

- **뿌리(★)**에서 합성 및 **생성**된다. → 물관을 통해 이동 → 세포분열 촉진, 분화에 관여하는 여러 가지 생리작용에 관여한다.
- **대표적인 시토키닌 : 키네틴(★)**

㉡ 농업적 이용
- **종자의 발아 촉진**
- 고온으로 인한 **2차 휴면타파** → 상추
- 잎의 생장 촉진, 호흡 억제, 잎의 노화 지연, 착과 증진, 저장 중 신선도 유지(예 아스파라거스), 내한성(내동성) 증진
- **조직배양**에서 배지에 시토키닌을 첨가하여 **신초발생 촉진**

출제경향 분석

Q. 조직배양에서 옥신과 시토키닌의 역할?

☞ **옥신** → **발근**(뿌리 발생) 촉진 ✔ **시토키닌** → 신초 발생 촉진

㉢ 특징
- 옥신은 작물 체내에서 충분히 생산되어 부족되는 일은 없다.
- 또한, 옥신과 함께 사용해야 효과가 증진된다.

⇒ **인돌비=IAA(천연옥신)+BA(합성시토키닌)**

㉣ ABA(아브시스산) : **대표적인 발아억제 물질(★)**
- ABA(아브시스산)의 발견 : 오오쿠마(Ookuma, 일본, 1963) → 목화의 어린식물로부터 이층 형성을 촉진하여 낙엽을 촉진하는 물질로부터 아브시스산(ABA)을 순수분리 한다.
- 아브시스산의 생리적 기작 : **휴면유도(발아 억제), 탈리 촉진, 기공 폐쇄, 생육 억제, 노화 촉진**
  - 아브시스산은 일종의 **스트레스호르몬**이라고 한다.
  - **대표적인 휴면유도 물질, 발아억제 물질**이다.
  - **노화 촉진, 낙엽 촉진**을 유도한다.

  ⇒ 생육 중인 단풍나무에 ABA를 처리하면 휴면아를 형성한다.
  - 장일 조건에서 단일성 식물의 개화를 유도한다.
  - 토마토의 경우 ABA처리 → 위조저항성 증진
  - 목본성 식물의 경우 ABA처리 → 냉해저항성 증진
  - 자스몬산과 비슷한 생리작용을 한다.
- **ABA(아브시스산)의 화학구조**

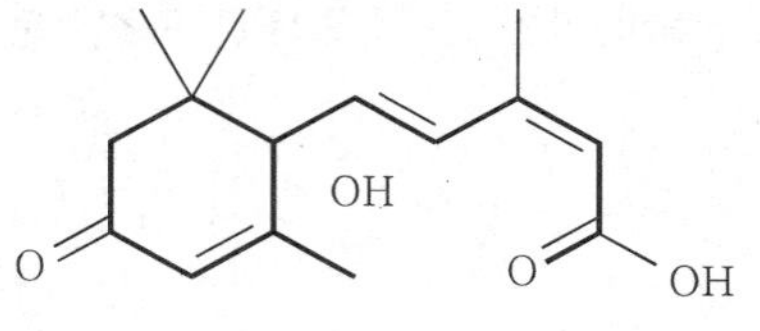

OH

O O OH

④ 에텔렌(ethylene. 기체) = 에세폰 · 에스렐(액체)

㉠ 생성기작

- 과일이 성숙할 때, 식물체가 노화할 때, 식물체에 상처가 났을 때, 병원체가 침입했을 때, 산소가 부족할 때, 생육적온보다 저온에 처했을 때 → 에틸렌 가스가 발생한다.

> **TIP**
>
> **과실을 수확 후 저장하면 에틸렌 가스 발생이 증가**한다.

- 에틸렌은 기체상태이며, 에세폰이나 에스렐은 액체상태이다.
  ➥ 에틸렌은 기체 상태이므로 농업적으로 이용할 땐 에세폰이나 에스렐을 수용액으로 하여 살포하면 에틸렌가스가 발생한다.

㉡ 에틸렌의 화학식 : C_2H_4

```
      H     H
      |     |
H  -  C  -  C  -  H
      |     |
      H     H
```

㉢ 에틸렌의 생리작용 및 농업적 이용

- 식물의 **노화를 촉진(★)**하는 **기체상태**의 호르몬이다.
- 종자의 발아 촉진 → 양상추, 땅콩
- 정아우세타파 → 측아 발생 촉진
- 생장 억제, 개화 촉진, 성발현의 조절

> **TIP**
>
> - 오이, 호박에 **에세폰**을 처리하면 **암꽃(★)**이 많이 핀다.
> - 오이, 호박에 **지베렐린**이나 **질산은**을 처리하면 **수꽃(★)**이 많이 핀다.

- **낙엽 촉진**, 적과, 착색 증진 → 토마토, 자두 등

⑤ 기타

- 아토닉(atonik) 액제 : 담배 생장촉진제 → 파종 전 및 생육기에 처리
- 토마토톤(4-CPA) : 토마토 착과 촉진 목적으로 사용(옥신에서 유래된 합성 호르몬제)

> **TIP**
>
> 토마토의 경우 꽃가루(화분) 대신 토마토톤을 분무해 주어도 수정(착과)이 된다. 따라서 착과를 증진하기 위한 목적으로 스프레이를 이용하여 토마토에 토마토톤을 살포해준다. 그러나 정상적인 꽃가루에 의한 수정이 아니므로 씨가 맺히지 않아 공동과(씨가 없어 겔 상태가 꽉 차지 않고 비어 있음)가 발생하기도 한다.

5 생장억제 물질(★)

TIP 생장억제 물질의 종류

B-Nine(B-9, B-995), Phosfon-D, CCC(Cycocel), Amo-1618, MH(★★), CCDP(Rh-531), BOH 2,4-DNC, morphactin(모르파크린)

① B-Nine(B-9, B-995)
- 밀 → 줄기가 짧고 굵어진다.(도복 방지)
- 국화 → 변착색 방지
- 사과나무 → 가지 신장 억제, 수세의 왜화, 착화 증대, 개화 지연, 낙과 방지, 숙기 지연, 저장성 향상
- 포도 → 가지의 신장 억제, 엽수 증대, 송이의 발육 양호
- 포인세티아 → 생장 억제

② Phosfon-D
- 국화 · 포인세티아 → 줄기의 신장 억제
- 콩 · 메밀 · 땅콩 · 강낭콩 · 목화 · 스위트피 · 해바라기 · 나팔꽃 · 콜레우스 → 초장 신장 억제

③ CCC(Cycocel)
- 많은 식물의 절간신장을 억제한다.
- 국화 · 시클라멘 · 콜레우스 · 제라늄 · 메리골드 · 옥수수 → 줄기 신장 억제
- 토마토 → 개화 촉진, 하위 절부터 개화유도
- 밀 → 줄기 신장 억제(도복 경감)

④ Amo – 1618
- 국화의 삽수에 처리 → 왜화(키가 작아짐), 개화 지연
- 포인세티아 · 해바라기 · 강낭콩 → 왜화, 잎은 녹색을 띠게 한다.

⑤ MH(★★★)
- 감자 · 양파 → 발아 및 맹아 억제
- 담배 → 측아(곁눈) 발생 억제
- 잔디 → 생장 둔화
- 당근 · 파 · 무 → 추대(꽃대가 생김) 억제
  ➥ 추대(꽃대가 발생)되면 먹을 수 없어 상품성이 없어진다. 일반적으로 기온이 갑자기 떨어진 다음 정상 기온으로 회복되면 불시에 추대될 수 있다.

⑥ CCDP(Rh-531)
- 맥류(보리, 밀, 호밀 등) → 간장 신장 억제(도복 방지)
- 벼 → 어린모의 생장 억제(기계 이양 가능)

⑦ BOH : 파인애플 → 줄기 신장 억제, 화성(개화)유도

⑧ 2,4-DNC : 강낭콩 → 신장 억제, 초생엽중을 증대시킨다.

⑨ morphactin(모르파크린)

- 모르파크린의 종류 : IT-3233, IT-3235, IT-3456
- **생장억제 효과가 현저**하다.
- 식물의 굴지성 · 굴광성을 없애 준다. → 식물이 꼬여서 자라는 것을 방지
- **벼과(화본과)식물** → 분얼 수는 증가하나 줄기는 가늘어짐(화본과 **목초작물**에 이용 가능)

6 방사성 동위원소의 농업적 이용

1) 동위원소

① 동위원소 : **원자번호는 같고 원자량이 다른 원소**를 말한다.

② 방사성 동위원소 : **방사능을 가진 동위원소**를 말한다.

2) 농업적으로 이용되는 동위원소의 종류

① 종류 : ^{12}C, ^{32}P, ^{45}Ca, ^{36}Cl, ^{35}S, ^{59}Fe, ^{60}Co, ^{131}I, ^{42}K, ^{64}Cu, ^{137}Cs, ^{99}Mo, ^{24}Na, ^{15}N, ^{65}Zn, ^{86}Rb

② 방사성 동위원소가 방출하는 방사선의 종류 : **α선(알파선), β선(베타선), γ선(감마선)**

③ 가장 효과가 많고 많이 사용되는 방사선(★★★) : **γ선(감마선)**

3) 동위원소의 농업적 이용 범주

➡ **돌연변이 육종, 작물의 물질대사 연구, 농업토목에 이용, 식품의 살충 · 살균 및 저장 농산물의 저장**

① 돌연변이 육종에 이용

- 종자번식 식물 : 종자에 방사선 조사 → 돌연변이 유발
- 수목 및 영양번식 식물 : 낮은 선량을 식물체에 조사 → 돌연변이를 유발시킨다.

② 작물의 물질대사 연구에 이용

㉠ 작물 영양생리의 연구 : ^{32}P, ^{42}K, ^{45}Ca, ^{5}N의 표지화합물을 이용 → 질소(N), 인(P), 칼륨(K), 칼슘(Ca)의 식물체 내에서의 이동 경로를 파악할 수 있다.

㉡ 식물 광합성의 연구

- ^{14}C, ^{11}C로 이산화탄소를 표지하여 식물의 잎에 공급, 시간 변화에 따른 광합성(탄수화물의 합성과정)을 규명할 수 있다.

- ^{14}C : 동화물질의 전류 및 축적과정 규명 가능

③ 농업토목에 이용
- ^{24}Na(★★) : **저수지나 댐 등 제방의 누수 장소**를 찾아 낼 수 있다.
- 지하수를 탐색 가능
- 유속의 정확한 측정 가능

④ 식품의 살충 · 살균 및 저장 : ^{60}Co, ^{137}Cs에서 방출한 γ선(감마선)을 식품(육류, 통조림 등)에 조사(방사선을 쪼임)하여 살균 · 살충을 한 후 식품 저장에 이용한다.

⑤ 농산물의 저장 : ^{60}Co, ^{137}Cs에서 방출한 γ선(감마선)을 감자, 당근, 양파, 밤 등에 조사(방사선을 쪼임)하면 맹아(싹이 나는 것)를 억제하여 장기 저장이 가능하다.

VIII 작물의 재배관리

1 보식과 솎기

① 보식
- 보파 : 파종 후 발아가 잘 안된 곳에 보충하여 파종하는 것
- 보식 : 발아가 잘 안된 장소나 이식 후 고사한 장소에 추가로 이식하는 것

② 솎기 : 파종 후 발아한 개체가 너무 밀집하여 일부 개체들을 뽑아내는 것 → 주로 불량한 개체들을 뽑아낸다.

2 중경(작물체 주변 흙 깨어 부숴주기)

① 중경 : 작물이 생육하는 동안에 **작물 주변 표면의 흙을 도구를 이용**하여 **쪼거나 긁어 깨어**서 부드럽게 하는 것을 말한다.
- 우리나라의 경우 **호미**를 이용한 **김매기** 작업이 **중경작업과 제초**를 겸한 작업이라 할 수 있다.
- 중경제초기의 사용도 역시 중경작업과 제초작업을 겸한 작업이다.

② 중경의 이점
- 발아를 잘 되게 조장해준다. : 비가 온 후 토양 표면이 굳었을 때 중경을 하면 발아가 조장된다.
- 토양의 통기성 양호 : 토양 표면이 부드러워져 통기성이 좋아진다.
- 토양 수분 증발 억제 : 토양의 모세관이 파괴되어 수분 증발이 경감된다.

- **비효의 증진 효과** : 수도작(논벼)의 경우 웃거름을 주고 중경을 하면 비료성분이 환원층으로 들어가게 되므로 비효가 지속된다.
- **잡초의 제거 효과** : 중경을 하면 잡초도 제거되므로 잡초제거 효과가 있다.

③ 중경의 불리한 점
- 단근(뿌리 끊어짐) : 작물의 뿌리 일부분이 끊어질 수 있다.
- 풍식(바람에 의한 토양침식) 조장 : 바람이 심한 지역은 풍식이 조장될 수 있다.
- 작물의 동상해 조장 : 중경을 하면 지열이 지표면까지 상승을 감소시켜 어린 유묘가 동상해 피해를 받을 수 있다.

④ 합리적인 중경 방법
- **건조할 때는 얕고 곱게** 중경한다.
- 작물의 생육이 왕성한 시기의 중경 금지 : 작물 생육이 왕성할 때 중경은 자칫 단근(뿌리 끊김)이 될 수 있다.
- **중경의 횟수는 총 2~3회** 정도
- 생육 시기별 중경의 깊이 조절
  - 생육 초기 : **깊게** 한다.(**단근 우려가 없기 때문**)
  - 생육 후기 : **얕게** 한다.(**단근 우려가 크므로**)

3 잡초

1) 잡초

포장에서 경제성을 목적으로 재배되고 있는 작물 이외의 자연적으로 발생한 식물을 말한다. 따라서 포장에서 경작(경제성) 목적이 아닌 식물은 잡초가 되는 것이다.

2) 잡초의 해작용(★★★)

① 작물과의 경합
- 양분, 수분, 공간, 수광태세, 통풍을 불량하게 한다.
- 작물의 체온 저하
- 지온 저하

② 유해물질의 분비(★상호타감작용 ; allelopathy, 알레오파지) : 잡초의 뿌리에서 유해물질 분비 → 작물의 생육 억제

③ 병해충의 전파 : 잡초가 병해충의 중간기지 역할(서식처 · 월동처 제공) → 작물에 피해

④ 작물의 품질 저하 : 수확한 곡물이나 종실에 잡초 종자가 섞이게 되어 품질 저하

⑤ **가축에 피해** : 가축의 조사료를 생산하는 목초지의 경우 자연 발생한 잡초 중에는 가축에게 위해작용을 하는 잡초가 있을 수 있어 가축에게 중독, 알레르기 등의 피해를 유발할 수 있다.(고사리 등)

⑥ **미관의 손상**

3) 잡초의 유용성

① 토양에 유기질 및 비료 공급

② 토양침식 방지(논, 밭뚝, 제방)

③ **자원 식물화** : 사료작물(피), 구황식물(피, 올방개), 약용작물(별꽃), 관상용(물옥잠) 등

④ 내성식물 육성을 위한 유전 자원

⑤ 물이나 토양 정화

⑥ 토양 물리환경 개선

4) 잡초의 번식 및 전파

① **번식상 특징**

- 종자 또는 영양번식(지하경 등)을 한다.
- 생식능력이 뛰어나다.
- 재생력이 강하다.

② **전파 방법**

- 잡초는 전파력이 매우 높다.
- 바람, 물, 동물, 사람을 통해 먼 곳까지 전파한다.

5) 잡초 종자의 일반적 발아 특성

① 잡초 종자는 발아의 주기성, 계절성, 기회성, 준동시성, 연속성을 가지고 있는 경우가 많다.

- **발아의 주기성** : 일정한 주기를 가지고 동시에 발아한다.
- **발아의 계절성** : 발아에 있어 온도보다는 일장에 반응하여 휴면을 타파하고 발아한다. → 장일조건(봄 잡초), 여름(하 잡초), 단일조건(가을 잡초), 겨울(겨울 잡초)
- **발아의 기회성** : 일장보다는 온도조건이 맞으면 발아하는 잡초도 있다.
- **발아의 준동시성** : 일정 기간 내에 동시에 발아 하는 잡초의 특성
- **발아의 연속성** : 오랜 기간 동안 지속적으로 발아 하는 유형의 잡초

6) 잡초 종자의 출현 특성

① 휴면
- 많은 잡초의 종자들은 성숙 후 땅에 떨어져 휴면을 한다.
- 콩과 잡초의 경우 휴면 기간이 길다.
- 휴면 종자는 저온, 습윤, 변온, 광 등에 의해 휴면이 타파된다.

② **수명** : 수명이 긴 잡초 종자들이 많아 여러 해를 두고 발생한다.
③ **광선** : 대부분의 경지 잡초들은 광발아성(호광성)으로 광에 노출되면 바로 발아를 한다.
④ **산소** : 습지나 논에서 자라는 잡초들은 산소요구도가 낮다.
⑤ **토양산도** : 경지 잡초는 알칼리성 토양보다 산성토양에서 더 잘 적응한다.

7) 잡초 종자의 생육 특성

① 초기생장 속도가 빠르다.
② 문제되는 잡초들은 대부분 C_4식물들이다. 따라서 광합성 효율이 높다.
③ 불량환경에 대한 적응성이 높다.

8) 잡초의 분류(★★★)

TIP 잡초의 분류

- **생활사에 따른 분류** : 1년생 잡초, 2년생 잡초, 다년생 잡초
- **토양의 수분(물이나 습기) 적응성에 따른 분류** : 수생 잡초, 습생 잡초, 건생 잡초
- **발생지에 따른 분류** : 경지(경작지) 잡초, 목초지 잡초, 과수원 잡초, 비경지 잡초, 정원 잡초, 잔디밭 잡초, 밭 잡초
- **계절에 따른 분류** : 겨울 잡초, 봄 잡초, 가을 잡초, 여름(하) 잡초
  ※ 우리나라의 경우 → 여름 잡초(하 잡초★)의 피해가 가장 크다.

① 잎의 형태에 따른 분류 → **화본과, 광엽성, 사초과(방동사니과)**

㉠ 화본과(벼과) 잡초
- 특성
  - 잎의 길이가 폭보다 길다.
  - 잎맥이 평행맥이다.
  - 잎은 잎집과 잎몸으로 되어 있다.
  - 줄기는 원통형이고 마디가 뚜렷하다.
- 종류
  - 논 잡초 : 피(강피, 돌피, 물피), 나도겨풀, 둑새풀, 갈대
  - 밭 잡초 : 피(강피, 돌피, 물피), 바랭이, 둑새풀, 강아지풀

㉡ 광엽성 잡초
- 특성
  - 잎이 둥글고 크다.
  - 잎맥은 그물처럼 얽혀 있다.(그물맥)
- 종류
  - 논 잡초 : 물달개비, 물옥잠, 마디꽃, 밭뚝외풀, 사마귀풀, 여뀌바늘, 여뀌, 한련초 등
  - 밭 잡초 : 쇠비름, 깨풀, 쑥, 망초, 별꽃 등

㉢ 사초과(방동사니과) 잡초(★★★)
- 특성 : 줄기가 **삼각형** 또는 **원통형**이고 속이 비어 있다.
- 종류
  - 논 잡초 : 올방개, 올챙이고랭이, 너도방동사니, 알방동사니, 참방동사니, 쇠털골, 매자기, 물고랭이 등
  - 밭 잡초 : 방동사니

② 생활사에 따른 분류(★)

㉠ 1년생 잡초
- 여름 잡초(하계 잡초)
  - 특성 : 봄에 싹이 트고 여름에 생장 개화, 가을에 결실 후 고사하고 대부분 종자로 번식하는 잡초
  - 논 잡초 : 피, 물달개비, 물옥잠, 마디꽃, 밭뚝외풀, 사마귀풀, 여뀌바늘, 여뀌, 하련초 등
  - 밭 잡초 : 바랭이, 쇠비름, 참방동사니, 피, 깨풀, 강아지풀 등

㉡ 겨울 잡초(동계 잡초)
- 특성 : 겨울, 초겨울에 발생하여 월동 후 다음 해 여름까지 결실 고사
- 종류 : 둑새풀, 망초, 냉이, 별꽃

㉢ 2년생 잡초
- 특성
  - 2년 동안에 일생을 마친다.
  - 첫해에 발아, 생육하고 월동한다.
  - 월동기간 중 화아분화 하여 이듬해 봄에 개화 결실 후 고사한다.
- 종류 : 엉겅퀴, 달맞이꽃, 나도냉이, 갯질경이

㉣ 다년생 잡초
- 특성
  - 주로 뿌리, 괴경, 구경 등으로 번식하나 종자로도 번식 가능
  - 주로 영양번식을 한다.

– 방제하기가 어렵다. → 영양번식을 하기 때문

- 종류
  - 논 잡초 : 올방개, 벗풀, 올미, 가래, 너도방동사니, 매자기, 쇠털골
  - 밭 잡초 : 쇠뜨기, 쑥, 엉겅퀴, 병풀

잡초의 분류 출제경향 분석

Q. 다음 중 생활사에 따른 잡초의 분류가 아닌 것은?

① 1년생 잡초 ② 2년생 잡초 ③ 다년생 잡초 **④ 광엽성 잡초**

③ 토양 수분 적응성에 따른 분류

- 수생 잡초 : 물속에서 자란다.
  ➥ 물달개비, 가래, 마디꽃 등 논 잡초
- 습생 잡초 : 습한 곳에서 자란다.
  ➥ 둑새풀, 황새냉이
- 건생 잡초 : 습하지 않은 장소에서 자란다.
  ➥ 바랭이, 쇠비름, 깨풀 등 밭 잡초
- 부유(浮游)성(★★) : 물에 떠 있음
  ➥ 생이가래, 개구리밥, 좀개구리밥, 부레옥잠

잡초의 분류 출제경향 분석

Q. 다음 중 부유성 잡초는?

① 명아주 **② 생이가래** ③ 사마귀풀 ④ 황새냉이

④ 생장형에 따른 분류

- 직립형 : 명아주, 가막사리, 자귀풀
- 포복형 : 메꽃, 쇠비름
- 총생형 : 억새, 둑새풀, 피
- 분지형 : 광대나물, 사마귀풀
- 로제트형(★★★) : **민들레**, 질경이
- 망경형 : 거지덩굴, 환삼덩굴

⑤ 경지별 분류

㉠ 논 잡초

- 1년생
  - 화본과 : 피, 둑새풀
  - 광엽성 : 물달개비, 물옥잠, 마디꽃, 밭뚝외풀, 사마귀풀, 여뀌바늘, 여뀌, 하련초
  - 사초과(방동사니과) : 알방동사니, 참방동사니, 바늘골
- 다년생
  - 화본과 : 나도겨풀
  - 광엽 : 가래, 벗풀, 올미, 개구리밥, 네가래
  - 사초과(방동사니과) : 올방개, 올챙이고랭이, 너도방동사니, 쇠털골, 매자기, 물고랭이

㉡ 간척지 주요 잡초 : 매자기, 새섬매자기

㉢ 밭 잡초

- 1년생
  - 화본과 : 바랭이, 강아지풀, 둑새풀, 피
  - 광엽성 : 쇠비름, 깨풀, 개비름, 별꽃, 갈퀴덩굴
  - 사초과(방동사니과) : 방동사니
- 다년생 : 쑥, 매꽃, 쇠뜨기, 도끼풀, 반하

㉣ 잔디밭 잡초 : 새포아풀, 띠, 토끼풀

⑥ 외래 잡초(外來雜草) : 외국에서 유입되어 아직 국내에 야생화하지 않은 잡초

㉠ 주 발생지

- 항만, 도로변 → 농산물 수입 및 운송과정에서 유출
- 사료작물을 재배하는 낙농가
- 쓰레기 매립장

㉡ 종류 : 소리쟁이, 흰명아주, 서양민들레, 돼지풀, 미국자리공, 갯드렁새, 미국가막사리, 단풍잎돼지풀 → 1961년 이후 국내로 지속적인 유입

⑦ 국내 주요 우점 잡초의 학명(★)

- 피(★★★) : Echinochloa crus-galli
- 물달개비 : Monochoria vaginalis
- 올방개 : Eleocharis kuroguwai
- 벗풀 : Sagittaria trifolia

9) 우리나라 주요 잡초의 종류

① 논 잡초

㉠ 벼과(화본과)

잎의 길이가 폭보다 길고 잎맥이 평행맥이며 잎은 잎집과 잎몸으로 되어 있고, 줄기는 원통형이고 마디가 뚜렷하다.

- 1년생 : 강피, 돌피, 물피
- 다년생 : 나도겨풀

㉡ 방동사니과(사초과)

- 1년생 : 알방동사니, 올챙이고랭이
- 다년생 : 너도방동사니, 올방개, 쇠털골, 매자기

㉢ 광엽성(잎이 넓음) 잡초

- 1년생 : 여뀌, 물달개비, 물옥잠, 사마귀풀, 자귀풀, 여뀌바늘, 가막사리
- 다년생 : 가래, 올미, 벗풀, 보풀, 개구리밥, 생이가래

② 밭 잡초

㉠ 벼과(화본과)

- 2년생 : 뚝새풀(둑새풀)
- 1년생 : 바랭이, 강아지풀, 미국개기장, 돌피
- 다년생 : 참새피, 띠

㉡ 방동사니과(사초과)

- 1년생 : 참방동사니, 금방동사니
- 다년생 : 향부자

㉢ 광엽성(잎이 넓음)

- 2년생 : 냉이, 꽃다지, 속속이풀, 망초, 개망초, 개갓냉이, 별꽃
- 1년생 : 개비름, 명아주, 여뀌, 쇠비름
- 다년생 : 쑥, 씀바귀, 민들레, 쇠뜨기, 메꽃, 토끼풀

> **TIP**
> 약초나 나물 종류도 경작 목적이 아니면 잡초이다.

10) 잡초의 방제 방법

① 예방적 방제

- 다른 장소에 있던 잡초 종자를 경작지에 유입되는 것을 방지 하는 방법 → 수입과정에서 검역 철저, 농기계나 농기구의 청결상태 유지

- **외국에서 귀화한 잡초** : 돼지풀, 도꼬마리, 개망초, 미국가막사리, 메귀리, 부레옥잠, 어저귀, 개달맞이꽃, 미국자리공, 미국개기장

② **생태적 및 경종적 방제** : 윤작, 답전윤한, 이모작, 이앙재배, 춘경, 추경, 경운, 정지, 피복작물 재배

③ **물리적 방제** : 손으로 뽑기, 경운, 농기구 이용 중경제초, 배토, 예취, 소각, 소토, 침수처리, 피복 등

④ **생물학적 방제**
- **곤충을 이용** : 선인장 → 좀벌레 ✔ 고추나물 속 → 무구풍뎅이
- **식물병원균을 이용** : 녹병균, 진균, 세균, 바이러스, 박테리아, 선충
- **어패류를 이용** : 왕우렁이, 민물새우 등
- **상호대립 억제작용을 이용** : 메밀짚, 호밀, 귀리
- **동물을 이용** : 논에 오리 방사(모내기 2주 후)

⑤ **화학적 방제**(제초제를 사용한 방제)
- **장점**
  - 사용범위가 넓다.
  - 제초효과가 크다.
  - 완전 방제가 가능하다.
  - 방제효과가 지속적이다.
  - 비용이 적게 든다.
  - 사용이 간편하다.
- **단점**
  - 인축과 작물에 약해 우려
  - 사용상 부주의 우려

⑥ **종합적 방제**

㉠ **종합적 방제** : 종합적 방제는 화학적 방제(제초제)에 의존하지 않고 예방적, 물리적, 경종적, 생물학적 방제 등 예방적 방제를 복합적으로 적용하는 방법이다.

㉡ **종합적 방제의 중요성**
- 제초제 남용으로 인한 신종 저항성 잡초의 출현 우려
- 토양의 잔류독성물질 축적 → 약해 발생
- 환경친화형 방제의 필요성 대두

4 제초제

1) 제초제의 종류

① 제초제의 화학적 특성에 의한 분류

> **TIP** 화학적 특성에 따른 제초제 분류
>
> 디페닐에테르계, 아미드계, 트리아진계, 요소계, 카바메이트계, 비피닐딜리움계, 페녹시계

㉠ 디페닐에테르계(Diphenyl Ether)

- 종류 : bifenox(비페녹), 옥시플루오르펜
- 논에 사용한다. → 잡초 발생 전 처리한다. 접촉형으로 토양표면에 막을 형성하여 발아하는 1년생 잡초 및 올챙이고랭이의 유묘를 고사시킨다.

㉡ 아미드(Amide)계 제초제

- butachlor(뷰타클로르) : 논, 건답직파, 맥류 재배지에 사용
- 알라클로르(alachlor) : 밭작물
- 프로파닐(propanil) : 경엽처리 제초제. 논, 잔디밭

㉢ 트리아진(Triazine)계 제초제

- 시마진(simazine) : 과수원 1년생 잡초 방제
- 헥사지논(hexazinone) : 침엽수 산림지역에서 사용
- 기작 : 광합성을 저해한다.

㉣ 요소(Urea)계 제초제

- methabenzthiazuron(메타벤즈티아주론) : 밭작물 토양처리, 경엽처리
- linuron(리뉴론) : 밭작물 파종 후 토양처리
- 인축에 대한 독성 및 토양잔류성이 낮으며, 식물세포에만 작용하므로 환경에 미치는 영향이 적어 세계적으로 사용
- 뿌리에 의해 흡수되어 물관(사부)을 통해 이행하며, 광에 의해 활성화되어 광합성을 저해하고 세포막을 파괴한다.

㉤ 카바메이트(carbamate)계

- 클로프로팜(chloropropham), 아슐람(asulam)
- 잡초 발생 전 처리. 1년생 잡초 방제

㉥ 비피닐딜리움(Bipyridilium)계

- **비선택성 제초제**이다. → **paraquat(★★★)**

㉦ 페녹시계

- 2,4-D(★★)

  - 제초제의 원조이며, 가장 널리 쓰이고 있다.
  - 모내기 후 20~40일에 사용한다.
- MCPB

② 제초제의 활성에 의한 분류
- 선택적 제초제 : 작물에는 피해를 주지 않고 잡초만 피해를 준다.
  ➥ 2,4-D(★)
- 비선택적 제초제(★★★) : 작물과 잡초가 혼재되어 있지 않을 경우 사용한다. 즉, 작물, 잡초 모두 살포된다.
  ➥ **glyphosate(글리포세이트), paraquat(파라콰트)**
- 접촉형 제초제 : 처리된 부위에서 제초효과가 나타난다.
  ➥ paraquat(파라콰트), diquat(디콰트)
- 이행성 제초제 : 처리된 부위로부터 양분, 수분의 이동 경로를 통해 다른 부위에서도 살초 효과가 발생한다.

③ 처리대상에 따른 제초제의 분류
- 논제초제
- 밭제초제

④ 제품 형태에 따른 제초제의 분류
- 입제, 유제, 수화제, 수용제
- 캡슐현탁제, 유탁제, 미립제, 분산성액제
  ➥ 제초제의 제형에 따라 효과, 처리방법이 다르다.

⑤ 제초제의 처리 시기에 의한 분류
- 파종 전 처리제 : 파종하기 전에 포장에 살포한다.
  ➥ paraquat(파라콰트)
- 파종 후 · 출아 전 처리제 : 파종 후 3일 이내에 토양 전면에 살포한다.
  ➥ simazine(시마진), alachlor(아라콜)
- 출아 · 생육 초기 처리제 : 출아 또는 생육 초기에 살포한다.
  ➥ 2,4-D, bentazon(벤타존)

2) 제초제 사용에 따른 문제점

① 동일 계통의 제초제 사용으로 인한 **제초제 저항성 잡초 출현**

② 제초제 저항성 논 잡초의 종류 : 물달개비, 미국외풀, 마디꽃, 알방동사니 → 설포닐우레아계에 대한 저항성

5 멀칭

1) 멀칭

작물의 경작지 표면을 피복(덮어줌)해 주는 것을 말한다. 멀칭의 재료로는 플라스틱필름, 볏짚, 왕겨, 건초 등이 사용된다.

TIP

토양멀칭(soil mulching) : 토양의 표면을 얕게 갈면 하층과 표면의 모세관이 단절되기 때문에 표면이 굳어져서 멀칭과 같은 효과를 발휘하는 것을 말한다.

2) 멀칭의 효과 및 이점(★★)

① **토양의 건조 방지** : 멀칭은 토양 중의 모관수가 지표면으로의 이동을 차단시키고, 멀칭 내부의 습도가 높아질 뿐만 아니라 수분 증발이 억제되어 토양의 건조를 방지한다.

② **지온의 조절**

- **여름철** : 열의 복사가 억제되어 과도한 지온 상승을 막을 수 있다.
- **겨울철** : 토양에 보온효과가 발휘되어 지온을 상승시켜 준다.
  ➡ 저온기(**겨울, 이른봄**)에는 유색비닐보다 투명비닐로 멀칭을 하는 것이 지온 상승에 유리하다.

③ **토양의 침식 방지** : 멀칭을 하게 되면 강우 시 빗방울이 직접 땅에 떨어지지 않게 되므로 토양 침식을 막을 수 있다.

④ **잡초의 발생 억제** : 대부분의 잡초 종자는 광발성 종자(호광성)이기 때문에 멀칭을 하게 되면 잡초의 발아를 억제할 수 있고 발아한 잡초라도 광이 차단되어 생육이 억제된다. 따라서 비닐로 멀칭을 하는 경우는 검정색 비닐이 투명비닐보다 잡초 발생 억제효과가 크다.

⑤ **과채류의 품질 향상** : 과채류에 짚으로 멀칭을 해주면 과실의 품질이 향상된다.

6 배토(작물 그루 밑에 흙 모아주기)

① **배토** : 이랑 사이의 흙을 작물의 그루 밑에 긁어모아 주는 것을 말한다. 호미, 괭이, 배토기 등 농기구(**농기계**)를 이용한다.

② **배토의 효과**(목적)

- 작물의 **도복 피해를 예방**할 수 있다.
- **새 뿌리의 발생이 조장**되어 생육을 좋게 한다.

- **밭벼, 맥류** 등은 유효분얼이 끝난 다음 배토를 하면 **무효분얼의 발생이 억제되어 증수효과**가 있다.
- 파, 셀러리 등은 **연백**(連白 ; 흰 부분이 많게)의 **목적**으로 배토를 한다.
- **감자**의 경우 배토를 하면 **수확량이 증가**된다.

③ 배토의 시기와 방법

- 배토는 목적에 따라 중경제초와 겸하여 한 번 정도 한다.
- 파, 셀러리처럼 연백화가 목적인 배토의 경우 여러 차례 한다.
- 배토를 할 때 단근(**뿌리 끊김**)이 되지 않도록 주의하여야 한다.
- 맥류의 도복 방지를 위한 배토는 건조기에 하게 되므로 배토의 깊이, 토양 습도, 일기 등에 주의하여야 하며, 특히 신장 초기의 단근은 크게 해롭기 때문에 신장 후기에 배토를 하여야 한다.

7 토입(흙 넣어주기)

① **토입** : 이랑 사이의 흙을 곱게 부수어서 작물이 자라고 있는 골 속에 넣어주는 작업을 말하며, 주로 월동하는 맥류에 작업한다.

② 맥류의 토입(흙 넣어주기) 효과

- 월동성을 향상시켜 준다.
- 유효분얼종지기에 2~3cm의 토입(흙넣기)은 무효분얼 억제효과
- 봄철에 1cm 정도의 토입으로 분얼이 촉진되고 한해(건조해) 경감
- 수잉기에 3~6cm의 토입을 하면 도복이 경감
- 건조할 때의 토입은 뿌리가 마르게 되어 오히려 해가 된다.

8 답압(밟아주기)

① 답압 : **월동** 중인 작물을 **밟아 주는 것**을 말하며, 주로 **맥류**에서 작업한다.

TIP 답압

과거에는 학생들을 농촌일손돕기 일환으로 동원하여 보리밭을 밟았다. 이러한 모습은 흔하게 볼 수 있는 진풍경이었다. 그러나 근래에는 답압이 필요한 경우 답압 로울러 기계를 이용한다.

② 답압의 효과

- 동해 예방(서릿발의 피해 경감)
- 도장(웃자람) 방지
- 한해(旱害. 건조해) 피해 경감

- 분얼을 조장하며 유효경수를 증대하고 고른 출수를 기대할 수 있다.
- 건조한 토양의 풍식(바람에 의한 토양침식) 경감

③ 답압의 시기

- 서릿발이 발생하는 시기(12~2월)
- 3월 하순~4월 상순 토입(흙넣기)을 한 다음 답압(밟아줌)한다.
- 답압은 생육이 왕성한 경우에만 한다.
- 땅이 질거나 이슬이 맺혔을 때에는 답압을 피한다.

9 생육형태의 조정

1) 정지

주로 과수에서 원하는 수형으로 자연적 생육형태를 크게 변형하여 목적하는 **생육형태로 유도하는 것**을 정지라고 한다.

> **TIP**
>
> **유도방법 : 전정, 유인, 가지 벌려주기, 가지 비틀기** 등

① 원추형(주간형)

- 수형이 원추상태가 되도록 하는 정지법
- 적용 수종 : **왜성사과(★)**

> **TIP**
>
> - **왜성사과 : 사과나무의 수고(나무의 높이)**를 낮게 키우는 방식
> - **왜성**이란? : 키를 작게

② 배상형(술잔형. 개심형) : 주간(원줄기)을 일찍이 끊고 3~4본의 주지를 발달시켜 수형이 술잔 모양이 되게 하는 정지법

③ 변칙주간형

- 수년간 원추형으로 기르다가 뒤에 주간의 선단을 잘라서 주지가 바깥쪽으로 벌어지도록 하는 정지법
- 적용 수종 : **서양배(★), 사과나무, 감나무, 밤나무**

④ 개심자연형

- 배상형의 단점을 보완한 정지법
- 적용 수종 : **복숭아(★)**

⑤ 울타리형
- 철선을 직선으로 길게 설치하고 여기에 가지를 결속시키는 방법
- 적용 수종 : **포도(★), 머루**
- 장점 : 시설비가 적게 든다.
- 단점 : 수량이 적다. 나무의 수명이 짧아진다.

⑥ 덕식(덕형)
- 철사 등을 공중 수평면으로 가로 · 세로로 치고, 가지를 수평면의 전면에 유인하는 정지법
- 적용 수종 : **포도, 배, 키위**
- 단점 : 시설비가 많이 들고, 농작업에 따른 노력이 많이 든다.

2) 전정

① **전정** : 기본적인 정지를 하기 위해서나 또는 **생육과 결과를 조절 · 조장**하기 위해서 과수 등의 **가지를 잘라**주는 것

② **전정의 효과**
- 원하는 수형(나무의 형태)을 만든다.
- 죽은 가지, 묵은 가지, 병충해 가지를 제거하고 새 가지로 갱신
- 수광태세, 통기성을 좋게 한다.
- 관리의 용이
- 해거림 방지, 결과의 양호

3) 그밖의 생육형태 조정법

① **적심**(순지르기)
② **적아**(눈 따주기)
③ **환상박피** : 화아분화나 숙기를 촉진시킬 목적으로 실시한다.
④ **적엽**(잎 따주기)
⑤ **절상** : 눈이나 가지의 바로 위에 가로로 깊은 칼금을 넣어 그 눈이나 가지의 발육을 조장시키는 것이다.

4) 결실의 조절

① 적화 : **개화수가 너무 많을 때에는 꽃망울이나 꽃을 솎아서 따 주는 것**
② 적과 : 착과가 너무 많은 경우 열매를 솎아 준다.

5) 수분의 매조

① 수분의 매조가 필요할 경우

- 수분을 매조하는 곤충이 부족할 경우
- 자체의 꽃가루가 부적당하거나 부족할 경우
- 다른 꽃가루로 수분되는 것이 결과가 더욱 좋을 경우

② 수분 매조의 방법 : 인공수분, 곤충의 방사, 수분수의 혼식

> **TIP 수분수**
>
> 사과, 배 등 과수들은 타가수정식물이기 때문에 다른 품종의 꽃가루를 받아야 수정 및 결실이 된다. 따라서 주품종 사이사이에 다른 품종을 심어 주는데, 이렇게 심은 다른 품종을 수분수라고 한다. 또 한 가지 방법은 주품종 가지에 다른 품종을 고접하여 수분수 역할을 하도록 한다.

③ 수분수의 구비조건(★)

- 주품종과 **친화성**이 있어야 한다.
- **개화기가 일치**하거나 **약간 빨라야** 한다.
- 건전한 **화분을 많이** 가지고 있어야 한다.
- 수분수 자체의 과실 **생산 및 품질도 우수**하여야 한다. 즉, **수분수도 경제성**이 있어야 한다.

6) 단위결과(무핵과 = 씨 없음)의 유도

① 씨 없는 수박의 생산 방법

- 보통의 수박(2배체)을 3배체로 만들어 씨 없는 수박 생산
  - 1년차 : 보통의 2배체 수박을 콜히친을 처리하여 4배체 육성
  - 2년차 : 4배체를 모계로 2배체를 부계로 교잡 → 3배체 생산
- **상호전좌**를 이용한 씨 없는 수박 생산

② 씨 없는 포도 : **지베렐린**을 처리한다. → 분무법, 침지법

③ 씨 없는 토마토 · 가지 : 착과제(생장조절제)의 처리로 씨 없는 과실 생산

> **TIP 씨 없는 포도 유기방법**
>
> - 포도의 경우 암술의 자방이 화분 대신 지베렐린을 받아도 비대 및 성장하여 과실이 형성된다.
> - 그러나 정상적인 수분과정이 이루어진 경우가 아니므로 종자는 형성되지 않는다.
> - 따라서 지베렐린을 처리하여 포도의 단위결과(무핵과)를 유기할 수 있다.
> - 지베렐린 처리는 지베렐린 수용액에 포도 봉우리를 담그는 침지법이나 분무기로 분무하는 분무법으로 처리하는데, 만개 14일 및 10일 전(전엽수가 8~9매 되는 시기) 2회에 걸쳐 처리한다.
> - 1회 처리는 무핵과(단위결과) 및 숙기 촉진을 위하여 실시하며, 2회 처리는 과립비대를 위하여 실시한다.

7) 낙과(과실이 떨어짐)의 방지

① 낙과의 종류

- 기계적 낙과 : 폭풍우나 병충해에 의한 낙과를 말한다.
- 생리적 낙과 : **생리적 원인**에 의해서 **이층이 발달**하여 낙과하는 것을 말한다.

② 생리적 낙과의 원인(★)

- **수정이 되지 못한 경우(수정 장해)**
- **기상조건(환경조건) 불량** → 잦은 강우, 일조 부족에 의한 동화량 감소
- **토양 과습**에 의한 **뿌리의 활력 저하**
- **결실량의 과다**로 인한 **양분 부족**
- **수세가 강**하여 신초 생장이 과실 생장을 저해한 경우
- 유과기에 저온 피해를 받은 경우

③ 생리적 낙과의 대책

- 수분수의 적정 유지 및 수분매개체 반입(수분의 매조) : 단위결과성이 약해 종자 형성력이 강한 품종의 경우 수분이 잘 이루어질 수 있도록 **수분수를 적절하게 심고 개화 전에 벌통을 반입**하는 등의 조치를 하여야 한다.
- 수광태세 확보 : 과원 내 수광태세가 불량할 경우 **동화작용 및 양분의 전류에 장해**를 받게 되므로 **통풍과 광**이 잘 투과되도록 **수형에 알맞은 전정 및 전지**를 하여 준다.
- 수세의 안정 : 수세(나무의 세력)가 너무 강할 경우 신초생장이 왕성하여 과실의 생장을 억제하기 때문에 여름철 추비를 억제하고 수세안정을 위해 환상박피를 하기도 한다.
- 배수관리 철저 : 과원에 배수가 불량한 경우 토양 과습에 의해 뿌리의 활력이 저하되어 양분흡수에 지장을 받게 되므로 배수를 철저히 한다.
- 질소질 비료의 과용 억제 : 질소질 비료의 과용을 억제하여 신초생장이 과다하지 않도록 한다.
- 동상해의 방지 : 동상해 대책을 이용하여 동상해를 받지 않도록 관리한다.
- 건조의 방지 : 관개, 바닥의 멀칭으로 토양의 건조를 방지
- 생장조절제의 살포 : 옥신 등의 생장조절제를 살포하여 이층의 형성 억제 → 후기낙과 방지

④ 해거리의 방지

㉠ 해거리 : 해거리란 과수가 격년마다 착과가 되지 않거나 착과가 되었어도 낙과되는 현상을 말한다.

㉡ 방지 대책

- 착과지(착과한 가지)의 전정
- 조기 적과(일찍 과실 솎기) 실시
- 시비관리 → 미량요소가 부족하지 않게
- 토양관리

- 여름철 건조 방지(토양 수분이 부족하지 않게)
- 병충해 방제

⑤ 봉지 씌우기(복대)

㉠ 봉지 씌우기 : 적과를 끝마친 다음 과실에 봉지를 씌우는 것

㉡ 목적 및 효과

- 병충해 방지(검은무늬병, 탄저병, 흑점병, 심식나방, 밤나방 등)
- 외관 양호 및 상품성 향상
- 열과의 방지
- 농약 잔류성 경감

㉢ 단점

- 노력과 경비가 많이 든다.
- 비타민 C의 함량이 저하된다.

TIP

무대재배 : 봉지를 씌우지 않고 재배하는 것

IX 병충해 및 재해 방지

TIP

작물의 병충해 방제법은 크게 **경종적 방제, 생물학적 방제, 물리적(기계적) 방제, 화학적 방제법**으로 구분할 수 있다. 또한 이러한 방제법 중 두 가지 이상을 복합적으로 적용하는 것을 **종합적 방제**라고 한다.

TIP 종합적 방제

- **경종적 방제** : 합리적인 경작을 통해 병해충을 사전 예방
- **물리적 방제** : 화학제(농약 등)가 아닌 물리적 요소를 이용한 방제
  ➥ 빛, 소리, 열, 냉온, 기구(덫, 끈끈이 등), 소각 등 물리적 요소
- **화학적 방제** : 농약 및 화학제를 이용한 방제
- **생물학적 방제** : 천적(곤충, 미생물) 등을 이용한 방제

1 병충해 방제

1) 경종적 방제

① 적합한 경작지역을 선정한다.

➥ 경작하고자 하는 작물과 토지의 조건이 적합한 곳을 선정한다.

- 우리나라 **채종용 감자**의 경작지는 대부분 강원도나 전북 무주 등 **고랭지**에서 이루어지고 있다. 이처럼 고랭지에서 채종을 하는 이유는 고랭지에서는 **바이러스병** 발생이 적기 때문이다.
- 경작지에 통풍이 불량한 곳은 병해가 발생하기 쉽다.
- 경작지에 오수가 유입되는 곳은 일반적으로 충해가 많이 발생한다.

② 적합한 품종을 선택한다.

- 벼의 줄무늬잎마름병 : 남부지방에서 벼를 조식재배 하는 경우 저항성 품종을 선택하여야 피해가 경감된다.
- 밤나무 혹벌 : 저항성 품종으로 예방이 가능하다.
- 포도의 필록세라(뿌리혹 진딧물) : 접목을 통해 예방이 가능하다.

③ 건전한 종자를 선택한다.

- 건전한 종자(무병 종자)를 선택하여야 한다.
  - 각종 작물의 바이러스병 : 무병 종자를 선택해야만 방제가 가능하다. → 바이러스는 건열처리를 하면 사멸한다.
  - 벼의 선충심고병이나 밀의 곡실선충병 : 종자 소독을 통해 선충을 제거한 다음 종자로 사용하여야 한다.

④ 윤작(돌려짓기)

- 가장 대표적인 경종적 방제 방법이다.
- 연작장해가 심한 작물의 경우 연작을 하면 기지현상(연작장해)이 나타나는데, 윤작을 통해 이를 극복할 수 있다.

⑤ 재배 양식의 변경

- 벼의 모 썩음병 : 보온육묘 하면 예방된다.
- 벼의 줄무늬잎마름병 : 직파재배를 하면 발생이 경감된다.

⑥ 혼작(섞어 심기)

- 팥의 심식충 : 콩을 혼식하면 피해가 경감된다.
- 밭벼의 충해 : 밭벼 포장 중간중간 무를 혼식하면 피해가 경감된다.
- 모든 작물의 선충 : 메리골드를 혼식하면 피해가 경감된다.

⑦ 생육기의 조절

- 감자의 역병 · 뒷박벌레 : 조파조수(早播早收. 일찍 파종하여 일찍 수확)하면 피해가 경감된다.
- 밀의 녹병 : 밀의 수확기를 빠르게 하면 피해가 경감된다.
- 벼의 도열병 : 조식재배(일찍 식재)하면 경감된다.
- 벼의 이화명나방 : 만식재배하면 피해가 경감된다.

> **TIP**
> 생육기의 조절을 통한 예방은 그 지역의 병해충 발생 정도에 적합하게 선택한다.

⑧ 시비법의 개선

- 질소비료의 과용, 칼리나 규산 등이 결핍되면 모든 작물에서 병충해의 발생이 심해진다.

> **TIP**
> 질소질 비료 → 조직을 연화시킴, 규산질 비료 → 조직을 규질화 한다.

⑨ 포장의 위생관리 철저

- 재배포장의 위생관리를 철저히 하여 잡초, 낙엽 등을 제거해 주어 병충해의 전염경로를 차단한다.
- 통풍과 투광도 잘 되게 관리한다.

⑩ 수확물을 건조한다.

- 수확물을 잘 건조시키면 병충해의 발생이 예방된다.
- 보리나방 : 보리를 잘 건조시키면 피해가 방지된다.
- 밀의 바구미 피해 : 밀의 수분 함량을 12% 정도까지 건조시키면 피해가 방지된다.

⑪ 중간 기주식물의 제거

- 배의 적성병 : 주변에 중간 기주식물인 향나무를 제거하면 피해가 방지된다.

> **TIP**
> 향나무를 제거할 수 없는 경우 향나무도 같이 방제한다.

2) 생물학적 방제

생물학적 방제란 천적(**곤충, 미생물**)을 이용하여 병해충 방제에 이용하는 것을 말하며, 근래 환경농업에 이용한다.

① 천적의 종류(★)

㉠ 기생성 천적(곤충) : 침파리, 고치벌, 맵시벌, 꼬마벌

- 기생성 천적은 해충에 기생하여 해충을 병들게 하는 곤충을 말한다.

- 침파리, 고치벌, 맵시벌, 꼬마벌 → 나비목의 해충에 기생한다.

㉡ **포식성(잡아먹음)의 천적** : 풀잠자리, 꽃등에, 됫박벌레
- 풀잠자리, 꽃등에, 됫박벌레 → 진딧물을 잡아먹는다.
- 딱정벌레 → 각종 해충을 잡아먹는다.

② 해충별 이용되는 천적의 종류(★)
- **진딧물** : **진디혹파리**, 무당벌레, **콜레마니진디벌**, 풀잠자리, 꽃등에
- **잎굴파리** : 굴파리좀벌, 잎굴파리 꼬치벌
- **응애** : **칠레이리응애**, 캘리포니쿠스응애, 꼬마무당벌레
- **온실가루이** : **온실가루이좀벌**, 카탈리네무당벌레
- **총채벌레** : **오리이리응애**, 애꽃노린재
- **나방류** : 알벌, 곤충병원성 선충
- **작은뿌리파리** : 마일스응애

③ 천적이용 방제의 문제점
- 모든 해충을 구제할 수는 없다.
- 천적의 이용관리에 기술적 어려움이 있다.
- 경제적으로 부담이 된다.
- 해충 밀도가 높으면 방제효과가 떨어진다.
- 방제효과가 환경조건에 따라 차이가 많다.
- 노력이 많이 들고 농약처럼 효과가 빠르지 못하다.

TIP

Banker Plant : 천적을 증식하고 유지하는 데 이용되는 식물

④ **병원성 미생물을 이용한 방제** : 병원성 미생물은 해충에 침입하여 해충을 병들어 죽게 하는 것을 말한다.
- 송충이 : **졸도병균, 강화병균을 살포**하여 송충이를 이병시킨다.
- 옥수수 심식충 : **바이러스를 살포**하여 심식충을 이병시킨다.

TIP

병원성 미생물을 이용한 방제는 현재도 꾸준히 연구가 진행되고 있다.

⑤ **길항미생물을 이용한 방제** : 길항미생물이란 미생물이 분비한 항생물질 또는 기타 활동산물이 다른 미생물의 생육을 억제하는 미생물을 말한다. 즉, 식물에 병을 유발시키는 병원성 미생물의 천적 미생물이라고 할 수 있다.
- 토양전염병 방제 : Trichoderma Harzianum(**트리코더마 하지아눔**) 이용

- 고구마의 Fusarium(후사리움)에 의한 시듦병 : **비병원성 Fusarium(후사리움)** 이용
- 토양병원균 방제 : **Bacillus Subtilis(바실루스 서브틸리스)**를 종자에 처리하여 이용한다.

3) 물리적 방제

물리적 방제는 화학제(농약 등)가 아닌 물리적 요소를 이용한 방제를 말하며, 빛, 소리, 열, 냉온, 기구(덫, 끈끈이 등), 소각 등을 이용한다.

① 포살 및 채란
- 포살 : 손이나 포충망을 이용하여 직접 해충을 잡아 죽이 것
- 채란 : 해충의 유충이나 알을 직접 채취하여 죽이는 것

② 소각 : 낙엽, 마른 잡초 등에는 병원균이 많고 또 월동해충이 숨어 있는 경우가 있으므로 태워 버린다.

③ 소토법(흙 태우기 또는 흙을 가열하기) : 상토로 사용할 흙을 태우거나 철판에 구워서 토양전염병을 사멸시킨다.

④ 담수처리 : 시설하우스 내 토양을 장기간 담수해 두면 토양 전염하는 병해충을 구제할 수 있다.

⑤ 차단법
- 과실의 봉지 씌우기
- 어린 식물을 폴리에틸렌 등으로 피복하기
- 도랑을 파서 멸강충 등의 이동을 차단

⑥ 유살법
- 대부분의 나방류는 광주성(**야간에 빛으로 모여듦**)이기 때문에 유인등이 장치된 포충기를 이용하여 야간에 이화명나방 등 나방을 포살
- 해충이 좋아하는 먹이로 해충을 유인하여 포살
- 포장에 짚단을 깔아 해충을 유인하여 소각
- 나무 밑등에 가마니 짚을 둘러싸서 이에 잠복하고 있는 해충을 가마니 짚을 통째로 태워 구제

⑦ 온도처리법

㉠ 온탕처리법 : 맥류의 깜부기병, 고구마의 검은무늬병, 벼의 선충심고병 등은 종자를 온탕처리 하면 사멸한다.

㉡ 건열처리
- 보리나방의 알 : 60도에서 5분, 유충과 번데기는 60도에서 1~1.5시간 건열처리하면 사멸한다.
- **건열처리**는 바이러스 등 종자전염 병해충 방제에 널리 이용한다.

4) 화학적 방제

화학적 방제법은 **농약**을 살포하여 병해충을 방제하는 것을 말한다.

① 살균제
- 동제(구리제) : 석회보르도액, 분말보르도액, 동수은제 등
- 유기수은제 : Uslpulun, Mercron, Riogen, Ceresan 등
  ➥ 현재 유기수은제는 사용하지 않고 있다.(제조 금지됨)
- 무기황제 : 황분말, 석회황합제

② 살충제
- 천연살충제 : **피레드린(★제충국에서 추출)**, 니코틴(담배에서 추출) 등
- 유기인제 : 템프, 파라티온, 스미티온, 이피엔, 말라티온 등
  ➥ EPN(이피엔)은 현재 사용(제조) 금지됨
- 염소계
- 살비제 : 응애 방제
- 살선충제 : 선충 방제

③ 유인제 : 페르몬 등
④ 기피제 : 모기, 벼룩, 이, 진드기 등에 대한 기피제
⑤ 화학불임제 : 호르몬계
⑥ 보조제 : 용제, 계면활성제, 증량제 등

5) 법적 방제

법적 방제는 식물방역법을 제정하여 **식물검역**을 실시 → **해외 병해충의 국내 반입을 차단**하는 방법을 말한다. 우리나라는 농림축산검역본부에서 업무를 관장한다.

6) 종합적 방제

종합적 방제는 여러 가지 방제 방법을 복합적으로 적용하는 방법이다. 종합적 방제의 핵심은 병해충을 **완전 박멸하는 것이 아닌 경제적 피해 밀도 이하(★)**로 방제하는 것이다.

2 도복(쓰러짐)

1) 도복

작물체가 비바람에 쓰러지는 것을 도복이라고 한다. 다비재배(질소과용)를 하는 경우 피해가 크게 발생한다.

2) 도복이 유발되는 원인의 정도

① 줄기의 좌절저항과 외력을 받는 잎, 줄기의 상태에 따라 유발되는 정도가 다르다.
② 줄기의 길이에 따라 다르다.
③ 이삭의 무게에 따라 다르다. → 무거울수록 도복 발생률이 높다.
④ 지상부의 무게 차에 따라 정도가 다르다.
⑤ 줄기의 굵기, 간벽의 두께, 절간장의 장단 등에 따라 다르다.
⑥ 기계조직의 발달 정도에 따라 다르다.
⑦ **칼리, 규산** 함량 등 줄기의 화학적 조성과도 영향이 있다.

3) 도복이 발생되는 조건

① 품종
- 키가 크고 생체조직이 약한 품종일수록 도복이 심하다.
- 키가 작은 품종이 일반적으로 도복 발생이 적다.

② 재배 조건 : 밀식재배, 질소질 비료의 과용, 칼리 및 규산이 부족한 경우 도복이 잘 발생한다.

③ 병충해 피해 정도
- 벼 : 잎집무늬마름병, 마디도열병, 가을멸구가 발생한 포장은 도복 발생이 조장된다.
- 맥류 : 줄기녹병이 발생한 포장은 도복이 조장된다.

④ 도복이 유발되는 환경조건 : 비바람이 강하게 부는 경우 도복이 조장된다.

4) 도복 방지 대책(★★★)

① 도복저항성 품종의 선택 : 내도복성 품종(**단간품종**)을 선택한다.
② **질소과용을 회피**한다.
③ **인산, 칼리, 규산, 석회의 시용을 충분**하게 해준다.
④ **벼, 맥류**는 하위절간의 신장기(출수 30~45일 전)에
- **질소비료의 시용을 피한다.**
- **심수관계**(깊게 물 대기)가 되지 않도록 한다.
- 2.4-D 등을 살포한다.

> **TIP**
>
> 2.4-D(합성옥신류) : **높은 농도**에서는 **제초제**로 사용. **낮은 농도**에서는 **신장억제제**로 사용한다.

⑤ **밀식재배를 피한다.** → 밀식하면 식물이 웃자라기 때문
⑥ **배토, 답압, 토입** 등을 한다.
⑦ **각종 병충해 방제**를 철저히 한다.

3 수발아(수확 전 싹이 틈)

① 수발아 : 수발아란 수확되기 전 성숙기에 **맥류의 경우 저온강우 조건, 벼의 경우 고온강우 조건** 등에 의해 장기간 비를 맞아서 젖은 상태로 있거나, 우기에 도복해서 이삭이 젖은 상태로 오래 접촉해 있으면 **수확 전 이삭에서 싹이 트는데**, 이처럼 **종실이 이삭에 붙어 있는 상태로 발아**를 하는 것을 수발아라고 한다.

② 원인 : **맥류의** 경우 **저온강우 조건, 벼의 경우 고온강우 조건** 등에 의해 **휴면이 타파**되어 흡수한 상태로 처하게 되므로 휴면을 일찍 끝내고 발아하게 된다.

③ 대책

- 맥류의 경우 **보리가 밀보다 성숙기가 빠르므로** 성숙기에 비를 맞는 일이 적어서 수발아의 위험이 적다.
- **맥류**의 경우 **조숙종**을 선택한다.
  ➡ 조숙종을 선택해야 하는 이유는 조숙종이 만숙종보다 수확기가 빠르기 때문에 장마철을 피하여 수확할 수 있어 수발아의 위험성이 적기 때문이다.
- **휴면성이 긴 품종**을 선택한다.
- **조기수확** 한다.
  ➡ 수확 시기가 늦어지면 장마비를 맞을 수 있기 때문이다.
- 벼, 보리는 수확 7일 전쯤에 **건조제**를 경엽(줄기와 잎)에 **살포**한다.
- **도복되지 않도록** 관리한다.
- 출수 후 **발아억제제(MH)를 살포한다.**

X 생력재배

1 생력재배의 뜻과 목적

① 생력재배 : 농업에 따르는 **노동력**을 **기계화 · 제초제의 사용** 등으로 **크게 절감**하는 재배 방식을 생력재배라고 한다.

> **TIP**
> 생력재배 = 노동력절감 재배

② 생력재배의 전제 조건

- **경지 정리**가 되어 있어야 한다. → 기계작업이 용이
- **동일 작물로 집단화** 한다. → 관리 용이
- 여러 농가가 **공동으로 집단화**를 조성한다. → 능률 향상
  ➥ 우리나라의 경우 작목반이나 영농조합법인의 경우이다.
- 생력재배로 절감되는 노동력을 수익으로 연결하는 방안 강구
- **제초제를 사용한다.(★)**
- 기계화작업에 알맞은 작물이나 품종 선택
- 정부의 적극적인 지원
- 농업인의 협동심, 연구심 강구

③ 생력재배의 목적 및 이점

- 노동력 절감
- 단위면적당 수량 증대
- 지력 향상 → 대형기계로 심경이 가능하기 때문
- 농작업을 적기에 수행 가능
- 인력을 이용한 농작업 방법(재배 방식)의 개선
- 작부체계의 개선
- 재배면적 확대 가능
- 농가소득 향상

2 기계화 적응성 재배

1) 벼의 기계화 재배

① **생력화에 가장 유리 → 직파재배**(모내기를 하지 않고 직접 종자로 파종하는 방법)

- 건답직파 : 마른논에 직접 볍씨 종자를 파종
- 담수직파 : **물이 있는 논**에 직접 볍씨 종자를 파종

② 직파재배의 단점(이앙재배에 비해)

- 입모율이 낮다.
- 잡초 방제가 어렵다.
- 도복하기 쉽다.

2) 맥류 기계화를 위한 적합한 품종의 구비조건

① **다비밀식 재배**에 따른 **내도복성**이 **강**한 품종(★)

② 한랭지의 경우 **내한성이 강한 품종**

제1과목

③ **내병성 품종**
④ 초장이 **중간** 정도인 품종(70cm)
⑤ **초형이 직립**하는 품종
⑥ **조숙성 품종** → 수확 시기가 늦는 품종은 장마기가 겹쳐 기계작업이 곤란하기 때문이다.

3) 맥류기계화 재배 방법의 종류

① 드릴파 재배 : **골 너비, 골 사이를 아주 좁게**(골 너비 5cm×골 사이 20cm)하여 **여러 줄**로 파종하는 방법
② 휴립광산파 재배 : 골 너비를 아주 넓게 파종하는 방법
③ 전면전층파 재배
- 먼저 포장전면에 종자를 산파(흩어뿌림)하고 기계로 일정 깊이로 땅을 갈아 섞어 넣는 방법
- 장점 : 파종작업이 매우 간편하다.

XI 시설재배

① 우리나라 시설재배 작물의 재배 동향 : 채소류 93% 〉 과채류 54% 〉 화훼류 7%
② 시설재배 환경의 특성(★)
- **일교차가 크고 지온이 높다.** → 낮 동안 고온, 밤 동안 저온
- **광질이 다르고 광량이 감소**하며 **불균일**하다.
- **탄산가스가 부족**하고 **유해가스가 집적**되기 쉽다.
- **토양이 건조**해지기 쉽고 **공중습도는 높다.**
- **토양 염류 농도가 높고** 물리성이 나쁘다.
- **노지보다 연작장해가 발생하기 쉽다.**

TIP 시설이 염류장해 발생요인이 높은 이유?

시설에서 염류농도가 높은 이유는 시설은 자연강우가 차단되기 때문에 강우에 의한 염류의 용탈을 기대할 수 없기 때문이다.

XII 정밀농업 및 수확관리

1 정밀농업

① 정밀농업
첨단 공학기술을 이용하여 포장의 위치별 잠재적 수확량을 조사하여 **동일포장 내**에서도 **위치**에 따라 **종자, 비료, 농약 등** 자재를 작물의 **잠재적 수확량에 따라 다르게 적용하여** 농업으로 인한 **환경문제를 최소화**하고 **생산성을 향상**시키는 농업

② 정밀농업의 추구 목적(방향)
- 농업 생산성 증대
- 농업으로 인한 환경오염의 최소화 → 친환경농업
- 농산물의 안전성 확보
- 단위면적당 생산량 증대

2 수확 및 저장

① 벼의 수확 시기
- 조생종 : 출수 후 40~45일
- 중생종 : 출수 후 45~50일
- 만생종 : 출수 후 50일 전 · 후

② 벼 수확 시 탈곡기의 적정 회전수(★★)
- 종자용 : 300rpm
- 식용 : 500rpm

> **TIP**
> rpm : 1분당 회전속도

③ 사료작물의 수확 시기
- 사일리지용 옥수수 · 화본과 목초 : **유숙기(★★)**

> **TIP**
> 화본과 = 벼과, 십자화과 = 배추과

- 두과(콩과)목초 : 개화 초기

④ **클라이맥트릭형**(호흡급등형) **과실(★★) : 수확 후 호흡이 급등**하는 과실을 **클라이맥트릭형**이라고 한다.

➡ 사과, 배, 복숭아, 감, 살구, 토마토 · 수박 · 멜론, 바나나, 키위

⑤ 수확 후 에틸렌 가스의 발생

- **과실**은 **수확 후 후숙이 진행**되면서 **에틸렌가스가 발생**한다.
- 특히, 클라이맥트릭형 과실의 경우 에틸렌 가스가 다량 발생한다.
- 클라이맥트릭형이 아니어도 상처가 발생하면 에틸렌 가스가 발생한다.

3 건조

① 건조의 목적

- 가공을 위한 경도 유지 : 건조를 통해 어느 정도 경도를 유지해야 가공이 가능하다. → 벼의 경우 **도정을 위해 수분 함량**을 **17~18% 이하**로 건조해야 한다.
- 안전 저장을 위한 건조 : **저장**을 위해서는 **15% 이하로 건조**해야 **곰팡이** 등의 발생을 막을 수 있다.(★★)

② 건조방법

- 천일건조 : 햇볕이나 음지에서 건조한다.
- 상온통풍건조 : 상온의 바람을 불어 넣어 건조시킨다.
- 화력건조 : 화력건조기로 건조하는 것으로 열풍으로 건조한다.
- **곡물**의 경우 **건조기의 승온**은 **1시간당 1℃**가 적당하다.

③ 화력건조(열풍건조) 시 유의사항

- 곡물의 경우 적합한 건조온도 : **45℃에서 6시간(★★)**
- 고온건조(55℃) 시 문제점
  - 동할미(끊어진 쌀) 발생 증가
  - 싸라기(깨진쌀) 발생 증가
  - 단백질의 응고 → 전분의 노화로 발아율 저하, 미질(식미) 저하

4 저장

① 곡물의 저장 중 나타나는 이화학적 · 생리적 변화

- 호흡으로 인한 저장양분의 소실
- 발아율 저하
- **지방의 자동산화에 의한 산패 → 유리지방산 증가**

- 전분의 분해
- 침해균, 해충의 피해
- 쥐 피해

② **큐어링(상처치유=아물이)(★★★)**

- **큐어링** : 고구마, 감자 등 수분 함량이 많은 작물을 수확 시 상처가 발생한 것을 치유(아물이)하는 것을 말한다.
  - 고구마 : 수확 후 **30~33℃**, 상대습도 **90~95%** 조건에서 **3~6일**간 처리
  - 감자 : 수확 후 **7~10℃**, 상대습도 **85~90%** 조건에서 **10~14일**간 처리한다.
- **큐어링의 목적** : 상처 치유 → 안전 저장

③ **작물별 안전 저장 조건**

- **쌀** : 온도 15℃, 상대습도 70%, 수분 함량 15% 이하
- **보리** : 수분 함량 15% 이하
- **콩** : 수분 함량 11% 이하
- **감자 · 씨감자** : 온도 3~4℃, 상대습도 85~90%
- **고구마** : 온도 33~15℃, 습도 85~90%
- **과실류** : 온도 0~4℃, 상대습도 80~85%
- **엽 · 근채류** : 온도 0~4℃, 상대습도 90~95%
- **고춧가루** : 수분 함량 11~13%, 상대습도 60%
- **마늘**
  - 상온저장 : 온도 0~20℃, 상대습도 70%
  - 저온저장 : 온도 3~5℃, 상대습도 65%
- **바나나** : 온도 **13℃ 이상**

5 수량의 구성요소

① **곡류** : 수량 = 단위면적당 수수(이삭수)×1수영화수×등숙비율×1립중(★★★)

> **TIP**
> - 1립중 : 낟알 1,000개의 평균 중량
> - 천립중 : 낟알 1,000개의 중량

② **과실** : 수량=나무당 과실수×과실의 크기(무게)

③ **뿌리작물** : 수량=단위면적당 식물체수×식물체당 덩이뿌리(덩이줄기)×덩이뿌리(덩이줄기)의 무게

제1과목

④ 사탕무 · 성분채취용 작물 : 수량=단위면적당 식물체수×덩이뿌리의 무게×성분 함량

⑤ 벼의 수량 구성요소의 연차변이계수 : **수수(이삭수)**가 **가장 큰 영향**을 준다.
➡ 수수(이삭수) 〉 1수영화수 〉 등숙비율 〉 천립중

TIP

천립중 : 알곡 1,000립의 중량 → 천립중이 높을수록 충실하게 여문 것이다.

⑥ 수량의 산정방법(★★★)

- 평뜨기법(평예법) : **표본 3개소**를 선정 → **1평당 수량** 측정 → **전체면적**으로 산정
- 입수계산법 : **생육상태가 중간** 정도인 **표본을 3개소 이상 선정** → 각 표본에서 일정 면적 또는 일정 개체를 선정한 다음 단위면적당 식물체수 또는 식물체당 입수를 측정하여 전체 수량을 환산(추정)하는 방법

TIP

입수계산법으로 고추 생산예상량을 산정한다고 볼 때, 먼저 전체 고추 포장 중에서 조사할 표본을 선정하는 데 작황상태가 중간 상태인 곳을 3개소 이상 선택한다. → 선택된 표본에서 고추 1그루당 몇 개가 달려 있는지 세어본다. → 단위면적당 생산량을 계산한다. → 전체 수량을 산정한다.

- 달관법 : 포장 전체를 돌아보면서 육안으로 관찰하여 수수(이삭수)와 입수를 헤아려 보고 과거의 경험을 통해 수량을 추정하는 방법이다. → 숙련된 경험이 필요하다.

제2과목

토양 비옥도 및 관리

토양의 이해

1 토양의 개념과 기능

1) 토양의 개념

① 토양이란 암석들이 풍화되어 작은 입자의 광물질이 되고, 여기에 동식물의 사체가 분해되어 유기물이 함유된 흙을 말한다.
② 토양은 지각이 장기간 물리적 풍화작용, 화학적 풍화작용, 생물학적 작용을 받아 형성된 광물질과 유기물로 구성되어 있다.
③ 토양은 지구표면의 얇은 층을 덮고 있다.
④ 토양은 식물체를 지지해주고 양분을 공급한다.
⑤ 토양은 고상(무기물. 유기물), 액상(수분, 양분), 기상(공기)을 포함하고 있는 층이다.

2) 토양의 기능

① 토양은 농작물의 생육을 가능하게 한다.
② 저수기능을 한다.(지하수 보존 기능, 홍수조절 기능)
③ 토양오염물질을 정화시켜 준다.
④ 오염된 물의 정수기능을 한다.
⑤ 생태계와 자연경관을 유지시켜준다.

3) 토양의 구성

① **토양의 3상** : 토양은 물리적인 상태에 따라 고상, 액상, 기상으로 나눈다.
- 고상 50%, 액상 30%, 기상 30%(★★★)

② **고상(광물질)**
- 토양 무기성분은 크기에 따라서 자갈, 모래, 미사, 점토로 구성된다.
- 토양의 광물은 암장이 냉각되어 생성된 1차 광물이다.
- 1차 광물이 변성, 풍화된 것을 2차 광물이라고 한다.
- 고상의 대부분은 무기질 입자로 구성되어 있다.
- 우리나라 토양은 유기물 함량이 대부분 3% 미만이다.
- 토양의 유기물 함량은 토양의 종류와 층위에 따라서 크게 다르다.

- 토양 유기물은 표토에서 가장 높고 하층으로 내려갈수록 감소한다.
- 토양 유기물은 식물과 동물의 유체, 배설물, 대사산물 등 각종 유기화합물로 구성된다.
- 부식은 토양 입자들의 결합, 통기성, 보수성 등 식물의 생육과 관계있는 토양의 성질발현에 관여한다.
- 부식은 토양에서 유기모재의 근본이 되며, 부식 중에 가장 많이 함유된 물질은 리그닌이다.
- 토양 중의 생물활동은 토양구조, 물질의 형태변환, 이동 등에 관여한다.

③ 액상(토양수)

- 토양수는 여러 성분이 용해된 토양용액이다.
- 토양수는 전해질과 유기물을 포함하고 있다.
- 또한 기상조건이나 시비에 의해 토양수의 용액 농도는 크게 변화한다.
- 보통 농경지 토양의 용액 농도는 약 0.05% 이하이다.
- 토양에 오래 머물면서 식물에 흡수 · 이용되는 수분을 유효수분이라 한다.
- 토양 수분 함량이 낮을수록 토양 입자에 결합하는 힘은 강해진다.
- 토양 수분 함량이 증가할수록 토양 입자에 결합하는 힘은 약해진다.

④ 기상(토양 공기)

- 토양에서 기상이 차지하는 용적은 액상의 용적과 상호 보완적이다.
- 토양공극 체적은 액상과 기상을 합한 것이다.
- 토양공극은 대공극(비모세관 공극)과 소공극(모세관 공극)으로 구분한다.
- 대공극은 배수성과 통기성을 가지고 있다.
- 소공극은 작물이 이용하는 수분을 함유한다.
- 작물의 정상적인 생육을 위한 토양공극률은 50~60%이다.
- 토양의 기상을 지배하는 요인은 생물작용에 의해 이루어진다.
  - 토양 미생물의 호흡에 의한 CO_2의 생성과 O_2의 소비이다.
- 토양기상의 O_2 농도와 CO_2 농도는 토양의 화학평형에 영향을 미친다.
- 수증기는 천체 기상체적의 약 1%를 차지한다.

4) 토양 수분과 작물 생육

① 신선한 작물체의 수분 함량은 70~95%이다.
② 물은 식물세포의 중요한 구성 재료이다.
③ 물은 식물체 내 양분을 운반한다.
④ 물은 식물의 증산작용을 통해 체온을 조절한다.
⑤ 요수량이란 건물(乾物) 1g을 생산하는 데 소비되는 물의 양을 말한다.
⑥ 건물 1g을 생산하는 데 소비된 증산량을 증산계수라고 한다.
⑦ 증산계수는 작물에 따라 다르지만 보통 500g 정도가 된다.

5) 토양양분과 작물 생육

① 작물에 함유된 원소는 **60여 종**이 알려져 있다.
② 작물에 필수원소는 **16원소**이다.

- **다량원소** : 질소, 인, 칼륨, 칼슘, 마그네슘, 황
- **미량원소** : 망간, 철, 붕소, 아연, 구리, 몰리브덴, 염소

③ 필수원소 중에서 **탄소, 수소, 산소**는 **물과 공기**로부터 **공급**받는다.
④ 탄소, 수소, 산소를 제외한 **13원소**는 **토양**으로부터 **공급**받는다.
⑤ 토양에 존재하는 양분의 상당량은 광물 또는 유기물의 형태로 존재한다.
⑥ 토양 속 양분의 대다수가 **불용성**으로 식물이 흡수·이용할 수 없다.
⑦ 토양양분은 **풍화작용** 또는 **유기물의 분해과정**을 통해 식물이 흡수·이용할 수 있는 **유효**한 상태인 **이온의 형태**로 된다.

- **토양으로부터 흡수하는 필수원소**

다량원소		미량원소	
원소	**흡수형태**	**원소기호**	**흡수형태**
질소(N)	NO_3^-, NH_4^+	망간(Mn)	Mn^{2+}
인(P)	$H_2PO_4^-$, HPO_4^{--}	철(Fe)	Fe^{2+}, Fe^{3+}
칼륨(K)	K^+	붕소(B)	H_3BO_3
칼슘(Ca)	Ca^{2+}	아연(Zn)	Zn^{2+}
마그네슘(Mg)	Mg^{2+}	구리(Cu)	Cu^{2+}
황(S)	SO_4^{--}	몰리브덴(Mo)	MoO_4^{++}
		염소(Cl)	Cl^-

⑧ 토양은 **식물체를 지지**해 준다.

2 식물의 생육과 환경

1) 빛

① 빛은 녹색식물의 **탄소동화 작용**에 필요한 에너지를 공급한다.
② 빛은 온도를 상승시켜 식물의 기공을 열리게 하여 **증산작용을 조장**시킨다.
③ 토양은 일조 시간에 따라 작물의 **생육, 개화, 결실, 착색** 등에 영향을 미친다.

2) 온도

① 온도는 식물체 내에서 일어나는 물리적·화학적 반응 속도 및 양을 지배한다.
② 온도가 올라갈수록 광합성, 호흡, 양분과 수분 흡수, 동화물질의 전류, 증산작용 등 반응속도가 증가하지만 그 이상 상승하면 오히려 장해를 받는다.

3) 공기

① 공기는 식물의 생육에 결정적인 영향을 미친다.
- 통풍이 잘 안 될 경우 생육에 장해를 받는다.

② 공기의 성분
- 주성분 : 질소(N_2) 78%, 산소(O_2) 21%, 이산화탄소(CO_2) 0.03%
- 기타 : 수증기, 먼지, 이산화황, 아르곤 등

제2과목

4) 토양의 용기량

① **토양 공기의 용적** : 전공극 용적에서 토양 수분의 용적을 공제한 것
② **토양의 용기량** : 토양의 용적에 대한 공기로 차 있는 공극의 용적 비율로 표시
③ **대기 중 공기 조성(%)** : 질소 79.01 〉 산소 20.93 〉 이산화탄소 0.03
④ **토양 중 공기 조성(%)** : 질소 75~80 〉 산소 10~21 〉 이산화탄소 0.1~10

5) 토양 공기의 조성 지배요인

① **사질 토양**이 비모관 공극이 많아 토양의 **용기량이 크다.**
② 식질 토양의 경우 **입단의 형성이 조장**되면 비모관공극이 증대하여 용기량이 증대한다.
③ **경운작업**이 깊게 이루어지면 토양의 깊은 곳까지 용기량이 증대한다.
④ **토양의 함수량이 증대**하면 용기량은 적어지고, **산소의 농도는 낮아**지며, 이산화탄소의 농도는 높아진다.
⑤ **미숙 유기물**을 시용하면 **산소의 농도**가 훨씬 **낮아진다.**
⑥ **식생** : 뿌리의 호흡에 의해 **이산화탄소**의 농도가 **높아진다.**
⑦ 토양 중 CO_2 농도는 여름철에 높다.
⑧ 토양 공기는 대기에 비해 CO_2 농도가 높고, O_2 농도는 낮다.
⑨ 토양 공기는 분압의 차이에 따라 결정되는 방향으로 확산된다.

6) 토양 공기와 작물 생육

① **이산화탄소** : 물에 용해되기 쉽고, 수소이온을 생성하여 토양을 산성화시킨다.
② 작물의 최적용기량의 범위(★★★) : 10~25%

③ 벼 · 양파 · 이탈리안 라이그라스 : 10%

④ 귀리와 수수 : 15%

⑤ 보리 · 밀 · 순무 · 오이 : 20%

⑥ 양배추와 강낭콩 : 24%

⑦ 종자가 발아할 때 산소의 요구도가 비교적 높다.

⑧ **산소 요구도가 높은 작물 ⇒ 옥수수 · 귀리 · 밀 · 양배추 · 완두** 등

⑨ **산소 농도가 낮아**지면 뿌리의 호흡이 저해되고 **수분 흡수가 억제된다**.

⑩ **산소가 부족**하면 **칼륨의 흡수**가 **가장 저해**되고 잎이 갈변된다.

7) 수분

① 건조한 종자도 7~16%의 수분을 함유하고 있다.

② 식물의 체내수분 함유량
- 다즙식물(多汁植物) : 70~80%
- 다육식물(多肉植物)의 과실 : 85~95%

③ 수분이 없으면 식물체 내에 생리작용이 일어나지 못한다. 따라서 생명유지를 할 수 없다.

④ 토양 수분 함량의 표시법 → **pF(potential force)**

⑤ 토양 수분의 함량 : 건토에 대한 수분의 중량비로 표시

⑥ 수분 장력 : 토양이 수분을 지니는 것

⑦ 토양 수분 장력의 단위 : 기압 또는 수주(水柱)의 높이나 pF(potential force)로 나타낸다.

⑧ 토양 수분 장력이 1기압(mmHg)일 때 **pF3(★)**

⑨ 수주의 높이를 환산하면 약 **1천cm**에 해당하며, 이 수주의 높이를 log로 나타내면 3이므로 **pF3**이 된다.

⑩ 1(bar)=1기압=13.6×76(cm)=1,033(cm)≒1,000(cm)=10^3(cm)

⑪ 토양 수분 함량과 토양 수분 장력의 함수관계 : 수분이 많으면 수분 장력은 작아지고, 수분이 적으면 수분 장력은 커지는 관계가 유지

8) 토양 수분의 종류

① 결합수(화합수) : 토양의 고체분자를 구성하는 수분(pF 7.0 이상)

② 흡습수 : **작물은 거의 이용하지 못하는 수분.** 토양 입자에 응축시킨 수분 → pF 4.5~7

③ 모관수(★★) : 물 분자 사이의 응집력에 의해 유지되는 것으로, **작물이 주로 이용**하는 유효수분 → **pF 2.7~4.5(★)**

④ 중력수(자유수) : 중력에 의해 **토양층 아래로 내려가는 수분** → pF 0~2.7

⑤ 지하수 : 지하에 정체하여 모관수의 근원이 된다.

⑥ 토양 수분 장력의 순서(★) : 결합수 〉 흡습수 〉 모관수 〉 중력수

9) 토양의 수분항수

① **최대용수량** : 토양의 모든 공극이 물로 포화된 상태 → **pF는 0**

② **포장용수량(최소용수량)** : 최대용수량에서 중력수를 완전히 제거하고 남은 수분상태 → 수분장력 1/3기압, pF 2.5~2.7(★★★)

③ **초기위조점** : 생육이 정지하고 하위엽이 위조하기 시작하는 토양의 수분상태 → pF 약 3.9

④ **영구위조점** : 시든 식물을 포화습도의 공기 중에 24시간 방치해도 회복되지 못하는 토양의 수분상태 → pF 4.2

⑤ **흡습계수** : 상대습도 98%의 공기 중에서 건조토양이 흡수하는 수분상태 → pF는 4.5 작물이 이용 못한다.

⑥ **풍건상태의 토양** : pF≒6

⑦ **건조한 토양** : 105~110℃에서 항량이 되도록 건조한 토양의 수분상태 → pF≒7

10) 토양의 유효수분

① **잉여부분** : 포장용수량 이상의 수분

② **무효수분** : 영구위조점 이하의 수분

③ **유효수분(★★)** : 포장용수량~영구위조점 사이의 수분

- 초기위조점 이하의 수분은 작물의 생육을 돕지 못한다.
- **최적함수량** : 최대용수량의 60~80%
- 작물이 직접 이용되는 유효수분 범위(★★) : pF 1.8~4.0
- 작물이 정상생육 하는 유효수분 범위 : pF 1.8~3.0

11) 유해물질

① 식물에 필수원소라도 토양용액 중에 농도가 너무 높으면 유해물질이 된다.

② 카드뮴(Cd), 납(Pb), 수은(Hg), 황화수소(H_2S)는 적은 양으로도 식물에 해를 준다.

③ 식물은 토양이 강산성일 때 알루미늄 이온의 해를 받는다.

3 토양 생성의 모재

토양의 모재는 암석이다. 암석은 그 생성 원인에 따라 화성암, 퇴적암, 변성암으로 분류한다.

1) 화성암

> **TIP**
> 화성암에서 '화'자는 한자로 불화(火)자 이다. 여기서 불은 용암(마그마)을 의미한다. 즉, 화성암은 분출된 용암(마그마)이 식어서 굳어진 암석이다.

① 화성암은 용암(마그마)이 식어서 굳어진 암석을 말한다.

② 굳어진 깊이에 따른 화성암의 분류

- **심성암** : 마그마가 땅속 깊은 곳에서 식어서 굳어진 화성암. 화산암보다 입자의 크기가 크다.
- **반심성암** : 비교적 얕은 곳에서 굳어진 화성암
- **화산암** : 지표에서 굳어진 화성암. 심성암보다 입자의 크기가 작다.

③ 규소(sio2)의 함량에 따른 화성암의 분류

- **산성암** : 규소 함량은 적고, 산소 함량이 많다. 따라서 밝은색을 띤다.
  → **종류** : 화강암, 석영반암, 유문암
- **중성암** : 산성암과 염기성암의 중간이다. → 섬록암, 섬록반암, 안산암
  암기 **중**이 된 **섬록**이가 **안산암**에 있다.(중이 → 중성암, 섬록이 → 섬록암, 섬록반암, 안산암 → 안산암)
- **염기성암** : 규소 함량이 많고, 산소 함량은 적다. 따라서 어두운색을 띤다. → 반려암, 휘록암
  암기 **염**치없이 **휘록**이가 **반려**했다(염치 → 염기성암, 휘록이 → 휘록암, 반려 → 반려암)

> **TIP**
> 규소는 지각을 구성하는 원소 중 산소 다음으로 함량이 가장 많은 비중을 차지한다.

④ 화성암의 종류

생성 위치 \ 분류		산성암	중성암	염기성암
	규산 함량	65~75%	55~65%	40~55%
심성암		화강암	섬록암	반려암
반심성암		석영반암	섬록반암	휘록암
화산암		유문암	안산암	현무암

⑤ **화성암에 함유된 광물의 크기와 조성에 따른 분류**
- **6대 조암광물** : 석영, 장석, 운모, 각섬석, 휘석, 감람석(★★★)
- **풍화순서** : 장석 > 운모 > 휘석 > 각섬석 > 석영의 순으로 풍화된다.
- 장석, 운모는 풍화되어 주로 점토분을 만든다.
- 산성에서 염기성으로 진행됨에 따라 각섬석, 휘석, 흑운모 등의 유색광물의 함량이 증가한다.
- 염기성에 가까울수록 암석의 색은 어두운 회백색으로부터 암흑색으로 변한다.
- 염기성에 가까울수록 철, 마그네슘, 칼슘 등의 함량이 증가한다.
- 염기성에 가까울수록 규소, 나트륨, 칼륨 등의 함량은 감소한다.

⑥ 염기성에 가까울수록(어두운색의 암석) 쉽게 풍화한다.

⑦ 우리나라 제주도 토양의 모암인 현무암은 화산암으로 반려암, 휘록암과 같은 성분으로 되어 있으며, 규소 함량이 많고 산소 함량이 적은 세립질의 치밀한 염기성암이다. 따라서 어두운색(암색)을 띤다.

2) 퇴적암(침전암)

① 여러 종류의 암석이 풍화 및 침식되어 자갈, 모래, 진흙 등이 되고, 이들이 퇴적되어 형성된 암석을 퇴적암이라고 한다.

② **퇴적 위치에 따른 분류**
- **수성암** : 바다, 호수 등 물 밑에 퇴적되어 형성된 암석
- **기성암** : 대기 밑에 퇴적되어 형성된 암석

③ **쇄설퇴적암** : 돌 부스러기로 만들어진 퇴적암을 말한다.

④ 퇴적암을 구성하는 물질 중 가장 많은 것은 자갈, 모래, 미사(가는 모래), 점토 등이다.

⑤ 화학적 퇴적암은 다른 암석의 풍화물이 퇴적하여 규산, 점토철, 석회질 등 응결제에 의해 굳어진 것 또는 탄산석회, 탄산마그네슘 등 물속에서 침전되어 생성된 것을 말한다.

⑥ 유기적 퇴적암은 동식물의 유체로부터 생성된 것을 말한다.

⑦ 사암은 화강암의 풍화로 생겨난 석영이 해저에 퇴적되어 생성된 암석이다.

⑧ 혈암은 점토가 재결합하여 응고되어 생성된 암석을 말한다.

⑨ 퇴적암의 광물은 매우 다양하다.
- 화성암과 변성암에 들어 있는 거의 모든 광물이 함유되어 있다.
- 주된 광물은 석영, 장석, 운모, 석회석, 점토광물 등이다.

3) 변성암

① 변성암은 화성암이나 퇴적암 등이 매우 높은 압력과 고온 조건하에서 변성작용을 받아 새로운 구조와 조직의 암석으로 변성된 것이다.

② 화강암은 일반적으로 편마암이나 편암으로 변성된다.
③ 퇴적암의 사암은 규암으로 변성된다.
④ 혈암은 점판암으로 변성된다.
⑤ 석회암은 대리석으로 변성된다.

4 풍화작용

1) 풍화작용의 개념

① 풍화작용은 암석이 물리적 또는 화학적으로 변해가는 일련의 과정을 말한다.
② 풍화작용 과정에서 화학적으로 분해되어 일부 가용성 성분을 방출하기도 한다.
③ 풍화작용에서 부분적인 변성이나 화학적 변화를 받아 새로운 2차 광물을 합성하기도 한다.

2) 기계적 풍화

① **온도(열), 물, 얼음, 바람** 등에 의한 풍화를 기계적 풍화라고 한다.
② **온도와 열** : 온도의 변화, 특히 급격하고 변이 폭이 큰 온도 변화는 암석의 붕괴에 매우 큰 영향을 끼친다.
③ **물** : 빗물은 모래와 자갈을 운반하고, 부유물질이 함유된 강물은 강력한 삭마력(cutting power)으로 암석을 깎는다.
④ **얼음** : 빙식작용은 모재 운반과 퇴적을 일으키고, 삭마를 일으켜 풍화작용과 퇴적작용을 가속화한다.
⑤ **바람** : 풍화산물을 이동시키면서 암석에 대한 삭마력을 발휘한다.

3) 화학적 풍화

① **이산화탄소와 유기산은 용매로 작용한다.**
- 입자의 크기가 작아질수록 화학반응의 속도는 빨라진다.

② 가수분해 작용에 의한 풍화
- 화학적 풍화에서 가장 중요한 요인이다.
- 가수분해로 장석, 운모 등 광범위한 광물들의 풍화작용을 일으킨다.
- 가수분해 화학식 : $KA\ell Si_2O_8 + H_2O \leftrightarrow HA\ell Si_2O_8 + K^+ + OH^-$

③ 수화작용에 의한 풍화
- 수화작용은 화합물에 일정한 화학량의 비로 물이 첨가되는 것을 말한다.
- 수화작용은 물리적 풍화를 조장한다.

- 수화작용을 일으킨 광물이 고온 건조한 상태에서 탈수작용을 받으며 풍화가 가속된다.
- 수화작용으로 갈철광은 쉽게 적철광으로 변한다.

④ 탄산화 작용에 의한 풍화

- 이산화탄소가 물에 용해되어 탄산이 되고 방해석과 반응하여 화학용액이 되는 작용을 탄산화 작용이라고 한다.
- 광물질의 붕괴와 분해는 삼투수의 수소이온의 존재하에서 가속화된다.

⑤ 산화작용에 의한 풍화

- 일반적으로 조암광물은 환원조건하에서 형성되었기 때문에 공기와 접촉하면 산소에 의해 쉽게 산화된다.
- 특히 철을 함유하고 있는 암석은 철성분이 쉽게 산화되어 풍화가 가속화 된다.

⑥ 미생물에 의한 풍화

- 개미는 땅속 깊이 있는 모재를 표토로 옮겨 풍화를 촉진시킨다.
- 동물들의 배설물은 미생물에 의해 분해되어 암모니아가 되고 산화되어 질산이 되고, 황화물은 산화되어 황산이 된다.
- 미생물에 의해 유기물이 분해되면서 유기산이 방출되어 풍화작용을 일으킨다.

⑦ 식물에 의한 풍화

- 식물뿌리는 기계적인 풍화작용을 일으킨다.
- 식물의 호흡작용으로 방출된 CO_2는 물에 녹아 생성되는 탄산이온으로 암석 광물의 분해를 촉진한다.

4) 풍화작용에 관여하는 요인

풍화작용은 **기후조건**, 암석과 광물의 **물리적 성질**, **화학적 특성**이 큰 영향을 준다.

① 기후조건 : 충분한 시간이 주어질 경우 풍화작용의 종류나 속도에 가장 큰 영향을 미친다.

- 습윤열대 지방 : 풍화속도가 가장 빠르다.

② 광물의 물리적 성질

- 물리적 성질 요인 : 광물의 입자 크기, 경도

③ 화학적 특성

- 암석을 구성하는 광물성분에 따라 풍화작용에 견디는 정도가 다르다.
- Na, K 등 알칼리금속이나 Ca, Mg 등 알칼리토금속 이온들은 쉽게 가용화 된다. 따라서 알루미늄, 규소, 철보다 토양에 남을 수 있는 가능성이 적다.

④ 풍화의 내성 순위

석영 〉 백운모, K⁻장석 〉 Na⁻장석, K⁻장석 〉 흑운모, 각섬석, 휘석 〉 감람석 〉 백운석, 방해석 〉 석고

TIP

풍화에 견디는 정도는 석영이 가장 강하고, 석고가 가장 약하다.

5) 풍화산물의 이동과 퇴적

암석의 풍화작용으로 생성된 모재가 **제자리에 머물러 있으면 잔적모재**, 자연현상에 의해 **이동하여 퇴적되면 운적모재**라고 한다.

① 잔적모재

- 잔적모재는 암석이 풍화작용을 받은 자리에 그대로 남아 토양으로 생성 발달하게 되는 모재이다.
- 잔적모재는 풍화작용을 받게 되는 기간이 운적모재에 비해 길다.
- 온난습윤 기후에서 잔적모재는 산화작용을 강하게 받게 되고 용탈이 많이 일어나서 적황색을 띠며, 석회암에서 잔적한 모재는 심한 용탈에 의해 석회성분의 함량도 극도로 낮아진다.

② 운적모재

- 중력에 의한 운적모재(붕적토) : 산사태나 눈사태 등 중력에 의해 운반되어 퇴적한 것으로 돌, 자갈 등이 함유되어 있으며, 붕적토라고 한다.
  - 붕적토 : 물리적 · 이화학적 특성이 농업에 부적합하다.
- 물에 의한 운적모재 : 물에 의해 운반되어 퇴적된 모재로 하성충적토, 해성토, 호성토, 빙하토가 있다.
  - 하성충적토 : 강물에 의해 운적된 모재 → 홍암 평야지, 삼각주, 선상지
  - 해성토 : 바닷물에 의해 해안에 운반되어 퇴적된 것
  - 호성토 : 호수물결에 의해 호수 밑바닥에 퇴적된 것
  - 빙하토 : 빙하의 이동에 따라 다른 곳에 운반 퇴적된 것
- 바람에 의한 운적모재(풍적토) : 바람에 의해 운반되어 퇴적된 것으로 풍적토라 하며 사구, 황토, 산성토가 있다.
  - 사구 : 모래만 있는 곳에서 생성된 것
  - 황토 : 미세한 재질의 풍적토
  - 산성토 : 화산폭발로 인하여 규산질이 많은 화산회가 바람에 이동하여 퇴적된 것

5 토양의 생성인자

토양의 생성에 주된 5가지 인자는 **기후, 식생(생물인자), 모재, 지형, 시간**이다.

암기 토양 생성 5가지 인자 → 모기 ✔시간 ✔ 지식(모기 → 모재, 기후 ✔시간 → 시간 ✔지식 → 지형, 식생)(★★★)

1) 기후(기온, 강수량)

① **기온, 강수량은 화학적 및 물리적 반응속도에 가장 큰 영향을 준다.**

- 기온, 강수량은 토양단면 발달에 직접적인 영향을 준다.
- 온도와 강수량에 따라 자연식생의 종류를 결정하게 된다.
- 토양의 수분상태는 생체의 생산량과 토양 유기물의 함량을 좌우한다.
- 물은 점토나 유기물 등의 토양 교질물 또는 가용성 성분의 토양 내에 수평 또는 수직이동을 가능하게 한다. 따라서 용탈층과 집적층의 분화에 기여한다.

② 건조지대

- 생물의 활동이 제약되고 토양 화학적 반응이 미약하다.
- 따라서 토양 교질물의 하향이동이 거의 일어나지 않는다.

③ 습윤지대

- 식생이 왕성하여 토양의 유기물 함량이 많고, 화학적 반응이 잘 일어난다.
- 따라서 토양 교질물의 하향이동이 용이하여 용탈층과 집적층의 층위분화가 잘 이루어진다.

④ 툰드라지대

- 온도가 낮아 생체 생산량이 적지만 토양의 유기물은 많다.
- 그러한 이유는 미생물의 활동이 극히 미약하여 유기물이 집적되는 양보다 분배되는 양이 매우 적기 때문이다.

TIP 강수량과 토양형의 분류

강우량(mm)	기후	토양형
200 이하	건조	사막
200~400	반전	Loess
400~500	반습	흑토
500~600	습윤	갈색토, 갈색낙엽삼림토
600 이상	습윤	Podzol, 침엽수림토

2) 식생(생물적 인자)

① 토양 미생물은 유기물의 분해와 양분의 순환, 구조의 안전성 등에 절대적인 역할을 한다.
② 식물은 토양의 침식을 방지하고 토양에 유기물을 공급할 뿐만 아니라 토양의 수분환경을 좋게 하여 미생물의 활동을 왕성하게 함으로써 토양 발달을 촉진시킨다.
③ 자연식생에 함유된 무기성분의 종류와 함량은 토양 발달의 성격을 결정짓는 데 큰 역할을 한다.
④ 침엽수림 지역은 토양산도가 높고 염기의 용탈도 심하다.
- 침엽수는 칼슘, 마그네슘, 칼륨과 같은 염기의 함량이 낮기 때문이다.

⑤ 동물, 곤충 등은 식생이나 토양 미생물보다 토양 생성작용에 영향이 적다.

3) 모재(토양의 원재료)

① 모재란 토양의 재료를 말하는 것으로 모래, 자갈, 점토 등을 말한다.
② 모재는 토양의 단면 특성을 결정하는 기본적인 인자가 된다.
③ 모재는 자연식생의 종류에 영향을 준다.
④ **일라이트** : 칼륨을 많이 함유하고 있는 운모로부터 풍화작용에 의하여 형성된 토양
⑤ **몽모리오나이트** : 칼슘이나 마그네슘 등 염기의 함량이 높은 모재에서 형성된 토양

4) 지형

① 지형은 토양 생성작용에 있어서 기후의 영향을 촉진 또는 지연시킨다.
② 지형은 강우를 흡수하는 양과 토양의 침식량을 결정한다.
③ 경사도가 높을수록 토양 유실량이 많고 유기물의 함량이 적다.
④ **토양카테나** : 동일한 기후조건에서 비슷한 모재를 가지고 발달한 토양이 지형과 배수의 차이에 의해 토양의 성질이 달라지는 것을 말한다.

5) 시간

① 풍화작용의 시간은 토양 생성작용에 중요한 영향을 준다.
② 토층의 분화에 소요되는 시간은 다른 생성인자의 강도에 따라 달라질 수 있다.
③ 토층의 분화와 발달은 모든 토양 생성인자들의 종합된 결과에 의하여 얻어진다.
④ **성숙토양** : 토양의 생성작용을 충분히 받은 토양으로 독특한 단면형태를 보인다.
⑤ **미성숙토양** : 토양 생성 초기단계의 토양으로 토층분화가 미약하다.

6 토양의 생성작용

토양의 생성작용 종류는 포드졸화 작용, 라테라이트화 작용, 회색화 작용, 석회화 작용, 염류화 작용, 부식 및 이탄 집적작용 등이 있다.

1) 포드졸화 작용(podzolization)

① 포드졸화 작용 : **한랭습윤 침엽수림**(소나무, 전나무 등) 지대에서 토양의 **무기성분이 산성 부식질의 영향으로 용탈**되어 표토로부터 하층토로 이동하여 집적되는 생성작용을 말한다.

② 포드졸화 작용의 특징

- 포드졸화가 진행되면 **무기성분은 물론 철이나 알루미늄까지도 거의 용탈**되어 **안정된 석영과 규산이 토양단면을 이룬다.**
- 침엽수의 낙엽에는 염기 함량이 매우 낮기 때문에 **토양 산성화를 가중**시키고 **양이온의 용탈이 심하다.**

③ 포도졸 토양의 특징

- **표층**에는 규산이 풍부한 **표백층**(漂白層, A2)이다.
- 표백층 하부에는 알루미늄, 철, 부식 집적층이 형성된다.
- 특수한 환경에서는 열대, 아열대 지역에서도 포드졸화가 진행되는 경우가 있다.

2) 라테라이트화 작용(laterization)

① 라테라이트화 작용 : 라테라이트화 작용이란 고온다습한 아열대나 열대지방에서 일어나는 토양 생성작용을 말하며, 이 지역 토양생성 작용은 규산의 용탈이 심하고 R_2O_3(Fe_2O_3와 Al_2O_3의 총칭)가 표토에 많이 집적되는 작용을 말한다.

② 라테라이트화 작용의 특징

- 고온다습한 열대, 아열대 지역은 식물이 매우 잘 자라고 미생물의 활동이 매우 활발하고 부식질의 분해가 매우 빠르다.
- 따라서 가수분해가 심하고 토양 중의 알칼리 금속과 알칼리토 금속류는 계속 공급된다. 따라서 토양은 중성이나 염기성 반응조건으로 분해된다.
- 규산(SiO_2)은 가용성으로 되어 용탈된다.
- 철, 알루미늄 등의 수산화물 또는 산화물은 토양 중에 남아 집적된다.

③ 라테라이트 토양의 특징

- 양이온 교환용량이 낮다.
- 점토의 활성이 낮다.
- 1차 광물과 가용성 물질의 함량이 적다.

- SiO_2(규산) 함량이 낮다.
- 토양 색깔은 적색을 띤다. → 산화철이 집적되어 있기 때문

3) 회색화 작용(gleyzation)

① 회색화 작용 : 토양이 심한 환원작용을 받아 철이나 망간이 환원상태로 변하고, 유기물의 혐기적 분해로 토층이 청회색, 담청색으로 변화하는 작용을 회색화 작용이라고 한다.

② 회색화 작용 토양의 특징
- **지하 수위가 높은 저습지** 또는 **배수가 극히 불량한 토양**에서 일어난다.
- 토양 속에 머물고 있는 물로 인해 산소 공급이 불충분하여 **환원상태**로 되어 **3가철(Fe^{3+})이 2가철(Fe^{2+})로 된다.**
- 토층은 **담청색~녹청색** 또는 **청회색**을 띠는 토층 분화작용이 일어난다.
- 논과 같이 인위적으로 담수상태를 만들어 준 곳에서의 표층은 환원층이 되고, 심층은 산화층으로 분화된다.

4) 석회화 작용(calcification)

① 석회화 작용 : **중위도의 건조지역 또는 반건조 기후지역**에서 진행되는 토양 생성작용으로, 물이 주로 심토에서 표토로 거꾸로 상향 이동하는 지역에서 일어나는 토양 생성작용을 말한다.

② 석회화 작용의 특징
- 우기에 **염화물**이나 **황화물** 등이 **용탈**된다.
- 규산염의 가수분해로 떨어져 나온 칼슘과 마그네슘은 탄산염으로 되어 토양 전체에 집적된다.
- 전해질에 의해 겔(gel)상태로 토양에 포화되어 있는 칼슘이 응고된다.

③ 석회화 작용 토양의 특징
- **석회**로 포화된 **중성부식과 무기질 토양**으로 **매우 비옥**하다.
- **대표적인 토양**은 **반건조 기후지역의 초원**에 분포하는 **체르노젬**이다.

5) 염류화 작용(salinization)

① 염류화 작용 : **건조지대**에서 모세관을 따라 심토로부터 올라온 수분은 토양표면에서 증발하게 되며, 이때 물에 용존해 있던 가용성 염류(NaCl, $NaNO_3$, $CaSO_4$ 등)가 표토에 집적하게 되는 것을 염류화 작용이라고 한다.

② 염류화 작용 토양의 종류
- 알칼리백토, 알칼리흑토

6) 이탄집적 작용(peat accumulation)

① 이탄집적 작용

- 습지(지대가 낮아 습한 곳) 또는 물속에서는 유기물의 분해가 늦어 부식이 집적되는 현상을 이탄집적 작용이라고 한다.
- 이탄토 : 이탄집적 작용으로 습지나 얕은 호수에 식물 유체가 쌓여 생성된 토양

② 이탄집적 작용의 특징

- 식물의 생장으로 생성된 생체는 유체로 토양에 환원된다.
- 유체로 토양환원 된 후 미생물작용으로 분해되면서 무기화된다.

7 토양의 분화

1) 토양단면의 형성 요인

① 토양단면이란 수평방향으로는 성질이 비슷하고 수직방향으로는 성질을 달리하는 층이 형성된 것을 말한다.
② 토양은 지각의 표층에서 암석의 풍화작용을 모재로 하여 기후, 지형, 생물 등에 의해 시간의 경과와 더불어 변해간다.
③ 토양표면은 기후의 영향을 크게 받아 층위의 분화가 활발히 일어난다.
④ 토양표면에 유기물이 집적되면 층위분화가 활발해진다.

2) 토양의 분화(★★★)

① 강우량이 많은 지역은 물이 하향이동하게 되면서 토양표면의 수용성 성분이 용탈된다.
② 강우량이 많은 지역에서 용탈이 일어나는 층 아래에는 표층으로부터 용탈된 성분의 일부가 집적되는 층이 형성된다.
③ 강우량이 많은 지역은 수평방향으로는 성질이 비슷하고 수직방향으로는 성질을 달리하는 층으로 분화된다.
④ 토양은 위로부터 **O층, A층, B층, C층, R층**으로 구분한다.

- **O층** : A층 위의 **유기물 집적층**이다.
- **A층** : O층 아래층으로 **용탈층**이다.
  - 토양의 표면이 되는 부분이다.
  - 많은 성분이 빗물에 의하여 밑으로 용탈된 토층이다.
  - 부식의 함량이 높다.
  - 토양 색깔은 검은빛을 띤다.

- B층 : A층으로부터 용탈된 물질이 쌓이는 **집적층**이다.
- C층 : 암석이 풍화된 상태 또는 풍화 도중에 있는 **모재층**이다.
- R층 : C층 아래의 **기암층**이다.

8 토양의 분류

1) 토양분류의 개념

① 도쿠차프 : **토양분류를 최초로 시도**하여 **토양분류 개념을 정리**한 사람이다.
② 마버트(미국) : 1927년 **토양분류방식 발표**, 1936년 **체계적인 분류안 발표**

2) 토양분류

구분	조어 요소	설명	생성되는 곳
Entisol	ent	미숙 또는 발달하지 않은 새로운 토양	모든 기후에서 생성
Vertisol	ert	팽윤, 수축 반복으로 된 팽창성 점토	건습이 교호되는 아열대 또는 열대기후
Inceptisol	ept	발달 시작한 젊은 토양 cambic, ochric, umbric, plaggen	온대 또는 열대습윤기후에서 생성
Moliisol	oll	두껍고 팽윤된 암색표층	반건, 반습의 초원에서 생성
Aridsol	id	건조지 토양으로 어느 정도 발달	건조지대에서 생성
Spodosol	od	podzol을 뜻하며 사질인 모재, 주로 spodic층이 발달됨	온대의 습윤기후에서 생성
Alfisol	alf	Al, Fe 하층에 집접	습윤온대 또는 아열대기후에서 생성
Ultisol	ulf	세탈이 극심, 염기가 매우 적은 토양	온난습윤, 열대, 아열대에서 생성
Oxisol	ox	Al, Fe 풍부	산화층으로 주로 습윤열대에서 생성
Histisol(★★★)	ist	늪지 토양	담수상태 또는 산성조건에서 발달
Andisol			화산회 토양

① 토양의 분류체계 : **군, 강, 아강, 형, 아형, 속, 종, 아종, 품종**
- 군(group) : 기후적 요인에 의한 분류이다.
- 강(class) : 기후와 식물요인으로 구분한다.
- 아강(sub-class) : 생물원, 생물 암석원, 생물수성원 등의 요인이 된다.
- 형 · 아형 · 종 · 아종 : 아강의 특성에 의하여 구분한다.

② 토양의 분류방법 : **생성론적 분류**와 **형태론적 분류**가 있다.

③ 생성론적 분류

- 분류단위 : **목, 아목, 대토양군, 속, 통, 구, 상** 등이다.
- 생성론적 분류에서 중요한 3개 단위 : 목, 대토양군, 통
- 목 : 5대 토양 생성인자인 기후, 식생, 모재, 지형, 시간의 영향을 받는 정도에 따라 **성대토양, 간대토양, 무대토양**으로 나눈다.
- 대토양군 : 염류의 종류 및 함량, 토양반응, 반층의 존재 여부에 따라 구분한다.
  - 성대토양의 대토양군 : 22개
  - 간대토양의 대토양군 : 14개
  - 무대토양의 대토양군 : 3개
- 토양통 : **토양분류의 기본단위**이다.(★★★)
  - 토양분류에서 가장 기본이 되는 토양분류 단위이다.
  - 표토를 제외한 심토의 특성이 유사한 페돈(pedon)을 모아 하나의 토양통으로 구성한다.
  - 토양통은 동일한 모재에서 유래하였고, 토층의 순서 및 발달 정도, 배수상태, 단면의 토성, 토색 등이 비슷한 개별토양의 집합체이다.
  - 표토의 토성은 서로 다를 수도 있다. 따라서 토양통은 지질적 요소(모재, 퇴적양식, 수분수지 등)와 토양생성적 요소(토층의 발달 정도, 토양생성 작용, 유기물집적 정도 등)가 유사한 것을 말한다.
  - 토양통은 그 토양이 제일 먼저 발견된 지역의 지명, 산이나 강의 이름 등을 따서 붙인다.
  - 우리나라의 토양은 378개의 토양통으로 분류되고 있다.
- 페돈(Pedon) : 토양분류 시 특정 토양의 특성을 나타내는 최소의 시료채취 단위(최소용적의 단위체)이다.(★★★)
- 토양구 · 토양상 : 토양의 분류단위가 아닌 토양의 관리단위이다.

④ 성대토양 : 기후와 식생의 영향을 받아서 형성된 토양을 말한다.

- 라테라이트토 : 열대 기후 지역의 적색토이며, 고온 다우한 기후 때문에 유기물이 용탈되어 척박하다.
- 갈색 삼림토 : 온대 혼합림 지역에 분포한다.
- 포드졸토 : 한랭습윤 지대에 분포한다. 회백색 산성토양이다.(★★★)
- 프레리, 체르노젬 : 반건조 지대의 흑색토양으로 미국 중부와 우크라이나 지대에 분포하는 비옥한 토양이다.

⑤ 간대토양 : 기반암의 특성이 반영된 토양을 의미한다.

- 레구르토 : 현무암이 풍화된 흑색의 비옥한 토양으로 인도의 데칸고원에 분포하며, 목화 재배에 유리하다.
- 테라 로사 : 석회암이 풍화된 적색 토양으로 중국 구이린, 지중해 연안에 분포한다.

⑥ 형태론적 분류
- 분류 단위 : **목, 아목, 대군, 아군, 속 또는 과, 통** 등 6개 단위로 구성된다.
- 목 : 분류의 최고차적 단위로 10개 목이 있다.
- 아목 : 토양의 수분상태와 기후, 식생의 영향에 따라 **47개**의 아목으로 분류한다.
- 아군 : 식물의 생장과 공학적인 목적에 따른 분류이다.
- 통 : 분류의 기본단위이다.(★★★)

3) 우리나라 주요 토양

① 충적토
- 우리나라 주요 하천 주변에 고루 분포한다.
- 비옥하고 관개가 편리하여 집약적 농업에 중요한 토양이다.

② 회색토
- 물에 쉽게 잠기는 평탄지와 골짜기의 낮은 곳에 분포한다.
- 토양산소가 부족하고 철 화합물이 환원되어 회색빛을 띤다.

③ 적황색토
- 구릉지, 산록, 홍적대지에 분포한다.
- 적황색을 띤다.
- A층은 유기물 함량이 낮아 암황갈색 또는 갈색을 띤다.

④ 유사반층토
- 표토로부터 약 30cm 깊이에 점토의 집적으로 이루어진 단단한 층이다.
- 우리나라 서부와 남부의 구릉 및 산악의 하부에 주로 분포한다.

⑤ 화산회토
- 유기물의 함량이 많아 농암갈색 또는 흑색을 띤다.
- 우리나라 제주도에 분포한다.

⑥ 갈색삼림토
- 우리나라 높은 산악지 및 고원지에 분포한다.
- 산림 또는 야생초지로 피복된 토양이다.

⑦ 염류토
- 기간이 오래되지 않은 간척지 또는 배수가 불량하여 염류의 함량이 높은 토양이다.
- 우리나라 서해안 및 남해안에 분포하는 토양이다.

9 토양조사와 이용

1) 토양조사의 개념과 목적

① **토양조사의 개념** : 토양의 성질을 조사하여 분류하고 식물 또는 작물 생육과의 관계를 밝혀 영농계획을 수립하는 등 토양자원을 효율적으로 활용할 수 있도록 과학적으로 조사 · 평가하는 것을 말한다.

② **토양조사의 목적**
- 지대별 영농계획 수립
- 토양조건의 우열에 따른 합리적인 토양 이용
- 농지개발을 위한 유휴구릉지의 분포 파악
- 지력 증진을 위한 토양 개량 및 토양 보전
- 농업용수 개발에 따른 용수량의 책정
- 삼림육성과 상류수원 함양을 위한 조림 및 사방

③ **토양조사 도구 및 장비** : 기본도(또는 항공사진), 토양 굴착기, 토색장, 간이수평기, 조사수첩 등

2) 토양조사의 내용

① 조사 지역 내의 토양에 대한 중요한 성질을 조사한다.
- 야외에서 토양단면에 대한 형태적 조사를 한다.
- 필요에 따라 시료를 채취하여 이화학적 분석을 실시한다.

② 정해진 분류 체계에 따라 조사 지역의 토양을 분류한다.

③ 생성학적으로 거의 동일한 단면의 형태를 가지는 1군의 토양 분포를 지도상에 나타내고 이와 다른 종류의 토양이 분포되어 있는 경계선을 구하는 토양도를 작성한다.

④ 조사 지역 내에 분포하는 토양과 토지이용, 적합한 작물, 토양관리, 토양개량, 재배법의 개선 등과의 관련을 구한다. 이를 위하여 재배시험을 하기도 한다.

3) 토양조사의 종류

① **정밀 토양조사**
- 1/10,000 또는 1/20,000 축적의 기본도 위에 조사한다.
- 토양도는 1/25,000로 출판하므로 조사지점 거리는 100~200m 정도이다.

② **개략 토양조사**
- 일반적으로 도 이상의 지역에 적용한다.
- 작도단위별 최소면적은 0.25ha이다.
- 조사지점 간의 거리는 500~1,000m이다.

③ 반정밀 토양조사

- 일부 지역은 정밀조사를 하고 그밖의 지역은 개략조사를 한다.
- 우리나라는 산악지역이 많아 반정밀조사가 효율적이다.

④ 토양단면조사

- 보통 100cm까지 굴착하며 시료는 층위별로 500~1,000g 정도 채취하여 실험실에서 분석한다.
- **토양단면에서 관찰하여야 할 사항** : 토색, 토성, 토양구조, 토양의 견결도(soil structure), 토양반응(pH), 감식층위의 존재 유무, 층위의 모양, 공극, 자갈, 결핵(탄산석회, 철, 망간 등에 의하여 생김)의 함량 등

4) 토양조사 방법

① 항공사진 해설

- 토양조사에서 사용되는 기본도는 축적이 1:10,000(★)의 항공사진이다.
- 항공사진을 입체 판독하여 토양 생성과 밀접한 관계가 있는 지형, 모재, 식생 또는 항공사진 상의 색조 등의 차를 판독한다.
- 이 방법은 토양 경계선을 실내에서 작성하여 토양조사의 정밀도를 높일 수 있다.
- 토양조사 기간을 단축할 수 있고 토양조사의 효율을 증진할 수 있다.
- **항공사진 축적별 토양조사의 종류**

항공사진 축적	사진 크기	토양조사의 종류
1:40,000	23cm×23cm	도별 개략토양조사(★)
1:10,000	23cm×46cm	시군별 정밀토양조사(★)

- 정밀토양조사는 3종의 항공사진 축척이 사용되는데, 주로 1:10,000(★)이 쓰이고 있다.

② 현장조사

- **현장조사 시 필요한 도구** : 기본도 또는 항공사진, 토양 굴착기, 토색장, 간이 수평기, 조사수첩
- **현장조사를 위한 토양 굴착 깊이** : 100cm(★)
- **현장조사 시 조사 사항** : 토성, 토색, 배수성, 자갈 함량, 경반층 등 감식층 존재 여부, 유효토심, 모암 및 모재의 종류

③ 토양단면 만들기

- 토양단면 만들기는 토양조사에 가장 중요한 사항으로 구덩이를 판다.
- 실험실 분석용 토양시료 채취 : 500~1,000g
- **토색 판정** : 표준토색장(colour chart)으로 비교 판별한다.

  ※ **표준토색장** : 일반적으로 먼셀(Munsell)식 표기법이 가장 널리 활용된다.

- **토성(soil texture)** : 실험실에서 최종 확정하기 전 손으로 만져 결정한다.
  ※ 손으로 만졌을 때 점토가 많으면 미끄럽고, 미사가 많으면 거칠다.
- **토양구조** : 삽으로 흙을 떠서 가슴 높이에서 떨어뜨린 다음 깨진 모양과 크기를 관찰하여 판정한다.
- **토양의 건결도** : 손으로 문질러 보아 토양의 응집성, 점착성을 유추한다.
- **반문(soil mottle)의 색깔과 양** : 석회, 유기물, 교질물, 철분 등의 용탈 및 집적에 의해 생성되는 것을 반문이라 하며, 색깔은 토색장을 이용하고 크기와 양을 조사한다.
- **토양반응(산도)** : PH측정기로 토양산도를 측정한다.
- **감식층위의 존재 유무** : 분류상에 정의된 여러 종류의 감식층위가 있는지 조사한다.
- **층위의 모양** : 단면상의 각 층위에 대한 깊이, 두께를 측정하고 층위의 경계선에 대한 명료 정도와 전이 형상을 조사한다.
- **기타 조사 사항** : 식물의 뿌리, 공극, 자갈, 결핵(탄산석회, 철, 망간 등에 의해 생김)의 함량 등

제2과목

5) 토양 분석

① 입도 분석(토성 결정)

- 토양시료 중 유기물이나 가용성 물질을 제거하고 시료를 분산한 후 측정한다.
- **입도 분석**
  - **모래**=모래/T×100
  - **미사**=미사/T×100
  - **점토**=점토/T×100

TIP 수

T = 모래 + 미사 + 점토

② 토양의 가비중(가밀도) 분석

- 자연상태의 토양을 그대로 채취하여 건토의 무게를 측정한 후 전체부피로 나눈다.
- 가비중=건토의 중량(g)/토양의 용적(cc)
- 수분율=[자연토양의 중량(g)−건토의 중량(g)]/공극의 부피(cc)×100
- 함수비=[자연토양의 중량(g)−건토의 중량(g)]/건토의 중량(g)×100
- 고상률=건토의 중량(g)/[진비중×공극의 부피(cc)]×100=100−공극률
- 공극률=100−고상률

③ 토양 보수력 측정

- 1/3기압 이하의 수분 함량 측정은 다공질판인 기압판을 사용한다.

- 15기압 이하의 보수력은 압력막 기구를 사용한다.

④ 토양산도의 측정
- 토양 속에 존재하는 수용성 산화물질에 일정량의 KCℓ용액을 첨가함으로써 이온화되어 나오는 수소이온의 농도를 측정한다.
- 측정단위는 pH=-log[H+]로 표시한다.

⑤ 비결정성물질 분석 : **시차열분석법**
- 시차열분석법 X-선 회절분석법으로 불가능한 비결정질 물질을 분석하는 데 사용된다.
- 시료와 표준물질을 동일 조건에서 가열 냉각을 통한 열분석으로 시료와 표준물질의 온도차를 근간으로 하고 있다.

⑥ 점토 분석 : **X-선 회절분석법**
- 점토 분석에서 가장 많이 사용되는 분석기법이다.

6) 토양도의 작성과 등급

① 현지조사 결과를 기초로 토양조사보고서와 토양도를 작성 발간한다.
② 우리나라 개략토양도의 축적은 1:50,000이므로 최소작도 면적은 6.25ha이다.
③ 정밀토양도는 1:25,000이므로 1.5625ha가 된다.
④ 토양도는 지형도를 원칙으로 하며, 항공도로 만들 수 있으나 제작기술과 비용이 소요된다.
⑤ 우리나라 토지이용 등급은 1급지부터 5급지로 구분한다.

10 토양입경과 물리적 성질

1) 토양의 입경 구분

① 토양의 무기입자는 그 크기에 따라 자갈, 모래, 미사 및 점토로 분류한다.
② 현재 주로 통용되고 있는 규격은 미국 농무성법이다.

TIP 양의 입경 구분

입경 구분	입경 규격(단위 : mm)	
	미국 농무성법	국제토양학회법
매우 굵은 모래	2.00~1.00	-
굵은 모래	1.00~0.50	2.00~0.20
중간 모래	0.50~0.25	-
가는 모래	0.25~0.10	0.20~0.02
매우 가는 모래	0.10~0.05	-
미사	0.05~0.002	0.02~0.002
점토	0.002 이하	0.002 이하

2) 토양의 물리적 성질

① 자갈

- 함량이 과다하면 물이나 공기의 투과가 과도하여 온도와 열의 영향을 받기 쉽고 경운작업이 힘들어 진다.
- 점토가 과다한 토양에 섞이면 식생에 불리한 점질상태를 완화시켜 준다.

② 모래

- 모래가 많은 토양은 큰 공극을 갖게 되나 모세관과 같은 작은 공극은 적어서 전공극량은 비교적 낮으며, 입자들이 갖는 내표면적도 적은 편이다.
- 사질의 토양은 배수가 지나치게 잘 되어 오히려 가뭄에 견디기가 어렵다.
- 모래는 통기성이 좋아 산화작용이 용이하고 유기물 분해가 쉽게 이루어져 유기물 함량이 낮다.
- 모래입자들은 서로 결합하는 힘이 없어 점착성이 약하여 경운이 쉽다.

③ 미사 : 혼합물의 물리적 성질은 많은 작물의 생육에 대해서 이상적이다.

④ 점토

- 주로 2차 광물로 형성되며 다른 입자군과는 달리 콜로이드적인 성질을 가지고 있다.
- 보수성이 좋다.
- 적당량의 물에 의하여 가소성과 응집성이 가장 강하게 나타난다.
- 식질토양은 점토 함량이 많아 점착성 때문에 경운할 때 힘이 든다.

3) 토성의 뜻과 입경 분석

① 토성 : 토양의 무기입자를 모래, 미사 및 점토로 구분하고 이들의 함량비, 즉 입경 조성에 따라 결정되는 토양의 종류를 토성이라 한다.

② **토성의 의의** : 토양의 보비성(비료를 보호하는 능력), 보수성, 배수성, 통기성 등을 결정하는 농업에 있어서 중요한 요인이 된다.

③ **토양입경 분석**

- 토양을 과산화수소 처리로 유기물을 파괴시켜 입자들이 분리되도록 한다.
- 나트륨이온처리로 안전한 분산상태를 유지하도록 한다.
- 굵은 입자는 체를 써서 분리, 정량하고 체별할 수 없는 미세한 입자들은 침강실린더에서 침강할 때의 속도 차이를 이용하여 분리, 정량한다.
- **스톡스의 법칙** : 현탁액에서 입자가 침강할 때의 속도는 입자 지름의 제곱에 비례한다.
  −V=k×d2
  (k는 비례상수로서 물의 밀도와 점성 및 중력가속도와 관계되는 상수)

④ **토성의 결정**

- 점토, 모래 함량으로 결정한다.
- 야외에서 토성을 결정할 때는 손가락으로 흙을 문질러보고 촉감테스트로 결정하기도 한다.

4) 점토 함량에 따른 토성의 분류

① **사토** : 12.5% 이하

② **사양토** : 12.5~25.0%

③ **양토(★★★)** : 25.0~37.5% → 작물 생육에 가장 적합(★)

④ **식양토** : 37.5~50.0%,

⑤ **식토** : 50.0% 이상

5) 사토와 식토의 비교

① **사토**

- 모래 함량이 70% 이상이다.
- 점착성은 낮으나 통기성과 투수성이 좋다.
- 지온의 상승이 빠르나 물과 양분의 보유력이 약하다.

② **식토**

- 점토 함량이 40% 이상 함유되어 있다.
- 물과 양분의 보유력이 좋다.
- 지온 상승이 늦고 투수성과 통기성은 좋지 않다.

6) 토성과 작물 생육

① 식토

- 다량의 양분을 함유하여 화학적 성질은 좋지만 통기성, 배수성이 불량하다.
- 식토에서 자란 식물은 조직이 치밀하고 단단하다.

② 사토

- 투수성, 통기성 등은 좋지만, 가뭄을 잘 타며 양분이 결핍되기 쉽다.
- 사토에서 자란 식물은 조직이 무르다.

7) 토성의 결지성

① 강성(견결성) : 토양이 건조하여 딱딱하게 되는 성질

② 이쇄성(역쇄성, 송성) : 반고태의 것으로서 토양을 경운하더라도 이겨지는 일이 없고, 입자는 연하고 부드러운 입단으로 되어 있다.

③ 가소성(소성)

- 물체에 힘을 가했을 때 파괴되는 일이 없어 모양이 변환되고, 힘이 제거된 후에도 원형으로 돌아가지 않는 성질을 말한다.
- 소성상태의 토양을 경운하면 입단이 파괴된다.
- 가소성(소성)은 토양의 결지성 중에서 가장 중요하다.
- **소성지수의 크기** : montmorillonite 〉 illite 〉 halloysite 〉 kaolinite 〉 가수 halloysite
- **소성지수를 결정하는 요인** : 입단구조, 유기물 함량

11 토양의 구조

1) 토성구조의 분류와 특징

토양의 구조란 입단의 모양, 크기, 배열 방식 등에 의하여 결정되는 토양의 물리적 구성을 말한다.

① **토양의 구조 분류 단위** : 모양(type), 크기(class), 발달정도(grade)

② **모양에 따른 분류** : 구상, 괴상, 판상, 주상

③ **토양구조의 조성** : 단위구조(single grained), 집괴구조(massive)

④ **토양의 구조 형성 요인** : 토양 입자 집합체(soil mass)의 수축, 팽윤의 반복과 결합체의 작용

⑤ 무구조형 형성 요인

- 각 입자가 단독으로 존재하는 단위구조
- 모래가 상당량의 점토를 함유한 경우
- 과습한 경우

- 경운과 압력에 의해 치밀하고 건조하여 큰 덩어리를 이루는 니괴상의 경우

⑥ 구조형
- 작토 및 표토에서 구상으로 존재하는 입상구조
- 밭토양이나 삼림의 하층에서 분포하는 다면체의 외관을 구성하는 괴상구조
- 건조 또는 반건조 지방의 심토에서 발달하고 찰흙 함량이 많은 염류토의 심토에 존재하는 주상구조
- 습윤지대 A층이나 논토양의 작토 밑에서 발달하는 얇은 판자상 또는 렌즈상의 배열을 가지는 판상구조가 있다.

2) 토성과 작물 생육

① **토성이 같다고 해도 구조가 다르면 토양의 성질은 달라진다.**

② 물리적 구조에 미치는 요인
- 현지 토양의 투수성, 보수성, 통기성, 지온, 수식성, 보비성
- 역학적 강도, 경운의 난이 정도

③ 입단형성에 좋은 요인
- **미생물의 작용** : 균사에 의한 결합작용과 미생물이 분비하는 고분자화합물인 다당류 또는 폴리우로나이드와 같은 점질물이 많아져 입단을 조성하고 유지하게 한다.
- **퇴비나 녹비의 사용** : 미생물의 활동을 증진시켜 입단화에 기여한다.
- 두과식물과 초지작물 재배는 입단에 유리하게 작용한다.
- 지렁이 등 토양생물의 배설물은 입단형성을 좋게 한다.
- 석회의 시용
- 토양개량제의 시용

④ 입단토양의 특징(★★★)
- 소공극과 대공극이 균형 있게 발달하여 있다.
- 비옥하고 보수성과 보비성이 크다.
- 토양침식이 줄어든다.
- 유용미생물의 활성이 커진다.
- 유기물의 분해가 촉진된다.

⑤ 입단을 파괴하는 요인(★★★)
- 토양 수분의 과다
- 지나친 건조 시기에 경운
- 토양의 건조 · 습윤, 동결 · 융해의 반복
- 지나친 잦은 경운

- 나트륨(Na)의 첨가
- 옥수수 같은 작물의 재배는 입단을 파괴한다.
- 잦은 강우와 바람

3) 토양의 밀도와 공극률

① **입자밀도(진밀도)**

- 입자밀도는 토양의 무게(105℃에서 건조시킨 후의 무게)를 토양 입자들이 차지하는 부피로 나누어 얻은 값이다.
- **석영, 장석, 운모의 입자 밀도는 대표값** 2.65g/㎤이다.

② **전용적 밀도(가밀도)**

- 전용적 밀도는 주어진 토양의 무게를 그 토양의 전체 부피(전체 용적)로 나눈 값이다.
- 전용적 밀도 값은 입자밀도보다 낮은 값을 나타낸다.
- 전용적 밀도는 토양의 물리적 상태를 나타내는 지표이며, 점토 함량이 증가하면 감소하고 모래의 함량이 높으면 증가한다.
- **경작토양의 평균 전용적 밀도 값** : 1.1~1.4g/㎤
- **식질토의 작물 생육에 지장이 없는 전용적 밀도 값** : 1.4g/㎤ 이하
- **사질토의 작물 생육에 지장이 없는 전용적 밀도 값** : 1.6g/㎤ 이하

③ **토양의 공극률**

- 토양의 공극은 자연상태에서는 항상 물이나 공기가 차 있게 된다.
- 토양의 전체 부피에 대한 공극의 용적백분율을 공극률이라고 한다.
- **토양공극량을 지배하는 인자** : 토성, 토양구조, 입자의 크기, 입자의 배열상태(★★★)

④ **토양공극률 산출(★★★)**

$$\text{산출식} = 1 - \left(\frac{\text{용적밀도}}{\text{입자밀도}}\right) \times 100$$

⑤ **용적밀도**= 고형 입자의 무게/전체용적

$$\text{산출식} = \left(\frac{\text{고형입자의 무게}}{\text{전체용적}}\right)$$

⑥ **용적수분 함량** = 중량수분 함량×용적밀도=수분부피/전체부피

⑦ **중량수분 함량** $= \dfrac{\text{수분무게}}{\text{마른토양무게}} \times 100\%$

⑧ **포화수분 함량** $= \left(\dfrac{\text{입자밀도}}{\text{용적밀도}}\right) / \text{용적밀도}$(★★★)

익힘 문제

Q. 토양의 전용적밀도(bulk density)가 1.8g/㎤일 때 75㎤용적에 들어 있는 건조토양의 질량은?

해설 1.8g/㎤×75㎤=135g

Q. 입자밀도와 용적밀도가 각각 2.0g/cm, 1.5g/㎤인 토양이 지닐 수 있는 포화수분 함량은?

해설 (2.0−1.5)/2.0=0.25㎥/㎥

Q. 토양의 용적밀도가 0.65g/㎤이고, 입자밀도가 2.6g/㎤인 경우의 토양공극률은?

해설 공극률=1−(용적밀도/입자밀도)×100=1−(0.65/2.6)×100=75

⑨ 토양 중에서 작물이 자라는 데 가장 적절한 토양 : 양토

⑩ 토양공극의 유형
- 비모세관 공극 : 비교적 큰 공극으로 공기와 수분의 통로
- 모세관 공극 : 모관공극, 소공극

⑪ 토양공극량을 지배하는 요인(★★★)
- 토성 : 식질토양보다 사질토양이 비모세관 공극이 많다.
- 토양구조 : 입단구조가 단립구조보다 비모세관 공극이 많아 공극률이 크다.
- 입단의 크기 : 입단이 클수록 비모세관 공극이 많다.
- 입자 또는 입단의 배열상태 : 정렬은 사열보다 공극률이 크다.

12 토양의 온도

1) 토양온도와 작물 생육

① 토양의 온도를 지온이라고 한다.
② 지온은 작물의 생육에 많은 영향을 준다.
③ 토양 미생물의 활동에도 결정적인 영향을 준다.
④ 토양 공기, 토양 수분의 이동에도 중요한 영향을 준다.

⑤ 토양온도를 결정하는 요인
- 외적 요인 : 일사량, 기온, 풍속, 토양피복
- 내적 요인 : 토양의 비열, 열전도도

2) 토양의 열수지와 열전도도

① 토양의 열수지는 토양표면에서의 열에너지 흡수와 방출에 의하여 결정된다.

② 토양열의 주된 원천은 태양열이다.

③ **토양의 온도와 열 흡수에 영향을 미치는 요인** : 토양 색깔, 위치, 경사도

- **암색토양** : 복사열의 80%를 흡수한다. 초지에서는 65%를 흡수한다.
- **옅은색의 석영사** : 30% 밖에 흡수하지 못한다.

④ **토양열의 손실 요인**

- 토양상의 수분 증발, 대기를 향한 장파방사, 지표면 공기의 가열 등

⑤ 토양의 비열이란 어떤 물질 1g의 온도를 1℃ 높이는 데 필요한 열량을 말한다.

- **토양의 비열 단위** : cal/g℃
- **물의 비열** : 1인
- **토양 무기입자의 비열** : 0.2 정도이다.
- 토양 수분 함유량이 많을수록 비열은 높아진다.
- **토양의 단위용적당 비열 단위** : cal/㎤/℃

⑥ 토양의 온도 차이가 있으면 열전도가 일어나 이동된다.

⑦ 토양에서 일어나는 열교환은 대부분 고체입자의 열전도에 의하여 일어난다.

⑧ 공기에 의한 열전도는 매우 느리고 약하다.

3) 토양의 온도변화와 조절

① 토양온도는 매일 또는 계절마다 바뀐다.

② 온도변화는 토양표면이 가장 높다.

③ 온도변화는 깊이가 증가함에 따라 그 변화폭은 감소한다.

④ 하루 중 온도변화가 없는 깊이는 30cm 정도이다.

⑤ 연중 지온변화가 없는 깊이는 3m 정도이다.

⑥ 눈은 지온강하를 막아주기도 한다.

⑦ 토양을 멀칭(mulching)하면 온도조절 효과가 나타난다.

- 짙은 색의 플라스틱 피복은 복사열을 경감하여 온도 상승을 도모한다.
- 투명한 플라스틱은 토양의 흡수를 조장하여 지온 상승을 가져온다.

⑧ 유기물의 함량을 높이면 토양의 색이 암색으로 되어 지온이 상승한다.

4) 토양의 색깔

① **토양의 색을 결정하는 요인** : 토양 유기물과 산화철(★★★)

② **건조지대의 토양 색깔** : 표토에 탄산칼슘 또는 황산칼슘이 집적되어 백색을 띠게 된다.

③ **밭이나 산림토양의 색깔**

- 적색, 갈색 및 황색을 띠며 주로 산화철에 기인하는 것이다.

- 산화철의 수화도가 증가하면 황색이 증가하고, 반대로 수화도가 낮아지면 적색이 증가한다.

④ **부숙이 덜 된 이탄은 갈색, 부숙이 잘 된 것은 흑색을 띤다.**

⑤ 배수와 토양 색깔
- 산소 농도가 낮아 2가철로 환원되고 부식과 합쳐져 회 · 록 · 청색을 띤다.
- 2가철과 3가철의 혼합물은 흑색을 띤다
- 배수가 잘 되는 논은 작토의 밑에 적황색의 철이 집적된 층이 있고, 그 밑에는 망간의 집적이 있는데, 산화망간은 흑 · 갈 · 자색을 띤다.

⑥ 토양 생성 시기와 색깔
- 토양의 생성연대가 짧은 미숙토양의 경우에는 모암과 같은 색을 띤다.
- 화강암 지역은 밝은색을 띤다.
- 안산암 지방은 암색(어둔운 색)을 띤다.

⑦ 토양색의 표시 : **색상, 명도, 채도**
- 토양색은 색상(hue), 명도(value), 채도(chroma)의 조합으로 나타내는 먼셀(Munsell)의 색 표시법을 이용한다.
- **색상** : 그 빛의 주파장을 나타낸다.
- **명도** : 물체 표면의 시각반사율의 대소를 판정하는 것으로 흑은 0, 백을 10으로 하고, 10등급으로 나눈다.
- **채도** : 색의 순도를 표시하며 무채색을 0, 채도의 증가에 따라 1, 2, 3...으로 표시한다.
- 5YR6/4라고 표시되었을 때 5YR은 색상, 6은 명도, 그리고 /4는 채도를 나타낸다.

13 토양의 비료성분

1) 토양과 비료성분

① 광의적인 원소는 유기질, 무기질, 천연산, 합성품을 포괄한다.

② 토양의 구성성분
- SiO_2(59%) 〉 Al_2O_3(15%) 〉 Fe_2O_3(3%) 〉 CaO 〉 Ca_2
- **토양의 구성성분 중 가장 많은 원소는** : O 〉 Si 〉 Al 〉 Fe
- 식물체의 조성성분은 보통 60여 종이다.

③ 필수원소 : 16원소
- 작물 생육에 필수적으로 필요한 원소를 필수원소라고 한다.
- 종류
  - P, O. K, ✓ Ca, Mg, S, ✓ C, H, N,

– Mo(몰리브덴), Cl(염소), B(붕소), Fe(철), Mn(망간), Cu(구리), Zn(아연)

④ **다량원소** : 토양 속에 비교적 많이 들어있는 주요한 성분원소
- 식물 생육에 다량으로 필요한 성분
- **종류** : Ca, Mg, S, N, P, K

⑤ **미량원소** : 토양 속에 비교적 적게 들어있는 성분원소
- 작물 생육에 있어 미량으로 공급하여도 되는 성분
- **종류** : Mn(망간), Fe(철), Zn(아연), Mo(몰리브덴), Cl(염소), B(붕소)

⑥ **유용원소** : 식물의 종류에 따라 규소, 나트륨, 코발트, 셀렌 등을 요구하는 것들도 있는데, 이들 성분을 유용원소라고 한다.

⑦ **비료의 요소** : 3요소(질소, 인산, 칼륨)

⑧ **질소질 비료**
- **종류** : 요소, 황산암모늄(유안), 질산암모늄(초안), 염화암모늄, 석회질소
- **질소 함량(★)** : **요소(46%)** 〉 질산암모늄(33%) 〉 염화암모늄(25%) 〉 황산암모늄(21%)

⑨ **인산질 비료**
- **종류** : 인산암모늄, 중과인산석회(중과석), 용성인비, 과인산석회(과석), 용과린, 토머스인비
- **인산 함량** : 인산암모늄(48%) 〉 중과인산석회(46%) 〉 용성인비(21%) 〉 과인산석회(15%)

⑩ **칼리질(칼륨) 비료**
- **종류** : 염화칼륨, 황산칼륨
- **칼륨 함유량** : 염화칼륨(60%) 〉 황산칼륨(50%) 〉 나뭇재

⑪ **비료의 4요소** : 질소, 인산, 칼륨, 칼슘

⑫ **비료의 5요소** : 질소, 인산, 칼륨, 칼슘, 마그네슘

⑬ **비필수원소 중 주요한 원소**
- **규소** : 벼 및 화곡류에서 중요한 생리적 역할(생체조직의 규질화 도모)을 한다. 벼의 일생 중 가장 많이 필요한 원소가 규소이다.(★★★)

⑭ **칼슘(석회)의 종류**
- **생석회(CaO)** : 석회석을 태워 이산화탄소 휘발 알칼리도 80% 이상
- **소석회($Ca(OH)_2$)** : 생석회+물 알칼리도 60% 이상
- **탄산석회($CaCO_3$)** : 석회석 분쇄 10메시 98%, 28메시 60%, 알칼리도 45%
- **고토석회($CaCO_3$, $MgCO_3$)** : 백운석 분쇄 알칼리도 45%
- **패화석회($CaCO_3$)** : 조개껍질을 분쇄 알칼리도 40~50%
- **부산소석회($CaCO_2$)** : 카바이트재, 석회질소의 부산물

TIP

칼슘 함유량(★) : 생석회(80%) 〉 소석회 · 석회질소(60%) 〉 탄산석회(50%)

2) 필수원소의 생리작용

① 질소(N)

㉠ 작용 : 분얼 증진, 엽면적 증대, 동화작용 증대

㉡ 작물에 흡수형태(★★★) : **NO_3^-(질산태), NH_4^+(암모니아태)**

㉢ 결핍장해 : 하위엽이 황백화, 화곡류의 분얼 저해

㉣ 질소 과잉

- 도장(웃자람), 도복(쓰러짐) 발생
- 저온 피해, 가뭄(한발)에 약해짐, 기계적 상해에 약해진다.

② 인(P)

㉠ 작용 : **세포핵 구성, ATP구성 성분**, 세포분열, 광합성, 호흡작용, 질소와 당분의 합성 분해, 질소 동화

㉡ 흡수형태(★★★) : **$H_2PO_4^-$ 또는 HPO_4^{2-}**

㉢ 결핍

- 어린 잎이 암녹색으로 되며, 둘레에 오점(검은점)이 생긴다.
- 뿌리의 발육이 약해진다.
- 심하면 황화, 결실 저해, 종자형성 · 성숙이 저해된다.

③ 칼륨(k)

㉠ 이온화되기 쉬운 형태로 **잎, 생장점, 뿌리의 선단**에 많이 분포한다.

㉡ 작용

- **탄소동화 작용 촉진** → 일조가 부족할 때에 비효효과가 크다.(★)
- **세포의 팽압을 유지**한다.(★)

㉢ 결핍장해

- 생장점이 고사한다.(말라 죽음)
- 줄기가 연약해진다.
- 잎 끝 및 둘레가 **황화한다.**

④ 칼슘(Ca)

㉠ 작용

- **세포막의 주성분**이다.(★)

- **체내 이동이 어렵다.**
- **단백질 합성**과 **물질의 전류**에 관여한다.
- **알루미늄(Al)의 과잉 흡수를 제어**한다.

㉡ 결핍장해
- 뿌리, 생장점이 붉게 변하여 죽는다.
- **토마토 → 배꼽썩음병**, 고추 → 열매 끝이 썩는다.

㉢ 과잉 : **마그네슘**, 철, 아연, 코발트, 붕소의 흡수를 저해하여 이들 원소의 **결핍**증세를 유발시킨다.

⑤ 마그네슘(Mg)

㉠ 작용
- **엽록소**의 구성원소이다.(★)
- 체내 이동이 쉽다.

㉡ 결핍
- 황백화, 생장점의 발육 불량
- 체내 비단백태질소 증가, 탄수화물 감소
- 종자의 성숙 지연

㉢ 칼리(칼륨), 염화나트륨, 석회(칼슘)를 과다하게 사용하면 마그네슘 결핍증세가 나타난다.

⑥ 황(S)

㉠ 작용
- 단백질, 아미노산, 효소 등의 **구성성분**이다.
- 엽록소의 형성에 관여한다.
- 체내 이동성이 낮다.
- 두과식물의 뿌리혹박테리아에 의한 질소고정에 관여한다.
- 황 성분의 요구도가 높은 작물 → 양배추, 파, 마늘, 양파, 아스파라거스

㉡ 결핍
- 단백질의 생성 억제
- 엽록소의 형성 억제
- 결핍증세는 새조직에서부터 나타난다.
- 황백화 → 생육 억제(세포분열 억제)

⑦ 철(Fe)

㉠ 작용
- **호흡효소**의 구성성분이다.(★)
- 엽록소의 형성에 관여한다.

㉡ 결핍 : **엽맥 사이가 퇴색한다.**

㉢ 기타 기작

- 토양 속에 철의 농도가 높으면 인(P), 칼륨(K) 흡수를 저해한다.
- 토양 PH가 높거나 인산, 칼슘 농도가 높으면 철의 흡수를 방해하여 철 결핍증세가 나타난다.
- 벼가 철을 과잉흡수하면 잎에 갈색반점 또는 갈색무늬가 생긴다.

⑧ 망간(Mn)

㉠ 작용

- 효소활성을 높여준다.
- 동화물질의 합성 및 분해, 호흡작용, 엽록소의 형성에 관여한다.

㉡ 결핍

- 엽맥에서 먼 부분이 황색으로 된다. 화곡류는 세로로 줄무늬가 생긴다.
- 강알칼리성 토양이나 과습한 토양, 철분이 과다한 토양에서는 망간 결핍증세가 나타난다.

㉢ 과잉

- 뿌리가 갈색으로 변한다.
- 잎이 황백화 · 만곡현상(구부러짐), 사과에서는 적진병 발생(★)

⑨ 붕소(B)

㉠ 작용

- 촉매 또는 반응물질로 작용
- 생장점 부근에 함량이 많다.
- 체내 이동성이 낮다.

㉡ 결핍(★★★)

- 체내 이동이 낮기 때문에 결핍 증세는 생장점이나 저장기관에서 나타난다. → 생장점(분열조직)이 갑자기 괴사(★★★)한다.
- 수정장해(결실 저해)
- 특히 배추과(십자화과) 채소에서 채종재배 시 결핍되면 장해가 크다.
- 콩과작물의 근류균(뿌리혹박테리아) 형성 저해(★★) → 공중질소 고정 저해
- 석회(칼슘) 과잉, 산성토양, 개간지 토양에서 결핍증세가 나타난다.

⑩ 아연(Zn)

㉠ 작용

- 여러 가지 효소의 촉매작용을 한다.

- 반응조절 물질로 작용한다.
- 단백질 대사, 탄수화물 대사에도 관여한다.
- 엽록소 형성에도 관여한다.

㉡ 결핍

- 황백화, 괴사, 조기낙엽
- 감귤 잎무늬병, 소엽병, 결실 불량을 초래한다.
  ➥ **우리나라 석회암 지대에서 결핍증세가 나타난다.(★)**

⑪ 구리(Cu)

㉠ 작용

- 산화효소의 구성 물질이다.
- 광합성, 호흡작용에 관여한다.
- 엽록소의 생성을 촉진한다.

㉡ 결핍

- 황백화, 괴사, 조기낙엽
- 단백질 생성이 저해

㉢ 과잉 : 뿌리의 신장 억제

⑫ 몰리브덴(Mo)

㉠ 작용

- 질소환원 효소의 구성물질이다.
- 근류균(뿌리혹박테리아)의 질소고정에 필요하다.
- 콩과작물에 많이 함유되어 있다.

㉡ 결핍 : 황백화, 모자이크병 유사 증세

⑬ 염소(Cl)

㉠ 작용 : 작물의 생육에 필수원소에는 속하지 않지만 삼투압 및 이온균형 조절과 광합성 과정에서의 물의 광분해 과정에서 망간과 함께 촉매작용을 한다.

㉡ 결핍 : 어린 잎의 황백화, 식물체의 전체 부위가 위조한다.

3) 비필수원소의 생리작용

① 규소(si)

- 화본과(벼과)식물에 함량이 극히 많다.
  ➥ 벼가 일생동안 가장 많이 필요로 하는 원소가 규소(규산질)이다.
- 생체조직의 규질화(★★★)를 도모하므로 내병성 향상(도열병)

- 경엽이 직립하므로 수광태세가 양호하여 동화량 증대, 내도복성(도복 저항성) 향상
- 증산을 억제하여 한해(가뭄해) 경감
- 규산의 흡수를 저해 하는 요소 → **황화수소(H_2S)**(★★)

② **코발트**(Co)

- 코발트가 결핍된 토양에서 생산된 목초를 가축의 사료로 사용할 경우 가축이 코발트 결핍증세가 나타난다.
- 비타민 B_{12}를 구성하는 성분이다.

③ **나트륨**(★)

- C_4식물(★)에서는 요구도가 높다.

4) 토양 유기물

① **토양 유기물의 개념** : 동물, 식물, 미생물의 유체로 되어 있으며, 부식(humus)이라고도 한다.

② **토양 유기물과 색깔**

- 토양이 **흑색**으로 보이는 것은 부식에 의한 것이다.
- 부식 함량이 10% 이상에서는 거의 흑색을 띤다.
- 5~10%에서는 흑갈색을 띤다.

③ **토양 유기물과 지력** : 토양 유기물은 토양의 성질을 좋게 하여 **지력**을 높이므로 퇴비, 녹비 등의 유기물을 시용하여 적정 수준의 유기물 함량을 유지하도록 토양관리를 해주어야 한다.

④ **부식의 효과**

- 양이온교환용량이 높아져 보비력 증대
- 토양 완충능 증대
- 지온의 상승
- 토양 입단구조 형성 촉진
- 유용미생물 번식 조장
- 중금속과 킬레이트 화합물을 형성하여 중금속의 유해작용을 완화
- 식물에 각종 무기양분을 공급
- 인산의 유효도 증대

⑤ **토양 유기물의 기능**(★★★)

- 암석의 분해 촉진
- 양분 공급
- 대기중의 이산화탄소 공급
- 생장촉진물질의 생성
- 입단 형성

- 보수성 증대
- 보비성 증대
- 토양완충능 증대
- 미생물의 번식 조장
- 지온 상승
- 토양의 침식 방지

⑥ 토양 유기물(부식)의 과잉 시 해작용

- 부식산이 생성되어 토양산성이 강해진다.
- 상대적으로 점토(흙)의 함량이 줄어들어 불리할 수 있다.
- 습답에서는 고온기에 토양을 환원상태로 만들어 해작용이 나타난다.
  ➡ 배수가 잘 되는 밭이나 투수가 잘 되는 논에서는 유기물을 많이 시용해도 해작용이 나타나지 않는다.

⑦ 탄질률(C/N)

- 탄질률은 유기물 중의 탄소와 질소의 함량비를 말한다.
- 토양 유기물인 부식의 탄질비는 매우 낮아서 10~12 정도이다.
- **질소기아 현상** : 탄질률이 높은 유기물이 토양에 가해지면 토양 중의 NH_4-N이나 NO_3-N은 미생물 세포의 단백질 합성에 이용되기 때문에 한때 식물은 유효태질소의 부족을 일으키는데, 이러한 현상을 질소기아라고 한다.
- 탄질률이 30 이상일 때에는 토양 중 질소의 고정이 유기물의 무기화보다 훨씬 커진다.
- 탄질률이 15~30일 때에는 고정과 무기화가 거의 같다.
- 탄질률이 15 이하일 때에는 무기화가 고정보다 커진다.
- 톱밥, 볏짚, 밀짚 등은 탄질비가 높다.
- 토양에서의 탄질비는 표토가 심토보다 크다.
- 습윤지방은 탄질률이 높다.

5) 토양의 비료성분 흡수

① 양분 흡수의 원리

- 식물은 CO_2 이외의 거의 모든 영양소를 뿌리를 통하여 토양에서 흡수한다.
- 모든 형태의 양분을 흡수하는 능력이 없으며, 흡수가능한 양분의 형태는 따로 있다.

② 양분의 적극적 흡수

- 뿌리의 호흡작용에 의해서 저장양분을 분해시키고, 여기서 발생하는 에너지를 이용하여 양분을 흡수한다.
- 토양용액이 세포막과 접촉하는 상태에서 필요한 양분은 세포막을 거쳐 세포 안으로 들어가게 된다.

③ **소극적 흡수** : 세포벽을 경계로 양분의 농도 차이가 있으면 확산작용에 의하거나 뿌리 표면에 있는 토양용액과 뿌리의 접촉부위에서 교환작용이 일어나서 세포 안으로 흡수된다.

④ **선택적 흡수** : 식물의 뿌리는 여러 가지 양분을 선택적으로 흡수한다.

6) 양분의 이동

① 식물은 세포의 원형질막에 양분이온과 일시적으로 결합하여 막외 이동을 돕는 양분흡수의 운반체를 가지고 있어 적극적인 흡수를 쉽게 하며, 적극적인 흡수작용으로 흡수된 양분은 염류의 직접작용에 의하여 높은 농도로 집적된다.

② 양분은 주로 뿌리털에서 흡수되며 흡수된 양분은 표피 부분에서 도관을 거쳐 지상부로 이동한다. 지상부의 각 기관에 분배된 양분은 대사에 이용되거나 구성성분으로 자리 잡으며, 일부는 대사산물로서 다른 기관으로 이동하기도 한다.

③ 각 기관에 있는 양분은 기관이 노화되면 새로 자라는 기관으로 이동하며, 이동성은 종류에 따라 다르며 Ca 〈 K 〈 Mg 〈 S 〈 N 〈 P의 순이다.

7) 양분흡수에 대한 외부 환경요인

① 온도와 빛

- 흡수가 극대로 되는 온도는 대부분의 식물에서 30~40℃ 범위이다.
- 빛은 식물의 광합성 작용을 비롯한 광화학반응을 통하여 양분흡수에 영향을 미친다.

② pH

- 토양 pH는 토양 양분의 화학적 형태를 변화시키고 용해도에 영향을 주게 되어 양분흡수에 매우 큰 영향을 미친다.
- 식물이 생육할 수 있는 토양의 산도는 pH 4.5~7.5이다.
- pH가 4 이하 또는 9 이상이 되면 뿌리 세포의 대사에 이상이 생겨 발육장해가 일어나며, 3 이하가 되면 뿌리로부터 양분이 유출되는 역류현상이 발생한다.

③ 공기, 수분 및 양분의 농도

- 토양의 통기성은 뿌리의 활성을 좌우하며 양분흡수에 영향을 미친다.
- 수분은 증산작용이나 뿌리의 기능변화에 직접적인 영향을 주며, 토양이온의 농도변화, 토양의 산화·환원상태 변화에 양향을 미치는 등 독립적 또는 상호 공동작용으로 양분흡수에 영향을 미친다.

④ 양분 사이의 상호작용

- 작물체의 주요한 염기는 K, Mg, Ca으로서, 이들 간에는 길항작용이 나타난다.
- 질소와 인산, 인산과 질소 및 마그네슘과의 사이에는 상조현상이 있다.

⑤ 공존 물질의 영향

- 토양에 존재하는 무기 및 유기물질은 종류와 농도에 따라 저해적 또는 촉진적 영향을 미친다.
- 토양의 환원조건에서 많이 발생하는 H_2S나 유기산, 유기물이 많은 습지에서 다량 생성되는 2가철(Fe^{++})은 양분흡수를 저해한다.
- 식물생육에 대한 독성 유발은 원소의 착염형 성능이 강할수록 독성이 강하며, 그 저해 정도는 Cu^{++} 〉 Ni^{++} 〉 Co^{++} 〉 Zn^{++} 〉 Mn^{++} 순이다.

14 토양의 화학적 조성

1) 토양의 화학적 조성

① 지각을 구성하는 원소는 약 90종이다.

② 무게기준으로 지각의 98% 이상이 8개의 원소로 이루어져 있다.

- 산소와 규소가 약 75%를 차지한다.(산소 〉 규소 〉 알루미늄 〉 철 〉 칼슘 〉 마그네슘)

③ 토양에서 가장 흔한 화학적 성분은 규산(SiO_2)과 알루미나(Al_2O_3)와 산화철로 80%를 차지하며, 토양의 골격을 이루는 중요한 성분이다.

④ 토양에 있는 무기성분 중에서 식물의 생육과 관계가 가장 깊고, 또한 식물이 다량으로 요구하는 것은 질소, 인산, 칼리이다.

2) 토양광물

① 1차 광물

- 1차 광물이란 암석이 기계적, 화학적 생물학적 작용으로 붕괴 또는 분해되었을 때 변화가 없는 광물을 말한다.
- **1차 광물의 화학성분** : SiO_2, Al_2O_3, K_2O, Na_2O, FeO_3, CaO, MgO 등
- 토양광물은 주로 Si, Al, Fe 등을 함유하고 있다.

② 2차 광물(점토광물)

- 1차 광물이 풍화되어 토양이 발달되는 도중에 재합성된 광물로 점토광물 등이 있다.
- 점토는 대부분 2차 광물로 구성되어 있기 때문에 점토광물과 2차 광물은 동의어로 사용된다.
- 점토입자 중에서도 크기가 2~0.2㎛인 굵은 점토입자에는 2차 광물과 함께 석영, 장석 등 1차 광물도 섞여 있다.

③ 결정질규산염점토광물

- 결정질규산염점토광물은 규산4면체와 알루미나8면체 2개의 구조로 구성되어 있다.
- 이들이 서로 결합하여 마치 생물체의 세포와 같은 하나의 구조단위가 형성된다.
- 이들이 결합하는 방식과 구조단위 사이에 작용하는 힘의 종류에 따라 카올나이트군, 가수할

로이사이트, 나크라이트, 딕카이트로 분류된다.

3) 점토광물의 음전하 생성

① 동형치환

- 동형치환은 원래 양이온 대신 크기가 비슷한 다른 양이온이 치환되어 들어간다.
- Al^{3+} 8면체에서 Al^{3+}가 Mg^{+2}로 치환되며 음전하가 증가한다.
- 동형치환에 의해 생성된 전하는 영구적 음전하이다.
- 양이온 교환반응을 증가시킨다.
- 광물 생성 단계에서 사면체와 팔면체의 정상적인 중심이 된다.
- 규소사면체에서 Si^{4+} 대신 Al^{3+}의 치환이 일어날 수 있다.
- 원래 양이온보다 양전하가 많은 이온이 치환되면 순 양전하를 갖게 된다.
- 2:1 격자형 광물(montmorillonite, vermiculite, illite)이나 2:2 격자형 광물(chlorite)에서만 일어난다.
- 1:1 격자형 광물(kaolinite, hallyosite)에서는 일어나지 않는다.

② 변두리 전하

- **kaolinite(카올리나이트, 고령토)**에 나타난다.
- **1:1 격자형 광물에도 음전하**가 존재하는 이유가 된다.
- 점토광물의 변두리에서만 생성되며 변두리 전하라고 한다.
- 점토광물을 분쇄하여 그 분말도를 크게 할수록 음전하의 생성량이 많아진다.

4) 양이온 치환 용량

① 양이온 치환 용량의 뜻

- 토양이나 교질물 100g이 보유하는 치환성 양이온의 총량을 mg당량으로 나타낸 것
- 단위 : me/100g

② 염기포화도가 낮아지면 산성이 된다.

③ 비가 많이 내리는 지역에서 염기가 용탈되어 염기포화도가 낮은 토양일수록 상대적 함량이 증가하는 양이온은 H^+이다.

④ 토양이나 교질물 100g이 보유하고 있는 음전하의 수와 같다.

⑤ pH가 높으면 잠시적전하(temporary charge)의 생성으로 양이온 치환 용량이 커진다.

⑥ 양이온은 pH가 증가할수록 흡착능력이 증가한다.

⑦ 음이온은 pH가 낮아지면 흡착이 증가한다.

⑧ 양이온의 흡착세기 순서 : H^+ 〉 $A\ell(OH)$ 〉 Ca^{+2} 〉 Mg^{+2} 〉 $NH_4^+=K^+$ 〉 Na^+ 〉 Li

⑨ 음이온 흡착세기 순서 : SiO_4^{-4} 〉 PO_4^{3-} 〉 SO_4^{-2} 〉 $NO_3^- \sim C\ell^-$

⑩ 양이온 교환능력이 클 경우 : 유기물 함량이 높고, 점토 함량이 높을 때

⑪ 염기포화도=교화선 염기의 총량 - (Al, H)/양이온 교환용량×100

5) 랭뮤어(Langmuir) 등온흡착식

① 흡착된 기체는 증기상에서 이상기체로 작용한다.
② 흡착된 기체는 단분자층에 국한되어 있다. 하나만 흡착한다.
③ 표면은 균일하다. 즉, 기체분자에 대한 각 결합위치의 친화력은 같다.
④ 흡착된 분자들 사이에는 상호작용이 없다.
⑤ 흡착된 기체분자들은 한 자리에 고정되어 있어 표면상에서 움직이지 못한다.

제2과목

6) 점토광물의 일반적 구조

① 점토는 판상격자를 가지고 규산판과 알루미나판을 가지고 있다.

② 1:1 점토광물 → 카올리라이트
- **카올리나이트** : 규산사면체층(규면 4면체)과 알루미나 8면체층이 1:1로 결합되어 있다. 판이 각각 1개이다.
- 카올리라이트를 2층형 광물이라고도 한다.

③ 2:1 점토광물 → 몬로나이트, 일라이트
- **몬로나이트, 일라이트** : 알루미나 8면체가 규면 4면체 사이에 낀 광물

④ 2:1:1 점토광물 → 클로라이트
- **클로라이트** : 2:1 점토광물에 Mg 8면체가 낀 광물

⑤ 비정질 점토광물 → 알로페인 할로사이트
- 알로페인 할로사이트 → 화산분출 시 나온 광물이다.

7) 영구전하와 가변전하

- **영구전하** : 동형치환으로 영구 음전하이다.
- **가변전하** : 광물표면에서 수소이온의 해리와 결합
- **가변전하 특성을 갖는 광물** : Goethite

8) 주요 점토광물의 구조와 성질

① kaolinite(카올리나이트)
- 대표적인 **1:1 격자형 광물**이다.(★★)
- 우리나라 토양 중의 점토광물의 대부분을 차지한다.
- 온난 · 습윤한 기후의 배수가 양호한 지역에서 염기 물질이 신속히 용탈될 때 많이 생성된다.
- 음전하량은 동형치환이 없기 때문에 변두리 전하의 지배를 받는다.

- 규산질 점토광물에 속한다.

② montmorillonite(몬모릴로라이트군 = 스멕타이트군)
- **2:1 격자형**이며 **팽창형**이다.
- 각 결정단위의 표면에도 흡착 위치가 존재하므로 양이온 교환 용량이 매우 크다.
- 결정단위 사이의 결합은 반데르발스 힘으로 약하다.
- 수분이 층 사이로 쉽게 출입할 수 있어 쉽게 수축 · 팽창한다.
- 토양용액 중 나트륨이온이 많은 환경에서 몬모릴로나이트가 젖으면 건조 시의 부피보다 3~10배로 팽창한다.
- 산성백토 또는 벤토나이트 등은 몬모릴로나이트가 주가 된다.
- 염화암모늄 같은 강산염의 NH^{4+}이온을 첨가 시 토양의 단위 치환 용량에 대한 NH^{4+} 흡착량이 가장 크다.
- 규산 4면체 중의 규소가 Al^{3+} 또는 인산과 치환된다.
- 알루미늄 8면체 중의 Al^{3+}이 Mg^{2+}, Fe^{2+}, Zn^{2+}, Ni^{+}, Li^{+} 등과 치환작용이 일어난다.

③ illite(일라이트) : 일반구조는 montmorillonite와 같지만 규산 4면체 중의 몇 개의 규소가 Al^{3+}에 의해 동형 치환된 결과 생긴 음전하의 부족량만큼이 K^{+}에 의해 충족되어 있는 것이 특징이다.

④ 클로라이트(2:1:1 점토광물) : 2:1형 결정단위 층 사이에 Mg^{-8}면체층이 끼어 있는 광물이다.

⑤ 알로팬(비정질 점토광물)
- 대표적인 비정질 점토광물이다.
- 규산과 알루미나의 가수산화물로 구성된다.
- 구조 내에 Si-O-Al의 결합을 갖지만 부정형 점토광물이다.
- 화산회로부터 생성된 토양에 존재하는 점토광물로서 우리나라의 경우 제주도 토양에 주로 볼 수 있다.
- 부식을 흡착하는 힘이 강하다.
- 인산 고정력이 있으므로 인산질 비료의 시비가 요구되는 토양이다.

⑥ 가수산화물
- 고온다습한 열대 또는 아열대 지역에서는 풍화 속도가 빠르다.
- 고온다습한 지역에서는 비가 많이 내리기 때문에 광물의 분해와 가용성 성분의 용탈이 쉽게 일어난다.
- 규산질점토광물까지도 분해되어 규산이 용탈되고 용해도가 낮은 산화철(Fe_2O_3) 또는 산화알루미늄(Al_2O_3) 등 2.3산화물의 수산화물 $Fe(OH)_3$, $Al(OH)_3$이 남게 된다.
- 산화철 또는 그의 수화물로 인해서 토양의 색은 적색 내지 황색을 띤다.
- 수축과 팽창을 하지 않고 점착성이 없어서 규산염 점토광물과는 달리 점토 함량이 많아도 수분의 흡수가 적다.

15 토양반응

1) 토양반응과 표시방법

① **토양반응** : 토양의 산성 혹은 알칼리성 정도를 토양의 반응(soil reaction)이라 한다.

② **토양반응에 영향을 미치는 요인**

- 토양 중의 양분유효도
- 유해물질의 용해도
- 식물뿌리와 미생물체 내의 생리화학반응 등

③ **토양반응의 표시**

- **PH법** : pH를 측정하여 나타내는 방법
- **적정법** : 토양을 산 또는 알칼리로 적정하는 방법
- 토양의 산도는 토양수에 용해하여 해리된 활성수소이온의 농도를 표시하는 것으로, 용액 중의 활성수소(토양산성 전체의 1/1,000~1/10만 정도)뿐만 아니라 콜로이드에 흡착되어 있는 수소를 포함한 수소이온 총량을 말한다.

2) 토양 pH의 개념

① pH란 용액 중에 존재하는 수소이온(H^+) 농도의 역수의 대수(log)로 정의한다.
② 물은 H^+와 OH^-로 해리되며, 해리된 H^+와 OH^-농도의 곱이다. 따라서 이온상태 상온 조건에서 항상 10^{-14}로 알려져 있다.
③ 순수한 중성의 물은 10^{-7}mole/ℓ의 H^+와 OH^-이 생성되며, pH는 7이 된다.
④ pH는 중성 7을 중심으로 0에서 14까지 변한다.
⑤ **토양 pH의 측정** : 색소를 이용해 측정하거나 pH미터로 측정한다.
⑥ 강산성 토양은 용탈이 심하게 진행된 토양으로, 염기의 함량이 낮고 카올리나이트 또는 수산화물 점토광물이 주가 되는 토양이다.
⑦ 강산성 토양에서는 미생물의 활동이 적다.
⑧ 강산성 토양에서는 금속이온의 용해도가 높아 Al, Mn의 독성을 나타낼 정도가 된다.

3) 토양의 적정 산도

① 토양은 H^+ 혹은 OH^-의 해리도가 매우 낮다.
② 토양은 중성염을 가하면 H^+양이온, OH^-음이온과 교환되어 용액 속으로 침출된다.
③ 토양 pH는 무기성분의 용해도를 크게 좌우한다.
④ pH 4~5로 내려가면 식물에 독성을 나타낼 정도로 Al과 Mn의 농도가 높아진다.
⑤ 산성토양은 두과식물의 질소고정 근류균의 활성이 떨어진다.

⑥ 산성토양에서는 유기물을 분해하는 세균의 활성이 감퇴된다.

⑦ **농작물의 생육에 적합한 산도**
- 무기질 토양 : pH 6.5
- 유기질 토양 : pH 5.5

4) 토양 PH와 작물의 생육

① 강우량이 많은 지역은 Ca^{++}, K^{+}, Mg^{++}, Na^{+}등 염기가 빗물에 용탈되어 산성이 된다.
- 염기의 포화도는 토양의 산도와 가장 밀접한 관계를 가지고 있다.

② 토양 pH가 중성보다 높아져도 생육에 이롭지는 않다.

③ 강우량이 낮은 지역에서는 염류의 집적으로 토양 pH가 높아진다.

④ 교환성 Na^{+}의 함량이 높아지면 pH는 상승한다.

⑤ 대개의 식물은 pH가 9 이상 되면 생장을 멈추거나 죽는다.

⑥ 알칼리성이 되면 미량원소의 용해도가 떨어진다. 따라서 Fe, Mn, Zn, Cu 등이 결핍되기 쉽다.

5) 토양의 완충작용

① **토양완충작용** : 토양은 강산이나 강알칼리를 가하더라도 콜로이드에서 양이온을 교환하여 pH 변화를 억제하는데, 이를 토양의 완충작용이라고 한다.

② 토양에 염산(HCl)을 가하면 콜로이드의 Ca^{+}이 염산의 H^{+}와 교환되면서 H^{-}콜로이드로 된다. 콜로이드는 HCl보다 해리가 잘 안되므로 pH는 약간만 내려간다.

③ 토양에서는 유기물의 분해 또는 비료의 사용으로 질산, 황산, 염산 등 강산이 생성되기 쉽다.

④ 토양에 Ca이 적절하게 함유되어 있으면 완충작용에 의해 급격한 pH의 변화를 막을 수 있는 것이다.

6) 토양반응과 인산염의 존재 형태

① **알칼리성 조건에서** : PO_4^{3-}의 형태로 존재한다.

② **중성~약산성 조건에서** : HPO_4^{2-}, $H_2PO_4^{-}$의 형태로써 존재한다.

③ **강산성 조건에서** : 주로 **$H_2PO_4^{-}$(★)**으로 존재한다.

7) 토양반응과 인산의 고정

① **인산의 유효도를 감소시키는 물질** : Ca, Fe, Al

② 토양반응이 산성일수록 인산의 유효도는 감소한다.
- 산성조건에서는 Al-P, Fe-P으로 침전되며, Al, Fe이 산성에서 gel되어 다량의 인산이 고정된다.

- 고정이 되면 작물이 이용할 수 어렵게 되는 것이다.

③ 알칼리토양에서 인산은 칼슘과 결합하므로 유효도가 감소한다.
- 석회암 지대의 경우 칼슘으로 인해 인산이 고정(유효도가 감소)된다.
- 알칼리성 조건에서는 Ca-P으로 침전되며 난용성염이다.

④ 토양반응이 중성일 때 인산의 유효도가 높다.
⑤ 토양에 사용한 인산비료는 불용화(고정)되어 흡수율은 질소비료에 비하여 매우 낮다.

8) 유효인산 정량방법

유효인산 정량방법은 **Bray법**, **Lancaster법**, **Olsen법**, **Truog법** 등으로 분류할 수 있다.

① Bray법 : 주로 산성토양에 효과적인 방법으로 HCl과 NH_4F을 함유하는 침출액을 사용하여 HCl의 농도에 따라 2가지로 나눌 수 있다. Bray No.1법(제1법)은 0.03M NH_4F, 0.025M HCl의 혼합액을, Bray No.2법(제2법)은 0.03M NH_4F, 0.1M HCl의 혼합액을 사용한다. 토양과 침출액의 비는 1:7이며, 침출시간은 제1법이 1분, 제2법이 40초이다.

② Lancaster법 : 우리나라 농촌진흥청에서 사용하는 방법으로, 침출액은 아세트산(CH_3COOH), 젖산(C_2H_5OCOOH), NH_4F, $(NH_4)_2SO_4$, NaOH로 구성되며, pH는 4.25로 조절하여 사용한다. 토양과 침출액의 비는 1:4이며, 침출시간은 10분이다.

③ Olsen법 : Ca-P를 함유하는 알칼리 또는 중성토양에 적합한 방법으로써, 토양과 침출액 0.5M $NaHCO_3$의 비를 1:20으로 하여 pH 8.5 정도에서 30분간 진탕한 후 침출하는 방법이다.

④ Truog법 : 0.002N H_2SO_4에 $(NH_4)_2SO_4$ 또는 K_2SO_4를 녹인 후 pH 3으로 맞춘 침출액을 사용하며, 토양과 침출액의 비는 1:200이며, 침출시간은 30분이다.

9) 중금속의 인체 해작용

수은(Hg)	• 미나마타병의 원인 물질이다.(★★) • 중추신경계통에 장해를 준다. • 언어장해, 지각장해 등
납(Pb)	• 다발성 신경염, 뇌, 신경장해 등 신경계통에 마비를 일으킨다.
카드뮴(Cd)	• 이따이이따이병의 원인 물질이다.(★★) • 골연화증, 빈혈증, 고혈압, 식욕부진, 위장장해 등을 일으킨다. ※ '이따이' → 일본말로 아프다라는 뜻
크롬(Cr)	• 피부염, 피부궤양을 일으킨다. • 코, 폐, 위장에 점막을 생성하고 폐암을 유발한다.
비소(As)	• 피부점막, 호흡기로 흡입되어 국소 및 전신마비, 피부염, 색소 침착 등을 일으킨다.

구리(Cu)	• 만성중독 시 간경변을 유발한다. • 특히 식물성 플랑크톤에 독성이 강하다.
알루미늄(Al)	• 투석치매, 파킨슨치매와 관련이 있다. • 알츠하이머병의 유발인자로 의심되고 있다.

10) 중금속의 식물에 대한 해작용

수은(Hg)	• 알킬수은화합물이 가장 유독하다. • 금속수은은 토양 내에서 불활성 상태로 존재하기 때문에 작물에 의해 흡수되지 않으며 강우에 의해 지표로부터 용해되어 유출되기도 어렵다. • Hg^{2+}이 메탄박테리아에 의하여 메틸수은으로 되며 물에 가용성이 되고, 먹이 연쇄를 통하여 동물에 흡수, 축적될 수 있다.
니켈(Ni)	• 식물의 생육에 독성이 큰 물질로 알려져 있다. • 니켈은 인산 및 철과 같은 원소와 경합하여 체내대사를 방해한다. • 모래를 제외한 일반적인 토양에 장기적으로 흡착되어 소량만 침출된다. • Zn보다 독성이 강하지만 Ca^{2+}이 공존하는 경우 Ni의 독성을 감소시키게 된다.
카드뮴(Cd)	• 모래를 제외한 토양에 장기간 흡착되어 소량이 침출된다. • 침출 정도는 Co, Ni보다 크며, 농작물 자체에 미치는 영향은 알려진 바 없으나 먹이사슬을 통해 사람에게 영향을 주는 가장 위험한 금속이다. • 환원상태에서는 용해도가 낮은 황화합물 형태로 존재한다.
크롬(Cr)	• 토양 내에서는 $Cr-Cr^{3+}$으로 거의 불용성으로 존재한다. • Cr^{3+}보다 Cr^{6+}이 작물 생육에 더 많은 장해를 초래한다.
비소(As)	• As^{5+}보다 As^{3+}이 독성이 강하다. • 밭토양보다는 논토양에서 피해가 크다.
구리(Cu)	• 구리를 다량 함유한 토양은 철(Fe) 결핍을 초래한다. • 녹색부분의 백화현상을 유발한다. • 구리는 아연(Zn)과 길항적으로 작용한다. • 구리(Cu)는 몰리브덴(Mo)의 흡수를 억제한다. • Mo이 다량일 때는 Cu의 결핍을 초래한다. • 토양 유기물과는 킬레이트결합을 하여 난용화된다.

※ 환원상태에서 황화물이 되고 난용성이 되어 피해가 경감되는 중금속 : Cd(카드뮴), Ni(니켈), Zn(아연)

11) 비료 결핍장해

아연(Zn)	• IAA 생성과 관련이 있다. • 결핍 시 줄기의 마디 길이가 짧아지는 로제트 현상이 일어난다. • 잎이 짧은 little leaf 형상이 나타난다.
몰리브덴(Mo)	• 근류균의 질소고정에 필요한 성분이다. • 결핍 시 모자이크 증세가 나타난다. • 콩과작물의 경우 몰리브덴이 많이 필요하다.
붕소(B)	• 부족 시 갑자기 생장점이 괴사한다.(★★)
Ca(칼슘)	• 결핍 시 사과 고두병, 토마토 배꼽썩음병의 원인이 된다.(★★)
Fe(철)	• 결핍 시 어린 잎에서 백화현상이 나타난다.
Mn(망간)	• 보리, 귀리에서 회색반점이 생긴다. • 세포벽이 두꺼워지고 표피조직은 오그라든다.

16 토양의 산화 및 환원

1) 산화와 환원의 개념

① 산화는 화학반응에서 전자를 잃어버리는 것을 말한다.

② 환원은 화학반응에서 전자를 얻는 것을 말한다.

③ 백금전극을 용액에 꼽아보면 전자가 전극으로부터 용액으로 이동하려는 경향이 있는 계는 환원적인 경향이고, 반대방향으로 이동하면 산화반응을 일으키는 경향이다.

2) 논토양의 산화와 환원

① 논토양에서 담수가 지속되면 작토표층은 산화상태가 되고, 색깔은 황적색이 되고, 그 아래는 토양이 장기간 담수상태가 되어 환원층이 형성된다.

TIP

산화층과 환원층의 형성은 산소와 관계된다. 산소가 풍부한 밭토양은 산화상태가 되고, 논처럼 담수조건에서 산소가 부족한 조건이면 환원층이 형성되는 것이다.

㉠ 산화층(★★★)

- 질산화 작용으로 암모니아태질소가 질산태질소로 된 $NH_4^+ \rightarrow NO_2^- \rightarrow NO_3^-$

㉡ 환원층(★★★)

- 탈질작용으로 질산태질소가 질소(질산)가스로 되어 공기 중으로 휘산된다.
- 탈질작용을 방지하기 위해서는 암모늄태질소를 전층시비한다.

- 토양이 환원상태가 되면 Fe^{+++}, SO_3^{--}, SO_4^{-} 등의 환원에 의해 OH기가 증가되며, 논토양에서 철은 가장 많은 전자수용체로 철이 환원되면 토양 pH가 높아져 알칼리성을 띤다.

② **산화환원전위(★★★)**

- 담수조건에서는 산소가 부족하기 때문에 혐기성 미생물이 혐기적 분해과정에서 토층 내의 산화물 중 산소를 전자수용체로 이용하므로 환원이 된다.
- 산화환원전위가 낮은 조건에서는 철이 환원되어 인산의 용해도가 증가한다.
- 산화환원전위가 높아져 호기상태가 되면 유기물 분해가 빨라진다.
- 산화환원전위가 낮으면 유기물은 유기산이나 메탄으로 변할 수 있다.
- 산화환원전위(Eh)값은 환원이 심할수록 작고 산화가 심할수록 크다.

③ **환원작용**

- **질산의 환원** : $2NO_3^{-}+12H^{+}10e^{-} \leftrightarrow N_2+6H_2O$
- **망간화합물 환원** : $MnO_2+4H^{+}+2e^{-} \leftrightarrow Mn^{++}+2H_2O$
- **철화합물 환원** : $Fe(OH)_3+e- \leftrightarrow Fe(OH)_2+OH^{-}$
- 황산염 환원
  - $SO_4^{--}+H_2O+2e^{-} \leftrightarrow SO_3^{--}+2OH^{-}$
  - $SO_3^{--}+3H_2O+6e^{-} \leftrightarrow SO_3^{--}+2OH^{-}$

④ 이산화탄소의 생성과 그에 따른 탄산의 형성은 토양 pH를 낮춘다.
⑤ 알칼리토양에서는 철의 함량이 낮기 때문에 CO_2의 발생에 의해 토양 pH가 낮아진다.
⑥ 산성토양에서는 철의 함량이 높아 철의 환원에 의해 pH가 높아진다.
⑦ 강산성 토양에 담수를 하면 알루미늄 독성이 현저히 감소하고, 식물에 의한 중금속 흡수량이 감소된다.

3) 질소의 이용

① **무기화(광물질화) 작용** : 유기질소가 미생물의 작용에 의해 무기형태의 NH_4^{+}, $NH_3^{-}N$, NO_2^{-} 및 NO_3^{-}로 전환되는 현상을 무기화 작용이라고 한다.

② **부동화**

- 무기형태가 유기형태로 전환되는 것을 부동화라고 한다.
- 탄질비(C/N) 30 이상인 유기물을 토양에 공급하면 질소는 초기 분해 중에 부동화된다. 그리고 점차 분해가 진전됨에 따라 무기화 작용이 일어난다.

③ 이온의 종류는 질소의 유동성, 용해성, 식물체에 대한 유효성을 결정한다.

- 양전하를 띠고 있는 암모니아 이온은 이온교환에 의해서 음전하를 띠고 있는 토양 입자에 보유되기 때문에 근권 밖으로 용탈되는 것을 방지한다.

- 음전하를 띠고 있는 질산태 이온은 음전하를 띠고 있는 토양 입자에 부착되지 않으므로 이들 이온은 토양 용액에서 자유롭게 이동한다.

④ 질산화 반응식(★★★)

NH_4^+ → NO_2^- → NO_3^-

Nitrosomonas Nitrobactoer

TIP

암모니아는 니트로소모나스 작용에 의해 아질산성질소가 되고, 다시 아질산성질소는 니트로박터의 작용에 의해 질산성질소로 된다.

⑤ 탈질반응(★★★)

NO_3 → NO_2^- → N_2, N_2O

탈질균 탈질균

TIP

질산성질소는 탈질균에 의해 N_2, N_2O로 된다.

⑥ 질소의 고정 : 공기 중의 N_2(질소)는 질소고정균의 작용에 의해 식물체 내 질소화합물로 이용된다. 질소고정균은 콩과식물의 뿌리에 기생한다.

4) 질소시비량 측정

① 본답시비량

$$\text{산출식} = \frac{\text{비료무게} \times 100}{\text{성분량}}$$

② 시비량

$$\text{산출식} = \frac{(\text{요소의 필요 성분량} - \text{요소의 천연공급량})}{\text{요소의 흡수량}}$$

5) 토양산성의 분류(★★★)

① 활산성

- 토양 용액 중에 해리되어 있는 수소이온에 의한 산성을 활산성이라고 하며, 이러한 산도를 활산도라 하고 작물에 직접 해를 끼친다.
- 활산도를 측정할 때 토양과 증류수를 1:5 비율로 사용한다.
- $[H^+]$는 토양교질에 강하게 흡착되어 있다.

- 토양교질 입자에서 멀리 떨어진 $[H^+]$는 진탕하면 분리되어 물속에 유리하여 존재하며, 산도를 나타낸다.
- 토양의 산성 여부는 활산도를 이용하여 판단한다.

② 잠산성

- 산성의 원인이 토양 입자에 흡착되어 있는 교환성 수소와 교환성 알루미늄에 의한 경우를 말한다.
- 콜로이드 입자에 강하게 흡착된 $[H^+]$는 중성염을 가하면 용출된다.
- 활산도 측정은 KCl 용액 등을 사용한다.
- 산성토양을 중화하기 위한 석회 시용량 결정은 잠산도를 이용하여 판단한다.
  - 가수산성 : **약산염(식초산석회)**을 가해주면 더 많은 수소이온($[H^+]$)이 용출되는데, 여기에 기인한 산성을 가수산성이라고 한다.
  - 치환산성 : **중성염**인 KCl 용액을 가해주면 수소이온($[H^+]$)이 용출되는데, 여기에 기인한 산성을 치환산성이라고 한다.

6) 토양 개량

① 습답의 개량 방법 : 석회의 시용
② 사력질답의 개량방법 : 객토, 유기물의 시용
③ 간척지(염해지) 토양개량 방법(★★★) : 석고시용, 무황산근 비료의 시용

17 토양생물과 생태계

1) 토양생물의 개념과 특성

① 토양생물의 개념과 활동

- 지구에는 약 200만 종에 이르는 생물이 다양한 환경에서 생활하고 있다.
- 생물은 -17.8℃~45℃에서 살 수 있는 내성을 가지고 있다.
- 일부 미생물은 50℃의 온도에서도 생존할 수 있다.
- 윤충류나 선충류의 일부는 150℃ 이상이나 -273℃에서도 견딜 수 있다.

② 생태계 특성

- 생물군집(생물학적 체제의 최고 단위)을 반드시 포함한다.
- 태양에너지는 생물에 의하여 화학에너지로 전환되어 소모되며 재활용 되지 않는다.
- 일반적으로 생태계에서 에너지는 단방향성을 가진다.
- 생태계 내의 물질은 생물 간의 상호작용을 가진다.
- 생태계의 물질은 재활용이 가능한 상태로 회귀한다.

- 생태계의 물질순환에서 분해자의 역할이 매우 중요하다.

③ 생태계의 구성요소

- 비생물적 요소 : 태양광선, 온도, 물, 대기, 토양, 생산자, 소비자

④ 토양생물의 활성

- 토양생태계의 생물학적 작용은 토양생태군의 수(數)에 영향을 받는다.
- 그러나 생태계의 기능적 측면과 안정성 측면에서는 생물종수가 더 큰 영향을 준다.
- 토양생물의 활성 측정은 토양 생물의 개체수, 생체량, 호흡량으로 측정한다.

2) 생태계의 기능

① 에너지흐름 기능 : 생산자 → 1차 소비자 → 2차 소비자 → 고차 소비자 → 분해자 → 무기물형태로 방출

② 먹이사슬 기능 : 생태계는 일련의 포식과 피식의 관계를 기초로 경쟁과 공생의 관계를 이루며 복잡한 형태의 먹이그물(food web)을 형성한다.

③ 생물지화학적 순환 기능 : 물질이 일련의 순환과정을 거쳐 생물과 비생물적 요소를 오가게 된다.

④ 조기조절 능력

- 생태계는 조기조절 능력을 통해 군집의 발달과 시간적, 공간적 다양성이 일어난다.
- 생태계의 구조적인 특징을 나타내는 가장 중요한 구성요소 : 에너지, 군집, 물질

⑤ 생태계의 통합적 기능

- **비생물적 요소**는 **생물적 요소의 구조와 기능을 변화**시킨다.
- **비생물적 요소**는 **환경적 요소를 변화**시킨다.
- 생태계는 **역동성**을 나타낸다.
- 생태계는 **항상성**을 지니고 있다.

18 토양 미생물

1) 세균(박테리아)

① 세균의 특징

- **토양 미생물 중 가장 많은 비중(★)**을 차지한다.
- 단세포생물이다.
- 세포분열에 의해 번식한다.
- 다양한 능력을 가지고 있어 농업생태계에 중요한 역할을 한다.

② 주요 토양세균

- 아르트로박터 〉 슈도모나스 〉 바실루스 〉 아크로모박터 〉 클로스트리듐 〉 미크로코쿠스 〉 플라보박테륨
- 세균은 활동과 번식에 필요한 에너지의 공급 방식에 따라 자급영양세균과 타급영양세균으로 구분한다. 자급영양세균은 무기물을 산화하여 에너지를 얻고 CO_2를 환원하여 에너지(탄소원)를 얻고, 타급영향세균은 유기물을 산화하여 영양과 에너지를 얻는다.

③ 자급영양세균

- 토양에서 무기물을 산화하여 에너지를 얻는다 → 질소, 황, 철, 수소 등의 무기화합물을 산화시키기 때문에 농업적으로 중요하다.
- 니트로소모나스 : 암모늄을 아질산으로 산화시킨다.
- 니트로박터 : 아질산을 질산으로 산화시킨다.
- 수소박테리아 : 수소를 산화시킨다.
- 타오바실루스 : 황을 산화시킨다.

④ 타급영양세균

- 유기물을 분해하여 에너지를 얻는다.
- 질소고정균, 암모늄화균, 셀룰로오스분해균 등이 있다.
- 단독질소고정균은 기주식물이 필요 없고 토양 중에 단독생활을 한다.
- 단독질소고정균(단서질소고정균=비공생질소고정균)의 종류(★★)
  - 호기성 : Azotobacter, Mycobacterium, Thiobacillus
  - 혐기성 : Clostridium, Klebsiella, Desulfovibrio, Desulfotomaculum
- 클로스트리듐 : 배수가 불량한 산성토양에 많다.
- 아조토박터 : 배수가 양호한 중성토양에 많다.
- 공생질소고정균 : 근류균은 콩과식물의 뿌리에 혹을 만들어 대기 중 질소가스를 고정하여 식물에 공급하고 대신 필요한 양분을 공급받는다.

2) 진균(곰팡이, Fungi, 사상균)

① 단세포인 효모로부터 다세포인 곰팡이와 버섯에 이르기까지 크기, 모양, 기능이 매우 다양하다.
② 진균은 엽록소가 없어서 에너지와 탄소를 유기화합물로부터 얻어야 하는 타급영양균으로 죽거나 살아있는 식물, 동물과 공생한다.
③ 토양 중에서 세균이나 방선균보다 수는 적지만, 무게로는 토양 미생물 중에 가장 큰 비율을 차지한다.
④ 진균은 토양산도에 폭넓게 적응하는 내산성 미생물로 pH 2.0~3.0에서도 활동할 수 있으며, 다른 미생물이 살 수 없는 강산성 토양에서도 유기물을 분해한다.

⑤ CO_2와 암모니아(NH_4^+)의 동화율이 높아서 유기물에서 부식되는 양을 높임으로써 부패생성률이 높다.

3) 방선균

① 단세포로 되어 있는 것은 세균과 같고 균사를 뻗는 점에서는 사상균과 같아서 세균과 진균의 중간에 위치하는 미생물이다.
② 토양 중에서 세균 다음으로 수가 많다.
③ 유기물이 분해되는 초기에는 세균과 진균이 많으나 후기에 가서 셀룰로오스, 헤미셀룰로스 및 케라틴과 같은 난분해물만 남게 되면 방선균이 분해한다.
④ 물에 녹지 않는 물질을 분비하여 토양의 내수성 입단을 형성하는 데 기여한다.
⑤ 방선균은 미숙 유기물이 많고 습기가 높으며 통기가 잘 되는 토양에서 잘 자라고, 건조한 때도 세균과 사상균보다는 잘 자란다.
⑥ pH 6.0~7.5 사이가 알맞으며, 5.0 이하에서는 활동을 중지한다.
⑦ 토양에서 흙냄새(★★)가 나는 것은 방선균의 일종인 악티노미세테스 오도리포가 내는 냄새이다.
⑧ 방선균은 **감자의 더뎅이병**이나 **고구마의 잘록병**의 원인균이다.

4) 균근

① 사상균의 가장 고등생물인 담자균이 식물의 뿌리에 붙어서 공생관계를 맺어 균근이라는 특수한 형태를 이룬다.

② 식물뿌리와 공생관계를 형성하는 균으로, 뿌리로부터 뻗어 나온 균근은 토양 중에서 이동성이 낮은 인산, 아연, 철, 몰리브덴과 같은 성분을 흡수하여 뿌리 역할을 해준다.

③ 균근의 종류

㉠ 외생균근 : 균사가 뿌리의 목피세포 사이를 침입하여 펙틴이나 탄수화물을 섭취하며 소나무, 자작나무, 너도밤나무, 버드나무에서 형성되고, 균이 감염된 뿌리의 표면적이 증가한다.

㉡ 내외생균근
- 균근 내부에 균사상을 형성하고 균사가 뿌리의 내부조직에까지 침입한다.
- 너도밤나무, 참피나무 대전나무 등에서 형성된다.

㉢ 내생균근
- 뿌리의 피층세포 내부까지 침입하여 분지하는데, 뿌리의 중앙에는 들어가지 않는다.
- 토양으로부터의 양분을 기주식물에 공급하며, 일반 밭작물의 채소에 공생하여 생육을 이롭게 한다.

④ 균근의 기능
- 한발에 대한 저항성 증가

- 인산의 흡수 증가
- 토양입단화 촉진

5) 조류

① 단세포, 다세포 등 크기, 구조, 형태가 다양하다.
② 물에 있는 조류보다는 크기나 구조가 단순하다.
③ 식물과 동물의 중간적인 성질을 가지고 있다.
④ 토양 중에서는 세균과 공존하고 세균에 유기물을 공급한다.
⑤ 토양에서 유기물의 생성, 질소의 고정, 양분의 동화, 산소의 공급, 질소균과 공생한다.
⑥ 탄소동화 작용을 한다.
⑦ 담수토양에서 수도(벼)의 뿌리에 필요한 산소를 공급하기도 한다.

6) 토양 미생물의 생육조건

① 온도
- 미생물의 생육에 적절한 온도는 27~28℃이다.
- 온도가 내려가면 미생물의 수가 감소하고 0℃부근에서는 활동을 정지한다.

② 수분
- 토양이 건조하면 미생물이 활동을 정지하거나 휴면 또는 사멸하며, 가장 활동이 적절한 수분 함량은 최대용수량의 60% 정도일 때이다.
- 담수된 논의 표층에서는 호기성세균이 활동하나 주로 혐기성세균이 활동한다.

③ 유기물
- 미생물의 활동에 필요한 영양원이다.
- 토양에 유기물을 가하면 미생물의 수가 급격히 늘고 유기물 함량은 감소한다.

④ 토양의 깊이
- 토양이 깊어지면 유기물과 공기가 결핍되어 미생물의 수가 줄어든다.

⑤ 토양의 반응
- 세균과 방선균의 활동은 토양반응이 중성~약알칼리성일 때 왕성하다.
- 방선균은 pH 5.0에서는 그 활동을 거의 중지한다.
- 황세균과 clostridium은 산성에서도 생육한다.
- 사상균은 산성에 강하여 낮은 pH에서도 활동한다.

7) 토양 미생물의 유익한 기능

① 알맞은 토양조건을 갖추어 주도록 도와준다.

② **유기물을 분해**하고 **양분을 공급**해 준다.

③ **유리질소(공중질소)를 토양에 고정**시킨다.

- Azotobacter(아조토박터) → **호기성 단독 질소고정균**(★)
- Azotomonas(아조토모나스)
- Clostridium(크로스트리움) → **혐기성 단독 질소고정균**(★)
- Rhizobium(리조비움)

④ **질산화 작용**을 한다.

- 질산화 작용(★★) : **암모니아**(NH_4^+)를 **아질산**(NO_2^-)과 **질산**(NO_3^-)으로 산화시켜 주어 **밭 작물에는 이롭다.**

  - $NH_4^+ + \frac{3}{2}O^2 \rightarrow NO_2^-$

  - $NO_2^- + \frac{1}{2}O_2 \rightarrow NO_3^-$

⑤ 무기물 · 무기성분을 산화시켜 **인산 등의 용해도가 높아**진다.

⑥ **무기물의 유실 경감**

⑦ **입단형성**에 기여한다.

⑧ **길항작용**(유익 미생물이 식물 병원성 미생물을 경감시킴)

⑨ **생장촉진물질 분비, 근권을 형성**한다.

> TIP
>
> **근권** : 식물의 뿌리 부근 토양으로 뿌리작용이 미치는 범위 내의 토양을 말한다.

8) 불리한 작용

① 토양 미생물 중에는 작물에 **각종 병을 유발**시키는 유해 미생물이 많다.

② **탈질균**에 의해 **탈질작용**(NO_3^-를 환원시킴)을 일으킨다.

- NO_3^- → NO_2− → N_2O 또는 N_2로 되므로 손실이 된다.

③ **황산염을 환원**시켜 **황화수소** 등 **환원성물질**을 생성한다.

④ **미숙퇴비**를 사용한 경우 **질소기아 현상**을 일으킨다.

> TIP
>
> **질소기아 현상** : 미숙퇴비를 사용할 경우 미생물들이 급격히 발생하여 미생물들이 질소를 이용하므로 작물에 일시적으로 질소가 부족해지는 현상을 말한다.

9) 토양 중 유용미생물이 많이 발생 할 수 있는 조건

① 토양 중에 **충분히 부숙된 유기물질**이 많을 것
② 토양의 **통기성**이 좋고 **토양반응은 중성내지 약산성**일 것
③ 토양이 **과습**하지 **않고 온도**가 알맞을 것 → 20~30℃

19 각종 원소의 순환

1) 토양 원소의 순환

① **녹색식물이 필요로 하는 원소** : C, H, O, N, S, P, K, Ca, Mg, Fe, Mn, Cu, An, Mo, B, Cl, Si 등이다.
② 식물은 이들 원소를 무기화합물(CO_2, H_2O, O_2, NH_4^+, $NO3^-$, H_2PO_4, K^+ 등) 형태로 환경에서 흡수하여 유기물을 합성한다.
③ 원소들은 일반적으로 생물과 환경 사이를 한다.
④ 토양 중에 존재하는 질소(N), 황(S)은 산화수를 달리하는 여러 종류의 무기분자 이온을 함유한다.
⑤ 탄소(C)는 토양 중에 CO_3^{--}, CH_4로 존재한다.
⑥ 탄소(C), 질소(N)는 토양 유기물의 분해에 따라 에너지를 발생함과 동시에 저분자 유기물로 더 나아가 CO_2, NH_4^+로 변환한다.
⑦ 인(P)은 단 1종류로 존재한다.

2) 탄소의 순환

① **토양 내 탄소의 순환**은 **2가지 과정**을 거쳐 순환한다.
② **동식물의 유체에 함유된 탄소의 분해** : 토양생물에 의해 분해되어 **미생물체 및 그 대사산물**이나 CO_2로 변화한다.
③ **분해과정에서 생성된 퀴논 및 질소를 함유한 중간대사산물**은 미생물의 산화효소, 무기이온, 점토광물 등의 촉매작용에 의하여 중축합하여 토양 특유의 **부식물**로 변한다.
④ **당류, 단백질** : 토양생물에 의해 신속하게 분해 및 이용된다.
⑤ **리그닌, 지질** : 분해 및 이용 속도가 완만하다.
  - 식물체의 구성성분에 있어 미생물에 의한 분해가 가장 어렵다.

⑥ **탄소 함유량 순위**
  - 부식산 · 부식토 〉 펄빅산 〉 식물유체

3) 질소의 순환

① 대기 중의 질소(N)는 토양 질소고정균에 의해 암모니아(NH_3)로 환원되거나 강우와 함께 소량

의 암모니아(NH_3,), 아질산(NO_2^-)이 토양으로 들어간다.

② 토양 유기물은 **암모니아성균, 아질산균, 질산균**에 의하여 NH_3, NO_2^-, NO_3^-로 변화하는데, 이러한 과정을 유기태질소의 무기화과정이라 한다.

③ 토양이 습하거나 유기물이 다량 존재하는 경우 토양의 일부가 혐기성이 되어 NO_3^-가 NO_2^-로 된 다음 NO_2나 N_2로 환원되는 소위 탈질과정을 거쳐 N_2O나 N_2는 대기권으로 휘산하게 된다.

④ 식물은 시비나 무기화에 유래하는 NH_3나 NO_3^-를 흡수 동화하여 다시 유기형태의 질소를 합성한다.

⑤ 토양 중 유기물이나 NH_3는 대부분 금속원소나 점토입자에 결합 혹은 흡착되어 있다. 결합 혹은 흡착상태의 질소화합물은 유리상태에 비해 토양 미생물의 분해에 있어서 현저하게 안정하다.

⑥ 식물에 흡수 이용되는 질소의 형태는 암모니아 형태이다.
- 단백질 → 아미노산 → NH_4^+(★★)

⑦ 질소는 작물의 단백질 합성, 세포의 분열과 생장, 동화작용의 필수요소가 된다.

⑧ 암모늄태질소(NH_4^+)는 점토나 부식교질에 잘 흡착된다.

⑨ 토양의 암모늄태질소($NH_4^{+)}$는 pH가 높으면 암모니아가스가 휘산하게 된다. 따라서 석회와 혼용 시 휘산 우려가 크다.

⑩ 탄산암모늄($(NH_2)_2CO$)은 석회와 혼용해도 휘산이 적다.

⑪ 인산1암모늄은 토양에 있는 칼슘과 반응하여 비교적 안정한 $Ca(NH_4)_2(HPO_4)_2 \cdot H_2O$을 형성하여 휘산은 적다.

4) 질소관련 장해

① 질소 과잉에 따른 작물의 질적 양적 손실
- 질소 과잉은 작물에 병 발생이 증가하여 질적 양적 손실을 초래하게 된다.

② 질소 과잉은 수계의 부영양화 등 환경적 문제를 야기한다.
- **부영양화** : 인, 질소, 탄소 등의 과다로 인한 수질의 부영양화는 영양소가 풍부하게 되는 것을 의미하지만 이것에 따라 수생 식물(조류 등)은 급속히 생육하여 물속의 산소를 고갈시켜 산소부족으로 다른 생물은 살수 없게 된다.

③ 질소 농도 증가에 따른 인체의 건강상 유해
- 유아에게 메테헤모글로빈 빈혈증
- 티아노제 유발
- 유아의 청색증(blue baby병)

④ 질소 과잉에 따른 가축의 피해
- 메테헤모글로빈 빈혈증
- 비타민 결핍증

- 생식장해, 유산, 우유 감소

⑤ **토양의 질소 공급원**

- 미량의 질산염을 포함한 우수나 박테리아에 의한 질소가스
- 대부분 질소비료, 퇴비가 통상의 질소 공급원이다.
- **생태계의 순환적인 공급원** : 작물의 낙엽, 뿌리 및 줄기의 성분 등과 토양 성분, 식물잔재 및 미생물의 고정에 의한다.
- **인위적 우발적인 공급원** : 산성비, 공장폐수 등

⑥ **질소의 존재 형태 및 이용**

- 토양표층에 존재하는 질소는 유기물과 결합한 형태이다. 이 유기질소의 비율은 전체 질소의 90% 이상을 차지한다.
- 질소는 주로 유기형태로 토양에 저장되었다가 무기화 작용을 거쳐 무기형태로 식물에 이용된다.
- **무기성 질소화합물의 유형** : 암모니아성 질소(NH_4) 및 질산성 질소(NO_3)는 식물의 흡수에 주로 이용되는 형태이다.
- 아질산(NO_2^-), 아산화질소(N_2O), 산화질소(NO) 및 이산화질소(NO_2)는 미생물에 의한 질소의 형태변화의 중간산물이므로 단기간 특이조건에서만 존재한다.

⑦ **요소**(유레아)

- **질소 함유량** : 46%
- 화학식 : $CO(NH_2)_2$
- 색이나 냄새가 없다.
- 기둥 모양의 결정을 만드는 물질이다.
- 극성이 강한 물질이다.
- 물과 알코올에는 잘 녹지만 에테르에는 녹지 않는다.

⑧ **질소 함량(★★)**

요소(46%) 〉 질산암모늄(33%) 〉 염화암모늄(25%) 〉 황산암모늄(21%)

5) 인의 순환

① 토양 중 인의 형태는 인산에스테르(유기형태)와 인산염(무기형태)이다.

② **무기형태의 인** : 인광석, 인산의 Ca, Al, Fe염, 산화물이나 점토 중의 인산염, 흡착 또는 용액 중의 PO_4^{---}로 구분된다.

③ 인산은 생육을 저해할 정도의 인의 과잉은 없으며, 인의 과잉으로 인한 토양기능의 상실은 거의 없다. 수질의 부영양화는 수중의 인 농도와 관련이 있으므로 방출수의 인 농도는 10ppb 이하로 유지하는 것이 바람직하다.

④ 인산의 토양 공급원은 주로 1차 광물에서 유래하며, 집약적 농업을 시작하면서 인 결핍토양에

퇴비의 형태로 많이 공급되고 있다.

⑤ 석회질 토양에서는 Ca(칼슘)으로 인해 인산이 고정된다. 따라서 작물이 이용하기 어렵게 된다.

6) 황의 순환

① 식물유체 중 유기형태 황은 토양생물에 의해 분쇄, 분해되어 토양 유기물로 변화하거나 균체에 들어가고 남은 것은 SO_4^{--}, S_2^{-}로 무기화된다.

② 황 함유 유기물의 분해로 황화수소가 발생하는 탈황작용

③ 황산, 아황산, 지오황산 등의 황산화물이 환원되어 황화수소로 되는 황산 환원

④ 황화물 또는 황이 황산으로 되는 황화작용

제2과목

20 토양침식

1) 토양침식과 유형

① **토양침식** : 물이나 바람에 의하여 표토의 일부분이 원래의 위치에서 분리되어 다른 곳으로 이동되어 유실되는 현상을 토양침식이라고 한다.

② **토양침식에 영향을 주는 요인(★★)** : 강우, 바람, 기온, 지형, 토양 성질, 식생, 재배 방식

③ **물에 의한 토양침식의 정도를 결정하는 요인**

- 강우의 강도(가장 큰 결정요인)
- 지표수의 양과 속도
- 토양표면의 식생

2) 수식(물에 의한 침식)침식의 유형

① **비옥도 침식** : 유수에 의한 지표의 교질물, 가용성 염류, 토양 유기물 등을 씻어내려 토양의 가치를 저해하는 침식이다.

TIP

분산된 토립은 식물에 필요한 양분을 간직하고 있어서 유수에 의해 침식될 때 이러한 양분도 없어지게 되는데, 이러한 침식을 비옥도 침식이라 한다.

② **입단파괴 침식** : 빗방울에 의해 토양의 입단이 파괴되고, 토양 입자는 분산되어 유수에 의하여 침식되는데, 이를 우적침식이라고 한다.

③ **우곡침식(★★)** : 지표면에 내린 빗물은 지형에 따라 깊은 곳으로 모여 흐르게 되므로 작은 도랑을 만들게 된다. 이와 같이 빗물이 모여 작은 골짜기를 만들면서 토양을 침식하는 것을 우곡

침식이라 한다.

④ **기타침식** : 평면침식, 빙하침식, 계곡침식 등이 있다.

3) 수식(물에 의한 침식)에 영향을 주는 인자

① **강우인자** : **강우량, 강우강도**

- 강우강도는 강우량보다 토양침식에 더 영향이 크다.

② **토양인자** : **물의 침투능력, 토양입단 형성 여부**

- **토양인자 중 토양침식에 가장 큰 영향을 주는 특성** : 물의 침투능력과 토양구조의 안정성
- 침투능력은 토양구조의 안정성에 크게 영향을 받을 뿐만 아니라 토성, 유기물 함량, 토양 깊이에 따라 크게 영향을 받는다.
- 사토 · 식토 → 침식이 쉽다.
- 심토의 투수성이 높은 토양 → 침식이 적다.
- 철이나 알루미늄의 수산화물이 많아 뚜렷한 안전성을 가진 토양입단이 형성된 경우 침식에 강하다.
- 2가 양이온들에 의해 입단이 형성된 토양은 침식에 강하다.
- 토양 속의 1가 양이온으로 구성된 토양은 분산을 촉진시켜 침식에 약하다.
- 토양 유기물은 물의 침투능력을 키우고 보수력도 높이며 입단형성을 조장하여 토양침식에 강하다.

③ **지형조건** : **경사장**(경사면의 길이), **경사도**

- **경사장(경사면의 길이)** : 경사장이 길면 토양침식이 많다.
- **경사도** : 경사도가 클수록 토양 침식량이 많아진다. 유속이 2배이면 운반력은 유속의 5제곱에 비례하여(2의 5승) 32배가 되고, 침식량도 4배가 증가한다.
- 경사지에서 적설량이 많거나, 식생이 적거나, 바람이 세거나, 토양이 불안정하면 침식이 커진다.

④ **식생** : 식생(나무, 잡초 등)이 적을수록 침식이 크다.

4) 수식(물에 의한 침식)의 경감 대책(★★★)

① **등고선 재배** : 이랑을 가로로 만드는 방법으로 토양침식에 유효하다.

② **피복재배**

- 지표면을 작물로 피복하면 물에 의한 침식이 경감된다. → 고구마 재배 후 보리재배
- 비닐로 토양을 피복한다.
- 볏짚 등으로 토양을 피복한다.

TIP

지표면 피복을 위한 유기자재는 C/N율이 높은 것을 사용해야 한다.

- **초생재배(경사도 5~15°)** : 경사지에 목초작물, 녹비작물 등을 재배

③ **토양의 입단형성** : 유기물이나 석회를 시용하여 토양입단 형성을 촉진하면 침식이 경감된다.
④ **승수로(테러스 도랑) 설치** : 승수로는 등고선과 평행하게 만든 수로로 토양침식을 막아준다.
⑤ **단구재배** : 단구재배는 논이나 밭을 계단식으로 경작하는 것이다.(경사도 15° 이상)
⑥ **대상재배** : 등고선 재배에서 일정 간격으로 목초를 재배하는 방식
⑦ **산림조성**
⑧ 합리적인 작부체계 선택 → 피복작물을 윤작 또는 간작한다.

5) 풍식(바람에 의한 침식)

① **풍식** : 바람에 의해 토양이 침식되는 현상으로 토양이 가볍고 건조할 때 강풍이 부는 경우 침식이 일어나는 것을 말한다.

② **풍식에 관여하는 인자**
- **기상조건** : 풍속이 중요하다.
- **토양조건** : 수분 함량의 적정성, 지표면의 상태, 토양 특성에 좌우된다.

TIP

우리나라에서는 해안 모래바닥에서 주로 잘 일어난다.

- **생육상태** : 식생의 종류와 배치, 인공피복 등 작부체계를 고려한다.

③ **풍식의 피해**
- 비옥한 토양이 없어진다.
- 작물의 뿌리가 노출되어 고사한다.
- 작물 수확의 감소를 초래한다.

④ **풍식의 대책(★★)**
- 과도한 경운을 피한다.
- 방풍림과 방풍울타리를 조성한다.
- 내풍성 작물을 재배한다.
- 겨울철 또는 건조 시 토양진압을 한다.
- **관개**를 하여 토양을 젖게 한다.
- **이랑을 풍향과 직각**으로 낸다.

CHAPTER 02 토양관리

1 논토양 관리

1) 논토양과 토성

① 논토양은 모래참흙이나 질참흙이 적당하다.
② 모래흙이나 질흙은 논토양으로 부적합하다.
- **모래흙** : 보수성이 약하다. 건조하기 쉽다. 양분의 보유력이 약하다.
- **질흙** : 물 빠짐이 좋지 않다. 통기성이 좋지 않다.

2) 논토양의 일반적 특성(★★★)

① **토양 중 산소 농도가 낮다.**(담수조건이기 때문)
② **토층이 분리되어 있다.** : 작토층은 산소가 부족하기 때문에 환원층이고 그 아래는 산화층이다.
③ **환원층**(작토층)
- 환원층은 토양 유기물이 분해되기 때문에 산소가 소모되어 pH 6에서 산화 환원 전위가 0.1~0.3 Volt 이하가 된다.
- 환원층은 토양 색깔이 청회색, 암회색을 띤다.
- 3가 철(Fe^{+++})이 2가 철(Fe^{++})이 된다.
- 3가 망간(Mn^{+++})이 2가 망간(Mn^{++})이 된다.
- 황산기($-SO_4$)가 환원되어 황화수소(H_2S)가 발생한다.
  → 황화수소(H_2S)가스는 달걀 썩은 냄새가 난다.
- 암모니아(NH_3)는 1가(NH_3^+)의 형태로 안정하게 존재한다.
- 암모니아태질소를 표층에 시비하면 호기성균에 의해 질화작용 후 환원층으로 용탈되며, 환원층에서 혐기성미생물에 의해 NO_3^- → NO → N_2O → N_2(질소가스)로 되어 공기 중으로 질소가 날아가는 탈질현상이 일어난다. 따라서 암모늄태질소는 심층시비 하여야 한다.

④ **담수조건에서** 유기물이 분해하면서 **다량의 CO_2와 유기산을 생성**한다.
- CO_2가 감소하면 메탄(CH_4)이 생성된다.
- 유기산은 식물뿌리의 흡수를 저해하거나 토양성분의 용탈과 유해무기성분의 집적을 조장한다.

⑤ 담수에 의한 인산의 변화
- 담수상태에서 토양이 환원되면 인산이온이 토양용액 중으로 방출된다.
- 가용성인산은 토양반응의 영향이 크다.
- 토양반응이 높고 토양용액이 탄산칼슘($CaCO_3$)의 함량이 많을수록 인산칼슘이 많아진다.
- 토양반응이 낮고 알루미늄(Al), 철(F)화합물의 함량이 많으면 인산알루미늄과 인산철의 생성이 많다.

⑥ 담수에 의한 질소의 변화
- 논토양은 벼가 그대로 이용할 수 없는 유기태질소가 많다.
- 벼가 이용할 수 있는 무기태질소 함량 : 약 1~3%

⑦ 담수로 인한 pH의 변화
- 일반적으로 담수 논토양의 평균 pH값은 6.5~7.5로 중성이다.
- 토양 pH는 온도가 높을수록, 유기물질이 많을수록 낮다.
- 식물의 양분흡수가 가능한 pH 범위 : 4.0~8.0
- H^+의 농도가 증가(산성토)하면 양분흡수는 저해된다.
- pH값이 높으면(알칼리토) 철이 부족하게 된다.
- pH값이 낮으면(산성토) 철의 농도가 높아져서 인산과 칼리가 결핍된다.

⑧ 논토양과 작물 생육
- 경토 깊이, 침투 속도, 전용적 밀도와 토양 경도 등이 벼 생육에 영향을 준다.
- 우리나라 1급지 논토양 비율 : 14.4%

⑨ 유기물 분해가 완만하다. : 논토양은 담수상태에 놓이는 기간이 길기 때문에 토양 미생물에 의한 유기물의 분해가 완만하다.

⑩ 밭토양에 비하여 유기물 함량이 높다.
⑪ 관개수에 의한 양분의 천연공급량이 많다.
⑫ 유효인산과 칼륨의 함량은 밭토양보다 낮다.

3) 논토양의 유형

① 보통답
- 특별한 제한요소가 없어 생산력이 높다.
- 우리나라 보통답 비율 : 32.6%

② 미숙답
- 개답역사가 비교적 짧은 논이다.
- 유기물 함량이 매우 낮다.

③ **사질답**
- 모래 함량이 많아 물 빠짐이 심하다.
- **보수 일수** : 0.5~2일 이하
- 양분의 보비성이 약하다.
- 양분 용탈이 심하다.
- 비료의 분시효과가 크다.
- 생짚, 석회 시용효과가 크다.

④ **습답**
- 지하 수위가 높다.
- 습해나 냉해를 받기 쉽다.
- 토양의 환원이 심하다.
- 유기물의 혐기적 분해로 황화수소와 각종 유기산이 다량 집적되기 쉽다.
- 질소흡수는 저해되지 않으나 칼륨성분은 저해가 심하다.
- 초기 과번무로 병해가 심하고 추락현상이 일어난다.
- **습답의 개선 대책** : 암거배수, 간단관개를 한다.(건토효과 이용)

TIP 간단관개

물을 항상 담수상태로 유지하지 않고 며칠간 물을 뺀 다음 다시 관개하는 방식. 습답이나 간척지 토양에 효과가 크다.

⑤ **염해답(★★)**
- 개답한지 얼마 안되는 간척지의 답
- 염분(나트륨 이온) 농도가 높다.
- 황화수소(H_2S) 가스가 발생한다.
- 토양반응은 알칼리성이나 산성에 가깝다.
- 지하 수위가 높다.
- 투수성 · 통기성이 불량하다.

⑥ **특이산성답** : 토양 표층(50cm 이내)에 황산염이 집적된 층을 가진 논

⑦ **노후답**(추락답)
- 작토층에 Fe(철), Mn(망간), K(칼륨), Mg(마그네슘), Si(규소), P(인) 등 수용성 무기염류 용액이 용탈(씻겨나감)되어 결핍된 토양을 말한다.
- **추락현상(★★)** : 작토 환원층에서 생성되는 H_2S(황화수소)가 철(Fe)의 부족을 보이는 노후화답에서 벼 뿌리를 상하게 하여 생육장해를 일으켜 양분 흡수 불량, 깨씨무늬병 발생, 수량이 저하되는 현상을 말한다.

4) 논토양의 개량 및 관리(★★★)

① 작토는 15~20cm를 유지한다.

② 유효 토심은 30cm 이상 되도록 한다.

③ **논토양 개량의 3요소** : 객토, 심경(깊이갈이), 배수

④ 석회를 시용한다.

⑤ 토양개량제를 시용한다.

⑥ 균형시비를 한다.

⑦ 유기물을 시용한다.

⑧ **누수답**(사질토양의 답)의 경우 완효성 비료를 시용하는 것이 좋다.

⑨ **습답**의 경우 심층시비를 피해야 한다.

⑩ **노후답의 대책(★★★)**

- 객토(새 흙으로 바꾸어 줌)를 한다. → 가장 근본적인 대책이다.
- 심경(깊이갈이)을 한다.
- 철 함유 자재 사용
- 규산질비료의 시용
- 조기재배
- 무황산근비료를 시용한다.
- 추비중심 재배를 한다.
- 엽면시비를 한다.

⑪ **염해답**(간척지 토양)**의 개선 및 작물재배 대책(★★★)**

- 석회의 시용
- **담수법** : 담수(민물)를 공급한 후 배수하여 염분이 씻겨나가게 한다.
- **명거법** : 도랑을 일정 간격마다 만들어 빗물에 의해 염분이 씻겨 내려가도록 한다.
- **암거배수법(여과법)** : 땅속에 암거(배수관 표면에 구멍이 일정 또는 불규칙으로 무수하게 뚫어져 있다.)를 설치하여 염분을 제거한다.
- 내염성이 강한 작물를 선택한다. → 사탕무, 비트, 수수, 유채, 목화, 배추, 라이그라스
- 조기재배 및 휴립재배 한다.

> **TIP**
>
> 휴립재배 : 이랑을 만들어 재배하는 방식을 말한다.

- 논물을 말리지 않으며, 자주 환수한다.

2 밭토양 관리

1) 우리나라 밭토양의 분포

① 관개가 불리한 경사지 토양이 주로 밭토양으로 이용되고 있다.
② 우리나라 밭 면적 중 74%가 곡간지와 구릉지 및 산록지에 산재해 있다.
③ 밭토양의 90% 정도가 경사도 2~3%에 있어 침식과 작토 유실이 심하다.
④ 지력이 저하된 척박한 토양이 많다.

2) 밭토양의 일반적 특징(★★★)

① 무기양분 천연 공급이 적다.
② 통기성은 양호하다.
③ 산화상태로 유기물의 분해가 빠르다.
④ 부식 함량이 적다.
⑤ 모재가 화강암이나 화강편마암이 많아 산성토양이 대부분이다.
⑥ 연작장해 우려가 크다.
⑦ 인산이 과다하면 작물의 아연 결핍증을 초래하며, 칼륨의 과도한 시비는 길항작용으로 마그네슘의 결핍증을 초래할 수 있다.
⑧ 화산회 토양은 유효인산 함량이 극히 낮으나, 인산흡수 계수는 매우 높다.

3) 밭토양의 유형

① 보통밭
- 주로 평탄지나 곡간선상지의 배수가 양호한 밭이다.
- 토성은 사양질 또는 식양질이다.
- 유효토심이 50cm 이상인 토양으로 생산력이 높다.

② 사질밭
- 하천유역 평탄지 및 선상지의 밭이다.
- 토성이 사질 또는 역질토이다.
- 보수성, 보비성이 낮다. 따라서 분시효과가 크다.
- 관개에 특히 유의해야 한다.
- 객토와 유기물의 다량 시용이 필요하다.

③ 중점밭
- 산록경사지, 홍적대지, 저구릉지 및 곡간지에 분포한다.
- 7% 이하의 경사도의 식질토양이다.

- 점토의 함량이 높아 보수성과 보비성이 높다.
- 투수력이 낮아 과다한 관개 시 습해가 우려되는 토양이다.
- 인산흡착량이 많아 인산시비를 많이 하여야 생산력을 높일 수 있다.

④ 화산회밭(★★)

- 제주도에 분포한다.
- 점토광물인 알로팬을 함유하여 유기물 함량이 많다.
- 토양색은 검은색이며 투수성이 높다.
- 유효인산 함량이 낮다.
- 교환성 염기의 결합력이 약하여 염기의 용탈이 쉽게 일어난다.

4) 우수한 밭토양의 요건

① 작토 및 유효 토심

- 20cm/50cm 이상일 것
- 토양경도는 너무 높지 않아야 한다.

② 토양 공극량

- 전체의 50%
- 물과 공기는 반절씩 들어가야 좋다.
- 큰 공극과 작은 공극을 고루 갖추어야 한다.
- 작토 하층에는 불투수층이 없는 것이 좋다.

③ **토양산도** : 미산성 내지 중성이어야 한다.

④ **부식 함량** : 건토 100g당 3g 이상이 좋다.

3 시설재배 토양

1) 시설재배 토양의 문제점(★★)

① 염류농도가 높다.(염류가 집적되어 있다.)

- 시설재배 토양은 염류집적이 문제가 된다.
- 시설재배지의 토양이 노지 토양보다 염류집적이 되는 이유는 시설에 의해 강우가 차단되어 염류의 자연용탈이 일어나지 못하기 때문이다.

② 토양공극률이 낮다.(통기성이 불량하다.)

③ 특정 성분의 양분이 결핍되기 쉽다.

④ 토양전염성 병해충의 발생이 높다.

2) 염류집적의 개념

토양의 양이온교환능력(CEC)을 초과해서 각종 성분이 토양에 흡착하지 못하여 토양용액 중에 녹아 있거나 염으로 표층에 모여 있는 상태를 말한다.

3) 염류집적 진단방법

① 관찰에 의한 진단
② 전기전도도계 이용
③ 토양 진단실 이용
④ 토양 검정기(A-PEN)
⑤ 가스 검출(네슬러 시약의 GR시약)

4) 염류장해

① 염류의 농도가 지나치게 높아지면 수분과 양분결핍을 초래한다.
② 암모늄이온(NH_4^+)과 마그네슘이온(Mg^{2+})은 칼슘 흡수에 크게 영향을 준다.
③ 염류장해에 대한 저항성은 작물에 따라 다르다.
④ 사토가 심하고 점토 또는 부식의 함량이 많으면 장해가 덜하다.

5) 염류장해 해소 대책(★★★)

① **담수처리** : 담수를 하여 염류를 녹여낸 후 표면에서 흘러나가도록 한다.
② **답전윤환** : 논상태와 밭상태를 2~3년 주기로 돌려가며 사용한다.
③ **심경(환토)** : 심경을 하여 심토를 위로 올리고 표토를 밑으로 가도록 하면서 토양을 반전시킨다.
④ 심근성(흡비성) 작물의 재배
⑤ 녹비작물의 재배
⑥ 객토를 한다.

제3과목

유기농업개론

문제로 개념 정리

1) **딸기는 생육 중 일정기간 저온이 요구되는 데 그 이유는?** 휴면타파

2) **춘화처리를 할 때 저온에 감응하는 부위와 관여하는 물질은?** 생장점, 버날린

3) **파이토크롬이 뜻하는 것은?** 색소단백질

4) **토양의 염류 농도를 측정하는 방법?** 전기전도도

5) **토양 수분을 측정하는 기구?** 텐시오미터

6) **우리나라에서 가장 재배 면적이 많은 채소는?** 고추, 마늘

7) **5대 주요 과수?** 사과, 감, 포도, 감귤, 배

8) **시설채소 중 가장 재배 면적이 많은 채소?** 수박

9) **우리나라의 2대 주요 시설과수?** 감귤, 포도

10) **생육적온?**
- 호열성 식물? 34℃
- 호냉성식물? 20℃ 전 · 후
- 호온성식물? 25℃ 이상

11) **산성토양에 약한 작물?** 시금치, 상추, 양파

12) **딸기가 속하는 '과'는?** 장미과

13) **식물세포에서만 볼 수 있는 기관?** 세포벽, 액포, 엽록체

14 **식물의 광합성이 이루어지는 기관?** 엽록체

15 **식물의 호흡작용이 일어나는 기관?** 미토콘드리아

16 **식물의 대표적인 분열조직?** 생장점, 형성층, 절단분열조직

17 **유관속조직에서 물의 통로가 되는 곳?** 도관

18 **뿌리의 조직은?** 책상조직, 갯솜조직, 내피, 내초

19 **꽃의 기관 중 발달하여 종자가 되는 것은?** 배주

20 **식물이 휴면을 하는 가장 중요한 생리적 의의는?** 불량환경의 극복

21 **광조건에서 발아가 촉진되는 종자는?** 상추, 우엉, 담배, 셀러리, 진달래

22 **호흡급등형 과실의 종류?** 사과, 배, 복숭아, 바나나, 토마토

23 **스트레스 관련 호르몬으로 노화촉진 호르몬은?** 에틸렌

24 **식물의 질소 흡수형태 2가지?** NO_3^- , NH_4^+

25 **기체비료의 종류?** 탄산가스, 에틸렌

26 **미세종자 파종 후 적합한 관수방법?** 저면관수법

27 **정지전정의 효과?**
① 수세의 조절
② 화아형성 조절
③ 품질 향상
④ 병충해 방제
⑤ 동해 예방

28 **3년생 가지에 열매가 맺히는 과수?** 사과

29 **1년생 가지에 열매가 맺히는 과수?** 감, 포도

30 **사과의 전정 방법?** 솎음전정

31 **웨이크만식 수형?** 포도, 키위

32 **토마토 재배 시 소형진동기를 이용하는 주된 목적은?** 수분 촉진

33 **양배추의 춘화처리에서 저온을 대신할 수 있는 생장조절제?** 지베렐린

34 **토마토 착과제로 쓰이는 물질?** 토마토톤

35 **토마토톤의 주성분?** 4-CPA

36 **과실의 성숙촉진 생장조절제?** 에틸렌

37 **삽목번식 시 발근촉진제?** 옥신

38 **우리나라에서 가장 많이 이용되는 시설의 피복재는?** 폴리에틸렌 필름(PE)

39 **시설 내 온도환경의 특성?** 일교차가 노지보다 크다.

40 **시설 내 광환경의 특성?** 광질이 다르다. 광량이 감소한다. 광분포가 불균일하다.

41 **시설 내 공기환경의 특성?** 탄산가스가 부족하다. 유해가스가 집적되어 있다. 바람이 없다.

42 **시설의 온도관리의 방법?** 주간은 높고 야간은 낮게 관리한다.

43 **현재 우리 농민들이 많이 사용하고 있는 시설의 기초 피복재는?** 폴리에틸렌

44 **양액재배의 장점?** 연작가능, 청정재배 가능, 생력재배 가능

45 **순환형 수경으로 베드의 표면에 양액을 조금씩 흘러내리도록 하여 얇은 양액막을 형성하게 하고, 그 위에 뿌리가 닿도록 재배하는 방식은?** NFT

46 **식물성 고형배지경은?** 암면경

47 **재배 중 양액의 산도가 높아지는 이유는?**
배양액 내의 칼슘, 마그네슘 성분 농도가 높기 때문

48 **세계 최초의 식물공장?** 덴마크의 Christensen 농장

49 **근두암종병이 발생하는 주요 과수?** 사과, 배, 복숭아, 포도, 감, 밤나무

50 **근두암종병을 일으키는 병원체?** 아그로박테리움

51 **대추나무 빗자루병의 병원체?** 파이토플라스마

52 **고자리파리가 문제되는 작물?** 부추, 파, 마늘, 양파

53 **과수원에 설치한 페로몬 트랩의 설치 목적?** 수컷 포살

54 **해충과 천적?**
- 나방류 : 알벌
- 진딧물 : 콜레마니진디벌
- 온실가루이 : 온실가루이좀벌

55 **흑색플라스틱필름으로 멀칭을 하는 가장 큰 이유는?** 광차단

56 **과실의 수확적기 판단방법에서 달력일자?** 꽃이 만개한 날짜로부터 성숙되기까지의 일수

57 **클라이맥트릭 현상이란?** 호흡속도가 갑자기 증가하는 현상

58 **자가수정 작물?** 토마토, 상추, 완두, 강낭콩, 벼

59 **공중에 뻗어있는 새 가지에 상처를 내거나 환상박피를 하고 그 부분을 물기가 있는 수태로 싸서 그 속에서 발근이 이루어지도록 하는 방법은?** 고취법(높이떼기)

60 **자가수정 작물의 시판종자는?** 보증종자

61 **육종의 초기단계에 이용했던 방법은?** 분리육종

62 **배수체육종에서 염색체를 배가시키는 데 사용하는 물질?** 콜히친

63 **현재 재배되고 있는 품종에 한 두 가지 결점을 보완하는 데 효과적인 육종방법은?** 여교배육종

64 **작물의 육종과정은?**
육종목표 설정 → 육종재료 선정 → 육종방법 결정 → 변이의 작성 → 우량계통 육성 → 생산성 검정 → 지역적응성 검정 → 신품종 결정 및 등록 → 종자 증식 → 신품종 보급

65 **타가수정작물의 육종방법?** 집단선발법, 순환선발법, 합성품종

66 **자가수정 작물의 육종방법?**
순계선발, 계통육종, 집단육종, 파생계통육종, 1개체 1계통육종, 여교배육종

67 **분리육종법의 이론적 근거?** 순계설

68 **조합능력이 우수한 몇 개의 근교계를 혼합 재배하여 방임 상태로 자연교잡에 의해 수분시켜서 집단의 특성을 유지해 나가는 육종방법은?** 합성품종

69 **교배육종의 이론적 근거?** 조합육종, 초월육종

70 **계통육종과 집단육종의 장·단점?**

① 계통육종
- 장점 : 계통육종은 F_2세대부터 선발을 시작하므로 출수기, 간장, 내병성 등 육안관찰이나 특성검정이 용이한 형질의 선발효과가 크며, 질적형질의 개량에 효율이 높다.
- 단점 : 선발이 잘못 되었을 때 유용유전자를 상실하는 결과를 초래한다.

② 집단육종
- 장점 : 집단육종은 잡종 초기에 선발하지 않고 집단재배하기 때문에 유용유전자를 상실할 염려가 없다.
- 단점 : 여러 세대를 거치기 때문에 생육경쟁에서 열세인 바람직한 유전자를 가진 개체가 크게 줄어들고 불량한 개체들이 많이 포함되어 있어서 집단의 대면적이 소요된다.

71 **여교배를 성공하기 위한 요건은?**

- 만족할 만한 반복친이 있어야 한다.
- 여교배를 하는 동안 이전형질의 특성이 변하지 말아야 한다.
- 여러 번 교배를 한 후에 반복친의 특성을 충분히 회복하여야 한다.

72 **야생콩의 바이러스 저항성을 재배콩에 도입하고자 할 때 효율적인 육종방법은?** 여교잡육종법

73 **벼재배 시에 알맞은 헤어리베치 녹비의 10a당 적정 사용량은?**

1,500~2,000kg

74 **천적에 대한 4가지 구분?**

① 기생성 천적
② 포식성 천적
③ 병원성 천적(병원성 미생물)
④ 길항성 미생물 천적(길항미생물)

75 **포식성 천적의 종류?** 무당벌레, 풀잠자리, 애꽃노린재

제3과목

CHAPTER 02 환경농업의 배경과 개념

1 환경농업의 배경

1) 생태계와 농업생태계의 특징

① 생태계의 특징

- 생계계는 생물군집과 비생물환경의 총합으로 이루어진다.
- 생태계는 모든 생명체들이 서로 의존하는 상호작용을 한다.
- 생태계는 모든 생물들이 생존에 필요한 물질과 에너지를 생산해 서로 주고받는 물질순환시스템을 이루고 있다.
- 물질순환이 인간의 간섭 없이 자연적으로 이루어지는 것을 자연생태계라고 한다.

② 농업생태계의 특징(★★★)

- 농업생태계는 인간이 자연생태계를 파괴 및 변형시켜 만들어졌다.
- 천이의 초기상태가 계속 유지된다.
- 따라서 농업생태계는 불안정하다.
- 생물군집(생물상)이 단순하다.
- 작물의 우점성을 극단적으로 높이도록 관리되고 있다.

2) 지속 가능한 농업의 대두

① 화학비료의 폐해

- 작물이 사용하고 남은 비료성분이 토양에 잔류하여 염류집적
  - 시설재배지에서 심각
  - 논토양은 담수재배로 인해 피해가 거의 없다.
  - 노지 밭토양의 경우 주로 채소 경작지 토양에 인산 및 치환성 양이온 함량 축적
- 빗물에 의해 자연에 유실되어 수계의 부영양화
- 토양산성화 촉진으로 지력 저하

② 농약의 폐해(★)

- 생태계 파괴, 지표수 · 지하수 등의 수질오염
- 토양 미생물 감소
- 토양의 물리성 악화
- 농산물에 잔류 농약

- 농약 취급자와 살포자의 농약중독 등 건강 위협

③ **집약적 축산의 폐해**
- 가축분뇨의 유출로 지표수의 수질오염 및 수계오염
- 토양생태계 파괴
- 암모니아가스의 다량 방출로 대기오염
- 악취 발생
- 축산물에 항생물질, 호르몬제 잔류로 인체에 흡수되어 각종 질병에 대한 면역기능 저하

3) 친환경농업의 필요성 대두

① 사회 · 경제적 여건의 변화
② 무역자유화와 시장개방 압력의 가속화
③ 소비자계층의 다양화와 식품안전성에 대한 인식 제고
④ 국토공간의 효율적 이용과 환경문제의 개선

2 환경농업의 개념

1) 환경농업의 정의

① 농업과 환경을 조화시켜 농업의 생산을 지속 가능하게 하는 농업형태로서, 농업생산의 경제성 확보와 환경보전 및 농산물의 안전성 등을 동시에 추구하는 농업을 말한다.
② 환경농업은 합성농약, 화학비료 등 화학투입재의 사용을 최대한 줄이고 자원의 재활용을 가능케 하여 지역자원과 환경을 보전하면서 장기적으로는 일정한 생산성과 수익성을 확보하고 안전한 식품을 생산하는 것을 추구하며, 단기적인 것이 아닌 장기적인 이익 추구, 개발과 환경의 조화, 단작중심이 아닌 순환적 종합농업체계, 생태계 메커니즘을 활용한 고도의 농업기술을 의미한다.
③ 환경농업은『유기농업』등의 특수농법만이 아니라 INM(작물양분종합관리), IPM(작물병해충종합관리), IWM(잡초종합관리), ILM(경지종합관리) 등 흙의 생명력을 배양하는 동시에 농업환경을 지속적으로 보전하는 모든 형태의 농업을 포함한다.

2) 친환경농업의 목적(★)

① 농어업의 환경보전기능을 증대시킨다.
② 농어업으로 인한 환경오염을 줄인다.
③ 친환경농어업을 실천하는 농어업인을 육성한다.
④ 지속 가능한 친환경농어업을 추구한다.

⑤ 친환경농수산물과 유기식품 등을 관리한다.
⑥ 생산자와 소비자를 함께 보호한다.

3) 우리나라 친환경농업의 역사(★)

① 1991년 3월 - 농림부에 유기농업발전 기획단 설치
② 1994년 12월 - 농림부에 환경농업과 신설
③ 1996년 - 21세기를 향한 중장기 농림환경정책 수립
④ 1997년 - 12월 환경농업육성법 제정
⑤ 1998년 - 11월 환경농업 원년 선포
⑥ 1999년 - 친환경농업 직불제 도입
⑦ 2001년 - 친환경농업육성 5개년 계획 수립
⑧ 2001년 - 농촌진흥청에 친환경유기농업 기획단 설치
⑨ 2008년 - 농촌진흥청에 유기농업과 신설

4) 친환경농업 정책의 기본방향

① 농업의 환경보전기능 등 공익적 기능의 극대화로 농업을 환경정화산업으로 발전
② 농업의 자원인 흙과 물의 유지 보전으로 지속적인 농업 추진
③ 국민건강을 위한 안전농산물 생산 공급체계 확립
④ 농업부산물 등 부존자원의 재활용으로 환경 및 농업체질 개선
⑤ 친환경농업 실천농가 육성 지원으로 친환경농업 확산

5) 친환경농산물의 뜻

환경을 보전하고 소비자에게 보다 안전한 농산물을 공급하기 위해 농약과 화학비료 및 사료첨가제 등 화학자재를 전혀 사용하지 않거나, 적정수준 이하로 사용하여 생산한 농산물을 말한다.

6) 친환경농산물 인증제도

소비자에게 보다 안전한 친환경농산물을 전문인증기관이 엄격한 기준으로 선별 검사하여 정부가 그 안전성을 인증하는 제도이다.

7) 친환경농산물의 종류

친환경농산물은 생산방법과 사용자재 등에 따라 유기농산물(유기축산물), 무농약농산물(무항생제 축산물)로 분류한다.

TIP

저농약농산물은 2010년부터 신규인증이 중단되었으며, 기존에 인증을 받은 농가는 2015년까지만 유효기간 연장이 가능하다.

① **유기농산물** : 유기합성농약과 화학비료를 사용하지 않고 재배한 농산물
② **무농약농산물** : 유기합성농약은 사용하지 않고 화학비료는 권장시비량의 1/3 이하(★)를 사용하여 재배한 농산물
③ **유기축산물** : 항생제, 합성항균제, 호르몬제가 포함되지 않은 유기사료를 급여하여 사육한 축산물
④ **무항생제축산물** : 항생제, 합성항균제, 호르몬제가 포함되지 않은 무항생제 사료를 급여하여 사육한 축산물

8) 친환경농산물의 표시방법

① **친환경농산물 의무표시사항(★★)**
- 인증받은 자의 성명, 전화번호, 포장작업장 주소, 인증번호, 인증기관명 및 생산지

② **친환경농산물 표시 위치**
- 친환경농산물의 포장 또는 용기에 표시한다.
- 인증품의 포장을 뜯어 포장단위를 변경하거나 가공하지 않고 단순처리한 후 다시 포장하는 경우에는 취급자의 업체명, 전화번호, 작업장의 주소와 로트번호 또는 바코드 등의 식별체계를 추가하여 표시한다.

9) 친환경농어업육성법 용어의 정의(★★★)

① **윤작** : 동일한 재배포장에서 동일한 작물을 연이어 재배하지 않고 서로 다른 종류의 작물을 순차적으로 조합 · 배열하는 방식의 작부체계를 말한다.

② **유해잔류물질** : 항생제, 합성항균제 및 호르몬 등 동물의약품의 인위적인 사용으로 인하여 동물에 잔류되거나 또는 농약, 유해중금속 등 환경적인 요소에 의한 자연적인 오염으로 인하여 축산물 내에 잔류되는 화학물질과 그 대사산물

③ **동물용 의약품** : 동물질병의 예방, 치료 및 진단을 위하여 사용하는 의약품

④ **휴약기간** : 유기축산물 생산을 위하여 사육되는 가축에 대하여 그 생산물이 식용으로 사용하기 전에 동물용 의약품의 사용을 제한하는 일정 기간

⑤ **경축순환농법** : 친환경농업을 실천하는 자가 경종과 축산을 겸업하면서 각각의 부산물을 작물 재배 및 가축사육에 활용하고, 경종작물의 퇴비소요량에 맞게 가축사육 마릿수를 유지하는 형태의 농법

⑥ **무항생제 사료** : 사료 안에 항생제, 합성항균제, 호르몬제 등 동물용 의약품이 포함되지 않도록 적합하게 생산된 사료

⑦ **식물공장(★)** : 토양을 이용하지 않고 통제된 시설공간에서 빛, 온도, 수분, 양분 등을 인공적으로 투입하여 작물을 재배하는 시설

3 친환경작부 체계

1) 연작과 기지의 대책

① 연작 : 동일 포장에 동일 작물(같은 과에 속하는 작물)을 해마다 반복해서 재배하는 것을 말한다.

② 기지 : 연작(동일 포장에 동일 작물을 계속 재배)을 할 때 작물에 병해가 발생하는 등 생육과 수량성이 크게 떨어지는 현상을 말한다.

③ 기지의 원인(★★)
- 토양비료분의 소모(특정 필수원소의 결핍)
- 염류의 집적
- 토양물리성의 악화
- 토양의 이화학적 성질 악화
- 토양전염병 및 선충의 번성
- 상호대립억제작용 또는 타감작용
- 유독물질 축적
- 잡초의 번성

④ 연작의 해가 적은 작물(★★) : 벼, 맥류, 고구마, 조, 수수, 옥수수, 고구마, 무, 당근, 연, 순무, 아스파라거스, 딸기, 양배추, 목화, 양파, 호박

⑤ 10년 이상 휴작을 요하는 작물(★★) : 인삼, 아마

⑥ 5~7년 휴작이 필요한 작물 : 고추, 토마토, 가지, 수박, 완두, 우엉, 사탕무, 레드클로버

⑦ 3년 휴작이 필요한 작물 : 참외, 강낭콩, 쑥갓, 토란

⑧ 2년 이상 휴작이 필요한 작물 : 땅콩, 감자, 잠두, 오이, 마

⑨ 1년 이상 휴작이 필요한 작물 : 시금치, 파, 생강, 쪽파

⑩ 기지가 문제되지 않는 과수 : 사과, 포도, 자두, 살구

⑪ 기지가 문제되는 과수 : 복숭아, 무화과, 감귤, 앵두

⑫ 기지의 대책(★★)

- 토양 소독
- 유독물질의 제거
- 저항성 품종 및 대목의 이용
- 객토(새로운 흙을 넣어줌) 및 환토(심토의 흙을 경작층으로 옮겨줌)
- 담수처리
- 합리적 시비
- 윤작(돌려짓기)

2) 윤작

① **윤작** : 동일 포장에 동일 작물이나 비슷한 작물(같은 과에 속한 작물)을 연이어 재배하지 않고 몇 가지 작물을 순차적으로 조합하여 돌려가며 재배하는 방식을 말한다.

② **윤작의 효과(★★)**

- 지력의 유지 및 증진
- 기지의 회피
- 병해충 및 잡초의 경감
- 토지이용도의 향상
- 수량 및 생산성의 증대
- 노력분배의 합리화
- 농업경영의 안정성 증대
- 토양 보호

③ **윤작의 방법**

- 1년차 밀, 2년차 콩, 3년차 휴한
- 1년차 밀, 2년차 콩, 3년차 귀리
- 1년차 담배, 2년차 밀, 3년차 클로버

④ **윤작작물 선택 시 고려사항**

- 사료작물(목초류) 생산을 병행한다.
- 두과작물(콩류, 자운영, 헤어리베치), 화본과(호밀 등) 녹비작물을 재배
- 중경작물이나 피복작물을 재배한다.
- 여름작물과 겨울작물을 재배한다.
- 이용성과 수익성이 높은 작물을 재배한다.
- 기지 회피 작물을 재배한다.

⑤ 주요 윤작작물의 특성

구분	헤어리베치	자운영	호밀
파종 시기	8~9월(★)	9월	10월 이후
내한성	강(전국)	약(대전 이남)	강(전국)
분해 정도	빠름	중간	늦음
녹비효과	미생물상 개선 및 질소 공급	미생물상 개선 및 질소 공급	물리성 개선
녹비생산량	1,500~3,800	1,100~2,300	840~1,089
건물중 질소 함량(%)	3.5~4.0	1.1~2.7	0.5~1.6
총 질소 공급량	7.1~11.8	4.5~9.4	4.2~5.4

3) 답전윤환

① **답전윤환** : 답전윤환은 포장을 **2~3년 주기(★★)**로 **논상태와 밭상태로 돌려가면서 작물을 재배**하는 방식을 말한다. 즉, 논에서 시설하우스를 하는 경우 밭작물을 2~3년 재배하고 시설의 비닐을 걷어서 여기에 논벼를 재배하는 방법이다. 이렇게 하면 밭작물을 재배할 때 토양에 집적 된 염류가 논벼를 재배하면서 담수상태가 유지되어 염류의 용탈을 도모할 수 있어 염류집적 개선효과를 기대할 수 있게 된다.

② **답전윤환의 효과(★★)**
- 지력 증진
- 잡초 감소
- 기지현상(연작장해)의 회피
- 수량 증가
- 노력 절감

4 농토 배양

1) 농토 배양의 목적

농토 배양은 토양환경이 작물 생육에 가장 유리하게 작용할 수 있도록 토양의 물리적 성질, 화학적 성질, 생물학적 성질을 개선해 주는 것이다.

① **토양의 물리성 개량** : 토양의 통기성, 배수성, 투수성, 작물근권 확대, 경운성 등이 개선되도록 한다.

② **토양의 화학성 개량** : 토양반응, 보비성, 보수성, 완충능력, 양분 공급력 등이 개선되도록 한다.

③ **토양의 생물성 개량** : 토양생물의 다양성과 서식 밀도가 작물 생육에 유리하도록 생물성을 개량한다.

2) 태생적 저수확 농경지의 종류

① **미숙토양** : 경작지로 전환된 기간이 짧아 토양의 양분 함량이 매우 낮은 토양
② **사질토양** : 모래 함량이 너무 많아 시비관리, 수분관리에 어려움이 있는 토양
③ **중점질 토양** : 점질이 과도하게 많아 경운성이 불량하고 통기성이 나쁜 토양
④ **배수불량 토양** : 물 빠짐이 매우 느린 토양
⑤ **염해지 토양** : 소금성분이 많은 토양
⑥ **화산회 토양** : 앨러페인 등 점토광물의 특성 때문에 인산불용화(★)가 심하고 산성화된 토양
⑦ **특이 산성토양** : 배수가 불량하고 황산철의 집적이 많아 매우 강한 산성반응을 나타내는 토양
⑧ **고원토양** : 해발 고도가 높아 토양온도가 문제가 되는 토양

제3과목

3) 태생적 저수확 농경지의 농토 배양기술

① **객토** : 논에서 점토 함량이 15% 이하인 사질답의 경우 누수에 의하여 양분용탈이 심하고 양이온 교환용량이 매우 작아 감수되는데, 이러한 사질답에 점토 함량이 25%(★) 이상인 식질토양으로 객토를 할 경우 투수력이 감소되고 양분 보유력이 증가되어 증수된다.
② **개량목표 찰흙 함량 : 모래논 및 질흙논 모두 15%(★)**
③ **적정 객토원 : 찰흙 함량 25%(★) 토양**
④ **객토량 : 10a당 1㎝ 높이는 데 12.5톤 소요**

$$\text{객토량(톤/10a)} = \frac{(\text{개량목표 찰흙 함량} - \text{대상지 찰흙 함량}) \times \text{개량목표 깊이}}{\text{객토원 찰흙 함량} - \text{대상지 찰흙 함량}} \times \text{가비중} \times 10$$

TIP

개량목표 갈이 흙 깊이(18㎝), 토양의 가비중(1.25)

⑤ **심경과 심토파쇄**
- 심경(깊이갈이)을 하면 물리성이 좋아지고 근권이 확대되어 작물 생육도 양호해진다. 치밀해진 토양은 심토의 치밀한 층을 깨트릴 수 있도록 깊게 갈아주어야 한다.
- 심경한 밭은 척박한 심토 층이 표토 흙에 섞이게 되므로 보통 때보다 증비를 해 주고 유기물을 병행하여 시용해 주는 것이 좋다.

⑥ **배수 개선**
- 지하 수위가 높으면 뿌리가 아래로 깊이 뻗지 못하고 뿌리의 호흡장해로 생육이 저조하게 된다.
- 지하 수위에 대한 영향은 습해에 약한 작물일수록 피해가 증가한다.

⑦ 토양반응(pH)의 개량 : 석회의 시용
- 석회시용은 토양의 산도를 교정해 주고 토양의 입단형성을 촉진시켜 토양의 통기성, 배수성, 뿌리뻗음성, 가용양분의 증가 등 물리·화학성을 크게 개선시켜 주는 효과가 있다.
- 석회성분은 작물에 흡수되어 중요한 생리작용을 한다.
- 석회시용은 작물을 파종하거나 이식하기 1주일 전에 하여 토양과 석회물질이 잘 섞이도록 해 주는 것이 좋다.
- 파종이나 이식 시 시비와 석회시용이 겹치거나 잘 섞이지 않으면 석회는 암모늄태질소질비료와 반응하여 질소가 암모니아가스로 휘산되기 쉽고, 인산질비료와 반응하여 인산이 난용성 염화되어 불용화 되기 쉽기 때문에 시비효율이 감소된다.

⑧ 규산질비료 시용
- 보통답(정상답)에 비하여 저위생산답인 중점질답, 사력질답, 습답, 특이산성답, 염해답 등에서 규산질비료의 시용효과가 크다.
- 규산질비료의 시용은 벼의 안전재배에 필수적인 농토 배양기술로 인정되고 있다.

⑨ 유기물시용
- 유기물의 시용은 토양입단을 조성시켜 통기성, 보수성, 배수성을 촉진시키는 등 토양물리성 개량효과가 크다.
- 유기물의 시용은 분해 중 방출되는 여러 가지 양분물질이 식물에 공급되는 양분공급효과와 아울러 유기물 자체가 미생물의 영양원이 되므로 토양 미생물의 다양성과 개체수 증가에 큰 효과를 나타낸다.

5 환경친화적 작물시비

1) 관행시비의 문제점

① 환경적인 측면에서 농업이 비판을 받고 있는 부분은 합성농약과 화학비료의 오남용이다.

② 환경친화형농업은 합성농약과 화학비료의 오·남용을 최소화하여 환경오염과 생태계 교란을 막고 안전한 농산물을 생산하는 데 그 목적이 있다.

③ 환경친화적 작물시비는 지속 가능한 농업실현을 위한 근간이 된다.

2) 환경친화적 작물시비의 목적

① 안전성이 높은 농산물의 지속적 생산 가능

② 작물생산에 필요한 양분물질이 과잉이나 부족이 일어나지 않도록 한다.

③ 투입양분이 농업계 이외로 유출되어 환경오염화 되는 것을 최소화 한다.

④ 물질의 순환적 개념하에 이용 가능한 모든 양분물질을 수집·이용한다.

⑤ 생태계의 모든 생명체가 공존할 수 있는 체제로 농업의 이익을 추구한다.

3) 환경친화적 작물시비의 접근 방법

작물시비가 환경친화적 목적을 달성하기 위해서는 무엇보다도 이용 가능한 모든 양분물질을 합리적으로 이용해야 한다.

4) 유기경종의 작물시비

① 친환경농산물에서 퇴비, 액비의 사용 원칙
- 퇴비, 액비의 원료는 유기경종 또는 유기축산의 부산물로만 사용이 가능하다.
- 공장형 축분이나 이력을 알 수 없는 유기물은 사용할 수 없다.

② 유기경종에서 축분퇴비 사용 시 고려해야 할 사항
- 축분퇴비의 재료에 따라 성분 함량이 다르므로 분석하여 성분 함량에 따라 시용량을 결정한다.

③ 화학비료의 부분적 대체용 액비는 공장형 축분뇨도 사용할 수 있다.
④ 가축분뇨의 액비화 방법에는 혐기적 방법과 호기적 방법이 있다.
⑤ 인산을 기준으로 한 시비량은 질소나 칼리 성분이 시비 기준보다 부족하여 생리장해를 받기 쉽다.
⑥ 질소를 기준으로 한 시비량은 인산성분의 과다로 토양축적이 일어나기 쉽다.
⑦ 인산을 기준으로 시비를 하되 부족분은 허용유기자재 중에서 질소 함량이 높은 것을 선별하여 부족한 질소와 칼리 성분을 채워 주는 것이 가장 좋다.
⑧ 작물은 종류에 따라 인산요구도가 다르기 때문에 작물별로 구분하여 시용량을 달리하는 것이 좋다.
⑨ 축분액비를 이용한 인산기준의 시비는 축분 퇴비의 경우처럼 허용유기자재를 이용하여 부족한 성분을 채워 주어야 한다.
⑩ 녹비작물을 이용한 작물시비에서 녹비의 시용량은 생산녹비의 성분 함량을 분석하여 작물별 표준시비량을 적용하고 시용량을 산정하여 사용한다.
⑪ 녹비작물을 이용할 때도 인산을 기준으로 시용량이 결정되는 것이 좋다.

5) 유기경종의 양분 공급원

① 질소 : 퇴비, 생선액비, 어분 등
② 칼슘 : 패화석, 계란껍질, 게껍질
③ 인산 : 골분(★)
④ 칼륨 : 재(★), 담배대

6 작물양분종합관리(INM)

1) 작물양분종합관리(INM)의 대두 배경

① 토양환경 악화
- 화학비료의 과다사용으로 인한 염류집적
- 화학비료로 인한 토양산성화 촉진
- 지력 저하
- 채소재배 농경지의 인산 함량 과다 축적
- 염류집적에 따른 수확량 감소, 품질 저하
- 질산염(질산성질소) 용탈로 지하수 오염 유발

② **1980년대.** 미국에서 저투입지속농업(LISA)이 대두

③ 1992년 'Agenda 21'지구환경실천강령 선언(★★) : '식량증산을 위한 식물영양분의 공급'의 기본 이론을 작물양분종합관리(INM)에 수렴

2) 작물양분종합관리(INM)의 정의 및 실천

① 작물양분종합관리(INM)의 정의
- 양분물질의 불필요한 투입을 최대한으로 억제하여 환경부하(環境負荷)를 최소화하면서 적정 수량을 얻고자 여러 가지 양분자원을 이용하여 총량적 시비량과 시비 시기, 시비 방법, 작물의 영양상태 등 작물의 영양상태를 최적 상태로 유지시키기 위하여 토양비옥도와 작물양분을 종합적으로 정밀관리 하는 기술이다.
- 즉, 환경오염과 식품안전성 악화와 같은 부작용을 최소화할 수 있도록 양분의 투입과 산출이 균형을 이루는 양분수지의 개념에 입각한 작물양분관리를 추구한다.

② **작물양분종합관리(INM)의 실천방향** : 작물양분종합관리는 작물의 양분요구량, 환경에서 공급되는 천연공급량, 시비에 의한 환경부하량 등을 감안하여 시비량을 결정하고 환경에 맞는 시비방법으로 시비하는 체계를 가지므로 환경보전에 가장 중요한 수단이 된다.

③ 작물양분종합관리(INM)의 의사결정 요인
- 작물의 생산목표가 필요로 하는 양분총량
- 토양, 관개수, 생물고정 등 천연공급량
- 용탈, 유거 및 휘산 등에 의한 손실량
- 화학비료를 대체할 수 있는 가용 양분자원량
- 구입 비료의 종류별 가격과 시비효율
- 재배포장의 조건 등에 대한 세부정보의 정확하고 체계적인 수집 분석

④ **작물양분종합관리(INM)의 이론**

- 최적량의 비료를 사용한다.
- 시용 비료성분의 용탈, 유실 및 탈질량을 최소화한다.
- 작물이 최대로 흡수 · 이용하여 양분효율을 높인다.
  - 목표 수량에 의해 결정되는 필요 양분량을 고정시킨다.
  - 과다로 소실되는 손실량을 감소시키는 조치가 필요하다.
  - 비료의 흡수이용률을 높여 시비량을 줄여 간다.

⑤ **작물양분종합관리(INM)에 대한 실천단계**

- 영농설계
- 재배포장의 토양이화학성 분석 검토
- 토양진단에 의한 작물별 최적시비량 산정
- 시용비종의 선택과 소요량 준비
- 파종 및 환경친화적 기비시용
- 생육단계별 작물영양진단기준 추비시용
- 수확 및 탈곡
- 재활용유기물 준비의 단계로 순환된다고 볼 수 있다.

⑥ **저투입지속농업 이론이 다른 분야로의 발전** : 농산물우수관리제도(GAP), 정밀농업, 합리적 농업의 형태로 발전

⑦ **농산물우수관리제도(GAP)**

- 농산물우수관리제도란 화학비료와 유기합성농약 등 농업자재 사용을 환경의 수용한계 내에서 사용하도록 하고, 농산물 품질의 적정 수준을 유지하기 위해 농자재의 투입량, 투입 시기, 방법 등을 적절하게 조절하는 한편, 식품안전성을 제고하고 환경보전을 증진하도록 유도하는 농업형태를 말한다.
- 이를 위한 세부실천 내용으로는 농산물의 생산과정, 수확과정, 저장과정, 유통과정에서의 화학적 · 생물학적 · 물리적 위해요소를 차단관리 하여야 하는 것이다.

TIP 위해요소의 종류

- 화학적 위해요소 : 농약, 중금속, 방사성물질, 독소 등
- 생물학적 위해요소 : 병원균, 바이러스 등
- 물리적 위해요소 : 기생충, 돌, 금속조각, 유리조각, 이물질 등

7 병해충종합관리(IPM)

1) 병해충종합관리(IPM)의 태동

① 농업생태계의 특징

- 농업생태계는 자연생태계에 비하여 병해충 등 외적 환경조건에 대하여 극히 취약하고 불안정한 특성을 가지고 있다.
- 따라서 인위적인 요소를 보완하지 않는 한 인간이 목표로 하는 생산물을 얻기란 불가능한 생태계이다.
- 병해충관리가 인위적 환경관리의 중심축에 놓인다.

② 병해충 방제기술의 획기적인 전환 계기

- 1940년대 DDT와 BHC 등 유기합성농약의 개발이다.

③ 유기합성농약의 장점

- 한 번에 여러 가지 해충을 동시에 방제할 수 있다.
- 방제효과도 높다.
- 강력한 살충력이 있다.
- 사용이 편리하다.

④ 유기합성농약의 단점

- 농약의 과다사용으로 인한 농업생태계의 교란
- 식품의 안전성에 악영향

⑤ 병해충종합관리가 본격적으로 도입되게 된 배경

- 국가적으로 농약사용량을 절감하려는 정책적 요구
- 안전농산물에 대한 사회적 욕구 증진
- 농약소비자인 농민들의 건강에 대한 관심의 증가
- 농약에 대한 저항성 계통 병해충의 출현
- 노동력과 방제 비용의 증가
- 새로 유입된 외래 병해충에 대한 효과적인 방제법에 대한 요구 증가
- 화분매개 곤충의 사용 증가 등을 들 수 있다.

⑥ 농약 등 화학자재의 폐해를 고발한 서적(★★)

- 1962년 카슨(R. Carson)이 쓴 『침묵의 봄』(Silent Spring) : 이 책은 살충제, 제초제, 살균제들이 자연생태계와 인체에 미치는 영향을 파헤쳐 농약의 무차별적 사용이 환경과 인간에게 얼마나 무서운 영향을 끼치는가에 대한 경종적 메시지를 담고 있으며, 이 책의 출간으로 환경문제에 대한 새로운 대중적 인식을 이끌어 내어 정부의 정책 변화와 현대적인 환경운동을 가속화시켰다.

2) 병해충종합관리(IPM)의 이론

① IPM(병해충종합관리)의 정의 : '병해충을 둘러싸고 있는 환경과 그의 개체군 동태를 바탕으로 모든 유용한 기술과 방법을 가능한 한 모순이 없는 방향으로 활용하여 그 밀도를 경제적 피해 허용 수준 이하로 유지하는 병해충관리체계'라고 FAO는 정의하고 있다.

② 병해충종합관리의 기본 개념을 실현하기 위한 기본 수단
- 한 가지 방법으로 모든 것을 해결하려는 생각은 버린다.
- 병해충 발생이 경제적으로 피해가 되는 밀도에서만 방제한다.
- 병해충의 개체군을 박멸하는 것이 아니라 저밀도로 유지 · 관리한다.
- 농업생태계에서 병해충군의 자연조절기능을 적극적으로 활용하는 원칙이 적용된다.

③ 병해충종합관리의 기본 목표
- IPM은 병해충의 전멸을 목표로 하기보다는 일정 수준의 병해충의 존재와 병해충의 피해 하에서도 수익성이 있고, 질 좋은 상품의 생산이 가능하도록 돕는 데 목표가 있다.
- IPM은 ① 자연생태계를 가장 적게 교란시키고, ② 인간에게 가장 해가 적으며, ③ 목적하지 않는 생물체에게 가장 독성이 낮고, ④ 주위환경에 피해가 가장 적으며, ⑤ 병해충의 밀도를 지속적으로 감소시키고, ⑥ 효과적으로 아주 쉽게 수행할 수 있으며, ⑦ 장 · 단기적으로 비용이 가장 적은 방법이 선택되어야 한다.

3) 병해충종합관리(IPM)의 관련 기술

① 포장에 대한 병해충종합관리의 의사결정 시 고려사항 : 작물과 관련한 생물 · 생태학적 지식을 토대로 방제 방법별 장 · 단점과 경제성, 병해충 발생의 경제적 피해수준 등을 고려한다.

② 방제 여부 의사결정에 가장 유용하게 사용되는 기준
- 경제적 피해허용 수준이다.
- 경제적 피해허용 수준은 해충의 밀도나 발병주율이 그 수준 이상에서 방제를 하지 않으면 피해가 발생하는 수준을 말한다.

③ 병해충에 의한 작물의 경제적 손실 결정 요인
- 작물의 경제적 가치
- 병해충의 종류와 가해 시기
- 가해 양식과 가해 부위
- 해충이나 이병주의 밀도나 상태 등

④ 요방제 수준(★★★) : 실제적으로 피해 수준을 넘는 시점에서 방제를 하면 방제효과가 나타나기 전에 피해가 나타나는 경우가 많다. 따라서 방제 실시 전까지의 시간적 여유나 방제의 생력화와 방제효과를 고려하여 병해충의 가해가 경제적으로 문제가 되는 작물의 생육단계 이전에 방제수단이 강구되어야 하며, 이 시점의 해충 밀도나 병징의 심화도를 요방제 수준(CT)이라고 한다.

4) 해충종합관리(IPM)의 실제

① **병해충종합관리의 기본 원칙** : 농업생태계 내에서 화학농약을 사용하더라도 모든 병해충을 완전 박멸이 아닌 농업생태계 내 모든 생명체를 고려 또는 공존할 수 있다는 총체적 접근방법으로 병해충을 관리하면서 작물을 생산하는 체제라고 할 수 있다.

② **병해충종합관리의 실천 체계**
- 경제적 피해허용 수준과 요방제 수준의 설정
- 여러 가지 방제 수단 중에서 최적의 방제 방법에 대한 의사결정
- 경제적이고 보완적인 모든 방제 수단을 동원한 방제 활동
- 종합관리의 효과 분석

③ **병해충종합관리 실천의 기본 원칙(★★★)**
- 병해충저항성 품종을 이용하여 작물피해 보상능력을 최대한으로 활용한다.
- 목표 병해충의 밀도나 병징을 조사할 수 있는 적절한 조사방법으로 주기적 포장관찰을 시행한다.
- 경제적 피해허용 수준에 도달될 것으로 추정되면 적절한 방제 수단을 동원한다.
- 불필요한 농약의 사용을 줄이고, 꼭 필요할 경우 저독성 또는 선택성 농약을 사용하여 천적보호 등 생물다양성을 유지하도록 한다.
- 장기적으로는 농업인 스스로 방제 의사를 결정할 수 있는 능력을 배양시키는 것이다.

5) 병해충종합관리(IPM)의 보급현황

① **미생물농약** : 미생물농약이란 미생물 자체 또는 미생물이 생산하는 생리활성물질을 이용하여 각종 식물병원균을 방제하는 것을 말한다.

② **미생물농약의 장점(★★)**
- 유기합성농약에 비하여 효과가 지속적이다.
- 인축 및 환경 독성이 낮다.
- 토양병해 등의 방제가 어려운 병해에 효과적이다.
- 저항성 발생이 적다.
- 직접적인 병해방제 효과 외에 병저항성 유도, 생육 촉진 등의 간접효과도 인정되고 있다.

③ **아인산을 이용한 방제(★★)**
- 방제 대상 : **역병**(★)

④ **식물 추출 물질에 의한 방제(★★★)**
- 데리스 제재
- 님 제재
- 쿠아시아

- 목초액

⑤ 천적을 이용한 방제(★★★)
- 풀잠자리 : 진딧물, 응애 등
- 애꽃노린재 : 총채벌레 방제
- 진디혹파리, 진디벌 : 진딧물 방제

⑥ 페로몬을 이용한 방제
- 해충 자체가 분비하는 페로몬을 이용하여 해충 방제에 이용하는 것이다.
- 페로몬이란 같은 종 내의 한 개체가 외부로 방출하는 물질인데, 다른 개체에 의하여 감지되어 특이한 행동반응을 보이게 하는 물질이다.

⑦ 페로몬의 이용 분야
- 발생예찰
- 대량유살
- 교미교란
- 생물자극제 및 살충
- 페로몬 복합제

⑧ 페로몬의 장점(★★★)
- 페로몬 물질이 자연적으로 발생한다.
- 무독하다.
- 환경오염이 없다.
- 유용곤충에 안전하다.
- 해충종합관리에 이상적인 구성요소이다.

6) 병해충종합관리(IPM)의 효과(장점)

① 병해충에 대한 정확한 판별과 진단에 의한 병해충 문제의 조기 해결 가능
② 농약사용량 감축
③ 익충 등 생물종의 보호
④ 방제비 절감
⑤ 수량손실 예방
⑥ 농산물의 농약잔류 문제 해소
⑦ 토양이나 수서생태계의 건전성 확보
⑧ 저항성 병해충 출현 감소
⑨ 농업에 대한 소비자의 신뢰 구축

7) 병해충종합관리(IPM) 기술의 문제점

① 벼 해충 및 과수의 일부 해충을 제외하고는 주요 해충의 요방제 수준 설정이 되어 있지 않았다.
② 저항성 품종, 천적, 미생물농약 등 화학적 방제 수단을 제외한 다른 이용 가능한 대체 수단이 부족하다.
③ 전문성을 갖춘 병해충종합관리 보급인력이 부족하다.
④ 방제효과가 완효적이다.

8 정밀농업(종합작물관리 체계)

1) 정밀농업의 개념(★★)

① 정밀농업은 한 필지 농경지 내에서 소구역 단위별 토양과 작물의 변이성에 맞추어 투입농자재의 종류와 양을 가변적으로 투입하여 작물을 최적 상태로 관리함으로써 환경편익과 경제적 이익을 최적화하려는 종합작물관리체계라고 볼 수 있다.
② 자동화 표본채취와 분석이 이루어지고 지구위치측정시스템(GPS), 센서, 모니터 등 첨단장비를 파종기, 수확기, 작업기 등 농기계에 장착하여 토양과 작물변이성에 따라 변량적 관리기술을 적용함으로써 환경을 보호하면서도 작물생산을 효율화하여 고도의 영농효과를 얻는 미래지향적 농업형태라 할 수 있다.
③ 기존의 영농법은 토양과 작물의 공간변이성을 무시함으로써 농약과 비료가 부분적으로 과잉 또는 부족하게 투입되어 환경오염과 수량한계를 극복할 수 없는 단점이 있다.
④ 작물양분종합관리(INM)와 병해충종합관리(IPM) 같은 비교적 환경친화적인 기술을 이용해도 균일처리영농법의 한계로 인하여 환경친화형 농업의 목적달성에는 한계가 있다.
⑤ 정밀농업은 경제적 · 제도적 · 환경적 요인으로 농자재의 감축사용이 불가피하므로 최신의 통합제어 및 경영정보시스템으로 작물을 재배 · 관리함으로써 환경보호와 경제적 효율성을 동시에 성취할 수 있는 가장 환경친화적인 농업생산체계라고 할 수 있다.

2) 정밀농업의 실천 기술

① 작업 단계별 실천 기술
- 작물 생육상태, 토양비옥도, 기상 등 농작물의 생육, 환경정보를 위치별로 취득한다.
- 물, 종자, 비료, 농약 등을 위치별로 원하는 양을 투입할 수 있는 변량형 농작업 기계기술
- 농자재 투입에 대한 처방을 결정하는 의사결정기술
- 정밀농업의 목적달성을 위해서는 토양검정, 경운, 시비, 방제, 작물 관찰, 수확 등 파종 전처리에서 수확까지 전 과정에 걸쳐 정밀관리 기술이 적용되어야 한다.

② **지리정보시스템(GIS) 이용** : 수량, 토양조사지도, 원격탐사자료, 작물관찰 보고, 토양양분 수준 등에 대한 정보를 중첩시켜 분석함으로써 현재의 상태를 명료하게 해석하고 대체가능한 강력한 관리방법을 찾을 수 있는 새로운 자료를 생산하는 것이다.

③ **지구위치측정시스템(GPS) 이용**

- GPS를 이용한 새로운 국지최적시비법은 인공위성을 이용한 농토구간 위치의 정확한 위치측정과 토양진단에 의한 적정시비법 개발로 가능해진 첨단 농업기술의 하나이다.
- 세부 지구위치측정시스템(DGPS)은 위치를 더욱 정확하게 보정해주는 위치측정시스템이다. 포장경계선 설정, 토양시료 채취, 농약살포, 시비, 수확량지도 작성 등에 필요한 위치정밀도를 제공한다.

④ **토양 채취와 분석 및 토양특성지도 제작**

- 토양시료 채취 프로그램의 정확도와 신뢰도를 향상시키기 위하여 새로운 기술과 방법을 도입하고 있다.
- 전자지도를 이용하여 위치별로 종자, 비료, 제초제의 양을 달리하는 변량적 처리기술을 적용할 수 있다.
- 가장 이상적인 토양특성지도는 경작지를 가로질러 운전하는 농기계에 토양특성 감지를 위한 센서를 부착하여 운행 중 토양특성을 감지하여 지도화 하는 것이다.

⑤ **원격탐사기술(RS)**

- 물체나 지역과의 물리적인 접촉 없이 먼 거리에서 물체 또는 지역에 대한 정보를 모으는 기술의 종류이다.
- **인공위성을 이용한 원격탐사** : 미국의 랜드샛(LANDSAT), 프랑스의 스폿(SPOT) 위성을 이용하는 것이 보편화되고 있다.

⑥ **변량적용기술(VRT)**

- 작물과 토양의 변이성을 매개변수로 국부적 특성에 맞는 투입량을 정확하게 결정하는 의사결정방법이다.
- 변량적용기술의 진전은 경영기술을 더욱 진보시킬 수 있게 되어 환경적 이익과 아울러 경제적 수익성도 크게 향상시킬 수 있다.

3) 외국의 정밀농업 동향

① 미국

- 정밀농업을 처음 시작한 나라이다.
- 격자단위의 토양조사, 수확량 모니터링, 생육조사, 변량시비, 변량 파종, 변량 농약살포, 원격 생육조사 등을 수행하고 있다.
- 정밀농업을 실천하고 있는 농가는 경영규모가 500ha 이상의 대규모 농가이다.

② 유럽(덴마크, 영국, 독일)
- 품질관리국제기준(ISO 9002)과 환경관리국제기준(ISO 14001)의 인증을 획득하고 토양과 수확량을 지도화하여 농약과 비료를 변량처리하고 있다.(덴마크)
- 가장 많이 보급된 정밀농업기술 : 수확량모니터링시스템(독일)

③ 일본
- 1997년부터 시작하였다.
- 국가연구기관과 대학이 주축이 되어 이루어지고 있다.

9 유기경종

1) 유기농업

① 유기농업이란 농약과 화학비료를 사용하지 않고, 원래의 흙을 중시하여 자연에서 안전한 농산물을 얻는 것을 바탕으로 한 농업을 말한다.
② 유기농업의 어원은 일본인 이치라테루오(一樂照雄)가 황금의 토(黃金の土)란 책을 유기농업이란 이름으로 바꾸어 출판한 것이 최초의 유래로 추정하고 있다.

2) 유기농업의 목적(★★★)

① 영양가 높은 식품을 충분히 생산한다.
② 장기적으로 토양비옥도를 유지한다.
③ 미생물을 포함한 농업체계 내의 생물적 순환을 촉진하고 개선한다.
④ 농업기술로 인해 발생되는 모든 오염을 피한다.
⑤ 자연계를 지배하려 하지 않고 협력한다.
⑥ 지역적인 농업체계 내의 갱신 가능한 자원을 최대한으로 이용한다.
⑦ 유기물질이나 영양소와 관련하여 가능한 한 폐쇄된 체계 내에서 일한다.
⑧ 모든 가축에게 그들이 타고난 본능적 욕구를 최대한 충족시킬 수 있는 생활조건을 만들어 준다.
⑨ 식물과 야생동물 서식지 보호 등 농업체계와 그 환경의 유전적 다양성을 유지한다.
⑩ 농업생산자에게 안전한 작업환경 등 일로부터 적당한 보답과 만족을 얻게 한다.

3) 유기농업의 배경과 필요성

① 제2차 세계대전 이후 식량문제를 해결하기 위해 화학비료와 유기합성농약의 사용으로 식량증산에 괄목할 만한 성과를 거둠
② 그러나 화학비료의 오용과 남용에 따른 수계의 부영양화, 토양의 염류집적, 식품의 품질 저하 등 환경적 부작용을 유발

③ 결국 합성농약과 화학비료로 인한 환경오염과 생태계의 교란이라는 부작용 초래

4) 유기농업의 이론과 목표

① **유기농업의 이론** : 유기농업은 농장의 모든 구성요소, 즉 토양의 무기영양분, 유기물, 미생물, 곤충, 식물, 가축, 인간 등이 유기적으로 구성 · 결합되어 전 체계가 상호 조화롭고 안정성이 있는 생산기법으로 농축산물을 생산하는 지속 가능한 농업형태이다.

② 유기농업이 지향하는 목표를 달성하기 위한 유기경종기술의 핵심
- 지역 또는 농가 단위에서 유래되는 유기성 재생 가능 자원의 최대한 이용
- 병해충 및 잡초의 환경친화적 방제관리
- 합리적 관리기술의 확립
- 생태계 구성요소 간의 생태적 · 생물학적 균형과 상호보상 충족

5) 우리나라와 세계의 유기농업 현황

① **우리나라**
- 1997년 12월 13일. 친환경농업육성법 제정(★)
- 2006년 9월 27일. 본격적인 친환경농업육성정책 수립
- 2013년. 친환경농어업육성 및 유기식품 등의 관리 · 지원에 관한 법률로 관계법령 통합

② **세계**
- 1972년. 국제유기농업운동연맹(IFOAM)의 결성(★)
- 1981년. IFOAM은 국제적으로 통용될 최초의 유기농업 기준을 마련하여 유기농업에서 사용할 수 있는 허용자재를 정리
- 1990년부터 국제식품규격위원회(CODEX 또는 CAC)는 '유기식품의 생산 · 가공 · 표시 · 유통에 관한 가이드라인'에 대한 논의 시작
  - 1999년. 식물 분야(유기경종) 유기식품 가이드라인 확정
  - 2001년. 축산 분야(유기축산)에 대한 유기식품 가이드라인 확정

6) CODEX에서 제시하는 유기경종기술

① **토양비옥도와 생물활동 증진 및 유지를 위한 권장사항**
- 두과작물, 녹비작물, 심근성 작물을 다년간 윤작
- 모든 토양투입 퇴비나 구비는 CODEX 가이드라인에 맞게 유기경종이나 유기축산의 부산물로 나온 것을 사용

② **병해충 및 잡초 방제의 원칙(★★★)**
- 알맞은 작목과 품종을 선택

- 적절한 윤작
- 기계적인 경운
- 천적을 보호하기 위하여 울타리, 보금자리 등을 제공
- 침식을 막는 완충지대, 농경삼림, 윤작작물 등을 사용하여 생태계 다양화를 도모
- 화염을 사용한 제초
- 포식생물이나 기생동물의 방사
- 돌가루, 구비, 식물성분으로 만든 생물활성제를 사용
- 멀칭이나 예취, 동물의 방사, 덫·울타리 및 빛·소리 같은 기계적인 수단을 사용

③ 유기경종의 재배 방식
- 화학비료와 합성농약 및 항생제의 사용 금지
- 작부체계는 생물 간의 타감작용을 잘 응용하고, 토양의 비옥도를 증가시키며 병해충 발생을 저감하는 방향으로 구성

④ 유기경종에서 지력 증진 방안
- 태생적으로 토양비옥도가 낮은 토양의 이화학성을 개량
- 퇴비와 축분 및 녹비작물을 이용하여 토양비옥도를 증진
- 유기농업 허용자재를 이용한 식물영양공급체제로 양분관리

⑤ 토양의 비옥도와 토양관리방법
- 작물의 양분흡수에 결정적인 역할을 하기 때문에 유기경종에서 가장 중요한 영농관리기술이다.
- 작물양분관리를 유기물에 의존
- 축분퇴비는 가축분의 인산 함량에 따른 작물별 시비량에 맞춰 계산된 가축분퇴비량을 시용한다.

⑥ 병해충 및 잡초관리

㉠ 예방적 방제(경종적 방제)
- 내충성, 내병성, 내잡초성 품종 재배
- 대목과 같은 저항성이 강한 유전형질을 가진 작물을 재배
- 봉지 씌우기, 비가림 재배, 토양피복, 이병잔유물이나 이병주의 제거, 이병토양의 제거 등과 같은 물리적 방법을 사용

㉡ 치료적 방제
- 태양열소독, 증기소독, 화염제초 등을 사용
- 살충, 흡충기 이용
- 낫과 제초기 이용 제초
- 유아등, 페로몬을 사용하여 유인 교살

- 천적곤충, 천적미생물과 같은 생물농약을 사용
- 식물성 살충제나 살균제와 같은 유기농 허용자재를 이용 방제

10 유기축산

1) CODEX 기준에서 유기축산의 원칙

① CODEX 기준에서 유기축산은 유기농장의 일부가 되어야 함을 명시하고 있다.

② 유기농장의 건전화를 위한 조치 규정
- 토양의 비옥도를 유지하고 개선
- 초지의 식물군을 잘 관리한다.
- 농장의 생물학적 다양성을 높이고 보완적인 상호작용을 촉진한다.
- 농장시스템의 다양성을 증진한다.

2) 유기사료의 생산과 급여

① 유기축산물 : 유기사료로 일정 기간에 걸쳐 사육한 가축의 고기, 우유, 계란 등의 축산물을 말한다.

② CODEX 기준에서 유기축산물의 유기사료 급여 기준(★★★)
- 소 : 1년 이상
- 돼지 : 6개월 이상
- 닭 : 7주 이상
- 젖소(우유) : 90일 이상
- 유정란 : 6주 이상

③ 유기축산에서 가장 중요한 필수사항 : 유기사료의 확보

3) 유기축산에서 질병예방관리(★★★)

① 질병은 치료보다는 예방 위주로 관리한다.

② 질병관리의 기본은 기생충이나 질병에 저항성이 강한 가축을 선발하여 사양한다.

③ 가축의 질병 예방을 위해 위생관리와 적당한 환경을 조성해 준다.

④ 성장촉진제나 항생제의 사용을 금지한다.

⑤ 예방접종, 비타민 투여, 기생충약, 치료항생제는 제한적으로 사용이 허락된다.

4) 사육시설 관리(★★★)

① 유기축산에서 사육시설이나 사육환경은 가축의 건강과 동물복지를 고려하여야 한다.
② 유기축산의 기본 정신은 방목이 원칙이다.
③ 케이지식 사양이나 가두리 사양은 가축을 속박시켜 동물복지에 위배되므로 금기시된다.
④ 사육시설은 통풍이 잘되어야 한다.
⑤ 사육시설은 고온과 저온을 대비할 수 있도록 해야 한다.
⑥ 사육시설은 햇볕을 쪼일 수 있고 자유롭게 즐길 수 있는 공간이 확보되어야 한다.

11 환경친화적 품종 육성

1) 품종의 중요성

① 내병성 · 내충성 품종의 개발로 농약사용량 절감
② 소비성 품종의 개발로 비료의 사용량을 절감
③ 고품질 다수확품종 개발은 경제적 수익성 향상

TIP

소비성 품종 : 비료를 적게 필요로 하는 품종

2) 저항성 품종의 메커니즘과 저항성의 유형

① 저항성 품종의 메커니즘

- 식물은 자신을 가해하는 초식동물 및 병원균 등의 공격으로부터 살아남기 위한 자신을 방어하는 방어물질을 진화시켰다.
- 파이토알렉신(phytoalexin)의 생합성 : 병원체가 생산한 물질이나 효소가 신호로 작용하여 식물은 파이토알렉신(phytoalexin)이라는 물질을 합성한다.
  - 파이토알렉신은 주로 병원체가 감염된 부위에 축적된다.
  - 파이토알렉신은 강력한 항미생물 활성을 나타낸다.
- 전신적 방어 : 곤충이 잎을 갉아 먹으면 식물에 상처가 생기는데, 이때 신호로 작용하여 식물체에 단백질분해효소 억제제가 합성된다.
  - 단백질 합성억제제는 곤충의 몸(소화관)으로 들어가 단백질의 균형을 파괴한다.

② 저항성의 유형

- 비기주저항성 : 병원균이 기주식물 이외에는 병을 일으킬 수 없는 성질
- 교차저항성 : 병원균이 두 종류 이상의 다른 약제에 대해 저항성을 나타내는 성질

- 수직저항성(★) : 특정 레이스에만 나타나는 저항성
- 수평저항성(★) : 모든 레이스에 나타나는 저항성
- 간염 전 저항성 : 병원균이 침입하기 전부터 식물체가 가지고 있는 저항성
- 감염 후 저항성 : 기주와 병원체 상호작용으로 형성된 저항성
  예 파이토알렉신

③ **다계품종을 이용한 병해관리** : 다계품종은 다계혼합집단품종으로서 다수의 특이저항성 인자를 집단 내에 보유하게 되므로 병해저항성의 안정성과 지속성을 유지할 수 있다.

3) 저항성 품종의 육종 방향

① 환경생태 조건에 부합되는 품종의 육성
② 이모작, 다모작 품종의 개발
③ 환경스트레스 저항성 품종의 개발
④ 자연적 에너지와 영양원을 최대한 이용 가능한 품종의 개발
⑤ 환경재해 저항성 품종의 개발
⑥ 생력화가 가능한 품종의 개발

12 토양개량제

1) 토양개량제

주로 토양의 입단 형성을 조장하기 위해 토양에 투입하는 자재를 말한다.

2) 토양 개량의 종류(★★★)

① **유기물** : 퇴비, 구비, 볏짚, 맥간, 야초, 이탄, 톱밥
- 구비 : 동물의 분뇨를 원료로 만든 비료
- 야초 : 들녘의 풀
- 이탄 : 식물체가 오랜 세월동안 퇴적 · 분해되어 변화된 것(석탄이 되기 전 단계)

② **무기물** : 벤토나이트, 제올라이트, 버미큘라이트, 피트모스, 펄라이트

③ **합성고분자계** : 크릴륨(★)

④ **토양 개량 및 작물 생육을 위해 사용이 가능한 자재**
- 농장 및 가금류의 퇴구비(堆廐肥), 퇴비화 된 가축배설물
- 건조된 농장 퇴구비 및 탈수한 가금 퇴구비, 식물 또는 식물 잔류물로 만든 퇴비
- 버섯재배 및 지렁이 양식에서 생긴 퇴비, 지렁이 또는 곤충으로부터 온 부식토

- 식품 및 섬유공장의 유기적 부산물, 유기농장 부산물로 만든 비료
- 혈분, 육분, 골분, 깃털분 등 도축장과 수산물 가공공장에서 나온 동물 부산물
- 대두박, 쌀겨 유박, 깻묵 등 식물성 유박(油粕)류
- 제당산업의 부산물(당밀, 비나스(vinasse), 식품등급의 설탕, 포도당 포함)
- 유기농업에서 유래한 재료를 가공하는 산업의 부산물
- 오줌, 사람의 배설물, 벌레 등 자연적으로 생긴 유기체
- 구아노(바닷새, 박쥐 등의 배설물), 짚, 왕겨, 쌀겨 및 산야초
- 톱밥, 나무껍질 및 목재 부스러기, 나무 숯 및 나뭇재
- 황산칼륨, 랑베나이트(해수의 증발로 생성된 암염) 또는 광물염
- 석회소다 염화물, 석회질 마그네슘 암석, 마그네슘 암석, 사리염(황산마그네슘) 및 천연석(황산칼슘), 석회석 등 자연에서 유래한 탄산칼슘
- 점토광물(벤토나이트, 펄라이트 및 제올라이트, 일라이트 등)
- **질석**(vermiculite : 풍화한 흑운모), 붕소, 철, 망간, 구리, 몰리브덴, 아연 등 미량 원소
- 칼륨암석 및 채굴된 칼륨염, 천연 인광석 및 인산알루미늄칼슘, 자연암석 분말 · 분쇄석 또는 그 용액, 광물을 제련하고 남은 찌꺼기(베이직 슬래그, 광재(鑛滓))
- 염화나트륨(소금) 및 해수, 목초액, 키토산, 미생물 및 미생물 추출물, 이탄, 토탄, 토탄 추출물
- 해조류, 해조류 추출물, 해조류 퇴적물
- 황, 스틸리지(stillage) 및 스틸리지 추출물(암모니아 스틸리지는 제외한다.)

⑤ 사람의 배설물에 대한 사용가능 조건
- 완전히 발효되어 부숙된 것일 것
- **고온발효** : 50° C 이상에서 7일 이상 발효된 것
- **저온발효** : 6개월 이상 발효된 것일 것
- 엽채류 등 농산물, 임산물의 사람이 직접 먹는 부위에는 사용 금지할 것

13 퇴비

1) 토양 유기물과 미생물

① 토양 유기물이란 동물, 식물, 미생물의 유체로 되어 있으며, 부식(humus)이라고도 한다.

② 토양이 **흑색**으로 보이는 것은 부식에 의한 것이다.
- 부식 함량이 10% 이상에서는 거의 흑색을 띤다.
- 부식 함량이 5~10%에서는 흑갈색을 띤다.

③ 토양 유기물은 토양의 성질을 좋게 하여 **지력**을 높이므로 퇴비, 녹비 등의 유기물을 사용하여 적정 수준의 유기물 함량을 유지하도록 토양관리를 해주어야 한다.

2) 토양 유기물의 기능(★★★)

① 암석의 분해 촉진
② 양분 공급
③ 대기 중의 이산화탄소 공급 → 유기물이 분해될 때 이산화탄소가 발생하여 광합성을 촉진한다.
④ 토양 개량 및 보호
⑤ 입단 형성
⑥ 보수 · 보비력 증대
⑦ **완충능의 증대**
⑧ 미생물의 번식조장
⑨ 지온의 상승
⑩ 생상촉진물질 생성

3) 토양 유기물(부식)의 과잉 시 해작용(★)

① 부식산이 생성되어 토양산성이 강해진다.
② 상대적으로 점토(흙)의 함량이 줄어들어 불리할 수 있다.
③ 습답에서는 고온기에 토양을 환원상태로 만들어 해작용이 나타난다.
➡ 배수가 잘 되는 밭이나 투수가 잘 되는 논에서는 유기물을 많이 시용해도 해작용이 나타나지 않는다.

4) 퇴비의 제조

① **사용 가능한 재료** : 톱밥, 나무껍질, 인분, 축분, 대두박, 미강(쌀겨), 유박, 깻묵, 산야초, 볏짚 등
② **적정 탄질비** : 20내외
③ **질소, 인산, 가리의 적정 함량** : 각각 1~2%
④ **발효 촉진** : 퇴비부숙제 또는 균배양체, 쌀겨를 혼합
- **균배양체** : 퇴비 1톤당 20kg 이상

⑤ **뒤집기**
- **시기** : 퇴비 내부에 열이 발생하기 시작할 때부터
- **회수** : 총 4회 정도(1회 뒤집은 후 2주, 8주, 16주 차)
- **뒤집는 이유(★)** : 호기성 발효 유도

⑥ **후숙** : 1~2개월
⑦ **완성된 퇴비의 판별**
- 퇴비 내부의 온도와 외부 기온가 비슷하다.

- 색깔이 검다.
- 썩는 냄새가 없다.

⑧ 과인산석회를 혼합하면 암모니아의 휘산이 방지되고 부숙이 촉진된다.

⑨ 60℃에서 잡초종자가 사멸한다.

5) 퇴비의 검사방법

① 관능적 검사

㉠ 수분 함량

- **퇴비의 수분 함량이 70% 이상** : 퇴비의 재료를 한줌 쥐어 꼭 쥐었을 때 손가락 사이로 물기가 스밀 정도
- **퇴비의 수분 함량이 70% 정도** : 물이 스밀 정도는 아니나 손바닥에 물기를 느낄 수 있는 정도
- **완숙퇴비(수분 40~50%)** : 물기를 거의 느낄 수 없는 상태로 손을 털면 묻었던 부스러기가 즉시 털어질 정도

> **TIP**
>
> **퇴비의 부숙과정 중 수분 감소율** : 약 40~50%

㉡ **형태에 의한 판정** : 부숙이 진전되어 감에 따라 형태의 구분이 어려워지며, 완전히 부숙되고 나면 잘 부스러지면서 당초 재료가 무엇이었는지 구분하기가 어렵다.

㉢ 색에 의한 방법

- 완숙퇴비의 색깔은 재료의 종류에 따라서 다양하게 나타난다.
- 산소가 충분히 공급된 상태에서와 산소 공급이 부족한 상태에서 부숙된 경우도 색이 달라진다.
- 대체로 완숙 시 검은색(★)으로 변해가는 것이 일반적이다.

㉣ **냄새에 의한 방법** : 완숙되면 퇴비 고유의 향긋한 냄새가 나며, 가축의 분뇨는 당초의 악취가 거의 없어진다.

㉤ **촉감법** : 손으로 만져서 입자가 부서지는 상태 또는 긴 섬유질이 끊어지는 정도로 측정하는 방법이다.

② 화학적인 방법

㉠ 탄질률에 의한 검사

- 완숙퇴비의 적정한 탄질률은 20 이하이다.(★)
- 탄질률검사방법은 볏짚과 같은 고간류의 부숙도 판정에 많이 이용된다.

- 원리 : 유기물이 부숙되면서 미생물이 유기물을 분해하여 탄수화물을 에너지원으로 사용하기 때문에 탄소 함량이 줄어드는 원리를 이용하는 것이다.

㉡ ph검사

- 완숙퇴비의 경우 중성~약알칼리성(★)
- 산성일수록 미숙퇴비이다.

③ 물리적 방법

㉠ 비닐봉투법 : 가축분 등에는 수용성질소와 단백질태질소가 많고, BOD와 COD원이 되는 저급지방산과 당류의 함량이 많기 때문에 분해 초기에는 가스의 발생량이 많다가 부숙이 진전되면 가스발생량이 적어지는 것을 이용한 방법이다.

- 적용가능퇴비 : 가축분퇴비
- 준비기구 : 비닐봉투(폭 20㎝, 길이 30㎝ 정도)
- 측정방법 : 약 300g의 퇴적물을 비닐봉투에 넣고 비닐주머니 내의 공기를 빼내고 고무줄로 비닐주머니의 입구를 밀봉한 다음 약 3~4일간 실내(온도 25~28℃)에 방치한다.
- 부숙도 판정법 : 퇴비를 넣은 비닐봉투가 가스로 부풀면 미숙퇴비이고, 부풀지 않으면 완숙퇴비이다.

④ 생물학적인 방법

㉠ 지렁이법

- 원리 : 지렁이가 단백질과 당류가 많은 부식물을 좋아한다. 그리고 부숙이 충분하지 않은 퇴적물에는 탄닌, 폴리페놀류 및 암모니아 등 지렁이가 싫어하는 생리적 감각을 이용하는 방법이다.
- 판정방법 : 지렁이의 습성을 관찰하는데 퇴비가 극단적으로 미숙인 경우에는 지렁이가 부분적으로 녹기 시작하며, 약간 미숙인 경우에는 지렁이가 비교적 빠르게 원기를 잃고 전혀 움직이지 않을뿐 아니라 지렁이 몸체가 탈수하여 백색 또는 암갈색으로 변한다. 또 어둡게 했다가 밝게 하면 지렁이가 곧 잠입하지 않고 도망가려는 행동이 관찰되고, 24시간 경과한 후 죽으려고 하면 미숙퇴비라고 할 수 있다. 이것과는 반대로 완숙퇴비는 지렁이의 활동이 활발한 것을 볼 수 있다.

㉡ 종자발아시험법

- 원리 : 미숙퇴비에는 페놀성 물질(★★)이 함유되어 있어 미숙한 목질자재퇴비의 경우 오이, 배추 등의 종자를 파종하면 발아장해가 나타나는 것을 이용하는 방법이다.
- 적용퇴비 : 수피퇴비, 목질자재함유퇴비 등
- 판정방법 : 발아율이 90% 이상이면 완숙퇴비이다.

14 병해충 방제

1) 병해충 방제의 개념

① **종합적 방제** : 환경과 경제성, 그리고 지역특이성을 고려하여 화학적 · 물리적 · 경종적 방제 기술 등의 다양한 방제 기술을 상호 모순이 없는 합리적 조합으로 병해충을 방제하는 것이다.

② **병해충 방제를 위한 사전 조치**
- 병해충 및 잡초의 정밀예찰
- 경제적 피해허용 수준을 고려한 방제 기준의 설정
- 환경과 식품의 안전성을 고려한 방제법의 선택 또는 조합
- 부단한 자연사랑을 기본으로 한 방제 행위 등

2) 병해충 방제기술

① **생태적 · 경종적 병해충 방제**
- 저항성 품종의 재배, 건전종묘의 이용(가장 기본적인 방제 방법이다.)
- 윤작, 혼작, 간작으로 병 발생 경감
  - 선충, 진드기류는 작물을 연작할 경우 밀도가 증가한다.
  - 수박이나 무에 보리 또는 밭벼를 간작하면 진딧물의 발생을 억제하여 바이러스병이 경감된다.
  - 메리골드(★)를 윤작 또는 혼작하면 선충 밀도가 경감된다.
- **파종기의 조절(수확기의 조절)** : 조파조식 또는 만파만식
- 재배 밀도의 조절
- 적절한 비배관리를 통한 병 발생 경감
- **포장의 위생관리** : 수확 후 잔재물은 다음 작기의 전염원이 될 수 있으며, 포장 내 · 외에 발생하는 잡초도 중간숙주가 될 수 있어 제거하여야 한다.
- 유기물의 시용
- **객토, 환토** : 토양의 물리성을 개량해 주어 토양선충의 밀도를 저하시킨다.

② **기계적 · 물리적 병해충 방제**

㉠ **열처리**
- 종자전염성 병해는 습열처리, 건열처리를 이용한다.
- 태양열 소독

㉡ **자외선 제거필름 이용** : 광 의존성이 강한 사상균에 의한 공기전염성 병해는 자외선 제거필름을 이용하면 병해를 방제할 수 있다.

㉢ 비가림 재배 : 비가림 재배는 물리적 방법을 이용한 아주 효과적인 병해회피기술이다.

㉣ 봉지 씌우기, 방조망 설치, 피복재배
- 과수에서 봉지 씌우기는 해충류의 예방에 효과적이다.
- 채소의 피복재배는 배추좀나방의 피해를 줄일 뿐만 아니라 진딧물에 의한 바이러스병의 발생도 줄일 수 있다.

㉤ 유인살충

③ 생물학적 병해충 방제

㉠ 생물농약을 이용한 방제
- 미생물농약(병원균과 길항미생물을 이용)에 의한 방제
- 약독바이러스를 이용(교차보호)한 바이러스병 방제

TIP 교차보호(★★★)

식물이 한 가지의 바이러스에 감염되면 동일 또는 유사 계통의 바이러스에 대한 재감염이 일어나지 않는 원리를 이용하여, 식물의 묘에 병원성이 약한 바이러스를 미리 접종하여 포장 에서의 악성 강독바이러스의 감염을 방지하는 것이다.

㉡ 천적곤충이나 천적미생물을 이용한 해충 방제

㉢ 천적곤충을 이용하는 농업시스템에서 반드시 고려해야 할 사항(★★★)
- 천적유지식물(banker plant)을 조성
- 천적의 서식처를 보호
- 설재배 시에는 주 작물과 생리적 특성이 다른 작물을 심어 천적이 번식 및 생장할 수 있는 터전을 마련해 주어야 한다.

④ 화학적 병해충 방제

㉠ 합성농약을 사용한 방제

㉡ 합성농약 대체물질을 이용한 방제
- 아인산(★) : 역병 방제에 탁월하나 시들음병, 세균성 풋마름병 등에는 방제효과가 없다.
- 식물추출물 등 유기농자재를 이용한 방제

㉢ 성페로몬을 이용한 방제
- 대량유살법 : 성페로몬제의 유인력이 강한 해충, 수놈 성충이 암놈 성충에 비하여 우화가 빠른 수놈을 대상으로 한다.
- 교신교란법 : 합성 성페로몬제를 침적시킨 담체나 주입 플라스틱을 대량으로 설치하여 고농도의 성페로몬을 퍼뜨림으로써 처리지역 내 해충의 암수교신을 방해해 교미율을 낮춤으로써 해충의 증식률을 저하시키는 방법이다.

㉣ 대량유살법의 성공적 요건

- 해충의 밀도가 낮은 시기부터 시작한다.
- 충분한 수의 페로몬 트랩을 설치한다.
- 유살효율이 높은 장소에 트랩을 설치한다.
- 교미할 암놈이 날아들지 못할 정도의 넓은 지역에 설치한다.

㉤ 교신교란법의 성공적 요건

- 피해를 일으키는 1세대 전의 성충발생기 전 기간에 걸쳐 처리한다.
- 페로몬제의 양과 배치는 공기 중의 페로몬 농도가 높게 유지될 수 있을 때 설치한다.
- 끝난 암놈이 주위에서 침입해 들어오는 것을 막을 수 있는 포장에 설치한다.
- 밀도가 낮을 때에 효과가 크다.

3) 잡초 방제

① **잡초** : 인간이 목적으로 하지 않는 식물로 농경지에서 토지의 생산성과 인간 노력의 경제성을 저하시키는 식물이다.

② **잡초경합 한계기간**(작물이 잡초와의 경합에 민감한 시기)

- 전 생육기간의 첫 1/4~1/3 기간
- 이 기간 내에 꼭 잡초를 제거해야 한다.

③ **종합적 잡초 방제**(Integrated Weed Management; IWM)

- 방제 방법 중 2가지 이상을 혼합하여 방제하는 방법이다.
- 가장 이상적인 잡초 방제 방법이다.(★★)

④ **종합적 잡초 방제의 종류(★★★)**

㉠ 경종적 방제

- 잡초와의 생육 경합성이 큰 작물이나 품종의 재배
- 재식밀도의 조절
- **파종기의 조절** : 작물이 잡초보다 먼저 생육을 유도
- **파종 방법의 조절** : 벼 입모 중 보리 파종, 보리 입모 중 벼 파종
- **피복재배** : 볏짚, 보리짚으로 피복
- **답전윤환** : 논 상태와 밭 상태를 교호로 변환시켜 잡초 발생 억제
- **답리작** : 논에서 벼 수확 후 맥류를 재배하면 논 다년생 잡초 발생 억제
- **작부체계의 조절** : 휴한기가 짧은 작물을 재배하면 잡초 발생 억제
- **초생피복 재배** : 초장이 짧은(사철채송화, 솔잎가래 등) 특정 식물을 휴반(작물이 재배되지 않는 공간)에 재배하면 초종이 큰 잡초의 발생을 억제할 수 있다.

㉡ 물리적 잡초 방제

- 수작업 예취 : 손으로 뽑기, 낫으로 베기
- 심수관계 : 10~15cm 수심을 유지하면 돌피, 방동사니 발생 억제
- 중경 : 작물체 주변 김매기
- 배토 : 흙을 작물의 기부측으로 긁어 모아주기
- 멀칭 : 검정 비닐로 피복
- 화염제초 : 불을 지르거나 화염방사기를 이용하여 잡초나 잡초종자 사멸
- 기계이용 제초 : 휴대용 예초기, 관리기 예초기, 트랙터 예초기 등

㉢ 생물학적 잡초 방제

- 잡초에 병을 일으키는 병원미생물을 이용한 잡초 방제
- 잡초를 식해하는 곤충의 방사
- 동물의 방사 : 왕우렁이, 오리, 철갑새우 등
- 식물의 타감작용(allelopathy)을 이용한 방제 : 답리작에서 헤어리베치를 심으면 잡초의 발생을 억제할 수 있다.

제3과목

15 시설재배

1) 시설의 입지조건

① 기온이 온난한 곳
② 일조량이 많은 곳
③ 바람이 많지 않은 곳
④ 상습 안개 발생지가 아닌 곳
⑤ 배수가 잘 되는 곳
⑥ 관수가 용이한 곳
⑦ 노동력 공급이 원활한 곳
⑧ 수송조건이 양호한 곳

2) 시설의 설치방향(★★★)

① 동서동 : 외지붕형, 스리쿼터형
② 남북동 : 양지붕형, 연동형온실

3) 시설 내 환경의 특이성(★★★)

① 온도
- 하루 중 온도교차가 크다.
- 위치별 온도분포가 다르다.
- 지온이 높고 변화가 적다.

② 광 환경
- 광질이 변한다.
- 광량, 즉 광도가 낮아진다.
- 위치별 광분포가 달라진다.

③ 공기
- 이산화탄소 농도가 변한다.
- 유해가스가 집적되기 쉽다.
- 공기 이동, 바람이 거의 없다.

④ 수분
- 자연강우가 차단되어 있다.
- 토양이 건조해지기 쉽다.
- 공중습도가 노지보다 높다.

⑤ 토양
- 염류 농도가 높다.
- 토양 pH가 높다.
- 통기성이 나쁘다.
- 연작장해가 발생한다.

⑥ 병충해
- 특이환경으로 특이병이 많다.
- 해충의 피해는 노지보다 적은 편이다.
- 노지보다 다양한 생리장해가 발생한다.

4) 시설의 종류(★★★)

① 유리온실

㉠ **외지붕형 온실** : 지붕이 한쪽만 있다. 동서방향이 적합하다.

㉡ **부등변식 온실** : 쓰리쿼터형. 동서 방향, 남쪽이 전체의 3/4을 차지한다.

㉢ **양지붕형 온실** : 양쪽의 지붕 길이가 같음, 주로 남북 방향

㉣ **연동형 온실** : 양지붕형 온실을 여러 동 연결한 구조이다.
- **장점** : 토지이용률이 높다. 건축비가 절감된다.

㉤ **벤로형 온실** : 처마가 높고 너비가 좁은 양지붕형 온실을 연결한 구조이다.
- **장점** : 투광률이 높다.

㉥ **둥근지붕형 온실** : 곡선유리를 이용하여 지붕이 둥글다. 식물원에 많이 이용한다.

② **플라스틱 온실**

㉠ **지붕 모양에 따라** : 지붕형 온실, 터널형 온실, 아치형 온실

㉡ **골격자재에 따른 분류** : 죽골온실, 목골온실, 목재혼용 온실, 철재파이프 온실

㉢ **피복자재에 따른 분류** : PVC, **PE**, EVA, FRA, FRP, PET 온실

5) 관수(★★★)

① **관수 시 고려사항**
- 작물의 요수량
- 생육기별 수분요구도
- 토양 조건
- 기후 조건
- 재배 방식

② **관수방법**

㉠ **전면관수** : 토양의 전 표면에 물을 대주어 관수하는 방법

㉡ **고랑관수** : 고랑을 만들어 물을 흐르게 하여 수분을 공급하는 방법
- **단점** : 물의 소요량이 많고 토양전염성 병원균의 이동이 용이하다.

③ **분수관수** : 플라스틱 파이프 또는 튜브에 구멍을 뚫고 압력이 가해진 물을 분출시켜 공급하는 방식

④ **살수관수** : 송수파이프에 노즐을 부착하여 수분을 공급하는 방식으로 수동식 관수, 스프링클러, 미스트법 등이 있다.

⑤ **점적관수** : 플라스틱 파이프 또는 튜브에 가는 구멍을 뚫거나 서로 연결된 관을 통해 물이 방울방울 흘러나와 토양을 적셔 수분을 공급하는 방법
- **장점** : 용수를 절약할 수 있다.

⑥ **지중관수** : 지중에 매설된 관수파이프를 통해 수분을 공급하는 방법으로 저면관수방법이다.

6) 염류장해(★★★)

① **염류장해** : 염류장해에서 말하는 염류는 소금(염분)을 지칭하는 게 아니고 토양에 투입된 양분들이 이온상태(+)로 존재하기 때문에 염류라고 하며, 작물이 이용하고 남은 특정한 염류(양분. 양이온)가 과도하게 토양에 잔류하여 작물에 생리장해를 유발하는 것을 말한다.

② 염류장해는 노지보다는 시설에서 피해가 더 큰데, 그 이유는 노지의 경우 강우에 의해 염류가 용탈되지만 시설의 경우 강우가 차단되기 때문에 강우에 의한 용탈이 이루어지지 못하기 때문이다.

③ 주요 피해 : **생육 부진, 양분 결핍, 수분 결핍, 고사**

④ 염류장해 해소 대책
- **답전윤환** : 시설의 경우 밭과 논을 2~3년 주기로 돌려가며 경작한다.
- **담수처리** : 담수를 공급한 다음 배수를 하는 것을 반복한다.
- 심근성 작물(호밀 등)을 재배한다.

16 수경재배(양액재배)

1) 수경재배의 개념

토양 대신에 생육에 요구되는 필수 무기양분을 적정 농도로 골고루 용해시킨 양액과 그 양액을 수용하고 뿌리를 고착하는 배지로 작물을 생산하는 시설재배 시스템

2) 수경재배(양액재배)의 특징

① 장점
- 연작이 가능하다.
- 청정재배가 가능하다.
- 생력화와 자동화가 가능하다.
- 생육이 빠르다.
- 사막, 극지에서도 가능하다.

② 단점(★★)
- 자본이 많이 든다.
- 전문지식이 필요하다.
- 양액의 완충능이 약하다.

3) 양약재배의 종류(★★★)

① 순수수경

- 액상배지경 : 담액수경, 박막수경, 모세관수경
- 기상배지경 : 분무경, 분무수경

② 고형배지경

- 무기배지경 : 암면경, 펄라이트경, 사경
- 유기배지경 : 훈탄경, 코코넛코이어경, 피트경

> **TIP**
>
> - **양액**(nutrient solution) : 필수 무기양분을 골고루 갖춘 용액
> - **배지**(root media) : 양액을 담고 뿌리를 고착시키는 불활성 물질로 모래, 자갈, 피트모스, 코이어, 암면, 펄라이트, 훈탄이 사용된다.

제3과목

4) 양약재배 주요 시설과 장치

① 베드 : 작물 지지 수단, 배지와 배양액 수용, 산소 공급

② 탱크 : 저수탱크, 양액탱크,

③ 급배액장치 : 펌프, 급배액 파이프, 여과장치, 타이머

④ 양액혼입기 : 비료희석기, 액비혼입기

⑤ 양액관리장치 : 양액온도, 농도, 성분, pH, 용존산소, 공급량 등 조절, 살균장치

17 국제식품기준의 이해

1) 국제식품기준의 기원

① 국제식품기준 : 국제유기식품규격위원회에서 채택한 각종 문서(규격, 실행규범, 지침서 및 권고사항)를 말한다.

② CODEX의 어원

- 일반적으로 코덱스(Codex) 또는 CAC(Codex Alimentarius Commission)로 불리는 국제식품규격위원회는 1962년에 FAO 및 WHO가 합동으로 설립한 식품규격프로그램(Joint/FAO/WHO Standards Programme)으로 운영되고 있다.
- Codex는 라틴어로 법령(code), Alimentarius는 식품(food)을 의미하는데, Codex Alimentarius는 식품법(food code)을 말하는 것이다.

- 따라서 Codex는 국제적으로 통용될 수 있는 식품규격기준을 포함하는 식품법전이라고 할 수 있다.
- '국제식품기준'의 정확한 표현은 '국제유기식품규격(법령)'이다.

③ 코덱스 가이드라인은 회원국의 식품관리 권고기준으로 사용된다.

2) 국제유기식품규격위원회의 기능(★★)

① 세계적으로 통용될 수 있는 식품별 규격의 설정
② 식품첨가물의 사용대상이나 사용량에 대한 기준 설정
③ 오염물질(잔류농약, 잔류수의약품, 중금속, 기타 오염물질)에 대한 기준 설정
④ 식품표시 등 식품의 안전성과 원활한 통상을 위한 작업 수행

3) 지침서가 제공하는 기본 인식(★★)

① '유기'라는 용어는 배타적으로 사용되어야 한다.
② 유기농업은 환경보호적인 여러 방법론 중 한 가지 방법이다.
③ 생물체와 인간공동체의 활력, 생산성의 최대화

④ 유기농업의 성취 목표

- 전체 체계 내에서 생물학적 다양성을 증진시키기 위함이다.
- 토양의 생물학적 활성을 증가시키기 위함이다.
- 토양비옥도를 향상시키기 위함이다.
- 동식물에서 유래된 쓰레기를 재활용하여 영양분을 토양에 되돌려 주는 한편, 재생이 불가능한 자원의 사용을 최소화하기 위함이다.
- 지역적으로 유기화된 농업체계 안에서 재생 가능한 자원에 의존하기 위함이다.
- 농업규범에서 초래될 수 있는 모든 형태의 토양, 물, 공기 오염을 최소화할 뿐만 아니라 그런 것들의 건전한 사용을 촉진하기 위함이다.
- 세심한 가공처리방법에 중점을 두고 농산품을 취급함으로써, 모든 단계에서 제품의 유기적 순수성과 필수적 품질을 유지하기 위함이다.
- 토지의 내력, 생산하고자 하는 곡식의 유형, 축종(畜種)과 같은 특정 요소에 의해 결정되는 적절한 기간, 즉 전환기간을 통하여 현존하는 모든 농장에서 유기생산제도를 정착시키기 위함이다.

⑤ 외부적 관리와 인증절차의 도입
⑥ 최종제품보다 절차에 대한 책임 활동
⑦ 유기식품의 수입은 동등성과 투명성의 원칙

4) CODEX 가이드라인의 연혁

① **1990년** – CODEX 집행위원회에서 **초안 작성**. 캐나다가 수행
② **1993년** – 제22차 식품표시분과위원회에서 **가이드라인(5단계)**
③ **1994년** – 제23차 식품표시분과위원회에서 다음 사항 논의
- 정의의 다른 CODEX 기준 부합성, 검사인증제도, 사용가능 자재, 축산 규정
- 전환기간 등

④ **1999년** – **식물 및 식물제품 분야** '가이드라인' 채택(가축 및 가축제품 분야 제외)
⑤ **2001년** – **가축 및 가축제품** 분야 채택
⑥ **2008년** – **키위**와 **바나나**의 **숙성**에 **에틸렌** 사용 허용

5) CODEX 가이드라인의 주요 내용

① **서문 및 본문 8장, 부속서 3장**으로 구성

② 본문
- 적용 범위, 용어의 설명 및 정의, 표시 및 강조 표시, 생산 및 조제 규칙
- 〈부속서2〉에 허용물질의 포함 요건 및 국가별 물질목록 작성기준
- 검사 및 인증제도, 수입, 가이드라인 검토

③ 부속서(★)
- 부속서1 : 유기생산의 원칙
- 부속서2 : 유기식품 생산에 허용되는 자재
- 부속서3 : 최소 검사요건 및 문제 예방조치 사항 등

6) CODEX 가이드라인의 목적(★★)

① 시장에서 일어나는 기만, 부정행위, 입증되지 않은 제품의 강조 표시로부터 소비자 보호
② 비유기제품이 유기제품으로 잘못 표시되는 것으로부터 유기제품 생산자 보호
③ 생산, 준비, 저장, 운송, 유통의 모든 단계가 본 가이드라인에 따라 검사되고 부합하게 하기 위함
④ 유기제품의 생산, 인증, 확인, 표시 규정 조화
⑤ 국가 간의 동등성 인정을 용이하게 하기 위한 국제적 가이드라인 제공
⑥ 지역 및 세계 보존을 위한 각국의 유기농업시스템 유지 강화

7) CODEX 유기생산체계의 목적(★★★)

① 체계 전체의 생물학적 다양성 증진, 토양의 생물학적 활성 촉진, 토양비옥도 유지
② 재생 불가능한 자원 사용의 최소화, 현지 농업체계에서 재생 가능한 자원에 의존

③ 영농에 따른 모든 형태의 토양, 물, 대기오염 최소화
④ **범위** : 가공하지 않은 식물 및 식물제품, 가축 및 축산제품과 이것에서 유래되어 식용을 위해 가공된 농작물 및 축산제품

8) CODEX 가이드라인 용어의 정의(★★)

① **유전자 공학/변형 생물** : 교배나 자연적 재조합에 의해 발생하지 않는 방식으로 유전물질을 변형시키는 기술을 통해 생산
② **유전자 공학/변형 기술** : DNA 재조합, 세포 융합, 미량 및 대량 주입, 캡슐화, 유전자의 제거나 복제

TIP

제외 : 접합, 형질도입, 잡종교배

③ **성분** : 식품첨가물, 식품 제조나 준비에 사용되는 모든 물질 및 변형된 형태로 최종제품에 존재하는 모든 물질
④ **가축** : 식용이나 식품 제조용으로 기르는 소(물소와 아메리카들소 포함), 양, 돼지, 염소, 말, 가금, 벌과 같은 사육동물

TIP

제외 : 사냥이나 낚시로 포획한 야생동물

⑤ **사업자** : 판매 또는 판매할 목적으로 생산, 준비, 수입하는 사람
⑥ **동물용 의약품** : 질병의 치료, 예방, 진단을 목적으로 사용하거나 생리적 기능이나 행위를 변화시킬 목적으로 활용하거나 투여하는 물질

9) 유기로 변환 · 전환된 제품의 표시

① 유기방법을 사용하여 12개월이 지나야 '유기로 전환 중(transition organic)'이라는 용어 표시 가능
② 요구사항을 충분히 충족
③ 전환과정을 완전히 거친 제품과의 차이점에 대해 구입자의 혼동을 일으키지 않아야 한다.
④ '유기농법으로 전환하는 과정에 있는 제품'과 같이 표현, 유통되는 국가의 소관당국이 허락한 단어나 문구로 표현

TIP

문자의 색깔, 크기, 모양은 제품의 판매 설명보다 두드러지면 안 됨

⑤ 단일 원료로 구성된 식품은 주 표시면에 표시 가능
⑥ 공인인증기관이나 인증권자의 명칭 또는 코드 번호 표시

10) 첨가물 · 가공보조제(★★)

① 사용조건
- **첨가물** : 식물의 생산이나 보존이 불가능할 경우
- **가공보조제** : 가이드라인을 만족하는 다른 기술이 없는 경우

② 자연에서 발견된 물질의 경우 기계적 · 물리적 공정(예 추출, 침전), 생물학적 · 효소적 공정, 미생물적 공정(예 발효)을 거칠 수 있다.
③ 예외적 환경에서 화학합성 물질을 허용물질에 포함시킬 수 있다.
④ 해당 물질을 사용해도 제품의 진실성을 유지시켜야 한다.
⑤ 식품의 성질, 성분, 품질에 대한 소비자 오해소지 배제
⑥ 첨가물, 가공보조제가 제품의 품질을 손상하지 않아야 한다.

제3과목

11) CODEX 가이드라인. 식물 및 식물제품의 유기생산 원칙(★★★)

① 전환기간
- **구획, 농장 또는 농장 단위** : 파종 전 최소 2년의 전환기간 동안 적용
- **목초지 이외의 다년생 작물** : 최초 수확 전 최소 3년의 전환기간 동안 적용
  - 농장사용 경력 등을 고려하여 그 기간을 가감(반드시 12개월 이상)

② **유기적 생산 방식과 관행 생산 방식을 번갈아 사용할 수 없다.**

③ 토양의 비옥도와 생물학적 활성도 유지 또는 증가
- 윤작 프로그램에 따라 두과, 녹비(綠肥), 심근성 작물 경작
- 경작지로부터 나온 유기물질을 토양에 투입(유기농법으로 생산된 축산부산물 사용)

④ 병해충 · 잡초 관리
- 적절한 종(species)과 품종(varieties)의 선택, 적절한 윤작 프로그램
- 기계 경운, 해충의 포식자가 선호하는 서식처를 제공하여 해충의 천적을 보호
- 생태계 다양화, 화염 제초, 포식자 및 기생동물(식물) 등 천적의 방사
- 돌가루, 구비, 식물로부터 나오는 생체역학적 조제품, 멀칭과 예취
- 동물 방목, 덫, 장해물, 빛, 소리 같은 기계적 관리, 토질을 회복시키는 적절한 윤작을 할 수 없는 경우, 증기 살균

12) 가축 및 가축제품의 유기생산 일반 원칙(★★★)

① 유기생산을 위해 사육되는 가축은 유기농장의 일부가 되어야 하며, 본 가이드라인에 따라 사육 · 관리해야 한다.

② 가축은 다음을 통해 유기농장의 건전화에 크게 기여할 수 있다.
- 토양비옥도를 유지 · 개선
- 초지의 식물군을 관리(방목 시)
- 농장의 생물학적 다양성을 높이고 보완적인 상호작용을 촉진
- 농장 시스템의 다양성을 증진

③ 가축 생산은 대지와 관련된 활동이다. 초식 가축은 초지에 접근할 수 있어야 하고 다른 가축은 야외로 나갈 수 있어야 한다. 관할기관은 전통적인 영농 시스템이 초지 접근을 제약할 경우 예외를 허용할 수 있다. 단, 가축의 생리 상태, 기상 조건, 대지 상태에 문제가 없고 가축의 복지가 보장되어야 한다.

④ 가축 밀도는 지역의 사료생산 능력, 가축의 건강, 영양 균형, 환경 영향 등을 고려하여 적절히 정한다.

⑤ 유기축산은 자연 번식 방법을 사용하고, 스트레스를 최소화하며, 질병을 억제하고, 화학 약품(항생제 포함)의 사용을 점진적으로 배제하며, 동물성 사료(예 육분)의 공급을 줄이고, 가축의 건강과 복지를 향상시키는 데 목적을 두어야 한다.

18 유기수도작

1) 벼의 식물학적 위치

① 재배 벼의 학명
- 아시아 재배 벼 : oryza sativa(★)
- 아프리카 재배 벼 : oryza glaberrima

② 식물학적 분류
- 피자식물문, 단자엽식물강, 영화목, 화본과, 벼아과, 벼속, 종
- 벼의 염색체 수 : 2n=24개(★★)
- 자가수정 작물이다.

TIP 보충 염색체의 수

벼 : 2n=24, 옥수수 : 2n=20

2) 우리나라 벼 품종개발의 역사(★★)

① 최초의 단교배로 육성한 품종 : 남선13호(1933)

> **TIP**
>
> 일본이 식량증산을 목적으로 남선지장(오늘날 진흥청 식량과학원의 모태가 됨)이라는 명칭으로 전라북도 익산시에 설립한 벼 육종기관을 통해 육성된 품종이며, 명칭을 따서 남선13호라 하였다.

② 최초의 3원교배로 육성한 품종 : 통일벼(1971)

> **TIP**
>
> 통일벼는 인디카계를 모본으로 사용하였다. 따라서 냉해에 약하다.

③ 최초의 여교배로 육성한 품종 : 통일찰벼(1975)
④ 최초의 다계교배로 육성한 품종 : 새추정벼(1999)
⑤ 최초의 약배양으로 육성한 품종 : 화성벼(1985)

> **TIP**
>
> 약배양으로 육성된 품종은 첫 글자가 '화'로 시작한다.

3) 우리나라 재래종 벼의 특징(★★)

① 조숙성이다.
② 키가 크다.
③ 포기당 이삭수가 적고 꽃수는 많다.
④ 까락(수염)이 있다. → 육성된 품종은 까락이 없다.
⑤ 저온 발아성
⑥ 내한성(가뭄 견딜성)은 강하다.
⑦ 도열병에는 약하다.

19 수도작과 환경

1) 온도

① 온도와 벼의 생육
- 벼의 생육 가능 온도 : 10~40℃(★)
- 32℃까지는 온도가 높을수록 생육이 왕성하고 수량성이 우수하다.
- 광합성은 28℃(★)에서 최고로 활발하다.
- 25~35℃ 사이에서는 광합성에 큰 차이가 없다.
- 호흡작용은 매 10℃ 상승 때마다 2배로 증가한다.
- 일반계 품종의 파종과 이앙 가능한 한계기온 : 13℃

② 생육시기별 온도
- 묘대기 : 13~22℃
- 이앙 후 출수기까지 : 32℃까지 높을수록 좋다.
- 성숙말기 : 20℃
- 분얼기 및 등숙기 : 주 · 야간 온도교차가 커야 분얼과 등숙이 촉진되어 수량이 증가한다.

③ 벼 등숙기간 중 적정 기상조건(★★★)
- 일평균 기온 : 20~22℃
- 적산온도 : 800~880℃
- 기온교차 : 8~10℃
- 일조시간 : 7시간/1일

2) 빛

① **일조가 많을수록 벼의 생장성과 수량성이 증가한다.**

② **출수 전 30일~출수 후 30일까지 가장 많은 일사량이 필요하다.**

③ 일사량이 부족할 때
- 건물 생산량 감소
- 출수와 성숙 지연
- 이삭수 및 입수 감소
- 등숙률과 천립중 감소

④ 조도와 광합성(★★)
- 최저광도(광보상점) : 400~1,000lux
- 광포화점 : 50,000~60,000lux

3) 강우

① 벼농사에 필요한 강우량 : 1,000mm(★)
② 강우에 의한 피해 : **도복, 침관수, 수발아**

> **TIP**
> 수발아 : 수확하기 전 종실이 이삭에 붙어있는 상태로 발아가 되는 것

4) 토양환경

① **유기물은 농경지 토양비옥도를 결정짓는 가장 중요한 요인이다.**
② 유기물의 기능
- 작물에 양분 공급
- 토양의 물리적 · 화학적 성질의 개선
- 토양 중 생물상의 활성 유지 및 증진

③ 유기물을 과다하게 시용할 때 발생되는 문제점(★★)
- 고농도의 무기태질소에 의한 작물 생육장해
- 작물체 중 질산태질소 농도의 상승
- 질소기아(C/N비가 큰 퇴비 과다 사용) 현상
- 토양환원에 의한 뿌리 생육장해
- 수질오염

④ 가축분 퇴비의 사용을 자제 하여야 하는 토양의 인산 함량
- 400mg/kg 이상인 토양

5) 우리나라 논토양의 특징(★★)

- 화강편마암으로 산성토양이 많다.
- 유기물 함량이 낮다.
- 염기치환 함량이 낮다.
- 보통답이 전체 논 면적의 33%이다.
- 전체 논의 67%가 사질답, 미숙답, 습답, 염해답 및 특이산성답이다.

6) 수도작과 규산

① 우리나라 논토양의 유효규산 함량 : **평균** 72mg/kg(★★)
② 규산질의 적정 함량 : 80~130mg/kg
③ 우리나라 논 전체 면적의 약 92%가 유효규산 함량이 부족하다.

제3과목

④ 규산의 시용
- 시용량 : **10a당 200kg**
- 시용 주기 : **4년 1주기**(★★)
- 시용 시기 : **이른 봄, 밑거름 주기 2주 전**

⑤ 규산질 비료 시용효과(★★)
- 광합성량 증가
- 도복 감소
- 도열병 등 병해충 저항성 증가
- 수량 증가

⑥ 규산질 비료의 시용효과가 특히 큰 논
- 수량성이 낮은 논
- 산성화된 논
- 사질답(모래논)
- 냉해 및 병해충 상습 발생지

7) 두과식물 재배를 통한 토양비옥도 증진(★★★)

두과(콩과)식물을 휴한기에 재배하여 공중질소를 토양에 공급한다.

① 헤어리베치
- 특성 : **내한성이 강하여 중북부지방 등 전국 재배가 가능하다.**
- 파종 시기 : **9월 하순~10월 상순**
  - 입모중 파종 : 벼 베기 10일 전~벼 베기 직전
  - 로터리 파종 : 벼 벤 직후
- 10a당 파종량 : 6~9kg
- 생초를 토양에 투입하는 시기 : **이앙 2주 전**
- 10a당 생초의 토양 투입량 : **생초 1,500~2,000kg/10a**

② 자운영
- 특성 : 내한성이 약하다. 대전 이남 지방에 재배 가능
- 파종 시기 : 8월 하순~9월 상순
- 10a당 파종량 : 3~4kg
  - 생초를 토양에 투입하는 시기 : 벼 이앙 전 10일
  - 자운영의 개화성기에 경운하면 녹비효과가 크다.
  - 결실기에 경운하면 유기물 시용효과가 크고 가을에 재발아 되므로 다시 파종을 하지 않아도 된다.

- 10a당 생초의 토양 투입량 : 1,200kg
- 화학 질소비료의 절감 효과
  - 1,500kg/10a일 때 : 50% 절감
  - 2,000kg/10a일 때 : 75% 절감
  - 2,500kg/10a일 때 : 100% 절감

8) 오리농업

① 중국, 일본, 베트남 등에서 부분적으로 행해지고 있다.

② 방사 시기 : 이앙 후 1~2주부터 출수 전(8월 중순)까지 약 2개월

③ 방사 밀도 : 25~30마리/10a

④ 오리망 설치 : 그물, 전기 울타리 등

⑤ 시비효과 : 질소 표준시비량의 50~70% 절감 가능

20 볍씨의 구조와 발아

1) 볍씨의 구조(★★★)

① 과피(왕겨, 내영+외영) : 벼 종실의 맨 바깥층으로 왕겨에 해당한다.

- 과피 : 작은 껍질(내영)과 큰 껍질(외영)로 구분한다.
- 까락 : 큰 껍질(외영)의 끝에 붙어있다.

② 종피 : 과피의 안쪽에 있으며, 현미를 에워싸고 있다.

- 종피에는 외배유가 있고, 그 안에 호분층이 있다.
- 호분층 : 단백질과 지질이 많으며 소화가 잘 안 된다.

③ 요오드 반응

- 멥쌀 : 청남색으로 나타낸다.
- 찹쌀 : 적갈색으로 나타낸다.

④ **벼의 종실**은 식물학상 **영과(껍질이 있는 열매)**이다.

> **TIP**
>
> 벼는 식물학상 종자가 아니다.

2) 발아(★★★)

① 발아 최적온도 : 30~34℃

② **발아의 조건 : 수분, 온도, 산소**

③ 발아과정은 3단계로 진행된다. **(흡수기 → 활성기 → 발아 후 성장기)**

- 볍씨의 수분 함량이 볍씨 무게의 15%가 되는 때부터 배(embryo) 활동을 시작한다.
- **흡수기 동안 볍씨의 수분 함량**은 25~30%가 된다.
- 수분의 흡수 속도는 품종에 따라 다르며 온도가 높을수록 빠르다.
- 활성기는 볍씨가 약 30~35%의 수분 함량을 유지하면서 발아를 준비하는 시기이다.

④ 발아율

- 볍씨는 한 이삭에서 위쪽에 있는 것이 더 발아율이 높다.
- 상온에 저장한 볍씨는 2년이 지나면서 발아율이 급격히 떨어진다.
- −5~−10℃에서 저온저장을 하면 10년이 지나도 발아력을 유지할 수 있다.
- 산소가 전혀 없는 조건에의 경우 발아율 : 80%
- **산소가 부족하면 초엽만 이상 신장**하고 씨뿌리는 거의 자라지 않는다.
- 깊은 물속에서는 초엽이 길게 자라 수면 위로 나와 산소를 흡수하여 뿌리와 본엽이 성장

> **TIP**
>
> 산소가 풍부하면 초엽이 1cm 이하로 씨 뿌리도 함께 자란다.

- 산소가 부족한 암흑조건의 경우 : **초엽이 4~6cm 자라고 중배축이 신장**하여 비정상이 된다.
  - 중배축 : **초엽마디와 씨뿌리 근초 사이**를 말한다. 중배축은 파종심도가 깊어질 때 초엽을 지상으로 밀어 올리는 역할을 한다.
- 토양 3cm 깊이인 경우 : **중배축과 초엽이 신장하고 초엽 마디에서 관근이 발생한다.**
- 토양 5cm 깊이인 경우 : **씨뿌리가 완전히 자라지 않고** 중배축이 더 길어지고 **중배축 뿌리**가 수평으로 나온다.

3) 모의 성장과정(★★★)

① 아생기

- 발아 후 주로 배유의 양분에 의존하여 생육하는 어린 시기이다.
- 본엽이 3매까지 나올 때까지는 주로 배유의 저장양분에 의존하여 생장한다.
- 제4본엽기 이후에는 새로 신장한 뿌리에서 흡수되는 양분에 의하여 생장한다.

② 이유기

- 스스로 광합성을 하여 양분을 흡수하는 시기
- 광합성의 최초 시작 : 모의 잎이 2.5엽부터

- 발아 후 배유의 양분이 완전히 소모되는 시기 : 3.7엽기(4엽기)이다.
- 따라서 4엽기 이후에는 새로 신장한 뿌리에서 흡수되는 양분에 의하여 생장하는데, 이 시기가 이유기에 해당한다.

③ 유수형성기 : 모의 생장은 분얼을 통해 줄기가 신장하는데, 이 시기가 유수형성기이다.

4) 재배 지역 적응성 품종의 선택(★★★)

① 물 사정이 나쁜 논 · 가뭄 상습발생 지역
- 내만식 품종, 단기성 품종
- 조생종 : 오대, 운봉, 금오, 진부, 상주, 대진, 신운봉, 그루, 운두, 만안, 문장벼
- 중만생종 : 금오벼2호, 화영, 안산, 서진, 영해, 소비, 해평, 금오벼1호, 만평벼

② 병해 상습발생지역 : 내병성 품종 선택
- 복합 내병성 품종 : 화영벼, 화봉벼, 대안벼

③ 산업도로 주변 등 야간 점등지역 : 조생종 선택

④ 도복발생 우려지역 : 내도복성 품종 선택
- 조생종 : 삼천, 그루, 대진, 문장, 상산, 상주, 운두, 화동벼
- 중생종 : 주안, 수라, 안성, 장안, 화봉, 내풍벼
- 중만생종 : 일품, 남평, 일미, 동안, 대산, 대안, 동진찰, 화남벼

⑤ 직파재배 지역 : 저온 발아성, 심근성, 내도복성을 갖춘 품종 선택

⑥ 산간지역 : 내냉성 품종 선택
- 조생종 : 오대, 삼백, 삼천, 중화, 중산, 화동, 그루, 운두, 상주찰, 소백, 운봉, 진부찰, 진부, 상주, 신운봉, 인월벼
- 중만생종 : 화성, 서안, 화중, 광안, 화영, 화진, 금오벼1호, 안중, 화선찰, 안산, 내풍, 서진, 중안, 해평, 화안벼

⑦ 간척지 지역 : 내염성 품종 선택
- 중생종 : 화성, 서진, 장안, 서안, 안중, 농안, 간척벼
- 중만생종 : 대안, 향미벼1호, 석정, 새계화벼

⑧ 기상재해 경감을 위한 재배적 조치 : 출수기가 다른 2~3품종 안배

21 침종 전 염수선

1) 염수선(비중액)의 농도(★★★)

① 일반계 품종
- 메벼 : 비중 1.13(물 18ℓ+소금 4.5kg)
- 찰벼 : 비중 1.08(물 18ℓ+소금 2.25kg)

② 통일계 품종 : 비중 1.06(물 18ℓ+소금 1.8kg)

③ 염수선 효과(목적) : 성묘율, 건묘율 향상

> **TIP**
> 볍씨를 소금물에 담구어 물 위로 뜨는 것은 충실하지 못한 종자이다.

2) 종자 소독(★★★)

① 종자 소독 목적 : 종자 전염병인 벼 키다리병, 도열병, 깨씨무늬병, 선충심고병(잎마름 선충병), 맥류 겉깜부기병 등 예방

② 냉수온탕침법 : 20~30℃ 물에 4~5시간 침지한 다음 55~60℃에 10~20분간 침지하고 상온수에 담근 후 건조한다.

③ 온탕침법

3) 침종(★★★)

① 침종을 하는 목적
- 신속한 발아 가능
- 발아의 균일성(고르게 발아)
- 발아기간 중 피해 경감

② 발아가 가능한 흡습 상태 : 벼 무게의 22.5%

③ 침종 시 수분 : 포화상태인 25%까지 흡수시킨다.

④ 침종 시 유의사항
- 건조가 잘 된 종자가 그렇지 않은 종자에 비하여 발아에 필요한 수분 함량이 낮다.
- 수온이 높은 상태에서 단시일에 침종하는 것보다 비교적 낮은 온도 조건에서 충분한 기간 동안 침종시키는 것이 좋다.
- 수온이 너무 낮으면 산소부족으로 발아 장해 요인이 된다.
- 연수보다 경수(지하수)에서 침종기간이 길어진다(★).

TIP

경수 : 지하수에서처럼 칼슘, 마그네슘 등 2가양이온이 많이 함유된 물을 말한다.

4) 최아(싹 틔우기)(★★★)

① 최아의 목적(이점) : 조기육묘 가능, 생육 촉진

② 최아기간(침종기간 포함)

- 10℃에서 10일
- 20℃의 경우 5일
- 30℃에서는 약 2일간

③ 발아 적산온도(수온) : 100℃

④ 어린 싹이 1~2mm 정도 출현할 때까지 한다.

22 이앙재배와 직파재배

1) 이앙재배(★★★)

① 우리나라 벼 이앙재배 비율 : 90%

- 직파재배 비율 : 10%

② 기계이앙 재배의 생력재배 비율 : 손이앙 재배보다 75% 이상

③ 이앙재배의 효과(장점)

- 용수(관개수) 절약
- 황산 환원균 장해 작용의 방지
- 비료 이용률의 제고
- 냉수 피해의 방지
- 염해 방지
- 추락 방지

2) 직파재배(★★★)

① 직파재배에 적합한 품종의 요건

- 분얼이 적은 품종일 것
- 저온 발아성이 강한 품종
- 초기 생육이 왕성한 품종

- 도복에 강한 품종
- 심근성으로 내한성이 강한 수중형 품종

② 건답직파(마른논직파)

- 파종 후부터 3~4엽까지 마른논 상태를 유지하는 방법이다.
- 그 이후 논물을 댄 후 10일 간격으로 2~3회 중간 물떼기를 한다.
- **우리나라에서 직파 방식 중 마른논 직파재배 비율** : 약 33%
- 이앙재배보다 질소비료를 40~50% 더 준다.(비료 유실이 많기 때문)
- 알거름은 주지 않는다.
- **적합 품종** : 진흥, 수성, 천거벼, 대성벼
- **파종 방법** : 점파
- 담수직파와는 달리 씨 담그기와 싹 틔우기를 하지 않는다.

③ 무논직파(담수직파)

- 파종 후 논에 물을 뺀 다음 7~10일 후에 다시 물을 대주는 방법이다.
- 배수가 약간 불량한 사양토 · 식양토 토양에 적합하다.
- **우리나라에서 직파 방식 중 무논직파 비율** : 약 67%
- 만생종을 선택하고 조생종은 피하는 것이 좋다.
- **시비량** : 10a당(300평당) 질소 11kg, 인산 7kg, 칼륨 8kg을 시용한다.
- **단점** : 도복 저항성이 약하다.

⊙ 건답직파와 담수직파의 비교(★★)

	건답직파	담수직파
장점	• 육묘와 모내기 작업이 필요 없다. • 대형 기계화 작업이 쉽다. • 생산 비용이 절감된다.	• 육묘와 모내기 작업이 필요 없다. • 볍씨의 출아가 빠르다. • 파종 작업이 간편하다.
단점	• 볍씨의 출아가 늦다. • 잡초 발생이 많다. • 사질토양의 경우 용수량이 많다.	• 볍씨의 발아와 출아가 불안정하다. • 잡초가 많이 발생한다. • 전체 생육기간이 길다. • 용수량이 많이 든다. • 뿌리가 표층에 분포하여 출수 후 도복이 발생하기 쉽다.

④ 직파재배의 장점(★★)

- 기계이앙 재배보다 약 25%의 생력화가 가능하다.
- 생육의 정체 없이 생육이 전진된다.
- 분얼의 확보가 유리하다.
- 출수기가 다소 빠르다.

⑤ 직파재배의 단점(★★)
- 입모가 고르지 못하고 불량하다.
- 무효 분얼이 많다.
- 유효경 비율이 낮아진다.
- 잡초의 발생이 많다.
- 밀식(과번무)되어 웃자라기 쉽다.
- 도복하기 쉽다.

23 육묘

1) 못자리 설치(★★)

① 못자리에 파종 시기 : 이앙기로부터 40~45일 전

② 기계이앙의 육묘 일수
- 치묘 : 20일
- 중묘 : 35일

③ 못자리의 소요 면적 : 본답 면적의 1/15~1/20이다.
④ 본답 10a당 볍씨의 파종량 : 4.5kg 정도

2) 뜸묘 · 모잘록병의 발생 원인(★★) : 저온, 토양산도(알칼리)

① 밤 온도가 10℃ 이하로 떨어지면 뜸묘 또는 모잘록병의 발생 요인이 된다.
② 토양 산도가 pH 6 이상으로 알칼리성에 가까워지면 발생하기 쉽다.
③ 뜸묘의 방제 : 뜸묘의 증후가 보이면 비닐을 덮고, 증산 작용을 억제해야 한다.
④ 발아 후 2주일 내에 발생이 많다.
⑤ 소독되지 않은 상토 사용
⑥ 상토의 pH가 5.5 이상인 경우
⑦ 밤과 낮의 일교차가 큰 경우
⑧ 지나치게 습도가 높다가 건조한 경우가 반복되는 경우

3) 괴불의 발생 원인(★★)

① 괴불 : 못자리 표토에 규조류가 번식하여 그것이 분비하는 물질이 토양 입자를 결합시켜서 토양 교질상의 피막이 생기고, 토양 속에 나오는 기포 또는 가스가 이것에 붙어 생기는 부력에 의해 떠오르는 현상이다.

② 원인
- 온도가 높고 광산이 강한 경우
- 미숙 유기물을 많이 시비한 경우
- 오수(汚水)를 관개한 경우

4) 기계이앙 육묘(상자모)

① 상자모의 특징(★)
- 못자리 기간 중에 병에 약하다.
- 상토의 pH가 4.5~5.5보다 높으면 입고병의 발생이 많다.
- 종자, 상토, 상자의 소독이 반드시 필요하다.

② 상자모의 종류(★)

㉠ 치묘
- 표준파종량 : 180g 정도
- 육묘 일수 : 15~20일
- 본잎 수 : 2.0~3.0

㉡ 중묘
- 표준 파종량 : 130g
- 육묘 일수 : 30일
- 본잎 수 : 3.5~4.0

③ 기계 이앙육모가 갖추어야 할 조건(★★)
- 작은 모라야 한다.
- 결주가 없어야 한다.
- 기계 이앙용의 건묘라야 한다.

④ 육묘 상자 준비(★★)
- 치모 : 본논 10a당 20상자
- 중모 : 30~50상자

⑤ 상토(모판흙)
- 상토(모판흙)의 산도 : pH 4.5~5.5
- 산도가 높을 경우 : 황가루나 진한 황산으로 산도를 조절한다.

⑥ 입고병(모잘록병)의 발생 원인(★★)
- 소독되지 않은 상토 사용
- 상토의 pH가 5.5 이상인 경우
- 밤과 낮의 일교차가 큰 경우

- 지나치게 습도가 높다가 건조한 경우가 반복되는 경우

⑦ 뜸묘의 발생 원인(★★)
- 경화기 초기(2엽기 이후)에 발생하기 쉽다.
- 계속 저온이다가 고온이 된 경우
- 산도가 알칼리에 가까운 경우(석회를 시용한 경우)

24 이앙

이앙은 육묘한 모를 본답에 아주 심는 것을 말하며, 모내기라고 한다.

1) 이앙(모내기)

① 이앙(모내기) 시기를 정할 때 고려해야 할 사항(★)
- 이앙(모내기)이 너무 빠른 경우 쌀의 품질에 미치는 영향 : 동할립(금간쌀)이 증가, 미질 저하
- 이앙(모내기)이 너무 늦은 경우 쌀의 품질에 미치는 영향 : 복백미, 심백미 증가, 수량 감소

TIP
- 복백미 : 쌀의 표면이 일부 또는 전체가 찹쌀처럼 하얗다.
- 심백미 : 쌀을 면도칼로 잘라보면 속이 찹쌀처럼 일부 또는 전체가 하얗다.

- 모가 **뿌리를 내리는 한계온도**와 **안전출수기**를 고려해야 한다.
  - 모가 뿌리를 내리는 한계온도 : 기계이앙 어린모 11.0℃(★)
  - 안전출수기는 출수 후 40일간 일평균 기온이 22.5℃되는 때를 말한다.

TIP
22.5℃ → 안전여뭄 적온

- **모내기 적기**는 **안전출수기**까지의 **적산온도**를 **거꾸로 계산하여 산출**한다.
  - 적산온도(★★★) : 조생종 1,700℃, 중생종 1,900℃, 중만생종 2,100℃

② 못자리별 안전 착근한계 온도
- 물못자리에서 기른 모 : 15~15.5℃
- 비닐밭 못자리에서 기른 모 : 13~13.5℃
- 보온절충못자리에서 기른모 : 14℃

③ 모 잎의 개수로 본 모내기 시기 판단 방법(★) : 모의 잎이 **6~7장** 되었을 때

④ **한랭지**의 경우 **조식**(일찍) 심는 게 등숙에 유리하다.

2) 본답 정지(논 표면 고르게 만들기의 효과)

① 논토양의 이화학적 성질을 개선
② 모내기 작업의 용이
③ 잡초 발생의 억제

3) 본답 심경(깊이 갈이=18cm)의 효과(★)

① 벼 **뿌리의 생리적 기능**을 높여준다.
② **내도복성**(쓰러짐에 견디는 성질)이 향상된다.
③ **조식재배**(일찍 재배)에서 **효과**적이다.
④ 심경의 효과는 생육 초기보다 오히려 생육 후기에 왕성하게 나타난다.
⑤ 벼의 유효경을 증가시킨다.
⑥ 벼의 임실(수정된 후 종자가 형성되는 현상)을 좋게 한다.

4) 본답 심경(깊이 갈이=18cm)의 유의사항(★)

① **한랭지**(산간 지역)나 **만식재배**(늦재배)에서는 심경의 효과가 없다.
② 심경을 하면 **출수기와 성숙**이 약간 **지연**된다.
③ 심경을 할 경우에는 조파 조식, 밑거름 중점 등에 의하여 초기 생육이 촉진되어 과번무 상태가 되지 않도록 한다.
④ 생육이 지연되지 않게 관리한다.

5) 추경(가을갈이)이 필요한 경우(★)

① 논에 볏짚을 넣을 경우
② 미숙논인 경우
③ 염해가 있는 논인 경우
④ 건답직파 재배를 하는 논인 경우

6) 추경(가을갈이)의 효과(★★)

① 건토 효과
② 잡초 발생 예방
③ 해충 방제 억제

7) 이앙 시 재식밀도(★★)

① 경제적 재식밀도 : **1포기당 모수 → 3~4개**

② 조식재배(일찍 수확) : 3.3m^2(1평)당 60~70포기
③ 보통재배(보통 수확) : 70~90포기
④ 만식재배(늦 수확) : 100포기 이상(1포기당 모수도 늘려준다.)

8) 이앙 시 주의사항(★★)

① 심는 깊이 : 2~3cm(모가 뜨지 않을 정도)
- 활착이 빠르고 유효 분얼경 수가 증가하기 때문이다.

② 못줄의 방향 : 가능한 경우 **남북 방향**이 좋다.
- **충분한 광**을 받을 수 있고 **통풍이 양호**하기 때문이다.

25 수도작 물관리

1) 관개의 효과(★)

① 벼 생육에 필요한 양 · 수분 공급
② 벼 뿌리의 생리적 활력 유지
③ 벼의 자세 조절
④ 수량 증대

2) 생육시기별 물관리(★★★)

① 착근기 : **모 키의 2/3 정도로 깊게** 물을 대준다.
② 분얼기 : 물 깊이를 **2~3cm로 얕게** 한다.
③ 중간 낙수(중간에 물 떼기) : **최고분얼기**를 **중심**으로 한 **무효분얼기**
- 이 시기가 **벼의 일생 중 가장 물을 필요로 하지 않는 시기**이다.
  → 따라서 **최고분얼기는 심수관개가 가장 좋지 못한 시기(★★)**이다.
- 출수 전 30~40일(모내기를 한 후 40~45일)에 해당한다.
- 낙수는 4~5일간 실시한다.

④ 중간 낙수의 효과(목적)
- 뿌리 썩음을 방지
- 뿌리의 신장 촉진
- **질소 과잉 흡수를 억제**한다. → 따라서 칼륨/질소(K2O/N)율을 증대시켜 벼의 조직을 튼튼하게 해준다.
- **무효분얼을 억제**시킨다.

⑤ 수잉기 전 · 후의 물 관리 : **벼가 일생 중 가장 많은 물을 필요(★★)**로 하는 시기이다.
⑥ 완전 낙수 : 이삭이 팬 후 30~35일 후에는 물을 아주 뗀다.
- 물을 떼는 시기가 너무 빠르면 이삭목도열병이 발생하기 쉽다.

3) 한랭지 또는 냉수답의 물관리

① 유수 형성기 이전 : **심수 관개**를 하는 것을 원칙으로 한다.
② 중간낙수 : 일반법에 준하여 실시(출수 전 40~30일경)한다.

26 병해충 방제

1) 예방적 방제

① 가장 효율적인 예방 및 방제 수단 : **내병충성 품종의 선택**
② 천적자원의 보호증식(생물학적 방제)
- 지금까지 알려진 벼 해충의 천적 : **온실가루이좀벌**

③ 포장위생 및 병해충 발생원 차단
- 병에 걸린 식물체의 잔재물을 제거한다.
- 병해충의 월동처가 되는 볏짚, 그루터기, 잡초 등을 제거한다.

④ 균형 있는 시비관리를 한다.
- 깨씨무늬병(★) : 사질답, 추락답에서 발생한다.
- 질소 과잉 : 도열병, 잎집무늬마름병, 혹명나방 등의 발생이 많아진다.

2) 방제용 물질을 이용한 방제(★★★)

① 제충국에서 추출한 물질 : 피레스린
② 데리스에서 추출한 물질 : 로테논
③ 님나무, 멀구슬나무 추출물
④ 기타 물질
- 밀랍, 동식물의 유지
- 보르도 혼합액, 수산화동, 산화동 등 무기화합물
- 유황
- 미생물제제 : 박테리아, 바이러스, 곰팡이
- 약초 및 생물역학적 제제 등

3) 잡초(★★)

① 우리나라 논 잡초의 60%는 1년생 잡초이고, 40%는 다년생 잡초이다.
② 우리나라 논 잡초는 20~30종이 주류를 이룬다.
③ 1년생 논 우점 잡초 : 물달개비, 피
④ 다년생 논 우점 잡초 : 올방개, 벗풀
⑤ 직파재배가 기계이앙 재배보다 잡초 발생이 2배 이상 높다.
⑥ 마른논 직파재배 : 잡초 발생 피해가 가장 심각할 우려가 있는 재배 방식이다.
- **파종 시기가 빠른 경우** : 피가 우점종이다.
- **파종 시기가 늦은 경우** : 알방동사니가 많이 발생한다.

⑦ 무논직파나 기계이앙 재배는 물달개비, 알방동사니, 여뀌 등이 우점잡초로 나타난다.

4) 친환경 잡초 방제

① **예방적 방제(경종적 방제)**
- 논두렁의 잡초를 방제하여 잡초종자의 유입 억제
- 퇴비에 잡초종자가 혼입되지 않도록 한다.
- 윤작
- **답전윤환** : 논 상태와 밭 상태를 2~3년 주기로 돌려가며 경작한다.

② **물리적 · 기계적 방제**
- 농기구를 이용한 방제
- 소각
- 비닐피복

③ **생태적 방제**
- 피복작물 재배
- 잡초와 경합에서 이길 수 있는 초기 생육이 빠른 작물을 재배

④ **생물학적 방제**
- 쌀겨, 왕겨, 보릿짚 등 토양피복 후 작물 재배
- 호밀, 자운영, 헤어리베치 등 토양 투입 후 작물 재배
- **동물의 방사** : 오리, 왕우렁이, 달팽이, 투구새우, 미꾸라지, 참게 등
  - 왕우렁이 이용법은 겨울철 월동 가능 등으로 생태계 교란 우려

27 수확 및 저장

1) 수확적기

① 적산온도로 본 수확적기 : 출수 후 일평균 적산온도가 1,100℃(★)에 이르렀을 때

② 출수 후 경과 일수로 본 수확적기(★★★)

- 조생종 : 40~45일
- 중생종 : 45~50일
- 만생종 : 50~55일

③ 외관상 판정 방법 : **90% 이상 황색으로 변했을 때**

④ 수확당시 벼의 수분 함량 : 22~25%

⑤ 수확적기보다 일찍 수확할 경우 : **청치**의 발생이 많다.

> **TIP**
> - 미숙립 : 충실하게 여물지 못한 낟알
> - 청치 : 현미가 고유의 색을 띠지 못하고 푸른 상태

⑥ 수확적기보다 늦게 수확할 경우(★)

- **쌀겨 층**이 두꺼워진다.
- **색택**이 나빠진다.
- **동할립**이 많이 발생한다.

> **TIP**
> 동할립 : 끊어진 낟알

2) 탈곡

종자용의 경우 적정 탈곡기의 회전수 : 300**rpm**(★)

3) 건조

① 건조 방식 : 천일 건조, 개량곳간 이용 건조, 화력 건조

② 적정 수분 : 일반적으로 15%까지 건조한다.

- 밥맛이 가장 좋은 수분 : 17%(★★)
- 저장용 벼의 경우 : 13~15%(★★)

> **TIP**
> 밥맛이 좋은 수분 함량은 17%이지만 저장을 위해서는 15% 이하로 건조해야 하며, 13% 이하로 과건조되면 미질이 저하된다.

③ 건조와 쌀의 품질과의 영향(★★★)

- **고온급속 건조는 동할미(끈어진 쌀), 싸라기(깨진 쌀) 발생이 증가한다.**

> **TIP**
>
> 고온급속 건조를 하면 현미의 아래쪽 반이 먼저 마르게 되어 위쪽과 아래쪽의 수분 차이가 발생하여 동할미가 발생하게 된다.

- 건조를 지연시키면 수분이 많아 변질 우려가 있다.
- 과도한 가열은 손상된 벼 알 발생을 증가시킨다.
- 과도한 건조는 도정을 어렵게 한다.
  - 현미의 아래쪽 반이 먼저 마르게 되어 위쪽과 아래쪽의 수분 차이에 의함

④ 순환식 화력건조기

- 순환식 건조기의 경우 고온급속 건조를 피하여야 한다.
- 열풍온도(★★) : 45~50℃ 이하
  - 이 범위의 온도에서 건조할 때 벼 종자의 발아율이 가장 좋다.
- 곡온 : 35℃ 이하
- 1시간당 수분 감소율 : 0.8%

⑤ 55℃ 이상의 고온에서 건조할 경우 문제점(★★) : 쌀의 단백질이 응고하고 녹말이 노화되어 발아율과 품질이 떨어진다.

4) 저장

① 벼의 저장성을 높이려 할 때 저장환경 조건

- 저장용 벼의 수분 함량 : 15% 이하(★)로 건조시킨다.
- 저장고 온도습도 : 15℃도 이하, 습도 70% 이하
- 저장고 내 가스(★) : 산소 농도 5~7%, 이산화탄소 농도 3~5%로 유지

② 저장 중 양적 손실을 초래하는 요소

- 침해균(미생물), 쥐, 저곡해충(쌀바구미, 장두 등)
- 저장 중 양적손실 발생 : 4~5%(★)

③ 저장 중 질적 손실

- 쌀의 비타민 B_1이 감소한다.
- 환원당과 유리지방산이 증가한다.
  - 알파아밀라제에 의해 포도당이 분해되고 쌀의 지방이 산화된다.
- 저장기간이 2년이 넘을 경우 산패에 의해 고미가 되어 식미가 나빠진다.

제3과목

5) 저장해충(저곡해충)

① 쌀바구미(Calandra oryzae L.)

- 저장 중인 쌀, 보리, 밀 등을 가해한다.
- 1년에 3~4회 발생한다.
- 월동태 : 유충 또는 성충
- 알 : 5월 중·하순경 곡립 속에 보통 1개의 알을 낳는다.
- 가해 : 유충은 곡립 1립을 가해, 성충은 10개를 가해한다.

② 좀바구미(Calandra sasakii Takahashi)

- 월동태 : 쌀알 속에서 유충으로 월동한다.
- 난지에서 많이 발생, 한랭지에서는 발생 횟수가 적다.
- 1년에 3회 정도 발생한다.

③ 화랑곡나방(Plodia (interpunctella) Hubner)

- 일명 쌀벌레라고도 한다.
- 습도가 높을수록 많이 발생한다.
- 유충이 곡물을 가해한다.
- 1년에 3~4회 발생한다.
- 월동 : 번데기로 창고 기둥, 나무 사이, 천정벽 틈 등에서 월동한다.

④ 저곡(저장곡물)해충 방제

- 충분히 건조하여 수분 함량을 12% 이하로 한다.
- 창고 내의 온도를 가능하면 낮게 유지한다.
- 창고를 밀폐하고 클로로피크린으로 훈증소독을 실시한다.
- DDT 또는 BHC 등의 살충제를 살포한다.

6) 저곡 침해균

① 저장 중 곡물을 침해하는 병원균 : 흑변미균, 황변미균

② 발생 피해 : 변질미(황변미 등)가 발생한다.

> **TIP**
> 황변미균이 침해하면 쌀알이 누렇게 되는데, 이러한 쌀을 황변미라고 한다.

③ 발생 원인 : 높은 수분 함량

④ 방제법

- 황변미균 : 수분 함량이 15% 이하에서는 발생하지 못한다.
- 흑변미균 : 수분 함량이 13% 이하에서는 발생하지 못한다.
- 따라서 곡물을 충분히 건조하여 저장한다.

제4과목

유기식품 가공 · 유통론

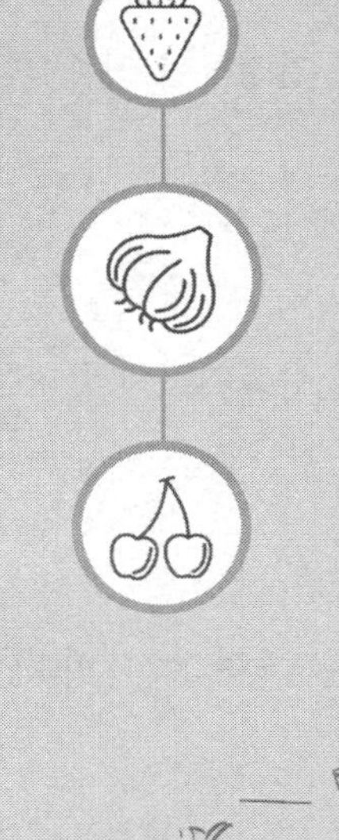

유기가공 개념 정리

1 유기가공식품?

○ 「유기가공식품」은 **유기농 · 축산물을 원료 또는 재료로 하여 제조 · 가공한 식품**을 말한다. 예를 들면, '유기농 콩'으로 제조한 두부 · 된장, '유기농 채소'로 제조한 녹즙, '유기농 우유'로 제조한 치즈 · 발효유와 같은 가공식품이 유기가공식품에 해당된다.

2 유기가공식품 인증?

○ 유기가공식품 인증제도는 공인받은 인증기관이 가공식품의 사용원료와 제조공정을 심사하여, 그 관리체계가 법의 기준에 부합한다는 것을 보증하는 제품만 인증로고와 유기(농) 명칭을 사용할 수 있게 하는 제도이다.(2008년부터 시행)

○ 유기가공식품은 최종 제품 분석만으로는 그 진위를 알기 어려운 경우가 많이 있으므로, 공신력 있는 제3자 기관이 제조과정 등을 심사하는 인증제도는 유기표시의 신뢰도를 높임으로써 소비자와 생산자 모두를 보호하기 위한 제도이다.

3 유기가공식품 인증 절차?

○ 유기가공식품 인증을 받으려면 **신청서와 구비서류를 갖추어 인증기관에 신청**하여야 한다.
* 구비서류 : 인증품 제조 · 가공 및 취급계획서, 경영 관련 자료, 사업장의 경계면을 표시한 지도, 작업장의 구조와 용도를 적은 도면 등

○ 인증기관은 서류심사와 현장심사를 거쳐, 인증기준에 적합한 것으로 판정하면 인증서를 교부하게 된다.

○ 인증신청서의 **처리기간은 2개월**이며, 인증기관의 신청서 접수현황에 따라 단축 또는 연장될 수 있다.

○ 인증의 **유효기간은 인증을 받은 날부터 1년**이며, 인증을 유지하려면 유효기간이 끝나는 날의 2개월 전까지 갱신 신청을 하여야 한다.

4 유기가공식품을 제조할 때 사용 가능한 원료?

○ 유기가공식품을 제조하기 위해서는 다음 중 어느 하나에 해당하는 원료를 95% 이상(물과 소금 제외) 사용하여야 한다.

① 국내법에 따라 인증을 받은 유기식품(유기 농 · 축 · 수산물, 유기가공식품)
② 우리나라와 동등성 인정 협정을 체결한 국가로부터 수입된 유기가공식품
③ 농림축산식품부 장관이 국내 수급상 필요하다고 인정하여 고시한 해외 생산 유기가공식품

❍ 식품첨가물과 가공보조제는 유기가공식품 제조에 사용 가능한 물질로 법에서 허용한 물질만을 사용하여야 한다.

5 유기가공식품 인증을 받지 않은 제품에 유기농 원료를 사용하였다는 사실을 표시하는 것의 가능 여부?

❍ 원칙적으로 **인증을 받지 않은 제품에 유기표시나 이와 유사한 표시**(인증품으로 잘못 인식할 우려가 있는 표시 및 이와 관련된 **외국어 또는 외래어 표시를 포함**)를 하는 것은 **금지되어 있다.**

❍ 다만, **유기농축산물을 원료로 사용한 제품에 그 함량에 따라 『제한적으로 유기표시』**를 하는 것은 **다음과 같이 허용**하고 있다.

① 원재료의 70% 이상이 유기농축산물인 경우 : **주 표시면을 제외한 표시면**에 유기표시가 가능하고, 원재료명 및 함량 표시란에 유기농축산물 함량을 백분율로 표시

② 특정 원재료로 유기농축산물만을 사용한 경우 : **원재료명 및 함량 표시란**에 해당 원재료명의 일부로 유기라는 용어를 사용 가능

❍ **제한적 유기표시가 가능한 원료**는 **국내법에 따라 인증을 받은 유기식품과 동등성 인정을 받은 유기가공식품**에 한하며, 인증로고나 제품명으로 유기 또는 이와 유사한 용어를 사용할 수 없습니다.

– 동등성이 인정되지 않은 국가의 인증만 받은 원료를 사용했을 경우에는 유기농 원료를 사용했다고 표시할 수 없다.

구분	인증품	비인증품(제한적 유기표시 제품)	
	유기농 함량 95% 이상	유기농 함량 70% 이상	유기농 함량 70% 미만 (특정 원료)
유기가공식품으로 표시, 인증로고 표시	O	X	X
제품명 또는 제품명의 일부로 유기농 표시	O	X	X
주 표시면에 유기농 표시	O	X	X
주 표시면 이외의 표시면에 유기농 표시	O	O	X
원재료명 및 함량란에 유기농 표시	O	O	O

6 유기가공식품 인증을 받지 않은 제품에 유기표시를 한 경우 처벌 규정?

○ 인증을 받지 않았거나 동등성이 인정된 국가로부터 수입된 제품이 아닌 가공식품에 "유기", "Organic", "Bio" 등의 표시를 한 경우 「친환경농어업 육성 및 유기식품 등의 관리 · 지원에 관한 법률」 제60조제5항에 따라 **3년 이하의 징역 또는 3천만원 이하의 벌금**에 처하게 된다.

7 인증 받은 유기가공식품에 대한 표시 방법?

○ 인증사업자는 유기표시(표시 도형 또는 표시 문자)와 인증사업자의 업체명, 전화번호, 포장 작업장 주소, 인증번호, 인증기관명 및 생산지를 소비자가 알아보기 쉽게 표시하여야 한다.

〈 유기가공식품 표시 예시 〉

인증품의 표시사항	
유기농 (ORGANIC) 농림축산식품부	• 업체명 : **식품 • 포장장소 : 안양시 만안구 안양로 172 • 전화번호 : ***-****-**** • 인증기관명 : *** 인증원 • 인증번호 : *-*-*

참고

1. 표시 도형 내부의 '유기농'은 '유기가공식품'으로 표기할 수 있으며, 색상은 녹색, 파란색, 빨간색 또는 검정색을 사용할 수 있다.
2. 농수산물원산지 표시에 관한 법률 제5조에 따른 원산지 표시방법에 따라 원료의 원산지를 표시한다.

8 애완동물용 사료의 인증가능 여부?

○ 식용으로 사용하지 않는 유기농 가공품(비식용유기가공품)은 현재 양축(養畜)용 사료만을 대상으로 하고 있으며, 애완동물용 사료는 현행 법령의 인증대상에 해당되지 않는다. 따라서, 애완동물용 사료는 국내에서 별도의 인증절차를 거칠 필요가 없다.

9 유기가공식품의 동등성 인정 제도?

○ 상호동등성 인정이란, 외국에서 시행하고 있는 유기식품 인증제도가 우리나라와 같은 수준의 원칙과 기준을 적용함으로써 우리나라의 인증과 동등하거나 그 이상의 인증제도를 운영하고 있다고 검증되면, 양국 정부가 상호주의 원칙을 적용하여 **상대국의 유기가공식품 인증이 자국과 동등하다는 것을 공식적으로 인정하는 것**을 말한다.

○ 즉, **동등성 인정 협정 체결 상대국에서 생산된 유기가공식품은 자국의 인증을 받은 것과 동일한 것으로 간주**되어 별도의 추가 인증 절차 없이 유기가공식품으로 표시 · 수입이 가능하다.

○ 동등성 인정 협정이 체결되면 **농림축산식품부 및 국립농산물품질관리원 홈페이지**에 동등성 인정 국가명, 인정범위, 유효기간, 제한조건 등을 게시하게 된다.

유기식품의 생산원칙

1 일반 요건

1) 유기식품 생산의 일반 요건

① 유기식품의 취급과정에서 대기, 물, 토양의 오염이 최소화되도록 문서화된 유기취급계획을 수립하여야 한다.

② 유기식품의 가공 및 유통과정에서 원료의 유기적 순수성을 훼손하지 않아야 한다.

③ 유기생산물과 유기생산물이 아닌 생산물을 혼합하지 않아야 하며, 접촉되지 않도록 구분하여 취급하여야 한다.

- 보관창고 내 유기생산물과 비유기생산물의 혼합 방지를 위하여 구분관리 하여야 한다.

④ 유기생산물이 오염원에 의하여 오염되지 않도록 필요한 조치를 하여야 한다.

- 원료의 수송 및 저장과정에서 유기생산물과 비유기생산물이 혼합되지 않도록 구분관리 하여야 한다.

2) 유기식품의 가공원료

① 유기가공에 사용할 수 있는 원료, 식품첨가물, 가공보조제 등은 모두 유기적으로 생산된 것이어야 한다.

㉠ **사용가능 원료** : 유기인증을 받은 유기식품, 동등성 인정을 받은 유기가공 식품

② 유기원료를 상업적으로 조달할 수 없는 경우, 제품에 인위적으로 첨가하는 물과 소금을 제외한 제품 중량의 5퍼센트 비율 내에서 비유기원료를 사용할 수 있다. 다만, 중량비율에 관계없이 유기원료와 동일한 종류의 비유기원료는 혼합할 수 없다.

㉠ **비유기원료의 범위**

- 가공되지 않은 원료에 대해서는 명칭이 같은 원료
- 단순 가공된 원료에 대해서는 해당 원료의 가공에 사용된 원료가 동일하면 명칭이 다르더라도 동일한 원료로 판단한다.

  예 옥수수 분말과 옥수수 전분, 토마토 퓨레와 토마토 페이스트
- 실제 사용되는 유기원료와 비유기원료의 동일성 여부는 인증기관의 판단에 따른다.

③ 유전자변형 생물체 및 유전자변형 생물체 유래의 원료를 사용할 수 없다.

④ 물과 소금을 사용할 수 있으며, 최종 제품의 유기성분 비율 산정 시 제외한다.
- 물은 「먹는 물 관리법」 기준에 적합하여야 한다.
- 소금은 「식품위생법」 제7조(식품첨가물의 기준 및 규격)에 맞아야 한다.

⑤ 별도로 정하는 허용물질을 식품첨가물 및 가공보조제로 사용할 수 있다. 다만, 그 사용이 불가피한 경우에 한하여 최소량을 사용하여야 한다.

⑥ 원료 또는 제품 및 시제품에 대한 검정결과 GMO 성분이 검출되지 않아야 한다.

⑦ **유기원료 비율의 계산법**

$$\frac{I_o}{G-WS}=\frac{I_o}{I_o+I_c+I_a}\geq 0.95$$

- G : 제품(포장재, 용기 제외)의 중량 ($G \equiv I_o + I_c + I_a + WS$)
- I_o : 유기원료(유기농산물+유기축산물+유기가공식품)의 중량
- I_c : 비유기원료(유기식품인증 표시가 없는 원료)의 중량
- I_a : 비유기 식품첨가물(가공보조제 제외)의 중량
- WS : 인위적으로 첨가한 물과 소금의 중량

㉠ **유기원료 비율 계산방법**
- 원료별로 단위가 달라 중량과 부피가 병존하는 때에는 최종 제품의 단위로 통일하여 계산한다.
- 유기가공식품 인증을 받은 식품첨가물은 유기원료에 포함시켜 계산한다.
- 계산 시 제외되는 물과 소금은 의도적으로 투입되는 것에 한하며, 가공되지 않은 원료에 원래 포함되어 있는 물과 소금은 포함한다.
- 농축, 희석 등 가공된 원료 또는 첨가물은 가공 이전의 상태로 환원한 중량 또는 부피로 계산한다.
- 비유기원료 또는 식품첨가물이 포함된 유기가공식품을 원료로 사용하였을 때에는 해당 가공식품 중의 유기 비율만큼만 유기원료로 인정하여 계산한다.

⑧ 유기가공식품 제조 · 가공에 사용된 원료가 '유전자변형 생물체 또는 유전자변형 생물체 유래의 원료'가 아니라는 것은 해당 가공원료의 공급자로부터 받은 다음 사항이 기재된 증빙서류로 확인한다.
- 거래당사자, 품목, 거래량, 로트번호
- 유전자변형 생물체 또는 유전자변형 생물체 유래의 원료가 아니라는 사실

2 유기식품 가공방법

1) 가공방법의 원칙

① 기계적, 물리적, 생물학적 방법을 이용하되 모든 원료와 최종생산물의 유기적 순수성이 유지되도록 하여야 한다.

- **기계적, 물리적 방법의 뜻** : 절단, 분쇄, 혼합, 성형, 가열, 냉각 가압, 감압, 건조 분리(여과, 원심분리, 압착, 증류), 절임, 훈연 등을 말한다.
- **생물학적 방법의 뜻** : 발효, 숙성 등을 말한다.
- 식품을 화학적으로 변형시키거나 반응시키는 일체의 첨가물, 보조제, 그밖의 물질은 사용할 수 없다.

② 유기식품의 가공 및 취급과정에서 전리 방사선을 사용할 수 없다.

- **전리 방사선의 개념** : 살균, 살충, 발아 억제, 성숙의 지연, 선도 유지, 식품 물성의 개선 등을 목적으로 사용되는 방사선을 말한다.
- 이물탐지용 방사선(X선)은 전리 방사선에 포함되지 않는다.

③ 추출을 위하여 물, 에탄올, 식물성 및 동물성 유지, 식초, 이산화탄소, 질소를 사용할 수 있다.

④ 여과를 위해 석면을 포함하여 식품 및 환경에 부정적 영향을 미칠 수 있는 물질이나 기술을 사용할 수 없다.

⑤ 저장을 위하여 공기, 온도, 습도 등 환경을 조절할 수 있으며, 건조하여 저장할 수 있다.

2) 해충 및 병원균 관리 원칙

① 해충 및 병원균 관리를 위하여 화학적인 방법이나 방사선 조사 방법을 사용할 수 없다.

- 별도로 정한 허용가능 물질은 제외 한다.

② 해충 및 병원균을 없애기 위하여 예방적 방법, 기계적 · 물리적 · 생물학적 방법을 우선 사용하여야 한다.

- **예방적 방법의 뜻** : 서식처 제거, 접근 경로의 차단, 천적의 활용 등을 말한다.
- **기계적 · 물리적 · 생물학적 방법의 뜻** : 물리적 장벽, 음파, 초음파, 빛, 자외선, 덫, 온도관리, 성호르몬 처리 등을 활용하는 것을 말한다.

③ 해충과 병원균 관리를 위해 장비 및 시설에 허용되지 않은 물질을 사용하지 않아야 한다.

- 허용되지 않은 물질이나 금지된 방법으로부터 유기식품을 보호하기 위해 격리 등의 충분한 예방 조치를 하여야 한다.

3) 세척 및 소독

- 유기가공식품은 시설이나 설비 또는 원료의 세척, 살균, 소독에 사용된 물질을 함유하지 않아야 한다.
- 사업자는 유기가공식품을 유기 생산, 제조·가공 또는 취급에 사용할 수 있도록 허용되지 않은 물질이나 해충, 병원균, 그밖의 이물질로부터 보호하기 위하여 필요한 예방 조치를 하여야 한다.
- 「먹는물관리법」 제5조의 기준에 적합한 먹는 물을 사용하여야 한다.
- 허용하는 식품첨가물 또는 가공보조제를 식품 표면이나 식품과 직접 접촉하는 표면의 세척제 및 소독제로 사용할 수 있다.
- 세척제·소독제를 시설 및 장비에 사용하는 경우 유기식품의 유기적 순수성이 훼손되지 않도록 조치하여야 한다.

4) 포장방법

- 포장재와 포장방법은 유기가공식품을 충분히 보호하면서 환경에 미치는 나쁜 영향이 최소화되도록 선정하여야 한다.
- 포장재는 유기가공식품을 오염시키지 않는 것이어야 한다.
- 합성살균제, 보존제, 훈증제 등을 함유하는 포장재, 용기 및 저장고는 사용할 수 없다.
- 유기가공식품의 유기적 순수성을 훼손할 수 있는 물질 등과 접촉한 재활용된 포장재나 그밖의 용기는 사용할 수 없다.
- 유기가공식품 인증을 받은 날로부터 1년 이내에 생산하거나 재포장한 후 인증표시를 하여 출하된 인증품은 해당 식품의 유통기한까지 그 인증표시를 유지할 수 있다.

3 유기식품 수송 및 기록물 관리

1) 수송방법

① 환경에 미치는 나쁜 영향이 최소화되도록 원료나 가공식품의 수송방법을 선택하여야 한다.
  - 수송과정에서 유기식품의 순수성이 훼손되지 않도록 필요한 조치를 하여야 한다.

② 수송장비 및 운반용기의 세척, 소독을 위하여 허용되지 않은 물질을 사용할 수 없다.

③ 수송 또는 운반과정에서 유기가공식품이 아닌 물질이나 허용되지 않은 물질과 접촉 또는 혼합되지 않도록 확실하게 구분하여 취급하여야 한다.

2) 기록문서화 및 접근보장

① 경영 관련 자료를 기록·보관하고, 국립농산물품질관리원장 또는 인증기관의 장이 열람을 요구하는 때에는 이에 응할 수 있어야 한다.

② 제조 · 가공 및 취급 전반에 걸쳐 유기적 순수성을 유지할 수 있는 관리체계를 구축하기 위하여 필요한 만큼 문서화된 계획을 수립하여 실행하여야 한다.
   - 문서화된 계획은 인증기관장의 승인을 받아야 한다.

③ 유기가공식품의 제조 · 가공 및 취급에 필요한 모든 유기원료, 식품첨가물, 가공보조제, 세척제, 그밖의 사용 물질의 구매 · 입고 · 출고 · 사용에 관한 기록을 작성하고 보존하여야 한다.

④ 제조 · 가공, 포장, 보관 · 저장, 운반 · 수송, 판매, 그밖에 취급에 관한 유기적 관리지침을 문서화하여 실행하여야 한다.

⑤ 인증심사 및 사후관리를 위해 필요한 경우 유기식품의 제조 · 가공에서부터 취급에 이르는 전 과정에 관한 모든 기록 및 관련 현장에 접근할 수 있도록 조건 없이 보장하여야 한다.

4 유기가공식품의 표시기준

1) 유기표시 도형

① 유기농산물, 유기축산물, 유기임산물, 유기가공식품 및 비식용유기가공품

인증기관명 :
인증번호 :

Name of Certifying Body :
Certificate Number :

② 제1호 가목의 표시 도형 내부의 "유기농" 글자는 품목에 따라 "유기식품", "유기농산물", "유기축산물", "유기가공식품", "유기사료", "비식용유기가공품"으로 표기할 수 있다.

③ 작도법

㉠ 도형 표시방법
   - 표시 도형의 가로 길이(사각형의 왼쪽 끝과 오른쪽 끝의 폭 : W)를 기준으로 세로의 길이는 0.95×W의 비율로 한다.
   - 표시 도형의 흰색 모양과 바깥 테두리(좌 · 우 및 상단부 부분에만 해당한다.)의 간격은 0.1×W로 한다.
   - 표시 도형의 흰색 모양 하단부 좌측 태극의 시작점은 상단부에서 0.55×W 아래가 되는 지점으로 하고, 우측 태극의 끝점은 상단부에서 0.75×W 아래가 되는 지점으로 한다.

㉡ 표시 도형의 국문 및 영문 모두 글자의 활자체는 고딕체로 하고, 글자 크기는 표시 도형의 크기에 따라 조정한다.

㉢ 표시 도형의 색상은 녹색을 기본 색상으로 하되, 포장재의 색깔 등을 고려하여 파란색, 빨간색 또는 검은색으로 할 수 있다.

㉣ 표시 도형 내부에 적힌 "유기식품", "(ORGANIC)", "ORGANIC"의 글자 색상은 표시 도형 색상과 동일하게 하고, 하단의 "농림축산식품부"와 "MAFRA KOREA"의 글자는 흰색으로 한다.

㉤ 배색 비율은 녹색 C80+Y100, 파란색 C100+M70, 빨간색 M100+Y100+K10으로 한다.

㉥ 표시 도형의 크기는 포장재의 크기에 따라 조정할 수 있다.

㉦ 표시 도형의 위치는 포장재 주 표시면의 측면에 표시하되, 포장재 구조상 측면 표시가 어려울 경우에는 표시 위치를 변경할 수 있다.

㉧ 표시 도형 밑 또는 좌, 우, 옆면에 인증기관명과 인증번호를 표시한다.

2) 유기표시 문자

구분	표시문자
가. 유기농축산물	• 유기농산물, 유기축산물, 유기식품, 유기재배농산물 또는 유기농 • 유기재배○○(○○은 농산물의 일반적 명칭으로 한다. 이하 이 표에서 같다.), 유기축산○○, 유기○○ 또는 유기농○○
나. 유기가공식품	• 유기가공식품, 유기농 또는 유기식품 • 유기농○○ 또는 유기○○
다. 비식용유기가공품	• 유기사료 또는 유기농 사료 • 유기농○○ 또는 유기○○(○○은 사료의 일반적 명칭으로 한다.) 다만, "식품"이 들어가는 단어는 사용할 수 없다.

5 유기농축산물의 함량에 따른 제한적 유기표시의 기준

1) 제한적 유기표시의 일반 원칙

① 법 제23조제3항에 따른 유기농축산물의 함량에 포함되는 원재료는 다음 각 호와 같다.

- 법 제19조제1항에 따라 인증을 받은 유기식품 등
- 법 제25조에 따라 동등성 인정을 받은 유기가공식품

② 법 제23조제3항에 따른 제한적 유기표시를 할 수 있는 제품인 경우에도 다음1) 또는2)에 해당되는 사항을 표시 또는 광고해서는 안 된다.

- 해당 제품에 별표 5에 따른 유기식품 등의 표시
- 유기라는 용어를 제품명 또는 제품명의 일부로 사용

2) 유기농축산물의 함량에 따른 표시 기준

① 70퍼센트 이상 유기농축산물인 제품

- 최종 제품에 남아 있는 원재료(정제수와 염화나트륨을 제외한다. 이하 같다.)의 70퍼센트 이상이 유기농축산물이어야 한다.
- 유기 또는 이와 유사한 용어를 제품명 또는 제품명의 일부로 사용하는 것을 제외하고 사용할 수 있다.
- 표시장소는 주 표시면을 제외한 표시면에 표시할 수 있다.
- 원재료명 및 함량 표시란에 유기농축산물의 함량을 백분율(%)로 표시하여야 한다.

② 특정 원재료로 유기농축산물을 사용한 제품

- 특정 원재료로 유기농축산물만을 사용한 제품이어야 한다.
- 해당 원재료명의 일부로 "유기"라는 용어를 표시할 수 있다.
- 표시장소는 원재료명 및 함량 표시란에만 표시할 수 있다.
- 원재료명 및 함량 표시란에 유기농축산물의 함량을 백분율(%)로 표시하여야 한다.

③ 제한적 유기표시 사업자의 준수사항

제한적 유기표시를 하려는 자는 해당 제품(식품, 비식용가공품)에 사용된 유기농축산물의 원료 또는 재료의 함량 등 표시와 관련된 자료를 사업장 내에 비치하고 국립농산물품질관리원장이 요구하는 경우 관련 자료를 제시하여야 한다.

6 비식용유기가공식품

1) 비식용유기가공식품의 정의

"비식용유기가공품"이란 사람이 직접 섭취하지 아니하는 방법으로 사용하거나 소비하기 위하여 유기농수산물을 원료 또는 재료로 사용하여 유기적인 방법으로 생산, 제조·가공 또는 취급되는 가공품을 말한다. 다만, 「식품위생법」에 따른 기구, 용기·포장, 「약사법」에 따른 의약외품 및 「화장품법」에 따른 화장품은 제외한다.

2) 농림축산식품부장관은 유기농수산물을 원료 또는 재료로 사용하면서 제20조 제3항에 따른 인증을 받지 아니한 식품 및 비식용가공품에 대하여는 사용한 유기농수산물의 함량에 따라 제한적으로 유기표시를 허용할 수 있다.

3) 수입 비식용유기가공품의 신고

① 인증품인 비식용유기가공품의 수입신고를 하려는 자는 비식용유기가공품 수입신고서에 다음

각 호의 서류를 첨부하여 국립농산물품질관리원장에게 제출해야 한다. 이 경우 수입되는 비식용유기가공품의 도착 예정일 5일 전부터 미리 신고할 수 있으며, 미리 신고한 내용 중 도착항, 도착 예정일 등 주요 사항이 변경되는 경우에는 즉시 그 내용을 문서(전자문서를 포함한다)로 신고해야 한다.

㉠ 인증서 사본

㉡ 거래인증서 원본

㉢ 국내에서 사용하려는 비식용유기가공품 포장지 견본 또는 포장지에 기재할 사항을 적은 서류. 이 경우 포장지 견본 및 서류는 한글로 작성되어야 한다.

② 국립농산물품질관리원장은 제1항에 따라 수입 신고된 비식용유기가공품에 대해 비식용유기가공품의 인증 및 표시 기준 적합성을 조사하여 적합하다고 인정하는 경우에는 법 제23조의2 제4항에 따라 그 신고를 수리하고, 수입신고인에게 별지 제17호 서식에 따른 비식용유기가공품 수입신고 확인증을 발급해야 한다.

③ 국립농산물품질관리원장은 제1항에 따라 수입 신고된 비식용유기가공품이 비식용유기가공품의 인증 또는 표시 기준에 적합하지 않은 경우에는 신고를 수리하지 않고, 그 사실을 지체 없이 수입신고인에게 알려야 한다. 이 경우 수입신고인은 비식용유기가공품의 표시 기준에 적합하지 않은 경우에 한정하여 그 위반사항을 보완하여 다시 신고할 수 있다.

④ 국립농산물품질관리원장은 제2항에 따라 수입신고를 수리한 경우에는 그 내용을 신고 수리대장(전자문서를 포함한다)에 적어야 한다.

⑤ 세관장은 제2항에 따른 적합성 조사를 위해 관능검사를 하거나 해당 검체를 채취하는 국립농산물품질관리원 소속 공무원이 보세구역을 출입하려는 때에는 이에 협조해야 한다. 이 경우 보세구역을 출입하려는 공무원은 공무원증을 세관장에게 보여 주어야 한다.

⑥ 제2항에 따른 적합성 조사의 방법 등에 관한 세부사항은 국립농산물품질관리원장이 정하여 고시한다.

4) 비식용유기가공품(양축용 유기사료 · 반려동물 유기사료) 제조 가공에 필요한 인증 기준

① 일반사항

㉠ 경영 관련 자료와 가공품의 생산과정 등을 기록한 인증품 생산계획서 및 필요한 관련 정보는 국립농산물품질관리원장 또는 인증기관이 심사 등을 위하여 요구하는 때에는 이를 제공하여야 한다.

㉡ 사업자는 유기사료의 취급 과정에서 대기, 물, 토양의 오염이 최소화되도록 문서화된 유기취급계획을 수립하여야 한다.

㉢ 사업자는 유기사료의 가공 및 유통 과정에서 원료의 유기적 순수성을 훼손하지 않아야 한다.

㉣ 사업자는 유기생산물과 유기생산물이 아닌 생산물을 혼합하지 않아야 하며, 접촉되지 않도록 구분하여 취급하여야 한다.

ⓜ 사업자는 유기생산물이 오염원에 의하여 오염되지 않도록 필요한 조치를 하여야 한다.

ⓗ 친환경농업에 관한 교육이수 증명자료는 인증을 신청한 날로부터 기산하여 최근 2년 이내에 이수한 것이어야 한다. 다만, 5년 이상 인증을 연속하여 유지하였거나 최근 2년 이내에 친환경농업 교육 강사로 활동한 경력이 있는 경우에는 최근 4년 이내에 이수한 교육이수 증명자료를 인정한다.

② 가공원료

㉠ 유기사료의 제조에 사용되는 유기원료는 다음 각 호의 어느 하나에 해당되어야 하며, 유기원료임을 입증할 수 있는 거래명세서 또는 보증서 등 증빙서류(수입원료의 경우 거래인증서와 수입신고 확인증)를 비치하여야 한다.

- 법 제19조 제1항에 따라 인증을 받은 유기식품 등
- 법 제25조에 따라 동등성 인증을 받은 유기가공식품

㉡ 제품생산을 위해 필요한 경우 규칙 별표 1 제1호 나목1) · 2)의 단미사료 또는 보조사료(사용 가능 조건에 적합한 경우에 한함)를 사용할 수 있다.

㉢ 반려동물 사료의 경우 다음의 요건에 따라 비유기 원료를 사용할 수 있다. 다만, 유기원료와 같은 품목의 비유기 원료는 사용할 수 없다.

- **95% 유기사료** : 상업적으로 유기원료를 조달할 수 없는 경우 제품에 인위적으로 첨가하는 소금과 물을 제외한 제품 중량의 5퍼센트 비율 내에서 비유기 원료(규칙 별표 1 제1호 나목에 따른 단미사료 · 보조사료를 포함함)의 사용
- **70% 유기사료** : 제품에 인위적으로 첨가하는 소금과 물을 제외한 제품 중량의 30퍼센트 비율 내에서 비유기 원료(규칙 별표 1 제1호 나목에 따른 단미사료 · 보조사료를 포함함)의 사용

TIP 유기원료 비율의 계산법

$$\frac{I_o}{G-WS} = \frac{I_o}{I_o + I_c} \geq 0.95(0.70)$$

- G : 제품(포장재, 용기 제외)의 중량($G = I_o + I_c + WS$)
- I_o : 유기원료(유기농산물+유기축산물+유기수산물+유기가공식품+비식용유기가공품)의 중량
- I_c : 비유기 원료(유기인증 표시가 없는 원료)의 중량
- WS : 인위적으로 첨가한 물과 소금의 중량
  - 유기원료의 비율계산 방법은 제4호 나목 3)과 4)를 준용함

㉣ 유전자변형생물체 및 유전자변형생물체 유래의 원료를 사용할 수 없다.

ⓜ 다음에 해당되는 물질을 사료에 첨가해서는 아니 된다.

- 가축의 대사기능 촉진을 위한 합성화합물
- 반추가축에게 포유동물에서 유래한 사료(우유 및 유제품을 제외)는 어떠한 경우에도 첨가해서는 아니 된다.

- 합성 질소 또는 비단백태 질소화합물
- 항생제 · 합성항균제 · 성장촉진제, 구충제, 항콕시듐제 및 호르몬제
- 그밖에 인위적인 합성 및 유전자 조작에 의해 제조 · 변형된 물질

ⓑ 방사선으로 조사한 물질을 원료로 사용할 수 없다. 다만, 이물 탐지용 방사선(X선)은 제외한다.

ⓢ 가공원료의 적합성 여부를 정기적으로 관리하고, 가공원료에 대한 납품서, 거래인증서, 보증서 또는 검사성적서 등 증빙자료를 사업장 내에 비치 · 보관하여야 한다.

ⓞ 사용원료 관리를 위해 주기적인 잔류물질 검사계획을 세우고 이를 이행하여야 하며, 인증기준에 부적합한 것으로 확인된 원료를 사용하여서는 아니 된다.

③ 가공 방법

㉠ 기계적, 물리적, 생물학적 방법을 이용하되 모든 원료와 최종생산물의 유기적 순수성이 유지되도록 하여야 한다. 원료의 속성을 화학적으로 변형시키거나 반응시키는 일체의 첨가물, 보조제, 그밖의 물질은 사용할 수 없다.

㉡ 가공 및 취급과정에서 방사선은 해충 방제, 가공품 보존, 병원의 제거 또는 위생의 목적으로 사용할 수 없다. 다만, 이물탐지용 방사선(X선)은 제외한다.

㉢ 추출을 위하여 물, 에탄올, 식물성 및 동물성 유지, 식초, 이산화탄소, 질소를 사용할 수 있다.

㉣ 여과를 위하여 석면을 포함하여 생산물 및 환경에 부정적 영향을 미칠 수 있는 물질이나 기술을 사용할 수 없다.

④ 제조시설 기준

㉠ 제조시설은 「사료관리법 시행규칙」 제6조의 시설기준에 적합하여야 한다.

㉡ 유기사료 생산을 위한 원료와 유기사료가 아닌 사료(이하 "일반 사료"라 한다) 생산을 위한 원료는 혼합되지 않도록 별도의 저장시설을 갖추고 구분 관리하여야 한다.

㉢ 유기사료를 제조하기 위한 생산라인은 일반사료 생산라인과 별도로 구분되어야 한다. 다만, 일반사료 생산 후 생산라인이 세척(flushing) 관리되는 경우에는 일반사료 생산라인과 같은 생산라인에서 유기사료를 생산할 수 있다.

⑤ 해충 및 병원균 관리

㉠ 해충 및 병원균 관리를 위하여 규칙 별표 1 제1호 가목 2)에서 정한 물질을 제외한 화학적인 방법이나 방사선 조사 방법을 사용할 수 없다.

㉡ 해충 및 병원균 관리를 위하여 다음 사항을 우선적으로 조치하여야 한다.

- 서식처 제거, 접근 경로의 차단, 천적의 활용 등 예방조치
- 예방조치로 부족한 경우 물리적 장벽, 음파, 초음파, 빛, 자외선, 덫, 온도관리, 성호르몬 처리 등을 활용한 기계적 · 물리적 · 생물학적 방법을 사용

㉢ 기계적 · 물리적 · 생물학적 방법으로 적절하게 방제되지 아니하는 경우 규칙 별표 1 제1호

가목 2)에서 정한 물질을 사용

⑥ 세척 및 소독

㉠ 유기사료는 시설이나 설비 또는 원료의 세척, 살균, 소독에 사용된 물질을 함유하지 않아야 한다.

㉡ 사업자는 유기사료가 제조 · 가공 또는 취급에 사용할 수 있도록 허용되지 않은 물질이나 해충, 병원균, 그밖의 이물질로부터 오염되지 않도록 필요한 예방 조치를 하여야 한다.

㉢ 같은 시설에서 유기사료와 일반 사료를 함께 제조 · 가공 또는 취급하는 사업장에서는 유기사료를 생산하기 전 설비의 청소를 충분히 실시하고 청소 상태를 점검 · 기록하여야 한다.

㉣ 세척제 · 소독제를 시설 및 장비에 사용하는 경우 유기사료의 유기적 순수성이 훼손되지 않도록 조치하여야 한다.

⑦ 포장

㉠ 포장재와 포장 방법은 유기사료를 충분히 보호하면서 환경에 미치는 나쁜 영향을 최소화하도록 선정하여야 한다.

㉡ 포장재는 유기사료를 오염시키지 않는 것이어야 한다.

㉢ 합성살균제, 보존제, 훈증제 등을 함유하는 포장재, 용기 및 저장고는 사용할 수 없다.

㉣ 유기사료의 유기적 순수성을 훼손할 수 있는 물질 등과 접촉한 재활용된 포장재나 그밖의 용기는 사용할 수 없다.

⑧ 유기사료의 운송 및 보관

㉠ 사업자는 환경에 미치는 나쁜 영향이 최소화되도록 원료나 사료의 수송 방법을 선택하여야 하며, 수송 과정에서 유기사료의 순수성이 훼손되지 않도록 필요한 조치를 하여야 한다.

㉡ 수송 장비 및 운반용기의 세척, 소독을 위하여 허용되지 않은 물질을 사용할 수 없다.

㉢ 수송 또는 운반과정에서 유기사료가 다른 물질이나 허용되지 않은 물질과 접촉 또는 혼합되지 않도록 확실하게 구분하여 취급하여야 한다.

㉣ 제품을 벌크 형태로 운반하는 경우 유기사료 전용차량을 이용하여야 한다. 다만, 운반차량이 일반 사료 운반 후 세척(flushing) 관리되는 경우 같은 차량을 이용할 수 있다.

⑨ 기록 · 문서화 및 접근 보장

㉠ 사업자는 제조 · 가공, 포장, 보관 · 저장, 운반 · 수송, 판매 등 취급의 전반에 걸쳐 유기적 순수성을 유지할 수 있는 관리체계를 구축하기 위하여 필요한 만큼 문서화된 계획을 수립하여 실행하여야 하며, 문서화된 계획은 인증기관의 승인을 받아야 한다.

㉡ 사업자는 유기사료의 제조 · 가공 및 취급에 필요한 모든 원료, 보조사료, 가공보조제, 세척제, 그밖의 사용자재의 구매, 입고, 출고, 사용에 관한 기록을 작성하고 보존하여야 한다.

㉢ 사업자는 제조 · 가공, 포장, 보관 · 저장, 운반 · 수송, 판매, 그밖에 취급에 관한 유기적 관리지침을 문서화하여 실행하여야 한다.

㉣ 규칙 및 이 고시에서 정한 비식용유기가공품의 인증기준은 인증 유효기간 동안 상시적으로 준수하여야 하며, 이를 증명할 수 있는 자료를 구비하고 국립농산물품질관리원장 또는 인증기관이 요구하는 때에는 관련 자료 제출 및 시료 수거, 현장 확인에 협조하여야 한다.

⑩ 생산물의 품질관리

㉠ 합성농약 성분이나 동물용의약품 성분이 검출되거나 비인증품이 혼입되어 인증기준에 맞지 않은 사실을 알게 된 경우 해당 제품을 인증품으로 판매하지 않아야 하며, 해당 제품이 유통 중인 경우 인증표시를 제거하도록 필요한 조치를 하여야 한다.

㉡ 비식용유기가공품 인증사업자가 제조·가공 과정의 일부 또는 전부를 위탁하는 경우 수탁자도 비식용유기가공품 인증사업자이어야 하며 위·수탁업체 간에 위·수탁 계약 관계를 증빙하는 서류 등을 갖추어야 한다.

㉢ 인증품에 인증품이 아닌 제품을 혼합하거나 인증품이 아닌 제품을 인증품으로 광고하거나 판매하여서는 아니 된다.

⑪ 비식용유기가공품 원료로 사용가능한 물질

번호	구분	사용 가능 물질	사용 가능 조건
1	식물성	곡류(곡물), 곡물부산물류(강피류), 박류(단백질류), 서류, 식품가공부산물류, 조류(藻類), 섬유질류, 제약부산물류, 유지류, 전분류, 콩류, 견과·종실류, 과실류, 채소류, 버섯류, 그밖의 식물류	가) 유기농산물(유기수산물을 포함한다. 이하 같다) 인증을 받거나 유기농산물의 부산물로 만들어진 것일 것 나) 천연에서 유래한 것은 잔류농약이 검출되지 않을 것
2	동물성	단백질류, 낙농가공부산물류	가) 수산물(골뱅이분을 포함한다)은 양식하지 않은 것일 것 나) 포유동물에서 유래된 사료(우유 및 유제품은 제외한다)는 반추가축[소·양 등 반추(反芻)류 가축을 말한다. 이하 같다]에 사용하지 않을 것
		곤충류, 플랑크톤류	가) 사육이나 양식과정에서 합성농약이나 동물용의약품을 사용하지 않은 것일 것 나) 야생의 것은 잔류농약이 검출되지 않은 것일 것
		무기물류	「사료관리법」 제2조 제2호에 따라 농림축산식품부장관이 정하여 고시하는 기준에 적합할 것
		유지류	가) 「사료관리법」 제2조 제2호에 따라 농림축산식품부장관이 정하여 고시하는 기준에 적합할 것 나) 반추가축에 사용하지 않을 것

번호	구분	사용 가능 물질	사용 가능 조건
3	광물성	식염류, 인산염류 및 칼슘염류, 다량광물질류, 혼합광물질류	가) 천연의 것일 것 나) 가)에 해당하는 물질을 상업적으로 조달할 수 없는 경우에는 화학적으로 충분히 정제된 유사물질 사용 가능

비고 : 이 표의 사용 가능 물질의 구체적인 범위는 「사료관리법」 제2조 제2호에 따라 농림축산식품부장관이 정하여 고시하는 단미사료의 범위에 따른다.

⑫ 사료의 품질저하 방지 또는 사료의 효용을 높이기 위해 사료에 첨가하여 사용 가능한 물질

번호	구분	사용 가능 물질	사용 가능 조건
1	천연 결착제		가) 천연의 것이거나 천연에서 유래한 것일 것 나) 합성농약 성분 또는 동물용의약품 성분을 함유하지 않을 것 다) 「유전자변형생물체의 국가 간 이동 등에 관한 법률」 제2조 제2호에 따른 유전자변형생물체(이하 "유전자변형생물체"라 한다) 및 유전자변형생물체에서 유래한 물질을 함유하지 않을 것
	천연 유화제		
	천연 보존제	산미제, 항응고제, 항산화제, 항곰팡이제	
	효소제	당분해효소, 지방분해효소, 인분해효소, 단백질분해효소	
	미생물제제	유익균, 유익곰팡이, 유익효모, 박테리오파지	
	천연 향미제		
	천연 착색제		
	천연 추출제	초목 추출물, 종자 추출물, 세포벽 추출물, 동물 추출물, 그밖의 추출물	
	올리고당		
2	규산염제		가) 천연의 것일 것 나) 가)에 해당하는 물질을 상업적으로 조달할 수 없는 경우에는 화학적으로 충분히 정제된 유사물질 사용 가능 다) 합성농약 성분 또는 동물용의약품 성분을 함유하지 않을 것 라) 유전자변형생물체 및 유전자변형생물체에서 유래한 물질을 함유하지 않을 것
	아미노산제	아민초산, DL-알라닌, 염산L-라이신, 황산L-라이신, L-글루타민산나트륨, 2-디아미노-2-하이드록시메치오닌, DL-트립토판, L-트립토판, DL메치오닌 및 L-트레오닌과 그 혼합물	
	비타민제(프로비타민 포함)	비타민A, 프로비타민A, 비타민B1, 비타민B2, 비타민B6, 비타민B12, 비타민C, 비타민D, 비타민D2, 비타민D3, 비타민E, 비타민K, 판토텐산, 이노시톨, 콜린, 나이아신, 바이오틴, 엽산과 그 유사체 및 혼합물	
	완충제	산화마그네슘, 탄산나트륨(소다회), 중조(탄산수소나트륨 · 중탄산나트륨)	

비고 : 이 표의 사용 가능 물질의 구체적인 범위는 「사료관리법」 제2조 제4호에 따라 농림축산식품부장관이 정하여 고시하는 보조 사료의 범위에 따른다.

⑬ **축사 및 축사 주변, 농기계 및 기구의 소독제로 사용 가능한 물질**

「동물용 의약품등 취급규칙」 제5조에 따라 제조품목허가 또는 제조품목 신고된 동물용의약외품 중 별표 4의 인증기준에서 사용이 금지된 성분을 포함하지 않은 물질을 사용할 것. 이 경우 가축 또는 사료에 접촉되지 않도록 사용해야 한다.

⑭ **비식용유기가공품에 사용 가능한 물질**

제1호 다목 1)에 따른 식품첨가물 또는 가공보조제로 사용 가능한 물질. 이 경우 허용범위는 국립농산물품질관리원장이 정하여 고시한다.

⑮ **가축의 질병 예방 및 치료를 위해 사용 가능한 물질**

㉠ 공통조건

(1) 유전자변형생물체 및 유전자변형생물체에서 유래한 원료는 사용하지 않을 것

(2) 「약사법」 제85조 제6항에 따른 동물용의약품을 사용할 경우에는 수의사의 처방전을 갖추어 둘 것

(3) 동물용의약품을 사용한 경우 휴약 기간의 2배의 기간이 지난 후에 가축을 출하할 것

㉡ 개별조건

⑯ 산림 등 자연상태에서 자생하는 사료작물은 유기농산물 허용물질 외의 물질이 3년 이상 사용되지 아니한 것이 확인되고, 비식용유기가공품(유기사료)의 기준을 충족할 경우 유기사료작물로 인정할 수 있다.

CHAPTER 03 식품의 구성

1 수분

1) 식품의 구성

① 수분 : 생체 식품원료 중 80~95% 함유

② 고형물

- 유기물 : 탄수화물(섬유질, 당질, 가용성 무질소물), 단백질, 지질, 미량성분, 비타민, 색소
- 무기물 : 회분

2) 식품의 수분형태

① 자유수

- 부패에 관여하는 가장 중요한 인자
- 식품의 어느 성분과도 결합되지 않은 물로서 화학 반응의 매체이다.
- 미생물 증식에 기본 요건이 된다.
- 부패하기 쉬운 식품 → 수분(자유수)의 함량이 높다.

② 결합수

- 보통 식품의 성분과 수소결합(hydrogen bond)으로 결합된 형태의 물(탄수화물, 단백질 같은 고분자화합물)
- 2가지 형태로 존재 : 강한 결합, 약한 결합

2 탄수화물

탄수화물은 탄소와 물의 형태[$C_n(H_2O)_n$]로 구성된 물질을 말하며, 주요한 탄수화물은 당류, 덱스트린, 전분, 셀룰로오스, 헤미셀룰로오스, 펙틴 등

1) 탄수화물의 종류

① 단당류(Monosaccharide)

② 소당류(Oligosaccharide)

③ 다당류(Polysaccharide)

- 전분(starch) : glucose unit(α-1,4 결합)
- 이눌린 : fructose unit(soluble polysaccharide)
- 글리코겐 : glucose unit(animal starch)
- 덱스트린 : 전분(starch)의 분해물
- 셀룰로오스 : β-glucose의 β-1,4 결합
- 헤미셀룰로오스 : 세포막의 구성성분, 단일 물질이 아님
- 키틴 : 질소가 함유된 복합물질, 곤충 등 갑각 물질
- 펙틴 : polygalacturonic acid의 methyl ester

2) 탄수화물의 기능

① 에너지의 저장(광합성에 의함)

- 식물은 전분으로 저장
- 동물은 글리코겐으로 저장

② 조직 형성(셀룰로오스, 펙틴)

③ Nucleic Acid(핵산)의 주요 구성분 : 리보오스

④ 비타민의 구성 성분 : 리보플라빈에서 리보오스

⑤ 체내 혈관 중 에너지원 : 혈중 포도당

⑥ 효모, 다른 미생물의 발효 시 주요 탄소원 : 알코올, 산, 이산화탄소(CO_2) 생성

3) 당류의 특성

① 감미원(★★) : 포도당, 과당, 맥아당, 설탕, 젖당

② 물에 용해되며 쉽게 시럽을 만든다.

③ 용액에서 물이 증발되면 결정을 만든다.

④ 에너지 공급원

⑤ 미생물에 의하여 쉽게 발효된다.

⑥ 고농도에서 미생물의 증식 억제 → 보존제로 사용

⑦ 가열에 의하여 어두운 색을 낸다 → 캐러멜화(Caramelization)

⑧ 일부 당은 단백질과 결합, 어두운 색을 낸다 → 마이얄반응(Maillard Reaction), 갈색화반응

⑨ 당원의 역할과 함께 입에서 부드러운 촉감과 중후한 맛을 준다.

⑩ 보존제 역할(흡습 효과), 분말 제품에 이용(젖당)

4) 전분(Starch)의 성질

① 감미가 없다.
② 찬물에 쉽게 용해되지 않는다.
③ 뜨거운 물에서 페이스트나 겔을 형성한다.
④ 식물의 에너지 원천이며 영양학적으로 에너지원이다.
⑤ 식물의 종자나 줄기 뿌리의 전분 입자로 존재한다.
⑥ 이 입자는 물에 넣고 가열함에 따라
- 팽창 → 호화 → 점도 증가 → 겔 형성 → 식품의 농후제로 이용한다.
- 이들은 노화(retrogradation)되어 불용성화 되며, 전분 식품의 품질 열화 요인이 된다.

⑦ 부분 분해로 덱스트린이 되며, 이들은 전분과 당의 중간성질을 갖는다.
⑧ 각종 변성전분 생산, 식품 가공용 첨가물로 이용
⑨ 부형제 혹은 증량제로 이용한다.

3 단백질(Protein)

1) 단백질의 개념

① 단백질이란 동식물체의 가장 중요한 구성성분의 하나인 동시에 중요한 생체기능을 담당하고 있는 많은 아미노산이 펩티드결합을 한 고분자 화합물이다.
② Protein이란 말은 Greek의 첫 번째, 가장 중요한(protos, proteios) 말에서 유래된다.
③ 주요 구성 원소는 C, N, H, O, S, P, 기타 성분으로 이루어진 고분자 물질로서 모든 생명체의 필수성분
④ 연골, 피부, 손톱, 머리카락, 근육을 이루고 있다.
⑤ 효소, 항체, 체액의 주요 성분(혈액), 우유, 달걀흰자 등의 구성요소

2) 단백질의 구조

① 탄수화물과 같이 아미노산을 구성단위로 하여 이들이 연결되어 고분자 물질을 이룬다.
② 아미노기(-NH2)와 카르복실기(-COOH)를 가지고 있어 산, 염기 등 많은 화합물과 결합이 가능하다.
③ -COOH와 $-NH_2$는 쉽게 결합을 이루어 긴 사슬을 만든다.

3) 아미노산의 종류

① **아미노산의 종류** : 20종
- **필수아미노산** : 8종(어린이는 히스티딘이 추가된다.)

→ 리신, 이소리신, 류신, 메치오닌, 트레오닌, 발린, 트립토판, 페닐알라닌

② 20종의 아미노산과 기타 성분의 결합에 의하여 단백질을 구성한다.

③ 아미노산은 결합구성에 따라 특성이 다르다.

- 배합 순서, 구성분 등이 다른 단백질을 만든다.

4) 중합체(Polymer)의 형태

① 직쇄, 코일, fold(접어짐) → 육조직의 특성이 달라진다.

5) 단백질의 변화

① **단백질의 변화 요인** : 온도, 산, 알칼리, 압력, pH, 중금속 등에 의해서 물리화학적 변화가 초래된다.(응고, 용해도 증가, 겔의 형성 등)

② **Denaturation(변성)**

- 입체 구조를 가진 분자나 공간을 점유한 단백질 분자가 형태를 잃는 과정을 말하고 열, 화학물질, 과도한 진탕, 산, 알칼리에 의해 일어난다.
- **변성의 예** : 육류의 응고, 우유의 침전, 계란 흰자의 응고, 막 형성(달걀의 알부민은 막을 형성하여 기포를 형성한다. 그러나 변성이 일어나면 기포가 꺼진다.

③ **단백질의 분해(★)**

- 탄수화물의 중합체와 같이 산, 알칼리, 효소에 의해서 긴 사슬이 절단된다.
- Protein → Proteose → Peptone → Peptide → Amino Acid → NH_3 → N_2
- 치즈의 숙성은 단백질 분자의 적당한 절단이다.
- 고기의 부패는 미생물에 의한 이상분해 현상이다.

4 지질(지방질. Lipid)

지질은 에너지원이며, 필수지방산의 공급원과 식품의 기호성에 기여한다.

1) 지질의 특성

① 물에 녹지 않는다.

② 유용성 용매에 녹는다.

- **종류** : diethyl ether, benzene, carbon disulfide(CS2), carbon tetrachloride(CCl4)

③ 지방산 에스터(fatty acid ester)로 존재하거나 ester를 형성할 수 있는 물질로 생체에 의해서 이용될 수 있는 물질로 존재한다.

④ 유지(Fat and Oil. 油脂) : 지방산(fatty acid)과 글리세롤(glycerol)의 ester들로 트리글리세리드(triglyceride)의 혼합물이다.

2) 지질의 구조

① 탄수화물이나 단백질처럼 단위 물질의 중합체 형태를 이루지 않고 글리세롤과 지방산이 결합한 비교적 단순한 에스테르이다.

② 조직의 형성에 관계가 덜하다.

3) 지질의 분류

① 단순지질 : 지방산과 알코올류만으로 구성. 중성지방, 왁스류

② 복합지질 : 지방산과 알코올 및 제2알코올로 결합. 인지질, 스핑고 지질

③ 유도지방 : 지방산, 스테로이드(steroid), 스테롤(sterol)

④ 비누화 반응을 하는 것 : 중성지방, 왁스, 인지질

⑤ 비누화 반응을 하지 않는 것 : 스테로이드(steroid), 스테롤(sterol)

⑥ 농축산물의 지질은 대부분 중성지방이다.

4) 지질의 종류

① 올릭-리놀릭산계 지질(Oleic-linoleic Acid계) : 옥수수기름, 올리브유, 참기름, 땅콩기름, 해바라기씨 기름 등 대부분의 식물성 유지가 여기에 속한다.

② 리놀릭산계 지질(Linolenic Acid)

- 콩기름, 들기름이 여기에 속한다.
- 리놀렌산 함량이 높다.
- 향기가 변하는 경향이 있다.

③ 라우릭산계 지질(Lauric Acid)

- 야자유의 지질이다.
- C_6, C_8, C_{10}의 저급 지방산 함량이 높다.

④ 가축지질

- 돼지기름, 소기름은 C_{16}과 C_{18}의 고급지방산 함량이 높다.
- 포화지방산 함량도 높아 융점이 높다.
- 불포화지방산은 올레산과 리놀레산 함량이 높다.

⑤ 해산물 지질 : 생선기름

- C_{20} 이상의 고분자물질이다.
- 다가불포화결합지방산 함량이 높다.

- 비타민 A, D가 많이 함유되어 있다.
- 동 · 식물성 기름보다 산패되기 쉽다.

5) 지방산

① 자연에 존재하는 지방질을 가수분해할 때 얻어지는 유기산이다.

② 대개의 경우 탄소수가 4개 이상이며, 가지가 없는 직쇄상으로 카르복실기를 하나 갖는 (monocarboxylic acids) 유기산들

6) 지방산의 용도

① 식물과 동물 조직에 함유

② 식품에 부드러운 맛과 고유한 풍미를 부여

③ **동식물의 에너지원** : 9Kcal/g

④ 유지에는 보통 지용성 비타민 A, D, E, K로 구성되어 있다.

7) 지방산의 성질

① 가열에 의하여 점차 액화되고 융점이 예리하지 않으며, 끓는점은 물보다 높다.

② 가열은 계속하면 발연(發煙)된다. 발연점(smoke point)

③ 유지는 산화 혹은 산에 의한(효소 포함) 분해로 품질 열화
- **산패(Rancidity)** : 산소와의 결합, 자가산화(autooxidation)

④ 기름은 유화제에 의해서 물과 혼합된다.

⑤ **식품의 윤활제** : 식품의 풍미 부여
- 식육 중의 유지 함량이 5~20% 함유할 때 맛이 좋다.

⑥ 식후 포만감

5 기타 식품 성분

1) 유기산(Organic Acid)

① 각종 과실에 유기산이 함유되어 있다.
- **구연산(citric acid)** : 오렌지, 레몬
- **사과산(malic acid)** : 사과
- **주석산(tartaric acid)** : 포도

② 발효에 의해서 유기산 생성 – 풍미 증진
- 젖산(lactic acid) : 김치, 사우어크라우트(sauerkraut), 치즈
- 초산(acetic acid) : 초산 발효

③ 기능
- 신맛의 부여 → 상쾌한 맛
- 미생물의 성장 억제(pH 4.5 이하) → 클로스트리듐 보툴리눔(Cl. botulinum) 생장 억제
- 단백질, 펙틴, 검, 전분 등의 물성 변화
- 식품 색소의 변화(천연 색소는 산에 민감) → 안토시아닌

2) 산화제 및 항산화제(Oxidant and Antioxidant)

① 항산화제의 뜻 : 물질의 산화과정을 억제하거나 지연시키는 데 관여하는 물질
- 천연 항산화제의 종류 : 토코페롤, 레시틴, 붉나무 추출물, 정향 추출물, 플라보노이드(flavonoids), 함황아미노산(메치오닌, 시스틴, 시스테인)
- 인공 항산화제의 종류 : 식품첨가물로 허용(BHA, BHT, TBHQ)

② 식품의 경우 산소에 의하여 대부분 품질 열화
- 유지 : 산패
- 카로텐 : 탈색
- 비타민 C : 산화로 기능 상실

③ O_2는 oxidant(산화제)로 작용, 이의 제거가 산화 방지 → N_2, CO_2 대체

④ 산화촉진 : Cu, Fe 등 금속이온, 빛(자외선)

3) 효소

① 생촉매 : 생체촉매

② 단백질의 1종으로 모든 생체에서 발견되고 생체에서만 생산된다.

③ 모든 생체 반응에 관여한다.

④ 식품산업에서 다양하게 이용(단백질, 전분 및 유지 분해에 관여)

4) 색소

① 식물성 색소

㉠ 지용성 색소 : 엽록소(chlorophyll), 카로티노이드(carotenoid. 동물의 비타민 A의 전구체이다.)

TIP 카로티노이드(carotenoid)

- 녹색식물의 경우 잎에서 카로티노이드는 빛 에너지를 흡수해 가장 중요한 광합성 색소인 엽록소에 전달하여 광합성에서 부수적 역할을 수행한다.
- 동물들도 음식물 섭취를 통해 카로티노이드를 지니고 있다. 비타민 A는 동물이 카로틴을 섭취해 만드는 물질 가운데 하나이다.

㉡ 수용성 색소 : 안토시아닌(Anthocyanin, 식물색소)

TIP

안토시아닌은 꽃, 과일, 야채류의 색소이며 소수이온 농도에 따라 적색(붉은색), 청색(파란색), 보라색을 띈다. 플라보노이드계 물질로 현재 알려진 항산화 물질 중에 가장 강력한 항산화 물질로 알려져 있다.

② **동물성 색소** : 헤모글로빈(Hemoglobin), 미오글로빈(Myoglobin)

㉠ 헤모글로빈(Hemoglobin)

- **혈액**을 **붉은 색**으로 나타내게 한다.
- heme 4분자와 globin 1분자가 결합한 조직이다.
- 산화상태에서는 선홍색, 환원상태에서는 암적색을 띤다.
- **혈액을 가열하면** : hemoglobin → oxyhemoglobin → methemoglobin(갈색)으로 변한다.

㉡ 미오글로빈(Myoglobin)

- **근육**이 **붉은색(★★★)**을 띠게 한다.
- heme 1분자와 globin 1분자가 결합한 조직이다.
- **미오글로빈을 가열하면** : myoglobin → oxymyoglobin → metmyoglobin(갈색)으로 변한다.

5) 향(Flavors)

① 동식물에 각종 풍미 물질 존재

② **커피** : 약 600종의 성분이 풍미, 향미에 관여

③ 대부분이 극소량씩 함유되어 풍미에 영향

④ 가열, 가공처리 과정 중 상당한 변화 초래

6) 비타민(Vitamin)

① **수용성** : Vitamin B, C

㉠ Vitamin B군 : 거의 대부분 **조효소**로서의 기능을 가진다.

㉡ Vitamin C
- 열에 제일 약하다.
- 척추동물 결합조직에 존재하는 4-hydroxyproline의 합성대사 조효소로 관여한다.
- **결핍장해** : 치근, 점막, 피부에서 출혈. 골격과 치아가 약해진다.
- 시금치, 감귤류, 딸기에 많이 포함되어 있다.

② **지용성** : **Vitamin A, D, E, K**

㉠ Vitamin A : 생선 간유, 난황에 많이 존재한다.
- **결핍장해** : 정상적인 성장과 골격형성에 장해, 야맹증, 안구건조증, 각막 연화증 등

㉡ Vitamin D : 생선 간유에 많이 존재한다.
- **결핍장해** : 구루병(어린이), 골연화증(어른), 뼈나 치아의 탈회현상(임산부, 수유부)

㉢ Vitamin E : 곡류의 **배아**에 많이 함유한다.
- 항산화 기능, 유지의 산패 방지에 관여한다.

㉣ Vitamin K : 녹색채소와 어분에 많이 존재한다.
- 혈액응고에 관여한다.

7) 무기질(Minerals)

① 인체 생리기능에 상당한 영향
② **셀레늄(Se)** : 버섯류, 채소류
③ 무기질은 인체에 완충기능을 수행한다.
- 혈액의 pH가 일정하게 유지되는 원인 → 단백질과 무기질의 완충기능에서 기인한다. → Na^+, K^+, CO_3^{2-}, PO_4^{3-} 등

④ **칼슘(Ca), 인(P)** : 뼈의 구성성분이다.
⑤ **황(S)** : 머리털, 손톱, 피부의 구성성분이다.
⑥ **인체의 효소를 형성하는 무기질** : 철(Fe), 구리(Cu), 아연(Zn), 요오드(I), 황(S), 인(P), 몰리브덴(Mo)
⑦ **효소의 촉매제로 작용하는 무기질** : 칼륨(K), 나트륨(Na), 구리(Cu), 마그네슘(Mg), 인(P), 아연(Zn), 코발트(Co)
⑧ **칼륨(K)** : 근육의 수축과 신경의 자극 전달에 기여
⑨ **알칼리 생성식품** : 양이온을 형성하는 무기질을 많이 함유하는 농축산물
- **양이온을 형성하는 무기질** : Ca, Mg, Na, K, Fe, Cu, Mn, Co
- **함유식품** : 과일, 채소, 해조류

⑩ **산을 생성하는 식품** : 음이온을 형성하는 무기질을 많이 함유하는 농축산물

- 음이온을 형성하는 무기질 : 인(P), 황(S), 염소((Cl), 브롬(Br), 요오드(I)
- 함유식품 : 곡류, 육류, 어류

⑪ 게르마늄(Ge)을 함유한 식품 : 인삼

8) 천연독성물질(★★★)

① 독버섯 : 아마톡신(amatoxin), 무스카린(muscarine)
② 감자 : 솔라닌(solanine)
③ 목화씨 : 고시폴(gossypol)
④ 은행 : 청산배당체(메칠피리톡신)
⑤ 복어 : 테트라톡신(tetrodo toxin)
⑥ 모시조개 : 베네루핀(venerupin)
⑦ 매실씨 : 아미그달린(amygdalin)
⑧ 생고사리 : 프타킬로사이드(ptaquiloside)
⑨ 저장곡류 : 아플라톡신(aflatoxin)
- 아플라톡신(aflatoxin)은 aspergillus속 균이 생산하는 진균 독소이다.

⑩ 아주까리(피마자) : 리신(ricin)
⑪ 독미나리 : 시쿠톡신(cicutoxin)

CHAPTER 04 맛

1 맛의 개념

1) 맛의 일반적 개념

① 식품에 대한 평가는 『맛』이 기본
② 색이나 향 등 다른 감각적인 요소들도 맛에 영향을 준다.
③ 대단히 많은 요인이 식품의 맛에 영향을 끼친다.
④ 물에 녹는 물질이 주로 맛에 관계하나 그 외 조직, 끈적거림 등도 맛에 영향을 준다.
⑤ 주로 관능적으로 평가기준을 삼는다.

2) 식품의 맛에 영향을 미치는 인자

① **사회적 환경** : 식습관, 기호, 종교
② **자연적 환경** : 날씨, 주야
③ **심리상태** : 긴장도, 감정(희노애락)
④ **생리상태** : 공복도, 소화기 질병, 두통, 치통 등
⑤ **식품의 온도** : 식품마다 최적의 온도가 있다.
⑥ **주위환경** : 외기, 습도, 조명 등

2 맛의 종류

1) 맛의 종류

① 일상적으로 섭취하는 음식물의 맛은 천차만별이고 한 가지 음식에서 느끼는 맛은 먹는 사람 각각의 기호에 따라서 큰 차이가 있다.
② 일반적으로 미각을 **단맛, 신맛, 짠맛, 쓴맛**의 4종류로 구별하고 있는 것은 공통적이다.
③ 맛의 화학적 분류를 최초로 발표한 독일의 헤닝(Henning)은 단맛, 신맛, 짠맛, 쓴맛의 4가지 맛이 기본적인 맛이며, 모든 다른 맛은 이들을 혼합하여 만들어진다고 하였다. 이것은 빨강, 노랑, 파랑의 3원색이 있으면 모든 색채가 이들의 배합으로 만들어질 수 있다는 원리와 통한다.
④ 따라서 헤닝은 모든 맛은 밑그림에 나타낸 「맛의 4면체」로 둘러싸인 공간 속의 한 점에 위치시킬 수 있다고 설명하였다.

2) 5味

① 단맛

- 단맛의 대표적인 것은 설탕이다. 설탕은 영양과도 밀접한 관계가 있어, 우량한 에너지 생산식품이다.
- 설탕 10% 수용액의 단맛을 100으로 하고, 이에 대한 상대적 달기의 정도로 감미도를 표시한다.
- 당 이외에도 단맛을 가진 물질이 여러 종류 알려져 있다.

② 신맛

- **신맛이 나는 원인** : 산에서 생성된 H^+가 원인
- 신맛은 초산, 젖산, 호박산, 사과산, 주석산, 구연산 등 유기산의 신맛이다.
- 이들 산을 pH로 나타내보면 대개 3.1~3.8 사이이다.
- 이들 유기산류 및 산성물질에 의해서 식품은 미산성(微酸性)을 띠며, 또한 이것은 식품의 중요한 풍미가 되고 있다.
- 청량음료, 주스류, 유산음료 등의 마실 것에 청량감을 부여하고 있다.

③ 쓴맛

- **쓴맛을 내는 물질** : 알칼로이드(alkaloid), 배당체, 무기염류(Ca^{2+}, Mg^{2+}, NH^{4+} 등), 케톤(ketone)류, 황화합물 등
- **알칼로이드(alkaloid)** : 식물체에 존재하는 질소를 함유하고 있는 염기성 물질의 총칭
  - 카페인(caffein), 데오브로민(theobromine), 퀴닌(qunine), 모르핀(morphine)은 쓴 맛의 표준물질로 사용된다.
- **배당체** : 과일, 채소의 쓴 맛의 원인이다.
  - 오이의 쓴맛 성분 : 큐커비타신(cucurbitacin)
  - 오렌지의 쓴맛 성분 : 나린진(naringin)
  - 감귤류의 쓴맛 성분 : 헤스페리딘(hesperidin)
  - 자몽의 쓴맛 성분 : 리모닌(limonin)
- 음식물의 쓴맛에는 차, 커피, 코코아, 초콜릿의 쓴맛, 맥주의 쓴맛이 있다.
- 적당하게 조미된 쓴맛은 식품에 맛을 정돈해주고 힘을 부여한다.
- 그러나 쓴맛 물질 단독으로는 풍미적으로 가치가 있다고 할 수는 없다.

④ 짠맛

- **짠맛의 원인** : 해리되어 생긴 이온 중에서 음이온이 주 원인
  → NaCl, KCl, NH_4Cl, $CaCl_2$, $MgSO_4$, NaI, NaBr 등
- **소금(NaCl)의 짠맛 원인** : Cl^-
  - 나트륨(Na^+)이 쓴맛을 아주 적게 가져 짠 맛을 내는 데 가장 널리 이용된다.

- 짠맛의 세기 : SO_4^- 〉 Cl^- 〉 Br^- 〉 I^- 〉 HCO_3^- 〉 NO_3^-
- 단팥죽을 만들 때 약간의 소금을 넣으면 단맛이 증가한다.
- 식염은 생체 내에서 중요한 생리작용을 한다.(삼투압)
- 보통 맛있다고 느끼는 국물의 식염 농도는 대개 1% 전후로 이것이 인간 혈액의 삼투압과 거의 같다.

⑤ 감칠맛

- 다시국물의 맛, 다시마의 맛, 간장에서 느끼는 맛.
- 1908년, 도쿄제국대학 교수 이케다 키구나에(池田 菊苗)박사가 다시마에서 글루탐산 확인
- 글루탐산 외에 감칠맛을 띠는 물질 중에 지금까지 알려진 것으로는 이노신산, 호박산이 있다.
- 글루탐산은 다시마, 된장, 간장 등의 식물성식품에 많으며, 호박산은 조개류에, 이노신산은 고기나 생선 등 동물성식품에 많이 함유되어 있어서 각 음식물의 감칠맛의 주성분을 이룬다.
- 핵산(IMP, GMP 등) : 1913년, Kodama 박사 – 가다랑이

⑥ 매운맛

- 주로 향신 조미료나 식물에 들어있는 특수 성분에 의한 자극성 통증
- 고추(capsaicin), 후추(pipperine), 마늘(allicin), 고추냉이(allylisothiocyanate), 생강(zingiberene) 등의 매운맛

CHAPTER 05 농산가공품

1 가공식품의 이해

1) 용어의 정의(★★★)

① **"특정성분"**은 가공식품에 사용되는 원재료로서 단일식품의 가식부분을 말한다.

② **"건조물(고형물)"**은 원재료를 건조하여 남은 고형물로서 별도의 규격이 정하여 지지 않은 한, **수분** 함량이 **15% 이하**인 것을 말한다.

③ **"고체식품"**이라 함은 외형이 고체인 식품과 직접 음용하지 아니하는 페이스트(paste)형태, 시럽(syrup)형태, 겔형태 등의 식품을 포함한다.

④ **"액체 또는 액상식품"**이라 함은 유동성이 있는 액체상태의 것 또는 액체상태의 것을 그대로 농축한 것을 말한다.

⑤ **"환(pill)식품"**이라 함은 식품을 **구상**으로 만든 것을 말한다.

⑥ **"과립(granule)식품"**이라 함은 식품을 **입자**형태로 만든 것을 말한다.

⑦ **"분말(powder)식품"**이라 함은 입자의 크기가 과립형태보다 작은 것을 말한다.

⑧ **"유탕 또는 유처리"**라 함은 식품의 제조 공정상 식용유지로 튀기거나 제품을 성형한 후 **식용유지**를 분사하는 등의 방법으로 제조 · 가공하는 것을 말한다.

⑨ **"유통기간"**이라 함은 소비자에게 판매가 가능한 기간을 말한다.

⑩ **"규격"**은 최종제품에 대한 규격을 말한다.

⑪ **냉동 · 냉장식품**의 보존온도는 **냉동은 −18℃ 이하**, **냉장은** 0~10℃를 말한다.

⑫ **"이물"**이라 함은 정상식품의 성분이 아닌 물질을 말하며, 동물성으로 절족동물 및 그 알, 유충과 배설물, 설치류 및 곤충의 흔적물, 동물의 털, 배설물, 기생충 및 그 알 등이 있고, 식물성으로 종류가 다른 식물 및 그 종자, 곰팡이, 짚, 겨 등이 있으며, 광물성으로 흙, 모래, 유리, 금속, 도자기 파편 등이 있다.

⑬ **"살균"**이라 함은 따로 규정이 없는 한 세균, 효모, 곰팡이 등 미생물의 영양 세포를 사멸시키는 것을 말한다.

⑭ **"멸균"**이라 함은 따로 규정이 없는 한 미생물의 영양세포 및 포자를 사멸시켜 **무균상태**로 만드는 것을 말한다.

⑮ **"밀봉"**이라 함은 용기 또는 포장 내 · 외부의 공기유통을 막는 것을 말한다.

⑯ **"초임계추출"**이라 함은 임계온도(기체상에서 액체상으로 전이가 이루어지는 지점의 온도)와 임계압력(임계온도에서 기체를 액화시키는 데 필요한 가장 낮은 압력) 이상의 상태에 있는 액

화이산화탄소를 이용하여 식품원료 또는 식품으로부터 식용성분을 추출하는 것을 말한다.

⑰ **"가공식품"**이라 함은 식품원료(농 · 임 · 축 · 수산물 등)에 식품 또는 식품첨가물을 가하거나, 그 **원형을 알아볼 수 없을 정도로 변형**(분쇄, 절단 등)시키거나 이와 같이 변형시킨 것을 서로 혼합 또는 이 혼합물에 식품 또는 식품첨가물을 사용하여 제조 · 가공 · 포장한 식품을 말한다. 다만, 식품첨가물이나 다른 원료를 사용하지 아니하고 원형을 알아볼 수 있는 정도로 농 · 임 · 축 · 수산물을 단순히 자르거나 껍질을 벗기거나 소금에 절이거나 숙성하거나 가열(살균의 목적 또는 성분의 현격한 변화를 유발하는 경우를 제외한다.) 등의 처리과정 중 위생상 위해 발생의 우려가 없고 식품의 상태를 관능으로 확인할 수 있도록 단순처리한 것은 제외한다.

⑱ **"장기보존식품"**이라 함은 장기간 유통 또는 보존이 가능하도록 제조 · 가공된 식품을 말한다.

⑲ **"유밀과"**라 함은 **밀가루**를 주원료로 하여 **참기름, 당류, 벌꿀** 또는 **주류** 등을 첨가하고 반죽, **유탕처리**한 후 **당류 또는 벌꿀**을 가하여 만든 것이거나 이에 잣 등의 식품을 입힌 것을 말한다.

2) 식중독균의 종류(★★)

① **살모넬라**(Salmonella spp.)
② **황색포도상구균**(Staphylococcus aureus)
③ **장염비브리오균**(Vibrio parahaemolyticus)
④ **리스테리아 모노사이토제네스**(Listeria monocytogenes)
⑤ **대장균 O157:H7**(Escherichia coli O157:H7)
⑥ **캠필로박터 제주니**(Campylobacter jejuni)
⑦ **여시니아 엔테로콜리티카**(Yersinia enterocolitica)

3) 통 · 병조림식품

① "통 · 병조림식품"이라 함은 식품을 통 또는 병에 넣어 탈기와 밀봉 및 살균 또는 멸균한 것을 말한다.(★★★)
② 주요 공정 : 탈기 – 밀봉 – 살균 – 냉각

4) 레토르트식품(★★★)

"레토르트(retort)식품"이라 함은 단층 플라스틱필름이나 금속박 또는 이를 여러 층으로 접착하여, 파우치와 기타 모양으로 성형한 용기에 제조 · 가공 또는 조리한 식품을 충전하고 밀봉하여 가열살균 또는 멸균한 것을 말한다.

5) 냉동식품

"냉동식품"이라 함은 제조 · 가공 또는 조리한 식품을 장기보존할 목적으로 냉동처리, 냉동보관 하는 것으로써 용기 · 포장에 넣은 식품을 말한다.

2 가공식품의 원료

1) 쌀

① **조곡(벼)** : 제현을 하지 않은 종피(겉껍질)가 붙어 있는 상태

② **현미** : 조곡에서 종피(겉껍질)가 제거된 것

③ **백미(정곡, 쌀)** : 현미에서 과피, 종피, 호분층이 제거된 것

- **강층** : 현미에서 배유와 배아를 제외한 부위를 말한다. 현미의 8%에 해당한다.
- **도정도**
  - 10분도미 : 강층을 100% 제거한 것
  - 5분도미 : 강층을 50% 제거한 것
  - 술 원료용 쌀의 적합한 도정률 : 75% 이하가 좋다.

④ **쌀의 주요 단백질** : 글루텔린(glutelin), 프롤라민(prolamin)

- 물에 잘 용해되지 않는 공통점이 있다.
- 인(P)의 함량이 높기 때문에 산(acid) 생성식품이다.

⑤ **저장**

- 수분 함량이 13% 이하에서 대사가 거의 진행되지 않으며 해충이나 미생물도 거의 번식하지 않는다.
- 수분 함량 15% 이하에서는 해충이 생육하지 않는다.
- **저장 중 손실을 주는 미생물(★)** : 아스페루길루스(aspergillus), 페니실리움(penicillium)
- **저장성이 높은 순** : 조곡 〉 현곡 〉 정곡

⑥ **쌀의 탄수화물**

- **아밀로오스(amylose)** : 쌀에서는 17~20% 정도 함유되어 있다.
- **아밀로펙틴(amylopectin)** : 찹쌀은 아밀로펙틴만으로 구성되어 있다.
- **글루텔린(glutelin)** : 쌀의 주 단백질이다.

⑦ α미

- 쌀을 밥으로 만든 후 80℃에서 건조한 것으로 물을 부으면 밥으로 전환된다.

2) 보리

① **단백질** : 프롤라민(prolamin), 글루텔린(glutelin)

② **보리의 약간 떫은맛의 원인 물질** : 탄닌(tannin)

- 쌀과 밀에는 함유되어 있지 않다.

③ **보리 코지**

- 보리에 aspergillus를 번식시킨 것이다.
- 된장, 고추장의 중요한 원료로 이용된다.

3) 밀

① **특징**

- 외피가 단단하다.
- 배유의 형태를 유지하면서 강층(등겨층) 제거가 어렵다.
- 분쇄하여 강층을 분리 제거하여 밀가루 형태로 가공 및 이용한다.
- 가공 이용 분야가 다양하다.

② **제분율**

- 제분율이란 밀을 제분하여 얻어진 밀가루의 비율을 말한다.
- **고품질 밀가루의 제분율** : 80% 이하

③ **단백질**

- **주 단백질** : 프롤라민(prolamin), 글루텔린(glutelin)

④ **가공 특성**

- 밀가루에 물을 가하여 반죽하면 글리아닌(gliadin)이 글루텔린(glutelin) 내부로 끼어들어가 점탄성이 있는 gluten(글루텐)을 형성한다.

⑤ 밀가루의 gluten(글루텐) 함량은 단백질 함량과 비례한다.

4) 옥수수

① **사료용, 공업용** : 마치종(dent corn)

② **식용** : 경립종(flint corn)

③ **전분제조용, 통조림용** : 연립종(soft corn)

④ **식용, 통조림용, 사일리지용(줄기)** : 감미종(sweet corn)

⑤ **팝콘용** : 폭렬종(pop corn)

⑥ **찰옥수수(전분의 98%가 아밀로펙틴)** : 나종(waxy corn)

- 찰옥수수는 아밀로펙틴(★★)으로 인해 일반 옥수수에 비하여 젤화가 잘 일어나지 않고 걸쭉한 상태를 나타내게 된다.

⑦ 옥수수는 리신(lysine), 트립토판(tryptophan)이 거의 존재하지 않는다.

5) 콩

① 콩에 함유된 탄수화물

- 설탕, 스타키오스(stachyose), 라피노오스(raffinose), 아라반(araban), 갈락탄(galactan) 섬유소 등
- stachyose, raffinose : 대장의 비피더스(Bifidus)균의 생장을 돕는 정장기능을 한다.

② 단백질 : 글리신(glycinin)

- 콩은 다른 곡류에 비해 lysine, tryptophan 함량이 높다.
- 제한아미노산(methionine), 시스테인(cystein) 함량은 낮다.
- 콩 비린내의 원인 단백질(★) : 리폭시제나아제(lipoxygenase)
- 생콩은 3차 구조로 되어 있어 소화가 안되고 영양적으로 좋지 않다.
- 생콩을 가열, 발효 등의 과정을 거치면 3차 구조가 파괴되어 유해성분이 불활성화가 되고 영양적 가치가 매우 좋아진다.

③ 콩의 동맥경화 방지 효과 : 사포닌(saponin)

6) 고구마

① 특징

- 칼륨(K) 함량이 높아서 알칼리 생성식품이다.
- 고형분은 전분이 대부분을 차지한다.

② 주 단백질 : 글로불린(globulin)

③ 고구마에 많이 함유된 비타민 : 비타민 A

④ 자라핀(jalapin)

- 절단 시 분비되는 유백색 점질물질이며, 당지질의 일종이다.
- 공기 중에서 흑색으로 변화하며 고구마의 갈변 혹은 흑변의 원인 물질이 된다.

⑤ 저장

- 고구마는 냉온(9℃ 이하)에서 저장할 경우 냉해피해가 발생한다.
- 적정 저장온도(★) : 12~15℃

7) 감자

① 특징

- 고형분은 전분이 대부분을 차지한다.
- 글루코스(glucose) 함량이 적어 맛이 담백하다.

② 주 단백질 : 글로블린(globulin)

③ 솔라닌(solanine)

- 싹인 튼 녹색부분에 많이 함유되어 있다.
- 솔라닌은 삶으면 독성이 완화된다.
- 독성 : 용혈작용, 운동신경마비

④ 저장

- 0℃ 이하에서 저장하면 냉해피해가 발생한다.
- 7℃ 이상에서는 발아 및 부패가 된다.
- 적정 저장온도 : 3~4℃

8) 참깨

① 특징

- 불포화지방산 함량이 높다.
- 항산화제가 존재하므로 장기간 보관하여도 산패하지 않는다.
- 배전참기름 : 200℃에서 볶은 후 착유한 것

② 리그난(lignan) 물질(★★★)

- 세사민, 세사몰린, 아르지닌
- 세사민, 세사몰린은 유리 phenol기가 없어 항산화기능이 없으나 정제과정에서 세사몰린이 세사미놀로 전환함으로 인하여 항산화기능을 가진다.

TIP

식물성 유지에 함유된 항산화제는 유지가 산패하지 않는 역할을 한다.

9) 채소

① 특징

- 일반적으로 K의 함량이 높으므로 알칼리생성식품이다.
- 엽채류 : 칼슘(Ca), 인(P) 함량이 높다.
- 근채류 : 마그네슘(Mg) 함량이 높다.

② 황색채소 : 전구체인 카로텐(carotene)이 다량 존재한다.

③ 배추

- 비타민 A, C가 많이 함유되어 있다.
- 식이섬유는 김치가 발효되면서 2배 이상으로 증가한다.

④ 상추 : 절단 시 나오는 유액으로 최면작용, 쓴맛의 원인 → 락투신(lactucin), lectucopicrin

⑤ 시금치

- 단백질 함량이 비교적 높고 lysine, tryptophan이 풍부하다.
- 오자릭산(oxalic acid)이 상당량 존재하여 칼슘(Ca)의 이용성은 좋지 않다.

⑥ 양파, 파

- 매운맛을 내며 항산화 기능을 가진 성분 → 알리인(alliin)
- 파의 녹색부분은 비타민 A가 많이 존재한다.

⑦ 고사리

- 비타민 B_1이 없다.
- 독성 물질 : 푸루나신(prunasin)
- 독성 물질 제거방법 : 삶아서 우려낸다.

⑧ 무

- 소화에 도움을 주는 함유 물질 ; 아밀라아제(amylase), 아미다아제(amidase), 글루코시다아제(goucosidase)
- 무를 저장하면 amylase 때문에 단맛이 증가한다.
- 무의 매운맛의 원인 물질 : 머스터드 오일(mustard oil)

⑨ 마늘

- 매운맛과 항산화 기능 물질 : 알리인(alliin)
- 살균작용 물질(식물성 항생제) : 알리신(allicin)

⑩ 당근

- 채소 중 카로틴 함량이 제일 높다.
- 카로틴은 지용성이므로 튀겨서 먹으면 흡수율이 증가한다.

⑪ 고추

- 지질은 대부분 중성지방이다.
- 매운맛의 원인 물질(★) : 캡사이신(capsaicin), 디하이드로캡사이신(ihydrocapsaicin)

⑫ 토마토

- 칼륨(K) 함량이 높아 알칼리도가 높다.
- 혈관강화 물질 : 라이코펜(lycopene)
- 루틴(rutin) : 혈관을 튼튼하게 하고, 혈압강하 기능

⑬ 오이

- 쓴맛의 원인 물질(★) : 쿠쿠르비타신(cucurbitacin(terpene계 배당체))

⑭ 딸기

- 신맛의 원인 물질 : 말산(malic acid), 시트르산(citric acid), 주석산(tartaric acid)

- 단맛의 원인 물질 : 글루코스(glucose), 수크로오스(sucrose), 프룩토오스(fructose)
- 펙틴(pectin)이 부족하다. 따라서 잼, 젤리를 제조할 경우 pectin이 풍부한 재료(덜 익은 사과 등)를 첨가한다.

⑮ 수박
- 수분이 95% 이상이다. → 영양적 가치는 매우 낮다.
- 요소회로의 중간 산물로 이뇨효과 작용 함유 물질(★) : 시트룰린(citrulin)

10) 과일

① 동양배 : 과육의 감촉이 까칠까칠한 원인 → 석세포(주성분은 pentosan)가 있기 때문이다.
② 서양배 : 석세포가 없어 감촉이 부드럽다.
③ 감귤 : 껍질에 펙틴(pectin)이 고형분의 20~40%로 높아 공업용 pectin의 생산원료로 이용된다.
④ 감
- 떫은맛의 원인 함유 물질 : 탄닌(감의 탄닌 주성분은 diospyrin)
- 탈삽방법(떫은맛 제거방법)(★★★) : 온탕 탈삽법, 알코올 탈삽법, 이산화탄소 탈삽법

⑤ 파인애플 : 육류(고기) 단백질 분해 함유 효소 → 브로메린(bromelin)
⑥ 잣 : 64%가 지질(90% 이상이 불포화지방산)로 구성되어 있다.

11) 우유(★★★)

① 탈지유 : 우유에서 지방을 제거한 우유(액상유)
② 초유 : 송아지 분만 직후 1주일간 분비하는 우유로, 면역단백질 함량이 매우 높다.
③ 단백질
- 유단백질은 colloid 형태로 정치한 상태에서는 분리되지 않는다.
- 카제인(casein) : 우유의 pH를 4.6으로 조절했을 때 침전하는 유단백질로 유단백질의 80%를 차지한다.
- 유청단백질 : 유단백질 중 casein을 제외한 모든 단백질

④ 균질
- 우유에 압력을 가하여 유지방구를 1~2μm로 세분하여 정치하여도 유지방구가 분리되지 않도록 하는 것
- 시중에 판매되는 대부분의 시유는 균질한 우유이다.

⑤ 교동
- 크림에 충격을 주는 것
- 지방 함량이 높은 크림에 충격을 가하면 유지방구막의 안정성기능이 파괴되어 지방구끼리 응집하여 덩어리를 형성한다.

• 버터를 제조하는 원리가 된다.

⑥ 영양성분
- **청초사료를 급여** : 비타민 A 함량이 증가한다.
- 단백질, 칼슘(Ca), 인(P)이 특히 많이 함유되어 있다.

⑦ **유당소화장해** : 유당을 소화하지 못하는 장해로 유아시기에는 소장에서 유당분해효소가 상당량 생산되어 유당소화능력이 좋으나, 나이가 들면서 유당분해효소 생산량이 감소한다.

12) 고기

① 비단백태질소 화합물
- 수용성물질이다.
- 고기의 냄새와 풍미에 기여한다.

② 사후강직
- 도살 후 지육으로 생산되는 즉시 매우 질긴 상태를 말한다.
- 이 시기에 pH가 낮아 풍미가 없다.

③ 부패
- **호기성 부패** : 주로 표면세균(그람음성균 등)에 의해 이루어진다.
- **혐기성 부패** : 주로 그람양성균에 의해 부패

④ **미생물의 생육정지 온도** : −18℃

13) 계란

① 단백질
- 필수아미노산이 영양적으로 균형이 잡혀있다.
- **단백질가** : 100이며, 다른 종류의 단백질 품질을 평가하는 기준이 된다.
- 단백질 중에서 소화율이 가장 높다.

② **지질** : 대부분 난황에 존재한다.
③ **탄수화물** : 대부분 난백에 존재한다.
④ **난각** : 구성물질은 95%가 광물질이며, 그 중에서 98% 이상이 칼슘이다.

⑤ 난백
- 수양난백, 농후난백, 알끈층으로 구성되어 있다.
- **농후난백** : 점도는 수양난백보다 훨씬 높다.
- **알끈층** : 난황이 계란의 중심부에 떠있게 해준다.
- **난백단백질** : 오보알부민

⑥ **난황** : 내층, 연속막, 외층으로 구성되어 있다.

3 농산가공식품의 종류

1) 과채류

① 과일의 특징
- 각종 유기산이 풍부하여 포도당, 과당, 설탕 등 단맛성분과 조화를 이루어 상쾌한 맛을 제공한다.
- 특유의 향기와 색을 가지고 있다.
- 펙틴질을 함유하여 잼, 젤리, 음료 제조 원료로 사용된다.
- 각종 소화효소를 가지고 있어 후식으로 적당하며 육류의 연화를 위해 사용되기도 한다.
- 비타민, 무기질, 당질이 풍부하게 함유되어 있다.

② 채소의 특징
- 수분 함량 90% 이상으로 독특한 풍미를 지녀 식욕을 증진
- 비타민과 무기질의 공급원
- 식이섬유가 다량 함유되어 있어 소화기능을 도움
- 다양한 색채는 시각적으로 식욕을 촉진

③ 과 · 채류 가공 시 주의사항
- 비타민류 손실을 최소화한다.
  - 주 영양성분은 비타민으로 가공 시 손실 최소화
  - 수용성비타민(비타민 B1, B2, C)의 손실이 크다.
- 색소변화 최소화
  - 과일류 가공 시 용기 선택이 중요하다.
  - 과일의 색소가 철, 구리 등 금속에 의해 변색될 수 있다.
- 향기성분 손실 최소화
  - 과도한 가열처리는 에스테르나 알코올 등 휘발성 향기성분이 휘발된다.

④ 과 · 채가공품류(★★★)

㉠ **농축과 · 채즙(또는 과 · 채분)** : 과일즙, 채소즙 또는 이들을 혼합하여 50% 이하로 농축한 것 또는 이것을 분말화한 것으로 원료로 사용되는 제품은 제외

㉡ **과 · 채주스**
- 과일 또는 채소를 압착, 분쇄, 착즙 등 물리적으로 가공하여 얻은 과 · 채즙
- **종류** : 농축과 · 채즙, 과 · 채즙 또는 과일분, 채소분, 과 · 채분을 환원한 과 · 채즙, 과 · 채퓨레 · 페이스트 또는 여기에 식품 또는 식품첨가물을 가한 것 → 과 · 채즙 95% 이상

㉢ 과 · 채음료

- 농축과 · 채즙(또는 과 · 채분) 또는 과 · 채주스 등을 원료로 하여 가공한 것
- **종류** : 과일즙, 채소즙, 과 · 채즙으로 함량이 10% 이상인 제품

㉣ **토마토퓨레** : 완숙된 토마토의 껍질과 씨를 제거한 후 농축하여 가용성 고형분의 함량이 24% 미만인 제품

㉤ **토마토페이스트** : 완숙된 토마토의 껍질과 씨를 제거한 후 농축하여 가용성 고형분의 함량이 24% 이상인 제품

㉥ **토마토케첩** : 토마토 또는 토마토 농축물을 주원료로 하여 이에 당류, 식초, 식염, 향신료, 구연산 등을 가하여 제조한 것 → 가용성고형분 25% 기준으로 20% 이상이어야 한다.

㉦ 감의 탈삽

- **떫은맛을 내는 원인 물질** : 탄닌성분(diosprin)
- 탈삽은 산소가 외부에서 공급되지 않을 때, 감세포에서 분자 간 호흡이 일어나서 생기는 물질과 중화하여 불용성화 된다.
- 탈삽법
  - **온탕법** : 40℃ 정도의 물에 일정 시간(15~24시간) 담금
  - **알코올법** : 알코올(35%)과 함께 밀폐용기에 담금
  - **이산화탄소법** : 밀폐용기에 떫은 감을 넣고 용기 속의 공기를 이산화탄소로 치환시킨다.

㉧ 젤리화

- 젤리화를 위해서는 펙틴, 산, 당이 필요하다.
- **펙틴** : 1~1.5%
- 산은 주로 사과산이나 주석산으로 총산 0.3%, **pH 3.0~3.5**
- **당** : 설탕, 포도당 등을 사용한다. 농도 60~65%

2) 과자류(★★★)

① 과자류라 함은 식물성 원료 등을 주원료로 하여 이에 다른 식품 또는 식품첨가물을 가하여 가공한 **과자, 캔디류, 추잉껌, 빙과류**를 말한다.

② 제조 · 가공기준

- 빙과류는 68.5℃에서 30분 이상 또는 이와 동등 이상의 효력을 가지는 방법으로 살균하여야 한다.
- 컵모양 등 젤리의 크기는 뚜껑과 접촉하는 면의 최소내경이 5.5cm 이상이어야 하고, 높이와 바닥면의 최소내경은 3.5cm 이상이 되도록 제조하여야 한다.

③ 과자류의 종류

- **과자** : 곡분 등 식물성 원료를 주원료로 하여 굽기, 팽화, 유탕 등의 공정을 거친 것이거나 이에 식품 또는 식품첨가물을 가한 것으로 비스킷, 웨이퍼, 쿠키, 크래커, 한과류, 스낵과자 등을 말한다.
- **캔디류** : 식물성 원료나 당류, 당알코올, 앙금 등을 주원료로 하여 이에 식품 또는 식품첨가물을 가하여 성형 등 가공한 것으로 사탕, 캐러멜, 양갱, 젤리 등을 말한다.
- **추잉껌** : 천연 또는 합성수지 등을 주원료로 한 껌베이스에 다른 식품 또는 식품첨가물을 가하여 가공한 것을 말한다.
- **빙과류** : 먹는 물에 식품 또는 식품첨가물을 혼합하여 냉동한 것으로 유지방 함유 아이스크림류에 해당되지 아니하는 것을 말한다.

3) 빵 또는 떡류

① 빵 또는 떡류란 밀가루, 쌀가루, 찹쌀가루, 감자가루 또는 전분이나 기타 곡분 등을 주원료로 하여 이에 다른 식품 또는 식품첨가물을 가하여 제조특성에 따라 가공한 것으로 빵류, 떡류, 만두류를 말한다.

② **빵류** : 밀가루 또는 기타 곡분을 주원료로 하여 이에 식품 또는 식품첨가물을 가하여 발효시키거나 발효하지 아니하고 반죽한 것 또는 이를 익힌 것으로 **식빵, 케이크, 카스텔라, 도넛, 피자, 파이, 핫도그** 등을 말한다.

③ **발효빵** : 강력분에 효모를 첨가하여 발효과정 동안 생긴 CO_2를 이용하여 만든 빵

④ **무발효빵** : 발효과정 없이 팽창제로 부풀려 만든 빵

⑤ 제빵 원료

밀가루	글루텐 함량이 높은 원료 사용
효모	*Saccharomyces cerevisiae*로 압착효모, 건조효모, 생효모 사용 부풀림, 발효 중 알데히드, 알코올, 유기산 케톤 등을 생성하여 향미 부여
소금	반죽의 점탄성 증가, 부패 미생물 억제, 단백질 가수분해효소를 억제하여 반죽 개량, 빵의 향미 개선
설탕	효모의 영양원으로 발효 촉진, 풍미 개선, 빵의 조직감을 부드럽게
쇼트닝	전분과 글루텐 사이에서 윤활 작용, 반죽에 부드러움 제공, 빵이나 과자에 바삭바삭한 촉감 제공

⑥ **떡류** : 쌀가루, 찹쌀가루, 감자가루 또는 전분이나 기타 곡분 등을 주원료로 하여 이에 식염, 당류, 곡류, 두류, 채소류, 과일류 또는 주류 등을 가하여 반죽한 것 또는 익힌 것을 말한다.

⑦ **만두류** : 식육, 채소류 등의 혼합물을 만두피 등으로 성형한 것을 말한다.

4) 잼류(★★★)

① **잼류**라 함은 과일류 또는 채소류를 당류 등과 함께 젤리화 또는 시럽화한 것으로 **잼, 마멀레이드** 등을 말한다.

② 잼류의 종류

- **잼** : 과일류 또는 채소류(생물로 기준하여 40% 이상, 다만 딸기 이외의 베리류 30% 이상)를 당류 등과 함께 젤리화한 것을 말한다.
- **마멀레이드** : 감귤류(감귤류 30% 이상)의 과일을 원료로 한 것으로 감귤류의 과피가 함유된 것을 말한다.
- **기타 잼류** : 과일류 또는 채소류를 그대로 또는 당류 등과 함께 가공한 것으로서 시럽(생물로 기준할 때 30% 이상), 젤리(생물로 기준할 때 20% 이상), 과일파이필링 등을 말한다.

5) 엿류

① **엿류**라 함은 전분 또는 전분질 원료를 주원료로 하여 효소 또는 산으로 가수분해시킨 후 그 당액을 가공한 물엿, 덱스트린 등을 말한다.

② 엿류의 종류

- **물엿** : 전분 또는 전분질 원료를 산 또는 전분분해효소로 가수분해시켜 여과, 농축한 점조상의 것을 말한다.
- **기타엿** : 물엿을 가공하거나 이에 식품 또는 식품첨가물을 가한 것을 말한다.
- **덱스트린** : 전분 또는 곡분을 산이나 효소로 가수분해시켜 얻은 생성물을 가공한 것을 말한다.

6) 두부류 또는 묵류

① **두부류**라 함은 두류를 주원료로 하여 얻은 두유액을 응고시켜 제조·가공한 것으로 두부, 전두부, 유바, 가공두부를 말한다.

② **묵류**라 함은 전분질이나 다당류를 주원료로 하여 제조한 것을 말한다.

③ 두부류의 종류

- **두부** : 대두(대두분 포함, 100%, 단 식염 제외)를 원료로 하여 얻은 대두액에 응고제를 가하여 응고시킨 것을 말한다.
- **전두부** : 대두(대두분 포함, 100%, 단 식염 제외)를 미세화하여 얻은 전두유액에 응고제를 가하여 응고시킨 것을 말한다.
- **유바** : 대두액을 일정한 온도로 가열 시 형성되는 피막을 채취하거나 이를 가공한 것을 말한다.
- **가공두부** : 두부 또는 전두부 제조 시 다른 식품을 첨가하거나 두부 또는 전두부에 다른 식품이나 식품첨가물을 가하여 가공한 것을 말한다.(다만, 두부 또는 전두부 30% 이상이어야 한다.)

④ **묵류** : 전분질 원료, 해조류 또는 곤약을 주원료로 하여 가공한 것을 말한다.

7) 면류

① **면류**란 **곡분** 또는 **전분** 등을 주원료로 하여 성형, 열처리, 건조 등을 한 것으로 국수, 냉면, 당면, 유탕면류, 파스타류, 기타 면류를 말한다.

② 면류의 종류(★★★)

- 국수 : 곡분 또는 전분, 전분질 원료, 변성전분 등을 주원료로 하여 제조한 것을 말한다.
- 냉면 : 메밀가루, 곡분 또는 전분을 주원료로 하여 압출, 압연 또는 이와 유사한 방법으로 성형한 것을 말한다.
- 당면 : 전분(80% 이상)을 주원료로 하여 제조한 것을 말한다.
- 유탕면류 : 면발을 익힌 후 유탕처리한 것을 말한다.
- 파스타류 : 듀럼세몰리나, 듀럼가루, 파라나, 밀가루 또는 쌀가루를 주원료로 하여 제조한 것으로 마카로니, 스파게티 등을 말한다.
- 기타 면류 : 면류 중 위 식품유형 (1)부터 (5)까지에 정하여지지 아니한 것으로 **수제비**나 **만두피** 등을 말한다.

8) 다류

① **다류**라 함은 식물성 원료를 주원료로 하여 제조 · 가공한 기호성 식품으로서 **침출차, 액상차, 고형차**를 말한다.

② 다류의 종류

- 침출차 : 식물의 어린 싹이나 잎, 꽃, 줄기, 뿌리, 열매 또는 곡류 등을 주원료로 하여 가공한 것으로서 물에 침출하여 그 여액을 음용하는 기호성 식품을 말한다.
- 액상차 : 식물성 원료를 주원료로 하여 추출 등의 방법으로 가공한 것(추출액, 농축액 또는 분말)이거나 이에 식품 또는 식품첨가물을 가한 시럽상 또는 액상의 기호성 식품을 말한다.
- 고형차 : 식물성 원료를 주원료로 하여 가공한 것으로 분말 등 고형의 기호성 식품을 말한다.

9) 음료류

① **음료류**라 함은 과일 · 채소류음료, 탄산음료류, 두유류, 발효음료류, 인삼 · 홍삼음료, 기타음료 등 음용을 목적으로 하는 식품(다만, 주류, 다류, 무지유고형 성분이 3% 이상인 음료는 제외)을 말한다.

② 과일 · 채소류음료 : 과일 · 채소류음료라 함은 과일 또는 채소를 주원료로 하여 가공한 것으로서 직접 또는 희석하여 음용하는 것으로 농축과 · 채즙, 과 · 채주스, 과 · 채음료를 말한다.

③ 탄산음료류 : 탄산음료류라 함은 탄산가스를 함유한 탄산음료, 탄산수를 말한다.

- 탄산음료 : 먹는 물에 식품 또는 식품첨가물과 탄산가스를 혼합한 것이거나 탄산수에 식품 또는 식품첨가물을 가한 것을 말한다.

- **탄산수** : 천연적으로 탄산가스를 함유하고 있는 물이거나 먹는 물에 탄산가스를 가한 것을 말한다.

④ **두유류** : 두유류라 함은 대두 및 대두가공품의 추출물이거나 이에 다른 식품이나 식품첨가물을 가하여 제조 · 가공한 것으로 두유액, 두유, 분말두유 등을 말한다.

⑤ **발효음료류** : 발효음료류라 함은 유가공품 또는 식물성 원료를 유산균, 효모 등 미생물로 발효시켜 가공한 것을 말한다.

- **유산균음료** : 유가공품 또는 식물성 원료를 유산균으로 발효시켜 가공(살균을 포함한다.)한 것을 말한다.
- **효모음료** : 유가공품 또는 식물성 원료를 효모로 발효시켜 가공(살균을 포함한다.)한 것을 말한다.
- **기타 발효음료** : 유가공품 또는 식물성 원료를 미생물 등으로 발효시켜 가공(살균을 포함한다.)한 것을 말한다.

⑥ **인삼 · 홍삼음료** : 인삼 · 홍삼음료라 함은 인삼, 홍삼 또는 가용성 인삼, 홍삼성분에 식품 또는 식품첨가물 등을 가하여 제조한 것으로서 직접 음용하는 것을 말한다.

⑦ **기타 음료** : 기타 음료라 함은 먹는 물에 식품 또는 식품첨가물 등을 가하여 제조하거나 또는 동 · 식물성 원료를 이용하여 음용할 수 있도록 가공한 것으로 다른 식품유형이 정하여지지 아니한 음료를 말한다.

- **혼합음료** : 먹는 물 또는 동 · 식물성 원료에 식품 또는 식품첨가물을 가하여 음용할 수 있도록 가공한 것을 말한다.
- **음료베이스** : 동 · 식물성 원료를 이용하여 가공한 것이거나 이에 식품 또는 식품첨가물을 가한 것으로서, 먹는 물 등과 혼합하여 음용하도록 만든 것을 말한다.

10) 장류

① **장류**라 함은 동 · 식물성 원료에 누룩균 등을 배양하거나 메주 등을 주원료로 하여 식염 등을 섞어 발효 · 숙성시킨 것을 제조 · 가공한 것으로 메주, 한식간장, 양조간장, 산분해간장, 효소분해간장, 혼합간장, 한식된장, 된장, 조미된장, 고추장, 조미고추장, 춘장, 청국장, 혼합장 등을 말한다.

② 장류의 종류(★★★)

㉠ 메주

- 한식메주 : 대두를 주원료로 하여 찌거나 삶아 성형하여 발효시킨 것을 말한다.
- 개량메주 : 대두를 주원료로 하여 원료를 찌거나 삶은 후 선별된 종균을 이용하여 발효시킨 것을 말한다.

ⓛ 한식간장
- **재래한식간장** : 한식메주를 주원료로 하여 식염수 등을 섞어 발효 · 숙성시킨 후 그 여액을 가공한 것을 말한다.
- **개량한식간장** : 개량메주를 주원료로 하여 식염수 등을 섞어 발효 · 숙성시킨 후 그 여액을 가공한 것을 말한다.

ⓒ **양조간장** : 대두, 탈지대두 또는 곡류 등에 누룩균 등을 배양하여 식염수 등을 섞어 발효 · 숙성시킨 후 그 여액을 가공한 것을 말한다.

ⓓ **산분해간장** : 단백질을 함유한 원료를 산으로 가수분해한 후 그 여액을 가공한 것을 말한다.

ⓔ **효소분해간장** : 단백질을 함유한 원료를 효소로 가수분해한 후 그 여액을 가공한 것을 말한다.

ⓕ **혼합간장** : 한식간장 또는 양조간장에 산분해간장 또는 효소분해간장을 혼합하여 가공한 것이나 산분해간장 원액에 단백질 또는 탄수화물 원료를 가하여 발효 · 숙성시킨 여액을 가공한 것 또는 이의 원액에 양조간장 원액이나 산분해간장 원액 등을 혼합하여 가공한 것을 말한다.

ⓖ **한식된장** : 한식메주에 식염수를 가하여 발효한 후 여액을 분리한 것을 말한다.

ⓗ **된장** : 대두, 쌀, 보리, 밀 또는 탈지대두 등을 주원료로 하여 누룩균 등을 배양한 후 식염을 혼합하여 발효 · 숙성시킨 것 또는 메주를 식염수에 담가 발효하고 여액을 분리하여 가공한 것을 말한다.

ⓘ **조미된장** : 된장(90% 이상)을 주원료로 하여 식품 또는 식품첨가물을 가한 것을 말한다.

ⓙ **고추장** : 두류 또는 곡류 등을 주원료로 하여 누룩균 등을 배양한 후 고춧가루(6% 이상), 식염 등을 가하여 발효 · 숙성하거나 숙성 후 고춧가루(6% 이상), 식염 등을 가한 것을 말한다.

ⓚ **조미고추장** : 고추장(90% 이상)을 주원료로 하여 식품 또는 식품첨가물을 가한 것을 말한다.

ⓛ **춘장** : 대두, 쌀, 보리, 밀 또는 탈지대두 등을 주원료로 하여 누룩균 등을 배양한 후 식염, 카라멜색소 등을 가하여 발효 · 숙성하거나 숙성 후 식염, 카라멜색소 등을 가한 것을 말한다.

ⓜ **청국장** : 대두를 주원료로 하여 바실러스(Bacillus)속균으로 발효시켜 제조한 것이거나, 이를 고춧가루, 마늘 등으로 조미한 것으로 페이스트, 환, 분말 등을 말한다.

ⓝ **혼합장** : 간장, 된장, 고추장, 춘장 또는 청국장 등을 주원료로 하거나 이에 식품 또는 식품첨가물을 혼합하여 제조 · 가공한 것(장류 50% 이상이어야 한다.)을 말한다.

※ 기타 장류 : 식품유형 ⓛ~ⓚ에 해당하지 아니하는 간장, 된장, 고추장을 말한다.

③ 품질 규격
- **대장균군** : 음성(혼합장(살균제품)에 한한다.)
- **타르색소** : 검출되어서는 안 된다.
- **아플라톡신** : 10μg/kg 이하(B1으로서 메주에 한한다.)

11) 조미식품류(★★★)

① 식초

- 식초라 함은 곡류, 과실류, 주류 등을 주원료로 하여 발효시켜 제조하거나 이에 곡물당화액, 과실착즙액 등을 혼합·숙성하여 만든 발효식초와 빙초산 또는 초산을 먹는 물로 희석하여 만든 희석초산를 말한다.
- 발효식초와 희석초산은 서로 혼합하여서는 안 된다.
- **발효식초** : 과실·곡물술덧(주요), 과실주, 과실착즙액, 곡물주, 곡물당화액, 주정 또는 당류 등을 원료로 하여 초산발효한 액과 이에 과실착즙액 또는 곡물당화액을 혼합·숙성한 것을 말한다. 이 중 감을 초산발효한 액을 감식초라 한다.
- **희석초산** : 빙초산 또는 초산을 먹는 물로 희석하여 만든 액을 말한다.

② 소스류

- 소스류라 함은 동·식물성 원료에 향신료, 장류, 당류, 식염, 식초 등을 가하여 혼합한 것이거나 또는 이를 발효·숙성시킨 것으로서 식품의 조리 전·후에 풍미 증진을 목적으로 사용되는 것을 말한다. 다만, 따로 기준 및 규격이 정하여져 있는 것은 제외한다.
- 풍미 증진의 목적으로 알코올 성분을 사용할 수 있다.

③ **토마토케첩** : 토마토케첩이라 함은 토마토 또는 토마토 농축물(가용성고형분 25% 기준으로 20% 이상이어야 한다.)을 주원료로 하여 이에 당류, 식초, 식염, 향신료, 구연산 등을 가하여 제조한 것을 말한다.

④ 카레

- 카레라 함은 향신료를 원료로 한 카레분 또는 이에 식품이나 식품첨가물 등을 가하여 만든 것을 말한다.
- **카레분** : 심황(강황), 생강, 고수(코리앤더), 쿠민 등의 천연향신식물을 원료로 하여 건조·분말로 가공한 것을 말한다.
- **카레** : 카레분에 식품이나 식품첨가물 등을 가하여 만든 것(고형 또는 분말제품은 카레분 5% 이상, 액상제품은 카레분 1% 이상이어야 한다.)을 말한다.

⑤ 고춧가루 또는 실고추

- 고춧가루 제조에는 원료 고추에 포함된 고추씨 이외의 다른 물질(식염, 당류, 겨, 탄산염, 전분 등)을 가하여서는 안 된다.
- 고춧가루에 포함되는 고추씨는 원료 고추에서 생성된 것에 한하여 사용이 가능하고 별도로 고추씨를 첨가하여 고춧가루 제조에 사용할 수 없다.
- 고춧가루 제조용 고추는 꼭지(꽃받침 제외)를 반드시 제거하여야 하고, 병든 고추는 병든 부위을 제거한 후 사용하여야 한다.

- 고춧가루의 포장은 알루미늄 증착 포장지나 PE재질 병, 유리 등 기구 및 용기 · 포장의 기준 · 규격에 적합한 포장 또는 용기에 넣어 가능한 신속하게 포장하고 미생물의 오염 방지와 품질변화를 방지하기 위하여 습기와 햇빛으로부터 보호되어야 한다.
- 고춧가루 제조공정에는 금속성 이물제거장치를 설치하여야 한다.
- **고춧가루** : 가지과에 속하는 고추 또는 그 변종의 성숙한 열매를 건조한 후 가루로 한 것을 말한다.
- **실고추** : 가지과에 속하는 고추 또는 그 변종의 성숙한 열매를 건조한 후 실모양으로 절단한 것을 말한다.

⑥ 향신료가공품

- 향신료가공품이라 함은 향신식물의 잎, 줄기, 열매, 뿌리 등을 단순 가공한 것이거나 이에 식품 또는 식품첨가물을 혼합하여 가공한 것으로 다른 식품의 풍미를 높이기 위하여 사용하는 것을 말한다.
- 다만, 따로 식품별 기준 · 규격이 정하여진 식품은 제외한다.
- 천연향신료는 향신식물 이외의 다른 식품이나 식품첨가물 등을 일체 혼합하여서는 안 된다.
- 고추 또는 고춧가루를 함유한 향신료조제품 제조 시 홍국색소를 사용할 수 없으며, 또한 시트리닌이 검출되어서는 안 된다.
- **천연향신료** : 향신식물을 분말 등으로 가공한 것을 말한다.
- **향신료조제품** : 천연향신료에 식품 또는 식품첨가물을 혼합하여 가공한 것을 말한다.

⑦ **복합조미식품** : 복합조미식품이라 함은 식품에 당류, 식염, 향신료, 단백가수분해물, 효모 또는 그 추출물, 식품첨가물 등을 혼합하여 분말, 과립 또는 고형상 등으로 가공한 것으로 식품에 특유의 맛과 향을 부여하기 위해 사용하는 것을 말한다.

12) 드레싱류

① 드레싱이라 함은 식품을 제조 · 가공 · 조리함에 있어 식품의 풍미를 돋우기 위한 목적으로 사용되는 것으로 식용유, 식초 등을 주원료로 하여 식염, 당류, 향신료, 알류 또는 식품첨가물을 가하고 유화시키거나 분리액상으로 제조한 것 또는 이에 채소류, 과일류 등을 가한 것으로 드레싱, 마요네즈를 말한다.

② 드레싱류의 종류

- **드레싱** : 드레싱 중에서 반고체상 또는 유화액상으로 균질하게 유화시킨 것 또는 분리액상인 것으로서 마요네즈가 아닌 것을 말한다.
- **마요네즈(★★)** : 난황 또는 전란을 사용하고 또한 식용유(식물성 식용유 65% 이상이어야 한다.), 식초 또는 과즙, 난황, 난백, 단백가수분해물, 식염, 당류, 향신료, 조미료(아미노산 등), 산미료 및 산화방지제 등의 원료를 사용한 것을 말한다.

13) 김치류

① 김치류라 함은 배추 등 채소류를 주원료로 하여 절임, 양념혼합공정을 거쳐 그대로 또는 발효시켜 가공한 것으로 김칫속, 배추김치 등을 말한다.

② 김치류의 종류

- **김칫속** : 식물성 원료에 고춧가루, 당류, 식염 등을 가하여 혼합한 것으로 채소류 등에 첨가, 혼합하여 김치를 만드는 데 사용하는 것을 말한다.
- **배추김치** : 배추를 주원료로 하여 절임, 양념혼합과정 등을 거쳐 그대로 또는 발효시킨 것이거나 이를 가공한 것을 말한다.
- **기타 김치** : 채소류를 주원료로 하여 절임, 양념혼합과정 등을 거쳐 그대로 또는 발효시킨 것이거나 이를 가공한 것으로 배추김치 이외의 것을 말한다.

14) 절임식품

① 절임식품이란 함은 채소류, 과일류, 향신료, 야생식물류, 수산물 등을 주원료로 하여 식염, 식초, 당류 또는 장류 등에 절인 후 그대로 또는 이에 다른 식품을 가하여 가공한 절임류, 당절임을 말한다. 다만, 다른 식품유형이 정하여져 있는 식품은 제외한다.

② 절임식품류의 종류

㉠ **절임류** : 주원료를 식염, 장류, 식초 등에 절이거나 이를 혼합하여 조미 · 가공한 식염절임, 장류절임, 식초절임 등을 말한다.

㉡ **당절임** : 주원료를 꿀, 설탕 등 당류에 절이거나 이에 식품 또는 식품첨가물을 가하여 가공한 것을 말한다. 수분 함량이 10% 이하인 것은 건조당절임이라고 말한다.

15) 주류(★★)

주류라 함은 곡류, 서류, 과일류 및 전분질 원료 등을 주원료로 하여 발효 등 제조 · 가공한 양조주, 증류주 등 주세법에서 규정한 주류를 말한다.

① **탁주** : 전분질 원료와 국을 주원료로 하여 발효시킨 술덧(주요)을 혼탁하게 제성한 것을 말한다.

② **약주** : 약주라 함은 전분질 원료와 국을 주원료로 하여 발효시킨 술덧(주요)을 여과하여 제성한 것을 말한다.

③ **청주** : 청주라 함은 전분질 원료와 국을 주원료로 하여 발효시킨 술덧(주요)을 여과 제성한 것 또는 발효 제성과정에 주류 등을 첨가한 것을 말한다.

④ **맥주** : 맥주라 함은 맥아 또는 맥아와 전분질 원료, 호프 등을 주원료로 하여 발효시켜 여과 제성한 것을 말한다.

⑤ **과실주** : 과실주라 함은 과실 또는 과즙을 주원료로 하여 발효시킨 술덧(주요)을 여과 제성한 것 또는 발효과정에 과실, 당질 또는 주류 등을 첨가한 것을 말한다.

⑥ **소주** : 소주라 함은 전분질 원료, 국을 원료로 하여 발효시켜 증류 제성한 것 또는 주정을 물로 희석하거나 이에 주류나 곡물주정을 첨가한 것을 말한다.

⑦ **위스키** : 위스키라 함은 발아된 곡류 또는 이에 곡류를 넣어 발효시킨 술덧(주요)을 증류하여 나무통에 넣어 저장한 것이나 또는 이에 주류 등을 첨가한 것을 말한다.

⑧ **브랜디** : 브랜디라 함은 과실(과즙 포함) 또는 이에 당질을 넣어 발효시킨 술덧(주요)이나 과실주(과실주박 포함)를 증류하여 나무통에 넣어 저장한 것 또는 이에 주류 등을 첨가한 것을 말한다.

⑨ **일반증류주** : 일반증류주라 함은 전분질 또는 당분질을 주원료로 하여 발효, 증류한 것 또는 증류주를 혼합한 것으로서 주정, 소주, 위스키, 브랜디 이외의 주류로서 주세법에서 규정한 것을 말한다.

⑩ **리큐르** : 리큐르라 함은 전분질 또는 당분질을 주원료로 하여 발효시켜 증류한 주류에 인삼, 과실(포도 등 발효시킬 수 있는 과실 제외) 등을 침출시킨 것이거나 발효 증류 제성과정에 인삼, 과실(포도 등 발효시킬 수 있는 과실 제외)의 추출액을 첨가한 것, 또는 주정, 소주, 일반증류주의 발효, 증류, 제성과정에 주세법에서 정한 물료를 첨가한 것을 말한다.

⑪ **기타 주류** : 기타 주류라 함은 따로 기준 및 규격이 제정되지 아니한 주류로서 주세법에서 규정한 것을 말한다.

16) 식염

① 식염이란 해수(해양심층수 포함)나 암염, 호수염 등으로부터 얻은 염화나트륨이 주성분인 결정체를 재처리하거나 가공한 것 또는 해수를 결정화하거나 정제 · 결정화한 것을 말한다.

② 원료 등의 구비요건

- 식용으로 수입하는 천일염과 기타 소금은 생산국가에서 식염으로 분류 · 증된 것으로서 각 식염 유형의 정의에 적합하게 위생적으로 생산된 것이어야 한다.
- 천일염은 식품첨가물 등 다른 물질을 사용하지 않은 것이어야 한다.

③ 식염의 유형

- **천일염** : 염전에서 해수를 자연 증발시켜 얻은 염화나트륨이 주성분인 결정체와 이를 분쇄, 세척, 탈수 또는 건조한 염을 말한다.
- **재제소금(재제조소금)** : 원료 소금(100%)을 정제수, 해수 또는 해수농축액 등으로 용해, 여과, 침전, 재결정, 탈수, 염도 조정 등의 과정을 거쳐 제조한 소금을 말한다.
- **태움 · 용융소금** : 원료 소금(100%)을 태움 · 용융 등의 방법으로 그 원형을 변형한 소금을 말한다. 다만, 원료 소금을 세척, 분쇄, 압축의 방법으로 가공한 것은 제외한다.
- **정제소금** : 해수(해양심층수 포함)를 이온교환막 등의 방법으로 정제한 농축함수 또는 원료 소금(100%)을 용해한 물을 진공증발관 등에 넣어 제조한 소금을 말한다.
- **기타 소금** : 식염 중 위 식품유형 (1)부터 (4) 이외의 소금으로 암염이나 호수염 등을 식용에 적합하도록 가공하여 분말, 결정형 등으로 제조한 소금을 말한다.

• **가공소금** : 천일염, 재제소금, 태움 · 용융소금, 정제소금, 기타 소금을 50% 이상 사용하여 식품 또는 식품첨가물을 가하여 가공한 소금을 말한다.

17) 밀가루류

① 밀가루라 함은 식용 밀을 사용하여 선별, 가수, 분쇄, 분리 등의 과정을 거쳐 얻은 분말 또는 이에 식품 또는 식품첨가물을 가한 것을 말한다.

② **밀가루류의 유형(★★★)**

- 밀가루
- **영양강화 밀가루** : 밀가루에 영양강화와 관련된 식품 및 식품첨가물을 첨가한 밀가루를 말한다.
- **기타 밀가루** : 식품유형 (1)~(2)에 정하여지지 아니한 전립밀가루, 혼합밀가루, 세몰리나 등을 말한다.

종류	단백질(%)	특징	용도
강력분 (strong flour)	13~16	경질의 밀로 만들며 글루텐 함량이 높아 탄력성과 점성이 강하고 수분의 흡착력이 크다.	식빵, 마카로니, 고급국수
중력분 (medium flour)	10~13	단백질 함량은 중간, 글루텐의 탄력성, 점성, 수분흡착력도 중간이므로 다목적 밀가루로 사용	면류(우동)
박력분 (weak flour)	8~10	단백질인 글루텐의 탄력성과 점성이 약하고 물의 흡착력도 약하므로 섬세한 질을 가진다.	케이크, 튀김

18) 찐쌀

찐쌀이라 함은 벼를 증자 · 건조하여 도정한 것이거나, 쌀을 증자하여 건조한 것을 말한다.

19) 생식류

① 생식류라 함은 동 · 식물성 원료를 주원료로 하여 건조 등 가공처리하여 분말, 과립, 바, 페이스트, 겔상, 액상 등으로 제조한 것으로 이를 그대로 또는 물 등과 혼합하여 섭취할 수 있도록 한 것을 말한다. 다만, 따로 기준 · 규격이 정하여져 있는 식품은 그 기준 · 규격에 의한다.

② **생식류의 유형**

- **생식제품** : 동 · 식물성 원료를 영양소의 파괴, 효소의 불활성화, 전분의 호화 등이 최소화되도록 건조한 생식원료가 80% 이상 함유하도록 가공한 제품을 말한다.
- **생식함유제품** : 동 · 식물성 원료를 영양소의 파괴, 효소의 불활성화, 전분의 호화 등이 최소화되도록 건조한 생식원료가 50% 이상 함유하도록 가공한 제품을 말한다.

20) 시리얼류(★★)

시리얼류라 함은 옥수수, 밀, 쌀 등의 곡류를 주원료로 하여 **비타민류** 및 **무기질류**를 강화, 가공한 것으로 필요에 따라 채소, 과일, 견과류 등을 넣어 제조 · 가공한 것을 말한다. 다만, 따로 기준 및 규격이 정하여져 있는 식품은 제외한다.

21) 즉석섭취 · 편의식품류(인스턴트식품류)

① 즉석섭취 · 편의식품류라함은 소비자가 별도의 조리과정 없이 그대로 또는 단순조리과정을 거쳐 섭취할 수 있도록 제조 · 가공 · 포장한 즉석섭취식품, 즉석조리식품, 신선편의식품을 말한다.(다만, 따로 기준 및 규격이 정하여져 있는 식품은 그 기준 · 규격에 의한다.)

② 즉석섭취 · 편의식품류의 유형(★★)

- **즉석섭취식품** : 동 · 식물성 원료를 식품이나 식품첨가물을 가하여 제조 · 가공한 것으로서 더 이상의 가열, 조리과정 없이 그대로 섭취할 수 있는 김밥, 햄버거, 선식 등의 식품을 말한다.
- **즉석조리식품** : 동 · 식물성 원료를 식품이나 식품첨가물을 가하여 제조 · 가공한 것으로서 단순가열 등의 조리과정을 거치거나 이와 동등한 방법을 거쳐 섭취할 수 있는 국, 탕, 수프, 순대 등의 식품을 말한다.
- **신선편의식품** : 농 · 임산물을 세척, 박피, 절단 또는 세절 등의 가공공정을 거치거나 이에 단순히 식품 또는 식품첨가물을 가한 것으로서 그대로 섭취할 수 있는 샐러드, 새싹채소 등의 식품을 말한다.

4 유가공품의 종류

1) 유가공품의 개념

① 유가공품이라 함은 원유 또는 유가공품을 원료로 하여 가공한 것을 말한다.

② 유가공품의 종류

- 우유류, 저지방 우유류, 무지방 우유류, 유당분해 우유, 가공유류, 산양유,
- 발효유류, 버터유류, 농축유류, 유크림류, 버터류, 치즈류, 분유류, 유청류, 유당, 유단백가수분해식품, 조제유류, 아이스크림류, 아이스크림분말류, 아이스크림믹스류 등

2) 우유류

① 우유류라 함은 원유 또는 원유에 비타민이나 무기질을 강화하여 살균 또는 멸균처리한 것이거나, 살균 또는 멸균 후 유산균, 비타민, 무기질을 무균적으로 첨가한 것 또는 유가공품으로 원유성분과 유사하게 환원한 것을 살균 또는 멸균처리한 것을 말한다.

② 우유류의 유형

- **우유** : 원유를 살균 또는 멸균처리한 것을 말한다.(원유 100%)
- **강화 우유** : 우유에 비타민 또는 무기질을 강화한 것을 말한다.(원유100%, 단, 강화제 제외)
- **환원유** : 유가공품으로 원유성분과 유사하게 환원하여 살균 또는 멸균처리한 것으로 유고형분(전지분유와 성분규격이 같은 것) 11% 이상의 것을 말한다.
- **유산균첨가 우유** : 우유에 유산균을 첨가한 것을 말한다.(원유 100%, 단, 유산균 제외)

3) 저지방 우유류

① 저지방 우유류라 함은 원유의 유지방분을 부분 제거한 것, 이에 비타민이나 무기질을 강화한 것을 살균 또는 멸균처리한 것, 살균 또는 멸균 후 유산균, 비타민, 무기질을 무균적으로 첨가한 것, 또는 유가공품을 저지방상태로 환원하여 각각 살균 또는 멸균처리한 것을 말한다.

② 저지방 우유류의 유형

- **저지방 우유** : 원유의 유지방분을 0.6~2.6%로 조정하여 살균 또는 멸균한 것을 말한다.(원유 100%)
- **환원저지방 우유** : 유가공품으로 저지방 우유와 유사하게 환원한 것으로 무지유고형분(탈지분유와 성분 규격이 같은 것) 8% 이상의 것을 말한다.
- **강화저지방 우유** : 저지방 우유에 비타민 또는 무기질을 강화한 것을 말한다.(원유 100%, 단, 강화제 제외)
- **환원강화저지방 우유** : 유가공품으로 저지방 우유와 유사하게 환원한 것에 비타민, 무기질을 강화한 것으로 무지유고형분(탈지분유와 성분규격이 같은 것) 8% 이상의 것을 말한다.
- **유산균첨가저지방 우유** : 저지방 우유에 유산균을 첨가한 것을 말한다.(원유 100%, 단, 첨가 유산균 제외)
- **유산균수** : 1mℓ당 1,000,000 이상(단, 유산균첨가제품에 한한다.)

4) 무지방 우유류

① 무지방 우유류는 원유 또는 저지방 우유류의 유지방분을 0.5% 이하로 조정한 것, 이에 비타민이나 무기질을 강화한 것을 살균 또는 멸균처리한 것, 살균 또는 멸균 후 유산균, 비타민, 무기질을 무균적으로 첨가한 것 또는 유가공품을 무지방 상태로 환원하여 각각 살균 또는 멸균처리한 것을 말한다.

② 무지방 우유류의 유형

- **무지방 우유** : 원유의 유지방분을 0.5% 이하로 조정하여 살균 또는 멸균한 것을 말한다.(원유 100%)
- **환원무지방 우유** : 유가공품으로 무지방 우유와 유사하게 환원한 것으로 무지유고형분(탈지분유와 성분규격이 같은 것) 8% 이상의 것을 말한다.

- **강화무지방 우유** : 무지방 우유에 비타민 또는 무기질을 강화한 것을 말한다.(원유 100%, 단, 강화제 제외)
- **환원강화무지방 우유** : 유가공품으로 무지방 우유와 유사하게 환원한 것에 비타민, 무기질을 강화한 것으로 무지유고형분(탈지분유와 성분규격이 같은 것) 8% 이상의 것을 말한다.
- **유산균첨가무지방 우유** : 무지방 우유에 유산균을 첨가한 것을 말한다.(원유 100%, 단, 첨가 유산균 제외)

5) 유당분해 우유

① 유당분해 우유라 함은 원유, 우유, 저지방 우유 또는 무지방 우유를 유당분해효소로 처리하여 유당을 분해 또는 유당을 물리적으로 제거한 것이나, 이에 비타민, 무기질을 강화한 것으로 살균 또는 멸균처리한 것을 말한다.(원유, 우유, 저지방 우유 또는 무지방 우유 100%)

② 유당분해 우유의 유형

- **유당분해 우유** : 원유의 유당을 분해 또는 제거한 것이나, 이에 비타민, 무기질을 강화한 것으로 살균 또는 멸균처리한 것을 말한다.
- **저지방유당분해 우유** : 원유 또는 저지방 우유의 유당을 분해 또는 제거하여 유지방분을 0.6~2.6%로 조정한 것이나, 이에 비타민, 무기질을 강화한 것으로 살균 또는 멸균처리한 것을 말한다.
- **무지방유당분해 우유** : 원유, 우유, 저지방 우유 또는 무지방 우유의 유당을 분해 또는 제거하여 유지방분을 0.5% 이하로 조정한 것이나, 이에 비타민, 무기질을 강화한 것으로 살균 또는 멸균처리한 것을 말한다.

6) 가공유류

① 가공유류라 함은 원유 또는 유가공품을 원료로 하여 이에 다른 식품 또는 식품첨가물 등을 가한 후 살균 또는 멸균처리한 것을 가한 것이거나, 살균 또는 멸균처리 후 식품 또는 식품첨가물 등을 무균적으로 첨가한 것으로 무지유고형분(탈지분유와 성분규격이 같은 것) 4% 이상의 것을 말한다.

② 가공유류의 유형

- **가공유** : 원유 또는 유가공품을 원료로 하여 이에 다른 식품 또는 식품첨가물 등을 가한 후 살균 또는 멸균처리한 것이거나 살균 또는 멸균처리 후 식품 또는 식품첨가물 등을 무균적으로 첨가한 것을 말한다.
- **저지방 가공유** : 원유 또는 유가공품을 원료로 하여 이에 다른 식품 또는 식품첨가물 등을 가한 후 살균 또는 멸균처리한 것이거나, 살균 또는 멸균처리 후 식품 또는 식품첨가물 등을 무균적으로 첨가한 것으로 조지방 0.6~2.6%의 것을 말한다.

- **무지방 가공유** : 원유 또는 유가공품을 원료로 하여 이에 다른 식품 또는 식품첨가물 등을 가한 후 살균 또는 멸균처리한 것이거나, 살균 또는 멸균처리 후 식품 또는 식품첨가물 등을 무균적으로 첨가한 것으로 조지방 0.5% 이하의 것을 말한다.
- **유음료** : 무지유고형분이 4% 이상 함유된 음료로서 다른 유가공품에 해당되지 아니하는 것을 말한다.

7) 산양유

산양유라 함은 산양의 원유를 살균 또는 멸균처리한 것을 말한다.(산양의 원유 100%)

8) 발효유류

① 발효유류라 함은 원유 또는 유가공품을 유산균, 효모로 발효시킨 것이나, 이에 다른 식품 또는 식품첨가물 등을 위생적으로 첨가한 것을 말한다.

② **발효유류의 유형**

- **발효유** : 원유 또는 유가공품을 발효시킨 것이나, 이에 다른 식품 또는 식품첨가물 등을 위생적으로 첨가한 것으로 무지유고형분 3% 이상의 것을 말한다.
- **농후발효유** : 원유 또는 유가공품을 발효시킨 것이나, 이에 다른 식품 또는 식품첨가물 등을 위생적으로 첨가한 것으로 호상 또는 액상으로 한 무지유고형분 8% 이상의 것을 말한다.
- **크림발효유** : 원유 또는 유가공품을 발효시킨 것이나, 이에 다른 식품 또는 식품첨가물 등을 위생적으로 첨가한 것으로 무지유고형분 3% 이상, 유지방 8% 이상의 것을 말한다.
- **농후크림발효유** : 원유 또는 유가공품을 발효시킨 것이나, 이에 다른 식품 또는 식품첨가물 등을 위생적으로 첨가한 것으로 무지유고형분 8% 이상, 유지방 8% 이상의 것을 말한다.
- **발효버터유** : 버터유를 발효시킨 것으로 무지유고형분 8% 이상의 것을 말한다.
- **발효유분말** : 원유 또는 유가공품을 발효시킨 것이나, 이에 다른 식품 또는 식품첨가물 등을 위생적으로 첨가한 것으로 분말화한 유고형분 85% 이상의 것을 말한다.

9) 버터류(★★★)

① 버터류라 함은 원유, 우유류 등에서 유지방분을 분리한 것이나 발효시킨 것을 그대로 또는 이에 식품이나 식품첨가물을 가하고 교반하여 연압 등 가공한 것을 말한다.

② **버터류의 유형**

㉠ 버터 : 원유, 우유류 등에서 유지방분을 분리한 것이나 발효시킨 것을 교반하여 연압한 것으로 유지방분 80% 이상의 것을 말한다.(식염이나 식용색소를 가한 것 포함)

㉡ 가공버터 : 원유 또는 우유류 등에서 유지방분을 분리한 것이나 발효시킨 것 또는 버터에 식품이나 식품첨가물을 가하고 교반, 연압 등 가공한 것으로 유지방분 30% 이상(단, 유지방분의 함량이 제품의 지방 함량에 대한 중량비율로서 50% 이상일 것)의 것을 말한다.

㉢ 버터오일 : 버터 또는 유크림에서 유지방 이외의 거의 모든 수분과 무유고형분을 제거한 것을 말한다.

10) 자연치즈

① 자연치즈라 함은 원유 또는 유가공품에 유산균, 단백질 응유효소, 유기산 등을 가하여 응고시킨 후 유청을 제거하여 제조한 것을 말한다.

② **자연치즈의 유형** : 경성치즈, 반경성치즈, 연성치즈, 생치즈

11) 가공치즈

① 가공치즈라 함은 자연치즈를 원료로 하여 이에 다른 식품 또는 식품첨가물 등을 가한 후 유화시켜 가공한 것이거나 자연치즈에 속하지 아니하는 치즈로 총 유고형분 중 자연치즈에서 유래한 유고형분이 50% 이상인 것을 말한다.

② **가공치즈의 유형** : 경성가공 치즈, 반경성가공 치즈, 혼합가공 치즈, 연성가공 치즈

12) 분유류(★★★)

① 분유류라 함은 원유 또는 탈지우유를 그대로 또는 이에 다른 식품이나 식품첨가물 등을 가하여 처리 · 가공한 분말상의 것을 말한다.

② **분유류의 유형**

㉠ **전지분유** : 유에서 수분을 제거하여 분말화한 것을 말한다.(원유 100%)

㉡ **탈지분유** : 탈지유에서 수분을 제거하여 분말화한 것을 말한다.(탈지유 100%)

㉢ **가당분유** : 원유에 당류(설탕, 과당, 포도당, 올리고당류)를 가하여 분말화한 것을 말한다.(원유 100%, 가당량은 제외)

㉣ **혼합분유** : 원유, 전지분유, 탈지유 또는 탈지분유에 곡분, 곡류가공품, 코코아 가공품, 유청, 유청분말 등의 식품 또는 식품첨가물을 가하여 가공한 분말상의 것으로 원유, 전지분유, 탈지유 또는 탈지분유(유고형분으로서) 50% 이상의 것을 말한다.

㉤ **인스턴트 탈지분유**

- 종래의 분유가 덩어리져서 물에 잘 풀리지 않는 것을 찬물에서도 잘 풀리도록 개량한 것이다.
- 보통의 탈지분유를 습기가 있는 공기 속에서 습기를 빨아들이게 하여 수분 함량을 10~15%로 한 다음, 수분을 3~4.5%까지 다시 건조시켜 만든다.
- 젖당이 결정화하므로 분유가 덩어리지지 않고 물에 잘 풀린다.
- **장점** : 습윤성, 분산성, 용해도가 높다.

5 식육가공품의 종류

1) 식육가공품의 개념

식육가공품이라 함은 식육 또는 식육가공품을 원료로 하여 가공한 햄류, 소시지류, 베이컨류, 건조저장육류, 양념육류, 분쇄가공육제품, 갈비가공품, 식육 추출가공품, 식용우지, 식용돈지 등을 말한다.

2) 햄류(★★★)

① 햄류라 함은 식육을 부위에 따라 분류하여 정형 염지한 후 숙성 · 건조하거나 훈연 또는 가열처리한 것이거나 식육의 육괴에 다른 식품 또는 식품첨가물을 첨가한 후 숙성 · 건조하거나 훈연 또는 가열처리하여 가공한 것을 말한다.

② 햄류의 유형

- **햄** : 식육을 부위에 따라 분류하여 정형 염지한 후 숙성·건조하거나 훈연 또는 가열처리하여 가공한 것을 말한다.(뼈나 껍질이 있는 것도 포함한다.)
- **생햄** : 식육의 부위를 염지한 것이나 이에 식품첨가물 등을 첨가하여 저온에서 훈연 또는 숙성·건조한 것을 말한다.(뼈나 껍질이 있는 것도 포함한다.)
- **프레스햄** : 식육의 육괴를 염지한 것이나 이에 다른 식품 또는 식품첨가물을 첨가한 후 숙성·건조하거나 훈연 또는 가열처리한 것을 말한다.(육함량 85% 이상, 전분 5% 이하의 것)
- **혼합프레스햄** : 식육의 육괴 또는 이에 어육의 육괴(어육은 전체 육함량의 10% 미만이어야 한다.)를 혼합하여 염지한 것이거나, 이에 다른 식품 또는 식품첨가물을 첨가한 후 숙성·건조하거나 훈연 또는 가열처리한 것(육함량 75% 이상, 전분 8% 이하의 것)을 말한다.

3) 소시지류(★★★)

① 소시지류라 함은 식육을 염지 또는 염지하지 않고 분쇄하거나 잘게 갈아 낸 것이나 식육에 다른 식품 또는 식품첨가물을 첨가한 후 훈연 또는 가열처리한 것이거나, 저온에서 발효시켜 숙성 또는 건조처리한 것을 말한다.(육함량 70% 이상, 전분 10% 이하의 것)

② 소시지류의 유형

- **소시지** : 식육(육함량 중 10% 미만의 알류를 혼합한 것도 포함)에 다른 식품 또는 식품첨가물을 첨가한 후 숙성·건조시킨 것이거나, 훈연 또는 가열처리한 것을 말한다.
- **발효소시지** : 식육에 다른 식품 또는 식품첨가물을 첨가하여 저온에서 훈연 또는 훈연하지 않고 발효시켜 숙성 또는 건조처리한 것을 말한다.
- **혼합소시지** : 식육(전체 육함량 중 20% 미만의 어육 또는 알류를 혼합한 것도 포함)을 염지 또는 염지하지 않고 분쇄하거나 잘게 갈아낸 것에 다른 식품 또는 식품첨가물을 첨가한 후 숙성 · 건조시킨 것이거나, 훈연 또는 가열처리한 것을 말한다.

4) 베이컨류

돼지의 복부육(삼겹살) 또는 특정부위육(등심육, 어깨부위육)을 정형한 것을 염지한 후 훈연하거나 가열처리한 것을 말한다.

5) 건조저장 육류

식육을 그대로 또는 이에 식품 또는 식품첨가물을 첨가하여 건조하거나 열처리하여 건조한 것을 말하며, 수분 55% 이하의 것을 말한다.(육함량 85% 이상의 것)

6) 갈비가공품

식육의 갈비부위(뼈가 붙어 있는 것에 한한다.)를 정형하여 식품 또는 식품첨가물을 첨가하여 양념하고 훈연하거나 열처리한 것

7) 포장육

판매를 목적으로 식육을 절단(세절 또는 분쇄를 포함한다.)하여 포장한 상태로 냉장 또는 냉동한 것으로서 화학적 합성품 등 첨가물 또는 다른 식품을 첨가하지 아니한 것(육함량 100%)

8) 염지

① 염지의 효과 : 고기의 방부 및 보존, 육색의 발색과 고정, 고기의 보수성과 결착성 증진, 고기의 풍미 증진, 염용성 단백질의 용해성을 증진한다.

② 염지의 방법

- 습염법 : 물에 용해한 **염지액에 식육을 침지하는 방법**으로 햄, 베이컨의 제조에 사용한다. 습염법은 많은 식육을 같은 용기에 투입함으로써 **시간과 노력이 절약되고 균일한 품질의 제품 생산이** 가능하다.
- 건염법 : **분말상태의 염지제를 혼합하여 직접 식육에 바르는 방법**으로 식육의 수분에 의해 용해된 것이 조직 속으로 침투한다. 이 방법은 시간과 노력이 많이 들고 품질이 균일하지 못하다.
- 염지의 재료 : 소금, 설탕, 아질산염, 인산염, 향신료

9) 기타

① 충전 : 다양화된 포장 형태로 고기를 케이싱에 다져 넣는 것

② 훈연(★★)

- 육색의 발색 및 육질의 변화

- 항산화 작용으로 지방산화 억제 및 저장성 향상
- 연기성분 중 phenol이나 유기산의 살균작용으로 표면미생물을 감소시켜 저장기간 연장
- 외관과 풍미 향상
- **종류** : 냉훈법, 온훈법, 열훈법, 액훈법, 전훈법 등

③ **세절 및 혼화**

- 고기 및 지방 세절
- 점착성 물질로 혼화

④ **가열**

- 고기 결착 · 응고, 향기와 맛, 풍미 부여, 육색 안정화, 보존성 향상

10) 가금류의 가공

① **알가공품** : 알이나 알의 내용물에 다른 식품 또는 식품첨가물 등을 가한 것이거나 분리, 건조, 냉동, 가열, 발효·숙성 등의 방법으로 가공한 난황액, 난백액, 전란분, 전란액, 난황분, 난백분, 알가열성형제품, 염지란, 피단 등

㉠ **전란액** : 알의 전 내용물이거나 이에 식염, 당류 등을 가한 것 또는 이를 냉동한 것(알 내용물 80% 이상)

㉡ **난황액** : 알의 노른자이거나 이에 식염 및 당류 등을 가한 것 또는 이를 냉동한 것(알 내용물 80% 이상)

㉢ **난백액** : 알의 흰자이거나 이에 식염 및 당류 등을 가한 것 또는 이를 냉동한 것(알 내용물 80% 이상)

㉣ **전란분** : 알의 전 내용물을 분말로 한 것(알 내용물 90% 이상)

6 식품첨가물

1) 식품첨가물의 개념

식품을 제조 · 가공 또는 보존하는 과정에서 식품에 넣거나 섞는 물질 또는 식품을 적시는 등에 사용되는 물질(기구 및 용기 · 포장의 살균 · 소독을 목적으로 사용되어 간접적으로 식품에 이행될 수 있는 물질 포함)

TIP

식품첨가물은 일반적인 식품의 구성성분이 아니며, 보편적으로 섭취하는 물질이 아니면서 식품의 제조 · 가공과정 중 기술적, 영양적 효과를 얻기 위해 식품에 의도적으로 첨가하는 물질이다.

2) 식품첨가물의 기능

① **식중독 방지** : 식품 중 미생물이 식품의 변질뿐만 아니라 식중독의 원인이 되므로 이를 방지하기 위해 산화방지제, 보존료, 살균제 등의 식품첨가물 사용

② **가공식품 제조** : 식품첨가물이 가공식품 제조 및 가공에 필요하며, 두부 응고제나 면류 첨가 알칼리제는 두부 및 중화면 제조에 도움

- 효소제, 여과 보조제, 추출용제, 탄산가스, 소포제 등

③ **영양 강화** : 식생활에서 부족한 영양을 강화하기 위해 비타민류, 미네랄 및 아미노산 등의 영양강화제가 사용된다.

④ **식품기호성 및 품질 향상**

- 식품첨가물은 식품의 기호성이나 품질을 향상시킨다.
- 착색료 · 광택제는 색, 향미증진제 · 감미료 · 산미료는 맛, 착향료는 향기, 유화제 · 팽창제 · 증점제는 식감 보정에 이용되어 가공식품의 품질을 일정하게 유지

3) 천연첨가물

① 식품에 첨가하는 물질 중 천연인 동물, 식물, 광물 등으로부터 유용한 성분을 추출, 농축, 분리, 정제 등의 방법으로 얻은 물질

② 색가 조정 또는 역가 조정, 품질 보존 등을 위하여 희석제, 안정제 및 용제 등이 첨가된 것이 포함될 수 있다.

4) 보존료

① **보존료** : 식품 중의 세균이나 곰팡이 등의 미생물 번식을 억제하며 부패를 방지하고 식품의 신선도를 보존하고 유지하기 위해 사용되는 것이다.

② **보존료의 요건**

- 빛이나 열에 안정할 것
- 식품의 맛이나 풍미에 영향을 주지 않을 것
- 식품성분과 반응하지 않아야 한다.

5) 미생물근원 식품첨가물(★★)

① **플루라나아제**

- Bacillus Acidopullulyticus, Klebsiella Aerogenes의 배양물
- Bacillus Deramificans의 풀루라나아제 유전자가 삽입된 Bacillus Subtilis의 배양물
- Bacillus Deramificans의 풀루라나아제 유전자가 삽입된 Bacillus Licheniformis의 배양물에서 얻어진 효소제

- 역가 조정, 품질 보존 등을 위해서는 희석제, 안정제 등 첨가 가능

② 프로테아제

- **프로테아제(곰팡이성)** : 아스페르질루스 니게르(Aspergillus Niger) 및 그 변종, 아스페르질루스 오리재(Aspergillus Oryzae) 및 그 변종에서 얻어진 효소제(역가 조정, 품질 보존 등을 위해서는 희석제, 안정제 등 첨가 가능)
- **프로테아제(세균성)** : 바실러스 서브틸리스(Bacillus Subtilis) 및 그 변종, 바실러스 리체니포르미스(Bacillus Licheniformis) 및 그 변종, 바실러스 스테아로써모필러스(Bacillus Stearothermophilus) 및 그 변종, Bacillus Amyloliquefaciens 및 그 변종의 배양물에서 얻어진 효소제(역가 조정, 품질 보존 등을 위해서는 희석제, 안정제 등 첨가 가능)
- **프로테아제(식물성)** : 파파인, 피신, 브로멜라인 등 식물에서 얻어진 효소제(역가 조정, 품질 보존 등을 위해서는 희석제, 안정제 등 첨가 가능)

③ **펙티나아제** : Aspergillus Niger의 배양물, Aspergillus Aculeatus의 펙티나아제 유전자를 삽입한 Aspergillus Oryzae의 배양물에서 얻어진 것으로 펙틴 및 펙틴산을 분해하는 효소로 Polygalacturonase, Pectinesterase, Pectin Lyase가 포함됨(역가 조정, 품질 보존 등을 위해서는 희석제, 안정제 등 첨가 가능)

④ **셀룰라아제** : Aspergillus Niger 및 그 변종, 트리코더마 레세이(Trichoderma Reesei) 및 그 변종, 휴미콜라 인소렌스(Humicola Insolens) 및 그 변종의 배양물에서 얻어진 효소제(역가 조정, 품질 보존 등을 위해서는 희석제, 안정제 등 첨가 가능)

⑤ 종국

- 조제종국은 식용 전분질을 함유한 원료를 살균처리한 다음 Aspergillus Kawachii, Aspergillus Oryzae, Aspergillus Usamii, Aspergillus Shirousamii, Aspergillus Awamori 또는 Rhizopus속 등의 종균을 각각 또는 혼합 접종하여 포자가 착생토록 배양한 것
- 분말종국은 조제종국에서 특수방법으로 순수 균사포자만을 채취한 것

⑥ **글루코아밀라아제** : Aspergillus Niger 및 그 변종, Aspergillus Oryzae 및 그 변종, Rhizopus Oryzae 및 그 변종, Talaromyces Emersonii의 글루코아밀라아제 유전자를 삽입한 Aspergillus Niger의 배양물에서 얻어진 효소제(역가 조정, 품질 보존 등을 위해서는 희석제, 안정제 등 첨가 가능)

⑦ 폴리리신(polylysine)

- 방선균의 일종인 스트렙토미세스 알불루스(Streptomyces Albulus)를 배양한 다음 배양액으로부터 대사물질을 이온교환 방식으로 정제한 물질이다.
- 강염기성이며 폴리아미노산으로 리신이 결합된 직쇄상의 폴리펩타이드이다.
- 플러스(+) 전하를 가지고 있어 마이너스(−) 전하를 띠는 미생물의 세포막에 흡착하여 미생물의 생육을 억제한다.

- 흡수성이 강한 엷은 황색의 분말로 약간 쓴맛을 가지고 있다.
- 넓은 ph 영역에서 항균력을 가진다.

6) 동물근원 첨가물(★★)

① **밀납** : 꿀벌과 꿀벌의 벌집을 가열압착여과 · 정제하여 얻어지는 것이 밀납(황납)이고, 정제한 왁스를 표백하여 얻은 것이 밀납(백납)이다.

② **레시틴** : 유량종자 또는 난황에서 얻어진 것으로 주성분은 인지질

③ **우유응고효소**
- 소, 양 등 동물의 위에서 얻어진다.
- 송아지의 키모신 유전자가 삽입된 Aspergillus Awamori의 배양물에서 얻어진 효소제(역가 조정, 품질 보존 등을 위해 희석제, 안정제 등 첨가 가능)

④ **오징어먹물색소**
- 갑오징어과 몽고오징어(sepia officinalis linnaeus) 등의 먹물주머니의 내용물을 물로 씻은 다음 약산성함수에탄올 및 함수에탄올로 세정하고 건조하여 얻어진 색소이다.
- **주색소** : 유멜라닌(eumelanin)

⑤ **카제인**
- 우유 또는 탈지유의 단백질을 산으로 처리하여 얻어진 것
- 렌넷카제인은 우유 또는 탈지유의 단백질을 렌넷으로 처리하여 얻어진 것

⑥ **젤라틴**
- 동물의 뼈, 피부 등으로부터 얻은 교원질을 일부 가수분해하여 만든 것
- 교원질을 산으로 처리하여 얻은 것의 등전점은 pH 7.0~9.0이다.
- 알칼리로 처리하여 얻은 것의 등전점은 pH 4.6~5.2 범위이다.
- 산 및 알칼리 처리된 것의 혼합물과 처리방법을 병행하여 얻어진 것의 등전점은 상기범위를 벗어날 수 있다.

7) 식물근원 첨가물(★★)

① **감색소**
- 감나무과 감나무(diospyros kaki THUNB.)의 과실을 발효 열처리하여 얻어지는 색소
- **주색소** : 플라보노이드

② **프로테아제** : 프로테아제(식물성)는 파파인, 피신, 브로멜라인 등 식물에서 얻어진 효소제이다.

③ **포도과피색소** : 포도과 포도(vitis labrusca linn 또는 vitis vinifera Linn)의 과피를 물로 추출하여 얻어진 색소로서 안토시아닌(anthocyanin)이 주성분

④ 쌀겨왁스
- 벼과 벼(oryza sativa L.)의 미강유를 분리 · 정제하여 얻어지는 것
- 주성분 : 리그노세린산미리실(myricyl lignocerate)

⑤ 양파색소
- 양파(allium cepa linn)의 인경을 물 또는 에탄올로 추출하여 얻어진 색소
- 주성분 : 플라보노이드계의 케르세틴(quercetin)

⑥ 디아스타아제 : 맥아 등에서 얻어진 효소제

TIP

맥아 : 보리를 싹 틔운 것

8) 유기가공식품에 사용 가능한 물질(★★★)

명칭(한)	명칭(영)	국제분류 번호(INS)	식품첨가물로 사용 시		가공보조제로 사용 시	
			허용 여부	허용 범위	허용 여부	허용 범위
과산화수소	Hydrogen Peroxide		×		○	식품 표면의 세척 · 소독제
구아검	Guar Gum	412	○	제한 없음	×	
구연산	Citric Acid	330	○	제한 없음	○	제한 없음
구연산삼나트륨	Trisodium Citrate	331 (iii)	○	소시지, 난백의 저온살균, 유제품, 과립음료	×	
구연산칼륨	Potassium Citrate	332	○	제한 없음	×	
구연산칼슘	Calcium Citrate	333	○	제한 없음	×	
규조토	Diatomaceous Earth		×		○	여과보조제
글리세린	Glycerin	422	○	제한 없음 (가수분해로 얻어진 식물 유래의 글리세린만 사용할 수 있음)	×	
퀼라야추출물	Quillaia Extract	999	×		○	설탕 가공

명칭(한)	명칭(영)	국제분류 번호(INS)	식품첨가물로 사용 시		가공보조제로 사용 시	
			허용 여부	허용 범위	허용 여부	허용 범위
레시틴	Lecithin	322	○	제한 없음 (다만, 표백제 및 유기용매를 사용하지 않고 얻은 레시틴만 사용할 수 있음)	×	
로커스트콩검	Locust Bean Gum	410	○	식물성제품, 유제품, 육제품	×	
무수아황산	Sulfur Dioxide	220	○	과일주	×	
밀납	Beeswax	901	×		○	이형제
백도토	Kaolin	559	×		○	청징(clarification) 또는 여과보조제
벤토나이트	Bentonite	558	×		○	청징(clarification) 또는 여과보조제
비타민 C	Vitamin C	300	○	제한 없음	×	
DL-사과산	DL-Malic Acid	296	○	제한 없음	×	
산소	Oxygen	948	○	제한 없음	○	제한 없음
산탄검	Xanthan Gum	415	○	지방제품, 과일 및 채소제품, 케이크, 과자, 샐러드류	×	
수산화나트륨	Sodium Hydroxide	524	○	곡류제품	○	설탕 가공 중의 산도 조절제, 유지 가공
수산화칼륨	Potassium Hydroxide	525	×		○	설탕 및 분리대두단백 가공 중의 산도 조절제
수산화칼슘	Calcium Hydroxide	526	○	토르티야	○	산도 조절제
아라비아검	Arabic Gum	414	○	식물성 제품, 유제품, 지방제품	×	
알긴산	Alginic Acid	400	○	제한 없음	×	
알긴산나트륨	Sodium Alginate	401	○	제한 없음	×	
알긴산칼륨	Potassium Alginate	402	○	제한 없음	×	

명칭(한)	명칭(영)	국제분류번호(INS)	식품첨가물로 사용 시		가공보조제로 사용 시	
			허용 여부	허용 범위	허용 여부	허용 범위
염화마그네슘	Magnesium Chloride	511	○	두류제품	○	응고제
염화칼륨	Potassium Chloride	508	○	과일 및 채소제품, 비유화소스류, 겨자제품	×	
염화칼슘	Calcium Chloride	509	○	과일 및 채소제품, 두류제품, 지방제품, 유제품, 육제품	○	응고제
오존수	Ozone Water		×		○	식품 표면의 세척·소독제
이산화규소	Silicon Dioxide	551	○	허브, 향신료, 양념류 및 조미료	○	겔 또는 콜로이드 용액제
이산화염소(수)	Chlorine Dioxide	926	×		○	식품 표면의 세척·소독제
차아염소산수	Hypochlorous Acid Water		×		○	식품 표면의 세척·소독제
이산화탄소	Carbon Dioxide	290	○	제한 없음	○	제한 없음
인산나트륨	Sodium Phosphate (Mono−, Di−, Tribasic)	339 (i)(ii)(iii)	○	가공치즈	×	
젖산	Lactic Acid	270	○	발효채소제품, 유제품, 식용케이싱	○	유제품의 응고제 및 치즈 가공 중 염수의 산도 조절제
젖산칼슘	Calcium Lactate	327	○	과립음료	×	
제일인산칼슘	Calcium Phosphate, Monobasic	341 (i)	○	밀가루	×	
제이인산칼륨	Potassium Phosphate, Dibasic	340 (ii)	○	커피화이트너	×	
조제해수염화마그네슘	Crude Magnessium Chloride (Sea Water)		○	두류제품	○	응고제

명칭(한)	명칭(영)	국제분류 번호(INS)	식품첨가물로 사용 시		가공보조제로 사용 시	
			허용 여부	허용 범위	허용 여부	허용 범위
젤라틴	Gelatin		×		○	포도주, 과일 및 채소 가공
젤란검	Gellan Gum	418	○	과립음료	×	
L-주석산	L-Tartaric Acid	334	○	포도주	○	포도주 가공
L-주석산 나트륨	Disodium L-tartrate	335	○	케이크, 과자	○	제한 없음
L-주석산수소 칼륨	Potassium L-bitartrate	336	○	곡물제품, 케이크, 과자	○	제한 없음
주정 (발효주정)	Ethanol (fermented)		×		○	제한 없음
질소	Nitrogen	941	○	제한 없음	○	제한 없음
카나우바왁스	Carnauba Wax	903	×		○	이형제
카라기난	Carrageenan	407	○	식물성제품, 유제품	×	
카라야검	Karaya Gum	416	○	제한 없음	×	
카제인	Casein		×		○	포도주 가공
탄닌산	Tannic Acid	181	×		○	여과보조제
탄산나트륨	Sodium Carbonate	500 (i)	○	케이크, 과자	○	설탕 가공 및 유제품의 중화제
탄산수소 나트륨	Sodium Bicarbonate	500 (ii)	○	케이크, 과자, 액상 차류	×	
세스퀴탄산 나트륨	Sodium Sesquicarbonate	500 (iii)	○	케이크, 과자	×	
탄산마그네슘	Magnesium Carbonate	504 (i)	○	제한 없음	×	
탄산암모늄	Ammonium Carbonate	503 (i)	○	곡류제품, 케이크, 과자	×	
탄산수소 암모늄	Ammonium Bicarbonate	503 (ii)	○	곡류제품, 케이크, 과자	×	
탄산칼륨	Potassium Carbonate	501 (i)	○	곡류제품, 케이크, 과자	○	포도 건조

명칭(한)	명칭(영)	국제분류 번호(INS)	식품첨가물로 사용 시		가공보조제로 사용 시	
			허용 여부	허용 범위	허용 여부	허용 범위
탄산칼슘	Calcium Carbonate	170 (i)	○	식물성제품, 유제품 (탄산칼슘을 착색료로는 사용하지 말 것)	○	제한 없음
d-토코페롤 (혼합형)	d-Tocopherol Concentrate, Mixed	306	○	유지류(d-토코페롤은 산화방지제로만 사용할 것)	×	
트라가칸스검	Tragacanth Gum	413	○	제한 없음	×	
퍼라이트	Perlite		×		○	여과보조제
펙틴	Pectin	440	○	식물성제품, 유제품	×	
활성탄	Activated Carbon		×		○	여과보조제
황산	Sulfuric Acid	513	×		○	설탕 가공 중의 산도 조절제
황산칼슘	Calcium Sulphate	516	○	케이크, 과자, 두류제품, 효모제품	○	응고제
천연착향료	Natural Flavoring Substances and Preparations		○	제한 없음(다만, 「식품위생법」 제7조제1항에 따라 식품의약품안전처장이 식품첨가물의 기준 및 규격에 관하여 고시한 천연 착향료로서 물, 발효주정, 이산화탄소 및 물리적 방법으로 추출한 천연 착향료만 사용할 수 있다.)	×	
미생물 및 효소제제	Preparations of Microorganisms and Enzymes		○	제한 없음(「식품위생법」 제7조제1항에 따라 식품의약품안전처장이 식품첨가물의 기준 및 규격에 관하여 고시한 미생물 및 효소제제만 사용할 수 있다.)	○	제한 없음(「식품위생법」 제7조제1항에 따라 식품의약품안전처장이 식품첨가물의 기준 및 규격에 관하여 고시한 미생물 및 효소제제만 사용할 수 있다.)

명칭(한)	명칭(영)	국제분류 번호(INS)	식품첨가물로 사용 시		가공보조제로 사용 시	
			허용 여부	허용 범위	허용 여부	허용 범위
영양강화제 및 강화제	Fortifying Nutrients		○	「식품위생법」 제7조제1항 및 「축산물위생관리법」 제4조제2항에 따라 사용이 의무화된 제품 (「식품위생법」 제7조제1항에 따라 식품의약품안전처장이 식품첨가물의 기준 및 규격에 관하여 고시한 영양강화제 및 강화제만 사용할 수 있다.)	×	

9) 기구 · 설비의 세척 · 살균소독제로 사용할 수 있는 물질

제1호다목1)에 따른 식품첨가물 및 가공보조제와「식품위생법」 제7조제1항에 따라 식품의약품안전처장이 식품첨가물의 기준 및 규격에 관하여 고시한 기구 등의 살균소독제만 사용할 수 있다.

CHAPTER 06 식품의 저장

1 식품의 저장

1) 비가열처리 저장(★★★)

비가열처리란 가열하지 않고 식품 중에 존재하는 미생물들(곰팡이, 효모, 세균 등)을 불활성화 시켜 방부제와 같은 식품첨가물의 사용 없이 식품의 맛을 신선하게 유지시키고 저장수명을 연장시킬 수 있으며, 가열 또는 화학물질 처리에 의한 식품의 풍미, 색상 및 조성 변화를 피할 수 있는 저장방법이다.

① 초고압법

- 초고압 처리로 미생물의 세포막 구성 단백질의 변성, 세포 생육의 필수아미노산 흡수 억제, 세포액의 누출량 증가 등으로 품질의 열화 없이 세균을 사멸시키는 방법이다.
- 상온(27℃)에서 200~800MPa의 초고압을 10~60분간 가함으로써 열처리 및 보존료 첨가 등에 의한 품질손상 없이 완전 멸균되고, 70~100℃에서 700~900MPa의 압력을 10~60분간 가하여 장류식품 내 Bacillus 계통 포자류도 사멸되어 유통기간을 연장할 수 있다.
- 신선함을 오랜 기간 유지, 방부제와 다른 첨가물 없이 유통기간 연장, 천연 향 및 비타민을 파괴하지 않고 보존 가능, 미생물 · 효소 · 박테리아 등을 비활성화, 육색 변화가 없다.

② 고전압펄스법

- 짧은 시간 직류전압을 걸어 주는 방법을 펄스전압이라고 한다.
- 고전압펄스법은 세포막 사이에 수만 볼트의 전압을 순간적으로 주는 방법으로 미생물이 고전압 자기장에 놓이면 인지질의 이중층으로 구성된 세포막이 파괴되어 사멸한다.
- 식품의 물리적, 화학적, 영양학적 특성변화가 거의 없고, 저장성 및 유통 기간에 따른 문제점을 해소할 수 있다.
- 가열 조작에 의한 에너지 손실을 방지하고, 식품이 변질되지 않는다.

③ 한외여과법

- 액체 중에 용해되거나 분산된 물질을 입자 크기나 분자량 크기별로 분리하는 방법이다.
- 물과 분자량 500 이하는 통과하나 그 이상은 통과하지 않아서 저분자 물질과 고분자 물질을 분리한다.
- 고분자 용액으로부터 저분자 물질을 제거한다는 점에서 투석법과 유사하고, 물질의 농도차가 아닌 압력차를 이용해 분리하는 방법은 역삼투압여과와 유사하다.

- 입자 크기가 1nm~0.1μm 정도의 당류, 단백질, 생체물질, 고분자물질 분리에 사용한다.

④ 역삼투압여과법

- 용매인 물은 투과시키나 용질은 투과시키지 않는 반투막을 이용하여 물질의 농축에 이용한다.
- 물로부터 용질을 분리할 때 이용한다.

⑤ 냉장 · 냉동법

- 저온저장은 식품을 저온(5℃이하)에서 저장하는 방법을 말한다.
- 장점 : 미생물 증식이나 화학반응 속도 억제 혹은 지연, 식품의 품질을 크게 저하시키지 않으면서 저장성을 향상시킬 수 있다.
- 단점 : 살균효과가 없어서 미생물 생존 및 대부분의 효소도 불활성화 되지 않고 잔존한다. 온도가 상승되면 미생물은 다시 증식하고 효소가 활성화되어 변패가 유발되고 장기저장에 어려움이 있다.

2) 해동(★★★)

① 해동의 특징

- 냉동식품을 가온하여 얼음을 녹게 하고 식용이나 가공할 수 있는 상태로 전환한다.
- 급속해동보다는 완만해동이 품질에 좋다.
- 완만해동 시, 세포 조직의 손상 없이 드립이 조직 내로 재흡수가 용이하며, 영양성분의 손실을 최소화 할 수 있다.
- 풍미도를 유지한다.

② 해동방법

- 열전도에 의한 해동 : 공기해동, 침지해동, 가열해동, 열탕해동
- 열전도에 의하지 않는 해동 : 마이크로파 해동

3) 가열살균(★★★)

① 가열살균의 의의

- 가열살균은 가열을 하여 미생물을 사멸시키는 방법이다.
- 미생물의 영양세포는 열에 약하지만 포자는 내열성이 매우 높다.
- 따라서 포자를 사멸시키기 위해 살균조건이 필요하다.
- 포자를 생성하지 않는 병원균과 부패균은 80℃에서 30분간 저온살균을 한다.
- 내열성 포자를 생성하는 미생물은 120℃에서 4분 이상 가열한다.

② 살균조건에 미치는 요인

- 식품의 초기 미생물 오염 정도
- 식품의 종류와 성상

- 성분
- pH

③ 고압가열살균(상업적 살균)
- 100℃ 이상의 고온가열처리로 살균하는 방법이다.
- 통조림, 병조림, 레토르트파우치 등 장기보존용의 식품에 사용된다.
- 보통의 상온 저장조건하에서 증식할 수 있는 미생물은 전부 사멸된다.
- 모든 제품이 유통기한 내에 소비된다고 예상할 때, 유통기한을 넘어서 까지 안전하도록 하기 위하여 과도하게 살균할 필요는 없다.
- 과도하게 살균하면 미생물에 의한 위해가 줄어들어 안전성이 높아지나 다른 품질특성(향, 맛, 색상, 형태, 영양소 등)이 나빠질 수 있다.
- 유통기한 내에 식품의 상업적 품질을 유지하는 데 나쁜 영향을 미치지 않을 정도로만 살균하는 것이 필요하다.

④ 저온살균법
- 저온살균법은 62~65℃의 저온에서 30분 동안 살균을 한다.
- 영양세포 수를 상당히 감소할 수 있으나 내열성 포자는 생존한다.
- 산성 과실통조림 살균에 사용된다.
- 저산성식품의 경우 2차 살균으로도 사용되고 있다.

제4과목

4) 고온순간살균법

① 72~75℃의 고온에서 15초 동안 살균하는 방법이다.
② 대부분의 미생물을 살균할 수 있다.

5) 초고온순간살균법(★★★)

① 130~140℃의 초고온으로 1~5초 동안 순간적으로 살균시키는 방법이다.
② 살균시간이 짧아 대량생산에 적합하다.
③ 내열성포자까지 사멸시킬 수 있다.
④ 영양소의 파괴를 최소화할 수 있다.

6) 초음파 가열법(★★★)

① 200,000cycle 이상의 음파를 초음파라 하며, 주파수가 높고 강도가 보통 음파보다 커서 균체 파괴의 효과를 기대할 수 있다.
② 우유를 560~570Kcycle 초음파로 5~10분간 처리하면 대부분 미생물을 사멸시킬 수 있다.

7) 마이크로웨이브 가열법(★★★)

① 개념 : 높은 주파수나 전자파에 의해 식품 내부에 존재하는 물 분자의 쌍극자 운동에 의한 내부마찰에 의해 가열되어지는 방식이다.

- 물 분자가 1초 동안 약 24억 5000만회의 회전운동을 일으키며, 분자 간의 마찰열이 발생한다.
- 마찰열에 의한 살균작용, 발생열에 의한 건조작용, 발생열에 의한 추출작용 등에 의해 대장균, 곰팡이, 병원성 세균 등이 살균된다.

② 특징

- 제품의 표면과 내부가 같은 온도로 상승하여 순간살균이 이루어진다.
- 제품의 맛과 영양에 영향을 주지 않는다.

③ 단점 : 대상물질의 돌기부에 과열현상이 발생한다.

8) 전기저항가열법(★★★)

① 개념 : 식품에 전극을 장치하여 교류전류를 통과시키면 식품 내부에 전기저항이 만들어져 열로 전환되어 가열하는 방식이다.

② 특징

- 전기저항가열은 식품의 품질을 덜 손상시키면서 저장성을 확보한다.
- 고상, 액상이 혼재되어 있는 소스류에 사용 가능하다.
- 수분 함량이 낮은 식품이나 건조식품에는 사용 못한다.

2 포장

1) 포장의 개념과 목적

① 제품을 싸거나 보호하기 위한 모든 것을 포장이라고 한다.

- **포장의 범위** : 병, 깡통, 기타 용기, 종이상자 등 인쇄하여 판매하는 모든 것이 포함된다.
- **종류** : 종이, 유리, 금속, 셀로판, 플라스틱 등

② 식품포장의 목적 : 식품의 물리적 보전, 식품위생적 보전, 작업성의 향상, 간편성의 부여, 상품성의 향상

③ 포장재료의 구비 조건(★★★)

- **위생성** : 식품의 수분, 산, 염류, 유지 등의 부식 또는 용출로 위생상 문제가 없는 안전한 소재로 유해한 성분을 함유하지 않아야 하며, 식품의 성분 상호작용이 없어야 한다.
- **보호성** : 내부의 식품을 보호할 수 있는 견고성을 갖춘 물리적 강도를 가지고 있어야 한다.
- **안정성** : 포장재가 내 · 외부의 조건이나 변화에 영향을 받지 않아야 하며, 투습도가 없고 기

체를 통과시키지 않아야 한다.

- **상품성** : 포장재로서 장점이 있어야 한다.(수분 차단, 빛 차단, 인쇄성 등)
- **간편성** : 생산자의 포장작업이나 소비자의 사용이 간편하다.
- **경제성** : 포장재의 가격이 비싸지 않고 저렴하다.

2) 포장재의 종류

① 종이

- 식품용으로 가장 많이 쓰이는 포장재이다.
- 경제적, 사용하기 간편, 용도가 다양하다.
- 내수성, 내유성, 방습성 등이 취약하다.
- 파라핀을 침투시키거나 왁스, 플라스틱수지, 접착제 알루미늄박 등을 코팅하거나 접합하여 사용

② 유리

- 투명, 인체에 무해
- 방습성, 방수성 및 가스 차단성, 내약품성, 내열성이 우수하다.
- 고급스런 느낌
- 온도의 급변이나 충격에 의해 파손이 쉽고, 비교적 무거워 수송이나 취급이 불편하다.

③ 금속

- 캔 · 금속박의 재료로 사용, 가장 오래 가면서 안전한 포장재이다.
- 주석관, TFS관(tin free steel can), 알루미늄박을 사용한다.
- 인쇄성, 열접착성, 열성형성, 기계적성, 투명성 등은 불리하다.

④ 셀로판

- 인체에 무해, 인쇄성과 투명성이 좋고, 광택이 있고, 먼지가 잘 묻지 않는다.
- 방습성, 내산성과 내알칼리성이 낮으며, 열접착에 불리하다.
- 플라스틱을 코팅한 방습 셀로판 시판(열접착 가능)
- 주로 다른 포장재와 접합하여 여러 식품포장에 사용된다.

⑤ 플라스틱

- 식품포장용으로 가장 많이 사용된다.
- 진공포장, 가스충전포장, 장기보존포장, 무균포장, 열수축포장 등이 개발
- 투명하고 적당한 강도
- 금속이나 유리에 비해 가볍고 가격이 저렴하다.
- 가소성이 있어 다양한 형태로 성형이 가능하다.
- 방습성, 방수성, 내약품성, 내유성 우수

- 내열성이 낮고 돌기물에 의해 필름에 pin hole이 우려된다.
- 기체 투과성
- 충격과 압력에 의해 찢어지거나 갈라질 우려가 있다.

3) 포장기법

① 가열살균포장
- 미생물이 살 수 없는 고온에서 가열처리하여 미생물 사멸
- 통조림 · 병조림포장, 유연포장, 초단파 가열살균포장 등

② **진공포장** : 미생물 발육 억제와 산패 방지를 위해 포장식품 내 공기 제거 후 포장 유리
③ **가스치환포장** : 포장 내 공기를 질소가스나 이산화탄소로 치환하여 호기성미생물 산화작용 억제
④ **탈산소제 봉입 포장** : 포장식품 내의 산소를 제거하는 탈산소제를 넣어 포장

⑤ 레토르트파우치 포장(★★★)
- 유연포장재료에 넣어 식품을 통조림처럼 살균하는 방법이다.
- 포장 재질은 높은 살균 온도에 견디는 내열성이 있어야 한다.
- 식품의 유통기한은 산소의 투과에 의한 품질변화에 의하여 결정된다.
- 포장재 외부와 내부는 폴리에스테르의 얇은 막으로, 중층은 알루미늄박으로 되어 있다.

⑥ 무균포장(★★★)
- 상업적으로 살균한 제품을 무균환경에서 살균된 용기에 무균적으로 충전 · 밀봉하여 저장성을 높이는 포장기술이다.
- 열에 약한 식품의 장기간 보존이 가능하다.
- 영양분 손실 적음, 내열성 포장이 필요 없다.
- 용기의 크기에 관계없이 일정한 품질을 유지할 수 있다.
- 포장 시 냉장이 필요하지 않아 에너지 절감효과를 기대할 수 있다.
- 용기 성분의 식품이행이 적다.
- 고가의 장치비, 설비비, 작업장의 대형화가 가능하다.

⑦ MA포장(★★★)
- 고분자 필름으로 호흡하는 산물을 밀봉하여 포장 내 산소와 이산화탄소 농도를 바꾸는 기술이다.
- 낮은 산소와 높은 이산화탄소 농도는 포장된 산물의 대사과정에 영향을 주거나 부패시키는 유기체의 활성을 억제하여 저장수명 연장이 가능하다.
- 산소 농도가 너무 낮고 이산화탄소 농도가 너무 높으면 이미, 이취 등이 발생하여 상품성이 떨어진다.
- 이상적인 필름은 산소의 유입보다 이산화탄소 방출이 중요하다.
  → 이산화탄소 투과도가 산소 투과도의 3~5배 높아야 한다.

- MA포장용 필름의 조건
  - 이산화탄소 투과도가 높아야 한다.
  - 투습도가 있어야 한다.
  - 인장강도 및 내열강도가 높아야 한다.
  - 접착 작업이 용이해야 한다.
  - 유해물질을 방출하지 말아야 한다.
  - 상업적인 취급 및 인쇄가 용이해야 한다.
- **과실 및 채소류의 MA포장 시 에틸렌가스의 흡착재료** : 과망간산칼륨(KMnO4), 제오라이트, 활성탄

3 식중독

1) 식중독의 정의

식중독이란 식품의 섭취로 인하여 인체에 유해한 미생물 또는 유독물질에 의하여 발생하였거나 발생한 것으로 판단되는 감염성 또는 독소형 질환을 말한다.

2) 최근 식중독 발생동향

- 발생건수의 경우 5~8월과 12월에 집중되고 있다.
- 환자수의 경우 3, 5, 6, 8월에 집중적으로 증가하는 현상을 보이고 있다.
- 원인시설별 식중독 발생사고 발생률은 음식점에서 가장 높고, 다음이 학교(직영) 순으로 발생되었다.
- 식중독 발생사고 원인균 : 노로바이러스 > 살모넬라 > 황색포도상구균

3) 미생물 식중독

① 세균성 식중독의 유형

㉠ 감염형

- 살모넬라, 장염비브리오, 콜레라, 비브리오 불니피쿠스, 리스테리아 모노사이토제네스, 병원성대장균, 바실러스 세레우스, 쉬겔라, 여시니아 엔테로콜리티카, 캠필로박터 제주니, 캠필로박터 콜리
- 바실러스 세레우스 포자는 80~100℃에서도 파괴되지 않는다.

㉡ 독소형(★★★)

- 황색포도상구균(staphylococcus aureus)
  - 독소를 생산한다.

- 독소는 100℃로 가열하여도 파괴되지 않는다.
- 클로스트리디움 퍼프린젠스(clostridium perfrigens)
  - 아포형성, 그람양성균, 혐기성가균, 쇠고기, 닭고기 등 육류에 잘 서식한다.
  - 가열 후 혐기성 상태로 유지되기 쉬운 대량의 조리음식에 발생 가능성이 높다.
- 클로스트리디움 보툴리늄(clostridium botulinum)
  - 보툴리움독소(botulinum toxin)를 생산한다.
  - 이 독소는 항원특이성에 따라 A~G인 7형으로 분류한다.
  - 보틀리움독소는 가열하면 파괴된다.
  - 그러나 포자는 1시간 이상 끓여도 파괴되지 않는다.
- 바이러스성 식중독(7종) : 노로바이러스, 로타바이러스, 아스트로바이러스, 장관아데노바이러스, A형 간염바이러스, E형 간염바이러스, 사포 바이러스
- 원충성 식중독(5종) : 이질아메바, 람블편모충, 작은와포자충, 원포자충, 쿠도아

② 세균성 식중독의 특성(★★★)

㉠ 살모넬라균

- 특성 : 그람음성 간균, 운동성, 토양이나 물에서 장기간 생존 가능
- 증상 : 복통, 설사, 구토, 발열
- 잠복기 : 8~48시간(균종에 따라 다양)
- 오염원 : 사람 · 가축의 분변, 곤충, 계란, 식육류와 그 가공품
- 예방
  - 계란, 생육은 5℃ 이하로 저온에서 보관한다.
  - 조리에 사용된 기구 등은 세척, 소독하여 2차 오염을 방지한다.
  - 육류의 생식을 자제하고 75℃, 1분 이상 가열 조리한다.

㉡ 장염비브리오균

- 특성
  - 해수온도 15℃ 이상에서 증식
  - 2~5%의 염도에서 잘 자라고 열에 약하다.
  - 주로 6~10월 사이에 급증
- 중독증상 : 복통, 설사, 구토, 발열
- 잠복기 : 평균 12시간
- 오염원
  - 여름철 연안에서 채취한 어패류 및 생선회 등
  - 오염된 어패류를 취급한 칼, 도마 등 기구류
- 예방
  - 어패류는 수돗물로 잘 씻기

- 횟감용 칼, 도마 구분 사용
- 오염된 조리 기구는 10분간 세척 · 소독하여 2차 오염 방지

ⓒ 병원성 대장균

- 특성
  - 소량(10~100마리)으로 식중독 유발
  - 베로독소(verotoxin)를 생산하여 식중독 유발
  - 심한 경우, 용혈성요독증으로 사망 유발
- 중독증상 : 설사, 복통, 발열, 구토
- 발병시기 : 12~72시간(균종에 따라 다양)
- 오염원
  - 환자나 동물의 분변에 직 · 간접적으로 오염된 식품
  - 오염된 칼, 도마 등에 의해 다져진 음식
- 예방
  - 조리기구(칼, 도마 등)를 구분 사용하여 2차 오염 방지
  - 생육과 조리된 음식물 구분 보관
  - 다진 고기류는 중심부까지 75℃, 1분 이상 가열

ⓓ 포도상구균(Staphylococcus Aureus)

- 특성
  - 독소(enterotoxin)를 생성하여 식중독 유발
  - 독소가 생산되면 가열(100℃)하여도 파괴되지 않는다.
  - 건조한 상태에서도 생존
- 중독증상 : 구토, 복통, 설사, 오심
- 발병시기 : 1~5시간(평균 3시간)
- 오염원
  - 사람 또는 동물의 피부, 점막에 널리 분포
  - 화농성 질환자가 취급 · 준비한 음식물
- 예방
  - 개인 위생관리 철저(손씻기)
  - 화농성 질환자의 음식물 조리나 취급 금지
  - 음식물 취급 시 위생장갑 사용
  - 위생복, 위생모자 착용 및 청결 유지

ⓔ 보툴리누스균

- 특성
  - 포자를 형성하는 균으로 가열하여도 생존 가능

- 산소가 없는 환경에서 생장
- 운동신경을 마비시키는 치명적인 독소를 생성하여 사망 유발

- **증상** : 현기증, 두통, 신경장해, 호흡곤란
- **발병시기** : 8~36시간
- **오염원** : 병 · 통조림, 레토르트 제조과정에서 120℃, 4분 이상 멸균처리
- **예방**
  - 병 · 통조림, 레토르트 제조과정에서 멸균처리
  - 신뢰할 수 있는 제품 사용
  - 의심되는 제품은 폐기

ⓑ 바실러스 세레우스균

- **특성**
  - 포자를 형성하는 균으로 가열하여도 생존 가능
  - 구토형과 설사형이 있다.
- **증상**
  - 구토형은 황색포도상구균 식중독과 유사하다.
  - 설사형은 클로스트리디움 식중독과 유사하다.
- **발병시기**
  - **구토형** : 감염 후 1~5시간
  - **설사형** : 감염 후 8~15시간
- **오염원**
  - 자연계에 널리 분포하여 토양, 곡류, 채소류에 존재
  - **구토형** : 볶음밥, 파스타류 등
  - **설사형** : 식육, 스프 등
- **예방**
  - 곡류, 채소류는 세척하여 사용
  - 조리된 음식은 장시간 실온 방치 금지
  - 냉장보관
  - 음식물이 남지 않도록 적정량만 조리 급식

ⓢ 캠필로박터균

- **특성**
  - 산소가 적은 환경(5%)에서 증식이 가능하다.
  - 30℃ 이상에서 증식이 활발하다.
  - 소량으로도 식중독을 유발한다.

- **중독증상** : 복통, 설사, 발열, 구토, 근육통
- **발병시기** : 평균 2~3일
- **오염원**
  - 가축, 애완동물 등
  - 닭고기와 관련된 식품
  - 도축·도계 과정에서 오염된 생육
  - 소독되지 않은 물
- **예방**
  - 생육을 만진 경우, 손을 깨끗하게 씻고 소독하여 2차 오염 방지
  - 생육과 조리된 식품은 구분하여 보관
  - 75℃, 1분 이상 가열조리
  - 가급적 수돗물 사용

ⓞ **리스테리아 모노사이토제네스균**

- **특성**
  - 저온(5℃)에서 생장 가능
  - 임산부에게 조산 또는 사산 유발 가능
  - 증상 : 발열, 근육통, 오심, 설사
  - 발병시기 : 9~48시간(위장관성), 2~6주(침습성)
- **오염원**
  - 살균 안 된 우유나 연성치즈, 생육(닭고기, 쇠고기)
  - 생선류(훈제연어 포함)
  - 예방
  - 살균 안 된 우유 섭취 금지
  - 냉장 보관온도(5℃ 이하) 관리 철저
  - 식육, 생선류는 충분히 가열 조리
  - 임산부는 연성치즈, 훈제 또는 익히지 않은 해산물 섭취 자제

ⓩ **여시니아 엔테로콜리티카균**

- **특성**
  - 저온(4℃)에서도 생장 가능
  - 열에 약함
  - 증상 : 복통, 설사, 발열, 기타 다양하다.
  - 발병시기 : 평균 2~5일

제4과목

- 오염원
  - 동물의 분변에 직 · 간접적으로 오염된 우물, 약수물이나 돈육에 존재
  - 살모넬라와 유사한 경로로 감염
- 예방
  - 돈육 취급 시 조리기구와 손을 깨끗이 세척, 소독
  - 칼, 도마 등은 채소류와 구분 사용하여 2차 오염 방지
  - 가열 조리온도 준수 철저
  - 가급적 수돗물 사용

ⓩ 클로스트리디움 퍼프린젠스균

- 특성
  - 포자를 형성하는 균으로 가열하여도 생존 가능
  - 산소가 없는 환경에서도 생장 가능
- 증상 : 설사, 복통, 통상적으로 가벼운 증상 후 회복
- 발병시기 : 8~12시간
- 오염원
  - 동물 분변, 토양 등에 존재
  - 대형 용기에서 조리된 스프, 국, 카레 등을 방치할 경우
  - 예방
  - 대형 용기에서 조리된 국 등은 신속히 제공
  - 국 등이 식은 경우 잘 섞으면서 재가열하여 제공
  - 보관 시 재가열한 후 냉장보관

4) 바이러스성 식중독(★★★)

① 노로바이러스

㉠ 특성

- 사람의 장관에서만 증식한다.
- 자연환경에서 장기간 생존가능

㉡ 증상 : 오심, 구토, 설사, 복통, 두통

㉢ 발병시기 : 감염 후 24~48시간

㉣ 오염원

- 사람의 분변에 오염된 물이나 식품
- 노로바이러스에 감염된 사람에 의한 2차 감염
- 겨울철에 많이 발생

㉤ 예방

- 오염된 해역에서 생산된 굴 등 패류 생식 자제
- 어패류는 가급적 가열 후 섭취(85℃, 1분 이상)
- 개인 위생관리 철저
- 채소류 전처리 시 수돗물 사용
- 지하수 사용시설은 주변 오염원(화장실 등) 관리 철저

5) 곰팡이독소 식중독(★★★)

① 곰팡이가 생산한 2차 대사산물에 의해 생성된 독소를 경구 섭취했을 때 건강 장해(곰팡이독 중독증)

② 곰팡이독 중독증의 특징

- 탄수화물이 풍부한 농산물(곡류, 땅콩 등)에서 많이 발생
- 곰팡이 생육에 좋은 환경(고온다습)에서 많이 발생
- 전염성이 없다.
- 항생물질이 효과가 없다.
- 열에 안정하여 독소에 오염된 식품을 가열해도 분해되지 않아 잔류 가능

③ 독소 생산 주요 곰팡이

- Aspergillus속 : aflatoxin, ochratoxin, sterigmatocystin 등
- Penicillium속 : patulin, citrinin, islanditoxin, luteoskyrin, rubratoxin 등
- Fusarium속 : fumonisins, T-2 toxin, Deoxynivalenol(DON), zearalenone 등

④ 곰팡이독의 종류

㉠ 간장독 : 간경변, 간종양 또는 간세포의 괴사를 유발하며, 아플라톡신, 루브라톡신, 아이슬란디톡신, 루테오스키린, 스테리그마토시스틴, 오크라톡신 등

㉡ 신장독

- 신장에 급성 또는 만성장해를 유발하며, 시트리닌(citrinin), 시트레메세틴, 코지산 등
- 쌀의 저장 중 황변미의 원인 Penicillium속이 생산한다.

㉢ 신경독 : 뇌와 중추신경계에 장해를 유발하며, 말토르진, 시트레오비리딘, 파투린 등

㉣ 위장독 : 소화기관에 장해 유발, 살프라민

㉤ 광과민성 피부염물질 : 빛에 쬐어 피부염 유발, 스포리데스민

⑤ Aspergillus속 곰팡이독

㉠ 아플라톡신류

- 특성
  - 16종의 이성체 중 아플라톡신 B1이 가장 강한 독성(간의 발암물질)
  - 아플라톡신 B1은 강력한 발암성 물질

- 내열성(280~300℃에서 분해)으로 일반식품의 가공처리 조건에서 파괴가 어렵다.
- 생성 최적조건 : 수분 16% 이상, 상대습도 80~85%, 온도 25~30℃
- 주 오염 식품
  - 탄수화물이 풍부한 쌀, 옥수수 등의 곡류
  - 땅속에서 결실하여 곰팡이와 접촉할 기회가 많은 땅콩

㉡ 황변미독
- 특성
  - 저장 곡류(쌀)에 곰팡이 오염으로 황변미 생성
  - 황변미는 Penicillium속 곰팡이에 의해 발생
- 발생조건 : 고온다습
- 종류
  - P. citrioviride 생산 독소 → citreoviridine으로 신경독
  - P. islandicum 생산 독소 → islanditoxin, luteoskyrin, cyclochlorotine으로 간장독
  - P. citrinum 생산 독소 → citrinin으로 신장독

⑥ Fusarium속 곰팡이독

㉠ 특성
- Fusarium genus(F. culmorum, F. graminearum)에 의해 생성
- 밀, 옥수수, 보리, 귀리, 호밀, 정제된 곡류(엿기름, 맥주, 빵 등)

㉡ 종류
- 트라이코테친류
- 우리나라 곡류에서는 T-2 toxin, nivalenol, vomitoxin 등의 독소가 문제
- 메스꺼움, 구토, 설사, 두통, 경련 등
- 제랄레논류
  - 에스트로겐과 비슷한 성질을 가지고 있는 독소
  - 가축의 발정증후군(외음부의 팽창과 질의 탈출, 유방 및 자궁의 비대)
  - 휴모니신
  - 말의 뇌백질 연화증, 돼지의 폐수종 유발, 쥐의 간암 원인 물질

6) 자연독 식중독(★★★)

① 솔라닌 – 감자독

㉠ 특성
- 감자의 발아부위와 녹색부위에 솔라닌(steroid계 알칼로이드에 glucose, galactose, rhamnose가 결합된 배당체) 존재
- 발아하거나 일광에 노출되어 녹색화한 부위에 많이 함유한다.

- 물에 녹지 않고 열에 안정하여 보통의 조리법으로 파괴되지 않는다.

㉡ **중독증상** : 중추신경독으로 많이 섭취하면 복통, 두통, 현기증, 마비 등

㉢ **예방**

- 감자의 발아부위와 녹색부위 제거 후 조리
- 싹이 나지 않도록 보관(어둡고 서늘하며 통풍이 잘 되는 곳)

> **암기** 솔라는 감자를 좋아했다(솔라닌 → 감자독)

② **아미그달린**(amygdalin, 시안배당체) – 풋매실 등

㉠ **특성**

- 미숙한 매실, 살구씨, 복숭아씨 등에 amygdalin 함유
- 효소작용으로 청산(HCN)을 유리함으로써 중독을 일으킨다.

㉡ **중독증상**

- 중추신경 자극과 어지러움을 일으키며, 두통, 구토, 호흡곤란 등 심하면 호흡중추 마비로 사망

㉢ **예방** : 독소를 제거 후 섭취

> **암기** 아미그달린이 풋매실 먹고 배탈났다.(아미그달린 → 매실독)

③ **리신, 리시닌, 알러젠** – 피마자(아주까리) 종실독

㉠ **특성**

- 피마자 종자에 ricin, ricinine, allergen 함유
- 리신(ricin)은 독성이 강하나 열에 쉽게 파괴되며, 적혈구를 응집시키는 hemagglutinin이라는 식물성 단백질
- 리시닌(ricinine)은 리신(ricin)보다 독성이 약한 alkaloid로 함량이 낮다.
- 피마자유는 리놀릭산(ricinoleic acid)을 다량 함유하고 있다.

㉡ **중독증상** : 피마자유나 유박에 의해 복통, 구토, 설사, allergy 증세

㉢ **예방** : 추출 시 대부분 정제되며 가열에 의해 파괴할 수 있다.

④ **고시폴** – 목화독

㉠ **특성**

- 정제가 덜 된 면실유(목화씨기름)와 면실유박에 함유되어 있다.
- 철, 칼슘이온, 리신(lysine)과 결합하여 흡수를 방해한다.

㉡ 중독증상 : 심부전, 간장해, 황달, 신장염 등

㉢ 예방 : 충분한 정제

> **암기** 목화밭에서 고시공부(목화독 → 고시풀)

⑤ 독버섯

㉠ 종류

- 광대버섯 독성분 : 무스카린(muscarine)
  - 부교감신경을 흥분시켜 각종 분비 항진, 호흡 곤란, 위장 장해
- 알광대버섯 · 독우산버섯의 독성분 : 아마니타톡신(amanitatoxin)
  - 콜레라와 비슷한 증상을 나타내며 경련, 혼수상태
- 기타 버섯 독성분 : 무스카리딘(muscaridine), 콜린(choline), 네우린(neurine)

㉡ 중독증상

- 위장장해형 : 화경버섯, 외대버섯 → 구토, 복통, 설사 등 심한 위장 장해
- 콜레라상 증상형 : 알광대버섯, 독우산광대버섯 → 설사, 구토, 복통, 혼수상태를 거쳐 사망
- 신경계장해형 : 광대버섯, 마귀광 → 환각, 경련, 혼수 등 중추신경계 증상
- 혈액독형 : 마귀곰보버섯 → 황달, 빈혈 등
- 뇌증형 : 미치광이버섯, 외대버섯 → 환각 등

> 암기 광대도 무스를 바른다(광대버섯독 → 무스카린)

⑥ 콜히친(colchicine) - 원추리독

㉠ 특성

- 콜히친은 백합과에 존재하는 물질로 식물의 배수성 육종에 사용되는 물질이기도 하다.
- 콜히친은 단백질인 튜불린(tubulin)에 결합해서 그 기능을 방해하여 부작용을 초래하며 해독제가 없다.

㉡ 중독증상 : 발열, 구토, 설사, 복통, 신부전, 호흡 곤란

⑦ 동물성 자연독

㉠ 복어독 : 테트라톡신(tetrodo toxin)

㉡ 조개독

- 마비성 조개독(홍합독)
  - 일명 홍합독이다.
  - 독성분 : 삭시톡신(saxitoxin)
  - 이러한 독물질의 생성 원인은 홍합이 적조를 발생하는 플랑크톤인 고니오락스(gonyaulax catenella)를 섭취하기 때문이다.
  - 중독증세는 호흡기 무늬근의 나트륨 이동을 저해하여 근육마비를 일으킨다.
- 장기독(모시조개독)
  - 일명 모시조개독이다.
  - 독성분 : 모시조개나 굴의 간장에 축적된 베네루핀(venerupin)이라는 독소에 의해 발생한다.
  - 증세 : 출혈을 수반하고 급성 간위축 증세를 일으킨다.
  - 우리나라에서는 1월부터 5월까지 독소가 발생하며 그 이후로는 독성이 없다.

식품의 검사

1 미생물검사

1) 미생물검사의 개념

① 오염된 식품의 미생물 종류나 균수는 식품안전 및 보전성의 기준이 된다.

② **생균수 측정** : 세균의 현재 오염 정도나 부패의 진행도를 알고자 할 경우

③ **총균수 측정** : 유제품이나 통조림 등 가열살균한 제품에 대한 식품의 품질관리

④ 시료준비

- 식품은 물리적 성상이 고체, 반유동체, 액체 등 다양하므로 시료채취 시 고체시료는 멸균된 가위나 핀셋을 이용해 여러 부위로 절단, 혼합하여 준비한다.
- 반유동체나 고체시료는 멸균블렌더나 무균분쇄기를 이용하여 고체시료의 9배 가량의 희석액을 넣어 균질화 한다.
- 외부환경으로부터 2차 오염이 되지 않도록 주의해야 한다.

2) 총균수 측정법

① 주로 Breed법 이용

② **방법** : 일정량의 시료를 슬라이드글라스에 도말한 후 건조, 고정, 염색하여 광학현미경으로 염색된 세균수를 측정하는 방법

3) 생균수 측정법(★★★)

① 표준평판배양법(standard plate count)을 주로 이용

② **방법** : 표준평판 한천배지에 시료를 도말하고 35℃에서 하루 이틀 간 배양하여 호기성 중온균을 측정한다.

③ 결과 판정

- 100만 CFU/㎖ 이하 : 신선
- 100만 CFU/㎖ 이상 : 오염수준이다.

TIP

CFU : Colony Form Unit, 집락의 수를 의미하는 단위

제4과목

4) 대장균군 측정법(★★★)

① 대장균의 특징

- 그람음성의 무아포성간균이다.
- 35℃, 48시간 내에 젖당을 분해하여 산과 가스를 발생한다.
- 모든 호기성 또는 통성혐기성 세균을 통칭한다.

② 측정방법

- 정성시험 : 대장균군의 유무를 측정
- 추정시험, 확정시험, 완전시험으로 구분
- 정량시험 : 대장균군의 수를 측정하는 방법
- 대장균감별시험법

2 물리 · 화학적 검사

1) 물리 · 화학적 유해요인

① 물리화학적 위해요인이란 고의 또는 오용에 의해 식품에 첨가되는 유해물질을 말한다.

② 종류

- 유해성 감미료, 인공착색료, 보존료, 표백료, 증량제 등
- 재배, 생산, 제조, 가공, 저장 중 식품에 혼입되는 농약 등
- 색이나 맛 식품과 유사하여 식품으로 오인되는 유해물질로 바륨, 메틸알코올
- 기구, 용기 및 포장재 등에서 식품으로 용출, 이행되는 유해물질로 납, 카드뮴, 비소, 아연 등
- 제조, 가공 저장 중 생성되는 유해물질로 탄화물질, 자유지방산, 니트로사민 등
- 환경오염에 의한 유해물질로 수은, 카드뮴, 폴리염화비페닐(PCB) 등
- 기타 방사능 오염 등

③ 주요 물질의 위해성(★★)

㉠ 수은(Hg) : 인체에 축적되면 **미나마타병** 유발

- 중추신경장해 : 맛, 시각, 청각, 후각 등 지각장해

㉡ 카드뮴(Cd) : 인체에 축적되면 **이타이이타이병** 유발

- 뼈가 몹시 아프고 쉽게 골절된다. 골다공증(골연화증) 유발

㉢ 유기인계 농약

- 인산기(PO)를 골격으로 한다.
- 잔류성이 짧다. 급성독성

㉣ 유기염소계 농약
- 잔류성이 길다.
- 생물농축이 크다.
- 만성독성

㉤ 다이옥신
- 무색, 무취의 맹독성 화학물질이며, 쓰레기를 소각할 때 발생한다.
- 다이옥신이란 비슷한 특성과 독성을 가진 여러 가지 화합물들을 말하며, 이중 가장 독성이 강한 것이 폴리염화디벤조파라디옥신(PCDDs)이다.
- 베트남 전쟁에서 고엽제 피해의 주요 원인 물질이다.
- 쓰레기를 소각할 때 염화비닐 등 염소가 들어간 물질을 완전 연소시켜야 배출이 억제된다.

㉥ DDT
- 유기염소계로 강력한 살충제이다.
- 발암물질이며, 사용 금지농약이다.
- 난분해성물질로 인체의 지방에 축적된다.

㉦ PCB(폴리염화페닐)
- 전기절연체로 이용된다.
- 화학적으로 안정하여 가열해도 분해되지 않는다.
- 소각 시 다이옥신이 발생한다.

2) 물리 · 화학적 유해물질 검사방법

① **유해물질의 검사** : 정성분석, 정량분석, 잔류농약검사, 항생물질검사, 방사능 오염검사
② **이물의 검사**
③ **식품첨가물의 검사** : 보존료, 인공감미료, 착색료, 표백료, 산화방지제
④ 식기구류, 용기 및 포장의 검사

3) 식품의 안전성 평가

① 식품의 안전성 평가
② 안전계수법, 위해평가

3 HACCP(해썹)

1) HACCP(해썹)의 뜻

HACCP은 Hazard Analysis and Critical Control Point의 약어로 식품위해요소 중점관리기준을 말한다.

2) HACCP(해썹)의 내용(★★★)

① 식품의 원재료 생산에서부터 제조, 가공, 보존, 유통단계를 거쳐 최종 소비자가 섭취하기 전까지의 각 단계에서 발생할 우려가 있는 위해요소를 규명하고, 이를 중점적으로 관리하기 위한 중요관리점을 결정하여 자율적이며 체계적이고 효율적인 관리로 식품의 안전성을 확보하기 위한 과학적인 위생관리체계를 의미한다.

② Food Hazards : 식품의 안전과 관련된 위해요소

③ CCP(중요관리점)
- 식품의 위해요소를 제거하거나 정부가 정한 허용기준 이하로 감소시킬 수 있도록 관리할 수 있는 과정과 절차를 말한다.
- 중요관리점 번호부여방법에서 위해요소의 종류가 생물학적이면 B, 화학적이면 C, 물리적이면 P로 표시한다.

④ HACCP의 7원칙 : 유해요소 분석(HA), 중요관리점(CCP) 결정, CCP에 대한 모니터링, 개선조치(CA), 검증방법 설정, 문서화 기록유지 방법 설정

3) 위해요소의 종류(★★★)

① 생물적 위해요소
- 고위해성 : 살모넬라, 장출혈성대장균, 리스테리아 모노사이토제네스, 캠필로박터 제주니, 노로바이러스, 클로스트리슘 보툴리늄
- 저위해성 : 황색포도상구균, 장염비브리오, 바실루스세레우스, 클로스트리슘퍼트린젠스

② 화학적 위해요소
- 잔류농약
- 중금속
- 곰팡이 독소
- 방사성 물질

③ 물리적 위해요소
- 동물성 이물질 : 곤충의 사체, 기생충
- 식물성 이물질 : 곰팡이류, 식물의 부스러기

- 광물성 이물질 : 유리조각, 금속조각, 은박지 등
- 기타 이물질 : 비닐, 고무줄, 플라스틱 조각

4 식품기구 및 종사자 위생

1) 식품 등의 위생적 취급에 관한 기준(★★)

① 원료보관실, 제조가공실, 포장실 등 청결 유지
② 식품 보관, 운반, 진열 시, 보존 및 보관 기준에 맞게 관리
③ 개인위생관리 철저
- 위생모, 위생복, 마스크 착용

④ 기계 · 기구류 등의 위생관리
⑤ 식품 제조, 가공 및 조리에 사용되는 물 수질기준 관리
⑥ 이물질이 혼입되지 않게 예방관리
⑦ 제조, 가공 중의 자가품질관리 실시
⑧ 제조 종사자의 위생관리
⑨ 종자사의 연 1회 이상 건강진단 실시
⑩ 질병이 있는 사람은 작업 제외
⑪ 손세척 및 소독
- 냉수보다 온수로 세척하는 것이 효과적이다.
- 비누는 고형비누보다 액상비누가 효과적이다.
- 비누는 30초 이상 접촉할 수 있도록 세척한다.
- 손은 물론 팔꿈치까지 세척해야 한다.
- 세척 시에는 양손을 비비면서 마찰을 증가시킨다.
- 솔을 사용할 경우 비상재성 세균의 감소율이 크다.

2) 제조시설 및 작업장 위생(★★)

① 물은 축산폐수, 화학물질 및 기타 오염물질 발생시설과 거리 유지
② 업장은 주거 및 불결한 장소와 분리되고, 위생적 상태 유지
③ 업장은 오염 구역과 비오염 구역으로 구분되게 하고, 적절한 온도 유지
④ 배수로는 폐수의 역류나 퇴적물이 쌓이지 않게 설치
⑤ 환기는 악취, 유해가스, 매연 증기가 환기되도록 설치
⑥ 용수에 대한 정기 수질검사와 미생물학적 검사 실시
⑦ 생산된 식품은 벌레, 곤충류, 먼지 등에 의해 오염되지 않게 보관 방법 및 시설관리

식품의 유통

1 유통 및 마케팅

1) 유통의 의의 및 농산물 유통의 특성

① 유통의 의의

- 소비자에게 최대의 만족을 주고, 생산자의 생산목적을 가장 효율적으로 달성시키는 방법에 의하여 재화와 용역을 생산자로부터 소비자에게 이전시키는 경제활동이다.
- 농축산물 유통은 생산된 농축산물이 농업인으로부터 최종소비자에 이르는 과정에 참여한 모든 사람들의 경제활동

② 농산물 유통의 특성(★★★)

- 상품적 가치에 비해 부피가 크고 무게가 많다.
- 계절성이 크고, 부패와 변질이 쉽다.
- 같은 품종이라도 크기와 품질이 같지 않아 표준규격화에 어려움이 있다.
- 농산물의 수요는 소비자의 기호에 따른다.
- 공급은 생산량과 재고량에 의존한다.
- 생산은 자연조건에 영향을 받아 가격이 매우 불안정하다.
- 영세한 생산규모와 복잡한 유통경로는 많은 유통비용을 유발한다.
- 농산물의 수요와 공급은 비탄력성이다.
- 필요한 물량에서 조금만 과부족이 생겨도 가격의 등락이 커진다.

2) 유통의 기능(★★★)

농산물 유통은 생산물을 생산하기 이전에 관측하고 예측하는 기능과 소유권 이전기능, 물적유통기능, 유통조성기능, 판매 후 관리기능 등을 종합하여 수행된다.

① **물적유통기능** : 생산과 소비 사이에 시간적, 장소적, 형태적 불일치를 조절해 주는 기능이며, 농축산물의 실질적 이동에 있어 수행되는 수송, 보관, 저장, 포장, 하역기능이 포함된다.

㉠ 운송기능

- 농축산물을 생산지로부터 가공 또는 소비지로 운송 → 생산과 소비 간에 장소적 격리를 조절해 장소적 효용을 창출
- 유통마진에 영향 → 생산농가 판매가격 뿐 아니라 소비자 가격에 영향을 준다.

㉡ 저장기능

- 저장기능은 농산물의 연중 안정적 공급에 이바지 한다. → 생산과 소비 간에 생기는 시간적 불일치를 조절해 시간적 효용을 창출한다.
- 안정적인 식품 재고를 위한 저장시설, 저장위치, 저장기간을 적절히 하여 저장비용을 최소화하고 수익을 최대화한다. → 생산농가 판매가격 뿐 아니라 소비자 가격에 영향을 준다.

㉢ 가공기능

- 가공을 통해 농산물의 부패 방지를 위한 저장성을 증진하고, 간편한 운송을 위한 부피 감소와 소비자의 기호도를 증진할 수 있다.
- 통조림, 냉동, 건조 등 가공처리로 형태적 효용을 창출한다.
- **축산물 가공의 목적** : 축산물 공급의 표준화, 장기 저장, 새로운 수요 창출, 시장 개척

② **소유권이전 기능** : 구매자와 판매자가 사고 파는 경제활동으로 경영적 유통기능(구매기능, 판매기능), 교환기능, 상거래기능을 가진다.

㉠ **구매기능** : 필요한 농축산물을 합리적인 장소, 시기 및 조건으로 구입

㉡ **판매기능** : 잠재고객이 구매하도록 하거나 구매욕구를 일으키도록 하는 모든 활동

③ **거래조성 기능** : 유통기능(구매, 판매, 수송, 저장 등)을 합리적으로 수행하도록 도와주는 기능과 농축산물의 원활한 유통을 도와주는 기능으로 표준화, 등급화, 위험부담, 유통금융, 시장정보기능이 있다.

3) 유기농축산물 및 가공식품 유통의 특성(★★★)

① 유기농 · 축산물은 중간상인의 개입이 거의 없다.

② 대부분의 품목들이 도매시장의 경매를 거치지 않고 생산자와 소비자단체들과의 연계를 통한 직거래와 전문유통업체에 의해 유통되는 등 차별화된 유통경로를 유지하고 있다.

③ 유기농 · 축산물은 재배 특성상 많은 양을 생산하기 힘들어 지역 내 유통보다는 소비지역이 도시 및 고소득 계층에 한정되어 있다.

④ 유기농 · 축산물은 가격이 비싸다.

⑤ 소비자가 품질을 구별하기 어렵다.

⑥ 가격에 따른 수급 및 가격조절 기능이 미약하다.

⑦ 가격과 수급에 있어 생산자의 의견이 많이 반영된다.

⑧ 거래당사자 간 계약과 협의에 따르는 경우가 많다.

⑨ 유기농 · 축산물은 관행농법에 비하여 노력 및 생산비가 많다.

⑩ 생산성은 낮으나 총소득은 높다.

⑪ 생산자는 환경보전과 경영의식이 뚜렷하다.

⑫ 유기농 · 축산물 가공식품은 가공단계에서도 원래 상태를 유지해야 한다. 따라서 정제작업 및 첨가제, 가공보조제의 사용을 제한하고 성분의 특성에 맞는 가공방법을 사용하여 농축산물의 부가가치를 높일 수 있다.

4) 유통의 개선

① 전자상거래

- 거래하기 위해 발생하는 주문, 생산, 배송, 자금 결제 등 모든 거래 활동이 인터넷상에서 이루어지는 것을 말한다.
- 농가와 소비자 직거래로 유통단계의 단순화가 특징이다.

② 전자상거래의 특징(★★)

- 유통경로가 짧다.(도매점, 소매점 등 중간 유통경로 불필요)
- 시간과 공간의 벽이 사라진다.
- 판매 거점 불필요
- 고객 정보 획득 용이
- 효과적인 마케팅 활동 가능
- 양방향 커뮤니케이션으로 고객 위주의 적극적 대응
- 소자본에 의한 사업 가능

5) 유통정보

① **유통정보의 의미** : 생산자, 유통업자, 소비자 등 시장 활동에 참가하는 사람들이 보다 유리한 거래조건을 확보하기 위한 여러 가지 의사결정에 필요한 각종 자료(생산동향, 유통가격, 유통량 등)와 지식을 말한다.

② 유통정보의 의의

- 생산자는 보다 유리한 조건으로 판매하기 위한 출하시장, 출하시기, 출하량, 출하가격 등을 결정하는 데 도움을 준다.
- 유통업자는 보다 유리한 조건으로 상품을 구입, 판매할 수 있는 시장을 발견하는 데 도움을 준다.
- 소비자는 보다 낮은 가격으로 품질 좋은 상품을 구입할 수 있는 시장을 발견하는 데 도움을 준다.

③ 유통정보의 종류(★★)

㉠ **통계정보** : 일정한 목적을 가지고 사회 · 경제적 집단의 사실을 조사 · 관찰하여 얻어지는 계량적 자료이다.

- 정책 수립 및 평가 기준자료로 활용된다.

㉡ **관측정보** : 농업의 미래 상황을 경제적인 면에서 예측하여 영농계획의 수립지침 및 정책자료로 활용하기 위하여 과거와 현재의 농업관계자료를 수집, 정리하여 과학적으로 분석, 예측한 정보를 말한다.

㉢ **시장정보** : 현재의 가격수준 및 가격 형성에 영향을 미치는 요인에 관한 정보이며, 일반적으로 유통정보는 시장정보를 의미한다.

④ **유통정보의 요건** : 정확성, 신속성, 적시성, 객관성, 유용성, 간편성, 계속성, 비교가능성

6) 콜드체인시스템(★★★)

① **콜드체인시스템의 의미** : 유통과정에서 농·축산물의 변질이나 부패를 방지하기 위해 유통과정 전반에 걸쳐 적정 저온이 유지되도록 관리하는 체계를 말한다.

② **콜드체인시스템의 효과**

- 생산자는 수확 후 산물의 변화로 인한 가격 불안에서 해방될 수 있다.
- 도매상과 소매상은 품질이 일정하게 유지되어 적정 이윤이 보장된다.
- 고품질 농산물 기대

③ **콜드체인시스템의 요건** : 저온저장고, 냉장 차량이 필요하다.

7) 마케팅 전략

① **마케팅의 의미** : 개인이나 조직의 목표 달성을 위해 상품개념을 개발하고 가격을 결정하며, 상품에 대한 촉진과 유통을 계획하고 수행하는 과정으로, 마케팅은 단순한 판매가 아니라 보다 많이 보다 좋은 조건으로 판매하기 위한 전략이다.

② **마케팅의 목표**

- 어떻게 하면 지속적으로 많은 물건을 판매할 것인가에 역점을 둔다.
- 팔리는 것을 만든다는 입장이 기본바탕이다.
- 판매 전부터 판매 중에도 서비스를 제공한다.
- 고객 만족에 기초를 두어야 한다.

③ **마케팅의 믹스** : 표적시장의 욕구와 선호를 효과적으로 충족시키기 위해 기업이 제공하는 마케팅 수단

④ **마케팅의 4P 요소(★★★)**

- 상품전략(Product)
- 가격전략(Price)
- 유통전략(Place)
- 판매촉진전략(Promotion)

⑤ 소비자기호 파악
- 상품의 차별성, 신뢰성, 고품질성, 건강지향성 상품 선호
- 소포장 농산물, 브랜드상품 구매, 전처리 농산물, 가정식 대체상품 소비 증가 예상

⑥ 그린마케팅전략
- 환경적 역기능을 최소화하면서 우수한 제품을 개발하여 환경적으로 우수한 제품 및 기업 이미지를 창출하고 기업의 이익 실현에 기여하는 마케팅을 말한다.
- 환경보존 및 소비자의 건강에 대한 기업의 사회적 책임을 강조한다.
- 그린제품을 선호하는 그린소비자와 그린시장에서만 효과가 있다.

⑦ 브랜드
- 판매자의 제품이나 서비스를 경쟁사와 차별화시키기 위해 사용하는 이름과 상징물의 결합체를 말한다.
- 상표명, 상표표지, 상호, 트레이드 마크 등으로 표현기능을 가진다.
- **브랜드의 효과** : 제품 상징성, 광고성, 품질보증, 출처표시, 재산보호
- 브랜드화를 통한 상품 차별화 및 경쟁우위 확보 필요

⑧ 틈새시장(★★)
- 고객 구매 패턴, 기호, 선호도 등을 분석하여 시장세분화 단계에서 미개척 분야인 특정시장을 집중적으로 공략하는 전략이다.
- 제한된 자원에 집중하여 비교우위를 확보할 수 있는 기회를 제공한다는 점에서 시장을 형성하고 지속시키기 유리하다.
- 소비자의 기호가 다양해지면서 틈새시장의 전략적 채택이 증가하고 있다.
- 틈새시장을 공략하기 위해서는 차별화된 제품 또는 유통방법 등을 모색하여야 한다.

8) 공동판매(★★★)

① **공동판매의 의미** : 2인 이상의 생산자가 공동의 이익을 위해 공동으로 출하하는 것으로 수송비 및 노동력 절감, 농가수취가격 증가, 출하조절의 용이 등 장점을 가진다.

② 공동판매의 유형
- **수송의 공동화** : 거래 교섭력을 높이기 위해 실시
- **선별 · 등급화 · 포장 및 저장 공동화** : 전문인력, 시설, 장비의 공동 소유, 시장대책을 위한 공동화
- 시장개척, 수급조정, 판매조직
- 공동판매의 원칙, 무조건 위탁, 평균판매, 공동계산제 실시

9) 정부의 유통정책 방향

① **신뢰 구축** : 소비자 신뢰확보를 위해 생산관리과정 지도, 점검 및 사후관리 강화

② **유기농 · 축산물 인증 및 브랜드화 확대** : 친환경농업직접지불제, 친환경축산직불제, 브랜드화 사업 지원

③ **품질관리 강화 및 차별화** : 친환경농산물유통 전문인증, 친환경농산물 리콜제 실시, 생산관리 과정 지도점검과 사후관리 강화, 유기축산물 위생관리 강화 및 안전성 확보

④ **HACCP 적용** : 품질 고급화와 안전한 공급체계 구축

⑤ 저온유통체계 확대, 친환경농산물 표시제 활성화, 우수농산물 관리제도 및 생산이력제 추진

10) 정부의 기능(★★★)

① **가격통제 기능** : 수급불균형 등으로 폭동현상이 나타날 때, 수매비축, 출하 및 생산조정 등의 가격통제 방법으로 가격 상승을 억제

② **유통조성 기능** : 관계법에 의거 각종 시장의 설치와 운영에 관하여 규제를 취한다.

③ **소비자 보호 기능**

- 정확한 정보를 제공하여 불이익이 없도록 한다.
- 안전, 성분표시제, 포장재, 등급표시, 영양소 표시, 가격표시 등
- 리콜제 시행

④ **독과점 기업 통제 및 중소기업 지원**

memo

제5과목

유기농업 관련 규정

Codex 유기식품의 생산, 가공, 표시 및 유통에 관한 가이드라인

1 서문

❶ 의의

본 가이드라인은 유기식품의 생산, 표시에 관하여 합의된 요건을 제시하기 위해 마련되었다.

1) 가이드라인의 목적

① 시장에서 일어나는 기만, 사기행위, 또는 제품 특성에 대한 근거 없는 주장으로부터 소비자를 보호한다.

② 비유기농산물을 유기농산물인 양 주장하는 행위로부터 유기농산물 생산자를 보호한다.

③ 생산, 준비, 저장, 운송, 판매 등 모든 단계에서 검사가 이루어지고, 모든 단계가 본 가이드라인에 부합되게 한다.

④ 유기농산물의 생산, 인증, 식별, 표시에 관한 제반 규정에 조화를 유도한다.

⑤ 수입품과 관련하여 각국의 국내 체계가 국제 체계와 상충함이 없도록 하기 위해 유기식품 통제에 관한 국제 가이드라인을 마련한다.

⑥ 각국의 유기농업 체계를 지역적 및 범지구적 환경보호에 기여하는 방향으로 유지, 향상시킨다.

2) 유기의 개념

① 유기농법과 유기 생산 체계 및 유기식품

㉠ 유기농법은 환경보호를 지원하는 여러 가지 방법 가운데 하나이다.

㉡ 유기 생산 체계는 사회적, 생태학적, 경제적으로 지속 가능한 최적의 농업생태계를 이룬다는 목표를 가진 구체적이고도 정확한 생산기준에 기초를 두고 있다. “생물학적”이나 “생태학적”이라는 용어는 유기 체계를 보다 분명하게 묘사하기 위해 사용된다.

㉢ 유기식품의 요건은, 생산 절차가 제품의 식별, 표시에 본질적으로 필요하다는 점에서 다른 농산물 요건과 다르다.

② 유기

㉠ “유기”라는 말은 유기 생산 기준에 맞추어 생산하였고 공식 인증기관이 인정한 제품이라는 것을 나타내는 표시 용어이다.

㉡ 유기농업은 합성비료와 살충제의 사용을 피함으로써 외부 투입물을 최소화하는 데에 기초를 두고 있다.
㉢ 환경이 전반적으로 오염되어 있는 현실이므로 유기농법을 사용했다고 해서 잔류물이 완전히 제거된 농산물이 생산되는 것은 아니다. 그러나, 대기, 토양, 수질의 오염을 최소화하는 방법을 유기농법에서는 쓰고 있다. 유기식품 취급자, 가공자, 소매상들은 유기농산물의 특성을 살리기 위해 기준을 충실히 지키고 있다.
㉣유기농업의 일차적 목표는 토양 생물, 식물, 동물, 인간이라고 하는 상호의존적 존재들의 건강과 생산성을 최적화하는 데 있다.

3) 유기농업의 개념

① 유기농업은 생물의 다양화, 생물학적 순환의 원활화, 토양의 생물학적 활동 촉진 등 농업생태계의 건강을 증진, 향상하려는 총체적 생산 관리 체계이다.
② 유기농업은 지역 형편에 따라 현지 적응 체계가 필요하다는 사실을 고려하면서 농장 외부 물자의 투입보다는 관리 방법을 강조한다. 이에 부응하려면 가능한 한 합성물질 사용과 반대되는 재배 방법이나 생물학적, 물리적 방법을 사용하여 체계의 목표를 달성하도록 해야 한다.
③ 유기 생산 체계의 목적
㉠ 체계(system) 전체의 생물학적 다양성을 증진한다.
㉡ 토양의 생물학적 활동을 촉진한다.
㉢ 토양의 비옥도를 오래도록 유지한다.
㉣ 동식물에서 나오는 폐기물을 재활용, 영양분을 대지에 되돌려 줌으로써 재생 불가능한 자원의 사용을 최소화한다.
㉤ 현지 농업 체계에서는 재생 가능한 자원에 의존한다.
㉥ 영농의 결과로 야기되는 모든 형태의 토양, 물, 대기 오염을 최소화하고 토양, 물, 대기의 건강한 사용을 조장한다.
㉦ 제품의 유기적 특성과 품질을 유지할 수 있도록 모든 단계에서 가공 방법에 신중히 처리하면서 농산물을 다룬다.
㉧ 어느 농장이든 전환 기간만 거치면 유기농장으로 자리 잡을 수 있게 한다. 전환 기간은 농지의 이력, 작물 · 가축의 종류 등을 감안하여 결정한다.

2 적용 범위

① 본 가이드라인은 다음 제품 가운데 유기농법을 사용했음을 표시하거나 표시할 예정인 제품에 적용한다.
㉠ 생산 원칙과 검사 규정이 나와 있는 미가공 식물 · 식물 제품과 가축 · 가축 제품
㉡ 위 ㉠을 주원료로 하여 사람의 소비용으로 가공한 농작물 및 가축 제품

② 광고, 상용문서, 라벨 등에 제품이나 제품 성분이 다음과 같은 방법으로 묘사되고 있으면 그 제품은 유기농법을 사용하여 생산한 것으로 간주한다. 제품이 판매되는 국가에서 “유기적”, “생물역학적”, “생물학적”, “생태학적” 등의 용어(약어 포함)를 사용하여 제품이나 제품 성분이 유기농법으로 얻어진 것이라는 점을 구입자에게 암시한다.
③ 용어가 유기농법과 뚜렷한 관계가 없을 때는 위 2)를 적용하지 않는다.
④ 본 가이드라인은 위의 1.1항에 명시한 제품의 생산, 준비, 판매, 표시, 검사와 관련하여 코덱스 식품위원회(CAC)가 정한 다른 규정을 침해함이 없이 적용한다.
⑤ 유전자 조작 · 변형 유기체(GEO · GMO)로부터 생산된 물질 또는 제품은 유기 생산의 원칙과 모순되므로(재배, 생산, 가공의 모든 측면에서) 본 가이드라인에서 인정하지 않는다.

3 용어의 설명 및 정의

1) 설명

① 상호의존적인 생명체의 다양한 혼합, 동식물 잔존물의 재활용, 작물의 정선 및 순환, 수질관리, 경작 등을 통해 지속적인 생산성을 유지하고, 잡초와 병해충을 억제하는 관리 방법을 쓰는 유기농장에서 나온 식품에만 유기농법을 사용했음을 언급할 수 있다.
② 토양의 비옥도는 토양의 생물학적 활동과 토양의 물리적, 광물학적 특성을 최적화하여 토양자원을 보존하고 동식물의 균형 잡힌 영양 공급을 해줌으로써 유지, 증진된다.
③ 생산은 식물양분의 순환을 토양 비옥화의 필수 수단으로 사용함으로써 지속이 가능해야 한다. 병해충은 숙주와 포식생물 간의 균형 유지, 익충 수 증대, 해충과 해충의 피해를 받은 식물 부위의 생물학적 통제(재배 방법 포함) 및 기계적 제거 등을 통해 방제한다.
④ 유기축산은 토양, 식물, 가축 사이에 조화로운 관계를 형성하고 가축의 생리 · 행동 욕구를 존중하는 데 기초를 두어야 한다. 이는 유기적으로 생산된 고품질 사료를 제공하고, 적절한 사육공간을 제공하며, 가축의 행동 욕구에 적합한 사육 체계를 운영하는 동시에 스트레스를 최소화하면서 건강과 복지를 증진하고, 질병을 예방하며, 화학치료제(항생제 포함)의 사용을 삼가는 관리 방법을 구축해야 이루어질 수 있다.

2) 정의

① ‘농산물/농산물계 제품’은 인간의 섭취 또는 동물사료용으로 판매되는 모든 비가공 제품(원료 농산물 포함) 및 가공 제품을 말한다.
② ‘공인 감사’란 각종 활동과 활동 결과가 계획상의 목표와 일치하는지 확인하기 위해 조직적, 독립적으로 실시하는 검사를 말한다.
③ ‘인증’이란 식품이나 식품 통제 체계가 요건과 일치한다는 것을 공식 인증기관이나 공인인증기관(이하 ‘인증기관’으로 한다)이 서면 또는 이와 동등한 효력을 갖는 수단으로 보증하는 것을

말한다. 식품의 인증은 지속적인 현장 검사, 품질관리체계 검사, 최종 제품 검사 등을 포함하는 일련의 검사에 기초를 둔다.

④ '인증기관'은 "유기"로 팔거나 "유기"란 라벨이 붙은 제품이 본 가이드라인에 부합되게 생산, 가공, 준비, 취급, 수입되고 있는지 확인하는 일을 맡은 기관을 말한다.

⑤ '관할기관'이란 권한을 갖는 공식 정부기관을 말한다.

⑥ '유전자 조작/변형 유기체'에 대해서는 잠정적으로 다음과 같은 정의를 내렸다. 유전자 조작 유기체나 그 제품은 유전자를 변형시키는 방법(유전자의 자연적인 조합으로는 불가능한 것)으로 생산되는 것을 말한다.

⑦ '유전자 조작/변형 기법'으로는 DNA 재조합, 세포 융합, 미량/대량 주입, 캡슐화, 유전자 제거/배가 등이 있다. 접합, 형질 도입, 잡종교배 등의 방법으로 만드는 유기체는 유전자 조작 유기체에 포함되지 않는다.

⑧ '성분'이란 식품 첨가제를 포함하여 식품의 제조, 준비에 사용되고 최종 제품에 함유되는 모든 물질(변경된 형태 포함)을 말한다.

⑨ '검사'란 요건에 부합하는지 확인하기 위해 식품, 원료, 가공, 유통의 관리 체계 또는 식품을 조사하는 것을 말한다. 유기식품 검사에는 최종 제품 시험 및 생산, 가공 체계 조사도 포함된다.

⑩ '표시'는 손으로 쓰거나 인쇄하거나 그림으로 나타낸 것으로, 라벨에 나타나거나 식품에 첨부되거나 식품 근처에 전시되는 모든 것을 말한다. 이에는 판매나 처분의 촉진을 목적으로 한 것도 포함된다.

⑪ '가축'은 식용이나 식품 제조용으로 기르는 소(물소, 아메리카들소 포함), 양, 돼지, 산양, 말, 가금, 벌 등(길들인 야생동물 포함)을 말한다. 사냥이나 낚시로 포획한 야생동물은 가축으로 보지 않는다.

⑫ '마케팅'이란 어떤 형태로든 판매를 위해서 가지고 있거나 전시하거나 구입을 권하는 행위, 판매 행위, 배달 행위, 시장에 내다 놓는 행위를 말한다.

⑬ '공인'이란 관할 정부기관이 검사기관이나 인증기관의 검사, 인증 능력을 인정하는 것을 말한다. 유기 생산에 대해서는 관할기관이 민간 단체에 공인 업무를 위임할 수 있다.

⑭ '공인 검사제도/공인 인증제도'는 관할 정부기관이 정식으로 승인하거나 인정한 제도를 말한다.

⑮ '사업자'는 본 가이드라인 적용 범위에 규정된 제품을 판매하거나, 판매할 목적으로 생산, 준비, 수입하는 사람을 말한다.

⑯ '식물보호제'란 식품, 농산물, 사료를 보호, 저장, 운송, 유통, 가공할 때 원하지 않는 동식물, 병해충을 예방, 파괴, 유인, 퇴치, 억제하는 데 사용하는 물질을 말한다.

⑰ '준비'는 농산물을 도살, 가공, 보존, 포장하는 행위(유기농법 사용 표시로 바꾸는 것 포함)를 말한다.

⑱ '생산'은 농장에서 나오는 형태로 농산물을 공급하기 위해 농장에서 벌이는 활동을 말한다. 이에는 제품의 초기 포장 및 표시도 포함된다.

⑲ '동물 약품'은 질병을 치료, 예방, 진단하거나 생리적 기능이나 행위를 변화시키기 위해 유제품·고기제품 생산 동물, 가금, 어류, 벌 등 식품 생산용 동물에 투여하는 물질을 말한다.

4 허용 물질 포함에 필요한 요건 및 국별 물질 목록 작성 기준

1) 유기 생산에 사용되는 신물질의 평가 기준

① 유기 생산 원칙에 부합한다.
② 특정 용도에 해당 물질의 사용이 필요불가결하다.
③ 해당 물질의 사용으로 환경이 나쁜 영향을 받지 않는다.
④ 사람이나 동물의 건강과 삶의 질에 미치는 부정적인 영향이 극히 적다.
⑤ 대체물질을 질적·양적으로 충분히 구할 수 없다.
⑥ 이 기준은 유기 생산의 특성을 보호하기 위해 종합적으로 평가해야 한다.

2) 토양의 비옥화나 토질 개선의 목적으로 사용하는 경우 적용 기준

① 토질의 비옥도를 유지, 개선하거나 작물에 필요한 양분을 공급하는 데 필수적이어야 한다.
② 다른 제품으로는 충족시킬 수 없는 특정 토질 개선 및 윤작의 목적을 충족시키기는 데 필수적이어야 한다.
③ 성분이 동식물, 미생물, 무기물에서 나온 것이어야 한다. 각 성분은 물리적(기계적, 열역학적) 처리, 효소 처리, 미생물 처리를 거칠 수 있다.
④ 해당 물질의 사용으로 토양 유기물이나 토양의 물리적 특성이 나쁜 영향을 받지 않아야 한다.

3) 식물의 병충해나 잡초 방제 목적으로 사용하는 경우 적용 기준

① 다른 생물학적 방법, 재배 방법, 물리적 방법, 육종 방법으로는 방제가 불가능한 유해 생명체나 특정 질병의 방제에 필수적이어야 한다.
② 성분이 동식물, 미생물, 무기물에서 나온 것이어야 한다. 각 성분은 물리적(기계적, 열역학적) 처리, 효소 처리, 미생물 처리(합성, 소화)를 거칠 수 있다.
③ 자연 상태로는 충분한 양을 구할 수 없기 때문에 화학적으로 합성되어 특수한 상황에서 페로몬처럼 덫이나 디스펜서에 사용되는 물질은 목록에 올릴 수 있다. 다만, 사용했을 때 식용 부위에 직간접적으로 잔류물이 생기지 않아야 한다.

4) 식품의 조제나 보존 시 첨가제나 가공보조제로 사용되는 경우 적용 기준

① 자연에 존재해야 하나 기계적/물리적 처리(예 추출, 침전), 생물/효소 처리, 미생물 처리(예 발효)를 거칠 수 있다.

② 위와 같은 방법과 기술로 충분한 양을 구할 수 없을 때는 예외적으로 화학적으로 합성된 물질을 허용 물질에 포함할 수 있다.
③ 다른 기술이 존재하지 않기 때문에 해당 물질이 식품의 조제에 필수적이어야 한다.
④ 식품의 특성, 재료, 품질에 대해 소비자가 오해할 가능성이 없어야 한다.

2 유기 생산의 원칙(부속서 1)

❶ 식물과 식물 제품

1) 전환 기간

① 농장(구획 농장, 단위 농장 포함)의 경우에는 파종에 앞서 최소한 2년의 전환 기간, 목초나 영년작물의 경우에는 첫 번째 수확까지 최소한 3년의 전환 기간이 있어야 한다.
② 관할기관이나 인증기관은 농장 사용 경력을 감안하여(예를 들어 2년 이상 경작을 하지 않은 경우) 전환 기간을 가감할 수 있다. 단, 이 경우에도 전환 기간은 12개월 이상이 되어야 한다.
③ 전환 기간은 길이와 관계없이 생산 농장이 검사 대상이 된 후, 그리고 생산규칙이 적용되기 시작한 후에 개시할 수 있다.
④ 전체 농장이 한꺼번에 전환되지 않을 때는 부분적으로 적용하기 시작하여 점진적으로 전환할 수 있다.
⑤ 관행농업에서 유기농업으로 전환하는 것은 본 가이드라인에 규정된 기법을 통해 이루어져야 한다.
⑥ 전체 농장이 한꺼번에 전환되지 않을 때는 규정에 따라 농지를 작은 단위로 분할해야 한다.
⑦ 유기농법으로 전환된 구역과 전환 중인 구역에서는 유기농법과 관행농법을 번갈아 사용하는 일이 없어야 한다.

2) 토양의 비옥도와 생물 활동은 다음과 같이 유지, 증진한다.

① 두과작물, 녹비, 심근성 작물을 다년간 윤작한다.
② 퇴비화되었는지 여부와 관계없이 본 가이드라인에 따라 생산된 유기물질을 토양에 투입한다.
③ 구비 등 축산업에서 나온 부산물 가운데 본 가이드라인에 준하여 생산하는 축산농가에서 나온 부산물도 사용할 수 있다.
④ 사용 가능 물질은 작물의 영양 공급이나 토질 개선이 정해진 방법으로 가능하지 않을 때만 사용한다.
⑤ 구비는 유기농장에서 구할 수 없을 때만 사용한다.
⑥ 미생물이나 식물 성분으로 만든 제품을 사용하여 퇴비화를 촉진할 수 있다.

⑦ 돌가루(stone meal), 구비, 식물 성분으로 만든 생물활성제(biodynamic preparations)를 사용할 수 있다.

3) 병해충이나 잡초는 다음 방법을 단독 또는 복합적으로 사용하여 억제한다.

① 알맞은 작목과 품종을 선택
② 적절한 윤작
③ 기계적인 경운
④ 울타리, 보금자리 등을 제공하여 해충 천적을 보호
⑤ 생태계를 다양화. 지리적 위치에 따라 달라질 것이지만 침식을 막는 완충지대, 농경 삼림, 윤작작물 등을 사용
⑥ 화염을 사용한 제초
⑦ 포식생물이나 기생동물의 방사
⑧ 돌가루, 구비, 식물 성분으로 만든 생물활성제 사용
⑨ 멀칭이나 예취
⑩ 동물의 방사
⑪ 덫, 울타리, 빛, 소리 등 기계적인 수단을 사용
⑫ 수증기 살균(토질의 갱신이 적절히 이루어지지 않을 때)

4) 종자나 종묘

① 적어도 1세대(영년작물의 경우에는 2번의 생육기간)를 본 가이드라인 규정에 따라 재배한 작물에서 나온 것이어야 한다.
② 사업자가 위 요건을 만족시키는 물질을 구할 수 없음을 검사기관에 입증할 수 있을 때 검사기관은 다음을 허용할 수 있다.
  ㉠ 처리되지 않은 종자나 종묘를 사용
  ㉡ 처리되지 않은 종자나 종묘의 사용이 불가능한 경우에는 허용된 물질로 처리된 종자나 종묘를 사용

5) 삼림이나 농업지역 등에서 채집한 자생 식용식물이나 그 일부는 다음과 같은 경우 유기 생산물로 간주할 수 있다.

① 본 가이드라인에 규정된 검사/인증의 대상으로 뚜렷이 구분된 지역에서 채집되었다.
② 채집 지역이 채집 전 3년 동안 부속서 2의 물질과 다른 물질로 처리되지 않았다.
③ 채집 지역 내 자생환경의 안정이 침해받지 않고 종의 유지에 문제가 없을 정도로 채집되었다.
④ 같은 제품의 수확, 채집을 관리하는 사업자가 제품을 수집했고, 이 사업자는 신원이 확실하며 채집 지역을 두루 잘 안다.

② 가축 및 가축 제품

1) 일반 원칙

① 유기 생산을 위해 사육되는 가축은 유기농장의 일부가 되어야 하며, 본 가이드라인에 따라 사육, 관리해야 한다.

② 가축은 다음을 통해 유기농장의 건전화에 크게 기여할 수 있다.

㉠ 토양 비옥도를 유지, 개선

㉡ 초지의 식물군을 관리(방목 시)

㉢ 농장의 생물학적 다양성을 높이고 보완적인 상호작용을 촉진

㉣ 농장 시스템의 다양성을 증진

③ 가축 생산은 대지와 관련된 활동이다. 초식 가축은 초지에 접근할 수 있어야 하고 다른 가축은 야외로 나갈 수 있어야 한다. 관할기관은 전통적인 영농 시스템이 초지 접근을 제약할 경우 예외를 허용할 수 있다. 단, 가축의 생리 상태, 기상 조건, 대지 상태에 문제가 없고 가축의 복지가 보장되어야 한다.

④ 가축 밀도는 지역의 사료 생산 능력, 가축의 건강, 영양 균형, 환경 영향 등을 고려하여 적절히 정한다.

⑤ 유기축산은 자연 번식 방법을 사용하고, 스트레스를 최소화하며, 질병을 억제하고, 화학 약품(항생제 포함)의 사용을 점진적으로 배제하며, 동물성 사료(예 육분)의 공급을 줄이고, 가축의 건강과 복지를 향상하는 데 목적을 두어야 한다.

2) 가축의 공급처/산지

① 품종, 계통, 번식 방법은 다음을 고려하여 유기축산의 원칙에 부합하는 것을 선택해야 한다.

㉠ 지역 조건 적합성

㉡ 활력 및 내병성

㉢ 일부 품종/계통에서 발견되는 특정 질병이나 건강 문제(PSE, 습관성 유산 등) 유무

② 본 가이드라인을 준수하는 농장에서 생후 또는 부화 직후에 반입된 것이거나 본 가이드라인에 정해진 조건에 맞게 키워진 가축의 자손이어야 한다. 반입된 가축은 평생 유기 생산 방법으로 사육해야 한다.

㉠ 가축은 유기농장과 비유기농장 간에 이동시킬 수 없다. 관할기관은 본 가이드라인을 준수하는 다른 농장에서 가축을 구입하는 데 적용할 규칙을 정할 수 있다.

㉡ 가축 생산 농장에 있지만 본 가이드라인에 부합하지 않는 가축은 전환시킬 수 있다.

③ 농장 운영자가 전항의 규정을 충족시키는 가축을 확보할 수 없음을 관할기관이나 공인 검사/인증기관에 입증할 수 있을 경우, 관할기관이나 공인 검사/인증기관은 다음 조건으로 가이드라인에 따라 사육되지 않은 가축을 들여오는 것을 허용할 수 있다.

제5과목

㉠ 품종이 바뀌었거나 전문화되어 농장을 크게 확장하는 때
㉡ 큰 재해로 폐사율이 높아져 축군을 갱신하는 때
㉢ 번식용 수컷을 입식하는 때

④ 관할기관은 가능한 한 이유 직후의 어린 가축을 입식하는 조건으로 비유기농장에서 가축을 입식하는 것을 허용하거나 불허하는 조건을 정할 수 있다.

⑤ 예외적으로 입식이 허용된 가축은 이들 가축으로부터 생산된 제품이 본 가이드라인에 따라 유기식품으로 판매되려면 전환 기간을 준수해야 한다.

3) 전환

① 사료작물이나 목초의 생산을 위한 대지 전환은 본 부속서 규칙에 부합해야 한다.

② 관할기관은 다음의 경우 대지나 가축 및 가축 제품에 정해진 전환 기간이나 전환 조건을 완화시킬 수 있다.
㉠ 비반추가축에 사용되는 초지, 노천지, 운동 공간
㉡ 관할기관이 정한 시행 기간에 조방적으로 사육된 소, 말, 면양, 산양이나 처음 전환된 젖소
㉢ 같은 농장에서 가축과 사료용 농지가 동시에 전환된다면 가축과 사료용 농지의 전환 기간을 2년으로 줄일 수 있다. 단, 기존 가축과 그 자손에 같은 농장에서 생산된 사료가 주로 공급되어야 한다.

③ 유기 지위에 도달한 농지에 비유기가축이 입식 되었을 경우 이로부터 생산된 제품을 유기식품으로 팔 수 있으려면 이들 가축을 최소한 다음의 순치기간 동안 본 가이드라인에 의해 사육해야 한다.
㉠ 소와 말
ⓐ 고기제품 : 유기 관리 조건에서 12개월(단, 최소한 수명의 3/4).
ⓑ 고기제품 생산용 송아지 : 이유 후 즉시 입식한 송아지(생후 6개월 미만)로서 6개월
ⓒ 유제품 : 관할기관이 정한 시행 기간에는 90일, 그 후에는 6개월
㉡ 면양 · 산양
ⓐ 고기제품 : 6개월
ⓑ 유제품 : 관할기관이 정한 시행 기간에는 90일, 그 후에는 6개월
㉢ 돼지 고기제품 : 6개월
㉣ 가금/산란계
ⓐ 고기제품 : 관할기관이 정한 수명 전체
ⓑ 알(달걀 등) : 6주

4) 영양

① 가축 농장에서는 본 가이드라인에 맞추어 생산된 사료(‘전환기’ 사료 포함)를 100% 공급해 주

어야 한다.

② 관할기관이 정한 시행 기간에 축산물이 유기 상태를 유지하려면 반추 동물 사료는 85%(건물 기준) 이상, 비반추 동물 사료는 80% 이상이 본 가이드라인에 따라 생산된 유기사료이어야 한다.

③ 농장 운영자가 관할기관이나 공인 검사/인증기관에 위 ①항에 규정된 조건을 충족시키는 사료를 확보할 수 없음을 입증할 수 있을 경우(예 예측 불능의 심각한 천재, 인재, 일기 변화 등) 관할기관이나 공인 검사/인증기관은 한정된 기간에 본 가이드라인에 따라 생산되지 않은 사료를 일정 비율로 공급하는 것을 허용할 수 있다. 단, 사료에 유전자 조작/변형 유기체나 그 제품이 함유되지 않아야 한다. 관할기관은 비유기 사료의 최대 허용 비율과 사용 조건을 정해야 한다.

④ 가축에 사료를 공급할 때는 다음을 고려해야 한다.
   ㉠ 어린 포유동물은 천연유(모유가 좋음)를 필요로 한다.
   ㉡ 초식 가축이 매일 먹는 사료(건물 기준)에는 조사료, 생초, 건초, 사일리지(저장 목초)가 상당량 함유되어야 한다.
   ㉢ 위가 2개 이상인 가축은 사일리지만 먹여서는 안 된다.
   ㉣ 육용 가금은 비육 단계에 곡류를 먹일 필요가 있다.
   ㉤ 돼지와 가금이 매일 먹는 사료에는 조사료, 생초, 건초, 사일리지가 상당량 함유되어야 한다.

⑤ 모든 가축이 건강과 활력을 유지하기 위해 신선한 물을 마음껏 섭취할 수 있어야 한다.

⑥ 특정 물질이 사료, 영양제, 첨가제, 가공보조제로 사용된다면 관할기관은 다음 기준에 따라 사용 가능한 물질의 목록을 만들어야 한다.
   ㉠ 기본 기준
      ⓐ 가축 사육에 관한 법에 허용된다.
      ⓑ 가축의 건강, 복지, 활력에 필요 불가결하다.
      ⓒ 다음과 특성을 갖는다.
         - 해당 가축의 생리 · 행동 욕구를 충족시키는 데 기여한다.
         - 유전자 조작/변형 유기체나 그 제품이 함유되어 있지 않다.
         - 주로 식물성, 광물성, 동물성 성분으로 되어 있다.
   ㉡ 사료 · 영양제 기준
      ⓐ 비유기적으로 생산된 식물성 사료는 위 ②, ③항의 조건이 충족될 경우에만 사용할 수 있다. 단, 화학 처리(솔벤트 사용 포함)가 되지 않아야 한다.
      ⓑ 미네랄, 추적제, 비타민, 프로비타민은 천연적인 것만 사용할 수 있다. 이들 물질이 부족할 때나 상황이 특수할 때는 화학적으로 잘 정의된 유사물질을 사용할 수 있다.
      ⓒ 우유, 유제품, 해양 동물(어류 포함), 해양 동물 제품을 제외한 동물성 사료는 될수록

사용하지 않는다(각국 법에 따름). 반추가축에 우유나 유제품 이외의 포유동물계 사료를 먹이는 것은 허용되지 않는다.

ⓓ 합성질소나 비단백질소(NPN) 화합물은 사용할 수 없다.

㉢ 첨가제 · 가공 보조제 기준

ⓐ 결착제, 항고형제, 유화제, 안정제, 표면활성제, 응고제 : 천연적인 것만 허용된다.

ⓑ 항산화제 : 천연적인 것만 허용된다.

ⓒ 방부제 : 천연적인 것만 허용된다.

ⓓ 착색제(색소 포함), 향미제, 식욕촉진제 : 천연적인 것만 허용된다.

ⓔ 생균제, 효소제, 미생물제는 허용된다.

ⓕ 항생제, 항콕시듐제, 의약물질, 성장 · 생산 촉진제는 사용할 수 없다.

⑦ 유전자 조작/변형 유기체나 그 제품은 사일리지 첨가제와 가공 보조제의 원료로 사용할 수 없다. 사일리지 첨가제와 가공 보조제는 다음으로 이루어져야 한다.

㉠ 바다 소금

㉡ 굵은 암염

㉢ 효모제

㉣ 유장(乳漿)

㉤ 당 또는 당제품(당밀 등)

㉥ 꿀

㉦ 젖산균, 초산균, 개미산균, 프로피온산균이나 이들에서 추출한 천연산은 기후 조건상 발효가 이루어지지 않고 관할기관이 승인할 때만 첨가할 수 있다.

5) 건강 관리

① 유기가축의 질병 방지는 다음 원칙에 바탕을 두어야 한다.

㉠ 품종과 계통을 적절히 선택한다.

㉡ 각 축종에 적합한 사육 방법(질병 및 감염 방지)을 사용한다.

㉢ 자연적인 면역 기능이 강화되도록 양질의 유기사료를 공급하고 초지와 노천지에 정기적으로 접근할 수 있게 한다.

㉣ 적정 가축 밀도를 유지하여 과밀 사육에 의한 건강 문제를 사전에 방지한다.

② 위와 같은 노력에도 불구하고 가축이 병에 걸리거나 부상을 당하면 즉시 치료해야 한다. 경우에 따라 적정 사육장에 격리하여 치료할 수도 있다. 가축이 불필요한 고통을 받을 때는 유기지위를 잃게 된다고 하더라도 약물 투여를 유보하지 않아야 한다.

③ 유기농장에서 동물 약품을 사용할 때는 다음 원칙을 따라야 한다.

㉠ 특정 질병이나 건강 문제가 발생하고 있거나 발생할 수 있는 장소에서 다른 치료 방법이나 처치 방법이 없거나 법으로 요구될 때는 예방접종이나 구충제 · 치료제의 사용이 허용된다.

㉡ 약초요법(항생제 제외) 제제, 동종요법 제제, 추적제가 해당 축종이나 질병에 효과가 있을 경우에는 이를 화학 동물약품이나 항생제에 우선하여 사용해야 한다.
㉢ 상기 제품이 질병에 효과적이지 않을 때는 수의사의 책임하에 화학 동물약품이나 항생제를 사용할 수 있다. 휴약기간은 법정기간의 두 배가 되어야 한다(최소 48시간).
㉣ 질병을 예방할 목적으로 화학 동물 약품이나 항생제를 사용하는 것은 금지된다.
④ 호르몬 처치는 수의사의 관리하에 치료 목적으로만 사용할 수 있다.
⑤ 성장이나 생산을 촉진할 목적으로 성장촉진제를 사용하는 것은 금지된다.

6) 사육, 운송, 도살

① 가축은 따뜻한 배려, 책임감, 애정을 가지고 유지 관리해야 한다.
② 번식 방법은 유기축산 원칙을 따르되 다음을 고려하여 정한다.
㉠ 현지 조건과 유기 체계하에 사육하기 적합한 품종과 계통을 고른다.
㉡ 종축을 사용한 자연교배가 권장되지만, 인공수정도 할 수 있다.
㉢ 수정란 이식기법이나 번식 호르몬 처리기법은 사용하지 않는다.
㉣ 유전공학을 사용한 번식기법은 사용하지 않는다.
③ 유기축산 체계에서는 통상적으로 면양의 꼬리에 접착밴드 붙이기, 꼬리 자르기, 이빨 자르기, 부리 자르기, 뿔 자르기 같은 행위가 허용되지 않는다. 다만, 특수한 상황에서 가축의 안전, 건강, 복지 개선에 필요할 경우 관할기관이나 그 대리기관은 이들 가운데 일부 행위(유축 뿔 자르기 등)를 허용할 수 있다. 이러한 행위는 적절한 연령에서 실시하되 가축에 가해지는 고통을 최소화해야 한다. 경우에 따라 마취할 수도 있다. 제품의 품질 향상과 전통적인 생산 방법(비육돈, 거세 수소, 거세 토끼)의 유지를 위해 물리적 거세가 허용되지만, 본 항의 조건이 준수되어야 한다.
④ 사육 조건/환경은 가축의 행동양식을 고려하여 관리하되 다음이 충분히 제공되도록 해야 한다.
㉠ 충분히 움직일 수 있는 공간과 정상적인 행동을 표현할 수 있는 기회
㉡ 다른 가축(특히 유사 품종)과의 어울림
㉢ 비정상적인 행동, 부상, 질병 예방 조치
㉣ 화재, 필수장비 손상, 필수품 부족 등의 비상상황에 대비한 조치
⑤ 생축의 수송은 부상, 스트레스, 고통 없이 조용하고 부드러운 방법으로 이루어져야 한다. 관할기관은 수송 조건과 수송 시간 한도를 정해야 한다. 가축을 수송할 때는 전기적 자극이나 안정제의 사용이 허용되지 않는다.
⑥ 가축의 도살은 스트레스와 고통을 최소화하는 방법으로 규정에 따라 실시해야 한다.

7) 축사 및 방목 조건

① 가축이 야외에서 살 수 있는 기후조건을 가진 지역에서는 축사를 의무적으로 설치할 필요가 없다.

② 축사는 다음을 갖추어 가축의 생물학적 욕구와 행동 욕구를 만족시킬 수 있어야 한다.

㉠ 사료와 음용수 접근의 용이성

㉡ 공기, 먼지, 온습도, 가스가 가축 건강에 유해하지 않는 수준으로 유지되도록 할 수 있는 단열, 냉난방, 환기시설

㉢ 신선한 공기와 자연광의 충분한 공급

③ 가축은 기후조건이 나쁘거나 건강, 안전, 복지가 위협을 받을 수 있거나 식물, 토양, 수질 보호가 필요할 경우 일시적으로 가두어 사육할 수 있다.

④ 축사의 가축 밀도 조건은 다음과 같다.

㉠ 가축의 품종, 계통, 연령에 맞는 편안함과 복지를 제공할 수 있어야 한다.

㉡ 축군의 크기와 성에 관한 가축의 행동 욕구가 고려되어야 한다.

㉢ 일어서기, 눕기, 회전하기, 몸 손질하기, 기지개 켜기, 날갯짓 등 모든 자연스러운 동작을 하기에 충분한 공간이 확보되어야 한다.

⑤ 축사, 우리, 장비, 용기 등을 청결하게 유지하고 소독하여 교차 감염이나 질병 운반체의 증식을 억제한다.

⑥ 방목지, 노천지, 운동 공간은 지역 기후조건과 품종 특성에 맞추어 비바람, 햇빛, 극한 온도로부터 보호한다.

⑦ 야외(자연 · 반자연 서식지 등)에서 기르는 가축의 밀도는 토질 악화와 목초의 과도한 섭취를 피할 수 있을 만큼 낮아야 한다.

8) 포유동물

① 포유동물을 사육할 때는 초지, 노천지, 운동 공간의 일부에 지붕을 설치하여 생리적 조건, 기후조건, 지면 조건에 따라 언제든지 접근하여 사용할 수 있도록 해야 한다. 관할기관은 다음에 대하여 예외를 허용할 수 있다.

㉠ 수소의 초지 접근 또는 암소의 겨울철 노천지 · 운동 공간 접근

㉡ 비육 말기

② 축사의 바닥은 부드럽고 미끄럽지 않도록 하되 전체를 판자로 하거나 격자구조로 만들어서는 안 된다.

③ 축사는 견고하고, 편안하고, 청결하고, 건조하고, 충분히 큰 휴식 공간을 제공해야 한다. 휴식 공간에는 건조한 깔짚을 많이 깔아야 한다.

④ 관할기관의 승인 없이 송아지를 한 마리씩 박스형 우리에 넣거나 가축에 밧줄을 사용하는 것은 허용되지 않는다.

⑤ 번식돈은 임신 말기나 포유기간을 제외하고는 군사되어야 한다.
⑥ 자돈은 평평한 바닥이나 자돈 케이지에서 사육할 수 없다. 운동 공간에서는 배변이나 땅파기가 가능해야 한다.
⑦ 토끼를 케이지에서 사육하는 것은 허용되지 않는다.

9) 가금

① 가금은 개방 조건에서 사육해야 하고 기후조건에 따라 노천지에 접근이 가능해야 한다.
② 가금을 케이지에서 사육하는 것은 허용되지 않는다.
③ 물오리류는 기후조건에 따라 시냇물, 연못, 호수에 접근이 가능해야 한다.
④ 가금류 축사에는 짚, 톱밥, 모래, 잔디와 같은 깔짚이 깔린 견고한 공간이 있어야 한다.
⑤ 산란계에는 배설물의 수집에 충분한 바닥 공간을 제공해야 한다.
⑥ 횃대/공중 수면 공간의 크기와 수는 가금의 크기와 수에 적합해야 하며, 적당한 크기의 출입구멍이 있어야 한다.
⑦ 산란계를 위해 자연적인 낮시간을 인공광으로 연장할 경우 관할기관은 축종, 지리적 조건, 전반적인 건강을 고려하여 인공광을 사용할 수 있는 시간의 한도를 정해야 한다.
⑧ 가금의 건강을 위해 한 차례의 사육이 끝나면 축사를 비워 식물이 다시 자랄 때까지 둔다.

10) 분뇨 관리

① 축사나 방목지의 분뇨 관리는 다음과 같이 해야 한다.
  ㉠ 토양과 수질의 악화를 최소화한다.
  ㉡ 질산과 병원성균으로 수질오염을 일으키지 않게 한다.
  ㉢ 영양소의 재순환을 최적화한다.
  ㉣ 유기축산 원칙에 부합하지 않는 행위(태우기 등)를 하지 않는다.
② 퇴비 시설을 포함한 모든 분뇨 저장/취급 시설은 토양이나 지표수의 오염이 방지되도록 설계, 건축, 관리해야 한다.
③ 분뇨 살포는 토양이나 지표수가 오염되지 않는 수준으로 한다.
  ㉠ 관할기관은 분뇨 살포 한도나 사육밀도 한도를 정할 수 있다.
  ㉡ 분뇨를 살포하려면 연못, 강, 시냇물로 유출될 위험이 커지지 않는 시기와 방법을 선택해야 한다.

11) 자료 보관 및 식별

농장 운영자는 규정에 따라 상세하고 업데이트된 기록을 유지해야 한다.

③ 양봉 및 꿀벌 제품

1) 일반 원칙

① 양봉은 벌의 수분 활동을 통해 환경보호와 농림업 생산에 기여하는 중요한 활동이다.
② 벌통의 처리와 관리는 유기농업의 원칙에 따라야 한다.
③ 꿀벌의 활동 지역은 적정 영양분이 충분히 공급될 수 있을 정도로 커야 하고 물이 가까이 있어야 한다.
④ 자연 과즙(넥타), 단물, 꽃가루는 기본적으로 유기적으로 자란 식물과 야생식물에서 나온 것이어야 한다.
⑤ 벌의 건강은 적정 품종 선택, 좋은 환경, 균형 있는 먹이, 적절한 양봉 방식을 통한 질병 예방에 기본을 두어야 한다.
⑥ 벌통은 기본적으로 환경이나 벌의 생산물을 오염시킬 위험이 없는 자연 소재로 이루어져야 한다.
⑦ 벌을 야생 환경에 풀어놓을 때는 토착 곤충의 밀도에 유의해야 한다.

2) 벌통의 위치

① 벌통은 작물이나 야생식물의 생육이 본 가이드라인 생산 원칙에 부합하는 곳에 위치시켜야 한다.
② 공식 인증기관이나 관할기관은 양봉업자가 제공하는 정보나 답사를 통해 얻은 정보에 근거하여 양봉 예정지에서 단물, 넥타, 꽃가루가 적절히 공급되는지 여부를 승인해야 한다.
③ 공식 인증기관이나 관할기관은 벌이 본 가이드라인의 요건에 부합하는 영양분을 충분히 얻을 수 있는 반경(벌통 기준)을 정할 수 있다.
④ 공식 인증기관이나 관할기관은 금지된 물질, 유전자 변형 유기체, 환경오염 물질에 의한 오염 가능성이 있어 본 요건에 부합하는 벌통을 위치시킬 수 없는 지역을 구분해 놓아야 한다.

3) 먹이

① 꿀 생산기간이 종료되면 군체가 동면 기간 동안 생존하기에 충분한 양의 꿀과 꽃가루를 벌통에 남겨두어야 한다.
② 특수한 여건(악성 기후 등) 때문에 일시적인 먹이 부족이 있을 경우에는 사업자가 군체에 먹이를 공급해야 한다. 이런 경우에는 가능한 한 유기적으로 생산된 꿀이나 설탕을 사용해야 한다. 공식 인증기관이나 관할기관은 비유기적으로 생산된 꿀이나 설탕을 사용하는 것을 허용할 수도 있는데, 이와 같은 경우에는 사용기간을 정해야 한다. 먹이는 꿀을 마지막으로 채취한 시점부터 다음의 넥타/단물이 나오는 시점까지만 주어야 한다.

4) 전환기

① 양봉에 최소한 1년 동안 본 가이드라인을 준수한 경우에는 양봉 생산물을 유기 생산물로 판매할 수 있다.
  ㉠ 전환 기간에는 밀랍을 유기적으로 생산된 밀랍으로 교체해야 한다.
  ㉡ 1년 이내에 전체 밀랍을 교체할 수 없을 때는 인증기관이나 관할 당국에서 전환기를 연장해 줄 수 있다.
  ㉢ 유기적으로 생산된 밀랍이 없을 경우에는 인증기관이나 관할기관에서 본 가이드라인에 부합하지 않는 출처에서 나온 밀랍을 사용하는 것을 허용할 수 있다. 단, 밀랍은 금지된 물질이 사용되지 않는 곳에서 나온 것이어야 한다.
② 벌통에 금지된 제품이 사용된 적이 없을 때는 밀랍을 교체할 필요가 없다.

5) 벌의 선택

① 벌 군체는 유기 군체로 전환시킬 수 있다. 새 벌은 가능하면 유기 양봉장에서 나온 것을 도입해야 한다.
② 종벌을 선택할 때는 현지 적응 능력, 활력, 내병성을 고려해야 한다.

6) 벌의 건강

① 벌 군체의 건강은 우수농산물관리기준(GAP)을 통해 유지하되 다음과 같이 종벌의 선별과 벌통의 관리를 통해 질병 예방에 중점을 두어야 한다.
  ㉠ 현지 조건에 잘 적응하는 건강한 종벌을 사용한다.
  ㉡ 상황에 따라 여왕벌을 교체한다.
  ㉢ 장비를 정기적으로 클리닝하고 소독한다.
  ㉣ 꿀 밀랍을 정기적으로 교체한다.
  ㉤ 벌통에 꽃가루와 꿀을 충분히 유지한다.
  ㉥ 체계적인 벌통 검사를 통해 이상을 탐지한다.
  ㉦ 벌통의 수벌을 체계적으로 관리한다.
  ㉧ 상황에 따라 병에 걸린 벌통을 격리시킨다.
  ㉨ 오염된 벌통이나 재료는 폐기한다.
② 병충해 관리를 위해 다음 사항이 허용된다.
  ㉠ 유산, 수산, 초산
  ㉡ 포름산
  ㉢ 유황
  ㉣ 자연 에테르 유(멘톨, 유카리유, 장뇌 등)
  ㉤ 비티제(*Bacillus thuringiensis*)

ⓗ 증기와 직사 화염

③ 예방 수단이 효과가 없을 때는 다음 조건으로 동물 약품을 사용할 수도 있다.

㉠ 약초요법과 동종요법을 우선적으로 사용한다.

㉡ 화학적으로 합성된 약품을 사용했을 때

ⓐ 벌 생산물을 유기 제품으로 판매할 수 없다.

ⓑ 처리된 벌통은 격리 상태로 1년의 전환기를 거쳐야 한다.

ⓒ 밀랍은 본 가이드라인에 부합하는 것으로 교체해야 한다.

㉢ 수의학 처치는 모두 분명한 기록을 남겨야 한다.

④ 수벌의 제거는 Varroa jacobsoni(꿀벌 응애)의 감염을 억제할 목적으로만 허용된다.

7) 관리

① 기초 벌집은 유기적으로 생산된 밀랍으로 만들어야 한다.

② 벌 생산물을 채취하기 위해 벌집 안의 벌을 죽이는 일은 금지된다.

③ 몸체 절단 행위(여왕벌의 날개를 자르는 등)는 금지된다.

④ 꿀을 채취할 때는 합성 방충제의 사용이 금지된다.

⑤ 연기는 최소한으로 줄여야 한다. 발연 물질은 자연산이거나 본 가이드라인의 요건에 부합되는 재료에서 나온 것이어야 한다.

⑥ 양봉 생산물을 채취하고 가공할 때는 가능한 한 온도를 낮게 유지한다.

8) 기록 유지

양봉업자는 규정에 따라 상세하고 업데이트된 기록을 유지해야 한다. 벌통의 위치가 그려진 지도도 가지고 있어야 한다.

4 제품의 취급, 저장, 운송, 가공, 포장

1) 유기 제품

① 유기 제품은 가공단계에서도 원래의 상태를 유지해야 한다.

② 이를 위해서는 정제작업 및 첨가제, 가공 보조제의 사용을 제한하고 성분의 특성에 맞는 가공방법을 사용해야 한다.

③ 방사선 조사는 해충방제, 식품 보존, 병원의 제거 또는 위생의 목적 등으로 유기 제품에 사용할 수 없다.

2) 해충 관리

① 해충을 관리, 통제하려면 다음 방법을 순서대로 사용한다.

㉠ 해충의 서식처를 파괴, 제거하고 해충이 시설에 접근하는 것을 봉쇄하는 등의 예방적 방법이 해충 관리의 일차적인 수단이 된다.

㉡ 예방적 방법으로 충분하지 않을 때는 기계적, 물리적, 생물학적 방법을 사용한다.

㉢ 기계적, 물리적, 생물학적 방법으로 충분하지 않을 때는 부속서에 나오는 살충제(또는 관할기관이 허용하는 다른 물질)를 사용한다. 단, 취급, 저장, 운송, 가공시설에서 이들을 사용하는 것을 관할기관이 허용하고 이들이 유기 제품과 접촉하지 않는 경우에 한한다.

② 해충의 발생은 효율적인 생산 방법을 사용하여 막아야 한다. 저장소나 운송 용기의 경우에는 격벽을 사용하거나 소리, 초음파, 빛, 덫(페르몬 또는 미끼를 사용하는 것), 온도, 기체(탄산가스, 산소, 질소 등), 규조토 등을 사용하여 해충을 막는다.

③ 수확 후의 처리나 검역을 위해 부속서에 열거되지 않은 살충제를 본 가이드라인에 따라 생산된 제품에 사용하는 것은 허용되지 않는다. 이는 제품의 유기적 특성을 파괴할 수 있다.

3) 가공과 생산

가공에는 기계적, 물리적, 생물학적(발효, 훈증 등) 방법을 사용할 수 있다. 부속서에 나오는 비농산 물질이나 첨가제의 사용은 최소화한다.

4) 포장

포장재는 생물 분해성이며, 재활용이 가능한 것을 사용하거나, 재활용 재질로 만든 것을 사용하는 것이 바람직하다.

5) 저장과 운송

① 제품을 저장, 운송, 취급할 때는 다음 사항을 지켜 원래의 상태를 유지시킨다.

㉠ 유기 제품과 비유기 제품이 섞이지 않게 한다.

㉡ 유기 제품이 유기농법에서 허용되지 않는 물질과 접촉되지 않게 한다.

② 제품 가운데 일부만 인증되는 경우에는 본 가이드라인에 의거하지 않은 제품을 별도로 저장, 취급하고 두 가지가 뚜렷이 구별되게 한다.

③ 유기 제품을 벌크(bulk)로 저장할 때는 관행 제품과 별도로 저장하고 표시도 분명히 한다.

④ 유기 제품 저장소와 운송 용기는 유기 생산에서 허용되는 방법과 재료로 소제한다. 유기 제품 전용이 아닌 저장소나 용기의 경우에는 사용에 앞서 부속서에 열거되지 않은 살충제나 처리제의 오염을 막는 조치를 취한다.

3 유기식품 생산에 허용되는 물질(부속서 2)

❶ 주의사항

① 토양의 비옥화, 토질 개선, 병해충 방제, 가축의 건강, 축산물의 질, 식품의 준비 · 보존 · 저장을 위하여 유기농 체계에서 사용하는 물질은 모두 각국의 법규에 부합해야 한다.

② 다음에 열거된 물질 중 일부에 대해서는 인증기관이 사용 조건(사용 빈도, 목적 등)을 정할 수도 있다.

③ 일차 생산에 특정 물질이 필요한 경우에는, 허용된 물질이라도 오용될 수 있고 또 토양이나 농장의 생태계를 바꾸어 놓을 수 있음을 염두에 두고 조심스럽게 사용하도록 한다.

④ 다음 목록은 필요한 물질을 모두 담고 있거나 불필요한 물질을 모두 배제한 것이 아니므로 규제 목적에 전적으로 사용할 수는 없다. 이 목록은 다만 국제적으로 합의된 물질을 각국 정부에 알려주려는 데 목적이 있다. 각국 정부는 본 가이드라인에 나오는 검토 기준을 특정 물질의 허용 여부 결정에 우선적으로 적용해야 한다.

❷ 허용 물질

1) 토양의 비옥화 및 토질 개선에 사용하는 물질(표1)

물질	성분 요건 및 사용 조건
농장 및 가금 퇴비	유기농장에서 나온 것이 아닌 경우에는 인증기관의 확인 필요. 공장형 농법에서 나온 것은 사용 불가 공장형 농법이란 유기농업에서 허용되지 않는 사료, 수의약품(獸醫藥品)에 주로 의존하는 공업적 관리 체계를 말한다.
이장(slurry) 및 오줌	유기 생산 체계에서 나온 것이 아닌 경우에는 인증기관의 확인 필요. 적절한 발효, 희석을 거쳐 사용하는 것이 바람직. 공장형 농법에서 나온 것은 사용 불가
가축 배설물(가금 배설물 포함) 퇴비(농장 퇴비 포함)	인증기관의 확인 필요. 공장형 농법에서 나온 것은 사용 불가
건조된 농장 퇴비 및 탈수된 가금 퇴비	인증기관의 확인 필요. 공장형 농법에서 나온 것은 사용 불가
구아노	인증기관의 확인 필요
짚	인증기관의 확인 필요
버섯 재배 및 지렁이 양식에서 생긴 퇴비	인증기관의 확인 필요. 기질의 초기 성분은 본 목록에 나오는 제품으로 한정됨
유기농장 가정 쓰레기에서 나온 퇴비	인증기관의 확인 필요

물질	성분 요건 및 사용 조건
식물 잔류물에서 나온 퇴비	
도축장과 어류산업에서 나온 가공 제품	인증기관의 확인 필요
식품산업 및 섬유산업 부산물	합성 첨가제로 처리되지 않음. 인증기관의 확인 필요
해초 및 해초 제품	인증기관의 확인 필요
톱밥, 나무껍질, 목재 쓰레기	인증기관의 확인 필요
나무 재	인증기관의 확인 필요
천연 인광석	인증기관의 확인 필요. 카드뮴이 90mg/kg P_2O_5를 초과하지 않아야 함
염기성 슬래그(鑛滓)	인증기관의 확인 필요
칼리암, 칼륨염암(mined potassium salts)(카이나이트, 실비나이트 등)	염소 60% 미만
황산칼륨(패튼칼리 등)	물리적 방법으로 만든 것으로 용해도를 높이기 위해 화학 처리로 농축하지 않은 것
자연산 탄산칼슘(백악, 이회토, 석회석, 인산석회암 등)	–
마그네슘암	–
마그네슘석회암	–
사리염(황산마그네슘)	–
석고(황산칼슘)	–
스틸리지(stillage) 및 그 추출액	암모니아 스틸리지 제외
염화나트륨	암염(岩鹽)에 한함
알루미늄인산칼슘	최대 90mg/kg P_2O_5
미량 원소(브롬, 구리, 철, 망간, 몰리브덴, 아연)	인증기관의 확인 필요
황	인증기관의 확인 필요
돌가루(stone meal)	–
점토(벤토나이트, 펄라이트, 제올라이트 등)	–
자연생 유기체(지렁이 등)	–
질석(vermiculite)	–
토탄(peat)	합성 첨가제 제외(종자나 분에 퇴비로 사용하는 것은 가능). 다른 용도는 인증기관의 인증 필요
지렁이, 곤충에서 나온 부식토	–
제올라이트(zeolite)	–
나무 숯	–

물질	성분 요건 및 사용 조건
석회소다의 염화물	인증기관의 확인 필요
인간 배설물	인증기관의 확인 필요. 가능한 한 발효시켜서 사용. 인간이 소비하는 작물에는 사용 불가
제당산업의 부산물(비나스 등)	인증기관의 확인 필요
야자유, 코코넛, 코코아의 부산물(빈 열매 송이, 야자유 잔류물, 코코아 잔류물, 빈 코코아 꼬투리 포함)	인증기관의 확인 필요
유기농산물계 성분(재료)을 가공하는 산업 부산물	인증기관의 확인 필요

2) 식물 병해충 방제용 물질(표2)

물질	성분 요건 및 사용 조건에 대한 설명
I. 동식물	
제충국(Chrysanthemum cineraraefolium)에서 추출한 피레스린을 기본으로 한 제제(활성제 포함 가능)	인증기관의 확인 필요
데리스 등(Derris elliptica, Lonchocarpus, Thephrosia spp)에서 추출한 로테논을 기본으로 한 제제	인증기관의 확인 필요
구아시아(Quassia amara) 제제	인증기관의 확인 필요
라이아니아(Ryania speciosa) 제제	인증기관의 확인 필요
인도 전단(단향목 Azadirachta indica)에서 추출한 님(Neem/Azadirachtin)을 기본으로 한 제제	인증기관의 확인 필요
밀랍(Propolis)	인증기관의 확인 필요
동식물 기름	-
해초, 해초 가루, 해초 추출액, 해염, 해수	화학적으로 처리되지 않은 것
젤라틴	-
인지질(레시틴)	인증기관의 확인 필요
카세인(건락소)	-
천연산(식초 등)	인증기관의 확인 필요
아스페르길라스(Aspergillus) 발효 제품	-
버섯(shiitake fungus) 추출액	-
클로렐라 추출액	-
담배를 제외한 자연식물 조 제품	인증기관의 확인 필요

물질	성분 요건 및 사용 조건에 대한 설명
담배차(순수 니코틴은 제외)	인증기관의 확인 필요
II. 광물	
무기 화합물(보르도 혼합액, 수산화동, 산화동)	인증기관의 확인 필요
부르고뉴액(Burgandy mixture)	인증기관의 확인 필요
구리염	인증기관의 확인 필요
황	인증기관의 확인 필요
광물 분말(돌가루, 규산염)	–
규조토	인증기관의 확인 필요
규산염, 점토(벤토나이트)	–
규산나트륨	–
중탄산염나트륨	–
과망간산염칼륨	인증기관의 확인 필요
파라핀유	인증기관의 확인 필요
III. 생물학적 해충방제에 사용되는 미생물	
미생물(박테리아, 바이러스, 곰팡이) (Bacillus thuringiensis, Granulosis virus 등)	인증기관의 확인 필요
IV. 기타	
이산화탄소 및 질소가스	인증기관의 확인 필요
칼륨 비누(potassium soap : 연성비누)	–
에틸알코올	인증기관의 확인 필요
동종요법(同種療法) 제제	–
약초 및 생물역학적 제제	–
웅성 불임곤충	인증기관의 확인 필요
V. 덫(Trap)	
페로몬(유인물질) 제제	–
고등동물 추방제 메타알데히드(metaldehade)를 기초로 한 제제. 덫에 사용하는 것으로 제한	인증기관의 확인 필요

3) 비농산물계 물질(표3)

① 식품 첨가제(보조제 포함)

번호	명칭	조건
		식물 제품용
170	탄산칼슘	–
220	이산화황	과실주 제조
270	젖산	발효 채소 제품
290	이산화탄소	–
296	사과산(Malic acid)	–
300	아스코르빈산(Ascorbic acid)	자연산을 구할 수 없을 때
306	토코페롤(천연 농축액 혼합물)	–
322	레시틴(Lecithin)	표백제나 유기솔벤트를 사용하지 않은 것
330	시트르산(Citric acid)	과일, 채소 제품
335	주석나트륨(Sodium tartrate)	과자, 제과용
336	주석칼륨(Potassium tartrate)	곡물식(穀物食), 케이크, 제과용
341i	인산제일칼슘	반죽을 부풀리는 데만 사용
400	아르긴산(Alginic acid)	–
401	아르기닌나트륨	–
402	아르긴칼륨	–
406	한천(Agar)	–
407	카라기난(Carageenan)	–
410	로커스트빈 수지(Locust bean gum)	–
412	구아 수지(Guar gum)	–
413	트라가칸트 수지(Tragacanth gum)	–
414	아라비아 수지(Arabic gum)	우유, 지방제품 및 제과용
415	크산탄 수지(Xanthan gum)	고지방 제품, 과실, 채소, 과자, 케이크, 비스킷, 샐러드
416	카라야 수지(Karaya gum)	–
440	펙틴(변형되지 않은 것)	–
500	탄산나트륨	곡물, 케이크, 비스킷
501	탄산칼륨	제과용(과자, 비스킷 등)
503	탄산암모늄	–
504	탄산마그네슘	–

번호	명칭	조건
508	염화칼륨	냉동 과실 · 채소/과실 · 채소 통조림, 채소 양념/케첩 및 겨자
509	염화칼슘	유제품/지방제품/과실 · 채소/두류제품
511	염화마그네슘	두류제품
516	황산칼슘	케이크, 비스킷/두류제품/제과용 이스트 제품
524	수산화나트륨	곡물식
938	아르곤	–
941	질소	–
948	산소	–

② **향료(flavorings)** : '천연향료 일반 요건(CAC/GL 29-1987)'에 정의된 천연 방향제 또는 천연 풍미제로 표시된 물질 및 제품

③ **물과 소금**

㉠ 음료수

㉡ 소금(식품 가공에 일반적으로 사용되는 성분인 염화나트륨 또는 염화칼륨)

④ **미생물 및 효소 제제** : 식품 가공에 일반적으로 사용되는 미생물, 효소 제제(유전자 조작으로 만든 미생물이나 효소는 제외)

⑤ 무기질(미량원소 포함), 비타민, 필수지방, 아미노산, 기타 질소화합물

㉠ 제품에 사용하는 것이 법적으로 요구되는 경우에만 허용

㉡ 가축과 벌의 생산물

4) 농산물계 제품의 조제에 사용할 수 있는 가공보조제(표4)

명칭	조건
식물 제품용	
물	–
염화칼슘	응고제
탄산칼슘	–
수산화칼슘	–
황산칼슘	응고제
염화마그네슘	응고제
탄산칼륨	건포도 건조
이산화탄소	–
질소	–

명칭	조건
에타놀	솔벤트
타닌산	여과보조제
달걀 흰자질	–
카세인(Casein)	–
젤라틴(아교)	–
운모(Isinglass)	–
식물유	유연제
산화규소	젤이나 콜로이드 용액으로
활성탄	–
활석(Talc)	–
벤토나이트	–
고령토(Kaolin)	–
규조토(Diatomaceous earth)	–
펄라이트(Perlite)	–
개암껍질(Hazelnut shell)	–
밀랍	유연제
카르노바(Carnauba) 밀랍	유연제
황산	설탕 생산 시 추출용수의 pH 조정
수산화나트륨	설탕 생산 시 pH 조정
주석산과 소금	–
탄산나트륨	설탕 생산
나무껍질 혼합제제	–
수산화칼륨	설탕 가공에 pH 조정
시트르산(Citric acid)	pH 조정

4 부속서 3

❶ 검사/인증 시의 최소 검사 요건 및 예방 조치

① 본 가이드라인에 따른 표시를 한 제품이 국제적으로 합의된 기준에 일치하는지 확인하려면 식품 제조 과정 전체에 대한 검사가 필요하다. 공인 인증기관이나 관할기관은 본 가이드라인에

따라 검사 관련 정책과 검사 절차를 수립해야 한다.

② 검사가 원만히 이루어지려면 검사원이 모든 기록을 살펴볼 수 있어야 하고, 또 사업장에 자유로이 출입할 수 있어야 한다. 검사 대상 사업자는 검사원이 사업장을 출입하는 것을 허용하고 또 제삼자의 감사에 필요한 정보를 제공해야 한다.

❷ 생산 구역

① 유기식품은 생산 장소와 저장시설이 비유기식품과 뚜렷이 분리된 구역에서 생산해야 한다. 생산 구역에는 준비나 포장에 사용되는 장소도 포함될 수 있다. 단, 이와 같은 장소에서는 해당 구역에서 생산되는 농산물만 준비, 포장해야 한다.

② 검사를 개시할 때는 사업자와 인증기관이 다음 내용을 담은 서류를 작성, 서명해야 한다.
   ㉠ 생산 구역 및 수거 지역에 대한 상세한 설명(저장 구역, 생산 구역, 단위 농지를 포함하고, 준비 작업이나 포장 작업이 이루어지는 경우에는 이 장소도 포함시킨다.)
   ㉡ 야생식물을 수거할 경우에는 필요에 따라 생산자가 제삼자의 보증서를 첨부한다. 이는 부속서의 규정을 충족시키기 위한 것이다.
   ㉢ 본 가이드라인을 준수하기 위해 각 생산 구역에서 실제로 취하는 조치
   ㉣ 본 가이드라인에 부합하지 않는 제품을 해당 농지나 수거 지역에서 마지막으로 처리한 날짜
   ㉤ 본 가이드라인에 준하여 생산할 것이며, 이를 위반한 경우에는 본 가이드라인에 규정된 조치를 받아들일 것이라는 사업자의 약속

③ 사업자는 매년 인증기관이 정한 날짜 이전에 인증기관에 작물생산 스케줄을 통보한다. 스케줄은 단위 농지별로 나누어 작성한다.

④ 사업자는 구입한 원료에 대한 기록을 보관하여 인증기관으로 하여금 그 출처, 특성, 수량, 용도를 파악할 수 있게 한다. 사업자는 판매한 농산물의 특성, 수량, 수취인에 대한 기록도 보관해야 한다. 최종 소비자에게 직접 판매한 것은 매일 기록하는 것이 바람직하다. 생산 구역에서 농산물을 직접 가공하는 경우에는 해당 구역용 장부에 본 부속서에 정해진 내용을 기록해야 한다.

⑤ 큰 가축은 개별적으로, 작은 포유동물이나 가금은 군체로, 벌은 벌통으로 구분해 놓아야 한다. 가축과 벌 군체의 현황을 파악할 수 있는 자료를 유지해야 한다(이는 감사에도 필요함). 농장 운영자는 다음에 대해 상세하고 업데이트된 기록을 유지해야 한다.
   ㉠ 가축의 품종 또는 계통
   ㉡ 구매 기록
   ㉢ 질병, 부상, 생식 문제의 예방 및 관리를 위한 건강 유지 계획
   ㉣ 치료 및 약물 투여(방역 기간과 치료받은 동물/벌 군체의 표시 포함)
   ㉤ 공급한 먹이 및 먹이의 출처
   ㉥ 단위 농장 내에서의 가축 이동과 지도에 표시된 지역에서의 벌 군체 이동

㉦ 운송, 도살, 판매
㉧ 벌 생산물의 채취, 처리, 저장

⑥ 용도가 본 가이드라인에 부합하는 물질 이외의 물질을 생산 구역에 저장하는 것은 금지된다.

⑦ 인증기관은 최소한 1년에 한 번씩 생산 구역 전체에 대해 물리적인 검사를 실시해야 한다. 본 가이드라인에서 허용되지 않는 제품이 사용되는 것으로 의심되는 곳에서는 시험용으로 해당 제품의 견본을 수집할 수 있다. 생산 구역을 방문한 다음에는 항상 검사보고서를 작성해야 한다. 인증기관은 또한 필요에 따라 또는 불시에 생산 구역을 방문하기도 해야 한다.

⑧ 사업자는 인증기관이 검사를 위하여 장부나 증빙서류를 살펴보는 것과 저장/생산 구역이나 단위 농지에 출입하는 것을 허용해야 한다. 사업자는 검사에 필요하다고 생각되는 모든 정보를 검사기관에 제공해야 한다.

⑨ 본 가이드라인에 언급된 제품 가운데 최종 소비용으로 포장되어 있지 않은 것은 본 가이드라인과 부합하지 않는 물질이나 제품과 섞이거나 내용물이 바뀌는 일이 없도록 운송해야 한다. 현지 법규에 어긋나지 않는 한 제품에는 다음 사항을 첨부한다.
㉠ 생산 또는 준비 책임자의 이름과 주소
㉡ 제품의 이름
㉢ 제품이 유기 지위임을 나타내는 표시

⑩ 사업자가 같은 지역에서 여러 개의 생산 구역을 운영할 경우(병행 경작)에는 가이드라인에 언급되어 있지 않은 작물도 규정에 따라 검사를 받아야 한다. 언급된 구역에서 생산되는 식물과 구별이 어려운 종류는 이들 생산 구역에서 생산하지 말아야 한다.
㉠ 관할기관이 검사기준의 완화를 허용할 때는 해당 제품의 유형과 상황 및 보완검사 요건을 명시해야 한다. 보완검사는 불시 방문, 추수기 동안의 추가 검사, 추가 서류 요청, 사업자가 제품의 섞임을 방지할 수 있는지에 대한 평가 등으로 대신할 수 있다.
㉡ 회원국은 규정에 따라 본 가이드라인을 개정할 때까지 구분이 잘되지 않아도 검사 수단이 만족스러울 때는 같은 종류의 작물을 병행 경작하도록 허용할 수 있다.

⑪ 유기적인 가축 사육을 위해서는 한 농장 안의 모든 가축을 본 가이드라인에 나오는 규칙에 따라 사육해야 한다. 본 가이드라인에 따라 사육하지 않은 가축도 유기농장에 둘 수 있지만, 본 가이드라인에 따라 사육한 가축과 뚜렷하게 분리해 놓아야 한다. 관할기관은 보다 제한적인 조치를 취할 수도 있다(서로 다른 종의 사육 등).

⑫ 관할기관은 다음 조건으로 본 가이드라인에 따라 사육한 동물을 공용지에 방목하는 것을 허용할 수 있다.
㉠ 해당 공용지가 최소한 3년 동안 본 가이드라인에 허용된 제품 이외의 것으로 처리된 일이 없어야 한다.
㉡ 본 가이드라인에 따라 사육한 동물과 그렇지 않은 동물을 뚜렷이 격리시킬 수 있어야 한다.

⑬ 가축 생산과 관련하여 관할기관은 본 부속서의 다른 규정을 침해함이 없이 기술적으로 가능한 한도 내에서 생산의 모든 단계와 소비자에 대한 판매 준비가 이루어질 때까지의 전 과정에 대한 검사를 통해 가축 생산으로부터 처리 과정을 거쳐 최종 포장 및 라벨 부착이 이루어질 때까지 가축 및 가축 제품의 추적이 가능하도록 해야 한다.

❸ 준비 및 포장 구역

① 생산자나 사업자는 다음을 이행해야 한다.
㉠ 해당 구역에 대한 상세한 설명(관련 작업 전후에 농산물의 준비, 포장, 저장에 사용되는 시설)
㉡ 본 가이드라인을 준수하기 위해 단위 구역에서 실제로 취하는 조치 제시
㉢ 해당 구역 책임자와 인증기관은 위 사항을 담은 서류에 함께 서명해야 한다.
㉣ 검사보고서에는 본 가이드라인에 준하여 운영할 것이며, 이를 위반한 경우에는 본 가이드라인에 규정된 조치를 받아들일 것이라는 사업자의 약속을 담고 쌍방이 서명해야 한다.

② 사업자는 운영기록을 작성, 보관하여 인증기관이 다음 사항을 파악할 수 있게 해야 한다.
㉠ 본 가이드라인에 의거 해당 구역에 반입된 농산물의 출처, 특성, 수량
㉡ 본 가이드라인에 의거 해당 구역을 떠난 제품의 특성, 수량, 수취인
㉢ 해당 구역에 반입된 원료, 첨가제, 생산 보조제의 출처 · 특성 · 수량, 가공 제품의 성분 등 인증기관이 운영 과정을 검사하는 데 필요한 기타 정보

③ 본 가이드라인에 언급되지 않은 제품이 해당 구역에서 가공, 포장, 저장되는 경우의 조치
㉠ 작업 전후에 본 가이드라인에 언급된 제품을 저장할 장소를 구역 내에 별도로 만든다.
㉡ 작업은 본 가이드라인에 언급되지 않은 제품에 이루어지는 유사한 작업과 장소와 시간을 분리하여 실시하되 작업을 중단 없이 계속하여 로트 전체의 처리를 마친다.
㉢ 그 같은 작업이 빈번히 일어나지 않을 때는 작업이 있을 때마다 사전에(인증기관과 합의한 시한 내) 인증기관에 그 사실을 통보해야 한다.
㉣ 각 로트를 뚜렷이 구별하여 본 가이드라인의 요건에 부합하지 않는 제품과 섞이지 않도록 한다.

④ 인증기관은 최소한 1년에 한 번씩 해당 구역 전체에 대해 물리적인 검사를 실시해야 한다. 본 가이드라인에서 허용되지 않는 제품이 사용되는 것으로 의심되는 곳에서는 시험용으로 해당 제품의 견본을 수집할 수 있다. 구역을 방문한 다음에는 항상 검사보고서를 작성하고 작성한 검사보고서에는 구역 책임자의 서명을 받는다. 인증기관은 또한 필요에 따라 또는 불시에 구역을 방문하기도 해야 한다.

⑤ 사업자는 인증기관이 검사를 위하여 장부나 증빙서류를 살펴보는 것과 해당 구역에 출입하는 것을 허용해야 한다. 사업자는 검사에 필요하다고 생각되는 모든 정보를 검사기관에 제공해야 한다.

⑥ 본 부속서에 나오는 운송 관련 요건을 적용한다.

⑦ 사업자는 본 가이드라인에 언급된 제품을 접수하는 대로 다음 사항을 점검해야 한다.

㉠ 포장이나 용기의 봉인 상태(봉인이 필요한 경우)

㉡ 본 부속서에 규정된 사항의 표시. 점검 결과는 정해진 장부에 분명하게 기록해야 한다. 가이드라인에 명시된 생산 체계에 부합하지 않는 것으로 의심되는 제품은 유기 생산물임을 표시함이 없이 판매해야 한다.

4 수입

수입국은 수입자와 수입 유기 제품의 검사 요건을 정해 놓아야 한다.

유기농업기사 필기

CHAPTER 02

친환경농어업 육성 및 유기식품 등의 관리 · 지원에 관한 법률

- 환경농어업 육성 및 유기식품등의 관리 · 지원에 관한 법률(약칭 : 친환경농어업법)[시행 2023. 1. 1.] [법률 제18445호, 2021. 8. 17., 타법개정]
- 친환경농어업 육성 및 유기식품등의 관리 · 지원에 관한 법률 시행령(약칭 : 친환경농어업법 시행령)[시행 2023. 12. 12.] [대통령령 제33913호, 2023. 12. 12., 타법개정]
- 농림축산식품부 소관 친환경농어업 육성 및 유기식품등의 관리 · 지원에 관한 법률 시행규칙(약칭 : 친환경농어업법 시행규칙)[시행 2023. 12. 13.] [농림축산식품부령 제616호, 2023. 12. 13., 일부개정]

1 친환경농어업 육성 및 유기식품등의 관리 · 지원에 관한 법률

❶ 총칙

1) 목적

이 법은 ① 농어업의 환경 보전 기능을 증대시키고, ② 농어업으로 인한 환경오염을 줄이며, ③ 친환경농어업을 실천하는 농어업인을 육성하여 ④ 지속 가능한 친환경농어업을 추구하고, ⑤ 이와 관련된 친환경농수산물과 유기식품등을 관리하여 생산자와 소비자를 함께 보호하는 것을 목적으로 한다.

2) 용어의 정의

① "친환경농어업"이란 생물의 다양성을 증진하고, 토양에서의 생물적 순환과 활동을 촉진하며, 농어업생태계를 건강하게 보전하기 위하여 합성농약, 화학비료, 항생제 및 항균제 등 화학 자재를 사용하지 아니하거나 사용을 최소화한 건강한 환경에서 농산물 · 수산물 · 축산물 · 임산물(이하 "농수산물"이라 한다)을 생산하는 산업을 말한다.

시행규칙

"친환경농업"이란 친환경농어업 중 농산물 · 축산물 · 임산물(이하 "농축산물"이라 한다)을 생산하는 산업을 말한다.

제5과목

② "친환경농수산물"이란 친환경농어업을 통하여 얻는 것으로 다음 각 목의 어느 하나에 해당하는 것을 말한다.
㉠ 유기농수산물
㉡ 무농약농산물
㉢ 무항생제수산물 및 활성처리제 비사용 수산물(이하 "무항생제수산물등"이라 한다)

시행규칙

"친환경농축산물"이란 친환경농업을 통해 얻는 것으로서 다음 각 목의 어느 하나에 해당하는 것을 말한다.
가. 유기농산물 · 유기축산물 및 유기임산물(이하 "유기농축산물"이라 한다)
나. 무농약농산물

③ "유기"(organic)란 생물의 다양성을 증진하고, 토양의 비옥도를 유지하여 환경을 건강하게 보전하기 위하여 허용 물질을 최소한으로 사용하고, 제19조 제2항의 인증기준에 따라 유기식품 및 비식용유기가공품(이하 "유기식품등"이라 한다)을 생산, 제조 · 가공 또는 취급하는 일련의 활동과 그 과정을 말한다.

시행규칙

"유기식품등"이란 유기식품 및 비식용유기가공품(유기농축산물을 원료 또는 재료로 사용하는 것으로 한정한다)을 말한다.

④ "유기식품"이란 「농업 · 농촌 및 식품산업 기본법」 제3조 제7호의 식품과 「수산식품산업의 육성 및 지원에 관한 법률」 제2조 제3호의 수산식품 중에서 유기적인 방법으로 생산된 유기농수산물과 유기가공식품(유기농수산물을 원료 또는 재료로 하여 제조 · 가공 · 유통되는 식품 및 수산식품을 말한다. 이하 같다)을 말한다.

시행규칙

"유기식품"이란 유기농축산물과 유기가공식품(유기농축산물을 원료 또는 재료로 하여 제조 · 가공 · 유통되는 식품을 말한다. 이하 같다)을 말한다.

⑤ "비식용유기가공품"이란 사람이 직접 섭취하지 아니하는 방법으로 사용하거나 소비하기 위하여 유기농수산물을 원료 또는 재료로 사용하여 유기적인 방법으로 생산, 제조 · 가공 또는 취급되는 가공품을 말한다. 다만, 「식품위생법」에 따른 기구, 용기 · 포장, 「약사법」에 따른 의약외품 및 「화장품법」에 따른 화장품은 제외한다.
⑥ "무농약원료가공식품"이란 무농약농산물을 원료 또는 재료로 하거나 유기식품과 무농약농산물을 혼합하여 제조 · 가공 · 유통되는 식품을 말한다.
⑦ "유기농어업자재"란 유기농수산물을 생산, 제조 · 가공 또는 취급하는 과정에서 사용할 수 있는 허용 물질을 원료 또는 재료로 하여 만든 제품을 말한다.

⑧ “허용 물질”이란 유기식품등, 무농약농산물 · 무농약원료가공식품 및 무항생제수산물등 또는 유기농어업자재를 생산, 제조 · 가공 또는 취급하는 모든 과정에서 사용 가능한 것으로서 농림축산식품부령 또는 해양수산부령으로 정하는 물질을 말한다.

시행규칙

(허용 물질) ①「친환경농어업 육성 및 유기식품등의 관리 · 지원에 관한 법률」(이하 “법”이라 한다) 제2조 제7호에서 “농림축산식품부령으로 정하는 물질”이란 별표 1의 허용 물질을 말한다.
② 국립농산물품질관리원장은 별표 1의 허용 물질이 질적 · 양적으로 충분하지 않아 새로운 허용 물질을 선정할 필요가 있는 경우에는 별표 2의 허용 물질의 선정 기준 및 절차에 따라 허용 물질을 추가로 선정할 수 있다. 이 경우 국립농산물품질관리원장은 추가로 선정한 허용 물질을 고시해야 한다.

⑨ “취급”이란 농수산물, 식품, 비식용가공품 또는 농어업용자재를 저장, 포장[소분(小分) 및 재포장을 포함한다. 이하 같다], 운송, 수입 또는 판매하는 활동을 말한다.

⑩ “사업자”란 친환경농수산물, 유기식품등 · 무농약원료가공식품 또는 유기농어업자재를 생산, 제조 · 가공하거나 취급하는 것을 업(業)으로 하는 개인 또는 법인을 말한다.

3) 국가와 지방자치단체의 책무

① 국가는 친환경농어업 · 유기식품등 · 무농약농산물 · 무농약원료가공식품 및 무항생제수산물등에 관한 기본계획과 정책을 세우고 지방자치단체 및 농어업인 등의 자발적 참여를 촉진하는 등 친환경농어업 · 유기식품등 · 무농약농산물 · 무농약원료가공식품 및 무항생제수산물등을 진흥시키기 위한 종합적인 시책을 추진하여야 한다.

② 지방자치단체는 관할구역의 지역적 특성을 고려하여 친환경농어업 · 유기식품등 · 무농약농산물 · 무농약원료가공식품 및 무항생제수산물등에 관한 육성 정책을 세우고 적극적으로 추진하여야 한다.

4) 사업자의 책무

사업자는 화학적으로 합성된 자재를 사용하지 아니하거나 그 사용을 최소화하는 등 환경친화적인 생산, 제조 · 가공 또는 취급 활동을 통하여 환경오염을 최소화하면서 환경 보전과 지속 가능한 농어업의 경영이 가능하도록 노력하고, 다양한 친환경농수산물, 유기식품등, 무농약원료가공식품 또는 유기농어업자재를 생산 · 공급할 수 있도록 노력하여야 한다.

5) 민간 단체의 역할

친환경농어업 관련 기술 연구와 친환경농수산물, 유기식품등, 무농약원료가공식품 또는 유기농어업자재 등의 생산 · 유통 · 소비를 촉진하기 위하여 구성된 민간 단체(이하 “민간 단체”라 한다)는 국가와 지방자치단체의 친환경농어업 · 유기식품등 · 무농약농산물 · 무농약원료가공식품 및 무항생제수산물등에 관한 육성 시책에 협조하고 그 회원들과 사업자 등에게 필요한 교육 · 훈련 · 기술개발 · 경영지도 등을 함으로써 친환경농어업 · 유기식품등 · 무농약농산물 · 무농약원료가공식품 및 무항생제수산물등의 발전을 위하여 노력하여야 한다.

6) 흙의 날

① 농업의 근간이 되는 흙의 소중함을 국민에게 알리기 위하여 매년 3월 11일을 흙의 날로 정한다.
② 국가와 지방자치단체는 제1항에 따른 흙의 날에 적합한 행사 등 사업을 실시하도록 노력하여야 한다.

7) 다른 법률과의 관계

이 법에서 정한 친환경농수산물, 유기식품등, 무농약원료가공식품 및 유기농어업자재의 표시와 관리에 관한 사항은 다른 법률에 우선하여 적용한다.

❷ 친환경농어업·유기식품등·무농약농산물·무농약원료가공식품 및 무항생제수산물등의 육성·지원

1) 친환경농어업 육성계획

① 농림축산식품부장관 또는 해양수산부장관은 관계 중앙행정기관의 장과 협의하여 5년마다 친환경농어업 발전을 위한 친환경농업 육성계획 또는 친환경어업 육성계획(이하 "육성계획"이라 한다)을 세워야 한다. 이 경우 민간 단체나 전문가 등의 의견을 수렴하여야 한다.
② 육성계획에는 다음 각호의 사항이 포함되어야 한다.
㉠ 농어업 분야의 환경 보전을 위한 정책 목표 및 기본 방향
㉡ 농어업의 환경오염 실태 및 개선 대책
㉢ 합성농약, 화학비료 및 항생제 · 항균제 등 화학 자재 사용량 감축 방안
㉣ 친환경 약제와 병충해 방제 대책
㉤ 친환경농어업 발전을 위한 각종 기술 등의 개발 · 보급 · 교육 및 지도 방안
㉥ 친환경농어업의 시범단지 육성 방안
㉦ 친환경농수산물과 그 가공품, 유기식품등 및 무농약원료가공식품의 생산 · 유통 · 수출 활성화와 연계 강화 및 소비 촉진 방안
㉧ 친환경농어업의 공익적 기능 증대 방안
㉨ 친환경농어업 발전을 위한 국제협력 강화 방안
㉩ 육성계획 추진 재원의 조달 방안
㉪ 제26조 및 제35조에 따른 인증기관의 육성 방안

ⓔ 그밖에 친환경농어업의 발전을 위하여 농림축산식품부령 또는 해양수산부령으로 정하는 사항

시행규칙

(친환경농업 육성계획) 법 제7조 제2항 제11호에서 "농림축산식품부령으로 정하는 사항"이란 다음 각호의 사항을 말한다.

1. 농경지의 보전 · 개량 및 비옥도의 유지 · 증진 방안
2. 농업용수의 수질 등 농업환경 관리 방안
3. 환경친화형 농업 자재의 개발 및 보급과 농업 폐자재의 활용 방안
4. 농업 부산물 등의 자원화 및 적정 처리 방안
5. 유기식품등 · 무농약농산물 및 무농약원료가공식품의 품질관리 방안
6. 농업의 친환경적 육성 방안
7. 국내 친환경농업의 기준 및 목표에 관한 사항
8. 그밖에 농림축산식품부장관이 친환경농업 발전을 위해 필요하다고 인정하는 사항

③ 농림축산식품부장관 또는 해양수산부장관은 제1항에 따라 세운 육성계획을 특별시장 · 광역시장 · 특별자치시장 · 도지사 또는 특별자치도지사(이하 "시 · 도지사"라 한다)에게 알려야 한다.

2) 친환경농어업 실천계획

① 시 · 도지사는 육성계획에 따라 친환경농어업을 발전시키기 위한 특별시 · 광역시 · 특별자치시 · 도 또는 특별자치도(이하 "시 · 도"라 한다) 친환경농어업 실천계획(이하 "실천계획"이라 한다)을 세우고 시행하여야 한다. 이 경우 민간 단체나 전문가 등의 의견을 수렴하여야 한다.
② 시 · 도지사는 제1항에 따라 시 · 도 실천계획을 세웠을 때는 농림축산식품부장관 또는 해양수산부장관에게 제출하고, 시장 · 군수 또는 자치구의 구청장(이하 "시장 · 군수 · 구청장"이라 한다)에게 알려야 한다.
③ 시장 · 군수 · 구청장은 시 · 도 실천계획에 따라 친환경농어업을 발전시키기 위한 시 · 군 · 자치구 실천계획을 세워 시 · 도지사에게 제출하고 적극적으로 추진하여야 한다.

3) 농어업으로 인한 환경오염 방지

국가와 지방자치단체는 농약, 비료, 가축분뇨, 폐농어업자재 및 폐수 등 농어업으로 인하여 발생하는 환경오염을 방지하기 위하여 농약의 안전사용기준 및 잔류허용 기준 준수, 비료의 작물별 살포기준량 준수, 가축분뇨의 방류수 수질기준 준수, 폐농어업자재의 투기(投棄) 방지 및 폐수의 무단 방류 방지 등의 시책을 적극적으로 추진하여야 한다.

4) 농어업 자원 보전 및 환경 개선

① 국가와 지방자치단체는 농지, 농어업 용수, 대기 등 농어업 자원을 보전하고 토양 개량, 수질 개선 등 농어업 환경을 개선하기 위하여 농경지 개량, 농어업 용수 오염 방지, 온실가스 발생 최소화 등의 시책을 적극적으로 추진하여야 한다.

② 제1항에 따른 시책을 추진할 때 「토양환경보전법」 제4조의2와 제16조 및 「환경정책기본법」 제12조에 따른 기준을 적용한다.

5) 농어업 자원 · 환경 및 친환경농어업 등에 관한 실태조사 · 평가

① 농림축산식품부장관 · 해양수산부장관 또는 지방자치단체의 장은 농어업 자원 보전과 농어업 환경 개선을 위하여 농림축산식품부령 또는 해양수산부령으로 정하는 바에 따라 다음 각호의 사항을 주기적으로 조사 · 평가하여야 한다.

㉠ 농경지의 비옥도(肥沃度), 중금속, 농약 성분, 토양미생물 등의 변동 사항
㉡ 농어업 용수로 이용되는 지표수와 지하수의 수질
㉢ 농약 · 비료 · 항생제 등 농어업투입재의 사용 실태
㉣ 수자원 함양(涵養), 토양 보전 등 농어업의 공익적 기능 실태
㉤ 축산분뇨 퇴비화 등 해당 농어업 지역에서의 자체 자원 순환사용 실태
㉥ 친환경농어업 및 친환경농수산물의 유통 · 소비 등에 관한 실태
㉦ 그밖에 농어업 자원 보전 및 농어업 환경 개선을 위하여 필요한 사항

시행규칙

(농업 자원 · 환경 및 친환경농업 등에 관한 실태조사 · 평가)

① 농촌진흥청장, 산림청장 또는 지방자치단체의 장은 법 제11조 제1항에 따라 농업 자원 보전과 농업 환경 개선을 위해 같은 항 각호의 사항을 조사 · 평가하려는 경우에는 항목별 조사 · 평가의 방법 · 시기 및 주기 등이 포함된 계획을 수립하고, 그 계획에 따라 조사 · 평가를 해야 한다.

② 지방자치단체의 장은 농촌진흥청장 또는 산림청장이 제1항에 따라 실시하는 실태조사 및 평가에 적극 협조해야 하며, 제1항에 따른 실태조사 및 평가를 실시한 경우에는 그 결과를 농촌진흥청장 및 산림청장에게 제출해야 한다.

③ 농촌진흥청장 및 산림청장은 제1항에 따른 조사 · 평가의 결과와 제2항에 따라 제출받은 조사 · 평가의 결과를 활용하기 위해 농업환경자원 정보 체계를 구축해야 한다.

② 농림축산식품부장관 또는 해양수산부장관은 농림축산식품부 또는 해양수산부 소속 기관의 장 또는 그밖에 농림축산식품부령 또는 해양수산부령으로 정하는 자에게 제1항 각호의 사항을 조사 · 평가하게 할 수 있다.

시행규칙

(실태조사 · 평가 기관) 법 제11조 제2항에서 "농림축산식품부령으로 정하는 자"란 다음 각호의 어느 하나에 해당하는 자를 말한다.
1. 국립환경과학원
2. 「한국농어촌공사 및 농지관리기금법」에 따른 한국농어촌공사
3. 「정부출연연구기관 등의 설립 · 운영 및 육성에 관한 법률」에 따라 설립된 한국농촌경제연구원
4. 「농촌진흥법」에 따라 설립된 한국농업기술진흥원
5. 그밖에 농림축산식품부장관이 정하여 고시하는 친환경농업 관련 단체 · 연구기관 또는 조사전문업체

③ 농림축산식품부장관 및 해양수산부장관은 제1항에 따른 조사 · 평가를 실시한 후 그 결과를 지체 없이 국회 소관 상임위원회에 보고하여야 한다.

6) 사업장에 대한 조사

① 농림축산식품부장관 · 해양수산부장관 또는 지방자치단체의 장은 제11조에 따른 농어업 자원과 농어업 환경의 실태조사를 위하여 필요하면 관계 공무원에게 해당 지역 또는 그 지역에 잇닿은 다른 사업자의 사업장에 출입하게 하거나 조사 및 평가에 필요한 최소량의 조사 시료(試料)를 채취하게 할 수 있다.

② 조사 대상 사업장의 소유자 · 점유자 또는 관리인은 정당한 사유 없이 제1항에 따른 조사 행위를 거부 · 방해하거나 기피하여서는 아니 된다.

③ 제1항에 따라 다른 사업자의 사업장에 출입하려는 사람은 그 권한을 표시하는 증표를 지니고 이를 관계인에게 보여주어야 한다.

7) 친환경농어업 기술 등의 개발 및 보급

① 농림축산식품부장관 · 해양수산부장관 또는 지방자치단체의 장은 친환경농어업을 발전시키기 위하여 친환경농어업에 필요한 기술과 자재 등의 연구 · 개발과 보급 및 교육 · 지도에 필요한 시책을 마련하여야 한다.

② 농림축산식품부장관 · 해양수산부장관 또는 지방자치단체의 장은 친환경농어업에 필요한 기술 및 자재를 연구 · 개발 · 보급하거나 교육 · 지도하는 자에게 필요한 비용을 지원할 수 있다.

③ 농림축산식품부장관 · 해양수산부장관 또는 지방자치단체의 장은 친환경농어업에 필요한 자재를 사용하는 농어업인에게 비용을 지원할 수 있다.

8) 친환경농어업에 관한 교육 · 훈련

① 농림축산식품부장관 · 해양수산부장관 또는 지방자치단체의 장은 친환경농어업 발전을 위하여 농어업인, 친환경농수산물 소비자 및 관계 공무원에 대하여 교육 · 훈련을 할 수 있다.

② 농림축산식품부장관 또는 해양수산부장관은 제1항에 따른 교육 · 훈련을 위하여 필요한 시설 및 인력 등을 갖춘 친환경농어업 관련 기관 또는 단체를 교육훈련기관으로 지정할 수 있다.

③ 농림축산식품부장관 또는 해양수산부장관은 제2항에 따라 지정된 교육훈련기관(이하 "교육훈련기관"이라 한다)에 대하여 예산의 범위에서 교육 · 훈련에 필요한 비용의 전부 또는 일부를 지원할 수 있다.

④ 교육훈련기관의 지정 요건 및 절차, 그밖에 필요한 사항은 농림축산식품부령 또는 해양수산부령으로 정한다.

시행규칙

(교육훈련기관의 지정 요건 등)

① 법 제14조 제2항에 따른 교육훈련기관의 지정 요건은 다음 각호와 같다.

1. 친환경농업 관련 기술 개발 · 연구 · 지도 또는 교육 등을 목적으로 설립된 「민법」 제32조에 따른 비영리법인이나 그밖의 기관 또는 단체일 것
2. 국립농산물품질관리원장이 정하여 고시하는 자격 기준을 갖춘 상근 강사 인력을 1명 이상 둘 것
3. 교육훈련 과정을 운영 · 관리하는 상근 전담 인력을 1명 이상 둘 것
4. 교육훈련 업무를 수행하는 전담 조직을 갖출 것
5. 교육훈련기관의 운영을 위한 자체 교육훈련 규정을 갖출 것
6. 다음 각 목의 시설 및 장비에 대한 소유권 또는 사용권 등 정당한 사용 권한을 확보할 것
   가. 독립적으로 구획되는 사무실 · 강의실 · 화장실 및 그밖의 교육훈련생을 위한 편의시설
   나. 컴퓨터, 스크린 및 음향 장비 등 교육훈련에 필요한 장비

② 국립농산물품질관리원장은 법 제14조 제2항에 따라 교육훈련기관을 지정하려는 경우에는 해당 연도의 1월 31일까지 지정 신청 기간 등 교육훈련기관의 지정에 관한 사항을 국립농산물품질관리원의 인터넷 홈페이지 등에 10일 이상 공고해야 한다.

③ 법 제14조 제2항에 따라 교육훈련기관으로 지정을 받으려는 자는 제2항에 따른 지정 신청 기간에 별지 제2호서식에 따른 교육훈련기관 지정 신청서에 다음 각호의 서류를 첨부하여 국립농산물품질관리원장에게 제출해야 한다.

1. 제1항 각호에 따른 지정 요건을 갖추었는지를 증명하는 서류
2. 교육과정 · 내용 · 방법 및 교육 일정 등이 포함된 교육훈련 운영계획서
3. 정관(법인으로 한정한다) 또는 이에 준하는 사업운영규정

④ 제3항에 따른 교육훈련기관의 지정 신청을 받은 국립농산물품질관리원장은 신청인이 제1항에 따른 지정 요건을 갖춘 경우에는 교육훈련기관으로 지정하고, 신청인에게 별지 제3호서식에 따른 교육훈련기관 지정서를 발급해야 한다.

⑤ 국립농산물품질관리원장은 법 제14조 제2항에 따라 교육훈련기관을 지정하면 다음 각호의 사항을 국립농산물품질관리원의 인터넷 홈페이지에 게시해야 한다.
  1. 교육훈련기관의 명칭 · 소재지 및 대표자 성명
  2. 교육훈련 분야
  3. 지정번호 및 지정일
⑥ 제1항부터 제5항까지에서 규정한 사항 외에 교육훈련기관의 지정 및 운영에 필요한 사항은 국립농산물품질관리원장이 정하여 고시한다.

9) 교육훈련기관의 지정 취소 등

① 농림축산식품부장관 또는 해양수산부장관은 교육훈련기관이 다음 각호의 어느 하나에 해당하는 경우에는 그 지정을 취소하거나 6개월 이내의 기간을 정하여 그 업무의 전부 또는 일부의 정지를 명할 수 있다. 다만, 제1호에 해당하는 경우에는 그 지정을 취소하여야 한다.
  1. 거짓이나 그밖의 부정한 방법으로 지정을 받은 경우
  2. 정당한 사유 없이 1년 이상 계속하여 교육 · 훈련을 하지 아니한 경우
  3. 제14조 제3항에 따른 지원 비용을 용도 외로 사용한 경우
  4. 제14조 제4항에 따른 지정 요건에 적합하지 아니하게 된 경우
② 제1항에 따른 행정처분의 세부 기준은 농림축산식품부령 또는 해양수산부령으로 정한다.

시행규칙

(교육훈련기관의 지정 취소 등) 법 제14조의2 제1항에 따른 교육훈련기관의 지정 취소 및 업무 정지 처분의 세부 기준은 별표 3과 같다.

[별표 3] 교육훈련기관의 지정 취소 및 업무 정지 처분의 세부 기준(제9조 관련)

1. 일반기준
  가. 위반행위의 횟수에 따른 행정처분의 기준은 최근 1년간 같은 위반행위로 행정처분을 받은 경우에 적용한다. 이 경우 위반 횟수는 같은 위반행위에 대하여 행정처분을 받은 날과 그 처분 후에 다시 같은 위반행위를 하여 적발된 날을 각각 기준으로 하여 계산한다.
  나. 위반행위가 둘 이상인 경우로서 그에 해당하는 각각의 처분기준이 다른 경우에는 그중 무거운 처분기준에 따른다.
  다. 처분권자는 다음의 어느 하나에 해당하는 경우에는 제2호(가목은 제외한다)의 개별기준에 따른 처분을 감경할 수 있다. 이 경우 그 처분이 업무 정지인 경우에는 그 업무 정지 기간의 2분의 1 범위에서 그 기간을 줄일 수 있고, 지정 취소인 경우에는 6개월의 업무 정지 처분으로 감경할 수 있다.
    1) 위반행위가 사소한 부주의나 오류로 인한 것으로 인정되는 경우
    2) 위반행위자가 위반행위를 바로 정정하거나 시정하여 법 위반 상태를 해소한 경우

3) 그밖에 위반행위의 내용 · 정도 · 동기 및 결과 등을 고려하여 감경할 필요가 있다고 인정되는 경우

2. 개별기준

위반행위	근거 법조문	위반 횟수별 행정처분 기준		
		1회 위반	2회 위반	3회 이상 위반
가. 거짓이나 그밖의 부정한 방법으로 지정을 받은 경우	법 제14조의2 제1항 제1호	지정 취소		
나. 정당한 사유 없이 1년 이상 계속하여 교육 · 훈련을 하지 않은 경우	법 제14조의2 제1항 제2호	시정조치 명령	지정 취소	
다. 법 제14조 제3항에 따른 지원 비용을 용도 외로 사용한 경우	법 제14조의2 제1항 제3호	지정 취소		
라. 법 제14조 제4항에 따른 지정 요건에 적합하지 않게 된 경우	법 제14조의2 제1항 제4호	시정조치 명령	업무 정지 3개월	지정 취소

10) 친환경농어업의 기술 교류 및 홍보 등

① 국가, 지방자치단체, 민간 단체 및 사업자는 친환경농어업의 기술을 서로 교류함으로써 친환경농어업 발전을 위하여 노력하여야 한다.

② 농림축산식품부장관 · 해양수산부장관 또는 지방자치단체의 장은 친환경농어업 육성을 효율적으로 추진하기 위하여 우수 사례를 발굴 · 홍보하여야 한다.

11) 친환경농수산물 등의 생산 · 유통 · 수출 지원

① 농림축산식품부장관 · 해양수산부장관 또는 지방자치단체의 장은 예산의 범위에서 다음 각호의 물품의 생산자, 생산자단체, 유통업자, 수출업자 및 인증기관에 대하여 필요한 시설의 설치자금 등을 친환경농어업에 대한 기여도 및 제32조의2 제1항에 따른 평가 등급에 따라 차등하여 지원할 수 있다.

㉠ 이 법에 따라 인증을 받은 유기식품등, 무농약원료가공식품 또는 친환경농수산물

㉡ 이 법에 따라 공시를 받은 유기농어업자재

② 제1항에 따른 친환경농어업에 대한 기여도 평가에 필요한 사항은 대통령령으로 정한다.

시행령

(친환경농어업에 대한 기여도) 농림축산식품부장관 · 해양수산부장관 또는 지방자치단체의 장은 「친환경농어업 육성 및 유기식품등의 관리 · 지원에 관한 법률」(이하 "법"이라 한다) 제16조 제1항에 따른 친환경농어업에 대한 기여도를 평가하려는 경우에는 다음 각호의 사항을 고려해야 한다.

1. 농어업 환경의 유지 · 개선 실적
2. 유기식품 및 비식용유기가공품(이하 "유기식품등"이라 한다), 친환경농수산물 또는 유기농어업자재의 생산 · 유통 · 수출 실적
3. 유기식품등, 무농약농산물, 무농약원료가공식품, 무항생제수산물 및 활성처리제 비사용 수산물의 인증 실적 및 사후관리 실적
4. 친환경농어업 기술의 개발 · 보급 실적
5. 친환경농어업에 관한 교육 · 훈련 실적
6. 농약 · 비료 등 화학 자재의 사용량 감축 실적
7. 축산분뇨를 퇴비 및 액체비료 등으로 자원화한 실적

12) 국제협력

국가와 지방자치단체는 친환경농어업의 지속 가능한 발전을 위하여 환경 관련 국제기구 및 관련 국가와의 국제협력을 통하여 친환경농어업 관련 정보 및 기술을 교환하고 인력 교류, 공동조사, 연구 · 개발 등에서 서로 협력하며, 환경을 위해(危害) 하는 농어업 활동이나 자재 교역을 억제하는 등 친환경농어업 발전을 위한 국제적 노력에 적극적으로 참여하여야 한다.

13) 국내 친환경농어업의 기준 및 목표 수립

국가와 지방자치단체는 국제 여건, 국내 자원, 환경 및 경제 여건 등을 고려하여 효과적인 국내 친환경농어업의 기준 및 목표를 세워야 한다.

제5과목

❸ 유기식품등의 인증 및 인증 절차 등

1) 유기식품등의 인증

① 농림축산식품부장관 또는 해양수산부장관은 유기식품등의 산업 육성과 소비자 보호를 위하여 대통령령으로 정하는 바에 따라 유기식품등에 대한 인증을 할 수 있다.

시행령

(유기식품등 인증의 소관) 법 제19조 제1항에 따라 유기식품등에 대한 인증을 하는 경우 유기농산물 · 축산물 · 임산물과 유기수산물이 섞여 있는 유기식품등의 소관은 다음 각호의 구분에 따른다.

1. 유기농산물 · 축산물 · 임산물의 비율이 유기수산물의 비율보다 큰 경우 : 농림축산식품부장관
2. 유기수산물의 비율이 유기농산물 · 축산물 · 임산물의 비율보다 큰 경우 : 해양수산부장관
3. 유기수산물의 비율이 유기농산물 · 축산물 · 임산물의 비율과 같은 경우 : 법 제20조 제1항에 따른 신청에 따라 농림축산식품부장관 또는 해양수산부장관

② 제1항에 따른 인증을 하기 위한 유기식품등의 인증 대상과 유기식품등의 생산, 제조 · 가공 또는 취급에 필요한 인증기준 등은 농림축산식품부령 또는 해양수산부령으로 정한다.

시행규칙

(유기식품등의 인증 대상)

① 법 제19조 제1항에 따른 유기식품등의 인증 대상은 다음 각호와 같다.

1. 유기농축산물을 생산하는 자
2. 유기가공식품을 제조 · 가공하는 자
3. 비식용유기가공품을 제조 · 가공하는 자
4. 제1호부터 제3호까지에 해당하는 품목을 취급하는 자

② 제1항에 따른 인증 대상에 관한 세부 사항은 국립농산물품질관리원장이 정하여 고시한다. 다만, 농축산물과 수산물이 함께 사용된 유기가공식품 및 그 취급자에 대해서는 국립농산물품질관리원장이 국립수산물품질관리원장과 협의하여 고시한다.

시행규칙

(유기식품등의 인증기준)

① 법 제19조 제2항에 따른 유기식품등의 생산, 제조 · 가공 또는 취급에 필요한 인증기준은 별표 4와 같다.

② 제1항에 따른 인증기준에 관한 세부 사항은 국립농산물품질관리원장이 정하여 고시한다.

2) 유기식품등의 인증 신청 및 심사 등

① 유기식품등을 생산, 제조 · 가공 또는 취급하는 자는 유기식품등의 인증을 받으려면 해양수산부장관 또는 제26조 제1항에 따라 지정받은 인증기관(이하 이 장에서 "인증기관"이라 한다)에 농림축산식품부령 또는 해양수산부령으로 정하는 서류를 갖추어 신청하여야 한다. 다만, 인증을 받은 유기식품등을 다시 포장하지 아니하고 그대로 저장, 운송, 수입 또는 판매하는 자는 인증을 신청하지 아니할 수 있다.

시행규칙

(유기식품등의 인증 신청) 법 제20조 제1항 본문에 따라 유기식품등의 인증을 받으려는 자는 별지 제4호서식 또는 별지 제5호서식에 따른 인증신청서에 다음 각호의 서류를 첨부하여 법 제26조 제1항에 따라 지정받은 인증기관(이하 이 장에서 "인증기관"이라 한다)에 제출해야 한다.

1. 별지 제6호서식 · 별지 제7호서식에 따른 인증품 생산계획서 또는 별지 제8호서식에 따른 인증품 제조 · 가공 및 취급계획서
2. 별표 5의 경영 관련 자료
3. 사업장의 경계면을 표시한 지도

4. 유기식품등의 생산, 제조 · 가공 또는 취급에 관련된 작업장의 구조와 용도를 적은 도면(작업장이 있는 경우로 한정한다)
5. 친환경농업에 관한 교육 이수 증명자료(전자적 방법으로 확인이 가능한 경우는 제외한다)

② 다음 각호의 어느 하나에 해당하는 자는 제1항에 따른 인증을 신청할 수 없다.

㉠ 제24조 제1항(같은 항 제4호는 제외한다)에 따라 인증이 취소된 날부터 1년이 지나지 아니한 자. 다만, 최근 10년 동안 인증이 2회 취소된 경우에는 마지막으로 인증이 취소된 날부터 2년, 최근 10년 동안 인증이 3회 이상 취소된 경우에는 마지막으로 인증이 취소된 날부터 5년이 지나지 아니한 자로 한다.

㉡ 고의 또는 중대한 과실로 유기식품등에서 「식품위생법」 제7조 제1항에 따라 식품의약품안전처장이 고시한 농약 잔류허용 기준을 초과한 합성농약이 검출되어 제24조 제1항 제2호에 따라 인증이 취소된 자로서 그 인증이 취소된 날부터 5년이 지나지 아니한 자

㉢ 제24조 제1항에 따른 인증 표시의 제거 · 정지 또는 시정조치 명령이나 제31조 제7항 제2호 또는 제3호에 따른 명령을 받아서 그 처분 기간 중에 있는 자

㉣ 제60조에 따라 벌금 이상의 형을 선고받고 형이 확정된 날부터 1년이 지나지 아니한 자

③ 해양수산부장관 또는 인증기관은 제1항에 따른 신청을 받은 경우 제19조 제2항에 따른 유기식품등의 인증기준에 맞는지를 심사한 후 그 결과를 신청인에게 알려주고 그 기준에 맞는 경우에는 인증을 해 주어야 한다. 이 경우 인증심사를 위하여 신청인의 사업장에 출입하는 사람은 그 권한을 표시하는 증표를 지니고 이를 신청인에게 보여주어야 한다.

④ 제3항에 따라 유기식품등의 인증을 받은 사업자(이하 "인증사업자"라 한다)는 동일한 인증기관으로부터 연속하여 2회를 초과하여 인증(제21조 제2항에 따른 갱신을 포함한다. 이하 이 항에서 같다)을 받을 수 없다. 다만, 제32조의2에 따라 실시한 인증기관 평가에서 농림축산식품부령 또는 해양수산부령으로 정하는 기준 이상을 받은 인증기관으로부터 인증을 받으려는 경우에는 그러하지 아니하다.

⑤ 제3항에 따른 인증심사 결과에 대하여 이의가 있는 자는 인증심사를 한 해양수산부장관 또는 인증기관에 재심사를 신청할 수 있다.

시행규칙

(재심사 신청 등)

① 인증심사 결과에 대해 이의가 있는 자가 법 제20조 제5항에 따라 재심사를 신청하려는 경우에는 같은 조 제3항 전단에 따라 인증심사 결과를 통지받은 날부터 7일 이내에 별지 제11호서식에 따른 인증 재심사 신청서에 재심사 신청 사유를 증명하는 자료를 첨부하여 그 인증심사를 한 인증기관에 제출해야 한다.

② 제1항에 따른 재심사 신청을 받은 인증기관은 법 제20조 제6항에 따라 재심사 신청을 받은 날부터 7일 이내에 인증 재심사 여부를 결정하여 신청인에게 통보해야 한다.

③ 제1항에 따른 재심사 신청을 받은 인증기관은 다음 각호의 어느 하나에 해당하는 경우에는 재심사를 실시해야 한다.

1. 제1항에 따른 재심사 신청 사유를 증명하는 자료로서 바람에 의한 흩날림 또는 농업용수로 인한 오염 등 비의도적 오염을 증명할 수 있는 자료를 제출한 경우
2. 재심사 신청을 받은 인증기관이 해당 인증심사 과정 또는 인증심사 결과판정의 오류를 인정한 경우
3. 국립농산물품질관리원이 해당 인증심사 과정 또는 인증심사 결과판정의 오류를 확인한 경우

④ 법 제20조 제7항에 따른 재심사는 제1항에 따라 재심사를 신청한 항목에 대해서만 실시한다.

⑤ 법 제20조 제7항에 따른 재심사의 절차 및 방법, 인증서의 발급 등에 관하여는 제13조 제2항부터 제5항까지의 규정을 준용한다.

⑥ 제5항에 따른 재심사 신청을 받은 해양수산부장관 또는 인증기관은 농림축산식품부령 또는 해양수산부령으로 정하는 바에 따라 재심사 여부를 결정하여 해당 신청인에게 통보하여야 한다.

⑦ 해양수산부장관 또는 인증기관은 제5항에 따른 재심사를 하기로 결정하였을 때는 지체 없이 재심사를 하고 해당 신청인에게 그 재심사 결과를 통보하여야 한다.

⑧ 인증사업자는 인증받은 내용을 변경할 때는 그 인증을 한 해양수산부장관 또는 인증기관으로부터 농림축산식품부령 또는 해양수산부령으로 정하는 바에 따라 인증 변경 승인을 받아야 한다.

시행규칙

(인증 변경 승인 등)

① 법 제20조 제3항에 따라 유기식품등의 인증을 받은 사업자(이하 "인증사업자"라 한다)가 다음 각호의 인증받은 내용을 변경할 때는 같은 조 제8항에 따라 인증 변경 승인을 받아야 한다.

1. 법 제20조 제3항에 따라 인증을 받은 유기식품등(이하 "인증품"이라 한다) 품목(별표 4 제2호부터 제6호까지의 구분에 따른 인증 품목을 같은 호 내에서 변경하는 경우로 한정한다)
2. 인증 사업장 규모(축소하려는 경우로 한정한다)
3. 인증사업자명, 인증사업자의 주소 또는 인증 부가 조건

② 법 제20조 제8항에 따라 인증 변경 승인을 받으려는 인증사업자는 별지 제12호서식에 따른 인증 변경 승인 신청서에 다음 각호의 서류를 첨부하여 인증을 한 인증기관에 제출해야 한다.

1. 인증서
2. 변경하려는 내용 및 사유를 적은 서류

③ 법 제20조 제8항에 따른 인증 변경 승인의 절차 및 방법, 인증서의 발급 등에 관하여는 제13조 제2항부터 제5항까지의 규정을 준용한다.

⑨ 그밖에 인증의 신청, 제한, 심사, 재심사 및 인증 변경 승인 등에 필요한 구체적인 절차와 방법 등은 농림축산식품부령 또는 해양수산부령으로 정한다.

3) 인증의 유효기간 등

① 제20조에 따른 인증의 유효기간은 인증을 받은 날부터 1년으로 한다.

② 인증사업자가 인증의 유효기간이 끝난 후에도 계속하여 제20조 제3항에 따라 인증을 받은 유기식품등(이하 "인증품"이라 한다)의 인증을 유지하려면 그 유효기간이 끝나기 전까지 인증을 한 해양수산부장관 또는 인증기관에 갱신 신청을 하여 그 인증을 갱신하여야 한다. 다만, 인증을 한 인증기관이 폐업, 업무 정지 또는 그밖의 부득이한 사유로 갱신 신청이 불가능하게 된 경우에는 해양수산부장관 또는 다른 인증기관에 신청할 수 있다.

시행규칙

(인증의 갱신 등)

① 법 제21조 제2항에 따라 인증 갱신 신청을 하거나 같은 조 제3항에 따른 인증의 유효기간 연장 승인을 신청하려는 인증사업자는 그 유효기간이 끝나기 2개월 전까지 별지 제4호서식 또는 별지 제5호서식에 따른 인증신청서에 다음 각호의 서류를 첨부하여 인증을 한 인증기관(같은 항 단서에 해당하여 인증을 한 인증기관에 신청이 불가능한 경우에는 다른 인증기관을 말한다)에 제출해야 한다. 다만, 제1호 및 제3호부터 제5호까지의 서류는 변경사항이 없는 경우에는 제출하지 않을 수 있다.

1. 별지 제6호서식 · 별지 제7호서식에 따른 인증품 생산계획서 또는 별지 제8호서식에 따른 인증품 제조 · 가공 및 취급계획서
2. 별표 5의 경영 관련 자료
3. 사업장의 경계면을 표시한 지도
4. 인증품의 생산, 제조 · 가공 또는 취급에 관련된 작업장의 구조와 용도를 적은 도면(작업장이 있는 경우로 한정한다)
5. 친환경농업에 관한 교육 이수 증명자료(인증 갱신 신청을 하려는 경우로 한정하며, 전자적 방법으로 확인이 가능한 경우는 제외한다)

② 인증사업자는 법 제21조 제2항 단서에 따라 다른 인증기관에 인증 갱신신청서 또는 유효기간 연장 승인 신청서를 제출하려는 경우에는 원래 인증을 한 인증기관으로부터 그 인증의 신청에 관한 일체의 서류와 수수료 정산액(수수료를 미리 낸 경우로 한정한다)을 반환받아 인증 업무를 새로 맡게 된 다른 인증기관에 낼 수 있다.

③ 인증기관은 인증의 유효기간이 끝나기 3개월 전까지 인증사업자에게 인증 갱신 또는 유효기간 연장 승인 절차와 함께 유효기간이 끝나는 날까지 인증 갱신을 하지 않거나 유효기간 연장 승인을 받지 않으면 인증을 유지할 수 없다는 사실을 미리 알려야 한다.

④ 제3항에 따른 통지는 서면(전자문서를 포함한다), 문자메시지, 전자우편, 팩스 또는 전화 등의 방법으로 할 수 있다.

⑤ 법 제21조 제2항 및 제3항에 따른 인증 갱신 및 유효기간 연장 승인의 절차 및 방법, 인증서의 발급 등에 관하여는 제13조 제2항부터 제5항까지의 규정을 준용한다.

③ 제2항에 따른 인증 갱신을 하지 아니하려는 인증사업자가 인증의 유효기간 내에 출하를 종료하지 아니한 인증품이 있는 경우에는 해양수산부장관 또는 해당 인증기관의 승인을 받아 출하를 종료하지 아니한 인증품에 대하여만 그 유효기간을 1년의 범위에서 연장할 수 있다. 다만, 인증의 유효기간이 끝나기 전에 출하된 인증품은 그 제품의 소비기한이 끝날 때까지 그 인증표시를 유지할 수 있다.

④ 제2항에 따른 인증 갱신 및 제3항에 따른 유효기간 연장에 대한 심사 결과에 이의가 있는 자는 심사를 한 해양수산부장관 또는 인증기관에 재심사를 신청할 수 있다.

⑤ 제4항에 따른 재심사 신청을 받은 해양수산부장관 또는 인증기관은 농림축산식품부령 또는 해양수산부령으로 정하는 바에 따라 재심사 여부를 결정하여 해당 인증사업자에게 통보하여야 한다.

시행규칙

(인증의 갱신 등의 재심사)

① 법 제21조 제4항에 따라 재심사를 신청하려는 자는 같은 조 제2항 또는 제3항에 따른 심사 결과를 통지받은 날부터 7일 이내에 별지 제11호서식에 따른 인증 갱신 · 유효기간 연장 재심사 신청서에 재심사 신청 사유를 증명하는 자료를 첨부하여 심사를 한 인증기관에 제출해야 한다.

② 제1항에 따른 재심사 신청을 받은 인증기관은 법 제21조 제5항에 따라 재심사 신청을 받은 날부터 7일 이내에 인증 갱신 또는 유효기간 연장 재심사 여부를 결정하여 통보해야 한다.

③ 제1항에 따른 재심사 신청을 받은 인증기관은 다음 각호의 어느 하나에 해당하는 경우에는 재심사를 실시해야 한다.

1. 제1항에 따른 재심사 신청 사유를 증명하는 자료로서 바람에 의한 흩날림 또는 농업용수로 인한 오염 등 비의도적 오염을 증명할 수 있는 자료를 제출한 경우
2. 재심사 신청을 받은 인증기관이 해당 인증심사 과정 또는 인증심사 결과판정의 오류를 인정한 경우
3. 국립농산물품질관리원이 해당 인증심사 과정 또는 인증심사 결과판정의 오류를 확인한 경우

④ 법 제21조 제6항에 따른 재심사는 제1항에 따라 재심사를 신청한 항목에 대해서만 실시한다.

⑤ 법 제21조 제6항에 따른 재심사의 절차 및 방법, 인증서의 발급은 제13조 제2항부터 제5항까지의 규정을 준용한다.

⑥ 해양수산부장관 또는 인증기관은 제4항에 따른 재심사를 하기로 결정하였을 때는 지체 없이 재심사를 하고 해당 인증사업자에게 그 재심사 결과를 통보하여야 한다.

⑦ 제2항부터 제6항까지의 규정에 따른 인증 갱신, 유효기간 연장 및 재심사에 필요한 구체적인 절차 · 방법 등은 농림축산식품부령 또는 해양수산부령으로 정한다.

4) 인증사업자의 준수사항

① 인증사업자는 인증품을 생산, 제조 · 가공 또는 취급하여 판매한 실적을 농림축산식품부령 또는 해양수산부령으로 정하는 바에 따라 정기적으로 해양수산부장관 또는 해당 인증기관에 알려야 한다.

② 인증사업자는 농림축산식품부령 또는 해양수산부령으로 정하는 바에 따라 인증심사와 관련된 서류 등을 보관하여야 한다.

시행규칙

(인증사업자의 준수사항)

① 인증사업자는 법 제22조 제1항에 따라 매년 1월 20일까지 별지 제13호서식에 따른 실적 보고서에 인증품의 전년도 생산, 제조 · 가공 또는 취급하여 판매한 실적을 적어 해당 인증기관에 제출하거나 법 제53조에 따른 친환경 인증관리 정보시스템(이하 "친환경 인증관리 정보시스템"이라 한다)에 등록해야 한다.

② 인증사업자는 법 제22조 제2항에 따라 인증심사와 관련된 다음 각호의 자료 및 서류를 그 생산 연도의 다음 해부터 2년간 보관해야 한다.

1. 인증심사와 관련된 유기식품등의 원료 또는 재료, 자재의 사용에 관한 자료 및 서류
2. 인증품의 생산, 제조 · 가공 또는 취급하여 판매한 실적에 관한 자료 및 서류

5) 유기식품등의 표시 등

① 인증사업자는 생산, 제조 · 가공 또는 취급하는 인증품에 직접 또는 인증품의 포장, 용기, 납품서, 거래명세서, 보증서 등(이하 "포장등"이라 한다)에 유기 또는 이와 같은 의미의 도형이나 글자의 표시(이하 "유기표시"라 한다)를 할 수 있다. 이 경우 포장을 하지 아니한 상태로 판매하거나 낱개로 판매하는 때는 표시판 또는 푯말에 유기표시를 할 수 있다.

시행규칙

(유기식품등의 표시)

① 법 제23조 제1항 전단에 따른 유기 또는 이와 같은 의미의 도형이나 글자의 표시(이하 "유기표시"라 한다)의 기준은 별표 6과 같다.

② 제1항에 따른 유기표시를 하려는 인증사업자는 유기표시와 함께 인증사업자의 성명 또는 업체명, 전화번호, 사업장 소재지, 인증번호 및 생산지 등 유기식품등의 인증정보를 별표 7의 유기식품등의 인증정보 표시 방법에 따라 표시해야 한다.

③ 법 제23조 제3항에 따른 유기농축산물의 함량에 따른 제한적 유기표시의 허용 기준은 별표 8과 같다.

시행규칙

[별표 6] 유기식품등의 유기표시 기준(제21조 제1항 관련)

1. 유기표시 도형
   가. 유기농산물, 유기축산물, 유기임산물, 유기가공식품 및 비식용유기가공품에 다음의 도형을 표시하되, 별표 4 제5호 나목 2)에 따른 유기 70퍼센트로 표시하는 제품에는 다음의 유기표시 도형을 사용할 수 없다.

인증번호: Certification Number:

나. 제1호 가목의 표시 도형 내부의 "유기"의 글자는 품목에 따라 "유기식품", "유기농", "유기농산물", "유기축산물", "유기가공식품", "유기사료", "비식용유기가공품"으로 표기할 수 있다.

다. 작도법

1) 도형 표시 방법

가) 표시 도형의 가로 길이(사각형의 왼쪽 끝과 오른쪽 끝의 폭 : W)를 기준으로 세로 길이는 0.95×W의 비율로 한다.

나) 표시 도형의 흰색 모양과 바깥 테두리(좌우 및 상단부 부분으로 한정한다)의 간격은 0.1×W로 한다.

다) 표시 도형의 흰색 모양 하단부 왼쪽 태극의 시작점은 상단부에서 0.55×W 아래가 되는 지점으로 하고, 오른쪽 태극의 끝점은 상단부에서 0.75×W 아래가 되는 지점으로 한다.

2) 표시 도형의 국문 및 영문 모두 활자체는 고딕체로 하고, 글자 크기는 표시 도형의 크기에 따라 조정한다.

3) 표시 도형의 색상은 녹색을 기본 색상으로 하되, 포장재의 색깔 등을 고려하여 파란색, 빨간색 또는 검은색으로 할 수 있다.

4) 표시 도형 내부에 적힌 "유기", "(ORGANIC)", "ORGANIC"의 글자 색상은 표시 도형 색상과 같게 하고, 하단의 "농림축산식품부"와 "MAFRA KOREA"의 글자는 흰색으로 한다.

5) 배색 비율은 녹색 C80+Y100, 파란색 C100+M70, 빨간색 M100+Y100+K10, 검은색 C20+K100으로 한다.

6) 표시 도형의 크기는 포장재의 크기에 따라 조정할 수 있다.

7) 표시 도형의 위치는 포장재 주 표시면의 옆면에 표시하되, 포장재 구조상 옆면 표시가 어려운 경우에는 표시 위치를 변경할 수 있다.

8) 표시 도형 밑 또는 좌우 옆면에 인증번호를 표시한다.

2. 유기표시 글자

구분	표시 글자
가. 유기농축산물	1) 유기, 유기농산물, 유기축산물, 유기임산물, 유기식품, 유기재배농산물 또는 유기농 2) 유기재배○○(○○은 농산물의 일반적 명칭으로 한다. 이하 이 표에서 같다), 유기축산○○, 유기○○ 또는 유기농○○
나. 유기가공식품	1) 유기가공식품, 유기농 또는 유기식품 2) 유기농○○ 또는 유기○○
다. 비식용유기가공품	1) 유기사료 또는 유기농 사료 2) 유기농○○ 또는 유기○○(○○은 사료의 일반적 명칭으로 한다). 다만, "식품"이 들어가는 단어는 사용할 수 없다.

3. 유기가공식품 · 비식용유기가공품 중 별표 4 제5호 나목 2)에 따라 비유기 원료를 사용한 제품의 표시 기준
   가. 원재료명 표시란에 유기농축산물의 총함량 또는 원료 · 재료별 함량을 백분율(%)로 표시한다.
   나. 비유기 원료를 제품 명칭으로 사용할 수 없다.
   다. 유기 70퍼센트로 표시하는 제품은 주 표시면에 "유기 70%" 또는 이와 같은 의미의 문구를 소비자가 알아보기 쉽게 표시해야 하며, 이 경우 제품명 또는 제품명의 일부에 유기 또는 이와 같은 의미의 글자를 표시할 수 없다.
4. 제1호부터 제3호까지의 규정에 따른 유기표시의 표시 방법 및 세부 표시 사항 등은 국립농산물품질관리원장이 정하여 고시한다.

② 농림축산식품부장관 또는 해양수산부장관은 인증사업자에게 인증품의 생산 방법과 사용 자재 등에 관한 정보를 소비자가 쉽게 알아볼 수 있도록 표시할 것을 권고할 수 있다.

시행규칙

[별표 7] 유기식품등의 인증정보 표시 방법(제21조 제2항 관련)

1. 인증품 또는 인증품의 포장 · 용기에 표시하는 방법
   가. 표시 사항은 해당 인증품을 포장한 사업자의 인증정보와 일치해야 하며, 해당 인증품의 생산자가 포장자와 일치하지 않는 경우에는 생산자의 인증번호를 추가로 표시해야 한다.
   나. 각 항목의 구체적인 표시 방법은 다음과 같다.
      1) 인증사업자의 성명 또는 업체명 : 인증서에 기재된 명칭(단체로 인증받은 경우에는 단체명)을 표시하되, 단체로 인증받은 경우로서 개별 생산자명을 표시하려는 경우에는 단체명 뒤에 개별 생산자명을 괄호로 표시할 수 있다.
      2) 전화번호 : 해당 제품의 품질관리와 관련하여 소비자 상담이 가능한 판매원의 전화번호를 표시한다.
      3) 사업장 소재지 : 해당 제품을 포장한 작업장의 주소를 번지까지 표시한다.

4) 인증번호 : 해당 사업자의 인증서에 기재된 인증번호를 표시한다.
5) 생산지 : 「농수산물의 원산지 표시 등에 관한 법률」 제5조에 따른 원산지 표시 방법에 따라 표시한다.

2. 납품서, 거래명세서 또는 보증서 등에 표시하는 방법
인증품을 포장하지 않고 거래하는 경우 또는 공급받는 자가 요구하는 경우에는 공급하는 자가 발행하는 납품서, 거래명세서 또는 보증서 등에 다음 각 목의 사항을 표시해야 한다.
가. 제1호 나목 1)부터 5)까지의 표시 사항
나. 공급하는 자의 명칭과 공급받는 자의 명칭
다. 거래품목, 거래수량 및 거래일

3. 표시판 또는 푯말로 표시하는 방법
가. 포장하지 않고 판매하거나 낱개로 판매하는 경우에는 해당 인증품 판매대의 표시판 또는 푯말에 제1호 나목 1)부터 5)까지의 표시 사항을 표시해야 한다.
나. 가목의 방법에 따라 표시하려는 경우 인증품이 아닌 제품과 섞이지 않도록 판매대, 판매구역 등을 구분해야 한다.

4. 그밖의 표시 사항
무공해, 저공해 등 소비자에게 혼동을 초래할 수 있는 표시를 해서는 안 된다.

5. 제1호부터 제4호까지의 규정에 따른 인증정보의 표시 방법 및 세부 표시 사항 등은 국립농산물품질관리원장이 정하여 고시한다.

③ 농림축산식품부장관 또는 해양수산부장관은 유기농수산물을 원료 또는 재료로 사용하면서 제20조 제3항에 따른 인증을 받지 아니한 식품 및 비식용가공품에 대하여는 사용한 유기농수산물의 함량에 따라 제한적으로 유기표시를 허용할 수 있다.

시행규칙

[별표 8] 유기농축산물의 함량에 따른 제한적 유기표시의 허용 기준(제21조 제3항 관련)

1. 유기농축산물의 함량에 따른 제한적 유기표시 허용의 일반 원칙
가. 법 제23조 제3항에 따른 유기농축산물의 함량에 포함되는 원료 또는 재료는 다음과 같다.
1) 법 제19조 제1항에 따라 인증을 받은 유기식품등
2) 법 제25조에 따라 동등성 인정을 받은 유기가공식품
나. 가목에 해당하는 원료 또는 재료와 동일한 종류의 인증을 받지 않은 원료 또는 재료를 혼합해서는 안 된다.
다. 법 제23조 제3항에 따른 제한적 유기표시를 할 수 있는 식품 및 비식용가공품의 경우에도 다음의 어느 하나에 해당하는 사항을 표시해서는 안 된다.
1) 해당 제품에 별표 6에 따른 유기표시
2) 유기라는 용어를 제품명 또는 제품명의 일부로 표시

2. 유기농축산물의 함량에 따른 제한적 유기표시의 허용 기준

가. 70퍼센트 이상이 유기농축산물인 제품

1) 최종 제품에 남아 있는 원료 또는 재료(물과 소금은 제외한다. 이하 같다)의 70퍼센트 이상이 유기농축산물이어야 한다.

2) 유기 또는 이와 유사한 용어를 제품명 또는 제품명의 일부로 사용할 수 없다.

3) 표시 장소는 주 표시면을 제외한 표시면에 표시할 수 있다.

4) 원재료명 표시란에 유기농축산물의 총함량 또는 원료 · 재료별 함량을 백분율(%)로 표시해야 한다.

나. 70퍼센트 미만이 유기농축산물인 제품

1) 특정 원료 또는 재료로 유기농축산물만을 사용한 제품이어야 한다.

2) 해당 원료 · 재료명의 일부로 "유기"라는 용어를 표시할 수 있다.

3) 표시 장소는 원재료명 표시란에만 표시할 수 있다.

4) 원재료명 표시란에 유기농축산물의 총함량 또는 원료 · 재료별 함량을 백분율(%)로 표시해야 한다.

3. 제한적 유기표시 사업자의 준수사항

제한적 유기표시를 하려는 자는 해당 식품 또는 비식용가공품에 사용된 유기농축산물의 원료 또는 재료의 함량 등 표시와 관련된 자료를 사업장 내에 갖추어 두고, 국립농산물품질관리원장이 자료의 제출을 요구하는 경우에는 이에 응해야 한다.

4. 제1호부터 제3호까지의 규정에 따른 제한적 유기표시의 기준 및 준수사항 등에 관한 세부 사항은 국립농산물품질관리원장이 정하여 고시한다.

④ 제1항 및 제3항에도 불구하고 다음 각호에 해당하는 유기식품등에 대해서는 외국의 유기표시 규정 또는 외국 구매자의 표시 요구사항에 따라 유기표시를 할 수 있다.

㉠ 「대외무역법」 제16조에 따라 외화획득용 원료 또는 재료로 수입한 유기식품등

㉡ 외국으로 수출하는 유기식품등

⑤ 제1항 및 제3항에 따른 유기표시에 필요한 도형이나 글자, 세부 표시 사항 및 표시 방법에 필요한 구체적인 사항은 농림축산식품부령 또는 해양수산부령으로 정한다.

6) 수입 유기식품등의 신고

① 제23조에 따라 유기표시가 된 인증품 또는 제25조에 따라 동등성이 인정된 인증을 받은 유기가공식품을 판매나 영업에 사용할 목적으로 수입하려는 자는 해당 제품의 통관절차가 끝나기 전에 농림축산식품부령 또는 해양수산부령으로 정하는 바에 따라 수입 품목, 수량 등을 농림축산식품부장관 또는 해양수산부장관에게 신고하여야 한다.

② 농림축산식품부장관 또는 해양수산부장관은 제1항에 따라 신고된 제품에 대하여 통관절차가 끝나기 전에 관계 공무원으로 하여금 유기식품등의 인증 및 표시 기준 적합성을 조사하게 하여야 한다.

③ 농림축산식품부장관 또는 해양수산부장관은 제1항에 따라 신고된 제품이 다음 각호의 어느 하나에 해당하는 경우에는 제2항에도 불구하고 조사의 전부 또는 일부를 생략할 수 있다.
   ㉠ 제25조에 따라 동등성이 인정된 인증을 시행하고 있는 외국의 정부 또는 인증기관이 발행한 인증서가 제출된 경우
   ㉡ 제26조에 따라 지정된 인증기관이 발행한 인증서가 제출된 경우
   ㉢ 그밖에 제1호 또는 제2호에 준하는 경우로서 농림축산식품부령 또는 해양수산부령으로 정하는 경우

④ 농림축산식품부장관 또는 해양수산부장관은 제1항에 따른 신고를 받은 경우 그 내용을 검토하여 이 법에 적합하면 신고를 수리하여야 한다.

⑤ 제1항 및 제2항에 따른 신고의 수리 및 조사의 절차와 방법, 그밖에 필요한 사항은 농림축산식품부령 또는 해양수산부령으로 정한다.

시행규칙

(수입 유기식품의 신고)

① 법 제23조의2 제1항에 따라 인증품인 유기식품 또는 법 제25조에 따라 동등성이 인정된 인증을 받은 유기가공식품의 수입신고를 하려는 자는 식품의약품안전처장이 정하는 수입신고서에 다음 각호의 구분에 따른 서류를 첨부하여 식품의약품안전처장에게 제출해야 한다. 이 경우 수입되는 유기식품의 도착 예정일 5일 전부터 미리 신고할 수 있으며, 미리 신고한 내용 중 도착항, 도착 예정일 등 주요 사항이 변경되는 경우에는 즉시 그 내용을 문서(전자문서를 포함한다)로 신고해야 한다.
   1. 인증품인 유기식품을 수입하려는 경우 : 제13조에 따른 인증서 사본 및 별지 제19호서식에 따른 거래인증서 원본
   2. 법 제25조에 따라 동등성이 인정된 인증을 받은 유기가공식품을 수입하려는 경우 : 제27조에 따라 동등성 인정 협정을 체결한 국가의 인증기관이 발행한 인증서 사본 및 수입증명서(Import Certificate) 원본

② 식품의약품안전처장은 제1항에 따라 수입신고된 유기식품에 대해 「수입식품안전관리 특별법 시행규칙」 제30조에 따라 유기식품의 인증 및 표시 기준 적합성을 조사하여 적합하다고 인정하는 경우에는 법 제23조의2 제4항에 따라 그 신고를 수리하고, 수입신고인에게 식품의약품안전처장이 정하는 유기식품 수입신고 확인증을 발급해야 한다.

③ 식품의약품안전처장은 제1항에 따라 수입신고된 유기식품이 유기식품의 인증 또는 표시 기준에 적합하지 않은 경우에는 신고를 수리하지 않고, 그 사실을 지체 없이 수입신고인에게 알려야 한다. 이 경우 수입신고인은 유기식품의 표시 기준에 적합하지 않은 경우에 한정하여 그 위반사항을 보완하여 다시 신고할 수 있다.

④ 식품의약품안전처장은 제2항에 따라 수입신고를 수리한 경우에는 그 내용을 별지 제14호서식에 따른 신고 수리대장(전자문서를 포함한다)에 적고, 매년 1월 31일까지 전년도 유기식품의 수입신고 상황을 별지 제15호서식의 유기식품의 수입신고 상황 통지서(전자문서를 포함한다)에 따라 농림축산식품부장

관에게 알려야 한다. 다만, 별지 제15호서식에 따른 통지는 식품의약품안전처 및 농림축산식품부의 수입검사 관련 전산시스템이 상호 연계되어 있는 경우에는 하지 않을 수 있다.

⑤ 세관장은 제2항에 따른 적합성 조사를 위해 관능검사[인간의 오감(五感)에 의해 평가하는 제품검사를 말한다. 이하 같다]를 하거나 해당 검체(檢體)를 채취하는 식품의약품안전처 소속 공무원이 보세구역을 출입하려는 때는 이에 협조해야 한다. 이 경우 보세구역을 출입하려는 공무원은 공무원증을 세관장에게 보여주어야 한다.

시행규칙

(수입 비식용유기가공품의 신고)

① 법 제23조의2 제1항에 따라 인증품인 비식용유기가공품의 수입신고를 하려는 자는 별지 제16호서식에 따른 비식용유기가공품 수입신고서에 다음 각호의 서류를 첨부하여 국립농산물품질관리원장에게 제출해야 한다. 이 경우 수입되는 비식용유기가공품의 도착 예정일 5일 전부터 미리 신고할 수 있으며, 미리 신고한 내용 중 도착항, 도착 예정일 등 주요 사항이 변경되는 경우에는 즉시 그 내용을 문서(전자문서를 포함한다)로 신고해야 한다.

1. 제13조에 따른 인증서 사본
2. 별지 제19호서식에 따른 거래인증서 원본
3. 국내에서 사용하려는 비식용유기가공품 포장지 견본 또는 포장지에 기재할 사항을 적은 서류. 이 경우 포장지 견본 및 서류는 한글로 작성되어야 한다.

② 국립농산물품질관리원장은 제1항에 따라 수입신고된 비식용유기가공품에 대해 비식용유기가공품의 인증 및 표시 기준 적합성을 조사하여 적합하다고 인정하는 경우에는 법 제23조의2 제4항에 따라 그 신고를 수리하고, 수입신고인에게 별지 제17호서식에 따른 비식용유기가공품 수입신고 확인증을 발급해야 한다.

③ 국립농산물품질관리원장은 제1항에 따라 수입신고된 비식용유기가공품이 비식용유기가공품의 인증 또는 표시 기준에 적합하지 않은 경우에는 신고를 수리하지 않고, 그 사실을 지체 없이 수입신고인에게 알려야 한다. 이 경우 수입신고인은 비식용유기가공품의 표시 기준에 적합하지 않은 경우에 한정하여 그 위반사항을 보완하여 다시 신고할 수 있다.

④ 국립농산물품질관리원장은 제2항에 따라 수입신고를 수리한 경우에는 그 내용을 별지 제14호서식에 따른 신고 수리대장(전자문서를 포함한다)에 적어야 한다.

⑤ 세관장은 제2항에 따른 적합성 조사를 위해 관능검사를 하거나 해당 검체를 채취하는 국립농산물품질관리원 소속 공무원이 보세구역을 출입하려는 때는 이에 협조해야 한다. 이 경우 보세구역을 출입하려는 공무원은 공무원증을 세관장에게 보여주어야 한다.

⑥ 제2항에 따른 적합성 조사의 방법 등에 관한 세부 사항은 국립농산물품질관리원장이 정하여 고시한다.

7) 인증의 취소 등

① 농림축산식품부장관 · 해양수산부장관 또는 인증기관은 인증사업자가 다음 각호의 어느 하나에 해당하는 경우에는 그 인증을 취소하거나 인증 표시의 제거 · 정지 또는 시정조치를 명할 수 있다. 다만, 제1호에 해당할 때는 인증을 취소하여야 한다.

㉠ 거짓이나 그밖의 부정한 방법으로 인증을 받은 경우

㉡ 제19조 제2항에 따른 인증기준에 맞지 아니한 경우

㉢ 정당한 사유 없이 제31조 제7항에 따른 명령에 따르지 아니한 경우

㉣ 전업(轉業), 폐업 등의 사유로 인증품을 생산하기 어렵다고 인정하는 경우

② 농림축산식품부장관 · 해양수산부장관 또는 인증기관은 제1항에 따라 인증을 취소한 경우 지체 없이 인증사업자에게 그 사실을 알려야 하고, 인증기관은 농림축산식품부장관 또는 해양수산부장관에게도 그 사실을 알려야 한다.

③ 제1항에 따른 처분에 필요한 구체적인 절차와 세부 기준 등은 농림축산식품부령 또는 해양수산부령으로 정한다.

시행규칙

(인증 취소 등의 처분 기준 및 절차) 법 제24조 제1항에 따른 인증 취소, 인증 표시의 제거 · 정지 또는 시정조치 명령의 기준 및 절차는 별표 9와 같다.

[별표 9] 인증 취소 등의 세부 기준 및 절차(제24조, 제46조, 제55조 제2항 및 제56조 관련)

1. 일반기준

가. 위반행위의 횟수에 따른 행정처분의 가중된 부과 기준은 최근 3년간 같은 위반행위로 행정처분을 받은 경우에 적용한다. 이 경우 기간의 계산은 위반행위에 대해 행정처분을 받은 날과 그 처분 후 다시 같은 위반행위를 하여 적발된 날을 기준으로 한다.

나. 가목에 따라 가중된 부과 처분을 하는 경우 가중 처분의 적용 차수는 그 위반행위 전 부과 처분 차수(가목에 따른 기간 내에 행정처분이 둘 이상 있었던 경우에는 높은 차수를 말한다)의 다음 차수로 한다.

다. 인증 취소는 위반행위가 발생한 인증번호 전체(인증서에 기재된 인증 품목, 인증 면적 및 인증 종류 전체를 말한다)를 대상으로 적용한다.

라. 다목에도 불구하고 생산자단체로 인증을 받은 경우 구성원 수 대비 인증 취소 처분을 받은 위반행위자 비율이 20퍼센트 이하인 경우에는 위반행위를 한 구성원에 대해서만 인증 취소를 할 수 있다. 이 경우 위반행위자의 수는 인증 유효기간 동안 누적하여 계산한다.

마. 인증품의 인증 표시의 제거 · 정지, 인증품 및 제한적으로 유기표시를 허용한 식품 및 비식용가공품(이하 “인증품등”이라 한다)의 판매 금지 · 판매 정지, 회수 · 폐기 및 세부 표시 사항의 변경 처분은 다음 1) 및 2)의 인증품등을 처분 대상으로 한다. 다만, 해당 인증품등에 다른 인증품등이 혼합되어 구분이 불가능한 경우에는 해당 인증품등과 그 혼합된 다른 인증품등 전체를 처분 대상으로 한다.

1) 위반사항이 발생한 인증품등

2) 위반사항이 발생한 인증품등과 생산자, 품목, 생산시기가 동일한 인증품등(위반사항이 제조 · 가공 또는 취급과정에서 발생한 경우에는 각각 제조 · 가공 또는 취급한 자, 품목, 제조 · 가공 또는 취급시기가 동일한 인증품등을 말한다)

바. 인증품의 인증 표시의 정지와 인증품등의 판매 정지의 처분은 해당 인증품의 생산기간과 인증 유효기간 등을 고려하여 1년 이내의 기간을 정하여 처분할 수 있다.

사. 같은 위반행위가 제2호 가목 및 나목에 모두 해당되는 경우에는 각각의 처분기준을 적용한다.

2. 개별기준

가. 인증사업자

위반행위	근거 법조문	위반 횟수별 행정처분 기준		
		1차	2차	3차
1) 인증신청서, 첨부서류 또는 그밖에 인증심사에 필요한 서류를 거짓으로 작성하여 인증을 받은 경우	법 제24조 제1항 제1호 (법 제34조 제4항)	인증 취소		
2) 1) 외에 거짓이나 그밖의 부정한 방법으로 인증을 받은 경우	법 제24조 제1항 제1호 (법 제34조 제4항)	인증 취소		
3) 법 제19조 제2항 또는 제34조 제2항에 따른 인증기준에 맞지 않은 경우로서 다음 중 어느 하나에 해당하는 경우	법 제24조 제1항 제2호 (법 제34조 제4항)			
가) 공통 기준 (1) 별표 5의 경영 관련 자료(이하 이 표에서 "경영 관련 자료"라 한다)를 기록 · 보관하지 않은 경우 또는 거짓으로 기록하는 경우 (2) 경영 관련 자료를 국립농산물품질관리원장 또는 인증기관이 열람을 요구할 때에 이에 응하지 않은 경우 (3) 인증품에 인증품이 아닌 제품을 혼합하거나 인증품이 아닌 제품을 인증품으로 판매한 경우		인증 취소		
나) 유기농산물 · 유기임산물				
(1) 별표 4 제2호 다목 1) 및 라목 2)를 위반하여 화학비료, 합성농약 또는 합성농약 성분이 함유된 자재를 사용한 경우		인증 취소		

위반행위	근거 법조문	위반 횟수별 행정처분 기준		
		1차	2차	3차
(2) 유기농산물 · 유기임산물에서 바람에 의한 흩날림, 농업용수로 인한 오염 등 비의도적인 요인으로 합성농약 성분이 「식품위생법」 제7조 제1항에 따라 식품의약품안전처장이 정하여 고시하는 농약 잔류허용 기준 이하로 검출된 경우		시정조치 명령	시정조치 명령	인증 취소
(3) (2) 외에 유기농산물 · 유기임산물에서 합성농약 성분이 검출된 경우		인증 취소		
다) 유기축산물(유기양봉의 산물 · 부산물은 제외한다)				
(1) 별표 4 제3호 나목 2)를 위반하여 축사의 밀도 조건을 유지 · 관리하지 않은 경우		인증 취소		
(2) 별표 4 제3호 마목을 위반하여 전환기간을 준수하지 않은 경우		인증 취소		
(3) 별표 4 제3호 바목 1)을 위반하여 유기사료가 아닌 사료를 공급한 경우		인증 취소		
(4) 별표 4 제3호 바목 3) · 4)를 위반하여 사료에 첨가해서는 안 되는 물질을 첨가한 경우		인증 취소		
(5) 별표 4 제3호 바목 6)을 위반하여 합성농약 또는 합성농약 성분이 함유된 동물용 의약품 등의 자재를 사용한 경우		인증 취소		
(6) 별표 4 제3호 사목 1)을 위반하여 질병이 없는데도 동물용 의약품을 투여하거나, 치료 목적 외에 성장촉진제 또는 호르몬제를 사용한 경우		인증 취소		
(7) 별표 4 제3호 사목 3)을 위반하여 동물용 의약품을 사용한 시점부터 별표 4 제3호 마목의 전환 기간(해당 약품 휴약기간의 2배가 전환 기간보다 더 긴 경우 휴약기간의 2배 기간을 말한다) 이상의 기간 동안 가축을 사육하지 않고 출하한 경우		인증 취소		

위반행위	근거 법조문	위반 횟수별 행정처분 기준		
		1차	2차	3차
(8) 별표 4 제3호 사목 6)을 위반하여 수의사의 처방전 또는 동물용 의약품의 사용명세가 기재된 진단서를 갖춰 두지 않고 동물용 의약품을 사용한 경우		인증 취소		
(9) 유기축산물에서 동물용 의약품 성분이 「식품위생법」 제7조 제1항에 따라 식품의약품안전처장이 정하여 고시한 동물용 의약품 잔류허용 기준의 3분의 1 이하로 검출된 경우		시정조치 명령	인증 취소	
(10) 유기축산물에서 동물용 의약품 성분이 「식품위생법」 제7조 제1항에 따라 식품의약품안전처장이 정하여 고시한 동물용 의약품 잔류허용 기준의 3분의 1을 초과하여 검출된 경우		인증 취소		
(11) 유기축산물에서 사료의 오염 등 비의도적인 요인으로 합성농약 성분이 「식품위생법」 제7조 제1항에 따라 식품의약품안전처장이 정하여 고시한 농약 잔류허용 기준 이하로 검출된 경우		시정조치 명령	시정조치 명령	인증 취소
(12) (11) 외에 유기축산물에서 합성농약 성분이 검출된 경우		인증 취소		
라) 유기축산물 중 유기양봉의 산물·부산물				
(1) 별표 4 제4호 다목을 위반하여 유기양봉의 인증기준을 1년 이상 준수하지 않고 판매한 경우		인증 취소		
(2) 별표 4 제4호 마목 2)를 위반하여 유기양봉의 산물등에 합성농약, 동물용 의약품 및 화학합성물질로 제조된 기피제를 사용한 경우		인증 취소		

위반행위	근거 법조문	위반 횟수별 행정처분 기준		
		1차	2차	3차
(3) 별표 4 제4호 마목 3) · 4)에 따른 꿀벌의 질병에 대한 예방 · 관리 조치 및 물질의 사용으로 질병의 치료 효과가 있는 경우에도 동물용 의약품을 사용한 경우		인증 취소		
(4) 별표 4 제4호 마목 6)을 위반하여 동물용 의약품을 사용하고 1년의 전환기간을 다시 거치지 않고 인증품으로 판매한 경우		인증 취소		
(5) 유기양봉의 산물등에서 동물용 의약품 성분이 「식품위생법」 제7조 제1항에 따라 식품의약품안전처장이 정하여 고시하는 동물용 의약품 잔류허용기준의 3분의 1 이하로 검출된 경우		시정조치 명령	인증 취소	
(6) 유기양봉의 산물등에서 동물용 의약품 성분이 「식품위생법」 제7조 제1항에 따라 식품의약품안전처장이 정하여 고시하는 동물용 의약품 잔류허용 기준의 3분의 1을 초과하여 검출된 경우		인증 취소		
(7) 유기양봉의 산물 등에서 꿀벌의 먹이 습성 등 비의도적인 요인으로 합성농약 성분이 「식품위생법」 제7조 제1항에 따라 식품의약품안전처장이 정하여 고시하는 농약 잔류허용기준 이하로 검출되는 경우		시정조치 명령	시정조치 명령	인증 취소
(8) (7) 외에 유기양봉의 산물 등에서 합성농약 성분이 검출된 경우		인증 취소		
마) 유기가공식품 · 비식용유기가공품				
(1) 별표 4 제5호 나목 1) · 3)을 위반하여 사용할 수 없는 원료 또는 재료 · 식품첨가물 · 가공보조제를 사용한 경우		인증 취소		
(2) 별표 4 제5호 라목을 위반하여 화학적 방법이나 방사선 조사 방법을 사용한 경우		인증 취소		

위반행위	근거 법조문	위반 횟수별 행정처분 기준		
		1차	2차	3차
(3) 별표 4 제5호 자목 1)을 위반하여 유기가공식품 · 비식용유기가공식품에서 합성농약 성분이 검출된 경우				
(가) 원료 또는 재료의 오염 등 비의도적인 요인으로 합성농약 성분이 0.01mg/kg를 초과하여 검출된 경우		시정조치 명령		
(나) 인증사업자의 고의 또는 과실로 인해 검출된 경우 또는 검출된 사실을 알고도 해당 제품에 인증 표시를 하여 보관 · 판매하는 경우		인증 취소		
바) 무농약농산물				
(1) 별표 14 제2호 다목 1) 및 라목 3)을 위반하여 합성농약 또는 합성농약 성분이 함유된 자재를 사용하거나 무농약농산물의 화학비료 사용기준을 준수하지 않은 경우		인증 취소		
(2) 무농약농산물에서 바람에 의한 흩날림, 농업용수로 인한 오염 등 비의도적인 요인으로 합성농약 성분이 「식품위생법」 제7조 제1항에 따라 식품의약품안전처장이 정하여 고시하는 농약 잔류허용 기준 이하로 검출된 경우		시정조치 명령	시정조치 명령	인증 취소
(3) (2) 외에 무농약농산물에서 합성농약 성분이 검출된 경우		인증 취소		
사) 무농약원료가공식품				
(1) 별표 14 제3호 나목 1) · 3)을 위반하여 원료 또는 재료를 사용한 경우		인증 취소		
(2) 별표 14 제3호 다목 1)을 위반하여 화학적 방법이나 방사선 조사 방법을 사용한 경우		인증 취소		
(3) 무농약원료가공식품에서 합성농약 성분이 검출된 경우				
(가) 식품첨가물의 오염 등 비의도적인 요인으로 0.01mg/kg를 초과하여 검출된 경우		시정조치 명령		

위반행위	근거 법조문	위반 횟수별 행정처분 기준		
		1차	2차	3차
(나) 인증사업자의 고의 또는 과실로 인해 검출된 경우 또는 검출된 사실을 알고도 해당 제품에 인증 표시하여 보관·판매하는 경우		인증 취소		
아) 취급자				
(1) 별표 4 제6호 라목 1)을 위반하여 소분·저장·포장·운송·수입 또는 판매 등의 취급과정에서 인증품에 인증 종류가 다른 인증품 및 인증품이 아닌 제품이 혼입되거나 인증받은 내용과 다르게 표시하는 경우		인증 취소		
(2) 취급과정에서 합성농약, 동물용 의약품을 사용하거나 인증기준에 맞지 않는 방법을 사용한 경우		인증 취소		
(3) 유기식품등·무농약농산물 및 무농약원료가공식품에서 합성농약 성분이 검출되거나 동물용 의약품 성분이 「식품위생법」 제7조 제1항에 따라 식품의약품안전처장이 정하여 고시한 동물용 의약품 잔류허용 기준의 10분의 1을 초과하여 검출된 경우				
(가) 원료 또는 재료 인증품의 오염 등 비의도적인 요인으로 검출된 경우		시정조치 명령		
(나) 인증사업자의 고의 또는 과실로 인해 검출된 경우		인증 취소		
4) 인증사업자가 법 제19조 제2항 또는 법 제34조 제2항에 따른 그밖의 인증기준을 준수하지 않은 경우	법 제24조 제1항 제2호 (법 제34조 제4항)	시정조치 명령		
5) 정당한 사유 없이 법 제31조 제7항 또는 법 제34조 제5항에 따른 명령에 따르지 않은 경우	법 제24조 제1항 제3호 (법 제34조 제4항)	인증 취소		
6) 전업, 폐업 등의 사유로 인증품을 생산하기 어렵다고 인정하는 경우	법 제24조 제1항 제4호 (법 제34조 제4항)	인증 취소		

나. 인증품등

위반행위	근거 법조문	행정처분 기준
1) 인증품에서 합성농약 성분, 동물용 의약품 성분 등 잔류물질이 검출되는 등 법 제19조 제2항 또는 법 제34조 제2항에 따른 인증기준을 위반한 경우	법 제31조 제7항 (법 제34조 제5항)	해당 인증품의 인증 표시의 제거 · 정지 또는 인증품등의 판매 금지 · 판매 정지
2) 법 제23조 제1항에 따른 유기식품등의 표시 또는 법 제36조 제1항에 따른 무농약농산물 · 무농약원료가공식품의 표시 방법을 위반한 경우	법 제31조 제7항 (법 제34조 제5항)	해당 인증품의 세부 표시 사항의 변경
3) 인증품등에서 합성농약 성분 또는 동물용 의약품 성분이 식품의약품안전처장이 정하여 고시하는 농약 또는 동물용 의약품 잔류허용 기준을 초과해 검출된 경우	법 제31조 제7항 (법 제34조 제5항)	해당 인증품등의 판매 금지 · 판매 정지 · 회수 · 폐기
4) 법 제23조 제3항에 따른 제한적 유기표시 또는 법 제36조 제2항에 따른 제한적 무농약 표시 방법을 위반한 경우	법 제31조 제7항 (법 제34조 제5항)	해당 제품의 세부 표시 사항의 변경
5) 인증품이 아닌 제품을 인증품으로 표시한 것으로 인정된 경우	법 제31조 제7항 (법 제34조 제5항)	해당 제품의 인증 표시의 제거 · 정지

3. 행정처분 절차

가. 제2호의 위반사항에 대한 행정처분은 그 위반사항을 확인한 국립농산물품질관리원장 또는 인증기관이 실시한다.

나. 가목에도 불구하고 해당 인증품에 대한 인증기관이 따로 있는 때는 국립농산물품질관리원장은 그 인증기관에 행정처분을 하도록 요청할 수 있다. 이 경우 위반사항에 대한 확인 자료를 그 인증기관에 제공해야 한다.

다. 제2호 나목 3)에 따라 해당 인증품등의 회수 · 폐기 명령을 받은 자는 미리 회수 · 폐기 계획을 수립하여 국립농산물품질관리원장에게 제출하고, 그 계획에 따라 회수 · 폐기를 실시한 후 그 결과를 국립농산물품질관리원장에게 보고해야 한다. 이 경우 회수 · 폐기 결과를 보고받은 국립농산물품질관리원장은 지체 없이 농림축산식품부장관에게 보고해야 한다.

라. 다목에 따른 회수 · 폐기 계획의 수립 및 결과 보고 등에 필요한 사항은 국립농산물품질관리원장이 정하여 고시한다.

8) 과징금

① 농림축산식품부장관 또는 해양수산부장관은 최근 3년 동안 2회 이상 다음 각호의 어느 하나에 해당하는 위반행위를 한 자에게 해당 위반행위에 따른 판매금액의 100분의 50 이내의 범위에

서 과징금을 부과할 수 있다.

㉠ 거짓이나 그밖의 부정한 방법으로 인증을 받은 경우

㉡ 고의 또는 중대한 과실로 유기식품등에서 「식품위생법」 제7조 제1항에 따라 식품의약품안전처장이 고시한 농약 잔류허용 기준을 초과한 합성농약이 검출된 경우

② 농림축산식품부장관 또는 해양수산부장관은 제1항에 따른 과징금을 내야 할 자가 그 납부 기한까지 내지 아니하면 국세 체납처분의 예에 따라 징수한다.

③ 제1항에 따른 위반행위의 내용과 위반 정도에 따른 과징금의 금액, 판매금액 산정의 세부 기준 및 그밖에 필요한 사항은 대통령령으로 정한다.

시행령

(과징금의 부과금액 등)

① 법 제24조의2 제1항에 따른 과징금의 부과금액 및 판매금액 산정의 세부 기준은 별표 1과 같다.

② 농림축산식품부장관 또는 해양수산부장관은 법 제24조의2 제1항에 따라 과징금을 부과하려면 그 위반행위의 종류와 과징금의 금액 등을 명시하여 과징금을 낼 것을 과징금 부과대상자에게 서면으로 알려야 한다.

③ 제2항에 따라 통지를 받은 자는 통지를 받은 날부터 30일 이내에 농림축산식품부장관 또는 해양수산부장관이 정하는 수납기관에 과징금을 내야 한다.

④ 제3항에 따라 과징금의 납부를 받은 수납기관은 그 납부자에게 영수증을 발급해야 한다.

⑤ 과징금의 수납기관이 제3항에 따라 과징금을 수납한 때는 납부받은 사실을 지체 없이 농림축산식품부장관 또는 해양수산부장관에게 알려야 한다.

⑥ 제1항부터 제5항까지의 규정에서 정한 사항 외에 과징금의 부과 · 징수에 필요한 사항은 농림축산식품부령 또는 해양수산부령으로 정한다.

시행령

[별표 1] 과징금의 부과금액 및 판매금액 산정의 세부 기준(제4조 제1항 관련)

1. 과징금은 최근 3년 동안 2회 이상 법 제24조의2 제1항 각호의 어느 하나에 해당하는 위반행위를 한 때에 부과한다. 이 경우 기간의 계산은 위반행위가 적발된 날부터 다시 같은 위반행위가 적발된 날을 각각 기준으로 한다.
2. 과징금의 금액은 위반행위에 따른 유기식품등, 무농약농산물 · 무농약원료가공식품, 무항생제수산물 및 활성처리제 비사용 수산물(이하 "인증품"이라 한다)의 판매금액의 100분의 50으로 하되, 인증품의 판매금액은 위반행위가 적발될 당시의 판매가격에 판매량을 곱하여 산정한 금액으로 한다.
3. 인증품의 판매가격은 다음 각 목의 구분에 따른 가격으로 한다.
   가. 신용카드 매출전표, 세금계산서, 금융계좌의 이체 명세 및 거래처의 전산자료 등 판매가격을 증명할 수 있는 자료가 있는 경우 : 해당 자료에 기재된 판매가격
   나. 판매가격을 증명하는 자료가 없는 등 판매가격의 확인이 곤란한 경우에는 다음의 순서에 따라 산정한 가격

1) 위반행위가 적발된 날을 기준으로 인증사업자의 사업장 소재지가 속하는 시 · 군 · 구(자치구를 말한다)의 인증사업자 3인이 판매하는 같은 인증품 품목에 대한 판매가격을 평균한 가격
2) 같은 인증품 품목을 판매하는 인증사업자가 없는 경우에는 인증사업자의 사업장 소재지가 속하는 시 · 군 · 구에서 해당 인증품을 판매하는 판매자 3인의 판매가격을 평균한 가격
3) 1) 및 2)에 따라 판매가격을 산출할 수 없는 경우에는 인증사업자의 사업장 소재지가 속하는 시 · 군 · 구의 판매자 3인의 인증을 받지 않은 같은 품목의 농수산물 및 농수산물 가공품의 판매가격을 평균한 가격에 그 평균가격의 50퍼센트를 가산한 가격

4. 인증품의 판매량은 위반행위가 적발된 날이 속하는 인증의 유효기간의 시작일부터 적발일까지의 기간에 위반행위가 적발된 인증품의 판매량을 기준으로 산출한다. 이 경우 판매량은 제3호 가목에 따른 판매가격 증명 자료 및 법 제22조 제1항에 따라 통보된 실적 자료를 기초로 산출하되, 해당 자료로 판매량을 확인할 수 없는 경우에는 해당 인증품 품목의 거래처 등을 방문하여 판매량을 조사하는 방법으로 산출한다.

9) 동등성 인정

① 농림축산식품부장관 또는 해양수산부장관은 유기식품에 대한 인증을 시행하고 있는 외국의 정부 또는 인증기관이 우리나라와 같은 수준의 적합성을 보증할 수 있는 원칙과 기준을 적용함으로써 이 법에 따른 인증과 동등하거나 그 이상의 인증제도를 운영하고 있다고 인정하는 경우에는 그에 대한 검증을 거친 후 유기가공식품 인증에 대하여 우리나라의 유기가공식품 인증과 동등성을 인정할 수 있다. 이 경우 상호주의 원칙이 적용되어야 한다.

② 농림축산식품부장관 또는 해양수산부장관은 제1항에 따라 동등성을 인정할 때는 그 사실을 지체 없이 농림축산식품부 또는 해양수산부의 인터넷 홈페이지에 게시하여야 한다.

③ 제1항에 따른 동등성 인정에 필요한 기준과 절차, 동등성을 인정할 수 있는 유기가공식품의 품목 범위, 동등성을 인정한 국가 또는 인증기관의 의무와 사후관리 방법, 유기가공식품의 표시 방법, 그밖에 필요한 사항은 농림축산식품부령 또는 해양수산부령으로 정한다.

시행규칙

(유기가공식품의 동등성 인정 기준)

① 법 제25조 제1항에 따른 유기가공식품 인증에 대한 동등성 인정에 필요한 기준은 다음 각호와 같다.

1. 제3조에 따른 허용 물질
2. 제11조에 따른 유기식품등의 인증기준
3. 제13조 제2항에 따른 유기식품등의 인증심사의 절차 및 방법
4. 제33조에 따른 인증기관의 지정 기준
5. 제45조에 따른 인증품등 및 인증사업자등의 사후관리

② 제1항에 따른 동등성 인정 기준에 관한 세부 사항은 국립농산물품질관리원장이 정하여 고시한다.

시행규칙

(유기가공식품의 동등성 인정 절차)

① 외국의 정부는 법 제25조 제1항에 따라 자국이 시행하는 유기가공식품 인증에 대해 우리나라로부터 동등성 인정을 받으려면 자국의 인증제도가 제26조에 따른 동등성 인정 기준과 동등하거나 그 이상임을 증명하는 서류 등을 첨부하여 국립농산물품질관리원장에게 신청해야 한다.

② 국립농산물품질관리원장은 제1항에 따라 신청을 한 국가의 인증제도가 제26조에 따른 동등성 인정 기준과 동등하거나 그 이상임이 인정되는지를 검증하고, 그 결과를 농림축산식품부장관에게 보고해야 한다.

③ 농림축산식품부장관은 제2항에 따른 검증 결과 그 동등성이 인정되면 해당 국가의 정부와 상호주의 원칙에 따라 동등성 인정 협정을 체결할 수 있다.

④ 제2항에 따른 동등성 검증의 방법과 절차 등에 관한 세부 사항은 국립농산물품질관리원장이 정하여 고시한다.

시행규칙

(동등성 인정 대상 품목 범위)

① 법 제25조 제1항에 따라 동등성을 인정할 수 있는 유기가공식품의 품목 범위는 제2조 제3호에 따른 유기가공식품으로 한정한다.

② 제1항에 따른 유기가공식품 중에서 동등성을 인정할 수 있는 유기가공식품의 구체적인 범위는 농림축산식품부장관이 동등성 인정을 신청한 해당 국가의 정부와 협의하여 정할 수 있다.

시행규칙

(동등성을 인정받은 국가의 의무와 사후관리)

① 법 제25조 제1항에 따라 동등성을 인정받은 외국의 정부는 우리나라로 수출하는 유기가공식품이 동등성 인정 기준에 적합하도록 관리해야 한다.

② 국립농산물품질관리원장은 동등성을 인정받아 국내에 유통되는 유기가공식품(이하 "동등성 인정제품"이라 한다)이 제11조에 따른 유기식품등의 인증기준에 적합한지를 조사할 수 있다. 이 경우 조사의 종류와 절차, 처분 등에 관하여는 법 제31조를 준용한다.

③ 국립농산물품질관리원장은 제2항에 따른 조사 결과 동등성 인정제품이 제26조에 따른 동등성 인정 기준에 부적합하다고 확인되면 제27조 제3항에 따른 동등성 인정 협정이 정하는 바에 따라 해당 제품에 대해 법 제24조 제1항 및 제31조 제7항을 준용하여 인증 취소, 인증 표시의 제거 · 정지 또는 시정조치, 동등성 인정제품의 판매 금지 · 판매 정지 · 회수 · 폐기 또는 세부 표시 사항 변경을 명하거나 동등성 인정 지위의 정지 또는 취소 조치나 그밖의 필요한 조치를 요구할 수 있다.

시행규칙

(동등성 인정 내용의 게시) 농림축산식품부장관은 제27조 제3항에 따라 동등성 인정 협정을 체결한 때는 법 제25조 제2항에 따라 다음 각호의 사항을 농림축산식품부의 인터넷 홈페이지에 게시해야 한다.

1. 국가명
2. 인정 범위(지역 · 품목 및 인증기관 목록 등)
3. 동등성 인정의 유효기간 및 제한조건
4. 동등성 인정 협정 전문(全文)

시행규칙

(동등성 인정제품에 대한 유기표시) 동등성 인정제품의 유기표시에 관하여는 제21조를 준용한다.

❹ 유기식품등의 인증기관

1) 인증기관의 지정 등

① 농림축산식품부장관 또는 해양수산부장관은 유기식품등의 인증과 관련하여 제26조의2에 따른 인증심사원 등 필요한 인력 · 조직 · 시설 및 인증 업무규정을 갖춘 기관 또는 단체를 인증기관으로 지정하여 유기식품등의 인증을 하게 할 수 있다.

② 제1항에 따라 인증기관으로 지정받으려는 기관 또는 단체는 농림축산식품부령 또는 해양수산부령으로 정하는 바에 따라 농림축산식품부장관 또는 해양수산부장관에게 인증기관의 지정을 신청하여야 한다.

시행규칙

(인증기관의 지정 신청)

① 국립농산물품질관리원장은 법 제26조 제1항에 따라 인증기관을 지정하려는 경우에는 해당 연도의 1월 31일까지 지정 신청기간 등 인증기관의 지정에 관한 사항을 국립농산물품질관리원의 인터넷 홈페이지 및 친환경 인증관리 정보시스템 등에 10일 이상 공고해야 한다.

② 법 제26조 제2항에 따라 인증기관의 지정을 신청하려는 기관 또는 단체는 제1항에 따른 지정 신청기간에 별지 제20호서식에 따른 인증기관 지정 신청서에 다음 각호의 서류를 첨부하여 국립농산물품질관리원장에게 제출해야 한다.

1. 인증 업무의 범위 등을 적은 사업계획서
2. 제33조에 따른 인증기관의 지정 기준을 갖추었음을 증명하는 서류

③ 제1항에 따른 인증기관 지정의 유효기간은 지정을 받은 날부터 5년으로 하고, 유효기간이 끝난 후에도 유기식품등의 인증 업무를 계속하려는 인증기관은 유효기간이 끝나기 전에 그 지정을 갱신하여야 한다.

④ 농림축산식품부장관 또는 해양수산부장관은 제1항에 따른 인증기관 지정 업무와 제3항에 따른 지정 갱신 업무의 효율적인 운영을 위하여 인증기관 지정 및 갱신 관련 평가 업무를 대통령령으로 정하는 기관 또는 단체에 위임하거나 위탁할 수 있다.

⑤ 인증기관은 지정받은 내용이 변경된 경우에는 농림축산식품부장관 또는 해양수산부장관에게 변경 신고를 하여야 한다. 다만, 농림축산식품부령 또는 해양수산부령으로 정하는 중요 사항을 변경할 때는 농림축산식품부장관 또는 해양수산부장관으로부터 승인을 받아야 한다.

시행규칙

(인증기관의 지정 내용 변경 신고 등)

① 인증기관은 법 제26조 제5항 본문에 따라 지정받은 내용 중 다음 각호의 어느 하나에 해당하는 사항이 변경된 경우에는 변경된 날부터 1개월 이내에 별지 제22호서식에 따른 인증기관 지정 내용 변경신고서에 지정 내용이 변경되었음을 증명하는 서류를 첨부하여 국립농산물품질관리원장에게 제출해야 한다.

1. 인증기관의 명칭, 인력 및 대표자
2. 주사무소 및 지방사무소의 소재지

② 법 제26조 제5항 단서에서 "농림축산식품부령으로 정하는 중요 사항"이란 다음 각호의 어느 하나에 해당하는 사항을 말한다.

1. 인증 업무의 범위
2. 인증 업무규정

③ 인증기관은 법 제26조 제5항 단서에 따라 제2항 각호의 사항의 변경에 대해 승인을 받으려는 경우에는 별지 제22호서식의 인증기관 지정 내용 변경 승인 신청서에 변경하려는 사항이 제33조에 따른 인증기관의 지정 기준에 적합함을 증명하는 서류를 첨부하여 국립농산물품질관리원장에게 제출해야 한다.

④ 국립농산물품질관리원장은 법 제26조 제5항 본문에 따른 변경 신고를 수리하거나 같은 항 단서에 따라 변경 승인을 한 때는 변경사항을 반영하여 인증기관에 별지 제21호서식에 따른 인증기관 지정서를 발급하고, 친환경 인증관리 정보시스템에 게시해야 한다.

⑥ 제1항부터 제5항까지의 인증기관의 지정 기준, 인증 업무의 범위, 인증기관의 지정 및 갱신 관련 절차, 인증기관의 지정 및 갱신 관련 평가업무의 위탁과 인증기관의 변경 신고에 필요한 구체적인 사항은 농림축산식품부령 또는 해양수산부령으로 정한다.

시행규칙

(유기식품등 인증 업무의 범위)

① 법 제26조 제1항에 따라 지정을 받은 인증기관(이하 "인증기관"이라 한다)의 인증 업무의 범위는 다음 각호의 구분에 따른다.

1. 다음 각 목의 인증 대상에 따른 인증 업무의 범위
   가. 유기농축산물을 생산하는 자
   나. 유기가공식품을 제조 · 가공하는 자

다. 비식용유기가공품을 제조 · 가공하는 자
라. 가목부터 다목까지에 해당하는 품목을 취급하는 자
2. 인증 대상 지역에 따른 인증 업무의 범위
가. 대한민국에서 하는 제1호 각 목에 따른 인증. 이 경우 인증 업무의 범위는 전국 단위 또는 특정 지역 단위를 기준으로 한다.
나. 대한민국 외의 지역(해당 국가명을 말한다)에서 하는 제1호 각 목에 따른 인증
② 인증기관은 인증품의 거래를 위해 필요한 경우에는 인증사업자에게 거래품목, 거래물량 등 거래명세가 적힌 별지 제19호서식에 따른 거래인증서(Transaction Certificate)를 발급할 수 있다.

시행규칙

(인증기관의 지정 갱신 절차)
① 법 제26조 제3항에 따라 인증기관의 지정을 갱신하려는 인증기관은 인증기관 지정의 유효기간이 끝나기 3개월 전까지 별지 제20호서식에 따른 인증기관 지정 갱신신청서에 다음 각호의 서류를 첨부하여 국립농산물품질관리원장에게 제출해야 한다.
1. 인증기관 지정서
2. 인증 업무의 범위 등을 적은 사업계획서
3. 제33조에 따른 인증기관의 지정 기준을 갖추었음을 증명하는 서류
② 국립농산물품질관리원장은 제1항에 따른 인증기관의 지정 갱신 신청을 받으면 해당 인증기관이 제33조에 따른 인증기관 지정 기준에 적합한지를 심사하여 지정 갱신 여부를 결정해야 한다. 이 경우 인증기관의 지정 갱신 절차에 관하여는 제35조를 준용한다.
③ 국립농산물품질관리원장은 인증기관 지정의 유효기간이 끝나기 4개월 전까지 인증기관에 지정 갱신 절차와 함께 유효기간이 끝나는 날까지 갱신하지 않으면 유기식품등의 인증 업무를 계속할 수 없다는 사실을 미리 알려야 한다.
④ 제3항에 따른 통지는 서면, 문자메시지, 전자우편, 팩스 또는 전화 등의 방법으로 할 수 있다.
제37조(인증기관의 지정 및 지정 갱신 관련 평가업무의 위탁) 법 제26조 제4항에 따른 인증기관 지정 및 갱신 관련 평가업무의 위탁 절차 등에 필요한 사항은 국립농산물품질관리원장이 정하여 고시한다.

2) 인증심사원

① 농림축산식품부장관 또는 해양수산부장관은 농림축산식품부령 또는 해양수산부령으로 정하는 기준에 적합한 자에게 제20조에 따른 인증심사, 재심사 및 인증 변경 승인, 제21조에 따른 인증 갱신, 유효기간 연장 및 재심사, 제31조에 따른 인증사업자에 대한 조사 업무(이하 "인증심사업무"라 한다)를 수행하는 심사원(이하 "인증심사원"이라 한다)의 자격을 부여할 수 있다.

시행규칙

(인증심사원의 자격 기준 등)

① 법 제26조의2 제1항에 따른 인증심사원의 자격 기준은 별표 11과 같다.

② 법 제26조의2 제2항에 따라 인증심사원의 자격을 부여받으려는 사람은 국립농산물품질관리원장이 실시하는 다음 각호의 내용에 관한 교육을 30시간 이상 받아야 한다.

1. 인증심사원의 역할과 자세
2. 친환경농축산물 및 인증 관련 법령
3. 인증심사기준, 심사실무 및 평가 방법

③ 법 제26조의2 제2항에 따라 인증심사원의 자격을 부여받으려는 사람은 별지 제23호서식에 따른 인증심사원 자격 부여 신청서에 다음 각호의 서류를 첨부하여 국립농산물품질관리원장에게 제출해야 한다.

1. 별표 11에 따른 인증심사원의 자격 기준을 갖추었음을 증명하는 서류
2. 제2항에 따른 교육을 이수하였음을 증명하는 서류
3. 최근 6개월 이내에 촬영한 반명함판 사진 2장

④ 국립농산물품질관리원장은 제3항에 따라 인증심사원의 자격 부여를 신청한 사람이 별표 11에 따른 자격 기준을 갖추고, 제2항에 따른 교육을 이수하였음이 확인된 경우에는 신청인에게 별지 제24호서식에 따른 인증심사원증을 발급해야 한다.

⑤ 법 제26조의2 제3항에 따른 인증심사원의 자격 취소, 자격 정지 및 시정조치 명령의 기준은 별표 12와 같다.

⑥ 제2항 및 제4항에 따른 교육의 실시 및 인증심사원증의 발급 · 관리 등에 필요한 사항은 국립농산물품질관리원장이 정하여 고시한다.

② 제1항에 따라 인증심사원의 자격을 부여받으려는 자는 농림축산식품부령 또는 해양수산부령으로 정하는 바에 따라 농림축산식품부장관 또는 해양수산부장관이 실시하는 교육을 받은 후 농림축산식품부장관 또는 해양수산부장관에게 이를 신청하여야 한다.

③ 농림축산식품부장관 또는 해양수산부장관은 인증심사원이 다음 각호의 어느 하나에 해당하는 때는 그 자격을 취소하거나 6개월 이내의 기간을 정하여 자격을 정지하거나 시정조치를 명할 수 있다. 다만, 제1호부터 제3호까지에 해당하는 경우에는 그 자격을 취소하여야 한다.

㉠ 거짓이나 그밖의 부정한 방법으로 인증심사원의 자격을 부여받은 경우

㉡ 거짓이나 그밖의 부정한 방법으로 인증심사업무를 수행한 경우

㉢ 고의 또는 중대한 과실로 제19조 제2항에 따른 인증기준에 맞지 아니한 유기식품등을 인증한 경우

㉣ 경미한 과실로 제19조 제2항에 따른 인증기준에 맞지 아니한 유기식품등을 인증한 경우

㉤ 제1항에 따른 인증심사원의 자격 기준에 적합하지 아니하게 된 경우

㉥ 인증심사업무와 관련하여 다른 사람에게 자기의 성명을 사용하게 하거나 인증심사원증을 빌려 준 경우

ⓢ 제26조의4 제1항에 따른 교육을 받지 아니한 경우
ⓞ 제27조 제2항 각호에 따른 준수사항을 지키지 아니한 경우
ⓙ 정당한 사유 없이 제31조 제1항에 따른 조사를 실시하기 위한 지시에 따르지 아니한 경우

④ 제3항에 따라 인증심사원 자격이 취소된 자는 취소된 날부터 3년이 지나지 아니하면 인증심사원 자격을 부여받을 수 없다.

⑤ 인증심사원의 자격 부여 절차 및 자격 취소 · 정지 기준, 그밖에 필요한 사항은 농림축산식품부령 또는 해양수산부령으로 정한다.

시행규칙

[별표12] 인증심사원의 자격 취소, 자격 정지 및 시정조치 명령의 기준(제39조 제5항 관련)

1. 일반기준
   가. 위반행위의 횟수에 따른 행정처분의 가중된 부과기준은 최근 3년간 같은 위반행위로 행정처분을 받은 경우에 적용한다. 이 경우 기간의 계산은 위반행위에 대해 행정처분을 받은 날과 그 처분 후 다시 같은 위반행위를 하여 적발된 날을 기준으로 한다.
   나. 가목에 따라 가중된 부과 처분을 하는 경우 가중 처분의 적용 차수는 그 위반행위 전 부과 처분 차수(가목에 따른 기간 내에 행정처분이 둘 이상 있었던 경우에는 높은 차수를 말한다)의 다음 차수로 한다.
   다. 위반행위가 둘 이상의 경우로서 그에 해당하는 각각의 처분기준이 다른 경우에는 그중 무거운 처분기준을 적용하되, 둘 이상의 처분기준이 모두 자격 정지인 경우에는 무거운 처분기준의 2분의 1 범위에서 가중할 수 있다.

2. 개별기준

위반행위	근거 법조문	위반 횟수별 행정처분 기준		
		1회 위반	2회 위반	3회 이상 위반
가. 거짓이나 그밖의 부정한 방법으로 인증심사원의 자격을 부여받은 경우	법 제26조의2 제3항 제1호(법 제35조 제2항)	자격 취소		
나. 거짓이나 그밖의 부정한 방법으로 인증심사업무를 수행한 경우	법 제26조의2 제3항 제2호(법 제35조 제2항)	자격 취소		
다. 고의 또는 중대한 과실로 법 제19조 제2항 또는 제34조 제2항에 따른 인증기준에 맞지 않은 유기식품등 또는 무농약농산물 · 무농약원료가공식품을 인증한 경우	법 제26조의2 제3항 제3호(법 제35조 제2항)	자격 취소		

위반행위	근거 법조문	위반 횟수별 행정처분 기준		
		1회 위반	2회 위반	3회 이상 위반
라. 경미한 과실로 법 제19조 제2항 또는 제34조 제2항에 따른 인증기준에 맞지 않은 유기식품등 또는 무농약농산물·무농약원료가공식품을 인증한 경우	법 제26조의2 제3항 제3호의2(법 제35조 제2항)	시정조치 명령	자격 정지 3개월	자격 정지 6개월
마. 법 제26조의2 제1항에 따른 인증심사원의 자격 기준에 적합하지 않게 된 경우	법 제26조의2 제3항 제4호(법 제35조 제2항)	자격 정지 3개월	자격 정지 6개월	자격 취소
바. 인증심사업무와 관련하여 다른 사람에게 자기의 성명을 사용하게 하거나 인증심사원증을 빌려준 경우	법 제26조의2 제3항 제5호(법 제35조 제2항)	자격 정지 6개월	자격 취소	
사. 법 제26조의4 제1항에 따른 교육을 받지 않은 경우	법 제26조의2 제3항 제6호(법 제35조 제2항)	시정조치 명령	자격 정지 3개월	자격 정지 6개월
아. 법 제27조 제2항 각호에 따른 준수사항을 지키지 않은 경우	법 제26조의2 제3항 제7호(법 제35조 제2항)	자격 정지 3개월	자격 정지 6개월	자격 취소
자. 정당한 사유 없이 법 제31조 제1항에 따른 조사를 실시하기 위한 지시에 따르지 않은 경우	법 제26조의2 제3항 제8호(법 제35조 제2항)	자격 정지 3개월	자격 정지 6개월	자격 취소

3) 인증기관 임직원의 결격사유 : 다음 각호의 어느 하나에 해당하는 사람은 인증기관의 임원 또는 직원(인증심사업무를 담당하는 직원에 한정한다)이 될 수 없다.

① 제26조의2 제3항 제1호·제2호·제3호 및 제7호(제27조 제2항 제2호를 위반한 경우로 한정한다)에 따라 자격 취소를 받은 날부터 3년이 지나지 아니한 사람

② 제29조 제1항에 따라 지정이 취소된 인증기관의 대표로서 인증기관의 지정이 취소된 날부터 3년이 지나지 아니한 사람

③ 제60조 제1항, 같은 조 제2항 제1호·제2호·제3호·제4호·제4호의2·제4호의3 및 같은 조

제3항 제2호의 죄(인증심사업무와 관련된 죄로 한정한다)를 범하여 100만원 이상의 벌금형 또는 금고 이상의 형을 선고받아 형이 확정된 날부터 3년이 지나지 아니한 사람

4) 인증심사원의 교육

① 농림축산식품부령 또는 해양수산부령으로 정하는 인증심사원은 업무능력 및 직업윤리의식 제고를 위하여 필요한 교육을 받아야 한다.

② 제1항에 따른 교육의 내용, 방법 및 실시기관 등 교육에 필요한 사항은 농림축산식품부령 또는 해양수산부령으로 정한다.

시행규칙

(인증심사원의 교육)

① 법 제26조의4 제1항에서 "농림축산식품부령으로 정하는 인증심사원"이란 인증기관에서 법 제26조의2 제1항에 따른 인증심사업무를 수행하는 인증심사원을 말한다.

② 법 제26조의4 제1항에 따른 교육(이하 이 조에서 "교육"이라 한다)의 내용은 다음 각호와 같다.

1. 인증 업무와 관련된 법령
2. 인증심사원의 역할과 자세
3. 인증심사 기준 및 인증 실무
4. 그밖에 인증심사원의 업무능력 및 직업윤리의식 제고를 위해 필요한 내용

③ 교육은 국립농산물품질관리원장이 매년 1회 실시하되, 교육 시간은 4시간 이상으로 한다.

④ 국립농산물품질관리원장은 법 제32조의2에 따른 인증기관의 평가 및 등급 결정 결과 우수 등급을 받은 인증기관에서 인증 업무를 수행하는 인증심사원에 대해서는 평가 및 등급 결정을 받은 연도의 다음 연도에 교육을 면제할 수 있다.

⑤ 제1항부터 제4항까지에서 규정한 사항 외에 교육의 내용 · 시간 · 방법 및 그밖에 교육의 실시에 필요한 사항은 국립농산물품질관리원장이 정하여 고시한다.

5) 인증기관 등의 준수사항

① 해양수산부장관 또는 인증기관은 다음 각호의 사항을 준수하여야 한다.

㉠ 인증과정에서 얻은 정보와 자료를 인증 신청인의 서면동의 없이 공개하거나 제공하지 아니할 것. 다만, 이 법 또는 다른 법률에 따라 공개하거나 제공하는 경우는 제외한다.

㉡ 인증기관은 농림축산식품부장관 또는 해양수산부장관(제26조 제4항에 따라 인증기관 지정 및 갱신 관련 평가업무를 위임받거나 위탁받은 기관 또는 단체를 포함한다)이 요청하는 경우에는 인증기관의 사무소 및 시설에 대한 접근을 허용하거나 필요한 정보 및 자료를 제공할 것

㉢ 인증 신청, 인증심사 및 인증사업자에 관한 자료를 농림축산식품부령 또는 해양수산부령으로 정하는 바에 따라 보관할 것

㉣ 인증기관은 농림축산식품부령 또는 해양수산부령으로 정하는 바에 따라 인증 결과 및 사후

관리 결과 등을 농림축산식품부장관 또는 해양수산부장관에게 보고할 것

㉤ 인증사업자가 인증기준을 준수하도록 관리하기 위하여 농림축산식품부령 또는 해양수산부령으로 정하는 바에 따라 인증사업자에 대하여 불시(不時) 심사를 하고 그 결과를 기록·관리할 것

② 인증기관의 임직원은 다음 각호의 사항을 준수하여야 한다.

㉠ 인증과정에서 얻은 정보와 자료를 인증 신청인의 서면동의 없이 공개하거나 제공하지 아니할 것. 다만, 이 법 또는 다른 법률에 따라 공개하거나 제공하는 경우는 제외한다.

㉡ 인증기관의 임원은 인증심사업무를 하지 아니할 것

㉢ 인증기관의 직원은 인증심사업무를 한 경우 그 결과를 기록할 것

시행규칙

(인증기관의 준수사항)

① 인증기관은 법 제27조 제1항 제3호에 따라 인증 신청, 인증심사 및 인증사업자에 관한 자료를 법 제21조 제1항에 따른 인증의 유효기간이 끝난 날부터 3년 동안 보관해야 한다.

② 인증기관은 지정 취소·업무 정지 처분을 받거나 지정의 유효기간이 끝난 때는 지체 없이 해당 인증기관에 인증을 신청하여 인증 절차가 진행 중인 자(이하 이 조에서 "인증 신청인"이라 한다)와 해당 인증기관에서 인증을 받은 인증사업자에게 해당 사실을 통보하고, 제1항에 따라 보관해야 하는 자료와 수수료 정산액(수수료를 미리 낸 경우로 한정한다)을 지정 취소·업무 정지 처분을 받은 날 또는 지정의 유효기간이 끝난 날부터 1개월 이내에 국립농산물품질관리원장에게 제출해야 한다. 다만, 인증 신청인 또는 인증사업자에게 해당 서류와 수수료 정산액을 돌려준 경우에는 그렇지 않다.

③ 국립농산물품질관리원장은 제2항에 따라 제출받은 자료와 수수료 정산액을 제50조 제3항에 따라 우수등급을 받은 다른 인증기관에 이전하여 다음 각호의 인증 업무를 수행하게 할 수 있다. 다만, 인증 신청자 또는 인증사업자가 희망하는 다른 인증기관이 있는 경우에는 그 기관으로 이전하여 인증 업무를 수행하게 할 수 있다.

1. 법 제20조 제8항에 따른 인증 변경 승인
2. 법 제24조 제1항에 따른 인증 취소, 인증 표시의 제거·정지 또는 시정조치 명령
3. 법 제31조에 따른 인증품등 및 인증사업자등의 사후관리
4. 법 제33조에 따른 인증사업자의 지위 승계

④ 인증기관은 법 제27조 제1항 제4호에 따라 인증 결과 및 사후관리 결과 등을 보고하려는 경우에는 친환경 인증관리 정보시스템에 등록하는 방법으로 해야 한다.

⑤ 인증기관은 법 제27조 제1항 제5호에 따라 다음 각호의 어느 하나에 해당하는 인증사업자에 대해 제13조 제2항에서 정한 인증심사의 절차와 방법을 준용하여 불시(不時) 심사를 하고 그 결과를 기록·관리해야 한다.

1. 제11조에 따른 인증기준 위반을 이유로 신고·진정·제보된 인증사업자
2. 최근 6개월 이내에 법 제24조 제1항 또는 제31조 제7항에 따라 행정처분을 받은 인증사업자

6) 인증 업무의 휴업 · 폐업

인증기관이 인증 업무의 전부 또는 일부를 휴업하거나 폐업하려는 경우에는 농림축산식품부령 또는 해양수산부령으로 정하는 바에 따라 미리 농림축산식품부장관 또는 해양수산부장관에게 신고하고, 그 인증기관의 인증 유효기간이 끝나지 아니한 인증사업자에게 그 취지를 알려야 한다.

시행규칙

(인증 업무의 휴업 · 폐업 신고)

① 인증기관은 법 제28조에 따라 휴업 또는 폐업을 신고하려는 경우에는 휴업 또는 폐업하기 1개월 전까지 별지 제25호서식에 따른 인증기관 휴업 · 폐업 신고서에 인증기관 지정서를 첨부하여 국립농산물품질관리원장에게 제출해야 한다.

② 국립농산물품질관리원장은 제1항에 따른 인증기관 휴업 · 폐업 신고서를 수리한 경우에는 그 사실을 친환경 인증관리 정보시스템에 게시해야 한다.

③ 인증기관은 제1항에 따른 인증기관 휴업 · 폐업 신고서가 수리되면 7일 이내에 그 인증기관의 인증 유효기간이 끝나지 않은 인증사업자에게 휴업 · 폐업 사실을 통보해야 한다.

7) 인증기관의 지정 취소 등

① 농림축산식품부장관 또는 해양수산부장관은 인증기관이 다음 각호의 어느 하나에 해당하는 경우에는 지정을 취소하거나 6개월 이내의 기간을 정하여 그 업무의 전부 또는 일부의 정지 또는 시정조치를 명할 수 있다. 다만, 제1호, 제1호의2, 제2호부터 제5호까지 및 제11호의 경우에는 그 지정을 취소하여야 한다.

㉠ 거짓이나 그밖의 부정한 방법으로 지정을 받은 경우

㉡ 인증기관의 장이 제60조 제1항, 같은 조 제2항 제1호 · 제2호 · 제3호 · 제4호 · 제4호의2 · 제4호의3 및 같은 조 제3항 제2호의 죄(인증심사업무와 관련된 죄로 한정한다)를 범하여 100만원 이상의 벌금형 또는 금고 이상의 형을 선고받아 그 형이 확정된 경우

㉢ 인증기관이 파산 또는 폐업 등으로 인하여 인증 업무를 수행할 수 없는 경우

㉣ 업무 정지 명령을 위반하여 정지 기간 중 인증을 한 경우

㉤ 정당한 사유 없이 1년 이상 계속하여 인증을 하지 아니한 경우

㉥ 고의 또는 중대한 과실로 제19조 제2항에 따른 인증기준에 맞지 아니한 유기식품등을 인증한 경우

㉦ 고의 또는 중대한 과실로 제20조에 따른 인증심사 및 재심사의 처리 절차 · 방법 또는 제21조에 따른 인증 갱신 및 인증품의 유효기간 연장의 절차 · 방법 등을 지키지 아니한 경우

㉧ 정당한 사유 없이 제24조 제1항에 따른 처분, 제31조 제7항 제2호 · 제3호에 따른 명령 또는 같은 조 제9항에 따른 공표를 하지 아니한 경우

㉨ 제26조 제1항에 따른 지정 기준에 맞지 아니하게 된 경우

ⓩ 제27조 제1항에 따른 인증기관의 준수사항을 위반한 경우
ⓚ 제32조 제2항에 따른 시정조치 명령이나 처분에 따르지 아니한 경우
ⓣ 정당한 사유 없이 제32조 제3항을 위반하여 소속 공무원의 조사를 거부 · 방해하거나 기피하는 경우
ⓟ 제32조의2에 따라 실시한 인증기관 평가에서 최하위 등급을 연속하여 3회 받은 경우

② 농림축산식품부장관 또는 해양수산부장관은 제1항에 따라 지정 취소 또는 업무 정지 처분을 한 경우에는 그 사실을 농림축산식품부 또는 해양수산부의 인터넷 홈페이지에 게시하여야 한다.
③ 제1항에 따라 인증기관의 지정이 취소된 자는 취소된 날부터 3년이 지나지 아니하면 다시 인증기관으로 지정받을 수 없다. 다만, 제1항 제2호에 해당하는 사유로 지정이 취소된 경우는 제외한다.
④ 제1항에 따른 행정처분의 세부적인 기준은 위반행위의 유형 및 위반 정도 등을 고려하여 농림축산식품부령 또는 해양수산부령으로 정한다.

시행규칙

(인증기관의 지정 취소 등의 세부 기준) 법 제29조 제1항에 따른 인증기관에 대한 지정 취소, 업무 정지 및 시정조치 명령의 세부적인 기준은 별표 13과 같다.

[별표 13] 인증기관에 대한 행정처분의 세부 기준(제43조 관련)

1. 일반기준
   가. 위반행위의 횟수에 따른 행정처분의 가중된 부과기준은 최근 3년간 같은 위반행위로 행정처분을 받은 경우에 적용한다. 이 경우 기간의 계산은 위반행위에 대해 행정처분을 받은 날과 그 처분 후 다시 같은 위반행위를 하여 적발된 날을 기준으로 한다.
   나. 가목에 따라 가중된 부과 처분을 하는 경우 가중 처분의 적용 차수는 그 위반행위 전 부과 처분 차수(가목에 따른 기간 내에 행정처분이 둘 이상 있었던 경우에는 높은 차수를 말한다)의 다음 차수로 한다.
   다. 위반행위가 둘 이상인 경우로서 그에 해당하는 각각의 처분기준이 다른 경우에는 그중 무거운 처분기준을 적용한다. 다만, 둘 이상의 처분기준이 모두 업무 정지인 경우에는 무거운 처분기준의 2분의 1 범위에서 가중할 수 있되, 각 처분기준을 합산한 기간을 초과할 수 없다.
   라. 최근 3년간 업무 정지 처분 2회를 받고 업무 정지 처분에 해당하는 위반행위가 다시 적발된 경우 각 위반행위가 같은 위반행위인지 여부와 상관없이 지정 취소 처분을 해야 한다. 다만, 법 제32조의2 제1항에 따른 평가 결과 인증기관 지위 승계신청일을 기준으로 최근 5년간 1회 이상 양호 이상의 등급을 받은 인증기관이 다른 인증기관의 지위를 승계한 경우, 그 다른 인증기관이 행한 위반행위의 횟수에 대해서는 양호 이상의 등급을 받은 횟수 이내에서 감면할 수 있다.
   마. 처분권자는 다음의 어느 하나에 해당하는 경우에는 제2호의 개별기준에 따른 업무 정지 기간의 2분의 1 범위에서 감경할 수 있다.
      1) 위반행위가 사소한 부주의나 오류로 인한 것으로 인정되는 경우

2) 위반행위자가 위반행위를 바로 정정하거나 시정하여 법 위반상태를 해소한 경우

3) 그밖에 위반행위의 내용 · 정도 · 동기 및 결과 등을 고려하여 감경할 필요가 있다고 인정되는 경우

2. 개별기준

위반행위	근거 법조문	행정처분 기준		
		1회 위반	2회 위반	3회 이상 위반
가. 거짓이나 그밖의 부정한 방법으로 지정을 받은 경우	법 제29조 제1항 제1호 (법 제35조 제2항)	지정 취소		
나. 인증기관의 장이 법 제60조 제1항, 같은 조 제2항 제1호 · 제2호 · 제3호 · 제4호 · 제4호의2 · 제4호의3 및 같은 조 제3항 제2호의 죄(인증심사업무와 관련된 죄로 한정한다)를 범하여 100만원 이상의 벌금형 또는 금고 이상의 형을 선고받아 그 형이 확정된 경우	법 제29조 제1항 제1호의2 (법 제35조 제2항)	지정 취소		
다. 인증기관이 파산 또는 폐업 등으로 인해 인증 업무를 수행할 수 없는 경우	법 제29조 제1항 제2호 (법 제35조 제2항)	지정 취소		
라. 업무 정지 명령을 위반하여 정지기간 중 인증을 한 경우	법 제29조 제1항 제3호 (법 제35조 제2항)	지정 취소		
마. 정당한 사유 없이 1년 이상 계속하여 인증을 하지 않은 경우	법 제29조 제1항 제4호 (법 제35조 제2항)	지정 취소		
바. 고의 또는 중대한 과실로 법 제19조 제2항 또는 제34조 제2항에 따른 인증기준에 맞지 않은 유기식품등 또는 무농약농산물 · 무농약원료가공식품을 인증한 경우	법 제29조 제1항 제5호 (법 제35조 제2항)	지정 취소		
사. 고의 또는 중대한 과실로 법 제20조(법 제34조 제4항에서 준용하는 경우를 포함한다)에 따른 인증심사 및 재심사의 처리 절차 · 방법 또는 법 제21조(법 제34조 제4항에서 준용하는 경우를 포함한다)에 따른 인증 갱신 및 인증품의 유효기간 연장의 절차 · 방법 등을 지키지 않은 경우	법 제29조 제1항 제6호 (법 제35조 제2항)	업무 정지 6개월	지정 취소	

위반행위	근거 법조문	행정처분 기준		
		1회 위반	2회 위반	3회 이상 위반
아. 정당한 사유 없이 법 제24조 제1항(법 제34조 제4항에서 준용하는 경우를 포함한다)에 따른 처분, 법 제31조 제7항 제2호 · 제3호에 따른 명령 또는 같은 조 제9항에 따른 공표를 하지 않은 경우	법 제29조 제1항 제7호 (법 제35조 제2항)	업무 정지 3개월	업무 정지 6개월	지정 취소
자. 법 제26조 제1항(법 제35조 제2항에서 준용하는 경우를 포함한다)에 따른 지정 기준 중 인력 및 조직, 시설에 관한 지정 기준에 맞지 않게 된 경우	법 제29조 제1항 제8호 (법 제35조 제2항)	업무 정지 3개월	업무 정지 6개월	지정 취소
차. 법 제26조 제1항(법 제35조 제2항에서 준용하는 경우를 포함한다)에 따른 지정 기준 중 인증 업무규정에 관한 지정 기준에 맞지 않게 된 경우	법 제29조 제1항 제8호 (법 제35조 제2항)	시정 명령	업무 정지 3개월	업무 정지 6개월
카. 법 제27조 제1항(법 제35조 제2항에서 준용하는 경우를 포함한다)에 따른 인증기관의 준수사항을 위반한 경우	법 제29조 제1항 제9호 (법 제35조 제2항)	업무 정지 3개월	업무 정지 6개월	지정 취소
타. 법 제32조 제2항(법 제34조 제5항에서 준용하는 경우를 포함한다)에 따른 시정조치 명령이나 처분에 따르지 않은 경우	법 제29조 제1항 제10호 (법 제35조 제2항)	업무 정지 6개월	지정 취소	
파. 정당한 사유 없이 법 제32조 제3항(법 제34조 제5항에서 준용하는 경우를 포함한다)을 위반하여 소속 공무원의 조사를 거부 · 방해하거나 기피하는 경우	법 제29조 제1항 제11호 (법 제35조 제2항)	지정 취소		
하. 법 제32조의2(법 제34조 제5항에서 준용하는 경우를 포함한다)에 따라 실시한 인증기관 평가에서 최하위 등급을 연속하여 3회 받은 경우	법 제29조 제1항 제12호 (법 제35조 제2항)	지정 취소		

❺ 유기식품등, 인증사업자 및 인증기관의 사후관리

1) 인증 등에 관한 부정행위의 금지

① 누구든지 다음 각호의 어느 하나에 해당하는 행위를 하여서는 아니 된다.

㉠ 거짓이나 그밖의 부정한 방법으로 제20조에 따른 인증심사, 재심사 및 인증 변경 승인, 제21조에 따른 인증 갱신, 유효기간 연장 및 재심사 또는 제26조 제1항 및 제3항에 따른 인증기관의 지정 · 갱신을 받는 행위

㉡ 거짓이나 그밖의 부정한 방법으로 제20조에 따른 인증심사, 재심사 및 인증 변경 승인, 제21조에 따른 인증 갱신, 유효기간 연장 및 재심사를 하거나 받을 수 있도록 도와주는 행위

㉢ 거짓이나 그밖의 부정한 방법으로 인증심사원의 자격을 부여받는 행위

㉣ 인증을 받지 아니한 제품과 제품을 판매하는 진열대에 유기표시, 무농약표시, 친환경 문구표시 및 이와 유사한 표시(인증품으로 잘못 인식할 우려가 있는 표시 및 이와 관련된 외국어 또는 외래어 표시를 포함한다)를 하는 행위

㉤ 인증품에 인증받은 내용과 다르게 표시하는 행위

㉥ 제20조 제1항에 따른 인증 또는 제21조 제2항에 따른 인증 갱신을 신청하는 데 필요한 서류를 거짓으로 발급하여 주는 행위

㉦ 인증품에 인증을 받지 아니한 제품 등을 섞어서 판매하거나 섞어서 판매할 목적으로 보관, 운반 또는 진열하는 행위

㉧ 제2호 또는 제3호의 행위에 따른 제품임을 알고도 인증품으로 판매하거나 판매할 목적으로 보관, 운반 또는 진열하는 행위

㉨ 인증이 취소된 제품임을 알고도 인증품으로 판매하거나 판매할 목적으로 보관 · 운반 또는 진열하는 행위

㉩ 인증을 받지 아니한 제품을 인증품으로 광고하거나 인증품으로 잘못 인식할 수 있도록 광고(유기, 무농약, 친환경 문구 또는 이와 같은 의미의 문구를 사용한 광고를 포함한다)하는 행위 또는 인증품을 인증받은 내용과 다르게 광고하는 행위

② 제1항 제2호에 따른 친환경 문구와 유사한 표시의 세부 기준은 농림축산식품부령 또는 해양수산부령으로 정한다.

시행규칙

(친환경 문구 표시 및 유사한 표시의 세부 기준)

① 법 제30조 제1항 제2호에 따른 친환경 문구 표시 및 이와 유사한 표시(이하 이 조에서 "친환경 표시"라 한다)는 다음 각호의 어느 하나에 해당하는 표시를 말한다.

1. "유기", "무농약" 또는 "친환경"이라는 문구(문구의 일부 또는 전부를 한자로 표기하는 경우를 포함한다)가 포함된 문자 또는 도형의 표시

제5과목

2. "Organic", "Non Pesticide", "Pesticide Free" 등 제1호에 따른 문구와 관련된 외국어 또는 외래어가 포함된 문자 또는 도형의 표시
3. 그밖에 인증품으로 잘못 인식할 우려가 있는 표시 및 이와 관련된 외국어 또는 외래어 표시로서 국립농산물품질관리원장이 정하여 고시하는 표시

② 제1항에 따른 친환경 표시의 세부 기준은 국립농산물품질관리원장이 정하여 고시한다.

2) 인증품등 및 인증사업자등의 사후관리

① 농림축산식품부장관 또는 해양수산부장관은 농림축산식품부령 또는 해양수산부령으로 정하는 바에 따라 소속 공무원 또는 인증기관으로 하여금 매년 다음 각호의 조사(인증기관은 인증을 한 인증사업자에 대한 제2호의 조사에 한정한다)를 하게 하여야 한다. 이 경우 시료를 무상으로 제공받아 검사하거나 자료 제출 등을 요구할 수 있다.

㉠ 판매·유통 중인 인증품 및 제23조 제3항에 따라 제한적으로 유기표시를 허용한 식품 및 비식용가공품(이하 "인증품등"이라 한다)에 대한 조사

㉡ 인증사업자의 사업장에서 인증품의 생산, 제조·가공 또는 취급 과정이 제19조 제2항에 따른 인증기준에 맞는지 여부 조사

시행규칙

(인증품등 및 인증사업자등의 사후관리)

① 법 제31조 제1항에 따라 국립농산물품질관리원장 또는 인증기관이 매년 실시하는 판매·유통 중인 인증품 및 법 제23조 제3항에 따라 제한적으로 유기표시를 허용한 식품 및 비식용가공품(이하 "인증품등"이라 한다)과 인증사업자에 대한 조사는 다음 각호의 구분에 따라 실시한다.

1. 정기조사 : 인증품 판매·유통 사업장, 법 제23조 제3항에 따라 제한적으로 유기표시를 허용한 식품 및 비식용가공품의 생산, 제조·가공, 취급 또는 판매·유통 사업장 또는 인증사업자의 사업장 중 일부를 선정하여 정기적으로 실시
2. 수시조사 : 특정 업체의 위반 사실에 대한 신고·민원·제보 등이 접수되는 경우에 실시
3. 특별조사 : 국립농산물품질관리원장이 필요하다고 인정하는 경우에 실시

② 제1항에 따른 조사의 방법 및 사항은 다음 각호의 구분에 따른다.

1. 잔류물질 검정조사 : 인증품등이 인증기준에 맞는지의 확인
2. 서류조사 또는 현장조사 : 인증품등의 표시 사항이 표시 기준에 맞는지 및 인증품등의 생산, 제조·가공, 취급 또는 판매·유통과정이 인증기준 또는 표시 기준에 맞는지의 확인

③ 법 제31조 제3항 후단에 따라 인증사업자, 인증품을 판매·유통하는 사업자 또는 법 제23조 제3항에 따라 제한적으로 유기표시를 허용한 식품 및 비식용가공품을 생산, 제조·가공, 취급 또는 판매·유통하는 사업자(이하 "인증사업자등"이라 한다)의 사업장에 출입하는 사람은 그 권한을 표시하는 다음 각호의 구분에 따른 증표를 지니고 관계인에게 보여주어야 하며, 사업장에 출입할 때는 성명·출입시간

및 출입목적 등이 기재된 문서를 관계인에게 내주어야 한다.
1. 공무원의 경우 : 별지 제26호서식에 따른 조사 공무원증
2. 인증심사원의 경우 : 별지 제24호서식에 따른 인증심사원증

④ 국립농산물품질관리원장 또는 인증기관은 법 제31조 제4항 전단에 따라 같은 조 제1항에 따른 조사 결과를 통지하려는 때는 서면, 문자메시지, 전자우편, 팩스 또는 전화 등의 방법으로 할 수 있다.

⑤ 법 제31조 제4항 후단에 따라 시료의 재검사를 요청하려는 인증사업자등은 제4항에 따른 통지를 받은 날부터 7일 이내에 별지 제27호서식에 따른 인증품등 재검사 요청서에 재검사 요청 사유를 적고, 요청 사유를 증명하는 자료를 첨부하여 국립농산물품질관리원장 또는 인증기관에 제출해야 한다.

⑥ 제5항에 따른 재검사를 요청받은 국립농산물품질관리원장 또는 인증기관은 법 제31조 제5항에 따라 재검사 요청을 받은 날부터 7일 이내에 재검사 요청 사유 및 증명자료를 확인하여 재검사가 필요하다고 인정되는 경우에는 재검사 여부를 결정하여 해당 인증사업자등에게 통보해야 한다.

⑦ 국립농산물품질관리원장 또는 인증기관은 법 제31조 제6항에 따라 재검사 결과를 통보하려는 때는 서면, 문자메시지, 전자우편, 팩스 또는 전화 등의 방법으로 통보할 수 있다.

⑧ 제1항부터 제7항까지에서 규정한 사항 외에 조사 및 재검사에 필요한 사항은 국립농산물품질관리원장이 정하여 고시한다.

② 제1항에 따라 조사를 할 때는 미리 조사의 일시, 목적, 대상 등을 관계인에게 알려야 한다. 다만, 긴급한 경우나 미리 알리면 그 목적을 달성할 수 없다고 인정되는 경우에는 그러하지 아니하다.

③ 제1항에 따라 조사를 하거나 자료 제출을 요구하는 경우 인증사업자, 인증품을 판매 · 유통하는 사업자 또는 제23조 제3항에 따라 제한적으로 유기표시를 허용한 식품 및 비식용가공품을 생산, 제조 · 가공, 취급 또는 판매 · 유통하는 사업자(이하 "인증사업자등"이라 한다)는 정당한 사유 없이 이를 거부 · 방해하거나 기피하여서는 아니 된다. 이 경우 제1항에 따른 조사를 위하여 사업장에 출입하는 자는 그 권한을 표시하는 증표를 지니고 이를 관계인에게 보여주어야 한다.

④ 농림축산식품부장관 · 해양수산부장관 또는 인증기관은 제1항에 따른 조사를 한 경우에는 인증사업자등에게 조사 결과를 통지하여야 한다. 이 경우 조사 결과 중 제1항 각호 외의 부분 후단에 따라 제공한 시료의 검사 결과에 이의가 있는 인증사업자등은 시료의 재검사를 요청할 수 있다.

⑤ 제4항에 따른 재검사 요청을 받은 농림축산식품부장관 · 해양수산부장관 또는 인증기관은 농림축산식품부령 또는 해양수산부령으로 정하는 바에 따라 재검사 여부를 결정하여 해당 인증사업자등에게 통보하여야 한다.

⑥ 농림축산식품부장관 · 해양수산부장관 또는 인증기관은 제4항에 따른 재검사를 하기로 결정하였을 때는 지체 없이 재검사를 하고, 해당 인증사업자등에게 그 재검사 결과를 통보하여야 한다.

⑦ 농림축산식품부장관 · 해양수산부장관 또는 인증기관은 제1항에 따른 조사를 한 결과 제19조

제2항에 따른 인증기준 또는 제23조에 따른 유기식품등의 표시 사항 등을 위반하였다고 판단한 때는 인증사업자등에게 다음 각호의 조치를 명할 수 있다.

㉠ 제24조 제1항에 따른 인증 취소, 인증 표시의 제거 · 정지 또는 시정조치

㉡ 인증품등의 판매 금지 · 판매정지 · 회수 · 폐기

㉢ 세부 표시 사항 변경

⑧ 농림축산식품부장관 또는 해양수산부장관은 인증사업자등이 제7항 제2호에 따른 인증품등의 회수 · 폐기 명령을 이행하지 아니하는 경우에는 관계 공무원에게 해당 인증품등을 압류하게 할 수 있다. 이 경우 관계 공무원은 그 권한을 표시하는 증표를 지니고 이를 관계인에게 보여주어야 한다. 〈신설 2019. 8. 27.〉

⑨ 농림축산식품부장관 · 해양수산부장관 또는 인증기관은 제7항 각호에 따른 조치명령의 내용을 공표하여야 한다.

⑩ 제4항에 따른 조사 결과 통지 및 제6항에 따른 시료의 재검사 절차와 방법, 제7항 각호에 따른 조치명령의 세부 기준, 제8항에 따른 압류 및 제9항에 따른 공표에 필요한 사항은 농림축산식품부령 또는 해양수산부령으로 정한다.

3) 인증기관에 대한 사후관리

① 농림축산식품부장관 또는 해양수산부장관은 소속 공무원으로 하여금 인증기관이 제20조 및 제21조에 따라 인증 업무를 적절하게 수행하는지, 제26조 제1항에 따른 인증기관의 지정 기준에 맞는지, 제27조 제1항에 따른 인증기관의 준수사항을 지키는지를 조사하게 할 수 있다.

② 농림축산식품부장관 또는 해양수산부장관은 제1항에 따른 조사 결과 인증기관이 다음 각호의 어느 하나에 해당하는 경우에는 제29조 제1항에 따른 지정 취소 · 업무 정지 또는 시정조치 명령을 할 수 있다.

㉠ 제20조 또는 제21조에 따른 인증 업무를 적절하게 수행하지 아니하는 경우

㉡ 제26조 제1항에 따른 지정 기준에 맞지 아니하는 경우

㉢ 제27조 제1항에 따른 인증기관 준수사항을 지키지 아니하는 경우

③ 제1항에 따라 조사를 하는 경우 인증기관의 임직원은 정당한 사유 없이 이를 거부 · 방해하거나 기피해서는 아니 된다.

4) 인증기관의 평가 및 등급 결정

① 농림축산식품부장관 또는 해양수산부장관은 인증 업무의 수준을 향상시키고 우수한 인증기관을 육성하기 위하여 인증기관의 운영 및 업무수행 실태 등을 평가하여 등급을 결정하고 그 결과를 공표할 수 있다.

② 농림축산식품부장관 또는 해양수산부장관은 제1항에 따른 평가 및 등급 결정 결과를 인증기관의 관리 · 지원 · 육성 등에 반영할 수 있다.

③ 제1항에 따른 인증기관의 평가와 등급 결정의 기준 · 방법 · 절차 및 결과 공표 등에 필요한 사항은 농림축산식품부령 또는 해양수산부령으로 정한다.

시행규칙

(인증기관의 평가 및 등급 결정 기준)

① 법 제32조의2 제1항에 따른 인증기관의 운영 및 업무수행 실태 등의 평가 및 등급 결정의 기준은 다음 각호와 같다.

1. 인증기관의 운영 및 업무수행의 적정성
2. 인증기관의 인증 업무 수준 향상을 위한 노력의 정도
3. 인증심사원의 처우 개선을 위한 노력의 정도
4. 인증기관의 재무구조 건전성

② 제1항에 따른 평가 및 등급 결정의 세부 기준은 국립농산물품질관리원장이 정하여 고시한다.

시행규칙

(인증기관의 평가 및 등급 결정 절차)

① 국립농산물품질관리원장은 법 제32조의2 제1항에 따른 인증기관의 평가 및 등급 결정을 매년 1회 정기적으로 실시한다.

② 국립농산물품질관리원장은 인증기관의 공정한 평가 및 등급 결정을 위해 등급 결정심의위원회를 두고, 인증 업무에 대한 학식과 경험이 풍부한 사람으로 구성 · 운영해야 한다.

③ 국립농산물품질관리원장은 제2항에 따른 등급 결정심의위원회의 심의를 거쳐 인증기관의 등급을 우수, 양호, 보통 및 미흡으로 구분하여 결정한다.

④ 국립농산물품질관리원장은 제3항에 따라 우수, 양호 또는 보통 등급으로 결정된 인증기관을 친환경 인증관리 정보시스템을 통해 공표할 수 있다.

⑤ 제1항부터 제4항까지에서 규정한 사항 외에 등급 결정심의위원회의 구성 · 운영, 인증기관의 등급 결정 및 절차에 필요한 사항은 국립농산물품질관리원장이 정하여 고시한다.

시행규칙

(평가 및 등급 결정 결과의 반영) 국립농산물품질관리원장은 법 제32조의2 제2항에 따라 인증기관의 평가 및 등급 결정 결과를 인증기관의 관리 · 지원 · 육성 등을 위해 다음 각호의 사항에 반영할 수 있다.

1. 법 제16조에 따른 인증기관에 대한 예산 지원
2. 법 제26조 제3항에 따른 인증기관의 지정 갱신 심사
3. 법 제32조 제1항에 따른 인증기관에 대한 조사
4. 제1호부터 제3호까지에서 규정한 사항 외에 국립농산물품질관리원장이 인증기관의 평가 및 등급 결정 결과를 반영할 필요가 있다고 인정하는 사항

5) 인증기관 등의 승계

① 다음 각호의 어느 하나에 해당하는 자는 인증사업자 또는 인증기관의 지위를 승계한다.
　㉠ 인증사업자가 사망한 경우 그 제품 등을 계속하여 생산, 제조 · 가공 또는 취급하려는 상속인
　㉡ 인증사업자나 인증기관이 그 사업을 양도한 경우 그 양수인
　㉢ 인증사업자나 인증기관이 합병한 경우 합병 후 존속하는 법인이나 합병으로 설립되는 법인

② 제1항에 따라 인증사업자의 지위를 승계한 자는 인증심사를 한 해양수산부장관 또는 인증기관(그 인증기관의 지정이 취소된 경우에는 해양수산부장관 또는 다른 인증기관을 말한다)에 그 사실을 신고하여야 하고, 인증기관의 지위를 승계한 자는 농림축산식품부장관 또는 해양수산부장관에게 그 사실을 신고하여야 한다.

③ 농림축산식품부장관 · 해양수산부장관 또는 인증기관은 제2항에 따른 신고를 받은 날부터 1개월 이내에 신고수리 여부를 신고인에게 통지하여야 한다.

④ 농림축산식품부장관 · 해양수산부장관 또는 인증기관이 제3항에서 정한 기간 내에 신고수리 여부 또는 민원 처리 관련 법령에 따른 처리 기간의 연장을 신고인에게 통지하지 아니하면 그 기간(민원 처리 관련 법령에 따라 처리 기간이 연장 또는 재연장된 경우에는 해당 처리 기간을 말한다)이 끝난 날의 다음 날에 신고를 수리한 것으로 본다.

⑤ 제1항에 따른 지위의 승계가 있을 때는 종전의 인증사업자 또는 인증기관에 한 제24조 제1항, 제29조 제1항 또는 제31조 제7항 각호에 따른 행정처분의 효과는 그 지위를 승계한 자에게 승계되며, 행정처분의 절차가 진행 중일 때는 그 지위를 승계한 자에 대하여 그 절차를 계속 진행할 수 있다.

⑥ 제2항에 따른 신고에 필요한 사항은 농림축산식품부령 또는 해양수산부령으로 정한다.

시행규칙

(인증사업자 및 인증기관의 지위 승계 신고)

① 법 제33조 제1항에 따라 인증사업자의 지위를 승계한 자는 그 지위를 승계한 날부터 1개월 이내에 별지 제29호서식에 따른 인증사업자 지위 승계신고서에 다음 각호의 서류를 첨부하여 인증심사를 한 인증기관(그 인증기관의 지정이 취소된 경우에는 다른 인증기관을 말한다)에 제출해야 한다.
1. 별지 제6호서식 · 별지 제7호서식에 따른 인증품 생산계획서 또는 별지 제8호서식에 따른 인증품 제조 · 가공 및 취급계획서
2. 법 제33조 제1항 각호에 따른 인증사업자의 지위 승계를 증명하는 자료
3. 상속 · 양도 등을 한 자의 인증서

② 법 제33조 제1항에 따라 인증기관의 지위를 승계한 자는 그 지위를 승계한 날부터 1개월 이내에 별지 제30호서식에 따른 인증기관 지위 승계신고서에 다음 각호의 서류를 첨부하여 국립농산물품질관리원장에게 제출해야 한다.
1. 인증 업무의 범위 등을 적은 사업계획서

2. 법 제33조 제1항 제2호 또는 제3호에 따른 인증기관의 지위 승계를 증명하는 자료
3. 제33조에 따른 인증기관의 지정 기준을 갖추었음을 증명하는 서류
4. 양도 등을 한 자의 인증기관 지정서

③ 국립농산물품질관리원장은 제2항에 따른 인증기관 지위 승계신고서를 제출받으면 「전자정부법」 제36조 제1항에 따른 행정정보의 공동이용을 통해 사업자등록증명 또는 법인 등기사항증명서(법인인 경우로 한정한다)를 확인해야 한다. 다만, 신고인이 확인에 동의하지 않는 경우에는 해당 서류를 직접 제출하도록 해야 한다.

④ 인증기관은 법 제33조 제2항에 따른 인증사업자 지위 승계 신고를 수리(같은 조 제4항에 따라 신고를 수리한 것으로 보는 경우를 포함한다)하였을 때는 별지 제9호서식 또는 별지 제10호서식에 따른 인증서를 발급하고, 지위 승계 내용을 친환경 인증관리 정보시스템에 반영해야 한다.

⑤ 국립농산물품질관리원장은 법 제33조 제2항에 따른 인증기관 지위 승계 신고를 수리(같은 조 제4항에 따라 신고를 수리한 것으로 보는 경우를 포함한다)하였을 때는 별지 제20호서식에 따른 인증기관 지정서를 발급하고, 지위 승계 내용을 국립농산물품질관리원의 인터넷 홈페이지 및 친환경 인증관리 정보시스템 등에 게시해야 한다.

6 무농약농산물·무농약원료가공식품 및 무항생제수산물등의 인증

1) 무농약농산물 · 무농약원료가공식품 및 무항생제수산물등의 인증 등

① 농림축산식품부장관 또는 해양수산부장관은 무농약농산물 · 무농약원료가공식품 및 무항생제수산물등에 대한 인증을 할 수 있다.

② 제1항에 따른 인증을 하기 위한 무농약농산물 · 무농약원료가공식품 및 무항생제수산물등의 인증 대상과 무농약농산물 · 무농약원료가공식품 및 무항생제수산물등의 생산, 제조 · 가공 또는 취급에 필요한 인증기준 등은 농림축산식품부령 또는 해양수산부령으로 정한다.

③ 무농약농산물 · 무농약원료가공식품 또는 무항생제수산물등을 생산, 제조 · 가공 또는 취급하는 자는 무농약농산물 · 무농약원료가공식품 또는 무항생제수산물등의 인증을 받으려면 해양수산부장관 또는 제35조 제1항에 따라 지정받은 인증기관(이하 이 장에서 "인증기관"이라 한다)에 인증을 신청하여야 한다. 다만, 인증을 받은 무농약농산물 · 무농약원료가공식품 또는 무항생제수산물등을 다시 포장하지 아니하고 그대로 저장, 운송 또는 판매하는 자는 인증을 신청하지 아니할 수 있다.

④ 제3항에 따른 인증의 신청, 제한, 심사 및 재심사, 인증 변경 승인, 인증의 유효기간, 인증의 갱신 및 유효기간의 연장, 인증사업자의 준수사항, 인증의 취소, 인증 표시의 제거 · 정지 및 과징금 부과 등에 관하여는 제20조부터 제22조까지, 제24조 및 제24조의2를 준용한다. 이 경우 "유기식품등"은 "무농약농산물 · 무농약원료가공식품 또는 무항생제수산물등"으로 본다.

⑤ 무농약농산물 · 무농약원료가공식품 및 무항생제수산물등의 인증 등에 관한 부정행위의 금지, 인증품 및 인증사업자에 대한 사후관리, 인증기관의 사후관리, 인증사업자 또는 인증기관의 지위 승계 등에 관하여는 제30조부터 제33조까지의 규정을 준용한다. 이 경우 "유기식품등"은 "무농약농산물 · 무농약원료가공식품 또는 무항생제수산물등"으로, "제한적으로 유기표시를 허용한 식품"은 "제한적으로 무농약표시를 허용한 식품"으로 본다.

2) 무농약농산물 · 무농약원료가공식품 및 무항생제수산물등의 인증기관 지정 등

① 농림축산식품부장관 또는 해양수산부장관은 무농약농산물 · 무농약원료가공식품 또는 무항생제수산물등의 인증과 관련하여 인증심사원 등 필요한 인력과 시설을 갖춘 자를 인증기관으로 지정하여 무농약농산물 · 무농약원료가공식품 또는 무항생제수산물등의 인증을 하게 할 수 있다.

② 제1항에 따른 인증기관의 지정 · 유효기간 · 갱신 · 지정 변경, 인증기관 등의 준수사항, 인증업무의 휴업 · 폐업 및 인증기관의 지정 취소 등에 관하여는 제26조, 제26조의2부터 제26조의4까지 및 제27조부터 제29조까지의 규정을 준용한다. 이 경우 "유기식품등"은 "무농약농산물 · 무농약원료가공식품 또는 무항생제수산물등"으로 본다.

3) 무농약농산물 · 무농약원료가공식품 및 무항생제수산물등의 표시 기준 등

① 제34조 제3항에 따라 인증을 받은 자는 생산, 제조 · 가공 또는 취급하는 무농약농산물 · 무농약원료가공식품 및 무항생제수산물등에 직접 또는 그 포장등에 무농약, 무항생제(축산물 또는 수산물만 해당한다), 활성처리제 비사용(해조류만 해당한다) 또는 이와 같은 의미의 도형이나 글자를 표시(이하 "무농약농산물 · 무농약원료가공식품 및 무항생제수산물등 표시"라 한다)할 수 있다. 이 경우 포장을 하지 아니하고 판매하거나 낱개로 판매하는 때는 표시판 또는 푯말에 표시할 수 있다.

② 농림축산식품부장관은 무농약농산물을 원료 또는 재료로 사용하면서 제34조 제1항에 따른 인증을 받지 아니한 식품에 대해서는 사용한 무농약농산물의 함량에 따라 제한적으로 무농약 표시를 허용할 수 있다.

③ 무농약농산물 · 무농약원료가공식품 및 무항생제수산물등의 생산 방법 등에 관한 정보의 표시, 그밖에 표시 사항 등에 관한 구체적인 사항에 관하여는 제23조 제2항 및 제5항을 준용한다. 이 경우 "유기표시"는 "무농약농산물 · 무농약원료가공식품 및 무항생제수산물등 표시"로 본다.

7 유기농어업자재의 공시

1) 유기농어업자재의 공시

① 농림축산식품부장관 또는 해양수산부장관은 유기농어업자재가 허용 물질을 사용하여 생산된

자재인지를 확인하여 그 자재의 명칭, 주성분명, 함량 및 사용 방법 등에 관한 정보를 공시할 수 있다.

② 제1항에 따른 공시(이하 "공시"라 한다)를 할 때는 제4항에 따른 공시기준에 따라야 한다.

③ 제1항에 따른 공시를 하기 위한 공시의 대상 및 공시에 필요한 기준 등은 농림축산식품부령 또는 해양수산부령으로 정한다.

시행규칙

(유기농업자재 공시의 대상)

법 제37조 제1항에 따른 유기농업자재의 공시(이하 "공시"라 한다)의 대상은 다음 각호와 같다.

1. 토양 개량용 또는 작물 생육용 유기농업자재
2. 병해충 관리용 유기농업자재

(유기농업자재 공시의 기준)

① 법 제37조 제1항에 따른 유기농업자재의 공시기준은 별표 17과 같다.

② 제1항에 따른 공시기준에 관한 세부 사항은 국립농산물품질관리원장이 정하여 고시한다.

2) 유기농어업자재 공시의 신청 및 심사 등

① 유기농어업자재를 생산하거나 수입하여 판매하려는 자가 공시를 받으려는 경우에는 제44조 제1항에 따라 지정된 공시기관(이하 "공시기관"이라 한다)에 제41조 제1항에 따라 시험연구기관으로 지정된 기관이 발급한 시험성적서 등 농림축산식품부령 또는 해양수산부령으로 정하는 서류를 갖추어 신청하여야 한다. 다만, 다음 각호의 어느 하나에 해당하는 자는 공시를 신청할 수 없다.

㉠ 제43조 제1항(같은 항 제4호는 제외한다)에 따라 공시가 취소된 날부터 1년이 지나지 아니한 자

㉡ 제43조 제1항에 따른 판매 금지 또는 시정조치 명령이나 제49조 제7항 제2호 또는 제3호에 따른 명령을 받아서 그 처분 기간 중에 있는 자

㉢ 제60조에 따라 벌금 이상의 형을 선고받고 그 형이 확정된 날부터 1년이 지나지 아니한 자

② 공시기관은 제1항에 따른 신청을 받은 경우 제37조 제4항에 따른 공시기준에 맞는지를 심사한 후 그 결과를 신청인에게 알려주고 기준에 맞는 경우에는 공시를 해 주어야 한다.

③ 제2항에 따른 공시심사 결과에 대하여 이의가 있는 자는 그 공시심사를 한 공시기관에 재심사를 신청할 수 있다.

④ 제2항에 따라 공시를 받은 자(이하 "공시사업자"라 한다)가 공시를 받은 내용을 변경할 때는 그 공시심사를 한 공시기관에 농림축산식품부령 또는 해양수산부령으로 정하는 바에 따라 공시 변경 승인을 받아야 한다.

⑤ 그밖에 공시의 신청, 제한, 심사, 재심사 및 공시 변경 승인 등에 필요한 구체적인 절차와 방법 등은 농림축산식품부령 또는 해양수산부령으로 정한다.

시행규칙

(유기농업자재 공시의 신청 등)

① 법 제38조 제1항에 따라 유기농업자재 공시의 신청을 하려는 자는 별지 제31호서식에 따른 유기농업자재 공시 신청서에 다음 각호의 자료 · 서류 및 시료를 첨부하여 법 제44조 제1항에 따라 지정된 공시기관(이하 "공시기관"이라 한다)에 제출해야 한다.

1. 별지 제32호서식에 따른 유기농업자재 생산계획서
2. 별표 18의 붙임에 따른 제출 자료 및 서류
3. 시료 500g(㎖). 다만, 병해충 관리용 시료는 100g(㎖)으로 한다.

② 제1항에 따른 유기농업자재 공시의 신청 시 제출되는 수입원료 · 재료의 사후관리에 필요한 사항은 국립농산물품질관리원장이 정하여 고시한다.

시행규칙

(유기농업자재 공시의 심사 등)

① 공시기관은 제62조 제1항에 따른 공시 신청을 받은 경우에는 10일 이내에 신청인에게 심사 일정을 알리고 심사를 해야 한다. 이 경우 심사 일정의 통지는 서면, 문자메시지, 전자우편, 팩스 또는 전화 등의 방법으로 할 수 있다.

② 공시기관은 제62조 제1항에 따른 공시 신청을 받은 경우에는 제61조에 따른 공시기준에 맞는지를 심사한 후 그 심사 결과를 서면, 문자메시지, 전자우편, 팩스 또는 전화 등의 방법으로 신청인에게 통지해야 한다.

③ 공시기관은 법 제38조 제2항에 따라 유기농업자재 공시를 한 경우에는 신청인에게 별지 제35호서식에 따른 유기농업자재 공시서를 발급하고, 별지 제36호서식에 따른 유기농업자재 공시 관리대장에 적어 관리하며, 별지 제37호서식에 따른 유기농업자재 공시 공고사항을 해당 공시기관의 인터넷 홈페이지 및 법 제53조의2에 따른 유기농업자재 정보시스템(이하 "유기농업자재 정보시스템"이라 한다)에 게시해야 한다.

④ 제2항에 따른 공시의 심사 절차와 방법에 관한 구체적인 사항은 별표 18과 같다.

⑤ 공시심사 결과에 대해 이의가 있는 자가 법 제38조 제3항에 따라 재심사를 신청하려는 경우에는 같은 조 제2항에 따라 공시심사 결과를 통지받은 날부터 7일 이내에 별지 제33호서식에 따른 유기농업자재 공시 재심사 신청서에 재심사 신청 사유를 증명하는 자료 · 서류 및 시료를 첨부하여 그 공시심사를 한 공시기관에 제출해야 한다.

⑥ 법 제38조 제3항에 따른 재심사의 절차 및 방법에 관하여는 제1항부터 제4항까지의 규정을 준용한다.

시행규칙

(유기농업자재 공시의 변경 승인)

① 법 제38조 제2항에 따라 유기농업자재 공시를 받은 자(이하 "공시사업자"라 한다)가 공시를 받은 내용을 변경하려는 경우에는 같은 조 제4항에 따라 별지 제34호서식에 따른 유기농업자재 공시 변경 승인 신청서에 다음 각호의 자료 · 서류 및 시료(사용 방법을 변경하는 경우로 한정한다)를 첨부하여 그 공시를 한 공시기관에 제출해야 한다.

1. 유기농업자재 공시서
2. 변경 사유서
3. 변경사항을 증명하는 별표 18의 붙임에 따른 자료 및 서류
4. 시료 500g(㎖). 다만, 병해충 관리용 시료는 100g(㎖)으로 한다.

② 제1항에 따른 변경 승인의 심사 · 절차 및 방법에 관하여는 제63조 제1항부터 제4항까지의 규정을 준용한다.

3) 공시의 유효기간 등

① 공시의 유효기간은 공시를 받은 날부터 3년으로 한다.

② 공시사업자가 공시의 유효기간이 끝난 후에도 계속하여 공시를 유지하려는 경우에는 그 유효기간이 끝나기 전까지 공시를 한 공시기관에 갱신 신청을 하여 그 공시를 갱신하여야 한다. 다만, 공시를 한 공시기관이 폐업, 업무 정지 또는 그밖의 부득이한 사유로 갱신 신청이 불가능하게 된 경우에는 다른 공시기관에 신청할 수 있다.

③ 제2항에 따른 공시의 갱신에 필요한 구체적인 절차와 방법 등은 농림축산식품부령 또는 해양수산부령으로 정한다.

제5과목

시행규칙

(유기농업자재 공시의 갱신)

① 공시사업자가 법 제39조 제2항에 따라 유기농업자재 공시의 갱신을 신청하려는 경우에는 공시의 유효기간이 끝나기 3개월 전까지 별지 제38호서식에 따른 유기농업자재 공시 갱신 신청서에 다음 각호의 자료 · 서류 및 시료를 첨부하여 공시를 한 공시기관(같은 항 단서에 해당하는 경우에는 다른 공시기관으로 한다)에 제출해야 한다. 다만, 제1호부터 제3호까지의 자료 · 서류 및 시료는 변경사항이 없는 경우에는 제출하지 않을 수 있다.

1. 별지 제32호서식에 따른 유기농업자재 생산계획서
2. 별표 18의 붙임에 따른 제출 자료 및 서류
3. 시료 500g(㎖). 다만, 병해충 관리용 시료는 100g(㎖)으로 한다.
4. 유기농업자재 공시서

> ② 제1항에 따른 유기농업자재 공시 갱신의 심사 · 절차 및 방법에 관하여는 제63조 제1항부터 제4항까지 의 규정을 준용한다.
> ③ 공시기관은 유기농업자재 공시의 유효기간이 끝나기 4개월 전까지 공시사업자에게 공시의 갱신 절차와 함께 유효기간이 끝나는 날까지 공시의 갱신을 하지 않으면 공시를 유지할 수 없다는 사실을 미리 알려야 한다.
> ④ 제3항에 따른 통지는 서면, 문자메시지, 전자우편, 팩스 또는 전화 등의 방법으로 할 수 있다.

4) 공시사업자의 준수사항

① 공시사업자는 공시를 받은 제품을 생산하거나 수입하여 판매한 실적을 농림축산식품부령 또는 해양수산부령으로 정하는 바에 따라 정기적으로 그 공시심사를 한 공시기관에 알려야 한다.

② 공시사업자는 농림축산식품부령 또는 해양수산부령으로 정하는 바에 따라 공시심사와 관련된 서류 등을 보관하여야 한다.

시행규칙

> (공시사업자의 준수사항)
> ① 공시사업자는 법 제40조 제1항에 따라 공시를 받은 제품을 생산하거나 수입하여 판매한 실적을 그 공시심사를 한 공시기관에 알리려는 경우에는 매 반기가 끝나는 달의 다음 달 10일까지 유기농업자재의 종류별로 별지 제39호서식에 따라 유기농업자재 생산 · 수입 및 판매 실적을 작성하여 그 공시심사를 한 공시기관에 제출하거나 유기농업자재 정보시스템에 등록해야 한다.
> ② 공시사업자는 법 제40조 제2항에 따라 공시심사와 관련된 다음 각호의 자료 및 서류를 그 생산연도 다음 해부터 3년간 보관해야 한다.
> 1. 유기농업자재 공시의 신청 및 심사 관련 자료 및 서류
> 2. 유기농업자재 공시의 갱신 신청 및 심사 관련 자료 및 서류
> 3. 유기농업자재 공시 표시에 관한 자료 및 서류
> 4. 별지 제40호서식에 따른 유기농업자재 공시 원료 · 재료 수급대장 및 원료 · 재료의 종류별 구입서류 등 원료 · 재료의 구입 · 사용에 관한 자료 및 서류
> 5. 유기농업자재의 생산 · 수입 · 판매에 관한 자료 및 서류
> 6. 유기농업자재의 품질관리에 관한 자료 및 서류

5) 유기농어업자재 시험연구기관의 지정

① 농림축산식품부장관 또는 해양수산부장관은 대학 및 민간연구소 등을 유기농어업자재에 대한 시험을 수행할 수 있는 시험연구기관으로 지정할 수 있다.

② 제1항에 따라 시험연구기관으로 지정받으려는 자는 농림축산식품부령 또는 해양수산부령으로 정하는 인력 · 시설 · 장비 및 시험관리규정을 갖추어 농림축산식품부장관 또는 해양수산부장

관에게 신청하여야 한다.

③ 제1항에 따른 시험연구기관 지정의 유효기간은 지정을 받은 날부터 4년으로 하고, 유효기간이 끝난 후에도 유기농어업자재에 대한 시험업무를 계속하려는 자는 유효기간이 끝나기 전에 그 지정을 갱신하여야 한다.

④ 제1항에 따른 시험연구기관으로 지정된 자가 농림축산식품부령 또는 해양수산부령으로 정하는 중요한 사항을 변경하려는 경우에는 농림축산식품부장관 또는 해양수산부장관에게 지정 변경을 신청하여야 한다.

시행규칙

(유기농업자재 시험연구기관의 지정 등)

① 국립농산물품질관리원장은 법 제41조 제1항에 따라 시험연구기관을 지정하려는 경우에는 해당 연도의 1월 31일까지 지정 신청기간 등 시험연구기관의 지정에 관한 사항을 국립농산물품질관리원의 인터넷 홈페이지 및 유기농업자재 정보시스템 등에 10일 이상 공고해야 한다.

② 법 제41조 제2항에 따라 시험연구기관의 지정 신청을 하거나 같은 조 제3항에 따른 지정 갱신을 신청하려는 자는 별지 제41호서식에 따른 유기농업자재 시험연구기관 지정 신청서 또는 지정 갱신신청서에 다음 각호의 서류를 첨부하여 국립농산물품질관리원장에게 제출해야 한다. 이 경우 지정 갱신을 신청하려는 경우에는 지정의 유효기간이 끝나기 3개월 전까지 제출해야 한다.

1. 시험 · 분석 분야 등을 적은 업무계획서
2. 인력 · 시설 · 장비 현황
3. 시험관리규정
4. 유기농업자재 시험연구기관 지정서(지정을 갱신하려는 경우로 한정한다)

③ 국립농산물품질관리원장은 제2항에 따른 지정 신청 또는 지정 갱신 신청 내용이 제68조에 따른 지정 기준에 적합하면 별지 제42호서식에 따른 유기농업자재 시험연구기관 지정서를 발급하고, 지정 내용을 유기농업자재 정보시스템에 게시해야 한다.

④ 법 제41조 제4항에서 "농림축산식품부령으로 정하는 중요한 사항"이란 다음 각호의 어느 하나에 해당하는 사항을 말한다.

1. 시험연구기관의 명칭 및 소재지
2. 대표자 성명
3. 시험연구기관의 시험 · 분석 분야
4. 시험연구기관의 시설

⑤ 시험연구기관은 법 제41조 제4항에 따라 지정 변경을 신청하려는 경우에는 제4항 각호의 사항에 대해 변경 사유가 발생한 날부터 1개월 이내에 별지 제43호서식에 따른 유기농업자재 시험연구기관 지정 변경 신청서에 다음 각호의 서류를 첨부하여 국립농산물품질관리원장에게 제출해야 한다.

1. 유기농업자재 시험연구기관 지정서
2. 유기농업자재 시험연구기관의 변경 내용을 증명하는 서류

⑥ 제5항에 따라 지정 변경 신청을 받은 국립농산물품질관리원장은 변경 내용이 제68조에 따른 지정 기준

에 적합하면 별지 제42호서식에 따른 유기농업자재 시험연구기관 지정서를 발급하고, 지정 변경 내용을 유기농업자재 정보시스템에 게시해야 한다.

⑤ 농림축산식품부장관 또는 해양수산부장관은 제1항에 따라 지정된 시험연구기관(이하 이 조, 제41조의2 및 제41조의3에서 "시험연구기관"이라 한다)이 다음 각호의 어느 하나에 해당하는 경우에는 시험연구기관의 지정을 취소하거나 6개월 이내의 기간을 정하여 그 업무의 전부 또는 일부의 정지를 명할 수 있다. 다만, 제1호의 경우에는 그 지정을 취소하여야 한다.

㉠ 거짓이나 그밖의 부정한 방법으로 지정을 받은 경우

㉡ 고의 또는 중대한 과실로 다음 각 목의 어느 하나에 해당하는 서류를 사실과 다르게 발급한 경우

a. 시험성적서

b. 원제(原劑)의 이화학적(理化學的) 분석 및 독성 시험성적을 적은 서류

c. 농약활용기자재의 이화학적 분석 등을 적은 서류

d. 중금속 및 이화학적 분석 결과를 적은 서류

e. 그밖에 유기농어업자재에 대한 시험·분석과 관련된 서류

㉢ 시험연구기관의 지정 기준에 맞지 아니하게 된 경우

㉣ 시험연구기관으로 지정받은 후 정당한 사유 없이 1년 이내에 지정받은 시험 항목에 대한 시험업무를 시작하지 아니하거나 계속하여 2년 이상 업무 실적이 없는 경우

㉤ 업무 정지 명령을 위반하여 업무를 한 경우

㉥ 제41조의2에 따른 시험연구기관의 준수사항을 지키지 아니한 경우

⑥ 그밖에 시험연구기관의 지정, 지정 취소 및 업무 정지 등에 관하여 필요한 사항은 농림축산식품부령 또는 해양수산부령으로 정한다.

시행령

시행령[별표 20] 유기농업자재 관련 행정처분 기준 및 절차(제70조, 제73조, 제82조 및 제84조 관련)

1. 일반기준

가. 위반행위의 횟수에 따른 행정처분 기준은 최근 1년간(제2호 다목 4)의 경우에는 3년으로 한다) 같은 위반행위로 행정처분을 받은 경우에 적용한다. 이 경우 위반 횟수는 위반행위에 대해 행정처분을 한 날과 다시 같은 위반행위를 하여 적발된 날을 각각 기준으로 하여 계산한다.

나. 가목에 따라 가중된 부과 처분을 하는 경우 가중 처분의 적용 차수는 그 위반행위 전 부과 처분 차수(가목에 따른 기간 내에 행정처분이 둘 이상 있었던 경우에는 높은 차수를 말한다)의 다음 차수로 한다.

다. 위반행위의 횟수에 따른 행정처분 기준을 적용할 때 같은 날 생산된 같은 명칭의 유기농업자재에 대해서 같은 위반행위가 적발된 경우에는 하나의 위반행위로 본다. 다만, 위반사항이 부적합 원

료 · 재료에서 발생한 것으로 확인되는 경우에는 그 부적합 원료 · 재료를 사용하여 생산한 모든 제품에 대해 적발된 위반행위를 하나의 위반행위로 본다.

라. 공시사업자등에 대한 공시 취소, 판매 금지, 시정조치 명령, 유기농업자재의 회수 · 폐기 및 공시의 세부 표시 사항 변경 처분은 해당 위반행위가 발생한 유기농업자재를 처분 대상으로 한다. 다만, 위반사항이 부적합 원료 · 재료에서 발생한 것으로 확인되는 경우에는 그 부적합 원료 · 재료를 사용하여 생산한 모든 공시 받은 유기농업자재를 처분 대상으로 한다.

마. 위반행위가 둘 이상인 경우로서 그에 해당하는 각각의 처분기준이 다른 경우에는 그중 무거운 처분기준에 따르되, 각각의 처분기준이 업무 정지인 경우에는 각각의 처분기준을 합산한 기간을 넘지 않는 범위에서 무거운 처분기준의 2분의 1까지 그 기간을 늘릴 수 있다.

바. 제2호의 개별기준에 따른 행정처분 기준이 업무 정지인 경우에는 위반행위의 동기, 위반의 정도 및 그 결과 등을 고려하여 제2호의 개별기준에 따른 업무 정지 기간의 2분의 1 범위에서 그 기간을 줄일 수 있다.

2. 개별기준

가. 시험연구기관

위반행위	근거 법조문	위반 횟수별 행정처분 기준		
		1회 위반	2회 위반	3회 이상 위반
1) 거짓이나 그밖의 부정한 방법으로 지정을 받은 경우	법 제41조 제5항 제1호	지정 취소		
2) 고의 또는 중대한 과실로 다음 가)부터 마)까지의 어느 하나에 해당하는 서류를 사실과 다르게 발급한 경우 가) 시험성적서 나) 원제의 이화학적 분석 및 독성 시험성적을 적은 서류 다) 농약활용기자재의 이화학적 분석 등을 적은 서류 라) 중금속 및 이화학적 분석 결과를 적은 서류 마) 그밖에 유기농업자재에 대한 시험 · 분석과 관련된 서류	법 제41조 제5항 제2호	업무 정지 3개월	지정 취소	
3) 시험연구기관의 지정 기준에 맞지 않게 된 경우	법 제41조 제5항 제3호	업무 정지 3개월	업무 정지 6개월	지정 취소

제5과목

4) 시험연구기관으로 지정받은 후 정당한 사유 없이 1년 이내에 지정받은 시험 항목에 대한 시험업무를 시작하지 않거나 계속하여 2년 이상 업무 실적이 없는 경우	법 제41조 제5항 제4호	업무 정지 1개월	업무 정지 3개월	지정 취소
5) 업무 정지 명령을 위반하여 업무를 한 경우	법 제41조 제5항 제5호	지정 취소		
6) 법 제41조의2에 따른 시험연구기관의 준수사항을 지키지 않은 경우	법 제41조 제5항 제6호	업무 정지 3개월	업무 정지 6개월	지정 취소

나. 공시사업자등

위반행위	근거 법조문	위반 횟수별 행정처분 기준		
		1회 위반	2회 위반	3회 이상 위반
1) 거짓이나 그밖의 부정한 방법으로 공시를 받은 경우	법 제43조 제1항 제1호	공시 취소		
2) 법 제37조 제4항에 따른 공시기준에 맞지 않은 경우	법 제43조 제1항 제2호 법 제49조 제7항	판매 금지	공시 취소	
3) 정당한 사유 없이 법 제49조 제7항에 따른 명령에 따르지 않은 경우	법 제43조 제1항 제3호	판매 금지	공시 취소	
4) 전업 · 폐업 등으로 인하여 유기농업자재를 생산하기 어렵다고 인정되는 경우	법 제43조 제1항 제4호	공시 취소		
5) 법 제49조 제1항에 따른 조사 결과 법 제37조 제4항에 따른 공시기준을 위반한 경우	법 제49조 제7항 제1호 및 제2호			
가) 별표 1의 허용 물질 외의 물질을 사용하였거나 검출된 경우[나)의 경우는 제외한다]		공시 취소 및 유기농업자재의 회수 · 폐기		
나) 합성농약 성분이 원료 · 재료의 오염 등 불가항력적인 요인으로 「식품위생법」 제7조		판매 금지 및 유기농업자재의	공시 취소 및 유기농업자재의	

위반행위	근거 법조문	위반 횟수별 행정처분 기준		
		1회 위반	2회 위반	3회 이상 위반
제1항에 따라 식품의약품안전처장이 고시하는 농산물의 농약 잔류허용 기준의 농약 성분별 잔류허용 기준 이하로 검출된 경우		회수 · 폐기	회수 · 폐기	
다) 공시를 받은 원료 · 재료와 다른 원료 · 재료를 사용하거나 제조 조성비를 다르게 한 경우		판매 금지 및 유기농업자재의 회수 · 폐기	공시 취소 및 유기농업자재의 회수 · 폐기	
라) 유해 중금속이 유기농업자재의 공시기준을 초과한 경우				
(1) 10퍼센트 미만		판매 금지 및 유기농업자재의 회수 · 폐기	공시 취소 및 유기농업자재의 회수 · 폐기	
(2) 10퍼센트 이상		공시 취소 및 유기농업자재의 회수 · 폐기		
마) 효능 · 효과를 표시한 공시 받은 유기농업자재에서 주성분의 함량이 기준 미만으로 검출된 경우				
(1) 1퍼센트 이상 10퍼센트 미만이거나 미생물의 보증균수가 100분의 1 이상		시정조치 명령	판매 금지 및 유기농업자재의 회수 · 폐기	공시 취소 및 유기농업자재의 회수 · 폐기
(2) 10퍼센트 이상 30퍼센트 미만이거나 미생물의 보증균수가 1000분의 1 이상 100분의 1 미만		판매 금지 및 유기농업자재의 회수 · 폐기	공시 취소 및 유기농업자재의 회수 · 폐기	
(3) 30퍼센트 이상이거나 미생물의 보증균수가 1000분의 1 미만		공시 취소 및 유기농업자재의 회수 · 폐기		

위반행위	근거 법조문	위반 횟수별 행정처분 기준		
		1회 위반	2회 위반	3회 이상 위반
6) 공시 받은 유기농업자재에 대해 법 제42조에 따른 공시의 표시 사항을 위반한 경우	법 제49조 제7항 제1호 및 제3호	공시의 세부 표시 사항 변경	판매 금지	

다. 공시기관

위반행위	근거 법조문	위반 횟수별 행정처분 기준		
		1회 위반	2회 위반	3회 이상 위반
1) 거짓이나 그밖의 부정한 방법으로 지정을 받은 경우	법 제47조 제1항 제1호	지정 취소		
2) 공시기관이 파산, 폐업 등으로 인해 공시 업무를 수행할 수 없는 경우	법 제47조 제1항 제2호	지정 취소		
3) 업무 정지 명령을 위반하여 정지기간 중에 공시 업무를 한 경우	법 제47조 제1항 제3호	지정 취소		
4) 정당한 사유 없이 1년 이상 계속하여 공시 업무를 하지 않은 경우	법 제47조 제1항 제4호	업무 정지 1개월	업무 정지 3개월	지정 취소
5) 고의 또는 중대한 과실로 법 제37조 제4항에 따른 공시기준에 맞지 않은 제품에 공시를 한 경우	법 제47조 제1항 제5호	업무 정지 6개월	지정 취소	
6) 고의 또는 중대한 과실로 법 제38조에 따른 공시심사 및 재심사의 처리 절차·방법 또는 법 제39조에 따른 공시 갱신의 절차·방법 등을 지키지 않은 경우	법 제47조 제1항 제6호	업무 정지 6개월	지정 취소	
7) 정당한 사유 없이 법 제43조 제1항에 따른 처분, 법 제49조 제7항 제2호 또는 제3호에 따른 명령 및 같은 조 제9항에 따른 공표를 하지 않은 경우	법 제47조 제1항 제7호	업무 정지 3개월	업무 정지 6개월	지정 취소

위반행위	근거 법조문	위반 횟수별 행정처분 기준		
		1회 위반	2회 위반	3회 이상 위반
8) 법 제44조 제5항에 따른 공시기관의 지정 기준에 맞지 않게 된 경우	법 제47조 제1항 제8호	업무 정지 3개월	업무 정지 6개월	지정 취소
9) 법 제45조에 따른 공시기관의 준수사항을 지키지 않은 경우	법 제47조 제1항 제9호	업무 정지 3개월	업무 정지 6개월	지정 취소
10) 법 제50조 제2항에 따른 시정조치 명령이나 처분에 따르지 않은 경우	법 제47조 제1항 제10호	지정 취소		
11) 정당한 사유 없이 법 제50조 제3항을 위반하여 소속 공무원의 조사를 거부·방해하거나 기피하는 경우	법 제47조 제1항 제11호	업무 정지 6개월	지정 취소	
12) 법 제38조 또는 법 제39조에 따라 공시 업무를 적절하게 수행하지 않은 경우	법 제50조 제2항 제1호	업무 정지 6개월	지정 취소	
13) 법 제44조 제5항에 따른 지정 기준에 맞지 않은 경우	법 제50조 제2항 제2호	업무 정지 3개월	업무 정지 6개월	지정 취소
14) 법 제45조에 따른 공시기관의 준수사항을 지키지 않은 경우	법 제50조 제2항 제3호	업무 정지 3개월	업무 정지 6개월	지정 취소

3. 행정처분절차

가. 제2호의 개별기준에 따른 행정처분은 그 위반행위를 적발한 국립농산물품질관리원장 또는 공시기관이 처분한다.

나. 가목에도 불구하고 해당 유기농업자재에 대한 공시기관이 따로 있는 경우에는 국립농산물품질관리원장은 그 공시기관에 행정처분을 하도록 요청할 수 있다. 이 경우 위반행위에 대한 적발자료를 그 공시기관에 제공해야 한다.

다. 제2호 나목의 행정처분 기준에 따라 해당 유기농업자재의 회수·폐기 명령을 받은 자는 미리 회수·폐기 계획을 수립하여 국립농산물품질관리원장에게 제출하고, 그 계획에 따라 회수·폐기를 실시한 후 그 결과를 국립농산물품질관리원장에게 보고해야 한다. 이 경우 회수·폐기 결과를 보고받은 국립농산물품질관리원장은 그 내용을 지체 없이 농림축산식품부장관에게 보고해야 한다.

라. 다목에 따른 회수·폐기 계획의 수립 및 결과 보고 등에 필요한 사항은 국립농산물품질관리원장이 정하여 고시한다.

6) 유기농어업자재 시험연구기관의 준수사항

시험연구기관은 다음 각호의 사항을 준수하여야 한다.

① 시험수행 과정에서 얻은 정보와 자료를 신청인의 서면동의 없이 공개하거나 제공하지 아니할 것. 다만, 이 법 또는 다른 법률에 따라 공개하거나 제공하는 경우는 제외한다.

② 농림축산식품부장관 또는 해양수산부장관이 요청하는 경우에는 시험연구기관의 사무소 및 시설에 대한 접근을 허용하거나 필요한 정보와 자료를 제공할 것

③ 시험의 신청 및 수행에 관한 자료를 농림축산식품부령 또는 해양수산부령으로 정하는 바에 따라 보관할 것

시행규칙

(유기농업자재 시험연구기관의 준수사항)

① 시험연구기관은 법 제41조의2 제3호에 따라 시험의 신청 및 수행에 관한 다음 각호의 자료 및 서류를 그 생산연도의 다음 해부터 3년 동안 보관해야 한다.

1. 시험신청서 및 시험성적서
2. 이화학적(理化學的) 분석, 미생물 동정(同定: 생물 분류학상의 소속이나 명칭을 바르게 정하는 일), 식물시험 · 잔류시험 · 독성시험 성적을 적은 자료 및 서류
3. 그밖에 유기농업자재에 대한 시험 · 분석과 관련된 자료 및 서류

② 제1항에 따른 자료 및 서류의 보관은 문서(전자문서를 포함한다)를 보관하는 방법으로 해야 하며, 제1항에 따른 자료 및 서류의 보관 등에 필요한 세부 사항은 국립농산물품질관리원장이 정하여 고시한다.

7) 유기농어업자재 시험연구기관의 사후관리

① 농림축산식품부장관 또는 해양수산부장관은 소속 공무원으로 하여금 시험연구기관이 제41조 제2항에 따른 시험연구기관 지정 기준을 갖추었는지 여부 및 제41조의2에 따른 시험연구기관의 준수사항을 지키는지 여부를 조사하게 할 수 있다.

② 제1항에 따라 조사를 하는 경우 시험연구기관의 임직원은 정당한 사유 없이 이를 거부 · 방해하거나 기피해서는 아니 된다.

8) 공시의 표시 등

공시사업자는 공시를 받은 유기농어업자재의 포장등에 농림축산식품부령 또는 해양수산부령으로 정하는 바에 따라 유기농어업자재 공시를 나타내는 도형 또는 글자를 표시할 수 있다. 이 경우 공시의 번호, 유기농어업자재의 명칭 및 사용 방법 등의 관련 정보를 함께 표시하여야 하며, 제37조 제4항의 공시기준에 따라 해당 자재의 효능 · 효과를 표시할 수 있다.

시행규칙

[별표 21] 유기농업자재 공시를 나타내는 도형 또는 글자의 표시(제72조 관련)

1. 표시 도형

가. 표시 도형 : 효능 · 효과를 표시하려는 공시를 받은 유기농업자재에 대해서만 표시할 수 있다.

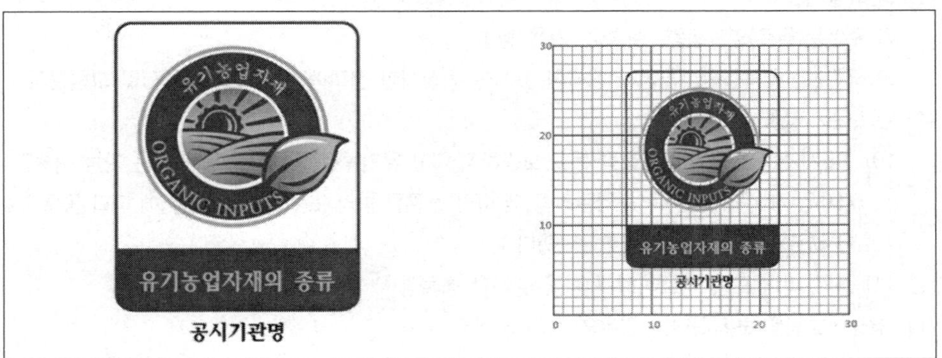

나. 작도법(도형 표시 방법)

1) 격자구조(Grid System)에 맞게 표시 도형을 도안한다.

2) 유기농업자재 공시마크의 크기는 포장재의 크기에 따라 조절할 수 있다.

3) 문자의 글자체는 나눔 명조체, 글자색은 연두색(PANTONE 376C)으로 한다. 다만, 공시기관명은 청록색(PANTONE 343C)으로 한다.

4) 공시마크 하단부의 유기농업자재의 종류에는 공시를 받은 구분을 표기한다.

5) 공시기관명란에는 해당 자재를 공시를 한 공시기관명을 표기한다.

6) 공시마크 바탕색은 흰색으로 하고, 공시마크의 가장 바깥쪽 원은 연두색(PANTONE 376C), 유기농업자재라고 표기된 글자의 바탕색은 청록색(PANTONE 343C), 태양, 햇빛 및 잎사귀의 둘레 색상은 청록색(PANTONE 343C), 유기농업자재의 종류라고 표기된 글자의 바탕색과 네모 둘레는 청록색(PANTONE 343C)으로 한다.

7) 배색 비율은 청록색(PANTONE 343C, C:98/M:0/Y:72/K:61), 연두색(PANTONE 376C, C:50/M:0/Y:100/K:0)으로 한다.

8) 각 모서리는 약간 둥글게 한다.

9) 표시 도형의 크기는 포장재의 크기에 따라 조정한다.

2. 공시 내용

가. 유기농업자재의 표기 사항

유기농업자재의 포장 또는 용기에 제63조 제3항에 따라 발급받은 유기농업자재 공시서에 기재된 사항을 다음과 같이 표기해야 한다.

1) 업체명 · 주소 · 전화번호

2) 유기농업자재 공시번호
3) 자재의 명칭 및 구분과 상표명
4) 사업장 소재지 또는 수입원산지(국가, 제조사)
5) 제조 또는 수입 연월일
6) 유통기간
7) 주성분(원료)명 · 함량, 실중량, 사용 방법
8) 국립농산물품질관리원장이 정하여 고시한 독성시험 결과에 따른 표시 문구 및 그림문자
9) 보관 · 사용 시 주의사항
10) "이 자재는 효과와 성분함량 등을 보증하지 않고 유기농산물 생산을 위해 사용 가능 여부만 검토한 자재입니다."라는 문구(「농약관리법」에 따라 등록된 농약 또는 「비료관리법」에 따라 등록 또는 신고된 비료인 경우에는 생략할 수 있다.)
11) 농약 피해 또는 비료피해 시험을 실시한 작물명

나. 효능 · 효과를 표시하려는 경우의 표기 사항
1) 법 제38조 제1항에 따라 효능 · 효과와 관련된 시험성적서를 제출한 경우에는 가목의 사항 외에 다음 사항과 "효능 · 효과는 공시사업자가 제출한 시험성적서에 준하여 표시하였음을 확인합니다."라는 문구를 반드시 표기해야 한다.
가) 효능(적용 대상 작물명, 병해충명, 농약효과, 비료효과 등) 관련 사항
나) 비료효과 · 비료피해 시험성적에 따른 작물명 또는 농약효과 · 농약피해 시험성적에 따른 작물명 및 병해충명
2) 1)에 따른 시험성적서를 제출하지 않은 유기농업자재 중 「농약관리법」에 따라 등록된 농약 또는 「비료관리법」에 따라 등록 또는 신고된 비료인 경우에는 "이 제품은 농약으로 등록된 유기농업자재입니다." 또는 "이 제품은 비료로 등록 또는 신고된 유기농업자재입니다."라는 문구를 표기해야 한다.

다. 유기농업자재 공시 표시의 세부적인 기준은 국립농산물품질관리원장이 정하여 고시한다.

9) 공시의 취소 등

① 농림축산식품부장관 · 해양수산부장관 또는 공시기관은 공시사업자가 다음 각호의 어느 하나에 해당하는 경우에는 그 공시를 취소하거나 판매 금지 또는 시정조치를 명할 수 있다. 다만, 제1호의 경우에는 그 공시를 취소하여야 한다.
㉠ 거짓이나 그밖의 부정한 방법으로 공시를 받은 경우
㉡ 제37조 제4항에 따른 공시기준에 맞지 아니한 경우
㉢ 정당한 사유 없이 제49조 제7항에 따른 명령에 따르지 아니한 경우
㉣ 전업 · 폐업 등으로 인하여 유기농어업자재를 생산하기 어렵다고 인정되는 경우
㉤ 제3항에 따른 품질관리 지도 결과 공시의 제품으로 부적절하다고 인정되는 경우

② 농림축산식품부장관 · 해양수산부장관 또는 공시기관은 제1항에 따라 공시를 취소한 경우 지체 없이 해당 공시사업자에게 그 사실을 알려야 하고, 공시기관은 농림축산식품부장관 또는 해양수산부장관에게도 그 사실을 알려야 한다.
③ 공시기관은 직접 공시를 한 제품에 대하여 품질관리 지도를 실시하여야 한다.
④ 제1항에 따른 공시의 취소 등에 필요한 구체적인 절차 및 처분의 기준, 제3항에 따른 품질관리에 관한 사항 등은 농림축산식품부령 또는 해양수산부령으로 정한다.

시행규칙

시행규칙[별표 20] 유기농업자재 관련 행정처분 기준 및 절차(제70조, 제73조, 제82조 및 제84조 관련)

1. 일반기준
   가. 위반행위의 횟수에 따른 행정처분 기준은 최근 1년간(제2호 다목 4)의 경우에는 3년으로 한다) 같은 위반행위로 행정처분을 받은 경우에 적용한다. 이 경우 위반 횟수는 위반행위에 대해 행정처분을 한 날과 다시 같은 위반행위를 하여 적발된 날을 각각 기준으로 하여 계산한다.
   나. 가목에 따라 가중된 부과 처분을 하는 경우 가중 처분의 적용 차수는 그 위반행위 전 부과 처분 차수(가목에 따른 기간 내에 행정처분이 둘 이상 있었던 경우에는 높은 차수를 말한다)의 다음 차수로 한다.
   다. 위반행위의 횟수에 따른 행정처분 기준을 적용할 때 같은 날 생산된 같은 명칭의 유기농업자재에 대해서 같은 위반행위가 적발된 경우에는 하나의 위반행위로 본다. 다만, 위반사항이 부적합 원료 · 재료에서 발생한 것으로 확인되는 경우에는 그 부적합 원료 · 재료를 사용하여 생산한 모든 제품에 대해 적발된 위반행위를 하나의 위반행위로 본다.
   라. 공시사업자등에 대한 공시 취소, 판매 금지, 시정조치 명령, 유기농업자재의 회수 · 폐기 및 공시의 세부 표시 사항 변경 처분은 해당 위반행위가 발생한 유기농업자재를 처분 대상으로 한다. 다만, 위반사항이 부적합 원료 · 재료에서 발생한 것으로 확인되는 경우에는 그 부적합 원료 · 재료를 사용하여 생산한 모든 공시 받은 유기농업자재를 처분 대상으로 한다.
   마. 위반행위가 둘 이상인 경우로서 그에 해당하는 각각의 처분기준이 다른 경우에는 그중 무거운 처분기준에 따르되, 각각의 처분기준이 업무 정지인 경우에는 각각의 처분기준을 합산한 기간을 넘지 않는 범위에서 무거운 처분기준의 2분의 1까지 그 기간을 늘릴 수 있다.
   바. 제2호의 개별기준에 따른 행정처분 기준이 업무 정지인 경우에는 위반행위의 동기, 위반의 정도 및 그 결과 등을 고려하여 제2호의 개별기준에 따른 업무 정지 기간의 2분의 1 범위에서 그 기간을 줄일 수 있다.

2. 개별기준

가. 시험연구기관

위반행위	근거 법조문	위반 횟수별 행정처분 기준		
		1회 위반	2회 위반	3회 이상 위반
1) 거짓이나 그밖의 부정한 방법으로 지정을 받은 경우	법 제41조 제5항 제1호	지정 취소		
2) 고의 또는 중대한 과실로 다음 가)부터 마)까지의 어느 하나에 해당하는 서류를 사실과 다르게 발급한 경우 가) 시험성적서 나) 원제의 이화학적 분석 및 독성 시험성적을 적은 서류 다) 농약활용기자재의 이화학적 분석 등을 적은 서류 라) 중금속 및 이화학적 분석 결과를 적은 서류 마) 그밖에 유기농업자재에 대한 시험 · 분석과 관련된 서류	법 제41조 제5항 제2호	업무 정지 3개월	지정 취소	
3) 시험연구기관의 지정 기준에 맞지 않게 된 경우	법 제41조 제5항 제3호	업무 정지 3개월	업무 정지 6개월	지정 취소
4) 시험연구기관으로 지정받은 후 정당한 사유 없이 1년 이내에 지정받은 시험 항목에 대한 시험업무를 시작하지 않거나 계속하여 2년 이상 업무 실적이 없는 경우	법 제41조 제5항 제4호	업무 정지 1개월	업무 정지 3개월	지정 취소
5) 업무 정지 명령을 위반하여 업무를 한 경우	법 제41조 제5항 제5호	지정 취소		
6) 법 제41조의2에 따른 시험연구기관의 준수사항을 지키지 않은 경우	법 제41조 제5항 제6호	업무 정지 3개월	업무 정지 6개월	지정 취소

나. 공시사업자등

위반행위	근거 법조문	위반 횟수별 행정처분 기준		
		1회 위반	2회 위반	3회 이상 위반
1) 거짓이나 그밖의 부정한 방법으로 공시를 받은 경우	법 제43조 제1항 제1호	공시 취소		
2) 법 제37조 제4항에 따른 공시기준에 맞지 않은 경우	법 제43조 제1항 제2호 법 제49조 제7항	판매 금지	공시 취소	
3) 정당한 사유 없이 법 제49조 제7항에 따른 명령에 따르지 않은 경우	법 제43조 제1항 제3호	판매 금지	공시 취소	
4) 전업·폐업 등으로 인하여 유기농업자재를 생산하기 어렵다고 인정되는 경우	법 제43조 제1항 제4호	공시 취소		
5) 법 제49조 제1항에 따른 조사결과 법 제37조 제4항에 따른 공시기준을 위반한 경우	법 제49조 제7항 제1호 및 제2호			
가) 별표 1의 허용 물질 외의 물질을 사용하였거나 검출된 경우[나)의 경우는 제외한다]		공시 취소 및 유기농업 자재의 회수·폐기		
나) 합성농약 성분이 원료·재료의 오염 등 불가항력적인 요인으로 「식품위생법」 제7조 제1항에 따라 식품의약품안전처장이 고시하는 농산물의 농약 잔류허용 기준의 농약 성분별 잔류허용 기준 이하로 검출된 경우		판매 금지 및 유기농업 자재의 회수·폐기	공시 취소 및 유기농업 자재의 회수·폐기	
다) 공시를 받은 원료·재료와 다른 원료·재료를 사용하거나 제조 조성비를 다르게 한 경우		판매 금지 및 유기농업 자재의 회수·폐기	공시 취소 및 유기농업 자재의 회수·폐기	
라) 유해 중금속이 유기농업자재의 공시기준을 초과한 경우				

위반행위	근거 법조문	위반 횟수별 행정처분 기준		
		1회 위반	2회 위반	3회 이상 위반
(1) 10퍼센트 미만		판매 금지 및 유기농업 자재의 회수 · 폐기	공시 취소 및 유기농업 자재의 회수 · 폐기	
(2) 10퍼센트 이상		공시 취소 및 유기농업 자재의 회수 · 폐기		
마) 효능 · 효과를 표시한 공시 받은 유기농업자재에서 주성분의 함량이 기준 미만으로 검출된 경우				
(1) 1퍼센트 이상 10퍼센트 미만이거나 미생물의 보증균수가 100분의 1 이상		시정조치 명령	판매 금지 및 유기농업 자재의 회수 · 폐기	공시 취소 및 유기농업 자재의 회수 · 폐기
(2) 10퍼센트 이상 30퍼센트 미만이거나 미생물의 보증균수가 1000분의 1 이상 100분의 1 미만		판매 금지 및 유기농업 자재의 회수 · 폐기	공시 취소 및 유기농업 자재의 회수 · 폐기	
(3) 30퍼센트 이상이거나 미생물의 보증균수가 1000분의 1 미만		공시 취소 및 유기농업 자재의 회수 · 폐기		
6) 공시 받은 유기농업자재에 대해 법 제42조에 따른 공시의 표시 사항을 위반한 경우	법 제49조 제7항 제1호 및 제3호	공시의 세부 표시 사항 변경	판매 금지	

다. 공시기관

위반행위	근거 법조문	위반 횟수별 행정처분 기준		
		1회 위반	2회 위반	3회 이상 위반
1) 거짓이나 그밖의 부정한 방법으로 지정을 받은 경우	법 제47조 제1항 제1호	지정 취소		

위반행위	근거 법조문	위반 횟수별 행정처분 기준		
		1회 위반	2회 위반	3회 이상 위반
2) 공시기관이 파산, 폐업 등으로 인해 공시 업무를 수행할 수 없는 경우	법 제47조 제1항 제2호	지정 취소		
3) 업무 정지 명령을 위반하여 정지기간 중에 공시 업무를 한 경우	법 제47조 제1항 제3호	지정 취소		
4) 정당한 사유 없이 1년 이상 계속하여 공시 업무를 하지 않은 경우	법 제47조 제1항 제4호	업무 정지 1개월	업무 정지 3개월	지정 취소
5) 고의 또는 중대한 과실로 법 제37조 제4항에 따른 공시기준에 맞지 않은 제품에 공시를 한 경우	법 제47조 제1항 제5호	업무 정지 6개월	지정 취소	
6) 고의 또는 중대한 과실로 법 제38조에 따른 공시심사 및 재심사의 처리 절차·방법 또는 법 제39조에 따른 공시 갱신의 절차·방법 등을 지키지 않은 경우	법 제47조 제1항 제6호	업무 정지 6개월	지정 취소	
7) 정당한 사유 없이 법 제43조 제1항에 따른 처분, 법 제49조 제7항 제2호 또는 제3호에 따른 명령 및 같은 조 제9항에 따른 공표를 하지 않은 경우	법 제47조 제1항 제7호	업무 정지 3개월	업무 정지 6개월	지정 취소
8) 법 제44조 제5항에 따른 공시기관의 지정 기준에 맞지 않게 된 경우	법 제47조 제1항 제8호	업무 정지 3개월	업무 정지 6개월	지정 취소
9) 법 제45조에 따른 공시기관의 준수사항을 지키지 않은 경우	법 제47조 제1항 제9호	업무 정지 3개월	업무 정지 6개월	지정 취소
10) 법 제50조 제2항에 따른 시정조치 명령이나 처분에 따르지 않은 경우	법 제47조 제1항 제10호	지정 취소		
11) 정당한 사유 없이 법 제50조 제3항을 위반하여 소속 공무원의 조사를 거부·방해하거	법 제47조 제1항 제11호	업무 정지 6개월	지정 취소	

위반행위	근거 법조문	위반 횟수별 행정처분 기준		
		1회 위반	2회 위반	3회 이상 위반
나 기피하는 경우				
12) 법 제38조 또는 법 제39조에 따라 공시 업무를 적절하게 수행하지 않은 경우	법 제50조 제2항 제1호	업무 정지 6개월	지정 취소	
13) 법 제44조 제5항에 따른 지정 기준에 맞지 않은 경우	법 제50조 제2항 제2호	업무 정지 3개월	업무 정지 6개월	지정 취소
14) 법 제45조에 따른 공시기관의 준수사항을 지키지 않은 경우	법 제50조 제2항 제3호	업무 정지 3개월	업무 정지 6개월	지정 취소

3. 행정처분 절차

가. 제2호의 개별기준에 따른 행정처분은 그 위반행위를 적발한 국립농산물품질관리원장 또는 공시기관이 처분한다.

나. 가목에도 불구하고 해당 유기농업자재에 대한 공시기관이 따로 있는 경우에는 국립농산물품질관리원장은 그 공시기관에 행정처분을 하도록 요청할 수 있다. 이 경우 위반행위에 대한 적발자료를 그 공시기관에 제공해야 한다.

다. 제2호 나목의 행정처분 기준에 따라 해당 유기농업자재의 회수 · 폐기 명령을 받은 자는 미리 회수 · 폐기 계획을 수립하여 국립농산물품질관리원장에게 제출하고, 그 계획에 따라 회수 · 폐기를 실시한 후 그 결과를 국립농산물품질관리원장에게 보고해야 한다. 이 경우 회수 · 폐기 결과를 보고받은 국립농산물품질관리원장은 그 내용을 지체 없이 농림축산식품부장관에게 보고해야 한다.

라. 다목에 따른 회수 · 폐기 계획의 수립 및 결과 보고 등에 필요한 사항은 국립농산물품질관리원장이 정하여 고시한다.

10) 공시기관의 지정 등

① 농림축산식품부장관 또는 해양수산부장관은 공시에 필요한 인력과 시설을 갖춘 자를 공시기관으로 지정하여 유기농어업자재의 공시를 하게 할 수 있다.

② 제1항에 따라 공시기관으로 지정을 받으려는 자는 농림축산식품부장관 또는 해양수산부장관에게 공시기관의 지정을 신청하여야 한다.

③ 제1항에 따른 공시기관 지정의 유효기간은 지정을 받은 날부터 5년으로 하고, 유효기간이 끝난 후에도 유기농어업자재의 공시 업무를 계속하려는 공시기관은 유효기간이 끝나기 전에 그 지정을 갱신하여야 한다.

④ 공시기관은 지정받은 내용이 변경된 경우에는 농림축산식품부장관 또는 해양수산부장관에게 변경 신고를 하여야 한다. 다만, 농림축산식품부령 또는 해양수산부령으로 정하는 중요 사항을 변경할 때는 농림축산식품부장관 또는 해양수산부장관으로부터 승인을 받아야 한다.

⑤ 공시기관의 지정 기준, 지정 신청, 지정 갱신 및 변경 신고 등에 필요한 사항은 농림축산식품부령 또는 해양수산부령으로 정한다.

시행규칙

(공시기관의 지정 신청 등)

① 국립농산물품질관리원장은 법 제44조 제1항에 따라 공시기관을 지정하려는 경우에는 해당 연도의 1월 31일까지 지정 신청기간 등 공시기관의 지정에 관한 사항을 국립농산물품질관리원의 인터넷 홈페이지 및 유기농업자재 정보시스템 등에 10일 이상 공고해야 한다.

② 법 제44조 제2항에 따라 공시기관의 지정을 신청하려는 자는 제1항에 따른 지정 신청기간에 별지 제44호서식에 따른 유기농업자재 공시기관 지정 신청서에 다음 각호의 서류를 첨부하여 국립농산물품질관리원장에게 제출해야 한다.

1. 인력 현황
2. 시설 및 장비 현황
3. 조직 현황
4. 공시 업무규정

③ 국립농산물품질관리원장은 제2항에 따른 유기농업자재 공시기관 지정 신청서를 제출받으면 「전자정부법」 제36조 제1항에 따른 행정정보의 공동이용을 통해 법인 등기사항증명서를 확인해야 한다.

④ 국립농산물품질관리원장은 제2항에 따른 지정 신청의 내용이 제75조에 따른 지정 기준을 갖춘 경우에는 해당 기관을 공시기관으로 지정하고, 별지 제45호서식에 따른 유기농업자재 공시기관 지정서를 발급하며, 지정 내용을 유기농업자재 정보시스템에 게시해야 한다.

시행규칙

(공시기관의 지정 갱신 절차 등)

① 법 제44조 제3항에 따라 공시기관의 지정을 갱신하려는 공시기관은 공시기관 지정의 유효기간이 끝나기 3개월 전까지 별지 제44호서식에 따른 유기농업자재 공시기관 지정 갱신신청서에 제76조 제2항 각호의 서류와 유기농업자재 공시기관 지정서를 첨부하여 국립농산물품질관리원장에게 제출해야 한다.

② 국립농산물품질관리원장은 제1항에 따른 유기농업자재 공시기관 지정 갱신신청서를 제출받으면 「전자정부법」 제36조 제1항에 따른 행정정보의 공동이용을 통해 법인 등기사항증명서를 확인해야 한다.

③ 국립농산물품질관리원장은 제1항에 따른 지정 갱신 신청 내용이 제75조에 따른 지정 기준을 갖춘 경우에는 해당 기관을 공시기관으로 지정하고, 별지 제45호서식에 따른 유기농업자재 공시기관 지정서를 발급하며, 지정 내용을 유기농업자재 정보시스템에 게시해야 한다.

④ 국립농산물품질관리원장은 공시기관 지정의 유효기간이 끝나기 4개월 전까지 공시기관에 지정 갱신 절차와 함께 유효기간이 끝나는 날까지 지정을 갱신하지 않으면 공시 업무를 계속할 수 없다는 사실을 미리 알려야 한다.

⑤ 제4항에 따른 통지는 서면, 문자메시지, 전자우편, 팩스 또는 전화 등의 방법으로 할 수 있다.

시행규칙

(공시기관의 변경 신고 등)

① 공시기관은 법 제44조 제4항 본문에 따라 변경 신고를 하려는 경우에는 별지 제46호서식에 따른 유기농업자재 공시기관 지정 내용 변경신고서에 다음 각호의 서류를 첨부하여 국립농산물품질관리원장에게 제출해야 한다.

1. 유기농업자재 공시기관 지정서
2. 변경 내용을 증명하는 서류

② 법 제44조 제4항 단서에서 "농림축산식품부령으로 정하는 중요 사항"이란 다음 각호의 어느 하나에 해당하는 사항을 말한다.

1. 제60조에 따른 유기농업자재 공시 대상
2. 공시 업무규정

③ 공시기관은 법 제44조 제4항 단서에 따라 제2항 각호의 사항의 변경에 대해 승인을 받으려는 경우에는 별지 제46호서식에 따른 유기농업자재 공시기관 지정사항 변경 승인 신청서에 다음 각호의 서류를 첨부하여 국립농산물품질관리원장에게 제출해야 한다.

1. 유기농업자재 공시기관 지정서
2. 변경사항을 증명하는 서류

④ 국립농산물품질관리원장은 제1항 또는 제3항에 따른 변경 신고 또는 변경 승인 신청 내용이 제75조에 따른 지정 기준에 적합한 경우에는 신고인 또는 신청인에게 별지 제45호서식에 따른 유기농업자재 공시기관 지정서를 발급하고, 변경 내용을 유기농업자재 정보시스템에 게시해야 한다.

11) 공시기관의 준수사항

공시기관은 다음 각호의 사항을 준수하여야 한다.

① 공시 과정에서 얻은 정보와 자료를 공시 신청인의 서면동의 없이 공개하거나 제공하지 아니할 것. 다만, 이 법률 또는 다른 법률에 따라 공개하거나 제공하는 경우는 제외한다.

② 농림축산식품부장관 또는 해양수산부장관이 요청하는 경우에는 공시기관의 사무소 및 시설에 대한 접근을 허용하거나 필요한 정보 및 자료를 제공할 것

③ 공시의 신청 · 심사, 공시의 취소, 판매 금지 처분, 품질관리 지도 및 유기농어업자재의 거래에 관한 자료를 농림축산식품부령 또는 해양수산부령으로 정하는 바에 따라 보관할 것

④ 농림축산식품부령 또는 해양수산부령으로 정하는 바에 따라 공시 결과 및 사후관리 결과 등을 농림축산식품부장관 또는 해양수산부장관에게 보고할 것

⑤ 공시사업자가 제37조 제4항에 따른 공시기준을 준수하도록 관리하기 위하여 농림축산식품부령 또는 해양수산부령으로 정하는 바에 따라 공시사업자에 대하여 불시 심사를 하고 그 결과를 기록 · 관리할 것

시행규칙

(공시기관의 준수사항)

① 공시기관은 법 제45조 제3호에 따라 공시의 신청 · 심사에 관한 다음 각호의 자료 및 서류를 법 제39조 제1항에 따른 공시의 유효기간이 끝난 날부터 3년 동안 보관해야 한다. 이 경우 공시가 갱신되었을 때는 종전의 유효기간 동안 보관하던 자료 및 서류도 함께 보관해야 한다.

1. 유기농업자재 공시의 신청, 재심사 신청 또는 변경 승인 신청, 공시의 갱신 신청과 관련하여 공시기관에 제출된 자료 및 서류
2. 제1호와 관련된 심사 자료 및 서류
3. 공시사업자가 생산하거나 수입하여 판매한 실적에 대해 제출한 자료 및 서류

② 공시기관은 법 제45조 제3호에 따라 공시의 취소, 판매 금지 처분, 품질관리 지도에 관한 다음 각호의 자료 및 서류를 법 제39조 제1항에 따른 공시의 유효기간이 끝난 날부터 3년 동안 보관해야 한다. 다만, 공시가 취소된 경우에는 취소된 날부터 3년 동안 보관해야 한다.

1. 공시의 취소 또는 판매 금지 처분과 관련된 자료 및 서류
2. 품질관리 지도와 관련된 자료 및 서류

③ 제1항 및 제2항에 따른 자료 및 서류의 보관은 문서(전자문서를 포함한다)를 보관하는 방법으로 해야 한다.

④ 공시기관은 지정 취소 · 업무 정지 처분을 받거나 지정의 유효기간이 끝난 때는 지체 없이 해당 공시기관에 공시를 신청하여 공시 절차가 진행 중인 자(이하 "공시신청인"이라 한다)와 해당 공시기관에서 공시를 받은 공시사업자에게 해당 사실을 통보하고, 제1항 및 제2항에 따라 보관해야 하는 자료와 수수료 정산액(수수료를 미리 낸 경우로 한정한다)을 지정 취소 · 업무 정지 처분을 받은 날 또는 지정의 유효기간이 끝난 날부터 1개월 이내에 국립농산물품질관리원장에게 제출해야 하며, 국립농산물품질관리원장은 공시사업자가 지정하는 다른 공시기관에 이전해야 한다. 다만, 공시기관이 공시신청인 또는 공시사업자에게 해당 자료 및 서류와 수수료 정산액을 돌려준 경우에는 그렇지 않다.

12) 공시 업무의 휴업 · 폐업

공시기관은 공시 업무의 전부 또는 일부를 휴업하거나 폐업하려는 경우에는 농림축산식품부령 또는 해양수산부령으로 정하는 바에 따라 미리 농림축산식품부장관 또는 해양수산부장관에게 신고하고, 그 공시기관이 공시를 하여 유효기간이 끝나지 아니한 공시사업자에게는 그 취지를 알려야 한다.

13) 공시기관의 지정 취소 등

① 농림축산식품부장관 또는 해양수산부장관은 공시기관이 다음 각호의 어느 하나에 해당하는 경우에는 지정을 취소하거나 6개월 이내의 기간을 정하여 그 업무의 전부 또는 일부의 정지 또는 시정조치를 명할 수 있다. 다만, 제1호(㉠)부터 제3호(㉢)까지의 경우에는 그 지정을 취소하여야 한다.

㉠ 거짓이나 그밖의 부정한 방법으로 지정을 받은 경우

㉡ 공시기관이 파산, 폐업 등으로 인하여 공시 업무를 수행할 수 없는 경우

㉢ 업무 정지 명령을 위반하여 정지기간 중에 공시 업무를 한 경우

㉣ 정당한 사유 없이 1년 이상 계속하여 공시 업무를 하지 아니한 경우

㉤ 고의 또는 중대한 과실로 제37조 제4항에 따른 공시기준에 맞지 아니한 제품에 공시를 한 경우

㉥ 고의 또는 중대한 과실로 제38조에 따른 공시심사 및 재심사의 처리 절차 · 방법 또는 제39조에 따른 공시 갱신의 절차 · 방법 등을 지키지 아니한 경우

㉦ 정당한 사유 없이 제43조 제1항에 따른 처분, 제49조 제7항 제2호 또는 제3호에 따른 명령 및 같은 조 제9항에 따른 공표를 하지 아니한 경우

㉧ 제44조 제5항에 따른 공시기관의 지정 기준에 맞지 아니하게 된 경우

㉨ 제45조에 따른 공시기관의 준수사항을 지키지 아니한 경우

㉩ 제50조 제2항에 따른 시정조치 명령이나 처분에 따르지 아니한 경우

㉪ 정당한 사유 없이 제50조 제3항을 위반하여 소속 공무원의 조사를 거부 · 방해하거나 기피하는 경우

② 농림축산식품부장관 또는 해양수산부장관은 제1항에 따라 지정 취소 또는 업무 정지 등의 처분을 한 경우에는 그 사실을 농림축산식품부 또는 해양수산부의 인터넷 홈페이지에 게시하여야 한다.

③ 제1항에 따라 공시기관의 지정이 취소된 자는 취소된 날부터 2년이 지나지 아니하면 다시 공시기관으로 지정받을 수 없다. 다만, 제1항 제2호의 사유에 해당하여 지정이 취소된 경우에는 제외한다.

④ 제1항에 따른 행정처분의 세부적인 기준은 위반행위의 유형 및 위반 정도 등을 고려하여 농림축산식품부령 또는 해양수산부령으로 정한다.

14) 공시에 관한 부정행위의 금지

누구든지 다음 각호의 어느 하나에 해당하는 행위를 하여서는 아니 된다.

① 거짓이나 그밖의 부정한 방법으로 제38조에 따른 공시, 재심사 및 공시 변경 승인, 제39조 제2항에 따른 공시 갱신 또는 제44조 제1항 · 제3항에 따른 공시기관의 지정 · 갱신을 받는 행위

② 공시를 받지 아니한 자재에 제42조에 따른 유기농어업자재 공시를 나타내는 표시 또는 이와 유사한 표시(공시를 받은 유기농어업자재로 잘못 인식할 우려가 있는 표시 및 이와 관련된 외국어 또는 외래어 표시를 포함한다)를 하는 행위
③ 공시를 받은 유기농어업자재에 공시를 받은 내용과 다르게 표시하는 행위
④ 제38조 제1항에 따른 공시 또는 제39조 제2항에 따른 공시 갱신의 신청에 필요한 서류를 거짓으로 발급하여 주는 행위
⑤ 제2호 또는 제3호의 행위에 따른 자재임을 알고도 그 자재를 판매하는 행위 또는 판매할 목적으로 보관 · 운반하거나 진열하는 행위
⑥ 공시가 취소된 자재임을 알고도 공시를 받은 유기농어업자재로 판매하거나 판매할 목적으로 보관 · 운반 또는 진열하는 행위
⑦ 공시를 받지 아니한 자재를 공시를 받은 유기농어업자재로 광고하거나 공시를 받은 유기농어업자재로 잘못 인식할 수 있도록 광고하는 행위 또는 공시를 받은 유기농어업자재를 공시를 받은 내용과 다르게 광고하는 행위
⑧ 허용 물질이 아닌 물질 또는 제37조 제4항에 따른 공시기준에서 허용하지 아니한 물질 등을 유기농어업자재에 섞어 넣는 행위

15) 유기농어업자재 및 공시사업자등의 사후관리

① 농림축산식품부장관 또는 해양수산부장관은 농림축산식품부령 또는 해양수산부령으로 정하는 바에 따라 소속 공무원 또는 공시기관으로 하여금 매년 다음 각호의 조사(공시기관은 공시를 한 공시사업자에 대한 제2호의 조사에 한정한다)를 하게 하여야 한다. 이 경우 시료를 무상으로 제공받아 검사하거나 자료 제출 등을 요구할 수 있다.
㉠ 판매 · 유통 중인 공시 받은 유기농어업자재에 대한 조사
㉡ 공시사업자의 사업장에서 유기농어업자재의 생산 과정을 확인하여 제37조 제4항에 따른 공시기준에 맞는지 여부 조사
② 제1항에 따라 조사를 할 때는 미리 조사의 일시, 목적, 대상 등을 관계인에게 알려야 한다. 다만, 긴급한 경우나 미리 알리면 그 목적을 달성할 수 없다고 인정되는 경우에는 그러하지 아니하다.
③ 제1항에 따라 조사를 하거나 자료 제출을 요구하는 경우 공시사업자 또는 공시 받은 유기농어업자재를 판매 · 유통하는 사업자(이하 "공시사업자등"이라 한다)는 정당한 사유 없이 거부 · 방해하거나 기피하여서는 아니 된다. 이 경우 제1항에 따른 조사를 위하여 사업장에 출입하는 자는 그 권한을 표시하는 증표를 지니고 이를 관계인에게 보여주어야 한다.
④ 농림축산식품부장관 · 해양수산부장관 또는 공시기관은 제1항에 따른 조사를 한 경우에는 공시사업자등에게 조사 결과를 통지하여야 한다. 이 경우 조사 결과 중 제1항 각호 외의 부분 후단에 따라 제공한 시료의 검사 결과에 이의가 있는 공시사업자등은 시료의 재검사를 요청할 수 있다.

⑤ 제4항에 따른 재검사 요청을 받은 농림축산식품부장관 · 해양수산부장관 또는 공시기관은 농림축산식품부령 또는 해양수산부령으로 정하는 바에 따라 재검사 여부를 결정하여 해당 공시사업자등에게 통보하여야 한다.

⑥ 농림축산식품부장관 · 해양수산부장관 또는 공시기관은 제4항에 따른 재검사를 하기로 결정하였을 때는 지체 없이 재검사를 하고 해당 공시사업자등에게 그 재검사 결과를 통보하여야 한다.

⑦ 농림축산식품부장관 · 해양수산부장관 또는 공시기관은 제1항에 따른 조사를 한 결과 제37조 제4항에 따른 공시기준 또는 제42조에 따른 공시의 표시 사항 등을 위반하였다고 판단한 때는 공시사업자등에게 다음 각호의 조치를 명할 수 있다.

㉠ 제43조 제1항에 따른 공시 취소, 판매 금지 또는 시정조치

㉡ 유기농어업자재의 회수 · 폐기

㉢ 공시표시의 제거 · 정지 또는 세부 표시 사항 변경

⑧ 농림축산식품부장관 또는 해양수산부장관은 공시사업자등이 제7항 제2호에 따른 회수 · 폐기 명령을 이행하지 아니하는 경우에는 관계 공무원에게 해당 유기농어업자재를 압류하게 할 수 있다. 이 경우 관계 공무원은 그 권한을 표시하는 증표를 지니고 이를 관계인에게 보여주어야 한다.

⑨ 농림축산식품부장관 · 해양수산부장관 또는 공시기관은 제7항 각호에 따른 조치명령의 내용을 공표하여야 한다.

⑩ 제4항에 따른 조사 결과 통지 및 제6항에 따른 시료의 재검사 절차와 방법, 제7항 각호에 따른 조치명령의 세부 기준, 제8항에 따른 압류 및 제9항에 따른 공표에 필요한 사항은 농림축산식품부령 또는 해양수산부령으로 정한다.

16) 공시기관의 사후관리

① 농림축산식품부장관 또는 해양수산부장관은 소속 공무원으로 하여금 공시기관이 제38조 및 제39조에 따라 공시 업무를 적절하게 수행하는지, 제44조 제5항에 따른 공시기관의 지정 기준에 맞는지, 제45조에 따른 공시기관의 준수사항을 지키는지를 조사하게 할 수 있다.

② 농림축산식품부장관 또는 해양수산부장관은 제1항에 따른 조사 결과 공시기관이 다음 각호의 어느 하나에 해당하는 경우에는 제47조 제1항에 따른 지정 취소 · 업무 정지 또는 시정조치 명령을 할 수 있다.

㉠ 제38조 또는 제39조에 따라 공시 업무를 적절하게 수행하지 아니하는 경우

㉡ 제44조 제5항에 따른 지정 기준에 맞지 아니하는 경우

㉢ 제45조에 따른 공시기관의 준수사항을 지키지 아니하는 경우

③ 제1항에 따라 조사를 하는 경우 공시기관의 임직원은 정당한 사유 없이 이를 거부 · 방해하거나 기피해서는 아니 된다.

17) 공시기관 등의 승계

① 다음 각호의 어느 하나에 해당하는 자는 공시사업자 또는 공시기관의 지위를 승계한다.

㉠ 공시사업자가 사망한 경우 그 유기농어업자재를 계속하여 생산하거나 수입하여 판매하려는 상속인

㉡ 공시사업자나 공시기관이 사업을 양도한 경우 그 양수인

㉢ 공시사업자나 공시기관이 합병한 경우 합병 후 존속하는 법인이나 합병으로 설립되는 법인

② 제1항에 따라 공시사업자의 지위를 승계한 자는 공시심사를 한 공시기관(그 공시기관의 지정이 취소된 경우에는 해양수산부장관 또는 다른 공시기관을 말한다)에 그 사실을 신고하여야 하고, 공시기관의 지위를 승계한 자는 농림축산식품부장관 또는 해양수산부장관에게 그 사실을 신고하여야 한다.

③ 농림축산식품부장관 · 해양수산부장관 또는 공시기관은 제2항에 따른 신고를 받은 날부터 1개월 이내에 신고수리 여부를 신고인에게 통지하여야 한다.

④ 농림축산식품부장관 · 해양수산부장관 또는 공시기관이 제3항에서 정한 기간 내에 신고수리 여부 또는 민원 처리 관련 법령에 따른 처리 기간의 연장을 신고인에게 통지하지 아니하면 그 기간(민원 처리 관련 법령에 따라 처리 기간이 연장 또는 재연장된 경우에는 해당 처리 기간을 말한다)이 끝난 날의 다음 날에 신고를 수리한 것으로 본다.

⑤ 제1항에 따른 지위의 승계가 있을 때는 종전의 공시기관 또는 공시사업자에게 한 제43조 제1항 또는 제47조 제1항에 따른 행정처분의 효과는 그 처분 기간 내에 그 지위를 승계한 자에게 승계되며, 행정처분의 절차가 진행 중일 때는 그 지위를 승계한 자에 대하여 그 절차를 계속 진행할 수 있다.

⑥ 제2항에 따른 신고에 필요한 사항은 농림축산식품부령 또는 해양수산부령으로 정한다.

시행규칙

(공시기관 등의 승계)

① 법 제51조 제1항에 따라 공시사업자의 지위를 승계한 자는 그 지위를 승계한 날부터 1개월 이내에 별지 제51호서식에 따른 유기농업자재 공시사업자 지위 승계신고서에 다음 각호의 서류를 첨부하여 공시심사를 한 공시기관(그 공시기관의 지정이 취소된 경우에는 다른 공시기관을 말한다)에 제출해야 한다.

1. 유기농업자재 생산계획서
2. 법 제51조 제1항 각호에 따른 지위 승계를 증명하는 자료
3. 상속 · 양도 등을 한 자의 유기농업자재 공시서

② 법 제51조 제1항에 따라 공시기관의 지위를 승계한 자는 그 지위를 승계한 날부터 1개월 이내에 별지 제52호서식에 따른 유기농업자재 공시기관 지위 승계신고서에 다음 각호의 서류를 첨부하여 국립농산물품질관리원장에게 제출해야 한다.

1. 법 제51조 제1항 제2호 또는 제3호에 따른 공시기관의 지위 승계를 증명하는 자료

2. 제75조에 따른 공시기관의 지정 기준을 갖추었음을 증명하는 서류
3. 양도 등을 한 자의 공시기관 지정서

③ 국립농산물품질관리원장은 제2항에 따른 공시기관 지위 승계신고서를 제출받으면 「전자정부법」 제36조 제1항에 따른 행정정보의 공동이용을 통해 법인 등기사항증명서(합병 후 존속하는 법인이나 합병으로 설립되는 경우로 한정한다)를 확인해야 한다.

④ 공시기관은 법 제51조 제2항에 따른 공시사업자 지위 승계 신고를 수리(같은 조 제4항에 따라 신고를 수리한 것으로 보는 경우를 포함한다)하였을 때는 별지 제35호서식에 따른 유기농업자재 공시서를 발급하고, 지위 승계 내용을 유기농업자재 정보시스템에 반영해야 한다.

⑤ 국립농산물품질관리원장은 법 제51조 제2항에 따른 공시기관 지위 승계 신고를 수리(같은 조 제4항에 따라 신고를 수리한 것으로 보는 경우를 포함한다)한 때는 별지 제45호서식에 따른 유기농업자재 공시기관 지정서를 발급하고, 지위 승계 사실을 국립농산물품질관리원의 인터넷 홈페이지 및 유기농업자재 정보시스템 등에 게시해야 한다.

18) 「농약관리법」 등의 적용 배제

① 공시를 받은 유기농어업자재에 대하여는 「농약관리법」 제8조 및 제17조, 「비료관리법」 제11조 및 제12조에도 불구하고 「농약관리법」에 따른 농약이나 「비료관리법」에 따른 비료로 등록하거나 신고하지 아니할 수 있다.

② 유기농어업자재를 생산하거나 수입하여 판매하려는 자가 공시를 받았을 때는 「농약관리법」 제3조에 따른 등록을 하지 아니할 수 있다.

8 보칙

1) 친환경 인증관리 정보시스템의 구축 · 운영

① 농림축산식품부장관 또는 해양수산부장관은 다음 각호의 업무를 수행하기 위하여 친환경 인증관리 정보시스템을 구축 · 운영할 수 있다.

㉠ 인증기관 지정 · 등록, 인증 현황, 수입증명서 관리 등에 관한 업무
㉡ 인증품 등에 관한 정보의 수집 · 분석 및 관리 업무
㉢ 인증품 등의 사업자 목록 및 생산, 제조 · 가공 또는 취급 관련 정보 제공
㉣ 인증받은 자의 성명, 연락처 등 소비자에게 인증품 등의 신뢰도를 높이기 위하여 필요한 정보 제공
㉤ 인증기준 위반품의 유통 차단을 위한 인증 취소 등의 정보 공표

② 제1항에 따른 친환경 인증관리 정보시스템의 구축 · 운영에 필요한 사항은 농림축산식품부령 또는 해양수산부령으로 정한다.

시행규칙

(친환경 인증관리 정보시스템의 구축 · 운영)

① 국립농산물품질관리원장은 법 제53조 제1항에 따라 친환경 인증관리 정보시스템을 통해 유기식품등 인증, 무농약농산물 · 무농약원료가공식품 및 「축산법」에 따른 무항생제축산물의 인증에 관한 다음 각 호의 정보를 소비자에게 제공해야 한다.

1. 인증사업자의 성명 · 연락처 · 인증번호, 사업장 소재지, 해당 인증을 한 인증기관의 명칭, 인증 유효기간 및 인증품의 품목
2. 다음 각 목에 해당하는 자의 성명 · 인증번호, 인증품의 품목 및 행정처분 사항
   가. 법 제24조 제1항(법 제34조 제4항에서 준용하는 경우를 포함한다)에 따른 인증 취소, 인증 표시의 제거 · 정지 또는 시정조치 명령을 받은 자
   나. 법 제31조 제7항(법 제34조 제5항에서 준용하는 경우를 포함한다)에 따른 인증 취소, 인증 표시의 제거 · 정지 또는 시정조치, 인증품등의 판매 금지 · 판매정지 · 회수 · 폐기 또는 세부 표시 사항 변경 조치 명령을 받은 자
   다. 「축산법」 제42조의7 제1항에 따른 인증 취소, 인증 표시의 제거 · 사용정지 또는 시정조치 명령을 받은 자
   라. 「축산법」 제42조의10 제8항에 따른 인증 취소, 인증 표시의 제거 · 사용정지 또는 시정조치, 인증품의 판매 금지 · 판매정지 · 회수 · 폐기 또는 세부 표시 사항 변경 조치 명령을 받은 자
3. 인증기관의 명칭, 주사무소 및 지방사무소의 소재지와 연락처, 인증 업무의 범위
4. 법 제29조 제1항(「축산법」 제42조의12에서 준용하는 경우를 포함한다)에 따른 지정 취소, 업무 정지 및 시정조치 명령을 받은 인증기관의 명칭과 그 행정처분의 내용

② 제1항에서 규정한 사항 외에 친환경 인증관리 정보시스템의 구축 · 운영에 필요한 사항은 국립농산물품질관리원장이 정하여 고시한다.

2) 유기농어업자재 정보시스템의 구축 · 운영

① 농림축산식품부장관 또는 해양수산부장관은 다음 각호의 업무를 수행하기 위하여 유기농어업자재 정보시스템을 구축 · 운영할 수 있다.

1. 공시기관 지정 현황, 공시 현황, 시험연구기관의 지정 현황 등의 관리에 관한 업무
2. 공시에 관한 정보의 수집 · 분석 및 관리 업무
3. 공시사업자 목록 및 공시를 받은 제품의 생산, 제조, 수입 또는 취급 관련 정보 제공 업무
4. 공시사업자의 성명, 연락처 등 소비자에게 공시의 신뢰도를 높이기 위하여 필요한 정보 제공 업무
5. 공시기준 위반품의 유통 차단을 위한 공시의 취소 등 정보 공표 업무

② 제1항에 따른 유기농어업자재 정보시스템의 구축 · 운영에 필요한 사항은 농림축산식품부령 또는 해양수산부령으로 정한다.

시행규칙

(유기농업자재 정보시스템의 구축 · 운영)

① 국립농산물품질관리원장은 법 제53조의2 제1항에 따라 유기농업자재 정보시스템을 통해 유기농업자재 공시에 관한 다음 각호의 정보를 소비자에게 제공해야 한다.

1. 공시사업자의 업체명 · 대표자의 성명 · 연락처 · 공시번호, 사업장 소재지, 공시 유효기간, 공시 받은 유기농업자재의 품목
2. 다음 각 목에 해당하는 자의 성명 · 공시번호, 공시 받은 유기농업자재의 품목 및 행정처분 사항
   가. 법 제43조 제1항에 따른 공시 취소, 판매 금지 또는 시정조치 명령을 받은 자
   나. 법 제49조 제7항에 따른 공시 취소, 판매 금지 또는 시정조치, 유기농업자재의 회수 · 폐기, 공시표시의 제거 · 정지 또는 세부 표시 사항 변경 조치 명령을 받은 자
3. 시험연구기관의 명칭, 주사무소 및 지방사무소의 소재지와 연락처, 업무의 범위
4. 법 제41조 제5항에 따른 지정 취소 및 업무 정지 처분을 받은 시험연구기관의 명칭과 그 행정처분의 내용
5. 공시기관의 명칭, 주사무소 및 지방사무소의 소재지와 연락처
6. 법 제47조 제1항에 따른 지정 취소, 업무 정지 및 시정조치 명령을 받은 공시기관의 명칭과 그 행정처분의 내용

② 제1항에서 규정한 사항 외에 유기농업자재 정보시스템의 구축 · 운영에 필요한 사항은 국립농산물품질관리원장이 정하여 고시한다.

3) 인증제도 활성화 지원

① 농림축산식품부장관 또는 해양수산부장관은 인증제도 활성화를 위하여 다음 각호의 사항을 추진하여야 한다.

㉠ 이 법에 따른 인증제도의 홍보에 관한 사항

㉡ 인증제도 운영에 필요한 교육 · 훈련에 관한 사항

㉢ 이 법에 따른 인증품의 생산, 제조 · 가공 또는 취급계획서의 견본문서 개발 및 보급에 관한 사항

② 농림축산식품부장관 또는 해양수산부장관은 다음 각호의 하나에 해당하는 자에게 예산의 범위에서 품질관리체제 구축 또는 기술지원 및 교육 · 훈련 사업 등에 필요한 자금을 지원할 수 있다.

㉠ 농어업인 또는 민간 단체

㉡ 제품 등의 인증사업자, 공시사업자, 인증기관 또는 공시기관

㉢ 인증제도 관련 교육과정 운영자

㉣ 인증품 등의 생산, 제조 · 가공 또는 취급 관련 표준모델 개발 및 기술지원 사업자

4) 명예감시원

① 농림축산식품부장관 또는 해양수산부장관은「농수산물 품질관리법」 제104조에 따른 농수산물 명예감시원에게 친환경농수산물, 유기식품등, 무농약원료가공식품 또는 유기농어업자재의 생산 · 유통에 대한 감시 · 지도 · 홍보를 하게 할 수 있다.

② 농림축산식품부장관 또는 해양수산부장관은 제1항에 따른 농수산물 명예감시원에게 예산의 범위에서 그 활동에 필요한 경비를 지급할 수 있다.

5) 우선구매

① 국가와 지방자치단체는 농어업의 환경 보전기능 증대와 친환경농어업의 지속 가능한 발전을 위하여 친환경농수산물 · 무농약원료가공식품 또는 유기식품을 우선적으로 구매하도록 노력하여야 한다.

② 농림축산식품부장관 · 해양수산부장관 또는 지방자치단체의 장은 이 법에 따른 인증품의 구매를 촉진하기 위하여 다음 각호의 어느 하나에 해당하는 기관 및 단체의 장에게 인증품의 우선구매 등 필요한 조치를 요청할 수 있다.
   ㉠「중소기업제품 구매촉진 및 판로지원에 관한 법률」 제2조 제2호에 따른 공공기관
   ㉡「국군조직법」에 따라 설치된 각 군부대와 기관
   ㉢「영유아보육법」에 따른 어린이집,「유아교육법」에 따른 유치원,「초 · 중등교육법」 또는「고등교육법」에 따른 학교
   ㉣ 농어업 관련 단체 등

③ 국가 또는 지방자치단체는 이 법에 따른 인증품의 소비촉진을 위하여 제2항에 따라 우선구매를 하는 기관 및 단체 등에 예산의 범위에서 재정지원을 하는 등 필요한 지원을 할 수 있다.

6) 수수료

① 다음 각호의 어느 하나에 해당하는 자는 수수료를 해양수산부장관이나 해당 인증기관 또는 공시기관에 납부하여야 한다.
   ㉠ 제20조 제1항 또는 제34조 제3항에 따라 인증을 받으려는 자
   ㉡ 제20조 제8항(제34조 제4항에서 준용하는 경우를 포함한다)에 따라 인증 변경 승인을 받으려는 자
   ㉢ 제21조 제2항(제34조 제4항에서 준용하는 경우를 포함한다)에 따라 인증을 갱신하려는 자
   ㉣ 제21조 제3항(제34조 제4항에서 준용하는 경우를 포함한다)에 따라 인증의 유효기간을 연장받으려는 자
   ㉤ 제38조 제1항에 따라 공시를 받으려는 자
   ㉥ 제39조 제2항에 따라 공시를 갱신하려는 자

② 다음 각호의 어느 하나에 해당하는 자는 수수료를 농림축산식품부장관 또는 해양수산부장관

에게 납부하여야 한다.

㉠ 제25조에 따라 동등성을 인정받으려는 외국의 정부 또는 인증기관

㉡ 제26조 또는 제35조에 따라 인증기관으로 지정받거나 인증기관 지정을 갱신하려는 자

㉢ 제41조에 따라 시험연구기관으로 지정받거나 시험연구기관 지정을 갱신하려는 자

㉣ 제44조에 따라 공시기관으로 지정받거나 공시기관 지정을 갱신하려는 자

③ 제1항 및 제2항에 따른 수수료의 금액, 납부 방법 및 납부 기간 등에 필요한 사항은 농림축산식품부령 또는 해양수산부령으로 정한다.

시행규칙

[별표 23] 수수료(제90조 제1항 관련)

1. 공통 기준
   가. 수수료는 신청비, 출장비, 심사 · 관리비를 포함하며, 신청인이 부담한다.
   나. 출장비
      1) 공무원은 「공무원 여비 규정」에 따른 5급 공무원 상당의 지급 기준을 적용하고, 공무원이 아닌 경우에는 같은 규정에 준하는 금액을 적용한다.
      2) 출장기간은 인증심사 또는 공시심사에 소요되는 기간 및 목적지까지 왕복에 드는 기간을 적용하고, 출장 인원은 실제 심사에 필요한 인원을 적용한다.
   다. 심사 · 관리비
      1) 서류심사, 현장심사, 심사보고서 작성, 생산과정 조사 및 그밖에 심사 · 관리에 드는 비용으로 국립농산물품질관리원장, 인증기관 또는 공시기관이 정하는 금액으로 한다.
      2) 국립농산물품질관리원장은 1)에 따른 심사 · 관리비에 대한 표준관리비를 정하여 고시 · 징수하고, 인증기관에 권장할 수 있다.
   라. 그밖의 사항
      1) 인증심사에 필요한 토양 · 수질 및 생산물 등에 대한 각종 검사 비용은 공인 시험연구기관이 정한 수수료로 하되, 인증 신청인이 납부해야 한다.
      2) 공시의 심사에 필요한 주성분 · 유해중금속 등의 분석 및 시험 비용은 공인시험연구기관이 정한 수수료로 하되, 공시의 신청인이 납부해야 한다.
      3) 인증기관(해당 인증기관이 「농수산자조금의 조성 및 운용에 관한 법률」 제20조 제1항에 따라 의무자조금의 수납을 위탁받은 기관인 경우로 한정한다)은 신청인이 동의하는 경우에는 법 제56조 제1항 제1호 및 제2호에 따른 인증수수료와 「농수산자조금의 조성 및 운용에 관한 법률」 제19조 제1항에 따른 의무거출금을 통합하여 고지서를 발급할 수 있다.

2. 개별기준

납부 대상	신청비	출장비	심사 · 관리비
가. 법 제20조 제1항 또는 제34조 제3항에 따라 인증을 받으려는 경우	5만원	공통 기준 적용	공통 기준 적용

납부 대상	신청비	출장비	심사 · 관리비
나. 법 제20조 제8항(제34조 제4항에서 준용하는 경우를 포함한다)에 따라 인증 변경 승인을 받으려는 경우	2만원	공통 기준 적용(현장심사를 한 경우로 한정함)	공통 기준 적용(현장심사를 한 경우로 한정함)
다. 법 제21조 제2항(제34조 제4항에서 준용하는 경우를 포함한다)에 따라 인증을 갱신하려는 경우	5만원	공통 기준 적용	공통 기준 적용
라. 법 제21조 제3항(제34조 제4항에서 준용하는 경우를 포함한다)에 따라 인증의 유효기간을 연장받으려는 경우	5만원	공통 기준 적용	공통 기준 적용
마. 외국의 정부 또는 인증기관이 법 제25조에 따라 동등성을 인정받으려는 경우	국립농산물품질관리원장이 정하는 금액(상호주의에 따라 면제 가능)	국립농산물품질관리원장이 정하는 금액(상호주의에 따라 면제 가능)	국립농산물품질관리원장이 정하는 금액(상호주의에 따라 면제 가능)
바. 법 제26조 또는 제35조에 따라 인증기관으로 지정받거나 인증기관 지정을 갱신하려는 경우	10만원(정보통신망을 이용하여 신청하는 경우에는 9만원)	공통 기준 적용	없음
사. 법 제38조 제1항에 따라 공시를 받으려는 경우	30만원	공통 기준 적용	공통 기준 적용
아. 법 제39조 제2항에 따라 공시를 갱신하려는 경우	30만원	공통 기준 적용	공통 기준 적용
자. 법 제41조에 따라 시험연구기관으로 지정받거나 시험연구기관 지정을 갱신하려는 경우	30만원	공통 기준 적용	없음
차. 법 제44조에 따라 공시기관으로 지정받거나 공시기관 지정을 갱신하려는 경우	40만원	공통 기준 적용	없음

3. 납부 방법 등
   가. 수수료는 신청 시 납부해야 한다.
   나. 납부된 수수료는 반환하지 않는다. 다만, 인증심사 또는 공시심사가 이루어지기 이전에 신청을 포기한 경우 출장비와 심사 · 관리비는 반환해야 한다.
   다. 인증기관 또는 공시기관이 폐업, 업무 정지, 지정 취소 또는 그밖의 부득이한 사유로 인증 또는 공시 업무가 불가능하게 된 경우 수수료는 국립농산물품질관리원장이 정하여 고시하는 바에 따라 반환해야 한다.
   라. 수수료의 납부는 지정된 계좌로 납부받아야 하며, 납부받은 수수료는 구분하여 회계 처리해야 한다.

7) 청문 등

① 농림축산식품부장관 또는 해양수산부장관은 다음 각호의 어느 하나에 해당하는 경우에는 청문을 하여야 한다.
   ㉠ 제14조의2 제1항에 따라 교육훈련기관의 지정을 취소하는 경우
   ㉡ 제26조의2 제3항(제35조 제2항에서 준용하는 경우를 포함한다)에 따라 인증심사원의 자격을 취소하는 경우
   ㉢ 제29조 제1항(제35조 제2항에서 준용하는 경우를 포함한다) 또는 제47조 제1항에 따라 인증기관 또는 공시기관의 지정을 취소하는 경우

② 인증기관 또는 공시기관이 제24조 제1항(제34조 제4항에서 준용하는 경우를 포함한다) 또는 제43조 제1항에 따라 인증이나 공시를 취소하려는 경우에는 해당 사업자에게 의견제출의 기회를 주어야 한다. 다만, 해당 사업자가 청문을 신청하는 경우에는 청문을 하여야 한다.

③ 제2항에 따른 의견제출 및 청문에 관하여는「행정절차법」 제22조 제4항부터 제6항까지 및 같은 법 제2장 제2절의 규정을 준용한다. 이 경우 "행정청"은 "인증기관" 또는 "공시기관"으로 본다.

8) 권한의 위임 또는 위탁

① 이 법에 따른 농림축산식품부장관 또는 해양수산부장관의 권한 또는 업무는 그 일부를 대통령령으로 정하는 바에 따라 농촌진흥청장, 산림청장, 시 · 도지사 또는 농림축산식품부 또는 해양수산부 소속 기관의 장에게 위임하거나, 식품의약품안전처장,「과학기술분야 정부출연연구기관 등의 설립 · 운영 및 육성에 관한 법률」에 따라 설립된 한국식품연구원의 원장 또는 민간단체의 장이나「고등교육법」 제2조에 따른 학교의 장에게 위탁할 수 있다.

② 제1항에 따라 위임 또는 위탁을 받은 농림축산식품부 또는 해양수산부 소속 기관의 장 또는 식품의약품안전처장, 농촌진흥청장은 그 위임 또는 위탁받은 권한의 일부 또는 전부를 소속 기관의 장에게 재위임하거나 민간 단체에 재위탁할 수 있다.

9) 벌칙 적용 시의 공무원 의제 등

다음 각호의 어느 하나에 해당하는 사람은 「형법」 제129조부터 제132조까지의 규정에 따른 벌칙을 적용할 때는 공무원으로 본다.

① 제26조 제1항 또는 제35조 제1항에 따라 인증 업무에 종사하는 인증기관의 임직원
② 제41조 제1항에 따라 지정된 시험연구기관에서 유기농어업자재의 시험업무에 종사하는 임직원
③ 제44조 제1항에 따라 공시 업무에 종사하는 공시기관의 임직원
④ 제26조 제4항 또는 제58조에 따라 위탁받은 업무에 종사하는 기관, 단체, 법인 또는 「고등교육법」 제2조에 따른 학교의 임직원

⑨ 벌칙 등

1) 벌칙

① 제27조 제1항 제1호, 같은 조 제2항 제1호, 제41조의2 제1호 또는 제45조 제1호를 위반하여 인증과정, 시험수행과정 또는 공시 과정에서 얻은 정보와 자료를 신청인의 서면동의 없이 공개하거나 제공한 자는 5년 이하의 징역 또는 5천만원 이하의 벌금에 처한다.
② 다음 각호의 어느 하나에 해당하는 자는 3년 이하의 징역 또는 3천만원 이하의 벌금에 처한다.
  ㉠ 제26조 제1항 또는 제35조 제1항에 따라 인증기관의 지정을 받지 아니하고 인증 업무를 하거나 제44조 제1항에 따라 공시기관의 지정을 받지 아니하고 공시 업무를 한 자
  ㉡ 제26조 제3항(제35조 제2항에서 준용하는 경우를 포함한다)에 따라 인증기관 지정의 유효기간이 지났음에도 인증 업무를 하였거나 제44조 제3항에 따라 공시기관 지정의 유효기간이 지났음에도 공시 업무를 한 자
  ㉢ 제29조 제1항(제35조 제2항에서 준용하는 경우를 포함한다)에 따라 인증기관의 지정 취소 처분을 받았음에도 인증 업무를 하거나 제47조 제1항에 따라 공시기관의 지정 취소 처분을 받았음에도 공시 업무를 한 자
  ㉣ 제30조 제1항 제1호(제34조 제5항에서 준용하는 경우를 포함한다)를 위반하여 거짓이나 그밖의 부정한 방법으로 제20조에 따른 인증심사, 재심사 및 인증 변경 승인, 제21조에 따른 인증 갱신, 유효기간 연장 및 재심사 또는 제26조 제1항 및 제3항에 따른 인증기관의 지정 · 갱신을 받은 자
  ㉤ 제30조 제1항 제1호의2(제34조 제5항에서 준용하는 경우를 포함한다)를 위반하여 거짓이나 그밖의 부정한 방법으로 제20조에 따른 인증심사, 재심사 및 인증 변경 승인, 제21조에 따른 인증 갱신, 유효기간 연장 및 재심사를 하거나 받을 수 있도록 도와준 자
  ㉥ 제30조 제1항 제1호의3(제34조 제5항에서 준용하는 경우를 포함한다)을 위반하여 거짓이나 그밖의 부정한 방법으로 인증심사원의 자격을 부여받은 자

㉦ 제30조 제1항 제2호(제34조 제5항에서 준용하는 경우를 포함한다)를 위반하여 인증을 받지 아니한 제품과 제품을 판매하는 진열대에 유기표시, 무농약표시, 친환경 문구 표시 및 이와 유사한 표시(인증품으로 잘못 인식할 우려가 있는 표시 및 이와 관련된 외국어 또는 외래어 표시를 포함한다)를 한 자

㉧ 제30조 제1항 제3호(제34조 제5항에서 준용하는 경우를 포함한다) 또는 제48조 제3호를 위반하여 인증품 또는 공시를 받은 유기농어업자재에 인증 또는 공시를 받은 내용과 다르게 표시를 한 자

㉨ 제30조 제1항 제4호(제34조 제5항에서 준용하는 경우를 포함한다) 또는 제48조 제4호를 위반하여 인증, 인증 갱신 또는 공시, 공시 갱신의 신청에 필요한 서류를 거짓으로 발급한 자

㉩ 제30조 제1항 제5호(제34조 제5항에서 준용하는 경우를 포함한다)를 위반하여 인증품에 인증을 받지 아니한 제품 등을 섞어서 판매하거나 섞어서 판매할 목적으로 보관, 운반 또는 진열한 자

㉪ 제30조 제1항 제6호(제34조 제5항에서 준용하는 경우를 포함한다)를 위반하여 인증을 받지 아니한 제품에 인증 표시나 이와 유사한 표시를 한 것임을 알거나 인증품에 인증을 받은 내용과 다르게 표시한 것임을 알고도 인증품으로 판매하거나 판매할 목적으로 보관, 운반 또는 진열한 자

㉫ 제30조 제1항 제7호(제34조 제5항에서 준용하는 경우를 포함한다) 또는 제48조 제6호를 위반하여 인증이 취소된 제품 또는 공시가 취소된 자재임을 알고도 인증품 또는 공시를 받은 유기농어업자재로 판매하거나 판매할 목적으로 보관 · 운반 또는 진열한 자

㉬ 제30조 제1항 제8호(제34조 제5항에서 준용하는 경우를 포함한다)를 위반하여 인증을 받지 아니한 제품을 인증품으로 광고하거나 인증품으로 잘못 인식할 수 있도록 광고(유기, 무농약, 친환경 문구 또는 이와 같은 의미의 문구를 사용한 광고를 포함한다)하거나 인증품을 인증받은 내용과 다르게 광고한 자

㉭ 제48조 제1호를 위반하여 거짓이나 그밖의 부정한 방법으로 제38조에 따른 공시, 재심사 및 공시 변경 승인, 제39조 제2항에 따른 공시 갱신 또는 제44조 제1항 · 제3항에 따른 공시기관의 지정 · 갱신을 받은 자

㉮ 제48조 제2호를 위반하여 공시를 받지 아니한 자재에 공시의 표시 또는 이와 유사한 표시를 하거나 공시를 받은 유기농어업자재로 잘못 인식할 우려가 있는 표시 및 이와 관련된 외국어 또는 외래어 표시 등을 한 자

㉯ 제48조 제5호를 위반하여 공시를 받지 아니한 자재에 공시의 표시나 이와 유사한 표시를 한 것임을 알거나 공시를 받은 유기농어업자재에 공시를 받은 내용과 다르게 표시한 것임을 알고도 공시를 받은 유기농어업자재로 판매하거나 판매할 목적으로 보관, 운반 또는 진열한 자

㉰ 제48조 제7호를 위반하여 공시를 받지 아니한 자재를 공시를 받은 유기농어업자재로 광고하거나 공시를 받은 유기농어업자재로 잘못 인식할 수 있도록 광고하거나 공시를 받은 자

재를 공시 받은 내용과 다르게 광고한 자

㉣ 제48조 제8호를 위반하여 허용 물질이 아닌 물질이나 제37조 제4항에 따른 공시기준에서 허용하지 아니하는 물질 등을 유기농어업자재에 섞어 넣은 자

③ 다음 각호의 어느 하나에 해당하는 자는 1년 이하의 징역 또는 1천만원 이하의 벌금에 처한다.

㉠ 제23조의2 제1항을 위반하여 수입한 제품(제23조에 따라 유기표시가 된 인증품 또는 제25조에 따라 동등성이 인정된 인증을 받은 유기가공식품을 말한다)을 신고하지 아니하고 판매하거나 영업에 사용한 자

㉡ 제29조(제35조 제2항에서 준용하는 경우를 포함한다) 또는 제47조에 따른 인증심사업무 또는 공시 업무의 정지기간 중에 인증심사업무 또는 공시 업무를 한 자

㉢ 제31조 제7항 각호(제34조 제5항에서 준용하는 경우를 포함한다) 또는 제49조 제7항 각호의 명령에 따르지 아니한 자

2) 벌금형의 분리 선고

「형법」 제38조에도 불구하고 제60조 제1항, 같은 조 제2항 제1호 · 제2호 · 제3호 · 제4호 · 제4호의2 · 제4호의3 및 같은 조 제3항 제2호의 죄(인증심사업무와 관련된 죄로 한정한다)와 다른 죄의 경합범(競合犯)에 대하여 벌금형을 선고하는 경우에는 이를 분리하여 선고하여야 한다.

3) 양벌규정

법인의 대표자나 법인 또는 개인의 대리인, 사용인, 그밖의 종업원이 그 법인 또는 개인의 업무에 관하여 제60조 제1항, 같은 조 제2항 각호 또는 같은 조 제3항 각호에 따른 위반행위를 하면 그 행위자를 벌하는 외에 그 법인 또는 개인에게도 해당 조문의 벌금형을 과(科)한다. 다만, 법인 또는 개인이 그 위반행위를 방지하기 위하여 해당 업무에 관하여 상당한 주의와 감독을 게을리하지 아니한 경우에는 그러하지 아니한다.

4) 과태료

① 정당한 사유 없이 제32조 제1항(제34조 제5항에서 준용하는 경우를 포함한다), 제41조의3 제1항 또는 제50조 제1항에 따른 조사를 거부 · 방해하거나 기피한 자에게는 1천만원 이하의 과태료를 부과한다.

② 다음 각호의 어느 하나에 해당하는 자에게는 500만원 이하의 과태료를 부과한다.

㉠ 인증을 받지 아니한 사업자가 인증품의 포장을 해체하여 재포장한 후 제23조 제1항 또는 제36조 제1항에 따른 표시를 한 자

㉡ 제23조 제3항 또는 제36조 제2항에 따른 제한적 표시 기준을 위반한 자

㉢ 제27조 제1항 제3호 · 제5호(제35조 제2항에서 준용하는 경우를 포함한다), 제41조의2 제3호, 제45조 제3호 또는 제5호를 위반하여 관련 서류 · 자료 등을 기록 · 관리하지 아니하

거나 보관하지 아니한 자

㉣ 제27조 제1항 제4호(제35조 제2항에서 준용하는 경우를 포함한다) 또는 제45조 제4호를 위반하여 인증 결과 또는 공시 결과 및 사후관리 결과 등을 거짓으로 보고한 자

㉤ 제27조 제2항 제2호(제35조 제2항에서 준용하는 경우를 포함한다)를 위반하여 인증심사업무를 한 자

㉥ 제27조 제2항 제3호(제35조 제2항에서 준용하는 경우를 포함한다)를 위반하여 인증심사업무 결과를 기록하지 아니한 자

㉦ 제28조(제35조 제2항에서 준용하는 경우를 포함한다) 또는 제46조를 위반하여 신고하지 아니하고 인증 업무 또는 공시 업무의 전부 또는 일부를 휴업하거나 폐업한 자

㉧ 정당한 사유 없이 제31조 제1항(제34조 제5항에서 준용하는 경우를 포함한다) 또는 제49조 제1항에 따른 조사를 거부·방해하거나 기피한 자

㉨ 제33조(제34조 제5항에서 준용하는 경우를 포함한다) 또는 제51조를 위반하여 인증기관 또는 공시기관의 지위를 승계하고도 그 사실을 신고하지 아니한 자

③ 다음 각호의 어느 하나에 해당하는 자에게는 300만원 이하의 과태료를 부과한다.

㉠ 제20조 제8항(제34조 제4항에서 준용하는 경우를 포함한다) 또는 제38조 제4항을 위반하여 해당 인증기관 또는 공시기관으로부터 승인을 받지 아니하고 인증받은 내용 또는 공시를 받은 내용을 변경한 자

㉡ 제26조 제5항 단서(제35조 제2항에서 준용하는 경우를 포함한다) 또는 제44조 제4항 단서를 위반하여 중요 사항을 승인받지 아니하고 변경한 자

㉢ 제27조 제1항 제4호(제35조 제2항에서 준용하는 경우를 포함한다) 또는 제45조 제4호를 위반하여 인증 결과 또는 공시 결과 및 사후관리 결과 등을 보고하지 아니한 자

㉣ 제33조(제34조 제5항에서 준용하는 경우를 포함한다) 또는 제51조를 위반하여 인증사업자 또는 공시사업자의 지위를 승계하고도 그 사실을 신고하지 아니한 자

㉤ 제42조에 따른 표시 기준을 위반한 자

④ 다음 각호의 어느 하나에 해당하는 자에게는 100만원 이하의 과태료를 부과한다.

㉠ 제22조 제1항(제34조 제4항에서 준용하는 경우를 포함한다) 또는 제40조 제1항을 위반하여 인증품 또는 공시를 받은 유기농어업자재의 생산, 제조·가공 또는 취급 실적을 농림축산식품부장관 또는 해양수산부장관, 해당 인증기관 또는 공시기관에 알리지 아니한 자

㉡ 제22조 제2항(제34조 제4항에서 준용하는 경우를 포함한다) 또는 제40조 제2항을 위반하여 관련 서류 등을 보관하지 아니한 자

㉢ 제23조 제1항 또는 제36조 제1항에 따른 표시 기준을 위반한 자

㉣ 제26조 제5항 본문(제35조 제2항에서 준용하는 경우를 포함한다) 또는 제44조 제4항 본문을 위반하여 변경사항을 신고하지 아니한 자

⑤ 제1항부터 제4항까지의 규정에 따른 과태료는 대통령령으로 정하는 바에 따라 농림축산식품부장관 또는 해양수산부장관이 부과·징수한다.

시행령

[별표 2] 과태료의 부과 기준(제9조 관련)

1. 일반기준

가. 위반행위의 횟수에 따른 과태료의 가중된 부과 기준은 최근 1년간 같은 위반행위로 과태료 부과 처분을 받은 경우에 적용한다. 이 경우 기간의 계산은 위반행위에 대해 과태료 부과 처분을 받은 날과 그 처분 후 다시 같은 위반행위를 하여 적발된 날을 기준으로 한다.

나. 가목에 따라 가중된 부과 처분을 하는 경우 가중 처분의 적용 차수는 그 위반행위 전 부과 처분 차수(가목에 따른 기간 내에 과태료 부과 처분이 둘 이상 있었던 경우에는 높은 차수를 말한다)의 다음 차수로 한다.

다. 부과권자는 다음의 어느 하나에 해당하는 경우에는 제2호에 따른 과태료 금액의 2분의 1 범위에서 그 금액을 줄일 수 있다. 다만, 과태료를 체납하고 있는 위반행위자의 경우에는 그렇지 않다.

1) 위반행위가 사소한 부주의나 오류로 인한 것으로 인정되는 경우

2) 위반행위자가 법 위반상태를 시정하거나 해소하기 위한 노력이 인정되는 경우

3) 위반행위자가 자연재해 · 화재 등으로 재산에 현저한 손실이 발생하거나 사업 여건의 악화로 사업이 중대한 위기에 처한 경우

라. 부과권자는 다음의 어느 하나에 해당하는 경우에는 제2호에 따른 과태료 금액의 2분의 1 범위에서 그 금액을 늘릴 수 있다. 다만, 법 제62조 제1항부터 제4항까지의 규정에 따른 과태료 금액의 상한을 넘을 수 없다.

1) 위반의 내용 · 정도가 중대하여 소비자 등에게 미치는 피해가 크다고 인정되는 경우

2) 그밖에 위반행위의 정도, 위반행위의 동기와 그 결과 등을 고려하여 과태료 금액을 늘릴 필요가 있다고 인정되는 경우

2. 개별기준

위반행위	근거법조문	과태료(단위 : 만원)		
		1회 위반	2회 위반	3회 이상 위반
가. 법 제20조 제8항(법 제34조 제4항에서 준용하는 경우를 포함한다)을 위반하여 해당 인증기관으로부터 승인을 받지 않고 인증받은 내용을 변경한 경우	법 제62조 제3항 제1호	100	200	300
나. 법 제22조 제1항(법 제34조 제4항에서 준용하는 경우를 포함한다)을 위반하여 인증품의 생산, 제조 · 가공 또는 취급 실적을 알리지 않은 경우	법 제62조 제4항 제1호	30	50	100
다. 법 제22조 제2항(법 제34조 제4항에서 준용하는 경우를 포함한다)을 위반하여 관련 서류 등을 보관하지 않은 경우	법 제62조 제4항 제2호	30	50	100

위반행위	근거법조문	과태료(단위 : 만원)		
		1회 위반	2회 위반	3회 이상 위반
라. 인증을 받지 않은 사업자가 인증품의 포장을 해체하여 재포장한 후 법 제23조 제1항 또는 제36조 제1항에 따른 표시를 한 경우	법 제62조 제2항 제1호	150	300	500
마. 법 제23조 제1항 또는 제36조 제1항에 따른 표시 기준을 위반한 경우	법 제62조 제4항 제3호	30	50	100
바. 법 제23조 제3항 또는 제36조 제2항에 따른 제한적 표시 기준을 위반한 경우	법 제62조 제2항 제2호	150	300	500
사. 법 제26조 제5항 본문(법 제35조 제2항에서 준용하는 경우를 포함한다)을 위반하여 변경사항을 신고하지 않은 경우	법 제62조 제4항 제4호	30	50	100
아. 법 제26조 제5항 단서(법 제35조 제2항에서 준용하는 경우를 포함한다)를 위반하여 중요 사항을 승인받지 않고 변경한 경우	법 제62조 제3항 제2호	100	200	300
자. 법 제27조 제1항 제3호(법 제35조 제2항에서 준용하는 경우를 포함한다)를 위반하여 관련 자료를 보관하지 않은 경우	법 제62조 제2항 제3호	150	300	500
차. 법 제27조 제1항 제4호(법 제35조 제2항에서 준용하는 경우를 포함한다)를 위반하여 인증 결과 및 사후관리 결과 등을 거짓으로 보고한 경우	법 제62조 제2항 제4호	150	300	500
카. 법 제27조 제1항 제4호(법 제35조 제2항에서 준용하는 경우를 포함한다)를 위반하여 인증 결과 및 사후관리 결과 등을 보고하지 않은 경우	법 제62조 제3항 제3호	100	200	300
타. 법 제27조 제1항 제5호(법 제35조 제2항에서 준용하는 경우를 포함한다)를 위반하여 불시 심사의 결과를 기록 · 관리하지 않은 경우	법 제62조 제2항 제3호	150	300	500
파. 법 제27조 제2항 제2호(법 제35조 제2항에서 준용하는 경우를 포함한다)를 위반하여 인증심사 업무를 한 경우	법 제62조 제2항 제5호	150	300	500
하. 법 제27조 제2항 제3호(법 제35조 제2항에서 준용하는 경우를 포함한다)를 위반하여 인증심사 업무 결과를 기록하지 않은 경우	법 제62조 제2항 제6호	150	300	500
거. 법 제28조(법 제35조 제2항에서 준용하는 경우를 포함한다)를 위반하여 신고하지 않고 인증 업무의 전부 또는 일부를 휴업하거나 폐업한 경우	법 제62조 제2항 제7호	150	300	500

위반행위	근거법조문	과태료(단위 : 만원)		
		1회 위반	2회 위반	3회 이상 위반
너. 정당한 사유 없이 법 제31조 제1항(법 제34조 제5항에서 준용하는 경우를 포함한다)에 따른 조사를 거부·방해하거나 기피한 경우	법 제62조 제2항 제8호	150	300	500
더. 정당한 사유 없이 법 제32조 제1항(법 제34조 제5항에서 준용하는 경우를 포함한다)에 따른 조사를 거부·방해하거나 기피한 경우	법 제62조 제1항	300	500	1,000
러. 법 제33조(법 제34조 제5항에서 준용하는 경우를 포함한다)를 위반하여 인증기관의 지위를 승계하고도 그 사실을 신고하지 않은 경우	법 제62조 제2항 제9호	150	300	500
머. 법 제33조(법 제34조 제5항에서 준용하는 경우를 포함한다)를 위반하여 인증사업자의 지위를 승계하고도 그 사실을 신고하지 않은 경우	법 제62조 제3항 제4호	100	200	300
버. 법 제38조 제4항을 위반하여 해당 공시기관으로부터 승인을 받지 않고 공시를 받은 내용을 변경한 경우	법 제62조 제3항 제1호	100	200	300
서. 법 제40조 제1항을 위반하여 공시를 받은 유기농어업자재를 생산하거나 수입하여 판매한 실적을 알리지 않은 경우	법 제62조 제4항 제1호	30	50	100
어. 법 제40조 제2항을 위반하여 관련 서류 등을 보관하지 않은 경우	법 제62조 제4항 제2호	30	50	100
저. 법 제41조의2 제3호를 위반하여 관련 자료를 보관하지 않은 경우	법 제62조 제2항 제3호	150	300	500
처. 정당한 사유 없이 법 제41조의3 제1항에 따른 조사를 거부·방해하거나 기피한 경우	법 제62조 제1항	300	500	1,000
커. 법 제42조에 따른 표시 기준을 위반한 경우	법 제62조 제3항 제5호	100	200	300
터. 법 제44조 제4항 본문을 위반하여 변경사항을 신고하지 않은 경우	법 제62조 제4항 제4호	30	50	100
퍼. 법 제44조 제4항 단서를 위반하여 중요 사항을 승인받지 않고 변경한 경우	법 제62조 제3항 제2호	100	200	300
허. 법 제45조 제3호를 위반하여 관련 자료를 보관하지 않은 경우	법 제62조 제2항 제3호	150	300	500

위반행위	근거법조문	과태료(단위 : 만원)		
		1회 위반	2회 위반	3회 이상 위반
고. 법 제45조 제4호를 위반하여 공시 결과 및 사후 관리 결과 등을 거짓으로 보고한 경우	법 제62조 제2항 제4호	150	300	500
노. 법 제45조 제4호를 위반하여 공시 결과 및 사후 관리 결과 등을 보고하지 않은 경우	법 제62조 제3항 제3호	100	200	300
도. 법 제45조 제5호를 위반하여 관련 불시 심사 결과를 기록 · 관리하지 않은 경우	법 제62조 제2항 제3호	150	300	500
로. 법 제46조를 위반하여 신고하지 않고 공시 업무의 전부 또는 일부를 휴업하거나 폐업한 경우	법 제62조 제2항 제7호	150	300	500
모. 정당한 사유 없이 법 제49조 제1항에 따른 조사를 거부 · 방해하거나 기피한 경우	법 제62조 제2항 제8호	150	300	500
보. 정당한 사유 없이 법 제50조 제1항에 따른 조사를 거부 · 방해하거나 기피한 경우	법 제62조 제1항	300	500	1,000
소. 법 제51조를 위반하여 공시기관의 지위를 승계하고도 그 사실을 신고하지 않은 경우	법 제62조 제2항 제9호	150	300	500
오. 법 제51조를 위반하여 공시사업자의 지위를 승계하고도 그 사실을 신고하지 않은 경우	법 제62조 제3항 제4호	100	200	300

2 유기식품등의 인증 및 관리

❶ 허용 물질

1) 허용 물질의 선정 기준 및 절차(제3조 제2항 전단 관련)[시행규칙 별표 2]

① 허용 물질의 선정 기준 : 다음 각 목의 기준을 모두 갖출 것

㉠ 농산물 · 축산물 · 임산물 · 가공식품 · 비식용가공품 또는 농업자재를 유기적인 방법으로 생산, 제조 · 가공 또는 취급하는 데 적합한 물질일 것

㉡ 해당 물질이 사용 목적에 필요하거나 필수적일 것

㉢ 해당 물질이 천연(식물, 동물, 광물 및 미생물 등을 말한다)에서 유래하고, 생물학적(퇴비화 및 발효 등을 말한다) · 물리적 방법으로 제조되었을 것

㉣ 해당 물질의 제조, 사용 및 폐기 등의 과정에서 환경에 해로운 영향을 주지 않을 것

㉤ 해당 물질이 사람과 동물의 건강과 삶의 질에 중대한 영향을 미치지 않을 것

② 허용 물질의 선정 절차

㉠ 허용 물질은 선정 기준 및 물질의 유래, 제조 방법, 사용 목적과 효능 및 위해성 등을 종합적으로 평가하고, 이해관계자에게 정보를 공개하며, 공정하게 결정할 것

㉡ 모든 이해관계자는 허용 물질의 선정을 국립농산물품질관리원장에게 신청할 수 있으며, 국립농산물품질관리원장은 선정 신청을 받은 물질에 대해 전문가에 의한 기초평가를 실시할 것

㉢ 국립농산물품질관리원장은 선정 신청을 받은 물질에 대해 7명 이상의 분야별 학계 전문가, 생산자단체 및 소비자단체 등을 포함한 전문가심의회를 구성하여 평가를 실시하고, 평가과정에 기초평가를 실시한 전문가를 출석시켜 그 의견을 들을 수 있으며, 그 결과가 인체 및 농업환경에 위해성이 없어 유기농업에 적합하다고 판단되는 경우에 해당 물질을 허용 물질로 선정할 것

③ 허용 물질의 선정 기준 및 절차에 관한 세부 사항은 국립농산물품질관리원장이 정하여 고시한다.

2) 유기식품등에 사용 가능한 물질

① 유기농산물 및 유기임산물

㉠ 토양 개량과 작물 생육을 위해 사용 가능한 물질

번호	사용 가능 물질	사용 가능 조건
1	가) 농장 및 가금류의 퇴구비[堆廏肥: 볏짚, 낙엽 등 부산물을 부숙(썩혀서 익히는 것을 말한다. 이하 같다)하여 만든 퇴비와 축사에서 나오는 두엄을 말한다] 나) 퇴비화된 가축배설물 다) 건조된 농장 퇴구비 및 탈수한 가금류의 퇴구비 라) 가축분뇨를 발효시킨 액상의 물질	(1) 제11조 제2항에 따라 국립농산물품질관리원장이 정하여 고시하는 유기농산물 및 유기임산물 인증기준의 재배 방법 중 가축분뇨를 원료로 하는 퇴비·액비의 기준에 적합할 것 (2) 사용 가능 물질 중 라)는 유기축산물 또는 무항생제축산물 인증 농장, 경축순환농법(耕畜循環農法: 친환경농업을 실천하는 자가 경종과 축산을 겸업하면서 각각의 부산물을 작물재배 및 가축사육에 활용하고, 경종작물의 퇴비소요량에 맞게 가축사육 마릿수를 유지하는 형태의 농법을 말한다) 등 친환경 농법으로 가축을 사육하는 농장 또는 「동물보호법」 제59조[법률 제18853호 동물보호법 전부개정법률 부칙 제17조에 따라 같은 법 제59조의 개정 규정이 시행되기 전까지는 종전의 「동물보호법」(법률 제18853호로 개정되기 전의 것을 말한다) 제29조를 말한다]에 따른 동물복지축산농장 인증을 받은 농장에서 유래한 것만 사용하고, 「비료관리법」 제4조에 따른 공정 규격 설정 등의 고시에서 정한 가축분뇨발효액의 기준에 적합할 것

제5과목

번호	사용 가능 물질	사용 가능 조건
2	식물 또는 식물 잔류물로 만든 퇴비	충분히 부숙된 것일 것
3	버섯재배 및 지렁이 양식에서 생긴 퇴비	버섯재배 및 지렁이 양식에 사용되는 자재는 이 표에서 사용 가능한 것으로 규정된 물질만을 사용할 것
4	지렁이 또는 곤충으로부터 온 부식토	부식토의 생성에 사용되는 지렁이 및 곤충의 먹이는 이 표에서 사용 가능한 것으로 규정된 물질만을 사용할 것
5	식품 및 섬유공장의 유기적 부산물	합성첨가물이 포함되어 있지 않을 것
6	유기농장 부산물로 만든 비료	화학물질의 첨가나 화학적 제조공정을 거치지 않을 것
7	혈분 · 육분 · 골분 · 깃털분 등 도축장과 수산물 가공공장에서 나온 동물부산물	화학물질의 첨가나 화학적 제조공정을 거치지 않아야 하고, 항생물질이 검출되지 않을 것
8	대두박(콩에서 기름을 짜고 남은 찌꺼기를 말한다. 이하 이 표에서 같다), 쌀겨 유박(油粕: 식물성 원료에서 원하는 물질을 짜고 남은 찌꺼기를 말한다. 이하 이 표에서 같다), 깻묵 등 식물성 유박류	(1) 유전자를 변형한 물질이 포함되지 않을 것 (2) 최종 제품에 화학물질이 남지 않을 것 (3) 아주까리 및 아주까리 유박을 사용한 자재는 「비료관리법」 제4조에 따른 공정 규격 설정 등의 고시에서 정한 리친(Ricin)의 유해 성분 최대량을 초과하지 않을 것
9	제당산업의 부산물[당밀, 비나스(Vinasse : 사탕수수나 사탕무에서 알코올을 생산한 후 남은 찌꺼기를 말한다), 식품 등급의 설탕, 포도당을 포함한다]	유해 화학물질로 처리되지 않을 것
10	유기농업에서 유래한 재료를 가공하는 산업의 부산물	합성첨가물이 포함되어 있지 않을 것
11	오줌	충분한 발효와 희석을 거쳐 사용할 것
12	사람의 배설물(오줌만인 경우는 제외한다)	(1) 완전히 발효되어 부숙된 것일 것 (2) 고온발효 : 50℃ 이상에서 7일 이상 발효된 것 (3) 저온발효 : 6개월 이상 발효된 것일 것 (4) 엽채류 등 농산물 · 임산물 중 사람이 직접 먹는 부위에는 사용하지 않을 것
13	벌레 등 자연적으로 생긴 유기체	
14	구아노(Guano : 바닷새, 박쥐 등의 배설물)	화학물질 첨가나 화학적 제조공정을 거치지 않을 것
15	짚, 왕겨, 쌀겨 및 산야초	비료화하여 사용할 경우에는 화학물질 첨가나 화학적 제조공정을 거치지 않을 것

번호	사용 가능 물질	사용 가능 조건
16	가) 톱밥, 나무껍질 및 목재 부스러기 나) 나무 숯 및 나뭇재	원목상태 그대로이거나 원목을 기계적으로 가공·처리한 상태의 것으로서 가공·처리과정에서 페인트·기름·방부제 등이 묻지 않은 폐목재 또는 그 목재의 부산물을 원료로 하여 생산한 것일 것
17	가) 황산칼륨, 랑베나이트(해수의 증발로 생성된 암염) 또는 광물염 나) 석회소다 염화물 다) 석회질 마그네슘 암석 라) 마그네슘 암석 마) 사리염(황산마그네슘) 및 천연석고(황산칼슘) 바) 석회석 등 자연에서 유래한 탄산칼슘 사) 점토광물(벤토나이트·펄라이트·제올라이트·일라이트 등) 아) 질석(Vermiculite : 풍화한 흑운모) 자) 붕소·철·망간·구리·몰리브덴 및 아연 등 미량원소	(1) 천연에서 유래하고, 단순 물리적으로 가공한 것일 것 (2) 사람의 건강 또는 농업환경에 위해(危害)요소로 작용하는 광물질(예 석면광, 수은광 등)은 사용하지 않을 것
18	칼륨암석 및 채굴된 칼륨염	천연에서 유래하고 단순 물리적으로 가공한 것으로 염소 함량이 60퍼센트 미만일 것
19	천연 인광석 및 인산알루미늄칼슘	천연에서 유래하고 단순 물리적 공정으로 가공된 것이어야 하며, 인을 오산화인(P_2O_5)으로 환산하여 1kg 중 카드뮴이 90mg/kg 이하일 것
20	자연암석분말·분쇄석 또는 그 용액	(1) 화학물질의 첨가나 화학적 제조공정을 거치지 않을 것 (2) 사람의 건강 또는 농업환경에 위해요소로 작용하는 광물질이 포함된 암석은 사용하지 않을 것
21	광물을 제련하고 남은 찌꺼기[광재(鑛滓): 베이직 슬래그]	광물의 제련과정에서 나온 것으로서 화학물질이 포함되지 않을 것(예 제조 시 화학물질이 포함되지 않은 규산질 비료)
22	염화나트륨(소금) 및 해수	(1) 염화나트륨(소금)은 채굴한 암염 및 천일염(잔류농약이 검출되지 않아야 함)일 것 (2) 해수는 다음 조건에 따라 사용할 것 (가) 천연에서 유래할 것 (나) 엽면시비용(葉面施肥用)으로 사용할 것 (다) 토양에 염류가 쌓이지 않도록 필요한 최소량만을 사용할 것

번호	사용 가능 물질	사용 가능 조건
23	목초액	「산업표준화법」에 따른 한국산업표준의 목초액(KSM3939) 기준에 적합할 것
24	키토산	국립농산물품질관리원장이 정하여 고시하는 품질 규격에 적합할 것
25	미생물 및 미생물 추출물	미생물의 배양과정이 끝난 후에 화학물질의 첨가나 화학적 제조공정을 거치지 않을 것
26	이탄(泥炭, Peat), 토탄(土炭, Peat moss), 토탄 추출물	
27	해조류, 해조류 추출물, 해조류 퇴적물	
28	황	
29	주정 찌꺼기(Stillage) 및 그 추출물(암모니아 주정 찌꺼기는 제외한다)	
30	클로렐라(담수녹조) 및 그 추출물	클로렐라 배양과정이 끝난 후에 화학물질의 첨가나 화학적 제조공정을 거치지 않을 것

ⓛ 병해충 관리를 위해 사용 가능한 물질

번호	사용 가능 물질	사용 가능 조건
1	제충국 추출물	제충국(Chrysanthemum cinerariaefolium)에서 추출된 천연물질일 것
2	데리스(Derris) 추출물	데리스(Derris spp., Lonchocarpus spp. 및 Tephrosia spp.)에서 추출된 천연물질일 것
3	쿠아시아(Quassia) 추출물	쿠아시아(Quassia amara)에서 추출된 천연물질일 것
4	라이아니아(Ryania) 추출물	라이아니아(Ryania speciosa)에서 추출된 천연물질일 것
5	님(Neem) 추출물	님(Azadirachta indica)에서 추출된 천연물질일 것
6	해수 및 천일염	잔류농약이 검출되지 않을 것
7	젤라틴(Gelatine)	크롬(Cr) 처리 등 화학적 제조공정을 거치지 않을 것
8	난황(卵黃, 계란 노른자 포함)	화학물질의 첨가나 화학적 제조공정을 거치지 않을 것
9	식초 등 천연산	화학물질의 첨가나 화학적 제조공정을 거치지 않을 것
10	누룩곰팡이속(Aspergillus spp.)의 발효 생산물	미생물의 배양과정이 끝난 후에 화학물질의 첨가나 화학적 제조공정을 거치지 않을 것
11	목초액	「산업표준화법」에 따른 한국산업표준의 목초액(KSM3939) 기준에 적합할 것
12	담배잎차(순수 니코틴은 제외한다)	물로 추출한 것일 것
13	키토산	국립농산물품질관리원장이 정하여 고시하는 품질규격에 적합할 것

번호	사용 가능 물질	사용 가능 조건
14	밀랍(Beeswax) 및 프로폴리스(Propolis)	
15	동·식물성 오일	천연유화제로 제조할 경우만 수산화칼륨을 동물성·식물성 오일 사용량 이하로 최소화하여 사용할 것. 이 경우 인증품 생산계획서에 기록·관리하고 사용해야 한다.
16	해조류·해조류가루·해조류추출액	
17	인지질(Lecithin)	
18	카제인(유단백질)	
19	버섯 추출액	
20	클로렐라(담수녹조) 및 그 추출물	클로렐라 배양과정이 끝난 후에 화학물질의 첨가나 화학적 제조공정을 거치지 않을 것
21	천연식물(약초 등)에서 추출한 제재(담배는 제외)	
22	식물성 퇴비발효 추출액	(1) 제1호 가목 1)에서 정한 허용 물질 중 식물성 원료를 충분히 부숙시킨 퇴비로 제조할 것 (2) 물로만 추출할 것
23	가) 구리염 나) 보르도액 다) 수산화동 라) 산염화동 마) 부르고뉴액	토양에 구리가 축적되지 않도록 필요한 최소량만을 사용할 것
24	생석회(산화칼슘) 및 소석회(수산화칼슘)	토양에 직접 살포하지 않을 것
25	석회보르도액 및 석회유황합제	
26	에틸렌	키위, 바나나와 감의 숙성을 위해 사용할 것
27	규산염 및 벤토나이트	천연에서 유래하고 단순 물리적으로 가공한 것만 사용할 것
28	규산나트륨	천연규사와 탄산나트륨을 이용하여 제조한 것일 것
29	규조토	천연에서 유래하고 단순 물리적으로 가공한 것일 것
30	맥반석 등 광물질 가루	(1) 천연에서 유래하고 단순 물리적으로 가공한 것일 것 (2) 사람의 건강 또는 농업환경에 위해요소로 작용하는 광물질(예 석면광 및 수은광 등)은 사용하지 않을 것
31	인산철	달팽이 관리용으로만 사용할 것
32	파라핀 오일	
33	중탄산나트륨 및 중탄산칼륨	
34	과망간산칼륨	과수의 병해관리용으로만 사용할 것

번호	사용 가능 물질	사용 가능 조건
35	황	액상화할 경우에만 수산화나트륨을 황 사용량 이하로 최소화하여 사용할 것. 이 경우 인증품 생산계획서에 기록·관리하고 사용해야 한다.
36	미생물 및 미생물 추출물	미생물의 배양과정이 끝난 후에 화학물질의 첨가나 화학적 제조공정을 거치지 않을 것
37	천적	생태계 교란종이 아닐 것
38	성 유인물질(페로몬)	(1) 작물에 직접 처리하지 않을 것 (2) 덫에만 사용할 것
39	메타알데하이드	(1) 별도 용기에 담아서 사용할 것 (2) 토양이나 작물에 직접 처리하지 않을 것 (3) 덫에만 사용할 것
40	이산화탄소 및 질소가스	과실 창고의 대기 농도 조정용으로만 사용할 것
41	비누(Potassium Soaps)	
42	에틸알콜	발효주정일 것
43	허브식물 및 기피식물	생태계 교란종이 아닐 것
44	기계유	(1) 과수농가의 월동 해충 제거용으로만 사용할 것 (2) 수확기 과실에 직접 사용하지 않을 것
45	웅성불임곤충	

② 유기축산물 및 비식용유기가공품

㉠ 사료로 직접 사용되거나 배합사료의 원료로 사용 가능한 물질(「사료관리법」 제11조에 따라 고시된 사료 공정을 준수한 원료로 한정한다)

번호	구분	사용 가능 물질	사용 가능 조건
1	식물성	곡류(곡물), 곡물부산물류(강피류), 박류(단백질류), 서류, 식품가공부산물류, 조류(藻類), 섬유질류, 제약부산물류, 유지류, 전분류, 콩류, 견과·종실류, 과실류, 채소류, 버섯류, 그밖의 식물류	가) 유기농산물(유기수산물을 포함한다. 이하 같다) 인증을 받거나 유기농산물의 부산물로 만들어진 것일 것 나) 천연에서 유래한 것은 잔류농약이 검출되지 않을 것
2	동물성	단백질류, 낙농가공부산물류	가) 수산물(골뱅이분을 포함한다)은 양식하지 않은 것일 것 나) 포유동물에서 유래된 사료(우유 및 유제품은 제외한다)는 반추가축[소·양 등 반추(反芻)류 가축을 말한다. 이하 같다]에 사용하지 않을 것

번호	구분	사용 가능 물질	사용 가능 조건
2	동물성	곤충류, 플랑크톤류	가) 사육이나 양식과정에서 합성농약이나 동물용 의약품을 사용하지 않은 것일 것 나) 야생의 것은 잔류농약이 검출되지 않은 것일 것
		무기물류	「사료관리법」 제2조 제2호에 따라 농림축산식품부장관이 정하여 고시하는 기준에 적합할 것
		유지류	가) 「사료관리법」 제2조 제2호에 따라 농림축산식품부장관이 정하여 고시하는 기준에 적합할 것 나) 반추가축에 사용하지 않을 것
3	광물성	식염류, 인산염류 및 칼슘염류, 다량광물질류, 혼합광물질류	가) 천연의 것일 것 나) 가)에 해당하는 물질을 상업적으로 조달할 수 없는 경우에는 화학적으로 충분히 정제된 유사물질 사용 가능

비고 : 이 표의 사용 가능 물질의 구체적인 범위는 「사료관리법」 제2조 제2호에 따라 농림축산식품부장관이 정하여 고시하는 단미사료의 범위에 따른다.

ⓒ 사료의 품질 저하 방지 또는 사료의 효용을 높이기 위해 사료에 첨가하여 사용 가능한 물질

번호	구분	사용 가능 물질	사용 가능 조건
1	천연 결착제		가) 천연의 것이거나 천연에서 유래한 것일 것 나) 합성농약 성분 또는 동물용 의약품 성분을 함유하지 않을 것 다) 「유전자변형생물체의 국가간 이동 등에 관한 법률」 제2조 제2호에 따른 유전자변형생물체(이하 "유전자변형생물체"라 한다) 및 유전자변형생물체에서 유래한 물질을 함유하지 않을 것
	천연 유화제		
	천연 보존제	산미제, 항응고제, 항산화제, 항곰팡이제	
	효소제	당분해효소, 지방분해효소, 인분해효소, 단백질분해효소	
	미생물제제	유익균, 유익곰팡이, 유익효모, 박테리오파지	
	천연 향미제		
	천연 착색제		
	천연 추출제	초목 추출물, 종자 추출물, 세포벽 추출물, 동물 추출물, 그밖의 추출물	
	올리고당		

번호	구분	사용 가능 물질	사용 가능 조건
2	규산염제		가) 천연의 것일 것 나) 가)에 해당하는 물질을 상업적으로 조달할 수 없는 경우에는 화학적으로 충분히 정제된 유사물질 사용 가능 다) 합성농약 성분 또는 동물용 의약품 성분을 함유하지 않을 것 라) 유전자변형생물체 및 유전자변형생물체에서 유래한 물질을 함유하지 않을 것
	아미노산제	아민초산, DL-알라닌, 염산L-라이신, 황산L-라이신, L-글루타민산나트륨, 2-디아미노-2-하이드록시메치오닌, DL-트립토판, L-트립토판, DL메치오닌 및 L-트레오닌과 그 혼합물	
	비타민제(프로비타민 포함)	비타민A, 프로비타민A, 비타민B1, 비타민B2, 비타민B6, 비타민B12, 비타민C, 비타민D, 비타민D2, 비타민D3, 비타민E, 비타민K, 판토텐산, 이노시톨, 콜린, 나이아신, 바이오틴, 엽산과 그 유사체 및 혼합물	
	완충제	산화마그네슘, 탄산나트륨(소다회), 중조(탄산수소나트륨 · 중탄산나트륨)	

비고 : 이 표의 사용 가능 물질의 구체적인 범위는 「사료관리법」 제2조 제4호에 따라 농림축산식품부장관이 정하여 고시하는 보조사료의 범위에 따른다.

㉢ 축사 및 축사 주변, 농기계 및 기구의 소독제로 사용 가능한 물질 : 「동물용 의약품등 취급 규칙」 제5조에 따라 제조 품목 허가 또는 제조 품목 신고된 동물용 의약외품 중 별표 4의 인증기준에서 사용이 금지된 성분을 포함하지 않은 물질을 사용할 것. 이 경우 가축 또는 사료에 접촉되지 않도록 사용해야 한다.

㉣ 비식용유기가공품에 사용 가능한 물질 : 식품첨가물 또는 가공보조제로 사용 가능한 물질. 이 경우 허용범위는 국립농산물품질관리원장이 정하여 고시한다.

㉤ 가축의 질병 예방 및 치료를 위해 사용 가능한 물질

ⓐ 공통 조건

- 유전자변형생물체 및 유전자변형생물체에서 유래한 원료는 사용하지 않을 것
- 「약사법」 제85조 제6항에 따른 동물용 의약품을 사용할 경우에는 수의사의 처방전을 갖추어 둘 것
- 동물용 의약품을 사용한 경우 휴약기간의 2배의 기간이 지난 후에 가축을 출하할 것

ⓑ 개별조건

번호	사용 가능 물질	사용 가능 조건
1	생균제, 효소제, 비타민, 무기물	가) 합성농약, 항생제, 항균제, 호르몬제 성분을 함유하지 않을 것 나) 가축의 면역기능 증진을 목적으로 사용할 것
2	예방백신	「가축전염병 예방법」에 따른 가축전염병을 예방하거나 퍼지는 것을 막기 위한 목적으로만 사용할 것

번호	사용 가능 물질	사용 가능 조건
3	구충제	가축의 기생충 감염 예방을 목적으로만 사용할 것
4	포도당	가) 분만한 가축 등 영양보급이 필요한 가축에 대해서만 사용할 것 나) 합성농약 성분은 함유하지 않을 것
5	외용 소독제	상처의 치료가 필요한 가축에 대해서만 사용할 것
6	국부 마취제	외과적 치료가 필요한 가축에 대해서만 사용할 것
7	약초 등 천연 유래 물질	가) 가축의 면역기능의 증진 또는 치료 목적으로만 사용할 것 나) 합성농약 성분은 함유하지 않을 것 다) 인증품 생산계획서에 기록 · 관리하고 사용할 것

③ 유기가공식품

㉠ 식품첨가물 또는 가공보조제로 사용 가능한 물질

명칭(한)	명칭(영)	국제 분류 번호 (INS)	식품첨가물로 사용 시		가공보조제로 사용 시	
			사용 가능 여부	사용 가능 범위	사용 가능 여부	사용 가능 범위
과산화수소	Hydrogen peroxide		×		○	식품 표면의 세척 · 소독제
구아검	Guar gum	412	○	제한 없음	×	
구연산	Citric acid	330	○	제한 없음	○	제한 없음
구연산삼나트륨	Trisodium citrate	331 (iii)	○	소시지, 난백의 저온살균, 유제품, 과립음료	×	
구연산칼륨	Potassium citrate	332	○	제한 없음	×	
구연산칼슘	Calcium citrate	333	○	제한 없음	×	
규조토	Diatomaceous earth		×		○	여과보조제
글리세린	Glycerin	422	○	사용 가능 용도 제한 없음. 다만, 가수분해로 얻어진 식물 유래의 글리세린만 사용 가능	×	
퀼라야추출물	Quillaia Extract	999	×		○	설탕 가공

제5과목

명칭(한)	명칭(영)	국제 분류 번호 (INS)	식품첨가물로 사용 시		가공보조제로 사용 시	
			사용 가능 여부	사용 가능 범위	사용 가능 여부	사용 가능 범위
레시틴	Lecithin	322	○	사용 가능 용도 제한 없음. 다만, 표백제 및 유기용매를 사용하지 않고 얻은 레시틴만 사용 가능	×	
로커스트콩검	Locust bean gum	410	○	식물성제품, 유제품, 육제품	×	
무수아황산	Sulfur dioxide	220	○	과일주	×	
밀납	Beeswax	901	×		○	이형제
백도토	Kaolin	559	×		○	청징(clarification) 또는 여과보조제
벤토나이트	Bentonite	558	×		○	청징(clarification) 또는 여과보조제
비타민 C	Vitamin C	300	○	제한 없음	×	
DL-사과산	DL-Malic acid	296	○	제한 없음	×	
산소	Oxygen	948	○	제한 없음	○	제한 없음
산탄검	Xanthan gum	415	○	지방제품, 과일 및 채소제품, 케이크, 과자, 샐러드류	×	
수산화나트륨	Sodium hydroxide	524	○	곡류제품	○	설탕 가공 중의 산도 조절제, 유지 가공
수산화칼륨	Potassium hydroxide	525	×		○	설탕 및 분리대두단백 가공 중의 산도 조절제
수산화칼슘	Calcium hydroxide	526	○	토르티야	○	산도 조절제
아라비아검	Arabic gum	414	○	식물성 제품, 유제품, 지방제품	×	
알긴산	Alginic acid	400	○	제한 없음	×	

명칭(한)	명칭(영)	국제 분류 번호 (INS)	식품첨가물로 사용 시		가공보조제로 사용 시	
			사용 가능 여부	사용 가능 범위	사용 가능 여부	사용 가능 범위
알긴산나트륨	Sodium alginate	401	○	제한 없음	×	
알긴산칼륨	Potassium alginate	402	○	제한 없음	×	
염화마그네슘	Magnesium chloride	511	○	두류제품	○	응고제
염화칼륨	Potassium chloride	508	○	과일 및 채소제품, 비유화소스류, 겨자제품	×	
염화칼슘	Calcium chloride	509	○	과일 및 채소제품, 두류제품, 지방제품, 유제품, 육제품	○	응고제
오존수	Ozone water		×		○	식품 표면의 세척 · 소독제
이산화규소	Silicon dioxide	551	○	허브, 향신료, 양념류 및 조미료	○	겔 또는 콜로이드 용액제
이산화염소(수)	Chlorine dioxide	926	×		○	식품 표면의 세척 · 소독제
차아염소산수	Hypochlorous Acid Water		×		○	식품 표면의 세척 · 소독제
이산화탄소	Carbon dioxide	290	○	제한 없음	○	제한 없음
인산나트륨	Sodium phosphate (Mono-,Di-,Tribasic)	339 (i)(ii)(iii)	○	가공치즈	×	
젖산	Lactic acid	270	○	발효채소제품, 유제품, 식용케이싱	○	유제품의 응고제 및 치즈 가공 중 염수의 산도 조절제
젖산칼슘	Calcium Lactate	327	○	과립음료	×	
제일인산칼슘	Calcium phosphate, monobasic	341 (i)	○	밀가루	×	

명칭(한)	명칭(영)	국제 분류 번호 (INS)	식품첨가물로 사용 시		가공보조제로 사용 시	
			사용 가능 여부	사용 가능 범위	사용 가능 여부	사용 가능 범위
제이인산 칼륨	Potassium Phosphate, Dibasic	340 (ii)	○	커피화이트너	×	
조제해수 염화 마그네슘	Crude Magnessium Chloride(Sea Water)		○	두류제품	○	응고제
젤라틴	Gelatin		×		○	포도주, 과일 및 채소 가공
젤란검	Gellan Gum	418	○	과립음료	×	
L-주석산	L-Tartaric acid	334	○	포도주	○	포도주 가공
L-주석산 나트륨	Disodium L-tartrate	335	○	케이크, 과자	○	제한 없음
L-주석산 수소칼륨	Potassium L-bitartrate	336	○	곡물제품, 케이크, 과자	○	제한 없음
주정 (발효주정)	Ethanol(fermente d)		×		○	제한 없음
질소	Nitrogen	941	○	제한 없음	○	제한 없음
카나우바 왁스	Carnauba wax	903	×		○	이형제
카라기난	Carrageenan	407	○	식물성제품, 유제품	×	
카라야검	Karaya gum	416	○	제한 없음	×	
카제인	Casein		×		○	포도주 가공
탄닌산	Tannic acid	181	×		○	여과보조제
탄산나트륨	Sodium carbonate	500 (i)	○	케이크, 과자	○	설탕 가공 및 유제품의 중화제
탄산수소 나트륨	Sodium bicarbonate	500 (ii)	○	케이크, 과자, 액상 차류	×	
세스퀴탄산나트륨	Sodium sesquicarbonate	500 (iii)	○	케이크, 과자	×	
탄산마그네슘	Magnesium carbonate	504 (i)	○	제한 없음	×	

명칭(한)	명칭(영)	국제 분류 번호 (INS)	식품첨가물로 사용 시		가공보조제로 사용 시	
			사용 가능 여부	사용 가능 범위	사용 가능 여부	사용 가능 범위
탄산암모늄	Ammonium carbonate	503 (i)	○	곡류제품, 케이크, 과자	×	
탄산 수소암모늄	Ammonium bicarbonate	503 (ii)	○	곡류제품, 케이크, 과자	×	
탄산칼륨	Potassium carbonate	501 (i)	○	곡류제품, 케이크, 과자	○	포도 건조
탄산칼슘	Calcium carbonate	170 (i)	○	식물성제품, 유제품(착색료로는 사용하지 말 것)	○	제한 없음
d-토코페롤 (혼합형)	d-Tocopherol concentrate, mixed	306	○	유지류(산화방지제로만 사용할 것)	×	
트라가칸스검	Tragacanth gum	413	○	제한 없음	×	
퍼라이트	Perlite		×		○	여과보조제
펙틴	Pectin	440	○	식물성제품, 유제품	×	
활성탄	Activated carbon		×		○	여과보조제
황산	Sulfuric acid	513	×		○	설탕 가공 중의 산도 조절제
황산칼슘	Calcium sulphate	516	○	케이크, 과자, 두류제품, 효모제품	○	응고제
천연향료	Natural flavoring substances and preparations		○	사용 가능 용도 제한 없음. 다만, 「식품위생법」 제7조 제1항에 따라 식품첨가물의 기준 및 규격이 고시된 천연향료로서 물, 발효주정, 이산화탄소 및 물리적 방법으로 추출한 것만 사용할 것	×	

명칭(한)	명칭(영)	국제 분류 번호 (INS)	식품첨가물로 사용 시		가공보조제로 사용 시	
			사용 가능 여부	사용 가능 범위	사용 가능 여부	사용 가능 범위
효소제	Preparations of Microorganisms and Enzymes		○	사용 가능 용도 제한 없음. 다만, 「식품위생법」 제7조 제1항에 따라 식품첨가물의 기준 및 규격이 고시된 효소제만 사용할 수 있다.	○	사용 가능 용도 제한 없음. 다만, 「식품위생법」 제7조 제1항에 따라 식품첨가물의 기준 및 규격이 고시된 효소제만 사용할 수 있다.
영양강화제 및 강화제	Fortifying nutrients		○	「식품위생법」 제7조 제1항 및 「축산물위생관리법」 제4조 제2항에 따라 식품의약품안전처장이 고시하는 식품의 기준에 따라 사용 가능한 제품	×	

㉡ 기구 · 설비의 세척 · 살균소독제로 사용 가능한 물질 : 식품첨가물 또는 가공보조제로 사용 가능한 물질 중 사용 가능 범위가 식품 표면의 세척 · 소독제인 물질, 「식품위생법」 제7조 제1항에 따라 식품첨가물의 기준 및 규격이 고시된 기구 등의 살균소독제 및 「위생용품 관리법」 제10조에 따라 고시된 위생용품의 기준 및 규격에서 정한 1 · 2 · 3종 세척제를 사용할 수 있다.

④ 그밖에 제3조 제2항에 따라 국립농산물품질관리원장이 별표 2의 허용 물질 선정 기준 및 절차에 따라 추가로 선정하여 고시한 허용 물질

3) 무농약농산물 · 무농약원료가공식품에 사용 가능한 물질

① **무농약농산물** : 병해충 관리에는 제1호 가목 2)에 따른 사용 가능한 물질만을 사용할 수 있다.

② **무농약원료가공식품** : 제1호 다목에 따라 유기가공식품에 사용 가능한 물질만을 사용할 수 있다.

4) 유기농업자재 제조 시 보조제로 사용 가능한 물질

사용 가능 물질	사용 가능 조건
미국 환경보호국(EPA)에서 정한 농약제품에 허가된 불활성 성분 목록(Inert Ingredients List) 3 또는 4에 해당하는 보조제	가. 제1호 가목2)의 병해충 관리를 위해 사용 가능한 물질을 화학적으로 변화시키지 않으면서 단순히 산도(pH) 조정 등을 위해 첨가하는 것으로만 사용할 것 나. 유기농업자재를 생산 또는 수입하여 판매하는 자는 물을 제외한 보조제가 주원료의 투입 비율을 초과하지 않았다는 것을 유기농업자재 생산계획서에 기록·관리하고 사용할 것 다. 유기식품등을 생산, 제조·가공 또는 취급하는 자가 유기농업자재를 제조하는 경우에는 물을 제외한 보조제가 주원료의 투입 비율을 초과하지 않았다는 것을 인증품 생산계획서에 기록·관리하고 사용할 것 라. 불활성 성분 목록 3의 식품등급에 해당하는 보조제는 식품의약품안전처장이 식품첨가물로 지정한 물질일 것

❷ 유기식품등의 생산, 제조·가공 또는 취급에 필요한 인증기준(제11조 제1항 관련) 시행규칙[별표 4]

1) 용어의 정의

① "재배포장"이란 작물을 재배하는 일정 구역을 말한다.

② "관행농업"이란 화학비료와 합성농약을 사용하여 작물을 재배하는 일반 관행적인 농업 형태를 말한다.

③ "화학비료"란 「비료관리법」 제2조 제1호에 따른 비료 중 화학적인 과정을 거쳐 제조된 것을 말한다.

④ "합성농약"이란 화학물질을 원료·재료로 사용하거나 화학적 과정으로 만들어진 살균제, 살충제, 제초제, 생장조절제, 기피제, 유인제 또는 전착제 등의 농약으로서, 별표 1 제1호 가목 2)에 따른 병해충 관리를 위해 사용 가능한 물질이 아닌 것으로 제조된 농약을 말한다.

⑤ "돌려짓기(윤작)"란 동일한 재배포장에서 동일한 작물을 연이어 재배하지 않고, 서로 다른 종류의 작물을 순차적으로 조합·배열하여 차례로 심는 것을 말한다.

⑥ "가축"이란 「축산법」 제2조 제1호에 따른 가축을 말한다.

⑦ "유기사료"란 제5호에 따른 비식용유기가공품의 인증기준에 맞게 제조·가공 또는 취급된 사료를 말한다.

⑧ "동물용 의약품"이란 동물질병의 예방·치료 및 진단을 위해 사용하는 의약품을 말한다.

⑨ "사육장"이란 축사시설, 방목 장소 등 가축 사육을 위한 시설 또는 장소를 말한다.

⑩ "휴약기간"이란 사육되는 가축에 대해 그 생산물이 식용으로 사용되기 전에 동물용 의약품의 사용을 제한하는 일정 기간을 말한다.

⑪ "생산자단체"란 5명 이상의 생산자로 구성된 작목반, 작목회 등 영농 조직, 협동조합 또는 영농 단체를 말한다.

⑫ "생산관리자"란 생산자단체 소속 농가의 생산지침서의 작성 및 관리, 영농 관련 자료의 기록 및 관리, 인증을 받으려는 신청인에 대한 인증기준의 준수를 위한 교육 및 지도, 인증기준에 적합한지를 확인하기 위한 예비심사 등을 담당하는 자를 말한다. 다만, 농업자재의 제조 · 유통 · 판매를 업(業)으로 하는 자는 제외한다.

⑬ "식물공장"(Vertical Farm)이란 토양을 이용하지 않고 통제된 시설 공간에서 빛(LED, 형광등), 온도, 수분 및 양분 등을 인공적으로 투입해 작물을 재배하는 시설을 말한다.

2) 유기농산물 및 유기임산물의 인증기준

<table>
<tr><th>심사 사항</th><th>인증기준</th></tr>
<tr><td>가. 일반</td><td>1) 토양비옥도의 유지, 생물다양성의 증진, 천적 서식지의 제공, 자연의 순환 등 농업생태계를 건강하게 유지 · 보전하고 환경오염을 최소화하는 경작 원칙을 적용할 것
2) 별표 5의 경영 관련 자료를 기록 · 보관하고, 국립농산물품질관리원장 또는 인증기관이 열람을 요구할 때는 이에 응할 것
3) 신청인이 생산자단체인 경우에는 생산관리자를 지정하여 소속 농가에 대해 교육 및 예비심사 등을 실시하도록 할 것
4) 다음의 표에서 정하는 바에 따라 친환경농업에 관한 교육을 이수할 것. 다만, 인증사업자가 5년 이상 인증을 유지하는 등 인증사업자가 국립농산물품질관리원장이 정하여 고시하는 경우에 해당하는 경우에는 교육을 4년마다 1회 이수할 수 있다.
<table>
<tr><th>과정명</th><td>친환경농업 기본교육</td></tr>
<tr><th>교육 주기</th><td>2년마다 1회</td></tr>
<tr><th>교육 시간</th><td>2시간 이상</td></tr>
<tr><th>교육기관</th><td>국립농산물품질관리원장이 정하는 교육기관</td></tr>
</table></td></tr>
<tr><td>나. 재배포장, 재배용수, 종자</td><td>1) 재배포장은 최근 1년간 인증 취소 처분을 받지 않은 재배지로서, 「토양환경보전법 시행규칙」 제1조의5 및 별표 3에 따른 토양오염 우려기준을 초과하지 않으며, 주변으로부터 오염 우려가 없거나 오염을 방지할 수 있을 것
2) 작물별로 국립농산물품질관리원장이 정하여 고시하는 전환 기간(轉換期間: 최소 재배기간) 이상을 다목의 재배 방법에 따라 재배할 것
3) 재배용수는 「환경정책기본법 시행령」 제2조 및 별표 1에 따른 농업용수 이상의 수질기준에 적합해야 하며, 농산물의 세척 등에 사용되는 용수는 「먹는물 수질기준 및 검사 등에 관한 규칙」 제2조 및 별표 1에 따른 먹는물의 수질기준에 적합할 것
4) 종자는 최소한 1세대 이상 다목의 재배 방법에 따라 재배된 것을 사용하며, 유전자변형농산물인 종자는 사용하지 않을 것
5) 인근 관행농업의 재배포장으로부터의 농약 흩날림, 관개 · 배수 등 농업용수나 그밖의 농업자재 등으로 인한 오염과 같은 비의도적 오염을 방지할 수 있는 조치를 취할 것</td></tr>
</table>

심사 사항	인증기준
다. 재배 방법	1) 화학비료, 합성농약 또는 합성농약 성분이 함유된 자재를 사용하지 않을 것 2) 장기간의 적절한 돌려짓기(윤작)를 실시할 것 3) 가축분뇨를 원료로 하는 퇴비·액비는 유기축산물 또는 무항생제축산물 인증 농장, 경축순환농법 등 친환경 농법으로 가축을 사육하는 농장 또는 「동물보호법」 제59조[법률 제18853호 동물보호법 전부개정법률 부칙 제17조에 따라 같은 법 제59조의 개정규정이 시행되기 전까지는 종전의 「동물보호법」(법률 제18853호로 개정되기 전의 것을 말한다) 제29조를 말한다]에 따라 동물복지축산농장으로 인증을 받은 농장에서 유래한 것만 완전히 부숙하여 사용하고, 「비료관리법」 제4조에 따른 공정 규격 설정 등의 고시에서 정한 가축분뇨발효액의 기준에 적합할 것 4) 병해충 및 잡초는 유기농업에 적합한 방법으로 방제·관리할 것
라. 생산물의 품질관리 등	1) 유기농산물·유기임산물의 수확·저장·포장·수송 등의 취급과정에서 유기적 순수성이 유지되도록 관리할 것 2) 합성농약 또는 합성농약 성분이 함유된 자재를 사용하지 않으며, 합성농약 성분은 「식품위생법」 제7조 제1항에 따라 식품의약품안전처장이 고시한 농약 잔류허용 기준의 20분의 1 이하이어야 하고, 같은 고시에서 잔류허용 기준을 정하지 않은 경우에는 0.01mg/kg 이하일 것 3) 수확 및 수확 후 관리를 수행하는 모든 작업자는 품목의 특성에 따라 적절한 위생조치를 할 것 4) 수확 후 관리시설에서 사용하는 도구와 설비를 위생적으로 관리할 것 5) 인증품에 인증품이 아닌 제품을 혼합하거나 인증품이 아닌 제품을 인증품으로 판매하지 않을 것
마. 그밖의 사항	1) 토양을 기반으로 하지 않는 농산물·임산물은 수분 외에는 어떠한 외부 투입 물질도 사용하지 않을 것 2) 식물공장에서 생산된 농산물·임산물이 아닐 것 3) 농장에서 발생한 환경오염 물질 또는 병해충 및 잡초 관리를 위해 인위적으로 투입한 동식물이 주변 농경지·하천·호수 또는 농업용수 등을 오염시키지 않도록 관리할 것

제5과목

3) 유기축산물(제4호의 유기양봉 산물·부산물은 제외한다)의 인증기준

심사 사항	인증기준
가. 일반	1) 별표 5의 경영 관련 자료를 기록·보관하고, 국립농산물품질관리원장 또는 인증기관이 열람을 요구할 때는 이에 응할 것 2) 신청인이 생산자단체인 경우에는 생산관리자를 지정하여 소속 농가에 대해 교육 및 예비심사 등을 실시하도록 할 것 3) 다음의 표에서 정하는 바에 따라 친환경농업에 관한 교육을 이수할 것. 다만, 인증사업자가 5년 이상 인증을 유지하는 등 인증사업자가 국립농산물품질관리원장이 정하여 고시하는 경우에 해당하는 경우에는 교육을 4년마다 1회 이수할 수 있다. <table><tr><td>과정명</td><td>친환경농업 기본교육</td></tr><tr><td>교육 주기</td><td>2년마다 1회</td></tr><tr><td>교육 시간</td><td>2시간 이상</td></tr><tr><td>교육기관</td><td>국립농산물품질관리원장이 정하는 교육기관</td></tr></table>

심사 사항	인증기준
나. 사육 조건	1) 사육장(방목지를 포함한다), 목초지 및 사료작물 재배지는 「토양환경보전법 시행규칙」 제1조의5 및 별표 3에 따른 토양오염 우려기준을 초과하지 않아야 하며, 주변으로부터 오염될 우려가 없거나 오염을 방지할 수 있을 것 2) 축사 및 방목 환경은 가축의 생물적 · 행동적 욕구를 만족시킬 수 있도록 조성하고 국립농산물품질관리원장이 정하는 축사의 사육 밀도를 유지 · 관리할 것 3) 유기축산물 인증을 받거나 받으려는 가축(이하 "유기가축"이라 한다)과 유기가축이 아닌 가축(무항생제축산물 인증을 받거나 받으려는 가축을 포함한다. 이하 같다)을 병행하여 사육하는 경우에는 철저한 분리 조치를 할 것 4) 합성농약 또는 합성농약 성분이 함유된 동물용 의약품 등의 자재를 축사 및 축사의 주변에 사용하지 않을 것 5) 사육 관련 업무를 수행하는 모든 작업자는 가축 종류별 특성에 따라 적절한 위생조치를 할 것 6) 가축 사육시설 및 장비(사료 보관 · 공급 및 먹는 물 관련 시설을 포함한다) 등을 주기적으로 청소, 세척 및 소독하여 오염이 최소화되도록 관리할 것 7) 쥐 등 설치류로부터 가축이 피해를 입지 않도록 방제하는 경우에는 물리적 장치 또는 관련 법령에 따라 허가받은 자재를 사용하되, 가축이나 사료에 접촉되지 않도록 관리할 것
다. 자급 사료 기반	초식가축의 경우에는 유기적 방식으로 재배 · 생산되는 목초지 또는 사료작물 재배지를 확보할 것
라. 가축의 선택, 번식방법 및 입식	1) 가축은 사육환경을 고려하여 적합한 품종 및 혈통을 선택하고, 수정란 이식기법, 번식호르몬 처리 또는 유전공학을 이용한 번식기법을 사용하지 않을 것 2) 다른 농장에서 가축을 입식하려는 경우 유기축산물 인증을 받은 농장(이하 "유기농장"이라 한다)에서 사육된 가축, 젖을 뗀 직후의 가축 또는 부화 직후의 가축 등 일정한 입식조건을 준수할 것
마. 전환 기간	유기농장이 아닌 농장이 유기농장으로 전환하거나 유기가축이 아닌 가축을 유기농장으로 입식하여 유기축산물을 생산 · 판매하려는 경우에는 다음 표에 따른 가축의 종류별 전환 기간(최소 사육 기간) 이상을 유기축산물의 인증기준에 맞게 사육할 것

가축의 종류	생산물	전환 기간(최소 사육 기간)
한우 · 육우	식육	입식 후 12개월
젖소	시유 (시판우유)	1) 착유우는 입식 후 3개월 2) 새끼를 낳지 않은 암소는 입식 후 6개월
면양 · 염소	식육	입식 후 5개월
	시유 (시판우유)	1) 착유양은 입식 후 3개월 2) 새끼를 낳지 않은 암양은 입식 후 6개월
돼지	식육	입식 후 5개월
육계	식육	입식 후 3주
산란계	알	입식 후 3개월
오리	식육	입식 후 6주
	알	입식 후 3개월
메추리	알	입식 후 3개월
사슴	식육	입식 후 12개월

심사 사항	인증기준
바. 사료 및 영양관리	1) 유기가축에게는 100퍼센트 유기사료를 공급하는 것을 원칙으로 할 것. 다만, 극한 기후조건 등의 경우에는 국립농산물품질관리원장이 정하여 고시하는 바에 따라 유기사료가 아닌 사료를 공급하는 것을 허용할 수 있다. 2) 반추가축에게 담근먹이(사일리지)만을 공급하지 않으며, 비반추가축도 가능한 조사료(粗飼料: 생초나 건초 등의 거친 먹이)를 공급할 것 3) 유전자변형농산물 또는 유전자변형농산물에서 유래한 물질은 공급하지 않을 것 4) 합성화합물 등 금지물질을 사료에 첨가하거나 가축에 공급하지 않을 것 5) 가축에게 「환경정책기본법 시행령」 제2조 및 별표 1에 따른 생활용수의 수질기준에 적합한 먹는 물을 상시 공급할 것 6) 합성농약 또는 합성농약 성분이 함유된 동물용 의약품 등의 자재를 사용하지 않을 것
사. 동물복지 및 질병관리	1) 가축의 질병을 예방하기 위해 적절한 조치를 하고, 질병이 없는 경우에는 가축에 동물용 의약품을 투여하지 않을 것 2) 가축의 질병을 예방하고 치료하기 위해 별표 1 제1호 나목 5)에 따른 물질을 사용하는 경우에는 사용 가능 조건을 준수하고 사용할 것 3) 가축의 질병을 치료하기 위해 불가피하게 동물용 의약품을 사용한 경우에는 동물용 의약품을 사용한 시점부터 전환 기간(해당 약품의 휴약기간의 2배가 전환 기간보다 더 긴 경우에는 휴약기간의 2배의 기간을 말한다) 이상의 기간 동안 사육한 후 출하할 것 4) 가축의 꼬리 부분에 접착밴드를 붙이거나 꼬리, 이빨, 부리 또는 뿔을 자르는 등의 행위를 하지 않을 것. 다만, 국립농산물품질관리원장이 고시로 정하는 경우에 해당될 때는 허용할 수 있다. 5) 성장촉진제, 호르몬제의 사용은 치료 목적으로만 사용할 것 6) 3)부터 5)까지의 규정에 따라 동물용 의약품을 사용하는 경우에는 수의사의 처방에 따라 사용하고 처방전 또는 그 사용명세가 기재된 진단서를 갖춰 둘 것
아. 운송 · 도축 · 가공 과정의 품질관리	1) 살아 있는 가축을 운송할 때는 가축의 종류별 특성에 따라 적절한 위생조치를 취해야 하고, 운송과정에서 충격과 상해를 입지 않도록 할 것 2) 가축의 도축 및 축산물의 저장 · 유통 · 포장 등 취급과정에서 사용하는 도구와 설비는 위생적으로 관리해야 하고, 축산물의 유기적 순수성이 유지되도록 관리할 것 3) 동물용 의약품 성분은 「식품위생법」 제7조 제1항에 따라 식품의약품안전처장이 정하여 고시하는 동물용 의약품 잔류허용 기준의 10분의 1을 초과하여 검출되지 않을 것 4) 합성농약 성분은 검출되지 않을 것 5) 인증품에 인증품이 아닌 제품을 혼합하거나 인증품이 아닌 제품을 인증품으로 판매하지 않을 것
자. 가축분뇨의 처리	「가축분뇨의 관리 및 이용에 관한 법률」 제10조부터 제13조의2까지 및 제17조를 준수하여 환경오염을 방지하고 가축분뇨는 완전히 부숙시킨 퇴비 또는 액비로 자원화하여 초지나 농경지에 환원함으로써 토양 및 식물과의 유기적 순환관계를 유지할 것

4) 유기양봉 산물 · 부산물의 인증기준

심사 사항	인증기준
가. 일반	1) 별표 5의 경영 관련 자료를 기록 · 보관하고, 국립농산물품질관리원장 또는 인증기관이 열람을 요구할 때는 이에 응할 것

	2) 꿀벌과 벌통의 관리는 유기농업의 원칙에 따라 이루어질 것 3) 벌통의 반경 3km 이내에는 유기적으로 재배되는 식물과 산림 등 자연상태에서 자생하는 식물로 조성되어 꿀벌이 영양원에 충분히 접근할 수 있을 것 4) 벌통은 천연재료를 사용하여 만들 것 5) 벌집은 유기적인 밀랍, 프로폴리스 및 식물성 기름 등 천연원료 · 재료를 소재로 한 제품만 사용할 것 6) 다음의 표에서 정하는 바에 따라 친환경농업에 관한 교육을 이수할 것. 다만, 인증사업자가 5년 이상 인증을 유지하는 등 인증사업자가 국립농산물품질관리원장이 정하여 고시하는 경우에 해당하는 경우에는 교육을 4년마다 1회 이수할 수 있다. **과정명**: 친환경농업 기본교육 **교육 주기**: 2년마다 1회 **교육 시간**: 2시간 이상 **교육기관**: 국립농산물품질관리원장이 정하는 교육기관
나. 꿀벌의 선택, 번식 방법 및 입식	꿀벌의 품종은 지역 조건에 대한 적응력, 활동력 및 질병 저항성 등을 고려하여 선택할 것
다. 전환 기간	양봉의 산물 · 부산물(「양봉산업의 육성 및 지원에 관한 법률」 제2조 제1호 가목 및 나목에 따른 양봉의 산물 · 부산물을 말한다. 이하 "양봉의 산물등"이라 한다)을 생산 · 판매하려는 경우에는 유기양봉 산물 · 부산물의 인증기준을 1년 이상 준수할 것
라. 먹이 및 영양관리	꿀벌에게는 유기식품등의 인증기준에 적합한 먹이를 제공할 것
마. 동물복지 및 질병관리	1) 양봉의 산물등을 수확하기 위해 벌통 내 꿀벌을 죽이거나 여왕벌의 날개를 자르지 않을 것 2) 합성농약이나 동물용 의약품, 화학합성물질로 제조된 기피제를 사용하는 행위를 하지 않을 것 3) 꿀벌의 질병을 예방하기 위해 적절한 조치를 할 것 4) 꿀벌의 질병을 예방 · 관리하기 위한 조치에도 불구하고 질병이 발생한 경우에는 다음의 물질을 사용할 것 – 젖산, 옥살산, 초산, 개미산, 황, 자연산 에테르 기름[멘톨, 유칼립톨(eucalyptol), 캠퍼(camphor)], 바실루스 튜린겐시스(bacillus thuringiensis), 증기 및 직사 화염 5) 3) 및 4)의 규정에 따른 꿀벌의 질병에 대한 예방 · 관리 조치 및 물질의 사용에도 불구하고 질병의 치료 효과가 없는 경우에만 동물용 의약품을 사용할 것 6) 동물용 의약품을 사용하는 경우 인증품으로 판매하지 않아야 하며, 다시 인증품으로 판매하려는 경우에는 동물용 의약품을 사용한 날부터 1년의 전환 기간을 거칠 것
바. 생산물의 품질관리 등	1) 양봉의 산물등의 가공, 저장 및 포장에 사용되는 기구, 설비, 용기 등의 자재는 유기적 순수성이 유지되도록 관리할 것 2) 이온화 방사선은 해충방제, 식품보전, 병원체와 위생관리 등을 위해 양봉의 산물등에 사용하지 않을 것 3) 가공 방법은 기계적, 물리적 또는 생물학적(발효를 포함한다)인 방법으로 하고, 가공으로 인해 양봉의 산물등이 오염되지 않도록 할 것 4) 동물용 의약품 성분은 「식품위생법」 제7조 제1항에 따라 식품의약품안전처장이 고시하는 동물용 의약품 잔류허용 기준의 10분의 1을 초과하여 검출되지 않을 것

	5) 합성농약 성분은 검출되지 않을 것 6) 인증품에 인증품이 아닌 제품을 혼합하거나 인증품이 아닌 제품을 인증품으로 판매하지 않을 것

5) 유기가공식품 · 비식용유기가공품의 인증기준

심사 사항	인증기준
가. 일반	1) 별표 5의 경영 관련 자료를 기록 · 보관하고, 국립농산물품질관리원장 또는 인증기관이 열람을 요구할 때는 이에 응할 것 2) 사업자는 유기가공식품 · 비식용유기가공품의 제조, 가공 및 취급 과정에서 원료 · 재료의 유기적 순수성이 훼손되지 않도록 할 것 3) 다음의 표에서 정하는 바에 따라 친환경농업에 관한 교육을 이수할 것. 다만, 인증사업자가 5년 이상 인증을 유지하는 등 인증사업자가 국립농산물품질관리원장이 정하여 고시하는 경우에 해당하는 경우에는 교육을 4년마다 1회 이수할 수 있다. 과정명: 친환경농업 기본교육 교육 주기: 2년마다 1회 교육 시간: 2시간 이상 교육기관: 국립농산물품질관리원장이 정하는 교육기관 4) 자체적으로 실시한 품질검사에서 부적합이 발생한 경우에는 국립농산물품질관리원장 또는 인증기관에 통보하고, 국립농산물품질관리원 또는 인증기관이 분석 성적서 등의 제출을 요구할 때는 이에 응할 것
나. 가공 원료 · 재료	1) 가공에 사용되는 원료 · 재료(첨가물과 가공보조제를 포함한다. 이하 같다)는 모두 유기적으로 생산된 것일 것 2) 1)에도 불구하고 제품 생산을 위해 비유기 원료 · 재료의 사용이 필요한 경우에는 다음 표의 구분에 따라 유기 원료의 함량과 비유기 원료 · 재료의 사용 조건을 준수할 것

제품 구분	유기 원료의 함량	비유기 원료 · 재료 사용 조건		
		유기가공식품	비식용유기가공품	
			양축용	반려동물
유기로 표시하는 제품	인위적으로 첨가한 물과 소금을 제외한 제품 중량의 95퍼센트 이상	식품 원료(유기 원료를 상업적으로 조달할 수 없는 경우로 한정한다) 또는 별표 1 제1호 다목 1)에 따른 식품첨가물 또는 가공보조제	별표 1 제1호 나목 1) · 2) 에 따른 단미사료 · 보조사료	사료 원료(유기 원료를 상업적으로 조달할 수 없는 경우로 한정한다) 또는 별표 1 제1호 나목 1) · 2)에 따른 단미사료 · 보조사료 및 다목 1)에 따른 식품첨가물 · 가공보조제
유기 70퍼센트로 표시하는 제품	인위적으로 첨가한 물과 소금을 제외한 제품 중량의 70퍼센트 이상	식품 원료 또는 별표 1 제1호 다목 1)에 따른 식품첨가물 또는 가공보조제	해당 없음	사료 원료 또는 별표 1 제1호 나목 1) · 2)에 따른 단미사료 · 보조사료 및 다목 1)에 따른 식품첨가물 · 가공보조제

제5과목

심사 사항	인증기준
	3) 유전자변형생물체 및 유전자변형생물체에서 유래한 원료 또는 재료를 사용하지 않을 것 4) 가공원료 · 재료의 1)부터 3)까지의 규정에 따른 적합성 여부를 정기적으로 관리하고, 가공원료 · 재료에 대한 납품서 · 거래인증서 · 보증서 또는 검사성적서 등 국립농산물품질관리원장이 정하여 고시하는 증명자료를 보관할 것
다. 가공 방법	모든 원료 · 재료와 최종 생산물의 관리, 가공시설 · 기구 등의 관리 및 제품의 포장 · 보관 · 수송 등의 취급과정에서 유기적 순수성이 유지되도록 관리할 것
라. 해충 및 병원균 관리	해충 및 병원균 관리를 위해 예방적 방법, 기계적 · 물리적 · 생물학적 방법을 우선 사용해야 하고, 불가피한 경우 별표 1 제1호 가목 2)에서 정한 물질을 사용할 수 있으며, 그밖의 화학적 방법이나 방사선 조사 방법을 사용하지 않을 것
마. 세척 및 소독	1) 유기식품 · 유기가공품에 시설이나 설비 또는 원료 · 재료의 세척, 살균, 소독에 사용된 물질이 함유되지 않도록 할 것 2) 세척제 · 소독제를 시설 및 장비에 사용하는 경우에는 유기식품 · 유기가공품의 유기적 순수성이 훼손되지 않도록 할 것
바. 포장	유기가공식품 · 비식용유기가공품의 포장과정에서 유기적 순수성을 보호할 수 있는 포장재와 포장 방법을 사용할 것
사. 유기 원료 · 재료 및 가공식품 · 가공품의 수송 및 운반	사업자는 환경에 미치는 나쁜 영향이 최소화되도록 원료 · 재료, 가공식품 또는 가공품의 수송방법을 선택하고, 수송과정에서 원료 · 재료, 가공식품 또는 가공품의 유기적 순수성이 훼손되지 않도록 필요한 조치를 할 것
아. 기록 · 문서화 및 접근보장	1) 사업자는 유기가공식품 · 비식용유기가공품의 취급과정에서 대기, 물, 토양의 오염이 최소화되도록 문서화된 유기취급계획을 수립할 것 2) 사업자는 국립농산물품질관리원 소속 공무원 또는 인증기관으로 하여금 유기가공식품 · 비식용유기가공품의 제조 · 가공 또는 취급의 전 과정에 관한 기록 및 사업장에 접근할 수 있도록 할 것
자. 생산물의 품질관리 등	1) 합성농약 성분은 검출되지 않을 것. 다만, 비유기 원료 또는 재료의 오염 등 비의도적인 요인으로 합성농약 성분이 검출된 것으로 입증되는 경우에는 0.01mg/kg 이하까지만 허용한다. 2) 인증품에 인증품이 아닌 제품을 혼합하거나 인증품이 아닌 제품을 인증품으로 판매하지 않을 것

6) 취급자(유기식품등을 저장, 포장, 운송, 수입 또는 판매하는 자)

심사 사항	인증기준
가. 일반	1) 별표 5의 경영 관련 자료를 기록 · 보관하고, 국립농산물품질관리원장 또는 인증기관이 열람을 요구할 때는 이에 응할 것 2) 다음의 표에서 정하는 바에 따라 친환경농업에 관한 교육을 이수할 것. 다만, 인증사업자가 5년 이상 인증을 유지하는 등 인증사업자가 국립농산물품질관리원장이 정하여 고시하는 경우에 해당하는 경우에는 교육을 4년마다 1회 이수할 수 있다.

심사 사항	인증기준
가. 일반	과정명: 친환경농업 기본교육 교육 주기: 2년마다 1회 교육 시간: 2시간 이상 교육기관: 국립농산물품질관리원장이 정하는 교육기관 3) 자체적으로 실시한 품질검사에서 부적합이 발생한 경우에는 국립농산물품질관리원장 또는 인증기관에 통보하고, 국립농산물품질관리원장 또는 인증기관이 분석성적서 등의 제출을 요구할 때는 이에 응할 것
나. 작업장 시설기준	최근 1년간 인증 취소 처분을 받지 않은 작업장일 것
다. 원료·재료 관리	원료·재료의 사용 적합성 여부를 정기적으로 점검·관리하고, 원료·재료에 대한 납품서·거래인증서·보증서 또는 검사성적서 등 국립농산물품질관리원장이 정하여 고시하는 증명자료를 보관할 것
라. 취급 방법 등	1) 소분·저장·포장·운송·수입 또는 판매 등의 취급과정에서 인증품에 인증 종류가 다른 인증품 및 인증품이 아닌 제품이 혼입(混入: 한데 섞거나 섞여 들어가는 것을 말한다)되지 않도록 관리하고, 인증받은 내용과 같은 내용으로 표시할 것 2) 취급과정에서 방사선은 해충방제, 식품 보존, 병원체의 제거 또는 위생관리 등을 위해 사용하지 않을 것 3) 생산물의 저장·포장·운송·수입 또는 판매 등의 취급과정에서 청결을 유지해야 하며, 외부로부터의 오염을 방지할 것
마. 생산물의 품질관리 등	1) 동물용 의약품 성분은 「식품위생법」 제7조 제1항에 따라 식품의약품안전처장이 정하여 고시하는 동물용 의약품 잔류허용 기준의 10분의 1을 초과하여 검출되지 않을 것 2) 합성농약 성분은 검출되지 않을 것 3) 인증품에는 제조단위번호(인증품 관리번호), 표준바코드 또는 전자태그(RFID tag)를 표시할 것 4) 인증품에 인증품이 아닌 제품을 혼합하거나 인증품이 아닌 제품을 인증품으로 판매하지 않을 것

③ 유기식품 및 무농약농산물 등의 인증에 관한 세부실시 요령

1) 목적

이 요령은 「친환경농어업 육성 및 유기식품등의 관리·지원에 관한 법률」 제58조, 같은 법 시행령 제7조 제4항 및 같은 법 시행규칙 제8조 제1항 제2호·제6항, 제11조 제2항, 제13조 제5항, 제23조 제6항, 제44조 제1항 제3호·제2항, 제45조 제8항, 제48조 제2항, 제53조 제2항, 제54조 제2항, 제88조 제2항에 따른 유기식품등·무농약농산물·무농약원료가공식품의 인증 및 사후관리를 위하여 국립농산물품질관리원장에게 위임한 사항에 대하여 그 시행에 필요한 사항을 정하는 것을 목적으로 한다.

2) 정의

이 요령에서 사용하는 용어의 뜻은 다음과 같다.

① "인증"이란 「친환경농어업 육성 및 유기식품등의 관리 · 지원에 관한 법률」(이하 "법"이라 한다) 제19조에 따른 유기식품등에 대한 인증과 법 제34조에 따른 무농약농산물 · 무농약원료가공식품에 대한 인증을 말한다.

② "인증품"이란 법 제20조 · 제21조 · 제34조에 따라 인증받아 별표 1 각호의 인증기준을 준수하여 생산 · 제조 · 취급된 유기농산물(유기임산물을 포함한다. 이하 같다), 유기축산물, 유기양봉 제품, 유기가공식품, 비식용유기가공품, 무농약농산물 및 무농약원료가공식품과 법 제25조에 따른 동등성을 인정받아 국내에 유통되는 유기가공식품을 말한다.

③ "인증품등"이란 판매 · 유통 중인 제2호에 따른 인증품과 법 제23조 제3항 또는 제45조 제3항에 따라 제한적으로 유기표시 또는 무농약표시를 허용한 식품을 말한다.

④ "신청인"이란 「친환경농어업 육성 및 유기식품등의 관리 · 지원에 관한 법률 시행규칙」(이하 "규칙"이라 한다) 제12조 · 제15조 · 제16조 · 제17조 · 제18조(제55조 제1항에서 준용하는 경우를 포함한다)에 따라 인증, 재심사, 변경 승인 또는 인증의 갱신 등을 받으려고 신청하는 자를 말한다.

⑤ "단체신청"이란 5인 이상의 생산자로 구성된 작목반, 영농조합법인 등의 단체가 규칙 제12조 · 제15조 · 제16조 · 제17조 · 제18조(제55조 제1항에서 준용하는 경우를 포함한다)에 따라 인증, 재심사, 변경 승인 또는 인증의 갱신 등을 받으려고 신청하는 것을 말한다.

⑥ "인증심사원"이란 법 제26조의2에 따라 인증심사원 자격을 부여 받아 유기식품등 · 무농약농산물 · 무농약원료가공식품의 인증 업무를 수행하는 자로 규칙 제13조 · 제15조 · 제16조 · 제17조 · 제18조(제55조 제1항에서 준용하는 경우를 포함한다)에 따라 인증심사를 하는 자를 말한다.

⑦ "인증기준"이란 규칙 제11조 또는 제54조에 따른 인증기준과 이 요령 제6조의2에 따른 인증기준의 세부 사항을 말한다.

⑧ "인증사업자"란 규칙 제13조(제55조 제1항에서 준용하는 경우를 포함한다)에 따라 인증서를 발급받은 자를 말한다.

⑨ "단체인증"이란 제7호의 인증사업자 중 제4호에 따른 단체신청으로 인증을 받은 경우를 말한다.

⑩ "인증사업자등"이란 인증사업자, 인증품을 판매 · 유통하는 사업자 또는 법 제23조 제3항 또는 제45조 제3항에 따라 제한적으로 유기표시 또는 무농약표시를 허용한 식품 및 비식용가공품을 생산, 제조 · 가공, 취급 또는 판매 · 유통하는 사업자를 말한다.

⑪ "사후관리"란 법 제31조(제34조 제5항에서 준용하는 경우를 포함한다)에 따라 인증품에 대한 시판품 조사를 하거나 인증사업자의 사업장에서 인증품의 생산, 제조 · 가공 또는 취급 과정이 인증기준에 맞는지 조사하는 것을 말한다.

⑫ "조사원"이란 법 제26조의2에 따라 인증심사원 자격을 부여받은 자 또는 국립농산물품질관리원 소속 공무원으로 인증품 및 인증사업자등에 대한 사후관리를 하는 자를 말한다.

⑬ "단순 처리"란 농축산물의 원형을 알아볼 수 있는 정도로 자르거나 껍질을 벗기거나 도정하거나 건조하거나 냉동하거나 소금에 절이거나 가열하는 것을 말하며, 식품첨가물을 가하거나 분쇄하는 등 가공하는 것은 제외한다.

⑭ "지원장"이란 「농림축산식품부와 그 소속기관 직제 시행규칙」(이하 "직제규칙"이라 한다) 제23조에 따른 해당 관할구역의 국립농산물품질관리원 지원장을 말한다.

⑮ "사무소장"이란 직제규칙 제24조 제3항에 따른 해당 관할구역의 국립농산물품질관리원 사무소장을 말한다(현장 인증 업무를 수행하는 제11호의 지원장을 포함한다).

⑯ "인증기관"이란 규칙 제35조(제55조 제1항에서 준용하는 경우를 포함한다)에 따라 지정받은 기관을 말한다.

⑰ "친환경 인증관리 정보시스템"이란 국립농산물품질관리원장이 친환경농축산물 등의 인증정보를 관리하기 위하여 운영하는 홈페이지(www.enviagro.go.kr)를 말한다.

3) 적용 범위

인증 및 사후관리 업무를 수행함에 있어 법, 같은 법 시행령(이하 "영"이라 한다), 규칙에서 따로 정한 것을 제외하고는 이 요령을 적용한다.

4) 인증 신청 안내

① 사무소장 또는 인증기관은 신청인에게 신청에 필요한 서류 및 기재 요령, 수수료, 인증기준, 처리 절차 등을 안내한다.

② 사무소장은 인증을 받으려는 신청인에게 인증기관 지정 내역을 안내하고, 규칙 제37조의3에 따라 우수 등급으로 결정된 인증기관에 신청하도록 권장할 수 있다.

5) 인증 대상

규칙 제10조 제2항 및 제53조 제2항에 따른 인증 대상의 세부 사항은 다음 각호와 같다.

① **농산물** : 유기농산물 · 무농약농산물 인증기준에 따라 재배하는 농산물(별표 1의2 "작물별 생육기간"의 2/3가 경과되지 않은 농산물)

② **축산물** : 유기축산물 및 유기양봉의 산물 · 부산물의 생산 · 가공에 필요한 인증기준에 따라 사육하는 가축과 그 가축에서 생산된 축산물(식육, 원유, 식용란) 및 양봉의 산물 · 부산물

③ **가공식품** : 유기가공식품 · 무농약원료가공식품 인증기준에 따라 제조 · 가공하는 가공식품(「식품위생법」, 「축산물 위생관리법」 또는 「건강기능식품에 관한 법률」 등 관련 법령에 따라 품목제조보고 · 신고한 가공식품)

④ **비식용유기가공품** : 비식용유기가공품 인증기준에 따라 제조하는 양축(養畜)용 유기사료 · 반려동물(개 · 고양이에 한함) 유기사료(「사료관리법」에 따라 성분 등록한 사료)

⑤ **취급자 인증품** : 인증품의 포장단위를 변경하거나 단순 처리하여 포장한 인증품

6) 인증의 신청

① 규칙 제10조 제1항 또는 제53조 제1항의 인증 대상자가 인증을 신청할 때는 인증 종류별(유기농산물, 유기축산물, 유기양봉의 산물 · 부산물, 유기가공식품, 양축용 유기사료 · 반려동물 유기사료, 무농약농산물, 무농약원료가공식품, 취급자)로 구분하여 신청하여야 한다.

② 인증 신청 서류 중 규칙 별지 제6호, 제7호의 인증품 생산계획서 또는 제8호서식의 인증품 제조 · 가공 및 취급계획서의 세부적인 작성 내용과 방법은 별지 제1호 · 제1호의2 · 제1호의3서식 또는 제1호의4서식과 같으며, 인증기관은 생산 또는 제조 · 가공 및 취급 품목의 특성 등에 따라 필요한 경우 작성 내용의 일부를 변경할 수 있다.

③ 규칙 별표 5 제1호 가목 5) 및 나목 8)에 따라 경영 관련 자료의 기록 기간을 단축하거나 연장할 수 있는 경우는 다음 각호와 같다.

㉠ 싹을 틔워 먹는 농산물, 어린잎 채소, 버섯류 등 생육기간이 3개월 미만인 농산물 또는 축산물을 처음 인증 신청하는 경우에는 기록 기간을 최근 6개월까지로 단축할 수 있다.

㉡ 인삼, 더덕 등 매년 수확하지 않는 다년생 농산물 또는 1년을 초과하여 사육 중인 가축을 인증 신청하는 경우에는 그 농산물 · 가축을 재배 · 사육한 기간만큼 기록 기간을 연장할 수 있다.

7) 인증신청서 접수 등

① 인증기관은 신청인이 인증 신청 서류를 제출하는 경우 친환경 인증관리 정보시스템에 등록하여 접수한다. 이때 인증 신청 서류의 접수 및 처리 기간의 계산 등에 관한 사항은 민원 처리에 관한 법률에서 정한 규정에 따른다.

② 인증기관은 인증신청서 접수 시 접수한 인증신청서를 검토하여 다음 각호의 어느 하나에 해당되는 경우 신청인에게 그 사유를 명시하여 반송 처리하여야 한다.

㉠ 법 제20조 제2항에 따른 신청 제한 자에 해당하는 경우

㉡ 인증을 받은 사업장을 인증 유효기간 내에 중복하여 인증을 신청한 경우. 다만, 갱신 신청 또는 연장신청을 하거나 인증 종류 및 인증기관을 변경하기 위해 신청하는 경우 등은 중복하여 인증 신청한 것으로 간주하지 않는다.

㉢ 법 제20조 제4항을 위반하여 인증사업자가 연속하여 2회를 초과하여 인증을 신청한 경우. 다만, 규칙 제14조에 따라 우수, 양호 또는 보통 등급으로 결정된 인증기관에 신청하는 경우에는 적용하지 아니한다.

8) 인증기준

규칙 제11조 제2항 및 제54조 제2항에 따른 인증기준의 세부 사항은 별표 1과 같다.

9) 인증심사

① 인증기관은 인증 신청을 받은 때는 규칙 제13조 제1항(제55조 제1항에서 준용하는 경우를 포함한다)에 따라 문서, 구술, 전화 또는 휴대전화를 이용한 문자전송, 모사전송 또는 인터넷 등으로 심사 일정을 통보하여야 한다. 다만, 신청인이 문서통지를 원하는 경우 문서로 통지하여야 한다.

② 인증심사원은 인증기준에 적합한지 여부에 대해 서류심사와 현장심사를 실시하여야 한다. 다만, 「축산물 위생관리법」 제9조에 따른 안전관리인증 또는 「동물보호법」 제29조에 따른 동물복지축산농장인증을 받은 농장을 심사하는 경우에는 안전관리 또는 동물복지축산농장 인증심사와 중복되는 사항에 대하여 심사를 생략할 수 있으나 관련 서류는 확보하여 심사 결과 보고서에 반영 · 첨부하여야 한다.

③ 규칙 제13조 제5항(제55조 제1항에서 준용하는 경우를 포함한다)에 따른 인증심사의 절차와 방법에 관한 세부 사항은 별표 2와 같다.

④ 인증심사원은 제2항에 따라 심사를 완료한 때는 심사 결과 보고서와 첨부서류를 친환경 인증관리 정보시스템에 등록하는 방법으로 인증기관에 제출하여야 한다.

⑤ 인증기관은 별표 2 제1호 다목 5)부터 9)까지에 따라 검사를 실시한 경우 그 검사 결과를 지체 없이 친환경 인증관리 정보시스템에 등록하여야 한다.

제5과목

10) 심사 결과의 통보

① 인증기관은 심사 결과 인증기준에 적합하다고 판정한 경우 신청인에게 별표 3 인증번호 부여 방법에 따라 인증번호를 부여하고, 규칙 별지 제9호서식 또는 제10호서식의 인증서를 교부하여야 한다.

② 인증기관은 심사 결과 인증기준에 부적합하다고 판정한 경우 신청인에게 그 사유를 서면으로 통지하여야 한다.

③ 인증기관은 인증사업자가 인증품의 수출 · 수입 등을 위하여 신청하는 경우 다음 각호의 문서를 인증사업자에게 발급할 수 있다.

㉠ 별지 제2호서식 또는 제2호의2서식의 영문인증서

㉡ 규칙 별지 제19호서식의 거래인증서 또는 별지 제2호의3서식의 영문거래인증서(이 경우 별표 3의2에 따른 거래인증에 관한 기준에 적합하여야 한다)

11) 인증사업자의 준수사항 고지

인증기관은 인증서를 교부하는 때는 인증사업자에게 규칙 제11조 · 제54조 및 고시에 따른 인증기준, 규칙 제20조에 따른 인증사업자가 준수해야 하는 사항 등을 알려야 한다.

12) 인증 변경 승인 등

규칙 제16조에 따른 인증 변경 승인을 위한 심사는 변경 신청한 내용에 한하여 실시하되, 인증사업장 규모의 축소, 인증사업자의 주소 또는 업체명 변경 등 현장심사가 불필요한 경우에는 이를 생략할 수 있다.

13) 인증의 갱신 등

① 인증사업자는 다음 각호의 어느 하나에 해당되는 경우 규칙 제17조(제55조 제1항에서 준용하는 경우를 포함한다)에 따라 유효기간이 끝나는 날의 2개월 전까지 인증신청서를 인증기관에 제출하여야 한다.
   ㉠ 인증 갱신 : 인증품을 계속하여 생산, 제조 · 가공 및 취급하기 위해 인증을 유지하거나 인증 사업장을 이전 · 확대 하려는 경우, 인증기관을 변경하여 신청하려는 경우
   ㉡ 인증품 유효기간 연장 : 인증 갱신을 하지 않으려는 인증사업자가 인증의 유효기간 내에 출하를 종료하지 아니한 인증품이 있어 그 인증품에 대하여 유효기간을 연장하려는 경우
② 인증기관은 제1항에 따라 인증신청서를 접수한 때는 제7조에 따라 인증심사를 하고 제8조에 따라 심사 결과를 통보하여야 한다. 다만, 제1항 제2호의 신청에 따른 인증심사는 경영관리와 생산물의 품질관리에 관한 사항에 한정하여 심사한다.
③ 제1항 제2호의 신청에 따라 인증서를 교부하는 때는 그 유효기간을 1년의 범위에서 연장하고 인증서의 인증 부가조건란에 인증품 출하가능량을 기재한다.

14) 인증품등의 표시

① 인증사업자등이 인증품등으로 출하하거나 유통 · 판매하려는 때는 인증품등의 포장 또는 용기 등에 규칙 제21조 또는 제59조에 따라 인증 표시를 하여야 하며, 규칙 별표 6 제4호 · 별표 7 제5호 · 별표 8 제4호 또는 별표 15 제3호 · 별표 16 제4호에 따른 인증 표시 기준 및 인증정보 표시 방법의 세부 사항은 별표 4와 같다.
② 인증사업자는 인증받은 농장 · 작업장 소재지에 인증받은 내용을 기재한 표지판을 부착하거나, 인증받은 내용을 사실대로 광고할 수 있다.

15) 인증 표시와 유사한 표시의 세부 기준

① 인증을 받지 않은 제품에 규칙 제44조 제1항에서 각호에 해당하는 문자 또는 도형을 다음 각

호의 어느 하나에 해당하는 방법으로 표시하는 경우 인증 표시와 유사한 표시에 해당한다. 이 경우 표시에 대한 정의는 「식품 등의 표시 · 광고에 관한 법률」 제2조 제7호를 따른다.

㉠ 제품명 또는 제품명의 일부로 표시

㉡ 제품 용기 · 포장의 주표시면에 표시

㉢ 제품을 판매하는 진열대, 표시판 또는 푯말에 표시

㉣ 음식점의 메뉴판 또는 게시판에 표시

㉤ 제품의 납품서, 거래명세서 또는 보증서에 표시

㉥ 그밖에 소비자에게 해당 제품의 정보를 나타내거나 알리는 곳에 표시

② 다음 각호에 해당하는 인증 · 보증의 표시는 인증 표시와 유사한 표시에서 제외한다. 이 경우 표시는 해당 법령 또는 규정에 적합해야 한다.

㉠ 국가, 「지방자치법」에 따른 지방자치단체 및 「공공기관의 운영에 관한 법률」에 따른 공공기관으로부터 받은 인증 · 보증의 표시

㉡ 법 또는 다른 법률에 따라 허용된 인증 · 보증의 표시

16) 수입 비식용유기가공품의 신고 수리

규칙 제23조 제6항에 따른 수입 비식용유기가공품의 신고 수리를 위한 적합성 조사의 방법에 관한 세부 사항은 별표 4의2와 같다.

17) 인증품등의 사후관리 조사

① 규칙 제45조 제8항에 따른 인증품등의 사후관리 조사 요령은 별표 5와 같다.

② 제1항에 따라 조사를 하고자 할 때는 별지 제15호서식의 출입 시 교부문서를 조사 개시 7일 전까지 서면으로 통지하여야 한다.

③ 제2항에도 불구하고 긴급한 경우나 미리 관계인에게 알리는 경우 그 목적을 달성할 수 없다고 인정되는 때는 조사 개시와 동시에 별지 제15호서식의 출입 시 교부문서를 조사 대상자에게 제시하여야 한다.

④ 사무소장은 조사과정에서 관할지역 이외 지역의 생산 · 유통과정에 대한 추적조사가 필요한 경우 해당 지역 사무소장에게 조사를 의뢰하거나 해당 지역에 대한 추적조사를 실시할 수 있다.

⑤ 조사원은 조사과정에서 위반 사실을 발견한 경우에 위반자 또는 관계인으로부터 별지 제3호서식의 확인서와 증거서류를 받아야 한다. 다만, 위반자가 확인서의 날인을 거부하거나 기피하는 때는 조사원 2명 이상이 연명으로 서명 또는 날인하여 그 사실을 확인할 수 있다.

⑥ 조사원은 제1항에 따른 조사를 완료한 후에는 조사 결과를 친환경 인증관리 정보시스템에 등록(인증품에 대한 검사 결과 포함)하고 사무소장 또는 인증기관에게 보고하여야 한다.

⑦ 사무소장은 조사 결과 관할지역 이외에서 인증을 받은 자 또는 인증품등을 유통하는 자 중 행

정처분 등의 조치가 필요한 행위를 적발한 경우 위반 사실과 관련 자료를 해당 사무소장 또는 인증기관에게 통보하여야 하며, 통보받은 사무소장 또는 인증기관은 통보받은 건에 대해 조치한 후 그 결과를 통보한 기관에 회신하여야 한다.

⑧ 사무소장 또는 인증기관은 제1항 또는 제2항에 따른 조사 결과 인증기준 위반 사실이 확인된 인증사업자가 2건 이상의 인증을 보유한 경우에는 나머지 인증 건에 대하여도 생산과정 조사를 실시하여야 하며, 인증기관이 따로 있는 경우에는 해당 인증기관에게 조사를 요청하여야 한다.

⑨ 사무소장 또는 인증기관은 법 제31조 및 규칙 제45조와 제1항부터 제7항까지의 사후관리 규정에 따라 인증사업자등 및 인증품등의 생산과정 또는 유통과정(인증기관 제외)에 대한 조사를 실시하여야 하며, 그 조사 결과(시료 수거 내역 및 검사 결과 포함)를 친환경 인증관리 정보시스템에 등록하여 관리하여야 한다.

18) 재검사에 대한 세부 사항

① 사무소장 또는 인증기관은 규칙 제45조 제6항에 따라 재검사 요청 사유 및 증명자료를 확인하여 다음 각호에 해당하는 경우에는 재검사를 실시한다.
  ㉠ 검사용 시료가 다른 시료와 섞이는 등 시료의 오염이 인정되는 경우
  ㉡ 검사과정 또는 검사 결과 판정에 오류가 인정되는 경우
  ㉢ 검사 결과 인증기준에 부적합한 것으로 통보받은 시료와 생산장소 · 품목 · 시기가 같은 시료를 검사하여 인증기준에 적합한 검사성적서를 제출하는 경우
  ㉣ 그밖에 사무소장 또는 인증기관이 재검사가 필요하다고 인정하는 경우

② 재검사는 처음 검사 후 보관 중인 시료를 검사하는 것을 원칙으로 하되, 시료가 오염되었거나 재검사에 필요한 시료량이 충분하지 않아서 보관 중인 시료로 검사할 수 없는 경우에는 생산장소 · 품목 · 시기가 동일한 시료를 다시 수거하여 검사한다.

③ 재검사에 소요되는 비용은 재검사를 신청한 인증사업자가 부담한다. 다만, 인증기관 또는 검사기관의 검사 오류 등으로 재검사를 하게 되는 경우에는 해당 인증기관 또는 검사기관이 재검사에 소요되는 비용을 부담할 것을 권고할 수 있다.

19) 조사 결과 조치

사무소장 또는 인증기관은 제14조에 따른 조사(제11조에 따른 인증 갱신심사 등 포함) 결과 위반 사항을 확인하였거나 통보받은 경우 다음 각호의 조치를 하여야 한다.

① 법 제24조 · 제31조 · 제34조에 따른 인증 취소 등의 행정처분 : 사무소장 또는 인증기관이 규칙 별표 9에 따라 실시

② 법 제60조에 따른 벌칙 : 해당하는 자는 위반행위 발생지 관할지역 수사기관에 고발하거나, 특별사법경찰관리집무규칙에 따라 관할지역 사무소장이 처리

③ 법 제62조에 따른 과태료 : 영 제9조 과태료의 부과기준 및 이 요령 별표 5의2 절차에 따라 지원장에게 부과 · 징수 요청
④ 법 제24조의2에 따른 과징금 : 규칙 제25조 및 별표 5의3의 절차에 따라 지원장에게 부과 · 징수 요청
⑤ 기타 행정지도 사항 : 해당 사무소장 또는 인증기관이 실시

20) 인증품등의 회수 · 폐기

① 사무소장은 인증품등에서 합성농약 성분 또는 동물용 의약품 성분이 식품의약품안전처장이 고시한 농약 또는 동물용 의약품의 잔류허용 기준을 초과하여 검출된 사실을 알게 된 경우에는 지체 없이 해당 인증품의 유통업자(인증사업자를 포함한다)에게 해당 인증품의 회수 · 폐기에 필요한 조치를 명하여야 한다.
② 제1항에 따라 회수 · 폐기 명령을 받은 자는 규칙 별표 9 제3호 다목에 따라 회수 · 폐기 계획을 수립하여 사무소장에게 제출하고, 계획에 따라 회수 · 폐기를 실시한 후 그 결과를 사무소장에게 보고하여야 한다.
③ 제2항에 따른 회수 · 폐기 계획의 수립, 절차 및 결과 보고는 별표 7과 같다.

21) 인증품등의 조치명령 등에 관한 세부 사항

① 지원장은 규칙 제47조에 따라 인증품등을 압류한 경우 그 소유자에게 상당한 이행 기한을 정하여 행정처분 사항을 이행하도록 통지하고 그 기한까지 이행되지 아니한 때는 「행정대집행법」에 따라 대집행을 하고 그 비용을 명령위반자로부터 징수할 수 있다.
② 규칙 제48조 제2항에 따른 공표하여야 하는 사항은 조치명령을 받은 날짜 · 인증번호 · 대상자명, 조치명령의 내용 등으로 하며, 공표한 날로부터 2년간 게시한다.

22) 교육기관

규칙 별표 4 제2호 · 제3호 · 제4호 · 제5호 · 제6호 및 별표 14 제2호 · 제3호 · 제4호에 따라 국립농산물품질관리원장이 정하는 교육기관(이하 "교육기관"이라 한다)은 다음 각호와 같다.
① 국립농산물품질관리원(지원 · 사무소를 포함한다)
② 농촌진흥청 및 그 소속기관
③ 「농촌진흥법」 제3조에 따라 지방자치단체의 직속기관으로 설치된 지방농촌진흥기관
④ 농식품공무원교육원
⑤ 규칙 제8조 제4항에 따라 지정된 교육훈련기관
⑥ 그밖에 국립농산물품질관리원장이 교육과목 등을 확인하여 교육기관으로 인정한 기관 및 단체

23) 교육훈련기관 지정 요건

규칙 제8조 제1항 제2호에 따른 교육훈련기관에 상근하는 교육훈련 강사는 다음 각호에 따라 친환경농업 분야에 전문성을 갖추었음을 증명할 수 있어야 한다.

① 인증품의 생산, 제조 · 가공 또는 취급에 필요한 내용을 기술한 표준 교재를 제시하고 그 내용을 설명할 수 있을 것
② 농업인이 작성한 경영 관련 자료를 분석하여 토양관리, 병해충 관리 등 인증에 필요한 실천 방안과 인증품 생산, 제조 · 가공 또는 취급계획서를 제시할 수 있을 것
③ 1개 품목 이상에 대해 파종, 재배, 수확 등 친환경농업 이행 과정을 기술한 표준 재배력을 제시할 수 있을 것

24) 교육 방법 등

① 제19조에 따른 교육기관은 교육계획일 10일 전까지 교육일자, 교육장소, 교육인원, 교육내용 등이 포함된 교육계획서를 국립농산물품질관리원장에게 제출하고 제출된 교육계획에 따라 교육을 실시하여야 한다.
② 교육은 집합교육과정 및 온라인 교육과정으로 운영할 수 있다.

25) 교육 결과 관리

교육기관은 인증사업자의 교육 이수 결과를 친환경 인증관리 정보시스템에 등록하고, 교육이수확인서를 인증사업자에게 발급하여야 한다.

26) 재검토 기한

국립농산물품질관리원장은 이 고시에 대하여 「훈령 · 예규 등의 발령 및 관리에 관한 규정」에 따라 2021년 7월 1일을 기준으로 매 3년이 되는 시점(매 3년째의 6월 30일까지를 말한다)마다 그 타당성을 검토하여 개선 등의 조치를 하여야 한다.

3 인증기준의 세부 사항(세부실시 요령 제6조의2 관련) 세부실시 요령[별표 1]

1 용어의 정의

① "재배포장"이란 작물을 재배하는 일정 구역을 말한다.
② "화학비료"란 「비료관리법」 제2조 제1호에 따른 비료 중 화학적인 과정을 거쳐 제조된 것을 말한다.
③ "합성농약"이란 화학물질을 원료 · 재료로 사용하거나 화학적 과정으로 만들어진 살균제, 살충

제, 제초제, 생장조절제, 기피제, 유인제, 전착제 등의 농약으로 친환경농업에 사용이 금지된 농약을 말한다. 다만, 규칙 별표 1 제1호 가목 2)의 병해충 관리를 위하여 사용이 가능한 물질로 만들어진 농약은 제외한다.

④ "돌려짓기(윤작)"란 동일한 재배포장에서 동일한 작물을 연이어 재배하지 아니하고, 서로 다른 종류의 작물을 순차적으로 조합 · 배열하는 방식의 작부체계를 말한다.

⑤ "관행농업"이란 화학비료와 합성농약을 사용하여 작물을 재배하는 일반 관행적인 농업 형태를 말한다.

⑥ "일반농산물"이란 관행농업을 영위하는 과정에서 생산된 것으로 이 법에 따라 인증받지 않은 농산물을 말한다.

⑦ "병행생산"이란 인증을 받은 자가 인증받은 품목과 같은 품목의 일반농산물 · 가공품 또는 인증종류가 다른 인증품을 생산하거나 취급하는 것을 말한다.

⑧ "합성농약으로 처리된 종자"란 종자를 소독하기 위해 합성농약으로 분의(粉依), 도포(塗布), 침지(浸漬) 등의 처리를 한 종자를 말한다.

⑨ "배지(培地)"란 버섯류, 양액재배농산물 등의 생육에 필요한 양분의 전부 또는 일부를 공급하거나 작물체가 자랄 수 있도록 하기 위해 조성된 토양 이외의 물질을 말한다.

⑩ "싹을 틔워 직접 먹는 농산물"이란 물을 이용한 온 · 습도 관리로 종실(種實)의 싹을 틔워 종실 · 싹 · 줄기 · 뿌리를 먹는 농산물(본엽이 전개된 것 제외)을 말한다.(예 발아농산물, 콩나물, 숙주나물 등)

⑪ "어린잎채소"란 생육기간(15일 내외)이 짧아 본엽이 4엽 내외로 재배되어 주로 생식용으로 이용되는 어린 채소류를 말한다.

⑫ "유전자변형농산물"이란 인공적으로 유전자를 분리 또는 재조합하여 의도한 특성을 갖도록 한 농산물을 말한다.

⑬ "식물공장(Vertical Farm)"이란 토양을 이용하지 않고 통제된 시설 공간에서 빛(LED, 형광 등), 온도, 수분, 양분 등을 인공적으로 투입하여 작물을 재배하는 시설을 말한다.

⑭ "가축"이란 「축산법」 제2조 제1호에 따른 가축을 말한다.

⑮ "유기사료"란 유기농산물 및 비식용유기가공품 인증기준에 맞게 재배 · 생산된 사료를 말한다.

⑯ "동물용 의약품"이란 동물질병의 예방 · 치료 및 진단을 위하여 사용하는 의약품을 말한다.

⑰ "유기축산물 질병 예방 · 관리 프로그램"이란 가축의 사육 과정에서 인증기준에 따라 사용하는 예방백신, 구충제 및 치료용으로 사용하는 동물용 의약품의 명칭, 사용 시기와 조건 및 사용 후 휴약기간 등에 대해 작성된 문서를 말한다.

⑱ "사육장"이란 가축사육을 목적으로 하는 축사시설이나 방목, 운동장을 말한다.

⑲ "방사"란 축사 외의 공간에 방목장을 갖추고 방목장에서 가축이 자유롭게 돌아다닐 수 있는 것을 말한다.

⑳ "휴약기간"이란 사육되는 가축에 대하여 그 생산물이 식용으로 사용하기 전에 동물용 의약품의 사용을 제한하는 일정 기간을 말한다.

㉑ "경축순환농법(耕畜循環農法)"이란 친환경농업을 실천하는 자가 경종과 축산을 겸업하면서 각각의 부산물을 작물재배 및 가축사육에 활용하고, 경종작물의 퇴비소요량에 맞게 가축사육 마릿수를 유지하는 형태의 농법을 말한다.

㉒ "시유(시판우유)"란 원유를 소비자가 안전하게 음용할 수 있도록 단순살균 처리한 것을 말한다.

㉓ "유해잔류물질"이란 인증품에 잔류하여서는 아니 되는 합성농약, 항생제, 합성항균제, 호르몬, 유해중금속 등의 금지물질로 인위적인 사용 또는 환경적인 요소에 의한 오염으로 인하여 인증품에 잔류되는 물질과 그 대사산물을 말한다.

㉔ "생산자단체"란 5명 이상의 생산자로 구성된 작목반, 작목회 등 영농 조직, 협동조합 또는 영농 단체를 말한다.

㉕ "생산지침서"란 인증품을 생산하는 전체 과정에 대해 구체적인 영농방법을 상세히 기술한 문서를 의미한다.

㉖ "생산관리자"란 생산자단체 소속 농가의 생산지침서의 작성 및 관리, 영농 관련 자료의 기록 및 관리, 인증을 받으려는 신청인에 대한 인증기준 준수 교육 및 지도, 인증기준에 적합한지를 확인하기 위한 예비심사 등을 담당하는 자를 말한다. 다만, 농자재의 제조 · 유통 · 판매를 업으로 하는 자는 제외한다.

㉗ "계획(개선 대책)을 세워 이행하여야 한다."는 것은 해당 사항에 대한 문서화된 이행계획서를 세우고 이행계획에 따라 실천함을 의미한다.

㉘ "완충지대"란 인접지역에서 사용한 금지물질이 인증을 받은 지역으로 유입되지 않도록 인증을 받은 지역을 두르는 일정한 구역을 말한다.

㉙ "인증품의 표시 기준"이란 규칙 제21조 및 제59조에 따른 유기식품등 및 무농약농산물 · 무농약원료가공식품의 표시 기준을 말한다.

㉚ "인증을 받으려는~"으로 규정된 요건은 인증을 받은 이후에는 "인증을 받은~"을 의미한다.

❷ 유기농산물 생산에 필요한 인증기준

1) 일반

① 경영 관련 자료와 농산물의 생산과정 등을 기록한 인증품 생산계획서 및 필요한 관련 정보는 국립농산물품질관리원장 또는 인증기관이 심사 등을 위하여 제출 또는 열람을 요구하는 때는 이를 제공하여야 한다.

② 농산물 중 일부만을 인증받으려고 하는 경우 인증을 신청하지 않은 농산물의 재배과정에서 사용한 합성농약 및 화학비료의 사용량과 해당 농산물의 생산량 및 출하처별 판매량(병행생산에 한함)에 관한 자료를 기록 · 보관하되 그 기간은 최근 2년 이상으로 한다.

③ 재배포장에 관행농업을 번갈아 하여서는 아니 된다.

④ 생산자단체로 인증받으려는 경우 인증신청서를 제출하기 이전에 다음 각호의 요건을 모두 이행하고 관련 증명자료를 보관하여야 한다.

㉠ 생산관리자는 소속 농가에게 인증기준에 적합하게 작성된 생산지침서를 제공하고, 이에 대한 교육을 실시하여야 한다.

㉡ 생산관리자는 소속 농가의 인증품 생산과정이 인증기준에 적합한지에 대한 예비심사를 하고 심사한 결과를 별지 제5호서식에 기록하여야 하며, 인증기준에 적합하지 않은 농가는 인증 신청에서 제외하여야 한다.

㉢ ㉠부터 ㉡까지의 업무를 수행하기 위해 국립농산물품질관리원장이 정하는 바에 따라 생산관리자를 1명 이상 지정하여야 한다.

⑤ 친환경농업에 관한 교육이수 증명자료는 인증을 신청한 날로부터 기산하여 최근 2년 이내에 이수한 것이어야 한다. 다만, 5년 이상 인증을 연속하여 유지하거나 최근 2년 이내에 친환경농업 교육 강사로 활동한 경력이 있는 경우에는 최근 4년 이내에 이수한 교육이수 증명자료를 인정한다.

2) 재배포장, 용수, 종자

① 재배포장의 토양은 주변으로부터 오염 우려가 없거나 오염을 방지할 수 있어야 하고,「토양환경보전법 시행규칙」 별표 3에 따른 1지역의 토양오염 우려기준을 초과하지 아니하며, 합성농약 성분이 검출되어서는 아니 된다. 다만, 관행농업 과정에서 토양에 축적된 합성농약 성분의 검출량이 0.01mg/kg 이하인 경우에는 예외를 인정한다.

② 재배포장의 토양에 대해서는 매년 1회 이상의 검정을 실시하여 토양 비옥도가 유지·개선되고 염류가 과도하게 집적되지 않도록 노력하며, 토양비옥도 수치가 적정치 이하이거나 염류가 과도하게 집적된 경우 개선계획을 마련하여 이행하여야 한다. 벼를 재배할 경우에는 토양환경정보시스템(http://soil.rda.go.kr)에서 제공하는 논토양 유기자재 처방서를 참고할 수 있다.

③ ②에 의한 토양 검정 결과 토양비옥도(유기물)와 염류 집적도(전기전도도)가 적정 수준을 유지하는 경우 다음 해의 토양검정을 생략할 수 있다.

④ 재배포장 주변에 공동방제구역 등 오염원이 있는 경우 이들로부터 적절한 완충지대나 보호시설을 확보하여야 하며, 해당 구역에서 생산된 농산물에 대한 구분관리 계획을 세워 이행하고, 재배포장 입구나 인근 재배포장과의 경계지 등의 잘 보이는 곳에 유기농산물·유기임산물 재배지임을 알리는 표지판을 설치하여야 한다.

⑤ 재배포장은 최근 1년간 인증기준 위반으로 인증 취소 처분을 받은 재배지가 아니어야 한다.

⑥ 재배포장은 유기농산물을 처음 수확하기 전 3년 이상의 전환 기간 동안 다목에 따른 재배 방법을 준수한 구역이어야 한다. 다만, 토양에 직접 심지 않는 작물(싹을 틔워 직접 먹는 농산물, 어린잎 채소 또는 버섯류)의 재배포장은 전환 기간을 적용하지 아니한다.

⑦ ⑥에 따른 재배포장의 전환 기간은 인증기관이 1년 단위로 실시하는 심사 및 사후관리를 통해

다목에 따른 재배 방법을 준수한 것으로 확인된 기간을 인정한다. 다만, 다음 각호의 어느 하나에 해당하는 경우 관련 자료의 확인을 통해 전환 기간을 인정할 수 있다.

㉠ 외국 정부 또는 IFOAM의 유기 기준에 따라 인증받은 재배지 : 인증서에 기재된 유효기간

㉡ ⑧에 해당하는 산림 등 식용식물의 자생지 : 산림병해충 방제 등 금지물질이 사용되지 않은 것으로 확인된 기간

⑧ 산림 등 자연상태에서 자생하는 식용식물의 포장은 3)에서 정하고 있는 허용 자재 외의 자재가 3년 이상 사용되지 아니한 지역이어야 한다.

⑨ 버섯류와 싹을 틔워 직접 먹는 농산물 및 어린잎채소의 재배에 사용되는 배지는 다음 각호의 요건을 모두 충족하여야 한다.

㉠ 「토양환경보전법 시행규칙」 별표 3에 따른 1지역의 토양오염 우려기준을 초과하지 아니하여야 하며, 합성농약 성분은 검출되지 아니하여야 한다. 다만, 배지의 원료에서 기인된 합성농약 성분의 검출량이 0.01mg/kg 이하인 경우에는 예외를 인정한다.

㉡ 유기농산물의 인증기준에 맞게 생산된 것 또는 산림 등 자연상태에서 자생하는 식물 및 그 부산물로 조성되어야 한다. 다만, 작물의 적정한 영양 공급을 위해 규칙 별표 1 제1호 가목 1)의 자재를 사용할 수 있으나 버섯류 재배에 이용하는 식물성 유래의 물질은 전단의 조건에 충족된 것만 사용할 수 있다.

⑩ 용수는 사용 용도별로 다음 각호의 수질기준에 적합하여야 한다.

㉠ 농산물의 세척에 사용하는 용수, 싹을 틔워 직접 먹는 농산물 · 어린잎채소의 재배에 사용하는 용수 또는 시설 내에서 재배하는 버섯류의 재배에 사용하는 용수 : 「먹는물 수질기준 및 검사 등에 관한 규칙」 제2조에 따른 먹는물의 수질기준. 다만, 버섯류 재배에 사용하는 용수는 먹는물 수질기준의 미생물 항목 및 농업용수 기준에 모두 적합한 용수를 사용할 수 있다.

㉡ ㉠ 외의 용도로 사용하는 용수 : 「환경정책기본법 시행령」 제2조 및 「지하수의 수질보전 등에 관한 규칙」 제11조에 따른 농업용수 이상이어야 한다. 다만, 하천 · 호소의 생활환경기준 중 총인 및 총질소 항목과 지하수의 수질기준 중 질산성 질소 항목은 적용하지 아니 한다.

⑪ ⑩의 항목별 기준치 충족 여부는 공인검사기관의 검정 결과에 의하며, 하천 · 호소의 경우 최근 1년 동안 한국농어촌공사, 환경부 등에서 일정 주기(월별 또는 분기별)로 검사한 검정치의 산술평균값을 적용할 수 있다. 이 경우 신청일 이전의 정기적인 검사성적을 확인할 수 없으면 가장 최근에 실시한 검정치를 적용한다.

⑫ 종자 · 묘는 최소한 1세대 또는 다년생인 경우 두 번의 생육기 동안 다목의 규정에 따라 재배한 식물로부터 유래된 것을 사용하여야 한다. 다만, 인증사업자가 위 요건을 만족시키는 종자 · 묘를 구할 수 없음을 인증기관에게 증명할 수 있는 경우, 인증기관은 다음 순서에 따라 허용할 수 있다.

㉠ 우선적으로 합성농약으로 처리되지 않은 종자 또는 묘의 사용

ⓛ 규칙 별표 1 제1호 가목 1) · 2)의 허용 물질 이외의 물질로 처리한 종자 또는 묘(육묘 시 합성농약이 사용된 경우 제외)의 사용

⑬ 종자는「농수산물 품질관리법」 제2조 제11호에 따른 유전자변형농산물을 사용할 수 없다.

3) 재배 방법

① 화학비료 · 합성농약 또는 합성농약 성분이 함유된 자재를 전혀 사용하지 아니하여야 한다.

② 두과작물 · 녹비작물 또는 심근성작물을 이용하여 다음 각호의 어느 하나의 방법으로 장기간의 적절한 돌려짓기(윤작) 계획을 수립하고 이행하여야 한다. 다만, 2)의⑥의 단서 조항과 2)의⑧에 해당하는 경우에는 예외로 한다.

㉠ 3년 이내의 주기로 두과작물, 녹비작물 또는 심근성작물을 일정 기간 이상 재배하여 토양에 환원(還元)한다(다만, 매년 수확하지 않는 다년생 작물(예 인삼)은 파종 이전에 두과작물 등을 재배하여 토양에 환원한다).

ⓛ 2년 이내의 주기로 식물분류학상 "과(科)"가 다른 작물을 재배하되 재배작물에 두과작물, 녹비작물 또는 심근성작물을 포함한다.

ⓒ 2년 이내의 주기로 담수 재배작물과 밭 재배작물을 조합하여 답전윤환(畓田輪換)한다.

ⓔ 매년 두과작물, 녹비작물, 심근성작물을 이용하여 초생재배(草生栽培)한다.

③ 토양에 투입하는 유기물은 유기농산물의 인증기준에 맞게 생산된 것이어야 한다.

④ ② 및 ③에 따른 방법으로 작물의 적정한 영양 공급 또는 토양의 영양상태 조절이 불가능한 경우에 규칙 별표 1 제1호 가목 1)의 물질이나 법 제37조에 따라 공시된 유기농업자재를 사용할 수 있으나, 그 용도 및 사용 조건 · 방법에 적합하게 사용하여야 한다.

⑤ 가축분뇨를 원료로 하는 퇴비 · 액비(이하 "가축분뇨 퇴 · 액비"라 한다)는 법 제19조에 따른 유기농축산물 인증 농장, 경축순환농법 실천 농장,「축산법」 제42조의2에 따른 무항생제축산물 인증 농장 또는「동물보호법」 제29조에 따른 동물복지축산농장 인증을 받은 농장에서 유래된 것만 사용할 수 있으며, 완전히 부숙(썩혀서 익히는 것을 말한다. 이하 같다)시켜서 사용하되, 과다한 사용, 유실 및 용탈 등으로 인하여 환경오염을 유발하지 아니하도록 하여야 한다. 다만, 유기농축산물 인증 농장, 경축순환농법 실천 농장, 무항생제축산물 인증 농장 또는 동물복지축산농장 인증을 받지 아니한 농장에서 유래된 가축분뇨로 제조된 퇴비는 다음 각호를 모두 충족할 경우 사용할 수 있다.

㉠ 항생물질이 포함되지 아니할 것

ⓛ 유해성분 함량은「비료관리법」 제4조에 따라 농촌진흥청장이 비료 공정규격 설정 및 지정에 관한 고시에서 정한 퇴비규격에 적합할 것

⑥ 병해충 및 잡초는 다음의 방법으로 방제 · 조절하여야 한다.

㉠ 적합한 작물과 품종의 선택

ⓛ 적합한 돌려짓기(윤작) 체계

제5과목

㉢ 기계적 경운
㉣ 재배포장 내의 혼작 · 간작 및 공생식물의 재배 등 작물체 주변의 천적 활동을 조장하는 생태계의 조성
㉤ 멀칭 · 예취 및 화염제초
㉥ 포식자와 기생동물의 방사 등 천적의 활용
㉦ 식물 · 농장 퇴비 및 돌가루 등에 의한 병해충 예방 수단
㉧ 동물의 방사
㉨ 덫 · 울타리 · 빛 및 소리와 같은 기계적 통제

⑦ 병해충이 ⑥에 따른 기계적, 물리적 및 생물학적인 방법으로 적절하게 방제되지 아니하는 경우에 규칙 별표 1 제1호 가목 2)의 물질이나 법 제37조에 따라 공시된 유기농업자재를 사용할 수 있으나, 그 용도 및 사용 조건 · 방법에 적합하게 사용하여야 한다.

4) 생산물의 품질관리 등

① 유기농산물의 저장, 수송 및 포장 시 저장 · 포장장소와 수송 수단의 청결을 유지하고, 외부로부터의 오염을 방지하여야 한다. 특히 유기농산물을 포장하지 아니한 상태로 일반농산물과 함께 저장 또는 수송하는 경우에는 그 구별을 위하여 칸막이를 설치하는 등 다른 농산물과의 혼합 또는 오염을 방지하기 위한 조치를 하여야 한다.

② 병해충 관리 및 방제를 위하여 다음 사항을 우선적으로 조치하여야 한다.
㉠ 병해충 서식처의 제거, 시설에의 접근 방지 등 예방 조치
㉡ ㉠의 예방 조치로 부족한 기계적 · 물리적 및 생물학적 방법을 사용
㉢ ㉡의 기계적 · 물리적 및 생물학적인 방법으로 적절하게 방제되지 아니하는 경우에 규칙 별표 1 제1호 가목 2)의 물질을 사용할 수 있으나 유기농산물에는 직접 접촉되지 아니하도록 사용

③ 저장구역 또는 수송 컨테이너에 대한 병해충 관리 방법으로 물리적 장벽, 소리 · 초음파, 빛 · 자외선, 덫(페로몬 및 전기유혹 덫을 말한다), 온도 조절, 대기 조절(탄산가스 · 산소 · 질소의 조절을 말한다) 및 규조토를 이용할 수 있다.

④ 저장장소와 컨테이너가 유기농산물만을 취급하지 아니하는 경우에는 그 사용 전에 규칙 별표 1 제1호 가목 2)에 해당하지 아니하는 농약이나 다른 처방으로부터의 잠재적인 오염을 방지하여야 한다.

⑤ 유기농산물을 세척하거나 소독하는 경우 규칙 별표 1 제1호 다목 1)의 허용 물질 중 과산화수소, 오존수, 이산화염소수, 차아염소산수를 사용할 수 있으나, 유기농산물에 잔류되지 않도록 관리계획을 수립하고 이행하여야 한다.

⑥ 방사선은 해충방제, 식품 보존, 병원의 제거 또는 위생의 목적으로 사용할 수 없다. 다만, 이물탐지용 방사선(X선)은 제외한다.

⑦ 유기농산물 포장재는 「식품위생법」의 관련 규정에 적합하고, 가급적 생물 분해성, 재생품 또는 재생이 가능한 자재를 사용하여 제작된 것을 사용하여야 한다.
⑧ 합성농약 성분은 검출되지 아니하여야 한다.
⑨ 인증품 출하 시 인증품의 표시 기준에 따라 표시하여야 하며, 포장재의 제작 및 사용량에 관한 자료를 보관하여야 한다.
⑩ 인증 표시를 하지 않은 농산물을 인증품으로 판매하여서는 아니 된다. 다만, 포장하지 않고 판매하는 경우에는 납품서, 거래명세서 또는 보증서 등에 표시 사항을 기재하여야 한다.
⑪ 인증품에 인증품이 아닌 제품을 혼합하거나 인증품이 아닌 제품을 인증품으로 광고하거나 판매하여서는 아니 된다.
⑫ 수확 및 수확 후 관리를 수행하는 모든 작업자는 품목의 특성에 따라 적절한 위생조치를 취하여야 하며, 싹을 틔워 직접 먹는 농산물, 어린잎 채소, 버섯류 등을 취급하는 작업자는 위생복 · 위생모 · 위생화 · 위생 마스크 · 위생장갑을 착용하여야 한다.
⑬ 수확 후 관리 시설은 주기적으로 청소하고 사용하는 도구와 설비는 위생적으로 관리하여야 하며, 싹을 틔워 직접 먹는 농산물, 어린잎 채소, 버섯류 등을 취급하는 작업장 바닥과 통로는 작업 시작 전에 세척 · 소독하여야 한다.

5) 기타

① 2)의 ⑫ 단서에도 불구하고, 콩나물, 숙주나물 등 싹을 틔워 직접 먹는 농산물과 어린잎 채소는 그 원료(또는 종자)가 유기농산물이어야 한다. 다만, 토양에 재배하면서 생육 중인 어린 작물체를 부분적으로 수확하여 보리순 등 어린잎 채소로 출하하는 경우에는 2)의 ⑫ ㉠의 단서 조항을 적용할 수 있다.
② 토양을 기반으로 하지 않는 농산물은 수분공급 외에는 어떠한 외부 투입 물질도 허용이 금지된다.
③ 식물공장에서 생산된 농산물은 제외한다.
④ 유기 종자 · 묘는 이 호의 유기농산물 인증기준에 적합하게 재배해야 한다. 다만, 작물의 적정한 영양 조절이나 병해충 관리가 어려운 경우에는 규칙 별표 1 제1호 가목 1) · 2)의 물질이나 법 제37조에 따라 공시된 유기농업자재를 사용할 수 있으나, 그 용도 및 사용 조건 · 방법에 적합하게 사용하여야 한다.
⑤ 산림 등 자연 상태에서 자생하는 식용식물을 굴취 · 채취하는 경우 다음의 요건을 모두 충족하여야 한다.
  ㉠ 채취지역은 뚜렷이 구분될 수 있도록 채취예정구역도(축척 6천분의 1부터 1천200분의 1까지의 임야도 또는 위성항법장치에 채취예정면적을 표시한 것을 말한다)를 작성하여 해당 지역에서 채취하여야 한다.
  ㉡ 채취예정량을 산정할 수 있도록 채취예정수량 조사서를 제시하여야 한다.
  ㉢ 채취는 「산림자원의 조성 및 관리에 관한 법률」 제36조 등 관련 법령을 준수하여야 한다.

㉣ 채취과정에서 해당 지역 내 자생환경의 안정이 침해받지 않도록 하고 종의 유지에 문제가 없을 정도로 채취한다.

㉤ 채취지역 이외의 지역에서 같은 품목을 채취하거나 취급하여서는 아니 된다.

⑥ 병행생산의 경우 유기농산물과 일반농산물 또는 인증 종류가 다른 농산물의 구분 관리계획을 세워 이를 이행하여야 한다.

⑦ 농장(포장) 내에 합성농약과 화학비료를 보관하여서는 아니 된다.

⑧ 규칙 및 이 고시에서 정한 유기농산물의 인증기준은 인증 유효기간 동안 상시적으로 준수하여야 하며, 이를 증명할 수 있는 자료를 구비하고, 국립농산물품질관리원장 또는 인증기관이 요구하는 때는 관련 자료 제출 및 시료 수거, 현장 확인에 협조하여야 한다.

⑨ 유기농산물의 생산 및 취급(수확 · 선별 · 포장 · 보관 등)에 이용되는 기구 · 설비를 세척 · 살균 소독하는 경우 규칙 별표 1 제1호 다목 2)의 물질을 사용할 수 있으나, 유기농산물 · 유기임산물 및 기구 · 설비에 잔류되지 않도록 관리계획을 수립하여 이행하여야 한다.

⑩ 농장에서 발생한 폐비닐, 사용한 자재 등의 환경오염 물질 및 병해충 · 잡초관리를 위해 인위적으로 투입한 동식물이 주변 농경지 · 하천 · 호수 또는 농업용수 등을 오염시키지 않도록 관리하여야 하며, 인증농장 및 인증농장 주변에서 쓰레기를 소각하는 행위를 하여서는 아니 된다.

3 유기축산물 생산에 필요한 인증기준

1) 일반

① 경영 관련 자료(「수의사법」 제12조의2 제2항에 따른 수의사처방관리시스템에 등록된 처방전의 제공을 포함한다)와 축산물의 생산과정 등을 기록한 인증품 생산계획서 및 필요한 관련 정보는 국립농산물품질관리원장 또는 인증기관이 심사 등을 위하여 요구하는 때는 이를 제공하여야 한다.

② 사육하고 있는 가축 중 일부만을 인증받으려고 하는 경우 인증을 신청하지 않은 가축의 사육과정에서 사용한 동물용 의약품 및 동물용 의약품외품의 사용량과 해당 축산물의 생산량 및 출하처별 판매량(병행생산에 한함)에 관한 자료를 기록 · 보관하고 국립농산물품질관리원장 또는 인증기관이 요구하는 때는 이를 제공하여야 한다.

③ 초식가축은 목초지에 접근할 수 있어야 하고, 그밖의 가축은 기후와 토양이 허용되는 한 노천구역에서 자유롭게 방사할 수 있도록 하여야 한다.

④ 가축 사육두수는 해당 농가에서의 유기사료 확보 능력, 가축의 건강, 영양균형 및 환경영향 등을 고려하여 적절히 정하여야 한다.

⑤ 가축의 생리적 요구에 필요한 적절한 사양관리 체계로 스트레스를 최소화하면서 질병 예방과 건강 유지를 위한 가축관리를 하여야 한다.

⑥ 가축 질병 방지를 위한 적절한 조치를 취하였음에도 불구하고 질병이 발생한 경우에는 가축의

건강과 복지 유지를 위하여 수의사의 처방 및 감독 하에 치료용 동물용 의약품을 사용할 수 있다.

⑦ 유기축산물 질병 예방 · 관리 프로그램을 갖추고, 질병관리에 참여하는 종사자가 알 수 있도록 농장에 비치하여야 한다.

⑧ 생산자단체로 인증받으려는 경우 인증신청서를 제출하기 이전에 다음 각호의 요건을 모두 이행하고 관련 증명자료를 보관하여야 한다.

㉠ 생산관리자는 소속 농가에게 인증기준에 적합하게 작성된 생산지침서를 제공하여야 한다.

㉡ 생산관리자는 소속 농가의 인증품 생산과정이 인증기준에 적합한지에 대한 예비심사를 하고 심사한 결과를 별지 제5호의2서식에 기록하여야 하며, 인증기준에 적합하지 않은 농가는 인증 신청에서 제외하여야 한다.

㉢ ㉠부터 ㉡까지의 업무를 수행하기 위해 국립농산물품질관리원장이 정하는 바에 따라 생산관리자를 1명 이상 지정하여야 한다.

⑨ 친환경농업에 관한 교육이수 증명자료는 인증을 신청한 날로부터 기산하여 최근 2년 이내에 이수한 것이어야 한다. 다만, 5년 이상 인증을 연속하여 유지하거나 최근 2년 이내에 친환경농업 교육 강사로 활동한 경력이 있는 경우에는 최근 4년 이내에 이수한 교육이수 증명자료를 인정한다.

2) 사육장 및 사육조건

① 사육장(방목지를 포함한다), 목초지 및 사료작물 재배지는 주변으로부터의 오염 우려가 없거나 오염을 방지할 수 있는 지역이어야 하고, 「토양환경보전법 시행규칙」 별표 3에 따른 1지역의 토양오염 우려기준을 초과하지 아니하여야 하며, 방사형 사육장의 토양에서는 합성농약 성분이 검출되어서는 아니 된다. 다만, 관행농업 과정에서 토양에 축적된 합성농약 성분의 검출량이 0.01mg/kg 이하인 경우에는 예외를 인정한다.

② 축사 및 방목에 대한 세부 요건은 다음과 같다.

㉠ 축사 조건

ⓐ 축사는 다음과 같이 가축의 생물적 및 행동적 욕구를 만족시킬 수 있어야 한다.

a. 사료와 음수는 접근이 용이할 것

b. 공기 순환, 온도 · 습도, 먼지 및 가스 농도가 가축 건강에 유해하지 아니한 수준 이내로 유지되어야 하고, 건축물은 적절한 단열 · 환기시설을 갖출 것

c. 충분한 자연환기와 햇빛이 제공될 수 있을 것

ⓑ 축사의 밀도 조건은 다음 사항을 고려하여 ⓒ에 정하는 가축의 종류별 면적당 사육두수를 유지하여야 한다.

a. 가축의 품종 · 계통 및 연령을 고려하여 편안함과 복지를 제공할 수 있을 것

b. 축군의 크기와 성에 관한 가축의 행동적 욕구를 고려할 것

c. 자연스럽게 일어서서 앉고 돌고 활개 칠 수 있는 등 충분한 활동공간이 확보될 것

ⓒ 유기가축 1마리당 갖추어야 하는 가축사육시설의 소요면적(단위 : m^2)은 다음과 같다.

a. 한 · 육우

시설 형태	번식우	비육우	송아지
방사식	$10m^2$/마리	$7.1m^2$/마리	$2.5m^2$/마리

- 성우 1마리=육성우 2마리
- 성우(14개월령 이상), 육성우(6개월~14개월 미만), 송아지(6개월령 미만)
- 포유 중인 송아지는 마릿수에서 제외

b. 젖소(m^2/마리)

시설형태	경산우		초임우 (13~24월령)	육성우 (7~12월령)	송아지 (3~6월령)
	착유우	건유우			
깔짚	17.3	17.3	10.9	6.4	4.3
프리스톨	9.5	9.5	8.3	6.4	4.3

c. 돼지(m^2/마리)

구분	웅돈	번식돈				비육돈			
		임신돈	분만돈	종부대기돈	후보돈	자돈		육성돈	비육돈
						초기	후기		
소요면적	10.4	3.1	4.0	3.1	3.1	0.2	0.3	1.0	1.5

- 자돈 초기(20kg 미만), 자돈 중기(20~30kg 미만), 육성돈(30~60kg 미만), 비육돈(60kg 이상)
- 포유 중인 자돈은 마릿수에서 제외

d. 닭

구분	소요면적
산란 성계, 종계	$0.22m^2$/마리
산란 육성계	$0.16m^2$/마리
육계	$0.1m^2$/마리

- 성계 1마리=육성계 2마리=병아리 4마리
- 병아리(3주령 미만), 육성계(3주령~18주령 미만), 성계(18주령 이상)

e. 오리

구분	소요면적
산란용 오리	$0.55m^2$/마리
육용 오리	$0.3m^2$/마리

- 성오리 1마리=육성오리 2마리=새끼오리 4마리
- 산란용 : 성오리(18주령 이상), 육성오리(3주령~18주령 미만), 새끼오리(3주령 미만)
- 육용오리 : 성오리(6주령 이상), 육성오리 : 3주령~6주령 미만, 새끼오리 : 3주령 미만

f. 면양 · 염소(유산양(乳山羊 : 젖을 생산하기 위해 사육하는 염소)을 포함한다)

구분	소요면적
면양, 염소	1.3m^2/마리

g. 사슴

구분	소요면적
꽃사슴	2.3m^2/마리
레드디어	4.6m^2/마리
엘크	9.2m^2/마리

ⓓ 축사 · 농기계 및 기구 등은 청결하게 유지하고 소독함으로써 교차 감염과 질병 감염체의 증식을 억제하여야 한다.

ⓔ 축사의 바닥은 부드러우면서도 미끄럽지 아니하고, 청결 및 건조하여야 하며, 충분한 휴식 공간을 확보하여야 하고, 휴식 공간에서는 건조깔짚을 깔아 줄 것

ⓕ 번식돈은 임신 말기 또는 포유기간을 제외하고는 군사를 하여야 하고, 자돈 및 육성돈은 케이지에서 사육하지 아니할 것. 다만, 자돈 압사 방지를 위하여 포유기간에는 모돈과 조기에 젖을 뗀 자돈의 생체중이 25킬로그램까지는 케이지에서 사육할 수 있다.

ⓖ 가금류의 축사는 짚 · 톱밥 · 모래 또는 야초와 같은 깔짚으로 채워진 건축공간이 제공되어야 하고, 가금의 크기와 수에 적합한 홰의 크기 및 높은 수면 공간을 확보하여야 하며, 산란계는 산란상자를 설치하여야 한다.

ⓗ 산란계의 경우 자연일조시간을 포함하여 총 14시간을 넘지 않는 범위 내에서 인공광으로 일조시간을 연장할 수 있다.

㉡ 방목 조건

ⓐ 포유동물의 경우에는 가축의 생리적 조건 · 기후 조건 및 지면 조건이 허용하는 한 언제든지 방목지 또는 운동장에 접근할 수 있어야 한다. 다만, 수소의 방목지 접근, 암소의 겨울철 운동장 접근 및 비육 말기에는 예외로 할 수 있다.

ⓑ 반추가축은 가축의 종류별 생리 상태를 고려하여 ㉠의 ⓒ 축사면적 2배 이상의 방목지 또는 운동장을 확보해야 한다. 다만, 충분한 자연환기와 햇빛이 제공되는 축사구조의 경우 축사시설 면적의 2배 이상을 축사 내에 추가 확보하여 방목지 또는 운동장을 대신할 수 있다.

ⓒ 가금류의 경우에는 다음 조건을 준수하여야 한다.

a. 가금은 개방 조건에서 사육되어야 하고, 기후조건이 허용하는 한 야외 방목장에 접근이 가능하여야 하며, 케이지에서 사육하지 아니할 것

b. 물오리류는 기후조건에 따라 가능한 시냇물 · 연못 또는 호수에 접근이 가능할 것

③ 합성농약 또는 합성농약 성분이 함유된 동물용 의약외품 등의 자재는 축사 및 축사의 주변에 사용하지 아니하여야 한다.

④ 같은 축사 내에서 유기가축과 비유기가축을 번갈아 사육하여서는 아니 된다.

⑤ 유기가축과 비유기가축의 병행사육 시 다음의 사항을 준수하여야 한다.

㉠ 유기가축과 비유기가축은 서로 독립된 축사(건축물)에서 사육하고 구별이 가능하도록 각 축사 입구에 표지판을 설치하고, 유기가축과 비유기가축은 성장단계 또는 색깔 등 외관상 명확하게 구분될 수 있도록 하여야 한다.

㉡ 일반 가축을 유기가축 축사로 입식하여서는 아니 된다. 다만, 입식 시기가 경과하지 않은 어린 가축은 예외를 인정한다.

㉢ 유기가축과 비유기가축의 생산부터 출하까지 구분관리 계획을 마련하여 이행하여야 한다.

㉣ 유기가축, 사료 취급, 약품 투여 등은 비유기가축과 구분하여 정확히 기록 관리하고 보관하여야 한다.

㉤ 인증가축은 비유기가축 사료, 금지물질 저장, 사료 공급 · 혼합 및 취급 지역에서 안전하게 격리되어야 한다.

⑥ 사육 관련 업무를 수행하는 모든 작업자는 가축의 종류별 특성에 따라 적절한 위생 조치를 취하여야 한다.

㉠ 사육장 입구의 발판 소독조에 대하여 정기적으로 관리하여야 한다.

㉡ 관리인에 대한 주기적인 위생 및 방역 교육을 실시하도록 노력하여야 한다.

㉢ 젖소일 경우 출입 전후 착유자에 대한 위생관리를 하여야 한다.

⑦ 농장에서 사용하는 도구와 설비를 위생적으로 관리하여야 한다.

㉠ 사료 보관장소는 정기적인 청소 · 소독을 하고, 사료 저장용 용기, 자동급이기 및 운반용 도구는 청결하게 관리하여야 한다.

㉡ 음수조 및 급수라인은 항상 청결하게 유지하고, 정기적으로 소독 · 관리하여야 한다.

㉢ 젖소의 경우 착유실은 해충, 쥐 등의 침입을 방지하는 시설을 갖추고, 환기, 급수시설 및 수세시설 등은 청결하게 관리하여야 하며, 착유실 · 원유냉각기는 주기적으로 세척 · 소독하는 등 위생적으로 관리하여야 한다.

㉣ 산란계의 경우 집란실은 해충, 쥐 등의 침입을 방지하는 시설을 갖추고, 환기시설 등은 청결하게 관리하여야 하며, 집란기 · 집란 라인은 주기적으로 세척 · 소독하는 등 위생적으로 관리하여야 한다.

⑧ 쥐 등 설치류로부터 가축이 피해를 입지 않도록 방제하는 경우 물리적 장치 또는 관련 법령에 따라 허가받은 제재를 사용하되 가축이나 사료에 접촉되지 않도록 관리하여야 한다.

3) 자급 사료 기반

① 초식가축의 경우에는 가축 1마리당 목초지 또는 사료작물 재배지 면적을 확보하여야 한다. 이 경우 사료작물 재배지는 답리작 재배 및 임차 · 계약재배가 가능하다.

㉠ 한 · 육우 : 목초지 2,475m^2 또는 사료작물재배지 825m^2

㉡ 젖소 : 목초지 3,960m^2 또는 사료작물재배지 1,320m^2

㉢ 면 · 산양 : 목초지 198m^2 또는 사료작물재배지 66m^2

㉣ 사슴 : 목초지 660m^2 또는 사료작물재배지 220m^2

다만, 가축의 종류별 가축의 생리적 상태, 지역 기상 조건의 특수성 및 토양의 상태 등을 고려하여 외부에서 유기적으로 생산된 조사료(粗飼料, 생초나 건초 등의 거친 먹이를 말한다. 이하 같다)를 도입할 경우, 목초지 또는 사료작물재배지 면적을 일부 감할 수 있다. 이 경우 한 · 육우는 374m^2/마리, 젖소는 916m^2/마리 이상의 목초지 또는 사료작물재배지를 확보하여야 한다.

② 국립농산물품질관리원장 또는 인증기관은 가축의 종류별 가축의 생리적 상태, 지역 기상 조건의 특수성 및 토양의 상태 등을 고려하여 유기적으로 재배 · 생산된 조사료를 구입하여 급여하는 것을 인정할 수 있다.

③ 목초지 및 사료작물 재배지는 유기농산물의 재배 · 생산기준에 맞게 생산하여야 한다. 다만, 멸강충 등 긴급 병충해 방제를 위하여 일시적으로 합성농약을 사용할 수 있으며, 이 경우 국립농산물품질관리원장 또는 인증기관의 사전 승인 또는 사후 보고 등의 조치를 취하여야 한다.

④ 가축분뇨 퇴 · 액비를 사용하는 경우에는 완전히 부숙시켜서 사용하여야 하며, 이의 과다한 사용, 유실 및 용탈 등으로 인하여 환경오염을 유발하지 아니하도록 하여야 한다.

⑤ 산림 등 자연상태에서 자생하는 사료작물은 유기농산물 허용 물질 외의 물질이 3년 이상 사용되지 아니한 것이 확인되고, 비식용유기가공품(유기사료)의 기준을 충족할 경우 유기사료작물로 인정할 수 있다.

4) 가축의 선택, 번식 방법 및 입식

① 가축은 유기축산 농가의 여건 및 다음 사항을 고려하여 사육하기 적합한 품종 및 혈통을 골라야 한다.

㉠ 산간지역 · 평야지역 및 해안지역 등 지역적인 조건에 적합할 것

㉡ 가축의 종류별로 주요 가축전염병에 감염되지 아니하여야 하고, 특정 품종 및 계통에서 발견되는 스트레스증후군 및 습관성 유산 등의 건강상 문제점이 없을 것

㉢ 품종별 특성을 유지하여야 하고, 내병성이 있을 것

② 교배는 종축을 사용한 자연교배를 권장하되, 인공수정을 허용할 수 있다.

③ 수정란 이식기법이나 번식호르몬 처리, 유전공학을 이용한 번식기법은 허용되지 아니한다.

④ 다른 농장에서 가축을 입식하려는 경우 해당 가축의 입식 조건(입식 시기 등)이 유기축산의 기

준에 맞게 사육된 가축이어야 하며, 이를 입증할 자료를 인증기관에 제출하여 승인을 받아야 한다. 다만, 유기가축을 확보할 수 없는 경우에는 다음 각호의 어느 하나의 방법으로 인증기관의 승인을 받아 일반 가축을 입식할 수 있다.

㉠ 부화 직후의 가축 또는 젖을 뗀 직후의 가축인 경우(소를 가축 시장 등에서 입식하는 경우 출생 후 10개월 이내만 인정함)

㉡ 원유 생산용 또는 알 생산용으로 육성축 또는 성축이 필요한 경우

㉢ 번식용 수컷이 필요한 경우

㉣ 가축전염병 발생에 따른 폐사로 새로운 가축을 입식하려는 경우

㉤ 신규 인증을 신청한 농장(신청서를 제출한 날로부터 1년 이내에 인증을 유지한 농장은 제외함)에서 인증 신청 당시 사육하고 있는 전체 가축을 전환하려는 경우

5) 전환 기간

① 일반농가가 유기축산으로 전환하거나 라목 4) 단서에 따라 유기가축이 아닌 가축을 유기농장으로 입식하여 유기축산물을 생산 · 판매하려는 경우에는 규칙 별표 4 제3호 마목에서 정하고 있는 가축의 종류별 전환 기간(최소 사육기간) 이상을 유기축산물 인증기준에 따라 사육하여야 한다.

가축의 종류	생산물	전환 기간(최소 사육기간)
한우 · 육우	식육	입식 후 12개월
젖소	시유 (시판 우유)	1) 착유우는 입식 후 3개월 2) 새끼를 낳지 않은 암소는 입식 후 6개월
면양 · 염소	식육	입식 후 5개월
	시유 (시판 우유)	1) 착유양은 입식 후 3개월 2) 새끼를 낳지 않은 암양은 입식 후 6개월
돼지	식육	입식 후 5개월
육계	식육	입식 후 3주
산란계	알	입식 후 3개월
오리	식육	입식 후 6주
	알	입식 후 3개월
메추리	알	입식 후 3개월
사슴	식육	입식 후 12개월

② 전환 기간은 인증기관의 감독이 시작된 시점부터 기산하며, 방목지 · 노천구역 및 운동장 등의 사육 여건이 잘 갖추어지고 유기사료의 급여가 100퍼센트 가능하여 유기축산물 인증기준에 맞게 사육한 사실이 객관적인 자료를 통해 인정되는 경우 ①의 전환 기간 2/3 범위 내에서 유기 사육기간으로 인정할 수 있다.

③ 전환 기간의 시작일은 사육 형태에 따라 가축 개체별 또는 개체군별 또는 축사별로 기록 관리하여야 한다.

④ 전환 기간이 충족되지 아니한 가축을 인증품으로 판매하여서는 아니 된다.

⑤ ①에 전환 기간이 설정되어 있지 아니한 가축은 해당 가축과 생육기간 및 사육 방법이 비슷한 가축의 전환 기간을 적용한다. 다만, 생육기간 및 사육 방법이 비슷한 가축을 적용할 수 없을 경우 국립농산물품질관리원장이 별도 전환 기간을 설정한다.

⑥ 동일 농장에서 가축 · 목초지 및 사료작물재배지가 동시에 전환하는 경우에는 현재 사육되고 있는 가축에게 자체 농장에서 생산된 사료를 급여하는 조건에서 목초지 및 사료작물 재배지의 전환 기간은 1년으로 한다.

6) 사료 및 영양 관리

① 유기축산물의 생산을 위한 가축에게는 100퍼센트 유기사료를 급여하여야 하며, 유기사료 여부를 확인하여야 한다.

② 유기축산물 생산과정 중 심각한 천재 · 지변, 극한 기후조건 등으로 인하여 ①에 따른 사료 급여가 어려운 경우 국립농산물품질관리원장 또는 인증기관은 일정 기간 유기사료가 아닌 사료를 일정 비율로 급여하는 것을 허용할 수 있다.

③ 반추가축에게 담근먹이(사일리지)만 급여해서는 아니 되며, 생초나 건초 등 조사료도 급여하여야 한다. 또한 비반추가축에게도 가능한 조사료 급여를 권장한다.

④ 유전자변형농산물 또는 유전자변형농산물로부터 유래한 것이 함유되지 아니하여야 하나, 비의도적인 혼입은 「식품위생법」 제12조의2에 따라 식품의약품안전처장이 고시한 유전자변형식품등의 표시 기준에 따라 유전자변형농산물로 표시하지 아니할 수 있는 함량의 1/10 이하여야 한다. 이 경우 '유전자변형농산물이 아닌 농산물을 구분 관리하였다'는 구분유통증명서류 · 정부증명서 또는 검사성적서를 갖추어야 한다.

⑤ 유기배합사료 제조용 단미사료 및 보조사료는 규칙 별표 1 제1호 나목의 자재에 한해 사용하되 사용 가능한 자재임을 입증할 수 있는 자료를 구비하고 사용하여야 한다.

⑥ 다음에 해당되는 물질을 사료에 첨가해서는 아니 된다.
   ㉠ 가축의 대사기능 촉진을 위한 합성화합물
   ㉡ 반추가축에게 포유동물에서 유래한 사료(우유 및 유제품을 제외)는 어떠한 경우에도 첨가해서는 아니 된다.
   ㉢ 합성질소 또는 비단백태질소화합물
   ㉣ 항생제 · 합성항균제 · 성장촉진제, 구충제, 항콕시듐제 및 호르몬제
   ㉤ 그밖에 인위적인 합성 및 유전자 조작에 의해 제조 · 변형된 물질

⑦ 「지하수의 수질보전 등에 관한 규칙」 제11조에 따른 생활용수 수질기준에 적합한 신선한 음수를 상시 급여할 수 있어야 한다.

⑧ 합성농약 또는 합성농약 성분이 함유된 동물용 의약외품 등의 자재를 사용하지 아니하여야 한다.

7) 동물복지 및 질병 관리

① 가축의 질병은 다음과 같은 조치를 통하여 예방하여야 하며, 질병이 없는데도 동물용 의약품을 투여해서는 아니 된다.
  ㉠ 가축의 품종과 계통의 적절한 선택
  ㉡ 질병 발생 및 확산 방지를 위한 사육장 위생관리
  ㉢ 생균제(효소제 포함), 비타민 및 무기물 급여를 통한 면역기능 증진
  ㉣ 지역적으로 발생하는 질병이나 기생충에 저항력이 있는 종 또는 품종의 선택

② 동물용 의약품은 규칙 별표 4 제3호에서 허용하는 경우에만 사용하고 농장에 비치되어 있는 유기축산물 질병 · 예방관리 프로그램에 따라 사용하여야 한다.

③ 동물용 의약품을 사용하는 경우 「수의사법」 제12조에 따른 수의사 처방전을 농장에 비치하여야 한다. 다만, 처방 대상이 아닌 동물용 의약품을 사용한 경우로 다음 각호의 어느 하나에 해당하는 경우 예외를 인정한다.
  ㉠ 규칙 별표 1 제1호 나목 5)에 따른 가축의 질병 예방 및 치료를 위해 사용 가능한 물질로 만들어진 동물용 의약품임을 입증하는 자료를 비치하는 경우(사용 가능 조건을 준수한 경우에 한함)
  ㉡ 「수의사법」 제12조에 따른 진단서를 비치한 경우(대상 가축, 동물용 의약품의 명칭 · 용법 · 용량이 기재된 경우에 한함)
  ㉢ 「가축전염병예방법」 제15조 제1항에 따른 농림축산식품부장관, 시 · 도지사 또는 시장 · 군수 · 구청장의 동물용 의약품 주사 · 투약 조치와 관련된 증명서를 비치한 경우

④ 동물용 의약품을 사용한 가축은 동물용 의약품을 사용한 시점부터 5)의 ① 전환 기간(해당 약품의 휴약기간의 2배가 전환 기간보다 더 긴 경우 휴약기간의 2배 기간을 적용)이 지나야 유기축산물로 출하할 수 있다. 다만, ③에 따라 동물용 의약품을 사용한 가축은 휴약기간의 2배를 준수하여 유기축산물로 출하할 수 있다.

⑤ 생산성 촉진을 위해서 성장촉진제 및 호르몬제를 사용해서는 아니 된다. 다만, 수의사의 처방에 따라 치료 목적으로만 사용하는 경우 「수의사법」 제12조에 따른 처방전 또는 진단서(대상 가축, 동물용 의약품의 명칭 · 용법 · 용량이 기재된 경우에 한함)를 농장 내에 비치하여야 한다.

⑥ 가축에 있어 꼬리 부분에 접착밴드 붙이기, 꼬리 자르기, 이빨 자르기, 부리 자르기 및 뿔 자르기와 같은 행위는 일반적으로 해서는 아니 된다. 다만, 안전 또는 축산물 생산을 목적으로 하거나 가축의 건강과 복지개선을 위하여 필요한 경우로서 국립농산물품질관리원장 또는 인증기관이 인정하는 경우는 이를 할 수 있다.

⑦ 생산물의 품질향상과 전통적인 생산 방법의 유지를 위하여 물리적 거세를 할 수 있다.

⑧ 동물용 의약품이나 동물용 의약외품을 사용하는 경우 용법, 용량, 주의사항 등을 준수하여야 하며, 구입 및 사용 내역 등에 대하여 기록 · 관리하여야 한다. 다만, 합성농약 성분이 함유된 물질은 사용할 수 없다.

8) 운송 · 도축 · 가공 과정의 품질관리

① 살아있는 가축의 수송은 가축의 종류별 특성에 따라 적절한 위생조치를 취하고, 상처나 고통을 최소화하는 방법으로 조용하게 이루어져야 하며, 전기 자극이나 대증요법의 안정제를 사용해서는 아니 된다.

② 유기축산물의 수송, 도축, 가공과정의 품질관리를 위해 다음 사항이 포함된 품질관리 계획을 세워 이를 이행하여야 한다.

㉠ 수송 방법, 도축 방법, 가공 방법, 인증품 표시 방법

㉡ 인증을 받지 않은 축산물이 혼입되지 않도록 하는 구분관리 방법

③ 가축의 도축은 스트레스와 고통을 최소화하는 방법으로 이루어져야 하고, 오염방지 등을 위해 「축산물 위생관리법」 제9조에 따른 안전관리인증기준(HACCP)을 적용하는 도축장에서 실시되어야 한다.

④ 농장 외부의 집유장, 축산물가공장, 식용란선별포장장, 식육포장처리장에 축산물의 취급을 의뢰하는 경우 취급자 인증을 받은 작업장에 의뢰하여야 한다.

⑤ 살아있는 가축의 저장 및 수송 시에는 청결을 유지하여야 하며, 외부로부터의 오염을 방지하여야 한다.

⑥ 유기축산물로 출하되는 축산물에 동물용 의약품 성분이 잔류되어서는 아니 된다. 다만, 7)의 ②부터 ④까지에 따라 동물용 의약품을 사용한 경우 이를 허용하되, 「식품위생법」 제7조 제1항에 따라 식품의약품안전처장이 고시한 동물용 의약품 잔류 허용 기준의 10분의 1을 초과하여 검출되지 아니하여야 한다.

⑦ 방사선은 해충방제, 식품 보존, 병원의 제거 또는 위생의 목적으로 사용할 수 없다. 다만, 이물탐지용 방사선(X선)은 제외한다.

⑧ 유통 시 발생할 수 있는 유기축산물의 변성이나 부패 방지를 위하여 임의로 합성물질을 첨가할 수 없다. 다만, 물리적 처리나 천연제제는 유기축산물의 화학적 변성이나 특성을 변화시키지 아니하는 범위에서 적절하게 이용할 수 있다.

⑨ 알 생산물을 물로 세척하거나 소독하는 경우 규칙 별표 1 제1호 다목 1)의 허용 물질 중 과산화수소, 오존수, 이산화염소수, 차아염소산수를 사용할 수 있으나, 알 생산물에 잔류되지 않도록 관리계획을 수립하고 이행하여야 한다.

⑩ 유기축산물 포장재는 「식품위생법」의 관련 규정에 적합하고 가급적 생물 분해성, 재생품 또는 재생이 가능한 자재를 사용하여 제작된 것을 사용하여야 한다.

⑪ 인증품 출하 시 인증품의 표시 기준에 따라 표시하여야 하며, 포장재의 제작 및 사용량에 관한 자료를 보관하여야 한다.

⑫ 인증 표시를 하지 않은 축산물을 인증품으로 판매할 수 없다. 다만, ②의 품질관리 계획에 따라 계약된 유통자에게 살아있는 가축으로 판매하는 경우 납품서, 거래명세서 또는 보증서 등에 표시 사항을 기재하여야 하며 동 자료를 보관하여야 한다.

⑬ 인증품에 인증품이 아닌 제품을 혼합하거나 인증품이 아닌 제품을 인증품으로 광고하거나 판매하여서는 아니 된다.

⑭ 가축의 도축 및 축산물의 저장 · 유통 · 포장 등의 취급과정에서 사용하는 도구와 설비가 위생적으로 관리되어야 하며, 축산물의 유기적 순수성이 유지되도록 관리하여야 한다.

⑮ 합성농약 성분은 검출되지 아니하여야 한다.

⑯ 다음 각호에 해당하는 경우 유기축산물로 출하하기 전에 동물용 의약품 성분 또는 농약 성분의 잔류량 검사를 하고 그 검사 결과를 인증기관에 제출하여야 한다.

㉠ 가축의 털, 가축분뇨, 사료통 등에서 농약 성분 또는 동물용 의약품 성분이 검출된 경우

㉡ 「축산물 위생관리법」 제19조에 따른 축산물 수거 · 검사 결과 동물용 의약품 성분 또는 농약 성분이 검출된 사실을 통보받은 경우

9) 가축분뇨의 처리

① 「가축분뇨의 관리 및 이용에 관한 법률(이하 "가축분뇨법"이라 한다)」에 따른 다음 각호의 사항을 준수하여야 한다.

㉠ 가축분뇨법 제10조에서 제13조의2까지와 제17조를 준수하여 환경오염을 방지하고, 가축사육 시 발생하는 가축분뇨는 완전히 부숙시킨 퇴비 또는 액비로 자원화하여 초지나 농경지에 환원함으로써 토양 및 식물과의 유기적 순환 관계를 유지하여야 한다.

㉡ 가축분뇨법 시행규칙 제4조 제1항에 따른 가축분뇨배출시설 설치허가증 또는 시행규칙 제7조 제3항에 따라 가축분뇨배출시설 설치신고증명서를 구비하여야 한다. 다만, 사육시설이 동 법령의 허가 또는 신고 대상이 아닌 경우에는 적용하지 아니한다.

② 가축의 운동장에서는 가축의 분뇨가 외부로 배출되지 아니하도록 청결히 유지 · 관리하여야 한다.

③ 가축분뇨 퇴 · 액비는 표면수 오염을 일으키지 아니하는 수준으로 사용하되, 장마철에는 사용하지 아니하여야 한다.

10) 기타

규칙 및 이 고시에서 정한 유기축산물의 인증기준은 인증 유효기간 동안 상시적으로 준수하여야 하며, 이를 증명할 수 있는 자료를 구비하고, 국립농산물품질관리원장 또는 인증기관이 요구하는

때는 관련 자료 제출 및 시료 수거, 현장 확인, 정보의 제공(「수의사법」 제12조의2 제2항에 따른 수의사처방관리시스템에 등록된 정보의 제공에 동의하는 것을 포함한다)에 협조하여야 한다.

❹ 유기축산물 중 유기양봉의 산물·부산물 생산에 필요한 인증기준

1) 일반

① 경영 관련 자료와 꿀벌의 사육 및 양봉의 산물 · 부산물(「양봉산업의 육성 및 지원에 관한 법률」 제2조 제1호 가목 및 나목에 따른 양봉의 산물 또는 부산물을 말한다. 이하 "양봉 산물등"이라 한다)의 생산과정 등을 기록한 인증품 생산계획서 및 필요한 관련 정보는 국립농산물품질관리원장 또는 인증기관이 심사 등을 위하여 요구하는 때는 이를 제공하여야 한다.

② 꿀벌의 사육은 꿀벌의 수분활동을 통하여 환경보호와 농림업 생산에 기여해야 하며, 꿀벌과 벌통의 관리는 유기농업의 원칙에 따라 이루어져야 한다.

③ 꿀벌의 건강은 적합한 품종의 선택, 양호한 환경, 균형 잡힌 먹이와 적절한 사육 방식과 같은 예방적 조치에 기반을 두어야 한다.

④ 벌통과 벌집은 천연재료를 사용하여 만들어야 하고, 환경이나 양봉의 산물등에 오염의 위험을 주지 않아야 한다.

⑤ 벌집은 유기적으로 생산된 밀랍, 프로폴리스, 식물성 기름 등을 소재로 한 제품만 사용할 수 있다.

⑥ 벌통은 제2호의 유기농산물 인증기준에 적합하게 관리된 곳에 놓여야 한다.

⑦ 벌통은 관행농업지역(유기양봉 산물등의 품질에 영향을 미치지 않을 정도로 관리가 가능한 지역의 경우는 제외), 오염된 비농업지역(「국토계획법」 제6조 제1항에 따른 도시지역, 쓰레기 및 하수 처리시설 등), 골프장, 축사와 GMO 또는 환경 오염물질에 의한 잠재적인 오염 가능성이 있는 지역으로부터 반경 3km 이내의 지역에는 놓을 수 없다(단, 꿀벌이 휴면상태일 때는 적용하지 않는다).

⑧ 친환경농업에 관한 교육이수 증명자료는 인증을 신청한 날로부터 기산하여 최근 2년 이내에 이수한 것이어야 한다. 다만, 5년 이상 인증을 유지하였거나 최근 2년 이내에 친환경농업 교육 강사로 활동한 경력이 있는 경우에는 최근 4년 이내에 이수한 교육이수 증명자료를 인정한다.

2) 꿀벌의 선택, 번식 방법 및 입식

① 꿀벌의 품종은 지역 조건에 대한 적응력, 활동력, 질병 저항성 등을 고려하여 선택하여야 한다.

② 처음 도입된 벌은 유기 생산 농장으로부터 유래된 것이어야 한다. 다만, 이를 확보할 수 없는 경우에는 인증기관의 승인을 받아 일반 벌을 입식하여 유기 생산으로 전환할 수 있다.

3) 전환 기간

① 유기양봉의 산물 · 부산물은 유기양봉의 인증기준을 적어도 1년 동안 준수하였을 때 유기양봉 산물등으로 판매할 수 있다.

② 전환 기간(1년) 동안에 밀랍은 유기적으로 생산된 밀랍으로 모두 교체되어야 한다. 인증기관은 전환 기간 동안에 모든 밀랍이 교체되지 않은 경우 전환 기간을 연장할 수 있다.

③ 전환 기간 동안 밀랍의 교체 과정에서 비허용 물질이 사용되지 않아야 하고, 밀랍의 오염 위험이 없어야 한다.

④ 인증기관은 전환 기간 중에 유기적으로 생산된 밀랍을 확보할 수 없는 경우 일반 양봉장으로부터 나온 밀랍을 허용할 수 있다. 다만, 그 밀랍은 비허용 물질(파라핀 등)로 처리되거나, 비허용 물질이 사용된 지역에서 생산된 것이 아니어야 한다.

4) 먹이 및 영양관리

① 자연 밀원, 단물, 꽃가루는 유기적으로 생산된 식물 또는 자연(야생) 식물에서 유래되어야 한다.

② 꿀벌에게는 유기적으로 생산된 먹이를 제공해야 한다.

③ 생산 시기 말기에는 꿀벌의 휴면기에 생존할 수 있도록 충분한 양의 유기적으로 생산된 꿀과 꽃가루를 벌통에 남겨두어야 한다.

④ 꿀벌의 생존에 필요한 임시 먹이는 기후 또는 기타 예외적인 환경으로 인해 일시적으로 먹이가 부족한 경우인 최종 꿀 수확 후부터 다음 밀원 또는 유밀기의 시작 사이에만 공급할 수 있다. 이러한 경우 유기적으로 생산된 꿀이나 설탕이 사용되어야 하며, 유기양봉 이전의 비유기 양봉의 물질이 유기양봉 산물등에 혼입되지 않아야 한다.

5) 동물복지 및 질병관리

① 양봉 산물등을 수확하기 위하여 벌통 내 꿀벌을 죽이거나 여왕벌의 날개를 자르지 아니하여야 한다.

② 합성농약이나 동물용 의약품, 화학합성물질로 제조된 기피제를 사용하는 행위를 하지 아니하여야 한다.

③ 꿀벌의 질병은 다음과 같은 조치를 통해 사전 예방하여야 한다.

㉠ 지역 조건에 잘 적응할 수 있는 튼튼한 품종의 선택

㉡ 필요한 경우 여왕벌의 갱신

㉢ 정기적인 청소 및 시설 · 장비의 소독

㉣ 밀랍의 정기적 교체

㉤ 충분한 화분과 꿀이 수집될 수 있는 벌통의 크기

㉥ 이상을 탐지하기 위한 벌통의 정기적이고 체계적인 검사

ⓢ 벌통의 크기에 적합한 수벌 무리의 조절

ⓞ 질병에 감염된 벌통을 격리지역으로 이동

ⓩ 오염된 벌통과 재료의 폐기

④ 병해충 관리를 위해 젖산, 옥살산, 초산, 개미산, 황, 자연산 에테르 기름[멘톨, 유칼립톨(Eucalyptol), 캠퍼(Camphor)], 바실루스 튜린겐시스(Bacillus thuringiensis), 증기 및 직사화염을 사용할 수 있다.

⑤ ③ · ④의 병해충 예방 및 관리 방법으로도 효과가 없을 경우 다음의 조건에 따라 동물용 의약품을 사용할 수 있다.

㉠ 우선적으로 식물성 치료와 동종요법의 치료를 선택한다.

㉡ 부득이하게 화학적으로 합성된 동물용 의약품을 사용하는 경우 그 양봉 산물등은 유기양봉 산물등으로 판매하지 않아야 한다. 처리된 벌통은 격리된 곳에 두어야 하고, 1년의 전환기간을 다시 거쳐야 한다. 이 경우 모든 밀랍은 유기적으로 생산된 밀랍으로 교체되어야 한다.

㉢ 이러한 처리에 대해 분명한 기록을 모두 남겨야 한다.

⑥ 훈연은 최소로 유지되어야 한다. 훈연재료는 자연적이거나 유기양봉의 산물 · 부산물 인증기준을 만족하는 재료에서 나온 것이어야 한다.

6) 생산물의 품질관리

① 가공, 저장, 포장과 수송 및 취급과정에서 생산물의 유기적 순수성은 다음의 예방책으로 유지되어야 한다.

㉠ 유기양봉 산물등은 비유기양봉 산물등과 혼합되지 않도록 구분하여 관리할 것

㉡ 유기 제품은 유기농업과 취급에 사용이 허용되지 않은 재료와 물질의 접촉으로부터 항상 보호할 것

㉢ 유기양봉 산물등과 비유기양봉 산물등은 구분하여 저장하거나 취급할 것

② 유기양봉 산물등의 채취 과정에서 화학합성 방충제를 사용하지 않아야 한다.

③ 훈연은 최소화하여야 한다. 훈연에 이용되는 물질은 천연물질이거나 허용된 물질이어야 한다.

④ 벌꿀은 제품의 품질에 영향을 주지 않도록 가능한 낮은 온도를 유지하여야 하고, 양봉으로부터 나온 산물 · 부산물의 추출과 가공과정에서 가열하여 농축해서는 아니 된다.

⑤ 유기 생산물을 위한 저장구역과 수송 수단은 유기 생산에 허용된 방법과 재료를 사용하여 청결하게 하여야 하며 허용되지 않은 살충제 또는 기타 처리로부터 오염을 방지하여야 한다.

⑥ 이온화 방사선은 해충방제, 식품 보전, 병원의 제거 또는 위생의 목적으로 사용할 수 없다. 다만, 이물탐지용 방사선(X선)은 제외한다.

⑦ 가공 방법은 기계적, 물리적 또는 생물학적(발효 포함)인 방법이어야 하며, 유기양봉 산물등이 오염되지 아니하여야 한다.

⑧ 가공, 저장 및 수송장비의 세척, 소독을 위하여 허용되지 않은 물질을 사용할 수 없다. 저장지역(시설) 또는 수송시설 내의 해충방제는 소리, 초음파, 빛, 자외선, 트랩, 온도관리, 제어된 기체(이산화탄소(CO_2), 산소(O_2), 질소(N_2)) 및 규조토와 같은 물리적 방어망 또는 기타 오염의 우려가 없는 처리장치와 방법을 이용하여야 한다.

⑨ 유통과정에서 발생할 수 있는 유기양봉 산물등의 변성이나 부패 방지를 위하여 임의로 합성물질을 첨가할 수 없다.

⑩ 유기 양봉과 관련하여 다음 사항에 해당하는 경영 관련 자료를 기록 · 보관하여야 하며, 국립농산물품질관리원장 또는 인증기관의 장이 요구하는 때는 관련 자료 제출 및 시료 수거, 현장 확인에 협조하여야 한다.

㉠ 벌의 품종과 원산지

㉡ 질병, 번식 상의 문제점 예방 및 관리계획서

㉢ 질병 예방 · 치료를 위해 사용되는 물질이나 동물용 의약품

㉣ 먹이 및 원료의 출처

㉤ 양봉 산물등의 수확 · 가공 · 저장 · 판매

⑪ 동물용 의약품 성분은 「식품위생법」 제7조 제1항에 따라 식품의약품안전처장이 고시한 동물용 의약품 잔류허용 기준의 10분의 1을 초과하여 검출되지 아니하여야 한다.

⑫ 합성농약 성분은 검출되지 아니하여야 한다.

⑬ 인증품에 인증품이 아닌 제품을 혼합하거나 인증품이 아닌 제품을 인증품으로 광고하거나 판매하여서는 아니 된다.

5 유기가공식품 제조·가공에 필요한 인증기준

1) 일반

① 경영 관련 자료와 가공식품의 생산과정 등을 기록한 인증품 생산계획서 및 필요한 관련 정보는 국립농산물품질관리원장 또는 인증기관이 심사 등을 위하여 요구하는 때는 이를 제공하여야 한다.

② 사업자는 유기식품의 취급 과정에서 대기, 물, 토양의 오염이 최소화되도록 문서화된 유기 취급계획을 수립하여야 한다.

③ 원료의 수송 및 저장과정에서 유기 생산물과 비유기 생산물이 혼합되지 않도록 구분관리 하여야 한다.

④ 사업자는 유기식품의 가공 및 유통과정에서 원료의 유기적 순수성을 훼손하지 않아야 한다.

⑤ 사업자는 유기 생산물과 유기 생산물이 아닌 생산물을 혼합하지 않아야 하며, 접촉되지 않도록 구분하여 취급하여야 한다.

⑥ 사업자는 유기 생산물이 오염원에 의하여 오염되지 않도록 필요한 조치를 하여야 한다.

⑦ 친환경농업에 관한 교육이수 증명자료는 인증을 신청한 날로부터 기산하여 최근 2년 이내에

이수한 것이어야 한다. 다만, 5년 이상 인증을 연속하여 유지하거나 최근 2년 이내에 친환경 농업 교육 강사로 활동한 경력이 있는 경우에는 최근 4년 이내에 이수한 교육이수 증명자료를 인정한다.

2) 가공원료

① 유기가공에 사용할 수 있는 원료, 식품첨가물, 가공보조제 등은 모두 유기적으로 생산된 것으로 다음 각호의 어느 하나에 해당되어야 한다.

㉠ 법 제19조 제1항에 따라 인증을 받은 유기식품

㉡ 법 제25조에 따라 동등성 인정을 받은 유기가공식품

② ①에도 불구하고 다음의 요건에 따라 비유기 원료를 사용할 수 있다. 다만, 유기 원료와 같은 품목의 비유기 원료는 사용할 수 없다.

㉠ 95% 유기가공식품 : 상업적으로 유기 원료를 조달할 수 없는 경우 제품에 인위적으로 첨가하는 소금과 물을 제외한 제품 중량의 5퍼센트 비율 내에서 비유기 원료(규칙 별표 1 제1호 다목에 따른 식품첨가물을 포함함)의 사용

㉡ 70% 유기가공식품 : 제품에 인위적으로 첨가하는 물과 소금을 제외한 제품 중량의 30퍼센트 비율 내에서 비유기 원료(규칙 별표 1 제1호 다목에 따른 식품첨가물을 포함함)의 사용

※ 유기 원료 비율의 계산법

$$\frac{I_o}{G-WS}=\frac{I_o}{I_o+I_c+I_a}\geq 0.95\ (0.70)$$

- G : 제품(포장재, 용기 제외)의 중량($G\equiv I_o+I_c+I_a+WS$)
- I_o : 유기 원료(유기농산물+유기축산물+유기수산물+유기가공식품)의 중량
- I_c : 비유기 원료(유기인증 표시가 없는 원료)의 중량
- I_a : 비유기 식품첨가물(가공보조제 제외)의 중량
- WS : 인위적으로 첨가한 물과 소금의 중량

③ ②의 단서 부분에 유기 원료와 같은 품목의 비유기 원료로 판단하는 기준은 아래 각호와 같다.

㉠ 가공되지 않은 원료에 대해서는 명칭이 같으면 동일한 종류의 원료로 판단할 수 있다.

㉡ 단순 가공된 원료에 대해서는 해당 원료의 가공에 사용된 원료가 동일하면 명칭이 다르더라도 동일한 원료로 판단할 수 있다. 예를 들면, 옥수수 분말과 옥수수 전분, 토마토 퓨레와 토마토 페이스트는 동일한 원료로 볼 수 있다.

㉢ 실제 사용되는 유기 원료와 비유기 원료의 동일성 여부는 인증기관의 판단에 따른다.

④ 유기 원료의 비율을 계산할 때는 다음 각호에 따른다.

㉠ 원료별로 단위가 달라 중량과 부피가 병존하는 때는 최종 제품의 단위로 통일하여 계산한다.

㉡ 유기가공식품 인증을 받은 식품첨가물은 유기 원료에 포함시켜 계산한다.

㉢ 계산 시 제외되는 물과 소금은 의도적으로 투입되는 것에 한하며, 가공되지 않은 원료에 원래 포함되어 있는 물과 소금은 함량 계산에 포함한다.

㉣ 농축, 희석 등 가공된 원료 또는 첨가물은 가공 이전의 상태로 환원한 중량 또는 부피로 계산한다.

㉤ 비유기 원료 또는 식품첨가물이 포함된 유기가공식품을 원료로 사용하였을 때는 해당 가공식품 중의 유기 비율만큼만 유기 원료로 인정하여 계산한다.

⑤ 유전자변형생물체 및 유전자변형생물체 유래의 원료를 사용할 수 없으며, 원료 또는 제품 및 시제품에 대한 검정 결과 유전자변형생물체 성분이 검출되지 않아야 한다.

⑥ 유기가공식품 제조 · 가공에 사용된 원료가 '유전자변형생물체 또는 유전자변형생물체 유래의 원료가 아니라는 것은 해당 가공원료의 공급자로부터 받은 다음 사항이 기재된 증빙서류로 확인한다.

㉠ 거래당사자, 품목, 거래량, 제조단위번호(인증품 관리번호)

㉡ 유전자변형생물체 또는 유전자변형생물체 유래의 원료가 아니라는 사실

⑦ 물과 소금을 사용할 수 있으며, 최종 제품의 유기성분 비율 산정 시 제외한다. 다만, 「먹는물관리법」 제5조에 의한 '먹는물 수질 및 검사 등에 관한 규칙' 제2조 관련 별표 1의 수질 기준 및 「식품위생법」 제7조에 따른 소금(식염)의 규격에 맞아야 한다.

⑧ ①에도 불구하고 규칙 별표 1 제1호 다목의 허용 물질을 식품첨가물 및 가공보조제로 사용할 수 있다. 다만, 그 사용이 불가피한 경우에 한하여 최소량을 사용하여야 한다.

⑨ 가공원료의 적합성 여부를 정기적으로 관리하고, 가공원료에 대한 납품서, 거래인증서, 보증서 또는 검사성적서 등 기준 적합성 확인에 필요한 증빙자료를 사업장 내에 비치 · 보관하여야 한다.

⑩ 사용원료 관리를 위해 주기적인 잔류물질 검사계획을 세우고 이를 이행하여야 하며, 인증기준에 부적합한 것으로 확인된 원료를 사용하여서는 아니 된다.

3) 가공 방법

① 기계적 · 물리적 · 생물학적 방법을 이용하되 모든 원료와 최종 생산물의 유기적 순수성이 유지되도록 하여야 한다. 식품을 화학적으로 변형시키거나 반응시키는 일체의 첨가물, 보조제, 그밖의 물질은 사용할 수 없다.

② ①의 '기계적, 물리적 방법'은 절단, 분쇄, 혼합, 성형, 가열, 냉각, 가압, 감압, 건조, 분리(여과, 원심분리, 압착, 증류), 절임, 훈연 등을 말하며, '생물학적 방법'은 발효, 숙성 등을 말한다.

③ 가공 및 취급과정에서 방사선은 해충방제, 식품 보존, 병원의 제거 또는 위생의 목적으로 사용할 수 없다. 다만, 이물탐지용 방사선(X선)은 제외한다.

④ 추출을 위하여 물, 에탄올, 식물성 및 동물성 유지, 식초, 이산화탄소, 질소를 사용할 수 있다.
⑤ 여과를 위하여 석면을 포함하여 식품 및 환경에 부정적 영향을 미칠 수 있는 물질이나 기술을 사용할 수 없다.
⑥ 저장을 위하여 공기, 온도, 습도 등 환경을 조절할 수 있으며, 건조하여 저장할 수 있다.

4) 해충 및 병원균 관리

① 해충 및 병원균 관리를 위하여 규칙 별표 1 제1호 가목 2)에서 정한 물질을 제외한 화학적인 방법이나 방사선 조사 방법을 사용할 수 없다.
② 해충 및 병원균 관리를 위하여 다음 사항을 우선적으로 조치하여야 한다.
　㉠ 서식처 제거, 접근 경로의 차단, 천적의 활용 등 예방 조치
　㉡ ㉠의 예방 조치로 부족한 경우 물리적 장벽, 음파, 초음파, 빛, 자외선, 덫, 온도관리, 성호르몬 처리 등을 활용한 기계적 · 물리적 · 생물학적 방법을 사용
　㉢ ㉡의 기계적 · 물리적 · 생물학적 방법으로 적절하게 방제되지 아니하는 경우 규칙 별표 1 제1호 가목 2)에서 정한 물질을 사용
③ 해충과 병원균 관리를 위해 장비 및 시설에 허용되지 않은 물질을 사용하지 않아야 하며, 허용되지 않은 물질이나 금지된 방법으로부터 유기식품을 보호하기 위해 격리 등의 충분한 예방 조치를 하여야 한다.

5) 세척 및 소독

① 유기가공식품은 시설이나 설비 또는 원료의 세척, 살균, 소독에 사용된 물질을 함유하지 않아야 한다.
② 사업자는 유기가공식품을 유기 생산, 제조 · 가공 또는 취급에 사용이 허용되지 않은 물질이나 해충, 병원균, 그밖의 이물질로부터 보호하기 위하여 필요한 예방 조치를 하여야 한다.
③ 「먹는물관리법」 제5조의 기준에 적합한 먹는물과 규칙 별표 1 제1호 다목에서 허용하는 식품첨가물 또는 가공보조제를 식품 표면이나 식품과 직접 접촉하는 표면의 세척제 및 소독제로 사용할 수 있다.
④ 세척제 · 소독제를 시설 및 장비에 사용하는 경우 유기식품의 유기적 순수성이 훼손되지 않도록 조치하여야 한다.

6) 포장

① 포장재와 포장방법은 유기가공식품을 충분히 보호하면서 환경에 미치는 나쁜 영향을 최소화되도록 선정하여야 한다.
② 포장재는 유기가공식품을 오염시키지 않는 것이어야 한다.
③ 합성살균제, 보존제, 훈증제 등을 함유하는 포장재, 용기 및 저장고는 사용할 수 없다.

④ 유기가공식품의 유기적 순수성을 훼손할 수 있는 물질 등과 접촉한 재활용된 포장재나 그밖의 용기는 사용할 수 없다.

7) 유기 원료 및 가공식품의 수송 및 운반

① 사업자는 환경에 미치는 나쁜 영향이 최소화되도록 원료나 가공식품의 수송 방법을 선택하여야 하며, 수송과정에서 유기식품의 순수성이 훼손되지 않도록 필요한 조치를 하여야 한다.
② 수송 장비 및 운반 용기의 세척, 소독을 위하여 허용되지 않은 물질을 사용할 수 없다.
③ 수송 또는 운반 과정에서 유기가공식품이 유기가공식품이 아닌 물질이나 허용되지 않은 물질과 접촉 또는 혼합되지 않도록 확실하게 구분하여 취급하여야 한다.

8) 기록 · 문서화 및 접근 보장

① 사업자는 제조 · 가공 및 취급의 전반에 걸쳐 유기적 순수성을 유지할 수 있는 관리 체계를 구축하기 위하여 필요한 만큼 문서화된 계획을 수립하여 실행하여야 하며, 문서화된 계획은 인증기관의 승인을 받아야 한다.
② 사업자는 유기가공식품의 제조 · 가공 및 취급에 필요한 모든 유기 원료, 식품첨가물, 가공보조제, 세척제, 그밖의 사용 물질의 구매, 입고, 출고, 사용에 관한 기록을 작성하고 보존하여야 한다.
③ 사업자는 제조 · 가공, 포장, 보관 · 저장, 운반 · 수송, 판매, 그밖에 취급에 관한 유기적 관리 지침을 문서화하여 실행하여야 한다.
④ 규칙 및 이 고시에서 정한 유기가공식품의 인증기준은 인증 유효기간 동안 상시적으로 준수하여야 하며, 이를 증명할 수 있는 자료를 구비하고, 국립농산물품질관리원장 또는 인증기관이 요구하는 때는 관련 자료 제출 및 시료 수거, 현장 확인에 협조하여야 한다.

9) 생산물의 품질관리 등

① 합성농약 성분이나 동물용 의약품 성분이 검출되거나 비인증품이 혼입되어 인증기준에 맞지 않은 사실을 알게 된 경우 해당 제품을 인증품으로 판매하지 않아야 하며, 해당 제품이 유통 중인 경우 인증 표시를 제거하도록 필요한 조치를 하여야 한다.
② 유기가공식품 인증사업자가 제조 · 가공 과정의 일부 또는 전부를 위탁하는 경우 수탁자도 유기가공식품 인증사업자이어야 하며, 위 · 수탁업체 간에 위 · 수탁 계약 관계를 증빙하는 서류 등을 갖추어야 한다.
③ 인증품에 인증품이 아닌 제품을 혼합하거나 인증품이 아닌 제품을 인증품으로 광고하거나 판매하여서는 아니 된다.

⑥ 비식용유기가공품(양축용 유기사료·반려동물 유기사료) 제조·가공에 필요한 인증 기준

1) 일반

① 경영 관련 자료와 가공품의 생산과정 등을 기록한 인증품 생산계획서 및 필요한 관련 정보는 국립농산물품질관리원장 또는 인증기관이 심사 등을 위하여 요구하는 때는 이를 제공하여야 한다.

② 사업자는 유기사료의 취급 과정에서 대기, 물, 토양의 오염이 최소화되도록 문서화된 유기 취급계획을 수립하여야 한다.

③ 사업자는 유기사료의 가공 및 유통과정에서 원료의 유기적 순수성을 훼손하지 않아야 한다.

④ 사업자는 유기 생산물과 유기 생산물이 아닌 생산물을 혼합하지 않아야 하며, 접촉되지 않도록 구분하여 취급하여야 한다.

⑤ 사업자는 유기 생산물이 오염원에 의하여 오염되지 않도록 필요한 조치를 하여야 한다.

⑥ 친환경농업에 관한 교육이수 증명자료는 인증을 신청한 날로부터 기산하여 최근 2년 이내에 이수한 것이어야 한다. 다만, 5년 이상 인증을 연속하여 유지하였거나 최근 2년 이내에 친환경농업 교육 강사로 활동한 경력이 있는 경우에는 최근 4년 이내에 이수한 교육이수 증명자료를 인정한다.

2) 가공원료

① 유기사료의 제조에 사용되는 유기 원료는 다음 각호의 어느 하나에 해당되어야 하며, 유기 원료임을 입증할 수 있는 거래명세서 또는 보증서 등 증빙서류(수입원료의 경우 거래인증서와 수입신고 확인증)를 비치하여야 한다.

㉠ 법 제19조 제1항에 따라 인증을 받은 유기식품등

㉡ 법 제25조에 따라 동등성 인증을 받은 유기가공식품

② 제품생산을 위해 필요한 경우 규칙 별표 1 제1호 나목 1) · 2)의 단미사료 또는 보조사료(사용가능 조건에 적합한 경우에 한함)를 사용할 수 있다.

③ 반려동물 사료의 경우 다음의 요건에 따라 비유기 원료를 사용할 수 있다. 다만, 유기 원료와 같은 품목의 비유기 원료는 사용할 수 없다.

㉠ 95% 유기사료 : 상업적으로 유기 원료를 조달할 수 없는 경우 제품에 인위적으로 첨가하는 소금과 물을 제외한 제품 중량의 5퍼센트 비율 내에서 비유기 원료(규칙 별표 1 제1호 나목에 따른 단미사료 · 보조사료를 포함함)의 사용

㉡ 70% 유기사료 : 제품에 인위적으로 첨가하는 소금과 물을 제외한 제품 중량의 30퍼센트 비율 내에서 비유기 원료(규칙 별표 1 제1호 나목에 따른 단미사료 · 보조사료를 포함함)의 사용

※ 유기 원료 비율의 계산법

$$\frac{I_o}{G-WS}=\frac{I_o}{I_o+I_c}\geq 0.95\ (0.70)$$

- G : 제품(포장재, 용기 제외)의 중량($G=I_o+I_c+WS$)
- I_o : 유기 원료(유기농산물+유기축산물+유기수산물+유기가공식품+비식용유기가공품)의 중량
- I_c : 비유기 원료(유기인증 표시가 없는 원료)의 중량
- WS : 인위적으로 첨가한 물과 소금의 중량
  - 유기 원료의 비율계산 방법은 4.의 2) ③, ④를 준용함

④ 유전자변형생물체 및 유전자변형생물체 유래의 원료를 사용할 수 없다.

⑤ 다음에 해당되는 물질을 사료에 첨가해서는 아니 된다.

㉠ 가축의 대사기능 촉진을 위한 합성화합물

㉡ 반추가축에게 포유동물에서 유래한 사료(우유 및 유제품을 제외)는 어떠한 경우에도 첨가해서는 아니 됨

㉢ 합성 질소 또는 비단백태질소화합물

㉣ 항생제 · 합성항균제 · 성장촉진제, 구충제, 항콕시듐제 및 호르몬제

㉤ 그밖에 인위적인 합성 및 유전자 조작에 의해 제조 · 변형된 물질

⑥ 방사선으로 조사한 물질을 원료로 사용할 수 없다. 다만, 이물탐지용 방사선(X선)은 제외한다.

⑦ 가공원료의 적합성 여부를 정기적으로 관리하고, 가공원료에 대한 납품서, 거래인증서, 보증서 또는 검사성적서 등 증빙자료를 사업장 내에 비치 · 보관하여야 한다.

⑧ 사용원료 관리를 위해 주기적인 잔류물질 검사계획을 세우고 이를 이행하여야 하며, 인증기준에 부적합한 것으로 확인된 원료를 사용하여서는 아니 된다.

3) 가공 방법

① 기계적, 물리적, 생물학적 방법을 이용하되 모든 원료와 최종 생산물의 유기적 순수성이 유지되도록 하여야 한다. 원료의 속성을 화학적으로 변형시키거나 반응시키는 일체의 첨가물, 보조제, 그밖의 물질은 사용할 수 없다.

② 가공 및 취급과정에서 방사선은 해충방제, 가공품 보존, 병원의 제거 또는 위생의 목적으로 사용할 수 없다. 다만, 이물탐지용 방사선(X선)은 제외한다.

③ 추출을 위하여 물, 에탄올, 식물성 및 동물성 유지, 식초, 이산화탄소, 질소를 사용할 수 있다.

④ 여과를 위하여 석면을 포함하여 생산물 및 환경에 부정적 영향을 미칠 수 있는 물질이나 기술을 사용할 수 없다.

4) 제조시설 기준

① 제조시설은 「사료관리법 시행규칙」 제6조의 시설기준에 적합하여야 한다.
② 유기사료 생산을 위한 원료와 유기사료가 아닌 사료(이하 "일반 사료"라 한다) 생산을 위한 원료는 혼합되지 않도록 별도의 저장시설을 갖추고 구분 관리하여야 한다.
③ 유기사료를 제조하기 위한 생산라인은 일반 사료 생산라인과 별도로 구분되어야 한다. 다만, 일반 사료 생산 후 생산라인이 세척(flushing) 관리되는 경우에는 일반 사료 생산라인과 같은 생산라인에서 유기사료를 생산할 수 있다.

5) 해충 및 병원균 관리

① 해충 및 병원균 관리를 위하여 규칙 별표 1 제1호 가목 2)에서 정한 물질을 제외한 화학적인 방법이나 방사선 조사 방법을 사용할 수 없다.
② 해충 및 병원균 관리를 위하여 다음 사항을 우선적으로 조치하여야 한다.
  ㉠ 서식처 제거, 접근 경로의 차단, 천적의 활용 등 예방 조치
  ㉡ ㉠의 예방 조치로 부족한 경우 물리적 장벽, 음파, 초음파, 빛, 자외선, 덫, 온도관리, 성호르몬 처리 등을 활용한 기계적 · 물리적 · 생물학적 방법을 사용
  ㉢ ㉡의 기계적 · 물리적 · 생물학적 방법으로 적절하게 방제되지 아니하는 경우 규칙 별표 1 제1호 가목 2)에서 정한 물질을 사용
③ 해충과 병원균 관리를 위해 장비 및 시설에 허용되지 않은 물질을 사용하지 않아야 하며, 허용되지 않은 물질이나 금지된 방법으로부터 유기사료를 보호하기 위해 격리 등의 충분한 예방 조치를 하여야 한다.

6) 세척 및 소독

① 유기사료는 시설이나 설비 또는 원료의 세척, 살균, 소독에 사용된 물질을 함유하지 않아야 한다.
② 사업자는 유기사료가 제조 · 가공 또는 취급에 사용할 수 있도록 허용되지 않은 물질이나 해충, 병원균, 그밖의 이물질로부터 오염되지 않도록 필요한 예방 조치를 하여야 한다.
③ 같은 시설에서 유기사료와 일반 사료를 함께 제조 · 가공 또는 취급하는 사업장에서는 유기사료를 생산하기 전 설비의 청소를 충분히 실시하고 청소 상태를 점검 · 기록하여야 한다.
④ 세척제 · 소독제를 시설 및 장비에 사용하는 경우 유기사료의 유기적 순수성이 훼손되지 않도록 조치하여야 한다.

7) 포장

① 포장재와 포장방법은 유기사료를 충분히 보호하면서 환경에 미치는 나쁜 영향을 최소화하도록 선정하여야 한다.

② 포장재는 유기사료를 오염시키지 않는 것이어야 한다.
③ 합성살균제, 보존제, 훈증제 등을 함유하는 포장재, 용기 및 저장고는 사용할 수 없다.
④ 유기사료의 유기적 순수성을 훼손할 수 있는 물질 등과 접촉한 재활용된 포장재나 그밖의 용기는 사용할 수 없다.

8) 유기 원료 및 가공된 사료의 수송 및 운반

① 사업자는 환경에 미치는 나쁜 영향이 최소화되도록 원료나 사료의 수송 방법을 선택하여야 하며, 수송과정에서 유기사료의 순수성이 훼손되지 않도록 필요한 조치를 하여야 한다.
② 수송 장비 및 운반 용기의 세척, 소독을 위하여 허용되지 않은 물질을 사용할 수 없다.
③ 수송 또는 운반과정에서 유기사료가 다른 물질이나 허용되지 않은 물질과 접촉 또는 혼합되지 않도록 확실하게 구분하여 취급하여야 한다.
④ 제품을 벌크 형태로 운반하는 경우 유기사료 전용 차량을 이용하여야 한다. 다만, 운반 차량이 일반 사료 운반 후 세척(flushing) 관리되는 경우 같은 차량을 이용할 수 있다.

9) 기록 · 문서화 및 접근 보장

① 사업자는 제조 · 가공, 포장, 보관 · 저장, 운반 · 수송, 판매 등 취급의 전반에 걸쳐 유기적 순수성을 유지할 수 있는 관리 체계를 구축하기 위하여 필요한 만큼 문서화된 계획을 수립하여 실행하여야 하며, 문서화된 계획은 인증기관의 승인을 받아야 한다.
② 사업자는 유기사료의 제조 · 가공 및 취급에 필요한 모든 원료, 보조사료, 가공보조제, 세척제, 그밖의 사용 자재의 구매, 입고, 출고, 사용에 관한 기록을 작성하고 보존하여야 한다.
③ 사업자는 제조 · 가공, 포장, 보관 · 저장, 운반 · 수송, 판매, 그밖에 취급에 관한 유기적 관리 지침을 문서화하여 실행하여야 한다.
④ 규칙 및 이 고시에서 정한 비식용유기가공품의 인증기준은 인증 유효기간 동안 상시적으로 준수하여야 하며, 이를 증명할 수 있는 자료를 구비하고, 국립농산물품질관리원장 또는 인증기관이 요구하는 때는 관련 자료 제출 및 시료 수거, 현장 확인에 협조하여야 한다.

10) 생산물의 품질관리 등

① 합성농약 성분이나 동물용 의약품 성분이 검출되거나 비인증품이 혼입되어 인증기준에 맞지 않은 사실을 알게 된 경우 해당 제품을 인증품으로 판매하지 않아야 하며, 해당 제품이 유통 중인 경우 인증 표시를 제거하도록 필요한 조치를 하여야 한다.
② 비식용유기가공품 인증사업자가 제조 · 가공 과정의 일부 또는 전부를 위탁하는 경우 수탁자도 비식용유기가공품 인증사업자이어야 하며 위 · 수탁업체 간에 위 · 수탁 계약 관계를 증빙하는 서류 등을 갖추어야 한다.

③ 인증품에 인증품이 아닌 제품을 혼합하거나 인증품이 아닌 제품을 인증품으로 광고하거나 판매하여서는 아니 된다.

7 무농약농산물 : 생산에 필요한 인증기준

1) 일반

① 경영 관련 자료와 농산물의 생산과정 등을 기록한 인증품 생산계획서 및 필요한 관련 정보는 국립농산물품질관리원장 또는 인증기관이 심사 등을 위하여 제출 또는 열람을 요구하는 때는 이를 제공하여야 한다.

② 재배포장에 관행농업을 번갈아 하여서는 아니 된다.

③ 농산물 중 일부만을 인증받으려고 하는 경우 인증을 신청하지 않은 농산물의 재배과정에서 사용한 합성농약 및 화학비료의 사용량과 해당 농산물의 생산량 및 출하처별 판매량(병행생산에 한함)에 관한 자료를 기록 · 보관하여야 한다.

④ 생산자단체로 인증받으려는 경우 인증신청서를 제출하기 이전에 다음 각호의 요건을 모두 이행하고 관련 증명자료를 보관하여야 한다.

㉠ 생산관리자는 소속 농가에게 인증기준에 적합하게 작성된 생산지침서를 제공하여야 한다.

㉡ 생산관리자는 소속 농가의 인증품 생산과정이 인증기준에 적합한지에 대한 예비심사를 하고 심사한 결과를 별지 제5호서식에 기록하여야 하며, 인증기준에 적합하지 않은 농가는 인증 신청에서 제외하여야 한다.

㉢ ㉠부터 ㉡까지의 업무를 수행하기 위해 국립농산물품질관리원장이 정하는 바에 따라 생산관리자를 1명 이상 지정하여야 한다.

⑤ 친환경농업에 관한 교육이수 증명자료는 인증을 신청한 날로부터 기산하여 최근 2년 이내에 이수한 것이어야 한다. 다만, 5년 이상 인증을 연속하여 유지하거나 최근 2년 이내에 친환경농업 교육 강사로 활동한 경력이 있는 경우에는 최근 4년 이내에 이수한 교육이수 증명자료를 인정한다.

2) 재배포장 · 용수 · 종자

① 재배포장의 토양은 「토양환경보전법 시행규칙」 별표 3에 따른 1지역의 토양오염 우려기준을 초과하지 아니하여야 하며, 합성농약 성분이 검출되어서는 아니 된다. 다만, 관행농업 과정에서 토양에 축적된 합성농약 성분의 검출량이 0.01mg/kg 이하인 경우에는 예외를 인정한다.

② 재배포장의 토양에 대해서는 매년 1회 이상의 검정을 실시하여 토양 비옥도가 유지 · 개선되고 염류가 과도하게 집적되지 않도록 노력하며, 토양비옥도 수치가 적정치 이하이거나 염류가 과도하게 집적된 경우 개선계획을 마련하여 이행하여야 한다.

③ ②에 의한 토양검정 결과 토양비옥도(유기물)와 염류 집적도(전기전도도)가 적정 수준을 유지

하는 경우 다음 해의 토양검정을 생략할 수 있다.

④ 재배포장 주변에 공동방제구역 등 오염원이 있는 경우 이들로부터 적절한 완충지대나 보호시설을 확보하여야 하며, 해당 구역에서 생산된 농산물에 대한 구분관리 계획을 세워 이행하고, 재배포장 입구나 인근 재배포장과의 경계지 등의 잘 보이는 곳에 무농약농산물 재배지임을 알리는 표지판을 설치하여야 한다.

⑤ 재배포장은 최근 1년간 인증기준 위반으로 인증 취소 처분을 받은 재배지가 아니어야 한다.

⑥ 버섯류 등 토양이 아닌 배지에서 작물을 재배하는 경우 재배에 사용된 배지가 「토양환경보전법 시행규칙」 별표 3에 따른 1지역의 토양오염 우려기준을 초과하지 아니하여야 하며, 합성농약 성분은 검출되지 아니하여야 한다. 다만, 배지의 원료에서 기인된 합성농약 성분의 검출량이 0.01mg/kg 이하인 경우에는 예외를 인정한다.

⑦ 용수는 사용 용도별로 다음 각호의 수질기준에 적합하여야 한다.

㉠ 농산물의 세척에 사용하는 용수, 싹을 틔워 직접 먹는 농산물 · 어린잎채소의 재배에 사용하는 용수 또는 시설 내에서 재배하는 버섯류의 재배에 사용하는 용수 : 「먹는물 수질기준 및 검사 등에 관한 규칙」 제2조에 따른 먹는물의 수질기준. 다만, 버섯류 재배에 사용하는 용수는 먹는물 수질기준의 미생물 항목 및 농업용수 기준에 모두 적합한 용수를 사용할 수 있다.

㉡ ㉠ 외의 용도로 사용하는 용수 : 「환경정책기본법 시행령」 제2조 및 「지하수의 수질보전 등에 관한 규칙」 제11조에 따른 농업용수 이상이어야 한다. 다만, 하천 · 호소의 생활환경기준 중 총인 및 총질소 항목과 지하수의 수질기준 중 질산성 질소 항목은 적용하지 아니한다.

⑧ ⑦의 항목별 기준치 충족 여부는 공인검사기관의 검정 결과에 의하며, 하천 · 호소의 경우 최근 1년 동안 한국농어촌공사, 환경부 등에서 일정 주기(월별 또는 분기별)로 검사한 검정치의 산술평균값을 적용할 수 있다. 이 경우 신청일 이전의 정기적인 검사성적을 확인할 수 없으면 가장 최근에 실시한 검정치를 적용한다.

⑨ 종자 · 묘는 최소한 1세대 또는 한 번의 생육기 동안 다목의 규정에 따라 재배한 식물로부터 유래된 것을 사용하여야 한다. 다만, 인증사업자가 위 요건을 만족시키는 종자 · 묘를 구할 수 없음을 인증기관에게 증명할 수 있는 경우, 인증기관은 다음 순서에 따라 허용할 수 있다.

㉠ 우선적으로 합성농약으로 처리되지 않은 종자 또는 묘의 사용

㉡ 규칙 별표 1 제1호 가목 1) · 2)의 물질 이외의 물질로 처리한 종자 또는 묘(육묘 시 합성농약이 사용된 경우 제외)의 사용

⑩ 종자는 「농수산물 품질관리법」 제2조 제11호에 따른 유전자변형농산물을 사용할 수 없다.

3) 재배 방법

① 화학비료는 농촌진흥청장 · 농업기술원장 또는 농업기술센터소장이 재배 포장별로 권장하는

성분량의 3분의 1 이하를 범위 내에서 사용 시기와 사용 자재에 대한 계획을 마련하여 사용하여야 한다.

② 합성농약 또는 합성농약 성분이 함유된 자재를 사용하지 아니하여야 한다.

③ 장기간의 적절한 돌려짓기(윤작) 계획에 따른 두과작물 · 녹비작물 또는 심근성작물을 재배하도록 권장한다.

④ 가축분뇨 퇴 · 액비를 사용하는 경우에는 완전히 부숙시켜서 사용하여야 하며, 이의 과다한 사용, 유실 및 용탈 등으로 인하여 환경오염을 유발하지 아니하도록 하여야 한다.

⑤ 병해충 및 잡초는 다음과 같은 방법으로 방제 · 조절하여야 한다.

㉠ 적합한 작물과 품종의 선택

㉡ 적합한 돌려짓기(윤작) 체계

㉢ 기계적 경운

㉣ 포장 내의 혼작 · 간작 및 공생식물의 재배 등 작물체 주변의 천적 활동을 조장하는 생태계의 조성

㉤ 멀칭 · 예취 및 화염제초

㉥ 포식자와 기생동물의 방사 등 천적의 활용

㉦ 식물 · 농장 퇴비 및 돌가루 등에 의한 병해충 예방 수단

㉧ 동물의 방사

㉨ 덫 · 울타리 · 빛 및 소리와 같은 기계적 통제

⑥ 병해충이 ⑤에 따른 기계적, 물리적 및 생물학적인 방법으로 적절하게 방제되지 아니하는 경우에 규칙 별표 1 제1호 가목 2)의 물질이나 법 제37조에 따라 공시된 유기농업자재를 사용할 수 있으나, 그 용도 및 사용 조건 · 방법에 적합하게 사용하여야 한다.

제5과목

4) 생산물의 품질관리 등

① 무농약농산물의 저장, 수송 및 포장 시 저장 · 포장 장소와 수송 수단의 청결을 유지하고, 외부로부터의 오염을 방지하여야 한다. 특히 무농약농산물을 포장하지 아니한 상태로 일반농산물과 함께 저장 또는 수송하는 경우에는 그 구별을 위하여 칸막이를 설치하는 등 다른 농산물과의 혼합 또는 오염을 방지하기 위한 조치를 하여야 한다.

② 병해충 관리 및 방제를 위해서는 다음 사항을 우선적으로 조치하여야 한다.

㉠ 병해충 서식처의 제거 및 시설에의 접근 방지 등 예방 조치

㉡ ㉠의 예방 조치로 부족한 경우 기계적 · 물리적 및 생물학적 방법을 사용

㉢ ㉡의 기계적 · 물리적 및 생물학적인 방법으로 적절하게 방제되지 아니하는 경우에 규칙 별표 1 제1호 가목 2)의 자재를 사용할 수 있으나 무농약농산물에는 접촉되지 아니하도록 사용

③ 저장구역 또는 수송 컨테이너에 대한 병해충 관리 방법으로 물리적 장벽, 소리 · 초음파, 빛 · 자외선, 덫(페로몬 및 전기유혹 덫을 말한다), 온도 조절, 대기 조절(탄산가스 · 산소 · 질소의

조절을 말한다) 및 규조토를 이용할 수 있다.

④ 저장장소와 컨테이너가 유기농산물 또는 무농약농산물만을 취급하지 아니하는 경우에는 그 사용 전에 규칙 별표 1 제1호 가목 2)에 해당하지 아니하는 농약이나 다른 처방으로부터의 잠재적인 오염을 방지하여야 한다.

⑤ 무농약농산물을 세척하거나 소독하는 경우 규칙 별표 1 제1호 다목 1) 허용 물질 중 과산화수소, 오존수, 이산화염소수, 차아염소산수를 사용할 수 있으나, 무농약농산물에 잔류되지 않도록 관리계획을 수립하고 이행하여야 한다.

⑥ 방사선은 해충방제, 식품 보존, 병원의 제거 또는 위생의 목적으로 사용할 수 없다. 다만, 이물탐지용 방사선(X선)은 제외한다.

⑦ 유기합성농약 성분은 검출되지 아니하여야 한다.

⑧ 인증품 출하 시 인증품의 표시 기준에 따라 표시하여야 하며, 포장재의 제작 및 사용량에 관한 자료를 보관하여야 한다.

⑨ 인증 표시를 하지 않은 농산물을 인증품으로 판매하여서는 아니 된다. 다만, 포장하지 않고 판매하는 경우에는 납품서, 거래명세서 또는 보증서 등에 표시 사항을 기재하여야 한다.

⑩ 인증품에 인증품이 아닌 제품을 혼합하거나 인증품이 아닌 제품을 인증품으로 광고하거나 판매하여서는 아니 된다.

⑪ 수확 및 수확 후 관리를 수행하는 모든 작업자는 품목의 특성에 따라 적절한 위생조치를 취하여야 하며, 싹을 틔워 직접 먹는 농산물, 어린잎 채소, 버섯류 등을 취급하는 작업자는 위생복 · 위생모 · 위생화 · 위생마스크 · 위생장갑을 착용하여야 한다.

⑫ 수확 후 관리 시설에서 사용하는 도구와 설비를 위생적으로 관리하여야 하며, 싹을 틔워 직접 먹는 농산물, 어린잎 채소, 버섯류 등을 취급하는 작업장 바닥과 통로는 작업 시작 전에 세척 · 소독하여야 한다.

5) 그밖의 사항

① 수경재배 농산물 및 양액재배 농산물은 2)의 ①, ②, ③과 3)의 ①, ③, ④를 적용하지 아니한다.

② 수경재배 및 양액재배의 방식은 순환식 등으로 하여 배양액으로 인한 환경오염이 없어야 한다.

③ 2)의 ⑨ 단서에도 불구하고, 콩나물과 숙주나물 등 싹을 틔워 직접 먹는 농산물과 어린잎 채소는 그 원료(또는 종자)가 유기 또는 무농약농산물이어야 한다. 다만, 다음 각호의 경우에는 그러하지 아니하다.

㉠ 싹을 틔워 직접 먹는 농산물 : 일반농산물을 원료로 사용할 경우 국내산으로서 잔류농약이 검출되지 아니하여야 한다(생산자(농가) 단위 또는 최대 6톤 이내로 구성된 제조 단위(인증품 관리단위)로 잔류농약검사를 하고 관련 자료를 비치 · 보관하여야 한다).

㉡ 어린잎 채소 : 토양 · 배지에서 재배하면서 생육 중인 어린 작물체로 출하하는 경우에는 2)의 ⑨ ㉠의 단서 조항을 적용할 수 있다.

④ 병행생산의 경우 무농약농산물과 일반농산물의 구분관리 계획을 세워 이를 이행하여야 한다.

⑤ 농장(포장) 내에 합성농약을 보관하여서는 아니 된다.

⑥ 규칙 및 이 고시에서 정한 무농약농산물의 인증기준은 인증 유효기간 동안 상시적으로 준수하여야 하며, 이를 증명할 수 있는 자료를 구비하고, 국립농산물품질관리원장 또는 인증기관이 요구하는 때는 관련 자료 제출 및 시료 수거, 현장 확인에 협조하여야 한다.

⑦ 무농약농산물의 생산 및 취급(수확 · 선별 · 포장 · 보관 등)에 이용되는 기구 · 설비를 세척 · 살균 소독하는 경우 규칙 별표 1 제1호 다목 2)의 물질을 사용할 수 있으나 무농약농산물 및 기구 · 설비에 잔류되지 않도록 관리계획을 수립하여 이행하여야 한다.

⑧ 무농약 종자 · 묘는 이 호의 무농약농산물 인증기준에 적합하게 재배하여야 한다. 다만, 작물의 적정한 영양 조절이나 병해충 관리가 어려운 경우에는 별표 1 제1호 가목 1) · 2)의 물질이나 법 제37조에 따라 공시된 유기농업자재를 사용할 수 있으나, 그 용도 및 사용 조건 · 방법에 적합하게 사용하여야 한다.

⑨ 농장에서 발생한 폐비닐, 사용한 자재 등의 환경오염 물질 및 병해충 · 잡초관리를 위해 인위적으로 투입한 동식물이 주변 농경지 · 하천 · 호수 또는 농업용수 등을 오염시키지 않도록 관리하여야 하며, 인증농장 및 인증농장 주변에서 쓰레기를 소각하는 행위를 하여서는 아니 된다.

8 무농약원료가공식품 제조·가공에 필요한 인증기준

1) 일반

① 경영 관련 자료와 가공식품의 생산과정 등을 기록한 인증품 생산계획서 및 필요한 관련 정보는 국립농산물품질관리원장 또는 인증기관이 심사 등을 위하여 요구하는 때는 이를 제공하여야 한다.

② 제품을 생산하는 전 과정에서 인증받은 원료 · 제품과 인증받지 않은 원료 · 제품이 혼합되지 않도록 구분관리 하여야 하며, 오염원 또는 금지물질에 의하여 오염되지 않도록 관리하여야 한다.

③ 친환경농업에 관한 교육이수 증명자료는 인증을 신청한 날로부터 기산하여 최근 2년 이내에 이수한 것이어야 한다. 다만, 5년 이상 인증을 연속하여 유지하거나 최근 2년 이내에 친환경농업 교육 강사로 활동한 경력이 있는 경우에는 최근 4년 이내에 이수한 교육이수 증명자료를 인정한다.

2) 가공원료

① 가공에 사용할 수 있는 원료, 식품첨가물, 가공보조제 등은 모두 다음 각호의 어느 하나에 해당

되어야 한다. 다만, 전체 원재료 함량 중 무농약농산물의 함량이 50퍼센트 이상이어야 한다.

㉠ 법 제19조 제1항에 따라 인증을 받은 유기식품

㉡ 법 제25조에 따라 동등성 인증을 받은 유기가공식품

㉢ 법 제34조 제1항에 따라 인증을 받은 무농약농산물 · 무농약원료가공식품

② ①에도 불구하고 제품에 인위적으로 첨가하는 물과 소금을 제외한 제품 중량의 5퍼센트 비율 내에서 규칙 별표 1 제1호 다목의 식품첨가물 · 가공보조제의 사용이 불가피한 경우에 한하여 최소량을 사용할 수 있다.

※ 무농약원료 비율의 계산법

$$\frac{I_o}{G-WS}=\frac{I_o}{I_o+I_a}\geq 0.95$$

- G : 제품(포장재, 용기 제외)의 중량($G=I_o+I_a+WS$)
- I_o : 무농약원료(유기농산물 + 유기축산물 + 유기가공식품 + 무농약농산물 + 무농약원료가공식품, 이하 "무농약원료"라 한다)의 중량
- I_a : 무농약원료를 제외한 식품첨가물(가공보조제 제외)의 중량
- WS : 인위적으로 첨가한 물과 소금의 중량

③ 무농약원료의 비율을 계산할 때는 다음 각호에 따른다.

㉠ 원료별로 단위가 달라 중량과 부피가 병존하는 때는 최종 제품의 단위로 통일하여 계산한다.

㉡ 무농약원료가공식품 인증을 받은 식품첨가물은 무농약원료에 포함시켜 계산한다.

㉢ 계산 시 제외되는 물과 소금은 의도적으로 투입되는 것에 한하며, 가공되지 않은 원료에 원래 포함되어 있는 물과 소금은 포함시켜 계산한다.

㉣ 농축, 희석 등 가공된 원료 또는 첨가물은 가공 이전의 상태로 환원한 중량 또는 부피로 계산한다.

㉤ 무농약원료 또는 식품첨가물이 포함된 무농약원료가공식품을 원료로 사용하였을 때는 해당 가공식품 중의 무농약원료 비율만큼만 무농약원료로 인정하여 계산한다.

④ 유전자변형생물체 및 유전자변형생물체 유래의 원료를 사용할 수 없으며, 원료 또는 제품 및 시제품에 대한 검정 결과 유전자변형생물체 성분이 검출되지 않아야 한다.

⑤ 무농약원료가공식품 제조 · 가공에 사용된 원료가 유전자변형생물체 또는 유전자변형생물체 유래의 원료가 아니라는 것은 해당 가공원료의 공급자로부터 받은 다음 사항이 기재된 증빙서류로 확인한다.

㉠ 거래당사자, 품목, 거래량, 제조단위번호(인증품 관리번호)

㉡ 유전자변형생물체 또는 유전자변형생물체 유래의 원료가 아니라는 사실

⑥ 물과 소금을 사용할 수 있으며, 최종 제품의 무농약원료 비율 산정 시 제외한다. 다만, 「먹는

물관리법」 제5조에 의한 '먹는물 수질 및 검사 등에 관한 규칙' 제2조 관련 별표 1의 수질 기준 및 「식품위생법」 제7조에 따른 소금(식염)의 규격에 맞아야 한다.

⑦ 가공원료의 적합성 여부를 정기적으로 관리하고, 가공원료에 대한 납품서, 거래인증서, 보증서 또는 검사성적서 등 기준 적합성 확인에 필요한 증빙자료를 사업장 내에 비치 · 보관하여야 한다.

⑧ 사용원료 관리를 위해 주기적인 잔류물질 검사계획을 세우고 이를 이행하여야 하며, 인증기준에 부적합한 것으로 확인된 원료를 사용하여서는 아니 된다.

3) 가공 방법

① 기계적 · 물리적 · 생물학적 방법을 이용하되 모든 원료와 최종 생산물은 순수성이 유지되도록 가공하여야 하며, 식품을 화학적으로 변형시키거나 반응시키는 일체의 첨가물, 보조제, 그밖의 물질은 사용할 수 없다.

② ①의 '기계적, 물리적 방법'은 절단, 분쇄, 혼합, 성형, 가열, 냉각, 가압, 감압, 건조, 분리(여과, 원심분리, 압착, 증류), 절임, 훈연 등을 말하며, '생물학적 방법'은 발효, 숙성 등을 말한다.

③ 가공 및 취급과정에서 방사선은 해충방제, 식품 보존, 병원의 제거 또는 위생의 목적으로 사용할 수 없다. 다만, 이물탐지용 방사선(X선)은 제외한다.

④ 추출을 위하여 물, 에탄올, 식물성 및 동물성 유지, 식초, 이산화탄소, 질소를 사용할 수 있다.

⑤ 여과를 위하여 석면을 포함하여 식품 및 환경에 부정적 영향을 미칠 수 있는 물질이나 기술을 사용할 수 없다.

⑥ 저장을 위하여 공기, 온도, 습도 등 환경을 조절할 수 있으며, 건조하여 저장할 수 있다.

4) 해충 및 병원균 관리

① 해충 및 병원균 관리를 위하여 규칙 별표 1 제1호 가목 2)에서 정한 물질을 제외한 화학적인 방법이나 방사선 조사 방법을 사용할 수 없다.

② 해충 및 병원균 관리를 위하여 다음 사항을 우선적으로 조치하여야 한다.

㉠ 서식처 제거, 접근 경로의 차단, 천적의 활용 등 예방 조치

㉡ ㉠의 예방 조치로 부족한 경우 물리적 장벽, 음파, 초음파, 빛, 자외선, 덫, 온도관리, 성호르몬 처리 등을 활용한 기계적 · 물리적 · 생물학적 방법을 사용

㉢ ㉡의 기계적 · 물리적 · 생물학적 방법으로 적절하게 방제되지 아니하는 경우 규칙 별표 1 제1호 가목 2)에서 정한 물질을 사용

③ 해충과 병원균 관리를 위해 장비 및 시설에 허용되지 않은 물질을 사용하지 않아야 하며, 허용되지 않은 물질이나 금지된 방법으로부터 무농약원료가공식품을 보호하기 위해 격리 등의 충분한 예방 조치를 하여야 한다.

5) 세척 및 소독

① 무농약원료가공식품은 시설이나 설비 또는 원료의 세척, 살균, 소독에 사용된 물질을 함유하지 않아야 한다.

② 사업자는 무농약원료가공식품을 생산, 제조 · 가공 또는 취급에 사용이 허용되지 않은 물질이나 해충, 병원균, 그밖의 이물질로부터 보호하기 위하여 필요한 예방 조치를 하여야 한다.

③ 「먹는물관리법」 제5조의 기준에 적합한 먹는물과 규칙 별표 1 제1호 다목 1)에서 허용하는 식품첨가물 또는 가공보조제를 식품 표면이나 식품과 직접 접촉하는 표면의 세척제 및 소독제로 사용할 수 있다.

④ 규칙 별표 1 제1호 다목 2)에서 허용하는 세척제 · 소독제를 시설 및 장비에 사용하는 경우 무농약원료가공식품의 순수성이 훼손되지 않도록 조치하여야 한다.

6) 포장

① 포장재와 포장방법은 무농약원료가공식품을 충분히 보호하면서 무농약원료가공식품을 오염시키지 않는 것이어야 한다.

② 합성살균제, 보존제, 훈증제 등을 함유하는 포장재, 용기 및 저장고는 사용할 수 없다.

③ 무농약원료가공식품의 순수성을 훼손할 수 있는 물질 등과 접촉한 재활용된 포장재나 그밖의 용기는 사용할 수 없다.

7) 원료 및 가공식품의 수송 및 운반

① 수송 장비 및 운반 용기의 세척, 소독을 위하여 허용되지 않은 물질을 사용할 수 없다.

② 수송 또는 운반 과정에서 무농약원료가공식품이 무농약원료가공식품이 아닌 물질이나 허용되지 않은 물질과 접촉 또는 혼합되지 않도록 확실하게 구분하여 취급하여야 한다.

8) 기록 · 문서화 및 접근 보장

① 사업자는 무농약원료가공식품의 제조 · 가공 및 취급에 필요한 모든 무농약원료, 식품첨가물, 가공보조제, 세척제, 그밖의 사용 물질의 구매, 입고, 출고, 사용에 관한 기록을 작성하고 보존하여야 한다.

② 사업자는 제조 · 가공, 포장, 보관 · 저장, 운반 · 수송, 판매, 그밖에 취급에 관한 관리지침을 문서화하여 실행하여야 한다.

③ 규칙 및 이 고시에서 정한 무농약원료가공식품의 인증기준은 인증 유효기간 동안 상시적으로 준수하여야 하며, 이를 증명할 수 있는 자료를 구비하고, 국립농산물품질관리원장 또는 인증기관이 요구하는 때는 관련 자료 제출 및 시료 수거, 현장 확인에 협조하여야 한다.

9) 생산물의 품질관리 등

① 합성농약 성분이나 동물용 의약품 성분이 검출되거나 비인증품이 혼입되어 인증기준에 맞지 않은 사실을 알게 된 경우 해당 제품을 인증품으로 판매하지 않아야 하며, 해당 제품이 유통 중인 경우 인증 표시를 제거하도록 필요한 조치를 하여야 한다.

② 무농약원료가공식품 인증사업자가 제조 · 가공 과정의 일부 또는 전부를 위탁하는 경우 수탁자는 유기가공식품 또는 무농약원료가공식품 인증사업자이어야 하며, 위 · 수탁업체 간에 위 · 수탁계약 관계를 증빙하는 서류 등을 갖추어야 한다.

③ 인증품에 인증품이 아닌 제품을 혼합하거나 인증품이 아닌 제품을 인증품으로 광고하거나 판매하여서는 아니 된다.

9 취급자(저장, 포장, 운송, 수입 또는 판매)

1) 일반

① 경영 관련 자료의 기록 기간은 규칙 별표 4 제2호 마목에 따라 최근 1년 이상으로 하되, 신설된 사업장으로 농축산물 · 가공품의 취급 기간이 1년 미만인 경우에는 인증심사가 가능한 범위 내에서 기록 기간을 단축할 수 있다.

② 작업기록을 통해 입고량, 재고량, 출하량에 대한 확인이 가능하여야 한다(기초재고량+입고량 =기말재고량+출고량).

③ 규칙 및 이 고시에서 정한 재포장 과정(취급자)의 인증기준을 준수하였음을 증명할 수 있는 자료를 구비하고, 국립농산물품질관리원장 또는 인증기관이 요구하는 때는 이를 제공하여야 한다.

④ 친환경농업에 관한 교육이수 증명자료는 인증을 신청한 날로부터 기산하여 최근 2년 이내에 이수한 것이어야 한다. 다만, 5년 이상 인증을 연속하여 유지하거나 최근 2년 이내에 친환경농업 교육 강사로 활동한 경력이 있는 경우에는 최근 4년 이내에 이수한 교육이수 증명자료를 인정한다.

2) 작업장 시설기준

① 작업장은 「식품위생법 시행규칙」 별표 14 업종별시설기준 중 해당 업종에 해당하는 시설기준에 적합하여야 한다. 다만, 축산물에 대한 작업장은 「축산물 위생관리법」 제22조 · 제24조에 따른 영업의 허가 · 신고를 한 작업장으로 같은 법 제9조에 따른 안전관리인증기준(HACCP)을 적용하되, 축산물판매업은 안전관리인증기준을 적용하도록 권장한다.

② ①에도 불구하고 업종별 시설기준이 정하여지지 않은 업종에 해당하는 작업장은 국립농산물품질관리원장이 정하는 시설기준에 적합하여야 한다.

③ 작업장은 최근 1년간 인증기준 위반으로 인증 취소 처분을 받은 작업장(해당 작업장의 위치는 국립농산물품질관리원장이 친환경 인증관리 정보시스템으로 관리하여야 한다)이 아니어야 한다.

3) 원료관리

① 원료 인증품(법 제25조에 따라 동등성을 인정받은 유기가공식품을 포함한다)을 구입하여 재포장하는 과정에서 인증품의 품질과 순도를 유지하여야 하며, 화학물질을 첨가하여서는 아니 된다.

② 원료의 사용 적합성 여부를 정기적으로 관리하고, 원료에 대한 납품서, 거래인증서, 보증서 또는 검사성적서 등 증빙자료를 사업장 내에 비치 · 보관하여야 한다.

③ 사용원료 관리를 위해 주기적인 잔류물질 검사계획을 세우고 이를 이행하여야 하며, 인증기준에 부적합한 것으로 확인된 원료를 사용하여서는 아니 된다.

④ 원재료 입고 시 유기식품등 및 무농약농산물 · 무농약원료가공식품의 표시 사항을 확인하여야 하며, 규칙 별표 6 제2호에 따라 공급자가 제공하는 납품서, 거래명세서 또는 보증서를 보관하여야 한다.

4) 취급 방법

① 작업장에 취급하는 농축산물 및 가공식품의 입고 및 출하에 관한 기록장을 비치하고, 기록 · 관리하는 등 이력 추적관리가 가능하여야 한다.

② 인증품과 비인증품을 함께 취급하는 경우에는 다음 각호의 요건을 모두 준수하여야 한다.

㉠ 인증품을 취급하기 이전에 취급 작업장을 충분히 세척하여야 하며, 취급 시간 또는 취급 구역을 달리하여야 한다.

㉡ 원료의 구매, 저장, 선별, 포장, 운송, 수입 등 취급 전 과정에서 인증품에 비인증품이 혼입되지 않도록 구분관리 계획을 세우고 이를 이행하여야 한다.

㉢ 인증품과 비인증품 또는 같은 품목으로 인증 종류가 다른 경우에는 같은 시간대에 같은 작업공간에서 재포장하거나 포장되지 않은 상태로 같은 공간에 보관하여서는 아니 된다.

③ ②의 ㉢에도 불구하고 필요한 경우 유기농산물을 무농약농산물과 혼합할 수 있으며, 이 경우 혼합된 제품은 무농약농산물로 간주하며, 최종 제품은 무농약농산물로 표시하여야 한다.

④ 저장 · 포장 · 운송 · 수입 등 취급과정의 일부를 다른 사업자에게 위탁하는 경우 위탁한 취급과정이 취급자 인증기준에 적합하여야 한다.

⑤ 방사선은 해충방제, 식품 보존, 병원의 제거 또는 위생의 목적으로 사용할 수 없다. 다만, 이물탐지용 방사선(X선)은 제외한다.

⑥ 인증품의 세척에 사용되는 용수는 「먹는물 수질기준 및 검사 등에 관한 규칙」 제2조에 따른 먹는물의 수질기준에 적합하여야 한다.

⑦ 병해충 관리 및 방제를 위해서는 다음 사항을 우선적으로 조치하여야 한다.

㉠ 병해충 서식처의 제거, 시설에의 접근 방지 등 예방 조치

㉡ ㉠의 예방 조치로 부족한 경우 물리적 장벽, 음파, 초음파, 빛, 자외선, 덫, 온도관리, 성호르몬 처리 등을 활용한 기계적 · 물리적 및 생물학적 방법을 사용

㉢ ㉡의 기계적 · 물리적 및 생물학적인 방법으로 적절하게 방제되지 아니하는 경우에 규칙 별표 1 제1호 가목 2)의 물질만을 사용할 수 있으나 인증품에는 직접 접촉되지 아니하도록 사용할 것

⑧ 작업장의 소독을 위해 자재를 사용한 경우에는 사용일자, 제품명, 방법, 목적 등을 기록 · 관리하여야 한다.

⑨ 인증품 및 기구 · 설비를 세척 · 소독하는 경우 다음 각호에 따른 물질을 사용할 수 있으나 잔류되지 않도록 관리계획을 수립하여 이행하여야 한다.

㉠ 인증품 : 규칙 별표 1 제1호 다목 1)의 허용 물질 중 이산화염소(기체-빵 제조에 한함), 이산화염소수, 과산화수소, 오존수, 차아염소산수 사용 가능

㉡ 기구 · 설비 : 규칙 별표 1 제1호 다목 2)의 물질 사용 가능

5) 저장 · 포장 · 운송 · 수송

① 생산물의 저장 및 수송 시 저장장소와 수송 수단의 청결을 유지하여야 하며, 외부로부터의 오염을 방지하여야 한다.

② 저장구역 또는 수송 컨테이너에 대한 병해충 관리 방법으로 물리적 장벽, 소리 · 초음파, 빛 · 자외선, 덫(페로몬 및 전기유혹 덫을 말한다), 온도 조절, 대기 조절(탄산가스 · 산소 · 질소의 조절을 말한다) 및 규조토를 이용할 수 있다.

③ 저장장소와 컨테이너가 규칙 별표 1 제1호 가목 2)에 해당하지 아니하는 농약이나 다른 처방으로부터의 잠재적인 오염을 방지하여야 한다.

④ 생산물을 포장하지 아니한 상태로 일반농축산물과 함께 저장 또는 수송하는 경우에는 그 구별을 위하여 칸막이를 설치하는 등 다른 농축산물과의 혼합 또는 오염을 방지하기 위한 조치를 하여야 한다.

⑤ 원료 인증품의 수송, 저장 등의 과정(재포장을 위해 인증품의 포장을 뜯어내기 이전의 전 과정)에서 인증 표시가 된 상태를 유지하여야 한다.

⑥ 4)의 ④에도 불구하고 인증의 종류가 다른 농산물을 혼합하여 포장하는 경우에는 각 인증의 종류 및 품목별 함량 비율을 규칙 제18조 · 제45조 표시 기준에 따라 표시할 수 있다.

⑦ 포장재는 「식품위생법」의 관련 규정에 적합하고 가급적 생물분해성, 재생품 또는 재생이 가능한 자재를 사용하여 제작된 것을 사용하여야 한다.

6) 생산물 등의 품질관리 등

① 합성농약 성분이나 동물용 의약품 성분이 검출되거나 비인증품이 혼입되어 인증기준에 맞지 않은 사실을 알게 된 경우 해당 제품을 인증품으로 판매하지 않아야 하며, 해당 제품이 유통 중인 경우 인증 표시를 제거하도록 필요한 조치를 하여야 한다.

② 허용되지 않는 물질은 사용하지 아니하여야 한다.

③ 출하한 농산물의 제조단위번호(인증품 관리번호) 또는 표준바코드 등 식별 체계를 통해 농산물의 입고, 작업, 출하 등의 이력관리가 가능하여야 한다.
④ 인증품에 인증품이 아닌 제품을 혼합하거나 인증품이 아닌 제품을 인증품으로 광고하거나 판매하여서는 아니 된다.
⑤ 규칙 및 이 고시에서 정한 취급자(저장, 포장, 운송, 수입 또는 판매)의 인증기준은 인증 유효기간 동안 상시적으로 준수하여야 하며, 국립농산물품질관리원장 또는 인증기관이 요구하는 때는 관련 자료 제출 및 시료 수거, 현장 확인에 협조하여야 한다.

4 인증심사의 절차 및 방법의 세부 사항 (세부실시 요령 제7조 제3항 관련) 세부실시 요령[별표 2]

❶ 인증심사 일반

1) 인증심사원의 지정

① 인증기관은 인증신청서를 접수한 때는 1인 이상의 인증심사원을 지정하고, 그 인증심사원으로 하여금 인증심사를 하도록 하여야 한다.
② 인증기관은 인증심사원이 다음 각호의 어느 하나에 해당되는 경우 해당 신청 건에 대한 인증심사원으로 지정하여서는 아니 된다.
㉠ 자신이 신청인이거나 신청인 등과 민법 제777조 각호에 해당하는 친족관계인 경우
㉡ 신청인과 경제적인 이해관계가 있는 경우
㉢ 기타 공정한 심사가 어렵다고 판단되는 경우
③ 인증심사원은 신청인에 대해 공정한 인증심사를 할 수 없는 사정이 있는 경우 기피신청을 하여야 하며, 이 경우 인증기관의 장은 해당 인증심사원을 지체 없이 교체하여야 한다.
④ 인증기관이 재심사 신청서를 접수하여 재심사를 결정한 때는 재심사의 대상이 된 인증심사에 참여하지 않은 다른 인증심사원을 지정하고, 그 인증심사원으로 하여금 재심사를 하도록 하여야 한다.

2) 서류심사

① 인증심사원은 신청인이 제출한 관련 자료가 인증기준에 적합한지에 대해 심사(이하 "서류심사"라 한다)하여야 한다.
② 서류심사는 신청 서류와 인증기관에서 인증심사를 위해 요구한 서류로 신청인이 제출한 관련 자료 전체(단체신청의 경우 구성원 전체의 자료)를 대상으로 한다.
③ 서류심사 과정에서 확인하여야 할 내용은 다음 각호와 같다.

㉠ 신청 서류가 구비되어 있는지 여부
㉡ 각 기재 항목이 빠짐없이 모두 기재되어 있는지 여부와 기재되어 있는 내용이 인증기준에 적합한지 여부
㉢ 인증 신청 품목을 재배 · 생산하는 규모에 따른 생산계획량 적정 여부
㉣ 다른 신청인의 자료를 필사하는 등 사실과 다르게 작성한 자료인지 여부
㉤ 신청필지가 최근 1년간 인증기준 위반으로 인증 취소 또는 인증 부적합 필지인지 여부
㉥ 기타 현장 심사 시 확인이 필요한 사항의 점검

④ 서류심사를 통해 과거의 생산 내역과 앞으로의 생산계획이 인증기준에 적합한지에 대해 확인할 수 있어야 한다.
⑤ 인증심사원은 신청인이 제출한 관련 자료에 기재하여야 할 사항이 기재되어 있지 않거나 제출하여야 하는 자료가 누락된 경우 보완에 필요한 상당한 기간을 정하여 신청인에게 보완을 요구하여야 한다.
⑥ 인증심사원은 심사에 필요한 필수 서류(인증신청서, 인증품 생산계획서 또는 인증품 제조 · 가공 및 취급계획서, 경영 관련 자료 등)를 제출받아야 하며, 서류심사를 완료하기 전까지 현장심사를 하여서는 아니 된다.

3) 현장심사

① 인증심사원은 농장, 제조 · 가공 및 취급 작업장을 방문하고 신청인을 면담하여 생산, 제조 · 가공 및 취급 중인 농식품이 인증기준에 적합한지에 대하여 심사(이하 "현장심사"라 한다)하여야 한다.
② 현장심사는 작물이 생육 중인 시기, 가축이 사육 중인 시기, 인증품을 제조 · 가공 또는 취급 중인 시기(시제품 생산을 포함한다)에 실시하고 신청한 농산물, 축산물, 가공품의 생산이 완료되는 시기에는 현장심사를 할 수 없다.
③ 현장심사과정에서 확인하여야 하는 사항은 다음과 같다.
㉠ 인증 신청한 내역과 생산 내역이 일치하는지 여부
ⓐ 인증 신청한 농산물이 재배되고 있는지, 재배면적이 일치하는지
ⓑ 인증 신청한 가축이 사육되고 있는지, 축사면적 등이 일치하는지
ⓒ 인증 신청한 생산, 제조 · 가공 또는 취급과정이 신청한 내역과 일치하는지
ⓓ 인증 신청 시 제출한 경영 관련 자료는 신청인이 기록 · 보관하고 있는 실제 자료와 일치하는지
㉡ 인증품 생산계획서 또는 인증품 제조 · 가공 및 취급계획서에 기재된 사항대로 생산, 제조 · 가공 또는 취급하고 있는지 여부
㉢ 기록되어 있지 않은 물질 또는 금지물질을 보관 · 사용하고 있는지 여부
㉣ 규정된 인증기준의 각 항목에 대해 인증기준에 적합한지 여부

㉤ 생산관리자가 예비심사를 하였는지와 예비심사한 내역이 적정한지

④ 인증심사원은 인증기준의 적합 여부를 확인하기 위해 필요한 경우 다음의 ⑤에서 ⑨까지의 절차 · 방법에 따라 토양, 용수, 생산물(이하 생육 중인 작물체와 가공품을 포함한다) 등에 대한 조사 · 분석(이하 "검사"라 한다)을 실시한다.

⑤ 검사가 필요한 경우는 다음과 같다.

㉠ 농림산물

ⓐ 재배포장의 토양 · 용수 : 오염되었거나 오염될 우려가 있다고 판단되는 경우

a. 토양(중금속 등 토양오염물질), 용수 : 공장폐수유입지역, 원광석 · 고철야적지 주변지역, 금속제련소 주변지역, 폐기물적치 · 매립 · 소각지 주변지역, 금속광산 주변지역, 신청 이전에 중금속 등 오염물질이 포함된 자재를 지속적으로 사용한 지역, 「토양환경보전법」에 따른 토양측정망 및 토양오염실태조사 결과 오염 우려기준을 초과한 지역의 주변지역 등

b. 토양(잔류농약) : ⓑ에 해당되나 생산물을 수거할 수 없을 경우 또는 생산물 검사보다 토양 검사가 실효성이 높은 경우(토양에 직접 사용하는 농약 등)

c. 용수 : 최근 5년 이내에 검사가 이루어지지 않은 용수를 사용하는 경우(재배기간 동안 지속적으로 관개하거나 작물수확기에 생산물에 직접 관수하는 경우에 한함)

ⓑ 생산물 : 최근 1년 이내에 농약이 검출된 경우, 합성농약으로 처리된 종자를 사용한 경우, 관행 재배지로부터 오염 우려가 있는 경우, GMO의 혼입이 우려되는 경우, 서류심사 및 현장심사 결과 농약사용이 의심되는 경우(합성농약을 구매한 내역이 있으나 그 사용처가 불분명한 경우 등), 단체심사 시 선정된 표본 농가(전체 구성원을 심사한 경우에는 표본 농가 수 이상을 무작위 추출하여 선정), 개인 신청 농가(신규 신청, 갱신 신청 농가는 3년 1회 이상 검사)

ⓒ 퇴비 : 유기축산물 인증 농장, 경축순환농법 실천 농장, 무항생제축산물 인증 농장 또는 동물복지축산농장 인증을 받지 아니한 농장에서 유래된 퇴비를 사용하는 경우(유기농산물에 한함)

㉡ 축산물

ⓐ 토양 · 용수 : 농림산물의 검사 대상에 따르되 최근 5년 이내에 실시한 합성농약 · 중금속 검사성적이 없는 방사형 사육장의 토양 및 최근 5년 이내에 실시한 수질검사 성적을 비치하지 않은 용수(「수도법」에 따른 수돗물을 이용하는 경우는 제외한다)

ⓑ 사료 : 사료에 동물용 의약품 · 합성농약 성분이 함유된 자재의 사용 또는 GMO의 혼입 · 사용이 의심되는 경우

ⓒ 축산물[식육 · 시유(시판우유) · 알 · 혈청] · 가축분뇨 · 털 : 사육과정에서 동물용 의약품 및 합성농약 성분 함유 자재를 사용하였거나 사용 가능성이 있는 경우(동물용 의약품 등을 구매한 내역이 있으나 그 사용처가 불분명한 경우 등), 단체심사 시 선정된 표

본 농가(전체 구성원을 심사한 경우에는 표본 농가 수 이상을 무작위 추출하여 선정), 개인 신청 농가(신규 신청, 갱신 신청 농가는 3년 1회 이상 검사)

㉢ 제조 · 가공 및 취급자

ⓐ 용수 : 세척 또는 원료로 사용하는 경우로 최근 5년 이내에 실시한 수질검사 성적을 비치하지 않은 경우(「수도법」에 따른 수돗물을 이용하는 경우는 제외함)

ⓑ 생산물 : 전용 생산라인이 없이 일반가공품과 병행 가공하는 경우(가공품), 취급시설에서 비인증품을 병행하여 취급하는 경우(취급자), 기타 비인증품 또는 GMO의 혼입이 우려되는 경우

㉣ ㉠에서 ㉢까지 검사가 필요한 경우라 하더라도 개별 법률에 따라 권한이 있는 관계 공무원 또는 조사원 등에 의해 조사되어 공증성이 확보된 검사성적으로 대체가 가능한 경우는 다음 각호와 같다.

ⓐ 토양(잔류농약 제외) · 용수 검사 : 최근 5년 이내의 검사성적

ⓑ 토양(잔류농약만 해당) · 생산물 · 축산물(사료, 가축분뇨 등) 검사 : 최근 3개월 이내의 검사성적

⑥ 검사 항목은 다음과 같다.

㉠ 농림산물

ⓐ 재배포장의 토양

a. 토양오염 우려기준이 설정된 성분 중 해당 지역에서 오염이 우려되는 특정 성분(특정 성분을 한정할 수 없는 경우 카드뮴, 구리, 비소, 수은, 납, 6가크롬, 아연, 니켈을 검정함), 다만, 제주특별자치도의 경우 「제주특별자치도 설치 및 국제자유도시 조성을 위한 특별법」 제374조에 따른 토양오염 우려기준에서 규정하고 있는 성분(해당 기준을 적용함)

b. 토양에 잔류되는 합성농약 성분으로 국립농산물품질관리원장이 정하는 성분

ⓑ 용수 : 수역별로 농업용수(하천 · 호소의 경우 'Ⅳ' 등급을 의미함) 또는 먹는 물 기준이 설정된 성분

ⓒ 생산물 : 합성농약 성분으로 국립농산물품질관리원장이 정하는 성분, GMO

ⓓ 퇴비 : 합성농약 및 잔류항생 물질로 국립농산물품질관리원장이 정하는 성분, 퇴비의 중금속 검사 성분(카드뮴, 구리, 비소, 수은, 납, 6가크롬, 아연, 니켈)

㉡ 축산물

ⓐ 토양 · 용수 : 토양은 농림산물의 기준에 따르며, 용수는 생활용수 기준이 설정된 성분

ⓑ 사료 · 축산물 · 가축분뇨 · 털 : 합성농약 성분과 동물용 의약품 성분으로 국립농산물품질관리원장이 정하는 성분 또는 사용이 의심되는 성분과 GMO

㉢ 제조 · 가공 및 취급자

ⓐ 용수 : 「먹는물관리법」 제5조에 따라 먹는 물 기준이 설정된 성분

ⓑ 생산물 : 합성농약과 동물용 의약품 성분으로 국립농산물품질관리원장이 정하는 성분과 GMO 및 비인증품 유래물질(식품첨가물 등)

㉣ ㉠에서 ㉢까지의 규정에도 불구하고, 용수는 해당 국가의 수질기준을 적용할 수 있다.

⑦ 국립농산물품질관리원장은 다음 각호의 시험연구기관 중 ⑥에 대한 검사성적서를 발급하고자 하는 시험연구기관의 명칭, 소재지, 검정 분야 등에 관한 정보를 친환경 인증관리 정보시스템에 등록·관리한다.

㉠「농수산물 품질관리법」 제99조에 따른 검정기관 : 농축산물 및 그 가공품, 토양, 용수, 자재(비료, 축분, 깔짚, 털 등), 사료에 대한 검사

㉡「식품·의약품분야 시험·검사 등에 관한 법률」 제6조 제2항 제2호에 따른 축산물 시험·검사기관 : 축산물·사료·축산가공식품·가축분뇨에 대한 검사

㉢「토양환경보전법」 제23조의2에 따른 토양오염조사기관 : 토양오염물질(잔류농약 제외)의 검사

㉣「먹는물관리법」 제43조에 따른 검사기관 : 용수의 검사

㉤「식품·의약품분야 시험·검사 등에 관한 법률」 제6조 제2항 제1호에 따른 식품 등 시험·검사기관 : 유기식품등의 검사(GMO 검사 포함)

㉥「비료관리법」 제4조의2에 따른 퇴비원료분석기관 및 시험연구기관 : 퇴비의 검사

㉦「사료관리법」 제20조의2에 따른 사료시험검사기관, 같은 법 제22조에 따른 사료검정기관 : 사료의 검사

㉧ ISO/IEC 17025에 따라 공인을 받은 기관 : 공인된 분야

㉨ 관련법에 따라 검사업무를 수행하는 국가기관, 지방자치단체 또는 공공기관 : 법령에 따라 지정된 분야 또는 검사와 관련된 규정과 시설을 갖춘 분야

㉩ 외국인증기관의 경우 ISO/IEC 17025에 따라 공인을 받았거나, 해당 국가의 관련 법령에 따라 분석기관으로 지정·승인된 기관 : 공인되거나 법령에 따라 지정된 분야

㉪ 기타 새로운 검사 대상 및 잔류물질 등을 감안하여 국립농산물품질관리원장이 정하는 시험연구기관

⑧ 검사성적서는 ⑦에서 정하고 있는 시험연구기관에서 발급하는 검사 대상별로 관련 법령에서 정하는 공정시험 방법을 적용하여 관련 법령에 따라 발급한 공인검사성적서이어야 한다. 다만, 다음 각호의 어느 하나에 해당되는 경우 공정시험 방법 또는 공인검사성적서로 간주한다.

㉠ 공정시험 방법에 관한 사항

ⓐ 토양·가축분뇨·가공품 등 검사 대상에 대한 공정시험 방법이 정해지지 않은 경우에는 식품의약품안전처장이 고시한 「농산물 등의 유해물질 분석법」을 준용하거나 국립농산물품질관리원장이 따로 시험방법을 적용할 수 있다.

ⓒ 국립농산물품질관리원장이 공정시험 방법과 같은 수준의 유효성이 있는 것으로 인정하는 경우 해당 시험방법을 적용할 수 있다.

㉡ 공인검사성적서에 관한 사항

ⓐ「정부조직법」에 따른 국가기관 또는「지방자치법」에 따른 지방자치단체에서 관련 규정에 따라 발급하는 검사성적서

ⓑ 공인검사성적서를 발급할 수 있는 기관이 충분치 않는 분야에 한정하여 국립농산물품질관리원장이 해당 검사의 유효성을 인정한 기관이 발급한 검사성적서

⑨ 시료 수거 방법은 다음 각호와 같다.

㉠ 재배포장의 토양은 대상 모집단의 대표성이 확보될 수 있도록 Z자형 또는 W자형으로 최소한 10개소 이상의 수거 지점을 선정하여 수거한다.

㉡ ⑥의 검사 항목(토양은 제외한다)에 대한 시료 수거는 모집단의 대표성이 확보될 수 있도록 재배포장 형태, 출하·집하 형태 또는 적재 상태·진열 형태 등을 고려하여 Z자형 또는 W자형으로 최소한 6개소 이상의 수거 지점을 선정하여 수거한다. 다만, 전단에 따른 수거가 어려울 경우 대표성이 확보될 수 있도록 검사 대상을 달리 선정하여 수거하거나 외관 및 냄새 등 기타 상황을 판단하여 이상이 있는 것 또는 의심스러운 것을 우선 수거할 수 있다.

㉢ 시료 수거는 신청인, 신청인 가족(단체인 경우에는 대표자나 생산관리자, 업체인 경우에는 근무하는 정규직원을 포함한다) 참여하에 인증심사원이 직접 수거하여야 한다. 다만, 다음 각호의 경우에는 그 예외를 인정한다.

ⓐ 식육의 출하 전 생체잔류검사에서 인증심사원 참여하에 신청인 또는 수의사가 수거하는 경우

ⓑ 도축 후 식육잔류검사의 경우에는 시·도축산물위생검사기관의 축산물검사원 또는 자체 검사원이 수거하는 경우

ⓒ 관계 공무원 등 국립농산물품질관리원장이 인정하는 사람이 수거하는 경우

㉣ 시료 수거량은 시험연구기관이 정한 양으로 한다.

㉤ 시료 수거 과정에서 시료가 오염되지 않도록 적정한 시료 수거 기구 및 용기를 사용한다.

㉥ 수거한 시료는 신청인, 신청인 가족(단체인 경우에는 대표자나 생산관리자, 업체인 경우에는 근무하는 정규직원을 포함한다) 참여하에 봉인 조치하고, 별지 제7호서식의 시료 수거 확인서를 작성한다.

㉦ 인증심사원은 검사의뢰서를 작성하여 수거한 시료와 함께 지체 없이 검사기관에 송부하고, 친환경 인증관리 정보시스템에 등록하여야 한다.

⑩ 인증심사원은 서류심사와 현장심사를 마친 경우 다음 각호의 서류를 2부씩 작성하여 당사자의 확인을 거쳐 상호 날인한 후 1부는 신청인에게 현장에서 교부하고, 1부는 인증기관에 제출하여야 한다.

㉠ 서류심사와 현장심사 과정에서 농장(포장) 소재지 주소, 재배면적, 사육면적, 사육두수 등 인증 신청사항 중 변경사항이 확인된 경우 수정사항을 기록한 서류

㉡ 심사(서류 · 현장) 과정에서 확인된 부적합 사항 및 우려 사항 등을 포함하여 기록한 심사 결과 보고서 또는 요약보고서

4) 추가심사 · 보완심사

① 인증심사원은 다음 각호와 같은 경우로 인증기준에 규정된 심사사항을 확인하지 못한 경우 추가심사를 실시하여야 한다.
㉠ 검사가 필요한 경우에 해당되나 재배 여건, 생육 시기 등으로 검사를 실시하지 못한 경우
㉡ 신청인이 제시한 이행계획 중 실제 이행 여부에 대한 확인이 필요한 경우
㉢ 기타 인증기준의 적합 여부에 대한 추가 확인이 필요한 경우

② 국립농산물품질관리원장은 다음 각호의 사유가 발생하는 경우 이 고시에 따른 심사 방법을 보완하여 인증심사를 하게 할 수 있다. 이 경우 인증심사원은 보완된 심사 방법을 따라야 한다.
㉠ 가축전염병 발생으로 방역 조치를 위해 현장심사를 보완할 필요가 있는 경우
㉡ 식품 등으로 인하여 국민건강에 중대한 위해가 발생하거나 발생할 우려가 있어 그 피해를 사전에 예방하거나 최소화하기 위하여 심사 방법을 보완할 필요가 있는 경우

5) 심사 결과보고

① 인증심사원은 인증심사를 완료한 때는 별지 제8호 · 제9호서식 또는 별지 제10호서식의 인증심사 결과 보고서에 인증심사 서류와 별지 제11호 서식의 인증기준 예외 적용 내역을 첨부하여 사무소장 또는 인증기관에 제출하여야 한다.

② 인증심사원은 인증심사 결과 보고서와 인증심사 서류에 인증기준의 모든 구비 요건에 대한 서류심사와 현장심사 결과를 사실대로 기재하여야 하며, 심사과정에서 확인한 증빙서류를 첨부한다.

③ 현장심사 과정에서 검사를 실시한 때는 시료 수거확인서와 검사성적서를 심사 결과 보고서에 반드시 첨부하여야 한다.

6) 심사 결과의 판정

① 인증기관은 인증심사원으로부터 인증심사 결과를 보고 받은 때는 인증기준에 따라 적합 여부를 판정하여야 한다.

② 인증기관은 인증심사 적합 여부를 판정하기 위하여 「유기식품 및 무농약농산물 등의 인증기관 지정 · 운영 요령」 별표 1 제3호 다목 1)에 따라 지정된 인증심의관에게 인증기준에 따라 심의하도록 하여야 한다. 이 경우 인증심의관은 공정한 심의를 위해 1. 의 1) ②와 ③을 적용한다.

③ 인증기관은 심사 결과 보고를 통해 인증기준의 모든 항목에 적합한 것으로 확인된 경우에만 적합으로 판정하고, 적합 여부를 확인할 수 없는 경우 인증심사원에게 라목에 따른 추가심사와 인증심의관에게 2)에 따라 추가심의를 하게 한 후 적합 여부를 판정한다.

❷ 단체신청의 심사 방법

① 서류심사 및 현장심사는 전체 구성원을 대상으로 1.에 따라 실시한다.

② 표본심사

㉠ 가목에도 불구하고 현장심사는 효율적인 심사를 위해 다음의 표본 농가 수 선정기준표에 따라 표본대상자를 선정하여 실시할 수 있다. 다만, 현장심사가 개시된 이후에는 심사 방법을 변경할 수 없으며, 인증기관은 심사 방법 등 처리 절차에 대하여 현장심사 전에 단체 대표자에게 고지하여야 한다.

구성원수(호)	5~15	16~24	25~35	36~48	49~63	64~80	81~99	100~120	121 이상
표본 농가	4 이상	8 이상	10 이상	12 이상	14 이상	16 이상	18 이상	20 이상	20% 이상

㉡ ㉠에도 불구하고 단체 구성원의 전체 신청필지에 대해 신청서의 면적과 품목의 일치 여부, 실제 재배 · 사육 여부, 제초제 사용 여부는 반드시 확인하여야 한다.

㉢ 표본 농가는 친환경 인증관리 정보시스템에서 무작위로 추출한 농가를 대상으로 하되, 서류심사 과정에서 잠재적 부적합 사항이 확인된 농가를 추가 선정할 수 있다.

㉣ 인증심사원이 서류심사와 현장심사를 마친 경우 다음 각호의 서류를 2부씩 작성하여 당사자의 확인을 거쳐 상호 날인한 후 1부는 신청인에게 현장에서 교부하고, 1부는 사무소장 또는 인증기관에 제출하여야 한다.

ⓐ 서류심사와 현장심사 과정에서 농장(포장) 소재지 주소, 재배면적, 사육면적, 사육두수 등 인증 신청 사항 중 변경사항이 확인된 경우 수정사항을 기록한 서류

ⓑ 심사(서류 · 현장) 과정에서 확인된 부적합 사항 및 우려 사항 등을 포함하여 기록한 심사 결과 보고서 또는 요약보고서

③ 심사 결과보고는 1.의 5)에 따라 실시하되, 심사 결과 보고서에 첨부하는 인증심사 자료는 심사한 농가별로 작성하고, 전체 구성원에 대한 서류심사 내역과 2)의 ②의 전체 재배지에 대한 확인 자료를 추가하여야 한다.

④ 심사 결과의 판정

㉠ 전체 구성원을 심사한 경우 구성원별로 각각 적합과 부적합으로 판정한다.

㉡ 표본심사를 하는 경우 심사대상자가 모두 적합한 경우에만 단체에 대해 적합으로 판정하고, 부적합 농가가 발생한 경우에는 단체에 대해 부적합으로 판정한다. 다만, 표본심사 농가는 심사 결과 모두 적합하였으나, 표본심사 대상이 아닌 농가에 대한 서류심사와 2)의 ②에 따라 전체 재배지를 확인한 결과 부적합 사항이 발견된 경우에는 부적합 농가를 제외하고 적합으로 판정할 수 있다.

㉢ ㉡에 따른 표본심사 결과 부적합으로 판정한 단체가 부적합 농가를 제외하고 규칙 제18조(제55조 제1항에서 준용하는 경우를 포함한다)에 따라 재심사를 신청하는 경우 다음 각호의 어느 하나의 방법으로 1회에 한해 재심사를 할 수 있다.

ⓐ 전체 구성원을 대상으로 심사하여 ㉠의 판정기준을 따름
ⓑ 기존 심사한 농가를 제외하고 기존 심사한 표본 농가 수 이상을 심사하여 ②의 판정기준을 따름

5 인증번호 부여 방법(세부실시 요령 제8조 제1항 관련) 세부실시 요령[별표 3]

① 인증번호는 시도별 지정번호(00), 인증 종류(0), 인증서의 발급순번(00000)을 결합하여 일련번호 방식으로 부여한다.

② 시도별 지정번호는 아래와 같다.

시도별 지정번호	비고
서울특별시 (01)	예 서울특별시에서 유기농산물을 첫 번째로 인증받은 경우 – 인증번호 : 01100001
부산광역시 (02)	
대구광역시 (03)	
인천광역시 (04)	
광주광역시 (05)	
대전광역시 (06)	
울산광역시 (07)	
경기도 (10)	예 경기도에서 무농약원료가공식품을 첫 번째로 인증받은 경우 – 인증번호 : 10700001
강원도 (11)	
충청북도 (12)	
충청남도 · 세종특별자치시 (13)	
전라북도 (14)	
전라남도 (15)	
경상북도 (16)	
경상남도 (17)	
제주특별자치도 (18)	
해외 (99)	예 브라질에서 유기가공식품으로 첫 번째로 인증받은 경우 – 인증번호 : 99800001

③ 인증 종류별 번호는 다음 각호와 같다.
㉠ 유기농림산물 : 1
㉡ 유기축산물 및 유기양봉의 산물 · 부산물 : 2
㉢ 무농약농산물 : 3
㉣ 취급자 : 6

ⓜ 무농약원료가공식품 : 7

ⓑ 유기가공식품 : 8

ⓢ 비식용유기가공품(양축용 유기사료 · 반려동물 유기사료) : 9

④ 인증서의 발급 순번은 해당 시도의 인증 종류별 일련번호로 한다. 다만, 취급자 일련번호는 친환경농어업법 제34조에 따른 취급자와 「축산법」 제42조의2에 따른 취급자를 발급 순서대로 부여한다.

6 인증 표시 기준 및 인증정보 표시 방법의 세부 사항 (세부실시 요령 제12조 제1항 관련) 세부실시 요령[별표 4]

❶ 인증품 또는 인증품의 포장·용기에 표시하는 방법

1) 생산, 제조 · 가공자의 표시(예시)

<table>
<tr><th colspan="2">인증품의 표시 사항</th></tr>
<tr><td>
</td><td>• 생산자 : **작목반(김**)
• 품목 : 유기재배 딸기
• 생산지 : 경북 김천시
• 포장장소 : 경북 김천시 용전로 ***
• 전화번호 : ***-****-****</td></tr>
<tr><td colspan="2">인증번호 : ******** </td></tr>
</table>

비고 : 표시 도형은 규칙 별표 6 및 별표 15의 작도법에 따라 인증받은 종류에 맞게 표시하고 그밖의 표시 사항은 규칙 별표 7의 인증정보 표시 방법에 따른다.

2) 취급자의 표시(예시)

<table>
<tr><th colspan="2">인증품의 표시 사항</th></tr>
<tr><td>유 기
(ORGANIC)
농림축산식품부</td><td>• 취급자 : *** 포장센터
• 품목 : 유기재배 딸기
• 생산지 : 경북 김천시
• 포장장소 : 경북 김천시 용전로 ***
• 전화번호 : ***-****-****</td></tr>
<tr><td colspan="2">인증번호 : ********</td></tr>
<tr><td colspan="2">• 생산자 인증번호 : ********

</td></tr>
</table>

비고 : 생산자 인증번호는 인증품을 생산한 생산자의 인증번호를 표시한다. 다만, 2개 이상의 인증품이 혼합된 경우 또는 단일 품목으로 생산자가 연 3회 이상 빈번하게 변경되는 경우에는 해당 인증품의 입 · 출고에 대한 이력 추적이 가능하도록 제조단위번호(인증품 관리번호), 바코드, 「친환경농산물 안심유통시스템」을 통한 유통표준코드 또는 QR코드(Quick Response Code) 등의 식별 체계로 표시할 수 있다.

3) 유기가공식품 · 비식용유기가공품 중 별표 1 제4호 나목 2)와 제5호 나목 3)에 따라 비유기 원료를 사용한 제품의 표시 방법

① 원재료명 및 함량 표시란에 유기농축산물의 총함량 또는 원료별 함량을 백분율(%)로 표시하여야 한다.

② 비유기 원료를 제품 명칭으로 사용할 수 없다. 다만, 식품의약품안전처장이 고시한 「식품등의 표시 기준」 등에 부합되고, 국립농산물품질관리원장이 소비자의 혼돈을 초래하지 않는 것으로 인정하는 경우에는 그러하지 아니하다.

③ 유기 70%로 표시하는 제품은 주 표시면에 "유기 70%" 또는 이와 같은 의미의 문구를 소비자가 알아보기 쉽게 표시(각 글자 크기는 동일하게 하여야 한다)하되, 제품명 또는 제품명의 일부에 유기 또는 이와 같은 의미의 글자를 표시할 수 없다.

② 납품서, 거래명세서, 보증서 등에 표시하는 방법(예시)

거래명세서						
공급 받는자	등록번호	***-**-*****	공급자	등록번호	***-**-*****	
	업체명	**친환경유통		업체명	**친환경작목반(인)	
	전화번호	***-***-****		전화번호	***-***-****	
	사업장주소	경북 김천시 용전로 ***		포장장소	경북 김천시 용전로 ***	
거래일자	품목	규격	수량	인증번호	인증기관	
2013.6.2	유기농배추	포기	100	********	유기농	

비고 : 공급하는 자와 공급받는 자의 명칭, 거래품목, 거래수량, 거래일이 기재되어 있는 일반적인 거래명세서에 인증 종류, 인증번호를 추가하여 기재한다.

③ 표시판 또는 푯말로 표시하는 방법(예시)은 제1호와 제2호의 표시 방법(예시)을 준용한다.

④ 원재료 함량에 따라 유기로 표시하는 방법은 다음과 같다.

구분	인증품		비인증품 (제한적 유기표시 제품)	
	유기 원료 95% 이상	유기 원료 70% 이상(유기가공식품 · 반려동물사료)	유기 원료 70% 이상	유기 원료 70% 미만 (특정 원료)
유기 인증로고의 표시	○	×	×	×
제품명 또는 제품명의 일부에 유기 또는 이와 같은 의미의 글자 표시	○	×	×	×
주 표시면에 유기 또는 이와 같은 의미의 글자 표시	○	○	×	×
주 표시면 이외의 표시면에 유기 또는 이와 같은 의미의 글자 표시	○	○	○	×
원재료명 표시란에 유기 또는 이와 같은 의미의 글자 표시	○	○	○	○

비고 : 유기 원료는 규칙 별표 8 제1호 가목의 원재료를 말하며, 이 표에서 사용하는 제품명, 주 표시면, 원재료명의 정의 또는 의미는 식품의약품안전처장이 고시한 식품등의 표시 기준 또는 농림식품부장관이 고시한 사료 등의 기준 및 규격(유기사료에 한함)을 준용한다.

⑤ 인증기관 및 인증번호의 변경에 따른 기존 포장재의 사용기간

① 인증기관 또는 인증번호가 변경된 경우에는 인증품의 포장에 변경된 사항을 표시하여야 한다.
② 가목에도 불구하고 기존에 제작된 포장재 재고량이 남아 있는 경우에는 포장재 재고량 및 그 사용기간에 대해 인증기관(인증기관이 변경된 경우 변경된 인증기관을 말함)의 승인을 받아 기존에 제작된 포장재를 사용할 수 있다. 이 경우 인증사업자는 인증기관이 승인한 문서를 비치하여야 한다.

7 인증품등의 사후관리 조사 요령 (세부실시 요령 제14조 제1항 관련) 세부실시 요령[별표 5]

① 생산과정 조사

① 사무소장 또는 인증기관은 인증서 교부 이후 인증을 받은 자의 농장소재지 또는 작업장 소재지를 방문하여 생산과정 조사를 실시하여야 한다.
② 조사 종류별 조사 주기 및 조사 대상은 다음 각호와 같다.
  ㉠ 정기조사 : 인증기관은 각 인증 건별로 인증서 교부일부터 10개월이 지나기 전까지 1회 이상의 생산과정 조사를 실시한다. 단체 인증의 경우 별표 2 제2호 표본 농가 수 이상을 조사한 경우 1회 조사로 간주하며, ㉡부터 ㉣까지의 조사는 정기조사 횟수에 포함하지 않는다.
  ㉡ 수시조사 : 사무소장은 인증사업자의 위반 사실에 대한 신고·민원 등을 접수하거나 관계기관으로부터 위반 사실을 통보받으면 해당 인증사업자에 대한 생산과정 조사를 실시한다. 이 경우 해당 인증기관으로 하여금 관련 조사에 참여하게 할 수 있다.
  ㉢ 특별조사 : 사무소장 또는 인증기관은 국립농산물품질관리원장이 필요하다고 인정하여 생산과정 조사를 지시하는 경우 특별조사를 실시한다.
  ㉣ 불시심사 : 인증기관은 규칙 제41조 제5항 각호에 해당하는 인증사업자에 대해 불시심사를 실시한다.
③ 생산과정 조사의 신뢰도가 낮아지지 않도록 조사 대상, 조사 시간, 이동 거리 등을 감안하여 인증기관에서는 1일 조사 대상 인증사업자 수를 적정하게 선정하여 조사하여야 한다.
④ 조사 시기는 해당 농산물의 생육기간(축산물은 사육기간) 또는 생산기간 중에 실시하되 가급적 인증기준 위반의 우려가 가장 높은 시기(일반 재배에서 농약을 주로 사용하는 시기 등)에 실시하되 인증 갱신신청서가 접수되기 이전에 조사를 완료하여야 한다.
⑤ 조사 항목별 세부조사 내용은 다음과 같다.
  ㉠ 경영 관련 자료를 기록하고 있는지를 확인한다.
  ㉡ 인증품의 출하 내역을 확인한다.

㉢ 인증품의 표시 사항이 적정한지 여부를 확인한다.
㉣ 금지물질의 구입, 보관 및 사용 여부를 확인한다.
㉤ 항목별 인증기준의 준수 여부를 확인한다.
㉥ 인증심사 시 제출한 이행계획서의 실행 여부를 확인한다.
㉦ 제조·가공자 및 취급자의 경우 원료 농산물 또는 축산물의 표본을 선정하여 생산자가 실제 출하하였는지 여부를 확인한다.

⑥ 조사원은 나목의 조사과정에서 필요한 경우 별표 2 제1호 다목 5)부터 9)까지의 규정을 준용하여 합성농약·동물용 의약품, GMO 등 잔류물질(이하 "금지물질"이라 한다) 검사를 실시할 수 있다. 다음 각호에 해당하는 경우에는 검사를 실시하여야 한다.
㉠ 최근 1년 이내에 생산물에서 금지물질이 검출된 경우
㉡ 합성농약 등 비허용 물질 사용 흔적의 발견 등 인증기준 위반 개연성이 있는 경우
㉢ 검사 대상에 해당되나 인증심사 시 생육 중인 가축으로 시료 수거가 가능하지 않아 검사하지 않은 경우(축산물에 한함)

⑦ 인증기관은 당해 연도 생산과정 조사 대상 건의 5% 이상에 대해 인증사업자에게 조사 사실을 미리 알리지 않고 생산과정 조사(불고지 조사)를 실시하여야 한다. 이 경우 조사 대상자의 선정은 최근 3년 이내 인증기준 위반이 있었거나 잔류물질이 검출된 적이 있는 등 위험도가 높은 인증 건을 위주로 선정한다.

⑧ 국립농산물품질관리원장 또는 지원장은 사무소장으로 하여금 인증사업자 면담 및 관련 보고서 검토 등의 방법으로 인증심사원이 인증품 사후관리 요령과 인증심사의 절차 및 방법을 준수하였는지를 확인하게 할 수 있다.

② 유통과정조사

① 사무소장은 인증품등의 판매장·취급작업장을 방문하여 인증품등의 유통과정 조사를 실시한다.
② 사무소장은 전년도 조사업체 내역, 인증품등 유통실태 조사 등을 통해 관내 인증품등 유통업체 목록을 친환경 인증관리 정보시스템에 등록·관리한다.
③ 조사 종류별 조사 주기 및 조사 대상은 다음 각호와 같다.
㉠ 정기조사 : 조사 주기는 ②에 따라 등록된 유통업체(취급인증사업자 포함) 중 조사 필요성이 있는 업체를 대상으로 연 2회 이상 자체 조사계획을 수립하여 실시
㉡ 수시조사 : 국립농산물품질관리원장(지원장·사무소장을 포함한다)이 특정 업체(온라인·통신판매 등을 포함한다)의 위반 사실에 대한 신고가 접수되는 등 정기조사 외에 조사가 필요한 것으로 판단되는 경우 실시
㉢ 특별조사 : 국립농산물품질관리원장이 인증기준 위반 우려 등을 고려하여 실시
④ 조사 시기는 가급적 인증품등의 유통 물량이 많은 시기에 실시하고 최근 1년 이내에 행정처분을 받았거나 인증품등 부정 유통으로 적발된 업체가 인증품등을 취급하는 경우에는 행정처분

일로부터 1년 이내에 유통과정 조사를 실시한다.

⑤ 항목별 세부 조사 사항은 다음과 같다.

㉠ 인증품등의 표시 사항이 적정한지 여부를 확인한다.

㉡ 인증품등의 구매 내역 및 판매 내역이 일치하는지 여부를 확인한다.

㉢ 취급 중인 인증품등의 표본을 선정하여 산지에서 실제 출하 여부를 확인한다.

㉣ 인증이 취소된 인증품, 표시사용정지 중인 인증품이 유통되는지 여부를 확인한다.

㉤ 인증품등이 아닌 제품을 인증품등으로 표시 · 광고하거나 인증품에 인증품이 아닌 제품을 혼합하여 판매하거나 판매할 목적으로 보관 · 운반 또는 진열하는지 여부를 확인한다.

㉥ 수입 인증품의 경우 법 제23조의2에 따라 적법하게 유기식품등의 신고를 완료한 인증품인지 여부를 확인한다.

⑥ 조사원은 다목의 조사과정에서 필요한 경우 별표 2 제1호 다목 5)부터 9)까지의 규정을 준용하여 합성농약 · 동물용 의약품, GMO 등 잔류물질(이하 "금지물질"이라 한다) 검사를 실시할 수 있다. 다음 각호에 해당하는 경우에는 검사를 실시하여야 한다.

㉠ 최근 1년 이내에 해당 업체에서 취급 중인 인증품등에서 유해잔류물질이 검출된 경우

㉡ 최근 1년 이내에 행정처분을 받았거나 인증품등 부정 유통으로 적발된 업체의 인증품등을 취급하는 경우

과년도

기출문제

2020년 1, 2회 통합

유기농업기사 기출문제

제1과목 재배원론

01 작물 수량 삼각형에서 수량 증대 극대화를 위한 요인으로 가장 거리가 먼 것은?

① 유전성 ② 재배기술
③ 환경조건 ④ 원산지

해설 작물의 재배이론
- 작물생산량은 재배작물의 유전성, 재배환경, 재배기술이 좌우한다.
- 환경, 기술, 유전성의 세 변으로 구성된 삼각형 면적으로 표시되며 최대 수량의 생산은 좋은 환경과 유전성이 우수한 품종, 적절한 재배기술이 필요하다.
- 작물수량 삼각형에서 삼각형의 면적은 생산량을 의미하며 면적의 증가는 유전성, 재배환경, 재배기술의 세 변이 고르고 균형 있게 발달하여야 면적이 증가하며, 삼각형의 두 변이 잘 발달하였더라도 한 변이 발달하지 못하면 면적은 작아지게 되며 여기에도 최소율의 법칙이 적용된다.

02 다음 중 산성토양에 적응성이 가장 강한 것은?

① 부추 ② 시금치
③ 콩 ④ 감자

해설 산성토양에 대한 작물의 적응성
- 극히 강한 것 : 벼, 밭벼, 귀리, 토란, 아마, 기장, 땅콩, 감자, 수박 등
- 강한 것 : 메밀, 옥수수, 목화, 당근, 오이, 완두, 호박, 토마토, 밀, 조, 고구마, 담배 등
- 약간 강한 것 : 유채, 파, 무 등
- 약한 것 : 보리, 클로버, 양배추, 근대, 가지, 삼, 겨자, 고추, 완두, 상추 등
- 가장 약한 것 : 알팔파, 콩, 자운영, 시금치, 사탕무, 셀러리, 부추, 양파 등

03 다음 중 벼에서 장해형 냉해를 가장 받기 쉬운 생육시기는?

① 묘대기 ② 최고분열기
③ 감수분열기 ④ 출수기

해설 장해형 냉해
- 유수형성기부터 개화기 사이, 특히 생식세포의 감수분열기에 냉온의 영향을 받아서 생식기관이 정상적으로 형성되지 못하거나 또는 꽃가루의 방출 및 수정에 장해를 일으켜 결국 불임현상이 초래되는 유형의 냉해이다.
- 타페트 세포(tapetal cell)의 이상비대는 장해형 냉해의 좋은 예이며, 품종이나 작물의 냉해 저항성의 기준이 되기도 한다.

04 작물의 기원지가 중국지역인 것으로만 나열된 것은?

① 조, 피 ② 참깨, 벼
③ 완두, 삼 ④ 옥수수, 고구마

해설 주요 작물 재배기원 중심지

지역	주요 작물
중국	6조보리, 조, 메밀, 콩, 팥, 마, 인삼, 배나무, 복숭아 등
인도, 동남아시아	벼, 참깨, 사탕수수, 왕골, 오이, 박, 가지, 생강 등
중앙아시아	귀리, 기장, 삼, 당근, 양파 등
코카서스, 중동	1립계와 2립계의 밀, 보리, 귀리, 알팔파, 사과, 배, 양앵두 등
지중해 연안	완두, 유채, 사탕무, 양귀비 등
중앙아프리카	진주조, 수수, 수박, 참외 등
멕시코, 중앙아메리카	옥수수, 고구마, 두류, 후추, 육지면, 카카오 등
남아메리카	감자, 담배, 땅콩 등

정답 01 ④ 02 ④ 03 ③ 04 ①

05 벼의 수량 구성요소로 가장 옳은 것은?

① 단위면적당 수수×1수영화수×등숙비율×1립중
② 식물체 수×입모율×등숙비율×1립중
③ 감수분열기 기간×1수영화수×식물체 수×1립중
④ 1수영화수×등숙비율×식물체 수

해설 벼수량 구성 4요소
- 벼수량은 수수(단위면적당 이삭수)와 1수 영화수(이삭당 이삭꽃 수), 등숙비율, 현미 1립중(낟알무게)의 곱으로 이루어지며 이를 수량 구성 4요소라 한다.
- 수량=단위면적당 이삭수×이삭당 이삭꽃 수×등숙비율×낟알무게

06 작물의 영양기관에 대한 분류가 잘못된 것은?

① 인경 - 마늘 ② 괴근 - 고구마
③ 구경 - 감자 ④ 지하경 - 생강

해설 ① 줄기(莖, stem)
- 지상경(地上莖) 또는 지조(枝條) : 사탕수수, 포도나무, 사과나무, 귤나무, 모시풀 등
- 근경(根莖, 땅속줄기; rhizome) : 생강, 연, 박하, 호프 등
- 괴경(塊莖, 덩이줄기; tuber) : 감자, 토란, 돼지감자 등
- 구경(球莖, 알줄기; corm) : 글라디올러스 등
- 인경(鱗莖, 비늘줄기; bulb) : 나리, 마늘 등
- 흡지(吸枝, sucker) : 박하, 모시풀 등

② 뿌리
- 지근(枝根, rootlet) : 부추, 고사리, 닥나무 등
- 괴근(塊根, 덩이뿌리; tuberous root) : 고구마, 마, 달리아 등

07 박과채소류 접목의 특징으로 가장 거리가 먼 것은?

① 당도가 증가한다.
② 기형과가 많이 발생한다.
③ 흰가루병에 약하다.
④ 흡비력이 강해진다.

해설 박과채소류 접목

① 장점
- 토양전염성 병의 발생을 억제한다.(수박, 오이, 참외의 덩굴쪼김병)
- 불량환경에 대한 내성이 증대된다.
- 흡비력이 증대된다.
- 과습에 잘 견딘다.
- 과실의 품질이 우수해진다.

② 단점
- 질소의 과다흡수 우려가 있다.
- 기형과 발생이 많아진다.
- 당도가 떨어진다.
- 흰가루병에 약하다.

08 목초의 하고(夏枯) 유인과 가장 거리가 먼 것은?

① 고온 ② 건조
③ 잡초 ④ 단일

해설 목초 하고현상의 원인 : 고온, 건조, 장일, 병충해, 잡초

09 고립상태일 때 광포화점이 가장 높은 것은?

① 감자 ② 옥수수
③ 강낭콩 ④ 귀리

해설 고립상태일 때 작물의 광포화점

(단위 : %, 조사광량에 대한 비율)

작물	광포화점
음생식물	10 정도
구약나물	25 정도
콩	20~23
감자, 담배, 강낭콩, 해바라기, 보리, 귀리	30 정도
벼, 목화	40~50
밀, 알팔파	50 정도
고구마, 사탕무, 무, 사과나무	40~60
옥수수	80~100

10 용도에 따른 분류에서 공예작물이며, 전분작물로만 나열된 것은?

① 고구마, 감자 ② 사탕무, 유채
③ 사탕수수, 왕골 ④ 삼, 닥나무

정답 05 ① 06 ③ 07 ① 08 ④ 09 ② 10 ①

해설 공예작물(工藝作物, =특용작물(特用作物); industrial crop)

- 유료작물(油料作物, oil crop) : 참깨, 들깨, 아주까리, 유채, 해바라기, 콩, 땅콩 등
- 섬유작물(纖維作物, fiber crop) : 목화, 삼, 모시풀, 아마, 왕골, 수세미, 닥나무 등
- 전분작물(澱粉作物, starch crop) : 옥수수, 감자, 고구마 등
- 당료작물(糖料作物, sugar crop) : 사탕수수, 사탕무, 단수수, 스테비아 등
- 약용작물(藥用作物, medicinal crop) : 제충국, 인삼, 박하, 홉 등
- 기호작물(嗜好作物, stimulant crop) : 차, 담배 등

11 다음 중 내염성 정도가 가장 강한 것은?

① 완두 ② 고구마
③ 유채 ④ 감자

해설 작물의 내염성 정도

	밭작물	과수
강	사탕무, 유채, 양배추, 목화	
중	알팔파, 토마토, 수수, 보리, 벼, 밀, 호밀, 아스파라거스, 시금치, 양파, 호박	무화과, 포도, 올리브
약	완두, 셀러리, 고구마, 감자, 가지, 녹두	배, 살구, 복숭아, 귤, 사과

12 다음 중 작물의 요수량이 가장 작은 것은?

① 호박 ② 옥수수
③ 클로버 ④ 완두

해설
- 작물의 요수량 : 흰명아주>호박>알팔파>클로버>완두>오이>목화>감자>귀리>보리>밀>옥수수>수수>기장
- 수수, 옥수수, 기장 등은 작고 호박, 알팔파, 클로버 등은 크다. 일반적으로 요수량이 작은 작물일수록 내한성(耐旱性)이 크나, 옥수수, 알팔파 등에서는 상반되는 경우도 있다.

13 감온형에 해당하는 작물은?

① 벼 만생종 ② 그루조
③ 올콩 ④ 가을메밀

해설 우리나라 주요 작물의 기상생태형

작물	감온형(blT형)	감광형(bLt형)
벼	조생종	만생종
	북부	중남부
콩	올콩	그루콩
	북부	중남부
조	봄조	그루조
	서북부, 중부산간지	중부의 평야, 남부
메밀	여름메밀	가을메밀
	서북부, 중부산간지	중부의 평야, 남부

14 작물의 특징에 대한 설명으로 가장 거리가 먼 것은?

① 이용성과 경제성이 높아야 한다.
② 일반적인 작물의 이용 목적은 식물체의 특정 부위가 아닌 식물체 전체이다.
③ 작물은 대부분 일종의 기형식물에 해당된다.
④ 야생식물들보다 일반적으로 생존력이 약하다.

해설 재배식물
- 기원은 매우 오래되었으며 야생종에서 점차 순화된 것들이 대부분이다.
- 야생식물을 기르는 일에서 농경은 시작되었으며 그중 이용성과 경제성이 높은 식물을 재배식물(crops, cultivated plant)이라 하며 또 농업상 작물이라 한다.
- 인간은 이러한 식물을 이용목적에 맞게 개량, 보호해 왔으며 그 결과 식물은 인간이 원하는 부분만 이상 발달하고 불필요로 하는 부분은 퇴화되었다.
- 재배식물들은 야생의 원형과는 다르게 특수한 부분만 매우 발달하여 원형과 비교하면 기형식물이라 할 수 있다.

15 콩의 초형에서 수광태세가 좋아지고 밀식적용성이 커지는 조건으로 가장 거리가 먼 것은?

① 잎자루가 짧고 일어선다.
② 도복이 안 되며, 가지가 짧다.
③ 꼬투리가 원줄기에 적게 달린다.
④ 잎이 작고 가늘다.

정답 11 ③ 12 ② 13 ③ 14 ② 15 ③

해설 수광태세가 좋은 콩의 초형

- 키가 크고 도복이 안 되며 가지를 적게 치고 가지가 짧다.
- 꼬투리가 원줄기에 많이 달리고 밑까지 착생한다.
- 잎자루(葉柄)가 짧고 일어선다.
- 잎이 작고 가늘다.

16 다음 중 중일성 식물은?

① 코스모스 ② 토마토
③ 나팔꽃 ④ 시금치

해설 ① 장일식물(長日植物, LDP; long-day plant)

- 보통 16~18시간의 장일상태에서 화성이 유도, 촉진되는 식물로, 단일상태는 개화를 저해한다.
- 최적일장 및 유도일장 주체는 장일측, 한계일장은 단일측에 있다.
- 추파맥류, 시금치, 양파, 상추, 아마, 아주까리, 감자 등

② 단일식물(短日植物, SDP; short-day plant)

- 보통 8~10시간의 단일상태에서 화성이 유도, 촉진되며 장일상태는 이를 저해한다.
- 최적일장 및 유도일장의 주체는 단일측, 한계일장은 장일측에 있다.
- 국화, 콩, 담배, 들깨, 조, 기장, 피, 옥수수, 아마, 호박, 오이, 늦벼, 나팔꽃 등

③ 중성식물(中性植物, day-neutral plant)

- 일정한 한계일장이 없이 넓은 범위의 일장에서 개화하는 식물로 화성이 일장에 영향을 받지 않는다고 할 수도 있다.
- 강낭콩, 가지, 토마토, 당근, 셀러리 등

17 다음 중 비료를 엽면시비할 때 흡수가 가장 잘 되는 조건은?

① 미산성 용액 살포
② 밤에 살포
③ 잎의 표면에 살포
④ 하위 잎에 살포

해설 엽면시비 시 흡수에 영향을 미치는 요인

- 잎의 표면보다는 이면이 흡수가 더 잘된다.
- 잎의 호흡작용이 왕성할 때 흡수가 더 잘되므로 가지 또는 정부에 가까운 잎에서 흡수율이 높고 노엽보다는 성엽이, 밤보다는 낮에 흡수가 더 잘된다.
- 살포액의 pH는 미산성이 흡수가 잘된다.
- 살포액에 전착제를 가용하면 흡수가 조장된다.
- 작물에 피해가 나타나지 않는 범위 내에서 농도가 높을 때 흡수가 빠르다.
- 석회의 시용은 흡수를 억제하고 고농도 살포의 해를 경감한다.
- 작물의 생리작용이 왕성한 기상조건에서 흡수가 빠르다.

18 (가)에 알맞은 내용은?

> 제현과 현백을 합하여 벼에서 백미를 만드는 전 과정을 (가)(이)라고 한다.

① 지대 ② 마대
③ 도정 ④ 수확

해설 쌀의 도정

- 벼의 과피인 왕겨를 제거하면 현미가 되고 현미에서 종피와 호분층을 제거하면 백미가 된다.
- 도정이란 생산된 쌀을 식용 및 가공용으로 이용하기 좋게 쌀겨층을 깎아내는 것이다.
- 도정과정 : 원료(정조) → 정선 → 제현 → 현미 분리 → 현백 → 싸라기 분리 → 백미(제품)

19 다음 중 합성된 옥신은?

① IAA ② NAA
③ IAN ④ PAA

해설 식물생장조절제의 종류

구분		종류
옥신류	천연	IAA, IAN, PAA
	합성	NAA, IBA, 2,4-D, 2,4,5-T, PCPA, MCPA, BNOA
지베렐린	천연	GA_2, GA_3, GA_{4+7}, GA_{55}
시토키닌류	천연	IPA, 제아틴(zeatin)
	합성	BA, 키네틴(kinetin)
에틸렌	천연	C_2H_4
	합성	에세폰(ethephon)
생장억제제	천연	ABA, 페놀
	합성	CCC, B-9, Phosphon-D, AMO-1618, MH-30

정답 16 ② 17 ① 18 ③ 19 ②

20 다음 중 파종 시 작물의 복토깊이가 0.5~1.0cm에 해당하는 것은?

① 고추 ② 감자
③ 토란 ④ 생강

해설
- 복토 깊이는 종자의 크기, 발아 습성, 토양의 조건, 기후 등에 따라 달라진다.
- 볍씨를 물못자리에 파종하는 경우 복토를 하지 않는다.
- 소립 종자는 얕게, 대립 종자는 깊게 하며, 보통 종자 크기의 2~3배 정도 복토한다.
- 혐광성 종자는 깊게 하고, 광발아 종자는 얕게 복토하거나 하지 않는다.
- 점질토는 얕게 하고, 경토는 깊게 복토한다.
- 토양이 습윤한 경우 얕게 하고, 건조한 경우는 깊게 복토한다.
- 저온 또는 고온에서는 깊게 하고, 적온에서는 얕게 복토한다.

제2과목 토양특성 및 관리

21 아래 반응에 따른 직접적인 결과로 옳은 것은?

$$CaH_4(PO_4)_2 + 2CaCO_3 \rightarrow Ca_3(PO_4)_2 + 2H_2O + 2CO_2$$

① 토양의 산성화
② 가용성 인산의 감소
③ 인산 용탈에 의한 손실 증가
④ 이산화탄소 발생에 따른 작물 피해

해설 인산의 유효도는 토양 pH에 영향을 많이 받으며, pH가 높은 토양에서는 Ca와 결합하여 인산3석회를 형성하게 되며, 석회질 토양에 시용된 가용성 인산은 다음과 같이 점차 용해되기 어려운 형태로 된다.

$Ca(H_2PO_4)_2$ → $CaHPO_4$ → $Ca_3(PO_4)_2$
인산1석회 인산2석회 인산3석회

→ $Ca_4H(PO_4)_3$ → $Ca_5(PO_4)_3 \circ OH$
인산4석회 수산화인화석

22 다음 중 정적토에 해당하는 것은?

① 이탄토 ② 붕적토
③ 수적토 ④ 선상퇴토

해설 정적토
- 암석이 풍화작용을 받은 자리에 그대로 남아 퇴적되어 생성 발달한 토양으로 암석 조각이 많고 하층일수록 미분해 물질이 많은 특징이 있으며 잔적토와 유기물이 제자리에서 퇴적된 이탄토가 있다.
- 풍화작용을 받게 되는 기간이 운적토에 비해 길다.
- 잔적토 : 정적토의 대부분을 차지하며 암석의 풍화산물 중 가용성인 것들은 용탈되고 남아 있는 것이 제자리에 퇴적된 것으로 우리나라 산지의 토양이 해당된다.
- 이탄토 : 습지, 얕은 호수에서 식물의 유체가 암석의 풍화산물과 섞여 이루어졌으며, 산소가 부족한 환원상태에서 유기물이 분해되지 않고 장기간에 걸쳐 쌓여 많은 이탄이 만들어지는데 이런 곳을 이탄지라 한다.

23 식초산석회와 같은 약산의 염으로 용출되는 수소이온에 기인한 토양의 산성을 무엇이라 하는가?

① 활산성 ② 가수산성
③ 치환산성 ④ 잔류산성

해설 활산성과 잠산성
- 활산성(活酸性, active acidity) : 토양용액에 들어 있는 H^+에 기인하는 산성을 활산성이라하며, 식물에 직접 해를 끼친다.
- 잠산성(潛酸性, =치환산성; exchange acidity) : 토양 교질물에 흡착된 H^+과 Al이온에 기인하는 산성을 말한다.
- 가수산성(加水酸性, hydrolytical acidity) : 아세트산칼슘[Ca-acetate, $(CH_3COO)_2Ca$]과 같은 약산염의 용액으로 침출한 액에 용출된 수소이온에 기인된 산성을 말한다.

24 토양유기물의 기능으로 옳지 않은 것은?

① 토양의 보수력을 감소시킨다.
② 토양의 입단화를 향상시킨다.
③ 토양의 양이온교환용량(CEC)을 증가시킨다.
④ 식물의 생육에 필요한 영양분을 공급해 준다.

정답 20 ① 21 ② 22 ① 23 ② 24 ①

해설 토양유기물의 기능
- 암석의 분해 촉진(흙)
- 양분의 공급(N, P, K, Ca, Mg)
- 대기 중의 이산화탄소 공급
- 생장촉진 물질 생성
- 입단의 형성(보수, 보비력 증대)
- 토양의 완충능력 증대
- 미생물 번식 조장
- 토양 보호
- 지온 상승

25 양분 공급량이 증가함에 따라 작물의 수확량이 증가하지만 어느 정도에 도달하면 일정해지고, 그 한계를 넘으면 수확량이 다시 점차 증가하는 현상을 일컫는 말은?

① 우세의 원리
② 울프의 법칙
③ 보수점감의 법칙
④ 최소흡수의 법칙

해설 수량점감의 법칙(=보수점감의 법칙) : 비료의 시용량에 따라 일정 한계까지는 수량이 크게 증가하지만 어느 한계 이상으로 시비량이 많아지면 수량의 증가량은 점점 작아지고 마침내 시비량이 증가해도 수량은 증가하지 않는 상태에 도달한다는 것을 수량점감의 법칙이라 한다.

26 시설재배지 토양의 염류경감 방법으로 적당하지 않은 것은?

① 담수
② 제염작물재배
③ 심토반전, 환토, 성토, 객토
④ 작물별 노지 표준시비량에 따른 시비

해설 작물별 노지 표준시비량에 따른 시비가 아닌 시설재배 표준시비량에 맞게 시비한다.

27 탄소 함량이 40%이고, 질소 함량이 0.5%인 볏짚 100kg을 C/N율이 10이고, 탄소동화율이 30%인 미생물이 분해시킬 때 식물이 질소기아를 나타내지 않게 하려면 몇 kg의 질소를 가하여 주어야 하는가?

① 0.1kg ② 0.3kg
③ 0.5kg ④ 0.7kg

해설 첨가하는 질소량=(재료의 탄소 함량×탄소동화율)÷교정하려는 C/N율-재료의 질소 함량
=(40kg×0.3)÷10-0.5kg=0.7kg

28 토양의 pH가 5일 때 토양용액 중에 가장 많이 존재하는 인의 형태는?

① H_3PO_4 ② HPO_4^{2-}
③ $H_2PO_4^-$ ④ PO_4^{3-}

해설 토양 용액 중 인산이온은 $H_2PO_4^-$ 와 HPO_4^{2-} 이며 비율은 토양 pH에 따라 다르며 pH6 이하의 토양에서는 $H_2PO_4^-$가 대부분을 차지한다.

29 토양의 유기물 유지 방법 또는 그 필요성에 대한 설명으로 옳지 않은 것은?

① 토양에 가해진 퇴비는 그 전량이 부식물질이 된다.
② 유기물을 시용할 때 발토양은 논토양보다 유기물의 분해가 왕성하다는 것을 고려해야 한다.
③ 필요 이상으로 땅을 갈지 말아야 한다.
④ 토양으로부터 식물의 유체를 제거하지 않고 동물의 분뇨나 퇴비 등을 꾸준히 첨가하여야 한다.

해설 토양에 가해진 모든 유기물이 부식물질로 되는 것은 아니다.

30 균근의 기능이 아닌 것은?

① 한발에 대한 저항성 증가
② 인산의 흡수 증가
③ 토양의 입단화 촉진

정답 25 ③ 26 ④ 27 ④ 28 ③ 29 ① 30 ④

④ 식물체에 탄수화물 공급

해설 균근의 기능
- 한발에 대한 저항성 증가
- 인산의 흡수 증가
- 토양입단화 촉진

31 총수분퍼텐셜이 0.1MPa로 동일하다면 토양의 중량 수분 함량이 가장 많은 토양은?

① 식토 ② 사양토
③ 사질 식양토 ④ 미사질 양토

해설 ① 수분퍼텐셜(ψ_w)=삼투퍼텐셜(ψ_s)+압력퍼텐셜(ψ_p)+매트릭퍼텐셜(ψ_m)

② 메트릭퍼텐셜(ψ_m)
- 교질물질과 식물세포의 표면에 대한 물의 흡착친화력에 의해 나타나는 퍼텐셜에너지이다.
- 항상 음(-)값을 가진다.
- 토양의 수분퍼텐셜의 결정에 매우 중요하다.

③ 매트릭퍼텐셜은 (-)값을 가지므로 토양이 건조할수록 장력이 커지고 수분퍼텐셜은 낮아진다. 매트릭퍼텐셜 값이 낮고 수분 함량이 증가하면 매트릭퍼텐셜도 증가하므로 토양의 수분항수에 따른 매트릭퍼텐셜은 포장용수량에서 가장 높다. 따라서 수분 보유량이 가장 많은 식토가 가장 많다.

32 환원조건에서 탈질과정으로부터 자유로운 질소 화합물 형태는?

① NO_3^- ② NH_4^+
③ NO_2^- ④ NO

해설 논토양에서의 탈질 현상
① 비료로 사용한 암모니아 또는 토양 유기물이 분해하여 생긴 암모니아
- 환원 상태의 논토양에서 암모늄태(NH_4^+)로 안정하게 존재한다.
- 논토양의 산화층에서 암모늄태질소도 질산화 작용에 의하여 질산태질소(NO_3^-)로 산화된다.

② 음이온인 NO_3^-는 환원층으로 이행되고, 여기서 질산환원균에 의하여 환원되므로 탈질 현상이 일어나 질소가 손실된다.

③ 암모늄태(NH_4^+) 질소 비료를 논에 시용할 때에는 탈질 현상을 막기 위하여, 될 수 있는 대로 환원층에 들어가도록 전층시비(심층시비), 환원층 시비를 하는 것이 비료의 이용률을 높이는 시비법이 된다.

33 건조한 토양 1000g에 Ca^{2+}, 2cmol$_c$/kg이 치환위치에 있다면 가장 효과적으로 치환할 수 있는 조건을 가진 물질과 농도는 다음 중 어떤 것인가?

① $Al^{3+}, 1cmol_c/kg$
② $Mg^{2+}, 2cmol_c/kg$
③ $Na^+, 1cmol_c/kg$
④ $K^+, 2cmol_c/kg$

해설
- 용액 속 양이온의 농도가 높을수록, 원자가가 큰 양이온일수록 토양에 흡착되기 쉬우며, 원자가가 같으면 수화된 원자 직경이 작을수록 콜로이드 입자 표면에 가까이 이동하여 강하게 흡착한다.
- 우리나라와 같이 비가 많이 오는 지방 토양에는 일반적으로 H^+, Na^+이 제일 많고 다음이 Mg^{2+}이며, K^+, Na^+은 적은 것이 보통이다.

34 석회물질과 혼용하여도 문제가 없는 비료는?

① $(NH_2)_2CO$ ② $(NH_4)_2SO_4$
③ KNO_3 ④ NH_4Cl

해설 비료의 배합이 불리한 경우
- 암모늄태질소가 들어 있는 비료와 염기성 비료를 배합하면 암모니아가 날아간다.
- 수용성 인산이 들어 있는 비료에 석회질비료를 배합하면 안산이 불용화된다.
- 요소를 유박과 섞어서 오래 두면 요소의 가수분해로 암모니아가 날아간다.
- 질산태질소 비료에 산성비료를 배합하면 질소는 가스로 날아간다.
- 흡습성이 비교적 큰 비료를 배합원료로 하거나 칼슘이 들어있는 비료와 질산 또는 염소를 가진 비료를 섞으면 흡습성이 더욱 커진다.

정답 31 ① 32 ② 33 ② 34 ③

35 **대기에 비해 토양공기 중의 탄산가스와 산소의 농도를 비교한 것으로 옳은 것은?**

① 탄산가스와 산소의 농도 둘 다 높다.
② 탄산가스와 산소의 농도 둘 다 낮다.
③ 탄산가스 농도가 낮고 산소의 농도는 높다.
④ 탄산가스 농도가 높고 산소의 농도는 낮다.

해설 토양공기의 조성
- 토양 중 공기의 조성은 대기에 비하여 이산화탄소의 농도가 몇 배나 높고, 산소의 농도는 훨씬 낮다.
- 토양 속으로 깊이 들어갈수록 이산화탄소의 농도는 점차 높아지고 산소의 농도가 감소하여 약 150cm 이하로 깊어지면 이산화탄소의 농도가 산소의 농도보다 오히려 높아진다.
- 토양 내에서 유기물의 분해 및 뿌리나 미생물의 호흡에 의해 산소는 소모되고 이산화탄소는 배출되는데, 대기와의 가스교환이 더뎌 산소가 적어지고 이산화탄소가 많아진다.

36 **토양생성에 관여하는 주요 5가지 요인으로 나열된 것은?**

① 모재, 부식, 기후, 수분, 지형
② 모재, 지형, 식생, 부식, 기후
③ 모재, 기후, 시간, 지형, 부식
④ 모재, 지형, 기후, 식생, 시간

해설 토양의 생성에 주된 인자는 기후, 식생, 모재, 지형, 시간이다.

37 **토양 생성 인자들의 영향에 대한 설명으로 옳지 않은 것은?**

① 경사도가 급한 지형에서는 토심이 깊은 토양이 생성된다.
② 초지에서는 유기물이 축적된 어두운 색의 A층이 발달한다.
③ 안정지면에서는 오래될수록 기후대와 평형을 이룬 발달한 토양단면을 볼 수 있다.
④ 강수량이 많을수록 용탈과 집적 등 토양단면의 발달이 왕성하다.

해설 경사도가 높을수록 토양 유실량이 많고 유기물의 함량이 적다.

38 **담수 시 환원층 논토양의 색으로 가장 적합한 것은?**

① 적색 ② 황색
③ 적황색 ④ 암회색

해설 논토양의 환원과 토층 분화 : 논에서 갈색의 산화층과 회색(청회색)의 환원층으로 분화되는 것을 논토양의 토층분화라고 하며, 산화층은 수mm에서 1~2cm이고, 작토층은 환원되어 이때 활동하는 미생물은 혐기성 미생물이다. 작토 밑의 심토는 산화상태로 남는다.

39 **토양의 산화환원 전위 값으로 알 수 있는 것은?**

① 광합성 상태
② 논과 밭의 함수율
③ 미생물의 종류와 전기적 힘
④ 토양에 존재하는 무기이온들의 화학적 형태

해설 산화환원전위도
① 산화환원전위(Eh) : 논토양의 산화와 환원 정도를 나타내는 기호이다.
- 산화 : 전자를 잃는 것
- 환원 : 전자를 얻는 것

② Eh 값은 밀리볼트(mV) 또는 볼트(volt)로 나타낸다.
③ Eh 값은 환원이 심한 여름에 작아지고 산화가 심한 가을부터 봄까지 커진다.
④ Eh와 pH는 상관관계가 있어 pH가 상승하면 Eh 값은 낮아지는 경향이 있다.

40 **토양 중에서 잘 분해되지 않게 하는 리그닌의 주요 구성 성분은?**

① 페놀 ② 아미노산
③ 글루코스 ④ 유기산

해설 리그닌(lignin)은 침엽수나 활엽수 등의 목질부를 구성하는 다양한 구성성분 중에서 지용성 페놀고분자를 의미한다.

정답 35 ④ 36 ④ 37 ① 38 ④ 39 ④ 40 ①

제3과목 유기농업개론

41 다음 중 친환경농업과 가장 거리가 먼 것은?

① 순환농업　② 지속적농업
③ 생태농업　④ 관행농업

해설 관행농업 : 화학비료와 유기합성농약을 사용하여 작물을 재배하는 일반 관행적인 농업형태를 말한다.

42 농림축산식품부 소관 친환경농어업 육성 및 유기식품 등의 관리 · 지원에 관한 법률 시행규칙상 유기축산을 위한 가축의 동물복지 및 질병관리에 관한 설명으로 옳지 않은 것은?

① 가축의 질병을 예방하고 질병이 발생한 경우 수의사의 처방에 따라 치료하여야 한다.
② 면역력과 생산성 향상을 위해서 성장촉진제 및 호르몬제를 사용할 수 있다.
③ 가축의 꼬리 부분에 접착밴드를 붙이거나 꼬리, 이빨, 부리 또는 뿔을 자르는 행위를 하여서는 아니 된다.
④ 동물용의약품을 사용한 경우에는 전환기간을 거쳐야 한다.

해설 생산성 촉진을 위해서 성장촉진제 및 호르몬제를 사용해서는 아니 된다. 다만, 수의사의 처방에 따라 치료목적으로만 사용하는 경우 「수의사법」시행규칙 제11조에 의한 처방전을 농장 내에 비치하여야 한다.

43 유기농업의 종자로 사용할 수 없는 육종방법은?

① 분리육종
② 교배육종
③ 동질배수체육종
④ 잡종강세육종

해설
- 동질배수체 육종법은 콜히친 등 화학물질의 처리로 얻어지는 종자이므로 사용할 수 없다.
- 종자는 최소한 1세대 이상 다목의 규정에 따라 재배된 것을 사용하며, 유전자변형농산물인 종자는 사용하지 아니한다.

1) 화학비료, 유기합성농약 또는 유기합성농약 성분이 함유된 자재를 사용하지 않을 것
2) 장기간의 적절한 돌려짓기(윤작)를 실시할 것
3) 가축분뇨를 원료로 하는 퇴비 · 액비는 유기농축산물 · 무항생제축산물 인증 농장이나 경축순환농법으로 사육한 농장에서 유래한 것을 완전히 부숙(썩혀서 익히는 것을 말한다. 이하 이 표에서 같다)하여 사용할 것
4) 병해충 및 잡초는 유기농업에 적합한 방법으로 방제 · 조절할 것

44 일반적으로 유기재배 벼의 중간 물 떼기(중간낙수) 기간은 출수 며칠 전이 가장 적당한가?

① 10~20일　② 30~40일
③ 50~60일　④ 70~80일

해설 출수전 30~40일의 무효분얼기는 벼의 일생 중 가장 물의 요구도가 낮은 시기이므로 5~10일간 논바닥에 작은 균열이 생길 정도로 중간낙수(中間落水, 중간물떼기, midsummer drainage)를 실시한다. 중간낙수는 사질답, 염해답, 생육이 부진한 논에서는 생략하거나 약하게 한다.

45 유기경종에서 사용할 수 있는 병해충방제 방법으로 옳지 않은 것은?

① 내병성 품종, 내충성 품종을 이용한 방제
② 봉지 씌우기, 방충망 설치를 이용한 방제
③ 천연물질, 천연살충제를 이용한 방제
④ 생물농약, 합성농약을 이용한 방제

해설 유기경종에서는 합성농약은 사용할 수 없다.

46 농림축산식품부 소관 친환경농어업 육성 및 유기식품 등의 관리 · 지원에 관한 법률 시행규칙상 유기배합사료 제조용 물질 중 단미사료로 쓰일 수 있는 것으로 사용 가능 조건이 천연에서 유래한 것이어야 하는 것은?

① 조　② 루핀종실
③ 해조분　④ 호밀

정답 41 ④ 42 ② 43 ③ 44 ② 45 ④ 46 ③

해설

곡물류	가) 옥수수, 보리, 밀, 수수, 호밀, 귀리, 조, 피, 트리트케일, 메밀, 루핀종실 및 두류 나) 가)항 곡물의 1차 가공품 및 전분(알파파 전분을 포함한다)	유기농산물 인증을 받은 것일 것
해조류	해조분	천연에서 유래한 것일 것

47 유기축산 농가인 길동농장이 육계 병아리를 5월 1일에 입식 시켰다면 언제부터 출하하는 경우에 유기축산물 육계(식육)로 인증이 가능한가?

① 5월 2일 ② 5월 16일
③ 5월 22일 ④ 6월 22일

해설

가축의 종류	생산물	전환기간(최소 사육기간)
한우 · 육우	식육	입식 후 12개월
젖소	시유 (시판우유)	1) 착유우는 입식 후 3개월 2) 새끼를 낳지 않은 암소는 입식 후 6개월
산양	식육	입식 후 5개월
	시유 (시판우유)	1) 착유양은 입식 후 3개월 2) 새끼를 낳지 않은 암양은 입식 후 6개월
돼지	식육	입식 후 5개월
육계	식육	입식 후 3주
산란계	알	입식 후 3개월
오리	식육	입식 후 6주
	알	입식 후 3개월
메추리	알	입식 후 3개월
사슴	식육	입식 후 12개월

48 퇴비를 판정하는 검사방법이 아닌 것은?

① 관능적 판정
② 유기물학적 판정
③ 화학적 판정
④ 생물학적 판정

해설 퇴적조건이나 원(료)물의 감촉으로 판단하는 방법, 원물의 성상과 간단한 질소의 형태분석을 병용하는 방법, 화학분석과 유식물시험, 원형여지크로마트법, 형태관찰 등이 있다.

49 다음 중 (가), (나), (다)에 알맞은 내용은?

- 벼는 배우자의 염색체 수가 n=(가)이다.
- 연관에서 우성유전자(또는 열성유전자) 끼리 연관되어 있는 유전자배열을 (나)이라 하고, 우성유전자와 열성유전자가 연관되어 있는 유전자배열을 (다)이라고 한다.

① (가) : 12, (나) : 상인, (다) : 상반
② (가) : 24, (나) : 상인, (다) : 상반
③ (가) : 12, (나) : 상반, (다) : 상인
④ (가) : 24, (나) : 상반, (다) : 상인

해설 ① 벼의 염색체 수는 2n=24개로, n=12를 1쌍 갖는 2배체 식물이다.
② 상인(相引, coupling)과 상반(相反, repulsion)
- 연관에서 우성 또는 열성유전자끼리 연관되어 있는 유전자배열($\underline{A\ B}$, $\underline{a\ b}$)을 상인 또는 시스배열(cis-configuration)이라 한다.
- 연관에서 우성유전자와 열성유전자가 연관되어 있는 유전자배열($\underline{A\ b}$, $\underline{a\ B}$)을 상반 또는 트랜스배열(trans-configuration)이라 한다.

50 곡물 종자의 수명을 연장시킬 수 있는 구비조건으로 가장 적합한 것은?

① 완숙이면서 건조되었고 저온에 밀폐되어 있다.
② 미숙이면서 건조되었고 고온에 통기가 잘 된다.
③ 완숙이면서 수분이 많고 저온에 밀폐되었다.
④ 미숙이면서 수분이 많고 고온에 통기가 잘 된다.

해설 종자의 저장은 종자 자체의 수분 함량이 낮아야 하며 종자에 수분이 공급되지 않고 호흡량을 줄일 수 있는 조건에서 수명이 연장된다.

정답 47 ③ 48 ② 49 ① 50 ①

51 다음 설명하는 생물농약의 성분은?

> – 주요 성분은 azadiractin으로 여러 나방류, 삽주 벌레류, 파리류 등을 제어할 수 있다.
> – 종자와 잎은 기름과 추출액을 만드는 데 이용되며 해충제의 역할을 한다.

① 님 ② 제충국
③ 로테논 ④ 마늘

해설 azadiractin은 님오일의 주성분이다.

52 연작 시 발생 가능한 토양전염성 병해와 그 작물이 알맞게 짝지어진 것은?

① 고추 – 흰가루병
② 가지 – 덩굴쪼김병
③ 콩 – 모자이크병
④ 감자 – 둘레썩음병

해설
- 고추 – 흰가루병 : 노지에서도 발생하지만 하우스에서 발생이 심하며 일교차가 큰 환절기에 대발생한다.
- 가지 – 덩굴쪼김병 : 덩굴쪼김병은 박과채소에서 발생하는 토양전염성 병이다.
- 콩 – 모자이크병 : 바이러스에 의한 병해이다.

53 벼의 전체 생육기간 중 요구되는 적산온도 범위로 가장 적합한 것은?

① 1000~1500℃ ② 1500~2500℃
③ 3500~4500℃ ④ 4500~5500℃

해설 주요 작물의 적산온도
① 여름작물
- 벼 : 3,500~4,500℃
- 담배 : 3,200~3,600℃
- 메밀 : 1,000~1,200℃
- 조 : 1,800~3,000℃

② 겨울작물 : 추파맥류 – 1,700~2,300℃
③ 봄작물
- 아마 : 1,600~1,850℃
- 봄보리 : 1,600~1,900℃

54 농림축산식품부 소관 친환경농어업 육성 및 유기식품 등의 관리, 지원에 관한 법률 시행규칙상 유기축산물 생산을 위한 가축의 사육조건으로 옳지 않은 것은?

① 사육장, 목초지 및 사료작물 재배지는 토양오염 우려기준을 초과하지 않아야 한다.
② 유기축산물 인증을 받은 가축과 일반 가축을 병행하여 사육할 경우 90일 이상의 분리기간을 거친 후 합사하여야 한다.
③ 축사 및 방목환경은 가축의 생물적, 행동적 욕구를 만족시킬 수 있도록 사육환경을 유지 · 관리하여야 한다.
④ 유기합성농약 또는 유기합성농약 성분이 함유된 동물용의약품 등의 자재를 축사 및 축사의 주변에 사용하지 아니하여야 한다.

해설 유기축산물 인증을 받은 가축과 일반가축(무항생제 가축을 포함한다. 이하 이 표에서 같다)을 병행하여 사육하는 경우에는 철저한 분리 조치를 취할 것

55 시설하우스 재배지에서 일반적으로 나타나는 현상으로 볼 수 없는 것은?

① 토양 염류 농도의 증가
② 토양 전염병원균의 증가
③ 연작장해에 의한 수량 감소
④ 토양 용적밀도 및 점토 함량 감소

해설 시설하우스 재배지 토양의 특징으로 1) 염류 농도가 높다. 2) 토양 물리성이 나쁘다. 3) 연작장해가 있다. 그러나 토양 용적밀도 감소나 점토 함량의 감소현상은 일반적으로 나타나지 않는다.

56 윤작의 실천 목적으로 적당하지 않은 것은?

① 병충해 회피
② 토양 보호
③ 토양비옥도의 향상
④ 인산의 축적

정답 51 ① 52 ④ 53 ③ 54 ② 55 ④ 56 ④

해설 윤작의 효과
- 지력의 유지 증강
- 토양 보호
- 기지의 회피
- 병충해 경감
- 잡초의 경감
- 수량의 증대
- 토지이용도 향상
- 노력분배의 합리화
- 농업경영의 안정성 증대

57 **F_2에서 F_6 또는 F_7까지 대부분의 개체가 고정될 때까지는 선발을 하지 않고 자연 도태하며, 개체가 유전적으로 고정되었을 때 계통육종법과 같은 방법으로 선발하는 종자육종법은?**

① 순계분리법 ② 교잡육종법
③ 집단육종법 ④ 여교배육종법

해설 집단육종(集團育種, bulk breeding) : 잡종초기에는 선발하지 않고 혼합채종 및 집단재배의 반복 후 집단의 80% 정도 동형접합체가 된 후대에 개체선발하여 순계를 육성하는 육종방법

58 **과수원에 피복작물을 재배하고자 할 때 고려할 조건으로 가장 거리가 먼 것은?**

① 종자가 저렴하고, 쉽게 구할 수 있을 것
② 생육이 빨라 단기간에 피복이 가능할 것
③ 대기로부터 질소를 고정하고 이를 토양에 공급할 것
④ 토양 산성화 개선에 효과적일 것

해설 과수원의 피복작물 재배는 토양유실의 방지, 토양에 유기물의 공급, 건조기 토양수분 보존 등을 목적으로 하며, 단점으로는 유목의 경우 양수분의 경합, 병해충의 잠복처 제공 등이 있다. 그러나 토양 산성화 개량의 효과를 목적으로 하지는 않는다.

59 **유기농업이 추구하는 목적으로 옳지 않은 것은?**

① 환경오염의 최소화
② 환경생태계의 보호
③ 생물학적 생산성의 최소화
④ 토양쇠퇴와 유실의 최소화

해설 생물학적 생산성의 증대를 목적으로 한다.

60 **토양에 퇴비를 주었을 때의 효과는?**

① 토양의 보수력을 감소시킨다.
② 토양의 치환능력을 감소시킨다.
③ 토양의 풍식, 침식, 양분용탈을 감소시킨다.
④ 토양을 팽연하게 하여 공극률을 감소시킨다.

해설 ① 토양의 보수력을 증가시킨다.
② 토양의 치환능력을 증가시킨다.
④ 토양을 팽연하게 하여 공극률을 증가시킨다.

제4과목 유기식품 가공 유통론

61 **마케팅 마진 측정방법 중 국내에서 생산되는 모든 식료품에 대한 총 소비자 지출액과 해당 농산물에 대해 농가가 수취한 액수와의 차액을 계산하는 방식은?**

① 마크업
② 마케팅 빌
③ 농가 수취분
④ 농장과 소매가격 차

해설 마케팅 빌(marketing bill) : 1년간 민간소비자가 구매한 전체 농수산식품에 대한 지출에서 농가 수취액을 제외한 부분으로 농수산식품의 가공, 운송, 저장, 하역 등 유통기능에 의한 유통경비와 이윤을 말하는 것이다.

62 **유기농산물의 재배 시 사용할 수 있는 것은?**

① 농약 ② 퇴비
③ 항생물질 ④ 호르몬류

해설 유기농산물 재배에서는 유기합성농약, 화학물질, 항생물질, 호르몬류 등은 사용할 수 없다.

정답 57 ③ 58 ④ 59 ③ 60 ③ 61 ② 62 ②

63 유기식품 생산시설의 위생관리를 위한 세척방식이 아닌 것은?

① 검경
② 진동
③ 컴프레셔 공기 세척
④ CIP(Cleaning In Place)

해설 검경 : 현미경으로 검사한다.

64 유기가공식품제조 공장 주변의 해충방제 방법으로 우선적으로 고려해야 하는 방법이 아닌 것은?

① 기계적 방법
② 물리적 방법
③ 생물학적 방법
④ 화학적 방법

해설 화학적 방제법은 사용할 수 없다.

65 식품의 저장을 위한 가공방법 중 가열처리 방법은?

① 동결건조법(freeze-drying)
② 한외여과법(ultra-filtration)
③ 냉장냉동법(chilling or freezing)
④ 저온살균법(pasteurization)

해설 저온살균법 : 액체를 100℃ 이하의 온도에서 가열하여 병원균, 비내열성 부패균, 변패균 등을 부분적으로 살균하는 가열살균법이다.

66 제면 시 첨가하는 소금의 주요 역할이 아닌 것은?

① 탄력을 높인다.
② 면의 균열을 방지한다.
③ 보존효과를 부여한다.
④ 산화를 방지한다.

해설 소금 첨가 역할 : 반죽의 점탄성 증가, 부패 미생물 억제, 단백질 가수분해효소를 억제하여 반죽 개량, 향미 개선

67 청과물의 증산작용에 영향을 주는 요인과 가장 거리가 먼 것은?

① 빛　② 질소
③ 온도　④ 습도

해설 증산작용에는 온도, 상대습도, 바람, 광 등이 영향을 미친다.

68 식중독의 원인에 대한 설명으로 옳지 않은 것은?

① 빵이나 음료보다 식육과 어패류가 부패를 잘 일으킨다.
② 식중독의 주된 원인으로 냉장 및 냉동 보관 온도 미준수가 있다.
③ 과일이나 채소를 통해서는 식중독이 발생되지 않는다.
④ 조리온도와 조리시간을 충분히 하지 못할 경우 식중독이 발생할 수 있다.

해설 과일이나 채소를 통해서도 식중독은 발생한다.

69 꿀을 넣어 반죽하여 기름에 튀기고 다시 꿀에 담가 만든 과자류는?

① 다식류　② 산자류
③ 유밀과류　④ 전과류

해설 유밀과 : 밀가루를 주원료로 하여 참기름, 당류, 벌꿀 또는 주류 등을 첨가하고 반죽, 유탕처리한 후 당류 또는 벌꿀을 가하여 만든 것이거나 이에 잣 등의 식품을 입힌 것을 말한다.

70 다음 조건에서 유기농 수박의 1kg당 구매가격과 소비자 가격을 올바르게 구한 것은?

> 유기농 수박을 취급하는 한 유통조직에서 유기농 수박 생산 농가의 농업경영비에 농업경영비의 30%를 더해 구매가격을 결정한 후, 여기에 유통마진율 20%를 적용하여 소비자 가격을 책정하려고 한다.

정답 63 ① 64 ④ 65 ④ 66 ④ 67 ② 68 ③ 69 ③ 70 ②

이 농가는 유기농 수박을 1톤 생산하는데 중간재비 4,000,000원, 고용노력비 500,000원, 토지임차료 2,000,000원, 자본용역비 1,500,000원, 자가노력비 5,000,000원이 들었다고 한다.

① 구매가격 9,750원, 소비자가격 12,190원
② 구매가격 10,400원, 소비자가격 13,000원
③ 구매가격 12,350원, 소비자가격 15,440원
④ 구매가격 13,000원, 소비자가격 21,125원

해설
- 농업경영비 : 농업조수입을 획득하기 위해서 외부에서 구입하여 투입한 일체의 비용을 말하는 것으로서 농업지출 현금, 농업지출 현물평가액(지대, 노임 등), 농업용 고정자산의 감가상각액, 농업용 차입금이자, 농업 생산자재 재고 증감액을 합산한 총액을 말하며, 자가생산한 농산물 중 농업경영에 재투입한 사료, 퇴비 등의 중간생산물은 제외한다.
- 구매가격=농업경영비+농업경영비×30%
  =8,000,000+2,400,000=10,400,000
- 소비자가격=생산자가격÷(100-유통마진)
  =10,400,000÷(100-20)=13,000,000

71 전분질 곡류와 단백질 곡류의 혼합, 조분쇄, 가열, 열 교환, 성형, 팽화 등의 기능을 단일장치 내에서 행할 수 있는 가공조작법은?

① 농축 ② 분쇄
③ 압착 ④ 압출성형

해설 압출성형 : 고체 물질을 고온이나 저온에서 틀에 넣어 원하는 제품 형상을 연속적으로 만들어 내는 방법

72 무균포장실에서 멸균공기의 기류방식 중 청정한 무균실 제조에 가장 적합한 방법은?

① 수직층류형 ② 수평층류형
③ 국소층류형 ④ 수평난류형

해설 수직층류형은 멸균공기가 위에서 아랫방향으로 이동함으로써 보기에 제시된 기류방식 중에서 공기 중에 오염원에 의한 오염을 가장 감소시킬 수 있다.

73 HACCP 관리체계를 구축하기 위한 준비단계를 알맞은 순서대로 제시한 것은?

① HACCP 팀 구성 → 제품설명서 작성 → 모든 잠재적 위해요소 분석 → 중요관리점(CCP) 설정 → 중요관리점 한계기준 설정
② HACCP 팀 구성 → 모든 잠재적 위해요소 분석 → 중요관리점(CCP) 설정 → 중요관리점 한계기준 설정 → 제품설명서 작성
③ 모든 잠재적 위해요소 분석 → 중요관리점(CCP) 설정 → 중요관리점 한계기준 설정 → HACCP 팀 구성 → 제품설명서 작성
④ 모든 잠재적 위해요소 분석 → HACCP 팀 구성 → 중요관리점(CCP) 설정 → 중요관리점 한계기준 설정 → 제품설명서 작성

해설 HACCP의 7원칙 12절차

절차 1	HACCP 팀 구성	준비단계
절차 2	제품설명서 작성	
절차 3	용도 확인	
절차 4	공정흐름도 작성	
절차 5	공정흐름도 현장 확인	
절차 6	위해요소 분석	원칙 1
절차 7	중요관리점 결정	원칙 2
절차 8	한계기준 설정	원칙 3
절차 9	모니터링 체계 확립	원칙 4
절차 10	개선조치방법 수립	원칙 5
절차 11	검증절차 및 방법 수립	원칙 6
절차 12	문서화 및 기록 유지	원칙 7

74 유기식품의 마케팅조사에 있어 자료수집을 위한 대인면접법의 특징에 대한 설명으로 옳은 것은?

① 조사 비용이 저렴하다.
② 신속한 정보 획득이 가능하다.
③ 면접자의 감독과 통제가 용이하다.
④ 표본분포의 통제가 가능하다.

정답 71 ④ 72 ① 73 ① 74 ④

해설 대인면접조사법 : 가장 많이 이용되는 자료조사 방법으로 조사자가 응답자를 직접 방문하여 얼굴을 맞대고 정보수집

① 장점
- 응답자가 질문 내용을 이해하지 못할 경우, 자세한 설명을 해줄 수 있다.→ 정확한 응답을 얻는다.
- 일단 면접이 시작되면 그만 두는 비율이 상대적으로 낮다.(응답률이 높다)
- 응답자를 확인할 수 있고 통제가 가능하다.
- 무응답이 상대적으로 적다.
- 질문지에 포함된 응답 내용 이외에 기타 필요한 정보의 수집이 용이
- 면접자가 응답의 내용을 직접 확인 → 응답의 오류를 최소화

② 단점
- 시간과 비용(교통비, 인건비, 숙식비 등)이 많이 든다는 점이다.
- 자료수집 기간이 전화조사에 비해 많이 소요 → 긴급 여론조사의 경우에는 이용하기 힘들다.
- 면접원 교육 및 조사실시 계획(부재중이거나 응답자가 바쁜 경우)을 잡는데 별도의 노력이 필요하다.
- 면접원 각자에 따른 차이점으로 응답자가 불성실한 답변을 할 가능성이 있다.

75 유통경로가 제공하는 효용이 아닌 것은?

① 본질효용 ② 시간효용
③ 장소효용 ④ 소유효용

해설 유통경로로 인하여 상품의 본질에 어떠한 영향을 미치지는 않는다. 그러나 유통에 의해 장소적 불일치, 시간의 불일치, 소유권 이전 등의 효용은 기대할 수 있다.

76 편성혐기성균으로 포자를 형성하며, 치사율이 높은 신경독소를 생산하는 것은?

① Staphylococcus aureus
② Clostridium botulinum
③ Lactobacillus bulgaricus
④ Bacillus cereus

해설 Botulinus 식중독
- 원인균 : Clostridium botulinum
- 특징 : 그람양성 간균이며 편성혐기성균이다.
- 독소 : Neurotoxin
- Neurotoxin의 특징 : 신경독으로 열에 약해 80℃에서 30분 정도의 가열로 파괴되며 저항력이 강하다.
- 잠복기 : 12~36시간
- 증상 : 구토, 메스꺼움, 복통, 설사 등 급성위장염 형태의 증상과 두통, 신경장애, 마비 등의 신경 증상을 나타내며 심할 경우 호흡마비 등이 나타난다.
- 예방법 : 분변에 오염되지 않도록 하며 통조림 제조 시 충분히 가열살균한다.

77 식품 미생물의 내열성과 살균에 대한 설명으로 옳지 않은 것은?

① 식품의 수분활성도가 낮아질수록 내열성이 증가하는 경향이 있다.
② 식품 중 소금의 농도가 증가할수록 세균포자의 내열성이 점차 줄어드는 경향이 있다.
③ 식품의 pH가 알칼리성이 될수록 미생물의 내열성이 급격히 증가한다.
④ 가열살균 시 습열 혹은 건열에 따라 살균온도와 시간이 차이가 나게 된다.

해설 식품의 pH가 산성이 될수록 미생물의 내열성이 급격히 증가한다.

78 버터 제조 공정 순서로 옳은 것은?

① 원료유 → 크림 분리 → 접종 → 살균 → 교반 → 가염 → 숙성 → 연압 → 충진
② 원유 → 크림 분리 → 살균 → 접종 → 숙성 → 교반 → 가염 → 연압 → 충진
③ 원료유 → 크림 분리 → 접종 → 숙성 → 교반 → 살균 → 가염 → 연압 → 충진
④ 원료유 → 크림 분리 → 살균 → 접종 → 교반 → 숙성 → 연압 → 가염 → 충진

해설 버터 제조 공정 : 원유 → 크림 분리 → 살균 → 접종 → 숙성 → 교반 → 가염 → 연압 → 충진

정답 75 ① 76 ② 77 ③ 78 ②

79 D값이 121℃에서 2분인 세균포자의 수를 103개에서 1개로 감소시킬 때의 F값은?

① 1분 ② 3분
③ 6분 ④ 9분

해설 D값 : 일정 온도에서 미생물을 90% 사멸시키는 데 필요한 시간

80 식품의 화학적 위해요소에 해당하는 것은?

① 세균 ② 살충제
③ 곰팡이 ④ 바이러스

해설 세균, 곰팡이, 바이러스는 생물적 위해요소에 해당된다.

제5과목 유기농업 관련 규정

81 친환경농어업 육성 및 유기식품 등의 관리·지원에 관한 법률에서 정의한 용어로 옳지 않은 것은?

① "유기농어업자재"란 합성농약, 화학비료 및 항생·항균제 등 화학자재를 사용하지 아니하거나 사용을 최소화하고 농업·수산업·축산업·임업 부산물의 재활용 등을 통하여 농업생태계와 환경을 유지·보전하면서 안전한 농·수·축·임산물을 생산하는 자재를 말한다.
② "친환경농수산물"이란 친환경농어업을 통하여 얻은 유기농수산물, 무농약수산물, 무항생제축산물, 무항생제수산물 및 활성처리제 비사용 수산물을 말한다.
③ "취급"이란 농수산물, 식품, 비식용가공품 또는 농어업용자재를 저장, 포장, 운송, 수입 또는 판매하는 활동을 말한다.
④ "허용물질"이란 유기식품등, 무농약농수산물 등 또는 유기농어업자재를 생산, 제조·가공 또는 취급하는 모든 과정에서 사용 가능한 것으로서 농림축산식품부령 또는 해양수산부령으로 정하는 물질을 말한다.

해설 유기농어업자재 : 유기농수산물을 생산, 제조·가공 또는 취급하는 과정에서 사용할 수 있는 허용물질을 원료 또는 재료로 하여 만든 제품을 말한다.

82 농림축산식품부 소관 친환경농어업 육성 및 유기식품 등의 관리·지원에 관한 법률 시행규칙에 의거한 유기가공식품 제조 공장의 관리로 적합한 것은?

① 제조설비 중 식품과 직접 접촉하는 부분에 대한 세척은 화학약품을 사용하여 깨끗이 한다.
② 세척제·소독제를 시설 및 장비에 사용하는 경우 유기식품·가공품의 유기적 순수성이 훼손되지 않도록 한다.
③ 식품첨가물을 사용한 경우에는 식품첨가물이 제조설비에 잔존하도록 한다.
④ 병해충 방제를 기계적·물리적 방법으로 처리하여도 충분히 방제가 되지 않으면 화학적인 방법이나 전리방사선 조사 방법을 사용할 수 있다.

해설 ① 제조설비 중 식품과 직접 접촉하는 부분에 대한 세척은 화학약품을 사용할 수 없다.
③ 식품첨가물을 사용한 경우에는 식품첨가물이 제조설비에 잔존하여서는 안 된다.
④ 화학적인 방법이나 전리방사선 조사 방법을 사용할 수 없다.

83 친환경농축산물 및 유기식품 등의 인증에 관한 세부실시요령에 따라 친환경농산물 인증심사 과정에서 재배포장 토양검사용 사료 채취 방법으로 옳은 것은?

① 토양시료 채취는 인증심사원 입회 하에 인증 신청인이 직접 채취한다.
② 토양시료 채취 지점은 재배필지별로 최소한 5개소 이상으로 한다.

정답 79 ③ 80 ② 81 ① 82 ② 83 ③

③ 시료 수거량은 시험연구기관이 검사에 필요한 수량으로 한다.

④ 채취하는 토양은 모집단의 대표성이 확보될 수 있도록 S자형 또는 Z자형으로 채취한다.

해설 ① 시료 수거는 신청인, 신청인 가족(단체인 경우에는 대표자나 생산관리자, 업체인 경우에는 근무하는 정규직원을 포함한다) 참여하에 인증심사원이 채취한다.

② 재배포장의 토양은 대상 모집단의 대표성이 확보될 수 있도록 Z자형 또는 W자형으로 최소한 10개소 이상의 수거 지점을 선정하여 채취한다.

84 농림축산식품부 소관 친환경농어업 육성 및 유기식품 등의 관리 · 지원에 관한 법률 시행규칙에서 유기가공품으로 인증을 받은 자가 인증품의 표시사항을 위반하였을 경우 행정처분 기준은?

① 판매정지 1개월

② 표시 사용 정지 1개월

③ 유기가공식품 인증 취소

④ 해당 인증품의 인증표시 변경

해설

2) 법 제23조제1항에 따른 인증품의 표시사항 등을 위반하였을 때	법 제31조제4항 (법 제34조제5항)	해당 인증품의 인증표시 변경

85 농림축산식품부 소관 친환경농어업 육성 및 유기식품 등의 관리 · 지원에 관한 법률 시행규칙상 에틸렌을 이용하여 숙성시키는 과일이 아닌 것은?

① 감 ② 바나나

③ 사과 ④ 키위

해설 에틸렌은 후숙을 목적으로 하는 경우 사용되므로 사과에는 사용되지 않는다.

86 농림축산식품부 소관 친환경농어업 육성 및 유기식품 등의 관리 · 지원에 관한 법률 시행규칙에서 규정한 유기농산물의 병해충 관리를 위하여 사용할 수 없는 물질은?

① 제충국 추출물

② 데리스 추출물

③ 님(Neem) 추출물

④ 순수 니코틴

해설 순수한 니코틴을 제외한 담배잎 차의 사용은 가능하다.

87 농림축산식품부 소관 친환경농어업 육성 및 유기식품 등의 관리 · 지원에 관한 법률 시행규칙상 유기가공식품 생산 시 사용이 가능한 식품첨가물 또는 가공보조제가 아닌 것은?

① 이산화탄소 ② 알긴산칼륨

③ 젤라틴 ④ 아질산나트륨

해설

명칭(한)	식품첨가물로 사용 시		가공보조제로 사용 시	
	허용여부	허용범위	허용여부	허용범위
이산화탄소	○	제한 없음	○	제한 없음
알긴산칼륨	○	제한 없음	×	
젤라틴	×		○	포도주, 과일 및 채소 가공

88 친환경농축산물 및 유기식품 등의 인증에 관한 세부실시요령에서 규정한 유기농산물 인증기준의 세부사항에 관한 설명 중 옳지 않은 것은?

① 재배포장의 토양에서 유기합성농약 성분의 검출량이 0.01g/kg 이하인 경우는 불검출로 본다.

② 재배포장의 토양에서는 매년 1회 이상의 검정을 실시하여 토양비옥도가 유지 · 개선되게 노력하여야 한다.

③ 재배 시 화학비료와 유기합성농약을 전혀 사용하지 아니하여야 한다.

정답 84 ④ 85 ③ 86 ④ 87 ④ 88 ①

④ 가축분뇨를 원료로 하는 퇴비·액비는 완전히 부숙시켜서 사용하되, 과다한 사용, 유실 및 용탈 등으로 인해 환경오염을 유발하지 아니하도록 하여야 한다.

해설 재배포장의 토양에서 유기합성농약 성분의 검출량이 0.01mg/kg 이하인 경우는 불검출로 본다.

89 친환경농어업 육성 및 유기식품 등의 관리·지원에 관한 법률에 의해 1년 이하의 징역 또는 1천만원 이하의 벌금에 처할 수 있는 경우는?

① 인증기관의 지정을 받지 아니하고 인증업무를 하거나 공시등기관의 지정을 받지 아니하고 공시등 업무를 한 자
② 인증을 받지 아니한 제품에 인증표시 또는 이와 유사한 표시나 인증품으로 잘못 인식할 우려가 있는 표시 등을 한 자
③ 인증 또는 공시업무의 정지기간 중에 인증 또는 공시업무를 한 자
④ 인증품에 인증을 받지 아니한 제품 등을 섞어서 판매하거나 섞어 판매할 목적으로 보관, 운반 또는 진열한 자

해설 다음 각 호의 어느 하나에 해당하는 자는 1년 이하의 징역 또는 1천만원 이하의 벌금에 처한다. 〈개정 2014. 3. 24., 2016. 12. 2.〉

1. 제23조의2 제1항을 위반하여 수입한 제품(제23조에 따라 유기표시가 된 인증품 또는 제25조에 따라 동등성이 인정된 인증을 받은 유기가공식품을 말한다)을 신고하지 아니하고 판매하거나 영업에 사용한 자
2. 제29조(제35조 제2항에서 준용하는 경우를 포함한다) 또는 제47조에 따른 인증 또는 공시업무의 정지기간 중에 인증 또는 공시업무를 한 자
3. 제31조 제4항(제34조 제5항에서 준용하는 경우를 포함한다) 또는 제49조 제4항에 따른 인증품 또는 공시를 받은 유기농어업자재의 표시 제거·정지·변경·사용정지, 판매정지·판매금지, 회수·폐기 또는 세부 표시사항의 변경 등의 명령에 따르지 아니한 자

90 친환경농어업 육성 및 유기식품 등의 관리·지원에 관한 법률상 농림축산식품부장관은 관계 중앙행정기관의 장과 협의하여 몇 년마다 친환경농어업 발전을 위한 친환경농업 육성계획을 세워야 하는가?

① 2년 ② 3년
③ 5년 ④ 10년

해설 제7조(친환경농어업 육성계획) ① 농림축산식품부장관 또는 해양수산부장관은 관계 중앙행정기관의 장과 협의하여 5년마다 친환경농어업 발전을 위한 친환경농업 육성계획 또는 친환경어업 육성계획(이하 "육성계획"이라 한다)을 세워야 한다. 〈개정 2013. 3. 23.〉

91 친환경농축산물 및 유기식품 등의 인증에 관한 세부실시요령의 인증품 사후관리 조사요령에서 유통과정 조사에 대한 내용으로 옳지 않은 것은?

① 조사 주기는 등록된 유통업체 중 조사 필요성이 있는 업체를 대상으로 연 1회 이상 자체 조사계획을 수립하여 실시한다.
② 사무소장은 인증품 판매장·취급작업장을 방문하여 인증품의 유통과정 조사를 실시한다.
③ 사무소장은 전년도 조사업체 내역, 인증품 유통실태 조사 등을 통해 관내 인증품 유통업체 목록을 인증관리 정보시스템에 등록·관리한다.
④ 조사 시기는 가급적 인증품의 유통물량이 많은 시기에 실시하고 최근 1년 이내에 행정처분을 받았거나 인증품 부정유통으로 적발된 업체가 인증품을 취급하는 경우 1년 이내에 유통과정 조사를 실시한다.

해설 조사주기 및 조사대상은 다음 각 호와 같다.

1) 정기조사 : 조사주기는 나목에 따라 등록된 유통업체(취급인증사업자 포함) 중 조사 필요성이 있는 업체를 대상으로 연 2회 이상 자체 조사계획을 수립하여 실시

정답 89 ③ 90 ③ 91 ①

2) 수시조사 : 특정업체(온라인 · 통신판매 등 포함)의 위반 사실에 대한 신고가 접수되는 등 정기조사 외에 국립농산물품질관리원장(지원장 · 사무소장 포함)이 조사가 필요한 것으로 판단되는 경우
3) 특별조사 : 국립농산물품질관리원장이 인증기준 위반 우려 등을 고려하여 실시하는 특별조사

92 **친환경농어업 육성 및 유기식품 등의 관리 · 지원에 관한 법률 및 농림축산식품부 소관 친환경농어업 육성 및 유기식품 등의 관리 · 지원에 관한 법률 시행규칙에서 규정한 유기농어업자재 공시의 유효기간에 관한 설명으로 옳지 않은 것은?**

① 공시의 유효기간은 공시를 받은 날부터 5년으로 한다.
② 공시사업자가 공시 유효기간이 끝난 후에도 공시를 유지하려고 할 경우에는 유효기간이 끝나기 전 갱신 신청을 하여야 한다.
③ 공시를 한 공시기관이 폐업, 업무정지 또는 그밖의 사유로 갱신 신청이 불가능하게 된 경우에는 다른 기관에 갱신을 신청할 수 있다.
④ 유기농자재 공시를 갱신하려는 공시사업자는 유효기간 만료 3개월 전까지 서류 및 시료를 첨부하여 공시기관의 장에게 제출하여야 한다.

해설 제39조(공시의 유효기간 등) ① 공시의 유효기간은 공시를 받은 날부터 3년으로 한다. 〈개정 2016. 12. 2.〉

93 **농림축산식품부 소관 친환경농어업 육성 및 유기식품 등의 관리 · 지원에 관한 법률 시행규칙상 토양을 이용하지 않고 통제된 시설 공간에서 빛(LED, 형광등), 온도, 수분, 양분 등을 인공적으로 투입하여 작물을 재배하는 시설을 일컫는 말은?**

① 윤작 ② 식물공장
③ 재배포장 ④ 경축순환농법

해설
- 윤작 : 동일한 재배포장에서 동일한 작물을 연이어 재배하지 아니하고, 서로 다른 종류의 작물을 순차적으로 조합 · 배열하는 방식의 작부체계를 말한다.
- 식물공장(Vertical Farm) : 토양을 이용하지 않고 통제된 시설공간에서 빛(LED, 형광등), 온도, 수분, 양분 등을 인공적으로 투입하여 작물을 재배하는 시설을 말한다.
- 재배포장 : 작물을 재배하는 일정 구역을 말한다.
- 경축순환농법 : 친환경농업을 실천하는 자가 경종과 축산을 겸업하면서 각각의 부산물을 작물재배 및 가축사육에 활용하고, 경종작물의 퇴비소요량에 맞게 가축사육 마리 수를 유지하는 형태의 농법을 말한다.

94 **농림축산식품부 소관 친환경농어업 육성 및 유기식품 등의 관리 · 지원에 관한 법률 시행규칙상 유기가공식품의 도형 표시에 대한 설명으로 옳은 것은?**

① 표시 도형의 국문 및 영문 글자의 활자체는 궁서체로 한다.
② 표시 도형의 크기는 포장재의 크기에 관계없이 지정된 크기로 한다.
③ 표시 도형 내부에 적힌 "유기", "(ORGANIC)", "ORGANIC"의 글자 색상은 표시 도형 색상과 동일하게 한다.
④ 표시 도형의 색상은 백색을 기본 색상으로 하고, 포장재의 색깔 등을 고려하여 파란색 또는 녹색으로 할 수 있다.

해설 ① 표시 도형의 국문 및 영문 모두 글자의 활자체는 고딕체로 하고, 글자 크기는 표시 도형의 크기에 따라 조정한다.
② 표시 도형의 크기는 포장재의 크기에 따라 조정할 수 있다.
④ 표시 도형의 색상은 녹색을 기본 색상으로 하되, 포장재의 색깔 등을 고려하여 파란색, 빨간색 또는 검은색으로 할 수 있다.

95 **친환경농축산물 및 유기식품 등의 인증에 관한 세부실시요령에서 정한 작물별 생육기간에 대한 내용으로 옳지 않은 것은?**

① 3년생 미만 작물 : 파종일부터 첫 수확일까지

정답 92 ① 93 ② 94 ③ 95 ④

② 3년 이상 다년생 작물(인삼, 더덕 등) : 파종일부터 3년의 기간을 생육기간으로 적용
③ 낙엽수(사과, 배, 감 등) : 생장(개엽 또는 개화) 개시기부터 첫 수확일까지
④ 상록수(감귤, 녹차 등) : 개화가 완료된 날부터 7년의 기간을 생육기간으로 적용

해설 작물별 "생육기간"은 다음 각 호와 같다.
가. 3년생 미만 작물 : 파종일부터 첫 수확일까지
나. 3년 이상 다년생 작물(인삼, 더덕 등) : 파종일부터 3년의 기간을 생육기간으로 적용
다. 낙엽수(사과, 배, 감 등) : 생장(개엽 또는 개화) 개시기부터 첫 수확일까지
라. 상록수(감귤, 녹차 등) : 직전 수확이 완료된 날부터 다음 첫 수확일까지

96 **농림축산식품부 소관 친환경농어업 육성 및 유기식품 등의 관리 · 지원에 관한 법률 시행규칙상 토양개량과 작물생육을 위하여 사람의 배설물을 사용할 때, 사용가능 조건이 아닌 것은?**

① 완전히 발효되어 부숙된 것일 것
② 고온발효 : 50℃ 이상에서 7일 이상 발효된 것
③ 저온발효 : 3개월 이상 발효된 것일 것
④ 엽채류 등 농산물 · 임산물 중 사람이 직접 먹는 부위에는 사용하지 않을 것

해설 사람의 배설물
- 완전히 발효되어 부숙된 것일 것
- 고온발효 : 50℃ 이상에서 7일 이상 발효된 것
- 저온발효 : 6개월 이상 발효된 것일 것
- 엽채류 등 농산물 · 임산물 중 사람이 직접 먹는 부위에는 사용하지 않을 것

97 **친환경농어업 육성 및 유기식품 등의 관리 · 지원에 관한 법률에 따라 친환경농산물인증의 유효기간은 유기농산물의 경우 인증을 받은 날부터 언제까지인가?**

① 1년　② 2년
③ 3년　④ 5년

해설 제21조(인증의 유효기간 등) ① 제20조에 따른 인증의 유효기간은 인증을 받은 날부터 1년으로 한다.

98 **농림축산식품부 소관 친환경농어업 육성 및 유기식품 등의 관리 · 지원에 관한 법률 시행규칙의 유기축산물 인증기준에서 경영 관련 자료로 1년 이상 보관하여야 하는 자료가 아닌 것은?**

① 질병관리에 관한 사항
② 가축 구입사항 및 번식 내용
③ 사료의 생산 · 구입 및 급여 내용
④ 공장형 퇴비 생산 내용

해설 축산물
1) 가축입식 등 구입사항과 번식에 관한 사항을 기록한 자료 : 일자별 가축 구입 마릿수 · 번식 마릿수, 가축 연령 및 가축 인증 사항
2) 사료의 생산 · 구입 및 급여에 관한 사항을 기록한 자료 : 사료명, 사료의 종류, 일자별 생산량 · 구입량 · 급여량, 사용 가능한 사료임을 증명하는 서류
3) 예방 또는 치료 목적의 질병관리에 관한 사항을 기록한 자료 : 자재명, 일자별 사용량, 사용목적, 자재 구매 영수증
4) 동물용의약품 · 동물용의약외품 등 자재 구매 · 사용 · 보관에 관한 사항을 기록한 자료 : 약품명, 일자별 구매 · 사용량 · 보관량, 구매 영수증
5) 질병의 진단 및 처방에 관한 자료 : 수의사 처방전 또는 수의사 처방 매뉴얼
6) 퇴비 · 액비의 발생 · 처리 사항을 기록한 자료 : 기간별 발생량, 처리량, 처리방법
7) 축산물의 생산량 · 출하량, 출하처별 거래 내용 및 도축 · 가공업체에 관하여 기록한 자료 : 일자별 생산량, 일자별 · 출하처별 출하량, 일자별 도축 · 가공량, 도축 · 가공업체명
8) 1)부터 7)까지의 자료의 기록 기간은 최근 1년간으로 한다.

99 **농림축산식품부 소관 친환경농어업 육성 및 유기식품 등의 관리 · 지원에 관한 법률 시행규칙상 유기가공식품을 제조하기 위해 허용된 취급물질 중 첨가물이 아닌 가공보조제로만 사용되는 물질은?**

① 염화칼슘　② 구연산
③ 수산화나트륨　④ 카나우바왁스

정답 96 ③　97 ①　98 ④　99 ④

해설

<table>
<tr><th rowspan="2">명칭(한)</th><th colspan="2">식품첨가물로 사용 시</th><th colspan="2">가공보조제로 사용 시</th></tr>
<tr><th>허용 여부</th><th>허용범위</th><th>허용 여부</th><th>허용범위</th></tr>
<tr><td>염화칼륨</td><td>○</td><td>과일 및 채소제품, 비유화소스류, 겨자제품</td><td>×</td><td></td></tr>
<tr><td>구연산</td><td>○</td><td>제한 없음</td><td>○</td><td>제한 없음</td></tr>
<tr><td>수산화 나트륨</td><td>○</td><td>곡류제품</td><td>○</td><td>설탕 가공 중의 산도 조절제, 유지 가공</td></tr>
<tr><td>카나우바 왁스</td><td>×</td><td></td><td>○</td><td>이형제</td></tr>
</table>

100 농림축산식품부 소관 친환경농어업 육성 및 유기식품 등의 관리 · 지원에 관한 법률 시행규칙상 인증심사원의 자격기준으로 옳지 않은 것은?

① 「국가기술자격법」에 따른 농업 분야의 기사 이상의 자격을 취득한 사람

② 「국가기술자격법」에 따른 농업 · 임업 · 축산, 식품 분야의 산업기사 자격을 취득하고 친환경인증 심사 또는 친환경 농산물 관련 분야에서 2년(산업기사가 되기 전의 경력을 포함한다) 이상 근무한 경력이 있는 사람

③ 「국가기술자격법」에 따른 농업 · 임업 · 축산, 식품 분야의 기능사 자격을 취득하고 친환경 인증 심사 또는 친환경 농산물 관련 분야에서 5년(기능사가 되기 전의 경력을 포함한다) 이상 근무한 경력이 있는 사람

④ 「국가기술자격법」에 따른 임업 분야의 기사 이상의 자격을 취득한 사람

해설 인증심사원의 자격기준(제32조의2제1항 관련)

자격	경력
1. 「국가기술자격법」에 따른 농업 · 임업 · 축산 또는 식품 분야의 기사 이상의 자격을 취득한 사람	
2. 「국가기술자격법」에 따른 농업 · 임업 · 축산 또는 식품 분야의 산업기사 자격을 취득한 사람	친환경인증 심사 또는 친환경 농산물 관련분야에서 2년(산업기사가 되기 전의 경력을 포함한다) 이상 근무한 경력이 있을 것
3. 「수의사법」 제4조에 따라 수의사 면허를 취득한 사람	

정답 100 ③

memo

2020년 3회 유기농업기사 기출문제

제1과목 재배원론

01 다음 중 토양의 입단구조를 파괴하는 요인으로서 가장 옳지 않은 것은?

① 경운
② 입단의 팽창과 수축의 반복
③ 나트륨 이온의 첨가
④ 토양의 피복

해설 토양의 피복은 유기물의 공급 및 표토의 건조, 토양 유실의 방지로 입단 형성과 유지에 유리하다.

02 작물재배를 생력화하기 위한 방법으로 가장 옳지 않은 것은?

① 농작업의 기계화
② 경지 정리
③ 유기농법의 실시
④ 재배의 규모화

해설 생력화 : 기계화를 통한 노동력을 감소시키는 것이다.

03 토양수분이 부족할 때 한발저항성을 유도하는 식물호르몬으로 가장 옳은 것은?

① 시토키닌 ② 에틸렌
③ 옥신 ④ 아스시스산

해설 아브시스산의 작용
- 잎의 노화 및 낙엽을 촉진한다.
- 휴면을 유도한다.
- 종자의 휴면을 연장하여 발아를 억제한다.
- 단일식물을 장일조건에서 화성을 유도하는 효과가 있다.
- ABA 증가로 기공이 닫혀 위조저항성이 증진된다.
- 목본식물의 경우 내한성이 증진된다.

04 다음 중 생장 억제 물질이 아닌 것은?

① AMO-1618 ② CCC
③ GA2 ④ B-9

해설 GA2는 지베렐린으로 생장 촉진 물질에 해당한다.

05 다음 중 내염성이 가장 높은 작물은?

① 녹두 ② 유채
③ 고구마 ④ 가지

해설 작물의 내염성 정도

	밭작물	과수
강	사탕무, 유채, 양배추, 목화	
중	알파파, 토마토, 수수, 보리, 벼, 밀, 호밀, 아스파라거스, 시금치, 양파, 호박	무화과, 포도, 올리브
약	완두, 셀러리, 고구마, 감자, 가지, 녹두	배, 살구, 복숭아, 귤, 사과

06 지력 유지를 위한 작부체계에서 '클로버'를 재배할 때 이 작물을 알맞게 분류한 것으로 가장 옳은 것은?

① 포착작물 ② 휴한작물
③ 수탈작물 ④ 기생작물

해설 지력 유지를 위하여 작물재배 대신 콩과식물인 클로버를 재배하는 것이므로 휴한작물로 구분된다.

07 작물의 재배 조건에 따른 T/R율에 대한 설명으로 가장 옳은 것은?

① 고구마는 파종기나 이식기가 늦어지면 T/R율이 감소된다.

정답 1 ④ 2 ③ 3 ④ 4 ③ 5 ② 6 ② 7 ④

② 질소비료를 많이 주면 T/R율이 감소된다.
③ 토양공기가 불량하면 T/R율이 감소된다.
④ 토양수분이 감소되면 T/R율이 감소된다.

해설 T/R율
1) 작물의 지하부 생장량에 대한 지상부 생장량의 비율을 T/R율이라 하며, T/R율의 변동은 작물의 생육상태 변동을 표시하는 지표가 될 수 있다.
2) T/R율과 작물의 관계
① 감자나 고구마 등은 파종이나 이식이 늦어지면 지하부 중량 감소가 지상부 중량 감소보다 커서 T/R율이 커진다.
② 질소의 다량 시비는 지상부는 질소 집적이 많아지고 단백질 합성이 왕성해지고 탄수화물의 잉여는 적어져 지하부 전류가 감소하게 되므로 상대적으로 지하부 생장이 억제되어 T/R율이 커진다.
③ 일사가 적어지면 체내에 탄수화물의 축적이 감소하여 지상부보다 지하부의 생장이 더욱 저하되어 T/R율이 커진다.
④ 토양 함수량의 감소는 지상부 생장이 지하부 생장에 비해 저해되므로 T/R율은 감소한다.
⑤ 토양 통기 불량은 뿌리의 호기 호흡이 저해되어 지하부의 생장이 지상부 생장보다 더욱 감퇴되어 T/R율이 커진다.

08 농업에서 토지 생산성을 계속 증대시키지 못하는 주요 요인으로 가장 옳은 것은?

① 기술 개발의 결여
② 노동 투하량의 한계
③ 생산재 투하량의 부족
④ 수확체감의 법칙이 작용

해설 수량점감의 법칙(=보수점감의 법칙, 수확체감의 법칙)
비료의 시용량에 따라 일정 한계까지는 수량이 크게 증가하지만 어느 한계 이상으로 시비량이 많아지면 수량의 증가량은 점점 작아지고 마침내 시비량이 증가해도 수량은 증가하지 않는 상태에 도달한다는 것을 수량점감의 법칙이라 한다.

09 용도에 따른 작물의 분류에서 포도와 무화과는 어느 것에 속하는가?

① 장과류　② 인과류
③ 핵과류　④ 곡과류

해설 과수(果樹, fruit tree)의 분류
- 인과류(仁果類) : 배, 사과, 비파 등
- 핵과류(核果類) : 복숭아, 자두, 살구, 앵두 등
- 장과류(漿果類) : 포도, 딸기, 무화과 등
- 각과류(殼果類, =견과류) : 밤, 호두 등
- 준인과류(準仁果類) : 감, 귤 등

10 땅속줄기로 번식하는 것으로만 나열된 것은?

① 감자, 토란
② 생강, 박하
③ 백합, 마늘
④ 다알리아, 글라디올러스

해설 줄기(莖, stem) 번식의 분류
- 지상경(地上莖) 또는 지조(枝條) : 사탕수수, 포도나무, 사과나무, 귤나무, 모시풀 등
- 근경(根莖, 땅속줄기; rhizome) : 생강, 연, 박하, 호프 등
- 괴경(塊莖, 덩이줄기; tuber) : 감자, 토란, 돼지감자 등
- 구경(球莖, 알줄기; corm) : 글라디올러스 등
- 인경(鱗莖, 비늘줄기; bulb) : 나리, 마늘 등
- 흡지(吸枝, sucker) : 박하, 모시풀 등

11 포장요수량의 pF 값의 범위로 가장 적합한 것은?

① 0
② 0~2.5
③ 2.5~2.7
④ 4.5~6

해설 포장용수량(圃場容水量, field capacity, FC)
- PF=2.5~2.7
- 포화상태 토양에서 중력수가 완제 배제되고 모세관력에 의해서만 지니고 있는 수분 함량으로 최소용수량이라고도 한다.
- 포장용수량 이상은 중력수로 토양의 통기 저해로 작물생육이 불리하다.
- 수분당량(水分當量, moisture equivalent, ME) : 젖은 토양에 중력의 1,000배의 원심력을 작용 후 잔류하는 수분상태로 포장용수량과 거의 일치한다.

정답 8 ④ 9 ① 10 ② 11 ③

12 **작물에서 낙과를 방지하기 위한 조치로 가장 거리가 먼 것은?**

① 환상박피 ② 방한
③ 합리적인 시비 ④ 병해충 방제

해설 과수재배에 있어 C/N율 조절 방법으로 환상박피(環狀剝皮, girdling), 각절(刻截) 등으로 개화, 결실을 촉진할 수 있다.

13 **벼의 침수피해에 대한 내용이다. (가), (나)에 알맞은 내용은?**

〈벼의 침수 피해〉
- 분얼 초기에는 (가).
수잉기~출수 개화기에는 (나).

① (가) : 크다, (나) : 크다
② (가) : 크다, (나) : 작다
③ (가) : 작다, (나) : 작다
④ (가) : 작다, (나) : 크다

해설 벼는 분얼 초기에는 침수에 강하고, 수잉기~출수 개화기에는 극히 약하다.

14 **식물이 한 여름철을 지낼 때 생장이 현저히 쇠퇴 · 정지하고, 심한 경우 고사하는 현상은?**

① 하고현상 ② 좌지현상
③ 저온장해 ④ 추고현상

해설 목초의 하고현상(夏枯現象) : 내한성이 커 잘 월동하는 다년생 한지형 목초가 여름철 생장의 쇠퇴 또는 정지하고 심하면 고사하여 목초생산량이 감소되는 현상

15 **식물의 영양생리의 연구에 사용되는 방사성 동위원소로만 나열된 것은?**

① ^{32}P, ^{42}K ② ^{24}Na, ^{80}Al
③ ^{60}Co, ^{72}Na ④ ^{137}Cs, ^{58}Co

해설
- 영양생리 연구 : 식물의 영양생리연구에 ^{32}P, ^{42}K, ^{45}Ca 등을 표지화합물로 이용하여 필수원소인 질소, 인, 칼륨, 칼슘 등 영양성분의 체내 동태를 파악할 수 있다.
- 광합성 연구 : ^{14}C, ^{11}C 등으로 표지된 이산화탄소를 잎에 공급한 후 시간의 경과에 따른 탄수화물 합성과정을 규명할 수 있으며 동화물질 전류와 축적과정도 밝힐 수 있다.
- 농업토목 이용 : ^{24}Na를 이용하여 제방의 누수개소 발견, 지하수 탐색, 유속측정 등을 정확히 할 수 있다.

식품저장에 이용 : ^{60}Co, ^{137}Cs 등에 의한 γ선의 조사는 살균, 살충 등의 효과가 있어 육류, 통조림 등의 식품저장에 이용된다.

16 **파종 후 재배 과정에서 상대적으로 노력이 가장 많이 요구되는 파종 방법은?**

① 산파 ② 조파
③ 점파 ④ 적파

해설 산파(散播, 흩어뿌림; broadcasting)
- 포장 전면에 종자를 흩어뿌리는 방법이다.
- 장점은 노력이 적게 든다.
- 단점으로는 종자의 소요량이 많고 생육기간 중 통풍과 수광상태가 나쁘며 도복하기 쉽고 중경제초, 병충해 방제와 그 외 비배관리 작업이 불편하다.
- 잡곡을 늦게 파종할 때와 맥류에서 파종 노력을 줄이기 위한 경우 등에 적용된다.
- 목초, 자운영 등의 파종에 주로 적용하며 수량도 많다.

17 **과수재배에서 환상박피를 이용한 개화의 촉진은 화성유인의 어떤 요인을 이용한 것인가?**

① 일장 효과
② 식물 호르몬
③ C/N율
④ 버어널리제이션

해설 과수재배에 있어 C/N율 조절 방법으로 환상박피(環狀剝皮, girdling), 각절(刻截) 등으로 개화, 결실을 촉진할 수 있다.

18 **중위도 지대에서의 조생종은 어떤 기상생태형 작물인가?**

① 감온형 ② 감광형
③ 기본영양생장형 ④ 중간형

정답 12 ① 13 ④ 14 ① 15 ① 16 ① 17 ③ 18 ①

해설 우리나라 주요 작물의 기상생태형

작물	감온형(blT형)	중간형
벼	조생종	중생종
	북부	중북부
콩	올콩	중간형
	북부	중북부
조	봄조	중간형
	서북부, 중부산간지	
메밀	여름메밀	중간형
	서북부, 중부산간지	

19 **다음 중 과실에 봉지를 씌워서 병해충을 방제하는 것은?**

① 경종적 방제　② 물리적 방제
③ 생태적 방제　④ 생물적 방제

해설 봉지 씌우기는 병해충을 물리적 방법을 통하여 방제하는 방법이다.

20 **다음 중 장일성 식물로만 나열된 것은?**

① 딸기, 사탕수수, 코스모스
② 담배, 들깨, 코스모스
③ 시금치, 감자, 양파
④ 당근, 고추, 나팔꽃

해설 1) 장일식물(長日植物, LDP; long-day plant)
① 보통 16~18시간의 장일상태에서 화성이 유도, 촉진되는 식물로, 단일상태는 개화를 저해한다.
② 최적일장 및 유도일장 주체는 장일측, 한계일장은 단일측에 있다.
③ 추파맥류, 시금치, 양파, 상추, 아마, 아주까리, 감자 등
2) 단일식물(短日植物, SDP; short-day plant)
① 보통 8~10시간의 단일상태에서 화성이 유도, 촉진되며 장일상태는 이를 저해한다.
② 최적일장 및 유도일장의 주체는 단일측, 한계일장은 장일측에 있다.
③ 국화, 콩, 담배, 들깨, 조, 기장, 피, 옥수수, 아마, 호박, 오이, 늦벼, 나팔꽃 등
3) 중성식물(中性植物, day-neutral plant)
① 일정한 한계일장이 없이 넓은 범위의 일장에서 개화하는 식물로 화성이 일장에 영향을 받지 않는다고 할 수도 있다.
② 강낭콩, 가지, 토마토, 당근, 셀러리 등

제2과목 토양특성 및 관리

21 **강우 시 강우량이 침투량보다 많을 때 발생하는 현상으로만 연결된 것은?**

① 차단(interception), 유거(runoff)
② 침투(infiltration), 증발(evaporation)
③ 모세관 상승(capillary rise), 유거(runoff)
④ 유거(runoff), 침식(erosion)

해설 강우량이 침투량보다 많을 때는 물이 표토 위를 흐르는 현상이 나타난다.

22 **시설 토양에 대한 설명으로 옳지 않은 것은?**

① 염류 용탈이 심하여 꾸준한 비료 공급이 필요하다.
② 심한 답압과 인공관수로 인해 토양이 단단히 다져져 공극량이 적은 편이다.
③ 염류집적 토양의 경우 관수를 하여도 물의 흡수가 방해된다.
④ 대체로 토양 내 인산집적이 뚜렷하게 나타난다.

해설 시설 토양은 자연강우가 없는 인공관수에 의한 결과 염류집적이 크게 나타난다.

23 **토양을 조사하고 분류할 때 기본적으로 토양의 단면 특성을 파악해야 한다. 이때 조사해야 할 특성에 해당되지 않는 것은?**

① 토양층위의 발달　② 토색
③ 토양미생물 구성　④ 토양 구조

해설 토양통 : 토양 분류의 기본 단위이다.
• 토양 분류에서 가장 기본이 되는 토양 분류 단위이다.

정답 19 ② 20 ③ 21 ④ 22 ① 23 ③

- 표토를 제외한 심토의 특성이 유사한 페돈(pedon)을 모아 하나의 토양통으로 구성한다.
- 토양통은 동일한 모재에서 유래하였고, 토층의 순서 및 발달 정도, 배수상태, 단면의 토성, 토색 등이 비슷한 개별 토양의 집합체이다.
- 표토의 토성은 서로 다를 수도 있다. 따라서 토양통은 지질적 요소(모재, 퇴적양식, 수분수지 등)와 토양 생성적 요소(토층의 발달 정도, 토양 생성 작용, 유기물 집적 정도 등)가 유사한 것을 말한다.

24 인산에 대한 설명으로 옳지 않은 것은?

① pH가 낮은 토양에서는 철 및 알루미늄과 반응하여 용해도가 감소한다.

② pH가 높은 토양에서는 칼슘이 반응하여 용해도가 감소한다.

③ 인산의 식물 흡수 형태는 HPO_4^{2-}와 $H_2PO_4^-$이다.

④ 음이온 형태이므로 토양에 흡착되지 않고 쉽게 용탈된다.

해설 인(P)

① 인산이온($H_2PO_4^-$, HPO_4^{2-})의 형태로 식물체에 흡수되며 세포의 분열, 광합성, 호흡작용, 녹말과 당분의 합성분해, 질소동화 등에 관여한다.

② 세포핵, 분열 조직, 효소, ATP 등의 구성 성분으로 어린 조직이나 종자에 많이 함유되어 있다.

③ 결핍 : 뿌리 발육 저해, 어린잎이 암녹색이 되고, 둘레에 오점이 생기며, 심하면 황화하고 결실이 저해된다.

④ 인산질비료는 함유된 인산의 용제에 대한 용해성에 따라 수용성, 가용성, 구용성, 불용성으로 구분하며 사용상으로 유기질 인산비료와 무기질 인산비료로 구분한다.

⑤ 과인산석회(과석), 중과인산석회(중과석)

㉠ 대부분 수용성이며 속효성으로 작물에 흡수가 잘 된다.

㉡ 산성 토양에서는 철, 알루미늄과 반응하여 불용화되고 토양에 고정되어 흡수율이 극히 낮아진다.

㉢ 토양 고정을 경감해야 시비 효율이 높아지므로 토양 반응의 조정 및 혼합사용, 입상비료 등이 유효하다.

⑥ 용성인비

㉠ 구용성 인산을 함유하며 작물에 빠르게 흡수되지 못하므로 과인산석회 등과 병용하는 것이 좋다.

㉡ 토양 중 고정이 적고 규산, 석회, 마그네슘 등을 함유하는 염기성 비료로 산성토양 개량의 효과도 있다.

25 우리나라 대부분의 토양이 산성인 원인으로 가장 옳지 않은 것은?

① 모암이 화강암과 화강편마암이기 때문

② 지표면에서의 수분 증발산량보다 많은 강우량 때문

③ 과다한 질소질 화학비료 사용 때문

④ 제올라이트 광물의 객토 때문

해설 제올라이트는 결정구조 내에 교환 가능한 양이온을 함유하고 있기 때문에 용이하게 다른 양이온과 자유롭게 교환된다. 이 성질을 이용하여 유해물질의 제거, 유용성분의 농축, 회수를 할 수 있다.

26 토양수분의 측정 방법이 아닌 것은?

① 중성자법

② tensiometer법

③ psychrometer법

④ 양이온 측정법

해설 양이온을 측정하는 것은 토양 양분과 관련이 있다.

27 작물의 생육 중 삼투압 및 이온균형 조절, 광합성과정에서의 물의 광분해에 관여하는 원소로 옳은 것은?

① B　　② Cl

③ Si　　④ Na

해설 염소(Cl)

- 광합성작용과 물의 광분해에 촉매 작용을 한다.
- 세포의 삼투압을 높이며 식물조직 수화작용의 증진, 아밀로오스(amylose) 활성 증진, 세포즙액의 pH 조절 기능을 한다.
- 결핍은 어린잎의 황백화되고 전 식물체의 위조현상이 나타난다.

정답 24 ④ 25 ④ 26 ④ 27 ②

28 **질화작용의 과정으로 옳은 것은?**

① $NO_2^- \rightarrow NH_4^+ \rightarrow NO_3^-$
② $NO_2^- \rightarrow NO_3^- \rightarrow NH_4^+$
③ $NO_3^- \rightarrow NH_4^+ \rightarrow NO_2^-$
④ $NH_4^+ \rightarrow NO_2^- \rightarrow NO_3^-$

해설 질산화작용(窒酸化作用, nitrification)
암모니아이온(NH_4^+)이 아질산(NO_2^-)과 질산(NO_3^-)으로 산화되는 과정으로 암모니아(NH_4^+)를 질산으로 변하게 하여 작물에 이롭게 한다.

29 **균근류와 공생함으로써 식물이 얻을 수 있는 이점이 아닌 것은?**

① 식물의 광합성 효율이 증대된다.
② 뿌리의 병원균 감염이 억제된다.
③ 뿌리의 유효면적이 증대된다.
④ 식물의 인산 등 양분흡수가 증대된다.

해설 균근의 형성
- 뿌리에 사상균 등이 착생하여 공생으로 내생균근(内生菌根, endomycorrhizae)이 특수형태 형성으로 식물은 물과 양분의 흡수가 용이해지고 뿌리 유효 표면이 증가하며 내염성, 내건성, 내병성 등이 강해진다.
- 토양양분의 유효화로 담자균류, 자낭균 등의 외생균근(外生菌根, ectomycorrhizae)이 왕성해지면 병원균의 침입을 막게 되는데, 이는 균사가 펙틴질, 탄수화물을 섭취하여 뿌리 외부에 연속적으로 자라면서 하나의 피복을 이루면서 뿌리를 완전히 둘러싸기 때문이다.

30 **토양 15g을 105℃ 건조기에 넣고 24~48시간 건조시킨 후의 무게가 12g이었다. 이 토양의 중량수분 함량은?**

① 20%　　② 25%
③ 50%　　④ 80%

해설 (건조 전 토양 무게-건조 후 토양 무게)÷건조 전 토양 무게×100=(15-12)÷15×100=20

31 **비료의 반응에 대한 설명으로 옳은 것은?**

① 생리적 반응이란 비료 수용액의 고유반응을 말한다.
② 중성비료를 시용하면 토양은 중성이 되고, 염기성 비료를 시용하면 토양이 염기성이 된다.
③ 용성인비, 토마스 인비, 나뭇재는 화학적으로 염기성 비료이다.
④ 유기질 비료는 분해 시 젖산, 초산 등의 유기산만 생성하여 반응이 일정하다.

해설 ① 생리적 반응에 따른 분류 : 시비 후 토양 중 뿌리의 흡수작용 또는 미생물의 작용을 받은 뒤 나타나는 반응을 생리적 반응이라 한다.
② 화학적 반응에 따른 분류 : 화학적 반응이란 수용액에 직접적 반응을 의미한다.
㉠ 화학적 산성비료 : 과인산석회, 중과인산석회 등
㉡ 화학적 중성비료 : 황산암모늄(유안), 염화암모늄, 요소, 질산암모늄(초안), 황산칼륨, 염화칼륨, 콩깻묵 등
㉢ 화학적 염기성비료 : 석회질소, 용성인비, 나뭇재 등

32 **토양 내 성분의 산화·환원 형태가 잘못된 것은?**

	산화형태	환원형태
㉠	CO_2	CO_4
㉡	H_2S	SO_4^{2-}
㉢	Fe^{3+}	Fe^{2+}
㉣	Mn^{4+}	Mn^{2+}

① ㉠　　② ㉡
③ ㉢　　④ ㉣

해설 밭토양과 논토양에서의 원소의 존재 형태

원소	밭토양(산화상태)	논토양(환원상태)
탄소(C)	CO_2	메탄(CH_4), 유기산물
질소(N)	질산염(NO_3^-)	질소(N_2), 암모니아(NH_4^+)
망간(Mn)	Mn^{4+}, Mn^{3+}	Mn^{2+}

정답 28 ④ 29 ① 30 ① 31 ③ 32 ②

철(Fe)	Fe^{3+}	Fe^{2+}
황(S)	황산(SO_4^{2-})	황화수소(H_2S), S
인(P)	인산(H_2PO_4), 인산알루미늄 ($AlPO_4$)	인산이수소철 ($Fe(H_2PO_4)_2$), 인산이수소칼슘 ($Ca(H_2PO_4)_2$)
산화환원전위 (Eh)	높다	낮다

33 미생물의 에너지원과 영양원으로 작용하는 물질로 알맞게 짝지어진 것은?

① 규소 - 붕소
② 탄소 - 질소
③ 염소 - 인
④ 비소 - 철

해설 양열재료 사용 시 유의점

- 양열재료에서 생성되는 열은 호기성균, 효모와 같은 미생물의 활동에 의해 각종 탄수화물과 섬유소가 분해되면서 발생하는 열로 이에 관여하는 미생물은 영양원으로 질소를 소비하며 탄수화물을 분해하므로 재료에 질소가 부족하면 적당량의 질소를 첨가해 주어야 한다.
- 발열은 균일하게 장시간 지속되어야 하는데 양열재료는 충분량으로 고루 섞고 수분과 산소가 알맞아야 한다. 밟아 넣을 때 여러 층으로 나누어 밟아 재료가 고루 잘 섞이고 잘 밟혀야 하며 물의 분량과 정도를 알맞게 해야 한다.
- 물이 과다하고 단단히 밟으면 열이 잘 나지 않고 물이 적고, 허술하게 밟으면 발열이 빠르고 왕성하나 지속되지 못한다.
- 발열재료의 C/N율은 20~30 정도일 때 발열상태가 양호하다.

34 토양의 용적밀도 1.3g/cm³, 입자밀도 2.6g/cm³, 점토함량 15%, 토양수분 26%, 토양구조가 사열구조일 때 공극률은?

① 7.5%　　② 13%
③ 25%　　④ 50%

해설 $공극률(\%) = \left\{1 - \frac{용적비중}{입자비중}\right\} \times 100$
$= 1 - (1.3 \div 2.6) \times 100 = 50$

35 토양 내 질소의 고정화 반응과 무기화 반응이 동등하게 일어날 수 있는 C/N율의 범위는?

① 5~15　　② 20~30
③ 40~50　　④ 60~70

해설 C/N율은 20~30 정도일 때 양호하다.

36 질소기아 현상에 대한 설명으로 옳지 않은 것은?

① 대체로 탄질률이 30 이상일 때 나타난다.
② 토양미생물과 식물 사이의 질소경쟁으로 나타난다.
③ 탄질률이 15 이하가 되면 해소된다.
④ 볏짚을 시용하면 해소될 수 있다.

해설 볏짚의 C/N률은 61로 질소기아 현상이 발생한다.

37 유수에 의해 토양이 침식될 때 토양 내 양분과 가용성 염류, 유기물이 같이 씻겨 내려가는 토양 침식을 일컫는 용어는?

① 우곡침식
② 평면침식
③ 유수침식
④ 비옥도침식

해설 물에 의한 침식의 유형

- 초기 침식은 빗방울이 표토 충격으로 일어나는 토입의 분산과 입단의 파괴 및 토입의 비산으로 시작되며, 빗물이 토양으로 스며들지 못하며 생기 유거수는 흙으로 혼탁된 상태로 낮은 지대로 흐르게 된다.
- 면상침식(세류간침식) : 비교적 지표가 고른 경우 유거수는 지표면을 고르게 흐르고, 이때 토양 표면 전면으로부터 얇게 토양 침식이 일어나는 것
- 세류상침식 : 일반적으로 지표면의 토양조건이 일정하지 않으므로 지점에 따라 침식의 정도가 다르게 되면서 미세한 도랑이 생기고, 유속은 더욱 빨라지고, 침식력이 강해지며 많은 토양이 유실되는 침식이다.
- 구상침식 : 세류상침식이 더욱 진행되며 넓고 깊은 도랑이 생기는 침식

정답 33 ② 34 ④ 35 ② 36 ④ 37 ④

38 **토양생성 중 나타나는 풍화작용에 대한 설명으로 틀린 것은?**

① 모암이 토양이 되기 위해서는 붕괴, 분해과정을 거쳐서 모재가 되어야 한다.
② 풍화작용은 물리적 → 화학적 → 생물적 순서로 진행된다.
③ 화학적 풍화작용은 산화, 환원, 가수분해 등의 화학작용이 수반된다.
④ 산악지와 같은 경사지에서의 풍화물은 중력, 물, 바람 등의 작용으로 운적모재가 된다.

해설 풍화작용은 일정한 순서에 의해 진행되는 것은 아니다.

39 **토양 유효 토심의 제한 요인으로 볼 수 없는 것은?**

① 암반 ② 지하 수위
③ 모래 및 자갈 ④ 식생

해설 유효 토심이란 뿌리가 작토 밑으로 더 뻗어 나갈 수 있는 깊이로 식생과는 거리가 멀다.

40 **토양 생성의 주요 인자에 해당되지 않는 것은?**

① 기후 ② 모재
③ 경운 ④ 시간

해설 토양의 생성에 주된 인자는 기후, 식생, 모재, 지형, 시간이다.

제3과목 유기농업개론

41 **「부엽토와 지렁이」라는 책의 저술자로 유기농법의 이론적 근거를 최초로 제공한 사람과 관련된 내용으로 옳은 것은?**

① 다윈(Darwin, C.)은 만일 지렁이가 없다면 식물은 죽어 사라질 것이라고 주장하였다.
② 러셀(Russel, E. J.)은 지렁이 수와 유기물 시용양은 상관관계가 있다고 주장하였다.
③ 프랭클린 킹(Franklin King)은 유축순환농업을 전통적 농업생산의 이상적 모델로 삼았다.
④ 하워드(Howard, A.)는 '부엽토와 지렁이' 이후에 1940년 농업성전(An Agricultural Testament)을 저술하였다.

해설 찰스 다윈은 『부엽토와 지렁이』 - 만일 지렁이가 없다면 식물은 죽어 사라질 것이다. 지렁이가 구멍을 뚫으면서 다량의 흙을 삼켜버리고, 흙속에 포함되어 있는 소화될 수 있는 물질을 흡수한다고 주장하였다. 그는 지렁이는 매년 건조토양을 1에이커당 10t 이상의 흙을 삼켜서 소화기를 통과시키기 때문에 표토 전체가 수년마다 지렁이에 의해 처리된다고 추정하였다. 또한 비옥한 토양에서는 지렁이 분변에 의해 매년 평균 1/5인치 두께의 표토가 덧붙혀진다고 추정하였다.

42 **퇴비의 검사에 대한 설명으로 틀린 것은?**

① 관능적 방법은 발효가 끝난 퇴비의 형태, 색깔, 고유한 냄새를 검사하여 판단하는 것이다.
② 화학적 방법은 탄질률 검사법과 pH 검사법이 있다.
③ 생물학적 방법 중 지렁이법은 부숙이 완료된 시료에 지렁이를 넣어 그 행동을 보고 퇴비의 양부를 판단하는 방법이다.
④ 물리적 방법 중 유식물 시험법은 유해물질에 민감한 어린 묘를 실험퇴비에 이식하여 그 양부를 물리적으로 판정하는 방법이다.

해설 유식물시험법은 생물학적 방법에 해당된다.

43 **윤작의 효과에 대한 설명으로 틀린 것은?**

① 토양 전염성 병해충의 발생 억제
② 기지현상 발생 촉진
③ 수량 증가와 품질 향상
④ 토양 통기성의 개선

정답 38 ② 39 ④ 40 ③ 41 ① 42 ④ 43 ②

해설 윤작의 효과

- 지력의 유지 증강
- 토양보호
- 기지의 회피
- 병충해 경감
- 잡초의 경감
- 수량의 증대
- 토지이용도 향상
- 노력분배의 합리화
- 농업경영의 안정성 증대

44 수경재배의 특징으로 틀린 것은?

① 자원을 절약하고 환경을 보존한다.
② 근권환경이 단순하여 관리하기가 쉽다.
③ 재배관리의 생력화와 자동화가 편리하다.
④ 양액의 완충능력이 강하다.

해설 양액은 완충능이 약하다는 단점이 있다.

45 포장의 해충을 방제하기 위한 기피식물이나 익충 또는 유용 곤충의 밀도를 높이기 위한 대표적인 식물이라고 볼 수 없는 것은?

① 금잔화
② 마디꽃
③ 멕시코 해바라기
④ 쑥국화

해설 기피식물 : 야래향, 제라늄, 이질풀, 은방울꽃, 금잔화, 쑥국화, 수선화, 코스모스, 멕시코 해바라기, 고수, 방아, 어성초, 라벤더, 계피 등

46 친환경농축산물 및 유기식품 등의 인증에 관한 세부실시 요령상 한우 1두를 유기적으로 사육하는 데 필요한 목초지의 최소 면적은? (단, 특수하게 외부에서 유기적으로 생산된 조사료를 도입할 경우를 제외한다.)

① 660m^2　　② 2475m^2
③ 3960m^2　　④ 4921m^2

해설 초식가축의 경우에는 가축 1마리당 목초지 또는 사료작물 재배지 면적을 확보하여야 한다. 이 경우 사료작물 재배지는 답리작 재배 및 임차 · 계약재배가 가능하다.
가) 한 · 육우 : 목초지 2,475m^2 또는 사료작물재배지 825m^2
나) 젖소 : 목초지 3,960m^2 또는 사료작물재배지 1,320m^2
다) 면 · 산양 : 목초지 198m^2 또는 사료작물재배지 66m^2
라) 사슴 : 목초지 660m^2 또는 사료작물재배지 220m^2
다만, 가축의 종류별 가축의 생리적 상태, 지역 기상조건의 특수성 및 토양의 상태 등을 고려하여 외부에서 유기적으로 생산된 조사료(粗飼料, 생초나 건초 등의 거친 먹이를 말한다. 이하 같다)를 도입할 경우, 목초지 또는 사료작물 재배지 면적을 일부 감할 수 있다. 이 경우 한 · 육우는 374m^2/마리, 젖소는 916m^2/마리 이상의 목초지 또는 사료작물 재배지를 확보하여야 한다.

47 다음 중 유기농법의 병충해 방제에 있어 경종적 방제법으로 볼 수 없는 것은?

① 품종의 선택
② 병원 미생물 이용
③ 종자의 선택
④ 수확물의 건조

해설 병원 미생물을 이용하는 방법은 생물적 방제법에 해당한다.

48 벼 육묘에 있어 자가상토의 최적 산도(pH)는?

① 3.0~4.0　　② 4.5~5.5
③ 6.0~7.0　　④ 7.5~8.5

해설 상토 : 부식의 함량이 알맞고 배수가 양호하면서도 적당한 보수력을 가지고 있으며 병원균이 없고 pH4.5~5.5 정도가 알맞다.

49 육성된 품종 종자의 유전적 순도 유지방법으로 틀린 것은?

① 일정한 기간 내 종자 갱신
② 이품종과 격리재배
③ 이형주 제거
④ 무병종자 상온 저장

해설 유전적 퇴화 : 작물이 세대의 경과에 따라 자연교잡, 새로운 유전자형의 분리, 돌연변이, 이형종자의 기계적 혼입 등에 의해 종자가 유전적 순수성이 깨져 퇴화된다.

정답 44 ④ 45 ② 46 ② 47 ② 48 ② 49 ④

① 자연교잡
㉠ 격리재배로 방지할 수 있으며 다른 품종과 격리거리는 옥수수 400~500m 이상, 십자화과류 100m 이상, 호밀 250~300m 이상, 참깨 및 들깨 500m 이상으로 유지하는 것이 좋다.
㉡ 주요작물의 자연교잡률(%) : 벼-0.2~1.0, 보리-0.0~0.15, 밀-0.3~0.6, 조-0.2~0.6, 귀리와 콩-0.05~1.4, 아마-0.6~1.0, 가지-0.2~1.2, 수수-5.0 등
② 이형종자의 기계적 혼입
㉠ 원인인 퇴비, 낙수(落穗) 또는 수확, 탈곡, 보관 시 이형종자의 혼입을 방지한다.
㉡ 이미 혼입된 경우 이형주 식별이 용이한 출수, 성숙기에 이형주를 철저히 도태시키고 조, 수수, 옥수수 등에서는 순정한 이삭만 골라 채종하기도 한다.
③ 주보존이 가능한 작물의 경우 기본식물을 주보존하여 이것에서 받은 종자를 증식, 보급하면 세대 경과에 따른 유전적 퇴화를 방지할 수 있다.
④ 순정 종자를 장기간 저장하고 해마다 이 종자를 증식해서 농가에 보급하면 세대 경과에 따른 유전적 퇴화를 방지할 수 있다.

50 유기농업에서 종자를 선정할 때 적합하지 않은 것은?

① 건실한 종자
② 유기종자
③ 화학약제로 소독한 종자
④ 오염되지 않은 고품질 종자

해설 유기농업에서는 화학약제로 소독된 종자는 사용할 수 없다.

51 녹비작물로 적합하지 않은 작물은?

① 자운영
② 클로버류
③ 브로콜리
④ 베치류

해설 녹비작물(綠肥作物, =비료작물(肥料作物); green manure crop)
- 화본과 : 귀리, 호밀 등
- 콩과(두과) : 자운영, 베치 등

52 유기축산 돼지 관리에서 자돈에게 실시하는 관리 방법이 아닌 것은?

① 절치 ② 단미
③ 거세 ④ 제각

해설 제각은 뿔자르기로 돼지에는 해당되지 않는다.

53 소나 돼지와 같은 우제류에 발생하는 심각한 전염병인 구제역의 병원체 종류는?

① 세균 ② 바이러스
③ 진균 ④ 원충

해설 구제역은 바이러스에 의한 병해이다.

54 종자용으로 사용할 벼 종자를 열풍 건조할 시 가장 적정한 온도는?

① 30~35℃ ② 40~45℃
③ 50~55℃ ④ 60~65℃

해설 열풍건조 시 상품용은 45~50℃가 종자용은 40℃ 정도가 적당하다.

55 유기농법에서 토양비옥도 유지 · 증진을 위한 방법으로 가장 적합한 것은?

① 화염제초 ② 기계적 경운
③ 두과작물 재배 ④ 저항성 품종 파종

해설 녹비작물(綠肥作物, =비료작물(肥料作物); green manure crop)을 이용하여 토양비옥도를 유지, 증진시킬 수 있다.
- 화본과 : 귀리, 호밀 등
- 콩과(두과) : 자운영, 베치 등

56 농림축산식품부 소관 친환경농어업 육성 및 유기식품 등의 관리 · 지원에 관한 법률 시행규칙상 유기축산물의 사료 및 영양관리 기준에 대한 설명으로 틀린 것은?

① 반추가축에게는 사일리지(silage)만 급여할 것

정답 50 ③ 51 ③ 52 ④ 53 ② 54 ② 55 ③ 56 ①

② 유전자변형농산물에서 유래한 물질은 급여하지 않을 것
③ 합성화합물 등 금지물질을 사료에 첨가하지 아니할 것
④ 가축에게 생활용수 수질기준에 적합한 음용수를 상시 급여할 것

해설 사료 및 영양관리

1) 유기축산물의 생산을 위한 가축에게는 100퍼센트 유기사료를 급여하여야 하며, 유기사료 여부를 확인하여야 한다.
2) 유기축산물 생산과정 중 심각한 천재 · 지변, 극한 기후조건 등으로 인하여 1)에 따른 사료급여가 어려운 경우 국립농산물품질관리원장 또는 인증기관의 장은 일정기간 동안 유기사료가 아닌 사료를 일정 비율로 급여하는 것을 허용할 수 있다.
3) 반추가축에게 담근먹이(사일리지)만 급여해서는 아니되며, 생초나 건초 등 조사료도 급여하여야 한다. 또한 비반추 가축에게도 가능한 조사료 급여를 권장한다.
4) 유전자변형농산물 또는 유전자변형농산물로부터 유래한 것이 함유되지 아니하여야 하나, 비의도적인 혼입은 「식품위생법」 제12조의2에 따라 식품의약품안전처장이 고시한 유전자변형식품 등의 표시기준에 따라 유전자변형농산물로 표시하지 아니할 수 있는 함량의 1/10 이하여야 한다. 이 경우 '유전자변형농산물이 아닌 농산물을 구분 관리하였다'는 구분유통증명서류 · 정부증명서 또는 검사성적서를 갖추어야 한다.
5) 유기배합사료 제조용 단미사료 및 보조사료는 규칙 별표 1 제1호 나목의 자재에 한해 사용하되 사용 가능한 자재임을 입증할 수 있는 자료를 구비하고 사용하여야 한다.
6) 다음에 해당되는 물질을 사료에 첨가해서는 아니 된다.
   가) 가축의 대사기능 촉진을 위한 합성화합물
   나) 반추가축에게 포유동물에서 유래한 사료(우유 및 유제품을 제외)는 어떠한 경우에도 첨가해서는 아니 된다.
   다) 합성질소 또는 비단백태질소화합물
   라) 항생제 · 합성항균제 · 성장촉진제, 구충제, 항콕시듐제 및 호르몬제
   마) 그밖에 인위적인 합성 및 유전자조작에 의해 제조 · 변형된 물질
7) 「지하수의 수질보전 등에 관한 규칙」 제11조에 따른 생활용수 수질기준에 적합한 신선한 음수를 상시 급여할 수 있어야 한다.
8) 유기합성농약 또는 유기합성농약 성분이 함유된 동물용 의약외품 등의 자재를 사용하지 아니하여야 한다.

57 잡종강세에 대한 설명으로 틀린 것은?

① F3 세대에서 가장 크게 발현된다.
② 자식성작물보다 타식성작물에서 월등히 크게 나타난다.
③ 잡종강세 식물은 불량환경에 저항력이 강한 경향이 있다.
④ 잡종강세 식물은 생장발육이 왕성하다.

해설 잡종강세가 큰 교배조합의 1대 잡종(F_1)에서 크게 나타난다.

58 논을 몇 년 동안 담수한 상태와 배수한 밭 상태로 돌려가면서 이용하는 것은?

① 이어짓기 ② 답전윤환
③ 엇갈아짓기 ④ 돌레짓기

해설 답전윤환(畓田輪換) 재배

포장을 담수한 논 상태와 배수한 밭 상태로 몇 해씩 돌려가며 재배하는 방식을 답전윤환이라 한다. 답전윤환은 벼를 재배하지 않는 기간만 맥류나 감자를 재배하는 답리작(畓裏作) 또는 답전작(畓前作)과는 다르며 최소 논 기간과 밭 기간을 각각 2~3년으로 하는 것이 알맞다.

59 다음에서 설명하는 온실은?

> 시설의 지붕과 벽에 일정한 간격의 이중구조를 만들고 야간이 되면 이 구조에 발포 폴리스 티렌립을 전동송배풍기를 이용하여 충전시켜 보온효율을 높인 시설로, 외기온이 영하로 내려가지 않는 한 호온성 과채율 등을 무가온 상태로 재배할 수 있다.

① 에어하우스 ② 펠레트하우스
③ 이동식하우스 ④ 비가림하우스

정답 57 ① 58 ② 59 ②

해설 특수시설

1) 에어하우스(air-inflated greenhouse)
   ① 간단한 구조물에 이중의 플라스틱필름을 씌우고, 그 사이에 공기를 송풍시켜 가압하여 하우스 형태를 유지시키는 시설이다.
   ② 구조재에 의한 광 차단이 없고, 이중피복과 동일한 보온효과가 나타난다.
2) 펠레트하우스(pellet house)
   ① 야간 보온효과의 극대화를 목적으로 설계된 시설로 온실 표면에 공간을 띄워 플라스틱필름을 씌우고 그 사이에 발포폴리스틸렌 조각 등을 충진시켜 야간의 시설 내 온도를 높게 유지시킨다.
   ② 일몰과 일출에 충진물을 넣고 빼기 위한 노력과 경비가 필요하다.
3) 지붕 개방식 온실
   ① 여름철 고온대책을 위해 개발된 온실로 실내기온이 설정치 이상 상승하면 지붕이 완전히 개방되도록 설계되었다.
   ② 측면에서 부는 바람에 버티고 구동부 하중을 지탱하기 위해 골격률이 높아지는 단점이 있다.
4) 이동식 온실
   ① 고정식 유리온실의 경우 고온기 시설 이용에 어려움이 있으므로 유리온실 전체를 레일 위에 놓고 고온기에 시설 내 작물을 완전히 노지상태로 만들어 줄 수 있다.
   ② 회전판 위에 놓으면 태양 고도에 따라 회전시켜 투광량을 높일 수 있다.
5) 비가림 시설
   ① 자연강우를 차단하기 위해 단순한 골격구조에 피복재를 씌운 시설이다.
   ② 포도 등에 적용되는 우산성 비가림 시설과 노지채소에 주로 이용되는 전면 비가림 시설이 있다.

60 수경재배의 고형배지경 중 유기배지경에 해당하는 것은?

① 암면경
② 펄라이트경
③ 사경
④ 코코넛 코이어경

해설 무토재배의 종류

구분	재배 방식
기상배지경	분무경(공기경), 분무수경(수기경)
액상배지경	* 담액수경 : 연속통기식, 액면저하식, 등량교환식, 저면담배수식 * 박막수경 : 환류식
고형배지경	* 천연배지경 : 자갈, 모래, 왕겨, 톱밥, 코코넛 섬유, 수피, 피트모스 * 가공배지경 : 훈탄, 암면, 펄라이트, 버미큘라이트, 발포점토, 폴리우레탄

제4과목 유기식품 가공 유통론

61 식품가공에서 쓰이는 1%는 몇 ppm인가?

① 100　② 1000
③ 10000　④ 100000

해설 1%=1/100=10,000ppm, 1ppm=1/1,000,000

62 초고압 살균에 대한 설명으로 틀린 것은?

① 향미성분은 파괴될 수 있으나 단백질의 변성이 없다.
② 오차가 적고 균일한 가공처리가 가능하다.
③ 대형화, 연속처리가 곤란하다.
④ 수분이 적은 식품이나 다공질의 식품에 적당하다.

해설
- 단백질은 온도에 의해 변성이 발생한다.
- 단백질의 변화 요인 : 온도, 산, 알칼리, 압력, pH, 중금속 등에 의해서 물리화학적 변화가 초래된다.(응고, 용해도 증가, 겔의 형성 등)

63 잼 및 젤리 제조 시 젤리화에 필요한 요인으로 바르게 짝지어진 것은?

① 섬유소, 당, 산
② 당, 산, 덱스트린
③ 산, 덱스트린, 섬유소
④ 당, 산, 펙틴

정답 60 ④ 61 ③ 62 ① 63 ④

해설 젤리화

- 젤리화를 위해서는 펙틴, 산, 당이 필요하다.
- 펙틴 : 1~1.5%
- 산은 주로 사과산이나 주석산으로 총산 0.3% pH 3.0~3.5
- 당 : 설탕, 포도당 등을 사용한다. 농도 60~65%

64 **유기가공식품에서 식품 표면에 세척, 소독제로서 가공보조제로만 사용이 가능한 것은?**

① 과산화수소　② 수산화나트륨

③ 무수아황산　④ 구연산

해설

명칭(한)	식품첨가물로 사용 시		가공보조제로 사용 시	
	허용 여부	허용범위	허용 여부	허용범위
과산화수소	×		○	식품 표면의 세척 · 소독제
수산화나트륨	○	곡류제품	○	설탕 가공 중의 산도 조절제, 유지 가공
무수아황산	○	과일주	×	
구연산	○	제한 없음	○	제한 없음

65 **아래 기사를 참고하였을 때 생협의 유통 방식에 해당하지 않는 것은?**

> 최근 배추값이 급등하면서 생협의 직거래 체계가 새삼스레 주목받았다. 단순히 시장 가격의 논리만으로 접근해 '생협의 물품이 질 좋고 값싸다'는 식으로만 접근하는 것은 곤란하다. 생협의 가격 결정 방식은 일반 시장의 논리와 달라서 매년 품목에 따라 일반 시장보다 싸기도 하고 비싸기도 하다. 정확하게 말하자면 안정적인 생협의 가격 체계를 기준으로 볼 때, 시장가격이 상황에 따라 불안정하게 오르내리는 것이다. 따라서 생협이 취급하는 물품의 안정성 못지않게 생협이 만들어가는 '비시장적 호혜경제'의 영역에 주목해야 한다.

① 수급 방식 - 생산계약

② 사업 방식 - 계통출하

③ 가격결정 방식 - 협의가격

④ 사업 범위 - 생산, 유통, 가공, 소비

해설 사업 방식 - 산지직거래

66 **세균의 generation time이 30분일 때 초기 세균수 10^3개가 10^9개로 되는데 걸리는 시간은? (단, log2는 0.3으로 계산한다.)**

① 10시간　② 20시간

③ 25시간　④ 40시간

해설 분열기간 T, 세대기간 t, 세대수 n일 때

$T = t \times n = 30$분$\times \{(\log 10^9 - \log 10^3) \div \log 2\}$

$= 30 \times (9-3) \div 0.3 = 30 \times 20 = 600$분$=10$시간

67 **유기가공식품 및 비식용유기가공품의 제조 · 가공 방법으로 잘못된 것은?**

① 기계적, 물리적 또는 화학적(분해, 합성 등) 제조 · 가공 방법을 사용하여야 하고, 식품첨가물을 최소량 사용하여야 한다.

② 유기가공에 사용되는 원료, 식품첨가물, 가공보조제 등은 모두 유기적으로 생산된 것이어야 한다.

③ 비유기원료의 사용이 필요한 경우에는 국립농산물품질관리원장이 정하여 고시하는 기준에 따라 비유기원료를 사용하여야 한다.

④ 유기식품 · 가공품에 시설이나 설비 또는 원료의 세척, 살균, 소독에 사용된 물질이 함유되지 않아야 한다.

해설 기계적, 물리적, 생물학적 방법을 이용하되 모든 원료와 최종 생산물의 유기적 순수성이 유지되도록 하여야 한다. 식품을 화학적으로 변형시키거나 반응시키는 일체의 첨가물, 보조제, 그밖의 물질은 사용할 수 없다.

정답 64 ① 65 ② 66 ① 67 ①

68 식품 포장에 대한 설명으로 틀린 것은?

① 식품의 품질 보존은 포장 재료의 물리적 성질과 화학적 성질에 크게 좌우되며, 포장 후의 환경 조건에 의해서도 좌우된다.
② 포장 식품의 성분 변화는 포장 후의 온도, 습도, 광선 등이 일정하더라도, 포장 재료의 성질에 따라 달라질 수 있다.
③ 폴리에틸렌 포장 재료는 유리병에 비하여 투수, 투광, 기체 투과성이 높으므로 포장 식품의 품질 보존이 유리하다.
④ 가공 식품에 있어서 흡습, 방습에 의한 물성과 성분 변화를 방지하기 위해서는 투수성이 없는 포장재를 사용하는 것이 바람직하다.

해설 폴리에틸렌 포장 재료는 유리병에 비하여 투수, 투광, 기체 투과성이 높으므로 포장식품의 품질 보존이 불리하다.

69 농산물 유통의 특성이 아닌 것은?

① 계절의 편재성
② 부피와 중량성
③ 부패성과 용도의 다양성
④ 양과 질의 균일성

해설 농산물 유통의 특징
- 양과 질의 불균일성
- 용도의 다양성
- 수요와 공급의 비탄력성
- 계절의 편재성
- 부피와 중량
- 부패성
- 국내 농가의 영농규모의 영세성

70 감의 떫은 맛을 제거하기 위하여 사용하는 탈삽 방법이 아닌 것은?

① 알코올 탈삽법
② 온탕 탈삽법
③ 이산화탄소 탈삽법
④ 유황 탈삽법

해설 감
- 떫은 맛의 원인 함유물질 : 탄닌(감의 탄닌 주성분은 diospyrin)
- 탈삽방법(떫은맛 제거방법) : 온탕 탈삽법, 알코올 탈삽법, 이산화탄소 탈삽법

71 우유의 저온살균 방법(온도와 시간)은?

① 63℃, 15분　② 63℃, 30분
③ 121℃, 15초　④ 121℃, 30초

해설 저온살균법
- 저온살균법은 62~65℃의 저온에서 30분 동안 살균한다.
- 영양세포 수를 상당히 감소할 수 있으나 내열성 포자는 생존한다.
- 산성 과실통조림 살균에 사용된다.
- 저산성식품의 경우 2차 살균으로도 사용되고 있다.

72 다음 중 습도 및 산소 차단성이 모두 우수한 플라스틱 포장재는?

① 무연신 폴리프로필렌(CPP)
② 저밀도 폴리에틸렌(LDPE)
③ 염화비닐리덴(PVDC)
④ 에틸렌비닐알코올 공중합체(EVOH)

해설 필름 종류별 가스투과성
저밀도폴리에틸렌(LDPE)〉폴리스틸렌(PS)〉폴리프로필렌(PP)〉폴리비닐클로라이드(PVC)〉폴리에스터(PET)

필름 종류	가스투과성 (ml/m^2 · 0.025mm · 1day)	
	이산화탄소	산소
저밀도폴리에틸렌(LDPE)	7,700~77,000	3,900~13,000
폴리비닐클로라이드(PVC)	4,263~8,138	620~2,248
폴리프로필렌(PP)	7,700~21,000	1,300~6,400
폴리스티렌(PS)	10,000~26,000	2,600~2,700
폴리에스터(PET)	180~390	52~130

* 염화비닐리덴(PVDC)는 PVC 계열이다.

정답 68 ③ 69 ④ 70 ④ 71 ② 72 ③

73 친환경농산물 유통경로에서 유통조직들이 수행하는 기능이 아닌 것은?

① 필요한 시장정보를 수집 · 분석하고 분배하는 역할
② 유통과정에서 발생할 가능성이 있는 손실을 부담하는 역할
③ 일정한 척도와 기준에 따라 표준화, 등급화하는 역할
④ 고품질 농산물을 생산해서 출하시기를 조정하는 역할

해설 고품질 농산물을 생산해서 출하시기를 조정하는 역할은 생산자의 기능에 해당한다.

74 식품의 HACCP 관리에서 일반적인 위해요소의 종류가 옳게 연결된 것은?

① 생물학적 위해요소 - 세균
② 물리적 위해요소 - 첨가물
③ 물리적 위해요소 - 자연독
④ 생물학적 위해요소 - 항생제

해설 HACCP에서 위해요소는 물리적 위해요소, 생물학적 위해요소, 화학적 위해요소로 구분한다.

75 유기가공식품 제조 시 식품첨가물로 사용할 때 허용범위에 제한이 없는 첨가물이 아닌 것은?

① 구아검 ② 구연산칼륨
③ DL-사과산 ④ 주정(발효주정)

해설

명칭(한)	식품첨가물로 사용 시		가공보조제로 사용 시	
	허용 여부	허용범위	허용 여부	허용범위
구아검	○	제한 없음	×	
구연산칼륨	○	제한 없음	×	
DL-사과산	○	제한 없음	×	
주정(발효주정)	×		○	제한 없음

76 우유 부패균에 의한 변색이 잘못 연결된 것은?

① Pseudomonas fluorescens - 녹색
② Pseudomonas synxantha - 자색
③ Pseudomonas syncyanea - 청색
④ Serratia marcescens - 적색

해설 Pseudomonas synxantha - 황색

77 분유를 제조할 때 주로 사용되는 건조 방법은?

① 분무건조 ② 열풍건조
③ 동결건조 ④ 드럼건조

해설 분유류라 함은 원유 또는 탈지우유를 그대로 또는 이에 다른 식품이나 식품첨가물 등을 가하여 처리 · 가공한 분말상의 것으로, 우유가 분무건조기 내로 들어가서 가는 입자로 뿌려지면서 180℃ 건조 열풍을 불어주어 가는 입자로 된 우유의 수분을 급속하게 증발시키는 분무건조법이 가장 많이 이용된다.

78 유기가공식품 제조공장의 관리방법이 아닌 것은?

① 공장의 해충은 기계적, 물리적, 화학적 방법으로 방제한다.
② 합성농약자재 등을 사용할 경우 유기가공식품 및 유기농산물과 직접 접촉하지 아니하여야 한다.
③ 제조설비 중 식품과 직접 접촉하는 부분의 세척, 소독은 화학약품을 사용하여서는 아니 된다.
④ 식품첨가물을 사용한 경우에는 식품첨가물이 제조설비에 잔존하여서는 아니 된다.

해설 화학적 방법은 사용할 수 없다.

79 최확수법(MPN법)을 이용한 대장균군의 정량검사 중 균의 유무추정 시험에 사용되는 배지는?

① EMB 배지 ② KI 배지
③ BTB 배지 ④ BGLB 배지

정답 73 ④ 74 ① 75 ④ 76 ② 77 ① 78 ① 79 ④

해설
- 최확수법 : 여러 차례 희석한 같은 농도의 시료를 여러 개씩 유당부 이온 발효관에 접종하여 대장균군의 존재 여부를 시험하고 대장균군의 확률적 수치를 계산하여 최확수로 표시하는 방법
- BGLB 배지법

1) 추정시험

① 시험용액을 접종한 유당배지를 35~37℃에서 24±2시간 배양한 후 발효관 내에 가스가 발생하면 추정시험 양성이다.

② 24±2시간 내에 가스가 발생하지 아니하였을 때에 배양을 계속하여 48±3시간까지 관찰한다. 이때까지 가스가 발생하지 않았을 때에는 추정시험 음성이고 가스 발생이 있을 때에는 추정시험 양성이며 다음의 확정시험을 실시한다.

2) 확정시험

① 추정시험에서 가스 발생한 유당배지발효관으로부터 BGLB 배지에 접종하여 35~37℃에서 24±2시간 동안 배양한 후 가스 발생 여부를 확인하고 가스가 발생하지 아니하였을 때에는 배양을 계속하여 48±3시간까지 관찰한다.

② 가스 발생을 보인 BGLB 배지로부터 Endo 한천배지 또는 EMB 한천배지에 분리 배양한다.

③ 35~37℃에서 24±2시간 배양 후 전형적인 집락이 발생되면 확정시험 양성으로 한다.

④ BGLB배지에서 35~37℃로 48±3시간 동안 배양하였을 때 배지의 색이 갈색으로 되었을 때에는 반드시 완전 시험을 실시한다.

3) 완전시험

① 대장균군의 존재를 완전히 증명하기 위하여 위의 평판상의 집락이 그람음성, 무아포성의 간균임을 확인하고, 유당을 분해하여 가스의 발생 여부를 재확인한다.

② 확정시험의 Endo한천배지나 EMB한천배지에서 전형적인 집락 1개 또는 비전형적인 집락 2개 이상을 보통한천배지에 접종하여 35~37℃에서 24±2 시간 동안 배양한다.

③ 보통한천배지의 집락에 대하여 그람음성, 무아포성 간균이 증명되면 완전시험은 양성이며, 대장균군 양성으로 판정한다.

80 소비자에게 판매 가능한 최대기간으로써 설정 시험 등을 통해 산출된 기간은?

① 품질유지기간 ② 유통기간
③ 유통기한 ④ 권장유통기한

해설
- 유통기간 : 소비자에게 판매 가능한 최대기간
- 유통기한 : 상품이 시중에 유통될 수 있는 한정된 시기

제5과목 유기농업 관련 규정

81 「농림축산식품부 소관 친환경농어업 육성 및 유기식품 등의 관리 · 지원에 관한 법률 시행규칙」상 사람의 배설물이 토양개량과 작물생육을 위하여 사용 가능한 물질이 되기 위한 조건에 해당되지 않는 것은?

① 완전히 발효되어 부숙된 것일 것
② 저온발효 : 3개월 이상 발효된 것일 것
③ 고온발효 : 50℃ 이상에서 7일 이상 발효된 것
④ 엽채류 등 농산물 · 임산물 중 사람이 직접 먹는 부위에는 사용하지 않을 것

해설 사람의 배설물 사용 조건
- 완전히 발효되어 부숙된 것일 것
- 고온발효 : 50℃ 이상에서 7일 이상 발효된 것
- 저온발효 : 6개월 이상 발효된 것일 것
- 엽채류 등 농산물 · 임산물 중 사람이 직접 먹는 부위에는 사용하지 않을 것

82 「농림축산식품부 소관 친환경농어업 육성 및 유기식품 등의 관리 · 지원에 관한 법률 시행규칙」상 유기농산물 및 유기임산물의 병해충관리를 위하여 사용이 가능한 물질이 아닌 것은?

① 쿠아시아(Quassia) 추출물
② 라이아니아(Ryania) 추출물
③ 제충국 추출물
④ 메틸알콜

해설 발효주정일 경우 에틸알콜이 사용 가능하다.

정답 80 ② 81 ② 82 ④

83 「농림축산식품부 소관 친환경농어업 육성 및 유기식품 등의 관리 · 지원에 관한 법률 시행규칙」에 따라 과수의 병해관리용으로만 사용 가능한 물질은?

① 인산철
② 과망간산칼륨
③ 파라핀 오일
④ 중탄산나트륨

해설 ① 인산철 : 달팽이 관리용으로만 사용할 것
③ 파라핀 오일 : 사용조건 없이 모두 사용 가능
④ 중탄산나트륨 : 사용조건 없이 모두 사용 가능

84 다음 중 ( )에 알맞은 내용은?

> 친환경농어업 육성 및 유기식품 등의 관리 · 지원에 관한 법률상 '친환경농어업'은 합성농약, 화학비료 및 항생제 · 항생제 등 화학자재를 사용하지 아니하거나 그 사용을 최소화하고, 생태계와 환경을 유지 · 보존하면서 안전한 ( ) · ( ) · ( ) · ( )을 생산하는 산업을 말한다.

① 농산물, 유기식품, 가공품, 임산물
② 농산물, 수산물, 축산물, 해산물
③ 농산물, 해산물, 가공품, 축산물
④ 농산물, 수산물, 축산물, 임산물

해설 법률 제2조(정의) 이 법에서 사용하는 용어의 뜻은 다음과 같다. 〈개정 2013. 3. 23., 2015. 6. 22., 2019. 8. 27., 2020. 3. 24.〉
1. "친환경농어업"이란 생물의 다양성을 증진하고, 토양에서의 생물적 순환과 활동을 촉진하며, 농어업생태계를 건강하게 보전하기 위하여 합성농약, 화학비료, 항생제 및 항균제 등 화학자재를 사용하지 아니하거나 사용을 최소화한 건강한 환경에서 농산물 · 수산물 · 축산물 · 임산물(이하 "농수산물"이라 한다)을 생산하는 산업을 말한다.

85 다음 ( )안에 해당하지 않는 자는?

> ( )은 「친환경농어업 육성 및 유기식품 등의 관리 · 지원에 관한 법률」에 따른 인증품의 구매를 촉진하기 위하여 공공기관의 장 및 농업 관련 단체의 장 등에게 그 인증품을 우선 구매하도록 요청할 수 있다.

① 농림축산식품부장관
② 해양수산부장관
③ 농협조합장
④ 지방자치단체의 장

해설 법률 제55조(우선구매)
① 국가와 지방자치단체는 농어업의 환경보전기능 증대와 친환경농어업의 지속가능한 발전을 위하여 친환경농수산물 · 무농약원료가공식품 또는 유기식품을 우선적으로 구매하도록 노력하여야 한다. 〈개정 2020. 2. 11.〉
② 농림축산식품부장관 · 해양수산부장관 또는 지방자치단체의 장은 이 법에 따른 인증품의 구매를 촉진하기 위하여 다음 각 호의 어느 하나에 해당하는 기관 및 단체의 장에게 인증품의 우선구매 등 필요한 조치를 요청할 수 있다. 〈신설 2020. 2. 11.〉
1. 「중소기업제품 구매촉진 및 판로지원에 관한 법률」 제2조 제2호에 따른 공공기관
2. 「국군조직법」에 따라 설치된 각군 부대와 기관
3. 「영유아보육법」에 따른 어린이집, 「유아교육법」에 따른 유치원, 「초 · 중등교육법」 또는 「고등교육법」에 따른 학교
4. 농어업 관련 단체 등

86 「친환경농어업 육성 및 유기식품 등의 관리 · 지원에 관한 법률」상 친환경농어업 육성계획에 포함되어야 할 항목이 아닌 것은?

① 농어업 분야의 환경보전을 위한 정책 목표 및 기본 방향
② 농어업의 환경오염 실태 및 개선 대책
③ 친환경농어업의 시범단지 육성 방안
④ 친환경농축산물 규격 표준화 방안

정답 83 ② 84 ④ 85 ③ 86 ④

해설 법률 제7조(친환경농어업 육성계획)

① 농림축산식품부장관 또는 해양수산부장관은 관계 중앙행정기관의 장과 협의하여 5년마다 친환경농어업 발전을 위한 친환경농업 육성계획 또는 친환경어업 육성계획(이하 "육성계획"이라 한다)을 세워야 한다. 이 경우 민간단체나 전문가 등의 의견을 수렴하여야 한다. 〈개정 2013. 3. 23., 2019. 8. 27.〉

② 육성계획에는 다음 각 호의 사항이 포함되어야 한다. 〈개정 2013. 3. 23., 2016. 12. 2., 2019. 8. 27.〉

1. 농어업 분야의 환경보전을 위한 정책목표 및 기본방향
2. 농어업의 환경오염 실태 및 개선 대책
3. 합성농약, 화학비료 및 항생제 · 항균제 등 화학자재 사용량 감축 방안

3의2. 친환경 약제와 병충해 방제 대책

4. 친환경농어업 발전을 위한 각종 기술 등의 개발 · 보급 · 교육 및 지도 방안
5. 친환경농어업의 시범단지 육성 방안
6. 친환경농수산물과 그 가공품, 유기식품등 및 무농약원료가공식품의 생산 · 유통 · 수출 활성화와 연계강화 및 소비 촉진 방안
7. 친환경농어업의 공익적 기능 증대 방안
8. 친환경농어업 발전을 위한 국제협력 강화 방안
9. 육성계획 추진 재원의 조달 방안
10. 제26조 및 제35조에 따른 인증기관의 육성 방안
11. 그밖에 친환경농어업의 발전을 위하여 농림축산식품부령 또는 해양수산부령으로 정하는 사항

③ 농림축산식품부장관 또는 해양수산부장관은 제1항에 따라 세운 육성계획을 특별시장 · 광역시장 · 특별자치시장 · 도지사 또는 특별자치도지사(이하 "시 · 도지사"라 한다)에게 알려야 한다. 〈개정 2013. 3. 23.〉

87 **「농림축산식품부 소관 친환경농어업 육성 및 유기식품 등의 관리 · 지원에 관한 법률 시행규칙」상 유기식품 등의 표시기준으로 틀린 것은?**

① 표시 도형 내부의 "유기"의 글자는 품목에 따라 "유기식품", "유기농", "유기농산물", "유기축산물", "유기가공식품", "유기사료", "비식용유기가공품"으로 표기할 수 있다.

② 도형 표시방법에서 표시 도형의 가로의 길이(사각형의 왼쪽 끝과 오른쪽 끝의 폭 : W)를 기준으로 세로의 길이는 0.95×W의 비율로 한다.

③ 표시 도형의 색상은 녹색을 기본 색상으로 하되, 포장재의 색깔 등을 고려하여 파란색, 빨간색 또는 검은색으로 할 수 있다.

④ 표시 도형의 국문 및 영문 모두 글자의 활자체는 명조체로 하고, 글자 크기는 표시 도형의 크기에 따라 조정한다.

해설 표시 도형의 국문 및 영문 모두 글자의 활자체는 고딕체로 하고, 글자 크기는 표시 도형의 크기에 따라 조정한다.

88 **「농림축산식품부 소관 친환경농어업 육성 및 유기식품 등의 관리 · 지원에 관한 법률 시행규칙」에 따른 유기가공식품 인증기준에 관한 설명으로 옳은 것은?**

① 유기가공식품의 해충 및 병원균 관리를 위해 방사선 조사 방법을 사용할 것

② 유기사업자는 유기식품의 가공 및 유통과정에서 원료의 양분을 훼손하지 아니할 것

③ 유기가공식품의 가공원료는 제조 시 원재료 이외의 어떠한 물질도 혼합하지 아니할 것

④ 모든 원료와 최종 생산물의 관리, 가공시설 · 기구 등의 관리 및 제품의 포장 · 보관 · 수송 등의 취급과정에서 유기적 순수성이 유지되도록 관리할 것

해설 ① 해충 및 병원균 관리를 위하여 별표 1 제1호가목2)에서 정한 물질을 제외한 화학적 방법이나 방사선 조사 방법을 사용하지 아니할 것

② 사업자는 유기식품 · 가공품의 가공 및 유통 과정에서 원료의 유기적 순수성이 훼손되지 않도록 할 것

③ 1) 유기가공에 사용되는 원료, 식품첨가물, 가공보조제 등은 모두 유기적으로 생산된 것일 것

2) 1)에도 불구하고 제품 생산을 위해 비유기원료의 사용이 필요한 경우에는 국립농산물품질관리원장이 정하여 고시하는 기준에 따라 비유기원료를 사용할 것

3) 유전자변형생물체 및 유전자변형생물체에서 유래한 원료는 사용하지 아니할 것

정답 87 ④ 88 ④

89 「농림축산식품부 소관 친환경농어업 육성 및 유기식품 등의 관리 · 지원에 관한 법률 시행규칙」의 유기가공식품 인증기준에서 유기가공에 사용할 수 있는 가공원료의 기준으로 틀린 것은?

① 해당 식품의 제조 · 가공에 사용한 원재료의 85% 이상이 친환경농어업법에 의거한 인증을 받은 유기농산물일 것
② 유기가공에 사용되는 원료, 식품첨가물, 가공보조제 등은 모두 유기적으로 생산된 것일 것
③ 제품 생산을 위해 비유기원료인 사용이 필요한 경우 국립농산물품질관리원장이 정하여 고시하는 기준에 따라 비유기원료를 사용할 것
④ 유전자변형생물체 및 유전자변형생물체에서 유래한 원료는 사용하지 아니할 것

해설 1) 유기가공에 사용되는 원료, 식품첨가물, 가공보조제 등은 모두 유기적으로 생산된 것일 것
2) 1)에도 불구하고 제품 생산을 위해 비유기원료의 사용이 필요한 경우에는 국립농산물품질관리원장이 정하여 고시하는 기준에 따라 비유기원료를 사용할 것
3) 유전자변형생물체 및 유전자변형생물체에서 유래한 원료는 사용하지 아니할 것

90 「친환경농어업 육성 및 유기식품 등의 관리 · 지원에 관한 법률」에서 친환경농수산물을 정의하는 각 목으로 틀린 것은?

① 유기농수산물
② 무항생제축산물
③ 활성처리제 비사용 수산물
④ 화학자재 최소화 농수산물

해설 법률 제2조 2. "친환경농수산물"이란 친환경농어업을 통하여 얻는 것으로 다음 각 목의 어느 하나에 해당하는 것을 말한다.
가. 유기농수산물
나. 무농약농산물
다. 무항생제수산물 및 활성처리제 비사용 수산물(이하 "무항생제수산물등"이라 한다)

91 「농림축산식품부 소관 친환경농어업 육성 및 유기식품 등의 관리 · 지원에 관한 법률 시행규칙」상 인증기관에 대한 행정처분 기준으로 틀린 것은?

① 거짓이나 그밖의 부정한 방법으로 지정을 받은 경우 1회 위반 시 지정 취소한다.
② 정당한 사유없이 1년 이상 계속하여 인증을 하지 않은 경우 1회 위반 시 경고, 2회 위반 시 지정 취소한다.
③ 업무정지 명령을 위반하여 정지기간 중 인증을 한 경우 1회 위반 시 지정 취소한다.
④ 시정조치 명령이나 처분에 따르지 않은 경우 1회 위반 시 업무정지 6개월, 2회 위반 시 지정 취소한다.

해설 정당한 사유 없이 1년 이상 계속하여 인증을 하지 않은 경우 1회 위반 시 지정 취소한다.

92 「친환경농어업 육성 및 유기식품 등의 관리 · 지원에 관한 법률」에 따라 농어업 자원 · 환경 및 친환경농어업 등에 관한 실태조사 · 평가를 수행할 때 주기적으로 조사 · 평가하여야 할 항목이 아닌 것은?

① 농경지의 비옥도, 중금속 등의 변동 사항
② 농어업 용수로 이용되는 지표수와 지하수의 수질
③ 친환경농어업 발전을 위한 각종 기술 등의 개발 · 보급 · 교육 및 지도 방안
④ 수자원 함양, 토양 보전 등 농어업의 공익적 기능 실태

해설 법률 제11조(농어업 자원 · 환경 및 친환경농어업 등에 관한 실태조사 · 평가) ① 농림축산식품부장관 · 해양수산부장관 또는 지방자치단체의 장은 농어업 자원 보전과 농어업 환경 개선을 위하여 농림축산식품부령 또는 해양수산부령으로 정하는 바에 따라 다음 각 호의 사항을 주기적으로 조사 · 평가하여야 한다. 〈개정 2013.3.23, 2016.12.2〉
1. 농경지의 비옥도(肥沃度), 중금속, 농약성분, 토양미생물 등의 변동사항

정답 89 ① 90 ④ 91 ② 92 ③

2. 농어업 용수로 이용되는 지표수와 지하수의 수질
3. 농약 · 비료 · 항생제 등 농어업투입재의 사용 실태
4. 수자원 함양(涵養), 토양 보전 등 농어업의 공익적 기능 실태
5. 축산분뇨 퇴비화 등 해당 농어업 지역에서의 자체 자원 순환사용 실태

5의2. 친환경농어업 및 친환경농수산물의 유통 · 소비 등에 관한 실태

6. 그밖에 농어업 자원 보전 및 농어업 환경 개선을 위하여 필요한 사항

93 「농림축산식품부 소관 친환경농어업 육성 및 유기식품 등의 관리 · 지원에 관한 법률 시행규칙」에 따라 토양개량과 작물생육을 위해 사용이 가능한 물질이면서 병해충 관리를 위하여 사용이 가능한 물질은?

① 보르도액
② 황산칼륨
③ 님추출물
④ 미생물 및 미생물추출물

해설 미생물 및 미생물추출물 사용조건 : 미생물의 배양과정이 끝난 후에 화학물질의 첨가나 화학적 제조공정을 거치지 않을 것
① 보르도액 : 병해충 관리를 위하여 사용 가능
② 황산칼륨 : 토양개량과 작물생육을 위하여 사용 가능
③ 님추출물 : 병해충 관리를 위하여 사용 가능

94 「친환경농축산물 및 유기식품 등의 인증에 관한 세부실시요령」상 친환경농산물의 인증심사를 위한 현장심사에 관한 내용으로 틀린 것은?

① 농림산물의 검사항목 중 용수는 수역별 농업용수 또는 먹는 물 기준이 설정된 성분을 검사한다.
② 축산물 생산을 위한 사료에 유기합성농약 성분 및 동물용의약품 성분으로 국립농산물품질관리원장이 정하는 성분 또는 사용이 의심되는 성분의 검사를 실시한다.
③ 현장심사는 신청한 농산물, 축산물, 가공품의 생산이 완료되는 시기에는 실시할 수 없다.
④ 최근 3년 이내에 검사가 이루어지지 않은 용수를 사용하는 경우에는 반드시 수질검사를 실시해야 한다.

해설 최근 5년 이내에 검사가 이루어지지 않은 용수를 사용하는 경우에는 반드시 수질검사를 실시해야 한다.

95 「유기가공식품 동등성 인정 및 관리요령」에서 유기가공식품을 관리하는 외국의 정부가 유기가공식품의 생산, 제조 · 가공 또는 취급과 관련된 법적 요구사항이 유기가공식품에 일관되게 적용되는지를 확인하는 일련의 활동을 일컫는 말은?

① 일관성 검증시스템
② 일관성 평가시스템
③ 동등성 검증시스템
④ 적합성 평가시스템

해설 (국립농산물품질관리원) 유기가공식품 동등성 인정 및 관리 요령
제2조 4. "적합성 평가시스템"이란 유기식품을 관리하는 외국의 정부가 유기식품의 생산, 제조 · 가공 또는 취급과 관련된 법적 요구사항이 유기식품에 일관되게 적용되는지를 확인하는 일련의 활동을 말한다.

96 「농림축산식품부 소관 친환경농어업 육성 및 유기식품 등의 관리 · 지원에 관한 법률 시행규칙」에 따른 유기가공식품 제조 시 식품첨가물 또는 가공보조제로 사용 가능한 물질이 아닌 것은?

① 과일주의 무수아황산
② 두류제품의 염화칼슘
③ 통조림의 글루타민산나트륨
④ 유제품의 구연산삼나트륨

정답 93 ④ 94 ④ 95 ④ 96 ③

해설

명칭(한)	식품첨가물로 사용 시		가공보조제로 사용 시	
	허용 여부	허용범위	허용 여부	허용범위
무수아황산	○	과일주	×	
염화칼슘	○	과일 및 채소제품, 두류제품, 지방제품, 유제품, 육제품	○	응고제
구연산삼나트륨	○	소시지, 난백의 저온살균, 유제품, 과립음료	×	

97 「친환경농어업 육성 및 유기식품 등의 관리 · 지원에 관한 법률」에서 규정한 인증 등에 관한 부정행위에 해당하지 않는 것은?

① 거짓이나 그밖의 부정한 방법으로 유기식품 등의 인증을 받거나 인증기관으로 지정받는 행위
② 인증을 받지 아니한 제품에 유기 표시나 이와 유사한 표시를 하는 행위
③ 인증품에 인증을 받지 아니한 제품 등을 섞어서 판매하거나 섞어서 판매할 목적으로 보관, 운반 또는 진열하는 행위
④ 인증을 받은 유기식품을 다시 포장하지 아니하고 그대로 저장, 운송, 수입 또는 판매하는 자가 취급자 인증을 신청하지 아니하는 행위

해설 인증을 받은 유기식품을 다시 포장하지 아니하고 그대로 저장, 운송, 수입 또는 판매하는 자가 취급자 인증을 신청하지 아니하는 행위는 위반행위에 해당하지 않는다.

98 「농림축산식품부 소관 친환경농어업 육성 및 유기식품 등의 관리 · 지원에 관한 법률 시행규칙」상 유기식품 등의 인증신청 시 제출해야 하는 서류가 아닌 것은?

① 인증품 생산 계획서
② 인증품 제조 · 가공 및 취급 계획서
③ 식품제조업 허가증 또는 영업신고서
④ 친환경농업에 관한 교육 이수 증명자

해설 시행규칙 제10조(유기식품등의 인증 신청)법 제20조 제1항에 따라 유기식품 등의 인증을 받으려는 자는 별지 제2호 서식 또는 별지 제3호 서식의 인증신청서에 다음 각 호의 서류를 첨부하여 법 제26조 제1항에 따라 지정받은 인증기관(이하 "인증기관"이라 한다)의 장에게 제출하여야 한다. 〈개정 2017. 6. 2., 2018. 12. 31.〉

1. 별지 제4호 서식의 인증품 생산계획서, 별지 제5호 서식의 인증품 생산계획서 또는 별지 제6호 서식의 인증품 제조 · 가공 및 취급 계획서
2. 별표 4의 경영 관련 자료
3. 사업장의 경계면을 표시한 지도
4. 생산, 제조 · 가공, 취급에 관련된 작업장의 구조와 용도를 적은 도면(작업장이 있는 경우만 해당한다)
5. 친환경농업에 관한 교육 이수 증명자료(전자적 방법으로 확인이 가능한 경우에는 제외한다)

99 「친환경농어업 육성 및 유기식품 등의 관리 · 지원에 관한 법률」에서 정한 유기농어업자재 공시의 유효기간으로 옳은 것은?

① 공시를 받은 날부터 3년
② 공시를 받은 날부터 5년
③ 공시 신청일로부터 3년
④ 공시 신청일로부터 5년

해설 법률 제39조(공시의 유효기간 등) ① 공시의 유효기간은 공시를 받은 날부터 3년으로 한다. 〈개정 2016. 12. 2.〉
② 공시사업자가 공시의 유효기간이 끝난 후에도 계속하여 공시를 유지하려는 경우에는 그 유효기간이 끝나기 전까지 공시를 한 공시기관에 갱신신청을 하여 그 공시를 갱신하여야 한다. 다만, 공시를 한 공시기관이 폐업, 업무정지 또는 그밖의 부득이한 사유로 갱신신청이 불가능하게 된 경우에는 다른 공시기관에 신청할 수 있다. 〈개정 2016. 12. 2.〉
③ 제2항에 따른 공시의 갱신에 필요한 구체적인 절차와 방법 등은 농림축산식품부령 또는 해양수산부령으로 정한다. 〈개정 2013. 3. 23., 2016. 12. 2.〉

정답 97 ④ 98 ③ 99 ①

100 **「농림축산식품부 소관 친환경농어업 육성 및 유기식품 등의 관리 · 지원에 관한 법률 시행규칙」에서 정의하는 '휴약기간'이란?**

① 친환경농업을 실천하는 자가 경종과 축산을 겸업하면서 각각의 부산물을 작물재배 및 가축사육에 활용하고, 경종작물의 퇴비 소요량에 맞게 가축사육 마리 수를 유지하는 기간을 말한다.

② 사육되는 가축에 대하여 그 생산물이 식용으로 사용하기 전에 동물용 의약품의 사용을 제한하는 일정기간을 말한다.

③ 원유를 소비자가 안전하게 음용할 수 있도록 단순살균 처리한 기간을 말한다.

④ 항생제 · 합성항균제 및 호르몬 등 동물의약품의 인위적인 사용으로 인하여 동물에 잔류되거나 또는 농약 · 유해중금속 등 환경적인 요소에 의한 자연적인 오염으로 인하여 축산물 내에 잔류되는 기간을 말한다.

해설 시행규칙 [별표1] "휴약기간"이란 사육되는 가축에 대하여 그 생산물이 식용으로 사용하기 전에 동물용의약품의 사용을 제한하는 일정기간을 말한다.

정답 100 ②

2020년 4회

유기농업기사 기출문제

제1과목 재배원론

01 굴광현상에 가장 유효한 광은?

① 자외선 ② 자색광
③ 청색광 ④ 녹색광

해설 굴광성
- 의의 : 식물의 한 쪽에 광이 조사되면 광이 조사된 쪽으로 식물체가 구부러지는 현상을 굴광현상이라 한다.
- 광이 조사된 쪽은 옥신의 농도가 낮아지고 반대쪽은 옥신의 농도가 높아지면서 옥신의 농도가 높은 쪽의 생장속도가 빨라져 생기는 현상이다.
- 줄기나 초엽 등 지상부에서는 광의 방향으로 구부러지는 향광성을 나타내며, 뿌리는 반대로 배광성을 나타낸다.
- 400~500nm, 특히 440~480nm의 청색광이 가장 유효하다.

02 세포의 팽압을 유지하며, 다량원소에 해당하는 것은?

① Mo ② K
③ Cu ④ Zn

해설 ① 필수원소의 종류(16종)
- 다량원소(9종) : 탄소(C), 산소(O), 수소(H), 질소(N), 인(P), 칼륨(K), 칼슘(Ca), 마그네슘(Mg), 황(S)
- 미량원소(7종) : 철(Fe), 망간(Mn), 구리(Cu), 아연(Zn), 붕소(B), 몰리브덴(Mo), 염소(Cl)

② 칼륨(K)
- 칼륨은 이동성이 매우 크며 잎, 생장점, 뿌리의 선단 등 분열조직에 많이 함유되어 있으며, 여러 가지 물질대사의 일종의 촉매적 작용을 한다.
- 광합성, 탄수화물 및 단백질 형성, 세포 내의 수분 공급과 증산에 의한 수분 상실을 조절하여 세포의 팽압을 유지하는 등의 기능을 한다.
- 효소반응의 활성제로서 중요한 작용을 한다.
- 칼륨은 탄소동화작용을 촉진하므로 일조가 부족한 때에 효과가 크다.
- 단백질 합성에 필요하므로 칼륨 흡수량과 질소 흡수량의 비율은 거의 같은 것이 좋다.
- 결핍 : 생장점이 말라죽고, 줄기가 약해지고, 잎의 끝이나 둘레의 황화, 하위엽의 조기낙엽 현상을 보여 결실이 저해된다.

03 다음 중 장일식물은?

① 들깨 ② 담배
③ 국화 ④ 감자

해설 작물의 일장형
1) 장일식물(長日植物, LDP; long-day plant)
   ① 보통 16~18시간의 장일상태에서 화성이 유도, 촉진되는 식물로, 단일상태는 개화를 저해한다.
   ② 최적일장 및 유도일장 주체는 장일측, 한계일장은 단일측에 있다.
   ③ 추파맥류, 시금치, 양파, 상추, 아마, 아주까리, 감자 등
2) 단일식물(短日植物, SDP; short-day plant)
   ① 보통 8~10시간의 단일상태에서 화성이 유도, 촉진되며 장일상태는 이를 저해한다.
   ② 최적일장 및 유도일장의 주체는 단일측, 한계일장은 장일측에 있다.
   ③ 국화, 콩, 담배, 들깨, 조, 기장, 피, 옥수수, 아마, 호박, 오이, 늦벼, 나팔꽃 등
3) 중성식물(中性植物, day-neutral plant)
   ① 일정한 한계일장이 없이 넓은 범위의 일장에서 개화하는 식물로 화성이 일장에 영향을 받지 않는다고 할 수도 있다.
   ② 강낭콩, 가지, 토마토, 당근, 셀러리 등

04 내건성 작물의 특성에 해당되는 것은?

① 잎이 크다.
② 건조 시에 당분의 소실이 빠르다.
③ 건조 시에 단백질의 소실이 빠르다.
④ 세포액의 삼투압이 높다.

정답 1 ③ 2 ② 3 ④ 4 ④

해설 작물의 내건성[耐乾性, =내한성(耐旱性); drought tolerance)
1) 작물이 건조에 견디는 성질을 의미하며 여러 요인에 의해서 지배된다.
2) 내건성이 강한 작물의 특성
 ① 체내 수분의 손실이 적다.
 ② 수분의 흡수능이 크다.
 ③ 체내의 수분 보유력이 크다.
 ④ 수분 함량이 낮은 상태에서 생리기능이 높다.
3) 형태적 특성
 ① 표면적과 체적의 비가 작고 왜소하며 잎이 작다.
 ② 뿌리가 깊고 지상부에 비하여 근군의 발달이 좋다.
 ③ 잎조직이 치밀하고 잎맥과 울타리 조직의 발달 및 표피에 각피가 잘 발달하고, 기공이 작고 많다.
 ④ 저수능력이 크고, 다육화의 경향이 있다.
 ⑤ 기동세포가 발달하여 탈수되면 잎이 말려서 표면적이 축소된다.
4) 세포적 특성
 ① 세포가 작아 수분이 적어져도 원형질 변형이 적다.
 ② 세포 중 원형질 또는 저장양분이 차지하는 비율이 높아 수분 보유력이 강하다.
 ③ 원형질의 점성이 높고 세포액의 삼투압이 높아서 수분보유력이 강하다.
 ④ 탈수 시 원형질 응집이 덜하다.
 ⑤ 원형질막의 수분, 요소, 글리세린 등에 대한 투과성이 크다.
5) 물질대사적 특성
 ① 건조 시는 증산이 억제되고, 급수 시는 수분 흡수기능이 크다.
 ② 건조 시 호흡이 낮아지는 정도가 크고, 광합성 감퇴 정도가 낮다.
 ③ 건조 시 단백질, 당분의 소실이 늦다.

05 다음 중 내염성 정도가 가장 큰 작물은?

① 고구마 ② 가지
③ 레몬 ④ 유채

해설 작물의 내염성 정도

	밭작물	과수
강	사탕무, 유채, 양배추, 목화	
중	알파파, 토마토, 수수, 보리, 벼, 밀, 호밀, 아스파라거스, 시금치, 양파, 호박	무화과, 포도, 올리브
약	완두, 셀러리, 고구마, 감자, 가지, 녹두	배, 살구, 복숭아, 귤, 사과

06 다음 중 작물에 따른 재배에 적합한 토성의 범위가 가장 큰 작물은?

① 콩 ② 아마
③ 담배 ④ 피

해설 작물 종류와 재배에 적합한 토성
○: 재배적지, △: 재배 가능지

작물	사토	사양토	양토	식양토	식토
감자	○	○	○	○	△
콩, 팥	○	○	○	○	○
녹두, 고구마	○	○	○	○	
근채류	○	○	○	△	
땅콩	○	○	△	△	
오이, 양파	○	○	○		
호밀	△	○	○	○	△
귀리	△	△	○	○	△
조	△	○	○	○	△
참깨, 들깨	△	○	○	△	△
보리		○	○		
수수, 옥수수, 메밀		○	○	○	
목화, 삼, 완두		○	○	△	
아마, 담배, 피, 모시풀		○	○		
강낭콩		△	○	○	
알파파, 티머시			○	○	○
밀				○	○

07 박과 채소류 접목의 특징으로 틀린 것은?

① 저온에 대한 내성이 증대된다.
② 과습에 잘 견딘다.
③ 기형과 발생을 억제한다.
④ 흡비력이 강해진다.

해설 박과채소류 접목
① 장점
- 토양전염성 병의 발생을 억제한다(수박, 오이, 참외의 덩굴쪼김병).
- 불량환경에 대한 내성이 증대된다.
- 흡비력이 증대된다.
- 과습에 잘 견딘다.

정답 5 ④ 6 ① 7 ③

• 과실의 품질이 우수해진다.

② 단점

• 질소의 과다흡수 우려가 있다.
• 기형과 발생이 많아진다.
• 당도가 떨어진다.
• 흰가루병에 약하다.

08 지력을 토대로 자연의 물질순환 원리에 따르는 농업은?

① 생태농업 ② 정밀농업
③ 자연농업 ④ 무농약농업

해설 ① 생태농업 : 지역폐쇄시스템에서 작물양분과 병해충종합관리기술을 이용하여 생태계 균형유지에 중점을 두는 농업
② 정밀농업 : 한 포장 내에서 위치에 따라 종자, 비료, 농약 등을 달리함으로써 환경문제를 최소화하면서 생산성을 최대로 하려는 농업
③ 자연농업 : 지력을 토대로 자연의 물질순환 원리에 따르는 농업
④ 무농약농업 : 화학합성농약은 전혀 사용하지 않고 화학비료는 권장 시비량의 1/3 이하를 사용하여 재배하는 농업 방식

09 삽수의 발근촉진에 주로 이용되는 생장조절제는?

① Ethylene ② ABA
③ IBA ④ BA

해설 옥신의 재배적 이용

• 발근 촉진 : 삽목 또는 취목 등 영양번식의 경우 발근을 촉진시키기 위해 사용한다.
• 접목 시 활착 촉진 : 접수의 절단면 또는 대목과 접수의 접합부에 IAA 라놀린연고를 바르면 유상조직의 형성이 촉진되어 활착이 촉진된다.
• 개화 촉진 : 파인애플에 NAA, B-IBA, 2,4-D 등의 수용액을 살포하면 화아분화가 촉진된다.
• 낙과 방지 : 사과의 경우 자연낙화 직전 NAA, 2,4-D 등의 수용액을 처리하면 과경의 이층형성 억제로 낙과를 방지할 수 있다.
• 가지의 굴곡 유도 : 관상수목 등의 경우 가지를 구부리려는 반대쪽에 IAA 라놀린연고를 바르면 옥신농도가 높아져 원하는 방향으로 굴곡을 유도할 수 있다.
• 적화 및 적과 : 사과, 온주밀감, 감 등은 만개 후 NAA 처리를 하면 꽃이 떨어져 적화 또는 적과의 효과를 볼 수 있다.
• 과실의 비대와 성숙 촉진
• 단위결과
• 증수효과 : 고구마 싹을 NAA 1ppm 용액에 6시간 정도 침지하거나 감자 종자를 IAA 20ppm 용액이나 헤테로옥신 62.5ppm 용액에 24시간 정도 침지 후 이식 또는 파종하면 증수되며 그 외에도 옥신 용액에 여러 작물의 종자를 침지하면 소기의 증수효과를 볼 수 있다.
• 제초제로 이용

10 다음 중 3년생 가지에 결실하는 것은?

① 포도 ② 밤
③ 감 ④ 사과

해설 과수의 결과 습성

• 1년생 가지에 결실하는 과수 : 포도, 감, 밤, 무화과, 호두 등
• 2년생 가지에 결실하는 과수 : 복숭아, 자두, 살구, 매실, 양앵두 등
• 3년생 가지에 결실하는 과수 : 사과, 배 등

11 가지를 수평 또는 그보다 더 아래로 휘어 가지의 성장을 억제하고 정부우세성을 이동시켜 기부에서 가지가 발생하도록 하는 것은?

① 절상 ② 적엽
③ 제얼 ④ 휘기

해설 ① 절상(切傷, notching) : 눈 또는 가지 바로 위에 가로로 깊은 칼금을 넣어 그 눈이나 가지의 발육을 조장하는 작업이다.
② 적엽(摘葉, 잎따기; defoliation) : 통풍과 투광을 조장하기 위해 하부의 낡은 잎을 따는 작업이다.
③ 제얼(除蘖) : 1포기에 여러 개의 싹이 나올 때 그 가운데 충실한 것을 몇 개 남기고 나머지를 제거하는 작업이다.
④ 언곡(偃曲, 휘기; bending) : 가지를 수평이나 그 보다 더 아래로 휘어서 가지의 생장을 억제시키고 정부우세성을 이동시켜 기부에 가지가 발생하도록 하는 작업이다.

정답 8 ③ 9 ③ 10 ④ 11 ④

12 다음 중 내습성이 가장 큰 것은?

① 파 ② 양파
③ 옥수수 ④ 당근

해설 근계가 얕게 발달하면서, 습해 시 부정근의 발생력이 큰 옥수수가 내습성이 가장 크다.

13 다음 중 묘대일수감응도가 낮으면서 만식적응성이 큰 기상생태형은?

① Blt형 ② bLt형
③ blT형 ④ blt형

해설 만식적응성(晩植適應性)
- 의의 : 이앙이 늦을 때 적응하는 특성
- 기본영양생장형 : 만식은 출수가 너무 지연되어 성숙이 불안정해진다.
- 감온형 : 못자리 기간이 길어지면 생육에 난조가 온다.
- 감광형 : 만식을 해도 출수의 지연도가 적고 묘대일수감응도가 낮아 만식적응성이 크다.

14 다음 중 적산온도가 가장 낮은 것은?

① 메밀 ② 벼
③ 담배 ④ 조

해설 주요 작물의 적산온도
① 여름작물
- 벼 : 3,500~4,500℃
- 담배 : 3,200~3,600℃
- 메밀 : 1,000~1,200℃
- 조 : 1,800~3,000℃

② 겨울작물 : 추파맥류 – 1,700~2,300℃
③ 봄작물
- 아마 : 1,600~1,850℃
- 봄보리 : 1,600~1,900℃

15 다음 중 장과류에 해당하는 것으로만 나열된 것은?

① 포도, 딸기 ② 감, 귤
③ 배, 사과 ④ 비파, 자두

해설
- 인과류(仁果類) : 배, 사과, 비파 등
- 핵과류(核果類) : 복숭아, 자두, 살구, 앵두 등
- 장과류(漿果類) : 포도, 딸기, 무화과 등
- 각과류(殼果類, =견과류) : 밤, 호두 등
- 준인과류(準仁果類) : 감, 귤 등

16 포장을 수평으로 구획하고 관개하는 방법은?

① 다공관관개법 ② 수반법
③ 스프링클러관개법 ④ 물방울관개법

해설 수반법(水盤法, basin method) : 포장을 수평으로 구획하고 관개하는 방법이다.

17 다음에서 설명하는 것은?

> 경사지에서 수식성 작물을 재배할 때 등고선으로 일정한 간격을 두고 적당한 폭의 목초대를 두면 토양침식이 크게 경감된다.

① 등고선 경작 재배 ② 초생재배
③ 단구식 재배 ④ 대상재배

해설 ① 등고선 경작 재배 : 경사지에서 등고선을 따라 이랑을 만드는 방식으로 비가 올 때 이랑 사이 골에 물이 고여 유거수가 생기지 않고 토양으로 침투하게 된다.
② 초생재배 : 과수원 등에서 청경재배 대신 목초, 녹비 등을 키워 재배하는 방법
③ 단구식 재배 : 경사가 심한 곳을 개간할 때 계단식으로 단구를 조성하는 방법
④ 대상재배 : 경사지에서 수식성 작물을 재배할 때 등고선으로 일정한 간격을 두고 적당한 폭의 목초대를 두는 방법으로 등고선윤작이라고도 하며, 간격이 좁고 목초대의 폭이 클수록 토양보호효과가 크다.

18 다음 중 작물별 안전저장 조건에서 온도가 가장 높은 것은?

① 식용감자 ② 과실
③ 쌀 ④ 엽채류

해설 신선채소류와 과실의 저장온도는 상대적으로 낮고 곡류의 저장온도는 상대적으로 높다.

정답 12 ③ 13 ② 14 ① 15 ① 16 ② 17 ④ 18 ③

19 다음 중 산성토양에 가장 강한 작물은?

① 상추 ② 완두
③ 고추 ④ 수박

해설 산성토양에 대한 작물의 적응성
- 극히 강한 것 : 벼, 밭벼, 귀리, 토란, 아마, 기장, 땅콩, 감자, 수박 등
- 강한 것 : 메밀, 옥수수, 목화, 당근, 오이, 완두, 호박, 토마토, 밀, 조, 고구마, 담배 등
- 약간 강한 것 : 유채, 파, 무 등
- 약한 것 : 보리, 클로버, 양배추, 근대, 가지, 삼, 겨자, 고추, 완두, 상추 등
- 가장 약한 것 : 알파파, 콩, 자운영, 시금치, 사탕무, 셀러리, 부추, 양파 등

20 다음 중 과실 성숙과 가장 관련이 있는 것은?

① Ethylene ② ABA
③ BA ④ IAA

해설 에틸렌(ethylene)
- 과실 성숙의 촉진 등에 관여하는 식물생장조절물질이다.
- 환경스트레스와 옥신은 에틸렌 합성을 촉진시킨다.
- 에틸렌을 발생시키는 에세폰 또는 에스렐(2-chloroethylphos-phonic acid)이라 불리는 물질을 개발하여 사용하고 있다.

제2과목 토양특성 및 관리

21 밭토양에서 작물을 수확한 후에도 토양에 남아 있는 질소질 비료에 대한 설명으로 옳은 것은?

① 요소태로 존재하여 나중에 경작되는 작물이 이용한다.
② 암모니아태로 토양에 흡착되어 이동하지 않는다.
③ 질산태 질소가 되어 물과 함께 이동하여 손실된다.
④ 부식화 작용으로 대부분 토양에 잔류한다.

해설 밭토양의 질소의 존재 형태는 NO_3^- 로 물에 잘 녹고 속효성이며 밭작물 추비에 알맞으나 음이온으로 토양에 흡착되지 않고 유실되기 쉽다.

22 유효인산 추출 방법이 아닌 것은?

① Olsen법
② Lancaster법
③ Bray법
④ Kjeldahl법

해설 Kjeldahl법은 단백질을 측정하는 방법이다.

23 염해지 토양의 특성에 대한 설명으로 틀린 것은?

① 전기 전도도가 일반 경작지보다 높다.
② 유기물 함량이 일반 경작지보다 많다.
③ 마그네슘, 칼륨의 함량이 일반 경작지보다 많다.
④ 건조기에 백색을 나타내며 토양의 pH가 대개 8.5 이하이다.

해설
- 염해지토양 : 염류가 5% 이상인 해안지대 간척지 토양은 나트륨염과 마그네슘염의 농도가 보통보다 높아 알칼리성을 띠며, 유기물을 시용하면 토층의 배수가 좋아지고 유기물 분해 시 생성되는 유기산이 제염을 조장한다.
- 건조기에 관개가 불가능하면 표층에 생짚, 청초를 이용하여 수분 증발을 막아 하층토에 있는 염분이 상승하여 집적되는 것을 막는다.
- 염해지 토양의 전기 전도도는 적정의 15~20배(30~40ds/m) 정도이다.
- 염분의 해작용 : 토양 중 염분이 과다하면 물리적으로 토양 용액의 삼투압이 높아져 벼 뿌리의 수분 흡수가 저해되고 화학적으로는 특수 이온을 이상 흡수하여 영양과 대사를 저해한다.
- 황화물의 해작용 : 해면 하에 다량 집적되어 있던 황화물이 간척 후 산화되면서 황산이 되어 토양이 강산성이 된다.
- 토양 물리성의 불량 : 점토가 과다하고 나트륨 이온이 많아 토양의 투수성, 통기성이 매우 불량하다.

정답 19 ④ 20 ① 21 ③ 22 ④ 23 ②

24 **다음은 토양 견지성의 가소성(Plasticity)을 실험한 결과이다. 소성지수(PI)를 계산하였을 때, 다음 중 가장 사질화된 토양은?**

① 액성한계(LL) : 55, 소성한계(PL) : 37
② 액성한계(LL) : 52, 소성한계(PL) : 35
③ 액성한계(LL) : 50, 소성한계(PL) : 34
④ 액성한계(LL) : 48, 소성한계(PL) : 33

해설
- 견지성 : 토양 형태의 파괴 또는 흐트러뜨릴 때 나타나는 토양의 저항으로 흙덩이의 응집력이나 저항력을 나타내는 복합적 성질로 푸슬푸슬함, 부서지기 쉬움, 단단함, 부드러움, 소성 있음, 점착성이 있음 등으로 표현한다.
- 가소성 : 외력에 의해 형태가 변한 물체가 외력이 없어져도 원래의 형태로 돌아오지 않는 물질의 성질을 말하며, 탄성한계를 넘는 힘이 작용할 때 나타난다.
- 액성한계와 소성한계가 클수록 점토 함량이 많음을 의미한다.

25 **토양 단면에 관한 설명으로 틀린 것은?**

① 통상적으로 O, A, B, C층 등으로 구별된다.
② 식물의 잔뿌리가 많이 뻗어 있는 층은 A층이다.
③ C층은 유기물이 풍부하다.
④ B층은 무기물이 집적되는 층이다.

해설

층	구분		설명
O1	유기물층		유기물의 원형을 육안으로 식별할 수 있는 유기물 층
O2			유기물의 원형을 육안으로 식별할 수 없는 유기물 층
A1	용탈층	성토층	부식화된 유기물과 광물질이 섞여 있는 암흑색의 층
A2			규산염 점토와 철, 알루미늄 등의 산화물이 용탈된 담색층(용탈층)
A3			A층에서 B층으로 이행하는 층위이나 A층의 특성을 좀 더 지니고 있는 층
B1	집적층		A층에서 B층으로 이행하는 층위이며 B층에 가까운 층
B2			규산염 점토와 철, 알루미늄 등의 산화물 및 유기물의 일부가 집적되는 층(집적층)
B3			C층으로 이행하는 층위로서 C층보다 B층의 특성에 가까운 층
C	모재층		토양생성작용을 거의 받지 않은 모재층으로 칼슘, 마그네슘 등의 탄산염이 교착상태로 쌓여 있거나 위에서 녹아 내려온 물질이 엉켜서 쌓인 층이다.
R	모암층		C층 밑에 있는 풍화되지 않는 바위층(단단한 모암)

26 **토양수분을 알맞게 공급했는데도 잘 자라던 식물이 위조상태에 도달하였다. 그 원인으로 가장 적절한 것은?**

① 지나친 수분 흡수
② 작물의 증산 억제
③ 뿌리 흡수기능의 이상
④ 토양의 높은 수분퍼텐셜

해설 토양에 알맞은 양의 수분을 공급하였음에도 식물이 위조상태에 도달하였다는 것은 토양 내 수분이 충분함에도 뿌리의 흡수가 제대로 이루어지지 않았음을 의미한다.

27 **다음 설명에 해당하는 토양구조는?**

- 우리나라 논토양에서 많이 발견된다.
- 용적밀도가 크고 공극률이 급격히 낮아지며 대공극이 없어진다.
- 모재의 특성을 그대로 간직하고 있는 것이 특징이며, 물이나 빙하의 아래에 위치하기도 한다.

① 판상구조 ② 괴상구조
③ 각주상구조 ④ 구상구조

해설 판상구조 : 습윤지대 A층이나 논토양의 작토 밑에 발달하는 얇은 판자상 또는 렌즈상 배열을 가진다.

28 **토양비옥도와 생산성에 기여하는 토성의 기본적 특성에 대한 설명으로 틀린 것은?**

① 식물생육에 있어서 양분, 수분 함량, 뿌리활착 및 신장에 영향을 미친다.

정답 24 ④ 25 ③ 26 ③ 27 ① 28 ④

② 토성에 따라 수분 보유능에 차이가 발생한다.
③ 비옥도에 관련되는 토양 물리화학성과 생물성에 직간접적으로 영향을 미친다.
④ 토성은 토양 pH가 변화하는 원인의 대부분을 차지한다.

해설 토양반응이란 토양이 산성, 중성, 염기성인가의 성질로 토양용액 중 수소이온농도(H^+)와 수산이온농도(OH^-)의 비율에 의해 결정되며 pH로 표시한다.

29 **최대용수량이 45%, 포장용수량은 35%, 초기위조점의 수분 함량은 15%, 영구위조점의 수분 함량은 10%였다. 이 토양의 유효수분 함량은?**

① 20% ② 25%
③ 30% ④ 35%

해설 유효수분 : 식물이 토양의 수분을 흡수하여 이용할 수 있는 수분으로 포장용수량과 영구위조점 사이의 수분, 따라서 35-10=25

30 **다음 중 탄질비(C/N율)와 가장 밀접한 관계가 있는 것은?**

① 지상부와 지하부의 생육비율
② 염기포화도
③ 유기물의 분해속도
④ 식물양분의 균형비율

해설 미생물은 영양원으로 질소를 소비하며 탄수화물을 분해하므로 유기물의 분해속도와 관련이 있으며, C/N률이 크면 질소기아현상이 발생할 수 있다.

31 **다음 중 콩과식물로서 뿌리혹박테리아 질소고정능력이 가장 낮은 작물은?**

① 알파파 ② 대두
③ 완두 ④ 레드클로버

해설 완두는 다른 콩과식물에 비해 뿌리가 깊게 자라 뿌리혹의 착생과 질소고정능력이 떨어진다.

32 **다음 원소 중 지각 내에서 함량이 가장 적은 것은?**

① 산소 ② 규소
③ 알루미늄 ④ 철

해설 지각 구성 8대 원소 : 산소 > 규소 > 알루미늄 > 철 > 칼슘 > 나트륨 > 칼륨 > 마그네슘

33 **부식에 대한 설명으로 틀린 것은?**

① 알칼리에는 녹으나 산에서 녹지 않는 부식 물질은 부식산이다.
② 부식회는 알칼리 용액으로 추출되지 않고 남아 있는 화합물이다.
③ 탄질률이 높으므로 분해될 때 질소기아를 유발한다.
④ 양이온교환능력과 pH에 대한 완충능력이 크다.

해설 부식은 C/N률이 낮아 질소기아현상이 발생하지 않는다.

34 **토양에서 강우에 의한 침식을 최소화하는 요인이 아닌 것은?**

① 다량의 토양유기물
② 소량의 팽창성 점토광물
③ 토양피각 형성
④ 강우의 높은 토양 침투율

해설 젖고 교란된 지표가 강한 햇빛에 노출되어 단단한 껍질처럼 굳은 토양피각이 형성될 때 대공극량이 크게 감소하여 투수가 적어져 침식이 커진다.

35 **다음 중 토양색을 결정하는 주요 인자로 거리가 가장 먼 것은?**

① 철 ② 규소
③ 망간 ④ 유기물

해설 ① 철 : 산화상태에서는 붉은색, 환원상태에서는 청회색을 띤다.

정답 29 ② 30 ③ 31 ③ 32 ④ 33 ③ 34 ③ 35 ②

③ 망간 : 산화망간은 흑색, 갈색, 자색의 원인이 된다.
④ 유기물 : 함량이 높으면 흑색에 가까운 어두운 색을 띤다.

36 토양 공극률을 높이기 위한 방법으로 틀린 것은?

① 유기물을 정기적으로 사용한다.
② 심근성 두과작물을 재배한다.
③ 사열을 단립구조화 하여 대공극을 확대한다.
④ 입단토양으로 객토한다.

해설 단립구조가 아닌 입단구조화 하여야 한다.

37 탈질작용에 관한 설명으로 틀린 것은?

① 혐기적인 환경조건에서도 형성된다.
② 토양 내에 있는 탈질균에 의한 반응이다.
③ 물이 담겨져 있지 않은 논토양에서 주로 일어난다.
④ 대부분의 토양에서 N_2까지 환원되기 전에 N_2O의 형태로 가장 많이 손실된다.

해설 담수상태인 혐기적 조건에서 일어난다.

38 토양유실예측공식(USLE)에 들어가는 항목이 아닌 것은?

① 토양침식성 인자
② 경사도와 경사장 인자
③ 강우인자
④ 조도인자

해설 토양유실예측 공식 A=R×K×LS×C×P
R : 강우인자　　K : 토양의 수식성인자
LS : 경사인자　　C : 작부인자
P : 토양관리인자

39 탄질비에 대한 설명으로 옳은 항목은?

ㄱ. 탄질비가 20~30보다 높은 유기물을 토양에 가하면 식물은 일시적인 질소기아를 나타낸다.
ㄴ. 탄질비가 큰 유기물은 탄질비가 작은 유기물보다 분해속도가 훨씬 느리다.
ㄷ. 식물체가 성장함에 따라 탄질비는 증가한다.

① ㄱ　　② ㄱ, ㄴ
③ ㄴ, ㄷ　　④ ㄱ, ㄴ, ㄷ

해설

40 물리적 풍화작용의 분류로 거리가 가장 먼 것은?

① 온도 변화
② 물, 바람, 빙하의 작용
③ 식물체 뿌리의 침투
④ 토양미생물의 활동

해설 ① 기계적(물리적) 풍화
- 화학적 풍화에 앞서서 일어나며 화학적 변화 없는 풍화와 기계적 파쇄로 형태적으로 작아지는 것으로 온도, 물, 얼음, 바람 등에 의한 풍화를 기계적 풍화라고 한다.
- 온도와 열 : 온도의 변화, 특히 급격하고 변이 폭이 큰 온도변화는 암석의 붕괴에 매우 큰 영향을 끼친다.
- 물 : 빗물은 모래와 자갈을 운반하고 부유물질이 함유된 강물은 강력한 삭마력으로 암석을 깎는다.
- 얼음 : 빙식작용은 모재운반과 퇴적을 일으키고, 삭마를 일으켜 풍화작용과 퇴적작용을 가속화한다.
- 바람 : 풍화산물을 이동시키면서 암석에 대한 삭마력을 발휘한다.

② 토양미생물에 의한 풍화는 생물적 풍화에 해당한다.

제3과목 유기농업개론

41 성숙한 배낭 내 난세포의 수와 그 핵상으로 옳은 것은?

① 난세포 ; 1개, 핵상 : n
② 난세포 : 1개, 핵상 : 2n
③ 난세포 : 2개, 핵상 : n
④ 난세포 : 2개, 핵상 : 2n

정답 36 ③ 37 ③ 38 ④ 39 ④ 40 ④ 41 ①

해설 배낭

- 암술 자방(子房, =씨방; ovary) 속의 배주(胚珠, =밑씨; ovule) 안에서 배낭모세포(胚囊母細胞, embryosac mother cell, EMC) 1개가 4개의 반수체 대포자(大胞子, =배낭세포; megaspore)를 만들며 3개는 퇴화하고 1개만 남아 세 번의 체세포분열로 배낭(胚囊, embryo sac)으로 성숙한다.
- 배낭에서 주공 쪽에는 난세포(卵細胞, egg cell) 한 개와 조세포(助細胞, synergid) 2개가 있고, 반대쪽에 반족세포(反足細胞, antipodal cell)가 3개, 중앙에 극핵(極核, polar nucleus) 2개가 있다. 그 중 조세포와 반족세포는 후에 퇴화하며 주공은 화분관이 배낭으로 침투하는 통로이다.

42 시설원예지 토양의 문제점이 아닌 것은?

① 과다시비로 인한 염류집적
② 토양의 알칼리화
③ 연작장해의 발생
④ 양수분의 과다 흡수 초래

해설 시설 토양은 물을 필요한 양만큼만 인공관수하므로 염류의 용탈이 매우 적어 염류집적이 되며, 염류의 농도가 높아지면 토양으로부터 수분의 흡수가 어려워 작물의 생장과 발달이 저해된다.

43 미국의 소규모 유기농가들은 대규모 유기농가들과 싸워야 하는 어려운 처지가 되었다. 이 때문에 일부 소규모 농가들은 "진정한 유기농법"을 주장하며 전국 시장 대신 농장 근처의 지역에만 유기농산물을 공급하며 신선함과 품질을 강조하고 있는 운동은?

① CSA　② FDA
③ SPS　④ CMS

해설 CSA(Community Supported Agriculture; 공동체 지원 농업)는 농민과 소비자의 상호 신뢰를 바탕으로 하는 직접적 연대 방식으로, 농민과 소비자가 먹거리 생산 과정을 공유하고 위험을 분담하는 친밀하고 적극적인 대안 먹거리 운동이다.

44 한우 생산을 위한 관행축산과 유기축산의 가축관리 및 시설 기준의 차이점에 대한 설명으로 틀린 것은?

① 관행축산은 축사면적에 대한 규정이 없어 밀집사육이 가능하나, 유기축산은 축종별 축사 내 사육밀도를 준수해야 한다.
② 관행축산은 가축 번식에 대한 규정이 없으나, 유기축산은 종축을 사용한 자연교배만 가능하고 인공수정에 의한 번식은 불가능하다고 규정하고 있다.
③ 관행축산은 방목지 및 운동장에 대한 규정이 없으나, 유기축산은 한우의 경우 1마리당 사료작물재배지 825m^{2}를 확보하여야 한다.
④ 관행축산은 한우 사육 시 성장촉진제나 호르몬제를 사용할 수 있으나, 유기축산은 한우 사육 시 성장촉진제나 호르몬제의 사용이 제한된다.

해설
- 교배는 종축을 사용한 자연교배를 권장하되, 인공수정을 허용할 수 있다.
- 수정란 이식기법이나 번식호르몬 처리, 유전공학을 이용한 번식기법은 허용되지 아니한다.

45 다음 중 볍씨 소독으로 방제가 어려운 병은?

① 잎마름선충병　② 키다리병
③ 도열병　④ 오갈병

해설 벼 오갈병은 애멸구가 매개하는 바이러스병으로 종자전염병이 아니다.

46 F_2~F_4 세대에는 매세대 모든 개체로부터 1립씩 채종하여 집단재배를 하고, F_4 각 개체별로 F_5 계통재배를 하는 것은?

① 여교배육종
② 1개체 1계통 육종
③ 계통육종
④ 집단육종

정답 42 ④ 43 ① 44 ② 45 ④ 46 ②

해설 1개체 1계통육종(single seed descent method)

- F_2~F_4 세대에서 매 세대의 모든 개체를 1립씩 채종하여 집단재배하고 F_4 각 개체별로 F_5 계통재배를 한다. 따라서 F_5 세대의 각 계통은 F_2 각 개체로부터 유래하게 된다.
- 집단육종과 계통육종의 이점을 모두 살리는 육종 방법이다.
- 잡종 초기세대에서는 집단재배로 유용유전자를 유지할 수 있다.
- 육종 규모가 작아 온실 등에서 육종연한의 단축이 가능하다.

47 유기농업에서 토양을 개선하기 위해 유기물질을 혼입하는 효과로 가장 거리가 먼 것은?

① 토양 피각화의 방지
② 침투수의 개선
③ 토양의 물리적 성질 개선
④ 잡초 제어

해설 미숙유기물을 시용하는 경우 잡초의 발생이 초래될 수 있다.

48 유기농 수도작의 고품질 품종 중 중생종이 아닌 것은?

① 화성벼 ② 수라벼
③ 화영벼 ④ 오대벼

해설 오대벼(수원 303호) : 조생종으로 냉해에 강하고 도복에도 비교적 강하다. 특히 안정적 수량을 보여 중북부 중간지 및 중산간지대에서 두루 재배되는 품종이다.

49 작물의 재배에 적합한 재배적지 토성이「사양토~식양토」에 해당하는 것은?

① 알파파 ② 티머시
③ 밀 ④ 옥수수

해설 6번 문제 해설 참고

50 지력을 유지 · 증진시키기 위한 재배적 조치와 거리가 먼 것은?

① 식물 피복을 통한 토양유실 방지
② 잦은 경운
③ 윤작 재배
④ 충분한 양분관리

해설 잦은 경운은 입단파괴 요인으로 지력의 유지, 증진과는 거리가 멀다.

51 다음 중 다년생 논잡초는?

① 참방동사니 ② 매자기
③ 개망초 ④ 돌피

해설 • 논잡초

구분		잡초
1년생	화본과	강피, 물피, 돌피, 둑새풀
	방동사니과	참방동사니, 알방동사니, 바람하늘지기, 바늘골
	광엽잡초	물달개비, 물옥잠, 여뀌, 자귀풀, 가막사리
다년생	화본과	나도겨풀
	방동사니과	너도방동사니, 올방개, 올챙이고랭이, 매자기
	광엽잡초	가래, 벗풀, 올미, 개구리밥, 미나리

• 밭잡초

구분		잡초
1년생	화본과	바랭이, 강아지풀, 돌피, 둑새풀(2년생)
	방동사니과	참방동사니, 금방동사니
	광엽잡초	개비름, 명아주, 여뀌, 쇠비름, 냉이(2년생), 망초(2년생), 개망초(2년생)
다년생	화본과	참새피, 띠
	방동사니과	향부자
	광엽잡초	쑥, 씀바귀, 민들레, 쇠뜨기, 토끼풀, 메꽃

52 "포장군락의 단위면적당 동화능력"의 계산 방법으로 옳은 것은?

① 총엽면적×수광능률×평균동화능력
② 총엽면적×수광능률÷평균동화능력
③ 총엽면적+수광능률+평균동화능력
④ 총엽면적−수광능률×평균동화능력

정답 47 ④ 48 ④ 49 ④ 50 ② 51 ② 52 ①

해설 포장동화능력의 표시

- 포장동화능력=총엽면적×수광능률×평균동화능력
- $P = AfP_0$

P : 포장동화능력, A: 총엽면적, f: 수광능률, P_0 : 평균동화능력

53 **지역폐쇄시스템에서 작물양분과 병해충종합관리기술을 이용하여 생태계 균형유지에 중점을 두는 농업을 일컫는 말은?**

① 생태농업
② 유기농업
③ 정밀농업
④ 저투입 · 지속적 농업

해설 생태농업 : 지역폐쇄시스템에서 작물양분과 병해충종합관리기술을 이용하여 생태계 균형유지에 중점을 두는 농업

54 **「농림축산식품부 소관 친환경농어업 육성 및 유기식품 등의 관리 · 지원에 관한 법률 시행규칙」상 유기배합사료 제조용 물질 중 단미사료의 단백질류에 속하지 않는 것은?**

① 대두박 ② 트리트케일
③ 면실박 ④ 들깻묵

해설 박류(단백질류) : 대두박(전지대두를 포함), 들깻묵, 참깻묵, 채종박, 면실박, 낙화생박, 고추씨박, 아마박, 야자박, 해바라기씨박, 피마자박, 옥수수배아박, 소맥배아박, 두부박, 케이폭박, 팜유박, 글루텐 및 주정박

55 **다음에서 설명하는 것은?**

> 여러 개의 우량계통을 격리포장에서 자연수분 또는 인공수분으로 다계교배시켜 육성한 품종을 말한다.

① 단순순환선발 품종
② 합성 품종
③ 상호순환선발 품종
④ 영양번식 품종

해설 합성품종(合成品種, synthetic variety)

- 여러 개의 우량계통을 격리포장에서 자연수분 또는 인공수분 하여 다계교배시켜 육성한 품종
- 여러 계통이 관여하므로 세대가 진전되어도 비교적 높은 잡종강세가 나타난다.
- 유전적 폭이 넓어 환경 변동에 안정성이 높다.
- 자연수분에 의하므로 채종 노력과 경비가 절감된다.
- 영양번식이 가능한 타식성 사료작물에 많이 이용된다.

56 **특정한 물질을 분비하여 주위 식물의 발아와 생육을 억제시키는 작물을 일컫는 말은?**

① 식충작물(insectivorous crop)
② 보육작물(nurse crop)
③ 주작물(main crop)
④ 타감작물(allelopathic crop)

해설 유해물질의 분비로 작물생육을 억제하는 상호대립억제작용(타감작용 : allelopathy)

57 **혼작 시 유의사항으로 볼 수 없는 것은?**

① 다년생 작물은 계절작물과 함께 재배한다.
② 혼작하는 작물은 생장습성과 광요구도가 서로 같아야 한다.
③ 혼작 시 심근성 작물과 천근성 작물을 함께 재배하는 것이 좋다.
④ 혼작하는 동안 양분흡수가 가장 왕성한 시기는 서로 달라야 한다.

해설 혼작(混作, 섞어짓기; companion cropping)의 의의 및 방법

- 생육기간이 거의 같은 두 종류 이상의 작물을 동시에 같은 포장에서 섞어 재배하는 것을 혼작이라 한다.
- 작물 사이에 주작물과 부작물이 뚜렷하게 구분되는 경우도 있으나 명확하지 않은 경우가 많다.
- 혼작하는 작물들의 여러 생태적 특성으로 따로 재배하는 것보다 혼작의 합계 수량이 많아야 의미가 있다.
- 혼작물의 선택은 키, 비료의 흡수, 건조나 그늘에 견디는 정도 등을 고려하여 작물 상호간 피해가 없는 것이 좋다.

정답 53 ① 54 ② 55 ② 56 ④ 57 ②

58 **「친환경농축산물 및 유기식품 등의 인증에 관한 세부실시요령」상 유기축산물 생산을 위한 가축의 사육조건으로 틀린 것은?**

① 축사의 바닥은 부드러우면서도 미끄럽지 아니하여야 한다.
② 번식돈의 축사는 짚, 톱밥, 모래 또는 야초와 같은 깔짚으로 채워진 건축공간이 제공되어야 한다.
③ 포유기간에는 모돈과 조기에 젖을 뗀 자돈의 생체중이 25킬로그램까지는 케이지에서 사육할 수 있다.
④ 산란계는 산란상자를 설치하여야 한다.

해설 사육조건
- 번식돈 : 임신 말기 또는 포유기간을 제외하고는 군사를 하여야 하고, 자돈 및 육성돈은 케이지에서 사육하지 아니할 것. 다만, 자돈 압사 방지를 위하여 포유기간에는 모돈과 조기에 젖을 뗀 자돈의 생체중이 25킬로그램까지는 케이지에서 사육할 수 있다.
- 가금류 : 축사는 짚, 톱밥, 모래 또는 야초와 같은 깔짚으로 채워진 건축공간이 제공되어야 하고, 가금의 크기와 수에 적합한 홰의 크기 및 높은 수면공간을 확보하여야 하며, 산란계는 산란상자를 설치하여야 한다.

59 **다음 중 유기종자의 구비조건과 가장 거리가 먼 것은?**

① 고수량성 종자
② 병해충 저항성이 강한 종자
③ 화학적 소독을 거치지 않은 종자
④ 적어도 1세대를 유기농법적으로 재배한 작물로부터 채종된 종자

해설 고수량성은 유기종자 구비조건에만 해당하는 것은 아니다.

60 **우리나라의 연도별 유기농업 관련 정책으로 틀린 것은?**

① 1991년 : 농림부에 유기농업발전 기획단 설치
② 1997년 : 환경농업육성법 제정
③ 1998년 : 친환경농업 원년 선포
④ 2004년 : 친환경농업 직접지불제 도입

해설 1999년 : 친환경농업 직불제 도입

제4과목 유기식품 가공 유통론

61 **다음 중 유기식품에 사용할 수 있는 것은?**

① 방사선 조사 처리된 건조 채소
② 유전자 변형 옥수수
③ 유전자가 변형되지 않은 식품가공용 미생물
④ 비유기가공식품과 함께 저장 · 보관된 과일

해설 유기식품에는 방사선, 유전자 변형 원료는 사용할 수 없다. 또한 모든 원료와 최종생산물의 유기적 순수성이 유지되도록 하여야 한다.

62 **유기농산물을 생산하는 농가가 표준규격에 근거하여 농산물을 등급화하여 출하하려고 한다. 이때 등급 규격 항목에 해당하지 않는 것은?**

① 색택　② 경결점과
③ 생산이력　④ 낱개의 고르기

해설 일반적인 등급규격 항목 : 낱개 고르기, 신선도, 색택, 중결점, 경결점이며 품목에 따라 숙도 등 일부 항목이 추가되기도 한다.

63 **농산물 유통조직의 손익계산서에서 판매관리비 항목에 포함되지 않는 것은?**

① 성과금　② 지급임차비
③ 기부금　④ 공공요금

해설 판매비와 관리비는 상품과 용역의 판매 활동이나 기업의 관리와 유지에서 발생하는 비용으로 매출 원가에 속하지 않는 모든 영업 비용을 포함한다.
① 급여, ② 퇴직 급여, ③ 복리 후생비, ④ 임차료, ⑤ 접대비, ⑥ 감가상각비, ⑦ 세금과 공과, ⑧ 광고 선전비, ⑨ 무형 자산 상각비, ⑩ 보험료, ⑪ 소모품비, ⑫ 경상개발비, ⑬ 대손 상각비, ⑭ 재고 자산 감모 손실

정답 58 ② 59 ① 60 ④ 61 ③ 62 ③ 63 ③

64 친환경농산물 정보 조회 서비스에서 제공하는 정보가 아닌 것은?

① 인증 품목
② 대표자명
③ 농장 소재지
④ 대표자의 친환경농업 교육일지

해설 친환경농산물 정보 조회 서비스에서 제공하는 정보 : 인증 분류, 인증 품목, 농장 소재지, 생산자명, 대표자명, 인증 기관

65 화학적 소독법 중 소독작용에 미치는 조건에 대한 설명으로 틀린 것은?

① 접촉시간이 충분할수록 효과가 크다.
② 유기물질이 있을 때 효과가 크다.
③ 온도가 높을수록 효과가 크다.
④ 농도가 짙을수록 효과가 크다.

해설 유기물질이 있을 때 효과는 떨어진다.

66 유기식품의 표시방법으로 틀린 것은?

① 특정 원재료로 유기농축산물만을 사용한 제품의 경우 "유기"라고 원재료명 및 함량 표시란에만 표시할 수 있다.
② 특정 원재료로 유기농축산물만을 사용한 제품의 경우 해당 원재료명의 일부로 "유기"라는 용어를 표시할 수 있다.
③ 최종제품에 유기농산물이 70% 이상 남아있는 경우에는 "유기"라고 주 표시면을 제외한 표시면에 표시할 수 있다.
④ 최종제품에 유기농산물이 99% 남아있는 경우에는 제품명에 유기농 99%라 표시할 수 있다.

해설 원재료명 및 함량 표시란에 유기농축산물의 총함량 또는 원료별 함량을 백분율(%)로 표시하여야 한다.

67 효과적인 마케팅 전략을 수립하기 위한 핵심 요소(4P)는?

① Product-Price-Place-People
② Product-Price-Process-Promotion
③ Product-Price-Place-Promotion
④ Product-Price-Place-Physical Evidence

해설 마케팅의 4P 요소
- 상품전략(Product)
- 가격전략(Price)
- 유통전략(Place)
- 판매촉진전략(Promotion)

68 일반적인 레토르트 포장 기법에 대한 설명이 아닌 것은?

① 고온살균을 하므로 재질의 특성은 높은 살균온도에 견디는 내열성이 중요하다.
② 식품의 유통기한은 산소 투과에 의한 품질 변화에 의하여 결정된다.
③ 식품을 포장하고 고온고압에서 살균한 후 밀봉한다.
④ 주로 사용되는 재료는 PET, AL, PP이다.

해설 레토르트 식품
단층 플라스틱필름이나 금속박 또는 이를 여러 층으로 접착하여, 파우치와 기타 모양으로 성형한 용기에 제조 · 가공 또는 조리한 식품을 충전하고 밀봉하여 가열살균 또는 멸균한 것을 말한다.

69 식품의 기준 및 규격상 음료류에 속하지 않는 것은?

① 사과를 이용하여 만든 농축과일즙
② 식물성 원료를 발효시켜 만든 유산균음료
③ 포도를 발효시켜 만든 와인
④ 채소를 이용하여 만든 농축채소즙

해설 주류
주류라 함은 곡류, 서류, 과일류 및 전분질 원료 등을 주원료로 하여 발효 등 제조 · 가공한 양조주, 증류주 등 주세법에서 규정한 주류를 말한다.

정답 64 ④ 65 ② 66 ④ 67 ③ 68 ③ 69 ③

70 **식품 중의 대장균군 검사 결과 MPN 값이 50이 나왔다면, 검체 100ml 중에 존재하는 대장균군의 수는 몇 개인가?**

① 5 ② 50
③ 500 ④ 5000

해설 • MPN(most probable number; 표준계산법) : 시료수를 젖당액배지에 일련의 복수접종조를 만들어 배양한 후 양성과 음성의 시험관 수를 계산하는 방법이다. 즉 5개의 시험관에는 10mℓ씩의 물시료를, 다음 5개의 시험관에는 1mℓ씩, 또다른 5개의 시험관에는 0.1mℓ씩의 물시료를 접종 · 배양하여 각 조마다 양성시험관을 세어 통계적으로 MPN을 계산한다.
• 대장균수가 50MPN/100mℓ이므로 50이다.

71 **방사성 물질의 식품오염에 대한 설명으로 옳은 것은?**

① 빗물, 수돗물, 우물물 중 방사성 물질의 오염을 받기 쉬운 것은 수돗물이다.
② 어패류의 경우 방사성 물질이 먹이사슬을 통해 생물 농축되지 않는다.
③ 인체에 가장 피해를 많이 주는 것은 반감기가 짧은 물질이다.
④ 식품오염과 관련된 핵종으로 위생상 문제가 되는 것은 $^{90}S_r$, $^{137}C_s$, ^{131}I 등이다.

해설 ① 빗물, 수돗물, 우물물 중 방사성 물질의 오염을 받기 쉬운 것은 빗물이다.
② 어패류의 경우 방사성 물질이 먹이사슬을 통해 생물 농축된다.
③ 인체에 가장 피해를 많이 주는 것은 반감기가 긴 물질이다.

72 **대장균군에 대한 설명으로 옳은 것은?**

① 대장균군이 존재하는 식품을 섭취하면 100% 식중독에 걸린다.
② 대장균군은 편성혐기성 세균이며 신경독성을 나타내는 독성를 생산한다.
③ 대장균군의 정성시험은 추정 · 확정 · 완전시험의 3단계로 시행한다.
④ 대장균군의 독소는 급격한 중독증상을 나타내며 심한 경우 언어장애, 사지마비를 일으킨다.

해설 검출실험은 추정과 확인 및 완성시험의 3단계를 거친다.
• 추정시험으로는 시료물 또는 희석한 물시료를 젖당즙 배양기에 이식하여 24~48시간 동안 배양하는데, 이때 가스가 발생하면 양성으로 추정하고 다음 단계의 실험을 실시한다.
• 확인시험은 양성으로 나타난 시험관에서 적절히 희석한 균을 에오신메틸렌블루(eosinmethylene blue/EMB) 젖당한천배지라는 특수지시한천을 함유한 용유배지에 이식 · 배양하는 것인데, 대장균의 경우 젖당으로부터 산을 생성하여 금속성 광택을 띤 짙은 색깔의 콜로니를 형성하면 양성으로 추정하고 완전시험을 실시한다.
• 전형적인 대장균 콜로니를 취하여 젖당즙액에 배양하면서 시간의 경과에 따라 그람 음성균이며 비포자형 간균인 대장균의 생화학적 특성 유무를 실험하여 일련의 실험결과가 대장균과 동일하면 완전시험 양성이다.

73 **두부제조 원리에 해당하는 설명으로 옳은 것은?**

① 글리시닌(glycinin)의 산성용액에서 용해 및 인산에 의한 응고
② 글리시닌(glycinin)의 염류용액에서 용해 및 칼슘염에 의한 응고
③ 글리시닌(glycinin)의 산성용액에서 석출 및 인산에 의한 용해
④ 글리시닌(glycinin)의 염류용액에서 석출 및 칼슘염에 의한 용해

해설 콩단백질의 주성분인 glycinin은 묽은 염류 용액에 잘 녹는데 콩에는 인산칼륨과 같은 가용성 염류가 들어 있어서 세포 밖으로 나온 글리시닌은 여기에 녹는다. Glycinin은 음전하를 띠고 가열만으로 쉽게 응고되지 않지만 80℃ 정도로 가열한 후 양전하를 가지는 응고제인 염화칼슘, 염화마그네슘과 같은 염류 또는 산을 넣으면 교질상태로 현탁되어 있던 단백질이 침전되게 되는데, 이와 같이 침전, 응고된 상태를 두부라 한다.

정답 70 ② 71 ④ 72 ③ 73 ②

74 **다음 중 농산물 산지 유통시설을 개선하는 것과 직접적인 연관이 있는 것은?**

① 중매인 표준소득률 인하
② 농산물 안정기금 설치
③ 쌀 매매업을 신고제로 전환
④ 청과물 주산단지 종합유통시설 설치

해설 농수산물종합유통센터 : 국가 또는 지방자치단체가 설치하거나 국가 또는 지방자치단체의 지원을 받아 설치된 것으로 농수산물의 출하 경로를 다원화하고 물류비용을 절감하기 위하여 농수산물의 수집, 포장 가공, 보관, 수송, 판매 및 그 정보처리 등 농수산물의 물류활동에 필요한 시설과 이와 관련된 업무시설을 갖춘 사업장이다.

75 **정부의 국내산 유기가공식품 유통활성화 정책으로 부적합한 것은?**

① 유기식품에 대한 신뢰도 제고
② 유기식품인증제 추진 및 인증기관 지정 등 유기식품 관리체계 정비
③ 수입유기식품의 표시 자율화
④ 유기식품의 품질 향상 지원

해설 소비자 알 권리를 위하여 표시는 법으로 규정하고 있다.

76 **111.1℃에서 D값이 10분인 미생물을 함유한 식품이 있다. Z값이 10℃인 경우 121.1℃에서 D값을 계산하면?**

① 1분　　② 5분
③ 10분　　④ 100분

해설
- D값 : 일정 온도에서 미생물이 90% 사멸시키는 데 필요한 시간
- Z값 : 미생물의 가열시간을 10배(90% 단축) 변화시키는 데 필요한 가열온도의 차이

77 **식품위생법 시행규칙에 근거하여 식품 영업에 종사하지 못하는 질병의 종류가 아닌 것은?**

① 콜레라　　② A형 간염
③ 화농성 질환　　④ 유행성이하선염

해설 유행성이하선염
- 볼거리라고도 하며, 귀 아래의 침샘이 부어오르고 열과 두통이 동반되는 전염성 바이러스 질환이다.
- 과거에는 세계 도처에서 유행이 만연하였고, 주로 15세 이하 어린이들에서 집중 발생되었으나, 선진국들의 경우 예방접종 도입 이후 발생이 크게 감소하였다.

78 **배, 감귤의 농산물 표준거래 단위 구성은?**

① 5kg, 10kg
② 3kg, 5kg, 7kg
③ 3kg, 5kg, 7kg, 9kg, 11kg
④ 3kg, 5kg, 7.5kg, 10kg, 15kg

해설 과실류 표준거래 단위

종류	품목	표준거래 단위
과실류	사과	5kg, 7.5kg, 10kg
	배, 감귤	3kg, 5kg, 7.5kg, 10kg, 15kg
	복숭아, 매실, 단감, 자두, 살구, 모과	3kg, 4kg, 4.5kg, 5kg, 10kg, 15kg
	포도	3kg, 4kg, 5kg
	금감, 석류	5kg, 10kg
	유자	5kg, 8kg, 10kg, 100과
	참다래	5kg, 10kg
	양앵두(버찌)	5kg, 10kg, 12kg
	앵두	8kg

79 **열수축 필름에 대한 설명으로 틀린 것은?**

① 플라스틱 필름을 만든 후 그 필름이 용융하지 않을 정도의 고온에서 연신하여 만든다.
② 분자구조가 연신한 방향으로 배열한 채 결정화된다.
③ 가열할 경우 분자들이 연신 전의 배열로 돌아가는 수축현상이 일어난다.
④ 연신 처리를 통하여 기계적 강도가 낮아진다.

해설 열수축필름은 내열성을 가지고 있어 레토르트처리와 고온살균처리에 사용 가능하며, 표면 평활성이 좋아 인쇄적성이 좋고, 내후성 및 강도가 높다.

정답 74 ④ 75 ③ 76 ① 77 ④ 78 ④ 79 ④

80 **제조 공정상 위생적인 측면에서 김치 제조가 다른 식품보다 상대적으로 안전한 이유를 올바르게 묶은 것은?**

① 원료의 세척, 소금 첨가, 젖산균 번식
② 설탕 첨가, 소금 첨가, 미생물 번식 억제물질 첨가
③ 설탕 첨가, 미생물 번식 억제물질 첨가, 원료의 세척
④ 냉장보관, 고초균 번식, 저장용기의 살균

해설 김치의 발효 중 젖산균에 의해 젖산이 생성되면서 김치의 산도가 높아져 세균의 증식이 억제된다.

제5과목 유기농업 관련 규정

81 **「농림축산식품부 소관 친환경농어업 육성 및 유기식품 등의 관리 · 지원에 관한 법률 시행규칙」상 친환경농산물 표시 기준에 대한 내용으로 옳은 것은?**

① 표시 도형의 색상은 따로 규정하지 않고 있다.
② 문자의 활자체는 국문 및 영문 모두 고딕체로 한다.
③ 표시 도형의 크기는 포장재의 크기별로 정해져 있다.
④ 천연 · 자연 · 무공해 및 내추럴 등 강조 표시는 가능하다.

해설
- 표시 도형의 국문 및 영문 모두 글자의 활자체는 고딕체로 하고, 글자 크기는 표시 도형의 크기에 따라 조정한다.
- 표시 도형의 색상은 녹색을 기본 색상으로 하되, 포장재의 색깔 등을 고려하여 파란색, 빨간색 또는 검은색으로 할 수 있다.
- 표시 도형 내부에 적힌 "유기", "(ORGANIC)", "ORGANIC"의 글자 색상은 표시 도형 색상과 동일하게 하고, 하단의 "농림축산식품부"와 "MAFRA KOREA"의 글자는 흰색으로 한다.

82 **「친환경농어업 육성 및 유기식품 등의 관리 · 지원에 관한 법률 시행령」상 판매 · 유통 중인 인증품에 대한 조사행위를 거부 · 방해 또는 기피할 경우 2회 위반 시에 부과되는 과태료 금액은?**

① 100만 원　　② 300만 원
③ 500만 원　　④ 1000만 원

해설 정당한 사유 없이 법 제31조 제1항(법 제34조 제5항에서 준용하는 경우를 포함한다)에 따른 조사를 거부 · 방해하거나 기피한 경우
1회 : 150만 원, 2회 : 300만 원, 3회 : 500만 원

83 **「농림축산식품부 소관 친환경농어업 육성 및 유기식품 등의 관리 · 지원에 관한 법률 시행규칙」에서 토양개량과 작물생육을 위하여 사용가능한 물질 중 사용가능 조건이 고온발효로 50℃ 이상에서 7일 이상 발효된 것에 해당해야 사용이 가능한 물질은?**

① 사람의 배설물　　② 대두박
③ 혈분　　④ 골분

해설 사람의 배설물 사용조건
- 완전히 발효되어 부숙된 것일 것
- 고온발효 : 50℃ 이상에서 7일 이상 발효된 것
- 저온발효 : 6개월 이상 발효된 것일 것
- 엽채류 등 농산물 · 임산물 중 사람이 직접 먹는 부위에는 사용하지 않을 것

84 **「친환경농축산물 및 유기식품 등의 인증에 관한 세부실시 요령」상 유기축산물에서 가금류의 사육장 및 사육조건의 내용으로 틀린 것은?**

① 가금은 개방조건에서 사육되어야 한다.
② 가금의 케이지 사육은 필요시 농림축산식품부장관이 인정한 범위 내에서 가능하다.
③ 가금은 기후조건이 허용하는 한 야외 방목장에 접근이 가능하여야 한다.
④ 물오리류는 기후조건에 따라 가능한 시냇물 · 연못 또는 호수에 접근이 가능하여야 한다.

정답 80 ① 81 ② 82 ② 83 ① 84 ②

해설 가금류의 경우에는 다음 조건을 준수하여야 한다.
(가) 가금은 개방조건에서 사육되어야 하고, 기후조건이 허용하는 한 야외 방목장에 접근이 가능하여야 하며, 케이지에서 사육하지 아니할 것
(나) 물오리류는 기후조건에 따라 가능한 시냇물 · 연못 또는 호수에 접근이 가능할 것

85 「농림축산식품부」 소관 친환경농어업 육성 및 유기식품 등의 관리 · 지원에 관한 법률 시행규칙」상 유기축산물의 인증기준에서 규정하고 있는 요건으로 틀린 것은?

① 유기축산물 인증을 받은 가축과 일반가축은 어떤 경우에도 병행해서 사육하지 아니한다.
② 반추가축에게 담근먹이(사일리지)만 급여하지 아니 한다.
③ 가축에게 생활용수 수질기준에 적합한 음용수를 상시 급여한다.
④ 유전자변형농산물 또는 유전자변형농산물에서 유래한 물질은 급여하지 아니한다.

해설 유기축산물 인증을 받은 가축과 일반가축(무항생제 가축을 포함한다. 이하 이 표에서 같다)을 병행하여 사육하는 경우에는 철저한 분리 조치를 취할 것

86 「친환경농어업 육성 및 유기식품 등의 관리 · 지원에 관한 법률」상 인증기관의 지정을 받지 아니하고 인증업무를 행한 자에 대한 벌칙에 해당하는 것은?

① 1년 이하의 징역 또는 1천만 원 이하의 벌금
② 2년 이하의 징역 또는 2천만 원 이하의 벌금
③ 3년 이하의 징역 또는 3천만 원 이하의 벌금
④ 4년 이하의 징역 또는 4천만 원 이하의 벌금

해설 법률 제60조(벌칙)
① 제27조 제1항 제1호, 같은 조 제2항 제1호, 제41조의2 제1호 또는 제45조 제1호를 위반하여 인증과정, 시험수행과정 또는 공시 과정에서 얻은 정보와 자료를 신청인의 서면동의 없이 공개하거나 제공한 자는 5년 이하의 징역 또는 5천만 원 이하의 벌금에 처한다. 〈신설 2019. 8. 27.〉
② 다음 각 호의 어느 하나에 해당하는 자는 3년 이하의 징역 또는 3천만 원 이하의 벌금에 처한다. 〈개정 2014. 3. 24., 2016. 12. 2., 2019. 8. 27.〉
1. 제26조 제1항 또는 제35조 제1항에 따라 인증기관의 지정을 받지 아니하고 인증업무를 하거나 제44조 제1항에 따라 공시기관의 지정을 받지 아니하고 공시업무를 한 자

87 「친환경농축산물 및 유기식품 등의 인증에 관한 세부실시 요령」상 인증기준의 세부사항 용어 정의에 대한 내용으로 틀린 것은?

① "병행생산"이라 함은 인증을 받은 자가 인증받은 품목과 같은 품목의 일반농산물 · 가공품 또는 인증 종류가 다른 인증품을 생산하거나 취급하는 것을 말한다.
② "유기합성농약으로 처리된 종자"라 함은 종자를 소독하기 위해 유기합성농약으로 분의(紛依), 도포(塗布), 침지(浸漬) 등의 처리를 한 종자를 말한다.
③ "싹을 틔워 직접 먹는 농산물"이라 함은 물을 이용한 온 · 습도 관리로 종실(種實)의 싹을 틔워 종실 · 싹 · 줄기 · 뿌리를 먹는 농산물(본엽이 전개된 것 포함)을 말한다.
④ "배지(培地)"라 함은 버섯류, 양액재배농산물 등의 생육에 필요한 양분의 전부 또는 일부를 공급하거나 작물체가 자랄 수 있도록 하기 위해 조성된 토양 이외의 물질을 말한다.

해설 "싹을 틔워 직접 먹는 농산물"이라 함은 물을 이용한 온 · 습도 관리로 종실(種實)의 싹을 틔워 종실 · 싹 · 줄기 · 뿌리를 먹는 농산물(본엽이 전개된 것 제외)을 말한다.(예 : 발아농산물, 콩나물, 숙주나물 등)

88 「친환경농축산물 및 유기식품 등의 인증에 관한 세부실시 요령」상 무농약농산물 경영 관련 자료의 기록기간에 대한 내용으로 틀린 것은?

① 경영 관련 자료는 최근 2년 이상 기록하여야 한다.

정답 85 ① 86 ③ 87 ③ 88 ①

② 경영 관련 자료와 농산물의 생산과정 등을 기록한 인증품 생산계획서와 필요한 관련 정보를 국립농산물품질관리원장 또는 인증기관의 장이 심사 등을 위하여 제출 또는 열람을 요구하는 때에는 제출하여야 한다.
③ 최근 2년 이내에 인증경력이 없는 사업자가 신규로 인증을 신청하는 경우에는 인증신청 시부터 기록할 수 있다.
④ 인삼 등 매년 수확하지 않는 다년생 작물을 2년 이상 재배하고 있는 경우 경영 관련 자료를 파종일 이후부터 기록하여야 한다.

해설 1) 규칙 별표 4 제1호가목에서 규정한 경영 관련 자료의 기록 기간은 최근 1년 이상으로 하되, 재배품목과 재배포장의 특성에 따라 다음 각 호와 같이 단축하거나 연장할 수 있다.
가) 최근 2년 이내에 인증경력이 없는 사업자가 신규로 인증을 신청하는 경우에는 인증신청 시부터 기록할 수 있다.
나) 매년 수확하지 않는 다년생 작물(예 : 인삼, 더덕 등)을 2년 이상 재배하고 있는 경우 경영 관련 자료를 파종일 이후부터 기록하여야 한다. 다만, 작물재배를 위해 포장관리를 하는 경우에는 포장관리를 시작하는 날부터 기록할 수 있다.
2) 1)에 불구하고 재배하고 있는 농산물 중 일부만을 인증받으려고 하는 경우 인증을 신청하지 않은 농산물의 재배과정에서 사용한 유기합성농약 및 화학비료의 사용량과 해당 농산물의 생산량 및 출하처별 판매량(병행생산에 한함)에 관한 자료를 기록 · 보관하여야 한다.
3) 1)과 2)에 정한 경영 관련 자료와 농산물의 생산과정 등을 기록한 인증품 생산계획서와 필요한 관련 정보를 국립농산물품질관리원장 또는 인증기관의 장이 심사 등을 위하여 제출 또는 열람을 요구하는 때에는 제출하여야 한다.

89 **「농림축산식품부 소관 친환경농어업 육성 및 유기식품 등의 관리 · 지원에 관한 법률 시행규칙」상 인증품 숙성을 위해 에틸렌 사용이 가능한 품목이 아닌 것은?**

① 감 ② 키위
③ 사과 ④ 바나나

해설 에틸렌 : 키위, 바나나와 감의 숙성을 위하여 사용할 것

90 **「농림축산식품부 소관 친환경농어업 육성 및 유기식품 등의 관리 · 지원에 관한 법률 시행규칙」상 무농약농산물 등의 인증대상이 아닌 것은?**

① 무농약농산물을 생산하는 자
② 무항생제축산물을 생산하는 자
③ 무농약농산물을 취급하는 자
④ 무비료농산물을 생산하는 자

해설 무비료에 대한 인증은 현행법상 존재하지 않는다.

91 **「농림축산식품부 소관 친환경농어업 육성 및 유기식품 등의 관리 · 지원에 관한 법률 시행규칙」에서 규정한 허용물질 중 유기농산물의 토양개량과 작물생육을 위하여 사용이 가능한 물질은?**

① 황산칼륨(천연에서 유래, 단순 물리적으로 가공한 것)
② 천적(생태계 교란종이 아닐 것)
③ 님(Neem) 추출물(님에서 추출된 천연물질일 것)
④ 담배잎차(순수니코틴은 제외, 물로 추출한 것일 것)

해설 병해충 관리를 위하여 사용이 가능한 물질
② 천적(생태계 교란종이 아닐 것)
③ 님(Neem) 추출물(님에서 추출된 천연물질일 것)
④ 담배잎차(순수니코틴은 제외, 물로 추출한 것일 것)

92 **「농림축산식품부 소관 친환경농어업 육성 및 유기식품 등의 관리 · 지원에 관한 법률 시행규칙」 및 「친환경농축산물 및 유기식품 등의 인증에 관한 세부실시 요령」상 친환경농산물 인증심사, 판정 및 재심사의 절차와 방법으로 틀린 것은?**

① 현장심사는 작물이 생육 중인 시기, 가축이 사육 중인 시기에 실시하여야 한다.
② 전체 구성원을 심사한 경우 구성원별로 각각 적합과 부적합으로 판정한다.

정답 89 ③ 90 ④ 91 ① 92 ④

③ 표본심사를 하는 경우 심사대상자가 모두 적합한 경우에만 단체에 대해 적합으로 판정한다.

④ 인증 신청인이 인증 부적합 판정에 대하여 재심사를 받으려면 부적합 통지를 받은 날로부터 10일 이내에 재심사신청서를 제출하여야 한다.

해설 인증 신청인이 인증 부적합 판정에 대하여 재심사를 받으려면 부적합 통지를 받은 날로부터 7일 이내에 재심사신청서를 제출하여야 한다.

93 「친환경농축산물 및 유기식품 등의 인증에 관한 세부실시 요령」상 재배포장, 용수, 종자에 관한 내용으로 옳은 것은?

① 전환기간 동안에는 화학비료를 사용하여도 된다.

② 사용되는 용수는 먹는 물 기준 이상이어야 한다.

③ 재배포장은 최근 1년간 인증기준 위반으로 인증취소처분을 받은 재배지가 아니어야 한다.

④ 종자 · 묘는 최소한 2세대 또는 다년생의 경우 세 번의 생육기동안 관련 규정에 따라 재배한 식물로부터 유래된 것을 사용하여야 한다.

해설 * 재배포장은 인증받기 전에 다음 가) 또는 나)의 전환기간 이상 다목에 따른 재배 방법을 준수하여야 한다.

가) 다년생 작물 : 최초 수확 전 3년의 기간

나) 가) 외의 작물 및 목초 : 파종 또는 재식 전 2년의 기간

* 용수는 「환경정책기본법 시행령」 제2조 및 「지하수의 수질보전 등에 관한 규칙」 제11조에 따른 농업용수 이상이어야 한다. 다만, 하천 · 호소의 생활환경기준 중 총인 및 총 질소 항목과 지하수의 수질기준 중 질산성 질소 항목은 적용하지 아니하고, 농산물의 세척에 사용되는 용수와 싹을 틔워 직접 먹는 농산물, 어린잎 채소의 재배에 사용되는 용수는 「먹는물 수질기준 및 검사 등에 관한 규칙」 제2조에 따른 먹는 물의 수질기준에 적합하여야 한다.

* 종자 · 묘는 최소한 1세대 또는 다년생인 경우 두 번의 생육기 동안 다목의 규정에 따라 재배한 식물로부터 유래된 것을 사용하여야 한다. 다만, 인증사업자가 위 요건을 만족시키는 종자 · 묘를 구할 수 없음을 인증기관에게 증명할 수 있는 경우, 인증기관의 장은 다음 순서에 따라 허용할 수 있다.

가) 우선적으로 유기합성농약으로 처리되지 않은 종자 또는 묘의 사용

나) 규칙 별표 1 제1호가목1) · 2)의 허용물질 이외의 물질로 처리한 종자 또는 묘(육묘 시 유기합성농약이 사용된 경우 제외)의 사용

94 「농림축산식품부 소관 친환경농어업 육성 및 유기식품 등의 관리 · 지원에 관한 법률 시행규칙」상 인증품에 대한 검사 결과 잔류물질이 검출되는 등 인증기준에 맞지 아니한 때의 행정처분 기준은?

① 해당 인증품의 세부 표시사항의 변경

② 인증품 판매금지 7일

③ 해당 인증품의 인증표시 제거 · 정지

④ 표시정지 3개월

해설

위반행위	근거 법령	행정처분 기준
1) 잔류 물질이 검출되는 등 법 제19조 제2항 또는 법 제34조 제2항에 따른 인증기준에 맞지 않은 때	법 제31조 제4항 (법 제34조 제5항)	해당 인증품의 인증표시 제거 · 정지

95 「농림축산식품부 소관 친환경농어업 육성 및 유기식품 등의 관리 · 지원에 관한 법률 시행규칙」상 유기농산물 및 유기임산물의 병해충 관리를 위하여 사용이 가능한 물질과 사용가능 조건이 바르게 짝지어진 것이 아닌 것은?

① 누룩곰팡이속(Aspergillus spp.)의 발효생산물(미생물의 배양과정이 끝난 후에 화학물질의 첨가나 화학적 제조공정을 거치지 않을 것)

정답 93 ③ 94 ③ 95 ④

② 인산철(달팽이 관리용으로만 사용할 것)
③ 해수 및 천일염(잔류농약이 검출되지 않을 것)
④ 키토산(식품의약품안전처에서 고시한 품질규격에 적합할 것)

해설 키토산 : 국립농산물품질관리원장이 정하여 고시한 품질규격에 적합할 것

96 **「친환경농어업 육성 및 유기식품 등의 관리 · 지원에 관한 법률」상 농림축산식품부장관 또는 해양수산부장관은 관계 중앙행정기관의 장과 협의하여 친환경농어업 발전을 위한 친환경농업 육성계획 또는 친환경어업 육성 계획을 몇 년마다 세워야 하는가?**

① 1년　　② 2년
③ 3년　　④ 5년

해설 법률 제7조(친환경농어업 육성계획) ① 농림축산식품부장관 또는 해양수산부장관은 관계 중앙행정기관의 장과 협의하여 5년마다 친환경농어업 발전을 위한 친환경농업 육성계획 또는 친환경어업 육성계획(이하 "육성계획"이라 한다)을 세워야 한다. 이 경우 민간단체나 전문가 등의 의견을 수렴하여야 한다.

97 **다음 표는 「친환경농축산물 및 유기식품 등의 인증에 관한 세부실시 요령」상 유기가축 1마리당 갖추어야 하는 가축사육시설의 소요면적(단위 : m^2)이다. (가)에 알맞은 내용은?**

돼지 (m^2/마리)

구분	웅돈	번식돈			
		임신돈	분만돈	종부 대기돈	후보돈
소요 면적	(가)	3.1	4.0	3.1	3.1

① 3.5　　② 8.2
③ 10.4　　④ 15.5

해설 돼지 (m^2/마리)

구분	웅돈	번식돈				비육돈			
		임신돈	분만돈	종부 대기돈	후보돈	자돈		육성돈	비육돈
						초기	후기		
소요 면적	10.4	3.1	4.0	3.1	3.1	0.2	0.3	1.0	1.5

- 자돈 초기(20kg 미만), 자돈 중기(20~30kg 미만), 육성돈(30~60kg 미만), 비육돈(60kg 이상)
- 포유 중인 자돈은 마리수에서 제외

98 **「농림축산식품부 소관 친환경농어업 육성 및 유기식품 등의 관리 · 지원에 관한 법률 시행규칙」에 의해 인증사업자는 법에 따라 자재 · 원료의 사용에 관한 자료 또는 문서, 인증품의 생산, 제조 · 가공 또는 취급 실적에 관한 자료 또는 문서를 그 생산년도 다음 해부터 몇 년간 보관하여야 하는가?**

① 1년　　② 2년
③ 3년　　④ 5년

해설 경영 관련 자료의 기록기간은 규칙 별표 4 제1호 가목에 따라 최근 2년 이상으로 한다. 다만, 재배품목과 재배포장의 특성에 따라 다음 각 호와 같이 단축하거나 연장할 수 있다.
가) 생육기간이 3개월 미만인 싹을 틔워 직접 먹는 농산물, 어린잎 채소, 버섯류는 경영 관련 자료를 최근 6개월 이상 기록하여야 한다.
나) 매년 수확하지 않는 다년생 작물(예 : 인삼, 더덕 등)을 2년 이상 재배하고 있는 경우 경영 관련 자료를 파종일 이후부터 기록하여야 한다. 다만, 작물재배를 위해 포장관리를 하는 경우에는 포장관리를 시작하는 날부터 기록할 수 있다.

99 **「친환경농축산물 및 유기식품 등의 인증에 관한 세부실시 요령」상 유기가공식품의 인증기준에 있어 유기원료 비율의 계산법으로 틀린 것은?**

① 원료별로 단위가 달라 중량과 부피가 병존하는 때에는 최종 제품의 단위로 통일하여 계산한다.

정답 96 ④ 97 ③ 98 ② 99 ④

② 제품에 인위적으로 첨가하는 물과 소금을 제외한 제품 중량의 5퍼센트 비율 내에서 비유기 원료 및 허용물질을 사용할 수 있다.

③ 농축, 희석 등 가공된 원료 또는 첨가물은 가공 이전의 상태로 환원한 중량 또는 부피로 계산한다.

④ 비율 계산은 유기가공식품의 생산에 투입된 모든 원료의 중량, 첨가물의 중량, 포장재 및 용기의 중량을 포함하여 계산한다.

해설 유기원료의 비율을 계산할 때에는 다음 각 호에 따른다.

가) 원료별로 단위가 달라 중량과 부피가 병존하는 때에는 최종 제품의 단위로 통일하여 계산한다.

나) 유기가공식품 인증을 받은 식품첨가물은 유기원료에 포함시켜 계산한다.

다) 계산 시 제외되는 물과 소금은 의도적으로 투입되는 것에 한하며, 가공되지 않은 원료에 원래 포함되어 있는 물과 소금은 포함한다.

라) 농축, 희석 등 가공된 원료 또는 첨가물은 가공 이전의 상태로 환원한 중량 또는 부피로 계산한다.

마) 비유기원료 또는 식품첨가물이 포함된 유기가공식품을 원료로 사용하였을 때에는 해당 가공식품 중의 유기 비율만큼만 유기원료로 인정하여 계산한다.

100 「친환경농어업 육성 및 유기식품 등의 관리 · 지원에 관한 법률」에 따라 유기식품 등의 인증의 유효기간은 인증을 받은 날부터 언제까지인가?

① 1년 ② 2년
③ 3년 ④ 4년

해설 법률 제21조(인증의 유효기간 등)

① 제20조에 따른 인증의 유효기간은 인증을 받은 날부터 1년으로 한다.

② 인증사업자가 인증의 유효기간이 끝난 후에도 계속하여 제20조 제3항에 따라 인증을 받은 유기식품등(이하 "인증품"이라 한다)의 인증을 유지하려면 그 유효기간이 끝나기 전까지 인증을 한 해양수산부장관 또는 인증기관에 갱신신청을 하여 그 인증을 갱신하여야 한다. 다만, 인증을 한 인증기관이 폐업, 업무정지 또는 그밖의 부득이한 사유로 갱신신청이 불가능하게 된 경우에는 해양수산부장관 또는 다른 인증기관에 신청할 수 있다. 〈개정 2013. 3. 23., 2016. 12. 2.〉

③ 제2항에 따른 인증 갱신을 하지 아니하려는 인증사업자가 인증의 유효기간 내에 출하를 종료하지 아니한 인증품이 있는 경우에는 해양수산부장관 또는 해당 인증기관의 승인을 받아 출하를 종료하지 아니한 인증품에 대하여만 그 유효기간을 1년의 범위에서 연장할 수 있다. 다만, 인증의 유효기간이 끝나기 전에 출하된 인증품은 그 제품의 유통기한이 끝날 때까지 그 인증표시를 유지할 수 있다. 〈개정 2013. 3. 23., 2016. 12. 2.〉

④ 제2항에 따른 인증 갱신 및 제3항에 따른 유효기간 연장에 대한 심사결과에 이의가 있는 자는 심사를 한 해양수산부장관 또는 인증기관에 재심사를 신청할 수 있다. 〈개정 2019. 8. 27.〉

⑤ 제4항에 따른 재심사 신청을 받은 해양수산부장관 또는 인증기관은 농림축산식품부령 또는 해양수산부령으로 정하는 바에 따라 재심사 여부를 결정하여 해당 인증사업자에게 통보하여야 한다. 〈신설 2019. 8. 27.〉

⑥ 해양수산부장관 또는 인증기관은 제4항에 따른 재심사를 하기로 결정하였을 때에는 지체 없이 재심사를 하고 해당 인증사업자에게 그 재심사 결과를 통보하여야 한다. 〈신설 2019. 8. 27.〉

⑦ 제2항부터 제6항까지의 규정에 따른 인증 갱신, 유효기간 연장 및 재심사에 필요한 구체적인 절차 · 방법 등은 농림축산식품부령 또는 해양수산부령으로 정한다. 〈신설 2019. 8. 27.〉

정답 100 ①

memo

2021년 1회 유기농업기사 기출문제

제1과목 재배원론

01 작물의 냉해에 대한 설명으로 틀린 것은?

① 병해형 냉해는 단백질의 합성이 증가되어 체내에 암모니아의 축적이 적어지는 형의 냉해이다.

② 혼합형 냉해는 지연형 냉해, 장해형 냉해, 병해형 냉해가 복합적으로 발생하여 수량이 급감하는 형의 냉해이다.

③ 장해형 냉해는 유수형성기부터 개화기까지, 특히 생식세포의 감수분열기에 냉온으로 붙임현상이 나타나는 형의 냉해이다.

④ 지연형 냉해는 생육 초기부터 출수기에 걸쳐서 여러 시기에 냉온을 만나서 출수가 지연되고, 이에 따라 등숙이 지연되어 후기의 저온으로 인하여 등숙 불량을 초래하는 형의 냉해이다.

해설 병해형 냉해

- 벼의 경우 냉온에서는 규산의 흡수가 줄어들므로 조직의 규질화가 충분히 형성되지 못하여 도열병균의 침입에 대한 저항성이 저하된다.
- 광합성의 저하로 체내 당 함량이 저하되고, 질소대사 이상을 초래하여 체내에 유리아미노산이나 암모니아가 축적되어 병의 발생을 더욱 조장하는 유형의 냉해이다.

02 다음 중 단일식물에 해당하는 것으로만 나열된 것은?

① 샐비어, 콩

② 양귀비, 시금치

③ 양파, 상추

④ 아마, 감자

해설
- 장일식물 : 맥류, 시금치, 양파, 상추, 아마, 아주까리, 감자, 티머시, 양귀비 등
- 단일식물 : 벼, 국화, 콩, 담배, 들깨, 참깨, 목화, 조, 기장, 피, 옥수수, 나팔꽃, 샐비어, 코스모스, 도꼬마리 등
- 강낭콩, 가지, 고추, 토마토, 당근, 셀러리 등

03 맥류의 수발아를 방지하기 위한 대책으로 옳은 것은?

① 수확을 지연시킨다.

② 지베렐린을 살포한다.

③ 만숙종보다 조숙종을 선택한다.

④ 휴면기간이 짧은 품종을 선택한다.

해설 수발아 대책

㉠ 품종의 선택
- 맥류는 만숙종보다 조숙종이 수확기가 빨라 수발아 위험이 낮다.
- 숙기가 같더라도 휴면기간이 긴 품종은 수발아가 낮다.
- 밀은 초자립질, 백립, 다부모종(多稃毛種) 등이 수발아성이 높다.
- 벼는 한국, 일본 만주의 품종(Japonica)이 인도, 필리핀, 남아메리카 품종(Indica)에 비해 저온발아속도가 빠르다.

㉡ 벼, 보리는 수확 7일 전 건조제를 저녁 때 경엽에 살포한다.

㉢ 도복의 방지 : 도복은 수발아를 조장하므로 방지한다.

㉣ 출수 후 발아억제제의 살포는 수발아를 억제한다.

㉤ 작물의 선택 : 맥류의 경우 보리가 밀보다 성숙기가 빠르므로, 성숙기 비를 맞는 경우가 적어 수발아 위험이 낮다.

정답 01 ① 02 ① 03 ③

04 식물의 광합성 속도에는 이산화탄소의 농도뿐 아니라 광의 강도도 관여를 하는데, 다음 중 광이 약할 때에 일어나는 일반적인 현상으로 가장 옳은 것은?

① 이산화탄소 보상점과 포화점이 다 같이 낮아진다.
② 이산화탄소 보상점과 포화점이 다 같이 높아진다.
③ 이산화탄소 보상점이 높아지고 이산화탄소 포화점은 낮아진다.
④ 이산화탄소 보상점은 낮아지고 이산화탄소 포화점은 높아진다.

해설 광의 광도와 광합성
- 약광에서는 CO_2 보상점이 높아지고 CO_2 포화점은 낮아지고, 강광에서는 CO_2 보상점이 낮아지고 포화점은 높아진다.
- 광합성은 온도, 광도, CO_2 농도의 영향을 받으며, 이들이 증가함에 따라 광합성은 어느 한계까지는 증대된다.

05 다음 중 추파맥류의 춘화처리에 가장 적당한 온도와 기간은?

① 0~3℃, 약 45일
② 6~10℃, 약 60일
③ 0~3℃, 약 5일
④ 6~10℃, 약 15일

해설

작물	최아종자 처리조건	
	온도(℃)	기간(일)
추파맥류	0~3	30~60
벼	37	10~20
옥수수	20~30	10~15
수수	20~30	10~15
콩	20~25	10~15
배추	-2~1	33
결구배추	3	15~20
시금치	1±1	32

06 엽면시비의 장점으로 가장 거리가 먼 것은?

① 미량요소의 공급
② 점진적 영양 회복
③ 비료분의 유실 방지
④ 품질 향상

해설 작물의 초세를 급속히 회복시켜야 할 경우 : 작물이 각종 해를 받아 생육이 쇠퇴한 경우 엽면시비는 토양시비보다 빨리 흡수되어 시용의 효과가 매우 크다.

07 광합성 연구에 활용되는 방사성동위원소는?

① ^{14}C　② ^{32}P
③ ^{42}K　④ ^{24}Na

해설 방사성동위원소의 재배적 이용
- 영양생리 연구 : 식물의 영양생리연구에 ^{32}P, ^{42}K, ^{45}Ca 등을 표지화합물로 이용하여 필수원소인 질소, 인, 칼륨, 칼슘 등 영양성분의 체내 동태를 파악할 수 있다.
- 광합성 연구 : ^{14}C, ^{11}C 등으로 표지된 이산화탄소를 잎에 공급한 후 시간의 경과에 따른 탄수화물 합성과정을 규명할 수 있으며 동화물질 전류와 축적과정도 밝힐 수 있다.
- 농업토목 이용 : ^{24}Na를 이용하여 제방의 누수개소 발견, 지하수 탐색, 유속측정 등을 정확히 할 수 있다.

08 작물체 내에서의 생리적 또는 형태적인 균형이나 비율이 작물생육의 지표로 사용되는 것과 거리가 가장 먼 것은?

① C/N율
② T/R율
③ G-D 균형
④ 광합성-호흡

해설 내적균형의 의의
작물의 생리적, 형태적 어떤 균형 또는 비율은 작물생육의 특정한 방향을 표시하는 좋은 지표가 되므로 재배적으로 중요하다. 그 지표로 C/N율(C/N ratio), T/R율(Top/Root ratio), G-D균형(growth differentiation balance) 등이 있다.

정답 04 ③ 05 ① 06 ② 07 ① 08 ④

09 토양수분의 수주 높이가 1000cm일 때 pF값과 기압은 각각 얼마인가?

① pF 0, 0.001기압
② pF 1, 0.01기압
③ pF 2, 0.1기압
④ pF 3, 1기압

해설 대기압의 표시 : 기압으로 나타내는 방법

수주의 높이 H(cm)	수주 높이의 대수 PF(=log H)	대기압(bar)
1	0	0.001
10	1	0.01
1,000	3	1
10,000,000	7	10,000

10 답전윤환의 효과로 가장 거리가 먼 것은?

① 지력 증강
② 공간의 효율적 이용
③ 잡초의 감소
④ 기지의 회피

해설 공간의 효율적 이용은 과수에서 전지, 전정의 효과에 해당한다.

11 다음 중 투명 플라스틱 필름의 멀칭 효과로 가장 거리가 먼 것은?

① 지온 상승
② 잡초 발생 억제
③ 토양 건조 방지
④ 비료의 유실 방지

해설 잡초 발생의 억제는 흑색필름의 효과이다.

12 엽록소 형성에 가장 효과적인 광파장은?

① 황색광 영역
② 자외선과 자색광 영역
③ 녹색광 영역
④ 청색광과 적색광 영역

해설 광과 착색
- 광이 없을 경우 엽록소 형성이 저해되고 담황색 색소인 에티올린(etiolin)이 형성되어 황백화 현상을 일으킨다.
- 엽록소 형성에는 450nm 중심으로 430~470nm의 청색광과 650nm를 중심으로 620~670nm의 적색광이 효과적이다.
- 사과, 포도, 딸기 등의 착색은 안토시아닌 색소의 생성에 의하며 비교적 저온에 의해 생성이 조장되며, 자외선이나 자색광 파장에서 생성이 촉진되며, 광 조사가 좋을 때 착색이 좋아진다.

13 다음 중 굴광현상이 가장 유효한 것은?

① 440~480nm ② 490~520nm
③ 560~630nm ④ 650~690nm

해설 굴광성(屈光性, phototropism)
- 식물의 한 쪽에 광이 조사되면 광이 조사된 쪽으로 식물체가 구부러지는 현상을 굴광현상이라 한다.
- 광이 조사된 쪽은 옥신의 농도가 낮아지고 반대쪽은 옥신의 농도가 높아지면서 옥신의 농도가 높은 쪽의 생장속도가 빨라져 생기는 현상이다.
- 향광성과 배광성 : 줄기나 초엽 등 지상부에서는 광의 방향으로 구부러지는 향광성을 나타내며, 뿌리는 반대로 배광성을 나타낸다.
- 400~500nm, 특히 440~480nm의 청색광이 가장 유효하다.

14 토양 수분 항수로 볼 때 강우 또는 충분한 관개 후 2~3일 뒤의 수분 상태를 무엇이라 하는가?

① 최대용수량 ② 초기위조점
③ 포장용수량 ④ 영구위조점

해설 포장용수량(圃場容水量, field capacity, FC)
- PF=2.5~2.7(1/3~1/2기압)
- 포화상태 토양에서 중력수가 완제 배제되고 모세관력에 의해서만 지니고 있는 수분 함량으로 최소용수량이라고도 한다.
- 지하수위가 낮고 투수성이 중간인 포장에서 강우 또는 관개 1일 후 정도의 수분상태이다.
- 포장용수량 이상은 중력수로 토양의 통기 저해로 작물생육이 불리하다.

정답 09 ④ 10 ② 11 ② 12 ④ 13 ① 14 ③

15 **기온의 일변화(변온)에 따른 식물의 생리작용에 대한 설명으로 가장 옳은 것은?**

① 낮의 기온이 높으면 광합성과 합성물질의 전류가 늦어진다.
② 기온의 일변화가 어느 정도 커지면 동화물질의 축적이 많아진다.
③ 낮과 밤의 기온이 함께 상승할 때 동화물질의 축적이 최대가 된다.
④ 밤의 기온이 높아야 호흡소모가 적다.

해설 변온과 작물의 생리
- 야간의 온도가 높거나 낮아지면 무기성분의 흡수가 감퇴된다.
- 야간의 온도가 적온에 비해 높거나 낮으면 뿌리의 호기적 물질대사의 억제로 무기성분의 흡수가 감퇴된다.
- 변온은 당분이나 전분의 전류에 중요한 역할을 하는데 야간의 온도가 낮아지는 것은 탄수화물 축적에 유리한 영향을 준다.

16 **다음 벼의 생육단계 중 한해(旱害)에 가장 강한 시기는?**

① 분얼기 ② 수잉기
③ 출수기 ④ 유숙기

해설 생육단계 및 재배조건과 한해
- 작물의 내건성은 생육단계에 따라서 다르며, 생식생장기에 가장 약하다.
- 벼의 한해 정도 : 감수분얼기>출수개화기와 유숙기>분얼기
- 퇴비, 인산, 칼륨의 결핍, 질소의 과다는 한해를 조장한다.
- 퇴비가 적으면 토양 보수력 저하로 한해가 심하다.
- 휴립휴파는 평휴나 휴립구파보다 한발에 약하기 쉽다.

17 **벼에서 백화묘(白化苗)의 발생은 어떤 성분의 생성이 억제되기 때문인가?**

① BA ② 카로티노이드
③ ABA ④ NAA

해설 백화묘
- 봄에 벼의 육묘 시 발아 후 약광에서 녹화시키지 않고 바로 직사광선에 노출시키면 엽록소가 파괴되어 발생하는 장해
- 약광에서 서서히 녹화시키거나 강광에서도 온도가 높으면 카로티노이드가 엽록소를 보호하여 피해를 받지 않는다.
- 엽록소가 일단 형성되면 높은 온도보다 낮은 온도에 더 안정된다.

18 **십자화과 작물의 성숙과정으로 옳은 것은?**

① 녹숙 → 백숙 → 갈숙 → 고숙
② 백숙 → 녹숙 → 갈숙 → 고숙
③ 녹숙 → 백숙 → 고숙 → 갈숙
④ 갈숙 → 백숙 → 녹숙 → 고숙

해설 십자화과 작물의 성숙과정 : 백숙 → 녹숙 → 갈숙 → 고숙

19 **작물의 내동성의 생리적 요인으로 틀린 것은?**

① 원형질 수분 투과성 크면 내동성이 증대된다.
② 원형질의 점도가 낮은 것이 내동성이 크다.
③ 당분 함량이 많으면 내동성이 증가한다.
④ 전분 함량이 많으면 내동성이 증가한다.

해설 작물 내동성의 생리적 요인
- 세포 내 자유수 함량이 많으면 세포 내 결빙이 생기기 쉬워 내동성이 저하된다.
- 세포액의 삼투압이 높으면 빙점이 낮아지고, 세포 내 결빙이 적어지며 세포 외 결빙 시 탈수저항성이 커져 원형질이 기계적 변형을 적게 받아 내동성이 증대한다.
- 전분 함량이 낮고 가용성 당의 함량이 높으면 세포의 삼투압이 커지고 원형질단백의 변성이 적어 냉동성이 증가한다. 전분 함량이 많으면 내동성이 약해진다.
- 원형질의 수분투과성이 크면 원형질 변형이 적어 내동성이 커진다.
- 원형질의 점도가 낮고 연도가 크면 결빙에 의한 탈수와 융해 시 세포가 물을 다시 흡수할 때 원형질의 변형이 적으므로 내동성이 크다.
- 지유와 수분의 공존은 빙점강하도가 커져 내동성이 증대된다.
- 칼슘이온(Ca^{2+})은 세포 내 결빙의 억제력이 크고 마그네슘이온(Mg^{2+})도 억제작용이 있다.

정답 15 ② 16 ① 17 ② 18 ② 19 ④

- 원형질단백에 디설파이드기(-SS기)보다 설파하이드릴기(-SH기)가 많으면 기계적 견인력에 분리되기 쉬워 원형질의 파괴가 적고 내동성이 증대한다.
- 원형질의 친수성 콜로이드가 많으면 세포 내 결합수가 많아지고 자유수가 적어져 원형질의 탈수저항성이 커지고, 세포 결빙이 감소하므로 내동성이 증대된다.
- 친수성 콜로이드가 많고 세포액의 농도가 높으면 광에 대한 굴절률이 커지고 내동성도 커진다.

20 **나팔꽃 대목에 고구마 순을 접목시켜 재배하는 가장 큰 목적은?**

① 개화 촉진

② 경엽의 수량 증대

③ 내건성 증대

④ 왜화재배

해설 고구마순을 나팔꽃의 대목으로 접목하면 지상부의 C/N율이 커져 화아 형성 및 개화가 가능하다.

제2과목 토양특성 및 관리

21 **토양 내 작물이 이용할 수 있는 유효수분에 대한 설명으로 틀린 것은?**

① 일반적으로 포장용수량과 위조계수 사이의 수분 함량이며 토성에 따라 변한다.

② 식양토가 사양토보다 유효수분의 함량이 크다.

③ 부식 함량이 증가하면 일정 범위까지 유효수분은 증가한다.

④ 토양 내 염류는 유효수분의 함량을 높이는 데에 도움을 준다.

해설 유효수분

- 식물이 토양의 수분을 흡수하여 이용할 수 있는 수분으로 포장용수량과 영구위조점 사이의 수분
- 식물 생육에 가장 알맞은 최대 함수량은 최대용수량의 60~80%이다.
- 점토 함량이 많을수록 유효수분의 범위가 넓어지므로 사토에서는 유효수분 범위가 좁고, 식토에서는 범위가 넓다.
- 일반 노지식물은 모관수를 활용하지만 시설원예 식물은 모관수와 중력수를 활용한다.
- 잉여수분 : 포장용수량 이상의 토양수분으로 과습상태를 유발한다.

22 **토양의 유기물 증가 혹은 유실 방지 대책으로 거리가 먼 것은?**

① 식물의 유체를 환원한다.

② 농약을 살포한다.

③ 완숙퇴비를 사용한다.

④ 토양침식을 방지한다.

해설 식물 유체의 환원, 완숙퇴비의 시용은 유기물의 공급에 해당되며, 토양침식은 유기물 유실방지 대책에 해당되나, 농약의 살포와 유기물과의 연관성은 없다.

23 **담수 논토양의 일반적인 특성 변화로 가장 옳은 것은?**

① 호기성 미생물 활동이 증가한다.

② 인산성분의 유효도가 증가한다.

③ 토양의 색은 적갈색으로 변한다.

④ 토양이 산성화된다.

해설 ① 담수상태로 토양에 산소 공급이 억제되므로 호기성미생물 활동이 억제된다.
③ 환원상태로 토양의 색은 청회색으로 변한다.
④ 토양 산성화가 억제된다.

24 **토양에 투입된 신선한 유기화합물의 분해에 대한 설명으로 틀린 것은?**

① 일반적으로 처음에는 분해가 느리게 일어나다가 가속화되는 경향이 있다.

② 호기성 분해보다 혐기성 분해에 의해 생성된 유기화합물의 에너지가 더 높다.

③ 토양토착형 미생물이 토양발효형 미생물보다 우선적으로 분해에 관여한다.

④ 분해가 가속화되는 시기에는 토양부식의 양이 줄어들기도 한다.

정답 20 ① 21 ④ 22 ② 23 ② 24 ③

해설 토양발효형 미생물이 토양토착형 미생물보다 우선적으로 분해에 관여한다.

25 **토양을 이루는 기본 토층으로, 미부숙유기물이 집적된 층과 점토나 유기물이 용탈된 토층을 나타내는 각각의 기호는?**

① 미부숙유기물이 집적된 층 : Oi, 점토나 유기물이 용달된 토층 : E
② 미부숙유기물이 집적된 층 : Oe, 점토나 유기물이 용달된 토층 : C
③ 미부숙유기물이 집적된 층 : Oa, 점토나 유기물이 용달된 토층 : B
④ 미부숙유기물이 집적된 층 : H, 점토나 유기물이 용달된 토층 : C

해설
- Oe층은 hemic materials로 이루어진 층으로, 작게 쪼개진 잔사물들이 일부 분해를 받았으나 섬유질들이 여전히 많이 존재하고 있다.
- Oa층은 sapric mareials로 이루어진 층으로, 분해를 많이 받아 형체를 알아볼 수 없고 섬유질을 함유하지 않은 부드럽고 무정형의 물질들이 존재한다.
- E층(E Horizons)은 점토, 철 및 알루미늄 산화물의 용탈이 최대로 일어나는 층으로, 모래나 미사를 이루는 석영 같은 저항성 광물이 집적된다. E층은 보통 A층 바로 밑에 위치하며 일반적으로 A층에 비하여 색이 연하다. 이러한 E층은 삼림에서 발달한 토양에서 볼 수 있으며, 초원토양에서는 거의 발달되지 않는다.

26 **손의 감각을 이용한 토성 진단 시 수분이 포함되어 있어도 서로 뭉쳐지는 특성이 없을 뿐만 아니라 손가락을 이용하여 띠를 만들 때에도 띠를 형성하지 못하는 토성은?**

① 양토　② 식양토
③ 사토　④ 미사질양토

해설 촉감에 의한 식별 요령
① 흙에 수분을 묻혀 반습상태로 만든 후 엄지와 검지로 문지를 때 느끼지는 촉감, 점도, 거칠기를 구분한다.
② 흙에 물을 가하여 봉이 만들어지는 형태를 본다.
- 사토 : 봉이 만들어지지 않는다.
- 사양토, 미사질양토 : 봉이 만들어지나 자주 끊어지며, 봉을 들면 바로 떨어진다.
- 양토, 식토 : 봉이 잘 만들어진다.

27 **다음 중 유기물의 탄질비에 대한 설명으로 옳은 것은?**

① 일반적으로 토양의 탄질비는 30 정도이다.
② 토양에 질소질 비료를 주면 탄질비가 올라간다.
③ 유기물이 분해되는 동안 탄질비는 변하지 않는다.
④ 탄질비가 높은 유기물이 토양에 공급되면 질소기아현상이 생길 가능성이 높다.

해설 ① 질소기아현상
- 탄질률이 높은 유기물을 토양에 공급하면 토양 중 질소를 미생물이 이용하게 되어 작물에 질소가 부족해지는 현상을 질소기아현상이라 한다.
- 탄질률 30 이상에서 질소기아현상이 나타날 수 있다.

② 토양유기물의 탄질률에 따른 질소의 변화
- 탄질률이 높은 유기물을 주면 질소의 공급효과가 낮아진다.
- 시용하는 유기물의 탄질률이 높으면 질소가 일시적으로 결핍된다.
- 두과작물의 재배는 질소의 공급에 유리하다.
- 유기물의 분해는 탄질률에 따라 크게 달라진다.
- 탄질률이 낮은 퇴비는 비료효과가 크다.

28 **다음 설명에 알맞은 토양미생물은?**

- 사상균 중 담자균이 식물의 뿌리에 붙어서 식물과 공생관계를 갖는다.
- 뿌리에 보호막을 형성하여 가뭄에 대한 저항성을 높이고 가뭄 피해를 감소시킨다.
- 토양 중에서 이동성이 낮은 인산, 아연, 철 등을 흡수하여 뿌리 역할을 수행한다.

① 진균(fungi)
② 조류(algae)

정답 25 ① 26 ③ 27 ④ 28 ③

③ 균근(mycorrhizae)
④ 방선균(actinomycetes)

해설 균근

㉠ 사상균의 가장 고등생물인 담자균이 식물의 뿌리에 붙어서 공생관계를 맺어 균근이라는 특수한 형태를 이룬다.
㉡ 식물뿌리와 공생관계를 형성하는 균으로 뿌리로부터 뻗어 나온 균근은 토양 중에서 이동성이 낮은 인산, 아연, 철, 몰리브덴과 같은 성분을 흡수하여 뿌리 역할을 해준다.
㉢ 균근의 기능
- 한발에 대한 저항성 증가
- 인산의 흡수 증가
- 토양입단화 촉진

29 다음 중 작물에게 가장 심각한 피해를 주는 토양 선충은?

① 부생성 선충
② 포식성 선충
③ 곤충 기생성 선충
④ 식물 내부 기생성 선충

해설 선충류
- 토양소동물 중 가장 많은 수로 존재한다.
- 탐침을 식물 세포에 밀어넣어 세포 내용물을 소화시키는 효소를 분비한 후 탐침을 통해 양분을 섭취하여 식물의 생장과 저항력을 약화시킨다.
- 탐침에 의한 상처는 다른 병원체의 침입 경로가 된다.
- 주로 뿌리를 침해하여 숙주 식물은 수분 부족, 양분 결핍으로 정상적 생육이 저해된다.
- 방제는 윤작, 저항성 품종의 육종, 토양 소독 등의 방법을 이용한다.

30 다음 중 pH 5.0 이하인 강산성 토양에서 식물생육을 저해하고, 인산 결핍을 초래하는 성분은?

① Al　② Ca
③ K　④ Mg

해설 알루미늄(Al)
- 토양 중 규산과 함께 점토광물의 주체를 이룬다.
- 산성토양에서는 토양의 알루미나가 활성화되어 용이하게 용출되어 식물에 유해하다.
- 뿌리의 신장을 저해, 맥류의 잎에서는 엽맥 사이의 황화, 토마토 및 당근 등에서는 지상부에 인산결핍증과 비슷한 증세를 나타낸다.
- 알루미늄의 과잉은 칼슘, 마그네슘, 질산의 흡수 및 인의 체내 이동이 저해된다.

31 다음 중 양이온 교환 용량이 가장 높은 토성은?

① 사토　② 식토
③ 양토　④ 미세 사양토

해설 양이온 교환능력이 클 경우 : 유기물 함량이 높고, 점토 함량이 높을 때

32 토양 생성에 관여하는 풍화작용 중 성질이 다른 하나는?

① 산화작용　② 가수분해작용
③ 수화작용　④ 침식작용

해설 ①, ②, ③은 화학적 풍화에 해당하며, ④는 물리적 풍화에 해당한다.

33 토양의 양이온 치환용량을 높일 수 있는 방법으로 가장 효과적인 것은?

① 토양 유기물 함량을 낮춘다.
② 수소이온 농도를 증가시킨다.
③ 토양에 점토를 보충한다.
④ 토양에 통기성을 좋게 한다.

해설 양이온 교환능력이 클 경우 : 유기물 함량이 높고, 점토 함량이 높을 때

34 점토광물의 표면에 영구음전하가 존재하는 원인은 동형치환과 변두리전하에 의한 것이다. 이 중 점토 광물의 변두리전하에만 의존하여 영구음전하가 존재하는 점토광물은?

① Kaolinite　② Montmorillonite
③ Vermiculite　④ Allophane

정답 29 ④ 30 ① 31 ② 32 ④ 33 ③ 34 ①

해설 변두리전하
- kaolinite(카올리나이트, 고령토)에 나타난다.
- 1:1 격자형 광물에도 음전하가 존재하는 이유가 된다.
- 점토광물의 변두리에서만 생성되며 변두리 전하라고 한다.
- 점토광물을 분쇄하여 그 분말도를 크게 할수록 음전하의 생성량이 많아진다.

35 토양의 형태적 분류상 비성대토양의 대부분을 차지하며, 단면이 발달되지 않은 새로운 토양은?

① 몰리졸(Mollisol) ② 버티졸(Vertisol)
③ 엔티졸(Entisol) ④ 옥시졸(Oxisol)

해설 엔티졸(Entisol)
- 토양 발달과정이 거의 진행되지 않은 토양으로 기후조건에 관계없이 풍화에 대한 저항성이 매우 강한 모재로 된 토양이나 최근 형성된 모재의 토양에서 나타날 수 있다.
- 계속적인 침심으로 현저한 토층의 발달이 어려운 경사지형에서도 나타날 수 있다.
- 인위적 퇴비 시용으로 암갈색 표층이 나타날 수 있으나 모재의 퇴적상태와 다른 특징적인 층위의 발달은 거의 없다.
- 우리나라 토양의 13.7%를 차지한다.

36 습윤 한랭지방에서 규산광물이 산성가수분해될 때의 주요 생성물은?

① 미사 ② 점토
③ 석회 ④ 석고

해설 규산광물의 가수분해의 결과 규산염 점토광물이 생성된다.

37 벼 재배 시 규산질 비료를 사용하여 얻을 수 있는 효과와 거리가 먼 것은?

① 병충해에 대한 내성 증가
② 내도복성(耐倒伏性) 증가
③ 수광자세(受光姿勢)를 좋게 하여 동화율 향상
④ 질소의 흡수를 빠르게 하여 등숙률(登熟率) 증가

해설 규소(Si)
- 규소는 모든 작물에 필수원소는 아니나, 화본과 식물에서는 필수적이다.
- 화본과작물의 가용성 규산화 유기물의 시용은 생육과 수량에 효과가 있으며, 벼는 특히 규산 요구도가 높으며 시용효과가 높다.
- 해충과 도열병 등에 내성이 증대되며 경엽의 직립화로 수광상태가 좋아져 광합성에 유리하고 뿌리의 활력이 증대된다.

38 다음 중 강우에 의한 토양유실 감소 방안에 있어 피복효과가 가장 낮은 것은?

① 콩 재배 ② 옥수수 재배
③ 목초 재배 ④ 감자 재배

해설 토양피복효과는 목초재배가 가장 크고 옥수수 재배 시 가장 낮다.

39 토양조사의 주요 목적이 아닌 것은?

① 토지 가격의 산정
② 합리적인 토지 이용
③ 적합한 재배 작물 선정
④ 토지 생산성 관리

해설 토지 가격의 산정을 목적으로 토양조사를 실시하지는 않는다.

40 다음 중 토양 내에서 조류(藻類)의 작용에 해당되지 않는 것은?

① 유기물 생성 ② 산소의 공급
③ 황산의 고정 ④ 양분의 동화

해설 * 조류
㉠ 녹조류, 남조류 등
㉡ 조류는 광합성 작용과 질소고정으로 논의 지력을 향상시킨다.
* 황세균 : 황을 산화하여 식물에 유용한 황산염을 만들며, 땅속 깊은 퇴적물에서는 황산을 발생시켜 광산 금속을 녹이며 콘크리트와 강철도 부식시킨다. 일반적인 세균과는 달리 강산에서 생육한다.

정답 35 ③ 36 ② 37 ④ 38 ② 39 ① 40 ③

제3과목 유기농업개론

41 혼작의 장점이 아닌 것은?

① 잡초 경감
② 도복 용이
③ 토양 비옥도 증진
④ 재해 및 병충해에 대한 위험성 분산

해설 도복의 증가는 수량 감소의 원인으로 재배적으로 장점이 아닌 단점이 된다.

42 다음 중 논(환원) 상태에 해당하는 것은?

① CO_2 ② NO_3^-
③ Mn^{4+} ④ CH_4

해설 양분의 존재 형태

원소	밭토양(산화상태)	논토양(환원상태)
탄소 (C)	CO_2	메탄(CH_4), 유기산물
질소 (N)	질산염(NO_3^-)	질소(N_2), 암모니아(NH_4^+)
망간 (Mn)	Mn^{4+}, Mn^{3+}	Mn^{2+}
철 (Fe)	Fe^{3+}	Fe^{2+}
황(S)	황산(SO_4^{2-})	황화수소(H_2S), S
인(P)	인산(H_2PO_4), 인산알루미늄 ($AlPO_4$)	인산이수소철 ($Fe(H_2PO_4)_2$), 인산이수소칼슘 ($Ca(H_2PO_4)_2$)

43 유기낙농에서 젖소에게 급여할 사일리지 제조 시 주로 발생하는 균은?

① 질소화성균 ② 진균
③ 방선균 ④ 유산균

해설 사일리지 제조에는 유산균과 같은 혐기성세균에 의해 혐기 발효가 진행되어 가축의 소화흡수를 돕는다.

44 유기종자의 개념과 가장 거리가 먼 것은?

① 병충해 저항성이 높다.
② 1년간 유기농법으로 재배한 작물에서 채종한 것이다.
③ 병원균이 확산되지 않도록 약제소독을 한 것이다.
④ 상업용 종자가 아니다.

45 주말농장의 감자밭에 동반작물로 메리골드를 심었을 때, 메리골드의 주요 기능은?

① 역병 방제
② 도둑나방 접근 방지
③ 잡초 방제
④ 수정 촉진

해설 메리골드의 독특한 향은 해충의 접근을 방지한다.

46 시설원예 토양의 염류과잉집적에 의한 작물의 생육장해 문제를 해결하는 방법이 아닌 것은?

① 윤작을 한다.
② 연작 재배한다.
③ 미량원소를 공급한다.
④ 퇴비, 녹비 등을 적정량 사용한다.

해설 염류장해 해소 대책
- 담수처리 : 담수를 하여 염류를 녹여낸 후 표면에서 흘러 나가도록 한다.
- 답전윤환 : 논상태와 밭상태를 2~3년 주기로 돌려가며 사용한다.
- 심경(환토) : 심경을 하여 심토를 위로 올리고 표토를 밑으로 가도록 하면서 토양을 반전시킨다.
- 심근성(흡비성) 작물의 재배
- 녹비작물의 재배
- 객토를 한다.

정답 41 ② 42 ④ 43 ④ 44 ③ 45 ② 46 ②

47 **다음에서 설명하는 등(lamp)은?**

> – 각종 금속 용화물이 증기압 중에 방전함으로써 금속 특유의 발광을 나타내는 현상을 이용한 등이다.
> – 분광분포가 균형을 이루고 있으며, 적색광과 원적색광의 에너지 분포가 자연광과 유사하다.

① 형광등 ② 수은등
③ 메탈할라이드등 ④ 고압나트륨등

해설 루미네슨스(luminescence) : 열을 수반하지 않는 냉광(冷光)
ⓐ 방전발광
• 초고압방전램프 : 초고압수은램프
• 고압방전램프(HID램프) : 수은램프, 형광수은램프, 메틸할라이드램프, 고압나트륨램프, 크세논램프, 안정기내장형 수은램프
• 저압방전램프 : 형광등, 네온램프, 저압나트륨램프
ⓑ 전계발광
• EL램프(electroluminescence lamp)
• 발광다이오드(LED; Light-Emitting Diode)
ⓒ 레이저발광 : LASER(Light Amplification by Stimulated Emission of Radiation)
ⓓ 음극선발광 : 브라운관

48 **다음 중 아연 중금속에 대한 내성 정도가 가장 작은 것은?**

① 파 ② 당근
③ 셀러리 ④ 시금치

해설 아연 내성 : 파, 당근, 셀러리는 내성이 크고, 시금치는 내성이 작다.

49 **다음에서 설명하는 것은?**

> 녹비 등 잡초를 키우지 않는 방법으로 관리하기가 쉬운 장점이 있으나 나지상태로 관리되므로 토양 다져짐, 양분용탈, 침식 등 토양의 물리화학성이 불량해지는 단점이 있다.

① 청경재배 ② 피복재배
③ 절충재배 ④ 초생재배

해설 경사지 과수원의 토양관리법에는 잡초를 키워 토양유실을 방지하는 초생법과, 잡초를 제거하여 나지상태로 관리하는 청경법이 있다.

50 **고간류 사료 중에서 우리나라에서 가장 많이 이용하는 조사료는?**

① 보릿짚 ② 옥수수대
③ 밀짚 ④ 볏짚

해설 우리나라에서 가장 손쉽게 구할 수 있는 고간류 조사료는 볏짚이다.

51 **유기농업에 사용하는 퇴비에 대한 설명으로 틀린 것은?**

① 토양진단 후 퇴비 사용량을 결정한다.
② 토양전염병을 억제하는 효과를 나타낸다.
③ 식물체에 양분과 미량원소를 지속적으로 공급해준다.
④ 퇴비화 후에는 분해가 어려운 부식성 물질의 비율이 감소한다.

해설 퇴비화 과정 중 분해가 쉬운 물질은 무기화되고 분해가 어려운 부식성 물질이 남으므로 증가하게 된다.

52 **교잡육종법에 있어 계통육종법에 관한 설명으로 틀린 것은?**

① 초기세대에서 선발한다.
② 육종효과가 빨리 나타난다.
③ 질적 형질의 개량에 효과적이다.
④ 육종재료의 관리와 선발에 시간과 노력이 적게 든다.

해설 교배친 선정은 교배육종에서 중요하며, 교배친의 관리와 선발 및 특성 유지에 시간과 노력이 많이 든다.

정답 47 ③ 48 ④ 49 ① 50 ④ 51 ④ 52 ④

53 **화학 제초제를 사용하지 않고 쌀겨를 투입하여 잡초를 방제하는 경우의 방제 원리로 볼 수 없는 것은?**

① 논물이 혼탁해져 광을 차단하여 잡초발아가 억제된다.

② 쌀겨의 영양분이 미생물에 의해 분해될 때 산소가 일시적으로 고갈되어 잡초의 발아 억제에 도움을 준다.

③ 쌀겨에 함유된 제초제 성분이 잡초의 발아를 억제한다.

④ 쌀겨가 분해될 때 생성되는 메탄가스 등이 잡초의 발아를 억제한다.

해설 쌀겨 농법의 효과

- 쌀겨에는 인산, 미네랄, 비타민이 풍부하게 함유되어 있고, 미생물에 의한 발효 촉진제 역할을 한다.
- 쌀겨의 살포는 미생물 활동으로 물 속 산소가 적어져 피와 같은 잡초가 자라지 못하고, 여기에 잘 견디는 물달개비, 올미 등은 쌀겨가 분해되며 발생하는 유기산에 의해 녹는다.
- 쌀겨의 살포로 끈적끈적한 층이 생기면서 잡초가 나지 못하게 한다.
- 쌀겨를 살포한 논은 온도가 높아져 저온으로부터 뿌리를 보호해 출수가 빨라지고 등숙비율이 높아진다.
- 쌀겨의 살포는 Kg/K비가 높아지고 약산성 조건이 만들어져 밥맛이 좋아진다.

54 **대체로 볍씨는 중량의 22.5 정도의 물을 흡수하면 발아할 수 있는데, 종자 소독 후 침종은 적산온도 100℃를 기준으로 수온이 15℃인 물에서는 며칠간 실시하는 것이 가장 적정한가?**

① 4.5일 ② 7일
③ 10일 ④ 15일

해설 수온에 따른 침종 기간

수온(℃)	10	15	22	25	27 이상
침종기간(일)	10	6~7	3	2	1

55 **사료의 품질 저하 방지 또는 사료의 효용을 높이기 위해 사료에 첨가하여 사용 가능한 물질이 아닌 것은?**

① 초목 추출물 ② DL-알라닌
③ 이노시톨 ④ 버섯 추출액

해설 사료의 품질 저하 방지 또는 사료의 효용을 높이기 위해 사료에 첨가하여 사용 가능한 물질

구분	사용 가능 물질
천연 결착제	
천연 유화제	
천연 보존제	산미제, 항응고제, 항산화제, 항곰팡이제
효소제	당분해효소, 지방분해효소, 인분해효소, 단백질분해효소
미생물제제	유익균, 유익곰팡이, 유익효모, 박테리오파지
천연 향미제	
천연 착색제	
천연 추출제	초목 추출물, 종자 추출물, 세포벽 추출물, 동물 추출물, 그밖의 추출물
올리고당	
규산염제	
아미노산제	아민초산, DL-알라닌, 염산L-라이신, 황산L-라이신, L-글루타민산나트륨, 2-디아미노-2-하이드록시메치오닌, DL-트립토판, L-트립토판, DL메치오닌 및 L-트레오닌과 그 혼합물
비타민제 (프로비타민 포함)	비타민A, 프로비타민A, 비타민B1, 비타민B2, 비타민B6, 비타민B12, 비타민C, 비타민D, 비타민D2, 비타민D3, 비타민E, 비타민K, 판토텐산, 이노시톨, 콜린, 나이아신, 바이오틴, 엽산과 그 유사체 및 혼합물
완충제	산화마그네슘, 탄산나트륨(소다회), 중조(탄산수소나트륨 · 중탄산나트륨)

56 **혐광성 종자에 해당하는 것으로만 나열된 것은?**

① 담배, 상추 ② 우엉, 차조기
③ 가지, 파 ④ 금어초, 뽕나무

해설 ① 호광성종자(광발아종자)

㉠ 광에 의해 발아가 조장되며 암조건에서 발아하지 않거나 발아가 몹시 불량한 종자

정답 53 ③ 54 ② 55 ④ 56 ③

㉡ 담배, 상추, 우엉, 차조기, 금어초, 베고니아, 피튜니아, 뽕나무, 버뮤다그라스 등

② 혐광성종자(암발아종자)

㉠ 광에 의하여 발아가 저해되고 암조건에서 발아가 잘 되는 종자

㉡ 호박, 토마토, 가지, 오이, 수박, 양파, 파, 나리과 식물 등

③ 광무관종자

㉠ 광이 발아에 관계가 없는 종자

㉡ 벼, 보리, 옥수수 등 화곡류와 대부분 콩과작물 등

57 **『농림축산식품부 소관 친환경농어업 육성 및 유기식품 등의 관리 · 지원에 관한 법률 시행규칙』상 유기축산물에서 사료로 직접 사용되거나 배합사료의 원료로 사용가능한 물질은 식물성, 동물성, 광물성으로 구분된다. 다음 중 식물성에 해당하지 않는 것은?**

① 조류(藻類) ② 식품가공부산물류

③ 유지류 ④ 식염류

해설 식염류는 광물성으로 분류된다.

58 **직파재배의 장점으로 틀린 것은?**

① 입모 안정

② 노동력 절감 및 노력 분산

③ 관개용수 절약

④ 단기성 품종 활용 시 작부체계 도입이 유리

해설 직파재배의 문제점

- 출아율이 낮아 입모의 확보가 곤란해 이삭수가 감소할 수 있다.
- 도복 위험이 크다.
- 잡초의 발생이 크며 특히 건답직파에서는 잡초성 벼의 발생이 급증한다.

59 **다음 중 가축의 복지를 고려한 축사조건으로 적합하지 않은 것은?**

① 사료와 음수는 접근이 용이하도록 한다.

② 자연환기를 억제하고, 밀폐된 구조로 한다.

③ 가축이 활동하기 편하도록 충분한 공간을 확보하여야 한다.

④ 축사의 바닥은 부드러우면서도 미끄럽지 아니하고, 청결 및 건조하여야 한다.

해설 [시행규칙 별표1] 공기순환, 온도 · 습도, 먼지 및 가스농도가 가축건강에 유해하지 아니한 수준 이내로 유지되어야 하고, 건축물은 적절한 단열 · 환기시설을 갖출 것

60 **유기농산물의 병해충 관리를 위해 사용 가능한 물질인 보르도액에 대한 설명으로 틀린 것은?**

① 보르도액의 유효성분은 황산구리와 생석회이다.

② 조제 후 시간이 지나면 살균력이 떨어진다.

③ 석회유황합제, 기계유제, 송지합제 등과 혼합하여 사용할 수 있다.

④ 에스테르제와 같은 알칼리에 의해 분해가 용이한 약제와의 혼합 사용은 피한다.

해설 보르도액과 석회유황합제, 기계유제, 송지합제의 혼합 사용은 약해를 유발할 수 있으므로 혼용해서는 안된다.

제4과목 유기식품 가공 유통론

61 **김치의 염지 방법 중 배추의 폭을 젖히면서 사이사이에 마른 소금을 뿌리는 것은?**

① 염수법 ② 건염법

③ 습염법 ④ 통풍법

해설 건염법은 마른 소금을 뿌려 염지하는 방법이며, 염수법은 소금물에 담그는 방법이다.

62 **유기가공식품의 제조 기준으로 적절하지 않은 것은?**

① 해충 및 병원균 관리를 위하여 방사선 조사 방법을 사용하지 않아야 한다.

정답 57 ④ 58 ① 59 ② 60 ③ 61 ② 62 ③

② 지정된 식품첨가물, 미생물제제, 가공보조제만 사용하여야 한다.
③ 유기농으로 재배한 GMO는 허용될 수 있다.
④ 재활용 또는 생분해성 재질의 용기, 포장만 사용한다.

해설 유전자변형농산물은 어떠한 경우에도 사용할 수 없다.

63 면류 제조에 대한 설명으로 옳은 것은?

① 면류에 사용하는 소금은 반죽의 점탄성을 강하게 해줄 뿐 아니라, 수분 활성 저하를 통해 반죽이나 생면의 보존성을 높여준다.
② 면류 제조 시에 부원료로 콩가루를 사용하는 이유는 콩가루에 들어 있는 글루텐이 반죽에 의하여 면의 탄력성, 점착성 가소성을 높여주기 때문이다.
③ 밀가루는 강력분, 중력분, 박력분의 3가지로 구분할 수 있는데, 이는 밀가루 내의 탄수화물 함량으로 등급을 나눈 것이다.
④ 밀가루 반죽의 적정온도는 밀가루의 종류 가수량, 가염량에 관계없이 일정하다.

해설 ② 밀가루에 들어 있는 글루텐이 반죽에 의하여 면의 탄력성, 점착성 가소성을 높여준다.
③ 밀가루는 강력분, 중력분, 박력분의 3가지로 구분할 수 있는데, 이는 밀가루 내의 단백질 함량으로 등급을 나눈 것이다.
④ 밀가루 반죽의 적정온도는 밀가루의 종류 가수량, 가염량에 따라 차이를 보인다.

64 한외여과에 대한 설명으로 틀린 것은?

① 고분자 물질로 만들어진 막의 미세한 공극을 이용한다.
② 물과 같이 분자량이 작은 물질은 막을 통과하나 분자량이 큰 고분자 물질의 경우 통과하지 못한다.
③ 당류, 단백질, 생체물질, 고분자물질의 분리에 주로 사용된다.
④ 삼투압보다 높은 압력을 용액 중에 작용시켜 용매가 반투막을 통과하게 한다.

해설 한외여과법
- 액체 중에 용해되거나 분산된 물질을 입자 크기나 분자량 크기별로 분리하는 방법이다.
- 물과 분자량 500 이하는 통과하나 그 이상은 통과하지 않아서 저분자 물질과 고분자 물질을 분리한다.
- 고분자 용액으로부터 저분자 물질을 제거한다는 점에서 투석법과 유사하고, 물질의 농도차가 아닌 압력차를 이용해 분리하는 방법은 역삼투압여과와 유사하다.
- 입자 크기가 1nm~0.1㎛ 정도의 당류, 단백질, 생체물질, 고분자 물질 분리에 사용한다.

65 미생물의 가열 치사 시간을 변화시키는 데 필요한 가열 온도의 차이를 나타내는 값은?

① F값 ② Z값
③ D값 ④ K값

해설
- F값 : 설정된 온도에서 미생물을 100% 사멸시키는 데 필요한 시간
- Z값 : 미생물의 가열 치사 시간을 10배 변화시키는 데 필요한 가열 온도의 차이를 나타내는 값
- D값 : 설정된 온도에서 미생물을 90% 사멸시키는 데 필요한 시간
- K값 : 선도가 우수한 어패류의 선도판정법

66 식품의 위해요인에 해당되지 않는 것은?

① 철분의 결핍
② 이물질 혼입
③ 위해 미생물 존재
④ 농약, 항생제 존재

해설 식품 위해요인
- 물리적 위해요소 : 이물 등
- 화학적 위해요소 : 잔류농약, 독소 등
- 생물적 위해요소 : 기생충, 세균 등

67 마케팅 믹스 4P의 구성요소가 아닌 것은?

① 제품(Product) ② 가격(Price)
③ 장소(Place) ④ 원칙(Principle)

정답 63 ① 64 ④ 65 ② 66 ① 67 ④

해설 마케팅의 4P 요소
- 상품전략(Product)
- 가격전략(Price)
- 유통전략(Place)
- 판매촉진전략(Promotion)

68 식품취급자의 손 세척 시 주의할 점으로 틀린 것은?

① 온수보다 냉수로 하는 것이 세균 감소에 더 효과적이다.
② 고형비누보다 액상비누가 효과적이며 30초 이상 비누가 접촉할 수 있도록 하는 것이 효과적이다.
③ 손은 물론 팔꿈치까지 세척해야 한다.
④ 세척 시에는 양손을 비비면서 마찰을 증가시키거나 솔을 사용할 경우 비상재성 세균의 감소율이 크다.

해설 손세척 및 소독
- 냉수보다 온수로 세척하는 것이 효과적이다.
- 비누는 고형비누보다 액상비누가 효과적이다.
- 비누는 30초 이상 접촉할 수 있도록 세척한다.
- 손은 물론 팔꿈치까지 세척해야 한다.
- 세척 시에는 양손을 비비면서 마찰을 증가시킨다.
- 솔을 사용할 경우 비상재성 세균의 감소율이 크다.

69 유기농 오이 10kg 한 상자의 생산자가격이 10,000원이고, 유통마진율이 20%라고 할 때 소비자가격은 얼마인가?

① 12000원 ② 12500원
③ 13000원 ④ 13500원

해설 $\text{유통마진} = \dfrac{\text{소비자가격} - \text{농가수취가격}}{\text{소비자가격}} \times 100$

$\text{소비자가격} = \text{농가수취가격} \div \dfrac{100 - \text{유통마진}}{100}$

$= 10{,}000 \div \dfrac{100-20}{100} = 12{,}500$

70 친환경농산물 유통의 특성으로 옳은 것은?

① 친환경농산물의 경쟁 척도로는 가격이 유일하다.
② 친환경농산물의 품질은 외관으로 충분히 확인 가능하므로 소비자가 현장에서 확인 가능하다.
③ 친환경농산물의 품질 차별성은 가격 결정의 변수와 무관하다.
④ 친환경농산물 유통조직의 물류효율성 여부는 경쟁력 결정요인이다.

해설 ① 친환경농산물의 경쟁 척도로는 가격, 품질, 안전성 등 다양하다.
② 친환경농산물의 품질은 외관만으로 확인이 어려워 소비자가 현장에서 확인 불가능하다.
③ 친환경농산물의 품질 차별성은 가격 결정에 큰 영향을 미친다.

71 상업적 살균(commercial sterilization)에 대한 설명으로 가장 적절한 것은?

① 모든 미생물을 사멸하되 사멸 비용을 최소화하는 것이다.
② 일정한 유통조건에서 일정한 기간 동안 위생적 품질이 유지될 수 있는 정도로 미생물을 사멸하는 것이다.
③ 병원성 미생물을 집중적으로 완전 사멸시키는 것이다.
④ 식품의 종류에 상관없이 같은 방법으로 살균하는 것이다.

해설 고압가열살균(상업적 살균)
- 100℃ 이상의 고온가열처리로 살균하는 방법이다.
- 통조림, 병조림, 레토르트파우치 등 장기보존용의 식품에 사용된다.
- 보통의 상온 저장조건하에서 증식할 수 있는 미생물은 전부 사멸된다.
- 모든 제품이 유통기한 내에 소비된다고 예상할 때, 유통기한을 넘어서까지 안전하도록 하기 위하여 과도하게 살균할 필요는 없다.
- 과도한 살균하면 미생물에 의한 위해가 줄어들어 안전성

정답 68 ① 69 ② 70 ④ 71 ②

이 높아지나 다른 품질특성(향, 맛, 색상, 형태, 영양소 등)이 나빠질 수 있다.
- 유통기한 내에 식품의 상업적 품질을 유지하는 데 나쁜 영향을 미치지 않을 정도로만 살균하는 것이 필요하다.

72 **다량의 열변성이 일어나기 쉬운 유제품이나 주스 등의 액체를 가열, 냉각, 살균하는 데 널리 사용하는 열교환기는?**

① 재킷형 열교환기
② 코일형 열교환기
③ 보테이터식 표면 긁기 열교환기
④ 판상식 열교환기

해설 판상식 열교환기는 짧은 시간에 지속적으로 많은 양을 살균할 수 있어 규모가 큰 식품산업에 이용된다.

73 **돌연변이 유발 물질을 테스트하는 Ames 테스트에 관한 설명으로 틀린 것은?**

① 히스티딘 요구주를 이용한다.
② 돌연변이가 유발된 실험군은 대조군에 비해 집락을 더 많이 발생시킨다.
③ 발암성과 변이원성은 완전히 일치한다.
④ 주로 살모넬라균을 이용한다.

해설 Ames 테스트 : *Salmonella typhimurium*을 이용하여 히스티딘요구성 복귀돌연변이의 유발을 간편하게 플레이트법으로 시험함으로써 변이원물질(變異原物質)을 검색하는 방법이다.

74 **조리과정 중 생성되는 건강장해 물질은 다음 중 어디에 속하는가?**

① 내인성
② 수인성
③ 외인성
④ 유인성

해설 유인성이란 행동에 따른 결과로 나타나는 성질이므로 조리과정이라는 행동에 의해 장해물질의 생성은 이에 해당된다.

75 **E.coli의 세대기간은 17분이다. 식품의 최초 E.coli 숫자가 10개/g이면 후에는 E.coli는 얼마로 변화하겠는가?**

① 1000개/g　　② 10000개/g
③ 10240개/g　　④ 590490개/g

해설 $10 \times 2^{10} = 10,240$

76 **차류에 대한 설명 중 틀린 것은?**

① 녹차는 가공 과정에서 찻잎을 증기 등으로 가열하여 그 속의 효소를 불활성화시켜 고유의 녹색을 보존시킨 차이다.
② 유기차는 유기농으로 재배한 차나무의 어린싹이나 어린잎을 재료로 유기 가공 기준에 맞게 제조한 유기 기호 음료이다.
③ 홍차는 발효가 일어나지 않도록 찻잎에 열을 가하면서 향이 강해지도록 볶아서 색깔이 붉게 나도록 만든다.
④ 우롱차는 찻잎을 햇볕에 쪼여 조금 시들게 하고 찻잎 성분의 일부를 산화시킴으로써 방향이 생긴 후 볶아 만든 반발효차이다.

해설 홍차는 차잎을 적당히 발효시킨 차로 물리기, 유념, 분채, 발효, 건조의 5단계를 거쳐 제조한다.

77 **제품의 브랜드가 가지는 기능과 거리가 먼 것은?**

① 상징 기능
② 광고 기능
③ 가격 표시 기능
④ 출처 표시 기능

해설 브랜드
- 판매자의 제품이나 서비스를 경쟁사와 차별화시키기 위해 사용하는 이름과 상징물의 결합체를 말한다.
- 상표명, 상표 표지, 상호, 트레이드 마크 등으로 표현 기능을 가진다.
- 브랜드의 효과 : 제품 상징성, 광고성, 품질 보증, 출처 표시, 재산 보호
- 브랜드화를 통한 상품 차별화 및 경쟁우위의 확보 필요

정답 72 ④ 73 ③ 74 ④ 75 ③ 76 ③ 77 ③

78 『친환경농어업 육성 및 유기식품 등의 관리 · 지원에 관한 법률』상 친환경농수산물 분류 및 인증에 관한 내용으로 틀린 것은?

① 친환경농수산물은 유기농산물과 무농약농산물, 무항생제수산물 및 활성처리제 비사용 수산물로 분류한다.
② 유기식품 등의 인증대상과 유기식품 등의 생산, 제조 · 가공 또는 취급에 필요한 인증기준 등은 대통령령으로 정한다.
③ 농림축산식품부장관은 유기식품 등의 산업육성과 소비자 보호를 위하여 유기식품 등에 대한 인증을 할 수 있다.
④ 해양수산부장관은 유기식품 등의 인증과 관련하여 인증심사원 등 필요한 인력 · 조직 · 시설 및 인증업무규정을 갖춘 기관 또는 단체를 인증기관으로 지정할 수 있다.

해설 법령 제19조(유기식품 등의 인증)
① 농림축산식품부장관 또는 해양수산부장관은 유기식품 등의 산업 육성과 소비자 보호를 위하여 대통령령으로 정하는 바에 따라 유기식품 등에 대한 인증을 할 수 있다.
② 제1항에 따른 인증을 하기 위한 유기식품 등의 인증대상과 유기식품 등의 생산, 제조 · 가공 또는 취급에 필요한 인증기준 등은 농림축산식품부령 또는 해양수산부령으로 정한다.

79 진공포장 방법에 대한 설명으로 틀린 것은?

① 쇠고기 등을 진공포장하면 변색작용을 촉진하게 된다.
② 가스 및 수증기 투과도가 높은 셀로판, EVA, PE 등이 이용된다.
③ 호흡작용이 왕성한 신선 농산물의 장기 유통용으로는 적합하지 않다.
④ 포장지 내부의 공기 제거로 박피 청과물의 갈변작용이 억제된다.

해설 진공포장에 사용되는 필름은 진공상태를 위지하기 위하여 가스 등의 투과성이 낮아야 한다.

80 필름 표면에 계면활성제로 처리하여 첨가제 분산에 의한 필름의 장력을 증가시켜 결로현상이 일어나지 않게 하는 기능성 포장재는?

① 항균필름 ② 방담필름
③ 미세공필름 ④ 키토산필름

해설 기능성 포장재
- 방담(防曇)필름 : 선도유지를 목적으로 한 기능성 포장재로 청과물의 수분의 증산을 억제하고 투습상태에 있어 결로를 방지하는 목적으로 이용된다.
- 항균필름 : 항균력 있는 물질을 코팅하여 곰팡이 및 유해 미생물에 대한 안전성을 확보하기 위한 포장재이다.
- 고차단성 필름 : 수분, 산소, 질소, 이산화탄소와 저장산물의 고유한 향을 내는 유기화합물 등의 차단성을 높인 포장재를 고차단성 포장재라 한다.
- 키토산필름 : 키토산은 유해균의 성장을 억제하는 효과가 있으며 200ppm 정도의 농도에서 유해균에 대한 강력한 저해활성을 발휘한다. 이와 같은 항균물질을 필름 제조 시 압축성형 및 코팅처리한 필름을 키토산 필름 포장재라 한다.
- 미세공필름 : 포장재에 미세한 공기구멍이 있어 수증기의 투과도를 높여 포장 내부 습도를 유지시킨 필름이다.

제5과목 유기농업 관련 규정

81 『농림축산식품부 소관 친환경농어업 육성 및 유기식품 등의 관리 · 지원에 관한 법률 시행규칙』에 따라 유기가축이 아닌 가축을 유기농장으로 입식하여 유기축산물을 생산 · 판매하려는 경우에는 일정 전환기간 이상을 유기축산물 인증기준에 따라 사육하여야 한다. 다음 중 축종, 생산물, 전환기간에 대한 기준으로 틀린 것은?

① 한우 – 식육용 – 입식 후 12개월 이상
② 육우 송아지 – 식육용 – 6개월령 미만의 송아지 입식 후 12개월
③ 젖소 – 시유생산용 – 3개월 이상
④ 돼지 – 식육용 – 입식 후 5개월 이상

정답 78 ② 79 ② 80 ② 81 ②

해설

가축의 종류	생산물	전환기간(최소 사육기간)
한우 · 육우	식육	입식 후 12개월
젖소	시유 (시판우유)	1) 착유우는 입식 후 3개월 2) 새끼를 낳지 않은 암소는 입식 후 6개월
면양 · 염소	식육	입식 후 5개월
	시유 (시판우유)	1) 착유양은 입식 후 3개월 2) 새끼를 낳지 않은 암양은 입식 후 6개월
돼지	식육	입식 후 5개월
육계	식육	입식 후 3주
산란계	알	입식 후 3개월
오리	식육	입식 후 6주
	알	입식 후 3개월
메추리	알	입식 후 3개월
사슴	식육	입식 후 12개월

82 「농림축산식품부 소관 친환경농어업 육성 및 유기식품 등의 관리 · 지원에 관한 법률 시행규칙」상 유기표시 도형의 작도법 중 표시 도형의 가로의 길이(사각형의 왼쪽 끝과 오른쪽 끝의 폭 : W)를 기준으로 세로 길이 비율은?

① 0.75×W ② 0.80×W
③ 0.85×W ④ 0.95×W

해설 도형 표시 방법
- 표시 도형의 가로 길이(사각형의 왼쪽 끝과 오른쪽 끝의 폭 : W)를 기준으로 세로 길이는 0.95×W의 비율로 한다.
- 표시 도형의 흰색 모양과 바깥 테두리(좌우 및 상단부 부분으로 한정한다)의 간격은 0.1×W로 한다.
- 표시 도형의 흰색 모양 하단부 왼쪽 태극의 시작점은 상단부에서 0.55×W 아래가 되는 지점으로 하고, 오른쪽 태극의 끝점은 상단부에서 0.75×W 아래가 되는 지점으로 한다.

83 「농림축산식품부 소관 친환경농어업 육성 및 유기식품 등의 관리 · 지원에 관한 법률 시행규칙」상 "70퍼센트 미만이 유기농축산물인 제품"의 제한적 유기표시 허용기준으로 틀린 것은?

① 특정 원료 또는 재료로 유기농축산물만을 사용한 제품이어야 한다.
② 해당 원료 · 재료명의 일부로 "유기"라는 용어를 표시할 수 있다.
③ 원재료명 표시란에 유기농축산물의 총 함량 또는 원료 · 재료별 함량을 ppm으로 표시해야 한다.
④ 표시장소는 원재료명 표시란에만 표시할 수 있다.

해설 70퍼센트 미만이 유기농축산물인 제품
- 특정 원료 또는 재료로 유기농축산물만을 사용한 제품이어야 한다.
- 해당 원료 · 재료명의 일부로 "유기"라는 용어를 표시할 수 있다.
- 표시장소는 원재료명 표시란에만 표시할 수 있다.
- 원재료명 표시란에 유기농축산물의 총 함량 또는 원료 · 재료별 함량을 백분율(%)로 표시해야 한다.

84 「친환경농축산물 및 유기식품 등의 인증에 관한 세부실시 요령」상 유기농산물 인증기준의 세부사항에서 가축분료 퇴비에 대한 내용으로 틀린 것은?

① 퇴비의 유해성분 함량은 비료 공정규격설정 및 지정에 관한 고시에서 정한 퇴비규격에 적합하여야 한다.
② 완전히 부숙시킨 퇴비 · 액비의 경우 인증기관의 장의 사전 승인 또는 사후 보고 등의 조치를 취하고 사용이 가능하다.
③ 경축순환농법으로 사육하지 아니한 농장에서 유래된 가축분료 퇴비는 항생물질이 포함되지 아니하여야 한다.
④ 가축분뇨 퇴 · 액비는 표면수 오염을 일으키지 아니하는 수준으로 사용하되, 장마철에는 사용하지 아니하여야 한다.

해설 가축분뇨를 원료로 하는 퇴비 · 액비(이하 "가축분뇨 퇴 · 액비"라 한다)는 법 제19조에 따른 유기농축산물 인증 농장, 경축순환농법 실천 농장, 「축산법」 제42조의2에 따른 무항생제축산물 인증 농장 또는 「동물보호법」 제29조에

정답 82 ④ 83 ③ 84 ②

따른 동물복지축산농장 인증을 받은 농장에서 유래된 것만 사용할 수 있으며, 완전히 부숙(썩혀서 익히는 것을 말한다. 이하 같다)시켜서 사용하되, 과다한 사용, 유실 및 용탈 등으로 인하여 환경오염을 유발하지 아니하도록 하여야 한다. 다만, 유기농축산물 인증 농장, 경축순환농법 실천 농장, 무항생제축산물 인증 농장 또는 동물복지축산농장 인증을 받지 아니한 농장에서 유래된 가축분뇨로 제조된 퇴비는 다음 각 호를 모두 충족할 경우 사용할 수 있다.

가) 항생물질이 포함되지 아니할 것
나) 유해성분 함량은 「비료관리법」 제4조에 따라 농촌진흥청장이 비료 공정규격설정 및 지정에 관한 고시에서 정한 퇴비규격에 적합할 것

85 **『농림축산식품부 소관 친환경농어업 육성 및 유기식품 등의 관리 · 지원에 관한 법률 시행규칙』에 의한 유기축산물의 인증기준에서 생산물의 품질향상과 전통적인 생산방법의 유지를 위하여 허용되는 행위는? (단, 국립농산물품질관리원장이 고시로 정하는 경우를 제외함)**

① 꼬리 자르기
② 이빨 자르기
③ 물리적 거세
④ 가축의 꼬리

해설 가축에 있어 꼬리 부분에 접착밴드 붙이기, 꼬리 자르기, 이빨 자르기, 부리 자르기 및 뿔 자르기와 같은 행위는 일반적으로 해서는 아니 된다. 다만, 안전 또는 축산물 생산을 목적으로 하거나 가축의 건강과 복지 개선을 위하여 필요한 경우로서 국립농산물품질관리원장 또는 인증기관이 인정하는 경우는 이를 할 수 있다.

86 **『농림축산식품부 소관 친환경농어업 육성 및 유기식품 등의 관리 · 지원에 관한 법률 시행규칙』에 따른 유기축산물의 사료 및 영양관리 기준에 대한 설명으로 틀린 것은?**

① 유기가축에게는 100퍼센트 유기사료를 급여하여야 한다.
② 필요에 따라 가축의 대사기능 촉진을 위한 합성화합물을 첨가할 수 있다.
③ 반추가축에게 사일리지만 급여해서는 아니되며 비반추 가축에게도 가능한 조사료 급여를 권장한다.
④ 가축에게 관련법에 따른 생활용수의 수질기준에 적합한 신선한 음수를 상시 급여할 수 있어야 한다.

해설 다음에 해당되는 물질을 사료에 첨가해서는 아니 된다.
가) 가축의 대사기능 촉진을 위한 합성화합물
나) 반추가축에게 포유동물에서 유래한 사료(우유 및 유제품을 제외)는 어떠한 경우에도 첨가해서는 아니 된다.
다) 합성질소 또는 비단백태질소화합물
라) 항생제 · 합성항균제 · 성장촉진제, 구충제, 항콕시듐제 및 호르몬제
마) 그밖에 인위적인 합성 및 유전자 조작에 의해 제조 · 변형된 물질

87 **『친환경농축산물 및 유기식품 등의 인증에 관한 세부실시 요령』상 유기농산물의 인증기준에 관한 규정으로 옳은 것은?**

① 재배포장은 최근 2년간 인증기준 위반으로 인증취소처분을 받은 재배지가 아니어야 한다.
② 재배포장의 토양에 대해서는 매년 1회 이상의 검정을 실시하여 토양 비옥도가 유지 · 개선되고 염류가 과도하게 집적되지 아니하도록 노력하여야 한다.
③ 재배포장은 인증받기 전에 다년생 작물의 경우 최초 수확 전 1년 기간의 전환기간 이상 해당 규정에 따른 재배방법을 준수하여야 한다.
④ 산림 등 자연상태에서 자생하는 식용식품의 포장은 관련 규정에서 정하고 있는 허용자재 외의 자재가 2년 이상 사용되지 아니한 지역이어야 한다.

해설 ① 재배포장은 최근 1년간 인증기준 위반으로 인증취소처분을 받은 재배지가 아니어야 한다.
③ 재배포장은 유기농산물을 처음 수확 하기 전 3년 이상의 전환기간 동안 다목에 따른 재배방법을 준수한 구역이어야 한다. 다만, 토양에 직접 심지 않는 작물(싹을

정답 85 ③ 86 ② 87 ②

티워 직접 먹는 농산물, 어린잎 채소 또는 버섯류)의 재배포장은 전환기간을 적용하지 아니 한다.

④ 산림 등 자연상태에서 자생하는 식용식물의 포장은 다목에서 정하고 있는 허용자재 외의 자재가 3년 이상 사용되지 아니한 지역이어야 한다.

88 **『친환경농어업 육성 및 유기식품 등의 관리 · 지원에 관한 법률』상 인증심사원에 관한 내용 중 거짓이나 그밖의 부정한 방법으로 인증심사 업무를 수행한 경우 인증심사원이 받는 처벌은?**

① 자격 취소
② 3개월 이내의 자격 정지
③ 12개월 이내의 자격 정지
④ 24개월 이내의 자격 정지

해설 농림축산식품부장관 또는 해양수산부장관은 인증심사원이 다음 각 호의 어느 하나에 해당하는 때에는 그 자격을 취소하거나 6개월 이내의 기간을 정하여 자격을 정지하거나 시정조치를 명할 수 있다. 다만, 제1호부터 제3호까지에 해당하는 경우에는 그 자격을 취소하여야 한다.

1. 거짓이나 그밖의 부정한 방법으로 인증심사원의 자격을 부여받은 경우
2. 거짓이나 그밖의 부정한 방법으로 인증심사 업무를 수행한 경우
3. 고의 또는 중대한 과실로 제19조 제2항에 따른 인증기준에 맞지 아니한 유기식품 등을 인증한 경우

3의2. 경미한 과실로 제19조 제2항에 따른 인증기준에 맞지 아니한 유기식품 등을 인증한 경우

4. 제1항에 따른 인증심사원의 자격 기준에 적합하지 아니하게 된 경우
5. 인증심사 업무와 관련하여 다른 사람에게 자기의 성명을 사용하게 하거나 인증심사원증을 빌려 준 경우
6. 제26조의4 제1항에 따른 교육을 받지 아니한 경우
7. 제27조 제2항 각 호에 따른 준수사항을 지키지 아니한 경우
8. 정당한 사유 없이 제31조 제1항에 따른 조사를 실시하기 위한 지시에 따르지 아니한 경우

89 **『농림축산식품부 소관 친환경농어업 육성 및 유기식품 등의 관리 · 지원에 관한 법률 시행규칙』상 유기농업자재의 공시 기준에서 식물에 대한 시험성적서 심사사항에 해당하는 내용이다. (가)와 (나)에 알맞은 내용은?**

> 유식물 등에 대한 농약피해 · 비료피해의 정도는 시험성적 모두가 기준량에서 (가) 이하이거나, 2배량에서 (나) 이하이어야 한다.

① (가) : 0, (나) : 1
② (가) : 1, (나) : 2
③ (가) : 2, (나) : 3
④ (가) : 3, (나) : 2

해설 농약피해(藥害) · 비료피해(肥害)의 정도는 시험성적 모두가 기준량에서 0 이하이거나, 2배량에서 1 이하이어야 한다.

90 **『농림축산식품부 소관 친환경농어업 육성 및 유기식품 등의 관리 · 지원에 관한 법률 시행규칙』상 유기축산물 인증기준의 사육조건으로 틀린 것은?**

① 사육장, 목초지 및 사료작물 재배지는 「토양환경보전법 시행규칙」의 토양오염우려기준을 초과하지 않아야 하며, 주변으로부터 오염될 우려가 없어야 한다.
② 축사 및 방목환경은 가축의 생물적 · 행동적 욕구를 만족시킬 수 있도록 조성하고 농촌진흥청장이 정하는 축사의 사육밀도를 유지 · 관리하여야 한다.
③ 합성농약 또는 합성농약 성분이 함유된 동물용의약품 등의 자재를 축사 및 축사의 주변에 사용하지 않아야 한다.
④ 사육 관련 업무를 수행하는 모든 작업자는 가축 종류별 특성에 따라 적절한 위생조치를 하여야 한다.

해설 [시행규칙] 제11조(유기식품 등의 인증기준)
① 법 제19조 제2항에 따른 유기식품 등의 생산, 제조 · 가공 또는 취급에 필요한 인증기준은 별표 4와 같다.
② 제1항에 따른 인증기준에 관한 세부사항은 국립농산물품질관리원장이 정하여 고시한다.

정답 88 ① 89 ① 90 ②

91 『농림축산식품부 소관 친환경농어업 육성 및 유기식품 등의 관리 · 지원에 관한 법률 시행규칙』의 인증품 또는 인증품의 포장 · 용기에 표시하는 방법에서 다음 ( ) 안에 알맞은 내용은?

> 표시사항은 해당 인증품을 포장한 사업자의 인증정보와 일치하여야 하며, 해당 인증품의 생산자가 포장자와 일치하지 않는 경우에는 ( )를 추가로 표시하여야 한다.

① 생산자의 주민등록번호 앞자리
② 생산자의 인증번호
③ 생산자의 국가기술자격 발급번호
④ 인증기관의 주소

해설 인증품 또는 인증품의 포장 · 용기에 표시하는 방법
가. 표시사항은 해당 인증품을 포장한 사업자의 인증정보와 일치해야 하며, 해당 인증품의 생산자가 포장자와 일치하지 않는 경우에는 생산자의 인증번호를 추가로 표시해야 한다.

92 『친환경농축산물 및 유기식품 등의 인증에 관한 세부실시 요령』상 유기양봉제품의 전환기간에 대한 내용이다. ( )의 내용으로 알맞은 것은?

> 유기양봉제품은 유기양봉 기준을 적어도 ( )동안 준수하였을 때 유기적으로 생산된 양봉 제품으로 판매할 수 있다.

① 6개월 ② 1년
③ 2년 ④ 3년

해설 유기양봉의 산물·부산물은 유기양봉의 인증기준을 적어도 1년 동안 준수하였을 때 유기양봉 산물 등으로 판매할 수 있다.

93 『농림축산식품부 소관 친환경농어업 육성 및 유기식품 등의 관리 · 지원에 관한 법률 시행규칙』상 유기가공식품 제조 시 가공보조제로 사용 가능한 물질 중 응고제로 활용 가능한 물질로만 구성된 것은?

① 염화칼슘, 탄산칼륨, 수산화칼륨
② 염화칼슘, 황산칼슘, 염화마그네슘
③ 염화칼슘, 수산화나트륨, 탄산나트륨
④ 염화칼슘, 수산화칼륨, 수산화나트륨

해설

명칭(한)	가공보조제로 사용 시	
	사용 가능 여부	사용 가능 범위
염화마그네슘	○	응고제
염화칼슘	○	응고제
황산칼슘	○	응고제
탄산칼륨	○	포도 건조
수산화칼륨	○	설탕 및 분리대두단백 가공 중의 산도 조절제
수산화나트륨	○	설탕 가공 중의 산도 조절제, 유지 가공
탄산나트륨	○	설탕 가공 및 유제품의 중화제

94 『친환경농어업 육성 및 유기식품 등의 관리 · 지원에 관한 법률 시행령』상 과태료에 대한 내용이다. 다음 ( )에 알맞은 내용은?

> 위반행위의 횟수에 따른 과태료의 가중된 부과기준은 최근 ( )간 같은 위반행위로 과태료 부과처분을 받은 경우에 적용한다. 이 경우 기간의 계산은 위반행위에 대해 과태료 부과처분을 받은 날과 그 처분 후 다시 같은 위반행위를 하여 적발된 날을 기준으로 한다.

① 3개월 ② 6개월
③ 1년 ④ 2년

해설 위반행위의 횟수에 따른 과태료의 가중된 부과기준은 최근 1년간 같은 위반행위로 과태료 부과처분을 받은 경우에 적용한다. 이 경우 기간의 계산은 위반행위에 대해 과태료 부과처분을 받은 날과 그 처분 후 다시 같은 위반행위를 하여 적발된 날을 기준으로 한다.

정답 91 ② 92 ② 93 ② 94 ③

95 「친환경농어업 육성 및 유기식품 등의 관리 · 지원에 관한 법률」상 다음 내용은 무엇에 정의에 해당하는가?

> 합성농약, 화학비료, 항생제 및 항균제 등 화학자재를 사용하지 아니하거나 사용을 최소화한 건강한 환경에서 농산물 · 수산물 · 축산물 · 임산물을 생산하는 것을 말한다.

① 친환경농수산물
② 유기
③ 비식용유기가공품
④ 친환경농어업

해설 [법률] 제2조(정의) 이 법에서 사용하는 용어의 뜻은 다음과 같다.

1. "친환경농어업"이란 생물의 다양성을 증진하고, 토양에서의 생물적 순환과 활동을 촉진하며, 농어업생태계를 건강하게 보전하기 위하여 합성농약, 화학비료, 항생제 및 항균제 등 화학자재를 사용하지 아니하거나 사용을 최소화한 건강한 환경에서 농산물 · 수산물 · 축산물 · 임산물(이하 "농수산물"이라 한다)을 생산하는 산업을 말한다.

96 「친환경농축산물 및 유기식품 등의 인증에 관한 세부실시 요령」상 유기가공식품 중 유기원료 비율의 계산법이다. 다음 각 문자가 나타내는 것으로 틀린 것은? (단, $G = I_o + I_c + I_a + WS$이다.)

$$\frac{I_o}{G - WS} = \frac{I_o}{I_o + I_c + I_a} \geq 0.95$$

① G : 제품(포장재, 용기 제외)의 중량
② I_o : 유기원료(유기농산물+유기축산물+유기수산물+유기가공식품)의 중량
③ I_a : 비유기 식품첨가물(가공보조제 포함)의 중량
④ I_c : 비유기 원료(유가인증 표시가 없는 원료)의 중량

해설 ※ 유기원료 비율의 계산법

$$\frac{I_o}{G - WS} = \frac{I_o}{I_o + I_c + I_a} \geq 0.95\ (0.70)$$

G : 제품(포장재, 용기 제외)의 중량 ($G \equiv I_o + I_c + I_a + WS$)
I_o : 유기원료(유기농산물+유기축산물+유기수산물+유기가공식품)의 중량
I_c : 비유기 원료(유기인증 표시가 없는 원료)의 중량
I_a : 비유기 식품첨가물(가공보조제 제외)의 중량
WS : 인위적으로 첨가한 물과 소금의 중량

97 「친환경농축산물 및 유기식품 등의 인증에 관한 세부실시 요령」상 인증심사의 절차 및 방법의 세부사항에 대한 내용이다. (   )에 알맞은 내용은?

> 현장심사의 검사가 필요한 경우
> 가) 농림산물
> (1) 재배포장의 토양 · 용수 : 오염되었거나 오염될 우려가 있다고 판단되는 경우
> – 용수 : 최근 (   )이내에 검사가 이루어지지 않은 용수를 사용하는 경우(재배기간 동안 지속적으로 관개하거나 작물 수확기에 생산물에 직접 관수하는 경우에 한함)

① 1년 ② 3년
③ 5년 ④ 7년

해설 농림산물 검사가 필요한 경우는 다음과 같다.

(1) 재배포장의 토양 · 용수 : 오염되었거나 오염될 우려가 있다고 판단되는 경우
(가) 토양(중금속 등 토양오염물질), 용수 : 공장폐수 유입지역, 원광석 · 고철야적지 주변지역, 금속제련소 주변지역, 폐기물적치 · 매립 · 소각지 주변지역, 금속광산 주변지역, 신청 이전에 중금속 등 오염물질이 포함된 자재를 지속적으로 사용한 지역, 「토양환경보전법」에 따른 토양측정망 및 토양오염실태조사 결과 오염우려기준을 초과한 지역의 주변지역 등
(나) 토양(잔류농약) : (2)에 해당되나 생산물을 수거할 수 없을 경우 또는 생산물 검사보다 토양 검사가

정답 95 ④ 96 ③ 97 ③

실효성이 높은 경우(토양에 직접 사용하는 농약 등)
(다) 용수 : 최근 5년 이내에 검사가 이루어지지 않은 용수를 사용하는 경우(재배기간 동안 지속적으로 관개하거나 작물수확기에 생산물에 직접 관수하는 경우에 한함)

98 **『친환경농축산물 및 유기식품 등의 인증에 관한 세부실시 요령』 및 『친환경농어업 육성 및 유기식품 등의 관리 · 지원에 관한 법률』에 따라 인증대상에서 "취급자 인증품"에 포함되지 않는 것은?**

① 포장된 인증품을 해제한 후 소포장하는 인증품
② 인증품을 산물로 구입하여 포장한 인증품
③ 포장된 인증품을 해체하여 단순처리 후 재포장한 인증품
④ 포장하지 않고 낱개로 판매하는 인증품

해설 취급자 인증품 : 인증품의 포장단위를 변경하거나 단순 처리하여 포장한 인증품

99 **『농림축산식품부 소관 친환경농어업 육성 및 유기식품 등의 관리 · 지원에 관한 법률 시행규칙』상 인증기관이 정당한 사유 없이 이상 계속하여 인증을 하지 아니한 경우 인증기관에 내릴 수 있는 행정처분은? (단, 위반횟수는 1회이다.)**

① 경고 ② 업무정지 3월
③ 업무정지 6월 ④ 지정 취소

해설

위반행위	근거 법조문	행정처분 기준		
		1회 위반	2회 위반	3회 이상 위반
마. 정당한 사유 없이 1년 이상 계속하여 인증을 하지 않은 경우	법 제29조 제1항제4호 (법 제35조 제2항)	지정 취소		

100 **『친환경농어업 육성 및 유기식품 등의 관리 · 지원에 관한 법률』상 농림축산식품부장관은 관계 중앙행정기관의 장과 협의하여 몇 년마다 친환경농어업 발전을 위한 친환경농업 육성계획을 세워야 하는가?**

① 2년 ② 3년
③ 5년 ④ 7년

해설 법률 제7조(친환경농어업 육성계획)
① 농림축산식품부장관 또는 해양수산부장관은 관계 중앙행정기관의 장과 협의하여 5년마다 친환경농어업 발전을 위한 친환경농업 육성계획 또는 친환경어업 육성계획(이하 "육성계획"이라 한다)을 세워야 한다. 이 경우 민간단체나 전문가 등의 의견을 수렴하여야 한다.

정답 98 ④ 99 ④ 100 ③

2021년 2회 유기농업기사 기출문제

제1과목 재배원론

01 작물의 영양번식에 대한 설명으로 옳은 것은?

① 종자 채종을 하여 번식시킨다.
② 우량한 유전 특성을 영속적으로 유지할 수 있다.
③ 잡종 1세대 이후 분리집단이 형성된다.
④ 1대 잡종 벼는 주로 영양번식으로 채종한다.

해설 영양번식의 장점
- 보통 재배로 채종이 곤란해 종자 번식이 어려운 작물에 이용된다.(고구마, 감자, 마늘 등)
- 우량한 유전질을 쉽게 영속적으로 유지시킬 수 있다.(고구마, 감자, 과수 등)
- 종자 번식보다 생육이 왕성해 조기 수확이 가능하며 수량도 증가한다.(감자, 모시풀, 과수, 화훼 등)
- 암수 어느 한쪽만 재배할 때 이용된다.(호프는 영양번식으로 암그루만 재배가 가능하다.)
- 접목은 수세의 조절, 풍토 적응성 증대, 병충해 저항성, 결과 촉진, 품질 향상, 수세 회복 등을 기대할 수 있다.

02 다음 중 T/R율에 관한 설명으로 옳은 것은?

① 감자나 고구마의 경우 파종기나 이식기가 늦어질수록 T/R율이 작아진다.
② 일사가 적어지면 T/R율이 작아진다.
③ 질소를 다량 시용하면 T/R율이 작아진다.
④ 토양함수량이 감소하면 T/R율이 감소한다.

해설 T/R율과 작물의 관계
- 감자나 고구마 등은 파종이나 이식이 늦어지면 지하부 중량 감소가 지상부 중량 감소보다 커서 T/R율이 커진다.
- 질소의 다량 시비의 경우 지상부는 질소 집적이 많아지고 단백질 합성이 왕성해지고 탄수화물의 잉여는 적어져 지하부 전류가 감소하게 되므로 상대적으로 지하부 생장이 억제되어 T/R율이 커진다.
- 일사가 적어지면 체 내에 탄수화물의 축적이 감소하여 지상부보다 지하부의 생장이 더욱 저하되어 T/R율이 커진다.
- 토양함수량의 감소는 지상부 생장이 지하부 생장에 비해 저해되므로 T/R율은 감소한다.
- 토양 통기 불량은 뿌리의 호기호흡이 저해되어 지하부의 생장이 지상부 생장보다 더욱 감퇴되어 T/R율이 커진다.

03 대기 오염물질 중에 오존을 생성하는 것은?

① 아황산가스(SO_2)
② 이산화질소(NO_2)
③ 일산화탄소(CO)
④ 불화수소(HF)

해설 오존가스(O_3)배출 : NO_2가 자외선 하에서 광산화되어 생성된다.

04 이랑을 세우고 낮은 골에 파종하는 방식은?

① 휴립휴파법 ② 이랑재배
③ 평휴법 ④ 휴립구파법

해설
- 휴립구파법(畦立溝播法)
  - ㉠ 이랑을 세우고 낮은 골에 파종하는 방법이다.
  - ㉡ 중북부지방에서 맥류재배 시 한해와 동해 방지를 목적으로 한다.
  - ㉢ 감자의 발아촉진과 배토가 용이하도록 한다.
- 휴립휴파법(畦立畦播法)
  - ㉠ 이랑을 세우고 이랑에 파종하는 방식이다.
  - ㉡ 토양의 배수 및 통기가 좋아진다.

정답 1 ② 2 ④ 3 ② 4 ④

05 도복의 대책에 대한 설명으로 가장 거리가 먼 것은?

① 칼리, 인, 규소의 시용을 충분히 한다.
② 키가 작은 품종을 선택한다.
③ 맥류는 복토를 깊게 한다.
④ 벼의 유효분얼종지기에 지베렐린을 처리한다.

해설 도복대책
㉠ 품종의 선택 : 키가 작고 대가 튼튼한 품종의 선택은 도복 방지에 가장 효과적이다.
㉡ 시비 : 질소의 편중시비를 피하고 칼리, 인산, 규산, 석회 등을 충분히 시용한다.
㉢ 파종, 이식 및 재식밀도
- 재식밀도가 과도하면 도복이 유발될 우려가 크기 때문에 재식밀도를 적절하게 조절해야 한다.
- 맥류는 복토를 다소 깊게 하면 도복이 경감된다.
㉣ 관리 : 벼의 마지막 김매기 때 배토와 맥류의 답압, 토입, 진압 및 결속 등은 도복을 경감시키는 데 효과적이다.
㉤ 병충해 방제
㉥ 생장조절제의 이용 : 벼에서 유효분얼종지기에 2.4-D, PCP 등의 생장조절제 처리는 도복을 경감시킨다.
㉦ 도복 후의 대책 : 도복 후 지주를 세우거나 결속은 지면, 수면에 접촉을 줄여 변질, 부패가 경감된다.

06 다음 중 CO_2 보상점이 가장 낮은 식물은?

① 벼 ② 옥수수
③ 보리 ④ 담배

해설 C_4식물
- C_3식물과 달리 수분을 보존하고 광호흡을 억제하는 적응기구를 가지고 있다.
- 날씨가 덥고 건조한 경우 기공을 닫아 수분을 보존하며, 탄소를 4탄소화합물로 고정시키는 효소를 가지고 있어 기공이 대부분 닫혀 있어도 광합성을 계속할 수 있다.
- 옥수수, 수수, 사탕수수, 기장, 버뮤다그라스, 명아주 등이 이에 해당한다.
- 이산화탄소 보상점이 낮고 이산화탄소 포화점이 높아 광합성 효율이 매우 높은 특징이 있다.

07 녹체춘화형 식물로만 나열된 것은?

① 완두, 잠두
② 봄무, 잠두
③ 양배추, 사리풀
④ 추파맥류, 완두

해설 처리시기에 따른 구분
① 종자춘화형식물(種字春化型植物, seed vernalization type)
㉠ 최아종자에 처리하는 것
㉡ 추파맥류, 완두, 잠두, 봄올무 등
㉢ 추파맥류 최아종자를 저온 처리하면 춘파하여도 좌지현상(座止現象, remaining in rosette state, hiber-nalism)이 방지되어 정상적으로 출수한다.
② 녹체춘화형식물(綠體春化型植物, green vernalization type)
㉠ 식물이 일정한 크기에 달한 녹체기에 처리하는 작물
㉡ 양배추, 사리풀 등
③ 비춘화처리형 : 춘화처리의 효과가 인정되지 않는 작물

08 내건성이 강한 작물의 특성으로 옳은 것은?

① 세포액의 삼투압이 낮다.
② 작물의 표면적/체적 비가 크다.
③ 원형질막의 수분투과성이 크다.
④ 잎 조직이 치밀하지 못하고 울타리 조직의 발달이 미약하다.

해설 ① 세포액의 삼투압이 높다.
② 작물의 표면적/체적 비가 작다.
④ 잎 조직이 치밀하고 울타리 조직의 발달했다.

09 벼의 침수 피해에 대한 내용이다. ( )에 알맞은 내용은?

- 분얼 초기에는 침수 피해가 (가)
- 수잉기~출수개화기 때 침수 피해는 (나)

① 가 : 작다, 나 : 작아진다.
② 가 : 작다, 나 : 커진다.
③ 가 : 크다, 나 : 커진다.
④ 가 : 크다, 나 : 작아진다.

해설 벼는 분얼 초기에는 침수에 강하고, 수잉기~출수개화기에는 극히 약하다.

정답 5 ④ 6 ② 7 ③ 8 ③ 9 ②

10 다음 중 벼의 적산온도로 가장 옳은 것은?

① 500~1000℃　② 1200~1500℃
③ 2000~2500℃　④ 3500~4500℃

해설 주요 작물의 적산온도
① 여름작물
- 벼 : 3,500~4,500℃
- 담배 : 3,200~3,600℃
- 메밀 : 1,000~1,200℃
- 조 : 1,800~3,000℃
- 목화 : 4,500~5,500℃
- 옥수수 : 2,370~3,000℃
- 수수 : 2,500~3,000℃
- 콩 : 2,500~3,000℃

② 겨울작물 : 추파맥류 : 1,700~2,300℃
③ 봄작물
- 아마 : 1,600~1,850℃
- 봄보리 : 1,600~1,900℃
- 감자 : 1,600~3,000℃
- 완두 : 2,100~2,800℃

11 비료의 3요소 중 칼륨의 흡수 비율이 가장 높은 작물은?

① 고구마　② 콩
③ 옥수수　④ 보리

해설 작물별 3요소 흡수비율(질소:인:칼륨)
- 콩 5:1:1.5
- 벼 5:2:4
- 맥류 5:2:3
- 옥수수 4:2:3
- 고구마 4:1.5:5
- 감자 3:1:4

12 토양이 pH 5 이하로 변할 경우 가급도가 감소되는 원소로만 나열된 것은?

① P, Mg　② Zn, Al
③ Cu, Mn　④ H, Mn

해설 강산성에서의 작물생육
- 인, 칼슘, 마그네슘, 붕소, 몰리브덴 등의 가급도가 떨어져 작물의 생육에 불리하다.
- 암모니아가 식물체 내에 축적되고 동화되지 못해 해롭다.
- 알루미늄, 철, 구리, 아연, 망간 등의 용해도가 증가하여 독성으로 인해 작물생육을 저해한다.

13 벼의 생육 중 냉해에 출수가 가장 지연되는 생육 단계는?

① 유효분얼기　② 유수형성기
③ 유숙기　④ 황숙기

해설 유수형성기~수잉기
- 소수분화기(출수 전 22~24일경)에는 17℃에서 10일, 생식세포 감수분열기(출수 전 12~14일경)에는 20℃에서 10일간 냉해가 발생한다.
- 감수분열기는 냉해에 가장 민감한 시기이며, 소포자 형성 시 세포막이 형성되지 않고, 약간 바깥쪽을 둘러싸고 있는 융단조직 이상비대 현상으로 생식기관의 이상을 초래한다.
- 유수발육 중 냉해는 영화가 퇴화하거나 불완전하고 기형이거나 불임의 소지가 있는 영화가 발생하며 출수 지연, 심하면 이삭이 추출되지 않는다.

14 나팔꽃 대목에 고구마 순을 접목하여 개화를 유도하는 이론적 근거로 가장 적합한 것은?

① C/N율　② G-D균형
③ L/W율　④ T/R율

해설 C/N율설의 적용
- C/N율설의 적용은 여러 작물에서 생육과 화성, 결실의 관계를 설명할 수 있다.
- 과수재배에 있어 환상박피(環狀剝皮, girdling), 각절(刻截)로 개화, 결실을 촉진할 수 있다.
- 고구마 순을 나팔꽃의 대목으로 접목하면 화아 형성 및 개화가 가능하다.

15 다음 중 요수량이 가장 큰 것은?

① 보리　② 옥수수
③ 완두　④ 기장

해설 요수량의 요인
- 수수, 옥수수, 기장 등은 작고 호박, 알파파, 클로버 등은 크다.

정답 10 ④ 11 ① 12 ① 13 ② 14 ① 15 ③

- 일반적으로 요수량이 작은 작물일수록 내한성(耐旱性)이 크나, 옥수수, 알파파 등에서는 상반되는 경우도 있다.
- 흰명아주>호박>알파파>클로버>완두>오이>목화>감자>귀리>보리>밀>옥수수>수수>기장

16 **비료의 엽면흡수에 대한 설명으로 옳은 것은?**

① 잎의 이면보다 표피에서 더 잘 흡수된다.
② 잎의 호흡작용이 왕성할 때에 잘 흡수된다.
③ 살포액의 pH는 알칼리인 것이 흡수가 잘 된다.
④ 엽면시비는 낮보다는 밤에 실시하는 것이 좋다.

해설 엽면시비 시 흡수에 영향을 미치는 요인
- 잎의 표면보다는 이면이 흡수가 더 잘된다.
- 잎의 호흡작용이 왕성할 때 흡수가 더 잘되므로 가지 또는 정부에 가까운 잎에서 흡수율이 높고 노엽보다는 성엽이, 밤보다는 낮에 흡수가 더 잘된다.
- 살포액의 pH는 미산성이 흡수가 잘된다.
- 살포액에 전착제를 가용하면 흡수가 조장된다.
- 작물에 피해가 나타나지 않는 범위 내에서 농도가 높을 때 흡수가 빠르다.
- 석회의 시용은 흡수를 억제하고 고농도 살포의 해를 경감한다.
- 작물의 생리작용이 왕성한 기상조건에서 흡수가 빠르다.

17 **개량삼포식농법에 해당하는 작부 방식은?**

① 자유경작법
② 콩과작물의 순환농법
③ 이동경작법
④ 휴한농법

해설 개량삼포식농법 : 순삼포식농법과 같이 1/3은 휴한하나 거기에 클로버, 알파파, 베치 등 두과작물의 재배로 지력의 증진을 도모하는 작부 방식이다.

18 **작물의 수량을 최대화하기 위한 재배 이론의 3요인으로 가장 옳은 것은?**

① 비옥한 토양, 우량종자, 충분한 일사량
② 비료 및 농약의 확보, 종자의 우수성, 양호한 환경
③ 자본의 확보, 생력화 기술, 비옥한 토양
④ 종자의 우수한 유전성, 양호한 환경, 재배기술의 종합적 확립

해설
- 작물생산량은 재배작물의 유전성, 재배환경, 재배기술이 좌우한다.
- 환경, 기술, 유전성의 세 변으로 구성된 삼각형 면적으로 표시되며, 최대 수량의 생산은 좋은 환경과 유전성이 우수한 품종, 적절한 재배기술이 필요하다.
- 작물수량 삼각형에서 삼각형의 면적은 생산량을 의미하며, 면적의 증가는 유전성, 재배환경, 재배기술의 세 변이 고르고 균형 있게 발달하여야 면적이 증가하며, 삼각형의 두 변이 잘 발달하였더라도 한 변이 발달하지 못하면 면적은 작아지게 되며 여기에도 최소율의 법칙이 적용된다.

19 **다음 (　) 안에 알맞은 내용은?**

> 감자 영양체를 20000rad 정도의 (　)에 의한 γ선을 조사하면 맹아억제 효과가 크므로 저장기간이 길어진다.

① ^{15}C　② ^{60}Co
③ ^{17}C　④ ^{40}K

해설 동위원소의 식품저장에 이용
- ^{60}Co, ^{137}Cs 등에 의한 γ선의 조사는 살균, 살충 등의 효과가 있어 육류, 통조림 등의 식품 저장에 이용된다.
- γ의 조사는 감자, 양파, 밤 등의 발아가 억제되어 장기 저장이 가능해진다.

20 **작물의 내열성에 대한 설명으로 틀린 것은?**

① 늙은 잎은 내열성이 가장 작다.
② 내건성이 큰 것은 내열성도 크다.
③ 세포 내의 결합수가 많고, 유리수가 적으면 내열성이 커진다.
④ 당분 함량이 증가하면 대체로 내열성은 증대한다.

해설 작물의 내열성(耐熱性, heat tolerance, heat hardiness)
- 내건성이 큰 작물이 내열성도 크다.

정답 16 ② 17 ② 18 ④ 19 ② 20 ①

- 세포 내 결합수가 많고 유리수가 적으면 내열성이 커진다.
- 세포의 점성, 염류 농도, 단백질 함량, 당분 함량, 유지 함량 등이 증가하면 내열성은 커진다.
- 작물의 연령이 많아지면 내열성은 커진다.
- 기관별로는 주피와 완성엽이 내열성이 크고, 눈과 어린 잎이 그다음이며, 미성엽과 중심주가 가장 약하다.
- 고온, 건조, 다조(多照) 환경에서 오래 생육한 작물은 경화되어 내열성이 크다.

제2과목 토양특성 및 관리

21 토양과 평형을 이루는 용액의 Ca^{2+}, Mg^{2+} 및 Na^{+}의 농도는 각각 6mmol/L, 10mmol/L 및 36mmol/L이다. 이로부터 구할 수 있는 나트륨흡착비(SAR)는?

① 2.25　② 9.0
③ $9\sqrt{2}$　④ 69.2

해설 $SAR=\frac{Na^{+}}{\sqrt{Ca^{2+}+Mg^{2+}}}=\frac{36}{\sqrt{6+10}}=\frac{36}{4}=9$

22 토양에 시용한 유기물의 분해를 촉진시키는 조건으로 가장 적절하지 않은 것은?

① 기후 – 고온다습
② 토양 pH – 7.0 근처
③ 토양수분 – 포장용수량 조건
④ 시용유기물 탄질률 – 100 이상

해설 단질률이 30 이상이 되면 질소기아현상이 나타나서 분해가 더뎌진다.

23 농경지 토양유기물 유지를 위한 농경지 유기물 관리 방안으로 적절하지 않은 것은?

① 경운 최소화
② 농경지 피복
③ 비료사용 억제
④ 경사지에서의 등고선 재배

해설 토양유기물 유지 : 토양침식의 방지, 지나친 경운 금지

24 토양조사 시 토양의 수리전도도를 직접 측정하지 않고 배수성을 판정하는 방법은?

① pH를 측정한다.
② 토양색을 본다.
③ 유기물 함량을 측정한다.
④ 토양구조를 본다.

해설 수리전도도 : 유체(일반적으로 물)가 토양이나 암석 등의 다공성 매체를 통과하는 데 있어서 그 용이도를 나타내는 척도이다. 토양의 투수성과 배수성의 척도로 토성과 용적밀도 등 토양 특성에 따라 달라지며, 점토 함량이 많으면 낮고, 모래 함량이 많으면 높아진다. 따라서 토양색이 어두우면 상대적으로 배수성이 낮아진다.

25 식물에 이용되는 유효수분으로서 토양입자 사이 작은 공극 안에 표면 장력에 의하여 흡수·유지되어 있는 토양수는?

① 중력수　② 모세관수
③ 흡습수　④ 결합수

해설 모관수(毛管水, capillary water)
- PF : 2.7~4.2
- 표면장력으로 토양공극 내 중력에 저항하여 유지되는 수분을 의미하며, 모관현상에 의하여 지하수가 모관공극을 따라 상승하여 공급되는 수분으로 작물에 가장 유용하게 이용된다.

26 빗물이 모여 작은 골짜기를 만들면서 토양을 침식시키는 작용은?

① 우곡침식　② 계곡침식
③ 유수침식　④ 비옥도침식

해설 수식의 종류
- 입단파괴 침식 : 빗방울이 지표를 타격함으로써 입단이 파괴되는 침식
- 면상 침식 : 침식 초기 유형으로 지표가 비교적 고른 경우 유거수가 지표면을 고르게 흐르면서 토양 전면이 엷게 유실되는 침식

정답 21 ② 22 ④ 23 ③ 24 ② 25 ② 26 ①

- 우곡(세류상) 침식 : 침식 중기 유형으로 토양 표면에 잔도랑이 불규칙하게 생기면서 토양이 유실되는 침식
- 구상(계곡) 침식 : 침식이 가장 심할 때 생기는 유형으로 도랑이 커지면서 심토까지 심하게 깎이는 침식

27 토양층위에 대한 설명으로 틀린 것은?

① E층 : 규반염점토와 철, 알루미늄의 산화물 등이 용탈되며 최대용탈층이라고도 부른다.
② B층 : A층에서 용탈된 물질이 집적된다.
③ C층 : 토양생성작용을 거의 받지 않는 모재층이다.
④ O층 : 유기물 층 위로 보통 A층 아래에 위치한다.

해설 O층은 A층 위의 유기물 층이다.

28 물에 의한 토양침식의 종류가 아닌 것은?

① 면상침식 ② 세류침식
③ 협곡침식 ④ 약동침식

해설 바람에 의한 토립의 이동

- 약동 : 토양입자들이 지표면을 따라 튀면서 날아오르는 것으로 조건에 따라 차이는 있지만 전체 이동의 50~76%를 차지한다.
- 포행 : 바람에 날리기에 무거운 큰 입자들은 입자들의 충격에 의해 튀어 굴러서 이동하는 것으로 전체 입자 이동의 2~25%를 차지한다.
- 부유 : 세사보다 작은 먼지들이 보통 지표면에 평행한 상태로 수 미터 이내 높이로 날아 이동하나 그 일부는 공중 높이로 날아올라 멀리 이동하게 되는데, 일반적으로 전체 이동량의 약 15%를 넘지 않으며 특수한 경우에도 40%를 넘지 않는다.

29 표토 염류집적의 가장 큰 원인이 되는 수분은?

① 중력수 ② 모세관수
③ 흡습수 ④ 결합수

해설 중력수는 염류의 용탈을 조장하며, 흡습수나 결합수는 영향을 미치지 못한다.

30 다음에서 설명하는 부식의 성분은?

> 토양 중 부식의 주요 부분을 이루고 있고, 양이온 교환 용량이 200~600cmol/kg으로 매우 높으며, 1가의 양이온과 결합한 염은 수용성이지만, Ca^{2+}, Mg^{2+}, Fe^{3+}, Al^{3+} 등과 같은 다가 이온과 결합한 염은 물에 용해되기 어렵다.

① 부식탄(humin)
② 풀브산(fulvic acid)
③ 히마토멜란산(hymatomelanic acid)
④ 부식산(humic acid)

해설 부식산은 양이온 치환용량(200~600me/100g)이 매우 높으며, 1가의 양이온과 결합한 수용성이지만, 2가 및 3가의 다가 이온과 결합한 것은 물에 잘 녹지 않는 특성이 있다.

31 다음 반응식이 나타내는 화학적 풍화작용은?

> $KAlSi_3O_8 + H_2O \leftrightarrow HAlSi_3O_8 + K^+ + OH^-$

① 산화(Oxidation)
② 가수분해(Hydrolysis)
③ 수화(Hydration)
④ 킬레이트화(Chelation)

해설 가수분해 : 화학적 풍화에서 가장 중요한 요인으로 가수분해로 장석, 운모 등 광범위한 광물들의 풍화작용을 일으킨다.

$$\underset{\text{장석}}{KASi_3O_8} + \underset{\text{물}}{H_2O} \rightarrow \underset{\text{규반산}}{HASi_3O_8} + \underset{\text{수산화칼륨}}{KOH}$$

32 다음 필수식물영양소 중 다량영양소가 아닌 것은?

① S ② P
③ Fe ④ Mg

해설 필수원소의 종류(16종)

- 의의 : 작물 생육에 필요한 필요불가결한 요소이다.

정답 27 ④ 28 ④ 29 ② 30 ④ 31 ② 32 ③

• 다량원소(9종) : 탄소(C), 산소(O), 수소(H), 질소(N), 인(P), 칼륨(K), 칼슘(Ca), 마그네슘(Mg), 황(S)
• 미량원소(7종) : 철(Fe), 망간(Mn), 구리(Cu), 아연(Zn), 붕소(B), 몰리브덴(Mo), 염소(Cl)

33 **토양에서 일어나는 질소순환에 대한 설명으로 옳은 것은?**

① 토양유기물에 존재하는 질소는 우선 질산태질소로 무기화된다.
② 질산화작용에 관여하는 주요 미생물은 아질산균과 질산균이다.
③ 질산태 질소에 비하여 암모니아태 질소가 용탈되기 쉽다.
④ 통기성이 좋은 토양에서 질산화 작용은 일어나기 어렵다.

해설 질산화 작용(窒酸化作用, nitrification)
• 암모니아이온(NH_4^+)이 아질산(NO_2^-)과 질산(NO_3^-)으로 산화되는 과정으로 암모니아(NH_4^+)를 질산으로 변하게 하여 작물에 이롭게 한다.
• 아질산균과 질산균은 암모니아를 질산으로 변하게 한다.
• 유기물이 무기화되어 생성되거나 비료로 주었거나 모두 NH_4-N의 산화는 두 단계로 일어난다.

$$NH_4^+ + \frac{3}{2}O_2 \rightarrow NO_2^- + H_2O + 2H^+ (84kcal)$$

$$NO_2^- + \frac{1}{2}O_2 \rightarrow NO_3^- (17.8kcal)$$

$$NH_4^+ \xrightarrow[nitrosomonas]{} NO_2^- \xrightarrow[nitrobactor]{} NO_3^-$$

34 **밭토양의 유형별 개량 방법이 가장 알맞게 짝지어진 것은?**

① 보통밭 : 모래 객토, 심경, 유기물 시용
② 사질밭 : 모래 객토, 심경, 유기물 시용
③ 미숙밭 : 심경, 유기물 시용, 석회 시용, 인산 시용
④ 중점밭 : 미사 객토, 심경, 배수, 유기물 시용

해설 ① 보통밭 : 심경, 유기물 시용
② 사질밭 : 점토 객토, 유기물 시용
④ 중점밭 : 모래 객토, 심경, 배수, 유기물 시용

35 **토양생성작용 중 일반적으로 한랭습윤지대의 침엽수림 식생환경에서 생성되는 작용은?**

① 포드졸화 작용
② 라테라이트화 작용
③ 회색화 작용
④ 염류화 작용

해설 포드졸화 작용(podzolization)
① 의의 : 포드졸화 작용은 한랭습윤 침엽수림(소나무, 전나무 등) 지대에서 토양의 무기성분이 산성 부식질의 영향으로 용탈되어 표토로부터 하층토로 이동하여 집적되는 생성작용을 말한다.
② 특징
㉠ 포드졸화가 진행되면 무기성분은 물론 철이나 알루미늄까지도 거의 용탈되어 안정된 석영과 규산이 토양 단면을 이룬다.
㉡ 침엽수의 낙엽에는 염기 함량이 매우 낮기 때문에 토양 산성화를 가중시키고 양이온의 용탈이 심하다.
③ 포도졸 토양의 특징
㉠ 표층에는 규산이 풍부한 표백층(A2)이다.
㉡ 표백층 하부에는 알루미늄, 철, 부식 집적층(B2)이 형성된다.
㉢ 특수한 환경에서는 열대 · 아열대 지역에서도 포드졸화가 진행되는 경우가 있다.

36 **Mg과 Ca을 동시에 공급할 수 있는 석회비료는?**

① 생석회　② 석회석
③ 소석회　④ 석회고토

해설 칼슘
① 생석회 : CaO
② 석회석 : $CaCO_3$를 주성분으로 하는 퇴적암
③ 소석회 : $Ca(OH)_2$
④ 석회고토 : $CaMg(CO_3)_2$

정답 33 ② 34 ③ 35 ① 36 ④

37 **습답에 대한 설명으로 틀린 것은?**

① 지하수위가 높아 연중 담수상태에 있다.
② 암회색 글레이 층이 표층 가까이까지 발달한다.
③ 영양성분의 불용화가 일어난다.
④ 유기물의 혐기분해로 인해 유기산류나 황화수소 등이 토층에 쌓인다.

해설 습답(濕畓)의 특징
- 지하수위가 높고 연중 습하여 건조되지 않으며, 지중 침투 수분량이 적어 유기물의 분해가 잘 되지 않아 미숙유기물이 집적되고, 유기물의 혐기적 분해로 유기산이 작토에 축적되어 뿌리 생장과 흡수작용에 장해가 나타난다.
- 고온기 유기물 분해가 왕성하여 심한 환원상태로 황화수소 등 위해한 환원성 물질이 생성, 집적되어 뿌리에 해작용을 한다.
- 지온상승효과로 지력질소가 공급되므로 벼는 생육 후기 질소 과다가 되어 병해, 도복이 유발되나, 유기물 과다 피해가 나타나지 않는 습답은 수량이 많다.
- 담수 논토양에서 벼의 근권은 항상 환원상태로 유기물은 혐기성균인 메탄생성균(methanobacterium)에 의해 분해되어 메탄(CH_4)을 생성하고, 이 메탄은 벼의 통기조직을 통해 대기로 방출되어 지구온난화의 원인 기체인 온실가스로 작용한다. 메탄 배출의 저감을 위해 간단관개(물 걸러 대기)를 권장한다.
- 논토양의 적정 투수량은 15~25mm/일이며 증발산량까지 포함한 적정 감수량은 20~30mm/일 정도이다.

38 **토양이 건조하여 딱딱하게 굳어지는 성질을 무엇이라 하는가?**

① 이쇄성 ② 소성
③ 수화성 ④ 강성

해설 ① 이쇄성 : 쉽게 분말상태로 깨지는 성질
② 소성 : 외부의 힘을 받아 형태가 바뀐 고체가 그 힘을 없애도 본래 상태로 돌아가지 않는 성질
③ 수화성 : 용액 속에 안정화되는 성질

39 **토양에서 일어나는 질소변환과정의 설명으로 옳은 것은?**

① 질산화 작용은 NH_4^+이 NO_3^-로 산화되는 과정이다.
② 암모니아화 반응은 공기 중의 N_2가 암모니아로 전환되는 과정이다.
③ 탈질작용은 유기물로부터 무기태질소가 방출되는 과정이다.
④ 질소고정은 NH_4^+이나 NO_3^- 로부터 단백질이 합성되는 과정이다.

해설 질산화작용(窒酸化作用, nitrification) : 암모니아이온(NH_4^+)이 아질산(NO_2^-)과 질산(NO_3^-)으로 산화되는 과정

40 **토양오염원에서 비점오염원에 해당하는 것은?**

① 폐기물매립지
② 대단위 가축사육장
③ 산성비
④ 송유관

해설 오염원의 분류
- 점오염원 : 지하저장탱크, 유기폐기물처리장, 일반폐기물처리장, 지표저류시설, 정화조, 부적절한 관정 등
- 비점오염원 : 농약과 비료, 산성비 등

제3과목 유기농업개론

41 **축산물 생산을 위하여 사일리지를 제조할 때 대부분의 두과 목초는 화본과 목초에 비하여 낙산발효형의 품질이 낮은 사일리지를 만드는데, 그 이유로 적합하지 않은 것은?**

① 완충력이 비교적 높기 때문에
② 단백질 함량이 많기 때문에
③ 가용성 탄수화물의 양이 적기 때문에
④ 유기산 함량이 적기 때문에

해설 사일리지 제조에는 유산균과 같은 혐기성세균에 의해 혐기발효가 진행되어 가축의 소화흡수를 돕는다.

정답 37 ③ 38 ④ 39 ① 40 ③ 41 ④

42 벼의 유기재배에서 벼멸구 피해를 줄이기 위한 실용적 방법이 아닌 것은?

① 벼멸구에 강한 벼 종자를 사용한다.
② 논 주위에 유아등을 설치한다.
③ 유기농어업자재를 활용한다.
④ 1포기(株) 당 묘수(苗數)를 되도록 많게 하여 이앙한다.

해설 벼멸구(*Nilaparvata lugens*)
㉠ 우리나라에서 월동하지 못하고 매년 중국 남부지방에서 6~7월경 저기압 통과 시 날아오는 비래해충으로 장마가 먼저 시작하는 남부지방과 서남해안지방에서 먼저 발생하고 점차 내륙으로 확산한다.
㉡ 알에서 성충까지 18~23일 소요되고, 성충의 색깔은 갈색이고 몸길이 4.5~6.0mm이며 수명은 20~30일이며, 1마리가 7~10개의 알덩어리로 200~300개의 알을 낳으며 발육 적온은 25~28℃이다.
㉢ 유충과 성충이 벼 포기의 밑부분 엽초에서 흡즙하며, 흡즙은 천립중과 등숙에 영향을 끼쳐 수량을 감소시키고 벼의 생육을 위축시키고 말라죽게 한다.
㉣ 방제법
- 저항성 품종을 선택한다.
- 약제방제의 적기(1차 : 7월 하순~8월 상순, 2차 : 8월 중순~8월 하순)에 약액이 벼 포기의 밑까지 닿도록 철저히 살포한다. 약제방제 적기는 주비래일로부터 25±2일이다.

43 벼의 주요 해충 중 가해 부위가 다른 하나는?

① 흑명나방 ② 벼애나방
③ 애멸구 ④ 벼이삭선충

해설 • 애멸구(*Laodelphax striatellus*) : 유충과 성충이 못자리 때부터 엽초에서 흡즙하는데, 흡즙의 피해보다는 줄무늬잎마름병 및 검은줄오갈병을 발병시키는 바이러스를 매개하여 피하를 준다.
• ①, ②, ④는 벼의 잎을 식해한다.

44 일반적인 메벼의 염수선 비중은?

① 1.06 ② 1.08
③ 1.13 ④ 1.18

해설 비중표준
• 몽근메벼 : 1.13
• 까락메벼 : 1.10
• 찰벼 및 밭벼 : 1.08
• 통일형 품종 : 1.03

45 유기가축과 비유기가축의 병행사육 시 준수하여야 할 사항이 아닌 것은?

① 유기가축과 비유기가축은 서로 독립된 축사(건축물)에서 사육하고 구별이 가능하도록 각 축사 입구에 표지판을 설치하여야 한다.
② 유기가축, 사료 취급, 약품 투여 등은 비유기가축과 공동으로 사용하되 정확히 기록 관리하고 보관하여야 한다.
③ 인증가축은 비유기 가축사료, 금지 물질 저장, 사료 공급 · 혼합 및 취급 지역에서 안전하게 격리되어야 한다.
④ 유기가축과 비유기가축의 생산부터 출하까지 구분관리 계획을 마련하여 이행하여야 한다.

해설 유기가축과 비유기가축은 공동으로 사용하여서는 아니 되며, 구분관리하여야 한다.

46 수경재배 중 분무수경이 속한 분류로 옳은 것은?

① 고형배지경이면서 무기배지경에 해당한다.
② 고형배지경이면서 유기배지경에 해당한다.
③ 순수수경이면서 기상배지경에 해당한다.
④ 순수수경이면서 액상배지경에 해당한다.

해설

구분	재배방식
기상배지경	분무경(공기경), 분무수경(수기경)
액상배지경	• 담액수경 : 연속통기식, 액면저하식, 등량교환식, 저면담배수식 • 박막수경 : 환류식
고형배지경	• 천연배지경 : 자갈, 모래, 왕겨, 톱밥, 코코넛 섬유, 수피, 피트모스 • 가공배지경 : 훈탄, 암면, 펄라이트, 버미큘라이트, 발포점토, 폴리우레탄

정답 42 ④ 43 ③ 44 ③ 45 ② 46 ③

47 **사료의 단백질은 기본적으로 무엇으로 구성되어 있는가?**

① 지방 ② 탄수화물
③ 무기물 ④ 아미노산

해설 단백질은 아미노산의 아미노기[$-NH_2$기]와 다른 아미노산의 카르복실기[-COOH기]가 연결된 펩티드 결합 물질이다. 대부분의 단백질은 100개 이상의 아미노산으로 이루어진 매우 큰 분자이기 때문에 때때로 거대분자 펩티드라고도 한다.

48 **유기원예에서 이용되는 천적 중 포식성 곤충이 아닌 것은?**

① 고치벌 ② 팔라시스이리응애
③ 칠레이리응애 ④ 풀잠자리

해설 고치벌은 기생성 천적에 해당된다.

49 **다음에서 설명하는 것은?**

> 어떤 좁은 범위의 특정한 일장에서만 화성이 유도되며, 2개의 뚜렷한 한계일장이 있다.

① 장일식물 ② 단일식물
③ 정일성식물 ④ 중성식물

해설 작물의 일장형
- 장일식물(長日植物, LDP; long-day plant; 단야식물) : 보통 16~18시간의 장일상태에서 화성이 유도·촉진되는 식물로, 단일상태는 개화를 저해한다.
- 단일식물(短日植物, SDP; short-day plant; 장야식물) : 보통 8~10시간의 단일상태에서 화성이 유도·촉진되며 장일상태는 이를 저해하며, 암기가 일정 시간 지속되어야 한다.
- 중성식물(中性植物, day-neutral plant; 중일성식물) : 일정한 한계일장이 없이 넓은 범위의 일장에서 개화하는 식물로, 화성이 일장에 영향을 받지 않는다고 할 수도 있다.
- 정일식물(定日植物, definite day-length plant; 중간식물) : 특정 좁은 범위의 일장에서만 화성이 유도되며, 2개의 한계일장이 있다.
- 장단일식물(長短日植物, LSDP; long-short-day plant) : 처음엔 장일, 후에 단일이 되면 화성이 유도되나, 계속 일정한 일장에만 두면 개화하지 못한다.
- 단장일식물(短長日植物, SLDP; short-long-day plant) : 처음엔 단일, 후에 장일이 되면 화성이 유도되나, 계속 일정한 일장에서는 개화하지 못한다.

50 **유기농업의 병충해 방제법으로 볼 수 없는 것은?**

① 경종적 방제법 ② 생물학적 방제법
③ 기계적 방제법 ④ 화학적 방제법

해설 유기농업에서는 화학적 방제법을 사용할 수 없다.

51 **유기양계에서 필요하거나 허용되는 사육장 및 사육조건이 아닌 것은?**

① 가금의 크기와 수에 적합한 홰의 크기
② 톱밥, 모래 등 깔짚으로 채워진 축사
③ 높은 수면 공간
④ 닭을 사육하는 케이지

해설 가금은 개방조건에서 사육되어야 하고, 기후조건이 허용하는 한 야외 방목장에 접근이 가능하여야 하며, 케이지에서 사육하지 아니할 것

52 **잡종강세 이용에 있어 단교잡법에 대한 일반적인 설명으로 틀린 것은?**

① 관여하는 계통이 2개이므로 우량한 조합의 선정이 용이하다.
② 잡종강세 현상이 뚜렷하다.
③ 종자의 발아력이 강하다.
④ 1대 잡종종자의 생산량이 적다.

해설 단교배($A \times B$)
- 2개의 자식계 또는 근교계 사이의 교배 방법이다.
- F_1의 잡종강세 발현도와 균일성은 우수하지만, 약세화된 식물에서 종자가 생산되므로 종자의 생산량이 적다.
- 잡종강세가 가장 강하지만 채종량이 적고 종자의 가격이 비싸다는 단점이 있다.

정답 47 ④ 48 ① 49 ③ 50 ④ 51 ④ 52 ③

53 다음에서 설명하는 자재의 명칭은?

> - $CH_2=CH_2$와 $CH_2=CHOCOCH$의 공중합 수지로 기초피복재로서의 우수한 특징을 지니고 있다.
> - 광투과율이 높고 항장력과 신장력이 크다.
> - 먼지의 부착이 적고 화학약품에 대한 내성이 강하다.

① 에틸렌아세트산비닐
② 경질폴리염화비닐
③ 불소수지
④ 경질폴리에스테르

해설 에틸렌아세트산비닐 : 온실의 기초 피복재로 사용하는 에틸렌과 아세트산의 공중합 수지. 광선 투과율이 높고 항장력과 신장력이 크며 먼지가 적게 부착된다. 저온에 굳지 않고 고온에 흐물대지 않아 모든 계절에 사용할 수 있다. 비료와 약품에 대한 내성이 강하며 가스 발생이나 독성이 없는 장점이 있으나, 가격이 비싸 보급률이 낮은 편이다.

54 1962년 발간된 Rachel L. Carson의 저서로서 무차별한 농약 사용이 환경과 인간에게 얼마나 위해한지 경종을 울리게 된 계기가 되었다. 이후 일반인, 학자, 정부 관료들의 사고에 변화를 유도하여 IPM 사업이 발아하게 된 저서의 이름은?

① 토양비옥도　② 농업성전
③ 농업과정　④ 침묵의 봄

해설 농약 등 화학자재의 폐해를 고발한 서적 : 1962년 카슨(R. Carson)이 쓴 『침묵의 봄』(Silent Spring). 이 책은 살충제, 제초제, 살균제들이 자연생태계와 인체에 미치는 영향을 파헤쳐 농약의 무차별적 사용이 환경과 인간에게 얼마나 무서운 영향을 끼치는가에 대한 경종적 메시지를 담고 있으며, 이 책의 출간으로 환경문제에 대한 새로운 대중적 인식을 이끌어 내어 정부의 정책 변화와 현대적인 환경운동을 가속화시켰다.

55 유기 경작을 하기 위한 토양비옥도 유지·증진 방안으로 볼 수 없는 것은?

① 합리적인 윤작 체계 운영
② 완숙퇴비에 의한 토양 미생물의 증진
③ 토양 살충제에 의한 유해 미생물의 퇴치
④ 대상재배(strip cropping)와 간작

해설 유기 경작에서는 화학적 방법인 살충제, 살균제를 이용해서는 안 된다.

56 벼 도열병과 관련된 설명으로 옳은 것은?

① 일조량이 적고 비교적 저온 다습할 때 많이 발생한다.
② 규산질 비료를 과다하게 사용할 시 발병이 증가한다.
③ 전염원은 병든 볏짚이며 볍씨로는 전염되지 않는다.
④ 조식, 밀식조건에서 발병이 조장된다.

해설 병원균 및 발병 요인
ⓐ 흐린 날이 계속되어 일조량이 적고 비교적 저온, 다습할 때 많이 발생한다.
ⓑ 질소질 비료의 과다시용 시 발병이 증가한다.
ⓒ 출수기 비가 오고 강풍이 불면 이삭도열병 발생이 많고 치명적 피해가 발생한다.
ⓓ 별병적온은 20~25℃, 습도는 90% 이상이다.
ⓔ 분생포자의 전파 최적온도는 20~22℃, 숙주에 부착한 분생포자 발아 최적조건은 25~28℃의 포화습도이다.
ⓕ 도열병균계에는 온대자포니카벼의 KJ레이스와 인디카벼의 KI레이스 등 30종류의 레이스가 있다.

57 피복재의 역학적 특성 중 "피복재가 늘어나는 정도"를 나타내는 용어는?

① 방진성　② 폐기성
③ 신장률　④ 굴절률

해설 ① 방진성 : 먼지의 부착을 방지할 수 있는 성질
② 폐기성 : 분해성, 환경오염의 정도, 친환경성
④ 굴절률 : 유리, 경질판에서 광선이 굴절되는 정도

정답 53 ① 54 ④ 55 ③ 56 ① 57 ③

58 **박과 채소류 접목의 일반적인 효과에 대한 설명으로 틀린 것은?**

① 당도가 증가한다.
② 토양전염성 병의 발생을 억제한다.
③ 저온 · 고온 등 불량환경에 대한 내성이 증대된다.
④ 양 · 수분 흡수 촉진을 통해 생육이 증대된다.

해설 박과채소류 접목
① 장점
㉠ 토양전염성 병의 발생을 억제한다.(수박, 오이, 참외의 덩굴쪼김병)
㉡ 불량환경에 대한 내성이 증대된다.
㉢ 흡비력이 증대된다.
㉣ 과습에 잘 견딘다.
㉤ 과실의 품질이 우수해진다.
② 단점
㉠ 질소의 과다흡수 우려가 있다.
㉡ 기형과 발생이 많아진다.
㉢ 당도가 떨어진다.
㉣ 흰가루병에 약하다.

59 **웅성불임성을 이용하는 작물로만 짝지어진 것은?**

① 무, 양배추
② 배추, 브로콜리
③ 순무, 브로콜리
④ 당근, 양파

해설 1대 잡종종자의 채종 : F_1 종자의 채종은 인공교배, 웅성불임성 및 자가불화합성을 이용한다.
㉠ 인공교배 이용 : 오이, 수박, 멜론, 참외, 호박, 토마토, 피망, 가지 등
㉡ 웅성불임성 이용 : 상추, 고추, 당근, 쑥갓, 양파, 파, 벼, 밀, 옥수수 등
㉢ 자가불화합성 이용 : 무, 배추, 양배추, 순무, 브로콜리 등

60 **정부가 추진한 친환경농업정책의 시행 연도와 그 내용이 옳게 짝지어진 것은?**

① 1988년 환경농업육성법 제정
② 1989년 친환경농업 원년 선포
③ 2000년 친환경농업 직접 지불제 도입
④ 2001년 친환경농업육성 5개년 계획 수립

해설 우리나라 친환경농업의 역사
① 1991년 3월 : 농림부에 유기농업발전 기획단 설치
② 1994년 12월 : 농림부에 환경농업과 신설
③ 1996년 : 21세기를 향한 중장기 농림환경정책 수립
④ 1997년 : 12월 환경농업육성법 제정
⑤ 1998년 : 11월 환경농업 원년 선포
⑥ 1999년 : 친환경농업 직불제 도입
⑦ 2001년 : 친환경농업육성 5개년 계획 수립
⑧ 2001년 : 농촌진흥청에 친환경유기농업 기획단 설치
⑨ 2005년 : 유기농업기사 등 국가기술자격제도 도입
⑩ 2008년 : 농촌진흥청에 유기농업과 신설
⑪ 2011년 : 제17차 세계유기농대회 남양주시 유치
⑫ 2012년 : 친환경농어업 육성 및 유기식품 등에 관리, 지원에 관한 법률로 법제명 개정
⑬ 2015년 : 세계 유기농산업 엑스포 괴산군 개최

제4과목 유기식품 가공 유통론

61 **막 분리공정 중 주로 저분자 물질과 고분자 물질의 분리에 사용되는 방법은?**

① 역삼투
② 투석
③ 전기투석
④ 한외여과

해설 한외여과법
- 액체 중에 용해되거나 분산된 물질을 입자 크기나 분자량 크기별로 분리하는 방법이다.
- 물과 분자량 500 이하는 통과하나 그 이상은 통과하지 않아서 저분자 물질과 고분자 물질을 분리한다.
- 고분자 용액으로부터 저분자 물질을 제거한다는 점에서 투석법과 유사하고, 물질의 농도차가 아닌 압력차를 이용해 분리하는 방법은 역삼투압여과와 유사하다.
- 입자 크기가 1nm~0.1m 정도의 당류, 단백질, 생체물질, 고분자 물질 분리에 사용한다.

정답 58 ① 59 ④ 60 ④ 61 ④

62 **친환경농식품 유통조직(기구)이 창출할 수 있는 기능이 아닌 것은?**

① 물품을 한 장소에서 다른 장소로 전달하는 장소(place)의 기능
② 대량생산된 물품을 잘게 쪼개 물품 구색을 형성하는 형태(form)로서의 기능
③ 정보탐색이 용이하도록 접촉점을 제공하는 탐색(search)의 기능
④ 생산자와 소비자 간의 거래횟수(transaction frequency) 증가의 기능

해설 유통조직에서는 물적유통 기능, 소유권 이전 가능, 거래조성 기능 등을 수행할 수 있다.

63 **지역농산물 이용촉진 등 농산물 직거래 활성화에 관한 법률상 농산물 직거래에 해당하지 않는 것은? (단, 그밖에 대통령령으로 정하는 농산물 거래 행위는 제외한다.)**

① 생산자로부터 농산물의 판매를 위탁받아 농산물직판장을 통해 소비자에게 판매하는 행위
② 생산자로부터 농산물을 구입한 자가 이를 소비자에게 직접 판매하는 행위
③ 소비자로부터 농산물의 구입을 위탁받아 생산자로부터 이를 직접 구입하는 행위
④ 생산자로부터 농산물의 판매를 위탁받아 소비자에게 판매하는 행위

해설 제2조 3. "농산물 직거래"란 생산자와 소비자가 직접 거래하거나, 중간 유통단계를 한 번만 거쳐 거래하는 것으로서 다음 각 목의 어느 하나에 해당하는 행위를 말한다.
가. 자신이 생산한 농산물을 소비자에게 직접 판매하는 행위
나. 생산자로부터 농산물의 판매를 위탁받아 소비자에게 판매하는 행위
다. 생산자로부터 농산물을 구입한 자가 이를 소비자에게 직접 판매하는 행위
라. 소비자로부터 농산물의 구입을 위탁받아 생산자로부터 이를 직접 구입하는 행위
마. 그밖에 대통령령으로 정하는 농산물 거래 행위

64 **유기식품을 취급하는 자가 지켜야 할 사항으로 틀린 것은?**

① 취급과정에서 방사선은 해충방제, 식품보존, 병원체의 제거 또는 위생관리 등을 위해 사용할 수 없다.
② 유기식품을 저장 · 운송 · 취급할 때는 유기제품에 표시를 한 경우 비유기제품과 혼입할 수 있다.
③ 최종 제품에 합성농약 성분이 검출되지 않도록 하여야 한다.
④ 인증품에는 제조단위번호(인증품 관리번호), 표준바코드 또는 전자태크(RFID tag)를 표시하여야 한다.

해설 유기식품을 저장 · 운송 · 취급할 때는 유기제품에 표시를 한 경우 비유기제품과 혼입할 수 없다.

65 **유기농림산물 재배를 위한 퇴비의 중금속 검사 성분이 아닌 것은?**

① 셀레늄 ② 카드뮴
③ 6가크롬 ④ 니켈

해설 카드뮴, 구리, 비소, 수은, 납, 6가크롬, 아연, 니켈, 플루오린, 유기인화합물, 폴리클로리네이티드비페닐, 시안, 페놀, 벤젠, 톨루엔, 에틸벤젠, 크실렌(BTEX), 석유계 총탄화수소(THP), 트리클로로에틸렌(TCE) 테트라클로로에틸렌(PCE), 벤조(a)피렌

66 **식중독을 유발하는 바실러스 세레우스(Bacillus cereus)에 대한 설명으로 틀린 것은?**

① 토양 등 자연계에서 널리 분포하고 있다.
② 아포형성균이며 통성혐기성균이다.
③ 균체 내 독소를 생산한다.
④ 쌀밥이나 볶음밥에서 분리할 수 있다.

해설 바실러스 세레우스는 감염형 식중독균으로 독소를 생성하지 않는다.

정답 62 ④ 63 ① 64 ② 65 ① 66 ③

67 **근해선 해산어패류를 생식하였을 때 발생하는 패혈증의 원인은?**

① *Morganella morganii*
② *Staphylococcus aureus*
③ *Vibrio parahaemolyticus*
④ *Vibrio vulnificus*

해설 ① *Morganella morganii* : 히스타민 생성으로 알려지성 식중독 증상
② *Staphylococcus aureus* : 황색포도상구균
③ *Vibrio parahaemolyticus* : 장염 비브리오균
④ *Vibrio vulnificus* : 비브리오 패혈증을 유발한다.

68 **유기농 오이 한 개의 가격이 1000원에서 1300원으로 상승함에 따라 소비량이 100개에서 40개로 줄어들었다. 이 경우 유기농 오이 수요의 가격탄력성을 산출하면?**

① 0.5 ② −0.5
③ 2.0 ④ −2.0

해설 수요의 가격탄력성= $\frac{\text{수요변화량}}{\text{기존수요량}} \div \frac{\text{가격변화량}}{\text{기존가격}}$

$= \frac{-60}{100} \div \frac{300}{1,000} = -0.6 \div 0.3 = -2$

69 **비타민C라고 불리며, 산소와 접촉하면 쉽게 산화되어 효력을 잃는 것은?**

① acetic acid ② ascorbic acid
③ malic acid ④ tartaric acid

해설 ① acetic acid : 아세트산
③ malic acid : 말산(=사과산)
④ tartaric acid : 주석산

70 **유기농 감귤을 유통하는 과정에서 발생할 수 있는 물리적 위험은?**

① 오렌지의 수입 급증에 따른 유기농 감귤 가격 하락
② 소비자 기호 변화에 따른 유기농 감귤 소비 감소
③ 태풍 및 집중호우에 따른 유기농 감귤 파손율 증가
④ 급격한 경제상황 악화에 따른 유기농 감귤 시장 축소

해설 ①, ②, ④는 시장환경에 따른 위험이다.

71 **고기의 훈연효과로 가장 거리가 먼 것은?**

① 육질의 연화
② 저장성 증대
③ 고기의 내부 살균
④ 독특한 맛과 향의 생성

해설 훈연 중 건조에 따른 수분 감소, 첨가하는 식염과 연기 중 방부성 물질 등에 의해 보존성이 주어지는 원리를 이용한 것이다.

72 **식품미생물의 증식에 관한 설명으로 틀린 것은?**

① 온도 : 일반적으로 중온균은 20~40℃에서 잘 자란다.
② pH : 세균은 일반적으로 중성 부근에서 잘 자란다.
③ 산소 : 반드시 산소가 있어야 자랄 수 있다.
④ 수분활성도 : 수분활성도를 떨어뜨리면 세균, 효모, 곰팡이 순으로 생육이 어려워진다.

해설 미생물은 산소의 필요 유무에 따라 호기성, 혐기성, 미호기성, 통성혐기성으로 구분한다.

73 **미국산 쇠고기와 아이스크림, 냉동만두, 냉동피자 등에서 유래되는 식중독의 원인균은?**

① 살모넬라 ② 장염비브리오
③ 리스테리아 ④ 캠필로박터

정답 67 ④ 68 ④ 69 ② 70 ③ 71 ③ 72 ③ 73 ③

해설 Listeria 식중독

㉠ 원인균 : Listeria monocytogenes

㉡ 특징
- 그람양성 무포자 간균이다.
- 통성혐기성균이며 내염성, 호냉성균이다.

㉢ 원인 식품 : 식육가공품, 유제품, 가금류, 채소류 등이 원인 식품이며 호냉균이므로 장기간 냉장고에 보관한 식품은 피해야 한다.

㉣ 감염원 : 오염된 물, 오염된 식품, 감염된 동물과의 직접적인 접촉으로 발병한다.

74 다음 중 동물근원 천연첨가물은?

① 코지산 ② 프로타민

③ 폴리라이신 ④ 히노키티올

해설 프로타민 : 척추동물의 성숙한 정자핵에 존재하는 염기성 단백질의 총칭

75 친환경농산물의 도매상과 대형 유통업체 같은 소매상 등의 활동 내용을 분석하여 그 특징을 밝히는 연구 방법은?

① 기능별 연구 ② 기관별 연구

③ 상품별 연구 ④ 관리적 연구

해설 도매상, 소매상 등 유통기구의 활동 내용을 분석하여 연구하는 것은 기관별 연구에 해당된다.

76 식품의 냉장 보관 시 고려해야 할 사항으로 틀린 것은?

① 식품의 종류에 따라 냉장온도를 달리한다.

② 과일과 채소의 경우 대체로 -5℃ 정도가 가장 적당하다.

③ 냉장실 내부 온도는 일정하게 유지되어야 한다.

④ 육류, 우유 등은 빙결 온도 이상의 냉장온도 중 미생물 활동을 억제할 수 있는 온도에서 저장한다.

해설 과일과 채소를 -5℃에 저장하는 경우 얼어서 상품성이 저하되므로 얼지 않는 정도의 온도에 보관하는 것이 유리하다.

77 직경이 2cm인 파이프에 물이 4m/s의 속도로 흐르고 있다. 파이프 직경이 4cm로 증가하면 물의 속도는 얼마로 변화하겠는가? (단, 동일한 유량이 흐르고 있음)

① 1m/s ② 2m/s

③ 6m/s ④ 8m/s

해설 유속 $= \dfrac{4 \times \text{유량}}{\pi \times \text{지름}^2}$

직경 2cm, 유속 4m/s라면 $4 = \dfrac{4 \times \text{유량}}{\pi \times 2^2}$이므로

유량은 4π가 된다.

직경이 4cm에 동일 유량이라면 유속$=\dfrac{4 \times 4\pi}{\pi \times 4^2}=1\text{m/s}$가 된다.

78 샐러드 원료용으로서 호흡작용이 왕성한 농산물을 슬라이스 형태로 절단하여 MA 포장할 때 가장 적합한 포장재질은?

① 폴리에틸렌(PE)

② 폴라아미드(PA)

③ 폴리에스테르(PET)

④ 폴리염화비닐리덴(PVDC)

해설 호흡이 왕성한 신선편이농산물은 호흡에 의한 이산화탄소에 의해 상품성 저하가 우려되므로 이산화탄소 투과도가 높은 PE필름이 유리하다.

79 유기가공식품 생산 시 식품첨가물로 이용되는 '천연향료' 추출을 위하여 사용할 수 없는 물질은?

① 물

② 핵산

③ 발효주정

④ 이산화탄소

정답 74 ② 75 ② 76 ② 77 ① 78 ① 79 ②

해설 천연향료의 사용조건 : 사용 가능 용도 제한이 없다. 다만, 「식품위생법」 제7조 제1항에 따라 식품첨가물의 기준 및 규격이 고시된 천연향료로서 물, 발효주정, 이산화탄소 및 물리적 방법으로 추출한 것만 사용한다.

80 유기과채류 가공식품 제조 방법으로 틀린 것은?

① 과채류는 비타민 등 영양분 손실이 적게 가공하는 것이 좋다.
② 채소류는 알칼리성이기 때문에 산성 첨가물을 최대로 사용하여 가공하는 것이 좋다.
③ 잼류는 펙틴, 산, 당분이 적당한 원료를 사용하여 가공하는 것이 좋다.
④ 부패 및 변질이 잘되지 않는 원료를 사용하여 가공하는 것이 좋다.

해설 채소류는 대부분 알칼리성 식품으로 체액의 산성화를 방지(K, Na, Ca, Mg, Fe)한다.

제5과목 유기농업 관련 규정

81 「농림축산식품부 소관 친환경농어업 육성 및 유기식품 등의 관리 · 지원에 관한 법률 시행규칙」상 유기농산물 및 유기임산물의 인증기준에 대한 내용으로 틀린 것은?

① 병해충 및 잡초는 유기농업에 적합한 방법으로 방제 · 관리할 것
② 장기간의 적절한 돌려짓기(윤작)를 실시할 것
③ 재배용수는 관련법에 따른 먹는 물의 수질기준 이상만 사용할 것
④ 화학비료, 합성농약 또는 합성농약 성분이 함유된 자재를 사용하지 않을 것

해설 재배용수는 농업용수 이상의 수질이어야 하며, 농산물의 세척 등에 사용되는 용수는 먹는 물의 수질기준에 적합할 것

82 「유기식품 및 무농약농산물 등의 인증에 관한 세부실시 요령」상 유기농산물의 인증기준에서 병해충 및 잡초의 방제 · 조절 방법으로 거리가 먼 것은?

① 무경운
② 적합한 돌려짓기(윤작) 체계
③ 덫과 같은 기계적 통제
④ 포식자와 기생동물의 방사 등 천적의 활용

해설 병해충 및 잡초는 다음의 방법으로 방제 · 조절하여야 한다.
가) 적합한 작물과 품종의 선택
나) 적합한 돌려짓기(윤작) 체계
다) 기계적 경운
라) 재배포장 내의 혼작 · 간작 및 공생식물의 재배 등 작물체 주변의 천적활동을 조장하는 생태계의 조성
마) 멀칭 · 예취 및 화염제초
바) 포식자와 기생동물의 방사 등 천적의 활용
사) 식물 · 농장퇴비 및 돌가루 등에 의한 병해충 예방 수단
아) 동물의 방사
자) 덫 · 울타리 · 빛 및 소리와 같은 기계적 통제

83 「농림축산식품부 소관 친환경농어업 육성 및 유기식품 등의 관리 · 지원에 관한 법률 시행규칙」상 유기축산물 생산 과정 중 '사료의 품질저하 방지 또는 사료의 효용을 높이기 위해 사료에 첨가하여 사용 가능한 물질'에 해당하지 않는 것은? (단, 사용 가능 조건을 모두 만족한다.)

① 당분해효소
② 항응고제
③ 규조토
④ 박테리오파지

해설 사료의 품질저하 방지 또는 사료의 효용을 높이기 위해 사료에 첨가하여 사용 가능한 물질

정답 80 ② 81 ③ 82 ① 83 ③

구분	사용 가능 물질
천연 결착제	
천연 유화제	
천연 보존제	산미제, 항응고제, 항산화제, 항곰팡이제
효소제	당분해효소, 지방분해효소, 인분해효소, 단백질분해효소
미생물제제	유익균, 유익곰팡이, 유익효모, 박테리오파지
천연 향미제	
천연 착색제	
천연 추출제	초목 추출물, 종자 추출물, 세포벽 추출물, 동물 추출물, 그밖의 추출물
올리고당	
규산염제	
아미노산제	아민초산, DL-알라닌, 염산L-라이신, 황산L-라이신, L-글루타민산나트륨, 2-디아미노-2-하이드록시메치오닌, DL-트립토판, L-트립토판, DL메치오닌 및 L-트레오닌과 그 혼합물
비타민제 (프로비타민 포함)	비타민A, 프로비타민A, 비타민B1, 비타민B2, 비타민B6, 비타민B12, 비타민C, 비타민D, 비타민D2, 비타민D3, 비타민E, 비타민K, 판토텐산, 이노시톨, 콜린, 나이아신, 바이오틴, 엽산과 그 유사체 및 혼합물
완충제	산화마그네슘, 탄산나트륨(소다회), 중조(탄산수소나트륨 · 중탄산나트륨)

84 『친환경농어업 육성 및 유기식품 등의 관리 · 지원에 관한 법률』상 친환경농업 또는 친환경어업 육성계획에 포함되지 않는 것은?

① 친환경농어업의 공익적 기능 증대 방안
② 친환경농어업의 발전을 위한 국제협력 강화 방안
③ 농어업 분야의 환경보전을 위한 정책 목표 및 기본 방향
④ 친환경농산물의 생산 증대를 위한 유기 · 화학자재 개발 보급 방안

해설 제7조(친환경농어업 육성계획)

① 농림축산식품부장관 또는 해양수산부장관은 관계 중앙행정기관의 장과 협의하여 5년마다 친환경농어업 발전을 위한 친환경농업 육성계획 또는 친환경어업 육성계획(이하 "육성계획"이라 한다)을 세워야 한다. 이 경우 민간단체나 전문가 등의 의견을 수렴하여야 한다. 〈개정 2013. 3. 23., 2019. 8. 27.〉

② 육성계획에는 다음 각 호의 사항이 포함되어야 한다. 〈개정 2013. 3. 23., 2016. 12. 2., 2019. 8. 27.〉

1. 농어업 분야의 환경보전을 위한 정책 목표 및 기본 방향
2. 농어업의 환경오염 실태 및 개선 대책
3. 합성농약, 화학비료 및 항생제 · 항균제 등 화학자재 사용량 감축 방안

3의2. 친환경 약제와 병충해 방제 대책

4. 친환경농어업 발전을 위한 각종 기술 등의 개발 · 보급 · 교육 및 지도 방안
5. 친환경농어업의 시범단지 육성 방안
6. 친환경농수산물과 그 가공품, 유기식품 등 및 무농약원료가공식품의 생산 · 유통 · 수출 활성화와 연계 강화 및 소비 촉진 방안
7. 친환경농어업의 공익적 기능 증대 방안
8. 친환경농어업 발전을 위한 국제협력 강화 방안
9. 육성계획 추진 재원의 조달 방안
10. 제26조 및 제35조에 따른 인증기관의 육성 방안
11. 그밖에 친환경농어업의 발전을 위하여 농림축산식품부령 또는 해양수산부령으로 정하는 사항

85 『농림축산식품부 소관 친환경농어업 육성 및 유기식품 등의 관리 · 지원에 관한 법률 시행규칙』상 유기축산물 생산을 위한 사료 및 영양관리 내용으로 옳은 것은?

① 반추가축에게 담근먹이만 급여할 것
② 가축에게 농업용수의 수질기준에 적합한 음용수를 상시 급여할 것
③ 합성농약 또는 합성농약 성분이 함유된 동물용의약품 등의 자재를 사용하지 않을 것
④ 유기가축에게는 50퍼센트 이상의 유기사료를 공급하는 것을 원칙으로 할 것

해설
- 유기가축에는 100퍼센트 유기사료를 급여하는 것을 원칙으로 할 것. 다만, 극한 기후조건 등의 경우에는 국립농산물품질관리원장이 정하여 고시하는 바에 따라 유기사료가 아닌 사료를 급여하는 것을 허용할 수 있다.
- 반추가축에게 담근먹이(사일리지)만 급여하지 않으며, 비반추가축도 가능한 조사료(粗飼料, 생초나 건초 등의 거친 먹이)를 급여할 것

정답 84 ④ 85 ③

- 유전자변형농산물 또는 유전자변형농산물에서 유래한 물질은 급여하지 아니할 것
- 합성화합물 등 금지물질을 사료에 첨가하거나 가축에 급여하지 아니할 것
- 가축에게 생활용수 수질기준에 적합한 음용수를 상시 급여할 것
- 유기합성농약 또는 유기합성농약 성분이 함유된 동물용 의약품 등의 자재를 사용하지 않을 것

86 『농림축산식품부 소관 친환경농어업 육성 및 유기식품 등의 관리 · 지원에 관한 법률 시행규칙』상 유기가공식품에서 가공보조제로 사용이 가능한 물질 중 응고제로 허용되지 않는 것은?

① 황산칼슘
② 염화칼슘
③ 탄산나트륨
④ 염화마그네슘

해설 탄산나트륨

식품첨가물로 사용 시		가공보조제로 사용 시	
사용 가능 여부	사용 가능 범위	사용 가능 여부	사용 가능 범위
○	케이크, 과자	○	설탕 가공 및 유제품의 중화제

87 『농림축산식품부 소관 친환경농어업 육성 및 유기식품 등의 관리 · 지원에 관한 법률 시행규칙』상의 용어 정의로 틀린 것은?

① 재배포장이라 함은 작물을 재배하는 일정 구역을 말한다.
② 돌려짓기(윤작)라 함은 동일한 재배포장에서 동일한 작물을 연이어 재배하는 것을 말한다.
③ 휴약기간이라 함은 사육되는 가축에 대해 그 생산물이 식용으로 사용되기 전에 동물용의약품의 사용을 제한하는 일정 기간을 말한다.
④ 생산자단체라 함은 5명 이상의 생산자로 구성된 작목반, 작목회 등 영농 조직, 협동조합 또는 영농 단체를 말한다.

해설 "돌려짓기(윤작)"란 동일한 재배포장에서 동일한 작물을 연이어 재배하지 아니하고, 서로 다른 종류의 작물을 순차적으로 조합 · 배열하는 방식의 작부체계를 말한다.

88 『유기식품 및 무농약농산물 등의 인증에 관한 세부실시 요령』에 의한 유기농산물의 인증기준 세부사항에서 재배포장은 유기농산물을 처음 수확하기 전 몇 년 이상의 전환기간 동안 관련 법에 따른 재배 방법을 준수하여야 하는가? (단, 토양에 직접 심지 않는 작물의 재배포장은 제외한다.)

① 3개월
② 6개월
③ 1년
④ 3년

해설 재배포장은 인증받기 전에 다음 가) 또는 나)의 전환기간 이상 다목에 따른 재배방법을 준수하여야 한다.
가) 다년생 작물 : 최초 수확 전 3년의 기간
나) 가) 외의 작물 및 목초 : 파종 또는 재식 전 2년의 기간

89 『친환경농어업 육성 및 유기식품 등의 관리 · 지원에 관한 법률』에 따라 국가와 지방자치단체가 농어업 자원의 보전과 환경개선을 위하여 추진하여야 하는 시책으로 가장 거리가 먼 것은?

① 온실가스 발생의 최소화
② 농경지의 개량
③ 농어업 용수의 오염 방지
④ 농수산물 규격의 표준화

해설 농수산물 규격의 표준화는 친환경법이 아닌 농수산물품질관리법에서 추진하고 있다.

정답 86 ③ 87 ② 88 ④ 89 ④

90 『농림축산식품부 소관 친환경농어업 육성 및 유기식품 등의 관리 · 지원에 관한 법률 시행규칙』에 의한 유기농축산물의 유기표시 글자로 적절하지 않은 것은?

① 유기농한우 ② 유기재배사과
③ 유기축산돼지 ④ 친환경재배포도

해설 유기표시 문자

구분	표시문자
유기농축산물	1) 유기농산물, 유기축산물, 유기식품, 유기재배농산물 또는 유기농 2) 유기재배○○(○○은 농산물의 일반적 명칭으로 한다. 이하 이 표에서 같다), 유기축산○○, 유기○○ 또는 유기농○○
유기가공식품	1) 유기가공식품, 유기농 또는 유기식품 2) 유기농○○ 또는 유기○○
비식용유기가공품	1) 유기사료 또는 유기농 사료 2) 유기농○○ 또는 유기○○(○○은 사료의 일반적 명칭으로 한다). 다만, "식품"이 들어가는 단어는 사용할 수 없다.

91 『친환경농어업 육성 및 유기식품 등의 관리 · 지원에 관한 법률』에 따른 유기식품 등의 인증 신청 및 심사에 대한 내용으로 틀린 것은?

① 유기식품 등을 생산, 제조 · 가공 또는 취급하는 자는 유기식품 등의 인증을 받으려면 해양수산부장관 또는 지정받은 인증기관에 농림축산식품부령 또는 해양수산부령으로 정하는 서류를 갖추어 신청하여야 한다.
② 해양수산부장관 또는 인증기관은 관련법에 따른 인증신청자의 신청을 받은 경우 유기식품 등의 인증기준에 맞는지를 심사한 후 그 결과를 신청인에게 알려주고 그 기준에 맞는 경우에는 인증을 해 주어야 한다.
③ 유기식품 등의 인증을 받은 사업자는 동일한 인증기관으로부터 연속하여 2회를 초과하여 인증(갱신을 포함한다.)을 받을 수 없다.
④ 관련법에 따른 인증심사 결과에 대하여 이의가 있는 자는 농산물품질관리사에게 재심사를 신청할 수 있다.

해설 인증심사 결과에 대하여 이의가 있는 자는 인증심사를 한 해양수산부장관 또는 인증기관에 재심사를 신청할 수 있다.

92 『친환경농어업 육성 및 유기식품 등의 관리 · 지원에 관한 법률』에서 인증에 관한 규정을 위반하여 3년 이하의 징역 또는 3천만원 이하의 벌금에 처하게 되는 자가 아닌 것은?

① 인증심사업무 결과를 기록하지 아니한 자
② 인증품 또는 공시를 받은 유기농어업자재에 인증 또는 공시를 받은 내용과 다르게 표시를 한 자
③ 인증품에 인증을 받지 아니한 제품 등을 섞어서 판매하거나 섞어서 판매할 목적으로 보관, 운반 또는 진열한 자
④ 인증기관의 지정취소 처분을 받았음에도 인증업무를 한 자

해설 인증심사업무 결과를 기록하지 아니한 자는 500만 원 이하의 과태료 부과대상이다.

93 『농림축산식품부 소관 친환경농어업 육성 및 유기식품 등의 관리 · 지원에 관한 법률 시행규칙』상 다음 ( ) 안에 알맞은 것은?

> 제17조(인증의 갱신 등) 인증 갱신 신청을 하거나 인증의 유효기간 연장승인을 신청하려는 인증사업자는 그 유효기간이 끝나기 ( ) 전까지 인증신청서에 관련 서류를 첨부하여 인증을 한 인증기관에 제출해야 한다.

① 7일 ② 1개월
③ 42일 ④ 2개월

정답 90 ④ 91 ④ 92 ① 93 ④

해설 인증사업자는 다음 각 호의 어느 하나에 해당되는 경우 규칙 제16조에 따라 해당 인증기관의 장에게 유효기간이 끝나는 날의 2개월 전까지 인증갱신 또는 인증품 유효기간 연장 신청서를 제출하여야 한다.

94 『친환경농어업 육성 및 유기식품 등의 관리 · 지원에 관한 법률』상 유기농어업자재 공시의 유효기간은 공시를 받은 날로부터 몇 년인가?

① 1년 ② 2년
③ 3년 ④ 5년

해설 제39조(공시의 유효기간 등) ① 공시의 유효기간은 공시를 받은 날부터 3년으로 한다. 〈개정 2016. 12. 2.〉

95 『농림축산식품부 소관 친환경농어업 육성 및 유기식품 등의 관리 · 지원에 관한 법률 시행규칙』에 따른 유기가공식품 제조 시 식품첨가물 또는 가공보조제로 사용가능한 물질이 아닌 것은?

① 과일주의 무수아황산
② 두류제품의 염화칼슘
③ 통조림의 L-글루타민산나트륨
④ 유제품의 구연산삼나트륨

해설 L-글루타민산나트륨은 사료의 품질저하 방지 또는 사료의 효용을 높이기 위해 사료에 첨가하여 사용 가능한 물질이다.

96 『농림축산식품부 소관 친환경농어업 육성 및 유기식품 등의 관리 · 지원에 관한 법률 시행규칙』에 의한 인증품의 생산, 제조 · 가공자가 인증품 또는 인증품의 포장 · 용기에 표시하여야 하는 항목 중 표시 사항이 아닌 것으로만 나열된 것은?

㉠ 인증사업자의 성명 또는 업체명
㉡ 생산자의 주민등록번호 앞자리
㉢ 소비자 상담이 가능한 판매원의 전화번호
㉣ 생산연도(과일류에 한함)
㉤ 생산지
㉥ 인증번호

① ㉠, ㉡ ② ㉡, ㉣
③ ㉡, ㉢, ㉤ ④ ㉠, ㉣, ㉥

해설 인증품 또는 인증품의 포장 · 용기에 표시하는 방법

가. 표시사항은 해당 인증품을 포장한 사업자의 인증정보와 일치하여야 하며, 해당 인증품의 생산자가 포장자와 일치하지 않는 경우에는 생산자의 인증번호를 추가로 표시하여야 한다.

나. 각 항목의 구체적인 표시방법은 다음과 같다.

1) 인증사업자의 성명 또는 업체명 : 인증서에 기재된 명칭대로(단체의 경우 단체명) 표시하되, 단체로 인증 받은 경우로 개별 생산자명을 표시하려는 경우 단체명 뒤에 개별 생산자명을 괄호로 표시할 수 있다.
2) 전화번호 : 해당 제품의 품질관리와 관련하여 소비자 상담이 가능한 판매원의 전화번호를 표시한다.
3) 포장작업장 주소 : 해당 제품을 포장한 작업장의 주소를 번지까지 표시한다.
4) 인증번호 : 해당 사업자의 인증서에 기재된 인증번호를 표시한다.
5) 생산지 : 「농수산물의 원산지 표시에 관한 법률」 제5조에 따른 원산지 표시 방법에 따라 표시한다.

97 『유기식품 및 무농약농산물 등의 인증에 관한 세부실시 요령』상 원재료 함량에 따라 유기로 표시하는 방법 중 주 표시면에 유기 또는 이와 같은 의미의 글자 표시를 할 수 있는 조건은?

① 인증품이면서 유기 원료 65% 이상인 경우
② 인증품이면서 유기 원료 95% 이상인 경우
③ 비인증품(제한적 유기표시 제품)이면서 유기원료 100%인 경우
④ 비인증품(제한적 유기표시 제품)이면서 유기원료 70% 미만(특정원료)인 경우

해설 원재료 함량에 따라 유기로 표시하는 방법은 다음과 같다.

정답 94 ③ 95 ③ 96 ② 97 ②

구분	인증품		비인증품(제한적 유기표시 제품)	
	유기 원료 95% 이상	유기 원료 70% 이상 (반려동물사료)	유기 원료 70% 이상	유기 원료 70% 미만 (특정 원료)
유기 인증로고의 표시	O	X	X	X
제품명 또는 제품명의 일부에 유기 또는 이와 같은 의미의 글자 표시	O	X	X	X
주 표시면에 유기 또는 이와 같은 의미의 글자 표시	O	O	X	X
주 표시면 이외의 표시면에 유기 또는 이와 같은 의미의 글자 표시	O	O	O	X
원재료명 및 함량란에 유기 또는 이와 같은 의미의 글자 표시	O	O	O	O

98 **『농림축산식품부 소관 친환경농어업 육성 및 유기식품 등의 관리 · 지원에 관한 법률 시행규칙』상 유기가공식품 · 비식용유기가공품의 인증기준에 대한 내용으로 옳은 것은?**

① 해충 및 병원균 관리를 위하여 방사선 조사 방법을 사용할 것

② 비유기 원료 또는 재료의 오염 등 불가항력적인 요인으로 합성농약 성분이 검출된 것으로 입증되는 경우에는 0.01g/kg 이하까지만 허용할 것

③ 유기식품 · 가공품에 시설이나 설비 또는 원료의 세척, 살균, 소독에 사용된 물질이 국립농산물품질관리원장이 정한 것만 함유될 것

④ 사업자는 국립농산물품질관리원 소속 공무원 또는 인증기관으로 하여금 유기가공식품 · 비식용유기가공품의 제조 · 가공 또는 취급의 전 과정에 관한 기록 및 사업장에 접근할 수 있도록 할 것

해설 ① 유기식품의 가공 및 취급 과정에서 전리 방사선을 사용할 수 없다.
② 유기합성농약 성분은 검출되지 아니하여야 한다. 다만, 비유기원료의 오염 등 불가항력적인 요인인 것으로 입증되는 경우에 한하여 0.01mg/kg 이하까지 허용할 수 있다.
③ "허용물질"이란 유기식품 등, 무농약농수산물 등 또는 유기농어업자재를 생산, 제조 · 가공 또는 취급하는 모든 과정에서 사용 가능한 것으로서 농림축산식품부령 또는 해양수산부령으로 정하는 물질을 말한다.

99 **『친환경농어업 육성 및 유기식품 등의 관리 · 지원에 관한 법률 시행령』상 유기식품 등에 대한 인증을 하는 경우 유기농산물 · 축산물 · 임산물의 비율이 유기수산물의 비율보다 큰 때의 소관은?**

① 한국농수산대학장

② 한국농촌경제연구원장

③ 해양수산부장관

④ 농림축산식품부장관

해설 시행령 제3조(유기식품 등 인증의 소관) 법 제19조 제1항에 따라 유기식품 등에 대한 인증을 하는 경우 유기농산물 · 축산물 · 임산물과 유기수산물이 섞여 있는 유기식품 등의 소관은 다음 각 호의 구분에 따른다.
1. 유기농산물 · 축산물 · 임산물의 비율이 유기수산물의 비율보다 큰 경우 : 농림축산식품부장관
2. 유기수산물의 비율이 유기농산물 · 축산물 · 임산물의 비율보다 큰 경우 : 해양수산부장관
3. 유기수산물의 비율이 유기농산물 · 축산물 · 임산물의 비율과 같은 경우 : 법 제20조 제1항에 따른 신청에 따라 농림축산식품부장관 또는 해양수산부장관

정답 98 ④ 99 ④

100 **「농림축산식품부 소관 친환경농어업 육성 및 유기식품 등의 관리 · 지원에 관한 법률 시행규칙」상 유기식품 등의 유기표시 기준에 있어 유기표시 도형 내부 또는 하단에 사용할 수 없는 글자는?**

① ORGANIC
② MAFRA KOREA
③ ECO FRIENDLY
④ 농림축산식품부

인증번호:　　Certification Number:

정답 100 ③

2021년 3회

유기농업기사 기출문제

제1과목 재배원론

01 다음 중 연작 장해가 가장 심한 작물은?

① 당근 ② 시금치
③ 수박 ④ 파

해설 작물의 기지 정도
- 연작의 해가 적은 것 : 벼, 맥류, 조, 옥수수, 수수, 사탕수수, 삼, 담배, 고구마, 무, 순무, 당근, 양파, 호박, 연, 미나리, 딸기, 양배추, 꽃양배추, 아스파라거스, 토당귀, 목화 등
- 1년 휴작 작물 : 파, 쪽파, 생강, 콩, 시금치 등
- 2년 휴작 작물 : 오이, 감자, 땅콩, 잠두, 마 등
- 3년 휴작 작물 : 참외, 쑥갓, 강낭콩, 토란 등
- 5~7년 휴작 작물 : 수박, 토마토, 가지, 고추, 완두, 사탕무, 우엉, 레드클로버 등
- 10년 이상 휴작 작물 : 인삼, 아마 등

02 고구마의 저장온도와 저장습도로 가장 적합한 것은?

① 1~4℃, 60~70%
② 5~7℃, 70~80%
③ 13~15℃, 80~90%
④ 15~17℃, 90% 이상

해설 고구마는 고온작물로 저장적온은 13℃이며, 저온에 저장하는 경우 저온장해가 발생한다.

03 다음 중 질산태질소에 관한 설명으로 옳은 것은?

① 산성토양에서 알루미늄과 반응하여 토양에 고정되어 흡수율이 낮다.
② 작물의 이용형태로 잘 흡수 · 이용하지만 물에 잘 녹지 않으며 지효성이다.
③ 논에서는 탈질작용으로 유실이 심하다.
④ 논에서 환원층에 주면 비효가 오래 지속된다.

해설 환원조건에서 탈질세균에 의해
$NO_3^- \rightarrow NO_2^- \rightarrow N_2O,\ N_2$로 휘산 된다.

04 다음 중 세포의 신장을 촉진시키며 굴광현상을 유발하는 식물호르몬은?

① 옥신 ② 지베렐린
③ 사이토카이닌 ④ 에틸렌

해설 옥신의 생성과 작용
- 생성 : 줄기나 뿌리의 선단에서 합성되어 체내의 아래로 극성 이동을 한다.
- 주로 세포의 신장촉진 작용을 함으로써 조직이나 기관의 생장을 조장하나 한계 농도 이상에서는 생장을 억제하는 현상을 보인다.
- 굴광현상은 광의 반대쪽에 옥신의 농도가 높아져 줄기에서는 그 부분의 생장이 촉진되는 향광성을 보이나 뿌리에서는 도리어 생장이 억제되는 배광성을 보인다.
- 정아에서 생성된 옥신은 정아의 생장은 촉진하나 아래로 확산하여 측아의 발달을 억제하는데, 이를 정아우세현상이라고 한다.

05 다음 중 하고현상이 가장 심하지 않은 목초는?

① 티머시
② 켄터키블루그라스
③ 레드클로버
④ 화이트클로버

해설 티머시, 켄터키블루그라스, 레드클로버 등은 하고현상이 심하게 발생하고, 오처드그라스, 퍼레니얼라이그라스, 화이트클로버 등은 조금 덜하다.

정답 1 ③ 2 ③ 3 ③ 4 ① 5 ④

06 **식물의 무기영양설을 제창한 사람은?**

① 바빌로프　② 캔돌레
③ 린네　④ 리비히

해설 리비히(Liebig)
- 무기영양설(無機營養說, mineral theory, 1840) : 식물의 필수양분은 무기물이라는 주장으로 이를 기초로 인조비료의 합성 및 수경재배가 창시되었다.
- 최소율법칙(最小律法則, law of minimum, 1843) : 식물의 생육은 다른 양분이 충분하여도 가장 소량 존재하는 양분이 지배한다.

07 **다음 중 파종량을 늘려야 하는 경우로 가장 적합한 것은?**

① 단작을 할 때
② 발아력이 좋을 때
③ 따뜻한 지방에 파종할 때
④ 파종기가 늦어질 때

해설 파종량 결정 시 고려 조건
- 작물의 종류 : 작물 종류에 따라 재식밀도 및 종자의 크기가 다르므로 작물 종류에 따라 파종량은 지배된다.
- 종자의 크기 : 동일 작물에서도 품종에 따라 종자의 크기가 다르기 때문에 파종량 역시 달라지며, 생육이 왕성한 품종은 파종량을 줄이고 그렇지 않은 경우 파종량을 늘린다.
- 파종기 : 파종시기가 늦어지면 대체로 작물의 개체 발육도가 낮아지므로 파종량을 늘리는 것이 좋다.
- 재배지역 : 한랭지는 대체로 발아율이 낮고 개체 발육도가 낮으므로 파종량을 늘린다.
- 재배방식 : 맥류의 경우 조파에 비해 산파의 경우 파종량을 늘리고 콩, 조 등은 맥후작에서 단작보다 파종량을 늘린다. 청예용, 녹비용 재배는 채종재배에 비해 파종량을 늘린다.
- 토양 및 시비 : 토양이 척박하고 시비량이 적으면 파종량을 다소 늘리는 것이 유리하고 토양이 비옥하고 시비량이 충분한 경우도 다수확을 위해 파종량을 늘리는 것이 유리하다.
- 종자의 조건 : 병충해 종자의 혼입, 경실이 많이 포함된 경우, 쭉정이 및 협잡물이 많은 종자, 발아력이 감퇴된 경우 등은 파종량을 늘려야 한다.

08 **벼, 보리 등 자가수분작물의 종자갱신 방법으로 옳은 것은? (단, 기계적 혼입의 경우는 제외한다.)**

① 자가에서 정선하면 종자 교환할 필요가 없다.
② 원종장에서 보급종을 3~4년마다 교환한다.
③ 원종장에서 10년마다 교환한다.
④ 작황이 좋은 농가에서 15년마다 교환한다.

해설 종자갱신
- 신품종 특성의 유지와 품종퇴화 방지를 위하여 일정 기간마다 우량종자로 바꾸어 재배하는 것
- 우리나라 벼, 보리, 콩 등의 자식성 작물의 종자갱신 연한은 4년 1기이다.
- 옥수수와 채소류의 1대 잡종 품종은 매년 새로운 종자를 사용한다.

09 **토양의 pH가 1단위 감소하면 수소이온의 농도는 몇 % 증가하는가?**

① 1%　② 10%
③ 100%　④ 1000%

해설 pH(potential of hydrogen)
$pH=-\log[H^+]$로 pH 1단위의 감소는 수소이온이 10배 증가했음을 의미한다. 10배를 %로 전환하면 1,000%가 된다.

10 **다음 중 봄철 늦추위가 올 때 동상해의 방지책으로 옳지 않은 것은?**

① 발연법　② 송풍법
③ 연소법　④ 냉수온탕법

해설 냉수온탕침법
- 맥류 겉깜부기병 : 밀과 겉보리는 종자를 6~8시간 냉수에 담갔다가 45~50℃의 온탕에 2분 정도 담근 후 곧 다시 겉보리는 53℃, 밀은 54℃의 온탕에 5분간 담근 후 냉수에 식히고 그대로 또는 말려서 파종한다.
- 벼의 선충심고병은 벼 종자를 냉수에 24시간 침지 후 45℃ 온탕에 2분 정도 담그고 다시 52℃의 온탕에 10분간 담갔다가 냉수에 식힌다.

정답 6 ④ 7 ④ 8 ② 9 ④ 10 ④

11 **건물생산이 최대로 되는 단위면적당 군락엽면적을 뜻하는 용어는?**

① 최적엽면적 ② 비엽면적
③ 엽면적지수 ④ 총엽면적

해설
- 최적엽면적 : 군락 상태에서 건물 생산량이 최대일 때 엽면적
- 엽면적지수(葉面積指數, LAI; leaf area index) : 군락의 엽면적을 토지면적에 대한 배수치(倍數値)로 표시하는 것
- 최적엽면적지수(最適葉面積指數) : 엽면적이 최적엽면적일 경우의 엽면적지수
  - 최적엽면적지수를 크게 하면 군락의 건물생산능력을 크게 하므로 수량을 증대시킬 수 있다.
  - 최적엽면적지수 이상으로 엽면적이 증대되면 건물생산량은 증가하지 않으나, 호흡은 증가한다.

12 **작물이 정상적으로 생육하는 토양의 유효수분 점위(pF)는?**

① 1.8~3.0 ② 18~30
③ 180~300 ④ 1800~3000

해설 유효수분(pF 2.7~4.2)
- 식물이 토양의 수분을 흡수하여 이용할 수 있는 수분으로 포장용수량과 영구위조점 사이의 수분
- 식물 생육에 가장 알맞은 최대 함수량은 최대 용수량의 60~80%이다.
- 점토 함량이 많을수록 유효수분의 범위가 넓어지므로 사토에서는 유효수분 범위가 좁고, 식토에서는 범위가 넓다.
- 작물이 정상 생육하는 유효수분 범위 : pF 1.8~3.0

13 **다음 중 벼 장해형 냉해에 가장 민감한 시기로 옳은 것은?**

① 유묘기
② 감수분열기
③ 최고분얼기
④ 유숙기

해설 장해형 냉해 : 유수형성기부터 개화기 사이, 특히 생식세포의 감수분열기에 냉온의 영향을 받아서 생식기관이 정상적으로 형성되지 못하거나 꽃가루의 방출 및 수정에 장해를 일으켜 결국 불임현상이 초래되는 유형의 냉해이다.

14 **무기성분의 산화와 환원형태로 옳지 않은 것은?**

① 산화형 : SO_4, 환원형 : H_2S
② 산화형 : NO_3, 환원형 : NH_4
③ 산화형 : CO_2, 환원형 : CH_4
④ 산화형 : Fe^{++}, 환원형 : Fe^{+++}

해설 밭토양과 논토양에서의 원소의 존재형태

원소	밭토양(산화상태)	논토양(환원상태)
탄소(C)	CO_2	메탄(CH_4), 유기산물
질소(N)	질산염(NO_3^-)	질소(N_2), 암모니아(NH_4^+)
망간(Mn)	Mn^{4+}, Mn^{3+}	Mn^{2+}
철(Fe)	Fe^{3+}	Fe^{2+}
황(S)	황산(SO_4^{2-})	황화수소(H_2S), S
인(P)	인산(H_2PO_4), 인산알루미늄 ($AlPO_4$)	인산이수소철 ($Fe(H_2PO_4)_2$), 인산이수소칼슘 ($Ca(H_2PO_4)_2$)
산화환원전위(Eh)	높다	낮다

15 **다음 중 영양번식을 하는 데 발근 및 활착을 촉진하는 처리가 아닌 것은?**

① 황화처리 ② 프라이밍
③ 환상박피 ④ 옥신류 처리

해설 프라이밍(priming) : 파종 전 종자에 수분을 가해 발아에 필요한 생리적 준비를 갖추게 하여 발아 속도와 균일성을 높이려는 것이다.

16 **다음 중 방사선을 육종적으로 이용할 때에 대한 설명으로 옳지 않은 것은?**

① 주로 알파선을 조사하여 새로운 유전자를 창조한다.
② 목적하는 단일유전자나 몇 개의 유전자를 바꿀 수 있다.
③ 연관군 내의 유전자를 분리할 수 있다.
④ 불화합성을 화합성으로 변화시킬 수 있다.

정답 11 ① 12 ① 13 ② 14 ④ 15 ② 16 ①

해설 X선, γ선, β선, 중성자 등이 있으며, X선과 γ선은 균일하고 안정한 처리가 쉽고 잔류방사능이 없어 많이 이용된다.

17 **다음 중 인과류에 해당하는 것은?**

① 앵두　② 포도
③ 감　④ 사과

해설 인과류(仁果類)
- 꽃받기의 피층이 발달하여 과육 부위가 되고 씨방은 과실 안쪽에 위치하여 과심 부위가 되는 과실
- 사과, 배, 모과 등

18 **질소 농도가 0.3%인 수용액 20L를 만들어서 엽면시비를 할 때 필요한 요소비료의 양은? (단, 요소비료의 질소 함량은 46%이다.)**

① 약 28g　② 약 60g
③ 약 77g　④ 약 130g

해설 수용액 20L=20,000mL이며 여기에 질소농도 0.3%이면 질소의 양은 60g이 된다.
요소의 질소 함량이 46%이므로 60÷0.46≒130g이 된다.

19 **영양번식을 위해 엽삽을 이용하는 것은?**

① 베고니아　② 고구마
③ 포도나무　④ 글라디올러스

해설 삽목에 이용되는 부위에 따라 엽삽, 근삽, 지삽 등으로 구분된다.
- 엽삽(葉挿, leaf cutting) : 베고니아, 펠라고늄 등에 이용된다.
- 근삽(根挿, root cutting) : 사과, 자두, 앵두, 감 등에 이용된다.
- 지삽(枝挿, stem cutting) : 포도, 무화과 등에 이용된다.

20 **화곡류에서 잎을 일어서게 하여 수광률을 높이고, 증산을 줄여 한해 경감 효과를 나타내는 무기성분으로 옳은 것은?**

① 니켈　② 규소
③ 셀레늄　④ 리튬

해설 규소(Si)
- 규소는 모든 작물에 필수원소는 아니나, 화본과 식물에서는 필수적이며, 화곡류에는 함량이 매우 높다.
- 화본과작물의 가용성 규산화 유기물의 시용은 생육과 수량에 효과가 있으며, 벼는 특히 규산 요구도가 높으며 시용효과가 높다.
- 해충과 도열병 등에 내성이 증대되며, 경엽의 직립화로 수광태세가 좋아져 광합성에 유리하고, 증산을 억제하여 한해를 줄이고, 뿌리의 활력이 증대된다.
- 불량환경에 대한 적응력이 커지고, 도복저항성이 강해진다.
- 줄기와 잎으로부터 종실로 P과 Ca이 이전되도록 조장하고, Mn의 엽내 분포를 균일하게 한다.

제2과목 토양특성 및 관리

21 **다음 중 풍화에 가장 강한 1차 광물은?**

① 휘석　② 백운모
③ 정장석　④ 감람석

해설 암석의 풍화 저항성
- 석영 > 백운모, 정장석(K장석) > 사장석(Na와 Ca장석) > 흑운모, 각섬석, 휘석 > 감람석 > 백운석, 방해석 > 석고
- 백운모는 Fe^{2+}이 적어 백색이며 풍화가 어렵다.
- 방해석과 석고는 이산화탄소로 포화된 물에 쉽게 용해된다.
- 감람석과 흑운모는 Fe^{2+}이 많아 유색이고 쉽게 풍화된다.

22 **다음 중 작물생육의 필수원소가 아닌 것은?**

① Zn　② Cu
③ Co　④ Fe

해설 필수원소의 종류(16종)
- 의의 : 작물 생육에 필요한 필요불가결한 요소이다.
- 다량원소(9종) : 탄소(C), 산소(O), 수소(H), 질소(N), 인(P), 칼륨(K), 칼슘(Ca), 마그네슘(Mg), 황(S)
- 미량원소(7종) : 철(Fe), 망간(Mn), 구리(Cu), 아연(Zn), 붕소(B), 몰리브덴(Mo), 염소(Cl)

정답 17 ④ 18 ④ 19 ① 20 ② 21 ② 22 ③

23 **산성토양에 대한 설명으로 틀린 것은?**

① 작물 뿌리의 효소 활성을 억제한다.
② 인산이 활성알루미늄과 결합하여 인산 결핍이 초래된다.
③ 산성이 강해지면 일반적으로 세균은 늘고 사상균은 줄어든다.
④ 낮은 pH로 인해 독성 화합물의 용해도가 증가한다.

해설 토양반응과 미생물
- 토양유기물 분해와 공중질소를 고정하여 유효태양분을 생성하는 활성박테리아(세균)는 중성 부근의 토양반응을 좋아하며, 강산성에 적응하는 세균의 종류는 많지 않다.
- 곰팡이는 넓은 범위의 토양반응에 적응하나 산성토양에서 잘 번식한다.

24 **최근 경작지 토양의 양분 불균형이 문제가 되고 있는데, 그 원인으로 거리가 먼 것은?**

① 완숙 퇴비의 시용
② 시비 없는 작물 재배
③ 3요소 복합비료에 편중된 시비
④ 미량원소의 공급 미흡

해설 완숙 퇴비의 시용은 양분 불균형 문제의 대책이 될 수 있다.

25 **기후가 토양의 특성에 미치는 영향에 대한 설명으로 틀린 것은?**

① 강수량이 많을수록 토양생성속도가 빨라지고 토심도 깊어진다.
② 고온다습한 기후에서는 철광물이 많이 잔류된다.
③ 한랭하고 강수량이 많으면 유기물 함량이 적은 토양이 생성된다.
④ 건조한 기후 지대에서는 염류성 또는 알칼리성 토양이 생성된다.

해설 한랭하고 강수량이 많으면 세균에 의한 유기물의 분해가 늦어져 유기물이 축적된다.

26 **질산화작용 억제제에 대한 설명으로 틀린 것은?**

① 질산화작용에 관여하는 미생물의 활성을 억제한다.
② 개발 제품으로는 Nitrapyrin, Dwell 등이 있다.
③ 밭작물은 NO_3^- 보다 NH_4^+ 를 더 많이 흡수하기 때문에 적극 사용한다.
④ 질소 성분을 NH_4^+ 로 유지시켜 용탈에 의한 비료 손실을 줄이는 효과가 있다.

해설 ① 질산태질소($NO_3^- - N$)
㉠ 질산암모늄(NH_4NO_3), 칠레초석($NaNO_3$), 질산칼륨(KNO_3), 질산칼슘($Ca(NO_3)_2$) 등이 있다.
㉡ 물에 잘 녹고 속효성이며, 밭작물 추비에 알맞다.
㉢ 음이온으로 토양에 흡착되지 않고 유실되기 쉽다.
㉣ 논에서는 용탈에 의한 유실과 탈질현상이 심해서 질산태질소 비료의 시용은 불리하다.

② 암모니아태질소($NH_4^+ - N$)
㉠ 황산암모늄($(NH_4)_2SO_4$), 염산암모늄(NH_4Cl), 질산암모늄(NH_4NO_3), 인산암모늄($(NH_4)_2HPO_4$), 부숙인분뇨, 완숙퇴비 등이 있다.
㉡ 물에 잘 녹고 속효성이나 질산태질소보다는 속효성이 아니다.
㉢ 양이온으로 토양에 잘 흡착되어 유실이 잘 되지 않고, 논의 환원층에 시비하면 비효가 오래간다.
㉣ 밭토양에서는 속히 질산태로 변하여 작물에 흡수된다.
㉤ 유기물이 함유되지 않은 암모니아태질소의 연용은 지력소모를 가져오며 암모니아 흡수 후 남는 산근으로 토양을 산성화시킨다.
㉥ 황산암모늄은 질소의 3배에 해당되는 황산을 함유하고 있어 농업상 불리하므로 유기물의 병용으로 해를 덜어야 한다.

27 **식물의 양분흡수 이용 능력에 직접적으로 영향을 주는 요인으로 거리가 먼 것은?**

① 뿌리의 표면적
② 뿌리의 호흡작용
③ 근권의 질소가스 농도
④ 양분 활성화와 관련된 뿌리 분비물의 종류와 양

정답 23 ③ 24 ① 25 ③ 26 ③ 27 ③

해설 • 뿌리의 표면적이 증가하면 토양과 접촉면이 넓어져 흡수율이 높아진다.
• 뿌리의 호흡작용에 의해 뿌리 활력의 유지로 흡수율이 높아지며, 과습에 의한 산소의 부족으로 호흡이 억제되면 양수분의 흡수가 억제된다.
• 뿌리는 용액 중 양분을 직접 흡수하기도 하고 토양입자에 흡착된 뿌리 표면의 H^+ 과 맞교환으로 흡수하기도 하고, 뿌리의 생리적 기능 중 잘 녹지 않는 물질을 용해하여 흡수하는 기능도 있다.

28 토양의 떼알(입단) 구조 생성 및 발달 조건과 관계없는 것은?

① 수화도가 낮은 양이온성 물질을 토양에 준다.
② 토양을 멸균 처리하여 미생물의 활동을 억제시킨다.
③ 건조와 습윤 조건을 반복시켜 토양을 관리한다.
④ 녹비작물이나 목초를 재배한다.

해설 입단구조를 형성하는 주요 인자
• 유기물과 석회의 시용 : 유기물이 미생물에 의해 분해되면서 미생물이 분비하는 점질물질이 토양입자를 결합시키며, 석회는 유기물의 분해 촉진과 칼슘이온 등이 토양입자를 결합시키는 작용을 한다.
• 콩과작물의 재배 : 콩과작물은 잔뿌리가 많고 석회분이 풍부해 입단 형성에 유리하다.
• 토양이 지렁이의 체내를 통하여 배설되면 내수성 입단구조가 발달한다.
• 토양의 피복 : 유기물의 공급 및 표토의 건조, 토양유실의 방지로 입단 형성과 유지에 유리하다.
• 토양개량제(soil conditioner)의 시용 : 인공적으로 합성된 고분자 화합물인 아크리소일(Acrisoil), 크릴륨(Krilium) 등의 작용도 있다.

29 토성을 구분하거나 결정할 때 이용되는 것으로 거리가 먼 것은?

① 토성삼각도 ② 촉감법
③ Stokes 공식 ④ Munsell 기호

해설 Munsell 기호는 색상을 나타내는 기호이다.

30 다음 토양 표층에서 발견되는 생물 중 개체수가 가장 많은 것은?

① 방선균 ② 지렁이
③ 진드기 ④ 선충

해설 사상균(곰팡이, 진균)
• 담자균, 자낭균 등
• 산성, 중성, 알칼리성 어디에서나 생육하며 습기에도 강하다.
• 단위면적당 생물체량이 가장 많은 토양미생물이다.

31 기온의 변화는 암석의 물리적 풍화를 촉진시킨다. 그 원인으로 가장 적절한 것은?

① 팽창수축 현상
② 산화환원 현상
③ 염기용탈 현상
④ 동형치환 현상

해설 물질은 온도가 상승하면 팽창하고, 하강하면 수축하는 성질을 갖는다.

32 유기물의 부식화 과정에 가장 크게 영향을 미치는 요인은?

① 토양 온도
② 유기물에 함유된 탄소와 질소의 함량비
③ 토양의 수소이온 농도
④ 토양의 모재

해설 미생물은 영양원으로 질소를 소비하며 탄수화물을 분해한다. 질소가 부족한 경우 질소기아현상이 발생할 수 있다.

33 여름철 논토양의 지온 상승 시 나타나는 현상과 가장 관련이 깊은 것은?

① 염기포화도 증가
② 탈질작용 억제
③ 암모니아화작용 촉진
④ 부식물 직접 증가

정답 28 ② 29 ④ 30 ① 31 ① 32 ② 33 ③

해설 지온상승효과

- 한여름 논토양의 지온이 높아지면 유기태질소의 무기화가 촉진되어 암모니아가 생성되는 것을 지온상승효과라 한다.
- 25℃에서보다 40℃일 때 암모니아 생성량이 많다.
- 지온 상승에 따른 암모니아 생성량은 습토와 풍건토의 차이가 크게 나타나지 않는다.

34 다음 중 포장용수량이 가장 큰 토성은?

① 사양토 ② 양토
③ 식양토 ④ 식토

해설 토양수분 장력의 변화

- 토양수분 장력과 토양수분 함유량은 함수관계가 있으며 수분이 많으면 수분장력은 작아지고 수분이 적으면 수분장력이 커지는 관계에 있다.
- 수분 함유량이 같아도 토성에 따라 수분장력은 달라진다.
- 동일한 pF값에서 사토보다 식토에서 절대수분 함량이 높다.

35 토양유기물 분해에 적절한 조건이 아닌 것은?

① 혐기성 조건일 때
② 온도가 25~35℃일 때
③ 토양산도가 중성에 가까울 때
④ 토양 공극의 약 60%가 물로 채워져 있을 때

해설 대부분의 토양유기물을 분해하는 미생물의 호기성균이므로 혐기적 조건에서는 미생물에 의한 유기물의 분해가 늦다.

36 토양 부식에 대한 설명으로 틀린 것은?

① 토양 pH 변화에 완충작용을 한다.
② 토양 미생물에 의하여 쉽게 분해된다.
③ 토양의 양이온 치환 용량을 증가시킨다.
④ 토양 입단화에 도움을 준다.

해설 부식 : 토양에 투입된 유기물이 여러 미생물에 의해 분해작용을 받아 원조직이 변질되거나 새롭게 합성된 갈색, 암갈색의 일정한 형태가 없는 교질상 물질이다.

37 우리나라 경작지 토양 중 통상적으로 영양염류의 함량이 가장 높은 곳은?

① 시설재배지 ② 과수원
③ 논 ④ 밭

해설 시설재배 토양은 염류농도가 높다.(염류가 집적되어 있다.)

- 시설재배 토양은 염류집적이 문제가 된다.
- 시설재배지의 토양이 노지 토양보다 염류집적이 되는 이유는 시설에 의해 강우가 차단되어 염류의 자연용탈이 일어나지 못하기 때문이다.

38 다음 점토광물 중 수분 함량에 따라 부피가 가장 크게 변하는 것은?

① 스멕타이트
② 카올리나이트
③ 버미큘라이트
④ 일라이트

해설 montmorillonite(몽모라이트군=스멕타이트군)

- 2:1 격자형이며 팽창형이다.
- 각 결정단위의 표면에도 흡착 위치가 존재하므로 양이온 교환용량이 매우 크다.
- 결정단위 사이의 결합은 반데르발스 힘으로 약하다.
- 수분이 층 사이로 쉽게 출입할 수 있어 쉽게 수축 · 팽창한다.
- 토양용액 중 나트륨이온이 많은 환경에서 몽모리오나이트가 젖으면 건조 시의 부피보다 3~10배로 팽창한다.
- 산성백토 또는 벤토나이트 등은 몽모리오나이트가 주가 된다.
- 염화암모늄 같은 강산염의 NH_4^+ 이온을 첨가 시 토양의 단위 치환용량에 대한 NH_4^+ 흡착량이 가장 크다.

39 탄질률(C/N율)이 매우 높은 유기물을 토양에 시용하였을 때 나타날 수 있는 현상은?

① 탈질
② 질소의 부동화
③ 분해속도 증가
④ 암모니아의 휘산

정답 34 ④ 35 ① 36 ② 37 ① 38 ① 39 ②

해설 부동화 작용 : 토양 중에 존재하는 무기영양물질이 미생물에 의해 흡수되어 유기체로 형태가 변환되어져 식물이 쉽게 이용할 수 없게 되는 과정을 의미한다. 토양 속의 영양염류가 미생물에 의해 이용되므로 식물이 이용할 수 없게 된다. 토양에 포함되어 있는 NH_4^+, NO_3^- 와 같은 무기체 영양분이 미생물에 의하여 이용되어져 식물의 질소기아현상 등이 그 예이다. 토양에 유기물의 양은 많고 질소의 양이 적을 때 부동화 작용이 일어난다.

40 완효성 비료에 속하지 않는 것은?

① 피복요소
② IBDU(isobutylidene diurea)
③ Fe-EDTA
④ CDU(crotonylidene diurea)

해설
- Fe-EDTA(킬레이트철) : 철 결핍 시 관주, 또는 양액 제조에 이용한다.
- 완효성 비료 : 양분이 서서히 높아 나와 작물에 이용되는 비료(피복 요소, CDU, IBDU 등)

제3과목 유기농업개론

41 다음 중 내습성이 가장 강한 작물은?

① 당근 ② 미나리
③ 고구마 ④ 감자

해설 내습성 작물과 품종의 선택
- 내습성의 차이는 품종 간에도 크게 다르며, 답리작 맥류 재배에서는 내습성이 강한 품종의 선택이 안전하다.
- 작물의 내습성 : 골풀, 미나리, 택사, 연, 벼>밭벼, 옥수수, 율무>유채, 고구마>보리, 밀>감자, 고추>토마토, 메밀>파, 양파, 당근, 자운영
- 채소의 내습성 : 양상추, 양배추, 토마토, 가지, 오이>시금치, 우엉, 무>당근, 꽃양배추, 멜론, 피망
- 과수의 내습성 : 올리브>포도>밀감>감, 배>밤, 복숭아, 무화과

42 「농림축산식품부 소관 친환경농어업 육성 및 유기식품 등의 관리 · 지원에 관한 법률 시행규칙」상 병해충 관리를 위하여 사용이 가능한 물질은? (단, 사용 가능 조건을 모두 만족한다.)

① 사람의 배설물 ② 버섯재배 퇴비
③ 난황 ④ 벌레 유기체

해설 병해충 관리를 위하여 사용이 가능한 물질
난황(卵黃, 계란노른자 포함) : 화학물질의 첨가나 화학적 제조공정을 거치지 않을 것

43 병충해의 방제에 있어서 동반작물을 같이 재배하면 병충해를 경감시키고 잡초를 방제할 수 있다. 다음 작물과 동반작물의 조합으로 적절하지 않은 것은?

① 완두콩 - 당근, 양배추, 주키니 호박
② 오이 - 완두, 콜라비, 파, 옥수수
③ 양파 - 당근, 박하, 딸기
④ 상추 - 강낭콩, 감자, 딜(회향), 양배추

해설
㉠ 상추+양배추 : 해충 예방
㉡ 상추+당근 : 양쪽 모두 생육이 좋아진다.
㉢ 동반작물(同伴作物, companion crop) : 하나의 작물이 다른 작물에 어떤 이익을 주는 조합식물
㉣ 동반 작물의 궁합과 원리
동반 작물의 조합에는 여러 가지 형태가 있다. 그러나 반대되는 성격을 서로 보완하는 것이 기본 원리다.
- 햇빛을 좋아하는 작물과 그늘을 좋아하는 작물
- 뿌리가 깊게 뻗는 작물과 얕게 뻗는 작물
- 양분을 많이 필요로 하는 작물과 적게 필요로 하는 작물
- 질소를 고정하는 능력이 많은 작물과 그 반대인 작물
- 벌레가 좋아하는 작물과 싫어하는 작물
- 생장이 빠른 작물과 늦은 작물
- 꽃이 빨리 피어 익충(益蟲)을 부르는 작물과 꽃이 늦게 피거나 피지 않는 작물
- 초장이 짧은 작물과 긴 작물
- 주작물을 보호하기 위해 벌레가 좋아하는 작물을 미끼로 심는 것 등이 그 예이다.

정답 40 ③ 41 ② 42 ③ 43 ④

44 친환경농업의 목적으로 가장 거리가 먼 것은?

① 지속적 농업 발전
② 안전농산물 생산
③ 고비용 · 고투입 농산물 생산
④ 환경보전적 농업 발전

해설 친환경농업의 목적
- 농어업의 환경보전기능을 증대시킨다.
- 농어업으로 인한 환경오염을 줄인다.
- 친환경농어업을 실천하는 농어업인을 육성한다.
- 지속가능한 친환경농어업을 추구한다.
- 친환경농수산물과 유기식품 등을 관리한다.
- 생산자와 소비자를 함께 보호한다.

45 토양 미생물 활용은 식물보호를 위하여 사용되는데 이는 길항, 항생 및 경합작용을 이용한 것이다. 이때 얻을 수 있는 효과로 가장 거리가 먼 것은?

① 병 감염원 감소
② 작물표면 보호
③ 연작 장해 촉진
④ 저항성 증가

해설 연작 장해를 억제한다.

46 두과 녹비작물 재배에 대한 설명으로 틀린 것은?

① 경운, 파종, 수확 및 토양 내 혼입 등 작업에 집약적인 노동력이 필요하다.
② 녹비작물의 효과는 단기간보다 장기간에 걸쳐 서서히 나타난다.
③ 일부 녹비작물은 가축의 사료 또는 식량자원으로 활용이 가능하다.
④ 녹비작물을 주작물 사이에 간작의 형태로 재배하는 경우 주작물과 질소 경합이 발생할 수 있다.

해설 간작은 주작물과 간작물의 적절한 조합으로 비료의 경제적 이용이 가능하고 녹비에 의한 지력 상승을 꾀할 수 있다.

47 '부엽토와 지렁이'라는 책에서 자연에서 지렁이가 담당하는 역할에 관해 기술하면서, 만일 지렁이가 없다면 식물은 죽어 사라질 것이라고 결론지었으며, 유기농법의 이론적 근거를 최초로 제공한 사람은?

① Franklin King ② Thun
③ Steiner ④ Darwin

해설 Charles Darwin : 자연에서 지렁이가 담당하는 역할 강조, 『부엽토와 지렁이』 – 만일 지렁이가 없다면 식물은 죽어 사라질 것이다. 찰스 다윈은 지렁이가 구멍을 뚫으면서 다량의 흙을 삼켜버리고, 흙속에 포함되어 있는 소화될 수 있는 물질을 흡수한다고 주장하였다. 그는 지렁이는 매년 건조토양을 1에이커당 10t 이상의 흙을 삼켜서 소화기를 통과시키기 때문에 표토 전체가 수년마다 지렁이에 의해 처리된다고 추정하였다. 또한 비옥한 토양에서는 지렁이 분변에 의해 매년 평균 1/5인치 두께의 표토가 덧붙여진다고 추정하였다.

48 작물별 3요소(N:P:K) 흡수비율 중 옳은 것은?

① 옥수수 – 4:1:3 ② 콩 – 5:1:1.5
③ 감자 – 3:2:4 ④ 벼 – 4:2:3

해설 작물별 3요소 흡수비율(질소:인:칼륨)
- 콩 5:1:1.5
- 벼 5:2:4
- 맥류 5:2:3
- 옥수수 4:2:3
- 고구마 4:1.5:5
- 감자 3:1:4

49 유기사료 생산에 대한 설명으로 가장 적합한 것은?

① 유기사료는 일반 작물과 같은 방법으로 재배하여도 무방하다.
② 유기사료는 일반 작물과 같은 방법으로 재배하고 살충제만 사용하지 않으면 된다.
③ 유기사료는 일반 작물과 같은 방법으로 재배하고 제초제만 사용하지 않으면 된다.
④ 유기사료는 유전자 조작이 되지 않은 종묘를 합성비료와 합성농약을 사용하지 않고 생산해야 한다.

정답 44 ③ 45 ③ 46 ④ 47 ④ 48 ② 49 ④

해설 "유기사료"란 유기농산물 및 비식용유기가공품 인증기준에 맞게 재배 · 생산된 사료를 말한다.

50 유기벼 재배에서 제초제를 사용하지 않고 친환경적 잡초방제를 할 때, 어느 품종을 선택하는 것이 잡초 발생 억제에 가장 도움이 되겠는가?

① 초기생육이 늦고 키가 작은 품종
② 유효분얼이 빠르고 키가 큰 품종
③ 활착기가 길고 후기 생육이 왕성한 품종
④ 유효분얼 기간이 짧고 이삭수가 적은 품종

해설 잡초와 경합 우세를 위해서는 초기생육이 빠르고, 유효분얼이 빠르며, 키가 크고, 생육이 왕성한 품종이 유리하다.

51 해마다 좋은 결과를 시키려면 해당 과수의 결과 습성에 알맞게 진정을 해야 하는데, 2년생 가지에 결실하는 것으로만 나열된 것은?

① 비파, 호두 ② 포도, 감귤
③ 감, 밤 ④ 매실, 살구

해설 과수의 결과 습성
- 1년생 가지에 결실하는 과수 : 포도, 감, 밤, 무화과, 호두 등
- 2년생 가지에 결실하는 과수 : 복숭아, 자두, 살구, 매실, 양앵두 등
- 3년생 가지에 결실하는 과수 : 사과, 배 등

52 다음 중 산성토양에 가장 강한 작물은?

① 감자 ② 겨자
③ 고추 ④ 완두

해설 산성토양에 대한 작물의 적응성
- 극히 강한 것 : 벼, 밭벼, 호밀, 귀리, 토란, 아마, 기장, 땅콩, 감자, 수박, 봄무, 루핀 등
- 강한 것 : 메밀, 옥수수, 수수, 목화, 당근, 오이, 호박, 딸기, 포도, 토마토, 밀, 조, 고구마, 담배, 베치 등
- 약간 강한 것 : 유채, 피, 무 등
- 약한 것 : 보리, 클로버, 양배추, 근대, 가지, 삼, 겨자, 고추, 완두, 상추 등
- 가장 약한 것 : 알파파, 콩, 팥, 자운영, 시금치, 사탕무, 셀러리, 부추, 양파 등

53 친환경적인 잡초발생 억제 방법으로 가장 적당한 것은?

① 변온 처리
② 화학자재 투입
③ 경작층에 산소 공급
④ 지표면에 대한 적색광 차단

해설 적색광을 차단하면 피토크롬을 불활성화시켜 호광성 잡초 종자의 발아를 억제한다.

54 동물이 누려야 할 복지로 거리가 먼 것은?

① 도축장까지의 안전운반을 위한 합성 진정제 접종의 자유
② 행동 표현의 자유
③ 갈증, 허기, 영양결핍으로부터의 자유
④ 공포, 스트레스로부터의 자유

해설 질병이 없는데도 동물용의약품을 투여해서는 아니 된다.

55 다음에서 설명하는 시설원예 자재는?

> 아크릴수지에 유리섬유를 샌드위치 모양으로 넣어 가공한 것으로 1973년부터 시판되기 시작하였다.

① FRP판 ② FRA판
③ MMA판 ④ PC판

해설 FRA판(유리섬유강화 아크릴판) : 아크릴수지의 유리섬유를 샌드위치 모양으로 넣어 가공한 것으로, 아크릴수지와 유리섬유가 벗겨짐에 따라 백화(白化)하는 결함이 있으나 내후성(耐候性, 자재를 옥외 조건하에서 광, 열, 바람, 비 등에 노출했을 경우의 견디는 성질)이 뛰어나고 광투과율이 높은 편이다. 또한 산광성피복재로서 자외선 투과율도 FRP에 비해 높은 편이다.

정답 50 ② 51 ④ 52 ① 53 ④ 54 ① 55 ②

56 **담수화의 논토양 특성으로 틀린 것은?**

① 표면의 환원층과 그 밑의 산화층으로 토층 분화한다.

② 논토양의 환원층에서 탈질작용이 일어난다.

③ 논토양의 산화층에서 질화작용이 일어난다.

④ 담수 전의 마른 상태에서는 환원층을 형성하지 않는다.

해설 논토양의 토층

- 표층(산화층) : 토양 중 유기물의 분해가 진전되어 분해되기 쉬운 유기물이 감소하면 토양 상층부는 논물에서 공급되는 산소가 미생물이 소비하는 양보다 많아지며, 표층 수mm에서 1~2cm 층은 Fe^{3+}로 인해 적갈색을 띤 산화층이 된다.
- 작토층(환원층) : 표층 이하의 작토층은 Fe^{2+}로 인해 청회색의 환원층이 된다.

57 **유기축산물 생산 시 유기양돈에서 생산할 수 있는 육가공 제품은?**

① 치즈 ② 버터

③ 햄 ④ 요거트

해설 치즈, 버터, 요거트는 우유를 이용한 제품이다.

58 **종자의 증식 보급체계로 옳은 것은?**

① 기본식물 양성 → 원원종 생산 → 원종생산 → 보급종 생산

② 원종 생산 → 원원종 생산 → 보급종 생산 → 기본식물 양성

③ 원원종 생산 → 원종 생산 → 기본식물 양성 → 보급종 생산

④ 보급종 생산 → 원종 생산 → 원원종 생산 → 기본식물 양성

해설 우리나라 종자증식 체계 : 기본식물 → 원원종 → 원종 → 보급종의 단계를 거친다.

59 **다음 중 포식성 곤충은?**

① 침파리 ② 고치벌

③ 꼬마벌 ④ 무당벌레

해설 천적의 분류와 종류

- 기생성 천적 : 기생벌, 기생파리, 선충 등
- 포식성 천적 : 무당벌레, 포식성 응애, 풀잠자리, 포식성 노린재류 등
- 병원성 천적 : 세균, 바이러스, 원생동물 등

60 **유기축산 젖소관리에서 착유우의 이상적인 건유 기간으로 옳은 것은?**

① 10~15일

② 20~30일

③ 50~60일

④ 80~100일

해설 건유 기간 : 초산우, 2산우는 70~80일, 3산우와 4산우는 60일, 5산우 이상은 50일이 바람직하다.

제4과목 유기식품 가공 유통론

61 **생선, 육류 등의 가스충진(gas flushing) 포장에 대한 설명으로 잘못된 것은?**

① 산소, 질소, 탄산가스 등이 주로 사용된다.

② 세균의 발육을 억제하기 위해서는 주로 탄산가스가 사용된다.

③ 가스충전 포장에 사용되는 포장 재료는 기체투과도가 낮은 재료를 사용하여야 한다.

④ 가스충진 포장을 한 제품의 경우 일반적으로 상온에 저장하여도 무방하다.

해설 가스충진 포장을 한 제품의 경우에도 저온에 저장하여야 한다.

62 **식품첨가물과 용도의 연결이 틀린 것은?**

① 곰팡이 생성 방지 - 폴리라이신

② 항균성 물질 생산 - 유산균

정답 56 ① 57 ③ 58 ① 59 ④ 60 ③ 61 ④ 62 ①

③ 항산화 작용 - 포도씨 추출물
④ 과실, 채소의 선도 유지 - 히노키티올

해설 폴리라이신 : 항균제로 가공식품의 보존료로 사용되는 식품첨가물이다.

63 **다음 [보기]에서 사용하는 마케팅 전략은?**

> 유기농 사과주스를 판매하는 영농조합 법인은 유기농 재료로 가공되어 잔류 농약 걱정이 전혀 없고, 사과주스를 마시면 피부미용과 맛 두 가지를 한꺼번에 잡을 수 있음을 상품 광고에 적극 활용하고 있다.

① S(Strength)-O(Opportunity) 전략
② S(Strength)-T(Threat) 전략
③ W(Weak)-O(Opportunity) 전략
④ W(Weak)-T(Threat) 전략

해설 ① SWOT 분석요소
㉠ 강점(strength) : 경쟁자와 비교하여 고객으로부터 우위에 있다고 인식되는 부분
㉡ 약점(weakness) : 경쟁자와 비교하여 고객으로부터 열세에 있다고 인식되는 부분
㉢ 기회(opportunity) : 외부환경에서 유리한 조건이나 상황요인
㉣ 위협(threat) : 외부환경에서 불리한 조건이나 상황요인
② SWOT 분석을 이용한 전략과제를 개발하기 위한 전략유형
㉠ SO전략(강점-기회전략) : 시장의 기회를 활용하기 위해 강점을 사용하는 전략
㉡ ST전략(강점-위협전략) : 시장의 위협을 회피하기 위하여 강점을 사용하는 전략
㉢ WO전략(약점-기회전략) : 약점을 극복하여 시장의 기회를 활용하는 전략
㉣ WT전략(약점-위협전략) : 시장의 위협을 회피하고 약점을 최소화하는 전략

64 **현재 우리나라에서 시행하는 친환경 농축산물 관련 인증제도에 해당하지 않는 것은?**

① 유기농산물 인증
② 무농약농산물 인증
③ 저농약농산물 인증
④ 유기축산물 인증

해설 저농약농산물 인증은 2010년부터 신규 인증을 중단하고 2016년부터 완전 폐지되었다.

65 **통조림과 병조림의 제조 중 탈기의 효과가 아닌 것은?**

① 산화에 의한 맛, 색, 영양가 저하 방지
② 저장 중 통 내부의 부식 방지
③ 호기성 세균 및 곰팡이의 발육 억제
④ 단백질에서 유래된 가스성분 생성

해설 탈기
① 밀봉 전 용기 내부의 공기를 제거하는 공정
② 목적
㉠ 관 내부의 부식 억제
㉡ 산화로 인한 내용물의 품질저하 방지
㉢ 가열살균 시 밀봉부의 파손 또는 이그러짐 방지
㉣ 호기성 미생물의 발육 억제
㉤ 변패관의 식별 용이

66 **가열 살균법과 온도, 시간의 연결이 적절하지 않은 것은?**

① 고온순간살균, 75~75℃, 15~20초
② 저온장시간살균, 63~65℃, 10~15분
③ 초고온살균, 130~150℃, 0.5~5초
④ 건열살균, 150~180℃, 1~2시간

해설 저온살균법
- 저온살균법은 62~65℃의 저온에서 30분 동안 살균을 한다.
- 영양세포 수를 상당히 감소할 수 있으나 내열성 포자는 생존한다.
- 산성 과실통조림 살균에 사용된다.
- 저산성식품의 경우 2차 살균으로도 사용되고 있다.

정답 63 ① 64 ③ 65 ④ 66 ②

67 **고전압 펄스 전기장 처리법에 대한 설명으로 옳은 것은?**

① 고전압과 저전압을 번갈아 가하면서 우유 지방구를 균질하는 방법이다.

② 세포막 내 · 외의 전위차를 크게 형성함으로써 미생물의 세포막을 파괴하여 미생물을 저해시키는 방법이다.

③ 고전압을 반복적으로 가하면서 농산물을 파쇄하여 성분 추출을 용이하게 하는 방법이다.

④ 고압에 의해 세포 내 고분자 물질의 입체구조를 변화시킴으로써 세포를 사멸시키는 방법이다.

해설 고전압 펄스법

- 짧은 시간 직류전압을 걸어 주는 방법을 펄스전압이라고 한다.
- 고전압 펄스법은 세포막 사이에 수만 볼트의 전압을 순간적으로 주는 방법으로 미생물이 고전압 자기장에 놓이면 인지질의 이중층으로 구성된 세포막이 파괴되어 사멸한다.
- 식품의 물리적, 화학적, 영양학적 특성 변화가 거의 없고, 저장성 및 유통 기간에 따른 문제점을 해소할 수 있다.
- 가열 조작에 의한 에너지 손실을 방지하고, 식품이 변질되지 않는다.

68 **범위의 경제성이 발생하는 현상과 관련한 설명으로 적합하지 않은 것은?**

① 결합생산 또는 복합경영 시 발생한다.

② 소품종 대량생산 또는 유통 시 가변비용 감축으로 발생한다.

③ 복합경영 시 중복비용의 절감 때문에 발생한다.

④ 다품종 소량생산 또는 유통과정에서 발생한다.

해설 범위의 경제성 : 한 제품을 생산하는 작업 과정에서 필요로 하는 인적 자원이나 물적 자원, 재무 자원 따위와 같은 투입 요소를 여러 분야에서 공동으로 활용함으로써 얻게 되는 경제적 효과

69 **botulinum의 z값은 10℃이다. 121℃에서 가열하여 균의 농도를 100000의 1로 감소시키는 데 20분이 걸렸다면, 살균온도를 131℃로 하여 동일한 사멸률을 보이려면 몇 분을 가열하여야 하는가?**

① 1분 ② 2분

③ 3분 ④ 4분

해설
- F값 : 설정된 온도에서 미생물을 100% 사멸시키는 데 필요한 시간
- Z값 : 미생물의 가열 치사 시간을 10배 변화시키는 데 필요한 가열 온도의 차이를 나타내는 값
- D값 : 설정된 온도에서 미생물을 90% 사멸시키는 데 필요한 시간

70 **식품의 물적 유통기능과 관계가 적은 것은?**

① 시간적 효용 ② 장소적 효용

③ 생산적 효용 ④ 형태적 효용

해설 물적유통기능 : 생산과 소비 사이에 시간적, 장소적, 형태적 불일치를 조절해 주는 기능이며, 농축산물의 실질적 이동에 있어 수행되는 수송, 보관, 저장, 포장, 하역기능이 포함된다.

71 **치즈 제조 시 사용하는 렌넷(rennet)에 포함된 렌닌(rennin)의 기능은?**

① 카파 카제인(k-casein)의 분해에 의한 카제인(casein) 안정성 파괴

② 알파 카제인(α -casein)의 분해에 의한 카제인(casein) 안정성 파괴

③ 베타 락토글로불린(β -lactoglobulin)의 분해에 의한 유청단백질 안정성 파괴

④ 알파 락트알부민(α -lactalbumin) 분해에 의한 유청단백질 안정성 파괴

해설 카파 카제인의 분해를 시작할 수 있는 단백질 분해효소는 아스파르트 단백질 분해제 효소이다. 이 효소를 비롯하여 카이모신(chymosin)과 같은 여러 효소들은 렌넷(rennet)으로 불리며 송아지의 위에서 많이 발견된다.

정답 67 ② 68 ② 69 ② 70 ③ 71 ①

72 **수박 한 통의 유통단계별 가격이 농가판매가격 5000원, 위탁상가격 6000원, 도매가격 6500원, 그리고 소비자가격은 8500원이라 한다면, 수박 한 통의 유통마진은 얼마인가?**

① 1000원 ② 1500원
③ 2000원 ④ 3500원

해설 유통마진=소비자가격-농가판매가격
=8,500-5,000=3,500

73 **청국장 제조에 사용하는 납두(natto)균과 가장 비슷한 성질을 갖는 균은?**

① *Mucor rouxii*
② *Saccharomyces cerevisiae*
③ *Lactobacillus casei*
④ *Bacillus subtilis*

해설 낫토균 : *Bacillus subtilis natto*

74 **HACCP 지정 식품처리장의 손 세척 및 소독 방법으로 잘못된 것은?**

① 자동세정을 원칙으로 한다.
② 청정구역으로 들어갈 경우 손 세정 후 자동 건조장치 사용을 원칙으로 한다.
③ 손 소독장치를 설치하는 것이 바람직하다.
④ 손을 말릴 수 있는 물품으로 면 타월을 준비해야 한다.

해설 손을 말릴 수 있는 물품으로 종이 타월, 손 건조기를 준비해야 한다.

75 **분자 내에 자성 쌍극자를 다량 함유한 DNA나 단백질 등의 생물분자에 5~10Tesla 정도의 자기장을 5~500kHz로 처리하여 분자 내 공유결합을 파괴시켜 미생물을 사멸하는 방법은?**

① 고강도 광펄스 살균
② 고전압 펄스 전기장 살균
③ 마이크로파 살균
④ 진동 자기장 펄스 살균

해설 진동자기장(OMF; Oscillating Magnetic Fields) : 식품을 5~50Telsa와 5~500kHz 강도의 single pulse OMF에 노출시켰을 때 최대 약 2log cycle의 미생물 수가 감소되었으며, 20℃의 오렌지주스를 416kHz의 pulse로 처리하였을 때 총 세균수 2.5×104가 6CFU/ml로 감소되었다. 그러나 고강도의 OMF는 magnetic coil 주변에만 존재하며 coil로부터 아주 짧은 거리 내에서도 강도가 급감한다. 자기장은 미생물의 성장을 반대로 유도할 수도 있으며 효소나 세균 포자에는 영향이 거의 없기 때문에 식품 가공방법으로서의 OMF는 아직 미지수이며, 보다 많은 연구가 필요하다(박지용, 2010).

76 **유기농업에 대한 내용으로 가장 거리가 먼 것은?**

① 녹색 혁명에 의한 관행(慣行) 농업
② 생태학적 자원 순환 체제 농업
③ 지속 가능한 농업(sustainable agriculture)
④ 환경 보전형 농업

해설 유기농업은 저투입지속농업을 추구하는 농법으로 기존의 관행농법을 탈피하여야 한다.

77 **농산물 표준규격의 거래단위에 관한 내용으로 (   ) 안에 알맞은 것은?**

(   )kg 미만 또는 최대 거래단위 이상은 거래 당사자 간의 협의 또는 시장 유통 여건에 따라 다른 거래단위를 사용할 수 있다.

① 3 ② 5
③ 7 ④ 10

해설 농산물표준규격(농관원 고시) : 5kg 미만 또는 최대 거래단위 이상은 거래 당사자 간의 협의 또는 시장 유통여건에 따라 다른 거래단위를 사용할 수 있다.

78 **식품의 이물을 검사하는 방법이 아닌 것은?**

① 진공법
② 체분별법
③ 여과법
④ 와일드만플라스크법

정답 72 ④ 73 ④ 74 ④ 75 ④ 76 ① 77 ② 78 ①

해설 식품 제조에 진공은 재료의 온도를 낮추거나 상품의 포장에 이용한다.

79 포장재질에 대한 설명으로 적절하지 않은 것은?

① 폴리스틸렌(PS) : 비교적 무거운 편이고 고온에서 견디는 힘이 강하다.
② 폴리프로필렌(PP) : 표면 광택과 투명성이 우수하며 내한성, 방습성이 좋다.
③ 폴리염화비닐(PVC) : 열접착성, 광택성, 경제성이 좋으나 태울 경우 유독가스가 발생한다.
④ 폴리에스터(PET) : 기체 및 수증기 차단성이 우수하며, 인쇄성, 내열성, 내한성이 좋다.

해설 폴리스틸렌(PS) : 비교적 가벼운 편이고 열에 약하다.

80 유기의 개념과 거리가 먼 것은?

① 지속가능성 ② 친환경
③ 생태적 ④ 유전자 변형

해설 유기에서는 어떠한 경우에도 유전자 변형은 이용할 수 없다.

제5과목 유기농업 관련 규정

81 「농림축산식품부 소관 친환경농어업 육성 및 유기식품 등의 관리·지원에 관한 법률 시행규칙」상 유기농산물 및 유기임산물 생산 시 병충해 관리를 위해 사용 가능한 물질 중 사용 가능 조건이 '달팽이 관리용으로만 사용'인 것은?

① 과망간산칼륨 ② 황
③ 맥반석 ④ 인산철

해설

과망간산칼륨	과수의 병해관리용으로만 사용할 것
황	액상화할 경우에 한하여 수산화나트륨은 황 사용량 이하로 최소화하여 사용할 것. 이 경우 인증품 생산계획서에 등록하고 사용해야 한다.
맥반석 등 광물질 가루	(1) 천연에서 유래하고 단순 물리적으로 가공한 것일 것 (2) 사람의 건강 또는 농업환경에 위해요소로 작용하는 광물질(예 : 석면광 및 수은광 등)은 사용하지 않을 것
인산철	달팽이 관리용으로만 사용할 것

82 「유기식품 및 무농약농산물 등의 인증에 관한 세부실시 요령」상 무농약농산물 생산에 필요한 인증기준 내용이 틀린 것은?

① 재배포장 주변에 공동방제구역 등 오염원이 있는 경우 이들로부터 적절한 완충지대나 보호시설을 확보하여야 한다.
② 재배포장의 토양은 토양 비옥도가 유지 및 개선되도록 노력하여야 하며, 염류의 검출량은 0.01mg/kg 이하여야 한다.
③ 화학비료는 농촌진흥청장·농업기술원장 또는 농업기술센터소장이 재배포장별로 권장하는 성분량의 3분의 1 이하를 범위 내에서 사용시기와 사용자재에 대한 계획을 마련하여 사용하여야 한다.
④ 가축분뇨 퇴·액비를 사용하는 경우에는 완전히 부숙시켜서 사용하여야 하며, 이의 과다한 사용, 유실 및 용탈 등으로 인하여 환경오염을 유발하지 아니하도록 하여야 한다.

해설 재배포장의 토양에 대해서는 매년 1회 이상의 검정을 실시하여 토양 비옥도가 유지·개선되고 염류가 과도하게 집적되지 않도록 노력하며, 토양비옥도 수치가 적정치 이하이거나 염류가 과도하게 집적된 경우 개선계획을 마련하여 이행하여야 한다.

정답 79 ① 80 ④ 81 ④ 82 ②

83 「친환경농어업 육성 및 유기식품 등의 관리 · 지원에 관한 법률」상 유기농어업자재 공시의 유효기간은 공시를 받은 날부터 얼마까지로 하는가?

① 6개월 ② 1년
③ 3년 ④ 5년

해설 제39조(공시의 유효기간 등) ① 공시의 유효기간은 공시를 받은 날부터 3년으로 한다. 〈개정 2016. 12. 2.〉

84 「유기식품 및 무농약농산물 등의 인증에 관한 세부실시 요령」상 인증기관이나 인증번호가 변경되었으나 기존 제작된 포장재 재고량이 남았을 경우 적절한 조치 사항은?

① 별도의 승인 없이 남은 재고 포장재의 사용이 가능하다.
② 포장재 재고량 및 그 사용기간에 대해 농림축산식품부장관의 승인을 받아 기존에 제작된 포장재를 사용할 수 있다.
③ 포장재 재고량 및 그 사용기간에 대해 인증기관의 승인을 받아 기존에 제작된 포장재를 사용할 수 있다.
④ 포장재의 표시 사항은 변경이 불가능하므로 남은 재고량은 즉시 폐기처분하고 변경된 포장재에 대한 승인을 받아야 한다.

해설 인증기관 및 인증번호의 변경에 따른 기존 포장재의 사용기간
가. 인증기관 또는 인증번호가 변경된 경우에는 인증품의 포장에 변경된 사항을 표시하여야 한다.
나. 가목에도 불구하고 기존에 제작된 포장재 재고량이 남아 있는 경우에는 포장재 재고량 및 그 사용기간에 대해 인증기관(인증기관이 변경된 경우 변경된 인증기관을 말함)의 승인을 받아 기존에 제작된 포장재를 사용할 수 있다. 이 경우 인증 사업자는 인증기관이 승인한 문서를 비치하여야 한다.

85 「농림축산식품부 소관 친환경농어업 육성 및 유기식품 등의 관리 · 지원에 관한 법률 시행규칙」상 "유기식품등"에 해당되지 않는 것은?

① 유기농축산물
② 유기가공식품
③ 비식용유기가공품
④ 수산물가공품

해설 수산물은 해양수산부 소관이다.

86 「친환경농어업 육성 및 유기식품 등의 관리 · 지원에 관한 법률」상 인증을 받지 아니한 사업자가 인증품의 포장을 해체하여 재포장한 후 유기표시를 하였을 경우의 과태료 기준은 얼마인가?

① 2000만 원 이하
② 1500만 원 이하
③ 1000만 원 이하
④ 500만 원 이하

해설 제62조(과태료) ① 다음 각 호의 어느 하나에 해당하는 자에게는 500만 원 이하의 과태료를 부과한다. 〈개정 2013. 3. 23., 2016. 12. 2.〉

1. 제20조 제5항(제34조 제4항에서 준용하는 경우를 포함한다) 또는 제38조 제4항을 위반하여 해당 인증기관 또는 공시기관의 장으로부터 승인을 받지 아니하고 인증받은 내용 또는 공시를 받은 내용을 변경한 자
2. 제22조 제1항(제34조 제4항에서 준용하는 경우를 포함한다) 또는 제40조 제1항을 위반하여 인증품 또는 공시를 받은 유기농어업자재의 생산, 제조 · 가공 또는 취급 실적을 농림축산식품부장관 또는 해양수산부장관, 해당 인증기관 또는 공시기관의 장에게 알리지 아니한 자
3. 제22조 제2항(제34조 제4항에서 준용하는 경우를 포함한다), 제27조 제3호 또는 제5호(제35조 제2항에서 준용하는 경우를 포함한다), 제40조 제2항, 제45조 제3호 또는 제5호를 위반하여 관련 서류 · 자료 등을 기록 · 관리하지 아니하거나 보관하지 아니한 자
4. 인증을 받지 아니한 사업자가 인증품의 포장을 해체하여 재포장한 후 제23조 제1항 또는 제36조 제1항에 따른 표시를 한 자
5. 제23조, 제36조 또는 제42조에 따른 표시기준을 위반한 자
6. 제26조 제5항(제35조 제2항에서 준용하는 경우를 포함한다) 또는 제44조 제4항을 위반하여 변경사항을 신고하지 아니하거나 중요 사항을 승인받지 아니하고 변경한 자

정답 83 ③ 84 ③ 85 ④ 86 ④

7. 제27조 제4호(제35조 제2항에서 준용하는 경우를 포함한다) 또는 제45조 제4호를 위반하여 인증 결과 또는 공시 결과 및 사후관리 결과 등 보고를 하지 아니하거나 거짓으로 보고를 한 자
8. 제28조(제35조 제2항에서 준용하는 경우를 포함한다) 또는 제46조를 위반하여 신고하지 아니하고 인증업무 또는 공시업무의 전부 또는 일부를 휴업하거나 폐업한 자
9. 정당한 사유 없이 제31조 제1항(제34조 제5항에서 준용하는 경우를 포함한다), 제32조 제1항(제34조 제5항에서 준용하는 경우를 포함한다), 제49조 제1항 또는 제50조 제1항에 따른 조사를 거부 · 방해하거나 기피한 자
10. 제33조(제34조 제5항에서 준용하는 경우를 포함한다) 또는 제51조를 위반하여 인증기관 또는 공시기관이나 인증사업자 또는 공시사업자의 지위를 승계하고도 그 사실을 신고하지 아니한 자

87 「농림축산식품부 소관 친환경농어업 육성 및 유기식품 등의 관리 · 지원에 관한 법률 시행규칙」에 따른 유기가공식품의 생산에 사용 가능한 가공보조제와 그 사용 가능 범위가 옳게 짝지어진 것은?

① 밀납 – 이형제
② 백도토 – 설탕 가공
③ 과산화수소 – 응고제
④ 수산화칼슘 – 여과보조제

해설

명칭(한)	가공보조제로 사용 시	
	허용여부	허용범위
밀납	○	이형제
백도토	○	청징(clarification) 또는 여과보조제
과산화수소	○	식품 표면의 세척 · 소독제
수산화칼륨	○	설탕 및 분리대두단백 가공 중의 산도 조절제

88 「농림축산식품부 소관 친환경농어업 육성 및 유기식품 등의 관리 · 지원에 관한 법률 시행규칙」상 70% 이상이 유기농축산물인 제품의 제한적 유기표시 허용기준으로 틀린 것은?

① 유기 또는 이와 유사한 용어를 제품명 또는 제품명의 일부로 사용할 수 없다.
② 표시장소는 주 표시면을 제외한 표시면에 표시할 수 있다.
③ 원재료명 표시란에 유기농축산물의 총함량 또는 원료 · 재료별 함량을 g 혹은 kg으로 표시해야 한다.
④ 최종 제품에 남아 있는 원료 또는 재료의 70% 이상의 유기농축산물이어야 한다.

해설 유기농축산물의 함량에 따른 표시기준 : 70퍼센트 이상 유기농축산물인 제품
1) 최종 제품에 남아 있는 원재료(정제수와 염화나트륨을 제외한다. 이하 같다)의 70퍼센트 이상이 유기농축산물이어야 한다.
2) 유기 또는 이와 유사한 용어를 제품명 또는 제품명의 일부로 사용하는 것을 제외하고 사용할 수 있다.
3) 표시장소는 주 표시면을 제외한 표시면에 표시할 수 있다.
4) 원재료명 및 함량 표시란에 유기농축산물의 총함량 또는 원료별 함량을 백분율(%)로 표시하여야 한다.

89 「농림축산식품부 소관 친환경농어업 육성 및 유기식품 등의 관리 · 지원에 관한 법률 시행규칙」상 인증신청자가 심사결과에 대한 이의가 있어 인증심사를 실시한 기관에 재심사를 신청하고자 할 때 인증심사 결과를 통지받은 날부터 얼마 이내에 관련 자료를 제출해야 하는가?

① 7일 ② 10일
③ 20일 ④ 30일

해설 법 제38조 제3항에 따라 재심사를 신청하려는 자는 법 제38조 제2항에 따라 공시 기준에 부적합하다는 심사 결과를 통지받은 날부터 7일 이내에 별지 제21호 서식의 유기농업자재 공시 재심사 신청서에 재심사 신청 사유를 증명할 수 있는 자료를 첨부하여 그 공시 심사를 한 공시기관의 장에게 제출하여야 한다. 재심사 결과에 대해서는 다시 재심사를 신청할 수 없다.

정답 87 ① 88 ③ 89 ①

90 「유기식품 및 무농약농산물 등의 인증에 관한 세부실시 요령」상 유기농산물 생산에 필요한 재배포장의 구비요건에 대한 설명으로 (   ) 안에 알맞은 것은?

> 재배포장은 최근 (   )년간 인증기준 위반으로 인증취소 처분을 받은 재배지가 아니어야 한다.

① 1　　② 2
③ 3　　④ 4

해설 재배포장은 최근 1년간 인증취소처분을 받지 않은 재배지로서 「토양환경보전법 시행규칙」에 따른 토양오염우려기준을 초과하지 않으며, 주변으로부터 오염 우려가 없거나 오염을 방지할 수 있을 것

91 「친환경농어업 육성 및 유기식품 등의 관리 · 지원에 관한 법률」상 인증기관의 지정취소 등에 관한 사항에서 정당한 사유 없이 1년 이상 계속하여 인증을 하지 아니한 경우 인증기관이 받는 처벌은?

① 지정 취소
② 3개월 이내의 업무 일부 정지
③ 3개월 이내의 업무 전부 정지
④ 12개월 이내의 업무 전부 정지

해설 제29조(인증기관의 지정취소 등) ① 농림축산식품부장관 또는 해양수산부장관은 인증기관이 다음 각 호의 어느 하나에 해당하는 경우에는 지정을 취소하거나 6개월 이내의 기간을 정하여 그 업무의 전부 또는 일부의 정지를 명할 수 있다. 다만, 제1호, 제1호의2 및 제2호부터 제5호까지의 경우에는 그 지정을 취소하여야 한다. 〈개정 2013. 3. 23., 2014. 3. 24.〉

1. 거짓이나 그밖의 부정한 방법으로 지정을 받은 경우

1의2. 인증기관의 장이 인증업무와 관련하여 벌금 이상의 형을 선고받아 그 형이 확정된 경우

2. 인증기관이 파산 또는 폐업 등으로 인하여 인증업무를 수행할 수 없는 경우
3. 업무정지 명령을 위반하여 정지기간 중 인증을 한 경우
4. 정당한 사유 없이 1년 이상 계속하여 인증을 하지 아니한 경우
5. 고의 또는 중대한 과실로 제19조 제2항에 따른 인증기준에 맞지 아니한 유기식품 등을 인증한 경우

92 「친환경농어업 육성 및 유기식품 등의 관리 · 지원에 관한 법률 시행령」상 농림축산식품부장관 · 해양수산부장관 또는 지방자치단체의 장이 관련 법률에 따라 친환경농어업에 대한 기여도를 평가하고자 할 때 고려하는 사항이 아닌 것은?

① 친환경농수산물 또는 유기농어업자재의 생산 · 유통 · 수출 실적
② 친환경농어업 기술의 개발 · 보급 실적
③ 유기농어업자재의 사용량 감축 실적
④ 축산분뇨를 퇴비 및 액체비료 등으로 자원화한 실적

해설 시행령 제2조(친환경농어업에 대한 기여도) 농림축산식품부장관 · 해양수산부장관 또는 지방자치단체의 장은 「친환경농어업 육성 및 유기식품 등의 관리 · 지원에 관한 법률」(이하 "법"이라 한다) 제16조 제1항에 따른 친환경농어업에 대한 기여도를 평가하려는 경우에는 다음 각 호의 사항을 고려해야 한다.

1. 농어업 환경의 유지 · 개선 실적
2. 유기식품 및 비식용유기가공품(이하 "유기식품등"이라 한다), 친환경농수산물 또는 유기농어업자재의 생산 · 유통 · 수출 실적
3. 유기식품등, 무농약농산물, 무농약원료가공식품, 무항생제수산물 및 활성처리제 비사용 수산물의 인증 실적 및 사후관리 실적
4. 친환경농어업 기술의 개발 · 보급 실적
5. 친환경농어업에 관한 교육 · 훈련 실적
6. 농약 · 비료 등 화학자재의 사용량 감축 실적
7. 축산분뇨를 퇴비 및 액체비료 등으로 자원화한 실적

93 「농림축산식품부 소관 친환경농어업 육성 및 유기식품 등의 관리 · 지원에 관한 법률 시행규칙」상 유기가공식품 생산 시 지켜야할 사항이 아닌 것은?

① 인증품에 인증품이 아닌 제품을 혼합하거나 인증품이 아닌 제품을 인증품으로 판매하지 않을 것

정답 90 ① 91 ① 92 ③ 93 ④

② 유전자변형생물체에서 유래한 원료 또는 재료를 사용하지 않을 것
③ 사업자는 유기가공식품의 취급과정에서 대기, 물, 토양의 오염이 최소화되도록 문서화된 유기취급계획을 수립할 것
④ 해충 및 병원균 관리를 위하여 우선적으로 방사선 조사방법을 사용할 것

해설 방사선은 해충방제, 식품보존, 병원의 제거 또는 위생의 목적으로 사용하지 아니할 것

94 **「농림축산식품부 소관 친환경농어업 육성 및 유기식품 등의 관리 · 지원에 관한 법률 시행규칙」에 따라 유기농산물 및 유기임산물의 병해충 관리를 위해 사용 가능한 물질과 사용 가능 조건이 옳게 짝지어진 것은?**

① 담배잎차(순수 니코틴은 제외) – 에탄올로 추출한 것일 것
② 라이아니아(Ryania) 추출물 – 쿠아시아(*Quassia amara*)에서 추출된 천연물질일 것
③ 목초액 – 「산업표준화법」에 따른 한국산업표준의 목초액(KSM3939) 기준에 적합할 것
④ 젤라틴 – 크롬(Cr)처리를 한 것일 것

해설

사용가능 물질	사용가능 조건
담배잎차(순수니코틴은 제외)	물로 추출한 것일 것
라이아니아(Ryania) 추출물	라이아니아(Ryania speciosa)에서 추출된 천연물질일 것
목초액	「산업표준화법」 제11조에 따라 국가기술표준원장이 고시한 한국산업표준에 적합할 것
젤라틴(Gelatine)	크롬(Cr)처리 등 화학적 공정을 거치지 않을 것

95 **「유기식품 및 무농약농산물 등의 인증에 관한 세부실시 요령」상 인증품 등의 사후관리 조사요령 중 생산과정조사에 대한 내용으로 틀린 것은?**

① 사무소장 또는 인증기관은 인증서 교부 이후 인증을 받은 자의 농장소재지 또는 작업장 소재지를 방문하여 생산과정조사를 실시하여야 한다.
② 정기조사의 경우 인증기관은 각 인증 건별로 인증서 교부일부터 3년이 지나기 전까지 1회 이상의 생산과정조사를 실시한다.
③ 생산과정조사의 신뢰도가 낮아지지 않도록 조사대상, 조사시간, 이동거리 등을 감안하여 인증기관에서는 1일 조사대상 인증사업자 수를 적정하게 선정하여 조사하여야 한다.
④ 조사시기는 해당 농산물의 생육기간 또는 생산기간 중에 실시하되 가급적 인증기준 위반의 우려가 가장 높은 시기에 실시하고 인증 갱신 신청서가 접수되기 이전에 조사를 완료하여야 한다.

해설 정기조사 : 인증 건별로 인증 유효기간 내 1회 이상의 생산과정조사를 실시하되 최근 3년 이내에 행정처분을 받았거나 생산물에서 유해잔류물질이 검출된 경우에는 연 2회 이상 실시(단체의 경우 별표 2 제2호 표본농가 수 이상을 조사한 경우를 1회 조사로 간주하고, 규칙 제33조 제4항에 따라 불시 심사를 한 경우에는 생산과정 조사를 한 것으로 간주)

96 **「유기식품 및 무농약농산물 등의 인증에 관한 세부실시 요령」상 유기양봉제품 생산의 일반원칙 및 사육조건에 대한 내용이다. ( ) 안에 알맞은 내용은?**

> 벌통은 관행농업지역(유기양봉산물 등의 품질에 영향을 미치지 않은 정도로 관리가 가능한 지역의 경우는 제외), 오염된 비농업지역, 골프장, 축사와 PMO 또는 환경 오염물질에 의한 잠재적인 오염 가능성이 있는 지역으로부터 반경 ( ) 이내의 지역에는 놓을 수 없다. (단, 꿀벌이 휴면 상태일 때는 적용하지 않는다.)

정답 94 ③ 95 ② 96 ①

① 3km　　② 4km
③ 5km　　④ 6km

해설 벌통은 관행농업지역(유기양봉 및 유기양봉생산물의 품질에 영향을 미치지 않을 정도로 관리가 가능한 지역의 경우는 제외), 오염된 비농업지역(국토계획법 제6조 제1항에 따른 도시지역, 쓰레기 및 하수 처리시설 등), 골프장, 축사와 GMO 또는 환경 오염물질에 의한 잠재적인 오염 가능성이 있는 지역으로부터 반경 3km 이내의 지역에는 놓을 수 없다.(단, 꿀벌이 휴면상태일 때는 적용하지 않는다)

97 「친환경농어업 육성 및 유기식품 등의 관리 · 지원에 관한 법률」상 (　) 안에 알맞은 내용은?

> 농업의 근간이 되는 흙의 소중함을 국민에게 알리기 위하여 매년 (　)을 흙의 날로 정한다.

① 9월 11일　　② 6월 11일
③ 5월 11일　　④ 3월 11일

해설 제5조의2(흙의 날)
① 농업의 근간이 되는 흙의 소중함을 국민에게 알리기 위하여 매년 3월 11일을 흙의 날로 정한다.
② 국가와 지방자치단체는 제1항에 따른 흙의 날에 적합한 행사 등 사업을 실시하도록 노력하여야 한다.

98 「친환경농어업 육성 및 유기식품 등의 관리 · 지원에 관한 법률」의 제정 목적으로 가장 거리가 먼 것은?

① 농어업의 환경보전기능 증대
② 농어업으로 인한 환경오염의 감축
③ 친환경농어업을 실천하는 농어업인의 육성
④ 고품질 농산물의 생산 증대

해설 제1조(목적) 이 법은 농어업의 환경보전기능을 증대시키고 농어업으로 인한 환경오염을 줄이며, 친환경농어업을 실천하는 농어업인을 육성하여 지속가능한 친환경농어업을 추구하고 이와 관련된 친환경농수산물과 유기식품 등을 관리하여 생산자와 소비자를 함께 보호하는 것을 목적으로 한다.

99 「농림축산식품부 소관 친환경농어업 육성 및 유기식품 등의 관리 · 지원에 관한 법률 시행규칙」상 무농약농산물 · 무농약원료가공식품 표시를 위한 도형 작도법에 대한 내용이다. (　) 안에 들어갈 수 있는 색상이 아닌 것은?

> 표시 도형의 색상은 녹색을 기본 색상으로 하고, 포장재의 색깔 등을 고려하여 (　), (　) 또는 (　)으로 할 수 있다.

① 파란색　　② 빨간색
③ 노란색　　④ 검은색

해설 표시 도형의 색상은 녹색을 기본 색상으로 하되, 포장재의 색깔 등을 고려하여 파란색, 빨간색 또는 검은색으로 할 수 있다.

100 「유기식품 및 무농약농산물 등의 인증에 관한 세부실시 요령」상 다음 정의의 (　) 안에 적합한 숫자는?

> "생산자단체"란 (　)명 이상의 생산자로 구성된 작목반, 작목회 등 영농 조직, 협동조합 또는 영농 단체를 말한다.

① 2　　② 3
③ 4　　④ 5

해설 "생산자단체"란 5명 이상의 생산자로 구성된 작목반, 작목회 등 영농 조직, 협동조합 또는 영농 단체를 말한다.

정답 97 ④ 98 ④ 99 ③ 100 ④

2022년 1회

유기농업기사 기출문제

제1과목 재배원론

01 우리나라 원산지인 작물로만 나열된 것은?

① 감, 인삼
② 벼, 참깨
③ 담배, 감자
④ 고구마, 옥수수

해설 Vavilov의 주요 작물 재배 기원 중심지

지역	주요 작물
중국	6조보리, 조, 피, 메밀, 콩, 팥, 마, 인삼, 배추, 자운영, 동양배, 감, 복숭아 등
인도, 동남아시아	벼, 참깨, 사탕수수, 모시풀, 왕골, 오이, 박, 가지, 생강 등
중앙아시아	귀리, 기장, 완두, 삼, 당근, 양파, 무화과 등
코카서스, 중동	2조보리, 보통밀, 호밀, 유채, 아마, 마늘, 시금치, 사과, 서양배, 포도 등
지중해 연안	완두, 유채, 사탕무, 양귀비, 화이트클로버, 티머시, 오처드그라스, 무, 순무, 우엉, 양배추, 상추 등
중앙아프리카	진주조, 수수, 강두(광저기), 수박, 참외 등
멕시코, 중앙아메리카	옥수수, 강낭콩, 고구마, 해바라기, 호박, 후추, 육지면, 카카오 등
남아메리카	감자, 담배, 땅콩, 토마토, 고추 등

02 다음 중 식물학상 과실로 과실이 나출된 식물은?

① 벼　② 겉보리
③ 쌀보리　④ 귀리

해설 식물학상 과실

- 과실이 나출된 것 : 밀, 쌀보리, 옥수수, 메밀, 들깨, 호프, 삼, 차조기, 박하, 제충국, 상추, 우엉, 쑥갓, 미나리, 근대, 시금치, 비트 등
- 과실이 영(穎)에 쌓여 있는 것 : 벼, 겉보리, 귀리 등
- 과실이 내과피에 쌓여 있는 것 : 복숭아, 자두, 앵두 등
- 포자 : 버섯, 고사리 등

03 뿌림골을 만들고 그곳에 줄지어 종자를 뿌리는 방법은?

① 산파　② 점파
③ 적파　④ 조파

해설
- 산파(散播, 흩어뿌림; broadcasting) : 포장 전면에 종자를 흩어뿌리는 방법이다.
- 점파(點播, 점뿌림; dibbling) : 일정 간격을 두고 하나 또는 수 개의 종자를 띄엄띄엄 파종하는 방법이다.
- 적파(摘播, seeding in group) : 점파와 비슷한 방법으로 점파 시 한 곳에 여러 개의 종자를 파종하는 방법이다.
- 조파(條播, 골뿌림; drilling) : 뿌림골을 만들고 종자를 줄지어 뿌리는 방법이다.

04 노후답의 재배 대책으로 가장 거리가 먼 것은?

① 저항성 품종을 선택한다.
② 조식재배를 한다.
③ 무황산근 비료를 시용한다.
④ 덧거름 중점의 시비를 한다.

해설 노후답의 재배 대책
- 저항성 품종의 선택 : 황화수소에 저항성인 품종을 재배한다.
- 조기재배 : 조생종의 선택으로 일찍 수확하면 추락이 감소한다.
- 무황산근 비료 시용 : 황산기 비료$(NH_4)_2SO_4$나 $K_2(SO_4)$ 등을 시용하지 않아야 한다.
- 추비 중점의 시비 : 후기 영양을 확보하기 위하여 추기 강화, 완효성 비료 시용, 입상 및 고형비료를 시용한다.
- 엽면시비 : 후기 영양의 결핍상태가 보이면 엽면시비를 실시한다.

정답 01 ① 02 ③ 03 ④ 04 ②

05 작물의 수해에 대한 설명으로 옳은 것은?

① 수온이 높은 것이 낮은 것에 비하여 피해가 심하다.
② 유수가 정체수보다 피해가 심하다.
③ 벼 분얼 초기는 다른 생육단계보다 침수에 약하다.
④ 화본과 목초, 옥수수는 침수에 약하다.

해설 침수해의 요인
① 수온 : 높은 수온은 호흡기질의 소모가 많아져 관수해가 크다.
② 수질
• 탁한 물은 깨끗한 물보다, 고여 있는 물은 흐르는 물보다 수온이 높고 용존산소가 적어 피해가 크다.
• 청고 : 수온이 높은 정체탁수로 인한 관수해로 단백질 분해가 거의 일어나지 못해 벼가 죽을 때 푸른색이 되어 죽는 현상
• 적고 : 흐르는 맑은 물에 의한 관수해로 단백질 분해가 생기며 갈색으로 변해 죽는 현상

06 고무나무와 같은 관상수목을 높은 곳에서 발근시켜 취목하는 영양번식 방법은?

① 삽목　　② 분주
③ 고취법　　④ 성토법

해설 고취법(高取法, =양취법)
• 줄기나 가지를 땅 속에 묻을 수 없을 때 높은 곳에서 발근시켜 취목하는 방법이다.
• 고무나무와 같은 관상수목에서 실시한다.
• 발근시키고자 하는 부분에 미리 절상, 환상박피 등을 하면 효과적이다.

07 (　　)에 알맞은 내용은?

> 감자 영양체를 20000rad 정도의 (　)에 의한 γ선을 조사하면 맹아억제 효과가 크므로 저장기간이 길어진다.

① ^{13}C　　② ^{17}C
③ ^{60}Co　　④ ^{52}K

해설 방사성동위원소의 식품저장에 이용
• ^{60}Co, ^{137}Cs 등에 의한 γ선의 조사는 살균, 살충 등의 효과가 있어 육류, 통조림 등의 식품 저장에 이용된다.
• γ의 조사는 감자, 양파, 밤 등의 발아가 억제되어 장기 저장이 가능해진다.

08 다음 중 땅속줄기(지하경)로 번식하는 작물은?

① 마늘　　② 생강
③ 토란　　④ 감자

해설 종묘로 이용되는 영양기관의 분류
① 눈(芽, bud) : 포도나무, 마, 꽃의 아삽 등
② 잎(葉, leaf) : 산세베리아, 베고니아 등
③ 줄기(莖, stem)
• 지상경(地上莖) 또는 지조(枝條) : 사탕수수, 포도나무, 사과나무, 귤나무, 모시풀 등
• 근경(根莖, 땅속줄기; rhizome) : 생강, 연, 박하, 호프 등
• 괴경(塊莖, 덩이줄기; tuber) : 감자, 토란, 돼지감자 등
• 구경(球莖, 알줄기; corm) : 글라디올러스, 프리지어 등
• 인경(鱗莖, 비늘줄기; bulb) : 나리, 마늘, 양파 등
• 흡지(吸枝, sucker) : 박하, 모시풀 등
④ 뿌리
• 지근(枝根, rootlet) : 부추, 고사리, 닥나무 등
• 괴근(塊根, 덩이뿌리; tuberous root) : 고구마, 마, 달리아 등

09 다음 중 T/R율에 대한 설명으로 옳은 것은?

① 감자나 고구마의 경우 파종기나 이식기가 늦어질수록 T/R율이 작아진다.
② 일사가 적어지면 T/R율이 작아진다.
③ 토양함수량이 감소하면 T/R율이 감소한다.
④ 질소를 다량시용하면 T/R율이 작아진다.

해설 • 감자나 고구마 등은 파종이나 이식이 늦어지면 지하부 중량 감소가 지상부 중량 감소보다 커서 T/R율이 커진다.
• 질소의 다량 시비는 지상부는 질소 집적이 많아지고 단백질 합성이 왕성해지고 탄수화물의 잉여는 적어져 지하부 전류가 감소하게 되므로 상대적으로 지하부 생장이 억제되어 T/R율이 커진다.

정답 05 ① 06 ③ 07 ③ 08 ② 09 ③

- 일사가 적어지면 체내에 탄수화물의 축적이 감소하여 지상부보다 지하부의 생장이 더욱 저하되어 T/R율이 커진다.
- 토양함수량의 감소는 지상부 생장이 지하부 생장에 비해 저해되므로 T/R율은 감소한다.
- 토양 통기 불량은 뿌리의 호기호흡이 저해되어 지하부의 생장이 지상부 생장보다 더욱 감퇴되어 T/R율이 커진다.

10 식물체의 부위 중 내열성이 가장 약한 곳은?

① 완성엽(完成葉) ② 중심주(中心柱)
③ 유엽(幼葉) ④ 눈(芽)

해설 작물의 내열성(耐熱性, heat tolerance, heat hardiness)
- 내건성이 큰 작물이 내열성도 크다.
- 세포 내 결합수가 많고 유리수가 적으면 내열성이 커진다.
- 세포의 점성, 염류 농도, 단백질 함량, 당분 함량, 유지 함량 등이 증가하면 내열성은 커진다.
- 작물의 연령이 많아지면 내열성은 커진다.
- 기관별로는 주피와 완성엽이 내열성이 크고, 눈과 어린 잎이 그 다음이며, 미성엽과 중심주가 가장 약하다.
- 고온, 건조, 다조(多照) 환경에서 오래 생육한 작물은 경화되어 내열성이 크다.

11 다음 중 침수에 의한 피해가 가장 큰 벼의 생육 단계는?

① 분얼성기 ② 최고분얼기
③ 수잉기 ④ 고숙기

해설 작물의 종류와 품종
- 침수에 강한 밭작물 : 화본과 목초, 피, 수수, 옥수수, 땅콩 등
- 침수에 약한 밭작물 : 콩과작물, 채소, 감자, 고구마, 메밀 등
- 생육단계 : 벼는 분얼 초기에는 침수에 강하고, 수잉기~출수개화기에는 극히 약하다.

12 화성유도 시 저온 · 장일이 필요한 식물의 저온이나 장일을 대신하여 사용하는 식물호르몬은?

① CCC ② 에틸렌
③ 지베렐린 ④ ABA

해설 GA
- 저온, 장일이 화성을 유도하는 식물의 저온이나 장일을 대신하는 효과가 탁월하다.
- 1년생 사리풀에 GA를 공급하면 단일조건에서도 개화한다.
- GA 효과는 추대(로제트형이다가 줄기가 신장)를 동반하는 식물에서 크고, 처음부터 줄기가 있는 유경식물에서는 화성을 유도하지 못한다.

13 다음 중 단일식물에 해당하는 것으로만 나열된 것은?

① 양파, 상추 ② 샐비어, 콩
③ 시금치, 양귀비 ④ 아마, 감자

해설 작물의 일장형
- 장일식물(長日植物, LDP; long-day plant; 단야식물) : 맥류, 시금치, 양파, 상추, 아마, 아주까리, 감자, 티머시, 양귀비 등
- 단일식물(短日植物, SDP; short-day plant; 장야식물) : 벼, 국화, 콩, 담배, 들깨, 참깨, 목화, 조, 기장, 피, 옥수수, 나팔꽃, 샐비어, 코스모스, 도꼬마리 등
- 중성식물(中性植物, day-neutral plant; 중일성식물) : 강낭콩, 가지, 고추, 토마토, 당근, 셀러리 등

14 순무의 착색에 관계하는 안토시안의 생성을 가장 조장하는 광 파장은?

① 적색광 ② 녹색광
③ 적외선 ④ 자외선

해설 자외선 : 신장을 억제하며, 엽육을 두껍게 하고, 안토시아닌계 색소의 발현을 촉진한다.

15 광합성에서 C_4 작물에 속하지 않는 것은?

① 사탕수수 ② 옥수수
③ 벼 ④ 수수

해설 C_4 식물
- C_3 식물과 달리 수분을 보존하고 광호흡을 억제하는 적응기구를 가지고 있다.

정답 10 ② 11 ③ 12 ③ 13 ② 14 ④ 15 ③

- 날씨가 덥고 건조한 경우 기공을 닫아 수분을 보존하며, 탄소를 4탄소화합물로 고정시키는 효소를 가지고 있어 기공이 대부분 닫혀있어도 광합성을 계속할 수 있다.
- 옥수수, 수수, 사탕수수, 기장, 버뮤다그라스, 명아주 등이 이에 해당한다.
- 이산화탄소 보상점이 낮고 이산화탄소 포화점이 높아 광합성 효율이 매우 높은 특징이 있다.

16 다음 중 작물의 주요 온도에서 최적온도가 가장 낮은 작물은?

① 옥수수 ② 완두
③ 보리 ④ 벼

해설 작물의 주요 온도(단위 : ℃)

작물	최적온도
여름작물	30~35
겨울작물	15~25
보리	20
밀, 귀리, 사탕무	25
옥수수, 벼	30~32
완두	30
오이	33~34
멜론	35
고추, 토마토, 수박, 호밀	25
배추, 상추, 딸기	17~20
담배	28
튤립, 수선 등	15~18

17 등고선에 따라 수로를 내고, 임의의 장소로부터 월류하도록 하는 방법은?

① 등고선관개 ② 보더관개
③ 일류관개 ④ 고랑관개

해설
- 보더관개 : 완경사의 포장을 알맞게 구획하고 상단의 수로로부터 전체 표면에 물을 흘려 펼쳐서 대는 방법
- 일류관개(등고선월류관개) : 등고선에 따라 수로를 내고 임의의 장소로부터 월류하도록 하는 방법
- 수반법 : 포장을 수평으로 구획하고 관개하는 방법

18 벼의 비료 3요소 흡수 비율로 옳은 것은?

① 질소 5 : 인산 1 : 칼륨 1
② 질소 3 : 인산 1 : 칼륨 3
③ 질소 5 : 인산 2 : 칼륨 4
④ 질소 4 : 인산 2 : 칼륨 3

해설 작물별 3요소 흡수비율(질소:인:칼륨)
- 콩 5:1:1.5
- 벼 5:2:4
- 맥류 5:2:3
- 옥수수 4:2:3
- 고구마 4:1.5:5
- 감자 3:1:4

19 앞 작물의 그루터기를 그대로 남겨서 풍식과 수식을 경감시키는 농법은?

① 녹색 필름 멀칭 ② 스터블 멀칭
③ 볏짚 멀칭 ④ 투명 필름 멀칭

해설 스터블 멀칭 : 앞작물 그루터기를 남겨둔 채 재배하여 토양 유실을 막는다.

20 녹체춘화형 식물로만 나열된 것은?

① 완두, 잠두
② 봄무, 잠두
③ 사리풀, 양배추
④ 완두, 추파맥류

해설 ① 종자춘화형 식물(種字春化型植物, seed vernalization type)
- 최아종자에 처리하는 것
- 추파맥류, 완두, 잠두, 봄올무 등
- 추파맥류 최아종자를 저온처리하면 춘파하여도 좌지현상(座止現象, remaining in rosette state, hiber-nalism)이 방지되어 정상적으로 출수한다.

② 녹체춘화형 식물(綠體春化型植物, green vernalization type)
- 식물이 일정한 크기에 달한 녹체기에 처리하는 작물
- 양배추, 사리풀 등

③ 비춘화처리형 : 춘화처리의 효과가 인정되지 않는 작물

정답 16 ③ 17 ③ 18 ③ 19 ② 20 ③

제2과목 토양비옥도 및 관리

21 토양 중에 서식하는 조류(藻類)의 역할로 가장 거리가 먼 것은?

① 사상균과 공생하여 지의류 형성
② 유기물의 생성
③ 산소 공급
④ 산성토양을 중성으로 개량

해설 조류
- 단세포, 다세포 등 크기, 구조, 형태가 다양하다.
- 물에 있는 조류보다는 크기나 구조가 단순하다.
- 식물과 동물의 중간적인 성질을 가지고 있다.
- 토양 중에서는 세균과 공존하고 세균에 유기물을 공급한다.
- 토양에서의 유기물 생성, 질소의 고정, 양분의 동화, 산소의 공급, 질소균과 공생한다.

22 토양의 입자밀도가 2.60g/cm^{3}이라 하면 용적밀도가 1.17g/cm^{3}인 토양의 고상 비율은?

① 40% ② 45%
③ 50% ④ 55%

해설 고상의 비율=용적밀도÷입자밀도=1.17÷2.60=0.45

23 식물 세포벽을 구성하는 유기물 구성 성분 중 분해속도가 가장 느리며 아직도 그 구조가 완전히 밝혀지지 않은 물질은?

① 셀룰로오스 ② 단백질
③ 리그닌 ④ 지방류

해설 리그닌(lignin)
- 식물체에서 3번째로 풍부한 탄소화합물이다.
- 식물의 성장에 따라 증가하며, 어린 식물은 5%, 성숙한 식물은 15%, 성숙한 나무 조직에서는 35~50%까지 발견된다.
- phenylpropene이 불규칙하게 축합된 화합물로 분해에 대한 저항성이 매우 크다.
- 토양 중 리그닌은 분해되지 않고 미생물이 생성하는 다른 물질과 결합하여 부식을 형성하며, 이렇게 형성된 부식은 분해에 저항성이 아주 큰 물질로 토양유기물을 구성하는 중요한 성분이다.

24 토양에 질소성분 100kg을 시비한 작물로 흡수된 질소 양이 50kg이었고, 시비하지 않은 토양에서 작물이 20kg의 질소를 흡수하였다. 이 작물의 질소비료 이용 효율은?

① 20% ② 30%
③ 50% ④ 70%

해설 100kg을 시비했을 때 흡수된 양이 50이고, 무시비 시 20이라면, 100을 시비했을 때 30을 더 흡수한 결과이므로 30%이다.

25 표층에서 용탈된 점토가 B층에 집적되며, 주요 감식토층이 Argillic 차표층인 토양목은?

① Alfisol ② Vertisol
③ Andisol ④ Entisol

해설 Alfisol(완숙토)
- 표층에서 용탈된 점토가 B층에 집적되는 특징을 갖는다.
- Argillic 차표층이 주요 감식토층이 되고, 염기포화도가 35% 이상이다.
- Mollisol과 유사한 수분조건에서 발달하지만 온도가 높아 표층에 유기물이 집적되지 못하므로 Mollic 표층을 갖지 않고, 밝은색의 Ochric 표층이 감식토층이 된다.

26 토양미생물의 질소대사 작용 중 다음과 같은 작용을 무엇이라고 하는가?

$$NO_3^- \rightarrow NO_2^- \rightarrow NH_4^+$$

① 질산화작용
② 암모니아화성작용
③ 탈질작용
④ 질산환원작용

해설 질산환원작용 : 질산이 암모니아로 환원되는 작용

정답 21 ④ 22 ② 23 ③ 24 ② 25 ① 26 ④

27 토양분석결과 교환성 K^+ 이온이 0.4cmol$_c$/kg 이었다면, 이 토양 1kg 속에는 몇 g의 교환성 K^+ 이온이 들어있는가? (단, K의 원자량은 39로 한다.)

① 0.078g ② 0.156g
③ 0.234g ④ 0.312g

해설 $1eq = 1mol_c = 100cmol_c$ 이므로
0.004×39=0.156

28 토양의 소성 치수를 측정한 결과 A 토양은 25 이고, B 토양은 20이었다. 두 토양을 올바르게 비교 설명한 것은?

① A 토양이 B 토양보다 소성상태에서 수분을 많이 보유한다.
② B 토양이 A 토양보다 소성상태에서 총 유기물 함량이 많다.
③ A 토양은 B 토양보다 적은 수분량으로 소성상태를 유지한다.
④ B 토양은 A 토양보다 점토 함량이 많은 토양이다.

해설
- 소성(塑性, plasticity; 가소성)
- 물체에 힘을 가했을 때 물체가 파괴되지 않고 단지 모양만 변형되고, 힘을 제거하면 다시 원래 상태로 돌아가지 않는 성질
- 토양은 적당한 물을 가하면 소성을 가지며, 일정 수분 이상의 상태에서는 토양이 형태를 유지하지 못하고 유동상태인 액상이 되고, 일정 수분 이하의 상태에서는 외력을 가했을 때 형태를 유지하지 못하고 부스러진다.
- 견지성의 변화

강성	이쇄성	소성	액상화

감소 ← 토양수분함량 → 증가
소성하한 소성상한

- 소성하한(소성한계, PL; Plastic Limit) : 토양이 소성을 가질 수 있는 최소 수분함량
- 소성상한(액상한계, LL; Liquid Limit) : 토양이 소성을 가질 수 있는 최대 수분함량
- 소성지수(PI; Plastic Index)
  ⓐ 소성한계와 액상한계의 차이
  ⓑ 점토함량이 증가할수록 소성지수는 증가한다.
  ⓒ 점토광물별 소성지수의 크기 : montmorillonite > illite > halloysite > kaolinite > 가수 halloysite

29 농약과 같은 유기화학물질이 토양에서 용탈되는 데 관여하는 인자로 가장 거리가 먼 것은?

① 유기화학물질의 증기압
② 점토 양
③ 토양유기물 양
④ 유기화학물질의 용해도

해설 유기화학물질의 증기압은 토양에서 용탈에 관여도가 낮다.

30 화산회토에 대한 설명으로 적절하지 않은 것은?

① 다공성이다.
② 전용적 밀도가 낮다.
③ 주요 무기교질은 카올리나이트이다.
④ 유기물 함량이 높지만 난분해성이다.

해설 Andisol(화산회토)
- 화산 분출물에서 유래한 모재에서 발달한 토양이다.
- 흑색 또는 흑회색이며 무정형의 allophane 광물이 많다.
- 대부분 유기물함량이 많고, 인산 고정력이 높다.
- 자연비옥도가 높아서 물리적 특성이 대부분 식물생육에 좋으며, 강우량이 풍부한 지역에 가장 광범위하게 분포하기 때문에 화산회토가 비옥한 토양으로 인식된다.
- 활성지질구조대이자 화산이 밀집된 환태평양 지구에 주로 분포하며, 우리나라는 화산섬인 제주도와 울릉도에 분포한다.

31 경작지의 유기물 함량을 높이는 방법으로 적절하지 않은 것은?

① 작물의 잔사(residue)를 토양에 돌려준다.
② 토양 침식을 막는다.
③ 필요 이상으로 땅을 자주 경운하지 않는다.
④ 토양 표면의 녹비작물을 제거한다.

해설 토양 표면의 녹비작물은 유기물의 공급원으로 이용된다.

정답 27 ② 28 ① 29 ① 30 ③ 31 ④

32 **토양에 대한 설명으로 틀린 것은?**

① 토양에서 전토층(regolith)과 진토층(solum)의 차이는 전토층은 C층을 포함한다는 점이다.
② 토양이라고 부를 수 있는 최소 단위의 토양 표본은 페돈(pedon)이라고 일컫는다.
③ 토양 3상의 구성 비율 중 고상의 비율이 높은 토양은 뿌리의 자람이 쉬우나 식물을 지지하는 힘은 약해진다.
④ 우리나라 토양의 모암은 대부분 화강암 및 화강편마암 계통이다.

해설 토양 3상의 구성 비율 중 고상의 비율이 높은 토양은 뿌리의 자람은 더디나 식물을 지지하는 힘은 강해진다.

33 **다음 미생물 중 산성토양에서도 잘 생육하는 것은?**

① *Mucor*
② *Streptosporangium*
③ Micromonospora
④ *Nocardia*

해설 ②,③,④는 세균으로 산에 약하고, *Mucor*는 곰팡이로 산성토양에 강하다.

34 **황산칼륨 비료에는 어떤 원소가 들어 있는가?**

① K, O, S ② C, O, K
③ C, K, S ④ H, S, K

해설 황산칼륨 : K_2SO_4

35 **1차 광물의 풍화에 대한 안정성이 큰 순서대로 나열한 것은?**

① 석영>운모>각섬석>감람석
② 운모>석영>감람석>각섬석
③ 각섬석>감람석>석영>운모
④ 감람석>각섬석>운모>석영

해설 풍화순서 : 장석 > 운모 > 휘석 > 각섬석 > 석영의 순으로 풍화된다.

36 **주요 화성암 중 심성암이면서 염기성암인 것은?**

① 반려암 ② 화강암
③ 유문암 ④ 안산암

해설 규소(SiO_2)의 함량에 따른 화성암의 분류

규산함량 / 생성위치	산성암 SiO_2>66%	중성암 SiO_2 : 53~65%	염기성암 SiO_2<52%
심성암	화강암	섬록암	반려암
반심성암	석영반암	섬록반암	휘록암
화산암	유문암	안산암	현무암

37 **토양 중 수소이온(H^+)이 생성되는 원인으로 틀린 것은?**

① 탄산과 유기산의 분해에 의한 수소이온 생성
② 질산화작용에 의한 수소이온 생성
③ 교환성염기의 집적에 의한 수소이온 생성
④ 식물 뿌리에 의한 수소이온 생성

해설 토양용액에 H^+이 존재하면 토양콜로이드 표면에 흡착된 교환성 염기인 Ca^{2+}, Mg^{2+}, K^+, Na^+ 등이 H^+과 교환되고, 교환된 염기는 물의 이동에 따라 용탈된다.

38 **토양의 구조 가운데 작물생육에 가장 적합한 구조는?**

① 입단구조 ② 단립(單立)구조
③ 주상구조 ④ 판상구조

해설 입단구조(粒團構造, crumbled structure)
- 단일입자가 결합하여 2차 입자가 되고 다시 3차, 4차 등으로 집합해서 입단을 구성하고 있는 구조이다.
- 입단을 가볍게 누르면 몇 개의 작은 입단으로 부스러지고, 이것을 다시 누르면 다시 작은 입단으로 부스러진다.
- 유기물과 석회가 많은 표토층에서 많이 나타난다.
- 대공극과 소공극이 모두 많아 통기와 투수성이 양호하며 보수력과 보비력이 높아 작물 생육에 알맞다.

정답 32 ③ 33 ① 34 ① 35 ① 36 ① 37 ③ 38 ①

39 **토양입자와의 결합력이 작아 용탈되기 가장 쉬운 성분은?**

① Ca^{2+} ② Mg^{2+}
③ PO_4^{3-} ④ NO_3^-

해설 토양콜로이드는 음이온으로 양이온을 흡착한다.

40 **습도가 높은 대기 중에 토양을 놓아두었을 때 대기로부터 토양에 흡착되는 수분으로서 -3.1MPa 이하의 포텐셜을 갖는 것은?**

① 흡습수 ② 모관수
③ 중력수 ④ 지하수

해설 흡습수(吸濕水, hygroscopic water)
- PF : 4.2~7(15~10,000기압)
- 토양을 105℃로 가열 시 분리 가능하며, 건토가 공기 중에서 분자 간 인력에 의해 수증기를 토양 표면에 피막상으로 흡착되어 있는 수분이다.
- 작물의 흡수압은 5~14기압의 작물에 흡수, 이용되지 못한다.

제3과목 유기농업개론

41 **친환경농업에 해당되지 않는 것은?**

① 녹색혁명농업
② 생명동태농업(Bio-dynamic농업)
③ IPM(Itegrated Pest Management)
④ 유기농업

해설 녹색혁명농업 : 획기적인 식량 증산을 위해 품종개량 및 과학기술을 도입한 농업상의 기술혁신

42 **녹비작물의 토양 혼입과 관련한 설명으로 옳은 것은?**

① 녹비작물의 수확 적기는 종실의 완숙기이다.
② 녹비작물의 토양 내 분해속도는 늙은 시기에 수확한 것이 어린 시기에 수확한 것보다 빠르다.
③ 녹비작물을 완숙기에 수확했다면 길게 절단하여 토양에 혼입하는 것이 좋다.
④ 녹비작물을 토양에 혼입한 후 후작물을 파종하는 시기는 혼입 후 2~3주 이내가 좋다.

해설 ① 녹비작물은 풋거름작물로 녹색의 잎과 줄기를 이용한다.
② 녹비작물의 토양 내 분해속도는 어린 시기에 수확한 것이 늙은 시기에 수확한 것보다 빠르다.
③ 녹비작물을 완숙기에 수확했다면 짧게 절단하여 토양에 혼입하는 것이 좋다.

43 **유기종자의 조건으로 거리가 먼 것은?**

① 병충해 저항성이 높은 종자
② 화학비료로 전량 시비하여 재배한 작물에서 채종한 종자
③ 농약으로 종자 소독을 하지 않은 종자
④ 유기농법으로 재배한 작물에서 채종한 종자

해설 종자 · 묘는 최소한 1세대 또는 다년생인 경우 두 번의 생육기 동안 다목의 규정(화학비료 · 합성 농약 또는 합성 농약 성분이 함유된 자재를 전혀 사용하지 아니하여야 한다.)에 따라 재배한 식물로부터 유래된 것을 사용하여야 한다.

44 **답전윤환의 효과로 틀린 것은?**

① 벼를 재배하다가 채소를 재배하면 채소의 기지현상이 회피된다.
② 담수상태와 배수상태가 서로 교체되므로 잡초 발생이 감소된다.
③ 입단화가 되고 건토효과가 진전되어 미량원소 등이 용탈된다.
④ 밭 기간 동안에는 논 기간에 비하여 환원성인 유해물질의 생성이 억제된다.

해설 답전윤환의 효과
① 지력 증진 : 밭 상태 동안은 논 상태에 비하여 토양 입단화와 건토효과가 나타나며 미량요소의 용탈이 적어지고 환원성 유해 물질의 생성이 억제되고 콩과 목초와 채소는 토양을 비옥하게 하여 지력이 증진된다.

정답 39 ④ 40 ① 41 ① 42 ④ 43 ② 44 ③

② 기지의 회피 : 답전윤환은 토성을 달라지게 하며 병원균과 선충을 경감시키고 작물의 종류도 달라져 기지현상이 회피된다.
③ 잡초의 감소 : 담수와 배수상태가 서로 교체되면서 잡초의 발생은 적어진다.
④ 벼 수량의 증가
- 밭 상태로 클로버 등을 2~3년 재배 후 벼를 재배하면 수량이 첫해에 상당히 증가하며 질소의 시용량도 크게 절약할 수 있다.
- 벼 수량은 밭 기간을 2~3년 이상으로 해도 더 이상 증가하지 않고, 논기간의 증수효과도 2~3년 이상 지속되지 않는다.

⑤ 노력의 절감 : 잡초의 발생량이 줄고 병충해 발생이 억제되면서 노력이 절감된다.

45 시설토양의 염류집적의 원인이 아닌 것은?

① 과도한 화학비료의 사용
② 강우의 차단과 특이한 실내환경
③ 모세관작용에 의한 지하염류의 상승으로 지표면에 염류 축적
④ 인공관수에 의한 염류의 지하용탈 및 지표유실의 빈번

해설 자연강우가 없는 인공관수에 의한 염류의 지하용탈의 감소가 염류집적의 원인이 된다.

46 건답직파의 특성이 아닌 것은?

① 비가 올 때에는 파종이 어렵다.
② 담수직파보다 잡초 발생량이 적다.
③ 담수직파보다 출아일수가 길다.
④ 도복 발생량이 감소한다.

해설 담수직파보다 잡초 발생량이 많다.

47 유기사료 중 조사료에 해당하지 않는 것은?

① 사일리지 ② 건초
③ 볏짚 ④ 옥수수

해설 옥수수와 같은 알곡은 농후사료에 해당한다.

48 유기축산을 위한 축사시설 준비 과정에서 중요하게 고려해야 할 사항으로 틀린 것은?

① 채광이 양호하도록 설계하여 건강한 성장을 도모한다.
② 공기의 유입이나 통풍이 양호하도록 설계하여 호흡기 질병이나 먼지 피해를 입지 않도록 한다.
③ 가축의 분뇨가 외부로 유출되거나 토양에 침투되어 악취 등의 위생문제 및 지하수 오염 등을 일으키지 않도록 한다.
④ 축사 건립에 많은 투자를 피하고, 좁은 면적에 다수의 가축을 밀집 사육시킴으로서 경영의 효율성을 제고한다.

해설 축사 조건<시행규칙 별표1 인증기준의 세부사항(제6조의2 관련)
(1) 축사는 다음과 같이 가축의 생물적 및 행동적 욕구를 만족시킬 수 있어야 한다.
(가) 사료와 음수는 접근이 용이할 것
(나) 공기순환, 온도 · 습도, 먼지 및 가스농도가 가축 건강에 유해하지 아니한 수준 이내로 유지되어야 하고, 건축물은 적절한 단열 · 환기시설을 갖출 것
(다) 충분한 자연환기와 햇빛이 제공될 수 있을 것
(2) 축사의 밀도조건은 다음 사항을 고려하여 (3)에 정하는 가축의 종류별 면적당 사육두수를 유지하여야 한다.
(가) 가축의 품종 · 계통 및 연령을 고려하여 편안함과 복지를 제공할 수 있을 것
(나) 축군의 크기와 성에 관한 가축의 행동적 욕구를 고려할 것
(다) 자연스럽게 일어서서 앉고 돌고 활개 칠 수 있는 등 충분한 활동공간이 확보될 것

49 다음 중 고립상태일 때의 광포화점이 가장 낮은 것은?

① 사탕무 ② 콩
③ 고구마 ④ 밀

해설 고립상태일 때 작물의 광포화점(단위 : %, 조사광량에 대한 비율)

정답 45 ④ 46 ② 47 ④ 48 ④ 49 ②

작물	광포화점
음생식물	10 정도
구약나물	25 정도
콩	20~23
감자, 담배, 강낭콩, 해바라기, 보리, 귀리	30 정도
벼, 목화	40~50
밀, 알팔파	50 정도
고구마, 사탕무, 무, 사과나무	40~60
옥수수	80~100

50 **인공광에서 "수은등"에 대한 설명으로 가장 적절한 것은?**

① 고압의 수은 증기 속의 아크방전에 의해서 빛을 내는 전등이다.
② 각종 금속 용화물이 증기압 중에 방전함으로써 금속 특유의 발광을 나타내는 현상을 이용한 등이다.
③ 나트륨 증기 속에서 아크방전에 의해 방사되는 빛을 이용한 등이다.
④ 반도체의 양극에 전압을 가해 식물 생육에 필요한 특수한 파장의 단색광만을 방출하는 인공 광원이다.

해설 ② 메탈할라이트등 : 각종 금속 용화물이 증기압 중에 방전함으로써 금속 특유의 발광을 나타내는 현상을 이용한 등이다.
③ 나트륨등 : 나트륨 증기 속에서 아크방전에 의해 방사되는 빛을 이용한 등이다.
④ 발광다이오드(LED) : 반도체의 양극에 전압을 가해 식물 생육에 필요한 특수한 파장의 단색광만을 방출하는 인공 광원이다.

51 **토양미생물의 작용에 대한 설명으로 틀린 것은?**

① 식물과 상호 영향을 끼치며 번식, 생존해 간다.
② 각종 무기물의 흡수와 순환에 중요한 역할을 한다.
③ 미생물 간의 길항작용을 한다.
④ 병해를 일으키지는 않고 예방작용만 한다.

해설 토양미생물에는 병의 발생을 유발하는 병원성 미생물도 포함되어 있다.

52 **마늘의 저온저장 방법으로 가장 적절한 것은?**

① 저온저장은 -10~-5℃, 상대습도는 약 50%가 알맞다.
② 저온저장은 8~10℃, 상대습도는 약 85%가 알맞다.
③ 저온저장은 3~5℃, 상대습도는 약 65%가 알맞다.
④ 저온저장은 3~5℃, 상대습도는 약 85%가 알맞다.

해설 마늘의 저온저장은 3~5℃, 상대습도는 약 65%가 알맞다.

53 **다음 중 3년생 가지에 결실하는 것은?**

① 사과 ② 감
③ 밤 ④ 포도

해설 과수의 결과 습성
- 1년생 가지에 결실하는 과수 : 포도, 감, 밤, 무화과, 호두 등
- 2년생 가지에 결실하는 과수 : 복숭아, 자두, 살구, 매실, 양앵두 등
- 3년생 가지에 결실하는 과수 : 사과, 배 등

54 **다음 중 3년 휴작이 필요한 작물로만 나열된 것은?**

① 벼, 조 ② 딸기, 양배추
③ 당근, 미나리 ④ 토란, 참외

해설 작물의 기지 정도
- 연작의 해가 적은 것 : 벼, 맥류, 조, 옥수수, 수수, 사탕수수, 삼, 담배, 고구마, 무, 순무, 당근, 양파, 호박, 연, 미나리, 딸기, 양배추, 꽃양배추, 아스파라거스, 토당귀, 목화 등
- 1년 휴작 작물 : 파, 쪽파, 생강, 콩, 시금치 등

정답 50 ① 51 ④ 52 ③ 53 ① 54 ④

- 2년 휴작 작물 : 오이, 감자, 땅콩, 잠두, 마 등
- 3년 휴작 작물 : 참외, 쑥갓, 강낭콩, 토란 등
- 5~7년 휴작 작물 : 수박, 토마토, 가지, 고추, 완두, 사탕무, 우엉, 레드클로버 등
- 10년 이상 휴작 작물 : 인삼, 아마 등

55 **F_2~F_4 세대에는 매 세대 모든 개체로부터 1립씩 채종하여 집단재배를 하고, F_4 각 개체별로 F_5 계통재배를 하는 것은?**

① 여교배육종 ② 파생계통육종
③ 1개체 1계통육종 ④ 단순순환선발

해설 1개체 1계통육종(single seed descent method)
- F_2~F_4 세대에서 매 세대의 모든 개체를 1립씩 채종하여 집단재배하고 F_4 각 개체별로 F_5 계통재배를 한다. 따라서 F_5 세대의 각 계통은 F_2 각 개체로부터 유래하게 된다.
- 집단육종과 계통육종의 이점을 모두 살리는 육종 방법이다.
- 잡종 초기세대에서는 집단재배로 유용 유전자를 유지할 수 있다.
- 육종 규모가 작아 온실 등에서 육종연한의 단축이 가능하다.
- 우리나라 영산 벼의 육성 방법이다. F_2 1,240개체를 F_5 세대까지 1립씩 채종하여 온실에서 집단재배와 세대 촉진을 하고 F_6 세대에 계통재배를 시작하였다. 육성까지 6년이 소요되었다.

56 **광물성 유기농업 자재가 아닌 것은?**

① 유지류 ② 식염류
③ 칼슘염류 ④ 인산염류

해설 유지는 동식물에서 얻어지는 비휘발성의 미끌미끌한 유성 물질로 지방과 기름을 총칭하는 것으로 유기물에 해당된다.

57 **전류가 텅스텐 필라멘트를 가열할 때 발생하는 빛을 이용하는 등(lamp)은?**

① 백열등 ② 형광등
③ 수은등 ④ 메탈할라이드등

해설 ② 형광등 : 유리관 내벽에 도포된 형광물질에 따라 분광 분포가 정해지며, 관 내에 아르곤과 미량의 수은이 봉입되어 있어 전극에서 발생하는 열전자가 수은 원자를 자극하여 자외선을 방출하고, 이 자외선이 형광물질을 자극하여 가시광선을 방출한다.
③ 수은등 : 고압의 수은 증기 속의 아크방전에 의해 빛을 내는 전등이다.
④ 메탈할라이드등 : 각종 금속 용화물이 증기압 중에 방전함으로써 금속 특유의 발광을 나타내는 현상을 이용한 등이다.

58 **염류 농도 장해의 가시적 증상이 아닌 것은?**

① 새순부터 잎이 마르기 시작한다.
② 잎이 농녹색을 띠기 시작한다.
③ 잎 끝이 타면서 말라 죽는다.
④ 칼슘과 마그네슘 결핍증이 나타난다.

해설 장해증상
- 토양용액의 염류 농도가 증가하면 작물의 생장속도는 둔화되며, 증가가 계속되어 한계농도 이상에서는 심한 생육억제현상과 함께 가시적 장해현상을 나타낸다.
- 잎이 밑에서부터 말라죽기 시작한다.
- 잎이 짙은 녹색을 띠기 시작한다.
- 잎의 가장자리가 안으로 말린다.
- 잎 끝이 타면서 말라죽는다.
- 칼슘 또는 마그네슘 결핍증상이 나타난다.

59 **다음 중 고온장해에 대한 내용으로 틀린 것은?**

① 유기물의 과잉 소모
② 증산 억제
③ 질소대사의 이상
④ 철분의 침전

해설 고온은 증산을 촉진시킨다.

60 **유기축산에 사용하는 가축 중에서 자축의 수가 평균적으로 가장 많은 가축은?**

① 한우 ② 젖소
③ 돼지 ④ 염소

정답 55 ③ 56 ① 57 ① 58 ① 59 ② 60 ③

해설 돼지는 한배에 7~13마리의 새끼를 낳는다.

제4과목 유기식품 가공 유통론

61 전지분유에 대한 설명으로 틀린 것은?

① 충전 시 충분한 냉각이 필요하며, 건조한 곳에서 취급되어야 한다.
② 물에 쉽게 용해될 수 있도록 인스턴트화시켜 탈지분유보다 저장이 용이하다.
③ 공기가 통하지 않도록 포장한다.
④ 제빵, 제과용으로 많이 사용된다.

해설 물에 쉽게 용해될 수 있도록 인스턴트화시킨 것은 인스턴트 탈지분유에 대한 설명이다.

62 대장균군 검사에 사용되지 않는 배지는?

① 표준한천배지
② 유당배지
③ BGLB 배지
④ 데스옥시콜레이트 유당한천 배지

해설 대장균 검사 : 대장균군은 Gram음성, 무아포성 간균으로서 유당을 분해하여 가스를 발생하는 모든 호기성 또는 통성 혐기성 세균을 말한다. 대장균군 시험에는 대장균군의 유무를 검사하는 정성시험과 대장균군의 수를 산출하는 정량시험이 있으며, 정성시험에는 유당배지법, BGLB배지법, 데스옥시콜레이트 유당한천 배지법이 있다.

63 유기농법을 적용할 경우 예상되는 결과와 거리가 먼 것은?

① 화학비료를 사용하지 않아 과용된 비료에 의한 환경오염을 줄일 수 있다.
② 잔류농약으로 인한 위험이 줄어든다.
③ 농약과 비료를 사용하지 않아 장기적으로 고품질 농산물의 안정적 생산량 유지가 어렵다.
④ 부가가치를 증가시켜 고가로 판매할 수 있어 경쟁력 있는 농업으로 발전할 수 있다.

해설 농약과 비료를 사용하지 않아 장기적으로 고품질 농산물의 안정적 생산을 추구한다.

64 식품포장지로 사용되는 골판지에 대한 설명으로 틀린 것은?

① 골의 높이와 골의 수에 따라 A, B, C, D, E, F로 구분된다.
② 골의 높이는 A>C>B의 순서로 높다.
③ 단위길이당 골의 수가 가장 적은 것은 A이다.
④ 골의 형태는 U형과 V형이 있다.

해설 골의 높이와 골의 수에 따라 A, B, C, E, F, G로 구분된다.

65 식품포장재료의 일반적인 구비요건으로 적합하지 않은 것은?

① 식품의 성분과 상호작용이 없어야 한다.
② 유해한 성분을 함유하지 않아야 한다.
③ 적정한 물리적 강도를 가지고 있어야 한다.
④ 식품 종류와 관계없이 투습도가 높고 기체를 통과시키지 않아야 한다.

해설 식품 종류에 따라 투습도 및 투기성이 달라야 한다.

66 식품의 원료 관리, 제조, 가공, 조리, 소분, 유통, 판매의 모든 과정에서 위해한 물질이 식품에 섞이거나 오염되는 것을 방지하기 위하여 각 과정의 위해요소를 중점적으로 관리하는 기준을 무엇이라 하는가?

① HACCP　② SSOP
③ GMP　④ GAP

해설 • HACCP : 식품 원재료의 생산에서 최종 소비자의 섭취까지 전 단계에 걸쳐 위해 물질로 식품이 오염되는 것을 사전에 방지하기 위하여 위해 요소를 규명하고 이를 중점적으로 관리하기 위한 식품위생관리시스템을 말한다.

정답 61 ② 62 ① 63 ③ 64 ① 65 ④ 66 ①

- GMP(Good Manufacting Practice) : 작업장의 구조 및 설비와 더불어 원료의 구입, 생산, 포장, 출하단계 등 전 공정에 걸쳐 우수식품의 제조 및 품질관리에 관한 체계적인 기준이다.
- SSOP(표준 위생 관리 기준, Sanitation Standard Operation Procedure) : 위생 상태를 유지하기 위하여 수행해야 하는 표준 절차이다.
- GAP : 농산물우수관리제도

67 대두유 또는 난황에서 분리한 인지질 함유 복합지질을 식용에 적합하도록 정제한 것 또는 이를 주원료로 하여 가공한 식품은?

① 레시틴식품 ② 배아식품
③ 감마리놀렌산식품 ④ 옥타코사놀식품

해설 레시틴 : 글리세롤 지방산, 인산 및 콜린을 함유하고 있는 인지질. 동물의 신경계, 간, 정액, 난황 중에 있으며 담즙, 혈액조직에도 소량 함유되어 있다.

68 화농성 질환의 병원균으로 독소형 식중독의 원인균은?

① *Leuconostoc mesenteroides*
② *Streptococcus faecalis*
③ *Staphylococcus aureus*
④ *Bacillus coagulans*

해설 ① *Leuconostoc mesenteroides* : 유산균
② *Streptococcus faecalis* : 유산균
④ *Bacillus coagulans* : 젖산생산 박테리아

69 농산물 표준규격에 근거하여 토마토의 표준거래단위에 해당되지 않는 것은? (단, 5kg 이상을 기준으로 한다.)

① 5kg ② 7.5kg
③ 15kg ④ 20kg

해설

품목	표준거래단위
사과	5kg, 7.5kg, 10kg
배, 감귤	3kg, 5kg, 7.5kg, 10kg, 15kg
유자	5kg, 8kg, 10kg, 100과
참다래	5kg, 10kg
양앵두(버찌)	5kg, 10kg, 12kg
앵두	8kg
마른고추	6kg, 12kg, 15kg
고추	5kg, 10kg
오이	10kg, 15kg, 20kg, 50개, 100개
호박	8kg, 10kg, 10~28개
단호박	5kg, 8kg, 10kg, 4~11개
가지	5kg, 8kg, 10kg, 50개
토마토	5kg, 7.5kg, 10kg, 15kg

70 식품의 동결건조의 기본 원리는?

① 승화 ② 기화
③ 액화 ④ 응고

해설 승화 : 고체에 열을 가하면 액체 상태가 되지 않고 곧바로 기체가 되는 현상 또는 그 반대의 변화

71 수박 한 통의 유통단계별 가격은 농가수취가격 5,000원, 위탁상가격 6,000원, 도매가격 6,500원, 소비자가격 8,500원이다. 수박 총 거래량이 100개라고 하면, 유통마진의 가치(VMM)는 얼마인가?

① 350,000원 ② 200,000원
③ 150,000원 ④ 100,000원

해설 (8,500−5,000)×100개=350,000원

72 시판되는 우유 제조 시 균질을 하는 주된 이유는?

① 미생물 사멸
② 크림 분리 방지
③ 향미의 개선
④ 단백질의 콜로이드(colloid)화

해설 우유 제조 시 균질화는 크림의 분리 방지를 위해 행하여 진다.

정답 67 ① 68 ③ 69 ④ 70 ① 71 ① 72 ②

73 초고압 처리의 미생물 살균 원리와 거리가 먼 것은?

① 세포막 구성단백질의 변성
② 세포 생육의 필수아미노산 흡수 억제
③ 세포막 투과성 억제
④ 세포막 누출량 증가

해설 초고압법
- 초고압 처리로 미생물의 세포막 구성, 단백질의 변성, 세포 생육의 필수아미노산 흡수 억제, 세포액의 누출량 증가 등으로 품질의 열화 없이 세균을 사멸시키는 방법이다.
- 상온(27℃)에서 200~800Mpa의 초고압을 10~60분간 가함으로써 열처리 및 보존료 첨가 등에 의한 품질 손상 없이 완전 멸균되고, 70~100℃에서 700~900MPa의 압력을 10~60분간 가하여 장류식품 내 Bacillus 계통 포자류도 사멸되어 유통기간을 연장할 수 있다.
- 신선함을 오랜 기간 유지, 방부제와 다른 첨가물 없이 유통기간 연장, 천연 향 및 비타민을 파괴하지 않고 보존 가능, 미생물, 효소, 박테리아 등을 비활성화, 육색 변화가 없다.

74 식품의 기준 및 규격 상의 정의가 틀린 것은?

① 냉동은 -18℃ 이하, 냉장은 0~10℃를 말한다.
② 건조물(고형물)은 원료를 건조하여 남은 고형물로 별도의 규격이 정하여 지지 않은 한, 수분 함량이 5% 이하인 것을 말한다.
③ 살균이라 함은 따로 규정이 없는 한 세균, 효모, 곰팡이 등 미생물의 영양세포를 불성화시켜 감소시키는 것을 말한다.
④ 유통기간이라 함은 소비자에게 판매가 가능한 기간을 말한다.

해설 건조물(고형물)은 원료를 건조하여 남은 고형물로 별도의 규격이 정하여 지지 않은 한, 수분 함량이 15% 이하인 것을 말한다.

75 농산물 표준화의 잠재적 효용가치가 아닌 것은?

① 마케팅 비용의 감소
② 중간상의 이윤을 높임
③ 시장 유통활동의 능률화
④ 가격 형성의 효율화

해설 농산물 표준화의 목적은 공정하고 투명한 거래를 유도하여 농업인 소득 증대와 소비자 보호에 있다.

76 청과물의 호흡작용에 가장 크게 영향을 주는 요인은?

① 습도 ② 온도
③ 빛 ④ 산소

해설 신선 원예산물은 온도의 증가에 따라 호흡이 증가한다.

77 농산물의 일반적인 유통경로는?

① 중계-분산-가공
② 중계-분산-수집
③ 수집-중계-분산
④ 분산-가공-중계

해설 농산물의 일반적인 유통경로 : 수집-중계-분산

78 식품공장에서 식품을 다루는 작업자의 위생과 관련된 설명으로 틀린 것은?

① 작업장에서 깨끗한 장갑을 착용하는 경우에는 손을 씻지 않아도 된다.
② 일반 작업구역에서 비오염 작업구역으로 이동할 때는 반드시 손을 씻고 소독하여야 한다.
③ 신발은 작업 전용 신발을 신어야 하고 같은 신발을 신은 채 화장실에 출입하지 않아야 한다.
④ 피부 감염, 화농성 질환이 있거나 설사를 하는 경우 식품제조 작업에서 제외하여야 한다.

해설 작업장에서 깨끗한 장갑을 착용하는 경우에도 반드시 손을 씻어야 한다.

정답 73 ③ 74 ② 75 ② 76 ② 77 ③ 78 ①

79 **Bacillus polymixa 포자의 D값은 100℃에서 0.5분이며 z값은 9℃이다. 초기 미생물 수가 10^6인 식품을 109℃에서 0.15분간 가열하였을 때 식품에 잔류하는 미생물의 수는?**

① 10　② 10^2
③ 10^3　④ 10^4

해설 • F값 : 설정된 온도에서 미생물을 100% 사멸시키는 데 필요한 시간
• Z값 : 미생물의 가열 치사 시간을 10배 변화시키는 데 필요한 가열 온도의 차이를 나타내는 값
• D값 : 설정된 온도에서 미생물을 90% 사멸시키는 데 필요한 시간
109℃에서의 D값은 0.05분이므로 0.05분 경과 시마다 균은 90%식 사멸된다.
따라서 0.15분 경과 후에는 미생물의 수는 1,000이 된다.

80 **유기식품의 품질보증, 구매 후 서비스, 반품 등은 제품의 세 가지 차원 중 어디에 해당되는가?**

① 핵심제품　② 유형제품
③ 확장제품　④ 유사제품

해설 확장제품 : 부가적인 서비스가 포함된 제품. 설치, 배달, 보증, 사후 관리, 대금 결제 편의 등의 서비스가 포함된 제품을 가리킨다.

제5과목 유기농업 관련 규정

81 **「무항생제축산물 인증에 관한 세부실시요령」상 무항생제축산물 생산을 위하여 사료에 첨가하면 안 되는 것으로 틀린 것은?**

① 우유　② 항생제
③ 합성항균제　④ 항콕시듐제

해설 다음에 해당되는 물질을 사료에 첨가해서는 아니 된다.
가) 가축의 대사기능 촉진을 위한 합성화합물
나) 반추가축에게 포유동물에서 유래한 사료(우유 및 유제품을 제외)는 어떠한 경우에도 첨가해서는 아니 된다.
다) 합성질소 또는 비단백태질소화합물
라) 항생제 · 합성항균제 · 성장촉진제, 구충제, 항콕시듐제 및 호르몬제
마) 그밖에 인위적인 합성 및 유전자 조작에 의해 제조 · 변형된 물질

82 **「농림축산식품부 소관 친환경농어업 육성 및 유기식품 등의 관리 · 지원에 관한 법률 시행규칙」에 따른 유기가공식품의 생산에 사용 가능한 가공보조제와 그 사용 가능 범위가 옳게 짝지어진 것은?**

① 오존수 – 식품 표면의 세척 · 소독제
② 백도토 – 설탕 가공
③ 과산화수소 – 응고제
④ 수산화칼륨 – 여과보조제

해설

명칭(한)	가공보조제로 사용 시	
	사용 가능 여부	사용 가능 범위
백도토	○	청징(clarification) 또는 여과보조제
과산화수소	○	식품 표면의 세척 · 소독제
수산화칼륨	○	설탕 및 분리대두단백 가공 중의 산도 조절제

83 **「농림축산식품부 소관 친환경농어업 육성 및 유기식품 등의 관리 · 지원에 관한 법률 시행규칙」의 인증품 또는 인증품의 포장 · 용기에 표시하는 방법에서 다음 (　) 안에 알맞은 내용은?**

> 표시사항은 해당 인증품을 포장한 사업자의 인증 정보와 일치하여야 하며, 해당 인증품의 생산자가 포장자와 일치하지 않는 경우에는 (　)를 추가로 표시하여야 한다.

① 생산자의 주민등록번호 앞자리
② 생산자의 인증번호
③ 생산자의 국가기술자격 발급번호
④ 인증기관의 주소

정답 79 ③ 80 ③ 81 ① 82 ① 83 ②

해설 표시사항은 해당 인증품을 포장한 사업자의 인증정보와 일치해야 하며, 해당 인증품의 생산자가 포장자와 일치하지 않는 경우에는 생산자의 인증번호를 추가로 표시해야 한다.

84 「농림축산식품부 소관 친환경농어업 육성 및 유기식품 등의 관리 · 지원에 관한 법률 시행규칙」에서 규정한 허용물질 중 유기농산물의 토양 개량과 작물 생육을 위하여 사용 가능한 물질은? (단, 사용 가능 조건을 만족한다.)

① 천적
② 님(Neem) 추출물
③ 담배잎차
④ 랑베나이트

해설 ①,②,③은 병해충 관리를 위해 사용 가능한 물질

85 「농림축산식품부 소관 친환경농어업 육성 및 유기식품 등의 관리 · 지원에 관한 법률 시행규칙」상 인증심사원의 자격 취소 및 정지 기준의 개별기준에서 보기의 내용으로 1회 적발되었을 경우의 행정처분은?

> 인증심사 업무와 관련하여 다른 사람에게 자기의 성명을 사용하게 하거나 인증심사원증을 빌려 준 경우

① 자격정지 3개월
② 자격정지 6개월
③ 자격정지 1년
④ 자격취소

해설

위반행위	위반횟수별 행정처분 기준		
	1회 위반	2회 위반	3회 이상 위반
인증심사 업무와 관련하여 다른 사람에게 자기의 성명을 사용하게 하거나 인증심사원증을 빌려 준 경우	자격정지 6개월	자격취소	

86 「농림축산식품부 소관 친환경농어업 육성 및 유기식품 등의 관리 · 지원에 관한 법률 시행규칙」상 유기가공식품의 식품첨가물 또는 가공보조제로 사용 가능한 물질이 아닌 것은?

① 탄산칼슘 ② 탄산칼륨
③ 탄산바륨 ④ 탄산나트륨

해설

명칭(한)	가공보조제로 사용 시	
	사용 가능 여부	사용 가능 범위
탄산칼슘	○	제한 없음
탄산칼륨	○	포도 건조
탄산나트륨	○	설탕 가공 및 유제품의 중화제

87 「유기식품 및 무농약농산물 등의 인증에 관한 세부실시 요령」상 인증심사의 인증심사원으로 지정할 수 있는 경우는?

① 자신이 신청인이거나 신청인 등과 관련법에 해당하는 친족관계인 경우
② 인증기관 임직원과 이해관계가 있는 경우
③ 신청인과 경제적인 이해관계가 있는 경우
④ 최근 3년 이내에 신청인과 경제적인 이해관계가 없는 경우

해설 인증심사원의 지정

1) 인증기관은 인증신청서를 접수한 때에는 1인 이상의 인증심사원을 지정하고, 그 인증심사원으로 하여금 인증심사를 하도록 하여야 한다.
2) 인증기관은 인증심사원이 다음 각 호의 어느 하나에 해당되는 경우 해당 신청 건에 대한 인증심사원으로 지정하여서는 아니 된다.
   가) 자신이 신청인이거나 신청인 등과 민법 제777조 각 호에 해당하는 친족관계인 경우
   나) 신청인과 경제적인 이해관계가 있는 경우
   다) 기타 공정한 심사가 어렵다고 판단되는 경우
3) 인증심사원은 신청인에 대해 공정한 인증심사를 할 수 없는 사정이 있는 경우 기피신청을 하여야 하며, 이 경우 인증기관의 장은 해당 인증심사원을 지체 없이 교체하여야 한다.

정답 84 ④ 85 ② 86 ③ 87 ④

88 「친환경농어업 육성 및 유기식품 등의 관리 · 지원에 관한 법률」상 친환경농어업 육성계획에 포함되어야 할 항목이 아닌 것은?

① 농어업 분야의 환경보전을 위한 정책목표 및 기본 방향
② 농어업의 환경오염 실태 및 개선 대책
③ 합성 농약, 화학비료 및 항생제 · 항균제 등 화학자재 사용량 감축 방안
④ 친환경농산물 규격 표준화 방안

해설 법률 제7조(친환경농어업 육성계획)
② 육성계획에는 다음 각 호의 사항이 포함되어야 한다. 〈개정 8. 27.〉
1. 농어업 분야의 환경보전을 위한 정책목표 및 기본방향
2. 농어업의 환경오염 실태 및 개선대책
3. 합성 농약, 화학비료 및 항생제 · 항균제 등 화학자재 사용량 감축 방안
3의2. 친환경 약제와 병충해 방제 대책
4. 친환경농어업 발전을 위한 각종 기술 등의 개발 · 보급 · 교육 및 지도 방안
5. 친환경농어업의 시범단지 육성 방안
6. 친환경농수산물과 그 가공품, 유기식품 등 및 무농약원료가공식품의 생산 · 유통 · 수출 활성화와 연계강화 및 소비 촉진 방안
7. 친환경농어업의 공익적 기능 증대 방안
8. 친환경농어업 발전을 위한 국제협력 강화 방안
9. 육성계획 추진 재원의 조달 방안
10. 제26조 및 제35조에 따른 인증기관의 육성 방안
11. 그밖에 친환경농어업의 발전을 위하여 농림축산식품부령 또는 해양수산부령으로 정하는 사항

89 「친환경농어업 육성 및 유기식품 등의 관리 · 지원에 관한 법률」에서 농업의 근간이 되는 흙의 소중함을 국민에게 알리기 위하여 매년 몇 월 며칠을 흙의 날로 정하는가?

① 1월 19일 ② 3월 11일
③ 4월 15일 ④ 8월 13일

해설 법률 제5조의2(흙의 날)
① 농업의 근간이 되는 흙의 소중함을 국민에게 알리기 위하여 매년 3월 11일을 흙의 날로 정한다.

90 「농림축산식품부 소관 친환경농어업 육성 및 유기식품 등의 관리 · 지원에 관한 법률 시행규칙」상 유기농산물 및 유기임산물의 잔류 합성 농약 기준으로 옳은 것은?

① 1/2 이하
② 1/5 이하
③ 1/10 이하
④ 검출되지 아니하여야 한다.

해설 합성 농약 또는 합성 농약 성분이 함유된 자재를 사용하지 않으며, 합성 농약 성분은 검출되지 않을 것

91 「친환경농어업 육성 및 유기식품 등의 관리 · 지원에 관한 법률」상 유기식품 등의 인증 유효기간으로 옳은 것은?

① 인증을 받은 날부터 1년이다.
② 인증을 받은 날부터 2년이다.
③ 인증을 받은 날부터 2년이나, 유기농산물은 1년이다.
④ 인증을 받은 날부터 1년이나, 유기농산물은 2년이다.

해설 법률 제21조(인증의 유효기간 등)
① 제20조에 따른 인증의 유효기간은 인증을 받은 날부터 1년으로 한다.

92 「농림축산식품부 소관 친환경농어업 육성 및 유기식품 등의 관리 · 지원에 관한 법률 시행규칙」상 유기표시가 된 인증품 또는 동등성이 인정된 인증을 받은 유기가공식품을 판매나 영업에 사용할 목적으로 수입하려는 자가 수입신고서에 반드시 첨부해야 할 서류가 아닌 것은?

① 인증서 사본
② 인증기관이 발행한 거래인증서 원본
③ 동등성 인정 협정을 체결한 국가의 인증기관이 발행한 인증서 사본 및 수입증명서 원본
④ 잔류농약검사 성적서

정답 88 ④ 89 ② 90 ④ 91 ① 92 ④

해설 규칙 제22조(수입 유기식품의 신고)

① 법 제23조의2 제1항에 따라 인증품인 유기식품 또는 법 제25조에 따라 동등성이 인정된 인증을 받은 유기가공식품의 수입신고를 하려는 자는 식품의약품안전처장이 정하는 수입신고서에 다음 각 호의 구분에 따른 서류를 첨부하여 식품의약품안전처장에게 제출해야 한다. 이 경우 수입되는 유기식품의 도착 예정일 5일 전부터 미리 신고할 수 있으며, 미리 신고한 내용 중 도착항, 도착 예정일 등 주요 사항이 변경되는 경우에는 즉시 그 내용을 문서(전자문서를 포함한다)로 신고해야 한다.

1. 인증품인 유기식품을 수입하려는 경우 : 제13조에 따른 인증서 사본 및 별지 제19호 서식에 따른 거래인증서 원본
2. 법 제25조에 따라 동등성이 인정된 인증을 받은 유기가공식품을 수입하려는 경우 : 제27조에 따라 동등성 인정 협정을 체결한 국가의 인증기관이 발행한 인증서 사본 및 수입증명서(Import Certificate) 원본

93 「농림축산식품부 소관 친환경농어업 육성 및 유기식품 등의 관리 · 지원에 관한 법률 시행규칙」상 인증신청자가 심사결과에 대한 이의가 있어 인증심사를 실시한 기관에 재심사를 신청하고자 할 때 인증심사 결과를 통지받은 날부터 얼마 이내에 관련 자료를 제출해야 하는가?

① 7일 ② 10일
③ 20일 ④ 30일

해설 규칙 제15조(재심사 신청 등)

① 인증심사 결과에 대해 이의가 있는 자가 법 제20조 제5항에 따라 재심사를 신청하려는 경우에는 같은 조 제3항 전단에 따라 인증심사 결과를 통지받은 날부터 7일 이내에 별지 제11호 서식에 따른 인증 재심사 신청서에 재심사 신청사유를 증명하는 자료를 첨부하여 그 인증심사를 한 인증기관에 제출해야 한다.

② 제1항에 따른 재심사 신청을 받은 인증기관은 법 제20조 제6항에 따라 재심사 신청을 받은 날부터 7일 이내에 인증 재심사 여부를 결정하여 신청인에게 통보해야 한다.

94 「농림축산식품부 소관 친환경농어업 육성 및 유기식품 등의 관리 · 지원에 관한 법률 시행규칙」상 공시 사업자 등이 공시를 받은 원료와 다른 원료를 사용하거나 제조 조성비를 다르게 한 경우, 1회 위반 시 행정처분은?

① 업무정지 1개월
② 지정 취소
③ 공시 취소 및 유기농업 자재의 회수 · 폐기
④ 판매금지 및 유기농업 자재의 회수 · 폐기

해설

위반행위	위반 횟수별 행정처분 기준	
	1회 위반	2회 위반
공시를 받은 원료 · 재료와 다른 원료 · 재료를 사용하거나 제조 조성비를 다르게 한 경우	판매금지 및 유기농업 자재의 회수 · 폐기	공시 취소 및 유기농업 자재의 회수 · 폐기

95 「유기식품 및 무농약농산물 등의 인증에 관한 세부실시 요령」상 유기양봉제품의 전환기간에 대한 내용이다. (   )의 내용으로 알맞은 것은?

> 전환기간 (   ) 동안에 밀랍은 유기적으로 생산된 밀랍으로 모두 교체되어야 한다. 인증기관은 전환기간 동안에 모든 밀랍이 교체되지 않은 경우 전환기간을 연장할 수 있다.

① 6개월 ② 1년
③ 2년 ④ 3년

해설 1) 유기양봉의 산물 · 부산물은 유기양봉의 인증기준을 적어도 1년 동안 준수하였을 때 유기양봉 산물 등으로 판매할 수 있다.
2) 전환기간(1년) 동안에 밀랍은 유기적으로 생산된 밀랍으로 모두 교체되어야 한다. 인증기관은 전환기간 동안에 모든 밀랍이 교체되지 않은 경우 전환기간을 연장할 수 있다.

정답 93 ① 94 ④ 95 ②

96 「유기식품 및 무농약농산물 등의 인증에 관한 세부실시 요령」상 유기축산물 인증 부분의 사육장 및 사육조건의 인증기준으로 옳은 것은?

① 산란계의 경우 자연일조시간을 포함하여 총 14시간 범위 내에서 인공광으로 일조시간을 연장할 수 있다.

② 가금은 기후 등 사육여건을 감안하여 케이지 사육이 허용된다.

③ 반추가축은 축사면적 3배 이상의 방목지를 확보해야 한다.

④ 비육우의 방사식 사육에서 사육시설의 소요면적은 마리당 $10m^2$ 이다.

해설 ② 가금은 개방조건에서 사육되어야 하고, 기후조건이 허용하는 한 야외 방목장에 접근이 가능하여야 하며, 케이지에서 사육하지 아니할 것

③ 반추가축은 가축의 종류별 생리 상태를 고려하여 가)(3)의 축사면적 2배 이상의 방목지 또는 운동장을 확보해야 한다. 다만, 충분한 자연환기와 햇빛이 제공되는 축사구조의 경우 축사시설면적의 2배 이상을 축사 내에 추가 확보하여 방목지 또는 운동장을 대신할 수 있다.

④ 비육우의 방사식 사육에서 사육시설의 소요면적은 마리당 $7.1m^2$ 이다.

97 「농림축산식품부 소관 친환경농어업 육성 및 유기식품 등의 관리 · 지원에 관한 법률 시행규칙」 중에서 사용되는 용어의 정의로 그 내용이 틀린 것은?

① "재배포장"이란 작물을 재배하는 일정 구역을 말한다.

② "돌려짓기(윤작)"란 동일한 재배포장에서 동일한 작물을 연이어 재배하지 아니하고, 서로 다른 종류의 작물을 순차적으로 조합 · 배열하는 방식의 작부체계를 말한다.

③ "유기사료"란 식용유기가공품 인증기준에 맞게 재배 · 생산된 사료만을 말한다.

④ "동물용의약품"이란 동물질병의 예방 · 치료 및 진단을 위하여 사용하는 의약품을 말한다.

해설 유기사료란 유기농산물 및 비식용유기가공품 인증기준에 맞게 재배 · 생산된 사료를 말한다.

98 「친환경농어업 육성 및 유기식품 등의 관리 · 지원에 관한 법률 시행령」상 농림축산식품부장관 · 해양수산부장관 또는 지방자치단체의 장이 관련 법률에 따라 친환경농어업에 대한 기여도를 평가하고자 할 때 고려하는 사항이 아닌 것은?

① 친환경농어업에 관한 교육 · 훈련 실적

② 친환경농어업 기술의 개발 · 보급 실적

③ 유기농어업 자재의 사용량 감축 실적

④ 축산분뇨를 퇴비 및 액체비료 등으로 자원화한 실적

해설 시행령 제2조(친환경농어업에 대한 기여도)

제16조 제1항에 따른 친환경농어업에 대한 기여도를 평가하려는 경우에는 다음 각 호의 사항을 고려해야 한다.

1. 농어업 환경의 유지 · 개선 실적
2. 유기식품 및 비식용유기가공품(이하 "유기식품등"이라 한다), 친환경농수산물 또는 유기농어업자재의 생산 · 유통 · 수출 실적
3. 유기식품 등, 무농약농산물, 무농약원료가공식품, 무항생제수산물 및 활성처리제 비사용 수산물의 인증 실적 및 사후관리 실적
4. 친환경농어업 기술의 개발 · 보급 실적
5. 친환경농어업에 관한 교육 · 훈련 실적
6. 농약 · 비료 등 화학자재의 사용량 감축 실적
7. 축산분뇨를 퇴비 및 액체비료 등으로 자원화한 실적

99 「농림축산식품부 소관 친환경농어업 육성 및 유기식품 등의 관리 · 지원에 관한 법률 시행규칙」상 인증기관 지정기준의 인력에 대한 내용으로 (　　)에 알맞은 것은?

> 관련 자격을 부여받은 인증심사원을 상근 인력으로 (　　) 이상 확보하고, 인증심사 업무를 수행하는 상설 전담조직을 갖출 것

정답 96 ① 97 ③ 98 ③ 99 ②

① 3명 ② 5명
③ 7명 ④ 9명

해설 인력 및 조직
기관 또는 단체가 국제표준화기구(ISO)와 국제전기기술위원회(IEC)가 정한 제품인증시스템을 운영하는 기관을 위한 요구사항(ISO/IEC Guide 17065)에 적합한 경우로서 다음 각 목의 기준을 충족해야 한다.

가. 법 제26조의2 제1항에 따라 자격을 부여받은 인증심사원(이하 "인증심사원"이라 한다)을 상근인력으로 5명 이상 확보하고, 인증심사업무를 수행하는 상설 전담조직을 갖출 것. 다만, 인증기관의 지정 이후에는 인증 업무량 등에 따라 국립농산물품질관리원장이 정하는 바에 따라 인증심사원을 추가로 확보할 수 있어야 한다.

100 **「유기식품 및 무농약농산물 등의 인증에 관한 세부실시 요령」에 따른 유기축산물 인증기준의 일반 원칙에 해당하지 않는 것은?**

① 가축의 건강과 복지증진 및 질병예방을 위하여 사육 전 기간 동안 적절한 조치를 취하여야 하며, 치료용 동물용의약품을 절대 사용할 수 없다.
② 초식가축은 목초지에 접근할 수 있어야 하고, 그밖의 가축은 기후와 토양이 허용되는 한 노천 구역에서 자유롭게 방사할 수 있도록 하여야 한다.
③ 가축의 생리적 요구에 필요한 적절한 사양관리체계로 스트레스를 최소화하면서 질병예방과 건강 유지를 위한 가축 관리를 하여야 한다.
④ 가축 사육 두수는 해당 농가에서의 유기사료 확보 능력, 가축의 건강, 영양균형 및 환경영향 등을 고려하여 적절히 정하여야 한다.

해설 가축 질병 방지를 위한 적절한 조치를 취하였음에도 불구하고 질병이 발생한 경우에는 가축의 건강과 복지 유지를 위하여 수의사의 처방 및 감독 하에 치료용 동물용의약품을 사용할 수 있다.

정답 100 ①

2022년 2회

유기농업기사 기출문제

제1과목 재배원론

01 다음 중 산성토양에서 작물의 적응성이 가장 약한 것은?

① 호밀 ② 땅콩
③ 토란 ④ 시금치

해설 산성토양에 대한 작물의 적응성
- 가장 약한 것 : 알팔파, 콩, 팥, 자운영, 시금치, 사탕무, 셀러리, 부추, 양파 등

02 다음 중 탄산시비의 효과로 옳지 않은 것은?

① 수량 증가
② 개화 수 증가
③ 착과율 증가
④ 광합성 속도 감소

해설 탄산시비의 효과 : 광합성을 촉진하여 생육 및 수량이 증수된다.

03 대기 중 이산화탄소의 농도로 옳은 것은?

① 약 0.03% ② 약 0.09%
③ 약 0.15% ④ 약 0.20%

해설 공기의 주성분 : 질소(N_2) 78%, 산소(O_2) 21%, 이산화탄소(CO_2) 0.03%

04 다음 중 굴광현상에 가장 유효한 광은?

① 청색광 ② 녹색광
③ 황색광 ④ 적색광

해설 굴광성 : 식물의 한 쪽에 광이 조사되면 광이 조사된 쪽으로 식물체가 구부러지는 현상으로 400~500nm, 특히 440~480nm의 청색광이 가장 유효하다.

05 다음 중 장일효과를 유도하기 위한 야간조파에 효과적인 광의 파장은?

① 300~350nm ② 380~420nm
③ 600~680nm ④ 300nm 이하

해설 일장효과(장일효과)에 가장 큰 효과를 가지는 광은 600~680nm의 적색광이고, 다음으로 자색광(400nm)이고, 그다음이 청색광(480nm) 순이다.

06 다음 중 식물분류학적 방법에서 작물 분류로 옳지 않은 것은?

① 벼과 작물 ② 콩과 작물
③ 가지과 작물 ④ 공예 작물

해설 식물학적 분류
분류군의 계급은 최상위 계급인 계에서 시작하여 최하위 계급인 종으로 분류하며 다음과 같이 계→문→강→목→과→속→종으로 구분한다.

07 다음 중 연작에 의해서 나타나는 기지현상의 원인으로 옳지 않은 것은?

① 토양 비료분의 소모
② 염류의 감소
③ 토양 선충의 번성
④ 잡초의 번성

해설 기지(연작장해)의 원인
- 토양비료분의 소모(특정 필수원소의 결핍)
- 염류의 집적

정답 01 ④ 02 ④ 03 ① 04 ① 05 ③ 06 ④ 07 ②

- 토양물리성의 악화
- 토양의 이화학적 성질 악화
- 토양전염병 및 선충의 번성
- 상호대립억제작용 또는 타감작용
- 유독물질 축적
- 잡초의 번성

④ 결핍
- 분열조직의 괴사(necrosis)를 일으키는 일이 많다.
- 채종재배 시 수정 · 결실이 나빠진다.
- 콩과작물의 근류 형성 및 질소고정이 저해된다.
- 사탕무의 속썩음병, 순무의 갈색속썩음병, 셀러리의 줄기쪼김병, 담배의 끝마름병, 사과의 축과병, 꽃양배추의 갈색병, 알팔파의 황색병을 유발한다.

08 다음 중 종자 휴면의 원인과 관련이 없는 것은?

① 경실 종자　② 발아억제 물질
③ 배의 성숙　④ 종피의 불투기성

해설 휴면의 원인 : 배휴면, 경실 종자, 종피의 불투기성, 종피의 기계적 저항, 발아억제 물질의 존재

09 다음 중 영양번식의 취목에 해당하지 않는 것은?

① 성토법　② 분주
③ 휘묻이　④ 고취법

해설 분주(分株, 포기 나누기; division)
- 모주에서 발생한 흡지(吸枝, sucker)를 뿌리가 달린 채 분리하여 번식시키는 방법이다.
- 시기는 화아분화, 개화시기에 따라 결정되며 춘기분주(3월 하순~4월), 하기분주(6월~7월), 추기분주(9월 상순~9월 하순)로 구분한다.
- 닥나무, 머위, 아스파라거스, 토당귀, 박하, 모시풀, 작약, 석류, 나무딸기 등에 이용된다.

10 다음 중 사과의 축과병, 담배의 끝마름병으로 분열조직에서 괴사를 일으키는 원인으로 옳은 것은?

① 칼슘의 결핍　② 아연의 결핍
③ 붕소의 결핍　④ 망간의 결핍

해설 붕소(B)
① 촉매 또는 반응조절물질로 작용하며, 석회 결핍의 영향을 경감시킨다.
② 생장점 부근에 함유량이 높고, 체내 이동성이 낮아 결핍 증상은 생장점 또는 저장기관에 나타나기 쉽다.
③ 석회의 과잉과 토양의 산성화는 붕소 결핍의 주원인이며, 산야의 신개간지에서 나타나기 쉽다.

11 다음 중 접목 부위로 옳게 나열된 것은?

① 대목의 목질부, 접수의 목질부
② 대목의 목질부, 접수의 형성층
③ 대목의 형성층, 접수의 목질부
④ 대목의 형성층, 접수의 형성층

해설 접목(接木, grafting)
- 두 가지 식물의 영양체를 형성층이 서로 유착되도록 접함으로써 생리작용이 원활하게 교류되어 독립 개체를 형성하도록 하는 것을 접목이라 한다.
- 접수(接穗, scion) : 접목 시 정부가 되는 부분
- 대목(臺木, stock) : 접목 시 기부가 되는 부분
- 활착 : 접목 후 접합되어 생리작용의 교류가 원만하게 이루어지는 것
- 접목친화(graft affinity) : 접목 후 활착이 잘되고 발육과 결실이 좋은 것
- 접목변이(graft variation) : 접목으로 접수와 대목의 상호 작용으로 형태적, 생리적, 생태적 변이를 나타내는 것을 접목변이라 한다.

12 다음 중 내염성 작물로 가장 옳은 것은?

① 감자　② 완두
③ 목화　④ 사과

해설 작물의 내염성 정도

	밭작물	과수
강	사탕무, 유채, 양배추, 목화, 순무, 라이그라스	
중	알팔파, 토마토, 수수, 보리, 벼, 밀, 호밀, 고추, 아스파라거스, 시금치, 양파, 호박	무화과, 포도, 올리브
약	완두, 셀러리, 고구마, 감자, 가지, 녹두, 베치	배, 살구, 복숭아, 귤, 사과, 레몬

정답 08 ③ 09 ② 10 ③ 11 ④ 12 ③

13 무기성분 중 벼가 많이 흡수하는 것으로 벼의 잎을 직립하게 하여 수광상태가 좋게 되어 동화량을 증대시키는 효과가 있는 것은?

① 규소 ② 망간
③ 니켈 ④ 붕소

해설 규소(Si)

- 규소는 모든 작물에 필수원소는 아니나, 화본과 식물에서는 필수적이며, 화곡류에는 함량이 매우 높다.
- 화본과작물의 가용성 규산화 유기물의 시용은 생육과 수량에 효과가 있으며, 특히 벼는 규산 요구도가 높으며 시용효과가 높다.
- 해충과 도열병 등에 내성이 증대되며, 경엽의 직립화로 수광태세가 좋아져 광합성에 유리하고, 증산을 억제하여 한해를 줄이고, 뿌리의 활력이 증대된다.
- 불량환경에 대한 적응력이 커지고, 도복저항성이 강해진다.
- 줄기와 잎으로부터 종실로 P과 Ca이 이전되도록 조장하고, Mn의 엽내 분포를 균일하게 한다.

14 다음 중 중성식물로 옳은 것은?

① 시금치 ② 고추
③ 벼 ④ 콩

해설 작물의 일장형

- 장일식물(長日植物, LDP; long-day plant; 단야식물) : 맥류, 시금치, 양파, 상추, 아마, 아주까리, 감자, 티머시, 양귀비 등
- 단일식물(短日植物, SDP; short-day plant; 장야식물) : 벼, 국화, 콩, 담배, 들깨, 참깨, 목화, 조, 기장, 피, 옥수수, 나팔꽃, 샐비어, 코스모스, 도꼬마리 등
- 중성식물(中性植物, day-neutral plant; 중일성식물) : 강낭콩, 가지, 고추, 토마토, 당근, 셀러리 등

15 환상박피 때 화아분화가 촉진되고 과실의 발달이 조장되는 작물의 내적균형 지표로 가장 알맞은 것은?

① C/N율 ② S/R율
③ T/R율 ④ R/S율

해설 화성유도의 주요 요인

① 내적 요인
- C/N율로 대표되는 동화생산물의 양적 관계
- 옥신(auxin)과 지베렐린(gibberellin) 등 식물호르몬의 체내 수준 관계

② 외적 요인
- 일장
- 온도

16 다음 중 건물 생산이 최대로 되는 단위면적당 군락엽면적을 뜻하는 용어로 옳은 것은?

① 포장동화능력 ② 최적엽면적
③ 보상점 ④ 광포화점

해설 ① 최대엽면적 : 군락 상태에서 건물 생산량이 최대일 때 엽면적

② 엽면적지수(葉面積指數, LAI; leaf area index) : 군락의 엽면적을 토지면적에 대한 배수치(倍數值)로 표시하는 것

③ 최적엽면적지수(最適葉面積指數) : 엽면적이 최적엽면적일 경우의 엽면적지수
ⓐ 최적엽면적지수를 크게 하면 군락의 건물생산능력을 크게 하므로 수량을 증대시킬 수 있다.
ⓑ 최적엽면적지수 이상으로 엽면적이 증대되면 건물생산량은 증가하지 않으나, 호흡은 증가한다.

17 다음 중 전분 합성과 관련된 효소로 옳은 것은?

① 아밀라아제 ② 포스포릴라아제
③ 프로테아제 ④ 리파아제

해설 포스포릴라아제 : 생체 내에서 이루어지는 당(糖)과 다른 화합물의 결합이나 분해에 관여하는 효소. 녹말이나 글리코겐의 합성과 분해에도 작용한다.

18 다음 중 골 사이나 포기 사이의 흙을 포기 밑으로 긁어 모아 주는 것을 뜻하는 용어로 옳은 것은?

① 멀칭 ② 답압
③ 배토 ④ 제경

해설 배토(培土, 북주기; earthing up, hilling) : 작물이 생육하고 있는 중에 이랑 사이 또는 포기 사이의 흙을 그루 밑으로 긁어모아 주는 것이다.

정답 13 ① 14 ② 15 ① 16 ② 17 ② 18 ③

19 다음 중 식물 세포의 크기를 증대시키는 데 직접적으로 관여하는 것으로 가장 옳은 것은?

① 팽압 ② 막압
③ 벽압 ④ 수분 포텐셜

해설 팽압(膨壓, turgor pressure)
- 삼투에 의해서 세포 내의 수분이 늘면 세포의 크기를 증대시키려는 압력
- 식물의 체제 유지를 가능하게 한다.

20 리비히가 주장하였으며 생산량은 가장 소량으로 존재하는 무기성분에 의해 지배받는다는 이론은 무엇인가?

① 최소양분율
② 유전자중심설
③ C/N율
④ 하디-바인베르크법칙

해설 최소양분율(最小養分律, law of minimum nutrient)
여러 종류의 양분은 작물생육에 필수적이지만 실제 재배에 모든 양분이 동시에 작물생육을 제한하는 것은 아니며, 양분 중 필요량에 대한 공급이 가장 적은 양분에 의해 생육이 저해되는데, 이 양분을 최소양분이라 하고 최소양분의 공급량에 의해 작물 수량이 지배된다는 것을 최소양분율이라 한다.

제2과목 토양비옥도 및 관리

21 염기포화도에서 고려되는 교환성 염기가 아닌 것은?

① Ca^{2+} ② Mg^{2+}
③ Na^{+} ④ Al^{3+}

해설 교환성 염기 : 토양에 흡착되어 있는 양이온을 교환성 양이온이라 하며, 주로 NH_4^+, K^+, Ca^{2+}, Na^+, Mg^{2+}, Al^{3+}, H^+ 등이 있고, 그 중 Al^{+3}와 H^+을 제외한 나머지 이온은 토양을 알칼리성으로 만들려는 경향이 있어 이를 교환성 염기라고 한다.

22 어떤 토양의 흡착이온을 분석할 결과 Mg=2cmol/kg, Na=1cmol/kg, Al=2cmol/kg, H=4cmol/kg, K=2cmol/kg이었다. 이 토양의 CEC가 12cmol/kg이고 염기포화도는 75%로 계산되었다. 이 토양의 치환성칼슘의 양은 몇 cmol/kg으로 추정되는가?

① 1 ② 2
③ 3 ④ 4

해설 염기포화도(V)(%) $= \frac{S}{T} \times 100$
$= \frac{\text{교환성염기의 총량}}{\text{양이온교환용량}} \times 100$

V : 염기포화도, S : 교환성염기총량, T : 양이온교환용량

$75\% = \frac{2+1+2+x}{12} \times 100$

$0.75 = \frac{5+x}{12}$

$9 = 5 + x$

$x = 4$

23 주로 혐기성균에 의해 일어나는 질소대사는?

① 암모니아화성작용
② 질산화성작용
③ 탈질작용
④ 산화적 탈아미노반응

해설
- 탈질작용(denitrification, 환원작용) : NO_3^-은 토양입자에 흡착되지 못하고, 환원층으로 이행되면 혐기성균인 탈질균의 작용으로 환원되어 N_2로 대기 중으로 휘산된다.
- 탈질균
  - 탈질세균에 의해 $NO_3^- \rightarrow NO_2^- \rightarrow N_2O$, N_2로 되어 대기 중으로 휘산된다.
  - 탈질세균 : *Pseudomonas, Bacillus, Micrococcus, Achromobacter* 등
  - 일반적으로 탈질현상은 유기물과 NO_3^-가 풍부하고 온도 25~35℃, pH는 중성, 토양에 산소가 부족한 환원상태에서 발생한다.

정답 19 ① 20 ① 21 ④ 22 ④ 23 ③

24 **식물생장촉진 근권미생물의 기능이 아닌 것은?**

① 질소고정
② 식물생장촉진호르몬 생성
③ 시데로포아(siderophore) 생성
④ 타감작용(alleropathy)

해설 식물생장촉진 근권미생물(PGPR; plant growth promoting rhizobacteria)

- 근권에 왕성하게 서식하는 세균, 종자발아나 식물 성장을 촉진시킨다.
- 식물생장을 촉진하는 기작
  ⓐ *Rhizobium, Azotobacter, Azospirillium* 등을 접종하면 질소고정력이 증가한다.
  ⓑ *Bacillus*균은 gobberellic acid, indolacetic acid 등의 식물생장촉진호르몬을 생성한다.
  ⓒ *Pseudomonas*속은 종자나 뿌리에 군락형성능력과 철을 결합시키는 시데로포아(siderophore)라는 물질을 생성하여 식물 병원균이나 해로운 균에 필요한 철을 결핍시켜 병원성 미생물의 세포 생장, 발육을 억제한다.

25 **유기물의 탄질률과 토양 질소에 대한 설명으로 옳은 것은?**

① 탄질률 20 이하인 유기물을 사용하면 토양 중의 무기질소 함량이 감소한다.
② 탄질률이 낮은 유기물일수록 토양 무기질소의 부동화를 촉진시킨다.
③ 탄질률이 높은 유기물을 시용하면 질산화작용이 촉진된다.
④ 탄질률이 높은 유기물은 작물의 무기질소 흡수를 방해할 수 있다.

해설 ① C/N율이 30 이상으로 높은 유기물은 토중의 질소를 토양미생물이 보유하므로 배수, 휘산에 의한 질소 손실을 억제한다.
② 탄질률이 높은 유기물일수록 토양 무기질소의 부동화를 촉진시킨다.
③ 탄질률이 낮은 유기물을 시용하면 질산화작용이 촉진된다.

26 **토양 입단구조의 중요성에 대한 설명으로 가장 거리가 먼 것은?**

① 토양의 통기성과 통수성에 영향을 미친다.
② 토양 침식을 억제한다.
③ 토양 내에 호기성 미생물의 활성을 증대시킨다.
④ Na 이온은 토양의 입단화를 촉진시킨다.

해설 입단분산 이온

- Na^+ 이온은 수화반지름이 커서 점토 입자를 분산시킨다.
- 수화된 물에 의하여 양전하가 가려져 점토의 음전하를 충분히 중화시키지 못한다.
- Na^+는 점토 입자 사이에서 가교 역할을 하지 못하게 되어 음전하를 띠는 점토 입자들 사이에 오히려 반발력이 작용하여 서로 응집되지 못하고 분산된다.

27 **다음 중 접시와 같은 모양이거나 수평배열의 토괴로 구성된 구조로 토양생성과정 중에 발달하거나 인위적인 요인에 의하여 만들어지며, 모재의 특성을 그대로 간직하고 있는 것은?**

① 괴상구조
② 각주상구조
③ 원주상구조
④ 판상구조

해설 판상구조(platy structure)

- 접시 같은 모양 또는 수평배열의 토괴로 구성된 구조이다.
- 토양생성과정 중에 발달하거나 인위적 요인으로 만들어져 모재 특성을 그대로 간직하고 있으며, 물이나 빙하 아래에 위치하기도 한다.
- 우리나라 논토양에서 많이 발견되는데 논토양 경운은 약 15cm 깊이에서 이루어져 오랫동안 경운한 경우 점토입자가 15cm 밑에 이동 집적되고 압력에 의해 다져지면서 형성된다.
- 용적밀도가 크고 공극률이 급격히 낮아지며 대공극이 없어져 수분의 하향 이동이 불가능해지고, 뿌리가 밑으로 생장할 수 없게 만들어 벼의 생육을 나쁘게 한다. 우리나라에서는 경반층이라 하며, 판상구조를 없애기 위하여 심경을 권장한다.
- 구상구조와 같이 표토층(깊이 30cm 이내)에 발달한다.

정답 24 ④ 25 ④ 26 ④ 27 ④

28 토양의 생성인자로 가장 거리가 먼 것은?

① 지형(경사도, 경사면)
② 기후(강수, 기온)
③ 생명체(식생, 토양동물)
④ 작물재배(시비, 경운)

해설 토양의 생성에 주된 5가지 인자는 기후, 식생(생물인자), 모재, 지형, 시간이다.

29 다음 중 탄질률이 가장 높은 것은?

① 옥수수 찌꺼기 ② 알팔파
③ 블루그라스 ④ 활엽수의 톱밥

해설 식물체와 미생물의 탄소와 질소 함량 및 탄질률

구분	C(%)	N(%)	C/N
가문비나무 톱밥	50	0.05	600
활엽수 톱밥	46	0.1	400
밀짚	38	0.5	80
제지공장 슬러지	54	0.9	61
옥수수찌꺼기	40	0.7	57
사탕수수찌꺼기	40	0.8	50
잔디(블루그라스)	37	1.2	30
가축분뇨	41	2.1	20
알팔파	40	3.0	13
박테리아	50	12.5	4
방사상균	50	8.5	6
곰팡이	50	5.0	10
인공구비	56	2.6	20
인공부식	58	5.0	11
부식산	58	1.0	58

30 유기물의 토양물리성에 미치는 영향이 아닌 것은?

① 보수력 증가 ② 입단화 촉진
③ 완충능 감소 ④ 온도 상승

해설 부식의 화학적 효과
- 부식은 천천히 분해되면서 미생물이나 식물 성장에 필요한 N, P, K, S 등의 다량원소 및 미량원소를 공급한다.
- 부식이 분해될 때 생성된 유기산, 무기산은 불용화된 양분을 가용화시킨다.
- 토양 pH 변화에 완충작용을 한다.
- 토양의 양이온치환능력을 증가시킨다.
- 인산질비료는 퇴비와 함께 시용하면 유기물이 분해될 때 생성되는 산의 작용으로 가용화가 증대된다.
- Al^{3+}, Cu^{2+}, Pb^{2+} 등과 킬레이트 화합물을 형성하거나 독성 유기화합물을 흡수하여 독성을 경감시킨다.

31 우리나라 토양통을 토지이용 형태 기준으로 구분할 때 토양통 수가 가장 많은 토지이용 형태는?

① 과수원토양 ② 밭토양
③ 논토양 ④ 산림토양

해설 토양통 : 토양 분류의 기본 단위이다.

32 다음 중 양이온 교환용량이 가장 높은 토양콜로이드는?

① vermiculite ② sesquioxides
③ kaolinite ④ hydrous mica

해설 토양콜로이드와 양이온 교환용량 : 부식>2:1형(vermiculite>illite)>1:1형(kaolinite)>금속산화물

토양콜로이드	CEC($cmol_c/kg$)
금속산화물	0~3
카올리나이트	3~15
함수운모(hydrous mica)	25~40
스멕타이트(montmorillonite)	60~100
버미큘라이트	80~150
부식	100~300

33 다음 중 식물성 유기질 비료로 탄질률이 가장 높은 것은?

① 채종박 ② 대두박
③ 면실박 ④ 미강유박

해설 미강유박이 질소 비율 2%로 질소 함량이 가장 적어 탄질률이 가장 높다.

정답 28 ④ 29 ④ 30 ③ 31 ③ 32 ① 33 ④

34 화성암 중 중성암으로만 짝지어진 것은?

① 석영반암, 휘록암
② 안산암, 섬록암
③ 현무암, 반려암
④ 화강암, 섬록반암

해설 규소(SiO_2)의 함량에 따른 화성암의 분류

규산 함량 / 생성 위치	산성암	중성암	염기성암
심성암	화강암	섬록암	반려암
반심성암	석영반암	섬록반암	휘록암
화산암	유문암	안산암	현무암

35 암모늄태 질소를 아질산태 질소로 산화시키는 데 주로 관여하는 세균은?

① *Nitrobacter*
② *Nitrosomonas*
③ *Micrococcus*
④ *Azotobacter*

해설 질산화균

- 질산화균은 전형적인 자급영양세균으로 암모니아를 산화하여 에너지를 얻는다.
- 암모니아이온(NH_4^+)이 아질산(NO_2^-)과 질산(NO_3^-)으로 산화되는 과정으로 암모니아(NH_4^+)를 질산으로 변하게 하여 작물에 이롭게 한다.
- 아질산균과 질산균은 암모니아를 질산으로 변하게 한다.
- 유기물이 무기화되어 생성되거나 비료로 주었거나 모두 NH_4-N의 산화는 두 단계로 일어난다.

36 다음 중 풍화가 가장 어려운 광물은?

① 백운모 ② 방해석
③ 정장석 ④ 흑운모

해설 암석의 풍화 저항성

- 석영 > 백운모, 정장석(K장석) > 사장석(Na와 Ca장석) > 흑운모, 각섬석, 휘석 > 감람석 > 백운석, 방해석 > 석고
- 백운모는 Fe^{2+}이 적어 백색이며 풍화가 어렵다.
- 방해석과 석고는 이산화탄소로 포화된 물에 쉽게 용해된다.
- 감람석과 흑운모는 Fe^{2+}이 많아 유색이고 쉽게 풍화된다.

37 다음 중 칼리 함량이 많은 장석이 염기물질의 신속한 용탈작용을 받았을 때 가장 먼저 생성되는 점토광물은?

① illite ② kaolinite
③ vermiculite ④ chlorite

해설

$K_2Al_2Si_6O_{16} + 2H_2O + CO_2$
정장석
$\rightarrow H_4Al_2Si_2O_9 + 4SiO_2 + K_2CO_3$
카올리나이트

38 토양단면 중 농경지의 표층토(경작층)를 가장 옳게 표시한 것은?

① Bo ② Bt
③ Rz ④ Ap

해설 종속토층의 종류별 기호와 특성

종속토층 기호	토층의 특성
a	잘 부숙된 유기물층
b	매몰토층
c	결핵(concretion; 퇴적암의 일부가 굳어져 괴상(塊狀)으로 된 것) 또는 결괴(nodule)
d	미풍화된 치밀물질층(dense material)
e	중간 정도 부숙된 유기물층
f	동결토층(frozen layer)
g	강 환원층(gleying)
h	B층 중 이동 집적된 유기물층
i	미부숙된 유기물층
k	탄산염집적층
m	경화토층(cementation, induration)
n	Na집적층
o	Fe, Al 등의 산화물 집적층
p	경운토층 또는 인위교란층
q	규산집적층
r	잘 풍화된 연한 풍화모재층
s	이동집적된 유기물+Fe, Al산화물

정답 34 ② 35 ② 36 ① 37 ② 38 ④

t	규산염점토의 집적층
v	철결괴층
w	약한 B층(토양의 색깔이나 구조상으로만 구별됨)
x	이쇄반층(fragipan), 용적밀도가 높음
y	석고집적층
z	염류집적층

39 스멕타이트를 많이 포함한 토양에 부숙된 유기물을 가할 때 나타나는 현상이 아닌 것은?

① 수분 보유력이 증가한다.
② 토양 pH가 감소한다.
③ CEC가 증가한다.
④ 입단화 현상이 증가한다.

해설 스멕타이트(smectite)

- 2개의 규산사면체층 사이에 1개의 알루미늄팔면체이 결합한 단위구조를 갖는 대표적인 2:1형 규산염광물이다.
- 동형치환 : 규소사면체층에서는 Si^{4+} 대신 Al^{3+} 동형치환이 일어나고 알루미늄팔면체층에서는 Al^{3+} 대신 Fe^{2+}, Mg^{2+}, Fe^{3+} 등이 치환되어 들어갈 수 있다.
- 결정 내 다양한 동형치환이 일어나 montmorillonite, nontronite, saponite, hectorite, sauconite 등의 화학조성이 매우 다양한 점토광물들이 생성된다.

40 유기물의 분해속도에 대한 설명으로 틀린 것은?

① 호기성 조건이 혐기성 조건보다 빠르다.
② 리그닌 및 페놀함량이 많으면 느리다.
③ 중성보다 강산성에서 늦다.
④ 탄질률이 클수록 빠르다.

해설 탄질률

- 유기물을 구성하는 탄소와 질소의 비율로 탄질률이 큰 유기물은 분해속도가 느리다.
- 생육일수가 짧은 녹비작물은 성숙한 녹비작물보다 탄질률이 낮고 NO_3-N 공급이 용이하다.

제3과목 유기농업개론

41 다음 중 C_3 식물은?

① 옥수수　② 사탕수수
③ 기장　④ 보리

해설 C_4 식물

- C_3 식물과 달리 수분을 보존하고 광호흡을 억제하는 적응기구를 가지고 있다.
- 날씨가 덥고 건조한 경우 기공을 닫아 수분을 보존하며, 탄소를 4탄소화합물로 고정시키는 효소를 가지고 있어 기공이 대부분 닫혀있어도 광합성을 계속할 수 있다.
- 옥수수, 수수, 사탕수수, 기장, 버뮤다그라스, 명아주 등이 이에 해당한다.
- 이산화탄소 보상점이 낮고 이산화탄소 포화점이 높아 광합성 효율이 매우 높은 특징이 있다.

42 포도나무의 정지법으로 흔히 이용되는 방법이며, 가지를 2단 정도로 길게 직선으로 친 철사에 유인하여 결속시킨 것은?

① 절단형 정지
② 원추형 정지
③ 변칙주간형 정지
④ 울타리형 정지

해설 울타리형 정지

- 포도나무의 정지법으로 흔히 사용되는 방법이다.
- 가지를 2단 정도 길게 직선으로 친 철사 등에 유인하여 결속하는 정지 방법이다.
- 장점은 시설비가 적게 들어가고 관리가 편하다.
- 단점은 나무의 수명이 짧아지고 수량이 적다.
- 관상용 배나무, 자두나무 등에서도 쓰인다.

43 토양의 질적 수준 및 토양비옥도 유지 · 증진 수단의 실천기술이 아닌 것은?

① 연작　② 간작
③ 녹비　④ 윤작

해설 동일 포장에 동일 작물을 계속해서 재배하는 것을 연작(連作, 이어짓기)이라 하고, 연작의 결과 작물의 생육이 뚜렷하게 나빠지는 것을 기지(忌地, soil sickness)라고 한다.

정답 39 ② 40 ④ 41 ④ 42 ④ 43 ①

44 **1920년대 영국에서 토마토에 발생했던 해충인 온실가루이를 방제했던 기생성 천적은?**

① 칠성풀잠자리 ② 온실가루이좀벌
③ 성페로몬 ④ 칠레이리응애

해설 천적의 종류와 대상 해충

대상 해충	도입 대상 천적(적합한 환경)
점박이응애	칠레이리응애(저온)
	긴이리응애(고온)
	캘리포니아커스이리응애(고온)
	팔리시스이리응애(야외)
온실가루이	온실가루이좀벌(저온)
	Eromcerus eremicus(고온)
진딧물	콜레마니진딧벌
총채벌레	애꽃노린재류(큰총채벌레 포식)
	오이이리응애(작은총채벌레 포식)
나방류 잎굴파리	명충알벌
	굴파리좀벌(큰잎굴파리유충)
	Dacunas sibirica(작은 유충)

45 **고온장해에 대한 설명으로 틀린 것은?**

① 당분이 감소한다.
② 광합성보다 호흡작용이 우세해진다.
③ 단백질의 합성이 저해된다.
④ 암모니아의 축척이 적어진다.

해설 열해의 기구

- 유기물의 과잉 소모 : 고온에서는 광합성량 보다 호흡량이 우세해져 고온이 지속되면 유기물의 소모가 증가한다.
- 질소대사의 이상 : 고온은 단백질의 합성을 저해하여 암모니아의 축적이 많아지므로 유해물질로 작용한다.
- 철분의 침전 : 고온에 의한 물질대사의 저해는 철분의 침전으로 황백화 현상이 일어난다.
- 증산이 과다하게 증가한다.

46 **녹비작물의 토양 혼입에 대한 설명으로 틀린 것은?**

① 지력을 유지하는 데 필요하다.
② 토양 내 유기물 함량이 감소된다.
③ 토양의 무기물 및 미생물 체내 질소가 증가한다.
④ 토양 혼입 시 1개월 이내에 대부분의 녹비작물이 토양 속에서 분해된다.

해설 토양 내 유기물 함량이 증가된다.

47 **동물복지(Animal Welfare) 개선을 위한 조치로 잘못된 것은?**

① 양질의 유전자 변형 사료 공급
② 적절한 사육 공간 제공
③ 스트레스 최소화와 질병 예방
④ 건강 증진을 위한 가축 관리

해설 유전자 변형 사료는 급여할 수 없다.

48 **벼 친환경재배 시 규산질 비료 시용을 권장하는 이유로 가장 적합한 것은?**

① 다량원소를 공급함으로써 병충해 저항성을 높인다.
② 토양의 이학적 성질을 개선하고 균형시비 효과를 얻을 수 있다.
③ 벼의 수광자세를 개선하여 건실한 생육을 조장한다.
④ 질소질 비료의 흡수를 촉진하여 벼가 건강히 자라도록 한다.

해설 규소(Si)

① 규소는 모든 작물에 필수원소는 아니나, 화본과 식물에서는 필수적이며, 화곡류에는 함량이 매우 높다.
② 화본과작물의 가용성 규산화 유기물의 시용은 생육과 수량에 효과가 있으며, 특히 벼는 규산 요구도가 높으며 시용효과가 높다.
③ 해충과 도열병 등에 내성이 증대되며, 경엽의 직립화로 수광태세가 좋아져 광합성에 유리하고, 증산을 억제하여 한해를 줄이고, 뿌리의 활력이 증대된다.
④ 불량환경에 대한 적응력이 커지고, 도복 저항성이 강해진다.
⑤ 줄기와 잎으로부터 종실로 P과 Ca이 이전되도록 조장하고, Mn의 엽내 분포를 균일하게 한다.

정답 44 ② 45 ④ 46 ② 47 ① 48 ③

49 **다음 친환경농업을 위한 작물육종 목표 중 가장 중요한 것은?**

① 병해충 저항성
② 수량 안정성 및 다수성
③ 조숙성
④ 단기 생육성

해설 친환경농업에서는 유기합성 농약 등을 사용할 수 없으므로 병해충에 대한 저항성은 육종의 중요한 목표가 된다.

50 **다음에서 설명하는 육묘 방식은?**

- 못자리 초기부터 물을 대고 육묘하는 방식이다.
- 물이 초기의 냉온을 보호하고, 모가 균일하게 비교적 빨리 자라며 잡초, 병충해, 쥐, 새의 피해도 적다.

① 물못자리 ② 밭못자리
③ 보온밭못자리 ④ 상자육묘

해설 물못자리 : 초기부터 물을 대고 육묘하는 방식
- 장점 ⓐ 관개에 의해 초기 냉온을 보호한다.
  ⓑ 모가 균일하게 비교적 빨리 자란다.
  ⓒ 잡초, 병충해, 설치류, 조류 등의 피해가 적다.
- 단점 ⓐ 모가 연약하고 발근력이 약하다.
  ⓑ 모가 빨리 노숙하게 된다.

51 **다음 중 CAM 식물은?**

① 벼 ② 파인애플
③ 담배 ④ 명아주

해설
- 선인장, 파인애플, 솔잎국화 등의 대부분 다육식물이 CAM(crassulacean acid metabolism) 식물에 속한다.
- 벼, 담배는 C_3, 명아주는 C_4 식물이다.

52 **양질의 퇴비를 판정하는 방법으로 틀린 것은?**

① 가축분뇨는 냄새가 약할수록 좋은 것으로 본다.
② 퇴비에 물기가 거의 없어야 좋은 것으로 본다.
③ 퇴비는 부서진 형상보다 그 형상을 유지할수록 좋은 것으로 본다.
④ 퇴비의 색은 흑갈색~흑색에 가까울수록 좋은 것으로 본다.

해설 유기물의 형태는 부숙되면서 구분이 어려워지며 완전히 부숙되면 잘 부스러지고 원재료를 구분하기 어려워진다.

53 **우리나라에서 친환경농업육성법이 제정된 후 정부가 친환경농업 원년을 선포한 연도는?**

① 1997년 ② 1998년
③ 1999년 ④ 2000년

해설 우리나라 친환경농업의 역사
① 1991년 3월 : 농림부에 유기농업발전 기획단 설치
② 1994년 12월 : 농림부에 환경농업과 신설
③ 1996년 : 21세기를 향한 중장기 농림환경정책 수립
④ 1997년 : 12월 환경농업육성법 제정
⑤ 1998년 : 11월 환경농업 원년 선포
⑥ 1999년 : 친환경농업 직불제 도입
⑦ 2001년 : 친환경농업육성 5개년 계획 수립
⑧ 2001년 : 농촌진흥청에 친환경유기농업 기획단 설치
⑨ 2005년 : 유기농업기사 등 국가기술자격제도 도입
⑩ 2008년 : 농촌진흥청에 유기농업과 신설
⑪ 2011년 : 제17차 세계유기농대회 남양주시 유치
⑫ 2012년 : 친환경농어업 육성 및 유기식품 등에 관리, 지원에 관한 법률로 법제명 개정
⑬ 2015년 : 세계 유기농산업 엑스포 괴산군 개최

54 **『농림축산식품부 소관 친환경농어업 육성 및 유기식품 등의 관리 · 지원에 관한 법률 시행규칙』상 병해충 관리를 위하여 사용 가능한 물질 중 사용 가능 조건이 "달팽이 관리용으로만 사용할 것"인 것은?**

① 벤토나이트 ② 규산나트륨
③ 규조토 ④ 인산철

해설 사용 가능 조건
① 벤토나이트 : 천연에서 유래하고 단순 물리적으로 가공한 것만 사용할 것

정답 49 ① 50 ① 51 ② 52 ③ 53 ② 54 ④

② 규산나트륨 : 천연규사와 탄산나트륨을 이용하여 제조한 것일 것
③ 규조토 : 천연에서 유래하고 단순 물리적으로 가공한 것일 것

55 **타식성 작물로만 나열된 것은?**

① 밀, 보리 ② 콩, 완두
③ 딸기, 양파 ④ 토마토, 가지

해설
- 자식성작물(子殖性作物) : 벼, 밀, 보리, 콩, 완두, 토마토, 가지, 참깨, 복숭아, 담배 등
- 타식성작물(他殖性作物) : 옥수수, 호밀, 메밀, 마늘, 양파, 시금치, 딸기, 아스파라거스, 호프 등

56 **혼파에 대한 설명으로 적절하지 않은 것은?**

① 잡초가 경감된다.
② 산초량이 평준화된다.
③ 공간을 효율적으로 이용할 수 있다.
④ 파종작업이 편리하다.

해설 혼파의 단점
- 작물의 종류가 제한적이고 파종작업이 힘들다.
- 목초별로 생장이 달라 시비, 병충해 방제, 수확 등의 작업이 불편하다.
- 채종이 곤란하다.
- 수확기가 불일치하면 수확이 제한을 받는다.

57 **다음 중 광합성자급영양생물에 해당하는 것은?**

① 질화세균 ② 남세균
③ 황산화세균 ④ 수소산화세균

해설 조류
- 녹조류, 남조류 등
- 조류는 광합성 작용과 질소고정으로 논의 지력을 향상시킨다.

58 **녹비작물로 이용하는 헤어리베치 생초 2000kg에 함유된 질소 성분량은 얼마인가? (단, 헤어리베치의 수분은 85%, 건초 질소 함량은 4%를 기준으로 한다.)**

① 10kg ② 12kg
③ 15kg ④ 16kg

해설 수분 함량이 85%이고 건초 중량은 300kg이 되므로 300kg×4%=12kg

59 **다음 중 광포화점이 가장 높은 채소는?**

① 생강 ② 강낭콩
③ 토마토 ④ 고추

해설 고온작물인 고추와 토마토의 광포화점이 높으며 고추 30, 토마토 70이다.

60 **포기를 많이 띄워서 구덩이를 파고 이식하는 방법은?**

① 조식 ② 이앙식
③ 혈식 ④ 노포크식

해설 혈식(穴植) : 포기 사이를 많이 띄어서 구덩이를 파고 이식하는 방법으로 과수, 수목, 화목 등과 양배추, 토마토, 오이, 수박 등의 채소류 등에서 실시된다.

제4과목 유기식품 가공 유통론

61 **친환경농식품 생산자(조직)가 중간상을 대상으로 판매촉진 활동을 해서 그들이 최종 소비자에게 적극적으로 판매하도록 유도하는 촉진 전략은?**

① 풀(pull) 전략
② 푸시(push) 전략
③ 포지셔닝(positioning) 전략
④ 타기팅(Targeting) 전략

해설 ① 풀(pull) 전략 : 제품에 대한 구매의욕이 일어나게끔 하여 소비자 스스로 지명 구매하도록 '끌어들이는' 판매 촉진 전략. 소비자에게 직접 소구하는 광고 중심의 프로모션 믹스다.
③ 포지셔닝(positioning) 전략 : 제품 포지셔닝, 우리 제품이나 서비스를 소비자에게 각인시키는 과정

정답 55 ③ 56 ④ 57 ② 58 ② 59 ③ 60 ③ 61 ②

④ 타기팅(Targeting) 전략 : 표적시장 선정, 세분시장의 규모와 성장률, 기업의 정체성 및 핵심역량과의 일치성, 시장의 전염성(파급효과) 등을 파악

62 **유기가공식품 중 설탕 가공 시 산도 조절제로 사용할 수 있는 보조제는?**

① 황산 ② 탄산칼륨
③ 염화칼슘 ④ 밀랍

해설

명칭(한)	가공보조제로 사용 시	
	사용 가능 여부	사용 가능 범위
황산	○	설탕 가공 중의 산도 조절제
탄산칼륨	○	포도 건조
염화칼슘	○	응고제

63 **생산물의 품질관리를 위해 유기식품 가공시설에서 사용하는 소독제로 부적합한 것은?**

① 차아염소산수 ② 염산 희석액
③ 이산화염소수 ④ 오존수

해설 염산은 이용할 수 없다.

64 **재고손실률이 5%인 업체의 매출이 1억 원이고 장부재고(전산재고)가 1억 2천만 원인 경우 실사재고(창고재고)는 얼마인가?**

① 1억 1000만 원
② 1억 1500만 원
③ 1억 2000만 원
④ 1억 2500만 원

해설 재고손실률이 5%이고 5백만 원이므로 1억 2천-5백만=1억 1500만 원이 된다.

65 **자외선 조사(UV radiation)는 다음 어떤 제품의 살균에 가장 효과적이겠는가?**

① 오염된 햄버거
② 석영관 내부를 통과하는 물
③ 종이로 포장된 유리관
④ 나무 포장 박스에 담긴 파우더

해설 자외선 조사는 정수처리 중 고도처리 방법으로 이용된다.

66 **다음 중 식품공전상 조미식품이 아닌 것은?**

① 조림류 ② 소스류
③ 식초류 ④ 카레(커리)

해설 조미식품류 : 식초, 소스류, 토마토케첩, 카레, 고춧가루 또는 실고추, 향신가공품, 복합조미식품

67 **우리나라 유기식품 시장을 확대하기 위한 바람직한 전략이 아닌 것은?**

① 유기식품의 안전성 강조 및 차별화 전략
② 유기식품 가격의 고가 통제 전략
③ 유기식품 도매시장 상장 확대 등 유통경로 다양화 전략
④ 유기식품의 광고 · 홍보 확대와 소비촉진 행사 추진

해설 유기식품 가격의 고가 통제는 시장의 확대를 억제할 수 있다.

68 **식품 등의 표시기준에 따르면 식용유지류 제품의 트랜스지방이 100g당 얼마 미만일 경우 "0"으로 표시할 수 있는가?**

① 2g ② 4g
③ 5g ④ 8g

해설
- 지방의 단위는 그램(g)으로 표시하되, 그 값을 그대로 표시하거나 5g 이하는 그 값에 가장 가까운 0.1g 단위로, 5g을 초과한 경우에는 그 값에 가장 가까운 1g 단위로 표시하여야 한다. 이 경우(트랜스지방은 제외) 0.5g 미만은 "0"으로 표시할 수 있다.
- 트랜스지방은 0.5g 미만은 "0.5g 미만"으로 표시할 수 있으며, 0.2g 미만은 "0"으로 표시할 수 있다. 다만, 식용유지류 제품은 100g당 2g 미만일 경우 "0"으로 표시할 수 있다.

정답 62 ① 63 ② 64 ② 65 ② 66 ① 67 ② 68 ①

69 **유기식품을 생산하는 가공시설 내부에 유해 생물을 차단하기 위한 방법으로 잘못된 것은?**

① 전기장치 ② 끈끈이 덫
③ 페로몬 트랩 ④ 모기약 살포

해설 살충제는 사용할 수 없다.

70 **유기가공식품 생산 및 취급(유통, 포장 등) 시 사용 가능한 재료에 대한 설명으로 틀린 것은?**

① 무수아황산은 식품첨가물로서 과일주에 사용 가능하다.
② 구연산은 과일, 채소제품에 사용 가능하다.
③ 질소는 식품첨가물이나 가공보조제로 모두 사용 가능하다.
④ 과산화수소는 식품첨가물로 사용하고, 식품의 세척과 소독에도 사용 가능하다.

해설 과산화수소 식품첨가물로는 사용할 수 없고 식품 표면의 세척 · 소독제로만 사용할 수 있다.

71 **현미란 벼의 도정 시 무엇을 제거한 것인가?**

① 왕겨 ② 배아
③ 과피 ④ 종피

해설 도정의 용어
- 도정(搗精, milling) : 벼에서 왕겨와 쌀겨층을 제거하여 백미를 만드는 과정으로 부산물로 왕겨, 쌀겨, 싸라기 등이 발생한다.
- 현백률(정백률, 精白率, milled/brown rice ratio)
  ⓐ 현미 투입량에 대한 백미 생산량의 백분율로 90~92%이다.
  ⓑ 쌀겨층을 깎아내는 정도에 따라 달라진다.
  ⓒ 도정도란 현미의 쌀겨층(과피, 종피, 호분층)이 깎여진 정도로 현미를 100%로 볼 때 쌀겨층은 5~6%, 배 2~3%, 배유 92%로 구성되어 있어 쌀겨층과 배를 제거한 이론적 현백률은 92%이며, 이를 10분도라 한다.
  ⓓ 5분도미 : 제거할 겨층을 50% 제거한 것, 즉 97%가 남도록 도정한 것으로 배아가 남아 있어 배아미라고도 한다.
  ⓔ 7분도미 : 제거할 겨층의 70%를 제거한 것으로 현미 중량의 95%가 남도록 도정한 쌀

72 **유기식품의 가스충전포장에 일반적으로 사용되는 가스성분 중 호기성뿐만 아니라 혐기성균에 대해서도 정균작용을 나타낼 수 있는 가스 성분은?**

① 산소 ② 질소
③ 탄산가스 ④ 아황산가스

해설 혐기성 세균은 영양소를 분해하는 과정에서 산소 대신 황이온이나 질산, 암모니아 등을 이용한다.

73 **두부응고제, 영양강화제로 사용되는 첨가물은?**

① 겔화제(gelling agent)
② 과산화수소(hydrogen peroxide)
③ 염화칼슘(calcium chloride)
④ 글루콘산(gluconic acid)

해설

명칭 (한)	식품첨가물로 사용 시	가공보조제로 사용 시
	사용 가능 범위	사용 가능 범위
염화칼슘	과일 및 채소제품, 두류제품, 지방제품, 유제품, 육제품	응고제

74 **곰팡이독(mycotoxin)에 대한 설명으로 틀린 것은?**

① 원인식품은 주로 탄수화물이 풍부한 곡류이다.
② 동물-동물 간, 사람-사람 간의 전염은 되지 않는다.
③ 중독 시 항생물질 등의 약재치료로는 효과가 별로 없다.
④ 대표적인 신경독으로는 ochratoxin이 있다.

해설 ochratoxin : 사람이나 동물에게 급성 또는 만성질병이나 생리적 장애를 일으키는 발암성 물질

정답 69 ④ 70 ④ 71 ① 72 ③ 73 ③ 74 ④

75 **유통경로의 수직적 통합(vertical integration)에 대한 설명으로 옳은 것은?**

① 두 가지 이상의 기능을 동시에 수행한다.
② 비용이 상당히 많이 드는 단점이 있다.
③ 관련된 유통기능을 통제할 수 있는 장점이 있다.
④ 동일한 경로 단계에 있는 구성원이 수행하던 기능을 직접 실행한다.

해설
- 수직적 통합 : 하나의 제품을 생산하는 각 과정에 있는 기업들의 결합. 생산 과정에서 상하의 또는 기술상의 관련성이 있는 산업 부문에 속하는 여러 기업의 결합
- 수평적 통합 : 동일한 공급 사슬 부분에서 상품과 용역의 생산을 증가시키는 회사의 프로세스로 회사는 내부 확장, 인수 합병을 통해 이를 수행할 수 있다.

76 **유기가공식품의 제조 · 가공에 사용이 부적절한 여과법은?**

① 마이크로여과
② 감압여과
③ 역삼투압여과
④ 가압여과

해설 역삼투압여과법
- 용매인 물은 투과시키나 용질은 투과시키지 않는 반투막을 이용하여 물질의 농축에 이용한다.
- 물로부터 용질을 분리할 때 이용한다.

77 **100℃의 물 1g을 냉동하여 0℃의 얼음으로 만들 경우 냉동부하는 얼마인가? (단, 에너지 손실은 없다고 가정하며 물의 비열은 1cal/g℃, 수증기의 잠열은 540cal/g, 얼음의 잠열은 80cal/g이다.)**

① 80cal ② 100cal
③ 180cal ④ 720cal

해설
- 100℃ 물 1g을 0℃로 만드는 데 100cal, 0℃ 물 1g을 0℃ 얼음으로 만드는 데 80cal이 소요된다.
- 100cal+80cal=180cal

78 **포장이 적절하지 못한 식품을 동결하여 저장할 경우 식품 표면에 발생하는 냉동해와 관련 있는 물리 현상은?**

① 융해 ② 기화
③ 승화 ④ 액화

해설 승화 : 고체에 열을 가하면 액체 상태가 되지 않고 곧바로 기체가 되는 현상 또는 그 반대의 변화

79 **유기가공식품 생산 시 밀가루에 사용되는 식품첨가물은?**

① 초산나트륨
② 제일인산칼슘
③ 염화마그네슘
④ 이산화황

해설

명칭(한)	식품첨가물로 사용 시		가공보조제로 사용 시
	사용 가능 여부	사용 가능 범위	사용 가능 여부
제일인산칼슘	○	밀가루	×

80 **건조소시지(dry sausage)에 관한 설명으로 틀린 것은?**

① 원료육의 불포화 지방산 함량이 높을수록 좋다.
② 원료육의 pH는 5.4~5.8 정도로 가급적 낮은 것이 좋다.
③ 이탈리아의 살라미가 이에 해당한다.
④ 장기간 건조하는 특징을 갖고 있다.

해설 불포화 지방산 함량이 높으면 상온에서 액상으로 존재하므로 바람직하지 않다.

정답 75 ④ 76 ③ 77 ③ 78 ③ 79 ② 80 ①

제5과목 유기농업 관련 규정

81 **「친환경농어업 육성 및 유기식품 등의 관리 · 지원에 관한 법률」상 다음 설명은 누구의 역할인가?**

> 친환경농어업 관련 기술연구와 친환경농수산물, 유기식품 등, 무농약원료가공식품 또는 유기농어업자재 등의 생산 · 유통 · 소비를 촉진하기 위하여 구성되었고, 친환경농어업 · 유기식품 등 · 무농약농산물 · 무농약원료가공식품 및 무항생제수산물 등에 관한 육성시책에 협조하고 그 회원들과 사업자 등에게 필요한 교육 · 훈련 · 기술개발 · 경영지도 등을 함으로써 친환경농어업 · 유기식품 등 · 무농약농산물 · 무농약원료가공식품 및 무항생제수산물 등의 발전을 위하여 노력하여야 한다.

① 국가　　② 지방자치단체
③ 사업자　　④ 민간단체

82 **「친환경농어업 육성 및 유기식품 등의 관리 · 지원에 관한 법률」상 유기농어업자재 공시의 유효기간으로 옳은 것은?**

① 공시를 받은 날부터 6개월로 한다.
② 공시를 받은 날부터 1년으로 한다.
③ 공시를 받은 날부터 2년으로 한다.
④ 공시를 받은 날부터 3년으로 한다.

해설 법률 제39조(공시의 유효기간 등)
① 공시의 유효기간은 공시를 받은 날부터 3년으로 한다. 〈개정 2016. 12. 2.〉

83 **「친환경농어업 육성 및 유기식품 등의 관리 · 지원에 관한 법률 시행령」에 따라 인증기관의 지정은 위임규정에 의해 누구에게 위임되어 있는가?**

① 법무부장관
② 식품의약품안전처장
③ 농촌진흥청장
④ 국립농산물품질관리원장

해설 농림축산식품부장관은 법 제58조 제1항에 따라 다음 각 호의 권한 중 농업 · 축산업 · 임업, 농산물 · 축산물 · 임산물(이하 "농림축산물"이라 한다) 및 농림축산물 가공품(제3조 제2호에 해당하는 경우는 제외한다)에 관한 권한을 국립농산물품질관리원장에게 위임한다.

84 **「농림축산식품부 소관 친환경농어업 육성 및 유기식품 등의 관리 · 지원에 관한 법률 시행규칙」상 유기식품 등의 유기표시 기준으로 틀린 것은?**

① 표시 도형의 국문 및 영문 모두 활자체는 고딕체로 하고, 글자 크기는 표시 도형의 크기에 따라 조정한다.
② 표시 도형의 색상은 녹색을 기본 색상으로 하되, 포장재의 색깔 등을 고려하여 파란색, 빨간색 또는 검은색으로 할 수 있다.
③ 표시 도형의 크기는 지정된 크기만을 사용하여야 한다.
④ 표시 도형의 위치는 포장재 주 표시면의 옆면에 표시하되, 포장재 구조상 옆면 표시가 어려운 경우에는 표시 위치를 변경할 수 있다.

해설 표시 도형의 크기는 포장재의 크기에 따라 조정할 수 있다.

85 **「농림축산식품부 소관 친환경농어업 육성 및 유기식품 등의 관리 · 지원에 관한 법률 시행규칙」상 인증취소 등의 세부기준 및 절차의 일반기준에 대한 내용이다. (　　)에 알맞은 내용은?**

> 위반행위의 횟수에 따른 행정처분의 가중된 부과 기준은 최근 (　)년간 같은 위반행위로 행정처분을 받은 경우에 적용한다.

정답 81 ④ 82 ④ 83 ④ 84 ③ 85 ③

① 1　　② 2
③ 3　　④ 5

해설 위반행위의 횟수에 따른 행정처분의 가중된 부과기준은 최근 3년간 같은 위반행위로 행정처분을 받은 경우에 적용한다. 이 경우 기간의 계산은 위반행위에 대해 행정처분을 받은 날과 그 처분 후 다시 같은 위반행위를 하여 적발된 날을 기준으로 한다.

86 **「농림축산식품부 소관 친환경농어업 육성 및 유기식품 등의 관리 · 지원에 관한 법률 시행규칙」 중 유기가공식품 · 비식용유기가공품의 인증기준으로 틀린 것은?**

① 사업자는 유기가공식품 · 비식용유기가공품의 취급과정에서 대기, 물, 토양의 오염이 최소화되도록 문서화된 유기취급계획을 수립할 것
② 자체적으로 실시한 품질검사에서 부적합이 발생한 경우에는 농림축산식품부에 통보하고, 농림축산식품부가 분석 성적서 등의 제출을 요구할 때에는 이에 응할 것
③ 사업자는 유기가공식품 · 비식용유기가공품의 제조, 가공 및 취급 과정에서 원료 · 재료의 유기적 순수성이 훼손되지 않도록 할 것
④ 유기식품 · 유기가공품에 시설이나 설비 또는 원료 · 재료의 세척, 살균, 소독에 사용된 물질이 함유되지 않도록 할 것

해설 자체적으로 실시한 품질검사에서 부적합이 발생한 경우에는 국립농산물품질관리원장 또는 인증기관에 통보하고, 국립농산물품질관리원 또는 인증기관이 분석 성적서 등의 제출을 요구할 때에는 이에 응할 것

87 **「유기식품 및 무농약농산물 등의 인증에 관한 세부실시 요령」상 인증심사의 절차 및 방법에서 재배포장의 토양시료 수거지점은 최소한 몇 개소 이상으로 선정해야 하는가?**

① 3개소　　② 5개소
③ 7개소　　④ 10개소

해설 재배포장의 토양은 대상 모집단의 대표성이 확보될 수 있도록 Z자형 또는 W자형으로 최소한 10개소 이상의 수거지점을 선정하여 수거한다.

88 **「유기식품 및 무농약농산물 등의 인증에 관한 세부실시 요령」상 유기농산물 생산에 필요한 인증기준 중 병해충 및 잡초의 방제 · 조절 방법으로 적합하지 않은 것은?**

① 적합한 작물과 품종의 선택
② 적합한 돌려짓기 체계
③ 멀칭 · 예취 및 화염제초
④ 기계적 · 물리적 및 화학적 방법

해설 화학적 방법은 사용할 수 없다.

89 **「농림축산식품부 소관 친환경농어업 육성 및 유기식품 등의 관리 · 지원에 관한 법률 시행규칙」에 따라 유기식품 등의 인증을 받은 자가 인증 유효기간 연장승인을 신청하고자 할 때 언제까지 신청해야 하는가?**

① 연장신청 없이 판매 가능
② 유효기간이 끝나는 날의 7일 전까지
③ 유효기간이 끝나는 날의 1개월 전까지
④ 유효기간이 끝나는 날의 2개월 전까지

해설 규칙 제17조(인증의 갱신 등)
① 법 제21조 제2항에 따라 인증 갱신신청을 하거나 같은 조 제3항에 따른 인증의 유효기간 연장승인을 신청하려는 인증사업자는 그 유효기간이 끝나기 2개월 전까지 별지 제4호 서식 또는 별지 제5호 서식에 따른 인증신청서에 다음 각 호의 서류를 첨부하여 인증을 한 인증기관(같은 항 단서에 해당하여 인증을 한 인증기관에 신청이 불가능한 경우에는 다른 인증기관을 말한다)에 제출해야 한다.

정답 86 ② 87 ④ 88 ④ 89 ④

90 『농림축산식품부 소관 친환경농어업 육성 및 유기식품 등의 관리 · 지원에 관한 법률 시행규칙』에 따른 유기가공식품에 사용이 가능한 물질 중 식품첨가물과 가공보조제 모두 허용 범위의 제한 없이 사용이 가능한 것은?

① 비타민 C ② 산소
③ DL-사과산 ④ 산탄검

해설

명칭 (한)	식품첨가물로 사용 시	가공보조제로 사용 시
	사용 가능 범위	사용 가능 범위
산소	제한 없음	제한 없음

91 『농림축산식품부 소관 친환경농어업 육성 및 유기식품 등의 관리 · 지원에 관한 법률 시행규칙』상 허용물질의 종류와 사용조건이 틀린 것은?

① 염화나트륨(소금)은 채굴한 암염 및 천일염(잔류농약이 검출되지 않아야 함)이어야 한다.
② 사람의 배설물은 1개월 이상 저온발효된 것이어야 한다.
③ 식물 또는 식물 잔류물로 만든 퇴비는 충분히 부숙된 것이어야 한다.
④ 대두박은 유전자를 변형한 물질이 포함되지 않아야 한다.

해설 사람의 배설물(오줌만인 경우는 제외한다)

- 완전히 발효되어 부숙된 것일 것
- 고온발효 : 50℃ 이상에서 7일 이상 발효된 것
- 저온발효 : 6개월 이상 발효된 것일 것
- 엽채류 등 농산물 · 임산물 중 사람이 직접 먹는 부위에는 사용하지 않을 것

92 『유기식품 및 무농약농산물 등의 인증에 관한 세부실시 요령』상 '현장검사'에 관한 내용으로 틀린 것은?

① 작물이 생육 중인 시기, 가축이 사육 중인 시기, 인증품을 제조 · 가공 또는 취급 중인 시기에는 현장심사를 할 수 없다.
② 인증품 생산계획서 또는 인증품 제조 · 가공 및 취급계획서에 기재된 사항대로 생산, 제조 · 가공 또는 취급하고 있는지 여부를 심사하여야 한다.
③ 생산관리자가 예비심사를 하였는지와 예비심사한 내역이 적정한지 여부를 심사하여야 한다.
④ 인증심사원은 인증기준의 적합여부를 확인하기 위해 필요한 경우 규정된 절차 · 방법에 따라 토양, 용수, 생산물 등에 대한 조사 · 분석을 실시한다.

해설 현장심사는 작물이 생육 중인 시기, 가축이 사육 중인 시기, 인증품을 제조 · 가공 또는 취급 중인 시기(시제품 생산을 포함한다)에 실시하고 신청한 농산물, 축산물, 가공품의 생산이 완료되는 시기에는 현장심사를 할 수 없다.

93 『농림축산식품부 소관 친환경농어업 육성 및 유기식품 등의 관리 · 지원에 관한 법률 시행규칙』상 유기농축산물의 함량에 따른 표시기준 중 70퍼센트 미만이 유기농축산물인 제품에 대한 내용으로 틀린 것은?

① 특정 원료 또는 재료로 유기농축산물만을 사용한 제품이어야 한다.
② 해당 원료 · 재료명의 일부로 "유기"라는 용어를 표시할 수 있다.
③ 표시장소는 원재료명 표시란에만 표시할 수 있다.
④ 원재료명 표시란에 유기농축산물의 총함량 또는 원료 · 재료별 함량을 ppm 및 mol로 표시하여야 한다.

해설 70퍼센트 미만이 유기농축산물인 제품

- 특정 원료 또는 재료로 유기농축산물만을 사용한 제품이어야 한다.
- 해당 원료 · 재료명의 일부로 "유기"라는 용어를 표시할 수 있다.
- 표시 장소는 원재료명 표시란에만 표시할 수 있다.

정답 90 ② 91 ② 92 ① 93 ④

- 원재료명 표시란에 유기농축산물의 총함량 또는 원료 · 재료별 함량을 백분율(%)로 표시해야 한다.

94 「농림축산식품부 소관 친환경농어업 육성 및 유기식품 등의 관리 · 지원에 관한 법률 시행규칙」상 유기축산물 생산을 위한 동물복지 및 질병관리에 관한 내용으로 틀린 것은?

① 동물용의약품을 사용하는 경우에는 수의사의 처방에 따라 사용하고 처방전 또는 그 사용명세가 기재된 진단서를 갖춰 둘 것
② 가축의 질병을 치료하기 위해 불가피하게 동물용의약품을 사용한 경우에는 동물용의약품을 사용한 시점부터 전환기간 이상의 기간 동안 사육한 후 출하할 것
③ 호르몬제의 사용은 수의사의 처방에 따라 성장촉진의 목적으로만 사용할 것
④ 가축의 꼬리 부분에 접착밴드를 붙이거나 꼬리, 이빨, 부리 또는 뿔을 자르는 등의 행위를 하지 않을 것

해설 성장촉진제, 호르몬제의 사용은 치료 목적으로만 사용할 것

95 「농림축산식품부 소관 친환경농어업 육성 및 유기식품 등의 관리 · 지원에 관한 법률 시행규칙」상 유기축산물 인증 기준으로 틀린 것은?

① 사료작물 재배지는 예외적으로 화학비료를 사용할 수 있다.
② 축사는 국립농산물품질관리원장이 정하는 사육밀도를 유지 · 관리하여야 한다.
③ 경영 관련 자료의 기록 기간은 최근 1년간으로 한다.
④ 반추가축에게 담근먹이(사일리지)만 공급해서는 아니 된다.

해설 사료작물도 유기적으로 재배되어야 한다.

96 「농림축산식품부 소관 친환경농어업 육성 및 유기식품 등의 관리 · 지원에 관한 법률 시행규칙」상 인증사업자의 준수사항에 대한 내용으로 ( ) 안에 알맞은 것은?

> 인증사업자는 관련법에 따라 매년 1월 20일까지 별지 서식에 따른 실적 보고서에 인증품의 전년도 생산, 제조 · 가공 또는 취급하여 판매한 실적을 적어 해당 인증기관에 제출하거나 관련법에 따라 ( )에 등록해야 한다.

① 식품의약품안전처 홈페이지
② 한국농어촌공사 홈페이지
③ 유기농업자재 정보시스템
④ 친환경 인증관리 정보시스템

해설 규칙 제20조(인증사업자의 준수사항)
① 인증사업자는 법 제22조 제1항에 따라 매년 1월 20일까지 별지 제13호 서식에 따른 실적 보고서에 인증품의 전년도 생산, 제조 · 가공 또는 취급하여 판매한 실적을 적어 해당 인증기관에 제출하거나 법 제53조에 따른 친환경 인증관리 정보시스템(이하 "친환경 인증관리 정보시스템"이라 한다)에 등록해야 한다.

97 「유기식품 및 무농약농산물 등의 인증에 관한 세부실시 요령」상 유기가공식품에 유기원료 비율의 계산법이다. 내용이 틀린 것은?

$$\frac{I_o}{G-WS} = \frac{I_o}{I_o+I_c+I_a} \geq 0.95$$

① G : 제품(포장재, 용기 제외)의 중량($G \equiv I_o+I_c+I_a+WS$)
② WS : I_o(유기원료의 중량)/I_c(비유기원료의 중량)
③ I_o : 유기원료(유기농산물+유기축산물+유기가공식품)의 중량
④ I_c : 비유기 원료(유기식품 인증표시가 없는 원료)의 중량

정답 94 ③ 95 ① 96 ④ 97 ②

해설 ※ 유기원료 비율의 계산법

$$\frac{I_o}{G-WS}=\frac{I_o}{I_o+I_c+I_a}\geq 0.95(0.70)$$

G : 제품(포장재, 용기 제외)의 중량
($G\equiv I_o+I_c+I_a+WS$)

- I_o : 유기원료(유기농산물+유기축산물+유기수산물+유기가공식품)의 중량
- I_c : 비유기 원료(유기인증 표시가 없는 원료)의 중량
- I_a : 비유기 식품첨가물(가공보조제 제외)의 중량
- WS : 인위적으로 첨가한 물과 소금의 중량

98 **『농림축산식품부 소관 친환경농어업 육성 및 유기식품 등의 관리 · 지원에 관한 법률 시행규칙』에서 유기농업자재와 관련하여 공시기관이 정당한 사유 없이 1년 이상 계속하여 공시업무를 하지 않은 행위가 최근 3년 이내에 2회 적발된 경우 행정처분 내용은?**

① 업무정지 1개월
② 업무정지 3개월
③ 업무정지 6개월
④ 지정 취소

해설 정당한 사유 없이 1년 이상 계속하여 공시업무를 하지 않은 경우

- 1회 위반 : 업무 정지 1개월
- 2회 위반 : 업무 정지 3개월
- 3회 이상 위반 : 지정 취소

99 **『농림축산식품부 소관 친환경농어업 육성 및 유기식품 등의 관리 · 지원에 관한 법률 시행규칙』에 따라 유기농산물의 병해충 관리를 위하여 사용 가능한 물질의 사용 가능 조건으로 옳은 것은?**

① 담배잎차 – 물로 추출한 것일 것
② 라이아니아(Ryania) 추출물 – 쿠아시아(Quassia amara)에서 추출된 천연물질인 것
③ 목초액 –『목재의 지속 가능한 이용에 관한 법률』에 따라 국립산림과학원장이 고시한 규격 및 품질 등에 적합일 것
④ 보르도액 · 수산화동 및 산염화동 – 토양에 구리가 축적될 수 있도록 필요한 양을 충분히 사용할 것

해설

라이아니아(Ryania) 추출물	라이아니아(Ryania speciosa)에서 추출된 천연물질일 것
목초액	「산업표준화법」에 따른 한국산업표준의 목초액(KSM3939) 기준에 적합할 것
가) 구리염, 나) 보르도액, 다) 수산화동, 라) 산염화동, 마) 부르고뉴액	토양에 구리가 축적되지 않도록 필요한 최소량만을 사용할 것

100 **『유기식품 및 무농약농산물 등의 인증에 관한 세부실시 요령』에 따른 유기가공식품 인증기준에 대한 설명으로 옳은 것은?**

① 95% 유기가공식품의 경우 제품에 인위적으로 첨가하는 소금과 물을 포함한 제품 중량의 5퍼센트 비율 내에서 비유기 원료를 사용할 수 있다.
② 동일 원재료에 대하여 유기농산물과 비유기농산물은 혼합하여 사용하여서는 아니 된다.
③ 해당 식품 중 사용량이 10% 이하인 재료는 방사선 처리된 것을 사용할 수 있다.
④ 해당 식품 중 사용량이 5% 이하인 재료는 유전자재조합 식품 또는 식품첨가물을 사용할 수 있다.

해설 ① 95% 유기가공식품 : 상업적으로 유기원료를 조달할 수 없는 경우 제품에 인위적으로 첨가하는 소금과 물을 제외한 제품 중량의 5퍼센트 비율 내에서 비유기 원료(규칙 별표 1 제1호 다목에 따른 식품첨가물을 포함함)의 사용
③ 방사선 처리된 것을 사용할 수 없다.
④ 유전자재조합 식품 또는 식품첨가물을 사용할 수 없다.

정답 98 ② 99 ① 100 ②

memo

2023년 CBT

유기농업기사 기출복원문제

제1과목 재배원론

01 작물 수량 삼각형에서 수량 증대 극대화를 위한 요인으로 가장 거리가 먼 것은?

① 유전성 ② 재배기술
③ 환경조건 ④ 원산지

해설 작물의 재배 이론
- 작물생산량은 재배작물의 유전성, 재배환경, 재배기술이 좌우한다.
- 환경, 기술, 유전성의 세 변으로 구성된 삼각형 면적으로 표시되며, 최대 수량의 생산은 좋은 환경과 유전성이 우수한 품종, 적절한 재배기술이 필요하다.
- 작물수량 삼각형에서 삼각형의 면적은 생산량을 의미하며, 면적의 증가는 유전성, 재배환경, 재배기술의 세 변이 고르고 균형 있게 발달하여야 면적이 증가하며, 삼각형의 두 변이 잘 발달하였더라도 한 변이 발달하지 못하면 면적은 작아지게 되며, 여기에도 최소율의 법칙이 적용된다.

02 맥류의 수발아를 방지하기 위한 대책으로 옳은 것은?

① 수확을 지연시킨다.
② 지베렐린을 살포한다.
③ 만숙종보다 조숙종을 선택한다.
④ 휴면기간이 짧은 품종을 선택한다.

해설 수발아 대책(품종의 선택)
- 맥류는 만숙종보다 조숙종의 수확기가 빨라 수발아 위험이 낮다.
- 숙기가 같더라도 휴면기간이 긴 품종은 수발아가 낮다.
- 밀은 초자립질, 백립, 다부모종(多稃毛種) 등이 수발아성이 높다.
- 벼는 한국, 일본 만주의 품종(Japonica)이, 인도, 필리핀, 남아메리카 품종(Indica)에 비해 저온발아속도가 빠르다.

03 작물의 냉해에 대한 설명으로 틀린 것은?

① 병해형 냉해는 단백질의 합성이 증가되어 체내에 암모니아의 축적이 적어지는 형의 냉해이다.
② 혼합형 냉해는 지연형 냉해, 장해형 냉해, 병해형 냉해가 복합적으로 발생하여 수량이 급감하는 형의 냉해이다.
③ 장해형 냉해는 유수형성기부터 개화기까지, 특히 생식세포의 감수분열기에 냉온으로 붙임현상이 나타나는 형의 냉해이다.
④ 지연형 냉해는 생육 초기부터 출수기에 걸쳐서 여러 시기에 냉온을 만나서 출수가 지연되고, 이에 따라 등숙이 지연되어 후기의 저온으로 인하여 등숙 불량을 초래하는 형의 냉해이다.

해설 병해형 냉해
- 벼의 경우 냉온에서는 규산의 흡수가 줄어들므로 조직의 규질화가 충분히 형성되지 못하여 도열병균의 침입에 대한 저항성이 저하된다.
- 광합성의 저하로 체내 당 함량이 저하되고, 질소대사 이상을 초래하여 체내에 유리아미노산이나 암모니아가 축적되어 병의 발생을 더욱 조장하는 유형의 냉해이다.

04 우리나라 원산지인 작물로만 나열된 것은?

① 감, 인삼
② 벼, 참깨
③ 담배, 감자
④ 고구마, 옥수수

정답 01 ④ 02 ③ 03 ① 04 ①

해설 avilov의 주요 작물 재배기원 중심지

지역	주요 작물
중국	6조보리, 조, 피, 메밀, 콩, 팥, 마, 인삼, 배추, 자운영, 동양배, 감, 복숭아 등
인도, 동남아시아	벼, 참깨, 사탕수수, 모시풀, 왕골, 오이, 박, 가지, 생강 등
중앙아시아	귀리, 기장, 완두, 삼, 당근, 양파, 무화과 등
코카서스, 중동	2조보리, 보통밀, 호밀, 유채, 아마, 마늘, 시금치, 사과, 서양배, 포도 등
지중해 연안	완두, 유채, 사탕무, 양귀비, 화이트클로버, 티머시, 오처드그라스, 무, 순무, 우엉, 양배추, 상추 등
중앙아프리카	진주조, 수수, 강두(광저기), 수박, 참외 등
멕시코, 중앙아메리카	옥수수, 강낭콩, 고구마, 해바라기, 호박, 후추, 육지면, 카카오 등
남아메리카	감자, 담배, 땅콩, 토마토, 고추 등

05 노후답의 재배 대책으로 가장 거리가 먼 것은?

① 저항성 품종을 선택한다.
② 조식재배를 한다.
③ 무황산근 비료를 시용한다.
④ 덧거름 중점의 시비를 한다.

해설 노후답의 재배 대책

- 저항성 품종의 선택 : 황화수소에 저항성인 품종을 재배한다.
- 조기재배 : 조생종의 선택으로 일찍 수확하면 추락이 감소한다.
- 무황산근 비료 시용 : 황산기 비료$(NH_4)_2SO_4$나 $K_2(SO_4)$ 등을 시용하지 않아야 한다.
- 추비 중점의 시비 : 후기 영양을 확보하기 위하여 추기 강화, 완효성 비료 시용, 입상 및 고형비료를 시용한다.
- 엽면시비 : 후기 영양의 결핍상태가 보이면 엽면시비를 실시한다.

06 벼의 수량 구성요소로 가장 옳은 것은?

① 단위면적당 수수×1수 영화수×등숙비율×1립중
② 식물체 수×입모율×등숙비율×1립중
③ 감수분열기 기간×1수 영화수×식물체 수×1립중
④ 1수 영화수×등숙비율×식물체 수

해설 벼 수량 구성 4요소

- 벼 수량은 수수(단위면적당 이삭 수)와 1수 영화 수(이삭당 이삭꽃 수), 등숙비율, 현미 1립중(낟알무게)의 곱으로 이루어지며, 이를 수량 구성 4요소라 한다.
- 수량=단위면적당 이삭 수×이삭당 이삭꽃 수×등숙비율×낟알무게

07 다음 중 단일식물에 해당하는 것으로만 나열된 것은?

① 샐비어, 콩　　② 양귀비, 시금치
③ 양파, 상추　　④ 아마, 감자

해설
- 장일식물 : 맥류, 시금치, 양파, 상추, 아마, 아주까리, 감자, 티머시, 양귀비 등
- 단일식물 : 벼, 국화, 콩, 담배, 들깨, 참깨, 목화, 조, 기장, 피, 옥수수, 나팔꽃, 샐비어, 코스모스, 도꼬마리 등
- 중성식물 : 강낭콩, 가지, 고추, 토마토, 당근, 셀러리 등

08 다음 중 T/R율에 관한 설명으로 옳은 것은?

① 감자나 고구마의 경우 파종기나 이식기가 늦어질수록 T/R율이 작아진다.
② 일사가 적어지면 T/R율이 작아진다.
③ 질소를 다량시용하면 T/R율이 작아진다.
④ 토양함수량이 감소하면 T/R율이 감소한다.

해설 T/R율과 작물의 관계

- 감자나 고구마 등은 파종이나 이식이 늦어지면 지하부 중량 감소가 지상부 중량 감소보다 커서 T/R율이 커진다.
- 질소의 다량 시비는 지상부는 질소 집적이 많아지고, 단백질 합성이 왕성해지고, 탄수화물의 잉여는 적어져 지하부 전류가 감소하게 되므로 상대적으로 지하부 생장이 억제되어 T/R율이 커진다.
- 일사가 적어지면 체내에 탄수화물의 축적이 감소하여 지상부보다 지하부의 생장이 더욱 저하되어 T/R율이 커진다.
- 토양함수량의 감소는 지상부 생장이 지하부 생장에 비해 저해되므로 T/R율은 감소한다.
- 토양 통기 불량은 뿌리의 호기호흡이 저해되어 지하부의 생장이 지상부 생장보다 더욱 감퇴되어 T/R율이 커진다.

정답 05 ② 06 ① 07 ① 08 ④

09 고무나무와 같은 관상수목을 높은 곳에서 발근시켜 취목하는 영양번식 방법은?

① 삽목 ② 분주
③ 고취법 ④ 성토법

해설 고취법(高取法, =양취법)
- 줄기나 가지를 땅속에 묻을 수 없을 때 높은 곳에서 발근시켜 취목하는 방법이다.
- 고무나무와 같은 관상수목에서 실시한다.
- 발근시키고자 하는 부분에 미리 절상, 환상박피 등을 하면 효과적이다.

10 다음 중 땅속줄기(지하경)로 번식하는 작물은?

① 마늘 ② 생강
③ 토란 ④ 감자

해설
- 지상경 또는 지조 : 사탕수수, 포도나무, 사과나무, 귤나무, 모시풀 등
- 근경(땅속줄기; rhizome) : 생강, 연, 박하, 호프 등
- 괴경(덩이줄기; tuber) : 감자, 토란, 돼지감자 등
- 구경(알줄기; corm) : 글라디올러스, 프리지어 등
- 인경(비늘줄기; bulb) : 나리, 마늘, 양파 등
- 흡지(sucker): 박하, 모시풀 등

11 박과 채소류 접목의 특징으로 가장 거리가 먼 것은?

① 당도가 증가한다.
② 기형과가 많이 발생한다.
③ 흰가루병에 약하다.
④ 흡비력이 강해진다.

해설 박과채소류 접목
① 장점
- 토양전염성 병의 발생을 억제한다(수박, 오이, 참외의 덩굴쪼김병).
- 불량환경에 대한 내성이 증대된다.
- 흡비력이 증대된다.
- 과습에 잘 견딘다.
- 과실의 품질이 우수해진다.

② 단점
- 질소의 과다흡수 우려가 있다.
- 기형과 발생이 많아진다.
- 당도가 떨어진다.
- 흰가루병에 약하다.

12 식물의 광합성 속도에는 이산화탄소의 농도뿐 아니라 광의 강도도 관여하는데, 다음 중 광이 약할 때 일어나는 일반적인 현상으로 가장 옳은 것은?

① 이산화탄소 보상점과 포화점이 다 같이 낮아진다.
② 이산화탄소 보상점과 포화점이 다 같이 높아진다.
③ 이산화탄소 보상점이 높아지고 이산화탄소 포화점은 낮아진다.
④ 이산화탄소 보상점은 낮아지고 이산화탄소 포화점은 높아진다.

해설 광의 광도와 광합성
- 약광에서는 CO_2 보상점이 높아지고 CO_2 포화점은 낮아지고, 강광에서는 CO_2 보상점이 낮아지고 포화점은 높아진다.
- 광합성은 온도, 광도, CO_2 농도의 영향을 받으며, 이들이 증가함에 따라 광합성은 어느 한계까지는 증대된다.

13 광합성 연구에 활용되는 방사성동위원소는?

① ^{14}C ② ^{32}P
③ ^{42}K ④ ^{24}Na

해설 방사성동위원소의 재배적 이용
- 영양생리 연구 : 식물의 영양생리연구에 ^{32}P, ^{42}K, ^{45}Ca 등을 표지화합물로 이용하여 필수원소인 질소, 인, 칼륨, 칼슘 등 영양성분의 체내 동태를 파악할 수 있다.
- 광합성 연구 : ^{14}C, ^{11}C 등으로 표지된 이산화탄소를 잎에 공급한 후 시간의 경과에 따른 탄수화물 합성과정을 규명할 수 있으며, 동화물질 전류와 축적과정도 밝힐 수 있다.
- 농업토목 이용 : ^{24}Na을 이용하여 제방의 누수 개소 발견, 지하수 탐색, 유속 측정 등을 정확히 할 수 있다.

정답 09 ③ 10 ② 11 ① 12 ③ 13 ①

14 **녹체춘화형 식물로만 나열된 것은?**

① 완두, 잠두
② 봄무, 잠두
③ 양배추, 사리풀
④ 추파맥류, 완두

해설 녹체춘화형 식물(green vernalization type)
- 식물이 일정한 크기에 달한 녹체기에 처리하는 작물
- 양배추, 사리풀 등

15 **기온의 일변화(변온)에 따른 식물의 생리작용에 대한 설명으로 가장 옳은 것은?**

① 낮의 기온이 높으면 광합성과 합성물질의 전류가 늦어진다.
② 기온의 일변화가 어느 정도 커지면 동화물질의 축적이 많아진다.
③ 낮과 밤의 기온이 함께 상승할 때 동화물질의 축적이 최대가 된다.
④ 밤의 기온이 높아야 호흡 소모가 적다.

해설 변온과 작물의 생리
- 야간의 온도가 높거나 낮아지면 무기성분의 흡수가 감퇴된다.
- 야간의 온도가 적온에 비해 높거나 낮으면 뿌리의 호기적 물질대사의 억제로 무기성분의 흡수가 감퇴된다.
- 변온은 당분이나 전분의 전류에 중요한 역할을 하는데 야간의 온도가 낮아지는 것은 탄수화물 축적에 유리한 영향을 준다.

16 **콩의 초형에서 수광태세가 좋아지고 밀식적용성이 커지는 조건으로 가장 거리가 먼 것은?**

① 잎자루가 짧고 일어선다.
② 도복이 안 되며, 가지가 짧다.
③ 꼬투리가 원줄기에 적게 달린다.
④ 잎이 작고 가늘다.

해설 수광태세가 좋은 콩의 초형
- 키가 크고 도복이 안 되며 가지를 적게 치고 가지가 짧다.
- 꼬투리가 원줄기에 많이 달리고 밑까지 착생한다.
- 잎자루(葉柄)가 짧고 일어선다.
- 잎이 작고 가늘다.

17 **다음 중 비료를 엽면시비할 때 흡수가 가장 잘 되는 조건은?**

① 미산성 용액 살포
② 밤에 살포
③ 잎의 표면에 살포
④ 하위 잎에 살포

해설 엽면시비 시 흡수에 영향을 미치는 요인
- 잎의 표면보다는 이면이 흡수가 더 잘된다.
- 잎의 호흡작용이 왕성할 때 흡수가 더 잘되므로 가지 또는 정부에 가까운 잎에서 흡수율이 높고 노엽보다는 성엽이, 밤보다는 낮에 흡수가 더 잘된다.
- 살포액의 pH는 미산성이 흡수가 잘된다.
- 살포액에 전착제를 가용하면 흡수가 조장된다.
- 작물에 피해가 나타나지 않는 범위 내에서 농도가 높을 때 흡수가 빠르다.
- 석회의 시용은 흡수를 억제하고 고농도 살포의 해를 경감한다.
- 작물의 생리작용이 왕성한 기상조건에서 흡수가 빠르다.

18 **작물의 내열성에 대한 설명으로 틀린 것은?**

① 늙은 잎은 내열성이 가장 작다.
② 내건성이 큰 것은 내열성도 크다.
③ 세포 내의 결합수가 많고, 유리수가 적으면 내열성이 커진다.
④ 당분함량이 증가하면 대체로 내열성은 증대한다.

해설 작물의 내열성(heat tolerance, heat hardiness)
- 내건성이 큰 작물이 내열성도 크다.
- 세포 내 결합수가 많고 유리수가 적으면 내열성이 커진다.
- 세포의 점성, 염류 농도, 단백질 함량, 당분 함량, 유지 함량 등이 증가하면 내열성은 커진다.
- 작물의 연령이 많아지면 내열성은 커진다.
- 기관별로는 주피와 완성엽이 내열성이 크고, 눈과 어린 잎이 그다음이며, 미성엽과 중심주가 가장 약하다.
- 고온, 건조, 다조(多照) 환경에서 오래 생육한 작물은 경화되어 내열성이 크다.

정답 14 ③ 15 ② 16 ③ 17 ① 18 ①

19 등고선에 따라 수로를 내고, 임의의 장소로부터 월류하도록 하는 방법은?

① 등고선관개
② 보더관개
③ 일류관개
④ 고랑관개

해설 • 보더관개 : 완경사의 포장을 알맞게 구획하고 상단의 수로로부터 전체 표면에 물을 흘려 펼쳐서 대는 방법이다.
• 일류관개(등고선월류관개) : 등고선에 따라 수로를 내고 임의의 장소로부터 월류하도록 하는 방법이다.

20 비료의 3요소 중 칼륨의 흡수 비율이 가장 높은 작물은?

① 고구마 ② 콩
③ 옥수수 ④ 보리

해설 작물별 3요소 흡수 비율(질소:인:칼륨)
• 콩 5:1:1.5
• 벼 5:2:4
• 맥류 5:2:3
• 옥수수 4:2:3
• 고구마 4:1.5:5
• 감자 3:1:4

제2과목 토양비옥도 및 관리

21 다음 중 정적토에 해당하는 것은?

① 이탄토
② 붕적토
③ 수적토
④ 선상퇴토

해설 정적토
• 암석이 풍화작용을 받은 자리에 그대로 남아 퇴적되어 생성 발달한 토양으로 암석 조각이 많고, 하층일수록 미분해 물질이 많은 특징이 있으며, 잔적토와 유기물이 제자리에서 퇴적된 이탄토가 있다.
• 풍화작용을 받게 되는 기간이 운적토에 비해 길다.
• 잔적토 : 정적토의 대부분을 차지하며 암석의 풍화산물 중 가용성인 것들은 용탈되고 남아 있는 것이 제자리에 퇴적된 것으로, 우리나라 산지의 토양이 해당된다.
• 이탄토 : 습지, 얕은 호수에서 식물의 유체가 암석의 풍화산물과 섞여 이루어졌으며, 산소가 부족한 환원상태에서 유기물이 분해되지 않고 장기간에 걸쳐 쌓여 많은 이탄이 만들어지는데, 이런 곳을 이탄지라 한다.

22 토양 내 작물이 이용할 수 있는 유효수분에 대한 설명으로 틀린 것은?

① 일반적으로 포장용수량과 위조계수 사이의 수분 함량이며, 토성에 따라 변한다.
② 식양토가 사양토보다 유효수분의 함량이 크다.
③ 부식 함량이 증가하면 일정 범위까지 유효수분은 증가한다.
④ 토양 내 염류는 유효수분의 함량을 높이는 데에 도움을 준다.

해설 유효수분
• 식물이 토양의 수분을 흡수하여 이용할 수 있는 수분으로 포장용수량과 영구위조점 사이의 수분이다.
• 식물 생육에 가장 알맞은 최대함수량은 최대용수량의 60~80%이다.
• 점토 함량이 많을수록 유효수분의 범위가 넓어지므로 사토에서는 유효수분 범위가 좁고, 식토에서는 범위가 넓다.
• 일반 노지식물은 모관수를 활용하지만, 시설원예 식물은 모관수와 중력수를 활용한다.
• 잉여수분 : 포장용수량 이상의 토양수분으로 과습상태를 유발한다.

23 토양에 시용한 유기물의 분해를 촉진시키는 조건으로 가장 적절하지 않은 것은?

① 기후 – 고온다습
② 토양 pH – 7.0 근처
③ 토양수분 – 포장용수량 조건
④ 시용유기물 탄질률 – 100 이상

해설 탄질률이 30 이상이 되면 질소기아현상이 나타나서 분해가 더뎌진다.

정답 19 ③ 20 ① 21 ① 22 ④ 23 ④

24 토양 중에 서식하는 조류(藻類)의 역할로 가장 거리가 먼 것은?

① 사상균과 공생하여 지의류 형성
② 유기물의 생성
③ 산소 공급
④ 산성토양을 중성으로 개량

해설 조류
- 단세포, 다세포 등 크기, 구조, 형태가 다양하다.
- 물에 있는 조류보다는 크기나 구조가 단순하다.
- 식물과 동물의 중간적인 성질을 가지고 있다.
- 토양 중에서는 세균과 공존하고 세균에 유기물을 공급한다.
- 토양에서의 유기물 생성, 질소의 고정, 양분의 동화, 산소 공급, 질소균과 공생한다.

25 토양조사 시 토양의 수리전도도를 직접 측정하지 않고 배수성을 판정하는 방법은?

① pH를 측정한다.
② 토양색을 본다.
③ 유기물 함량을 측정한다.
④ 토양구조를 본다.

해설
- 수리전도도 : 유체(일반적으로 물)가 토양이나 암석 등의 다공성 매체를 통과하는 데 있어서 그 용이도를 나타내는 척도이다.
- 수리전도도는 토양의 투수성과 배수성의 척도로 토성과 용적밀도 등 토양 특성에 따라 달라지며, 점토 함량이 많으면 낮고, 모래 함량이 많으면 높아진다. 따라서 토양색이 어두우면 상대적으로 배수성이 낮아진다.

26 담수 논토양의 일반적인 특성 변화로 가장 옳은 것은?

① 호기성 미생물 활동이 증가한다.
② 인산 성분의 유효도가 증가한다.
③ 토양의 색은 적갈색으로 변한다.
④ 토양이 산성화된다.

해설
- 담수상태로 토양에 산소 공급이 억제되므로 호기성 미생물 활동이 억제된다.
- 환원상태로 토양의 색은 청회색으로 변한다.
- 토양 산성화가 억제된다.

27 식초산석회와 같은 약산의 염으로 용출되는 수소이온에 기인한 토양의 산성을 무엇이라 하는가?

① 활산성 ② 가수산성
③ 치환산성 ④ 잔류산성

해설
- 활산성(active acidity) : 토양용액에 들어 있는 H^+에 기인하는 산성을 활산성이라 하며 식물에 직접 해를 끼친다.
- 잠산성(=치환산성, exchange acidity) : 토양교질물에 흡착된 H^+과 Al이온에 기인하는 산성을 말한다.
- 가수산성(hydrolytical acidity) : 아세트산칼슘[Ca-acetate, $(CH_3COO)_2Ca$]과 같은 약산염의 용액으로 침출한 액에 용출된 수소이온에 기인된 산성을 말한다.

28 토양을 이루는 기본 토층으로, 미부숙 유기물이 집적된 층과 점토나 유기물이 용탈된 토층을 나타내는 각각의 기호는?

① 미부숙 유기물이 집적된 층 : Oi,
점토나 유기물이 용달된 토층 : E
② 미부숙 유기물이 집적된 층 : Oe,
점토나 유기물이 용달된 토층 : C
③ 미부숙 유기물이 집적된 층 : Oa,
점토나 유기물이 용달된 토층 : B
④ 미부숙 유기물이 집적된 층 : H,
점토나 유기물이 용달된 토층 : C

해설
- Oe층은 hemic materials로 이루어진 층으로, 작게 쪼개진 잔사물들이 일부 분해를 받았으나 섬유질들이 여전히 많이 존재하고 있다.
- Oa층은 sapric mareials로 이루어진 층으로, 분해를 많이 받아 형체를 알아볼 수 없고 섬유질을 함유하지 않은 부드럽고 무정형의 물질들이 존재한다.
- E층(E Horizons)은 점토, 철 및 알루미늄 산화물의 용탈이 최대로 일어나는 층으로, 모래나 미사를 이루는 석영 같은 저항성 광물이 집적된다. E층은 보통 A층 바로 밑에 위치하며 일반적으로 A층에 비하여 색이 연하다. 이러한 E층은 삼림에서 발달한 토양에서 볼 수 있으며, 초원토양에서는 거의 발달되지 않는다.

정답 24 ④ 25 ② 26 ② 27 ② 28 ①

29 빗물이 모여 작은 골짜기를 만들면서 토양을 침식시키는 작용은?

① 우곡침식　② 계곡침식
③ 유수침식　④ 비옥도침식

해설 수식의 종류
- 입단파괴 침식 : 빗방울이 지표를 타격함으로써 입단이 파괴되는 침식
- 면상 침식 : 침식 초기 유형으로 지표가 비교적 고른 경우 유거수가 지표면을 고르게 흐르면서 토양 전면이 엷게 유실되는 침식
- 우곡(세류상) 침식 : 침식 중기 유형으로 토양 표면에 잔도랑이 불규칙하게 생기면서 토양이 유실되는 침식
- 구상(계곡) 침식 : 침식이 가장 심할 때 생기는 유형으로 도랑이 커지면서 심토까지 심하게 깎이는 침식

30 토양의 입자밀도가 2.60g/cm^3이라 하면, 용적밀도가 1.17g/cm^3인 토양의 고상 비율은?

① 40%　② 45%
③ 50%　④ 55%

해설 고상의 비율=용적밀도÷입자밀도=1.17÷2.60=0.45

31 탄소 함량이 40%이고, 질소 함량이 0.5%인 볏짚 100kg을 C/N율이 10이고, 탄소동화율이 30%인 미생물이 분해시킬 때 식물이 질소 기아를 나타내지 않게 하려면 몇 kg의 질소를 가하여 주어야 하는가?

① 0.1kg　② 0.3kg
③ 0.5kg　④ 0.7kg

해설 첨가하는 질소량=(재료의 탄소 함량×탄소동화율)÷교정하려는 C/N율-재료의 질소 함량
=(40kg×0.3)÷10-0.5kg=0.7kg

32 토양에서 일어나는 질소 순환에 대한 설명으로 옳은 것은?

① 토양유기물에 존재하는 질소는 우선 질산태질소로 무기화된다.
② 질산화작용에 관여하는 주요 미생물은 아질산균과 질산균이다.
③ 질산태질소에 비하여 암모니아태질소가 용탈되기 쉽다.
④ 통기성이 좋은 토양에서 질산화 작용은 일어나기 어렵다.

해설 질산화작용(nitrification)
- 암모니아 이온(NH_4^+)이 아질산(NO_2^-)과 질산(NO_3^-)으로 산화되는 과정으로 암모니아(NH_4^+)를 질산으로 변하게 하여 작물에 이롭게 한다.
- 아질산균과 질산균은 암모니아를 질산으로 변하게 한다.
- 유기물이 무기화되어 생성되거나 비료로 주었거나 모두 NH_4-N의 산화는 두 단계로 일어난다.

$$NH_4^+ + \frac{3}{2}O_2 \rightarrow NO_2^- + H_2O + 2H^+ (84kcal)$$

$$NO_2^- + \frac{1}{2}O_2 \rightarrow NO_3^- (17.8kcal)$$

$$NH_4^+ \xrightarrow[\text{nitrosomonas}]{} NO_2^- \xrightarrow[\text{nitrobactor}]{} NO_3^-$$

33 토양에 질소 성분 100kg을 시비한 작물로 흡수된 질소량이 50kg이었고, 시비하지 않은 토양에서 작물이 20kg의 질소를 흡수하였다. 이 작물의 질소비료 이용 효율은?

① 20%　③ 30%
③ 50%　④ 70%

해설 100kg을 시비했을 때 흡수된 양이 50이고, 무시비 시 20이라면, 100을 시비했을 때 30을 더 흡수한 결과이므로 30%이다.

34 밭토양의 유형별 개량 방법이 가장 알맞게 짝지어진 것은?

① 보통밭 : 모래 객토, 심경, 유기물 시용
② 사질밭 : 모래 객토, 심경, 유기물 시용
③ 미숙밭 : 심경, 유기물 시용, 석회 시용, 인산 시용
④ 중점밭 : 미사 객토, 심경, 배수, 유기물 시용

정답 29 ① 30 ② 31 ④ 32 ② 33 ② 34 ③

해설 • 보통밭 : 심경, 유기물 시용
• 사질밭 : 점토 객토, 유기물 시용
• 중점밭 : 모래 객토, 심경, 배수, 유기물 시용

35 **건조한 토양 1,000g에 Ca^{2+}, $2cmol_c/kg$이 치환 위치에 있다면, 가장 효과적으로 치환할 수 있는 조건을 가진 물질과 농도는 다음 중 어떤 것인가?**

① $Al^{3+}, 1cmol_c/kg$

② $Mg^{2+}, 2cmol_c/kg$

③ $Na^{+}, 1cmol_c/kg$

④ $K^{+}, 2cmol_c/kg$

해설 • 용액 속 양이온의 농도가 높을수록, 원자가가 큰 양이온일수록 토양에 흡착되기 쉬우며, 원자가가 같으면 수화된 원자 직경이 작을수록 콜로이드 입자 표면에 가까이 이동하여 강하게 흡착한다.
• 우리나라와 같이 비가 많이 오는 지방 토양에는 일반적으로 H^+, Na^+이 제일 많고 다음이 Mg^{2+}이며, K^+, Na^+은 적은 것이 보통이다.

36 **점토광물의 표면에 영구음전하가 존재하는 원인은 동형치환과 변두리전하에 의한 것이다. 이 중 점토 광물의 변두리전하에만 의존하여 영구음전하가 존재하는 점토광물은?**

① Kaolinite

② Montmorillonite

③ Vermiculite

④ Allophane

해설 변두리 전하
• kaolinite(카올리나이트, 고령토)에 나타난다.
• 1:1 격자형 광물에도 음전하가 존재하는 이유가 된다.
• 점토광물의 변두리에서만 생성되며 변두리 전하라고 한다.
• 점토광물을 분쇄하여 그 분말도를 크게 할수록 음전하의 생성량이 많아진다.

37 **토양생성작용 중 일반적으로 한랭습윤지대의 침엽수림 식생환경에서 생성되는 작용은?**

① 포드졸화 작용

② 라테라이트화 작용

③ 회색화 작용

④ 염류화 작용

해설 포드졸화 작용(podzolization) : 한랭습윤 침엽수림(소나무, 전나무 등) 지대에서 토양의 무기성분이 산성 부식질의 영향으로 용탈되어 표토로부터 하층토로 이동하여 집적되는 생성작용을 말한다.

38 **손의 감각을 이용한 토성 진단 시 수분이 포함되어 있어도 서로 뭉쳐지는 특성이 없을 뿐만 아니라 손가락을 이용하여 띠를 만들 때도 띠를 형성하지 못하는 토성은?**

① 양토　　② 식양토

③ 사토　　④ 미사질양토

해설 • 사토 : 봉이 만들어지지 않는다.
• 사양토, 미사질양토 : 봉이 만들어지나 자주 끊어지며, 봉을 들면 바로 떨어진다.
• 양토, 식토 : 봉이 잘 만들어진다.

39 **토양생성 인자들의 영향에 대한 설명으로 옳지 않은 것은?**

① 경사도가 급한 지형에서는 토심이 깊은 토양이 생성된다.

② 초지에서는 유기물이 축적된 어두운 색의 A층이 발달한다.

③ 안정 지면에서는 오래될수록 기후대와 평형을 이룬 발달한 토양단면을 볼 수 있다.

④ 강수량이 많을수록 용탈과 집적 등 토양단면의 발달이 왕성하다.

해설 경사도가 높을수록 토양 유실량이 많고 유기물의 함량이 적다.

정답 35 ② 36 ① 37 ① 38 ③ 39 ①

40 습답에 대한 설명으로 틀린 것은?

① 지하수위가 높아 연중 담수상태에 있다.
② 암회색 글레이층이 표층 가까이 발달한다.
③ 영양성분의 불용화가 일어난다.
④ 유기물의 혐기분해로 인해 유기산류나 황화수소 등이 토층에 쌓인다.

해설 습답의 특징

- 지하수위가 높고 연중 습하여 건조되지 않으며, 지중 침투수분량이 적어 유기물의 분해가 잘되지 않아 미숙 유기물이 집적되고, 유기물의 혐기적 분해로 유기산이 작토에 축적되어 뿌리 생장과 흡수작용에 장해가 나타난다.
- 고온기 유기물 분해가 왕성하여 심한 환원상태로 황화수소 등 위해한 환원성 물질이 생성, 집적되어 뿌리에 해작용을 한다.
- 지온 상승효과로 지력 질소가 공급되므로 벼는 생육 후기 질소 과다가 되어 병해, 도복이 유발되나, 유기물 과다 피해가 나타나지 않는 습답은 수량이 많다.
- 담수 논토양에서 벼의 근권은 항상 환원상태로 유기물은 혐기성균인 메탄생성균(methanobacterium)에 의해 분해되어 메탄(CH_4)을 생성하고, 이 메탄은 벼의 통기조직을 통해 대기로 방출되어 지구온난화의 원인 기체인 온실가스로 작용한다. 메탄 배출의 저감을 위해 간단관개(물걸러대기)를 권장한다.
- 논토양의 적정 투수량은 15~25mm/일이며, 증발산량까지 포함한 적정 감수량은 20~30mm/일 정도이다.

제3과목 유기농업개론

41 1962년 발간된 Rachel L. Carson의 저서로서 무차별한 농약사용이 환경과 인간에게 얼마나 위해한지 경종을 울리게 된 계기가 되었다. 이후 일반인, 학자, 정부 관료들의 사고에 변화를 유도하여 IPM 사업이 발아하게 된 저서의 이름은?

① 토양비옥도
② 농업성전
③ 농업과정
④ 침묵의 봄

해설 농약 등 화학자재의 폐해를 고발한 서적 : 1962년 카슨(R. Carson)이 쓴『침묵의 봄』(Silent Spring). 이 책은 살충제, 제초제, 살균제들이 자연생태계와 인체에 미치는 영향을 파헤쳐 농약의 무차별적 사용이 환경과 인간에게 얼마나 무서운 영향을 끼치는가에 대한 경종적 메시지를 담고 있으며, 이 책의 출간으로 환경문제에 대한 새로운 대중적 인식을 끌어내 정부의 정책 변화와 현대적인 환경운동을 가속했다.

42 윤작의 실천 목적으로 적당하지 않은 것은?

① 병충해 회피
② 토양 보호
③ 토양비옥도의 향상
④ 인산의 축적

해설 윤작의 효과

- 지력의 유지 증강
- 토양 보호
- 기지의 회피
- 병충해 경감
- 잡초의 경감
- 수량의 증대
- 토지이용도 향상
- 노력 분배의 합리화
- 농업경영의 안정성 증대

43 다음 중 (가), (나), (다)에 알맞은 내용은?

> – 벼는 배우자의 염색체 수가 n=(가)이다.
> – 연관에서 우성유전자(또는 열성유전자)끼리 연관된 유전자 배열을 (나)이라 하고, 우성유전자와 열성유전자가 연관된 유전자 배열을 (다)이라고 한다.

① (가) : 12, (나) : 상인, (다) : 상반
② (가) : 24, (나) : 상인, (다) : 상반
③ (가) : 12, (나) : 상반, (다) : 상인
④ (가) : 24, (나) : 상반, (다) : 상인

해설 • 벼의 염색체 수는 2n=24개로, n=12를 1쌍 갖는 2배체 식물이다.

정답 40 ③ 41 ④ 42 ④ 43 ①

- 연관에서 우성 또는 열성유전자끼리 연관된 유전자 배열($\underline{A\ B}$, $\underline{a\ b}$)을 상인 또는 시스 배열(cis-configuration)이라 한다.
- 연관에서 우성유전자와 열성유전자가 연관된 유전자 배열($\underline{A\ b}$, $\underline{a\ B}$)을 상반 또는 트랜스 배열(trans-configuration)이라 한다.

44 다음 중 논(환원) 상태에 해당하는 것은?

① CO_2 ② NO_3^-

③ Mn^{4+} ④ CH_4

해설 양분의 존재 형태

원소	밭토양 (산화상태)	논토양 (환원상태)
탄소(C)	CO_2	메탄(CH_4), 유기산물
질소(N)	질산염(NO_3^-)	질소(N_2), 암모니아(NH_4^+)
망간(Mn)	Mn^{4+}, Mn^{3+}	Mn^{2+}
철(Fe)	Fe^{3+}	Fe^{2+}
황(S)	황산(SO_4^{2-})	황화수소(H_2S), S
인(P)	인산(H_2PO_4), 인산알루미늄($AlPO_4$)	인산이수소철($Fe(H_2PO_4)_2$), 인산이수소칼슘($Ca(H_2PO_4)_2$)

45 시설원예 토양의 염류과잉집적에 의한 작물의 생육장해 문제를 해결하는 방법이 아닌 것은?

① 윤작을 한다.

② 연작 재배한다.

③ 미량원소를 공급한다.

④ 퇴비, 녹비 등을 적정량 사용한다.

해설 염류장해 해소 대책

- 담수처리 : 담수를 하여 염류를 녹여낸 후 표면에서 흘러 나가도록 한다.
- 답전윤환 : 논상태와 밭상태를 2~3년 주기로 돌려가며 사용한다.
- 심경(환토) : 심경을 하여 심토를 위로 올리고 표토를 밑으로 가도록 하면서 토양을 반전시킨다.
- 심근성(흡비성) 작물의 재배
- 녹비작물의 재배
- 객토를 한다.

46 친환경농업에 해당하지 않는 것은?

① 녹색혁명농업

② 생명동태농업(Bio-dynamic농업)

③ IPM(Itegrated Pest Management)

④ 유기농업

해설 녹색혁명농업 : 획기적인 식량 증산을 위해 품종개량 및 과학기술을 도입한 농업상의 기술혁신

47 유기낙농에서 젖소에게 급여할 사일리지 제조 시 주로 발생하는 균은?

① 질소화성균 ② 진균

③ 방선균 ④ 유산균

해설 사일리지 제조에는 유산균과 같은 혐기성세균에 의해 혐기 발효가 진행되어 가축의 소화 흡수를 돕는다.

48 유기종자의 조건으로 거리가 먼 것은?

① 병충해 저항성이 높은 종자

② 화학비료로 전량 시비하여 재배한 작물에서 채종한 종자

③ 농약으로 종자 소독을 하지 않은 종자

④ 유기농법으로 재배한 작물에서 채종한 종자

해설 종자 · 묘는 최소한 1세대 또는 다년생인 경우, 두 번의 생육기 동안 다목의 규정(화학비료 · 합성농약 또는 합성농약 성분이 함유된 자재를 전혀 사용하지 아니하여야 한다.)에 따라 재배한 식물로부터 유래된 것을 사용하여야 한다.

49 F_2~F_4 세대에는 매세대 모든 개체로부터 1립씩 채종하여 집단재배를 하고, F_4 개체별로 F_5 계통재배를 하는 것은?

① 여교배육종

② 파생계통육종

③ 1개체 1계통육종

④ 단순순환선발

정답 44 ④ 45 ② 46 ① 47 ④ 48 ② 49 ③

해설 1개체 1계통 육종(single seed descent method)

- $F_2 \sim F_4$ 세대에서 매 세대의 모든 개체를 1립씩 채종하여 집단재배하고 F_4 개체별로 F_5 계통재배를 한다. 따라서 F_5 세대의 각 계통은 F_2 각 개체로부터 유래하게 된다.
- 집단육종과 계통육종의 이점을 모두 살리는 육종방법이다.
- 잡종 초기 세대에서는 집단재배로 유용유전자를 유지할 수 있다.
- 육종 규모가 작아 온실 등에서 육종연한의 단축이 가능하다.
- 우리나라 영산벼의 육성 방법이다. F_2 1,240개체를 F_5 세대까지 1립씩 채종하여 온실에서 집단재배와 세대 촉진을 하고 F_6 세대에 계통재배를 시작하였다. 육성까지 6년이 소요되었다.

50 염류농도 장해의 가시적 증상이 아닌 것은?

① 새순부터 잎이 마르기 시작한다.
② 잎이 농녹색을 띠기 시작한다.
③ 잎끝이 타면서 말라 죽는다.
④ 칼슘과 마그네슘 결핍증이 나타난다.

해설 장해증상

- 토양용액의 염류농도가 증가하면 작물의 생장속도는 둔화되며, 증가가 계속되어 한계농도 이상에서는 심한 생육억제현상과 함께 가시적 장해현상을 나타낸다.
- 잎이 밑에서부터 말라죽기 시작한다.
- 잎이 짙은 녹색을 띠기 시작한다.
- 잎의 가장자리가 안으로 말린다.
- 잎끝이 타면서 말라 죽는다.
- 칼슘 또는 마그네슘 결핍증상이 나타난다.

51 주요 화성암 중 심성암이면서 염기성암인 것은?

① 반려암
② 화강암
③ 유문암
④ 안산암

해설 규소(SiO_2)의 함량에 따른 화성암의 분류

규산 함량 \ 생성 위치	심성암	반신성암	화산암
산성암 $SiO_2 > 66\%$	화강암	석영반암	유문암
중성암 SiO_2 : 53~65%	섬록암	섬록반암	안산암
염기성암 $SiO_2 < 52\%$	반려암	휘록암	현무암

52 화학 제초제를 사용하지 않고 쌀겨를 투입하여 잡초를 방제하는 경우의 방제 원리로 볼 수 없는 것은?

① 논물이 혼탁해져 광을 차단하여 잡초발아가 억제된다.
② 쌀겨의 영양분이 미생물에 의해 분해될 때 산소가 일시적으로 고갈되어 잡초의 발아 억제에 도움을 준다.
③ 쌀겨에 함유된 제초제 성분이 잡초의 발아를 억제한다.
④ 쌀겨가 분해될 때 생성되는 메탄가스 등이 잡초의 발아를 억제한다.

해설 쌀겨 농법의 효과

- 쌀겨에는 인산, 미네랄, 비타민이 풍부하게 함유되어 있고, 미생물에 의한 발효 촉진제 역할을 한다.
- 쌀겨의 살포는 미생물 활동으로 물속 산소가 적어져 피와 같은 잡초가 자라지 못하고, 여기에 잘 견디는 물달개비, 올미 등은 쌀겨가 분해되며 발생하는 유기산에 의해 녹는다.
- 쌀겨의 살포로 끈적끈적한 층이 생기면서 잡초가 나지 못하게 한다.
- 쌀겨를 살포한 논은 온도가 높아져 저온으로부터 뿌리를 보호해 출수가 빨라지고 등숙비율이 높아진다.
- 쌀겨의 살포는 Kg/K비가 높아지고 약산성 조건이 만들어져 밥맛이 좋아진다.

정답 50 ① 51 ① 52 ③

53 **유기원예에서 이용되는 천적 중 포식성 곤충이 아닌 것은?**

① 고치벌
② 팔라시스이리응애
③ 칠레이리응애
④ 풀잠자리

해설 고치벌은 기생성 천적에 해당된다.

54 **유기농산물의 병해충 관리를 위해 사용 가능한 물질인 보르도액에 대한 설명으로 틀린 것은?**

① 보르도액의 유효성분은 황산구리와 생석회이다.
② 조제 후 시간이 지나면 살균력이 떨어진다.
③ 석회유황합제, 기계유제, 송지합제 등과 혼합하여 사용할 수 있다.
④ 에스테르제와 같은 알칼리에 의해 분해가 용이한 약제와의 혼합 사용은 피한다.

해설 보르도액과 석회유황합제, 기계유제, 송지합제의 혼합 사용은 약해를 유발할 수 있으므로 혼용해서는 안 된다.

55 **대체로 볍씨는 중량의 22.5% 정도의 물을 흡수하면 발아할 수 있는데, 종자 소독 후 침종은 적산온도 100℃를 기준으로 수온이 15℃인 물에서는 며칠간 실시하는 것이 가장 적정한가?**

① 4.5일　② 7일
③ 10일　④ 15일

해설 수온에 따른 침종 기간

수온(℃)	침종기간(일)
10	10
15	6~7
22	3
25	2
27 이상	1

56 **유기축산 농가인 길동농장이 육계 병아리를 5월 1일에 입식 시켰다면, 언제부터 출하하는 경우에 유기축산물 육계(식육)로 인증이 가능한가?**

① 5월 2일　② 5월 16일
③ 5월 22일　④ 6월 22일

해설 일반농가가 유기축산으로 전환하거나 일반가축을 유기농장으로 입식하여 유기축산물을 생산 · 판매하려는 경우에는 다음 표에 따른 가축의 종류별 전환기간(최소 사육기간) 이상을 유기축산물 인증 기준에 따라 사육한다.

가축의 종류	생산물	전환기간(최소 사육기간)
한우 · 육우	식육	입식 후 12개월
젖소	시유(시판우유)	1) 착유우는 입식 후 3개월 2) 새끼를 낳지 않은 암소는 입식 후 6개월
산양	식육	입식 후 5개월
	시유(시판우유)	1) 착유양은 입식 후 3개월 2) 새끼를 낳지 않은 암양은 입식 후 6개월
돼지	식육	입식 후 5개월
육계	식육	입식 후 3주
산란계	알	입식 후 3개월
오리	식육	입식 후 6주
	알	입식 후 3개월
메추리	알	입식 후 3개월
사슴	식육	입식 후 12개월

57 **농림축산식품부 소관 친환경농어업 육성 및 유기식품 등의 관리 · 지원에 관한 법률 시행규칙상 유기축산을 위한 가축의 동물복지 및 질병관리에 관한 설명으로 옳지 않은 것은?**

① 가축의 질병을 예방하고 질병이 발생한 경우 수의사의 처방에 따라 치료하여야 한다.
② 면역력과 생산성 향상을 위해서 성장촉진제 및 호르몬제를 사용할 수 있다.
③ 가축의 꼬리 부분에 접착밴드를 붙이거나 꼬리, 이빨, 부리 또는 뿔을 자르는 행위를 하여서는 아니 된다.
④ 동물용의약품을 사용한 경우에는 전환기간을 거쳐야 한다.

정답 53 ① 54 ③ 55 ② 56 ③ 57 ②

해설 생산성 촉진을 위해서 성장촉진제 및 호르몬제를 사용해서는 아니 된다. 다만, 수의사의 처방에 따라 치료목적으로만 사용하는 경우 「수의사법」 시행규칙 제11조에 의한 처방전을 농장 내에 비치하여야 한다.

58 농림축산식품부 소관 친환경농어업 육성 및 유기식품 등의 관리, 지원에 관한 법률 시행규칙상 유기축산물 생산을 위한 가축의 사육조건으로 옳지 않은 것은?

① 사육장, 목초지 및 사료작물 재배지는 토양오염 우려기준을 초과하지 않아야 한다.
② 유기축산물 인증을 받은 가축과 일반가축을 병행하여 사육할 경우 90일 이상의 분리기간을 거친 후 합사하여야 한다.
③ 축사 및 방목환경은 가축의 생물적, 행동적 욕구를 만족시킬 수 있도록 사육환경을 유지·관리하여야 한다.
④ 유기합성농약 또는 유기합성농약 성분이 함유된 동물용의약품 등의 자재를 축사 및 축사의 주변에 사용하지 아니하여야 한다.

해설 유기축산물 인증을 받은 가축과 일반가축(무항생제 가축을 포함)을 병행하여 사육하는 경우에는 철저한 분리 조치를 취한다.

59 유기축산을 위한 축사시설 준비 과정에서 중요하게 고려해야 할 사항으로 틀린 것은?

① 채광이 양호하도록 설계하여 건강한 성장을 도모한다.
② 공기의 유입이나 통풍이 양호하도록 설계하여 호흡기 질병이나 먼지 피해를 입지 않도록 한다.
③ 가축의 분뇨가 외부로 유출되거나 토양에 침투되어 악취 등의 위생문제 및 지하수 오염 등을 일으키지 않도록 한다.
④ 축사 건립에 많은 투자를 피하고, 좁은 면적에 다수의 가축을 밀집 사육시킴으로써 경영의 효율성을 제고한다.

해설 축사 조건

〈시행규칙 별표1 인증기준의 세부사항(제6조의2 관련)〉

(1) 축사는 다음과 같이 가축의 생물적 및 행동적 욕구를 만족시킬 수 있어야 한다.
(가) 사료와 음수는 접근이 용이할 것
(나) 공기순환, 온도·습도, 먼지 및 가스 농도가 가축 건강에 유해하지 아니한 수준 이내로 유지되어야 하고, 건축물은 적절한 단열·환기시설을 갖출 것
(다) 충분한 자연환기와 햇빛이 제공될 수 있을 것

(2) 축사의 밀도 조건은 다음 사항을 고려하여 (3)에 정하는 가축의 종류별 면적당 사육두수를 유지하여야 한다.
(가) 가축의 품종·계통 및 연령을 고려하여 편안함과 복지를 제공할 수 있을 것
(나) 축군의 크기와 성에 관한 가축의 행동적 욕구를 고려할 것
(다) 자연스럽게 일어서서 앉고 돌고 활개 칠 수 있는 등 충분한 활동공간이 확보될 것

60 유기양계에서 필요하거나 허용되는 사육장 및 사육조건이 아닌 것은?

① 가금의 크기와 수에 적합한 홰의 크기
② 톱밥·모래 등 깔짚으로 채워진 축사
③ 높은 수면 공간
④ 닭을 사육하는 케이지

해설 가금은 개방 조건에서 사육되어야 하고, 기후조건이 허용하는 한 야외 방목장에 접근 가능하여야 하며, 케이지에서 사육하지 아니할 것

제4과목 유기식품 가공 유통론

61 식품 포장지로 사용되는 골판지에 대한 설명으로 틀린 것은?

① 골의 높이와 골의 수에 따라 A, B, C, D, E, F로 구분된다.
② 골의 높이는 A>C>B의 순서로 높다.
③ 단위길이당 골의 수가 가장 적은 것은 A이다.
④ 골의 형태는 U형과 V형이 있다.

정답 58 ② 59 ④ 60 ④ 61 ①

해설 골의 높이와 골의 수에 따라 A, B, C, E, F, G로 구분된다.

62 **유기가공식품의 제조 기준으로 적절하지 않은 것은?**

① 해충 및 병원균 관리를 위하여 방사선 조사 방법을 사용하지 않아야 한다.
② 지정된 식품첨가물, 미생물제제, 가공보조제만 사용하여야 한다.
③ 유기농으로 재배한 GMO는 허용될 수 있다.
④ 재활용 또는 생분해성 재질의 용기, 포장만 사용한다.

해설 유전자 변형 농산물은 어떠한 경우에도 사용할 수 없다.

63 **유기가공식품제조 공장 주변의 해충방제 방법으로 우선적으로 고려해야 하는 방법이 아닌 것은?**

① 기계적 방법
② 물리적 방법
③ 생물학적 방법
④ 화학적 방법

해설 화학적 방제법은 사용할 수 없다.

64 **화농성 질환의 병원균으로 독소형 식중독의 원인균은?**

① *Leuconostoc mesenteroides*
② *Streptococcus faecalis*
③ *Staphylococcus aureus*
④ *Bacillus coagulans*

해설
- *Leuconostoc mesenteroides* : 유산균
- *Streptococcus faecalis* : 유산균
- *Bacillus coagulans* : 젖산생산 박테리아
- 식중독균
  ⓐ 세균성 감염형 : 장염비브리오균(*Vibrio parahaemolyticus*), 살모넬라균(*Salmonella*) 등
  ⓑ 세균성 독소형 : 황색포도상구균(*Staphylococcus aureus*), 클로스트리듐 보툴리늄균(*Clostridium botulinum*) 등
  ⓒ 바이러스성 : 노로바이러스(Noro virus) 등

65 **지역농산물 이용 촉진 등 농산물 직거래 활성화에 관한 법률상 농산물 직거래에 해당하지 않는 것은? (단, 그밖에 대통령령으로 정하는 농산물 거래 행위는 제외한다.)**

① 생산자로부터 농산물의 판매를 위탁받아 농산물직판장을 통해 소비자에게 판매하는 행위
② 생산자로부터 농산물을 구입한 자가 이를 소비자에게 직접 판매하는 행위
③ 소비자로부터 농산물의 구입을 위탁받아 생산자로부터 이를 직접 구입하는 행위
④ 생산자로부터 농산물의 판매를 위탁받아 소비자에게 판매하는 행위

해설 제2조 3. "농산물 직거래"란 생산자와 소비자가 직접 거래하거나, 중간 유통단계를 한 번만 거쳐 거래하는 것으로서 다음 각 목의 어느 하나에 해당하는 행위를 말한다.
가. 자신이 생산한 농산물을 소비자에게 직접 판매하는 행위
나. 생산자로부터 농산물의 판매를 위탁받아 소비자에게 판매하는 행위
다. 생산자로부터 농산물을 구입한 자가 이를 소비자에게 직접 판매하는 행위
라. 소비자로부터 농산물의 구입을 위탁받아 생산자로부터 이를 직접 구입하는 행위
마. 그밖에 대통령령으로 정하는 농산물 거래 행위

66 **식품의 저장을 위한 가공 방법 중 가열처리 방법은?**

① 동결건조법(freeze-drying)
② 한외여과법(ultra-filtration)
③ 냉장냉동법(chilling or freezing)
④ 저온살균법(pasteurization)

해설 저온살균법 : 액체를 100℃ 이하의 온도에서 가열하여 병원균, 비내열성 부패균, 변패균 등을 부분적으로 살균하는 가열살균법이다.

정답 62 ③ 63 ④ 64 ③ 65 ① 66 ④

67 **한외여과에 대한 설명으로 틀린 것은?**

① 고분자 물질로 만들어진 막의 미세한 공극을 이용한다.

② 물과 같이 분자량이 작은 물질은 막을 통과하나 분자량이 큰 고분자 물질의 경우 통과하지 못한다.

③ 당류, 단백질, 생체물질, 고분자 물질의 분리에 주로 사용된다.

④ 삼투압보다 높은 압력을 용액 중에 작용시켜 용매가 반투막을 통과하게 한다.

해설 한외여과법
- 액체 중에 용해되거나 분산된 물질을 입자 크기나 분자량 크기별로 분리하는 방법이다.
- 물과 분자량 500 이하는 통과하나 그 이상은 통과하지 않아서 저분자 물질과 고분자 물질을 분리한다.
- 고분자 용액으로부터 저분자 물질을 제거한다는 점에서 투석법과 유사하고, 물질의 농도 차가 아닌 압력 차를 이용해 분리하는 방법은 역삼투압 여과와 유사하다.
- 입자 크기가 1nm~0.1μm 정도의 당류, 단백질, 생체물질, 고분자 물질 분리에 사용한다.

68 **식품미생물의 증식에 관한 설명으로 틀린 것은?**

① 온도 : 일반적으로 중온균은 20~40℃에서 잘 자란다.

② pH : 세균은 일반적으로 중성 부근에서 잘 자란다.

③ 산소 : 반드시 산소가 있어야 자랄 수 있다.

④ 수분활성도 : 수분활성도를 떨어뜨리면 세균, 효모, 곰팡이 순으로 생육이 어려워진다.

해설 미생물은 산소의 필요 유무에 따라 호기성, 혐기성, 미호기성, 통성혐기성으로 구분한다.

69 **꿀을 넣어 반죽하여 기름에 튀기고 다시 꿀에 담가 만든 과자류는?**

① 다식류 ② 산자류
③ 유밀과류 ④ 전과류

해설 유밀과 : 밀가루를 주원료로 하여 참기름, 당류, 벌꿀 또는 주류 등을 첨가하고 반죽, 유탕 처리한 후 당류 또는 벌꿀을 가하여 만든 것이거나 이에 잣 등의 식품을 입힌 것을 말한다.

70 **D값이 121℃에서 2분인 세균포자의 수를 10^3개에서 1개로 감소시킬 때의 F값은?**

① 1분 ② 3분
③ 6분 ④ 9분

해설 D값 : 일정 온도에서 미생물을 90% 사멸시키는 데 필요한 시간

71 **미생물의 가열치사시간을 10배 변화시키는 데 필요한 가열 온도의 차이를 나타내는 값은?**

① F값 ② Z값
③ D값 ④ K값

해설
- F값 : 설정된 온도에서 미생물을 100% 사멸시키는 데 필요한 시간
- Z값 : 미생물의 가열 치사 시간을 10배 변화시키는 데 필요한 가열 온도의 차이를 나타내는 값
- D값:설정된 온도에서 미생물을 90% 사멸시키는 데 필요한 시간
- K값 : 선도가 우수한 어패류의 선도판정법

72 **식품의 기준 및 규격상의 정의가 틀린 것은?**

① 냉동은 -18℃ 이하, 냉장은 0~10℃를 말한다.

② 건조물(고형물)은 원료를 건조하여 남은 고형물로 별도의 규격이 정해지지 않은 한, 수분 함량이 5% 이하인 것을 말한다.

③ 살균이라 함은 따로 규정이 없는 한 세균, 효모, 곰팡이 등 미생물의 영양세포를 불성화시켜 감소시키는 것을 말한다.

④ 유통기간이라 함은 소비자에게 판매가 가능한 기간을 말한다.

해설 건조물(고형물)은 원료를 건조하여 남은 고형물로 별도의 규격이 정해지지 않은 한, 수분 함량이 15% 이하인 것을 말한다.

정답 67 ④ 68 ③ 69 ③ 70 ③ 71 ② 72 ②

73 다음 조건에서 유기농 수박의 1kg당 구매가격과 소비자 가격을 올바르게 구한 것은?

> 유기농 수박을 취급하는 한 유통조직에서 유기농 수박 생산 농가의 농업경영비에 농업경영비의 30%를 더해 구매가격을 결정한 후, 여기에 유통마진율 20%를 적용하여 소비자 가격을 책정하려고 한다.
> 이 농가는 유기농 수박을 1톤 생산하는 데 중간재비 4,000,000원, 고용노력비 500,000원, 토지임차료 2,000,000원, 자본용역비 1,500,000원, 자가노력비 5,000,000원이 들었다고 한다.

① 구매가격 9,750원, 소비자가격 12,190원
② 구매가격 10,400원, 소비자가격 13,000원
③ 구매가격 12,350원, 소비자가격 15,440원
④ 구매가격 13,000원, 소비자가격 21,125원

해설
- 농업경영비 : 농업조수입을 획득하기 위해서 외부에서 구입하여 투입한 일체의 비용을 말하는 것으로서 농업지출 현금, 농업지출 현물평가액(지대, 노임 등), 농업용 고정자산의 감가상각액, 농업용 차입금이자, 농업 생산 자재 재고 증감액을 합산한 총액을 말하며, 자가 생산한 농산물 중 농업경영에 재투입한 사료, 퇴비 등의 중간생산물은 제외한다.
- 구매가격=농업경영비+농업경영비×30%=8,000,000 +2,400,000=10,400,000
- 소비자가격=생산자가격÷(100−유통마진) =10,400,000÷(100−20)=13,000,000

74 마케팅 믹스 4P의 구성요소가 아닌 것은?

① 제품(Product)
② 가격(Price)
③ 장소(Place)
④ 원칙(Principle)

해설 마케팅의 4P 요소
- 상품전략(Product)
- 가격전략(Price)
- 유통전략(Place)
- 판매촉진전략(Promotion)

75 HACCP 관리체계를 구축하기 위한 준비 단계를 알맞은 순서대로 제시한 것은?

① HACCP 팀 구성 → 제품설명서 작성 → 모든 잠재적 위해요소 분석 → 중요관리점(CCP) 설정 → 중요관리점 한계기준 설정
② HACCP 팀 구성 → 모든 잠재적 위해요소 분석 → 중요관리점(CCP) 설정 → 중요관리점 한계기준 설정 → 제품설명서 작성
③ 모든 잠재적 위해요소 분석 → 중요관리점(CCP) 설정 → 중요관리점 한계기준 설정 → HACCP 팀 구성 → 제품설명서 작성
④ 모든 잠재적 위해요소 분석 → HACCP 팀 구성 → 중요관리점(CCP) 설정 → 중요관리점 한계기준 설정 → 제품설명서 작성

해설 HACCP의 7원칙 12절차

절차	내용	구분
절차 1	HACCP 팀 구성	준비 단계
절차 2	제품설명서 작성	
절차 3	용도 확인	
절차 4	공정흐름도 작성	
절차 5	공정흐름도 현장 확인	
절차 6	위해요소 분석	원칙 1
절차 7	중요관리점 결정	원칙 2
절차 8	한계기준 설정	원칙 3
절차 9	모니터링 체계 확립	원칙 4
절차 10	개선 조치 방법 수립	원칙 5
절차 11	검증 절차 및 방법 수립	원칙 6
절차 12	문서화 및 기록 유지	원칙 7

76 유기식품의 마케팅조사에 있어 자료수집을 위한 대인면접법의 특징에 대한 설명으로 옳은 것은?

① 조사 비용이 저렴하다.
② 신속한 정보 획득이 가능하다.

정답 73 ② 74 ④ 75 ① 76 ④

③ 면접자의 감독과 통제가 용이하다.
④ 표본분포의 통제가 가능하다.

해설
• 대인면접조사법의 장점
- 응답자가 질문 내용을 이해하지 못할 경우, 자세한 설명을 해줄 수 있다.
- 일단 면접이 시작되면 그만 두는 비율이 상대적으로 낮다.
- 응답자를 확인할 수 있고 통제가 가능하다.
- 무응답이 상대적으로 적다.
- 질문지에 포함된 응답내용 이외에 기타 필요한 정보의 수집이 용이하다.
- 면접자가 응답의 내용을 직접 확인한다.

• 대인면접조사법의 단점
- 시간과 비용(교통비, 인건비, 숙식비 등)이 많이 든다.
- 자료수집 기간이 전화조사에 비해 많이 소요된다.
- 면접원 교육 및 조사 실시 계획(부재중이거나 응답자가 바쁜 경우)을 잡는 데 별도의 노력이 필요하다.
- 면접원 각자에 따른 차이점으로 응답자가 불성실한 답변을 할 가능성이 있다.

77 친환경농산물 유통의 특성으로 옳은 것은?

① 친환경농산물의 경쟁 척도로는 가격이 유일하다.
② 친환경농산물의 품질은 외관으로 충분히 확인 가능하므로 소비자가 현장에서 확인 가능하다.
③ 친환경농산물의 품질 차별성은 가격 결정의 변수와 무관하다.
④ 친환경농산물 유통조직의 물류 효율성 여부는 경쟁력 결정요인이다.

해설
• 친환경농산물의 경쟁 척도로는 가격, 품질, 안전성 등 다양하다.
• 친환경농산물의 품질은 외관만으로 확인이 어려워 소비자가 현장에서 확인 불가능하다.
• 친환경농산물의 품질 차별성은 가격 결정에 큰 영향을 미친다.

78 유통경로가 제공하는 효용이 아닌 것은?

① 본질효용
② 시간효용
③ 장소효용
④ 소유효용

해설 유통경로로 인하여 상품의 본질에 어떠한 영향을 미치지는 않는다. 그러나 유통에 의해 장소적 불일치, 시간의 불일치, 소유권 이전 등의 효용은 기대할 수 있다.

79 제품의 브랜드가 가지는 기능과 거리가 먼 것은?

① 상징 기능
② 광고 기능
③ 가격 표시 기능
④ 출처 표시 기능

해설 브랜드
• 판매자의 제품이나 서비스를 경쟁사와 차별화시키기 위해 사용하는 이름과 상징물의 결합체를 말한다.
• 상표명, 상표 표지, 상호, 트레이드 마크 등으로 표현기능을 가진다.
• 브랜드의 효과 : 제품 상징성, 광고성, 품질보증, 출처 표시, 재산 보호
• 브랜드화를 통한 상품 차별화 및 경쟁우위의 확보가 필요하다.

80 진공포장 방법에 대한 설명으로 틀린 것은?

① 쇠고기 등을 진공포장하면 변색작용을 촉진하게 된다.
② 가스 및 수증기 투과도가 높은 셀로판, EVA, PE 등이 이용된다.
③ 호흡작용이 왕성한 신선 농산물의 장기 유통용으로는 적합하지 않다.
④ 포장지 내부의 공기 제거로 박피 청과물의 갈변작용이 억제된다.

해설 진공포장에 사용되는 필름은 진공상태를 유지하기 위하여 가스 등의 투과성이 낮아야 한다.

정답 77 ④ 78 ① 79 ③ 80 ②

제5과목 유기농업 관련 규정

81 농림축산식품부 소관 친환경농어업 육성 및 유기식품 등의 관리 · 지원에 관한 법률 시행규칙에 의거한 유기가공식품 제조 공장의 관리로 적합한 것은?

① 제조설비 중 식품과 직접 접촉하는 부분에 대한 세척은 화학약품을 사용하여 깨끗이 한다.
② 세척제 · 소독제를 시설 및 장비에 사용하는 경우 유기식품 · 가공품의 유기적 순수성이 훼손되지 않도록 한다.
③ 식품첨가물을 사용한 경우에는 식품첨가물이 제조설비에 잔존하도록 한다.
④ 병해충 방제를 기계적 · 물리적 방법으로 처리하여도 충분히 방제되지 않으면 화학적인 방법이나 전리방사선 조사 방법을 사용할 수 있다.

해설
- 제조설비 중 식품과 직접 접촉하는 부분에 대한 세척은 화학약품을 사용할 수 없다.
- 식품첨가물을 사용한 경우에는 식품첨가물이 제조설비에 잔존하여서는 안 된다.
- 화학적인 방법이나 전리방사선 조사 방법을 사용할 수 없다.

82 「농림축산식품부 소관 친환경농어업 육성 및 유기식품 등의 관리 · 지원에 관한 법률 시행규칙」상 인증심사원의 자격 취소 및 정지 기준의 개별기준에서 보기의 내용으로 1회 적발되었을 경우의 행정처분은?

> 인증심사 업무와 관련하여 다른 사람에게 자기의 성명을 사용하게 하거나 인증심사원증을 빌려준 경우

① 자격정지 3개월 ② 자격정지 6개월
③ 자격정지 1년 ④ 자격취소

해설 법 제26조의2 제3항 제5호(법 제35조 제2항)에 근거하여 인증심사 업무와 관련하여 다른 사람에게 자기의 성명을 사용하게 하거나 인증심사원증을 빌려준 경우 1회 위반 시 자격정지 6개월, 2회 위반 시 자격 취소 처분을 받는다.

83 「친환경농어업 육성 및 유기식품 등의 관리 · 지원에 관한 법률」에서 농업의 근간이 되는 흙의 소중함을 국민에게 알리기 위하여 매년 몇 월 며칠을 흙의 날로 정하는가?

① 1월 19일
② 3월 11일
③ 4월 15일
④ 8월 13일

해설 법률 제5조의2(흙의 날) ① 농업의 근간이 되는 흙의 소중함을 국민에게 알리기 위하여 매년 3월 11일을 흙의 날로 정한다.

84 친환경농축산물 및 유기식품 등의 인증에 관한 세부 실시요령에 따라 친환경농산물 인증심사 과정에서 재배포장 토양검사용 사료 채취 방법으로 옳은 것은?

① 토양시료 채취는 인증심사원 입회하에 인증 신청인이 직접 채취한다.
② 토양시료 채취 지점은 재배 필지별로 최소한 5개소 이상으로 한다.
③ 시료 수거량은 시험연구기관이 검사에 필요한 수량으로 한다.
④ 채취하는 토양은 모집단의 대표성이 확보될 수 있도록 S자형 또는 Z자형으로 채취한다.

해설
- 시료 수거는 신청인, 신청인 가족(단체인 경우에는 대표자나 생산관리자, 업체인 경우에는 근무하는 정규직원을 포함한다) 참여하에 인증심사원이 채취한다.
- 재배포장의 토양은 대상 모집단의 대표성이 확보될 수 있도록 Z자형 또는 W자형으로 최소한 10개소 이상의 수거 지점을 선정하여 채취한다.

정답 81 ② 82 ② 83 ② 84 ③

85 친환경농축산물 및 유기식품 등의 인증에 관한 세부 실시요령에서 규정한 유기농산물 인증기준의 세부사항에 관한 설명 중 옳지 않은 것은?

① 재배포장의 토양에서 유기합성농약 성분의 검출량이 0.01g/kg 이하인 경우는 불검출로 본다.
② 재배포장의 토양에서는 매년 1회 이상의 검정을 실시하여 토양비옥도가 유지 · 개선되게 노력하여야 한다.
③ 재배 시 화학비료와 유기합성농약을 전혀 사용하지 아니하여야 한다.
④ 가축분뇨를 원료로 하는 퇴비 · 액비는 완전히 부숙시켜서 사용하되, 과다한 사용, 유실 및 용탈 등으로 인해 환경오염을 유발하지 아니하도록 하여야 한다.

해설 재배포장의 토양에서 유기합성농약 성분의 검출량이 0.01mg/kg 이하인 경우는 불검출로 본다.

86 「농림축산식품부 소관 친환경농어업 육성 및 유기식품 등의 관리 · 지원에 관한 법률 시행규칙」상 유기 표시가 된 인증품 또는 동등성이 인정된 인증을 받은 유기가공식품을 판매나 영업에 사용할 목적으로 수입하려는 자가 수입신고서에 반드시 첨부해야 할 서류가 아닌 것은?

① 인증서 사본
② 인증기관이 발행한 거래인증서 원본
③ 동등성 인정 협정을 체결한 국가의 인증기관이 발행한 인증서 사본 및 수입증명서 원본
④ 잔류농약검사 성적서

해설 규칙 제22조(수입 유기식품의 신고) ① 법 제23조의2 제1항에 따라 인증품인 유기식품 또는 법 제25조에 따라 동등성이 인정된 인증을 받은 유기가공식품의 수입신고를 하려는 자는 식품의약품안전처장이 정하는 수입신고서에 다음 각호의 구분에 따른 서류를 첨부하여 식품의약품안전처장에게 제출해야 한다. 이 경우 수입되는 유기식품의 도착 예정일 5일 전부터 미리 신고할 수 있으며, 미리 신고한 내용 중 도착항, 도착 예정일 등 주요 사항이 변경되는 경우에는 즉시 그 내용을 문서(전자문서를 포함한다)로 신고해야 한다.

1. 인증품인 유기식품을 수입하려는 경우 : 제13조에 따른 인증서 사본 및 별지 제19호서식에 따른 거래인증서 원본
2. 법 제25조에 따라 동등성이 인정된 인증을 받은 유기가공식품을 수입하려는 경우 : 제27조에 따라 동등성 인정 협정을 체결한 국가의 인증기관이 발행한 인증서 사본 및 수입증명서(Import Certificate) 원본

87 『농림축산식품부 소관 친환경농어업 육성 및 유기식품 등의 관리 · 지원에 관한 법률 시행규칙』에 따라 유기가축이 아닌 가축을 유기농장으로 입식하여 유기축산물을 생산 · 판매하려는 경우에는 일정 전환기간 이상을 유기축산물 인증기준에 따라 사육하여야 한다. 다음 중 축종, 생산물, 전환기간에 대한 기준으로 틀린 것은?

① 한우 – 식육용 – 입식 후 12개월 이상
② 육우 송아지 – 식육용 – 6개월령 미만의 송아지 입식 후 12개월
③ 젖소 – 시유생산용 – 3개월 이상
④ 돼지 – 식육용 – 입식 후 5개월 이상

해설

가축의 종류	생산물	전환기간(최소 사육기간)
한우 · 육우	식육	입식 후 12개월
젖소	시유 (시판우유)	1) 착유우는 입식 후 3개월 2) 새끼를 낳지 않은 암소는 입식 후 6개월
면양 · 염소	식육	입식 후 5개월
	시유 (시판우유)	1) 착유양은 입식 후 3개월 2) 새끼를 낳지 않은 암양은 입식 후 6개월
돼지	식육	입식 후 5개월
육계	식육	입식 후 3주
산란계	알	입식 후 3개월
오리	식육	입식 후 6주
	알	입식 후 3개월
메추리	알	입식 후 3개월
사슴	식육	입식 후 12개월

정답 85 ① 86 ④ 87 ②

88 **농림축산식품부 소관 친환경농어업 육성 및 유기식품 등의 관리 · 지원에 관한 법률 시행규칙상 유기가공식품 생산 시 사용이 가능한 식품첨가물 또는 가공보조제가 아닌 것은?**

① 이산화탄소
② 알긴산칼륨
③ 젤라틴
④ 아질산나트륨

해설

명칭(한)	식품첨가물로 사용 시		가공보조제로 사용 시	
	허용 여부	허용범위	허용 여부	허용범위
이산화탄소	○	제한 없음	○	제한 없음
알긴산칼륨	○	제한 없음	×	
젤라틴	×		○	포도주, 과일 및 채소 가공

89 **『유기식품 및 무농약농산물 등의 인증에 관한 세부 실시요령』상 유기농산물의 인증기준에서 병해충 및 잡초의 방제 · 조절 방법으로 거리가 먼 것은?**

① 무경운
② 적합한 돌려짓기(윤작) 체계
③ 덫과 같은 기계적 통제
④ 포식자와 기생동물의 방사 등 천적의 활용

해설 병해충 및 잡초 방제 · 조절 방법

- 적합한 작물과 품종의 선택
- 적합한 돌려짓기(윤작) 체계
- 기계적 경운
- 재배포장 내의 혼작 · 간작 및 공생식물의 재배 등 작물체 주변의 천적활동을 조장하는 생태계의 조성
- 멀칭 · 예취 및 화염제초
- 포식자와 기생동물의 방사 등 천적의 활용
- 식물 · 농장퇴비 및 돌가루 등에 의한 병해충 예방 수단
- 동물의 방사
- 덫 · 울타리 · 빛 및 소리와 같은 기계적 통제

90 **농림축산식품부 소관 친환경농어업 육성 및 유기식품 등의 관리 · 지원에 관한 법률 시행규칙상 토양을 이용하지 않고 통제된 시설 공간에서 빛(LED, 형광등), 온도, 수분, 양분 등을 인공적으로 투입하여 작물을 재배하는 시설을 일컫는 말은?**

① 윤작
② 식물공장
③ 재배포장
④ 경축순환농법

해설

- 윤작 : 동일한 재배포장에서 동일한 작물을 연이어 재배하지 아니하고, 서로 다른 종류의 작물을 순차적으로 조합 · 배열하는 방식의 작부체계를 말한다.
- 식물공장(vertical farm) : 토양을 이용하지 않고 통제된 시설 공간에서 빛(LED, 형광등), 온도, 수분, 양분 등을 인공적으로 투입하여 작물을 재배하는 시설을 말한다.
- 재배포장 : 작물을 재배하는 일정 구역을 말한다.
- 경축순환농법 : 친환경농업을 실천하는 자가 경종과 축산을 겸업하면서 각각의 부산물을 작물재배 및 가축사육에 활용하고, 경종작물의 퇴비소요량에 맞게 가축사육 마리 수를 유지하는 형태의 농법을 말한다.

91 **『농림축산식품부 소관 친환경농어업 육성 및 유기식품 등의 관리 · 지원에 관한 법률 시행규칙』상 "70퍼센트 미만이 유기농축산물인 제품"의 제한적 유기표시 허용기준으로 틀린 것은?**

① 특정 원료 또는 재료로 유기농축산물만을 사용한 제품이어야 한다.
② 해당 원료 · 재료명의 일부로 "유기"라는 용어를 표시할 수 있다.
③ 원재료명 표시란에 유기농축산물의 총함량 또는 원료 · 재료별 함량을 ppm으로 표시해야 한다.
④ 표시장소는 원재료명 표시란에만 표시할 수 있다.

해설 70퍼센트 미만이 유기농축산물인 제품

- 특정 원료 또는 재료로 유기농축산물만을 사용한 제품이어야 한다.

정답 88 ④ 89 ① 90 ② 91 ③

- 해당 원료 · 재료명의 일부로 "유기"라는 용어를 표시할 수 있다.
- 표시장소는 원재료명 표시란에만 표시할 수 있다.
- 원재료명 표시란에 유기농축산물의 총함량 또는 원료 · 재료별 함량을 백분율(%)로 표시해야 한다.

92 **『농림축산식품부 소관 친환경농어업 육성 및 유기식품 등의 관리 · 지원에 관한 법률 시행규칙』에 의한 유기축산물의 인증기준에서 생산물의 품질향상과 전통적인 생산방법의 유지를 위하여 허용되는 행위는? (단, 국립농산물품질관리원장이 고시로 정하는 경우를 제외함)**

① 꼬리 자르기
② 이빨 자르기
③ 물리적 거세
④ 가축의 꼬리

해설 가축에 있어 꼬리 부분에 접착밴드 붙이기, 꼬리 자르기, 이빨 자르기, 부리 자르기 및 뿔 자르기와 같은 행위는 일반적으로 해서는 아니 된다. 다만, 안전 또는 축산물 생산을 목적으로 하거나 가축의 건강과 복지개선을 위하여 필요한 경우로서 국립농산물품질관리원장 또는 인증기관이 인정하는 경우는 이를 할 수 있다.

93 **『친환경농어업 육성 및 유기식품 등의 관리 · 지원에 관한 법률』상 친환경농업 또는 친환경어업 육성계획에 포함되지 않는 것은?**

① 친환경농어업의 공익적 기능 증대 방안
② 친환경농어업의 발전을 위한 국제협력 강화 방안
③ 농어업 분야의 환경보전을 위한 정책목표 및 기본방향
④ 친환경농산물의 생산 증대를 위한 유기 · 화학자재 개발 보급 방안

해설 친환경농어업 육성계획에 포함되는 사항
1. 농어업 분야의 환경보전을 위한 정책목표 및 기본방향
2. 농어업의 환경오염 실태 및 개선 대책
3. 합성농약, 화학비료 및 항생제 · 항균제 등 화학자재 사용량 감축 방안
3의2. 친환경 약제와 병충해 방제 대책
4. 친환경농어업 발전을 위한 각종 기술 등의 개발 · 보급 · 교육 및 지도 방안
5. 친환경농어업의 시범단지 육성 방안
6. 친환경농수산물과 그 가공품, 유기식품 등 및 무농약원료가공식품의 생산 · 유통 · 수출 활성화와 연계 강화 및 소비 촉진 방안
7. 친환경농어업의 공익적 기능 증대 방안
8. 친환경농어업 발전을 위한 국제협력 강화 방안
9. 육성계획 추진 재원의 조달 방안
10. 제26조 및 제35조에 따른 인증기관의 육성 방안
11. 그밖에 친환경농어업의 발전을 위하여 농림축산식품부령 또는 해양수산부령으로 정하는 사항

94 **농림축산식품부 소관 친환경농어업 육성 및 유기식품 등의 관리 · 지원에 관한 법률 시행규칙상 유기가공식품의 도형 표시에 대한 설명으로 옳은 것은?**

① 표시 도형의 국문 및 영문 글자의 활자체는 궁서체로 한다.
② 표시 도형의 크기는 포장재의 크기에 관계없이 지정된 크기로 한다.
③ 표시 도형 내부에 적힌 "유기", "(ORGANIC)", "ORGANIC"의 글자 색상은 표시 도형 색상과 동일하게 한다.
④ 표시 도형의 색상은 백색을 기본 색상으로 하고, 포장재의 색깔 등을 고려하여 파란색 또는 녹색으로 할 수 있다.

해설
- 표시 도형의 국문 및 영문 모두 글자의 활자체는 고딕체로 하고, 글자 크기는 표시 도형의 크기에 따라 조정한다.
- 표시 도형의 크기는 포장재의 크기에 따라 조정할 수 있다.
- 표시 도형의 색상은 녹색을 기본 색상으로 하되, 포장재의 색깔 등을 고려하여 파란색, 빨간색 또는 검은색으로 할 수 있다.

정답 92 ③ 93 ④ 94 ③

95 「유기식품 및 무농약농산물 등의 인증에 관한 세부 실시요령」상 유기양봉제품의 전환기간에 대한 내용이다. ( )의 내용으로 알맞은 것은?

> 전환기간 ( ) 동안에 밀랍은 유기적으로 생산된 밀랍으로 모두 교체되어야 한다. 인증기관은 전환기간 동안에 모든 밀랍이 교체되지 않은 경우 전환기간을 연장할 수 있다.

① 6개월　　② 1년
③ 2년　　④ 3년

해설
- 유기양봉의 산물 · 부산물은 유기양봉의 인증기준을 적어도 1년 동안 준수하였을 때 유기양봉 산물 등으로 판매할 수 있다.
- 전환기간(1년) 동안에 밀랍은 유기적으로 생산된 밀랍으로 모두 교체되어야 한다. 인증기관은 전환기간 동안에 모든 밀랍이 교체되지 않은 경우 전환기간을 연장할 수 있다.
- 전환기간 동안 밀랍의 교체 과정에서 비허용 물질이 사용되지 않아야 하고, 밀랍의 오염 위험이 없어야 한다.
- 인증기관은 전환기간 중에 유기적으로 생산된 밀랍을 확보할 수 없는 경우 일반 양봉장으로부터 나온 밀랍을 허용할 수 있다. 다만, 그 밀랍은 비허용 물질(파라핀 등)로 처리되거나, 비허용 물질이 사용된 지역에서 생산된 것이 아니어야 한다.

96 「농림축산식품부 소관 친환경농어업 육성 및 유기식품 등의 관리 · 지원에 관한 법률 시행규칙」상 유기가공식품 제조 시 가공보조제로 사용 가능한 물질 중 응고제로 활용 가능한 물질로만 구성된 것은?

① 염화칼슘, 탄산칼륨, 수산화칼륨
② 염화칼슘, 황산칼슘, 염화마그네슘
③ 염화칼슘, 수산화나트륨, 탄산나트륨
④ 염화칼슘, 수산화칼륨, 수산화나트륨

해설

명칭(한)	식품첨가물로 사용 시		가공보조제로 사용 시	
	사용 가능 여부	사용 가능 범위	사용 가능 여부	사용 가능 범위
염화 마그네슘	○	두류제품	○	응고제
염화칼슘	○	과일 및 채소제품, 두류제품, 지방제품, 유제품, 육제품	○	응고제
황산칼슘	○	케이크, 과자, 두류제품, 효모제품	○	응고제
탄산칼륨	○	곡류제품, 케이크, 과자	○	포도 건조
수산화 칼륨	×		○	설탕 및 분리대두단백 가공 중의 산도 조절제
수산화 나트륨	○	곡류제품	○	설탕 가공 중의 산도 조절제, 유지 가공
탄산 나트륨	○	케이크, 과자	○	설탕 가공 및 유제품의 중화제

97 농림축산식품부 소관 친환경농어업 육성 및 유기식품 등의 관리 · 지원에 관한 법률 시행규칙상 토양개량과 작물생육을 위하여 사람의 배설물을 사용할 때, 사용 가능 조건이 아닌 것은?

① 완전히 발효되어 부숙된 것일 것
② 고온발효 : 50℃ 이상에서 7일 이상 발효된 것
③ 저온발효 : 3개월 이상 발효된 것일 것
④ 엽채류 등 농산물 · 임산물 중 사람이 직접 먹는 부위에는 사용하지 않을 것

해설 사람의 배설물
- 완전히 발효되어 부숙된 것일 것
- 고온발효 : 50°C 이상에서 7일 이상 발효된 것
- 저온발효 : 6개월 이상 발효된 것일 것
- 엽채류 등 농산물 · 임산물 중 사람이 직접 먹는 부위에는 사용하지 않을 것

정답 95 ② 96 ② 97 ③

98 『농림축산식품부 소관 친환경농어업 육성 및 유기식품 등의 관리 · 지원에 관한 법률 시행규칙』에 의한 유기농축산물의 유기표시 글자로 적절하지 않은 것은?

① 유기농한우
② 유기재배사과
③ 유기축산돼지
④ 친환경재배포도

해설 유기표시 문자

구분	표시문자
가. 유기농축산물	1) 유기농산물, 유기축산물, 유기식품, 유기재배농산물 또는 유기농 2) 유기재배○○(○○은 농산물의 일반적 명칭으로 한다. 이하 이 표에서 같다), 유기축산○○, 유기○○ 또는 유기농○○
나. 유기가공식품	1) 유기가공식품, 유기농 또는 유기식품 2) 유기농○○ 또는 유기○○
다. 비식용유기가공품	1) 유기사료 또는 유기농 사료 2) 유기농○○ 또는 유기○○(○○은 사료의 일반적 명칭으로 한다). 다만, "식품"이 들어가는 단어는 사용할 수 없다.

99 「유기식품 및 무농약농산물 등의 인증에 관한 세부 실시요령」에 따른 유기축산물 인증기준의 일반 원칙에 해당하지 않는 것은?

① 가축의 건강과 복지증진 및 질병예방을 위하여 사육 전 기간 동안 적절한 조치를 취하여야 하며, 치료용 동물용 의약품을 절대 사용할 수 없다.
② 초식가축은 목초지에 접근할 수 있어야 하고, 그밖의 가축은 기후와 토양이 허용되는 한 노천 구역에서 자유롭게 방사할 수 있도록 하여야 한다.
③ 가축의 생리적 요구에 필요한 적절한 사양관리 체계로 스트레스를 최소화하면서 질병예방과 건강 유지를 위한 가축 관리를 하여야 한다.
④ 가축 사육 두수는 해당 농가에서의 유기사료 확보 능력, 가축의 건강, 영양 균형 및 환경영향 등을 고려하여 적절히 정하여야 한다.

해설 가축 질병 방지를 위한 적절한 조치를 취하였음에도 불구하고 질병이 발생한 경우에는 가축의 건강과 복지 유지를 위하여 수의사의 처방 및 감독 하에 치료용 동물용 의약품을 사용할 수 있다.

100 『농림축산식품부 소관 친환경농어업 육성 및 유기식품 등의 관리 · 지원에 관한 법률 시행규칙』에 따른 유기축산물의 사료 및 영양관리 기준에 대한 설명으로 틀린 것은?

① 유기가축에게는 100퍼센트 유기사료를 급여하여야 한다.
② 필요에 따라 가축의 대사기능 촉진을 위한 합성화합물을 첨가할 수 있다.
③ 반추가축에게 사일리지만 급여해서는 아니 되며, 비반추 가축에게도 가능한 조사료 급여를 권장한다.
④ 가축에게 관련법에 따른 생활용수의 수질기준에 적합한 신선한 음수를 상시 급여할 수 있어야 한다.

해설 다음에 해당되는 물질을 사료에 첨가해서는 아니 된다.
- 가축의 대사기능 촉진을 위한 합성화합물
- 반추가축에게 포유동물에서 유래한 사료(우유 및 유제품을 제외)는 어떠한 경우에도 첨가해서는 아니 된다.
- 합성질소 또는 비단백태질소화합물
- 항생제 · 합성항균제 · 성장촉진제, 구충제, 항콕시듐제 및 호르몬제
- 그밖에 인위적인 합성 및 유전자 조작에 의해 제조 · 변형된 물질

정답 98 ④ 99 ① 100 ②

memo

2024년 CBT

유기농업기사 기출복원문제

제1과목 재배원론

01 작물 수량 삼각형에서 수량 증대 극대화를 위한 요인으로 가장 거리가 먼 것은?

① 유전성 ② 재배기술
③ 환경조건 ④ 원산지

해설 작물의 재배이론
- 작물생산량은 재배작물의 유전성, 재배환경, 재배기술이 좌우한다.
- 환경, 기술, 유전성의 세 변으로 구성된 삼각형 면적으로 표시되며, 최대 수량의 생산은 좋은 환경과 유전성이 우수한 품종, 적절한 재배기술이 필요하다.
- 작물수량 삼각형에서 삼각형의 면적은 생산량을 의미하며, 면적의 증가는 유전성, 재배환경, 재배기술의 세 변이 고르고 균형 있게 발달하여야 면적이 증가하며, 삼각형의 두 변이 잘 발달하였더라도 한 변이 발달하지 못하면 면적은 작아지게 되며, 여기에도 최소율의 법칙이 적용된다.

02 우리나라 원산지인 작물로만 나열된 것은?

① 감, 인삼 ② 벼, 참깨
③ 담배, 감자 ④ 고구마, 옥수수

해설 Vavilov의 주요 작물 재배기원 중심지

지역	주요작물
중국	6조보리, 조, 피, 메밀, 콩, 팥, 마, 인삼, 배추, 자운영, 동양배, 감, 복숭아 등
인도, 동남아시아	벼, 참깨, 사탕수수, 모시풀, 왕골, 오이, 박, 가지, 생강 등
중앙아시아	귀리, 기장, 완두, 삼, 당근, 양파, 무화과 등
코카서스, 중동	2조보리, 보통밀, 호밀, 유채, 아마, 마늘, 시금치, 사과, 서양배, 포도 등
지중해 연안	완두, 유채, 사탕무, 양귀비, 화이트 클로버, 티머시, 오처드그라스, 무, 순무, 우엉, 양배추, 상추 등
중앙아프리카	진주조, 수수, 강두(광저기), 수박, 참외 등
멕시코, 중앙아메리카	옥수수, 강낭콩, 고구마, 해바라기, 호박 후추, 육지면, 카카오 등
남아메리카	감자, 담배, 땅콩, 토마토, 고추 등

03 다음 중 식물분류학적 방법에서 작물 분류로 옳지 않은 것은?

① 벼과 작물 ② 콩과 작물
③ 가지과 작물 ④ 공예 작물

해설
- 식물학적 분류 : 식물기관의 형태 또는 구조의 유사점에 기초를 두고, '계→문→강→목→과→속→종'으로 구분한다.
- 용도에 따른 분류 : 식물의 분류는 식물학적 분류법을 사용하나, 작물은 일반적으로 식물학적 분류법보다 이용성, 경제성, 재배성 등을 중심으로 분류한다.

04 작물의 냉해에 대한 설명으로 틀린 것은?

① 병해형 냉해는 단백질의 합성이 증가하여 체내에 암모니아의 축적이 적어지는 형의 냉해이다.
② 혼합형 냉해는 지연형 냉해, 장해형 냉해, 병해형 냉해가 복합적으로 발생하여 수량이 급감하는 형의 냉해이다.
③ 장해형 냉해는 유수형성기부터 개화기까지, 특히 생식세포의 감수분열기에 냉온으로 붙임현상이 나타나는 형의 냉해이다.
④ 지연형 냉해는 생육 초기부터 출수기에 걸쳐서 여러 시기에 냉온을 만나서 출수가 지연되고, 이에 따라 등숙이 지연되어 후기의 저온으로 인하여 등숙 불량을 초래하는 형의 냉해이다.

정답 01 ④ 02 ① 03 ④ 04 ①

해설 병해형 냉해
- 벼의 경우 냉온에서는 규산의 흡수가 줄어들므로 조직의 규질화가 충분히 형성되지 못하여 도열병균의 침입에 대한 저항성이 저하된다.
- 광합성의 저하로 체내 당 함량이 저하되고, 질소대사 이상을 초래하여 체내에 유리아미노산이나 암모니아가 축적되어 병의 발생을 더욱 조장하는 유형의 냉해이다.

05 벼의 수량 구성요소로 가장 옳은 것은?

① 단위면적당 수수×1수 영화수×등숙비율×1립중
② 식물체 수×입모율×등숙비율×1립중
③ 감수분열기 기간×1수 영화수×식물체 수×1립중
④ 1수 영화수×등숙비율×식물체 수

해설 벼 수량 구성 4요소
- 벼 수량은 수수(단위면적당 이삭수)와 1수 영화수(이삭당 이삭꽃 수), 등숙비율, 현미 1립중(낟알무게)의 곱으로 이루어지며, 이를 수량 구성 4요소라 한다.
- 수량=단위면적당 이삭수×이삭당 이삭꽃 수×등숙비율×낟알무게

06 노후답의 재배 대책으로 가장 거리가 먼 것은?

① 저항성 품종을 선택한다.
② 조식재배를 한다.
③ 무황산근 비료를 시용한다.
④ 덧거름 중점의 시비를 한다.

해설 노후답의 재배 대책
- 저항성 품종의 선택 : 황화수소에 저항성인 품종을 재배한다.
- 조기재배 : 조생종의 선택으로 일찍 수확하면 추락이 감소한다.
- 무황산근 비료 시용 : 황산기 비료$(NH_4)_2(SO_4)$나 $K_2(SO_4)$ 등을 시용하지 않아야 한다.
- 추비 중점의 시비 : 후기 영양을 확보하기 위하여 추기 강화, 완효성 비료 시용, 입상 및 고형비료를 시용한다.
- 엽면시비 : 후기 영양의 결핍상태가 보이면 엽면시비를 실시한다.

07 다음 중 연작 장해가 가장 심한 작물은?

① 당근 ② 시금치
③ 수박 ④ 파

해설 작물의 기지 정도
- 연작의 해가 적은 것 : 벼, 맥류, 조, 옥수수, 수수, 사탕수수, 삼, 담배, 고구마, 무, 순무, 당근, 양파, 호박, 연, 미나리, 딸기, 양배추, 꽃양배추, 아스파라거스, 토당귀, 목화 등
- 1년 휴작 작물 : 파, 쪽파, 생강, 콩, 시금치 등
- 2년 휴작 작물 : 오이, 감자, 땅콩, 잠두, 마 등
- 3년 휴작 작물 : 참외, 쑥갓, 강낭콩, 토란 등
- 5~7년 휴작 작물 : 수박, 토마토, 가지, 고추, 완두, 사탕무, 우엉, 레드클로버 등
- 10년 이상 휴작 작물 : 인삼, 아마 등

08 다음 중 단일식물에 해당하는 것으로만 나열된 것은?

① 샐비어, 콩
② 양귀비, 시금치
③ 양파, 상추
④ 아마, 감자

해설
- 장일식물 : 맥류, 시금치, 양파, 상추, 아마, 아주까리, 감자, 티머시, 양귀비 등
- 단일식물 : 벼, 국화, 콩, 담배, 들깨, 참깨, 목화, 조, 기장, 피, 옥수수, 나팔꽃, 샐비어, 코스모스, 도꼬마리 등
- 중성식물 : 강낭콩, 가지, 고추, 토마토, 당근, 셀러리 등

09 고무나무와 같은 관상수목을 높은 곳에서 발근시켜 취목하는 영양번식 방법은?

① 삽목 ② 분주
③ 고취법 ④ 성토법

해설 고취법(高取法, =양취법)
- 줄기나 가지를 땅속에 묻을 수 없을 때 높은 곳에서 발근시켜 취목하는 방법이다.
- 고무나무와 같은 관상수목에서 실시한다.
- 발근시키고자 하는 부분에 미리 절상, 환상박피 등을 하면 효과적이다.

정답 05 ① 06 ② 07 ③ 08 ① 09 ③

10 다음 중 세포의 신장을 촉진시키며 굴광현상을 유발하는 식물호르몬은?

① 옥신
② 지베렐린
③ 사이토카이닌
④ 에틸렌

해설 옥신의 생성과 작용
- 생성 : 줄기나 뿌리의 선단에서 합성되어 체내의 아래로 극성 이동을 한다.
- 주로 세포의 신장촉진 작용을 함으로써 조직이나 기관의 생장을 조장하나 한계 농도 이상에서는 생장을 억제하는 현상을 보인다.
- 굴광현상은 광의 반대쪽에 옥신의 농도가 높아져 줄기에서는 그 부분의 생장이 촉진되는 향광성을 보이나 뿌리에서는 도리어 생장이 억제되는 배광성을 보인다.
- 정아에서 생성된 옥신은 정아의 생장은 촉진하나 아래로 확산하여 측아의 발달을 억제하는데, 이를 정아우세현상이라고 한다.

11 식물의 광합성 속도에는 이산화탄소의 농도뿐 아니라 광의 강도도 관여하는데, 다음 중 광이 약할 때 일어나는 일반적인 현상으로 가장 옳은 것은?

① 이산화탄소 보상점과 포화점이 다 같이 낮아진다.
② 이산화탄소 보상점과 포화점이 다 같이 높아진다.
③ 이산화탄소 보상점이 높아지고 이산화탄소 포화점은 낮아진다.
④ 이산화탄소 보상점은 낮아지고 이산화탄소 포화점은 높아진다.

해설 광의 광도와 광합성
- 약광에서는 CO_2 보상점이 높아지고 CO_2 포화점은 낮아지고, 강광에서는 CO_2 보상점이 낮아지고 포화점은 높아진다.
- 광합성은 온도, 광도, CO_2 농도의 영향을 받으며, 이들이 증가함에 따라 광합성은 어느 한계까지는 증대된다.

12 다음 중 사과의 축과병, 담배의 끝마름병으로 분열조직에서 괴사를 일으키는 원인으로 옳은 것은?

① 칼슘의 결핍 ② 아연의 결핍
③ 붕소의 결핍 ④ 망간의 결핍

해설 붕소(B) 결핍
- 분열조직의 괴사(necrosis)를 일으키는 일이 많다.
- 채종재배 시 수정 · 결실이 나빠진다.
- 콩과작물의 근류형성 및 질소고정이 저해된다.
- 사탕무의 속썩음병, 순무의 갈색속썩음병, 셀러리의 줄기쪼김병, 담배의 끝마름병, 사과의 축과병, 꽃양배추의 갈색병, 알팔파의 황색병을 유발한다.

13 다음 중 T/R율에 대한 설명으로 옳은 것은?

① 감자나 고구마의 경우 파종기나 이식기가 늦어질수록 T/R율이 작아진다.
② 일사가 적어지면 T/R율이 작아진다.
③ 토양함수량이 감소하면 T/R율이 감소한다.
④ 질소를 다량시용하면 T/R율이 작아진다.

해설
- 감자나 고구마 등은 파종이나 이식이 늦어지면 지하부 중량 감소가 지상부 중량 감소보다 커서 T/R율이 커진다.
- 질소의 다량 시비는 지상부는 질소 집적이 많아지고, 단백질 합성이 왕성해지고, 탄수화물의 잉여는 적어져 지하부 전류가 감소하게 되므로 상대적으로 지하부 생장이 억제되어 T/R율이 커진다.
- 일사가 적어지면 체내에 탄수화물의 축적이 감소하여 지상부보다 지하부의 생장이 더욱 저하되어 T/R율이 커진다.
- 토양함수량의 감소는 지상부 생장이 지하부 생장에 비해 저해되므로 T/R율은 감소한다.
- 토양 통기 불량은 뿌리의 호기호흡이 저해되어 지하부의 생장이 지상부 생장보다 더욱 감퇴되어 T/R율이 커진다.

14 다음 중 골 사이나 포기 사이의 흙을 포기 밑으로 긁어모아 주는 것을 뜻하는 용어로 옳은 것은?

① 멀칭 ② 답압
③ 배토 ④ 제경

정답 10 ① 11 ③ 12 ③ 13 ③ 14 ③

해설 배토(培土, 북주기; earthing up, hilling) : 작물이 생육하는 중에 이랑 사이 또는 포기 사이의 흙을 그루 밑으로 긁어모아 주는 것이다.

15 다음 중 파종량을 늘려야 하는 경우로 가장 적합한 것은?

① 단작을 할 때
② 발아력이 좋을 때
③ 따뜻한 지방에 파종할 때
④ 파종기가 늦어질 때

해설 토양 및 시비 : 토양이 척박하고 시비량이 적으면 파종량을 다소 늘리는 것이 유리하고, 토양이 비옥하고 시비량이 충분한 경우도 다수확을 위해 파종량을 늘리는 것이 유리하다.

16 무기성분의 산화와 환원 형태로 옳지 않은 것은?

① 산화형 : SO_4, 환원형 : H_2S
② 산화형 : NO_3, 환원형 : NH_4
③ 산화형 : CO_2, 환원형 : CH_4
④ 산화형 : Fe^{++}, 환원형 : Fe^{+++}

해설 밭토양과 논토양에서의 원소의 존재 형태

원소	밭토양(산화상태)	논토양(환원상태)
탄소(C)	CO_2	메탄(CH_4), 유기산물
질소(N)	질산염(NO_3^-)	질소(N_2), 암모니아(NH_4^+)
망간(Mn)	Mn^{4+}, Mn^{3+}	Mn^{2+}
철(Fe)	Fe^{3+}	Fe^{2+}
황(S)	황산(SO_4^{2-})	황화수소(H_2S), S
인(P)	인산(H_2PO_4), 인산알루미늄($AlPO_4$)	인산이수소철 ($Fe(H_2PO_4)_2$), 인산이수소칼슘 ($Ca(H_2PO_4)_2$)
산화환원 전위(Eh)	높다	낮다

17 질소 농도가 0.3%인 수용액 20L를 만들어서 엽면시비를 할 때 필요한 요소비료의 양은? (단, 요소비료의 질소 함량은 46%이다.)

① 약 28g ② 약 60g
③ 약 77g ④ 약 130g

해설 수용액 20L=20,000mL이며 여기에 질소농도 0.3%이면 질소의 양은 60g이 된다.
요소의 질소 함량이 46%이므로 60÷0.46≒130g이 된다.

18 등고선에 따라 수로를 내고, 임의의 장소로부터 월류하도록 하는 방법은?

① 등고선관개 ② 보더관개
③ 일류관개 ④ 고랑관개

해설
- 보더관개 : 완경사의 포장을 알맞게 구획하고 상단의 수로로부터 전체 표면에 물을 흘려 펼쳐서 대는 방법
- 일류관개(등고선월류관개) : 등고선에 따라 수로를 내고 임의의 장소로부터 월류하도록 하는 방법

19 콩의 초형에서 수광태세가 좋아지고 밀식적용성이 커지는 조건으로 가장 거리가 먼 것은?

① 잎자루가 짧고 일어선다.
② 도복이 안 되며, 가지가 짧다.
③ 꼬투리가 원줄기에 적게 달린다.
④ 잎이 작고 가늘다.

해설 수광태세가 좋은 콩의 초형
- 키가 크고 도복이 안 되며 가지를 적게 치고 가지가 짧다.
- 꼬투리가 원줄기에 많이 달리고 밑까지 착생한다.
- 잎자루(葉柄)가 짧고 일어선다.
- 잎이 작고 가늘다.

20 비료의 3요소 중 칼륨의 흡수 비율이 가장 높은 작물은?

① 고구마 ② 콩
③ 옥수수 ④ 보리

정답 15 ④ 16 ④ 17 ④ 18 ③ 19 ③ 20 ①

해설 작물별 3요소 흡수 비율(질소:인:칼륨)

- 콩 5:1:1.5
- 벼 5:2:4
- 맥류 5:2:3
- 옥수수 4:2:3
- 고구마 4:1.5:5
- 감자 3:1:4

제2과목 토양 비옥도 및 관리

21 다음 중 풍화에 가장 강한 1차 광물은?

① 휘석 ② 백운모
③ 정장석 ④ 감람석

해설 암석의 풍화 저항성

- 석영 > 백운모, 정장석(K장석) > 사장석(Na와 Ca장석)〉흑운모, 각섬석, 휘석〉감람석 > 백운석, 방해석〉석고
- 백운모는 Fe^{2+}이 적어 백색이며 풍화가 어렵다.
- 방해석과 석고는 이산화탄소로 포화된 물에 쉽게 용해된다.
- 감람석과 흑운모는 Fe^{2+}이 많아 유색이고 쉽게 풍화된다.

22 다음 중 정적토에 해당하는 것은?

① 이탄토 ② 붕적토
③ 수적토 ④ 선상퇴토

해설 정적토

- 암석이 풍화작용을 받은 자리에 그대로 남아 퇴적되어 생성 발달한 토양으로 암석 조각이 많고, 하층일수로 미분해 물질이 많은 특징이 있으며, 잔적토와 유기물이 제자리에서 퇴적된 이탄토가 있다.
- 풍화작용을 받게 되는 기간이 운적토에 비해 길다.
- 잔적토 : 정적토의 대부분을 차지하며 암석의 풍화산물 중 가용성인 것들은 용탈되고 남아 있는 것이 제자리에 퇴적된 것으로 우리나라 산지의 토양이 해당된다.
- 이탄토 : 습지, 얕은 호수에서 식물의 유체가 암석의 풍화 산물과 섞여 이루어졌으며 산소가 부족한 환원 상태에서 유기물이 분해되지 않고 장기간에 걸쳐 쌓여 많은 이탄이 만들어지는데, 이런 곳을 이탄지라 한다.

23 어떤 토양의 흡착이온을 분석할 결과 Mg=2cmol/kg, Na=1cmol/kg, Al=2cmol/kg, H=4cmol/kg, K=2cmol/kg이었다. 이 토양의 CEC가 12cmol/kg이고, 염기포화도는 75%로 계산되었다. 이 토양의 치환성 칼슘의 양은 몇 cmol/kg으로 추정되는가?

① 1 ② 2
③ 3 ④ 4

해설 염기포화도(V)(%) $= \frac{S}{T} \times 100$

$= \frac{\text{교환성염기의 총량}}{\text{양이온교환용량}} \times 100$

$75\% = \frac{2+1+2+x}{12} \times 100$

$0.75 = \frac{5+x}{12} \times 100$

$9 = 5+x$

$x = 4$

24 토양의 입자밀도가 2.60g/cm^{3}이라 하면 용적밀도가 1.17g/cm^{3}인 토양의 고상 비율은?

① 40% ② 45%
③ 50% ④ 55%

해설 고상의 비율=용적밀도÷입자밀도=1.17÷2.60=0.45

25 산성토양에 대한 설명으로 틀린 것은?

① 작물 뿌리의 효소 활성을 억제한다.
② 인산이 활성알루미늄과 결합하여 인산 결핍이 초래된다.
③ 산성이 강해지면 일반적으로 세균은 늘고 사상균은 줄어든다.
④ 낮은 pH로 인해 독성 화합물의 용해도가 증가한다.

해설 토양반응과 미생물

- 토양유기물 분해와 공중질소를 고정하여 유효태양분을 생성하는 활성박테리아(세균)는 중성 부근의 토양반응을 좋아하며, 강산성에 적응하는 세균의 종류는 많지 않다.

정답 21 ② 22 ① 23 ④ 24 ② 25 ③

- 곰팡이는 넓은 범위의 토양반응에 적응하나 산성토양에서 잘 번식한다.

26 **토양 중에 서식하는 조류(藻類)의 역할로 가장 거리가 먼 것은?**

① 사상균과 공생하여 지의류 형성
② 유기물의 생성
③ 산소 공급
④ 산성토양을 중성으로 개량

해설 조류
- 단세포, 다세포 등 크기, 구조, 형태가 다양하다.
- 물에 있는 조류보다는 크기나 구조가 단순하다.
- 식물과 동물의 중간적인 성질을 가지고 있다.
- 토양 중에서는 세균과 공존하고 세균에 유기물을 공급한다.
- 토양에서 유기물의 생성, 질소의 고정, 양분의 동화, 산소의 공급, 질소균과 공생한다.

27 **토양을 이루는 기본 토층으로, 미부숙 유기물이 집적된 층과 점토나 유기물이 용탈된 토층을 나타내는 각각의 기호는?**

① 미부숙 유기물이 집적된 층 : Oi, 점토나 유기물이 용달된 토층 : E
② 미부숙 유기물이 집적된 층 : Oe, 점토나 유기물이 용달된 토층 : C
③ 미부숙 유기물이 집적된 층 : Oa, 점토나 유기물이 용달된 토층 : B
④ 미부숙 유기물이 집적된 층 : H, 점토나 유기물이 용달된 토층 : C

해설
- Oe층은 hemic materials로 이루어진 층으로, 작게 쪼개진 잔사물들이 일부 분해를 받았으나 섬유질들이 여전히 많이 존재하고 있다.
- Oa층은 sapric mareials로 이루어진 층으로, 분해를 많이 받아 형체를 알아볼 수 없고 섬유질을 함유하지 않은 부드럽고 무정형의 물질들이 존재한다.
- E층(E horizons)은 점토, 철 및 알루미늄 산화물의 용탈이 최대로 일어나는 층으로, 모래나 미사를 이루는 석영 같은 저항성 광물이 집적된다. E층은 보통 A층 바로 밑에 위치하며 일반적으로 A층에 비하여 색이 연하다. 이러한 E층은 삼림에서 발달한 토양에서 볼 수 있으며, 초원토양에서는 거의 발달하지 않는다.

28 **토양 입단구조의 중요성에 대한 설명으로 가장 거리가 먼 것은?**

① 토양의 통기성과 통수성에 영향을 미친다.
② 토양 침식을 억제한다.
③ 토양 내에 호기성 미생물의 활성을 증대시킨다.
④ Na 이온은 토양의 입단화를 촉진시킨다.

해설 입단분산 이온
- Na^+이온은 수화반지름이 커서 점토 입자를 분산시킨다.
- 수화된 물에 의하여 양전하가 가려져 점토의 음전하를 충분히 중화시키지 못한다.
- Na^+는 점토 입자 사이에서 가교역할을 하지 못하게 되어 음전하를 띠는 점토 입자들 사이에 오히려 반발력이 작용하여 서로 응집되지 못하고 분산된다.

29 **토양의 소성 치수를 측정한 결과 A 토양은 25이고, B 토양은 20이었다. 두 토양을 올바르게 비교 설명한 것은?**

① A 토양이 B 토양보다 소성상태에서 수분을 많이 보유한다.
② B 토양이 A 토양보다 소성상태에서 총유기물 함량이 많다.
③ A 토양은 B 토양보다 적은 수분량으로 소성상태를 유지한다.
④ B 토양은 A 토양보다 점토 함량이 많은 토양이다.

해설
- 소성(塑性, plasticity; 가소성) : 토양은 적당한 물을 가하면 소성을 가지며, 일정 수분 이상의 상태에서는 토양이 형태를 유지하지 못하고 유동상태인 액상이 되고, 일정 수분 이하의 상태에서는 외력을 가했을 때 형태를 유지하지 못하고 부스러지는 준강상태가 된다.

정답 26 ④ 27 ① 28 ④ 29 ①

• 견지성의 변화

강성	이쇄성	소성	액상화

감소 ←── 토양수분함량 ──→ 증가

소성하한 소성상한

- 소성하한은 토양이 소성을 가질 수 있는 최소 수분 함량
- 소성상한은 토양이 소성을 가질 수 있는 최대 수분 함량
- 점토 함량이 증가할수록 소성지수는 증가한다.

30 질산화작용 억제제에 대한 설명으로 틀린 것은?

① 질산화작용에 관여하는 미생물의 활성을 억제한다.

② 개발 제품으로는 Nitrapyrin, Dwell 등이 있다.

③ 밭작물은 NO^{3-}보다 NH^{4+}를 더 많이 흡수하기 때문에 적극 사용한다.

④ 질소 성분을 NH^{4+}로 유지시켜 용탈에 의한 비료 손실을 줄이는 효과가 있다.

해설 암모니아태질소(NH_4^+-N) : 밭토양에서는 속히 질산태로 변하여 작물에 흡수된다.

31 점토광물의 표면에 영구음전하가 존재하는 원인은 동형치환과 변두리 전하에 의한 것이다. 이 중 점토 광물의 변두리 전하에만 의존하여 영구음전하가 존재하는 점토광물은?

① Kaolinite

② Montmorillonite

③ Vermiculite

④ Allophane

해설 변두리 전하
- kaolinite(카올리나이트, 고령토)에 나타난다.
- 1:1 격자형 광물에도 음전하가 존재하는 이유가 된다.
- 점토광물의 변두리에서만 생성되며 변두리 전하라고 한다.
- 점토광물을 분쇄하여 그 분말도를 크게 할수록 음전하의 생성량이 많아진다.

32 다음 중 탄질률이 가장 높은 것은?

① 옥수수 찌꺼기

② 알팔파

③ 블루그라스

④ 활엽수의 톱밥

해설 식물체와 미생물의 탄소와 질소 함량 및 탄질률

구분	C(%)	N(%)	C/N
가문비나무 톱밥	50	0.05	600
활엽수 톱밥	46	0.1	400
밀짚	38	0.5	80
제지공장 슬러지	54	0.9	61
옥수수 찌꺼기	40	0.7	57
사탕수수 찌꺼기	40	0.8	50
잔디(블루그라스)	37	1.2	30
가축분뇨	41	2.1	20
알팔파	40	3.0	13
박테리아	50	12.5	4
방사상균	50	8.5	6
곰팡이	50	5.0	10

33 화성암 중 중성암으로만 짝지어진 것은?

① 석영반암, 휘록암

② 안산암, 섬록암

③ 현무암, 반려암

④ 화강암, 섬록반암

해설 규소(SiO_2)의 함량에 따른 화성암의 분류

규산함량 / 생성위치	산성암 SiO_2>66%	중성암 SiO_2 : 53~65%	염기성암 SiO_2<52%
심성암	화강암	섬록암	반려암
반심성암	석영반암	섬록반암	휘록암
화산암	유문암	안산암	현무암

정답 30 ③ 31 ① 32 ④ 33 ②

34 유기물의 부식화 과정에 가장 크게 영향을 미치는 요인은?

① 토양 온도
② 유기물에 함유된 탄소와 질소의 함량비
③ 토양의 수소이온농도
④ 토양의 모재

해설 미생물은 영양원으로 질소를 소비하며 탄수화물을 분해한다. 질소가 부족한 경우 질소기아현상이 발생할 수 있다.

35 다음 중 포장용수량이 가장 큰 토성은?

① 사양토　② 양토
③ 식양토　④ 식토

해설 토양수분장력의 변화
- 토양수분장력과 토양수분함유량은 함수관계가 있으며 수분이 많으면 수분장력은 작아지고 수분이 적으면 수분장력이 커지는 관계에 있다.
- 수분함유량이 같아도 토성에 따라 수분장력은 달라진다.
- 동일한 pF 값에서 사토보다 식토에서 절대수분함량이 높다.

36 토양 중 수소이온(H^+)이 생성되는 원인으로 틀린 것은?

① 탄산과 유기산의 분해에 의한 수소이온 생성
② 질산화작용에 의한 수소이온 생성
③ 교환성염기의 집적에 의한 수소이온 생성
④ 식물 뿌리에 의한 수소이온 생성

해설 토양용액에 H^+이 존재하면 토양콜로이드 표면에 흡착된 교환성 염기인 Ca^{2+}, Mg^{2+}, K^+, Na^+ 등이 H^+과 교환되고, 교환된 염기는 물의 이동에 따라 용탈된다.

37 습도가 높은 대기 중에 토양을 놓아두었을 때 대기로부터 토양에 흡착되는 수분으로서 -3.1MPa 이하의 포텐셜을 갖는 것은?

① 흡습수　② 모관수
③ 중력수　④ 지하수

해설 흡습수(吸濕水, hygroscopic water)
- PF : 4.2~7(15~10,000기압)
- 토양을 105℃로 가열 시 분리 가능하며, 건토가 공기 중에서 분자 간 인력에 의해 수증기를 토양 표면에 피막상으로 흡착되어 있는 수분이다.
- 작물의 흡수압은 5~14기압의 작물에 흡수, 이용되지 못한다.

38 암모늄태 질소를 아질산태 질소로 산화시키는 데 주로 관여하는 세균은?

① *Nitrobacter*
② *Nitrosomonas*
③ *Micrococcus*
④ *Azotobacter*

해설 질산화균
- 암모니아이온(NH_4^+)이 아질산(NO_2^-)과 질산(NO_3^-)으로 산화되는 과정으로 암모니아(NH_4^+)를 질산으로 변하게 하여 작물에 이롭게 한다.
- 유기물이 무기화되어 생성되거나 비료로 주었거나 모두 NH_4-N의 산화는 두 단계로 일어난다.

① 1단계 : 암모니아산화균(*Nitrosomonas, Nitrosococcus, Nitrosospira*) 등에 의하여 일어난다.
$$NH_4^+ + \frac{3}{2}O_2 \rightarrow NO_2^- + H_2O + 2H^+ (84kcal)$$
② 2단계 : 아질산화균(*Nitrobacter, Nitrocystis*) 등에 의하여 일어난다.
$$NO_2^- + \frac{1}{2}O_2 \rightarrow NO_3^- (17.8kcal)$$
③ $NH_4^+ \xrightarrow[\text{nitrosomnas}]{} NO_2^- \xrightarrow[\text{nitrobacor}]{} NO_3^-$

39 토양단면 중 농경지의 표층토(경작층)를 가장 옳게 표시한 것은?

① Bo　② Bt
③ Rz　④ Ap

해설 종속토층의 종류별 기호와 특성
- a : 잘 부숙된 유기물층
- b : 매몰토층
- c : 결핵(concretion) 또는 결괴(nodule)
- d : 미풍화된 치밀물질층(dense material)

정답 34 ② 35 ④ 36 ③ 37 ① 38 ② 39 ④

- e : 중간 정도 부숙된 유기물층
- f : 동결토층(frozen layer)
- g : 강 환원층(gleying)
- h : B층 중 이동 집적된 유기물층
- i : 미부숙된 유기물층
- k : 탄산염집적층
- m : 경화토층(cementation, induration)
- n : Na집적층
- o : Fe, Al 등의 산화물 집적층
- p : 경운토층 또는 인위교란층
- q : 규산집적층
- r : 잘 풍화된 연한 풍화모재층
- s : 이동집적된 유기물+Fe, Al산화물
- t : 규산염점토의 집적층
- v : 철결괴층
- w : 약한 B층(토양의 색깔이나 구조상으로만 구별됨)
- x : 이쇄반층(fragipan), 용적밀도가 높음
- y : 석고집적층
- z : 염류집적층

40 **토양 생성 인자들의 영향에 대한 설명으로 옳지 않은 것은?**

① 경사도가 급한 지형에서는 토심이 깊은 토양이 생성된다.
② 초지에서는 유기물이 축적된 어두운 색의 A층이 발달한다.
③ 안정 지면에서는 오래될수록 기후대와 평형을 이룬 발달한 토양단면을 볼 수 있다.
④ 강수량이 많을수록 용탈과 집적 등 토양단면의 발달이 왕성하다.

해설 경사도가 높을수록 토양 유실량이 많고 유기물의 함량이 적다.

제3과목 유기농업개론

41 **유기종자의 조건으로 거리가 먼 것은?**

① 병충해 저항성이 높은 종자
② 화학비료로 전량 시비하여 재배한 작물에서 채종한 종자
③ 농약으로 종자 소독을 하지 않은 종자
④ 유기농법으로 재배한 작물에서 채종한 종자

해설 종자묘는 최소한 1세대 또는 다년생인 경우, 두 번의 생육기 동안 다목의 규정(화학비료 · 합성농약 또는 합성농약 성분이 함유된 자재를 전혀 사용하지 아니하여야 한다.)에 따라 재배한 식물로부터 유래된 것을 사용하여야 한다.

42 **1962년 발간된 Rachel L. Carson의 저서로서 무차별한 농약 사용이 환경과 인간에게 얼마나 위해 한지 경종을 울리게 된 계기가 되었다. 이후 일반인, 학자, 정부 관료들의 사고에 변화를 유도하여 IPM 사업이 발아하게 된 저서의 이름은?**

① 토양비옥도 ② 농업성전
③ 농업과정 ④ 침묵의 봄

해설 1962년 카슨(R. Carson)이 쓴 『침묵의 봄』(Silent Spring)은 살충제, 제초제, 살균제들이 자연생태계와 인체에 미치는 영향을 파헤쳐 농약의 무차별적 사용이 환경과 인간에게 얼마나 무서운 영향을 끼치는가에 대한 경종적 메시지를 담고 있으며, 이 책의 출간으로 환경문제에 대한 새로운 대중적 인식을 끌어내어 정부의 정책 변화와 현대적인 환경운동을 가속화시켰다.

43 **친환경농업의 목적으로 가장 거리가 먼 것은?**

① 지속적 농업 발전
② 안전 농산물 생산
③ 고비용 · 고투입 농산물 생산
④ 환경보전적 농업 발전

해설 친환경농업의 목적
- 농어업의 환경보전 기능을 증대시킨다.
- 농어업으로 인한 환경오염을 줄인다.
- 친환경농어업을 실천하는 농어업인을 육성한다.
- 지속 가능한 친환경농어업을 추구한다.
- 친환경농수산물과 유기식품 등을 관리한다.
- 생산자와 소비자를 함께 보호한다.

정답 40 ① 41 ② 42 ④ 43 ③

44 1920년대 영국에서 토마토에 발생했던 해충인 온실가루이를 방제했던 기생성 천적은?

① 칠성풀잠자리
② 온실가루이좀벌
③ 성페로몬
④ 칠레이리응애

해설 천적의 종류와 대상 해충

대상 해충	도입 대상 천적(적합한 환경)	이용 작물
점박이응애	칠레이리응애(저온)	딸기, 오이, 화훼 등
	긴이리응애(고온)	수박, 오이, 참외, 화훼 등
	캘리포니아커스이리응애(고온)	
	팔리시스이리응애(야외)	사과, 배, 감귤 등
온실가루이	온실가루이좀벌(저온)	토마토, 오이, 화훼 등
	Eromcerus eremicus(고온)	토마토, 오이, 멜론 등
진딧물	콜레마니진딧벌	엽채류, 과채류 등
총채벌레	애꽃노린재류(큰총채벌레 포식)	과채류, 엽채류, 화훼 등
	오이이리응애(작은총채벌레 포식)	
나방류 잎굴파리	명충알벌	고추, 피망 등
	굴파리좀벌(큰잎굴파리유충)	토마토, 오이, 화훼 등
	Dacunas sibirica(작은 유충)	

45 윤작의 실천 목적으로 적당하지 않은 것은?

① 병충해 회피
② 토양 보호
③ 토양 비옥도의 향상
④ 인산의 축적

해설 윤작의 효과

- 지력의 유지 증강
- 기지의 회피
- 잡초의 경감
- 토지이용도 향상
- 노력 분배의 합리화
- 농업경영의 안정성 증대
- 토양 보호
- 병충해 경감
- 수량의 증대

46 동물복지(animal welfare) 개선을 위한 조치로 잘못된 것은?

① 양질의 유전자 변형 사료 공급
② 적절한 사육 공간 제공
③ 스트레스 최소화와 질병 예방
④ 건강증진을 위한 가축관리

해설 유전자 변형 사료는 급여할 수 없다.

47 시설원예 토양의 염류과잉집적에 의한 작물의 생육장해 문제를 해결하는 방법이 아닌 것은?

① 윤작을 한다.
② 연작 재배한다.
③ 미량원소를 공급한다.
④ 퇴비, 녹비 등을 적정량 사용한다.

해설 염류장해 해소 대책

- 담수처리 : 담수를 하여 염류를 녹여낸 후 표면에서 흘러나가도록 한다.
- 답전윤환 : 논상태와 밭상태를 2~3년 주기로 돌려가며 사용한다.
- 심경(환토) : 심경을 하여 심토를 위로 올리고 표토를 밑으로 가도록 하면서 토양을 반전시킨다.
- 심근성(흡비성) 작물의 재배
- 녹비작물의 재배
- 객토를 한다.

48 양질의 퇴비를 판정하는 방법으로 틀린 것은?

① 가축분뇨는 냄새가 약할수록 좋은 것으로 본다.
② 퇴비에 물기가 거의 없어야 좋은 것으로 본다.
③ 퇴비는 부서진 형상보다 그 형상을 유지할수록 좋은 것으로 본다.
④ 퇴비의 색은 흑갈색~흑색에 가까울수록 좋은 것으로 본다.

해설 유기물의 형태는 부숙되면서 구분이 어려워지며 완전히 부숙되면 잘 부스러지고 원재료를 구분하기 어려워진다.

정답 44 ② 45 ④ 46 ① 47 ② 48 ③

49 '부엽토와 지렁이'라는 책에서 자연에서 지렁이가 담당하는 역할에 관해 기술하면서, 만일 지렁이가 없다면 식물은 죽어 사라질 것이라고 결론지었으며, 유기농법의 이론적 근거를 최초로 제공한 사람은?

① Franklin King ② Thun
③ Steiner ④ Darwin

해설 Charles Darwin의 『부엽토와 지렁이』 : 만일 지렁이가 없다면 식물은 죽어 사라질 것이다. 찰스 다윈은 지렁이가 구멍을 뚫으면서 다량의 흙을 삼켜버리고, 흙 속에 포함된 소화될 수 있는 물질을 흡수한다고 주장하였다. 그는 지렁이는 매년 건조토양을 1에이커당 10톤 이상의 흙을 삼켜서 소화기를 통과시키기 때문에 표토 전체가 수년마다 지렁이에 의해 처리된다고 추정하였다. 또한 비옥한 토양에서는 지렁이 분변에 의해 매년 평균 1/5인치 두께의 표토가 덧붙여진다고 추정하였다.

50 유기 벼 재배에서 제초제를 사용하지 않고 친환경적 잡초방제를 할 때, 어느 품종을 선택하는 것이 잡초 발생 억제에 가장 도움이 되겠는가?

① 초기생육이 늦고 키가 작은 품종
② 유효분얼이 빠르고 키가 큰 품종
③ 활착기가 길고 후기 생육이 왕성한 품종
④ 유효분얼 기간이 짧고 이삭수가 적은 품종

해설 잡초와 경합 우세를 위해서는 초기생육이 빠르고, 유효분얼이 빠르며, 키가 크고, 생육이 왕성한 품종이 유리하다.

51 염류농도 장해의 가시적 증상이 아닌 것은?

① 새순부터 잎이 마르기 시작한다.
② 잎이 농녹색을 띠기 시작한다.
③ 잎끝이 타면서 말라 죽는다.
④ 칼슘과 마그네슘 결핍증이 나타난다.

해설 장해증상

- 토양용액의 염류농도가 증가하면 작물의 생장속도는 둔화하며, 증가가 계속되어 한계농도 이상에서는 심한 생육억제현상과 함께 가시적 장해현상을 나타낸다.
- 잎이 밑에서부터 말라죽기 시작한다.
- 잎이 짙은 녹색을 띠기 시작한다.
- 잎의 가장자리가 안으로 말린다.
- 잎끝이 타면서 말라 죽는다.
- 칼슘 또는 마그네슘 결핍증상이 나타난다.

52 다음 중 광합성 자급영양생물에 해당하는 것은?

① 질화세균
② 남세균
③ 황산화세균
④ 수소산화세균

해설 남세균(藍細菌) 또는 남조세균(藍藻細菌) 또는 시아노박테리아(Cyanobacteria)는 광합성을 통해 산소를 만드는 세균이다. 이전에는 남조류(藍藻類, Blue-green algae)라고 부르고 진핵생물로 분류하였으나 현재는 원핵생물로 분류하고 있다.

53 해마다 좋은 결과를 시키려면 해당 과수의 결과 습성에 맞게 진정해야 하는데, 2년생 가지에 결실하는 것으로만 나열된 것은?

① 비파, 호두
② 포도, 감귤
③ 감, 밤
④ 매실, 살구

해설 과수의 결과 습성

- 1년생 가지에 결실하는 과수 : 포도, 감, 밤, 무화과, 호두 등
- 2년생 가지에 결실하는 과수 : 복숭아, 자두, 살구, 매실, 양앵두 등
- 3년생 가지에 결실하는 과수 : 사과, 배 등

54 담수화의 논토양 특성으로 틀린 것은?

① 표면의 환원층과 그 밑의 산화층으로 토층 분화한다.
② 논토양의 환원층에서 탈질작용이 일어난다.
③ 논토양의 산화층에서 질화작용이 일어난다.
④ 담수 전의 마른 상태에서는 환원층을 형성하지 않는다.

정답 49 ④ 50 ② 51 ① 52 ② 53 ④ 54 ①

해설 논토양의 토층

- 표층(산화층) : 토양 중 유기물의 분해가 진전되어 분해되기 쉬운 유기물이 감소하면 토양 상충부는 논물에서 공급되는 산소가 미생물이 소비하는 양보다 많아지며, 표층 수mm에서 1~2cm 층은 Fe^{3+}로 인해 적갈색을 띤 산화층이 된다.
- 작토층(환원층) : 표층 이하의 작토층은 Fe^{2+}로 인해 청회색의 환원층이 된다.

55 인공광에서 '수은등'에 대한 설명으로 가장 적절한 것은?

① 고압의 수은 증기 속의 아크방전에 의해서 빛을 내는 전등이다.
② 각종 금속 용화물이 증기압 중에 방전함으로써 금속 특유의 발광을 나타내는 현상을 이용한 등이다.
③ 나트륨 증기 속에서 아크방전에 의해 방사되는 빛을 이용한 등이다.
④ 반도체의 양극에 전압을 가해 식물 생육에 필요한 특수한 파장의 단색광만을 방출하는 인공 광원이다.

해설 ②는 메탈할라이트등
③은 나트륨등
④는 발광다이오드(LED)

56 녹비작물로 이용하는 헤어리베치 생초 2,000kg에 함유된 질소 성분량은 얼마인가? (단, 헤어리베치의 수분은 85%, 건조 질소 함량은 4%를 기준으로 한다.)

① 10kg ② 12kg
③ 15kg ④ 16kg

해설 수분 함량이 85%이고 건조 중량은 300kg이므로 300kg×4%=12kg

57 F_2~F_4 세대에는 매세대 모든 개체로부터 1립씩 채종하여 집단재배를 하고, F_4 개체별로 F_5 계통재배를 하는 것은?

① 여교배육종 ② 파생계통육종
③ 1개체 1계통육종 ④ 단순순환선발

해설 1개체 1계통육종(single seed descent method)

- F_2~F_4 세대에서 매세대의 모든 개체를 1립씩 채종하여 집단재배하고 F_4 각 개체별로 F_5 계통재배를 한다. 따라서 F_5 세대의 각 계통은 F_2 각 개체로부터 유래하게 된다.
- 집단육종과 계통육종의 이점을 모두 살리는 육종방법이다.
- 잡종 초기 세대에서는 집단재배로 유용 유전자를 유지할 수 있다.
- 육종 규모가 작아 온실 등에서 육종연한의 단축이 가능하다.
- 우리나라 영산벼의 육성 방법이다.

58 유기축산 농가인 길동농장이 육계 병아리를 5월 1일에 입식 시켰다면, 언제부터 출하하는 경우에 유기축산물 육계(식육)로 인증이 가능한가?

① 5월 2일 ② 5월 16일
③ 5월 22일 ④ 6월 22일

해설 일반농가가 유기축산으로 전환하거나 일반가축을 유기농장으로 입식하여 유기축산물을 생산 · 판매하려는 경우에는 다음 표에 따른 가축의 종류별 전환기간(최소 사육기간) 이상을 유기축산물 인증기준에 따라 사육할 것

가축의 종류	생산물	전환기간 (최소 사육기간)
한우 · 육우	식육	입식 후 12개월
젖소	시유 (시판우유)	• 착유우는 입식 후 3개월 • 새끼를 낳지 않은 암소는 입식 후 6개월
산양	식육	입식 후 5개월
	시유 (시판우유)	• 착유양은 입식 후 3개월 • 새끼를 낳지 않은 암양은 입식 후 6개월
돼지	식육	입식 후 5개월
육계	식육	입식 후 3주
산란계	알	입식 후 3개월
오리	식육	입식 후 6주
	알	입식 후 3개월
메추리	알	입식 후 3개월
사슴	식육	입식 후 12개월

정답 55 ① 56 ② 57 ③ 58 ③

59 다음 중 포식성 곤충은?

① 침파리
② 고치벌
③ 꼬마벌
④ 무당벌레

해설
- 기생성 천적 : 기생벌, 기생파리, 선충 등
- 포식성 천적 : 무당벌레, 포식성 응애, 풀잠자리, 포식성 노린재류 등
- 병원성 천적 : 세균, 바이러스, 원생동물 등

60 유기양계에서 필요하거나 허용되는 사육장 및 사육조건이 아닌 것은?

① 가금의 크기와 수에 적합한 홰의 크기
② 톱밥 · 모래 등 깔짚으로 채워진 축사
③ 높은 수면 공간
④ 닭을 사육하는 케이지

해설 가금은 개방 조건에서 사육되어야 하고, 기후조건이 허용하는 한 야외 방목장에 접근 가능하여야 하며, 케이지에서 사육하지 아니할 것

제4과목 유기식품 가공 · 유통론

61 유기농법을 적용할 경우 예상되는 결과와 거리가 먼 것은?

① 화학비료를 사용하지 않아 과용된 비료에 의한 환경오염을 줄일 수 있다.
② 잔류농약으로 인한 위험이 줄어든다.
③ 농약과 비료를 사용하지 않아 장기적으로 고품질 농산물의 안정적 생산량 유지가 어렵다.
④ 부가가치를 증가시켜 고가로 판매할 수 있어 경쟁력 있는 농업으로 발전할 수 있다.

해설 농약과 비료를 사용하지 않아 장기적으로 고품질 농산물의 안정적 생산을 추구한다.

62 유기가공식품 중 설탕 가공 시, 산도 조절제로 사용할 수 있는 보조제는?

① 황산
② 탄산칼륨
③ 염화칼슘
④ 밀랍

해설

명칭(한)	가공보조제로 사용 시 사용 가능 범위
황산	설탕 가공 중의 산도 조절제
탄산칼륨	포도 건조
염화칼슘	응고제

63 유기가공식품의 제조 기준으로 적절하지 않은 것은?

① 해충 및 병원균 관리를 위하여 방사선 조사 방법을 사용하지 않아야 한다.
② 지정된 식품첨가물, 미생물제제, 가공보조제만 사용하여야 한다.
③ 유기농으로 재배한 GMO는 허용될 수 있다.
④ 재활용 또는 생분해성 재질의 용기, 포장만 사용한다.

해설 유전자변형농산물은 어떠한 경우에도 사용할 수 없다.

64 화농성 질환의 병원균으로 독소형 식중독의 원인균은?

① *Leuconostoc mesenteroides*
② *Streptococcus faecalis*
③ *Staphylococcus aureus*
④ *Bacillus coagulans*

해설
- 세균성 감염형 : 장염비브리오균(*Vibrio parahaemolyticus*), 살모넬라균(*salmonella*) 등
- 세균성 독소형 : 황색포도상구균(*Staphylococcus aureus*), 클로스트리디움 보툴리늄균(*Clostridium botulinum*) 등
- 바이러스성 : 노로바이러스(*noro virus*) 등

정답 59 ④ 60 ④ 61 ③ 62 ① 63 ③ 64 ③

65 **식품 등의 표시 기준에 따르면 식용유지류 제품의 트랜스 지방이 100g당 얼마 미만일 경우 '0'으로 표시할 수 있는가?**

① 2g ② 4g
③ 5g ④ 8g

해설 트랜스 지방은 0.5g 미만은 "0.5g 미만"으로 표시할 수 있으며, 0.2g 미만은 "0"으로 표시할 수 있다. 다만, 식용유지류 제품은 100g당 2g 미만일 경우 "0"으로 표시할 수 있다.

66 **다음 [보기]에서 사용하는 마케팅 전략은?**

> 유기농 사과주스를 판매하는 영농조합 법인은 유기농 재료로 가공되어 잔류농약 걱정이 전혀 없고, 사과주스를 마시면 피부미용과 맛 두 가지를 한꺼번에 잡을 수 있음을 상품 광고에 적극 활용하고 있다.

① S(Strength)–O(Opportunity) 전략
② S(Strength)–T(Threat) 전략
③ W(Weak)–O(Opportunity) 전략
④ W(Weak)–T(Threat) 전략

해설
- SO전략(강점–기회 전략) : 시장의 기회를 활용하기 위해 강점을 사용하는 전략
- ST전략(강점–위협 전략) : 시장의 위협을 회피하기 위하여 강점을 사용하는 전략
- WO전략(약점–기회 전략) : 약점을 극복하여 시장의 기회를 활용하는 전략
- WT전략(약점–위협 전략) : 시장의 위협을 회피하고 약점을 최소화하는 전략

67 **식품 포장지로 사용되는 골판지에 대한 설명으로 틀린 것은?**

① 골의 높이와 골의 수에 따라 A, B, C, D, E, F로 구분된다.
② 골의 높이는 A>C>B의 순서로 높다.
③ 단위길이당 골의 수가 가장 적은 것은 A이다.
④ 골의 형태는 U형과 V형이 있다.

해설 골의 높이와 골의 수에 따라 A, B, C, E, F, G로 구분된다.

68 **친환경농식품 생산자(조직)가 중간상을 대상으로 판매촉진 활동을 해서 그들이 최종 소비자에게 적극적으로 판매하도록 유도하는 촉진 전략은?**

① 풀(pull) 전략
② 푸시(push) 전략
③ 포지셔닝(positioning) 전략
④ 타기팅(targeting) 전략

해설
- 풀(pull) 전략 : 제품에 대한 구매의욕이 일어나게끔 하여 소비자 스스로 지명 구매하도록 '끌어들이는' 판매 촉진 전략으로, 소비자에게 직접 소구하는 광고 중심의 프로모션 믹스이다.
- 포지셔닝(positioning) 전략 : 우리 제품이나 서비스를 소비자에게 각인시키는 과정이다.
- 타기팅(Targeting) 전략 : 표적시장 선정, 세분시장의 규모와 성장률, 기업의 정체성 및 핵심역량과의 일치성, 시장의 전염성(파급효과) 등을 파악한다.

69 **재고손실률이 5%인 업체의 매출이 1억 원이고 장부재고(전산재고)가 1억 2천만 원인 경우, 실사재고(창고재고)는 얼마인가?**

① 1억 1,000만 원
② 1억 1,500만 원
③ 1억 2,000만 원
④ 1억 2,500만 원

해설 재고손실률이 5%이므로 5백만 원이고, 1억2천–5백만=1억 1500만 원이 된다.

70 **한외여과에 대한 설명으로 틀린 것은?**

① 고분자 물질로 만들어진 막의 미세한 공극을 이용한다.
② 물과 같이 분자량이 작은 물질은 막을 통과하나 분자량이 큰 고분자 물질의 경우 통과하지 못한다.

정답 65 ① 66 ① 67 ① 68 ② 69 ② 70 ④

③ 당류, 단백질, 생체물질, 고분자 물질의 분리에 주로 사용된다.

④ 삼투압보다 높은 압력을 용액 중에 작용시켜 용매가 반투막을 통과하게 한다.

해설 한외여과법
- 액체 중에 용해되거나 분산된 물질을 입자 크기나 분자량 크기별로 분리하는 방법이다.
- 물과 분자량 500 이하는 통과하나 그 이상은 통과하지 않아서 저분자 물질과 고분자 물질을 분리한다.
- 고분자 용액으로부터 저분자 물질을 제거한다는 점에서 투석법과 유사하고, 물질의 농도차가 아닌 압력차를 이용해 분리하는 방법은 역삼투압여과와 유사하다.
- 입자 크기가 1nm~0.1μm 정도의 당류, 단백질, 생체물질, 고분자 물질 분리에 사용한다.

71 **미생물의 가열치사시간을 10배 변화시키는 데 필요한 가열 온도의 차이를 나타내는 값은?**

① F값　② Z값
③ D값　④ K값

해설
- F값 : 설정된 온도에서 미생물을 100% 사멸시키는 데 필요한 시간
- D값 : 설정된 온도에서 미생물을 90% 사멸시키는 데 필요한 시간
- K값 : 선도가 우수한 어패류의 선도판정법

72 **현미란 벼의 도정 시 무엇을 제거한 것인가?**

① 왕겨　② 배아
③ 과피　④ 종피

해설 도정(搗精, milling) : 벼에서 왕겨와 쌀겨층을 제거하여 백미를 만드는 과정으로 부산물로 왕겨, 쌀겨, 싸라기 등이 발생한다.

73 **식품의 원료 관리, 제조, 가공, 조리, 소분, 유통, 판매의 모든 과정에서 위해한 물질이 식품에 섞이거나 오염되는 것을 방지하기 위하여 각 과정의 위해요소를 중점적으로 관리하는 기준을 무엇이라 하는가?**

① HACCP　② SSOP
③ GMP　④ GAP

해설
- SSOP(표준 위생 관리 기준, Sanitation Standard Operation Procedure) : 위생 상태를 유지하기 위하여 수행해야 하는 표준 절차
- GMP(Good Manufacting Practice) : 작업장의 구조 및 설비와 더불어 원료의 구입, 생산, 포장, 출하 단계 등 전 공정에 걸쳐 우수식품의 제조 및 품질관리에 관한 체계적인 기준이다.
- GAP : 농산물우수관리제도

74 **통조림과 병조림의 제조 중 탈기의 효과가 아닌 것은?**

① 산화에 의한 맛, 색, 영양가 저하 방지
② 저장 중 통 내부의 부식 방지
③ 호기성 세균 및 곰팡이의 발육 억제
④ 단백질에서 유래된 가스 성분 생성

해설 탈기는 밀봉 전 용기 내부의 공기를 제거하는 공정으로, 관 내부의 부식 억제, 산화로 인한 내용물의 품질 저하 방지, 가열살균 시 밀봉부의 파손 또는 이그러짐 방지, 호기성 미생물의 발육 억제, 변패관의 식별을 용이하게 한다.

75 **수박 한 통의 유통 단계별 가격은 농가수취가격 5,000원, 위탁상가격 6,000원, 도매가격 6,500원, 소비자가격 8,500원이다. 수박 총 거래량을 100개라고 하면, 유통마진의 가치(VMM)는 얼마인가?**

① 350,000원　② 200,000원
③ 150,000원　④ 100,000원

해설 (8,500−5,000)×100개=350,000원

76 **마케팅 믹스 4P의 구성요소가 아닌 것은?**

① 제품(Product)
② 가격(Price)
③ 장소(Place)
④ 원칙(Principle)

정답 71 ② 72 ① 73 ① 74 ④ 75 ① 76 ④

해설 마케팅의 4P 요소
- 상품 전략(Product)
- 가격 전략(Price)
- 유통 전략(Place)
- 판매촉진 전략(Promotion)

77 유통경로의 수직적 통합(vertical integration)에 대한 설명으로 옳은 것은?

① 두 가지 이상의 기능을 동시에 수행한다.
② 비용이 상당히 많이 드는 단점이 있다.
③ 관련된 유통 기능을 통제할 수 있는 장점이 있다.
④ 동일한 경로 단계에 있는 구성원이 수행하던 기능을 직접 실행한다.

해설
- 수직적 통합 : 하나의 제품을 생산하는 각 과정에 있는 기업들의 결합. 생산 과정에서 상하 또는 기술상의 관련성이 있는 산업 부문에 속하는 여러 기업의 결합
- 수평적 통합 : 동일한 공급 사슬 부분에서 상품과 용역의 생산을 증가시키는 회사의 프로세스로 회사는 내부 확장, 인수 합병을 통해 이를 수행할 수 있다.

78 *Clostridium botulinum*의 z값은 10℃이다. 121℃에서 가열하여 균의 농도를 100,000의 1로 감소시키는 데 20분이 걸렸다면, 살균온도를 131℃로 하여 동일한 사멸률을 보이려면 몇 분을 가열하여야 하는가?

① 1분 ② 2분
③ 3분 ④ 4분

해설
- Z값 : 미생물의 가열 치사 시간을 10배 변화시키는 데 필요한 가열 온도의 차이를 나타내는 값
- Z값이 10℃이므로 동일한 사멸률을 보이는 가열 치사 시간이 10배 변하므로 2분이 된다.

79 HACCP 관리체계를 구축하기 위한 준비 단계를 알맞은 순서대로 제시한 것은?

① HACCP 팀 구성 → 제품설명서 작성 → 모든 잠재적 위해요소 분석 → 중요관리점(CCP) 설정 → 중요관리점 한계 기준 설정
② HACCP 팀 구성 → 모든 잠재적 위해요소 분석 → 중요관리점(CCP) 설정 → 중요관리점 한계 기준 설정 → 제품설명서 작성
③ 모든 잠재적 위해요소 분석 → 중요관리점(CCP) 설정 → 중요관리점 한계 기준 설정 → HACCP 팀 구성 → 제품설명서 작성
④ 모든 잠재적 위해요소 분석 → HACCP 팀 구성 → 중요관리점(CCP) 설정 → 중요관리점 한계 기준 설정 → 제품설명서 작성

해설 HACCP의 7원칙 12절차

절차 1	HACCP팀 구성	준비 단계
절차 2	제품설명서 작성	
절차 3	용도 확인	
절차 4	공정흐름도 작성	
절차 5	공정흐름도 현장 확인	
절차 6	위해요소 분석	원칙 1
절차 7	중요관리점 결정	원칙 2
절차 8	한계 기준 설정	원칙 3
절차 9	모니터링 체계 확립	원칙 4
절차 10	개선 조치 방법 수립	원칙 5
절차 11	검증 절차 및 방법 수립	원칙 6
절차 12	문서화 및 기록 유지	원칙 7

80 농산물 표준규격의 거래단위에 관한 내용으로 ( ) 안에 알맞은 것은?

( )kg 미만 또는 최대 거래단위 이상은 거래 당사자 간의 협의 또는 시장 유통 여건에 따라 다른 거래단위를 사용할 수 있다.

① 3 ② 5
③ 7 ④ 10

해설 농산물표준규격(농관원 고시) : 5kg 미만 또는 최대 거래단위 이상은 거래 당사자 간의 협의 또는 시장 유통 여건에 따라 다른 거래단위를 사용할 수 있다.

정답 77 ④ 78 ② 79 ① 80 ②

제5과목 유기농업 관련 규정

81 「친환경농어업 육성 및 유기식품 등의 관리 · 지원에 관한 법률」상 유기농어업자재 공시의 유효기간으로 옳은 것은?

① 공시를 받은 날부터 6개월로 한다.
② 공시를 받은 날부터 1년으로 한다.
③ 공시를 받은 날부터 2년으로 한다.
④ 공시를 받은 날부터 3년으로 한다.

해설 공시의 유효기간 등
① 공시의 유효기간은 공시를 받은 날부터 3년으로 한다.
② 공시사업자가 공시의 유효기간이 끝난 후에도 계속하여 공시를 유지하려는 경우에는 그 유효기간이 끝나기 전까지 공시를 한 공시기관에 갱신신청을 하여 그 공시를 갱신하여야 한다. 다만, 공시를 한 공시기관이 폐업, 업무정지 또는 그밖의 부득이한 사유로 갱신신청이 불가능하게 된 경우에는 다른 공시기관에 신청할 수 있다.
③ 제2항에 따른 공시의 갱신에 필요한 구체적인 절차와 방법 등은 농림축산식품부령 또는 해양수산부령으로 정한다.

82 「농림축산식품부 소관 친환경농어업 육성 및 유기식품 등의 관리 · 지원에 관한 법률 시행규칙」에 의거한 유기가공식품 제조 공장의 관리로 적합한 것은?

① 제조설비 중 식품과 직접 접촉하는 부분에 대한 세척은 화학약품을 사용하여 깨끗이 한다.
② 세척제 · 소독제를 시설 및 장비에 사용하는 경우 유기식품 · 가공품의 유기적 순수성이 훼손되지 않도록 한다.
③ 식품첨가물을 사용한 경우에는 식품첨가물이 제조설비에 잔존하도록 한다.
④ 병해충 방제를 기계적 · 물리적 방법으로 처리하여도 충분히 방제되지 않으면 화학적인 방법이나 전리방사선 조사 방법을 사용할 수 있다.

해설 ① 제조설비 중 식품과 직접 접촉하는 부분에 대한 세척은 화학약품을 사용할 수 없다.
③ 식품첨가물을 사용한 경우에는 식품첨가물이 제조설비에 잔존하여서는 안 된다.
④ 화학적인 방법이나 전리방사선 조사 방법을 사용할 수 없다.

83 「무항생제축산물 인증에 관한 세부실시요령」상 무항생제축산물 생산을 위하여 사료에 첨가하면 안 되는 것으로 틀린 것은?

① 우유 ② 항생제
③ 합성항균제 ④ 항콕시듐제

해설 다음에 해당하는 물질을 사료에 첨가해서는 아니 된다.
- 가축의 대사기능 촉진을 위한 합성화합물
- 반추가축에게 포유동물에서 유래한 사료(우유 및 유제품을 제외)는 어떠한 경우에도 첨가해서는 아니 된다.
- 합성질소 또는 비단백태질소화합물
- 항생제 · 합성항균제 · 성장촉진제, 구충제, 항콕시듐제 및 호르몬제
- 그밖에 인위적인 합성 및 유전자 조작에 의해 제조 · 변형된 물질

84 「농림축산식품부 소관 친환경농어업 육성 및 유기식품 등의 관리 · 지원에 관한 법률 시행규칙」상 유기농산물 및 유기임산물 생산 시 병충해 관리를 위해 사용 가능한 물질 중 사용 가능 조건이 '달팽이 관리용으로만 사용'인 것은?

① 과망간산칼륨
② 황
③ 맥반석
④ 인산철

해설

과망간산칼륨	과수의 병해관리용으로만 사용할 것
황	액상화할 경우에 한하여 수산화나트륨은 황 사용량 이하로 최소화하여 사용할 것. 이 경우 인증품 생산계획서에 등록하고 사용해야 한다.
맥반석 등 광물질 가루	(1) 천연에서 유래하고 단순 물리적으로 가공한 것일 것 (2) 사람의 건강 또는 농업환경에 위해요소로 작용하는 광물질(예 : 석면광 및 수은광 등)은 사용하지 않을 것
인산철	달팽이 관리용으로만 사용할 것

정답 81 ④ 82 ② 83 ① 84 ④

85 「농림축산식품부 소관 친환경농어업 육성 및 유기식품 등의 관리 · 지원에 관한 법률 시행규칙」상 유기식품 등의 유기표시 기준으로 틀린 것은?

① 표시 도형의 국문 및 영문 모두 활자체는 고딕체로 하고, 글자 크기는 표시 도형의 크기에 따라 조정한다.
② 표시 도형의 색상은 녹색을 기본 색상으로 하되, 포장재의 색깔 등을 고려하여 파란색, 빨간색 또는 검은색으로 할 수 있다.
③ 표시 도형의 크기는 지정된 크기만을 사용하여야 한다.
④ 표시 도형의 위치는 포장재 주 표시면의 옆면에 표시하되, 포장재 구조상 옆면 표시가 어려운 경우에는 표시 위치를 변경할 수 있다.

해설 표시 도형의 크기는 포장재의 크기에 따라 조정할 수 있다.

86 「친환경농어업 육성 및 유기식품 등의 관리 · 지원에 관한 법률」에서 농업의 근간이 되는 흙의 소중함을 국민에게 알리기 위하여 매년 몇 월 며칠을 흙의 날로 정하는가?

① 1월 19일 ② 3월 11일
③ 4월 15일 ④ 8월 13일

해설 법률 제5조의2(흙의 날)
① 농업의 근간이 되는 흙의 소중함을 국민에게 알리기 위하여 매년 3월 11일을 흙의 날로 정한다.
② 국가와 지방자치단체는 제1항에 따른 흙의 날에 적합한 행사 등 사업을 실시하도록 노력하여야 한다.

87 「농림축산식품부 소관 친환경농어업 육성 및 유기식품 등의 관리 · 지원에 관한 법률 시행규칙」에서 규정한 허용물질 중 유기농산물의 토양 개량과 작물 생육을 위하여 사용 가능한 물질은? (단, 사용 가능 조건을 만족한다.)

① 천적 ② 님(neem) 추출물
③ 담배잎차 ④ 랑베나이트

해설 ①,②,③은 병해충 관리를 위해 사용 가능한 물질

88 「유기식품 및 무농약농산물 등의 인증에 관한 세부실시 요령」상 인증기관이나 인증번호가 변경되었으나 기존 제작된 포장재 재고량이 남았을 경우 적절한 조치 사항은?

① 별도의 승인 없이 남은 재고 포장재의 사용이 가능하다.
② 포장재 재고량 및 그 사용기간에 대해 농림축산식품부장관의 승인을 받아 기존에 제작된 포장재를 사용할 수 있다.
③ 포장재 재고량 및 그 사용기간에 대해 인증기관의 승인을 받아 기존에 제작된 포장재를 사용할 수 있다.
④ 포장재의 표시 사항은 변경이 불가능하므로 남은 재고량은 즉시 폐기 처분하고 변경된 포장재에 대한 승인을 받아야 한다.

해설 인증기관 및 인증번호의 변경에 따른 기존 포장재의 사용기간
가. 인증기관 또는 인증번호가 변경된 경우에는 인증품의 포장에 변경된 사항을 표시하여야 한다.
나. 가목에도 불구하고 기존에 제작된 포장재 재고량이 남아 있는 경우에는 포장재 재고량 및 그 사용기간에 대해 인증기관(인증기관이 변경된 경우 변경된 인증기관을 말함)의 승인을 받아 기존에 제작된 포장재를 사용할 수 있다. 이 경우 인증 사업자는 인증기관이 승인한 문서를 비치하여야 한다.

89 친환경농축산물 및 유기식품 등의 인증에 관한 세부 실시 요령에 따라 친환경농산물 인증심사 과정에서 재배포장 토양 검사용 사료 채취 방법으로 옳은 것은?

① 토양시료 채취는 인증심사원 입회하에 인증 신청인이 직접 채취한다.
② 토양시료 채취 지점은 재배 필지별로 최소한 5개소 이상으로 한다.

정답 85 ③ 86 ② 87 ④ 88 ③ 89 ③

③ 시료 수거량은 시험연구기관이 검사에 필요한 수량으로 한다.

④ 채취하는 토양은 모집단의 대표성이 확보될 수 있도록 S자형 또는 Z자형으로 채취한다.

해설
- 시료 수거는 신청인, 신청인 가족(단체인 경우에는 대표자나 생산관리자, 업체인 경우에는 근무하는 정규직원을 포함한다) 참여하에 인증심사원이 채취한다.
- 재배포장의 토양은 대상 모집단의 대표성이 확보될 수 있도록 Z자형 또는 W자형으로 최소한 10개소 이상의 수거 지점을 선정하여 채취한다.

90 「농림축산식품부 소관 친환경농어업 육성 및 유기식품 등의 관리 · 지원에 관한 법률 시행규칙」상 허용물질의 종류와 사용조건이 틀린 것은?

① 염화나트륨(소금)은 채굴한 암염 및 천일염(잔류농약이 검출되지 않아야 함)이어야 한다.

② 사람의 배설물은 1개월 이상 저온발효된 것이어야 한다.

③ 식물 또는 식물 잔류물로 만든 퇴비는 충분히 부숙된 것이어야 한다.

④ 대두박은 유전자를 변형한 물질이 포함되지 않아야 한다.

해설 사람의 배설물(오줌만인 경우는 제외한다)
- 완전히 발효되어 부숙된 것일 것
- 고온발효 : 50℃ 이상에서 7일 이상 발효된 것
- 저온발효 : 6개월 이상 발효된 것일 것
- 엽채류 등 농산물 · 임산물 중 사람이 직접 먹는 부위에는 사용하지 않을 것

91 「친환경농어업 육성 및 유기식품 등의 관리 · 지원에 관한 법률」상 인증을 받지 아니한 사업자가 인증품의 포장을 해체하여 재포장한 후 유기 표시를 하였을 경우의 과태료 기준은 얼마인가?

① 2,000만 원 이하

② 1,500만 원 이하

③ 1,000만 원 이하

④ 500만 원 이하

해설 인증을 받지 아니한 사업자가 인증품의 포장을 해체하여 재포장한 후 제23조 제1항 또는 제36조 제1항에 따른 표시를 한 자는 500만 원 이하의 과태료를 부과한다.

92 「농림축산식품부 소관 친환경농어업 육성 및 유기식품 등의 관리 · 지원에 관한 법률 시행규칙」상 70% 이상이 유기농축산물인 제품의 제한적 유기 표시 허용 기준으로 틀린 것은?

① 유기 또는 이와 유사한 용어를 제품명 또는 제품명의 일부로 사용할 수 없다.

② 표시 장소는 주 표시면을 제외한 표시면에 표시할 수 있다.

③ 원재료명 표시란에 유기농축산물의 총함량 또는 원료 · 재료별 함량을 g 혹은 kg으로 표시해야 한다.

④ 최종 제품에 남아 있는 원료 또는 재료의 70% 이상의 유기농축산물이어야 한다.

해설 유기농축산물의 함량에 따른 표시기준(70퍼센트 이상 유기농축산물인 제품)
- 최종 제품에 남아 있는 원재료(정제수와 염화나트륨을 제외한다. 이하 같다)의 70퍼센트 이상이 유기농축산물이어야 한다.
- 유기 또는 이와 유사한 용어를 제품명 또는 제품명의 일부로 사용하는 것을 제외하고 사용할 수 있다.
- 표시 장소는 주 표시면을 제외한 표시면에 표시할 수 있다.
- 원재료명 및 함량 표시란에 유기농축산물의 총함량 또는 원료별 함량을 백분율(%)로 표시하여야 한다.

93 「유기식품 및 무농약농산물 등의 인증에 관한 세부실시 요령」상 인증심사의 인증심사원으로 지정할 수 있는 경우는?

① 자신이 신청인이거나 신청인 등과 관련법에 해당하는 친족관계인 경우

② 인증기관 임직원과 이해관계가 있는 경우

정답 90 ② 91 ④ 92 ③ 93 ④

③ 신청인과 경제적인 이해관계가 있는 경우
④ 최근 3년 이내에 신청인과 경제적인 이해관계가 없는 경우

해설 인증기관은 인증심사원이 다음 각호의 어느 하나에 해당되는 경우 해당 신청 건에 대한 인증심사원으로 지정하여서는 아니 된다.
가) 자신이 신청인이거나 신청인 등과 민법 제777조 각호에 해당하는 친족관계인 경우
나) 신청인과 경제적인 이해관계가 있는 경우
다) 기타 공정한 심사가 어렵다고 판단되는 경우

94 「유기식품 및 무농약농산물 등의 인증에 관한 세부실시 요령」상 '현장검사'에 관한 내용으로 틀린 것은?

① 작물이 생육 중인 시기, 가축이 사육 중인 시기, 인증품을 제조 · 가공 또는 취급 중인 시기에는 현장심사를 할 수 없다.
② 인증품 생산계획서 또는 인증품 제조 · 가공 및 취급계획서에 기재된 사항대로 생산, 제조 · 가공 또는 취급하고 있는지 여부를 심사하여야 한다.
③ 생산관리자가 예비심사를 하였는지와 예비심사한 내역이 적정한지 여부를 심사하여야 한다.
④ 인증심사원은 인증 기준의 적합 여부를 확인하기 위해 필요한 경우 규정된 절차 · 방법에 따라 토양, 용수, 생산물 등에 대한 조사 · 분석을 실시한다.

해설 현장심사는 작물이 생육 중인 시기, 가축이 사육 중인 시기, 인증품을 제조 · 가공 또는 취급 중인 시기(시제품에 한다.

95 친환경농축산물 및 유기식품 등의 인증에 관한 세부실시 요령에서 규정한 유기농산물 인증 기준의 세부사항에 관한 설명 중 옳지 않은 것은?

① 재배포장의 토양에서 유기합성농약 성분의 검출량이 0.01g/kg 이하인 경우는 불검출로 본다.
② 재배포장의 토양에서는 매년 1회 이상의 검정을 실시하여 토양비옥도가 유지 · 개선되게 노력하여야 한다.
③ 재배 시 화학비료와 유기합성농약을 전혀 사용하지 아니하여야 한다.
④ 가축분뇨를 원료로 하는 퇴비 · 액비는 완전히 부숙시켜서 사용하되, 과다한 사용, 유실 및 용탈 등으로 인해 환경오염을 유발하지 아니하도록 하여야 한다.

해설 재배포장의 토양에서 유기합성농약 성분의 검출량이 0.01mg/kg 이하인 경우는 불검출로 본다.

96 「유기식품 및 무농약농산물 등의 인증에 관한 세부실시 요령」상 유기농산물의 인증 기준에서 병해충 및 잡초의 방제 · 조절 방법으로 거리가 먼 것은?

① 무경운
② 적합한 돌려짓기(윤작) 체계
③ 덫과 같은 기계적 통제
④ 포식자와 기생동물의 방사 등 천적의 활용

해설 병해충 및 잡초는 다음의 방법으로 방제 · 조절하여야 한다.
- 적합한 작물과 품종의 선택
- 적합한 돌려짓기(윤작) 체계
- 기계적 경운
- 재배포장 내의 혼작 · 간작 및 공생식물의 재배 등 작물체 주변의 천적활동을 조장하는 생태계의 조성
- 멀칭 · 예취 및 화염제초
- 포식자와 기생동물의 방사 등 천적의 활용
- 식물 · 농장퇴비 및 돌가루 등에 의한 병해충 예방 수단
- 동물의 방사
- 덫 · 울타리 · 빛 및 소리와 같은 기계적 통제

97 「친환경농어업 육성 및 유기식품 등의 관리 · 지원에 관한 법률」상 친환경농업 또는 친환경어업 육성계획에 포함되지 않는 것은?

① 친환경농어업의 공익적 기능 증대 방안

정답 94 ① 95 ① 96 ① 97 ④

② 친환경농어업의 발전을 위한 국제협력 강화 방안
③ 농어업 분야의 환경 보전을 위한 정책목표 및 기본방향
④ 친환경농산물의 생산 증대를 위한 유기·화학자재 개발 보급 방안

해설 친환경농어업 육성계획에는 다음 각호의 사항이 포함되어야 한다.

1. 농어업 분야의 환경 보전을 위한 정책목표 및 기본방향
2. 농어업의 환경오염 실태 및 개선 대책
3. 합성농약, 화학비료 및 항생제·항균제 등 화학자재 사용량 감축 방안

3의2. 친환경 약제와 병충해 방제 대책

4. 친환경농어업 발전을 위한 각종 기술 등의 개발·보급·교육 및 지도 방안
5. 친환경농어업의 시범단지 육성 방안
6. 친환경농수산물과 그 가공품, 유기식품등 및 무농약원료가공식품의 생산·유통·수출 활성화와 연계강화 및 소비 촉진 방안
7. 친환경농어업의 공익적 기능 증대 방안
8. 친환경농어업 발전을 위한 국제협력 강화 방안
9. 육성계획 추진 재원의 조달 방안
10. 제26조 및 제35조에 따른 인증기관의 육성 방안
11. 그밖에 친환경농어업의 발전을 위하여 농림축산식품부령 또는 해양수산부령으로 정하는 사항

98 「농림축산식품부 소관 친환경농어업 육성 및 유기식품 등의 관리·지원에 관한 법률 시행규칙」상 무농약농산물·무농약원료가공식품 표시를 위한 도형 작도법에 대한 내용이다. ( ) 안에 들어갈 수 있는 색상이 아닌 것은?

> 표시 도형의 색상은 녹색을 기본 색상으로 하고, 포장재의 색깔 등을 고려하여 ( ), ( ) 또는 ( )으로 할 수 있다.

① 파란색 ② 빨간색
③ 노란색 ④ 검은색

해설 표시 도형의 색상은 녹색을 기본 색상으로 하되, 포장재의 색깔 등을 고려하여 파란색, 빨간색 또는 검은색으로 할 수 있다.

99 「농림축산식품부 소관 친환경농어업 육성 및 유기식품 등의 관리·지원에 관한 법률 시행규칙」상 유기농산물 및 유기임산물의 잔류 합성농약 기준으로 옳은 것은?

① 1/2 이하
② 1/5 이하
③ 1/10 이하
④ 검출되지 아니하여야 한다.

해설 합성농약 또는 합성농약 성분이 함유된 자재를 사용하지 않으며, 합성농약 성분은 검출되지 않을 것

100 「유기식품 및 무농약농산물 등의 인증에 관한 세부실시 요령」상 유기가공식품에 유기원료 비율의 계산법이다. 내용이 틀린 것은?

$$\frac{I_o}{G-WS}=\frac{I_o}{I_o+I_c+I_a}\geq 0.95$$

① G : 제품(포장재, 용기 제외)의 중량 ($G\equiv I_o+I_c+I_a+WS$)
② WS : I_o(유기원료의 중량)/ I_c(비유기원료의 중량)
③ Io : 유기원료(유기농산물+유기축산물+유기가공식품)의 중량
④ Ic : 비유기 원료(유기식품인증 표시가 없는 원료)의 중량

해설 유기원료 비율의 계산법

$$\frac{I_o}{G-WS}=\frac{I_o}{I_o+I_c+I_a}\geq 0.95(0.70)$$

- G : 제품(포장재, 용기 제외)의 중량 ($G\equiv I_o+I_c+I_a+WS$)
- I_o : 유기원료(유기농산물+유기축산물+유기수산물+유기가공식품)의 중량
- I_c : 비유기 원료(유기인증 표시가 없는 원료)의 중량
- I_a : 비유기 식품첨가물(가공보조제 제외)의 중량
- WS : 인위적으로 첨가한 물과 소금의 중량

정답 98 ③ 99 ④ 100 ②

유기농업기사 필기

2017. 6. 7. 초 판 1쇄 발행
2019. 1. 7. 개정증보 1판 1쇄 발행
2020. 1. 6. 개정증보 2판 1쇄 발행
2020. 7. 17. 개정증보 3판 1쇄 발행
2021. 4. 15. 개정증보 4판 1쇄 발행
2022. 1. 5. 개정증보 5판 1쇄 발행
2022. 7. 4. 개정증보 6판 1쇄 발행
2024. 1. 10. 개정증보 7판 1쇄 발행
2024. 9. 25. 개정증보 8판 1쇄 발행
2025. 3. 26. 개정증보 8판 2쇄 발행

지은이 | 김두석
펴낸이 | 이종춘
펴낸곳 | BM ㈜도서출판 성안당
주소 | 04032 서울시 마포구 양화로 127 첨단빌딩 3층(출판기획 R&D 센터)
10881 경기도 파주시 문발로 112 파주 출판 문화도시(제작 및 물류)
전화 | 02) 3142-0036
031) 950-6300
팩스 | 031) 955-0510
등록 | 1973. 2. 1. 제406-2005-000046호
출판사 홈페이지 | **www.cyber.co.kr**
내용 문의 | **kds0307@hanmail.net**
ISBN | 978-89-315-8678-7 (13520)
정가 | 39,000원

이 책을 만든 사람들
책임 | 최옥현
진행 | 최창동
전산편집 | 구효숙
표지 디자인 | 박원석
홍보 | 김계향, 임진성, 김주승, 최정민
국제부 | 이선민, 조혜란
마케팅 | 구본철, 차정욱, 오영일, 나진호, 강호묵
마케팅 지원 | 장상범
제작 | 김유석

※ 잘못된 책은 바꾸어 드립니다.